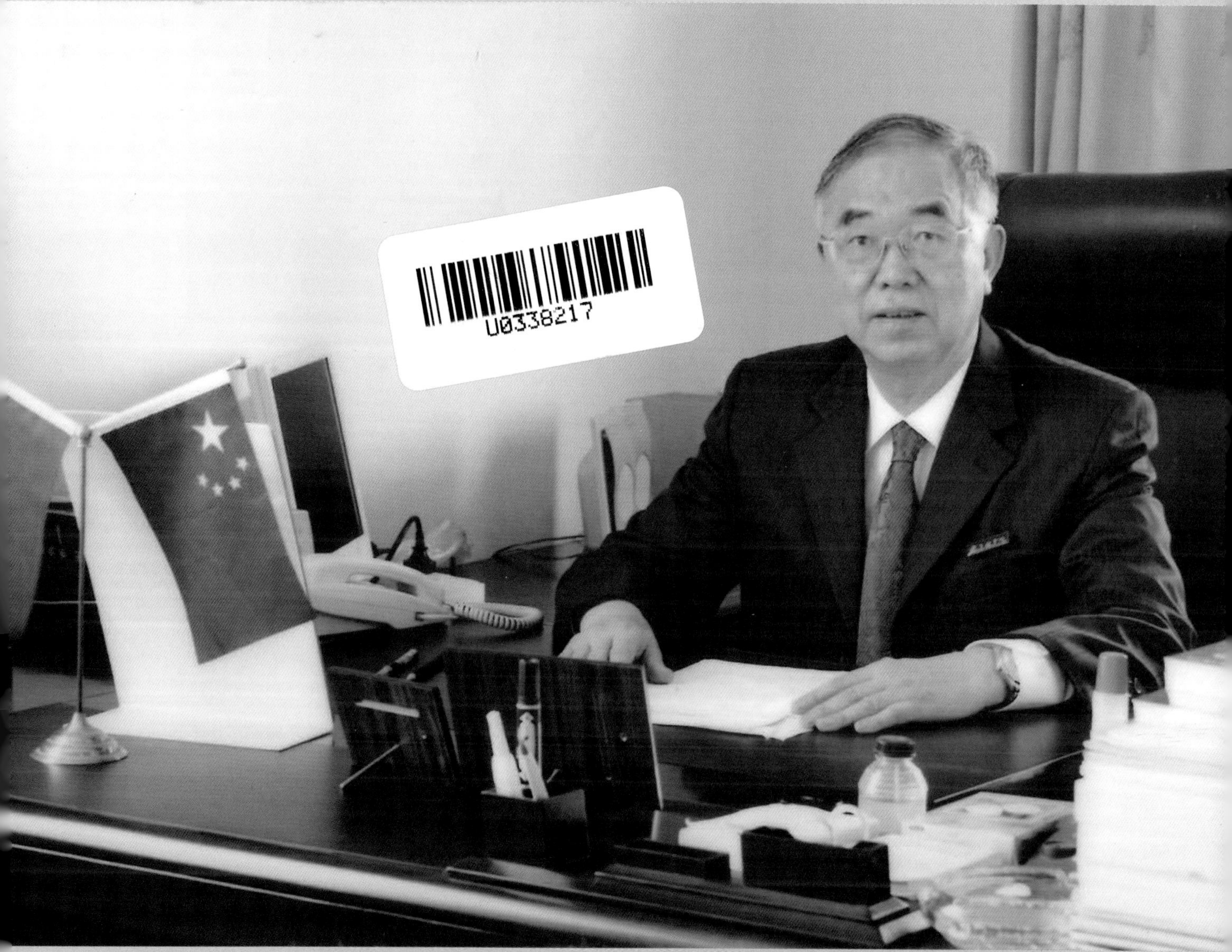

做前人未做过的事 走前人未走过的路

科学家的必经之路

张永生 2003.11.

1

2

1　1956 年高中毕业照片
　1961 年大学毕业照片
2　1997 年当选院士时照片
3　2003 年代表浙江林学院与
　Alberta 大学校长
　签订合作协议

3

4

5

6

4　2005 年出访欧洲，在荷兰考察

5　2006 年获何梁何利基金科学与技术进步奖

6　2006 年考察 TMJ-A 弹性模量无损显示机在线检测情况

7

8

9

7　2009 年获国家科学技术进步二等奖

8　2009 年中国工程院能源代表团访问瑞典工院的合影代表

9　颁发博士学位证书

10

11

10　国际培训班讲学

11　考察毛竹林

12　考察贵州赤水新锦竹业公司竹材加工车间

12

13

14

15

16

13　考察生物质气化
多联产车间

14　陪外宾参观企业

15　亲临大幅面
车厢底板车间指导

16　考察生物质能源
生产现场

17

18

17　2009 年张齐生院士在指导生物质提取液肥和生物质炭基肥现场

18　张齐生院士与沈国舫院士考察生物质气化发电多联产项目现场（2008 年）

19　张齐生院士 2009 年在山东推广生物质液体肥技术

19

20

20 张齐生院士

在指导生物质气化多联产技术

21 张齐生院士

在生物质气化液体肥生产现场

22 张齐生院士

在指导竹炭生产联产液体肥现场

23 张齐生院士

在“农村清洁能源中长期战略规划”

项目验收的合影

21

22

23

24

25

26

24 生物质气化多联产试验现场

25 张齐生院士在实验室指导研究工作

26 张齐生院士在现场考察宜兴华茂竹帘编织设备运行情况

27

28

29

30

27 张齐生院士一行考察竹子之乡赤水

28 张齐生院士在胶合板连续热压生产车间

29 张齐生院士作学术报告

30 张齐生院士考察重组竹生产车间

31

32

33

31 张齐生院士在竹木复合集装箱底板生产现场

32 张齐生院士给小学生作科普报告

33 张齐生院士在德仁集团考察生产车间

34

35

34 张齐生院士指导竹木复合集装厢底板生产

35 张齐生院士在竹胶板生产车间

36 张齐生院士考察竹林经营状况

36

37

38

37 张齐生院士在指导博士研究生

38 张齐生院士在指导实验

39 张齐生院士在竹材工业化利用及发展座谈会

39

为了表彰在科学技术现代化方面作出重大贡献的发明者，特颁发此证书，以资鼓励。

项目名称：铅笔板XB生产法

项目编号：85-02-055

颁发给

获 叁 等国家发明奖项目的第 壹 发明人 张齐生

中华人民共和国
国家科学技术委员会
一九八七年一月

为表彰在促进科学技术进步工作中做出重大贡献，特颁发此证书，以资鼓励。

奖励日期：一九九五年十二月

证书号：14-2-005-02

获奖项目：竹材胶合板的研究与推广

获奖者：张齐生

奖励等级：二等奖

中华人民共和国国家科学技术委员会

国家科学技术委员会

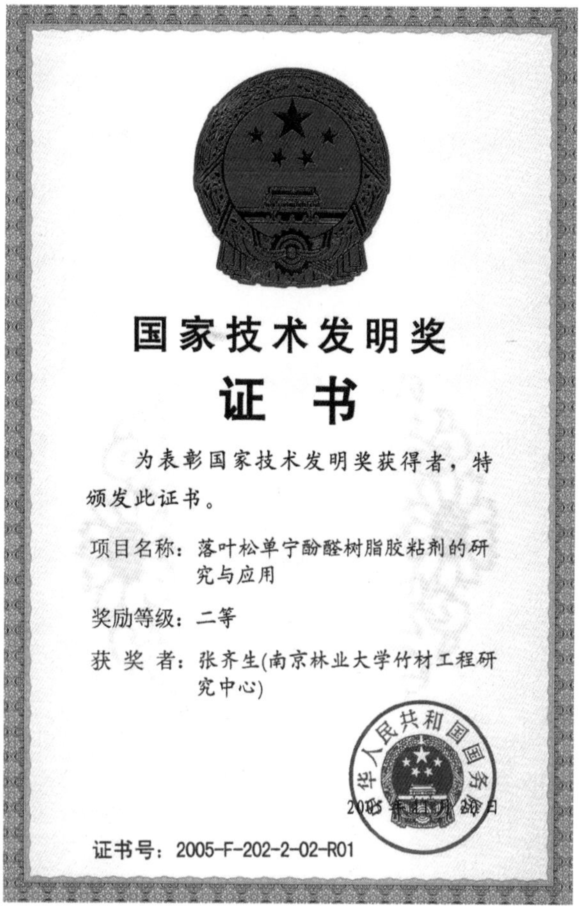

国家技术发明奖

证　书

为表彰国家技术发明奖获得者，特颁发此证书。

项目名称：落叶松单宁酚醛树脂胶粘剂的研究与应用

奖励等级：二等

获 奖 者：张齐生(南京林业大学竹材工程研究中心)

2005年11月20日

证书号：2005-F-202-2-02-R01

国家科学技术进步奖

证　书

为表彰国家科学技术进步奖获得者，特颁发此证书。

项目名称：南方型杨树（意杨）木材加工技术研究与推广

奖励等级：二等

获 奖 者：张齐生

2005年11月20日

证书号：2005-J-202-2-04-R02

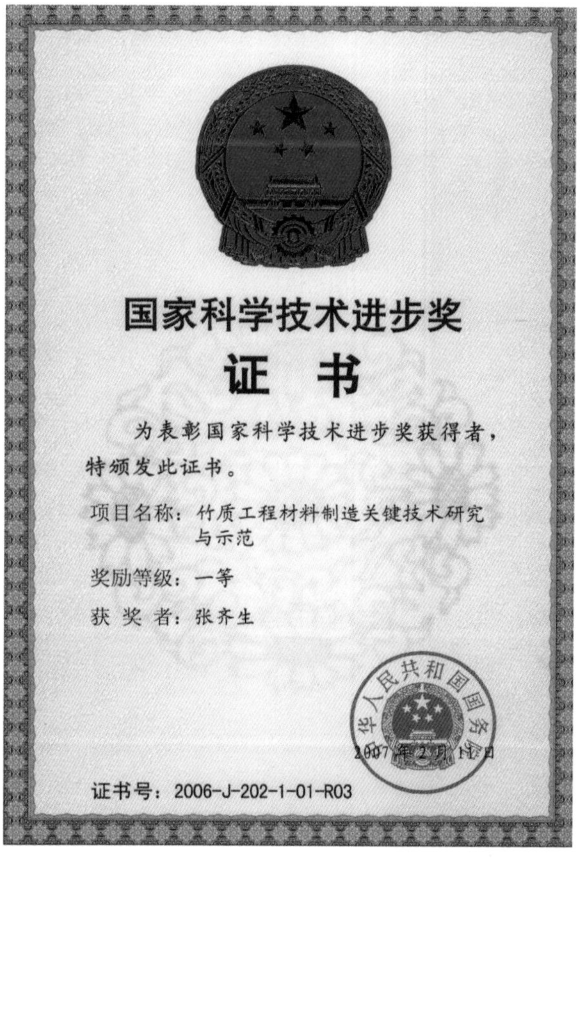

国家科学技术进步奖

证　书

为表彰国家科学技术进步奖获得者，特颁发此证书。

项目名称：竹质工程材料制造关键技术研究与示范

奖励等级：一等

获 奖 者：张齐生

2007年2月11日

证书号：2006-J-202-1-01-R03

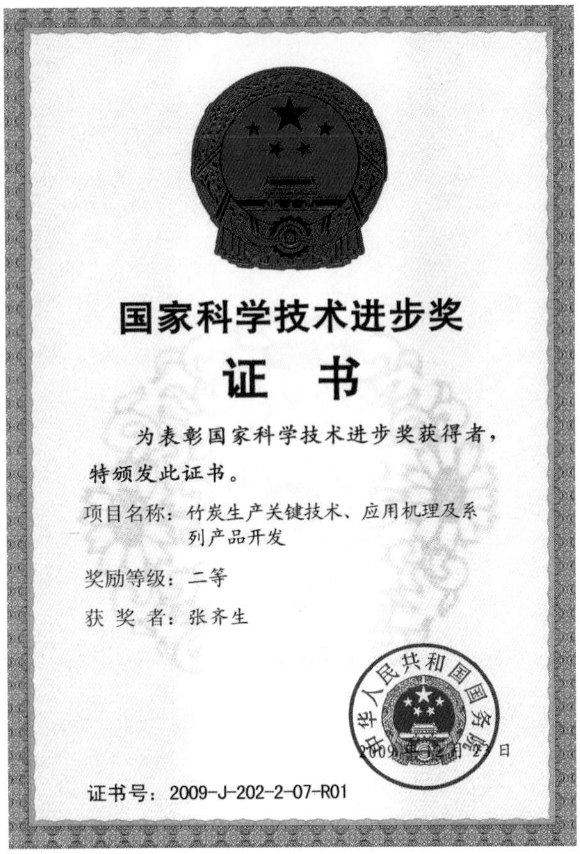

国家科学技术进步奖

证 书

为表彰国家科学技术进步奖获得者，特颁发此证书。

项目名称：竹炭生产关键技术、应用机理及系列产品开发

奖励等级：二等

获 奖 者：张齐生

中华人民共和国国务院

2009年12月2[illegible]日

证书号：2009-J-202-2-07-R01

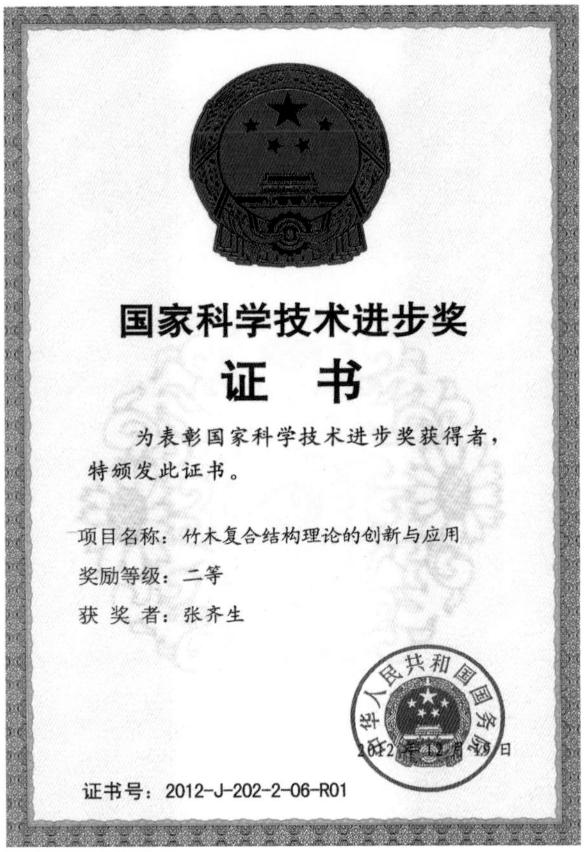

国家科学技术进步奖

证 书

为表彰国家科学技术进步奖获得者，特颁发此证书。

项目名称：竹木复合结构理论的创新与应用

奖励等级：二等

获 奖 者：张齐生

中华人民共和国国务院

2012年12月19日

证书号：2012-J-202-2-06-R01

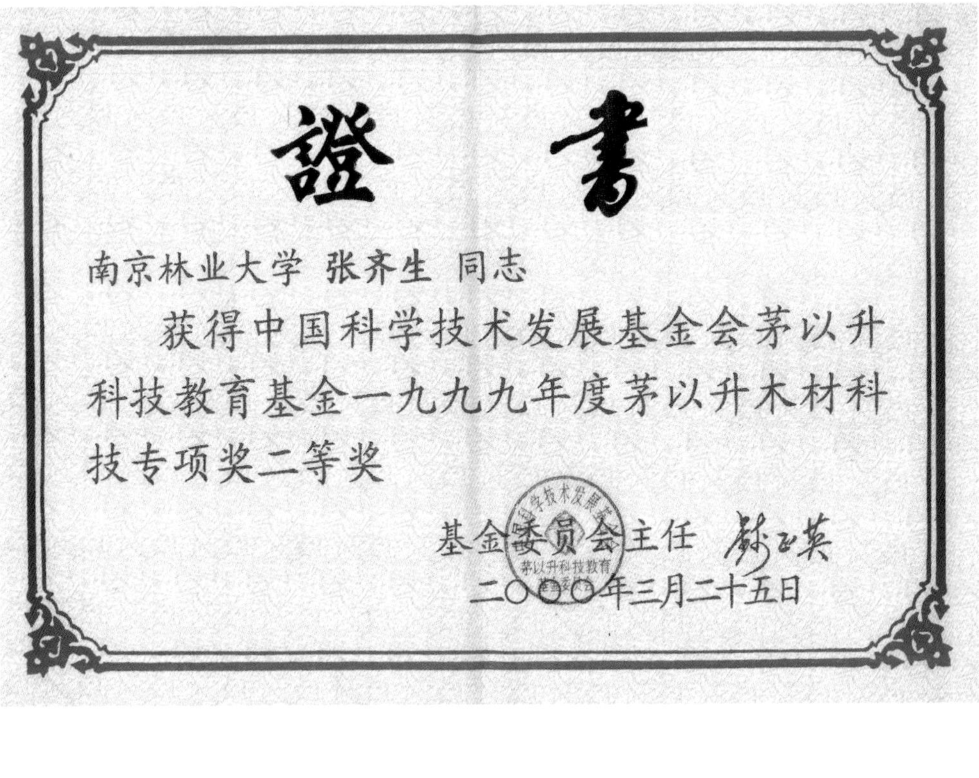

證 書

南京林业大学 张齐生 同志

获得中国科学技术发展基金会茅以升科技教育基金一九九九年度茅以升木材科技专项奖二等奖

基金委员会主任 [illegible]

二〇〇〇年三月二十五日

何梁何利基金

二○○六年度

科學與技術進步獎

爲促進中國科學技術事業的發展，獎勵做出杰出貢獻的科技工作者，特頒發此證書。

農學獎 獲獎人：張齊生

何梁何利基金評選委員會

二○○六年十一月十五日

何梁何利基金乃由何善衡慈善基金會有限公司、梁銶琚博士、何添博士及偉倫基金有限公司共同捐款在香港成立，主要目的爲每年頒授獎金予在國內的杰出中國學者，藉以表揚其在科技、醫學等領域之成就。

HO LEUNG HO LEE FOUNDATION

Prize for Scientific and Technological Progress

This certificate is issued to reward the scientific and technological workers in recognition of their outstanding achievements in the advance-ment of science and technology in China.

The Winner of Prize in Agronomy:

Zhang Qisheng

THE SELECTION BOARD OF HO LEUNG HO LEE FOUNDATION

November 15, 2006

Ho Leung Ho Lee Foundation was established in HongKong with funds donated by the S H HO Foundation Ltd., K J Leung Foundation Ltd., HO Tim Foundation Ltd. and Dr. Lee Guo-Wei's Wei Lun Foundation Ltd. Primarily for awarding annual Prizes to distinguished Chinese scholars in mainland China in recognition of their achievements in science, technology, medicine and other disciplines.

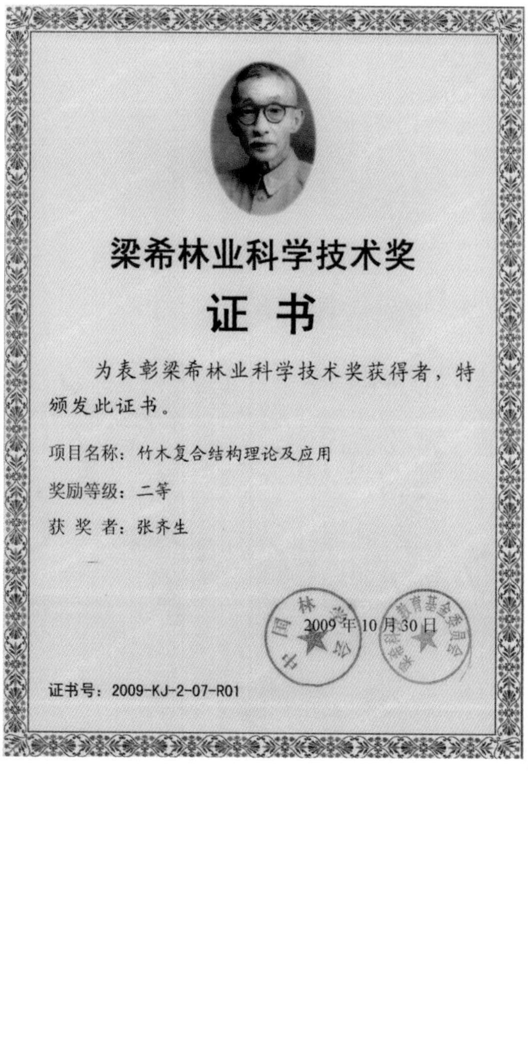

梁希林业科学技术奖

证 书

为表彰梁希林业科学技术奖获得者，特颁发此证书。

项目名称：竹木复合结构理论及应用

奖励等级：二等

获 奖 者：张齐生

2009年10月30日

证书号：2009-KJ-2-07-R01

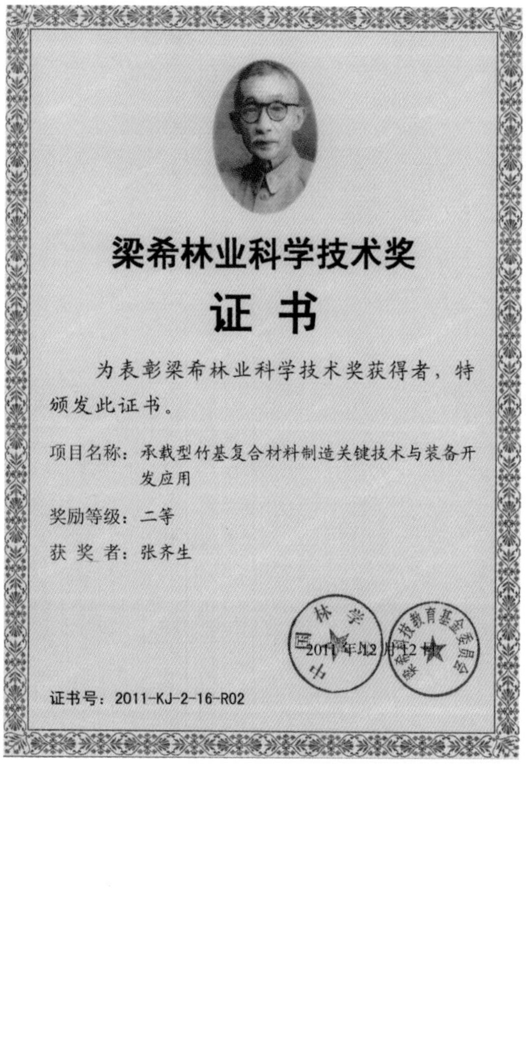

梁希林业科学技术奖

证 书

为表彰梁希林业科学技术奖获得者，特颁发此证书。

项目名称：承载型竹基复合材料制造关键技术与装备开发应用

奖励等级：二等

获 奖 者：张齐生

2011年12月12日

证书号：2011-KJ-2-16-R02

梁希林业科学技术奖

证书

为表彰梁希林业科学技术奖获得者，特颁发此证书。

项目名称：高性能竹集成材结构创新与产业化

奖励等级：二等

获 奖 者：张齐生

2017年4月25日

证书号：2017-KJ-2-30-R02

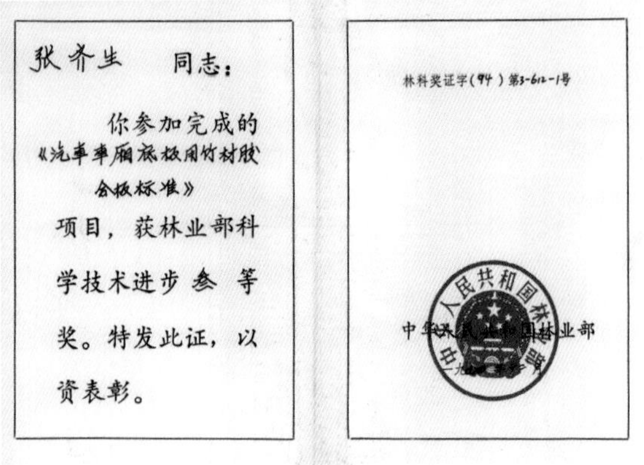

张齐生 同志：

你参加完成的《汽车车厢底板用竹材胶合板标准》项目，获林业部科学技术进步叁等奖。特发此证，以资表彰。

林科奖证字（94）第3-612-1号

中华人民共和国林业部

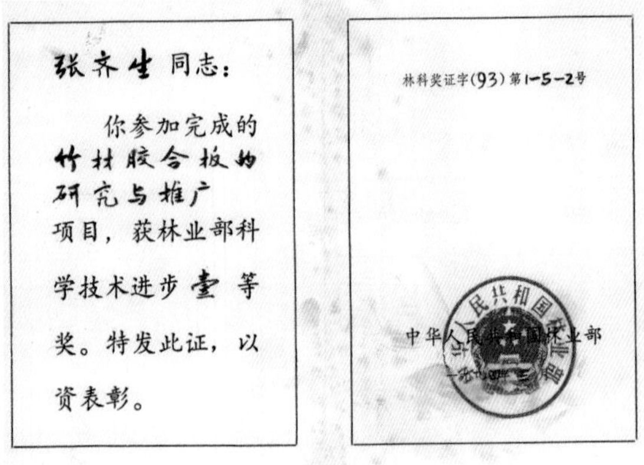

张齐生 同志：

你参加完成的竹材胶合板的研究与推广项目，获林业部科学技术进步壹等奖。特发此证，以资表彰。

林科奖证字(93)第1-5-2号

中华人民共和国林业部

证书

Zhengshu

为表彰在完成右列重大科技成果中，作出主要贡献者，特颁发此证书。

中华人民共和国轻工业部

一九八三年九月

成果名称：铅笔板生产新工艺

奖励等级：二等奖

受奖者：张齐生

编号：

国家知识产权局
STATE INTELLECTUAL PROPERTY OFFICE
OF THE PEOPLE'S REPUBLIC OF CHINA

中国专利优秀奖

名　称　一种集装箱底板及其制造方法

专利号　ZL98111153.X

发明人　张齐生　陈瑞晃　孙丰文

专利权人　南京林业大学
迪勤国际发展有限公司

中华人民共和国
国家知识产权局局长

北京 2013 年 10 月

国家知识产权局
STATE INTELLECTUAL PROPERTY OFFICE
OF THE PEOPLE'S REPUBLIC OF CHINA

中国专利优秀奖

名　称　竹重组型材及其制造方法

专利号　ZL200810093764.4

发明人　张齐生　蒋身学　林　海　徐旭峰
刘红征　许　斌　何　文

中华人民共和国国家知识产权局局长

北京 2012 年 11 月

中华人民共和国国家知识产权局
STATE INTELLECTUAL PROPERTY OFFICE OF THE PEOPLE'S REPUBLIC OF CHINA

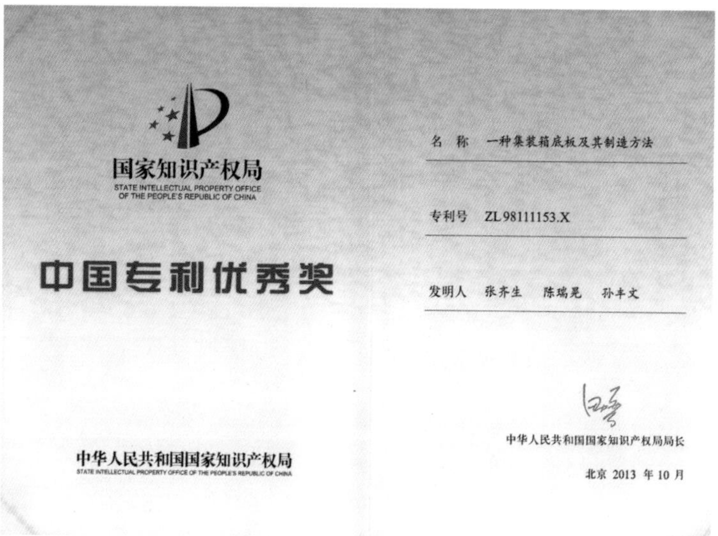

国家知识产权局
STATE INTELLECTUAL PROPERTY OFFICE
OF THE PEOPLE'S REPUBLIC OF CHINA

中国专利优秀奖

名　称　一种集装箱底板及其制造方法

专利号　ZL98111153.X

发明人　张齐生　陈瑞晃　孙丰文

中华人民共和国国家知识产权局局长

北京 2013 年 10 月

中华人民共和国国家知识产权局
STATE INTELLECTUAL PROPERTY OFFICE OF THE PEOPLE'S REPUBLIC OF CHINA

中国林业科学研究院

科技奖励证书

为表彰中国林业科学研究院科技奖获得者，特颁发此证书。

项目名称：承载型竹基复合材料制造关键技术与装备开发应用

奖励等级：二等

获 奖 者：张齐生

中国林业科学研究院

二〇一一年一月九日

证书号：J-2010-2-01-R02

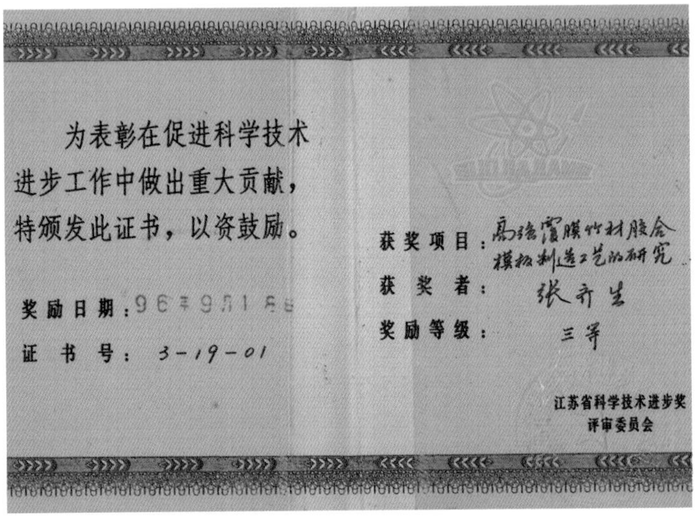

为表彰在促进科学技术进步工作中做出重大贡献，特颁发此证书，以资鼓励。

奖励日期：96年9月1日

证 书 号：3-19-01

获奖项目：高强覆膜竹材胶合模板制造工艺的研究

获 奖 者：张齐生

奖励等级：三等

江苏省科学技术进步奖
评审委员会

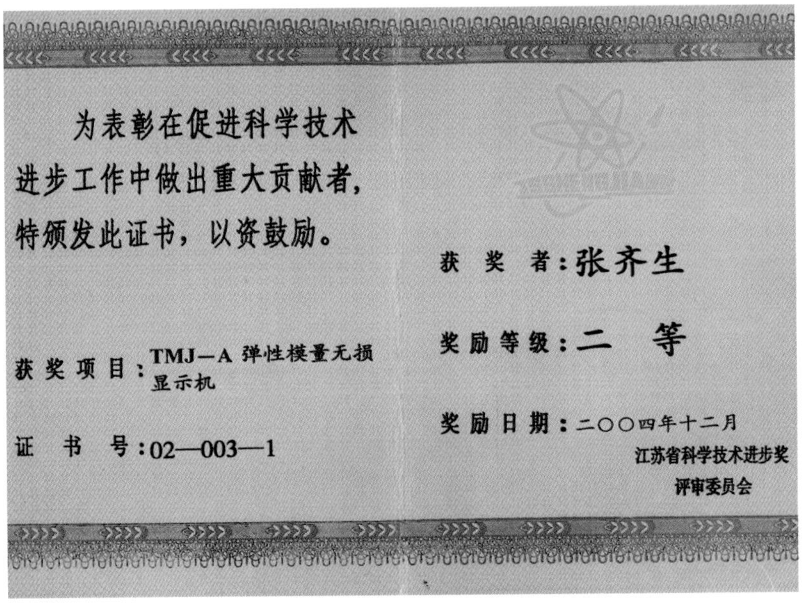

为表彰在促进科学技术进步工作中做出重大贡献者，特颁发此证书，以资鼓励。

获奖项目：TMJ—A 弹性模量无损显示机

证 书 号：02—003—1

获 奖 者：张齐生

奖励等级：二 等

奖励日期：二〇〇四年十二月

江苏省科学技术进步奖
评审委员会

张齐生 同志：　　　　　　浙林科奖证字（03）1-01 号

你参加完成的

以杉木积成材为芯板的新型细木工板生产工艺及关键设备研究

项目，荣获 浙江省林业局 浙江省林学会

科技兴林奖 壹 等奖。

特发此证，以资表彰。

浙江省林业局
浙江省林学会
二〇〇三年十二月

张齐生 同志：　　　　　　浙林科奖证字（07）1-01 号

你参加完成的

竹炭生产关键技术应用机理及系列产品研制与应用

项目，荣获 浙江省林业厅 浙江省林学会

科技兴林奖 壹 等奖。

特发此证，以资表彰。

浙江省林业厅
浙江省林学会
二〇〇七年八月

2010 年度江苏省科学技术奖

证 书

为表彰江苏省科学技术奖获得者，特颁发此证书。

项目名称：高效精密纵向优选多片圆锯机床开发

奖励等级：三 等

获 奖 者：张齐生

江苏省人民政府
2011 年 2 月 25 日

证书号：2010-3-58-R3

证 书

编号：转 031801

张齐生同志：

在第三届江苏省农业科技成果转化奖三等奖成果南方型杨树（意杨）木材加工技术研究与推广中为第 1 名完成人。

特发此证，以资鼓励。

江苏省农业科技奖
励基金管理委员会
二 OO 三年九月

浙江省科学技术奖证书

为表彰浙江省科学技术

奖获得者，特发此证书。

证书号：ZK 0701007-1

项目名称：竹炭生产关键技术、应用机理及系列产品研制与应用

奖励等级：一等

获 奖 者：张齐生

浙江省科学技术厅

二〇〇七年三月　日

张齐生同志参加研制的稻壳同时制取炭、气、油、液产品的资源化综合高效利用项目已取得成功，经审查符合省级科技成果条件，特发此证书。

证书编号：12-188-03

安徽省科学技术厅

2012年03月29日

浙江省科技进步奖获奖者证书

编号：浙科奖 №0011794

张齐生参加完成的环保型微薄木贴面装饰胶合板生产关键技术项目获2001年浙江省人民政府颁发的科学技术进步奖三等奖，为第二完成者。特发此证。

浙江省科学技术委员会

2001年11月28日

82155412

張齐生同志承担/参加铅筆板生产新工艺项目的研制工作，该项目被评为天津市八二年度优秀科技成果一等奖。特此证明。

天津市人民政府

竹材胶合板在汽车车厢上的应用研究

荣获南京市一九八七年度科技进步一等奖。南京林业大学

张齐生同志

是该项成果主要完成者之一。

特发此证，以资鼓励。

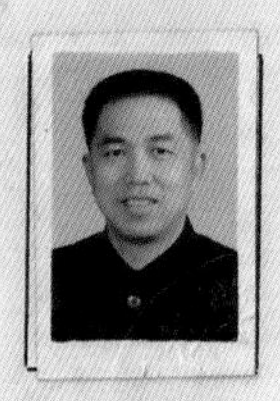

编号：8717025

南京市科学技术委员会

一九八八年十二月二十六日

北京市科学技术奖

№ 2011 农-2-002-02

为表彰在推动科学技术进步、对首都经济建设和社会发展作出贡献者，特颁此证，以资鼓励。

获奖项目：承载型竹基复合材料制造关键技术与装备开发应用

获 奖 者：张齐生

获奖等级：贰等奖

北京市人民政府

二〇一二年三月

证书

张齐生 同志参加的中国木材节约和代用研究项目，荣获二〇〇七年中国物流与采购联合会科技进步一等奖，特此证明。

证书号：CFLP07-02-04-03

二〇〇七年十二月

湖州市科技进步奖获奖者证书

编号：湖科奖 № 0001306

张齐生 参加完成的环保型微薄木贴面装饰胶合板生产关键技术项目获 2001 年度湖州市人民政府颁发的科学技术进步奖 三 等奖，为第 二 完成者。特发此证。

湖州市科学技术局

2001年12月26日

德清县科技进步奖证书

张齐生参加完成的纳米环保型装饰贴面板的研究项目获2002年度德清县人民政府颁发的科技进步奖二等奖，为第一完成者。特发此证。

德清县科学技术局

二〇〇二年十二月

中国工程院院士文集

张齐生院士文集

张齐生 等 著

科学出版社
北京

内 容 简 介

张齐生院士文集根据张院士的学术思路、研究脉络及产业化创新过程分四大部分：一，速生木竹工业化利用技术研究与产品开发；二，竹木复合结构理论创新与应用开发；三，竹材装饰与结构材料；四，生物质炭和生物质能源多联产技术研究。

本书可供从事林业工程与生物质能源工程的广大科技工作者、企业技术人员、大学生等参考使用。

图书在版编目（CIP）数据

张齐生院士文集 / 张齐生等著.—北京：科学出版社，2018.9

（中国工程院院士文集）

ISBN 978-7-03-058929-3

Ⅰ. ①张… Ⅱ. ①张… Ⅲ. ①竹材-加工-文集 Ⅳ. ①S781.9-53

中国版本图书馆 CIP 数据核字（2018）第 219816 号

责任编辑：李涪汁 / 责任校对：彭 涛

责任印制：张克忠 / 封面设计：许 瑞

科学出版社 出版

北京东黄城根北街 16 号

邮政编码：100717

http：//www.sciencep.com

中国科学院印刷厂 印刷

科学出版社发行 各地新华书店经销

*

2018 年 9 月第 一 版 开本：890×1240 1/16

2018 年 9 月第一次印刷 印张：53 3/4 彩图：12

字数：1 800 000

定价：398.00 元

《中国工程院院士文集》总序

二〇一二年暮秋，中国工程院开始组织并陆续出版《中国工程院院士文集》系列丛书。《中国工程院院士文集》收录了院士的传略、学术论著、中外论文及其目录、讲话文稿与科普作品等。其中，既有早年初涉工程科技领域的学术论文，亦有成为学科领军人物后，学术观点日趋成熟的思想硕果。卷卷《文集》在手，众多院士数十载辛勤耕耘的学术人生跃然纸上，透过严谨的工程科技论文，院士笑谈宏论的生动形象历历在目。

中国工程院是中国工程科学技术界的最高荣誉性、咨询性学术机构，由院士组成，致力于促进工程科学技术事业的发展。作为工程科学技术方面的领军人物，院士们在各自的研究领域具有极高的学术造诣，为我国工程科技事业发展做出了重大的、创造性的成就和贡献。《中国工程院院士文集》既是院士们一生事业成果的凝练，也是他们高尚人格情操的写照。工程院出版史上能够留下这样丰富深刻的一笔，与有荣焉。

我向来以为，为中国工程院院士们组织出版《院士文集》之意义，贵在“真善美”三字。他们脚踏实地，放眼未来，自朴实的工程技术升华至引领学术前沿的至高境界，此谓其“真”；他们热爱祖国，提携后进，具有坚定的理想信念和高尚的人格魅力，此谓其“善”；他们治学严谨，著作等身，求真务实，科学创新，此谓其“美”。《院士文集》集真善美于一体，辩而不华，质而不俚，既有“居高声自远”之澹泊意蕴，又有“大济于苍生”之战略胸怀，斯人斯事，斯情斯志，令人阅后难忘。

读一本文集，犹如阅读一段院士的“攀登”高峰的人生。让我们翻开《中国工程院院士文集》，进入院士们的学术世界。愿后之览者，亦有感于斯文，体味院士们的学术历程。

徐匡迪

二〇一二年

《张齐生院士文集》序一

张齐生院士是我的老朋友。虽然他与我不在一个单位工作，虽然我的森林培育专业与他的木竹材加工专业相距甚远，但是我仍很有幸与张齐生院士有了二十多年的交情。

最初，我只是在我作为北京林业大学校长的任上，了解到张齐生是南京林业大学的科研处处长，而且在科学研究方面颇有成就。随即在张齐生申报中国工程院院士的评审过程中进一步了解到他在竹材加工利用方面有突出的成就。我很敏感地认识到，在我国木材资源不足而又有相当多的竹材资源的情况下，能够突破竹材原有的较窄的利用面，经过科技创新把竹材加工成可以代替木材的制品，这是了不起的成就。张齐生是这方面研发的第一创始人，我很自然地支持他当选为中国工程院院士。

在张齐生于 1997 年当选为中国工程院院士之后，作为同一学部甚至是同一学组的院士，我们之间的接触就更为频繁了。我了解到张齐生在当选院士以后，没有停留在原有的成绩上驻足不前，而是在不断深化和开拓新的科研领域。从竹材胶合板的研制和应用，到竹木复合结构材料的研制，再到竹地板和竹炭的制造和开发利用等，在竹子的综合利用方面越来越深入。再后来，随着视野的开阔和研究的深入，他把目光转向农区和林区的废弃生物质（秸秆、木材采伐剩余及加工剩余物）综合利用。他的科研思路的突出优点在于不局限于生物质资源单项利用（如秸秆发电、竹木材烧炭等），而是用新的科技手段把一些传统应用途径串连起来，最终达到生物质固、液、气三相全方位利用的圆满方案。张齐生院士和他的团队做了大量开发性的推广工作，用他的林农生物质气化多联产的科技路线建成了数十个试点产业项目，都取得了很好的效果。我曾随他参观过他在安徽颍上县的项目、北京顺义区的项目以及河北平泉县以杏核为原料进行发电，木焦油和活性炭生产及炭肥促农的项目，其显著效益十分引人注目。

张齐生院士本来的专业背景是木材机械加工，但他从国家需要出发，不仅把加工对象的木材扩充到竹材甚至整个生物质资源，而且在方法上也是机械加工和化学加工结合并用。这些跨越都很不简单，而且效果显著，大有前景。正当我们期待着张齐生院士在这些领域做出更大超越的时候，传来了张齐生院士因突发病情而逝世的噩耗。我们大家都感到非常遗憾，非常惋惜。按我看他的原来的身体底子，以及后期对自己保健的关心，他本应该还要为人民服务多年的。

张齐生院士多次声称自己是农民出身。农民出身而学有大成，更为不易。在张齐生身上我们看到了许多优良的与此有关的品质：认准目标而攻研不断的顽强精神，待人诚恳和与人为善的淳朴风范，诲人不倦且爱才若渴的师者表率。张齐生院士的这本涵盖他一生业务成就的文集，本该在他有生之年出版，恰成了他留给后人的遗著。我作为他的老朋友，以此序来略表我的哀思！

沈国舫

北京林业大学教授、原校长

中国工程院院士、原副院长

2018 年 7 月 19 日

《张齐生院士文集》序二

备受尊崇和爱戴的张齐生院士离开我们已将近一年了，张院士的音容笑貌和谆谆教诲时常萦绕在我的脑海里，与他交往的点点滴滴也历历在目。我 1983 年来校工作，工作第二年得知张院士主持完成的“铅笔板新工艺的研究”项目获得国家发明三等奖，就很想认识他。后来张院士到学校科技处任处长，因为申报课题与张院士有了几次接触，他耐心指导我们如何进行科研选题、撰写项目申报书，他平易近人，对年轻人倾囊而授，毫无保留。与张院士相识的三十多年，他像良师益友一样关心着我影响着我，他的学术成果和成就让我敬佩，他渊博的知识、严谨的治学态度和儒雅厚重的学者风范更让我受益匪浅。

张院士在科研方面倾注了大量的心血，《张齐生院士文集》收录了其 140 余篇论文，浓缩了张院士在南京林业大学几十年的心血和成就。20 世纪 80 年代，为了让家乡和竹区老百姓脱贫致富，他的科研方向由木材加工转向研究竹材加工，17 载研究开发竹材胶合板、竹木复合板，实现了“以竹代木”和“竹木复合”的新突破。为实现科技成果转化，他每年有 200 多天奔走于工厂车间，深入工厂与技术人员交流，指导科研成果转化和新产品开发，他科研成果的工业转化率超过 90%。5•12 汶川大地震后，他和东南大学的同行一起，研发了装配式竹结构抗震房屋。张院士首次将竹材大规模引入工业化利用领域，推动了我国竹材加工产业的形成和发展，使我国竹材加工业居世界领先地位，为竹材加工利用事业做出了创造性的贡献。

面对国家生态文明建设的新形势新使命，张院士带领他的团队在继续深化竹材高附加值利用的同时，又开始把科研重点转向了生物质能源化高效利用领域。他说：“科学家要与时俱进，要跟着时代节奏走。作为一名农林院校的科研工作者，有义务有责任为祖国的生态文明建设做点事。”经过十几年的研究攻关，张院士在“农林生物质气化多联产”核心技术、关键设备等方面取得了重大突破，实现了“一线多产”和“零排放”“零污染”。该项技术成为目前世界上最先进的农林废弃物资源高效综合利用技术之一，为我国低碳经济发展做出了积极贡献。如此累累科研硕果，不能不令人肃然起敬。

作为“土生土长”的南林人，张院士对学校充满了感情，他多次谈到教学科研如何结合，科研活动如何促进教学质量提高，科研成果如何转化等。我分管教学时，他语重心长地对我说：“一定要让教授走上本科生的讲台，我来带头。”他走向了讲台，为在校本科生作学术报告，给新生上专业指导课，给大学生上党课，谆谆教诲青年学生“如何做人做事做学问”，引导年轻一代立志成才、敢于创新。作为学科带头人，他十分重视对青年教师的培养，培育了一支业务能力精、学术水平高、协作精神强的学术团队，并带领他们获得了多项省部级、国家级大奖。

张院士一生致力于科学研究和教育事业，他把自己的一生都奉献给了竹材加工事业。他为南京林业大学奋斗了大半个世纪，他的一生留给我们太多的“财富”：敢为人先、攻坚克难的创新精神，胸怀家国、淡泊名利的人生态度，甘为人梯、无私奉献的优秀品格。张院士的科研精神和高尚品德永远值得我们学习。

藉此《张齐生院士文集》编印出版之际，作此序，以怀念张院士。

王浩

南京林业大学校长

2018 年 9 月 10 日

目　录

第一部分　速生木竹工业化利用技术研究与产品开发（1981～2017年）

第二部分 竹木复合结构理论创新与应用开发（1992～2017 年）

第三部分　竹材装饰与结构材料（2000～2017年）

第四部分　生物质炭和生物质能源多联产技术研究（2001～2017年）

第一部分

速生木竹工业化利用技术研究与产品开发（1981～2017年）

1978 年 12 月十一届三中全会中国开始实施对内改革、对外开放的政策，建立社会主义市场经济体制。国民经济呈现出几年翻番的持续快速发展的大好形势，包括木材在内的建设材料需求急剧增长，而我国天然林资源供应不堪重负，森林质量逐年下降，森林生态环境日益恶化。

同时期，南京林业大学与江苏省林科所自 1972 年从意大利引进的黑杨派杨树无性系新品种，在江苏、湖南、湖北、安徽、河南、山东南部等地进行了大面积的种植，杨树林长势良好，已经进入成熟期和采伐期。但作为引进杨树新品种，国内尚没有工业化利用的成功经验。张齐生等一批科研工作者率先开展了利用速生杨木制备胶合板的研究，系统研究了杨树的出材率、杨木旋切工艺、杨木单板的干燥工艺、杨木单板的施胶工艺和热压胶合工艺等技术，为速生杨木的大规模工业化利用奠定了基础。在解决杨木旋切工艺的基础上，张齐生创造性地提出了“以旋代锯”的铅笔杆制造工艺，提高了材料利用率，并节约了大量优质椴木。“铅笔杆 XB 生产法”获 1982 年天津市优秀科技成果一等奖和 1985 年国家发明三等奖；“南方型杨树（意杨）木材加工技术研究与推广”获 2005 年国家科技进步奖二等奖。杨木旋切-胶合工艺的诞生，推动了我国胶合板“农户＋工厂”的联动发展模式，形成了万众创业的局面，相继建立了河北文安、山东临沂、江苏邳州、山东菏泽等重要的杨木加工利用基地。目前，速生杨木、桉木成为我国胶合板工业的两大主要原材料，支撑了我国胶合板工业的半壁江山，因此杨木胶合板的研制成功对我国胶合板工业的发展具有里程碑式的重大意义，同时也为我国天然林保护政策的顺利实施提供了材料保障。

另一方面，我国自 20 世纪 60 年代即开始对竹林进行人工经营和资源化培育，竹林面积发展迅速。据 1980 年的统计，全国竹林总面积 5102.70 万亩，占全国森林面积的 2.84%；全国竹林总蓄积量约为 7160 万 t，占全国森林总蓄积量的 0.75%。全国每年可轮伐毛竹 3 亿余株、杂竹 150 余万吨，相当于 500 万～600 万 m^3 木材的量。竹子生长快、成材早、产量高，但是竹子壁薄中空、尖削度大，外有竹青、内有竹黄，难于胶合；因此竹材长期处于原始利用状态，利用价值很低；绝大多数竹农是守着竹山过穷苦日子。在这种形势下，张齐生自 20 世纪 80 年代初开始组织团队研究开发毛竹材的工业化利用途径。经过近 5 年的刻苦攻关，终于成功开发了以竹子“软化-展平”为核心的竹材胶合板制造技术，研制开发了竹材工业化利用的成套设备；并相继在安徽黟县、广德，江西宜丰、奉新、黎川、铜鼓、资溪，福建建阳、建瓯，浙江遂昌、泰顺、余姚等竹产区推广建厂 40 多家。至 20 世纪 90 年代初，竹材胶合板年产量达到 10 万 m^3 以上，产品在我国一汽、二汽、南汽等企业的货车地板和全国 27 个城市的客车地板上得到广泛应用，开创了竹材胶合板替代优质天然林木材用作工程结构材料的先河，年节约优质松木 40 多万 m^3，毛竹材的价格也由原来的 3 元/担提高到 15 元/担，竹农直接收入增加了 5 倍，同时各企业为竹农提供了 4000

多个就业岗位，竹材加工成为当地政府的支柱产业；更为重要的是竹材的增值利用极大地刺激了竹农自发种竹和科学经营竹林的积极性，使得竹林面积呈现快速增长趋势。将竹材变废为宝，得到国务院和各级政府的肯定和重视，“竹材胶合板的研究与推广”获 1995 年国家科技进步奖二等奖，发明专利“改进的竹材胶合板制造方法”获 1995 年中国发明专利创造金奖。1997 年张齐生当选中国工程院院士。

中国是世界竹子分布中心，有竹类物 40 属，500 多种，约占世界竹类种质资源的 1/3，竹林面积约 672.74 万 hm^2，占全国森林面积的 3.48%。竹子适应面广、容易栽培，一旦种植成功，即可自行行鞭发笋、成林速度快，生态修复性好，只要科学合理经营，可永续循环利用。20 世纪 90 年代中期开始，竹材加工产业进入全面蓬勃发展期，竹材加工利用方式方法、产品种类和用途均得到快速推进和发展。至 2018 年，竹材产品已达到上万种，竹产业就业人数达 800 多万人，年产值超过 2000 亿元。新形势下，竹产品更是绿色产品的代表，随着科学技术的不断进步，竹加工产业必将焕发出新的勃勃生机。

孙丰文

竹材胶合性能的改善

张齐生　杨萍　泽田丰　川井秀一　佐佐木光

编者按：改善竹材胶合性能对发展竹质人造板生产至关重要。国内外过去尚无系统研究竹材胶合性能的报导。日本《木材工业》1990 年第 1 期发表的这篇文章介绍了使用酚醛树脂和异氰酸树脂胶黏剂对毛竹和桂竹的胶合性能进行的一系列基础实验和评价，并展示了一种既能提高竹材胶合性能，又能简化竹材工业化加工工艺和提高竹材利用率的有效方法，对竹质人造板的研制、开发和改进很有参考价值。现请张齐生同志译出，刊登于此，供读者参考。

竹材强度高、刚性好，耐磨损，可作为高强度的结构材料利用。但是，通常竹子直径小、壁薄中空，同时竹材壁厚方向的结构还存在差异，可区分为外层、中层和内层三个部分，它们的化学成分、机械性质、胶合性能等都有明显差异，在开发利用时，对这些差别必须进行认真的考虑和采取适当的措施。

根据有关文献记载，竹材胶合时必须将胶合性能差的外表面和内表面除去。这在竹材工业化利用中，使工艺变得复杂，竹材利用率下降。本研究使用水溶性酚醛树脂和异氰酸树脂胶黏剂，对毛竹和桂竹的胶合性能进行了一系列的基础实验，在评价胶合性能的同时，研究了提高胶合性能的有效处理方法，提出了一种简化竹材工业化生产工艺、提高竹材利用率的有效方法。

1 实　验

1.1 供试材料

1.1.1 竹材的种类

竹材的种类有三种：

毛竹（*Phyllostachys heterocycla* f. Pubescens Muroi），日本京都产，3～5 年生，直径 8～10cm，肉厚平均 9mm。

桂竹（*Phyllostachys bambusoides* Sieb et Zucc），日本京都产，3～5 年生，直径 8～10cm，肉厚平均 6.5mm。

1.1.2 胶合用竹片的制作加工

首先去节，剖成宽度为 3～3.5cm、长度为 30～40cm 的竹片，放在 70～80℃的热水中浸泡 1～2h 后，在热压机中慢慢加温加压（热板温度为 150℃），在不产生开裂的情况下进行展开。展开以后，再保压 2min（压力 1kg/cm^2 左右），并短时间卸压使压板张开呼吸一次，这样反复两个周期后，从热压机内卸出。展开后的竹片冷却至室温以后，再用高桥工业株式会社制造的剖竹机（No.100-SML）剖成厚度为 1～1.5mm 的外层（其中一个表面是竹青面）、中层（两个表面均为竹肉）、内层（一个表面为竹黄面）三种薄竹片。为了获得干燥和表面平整光滑的竹片，将竹片放在热压机内（热板温度 150℃），让热板闭合加热 2～3min，再张开呼吸，反复循环直至干燥到胶合所要求的终含水率。最后在带式砂光机内将竹片表面砂光，得到光滑平整的表面（竹青和竹黄表面由于要比较其胶合性能，故不砂光）。

1.2 表面处理方法

为了提高竹青面和竹黄面的胶合性能，将已制成的外层和内层薄竹片（带有青和黄的竹片）的一半，用以下两种方法进行表面处理：

本文原载《林产工业》1990 年第 1 期第 1-4 页。

1.2.1 物理处理

从实用性考虑，采用处理速度快、容易自动控制的喷砂法(一般金属铸件表面清砂或研磨用的喷砂方法)。使用的研磨材料为 70 目的钢砂，在竹片的竹青和竹黄表面上有规律地喷砂。采用 FP-8 型喷砂机，空气压力为 5.5～6.0kg/cm^2，空气消耗量为 0.876m^3/min。喷砂进度考虑到大致相同程度的磨削量，对于硬的竹青表面采用 3.0m/min，软的竹黄表面采用 6.0m/min。但是，实际测定的结果，喷砂一次，毛竹的竹青表面质量损失为 0.019g/cm^2，桂竹为 0.013g/cm^2；毛竹的竹黄表面质量损失为 0.010g/cm^2，桂竹为 0.004g/cm^2。

1.2.2 化学处理

采用碳酸钠（Na_2CO_3）溶液处理。即将外层和内层竹片浸泡在 90℃的 10%浓度的碳酸钠溶液中 15min，取出后放置在水槽中用清水冲洗 24h。最后在热压机内（热板温度 150℃）用前面同样的方法进行接触加热，干燥至所要求的含率。

1.3 胶合条件和试件的制作

1.3.1 胶黏剂的种类

胶黏剂的种类有两种：

PF：三井东压化学株式会社制的水溶性酚醛树脂胶黏剂（PL-281），固体含量 48%。

IC：群荣化学株式会社制的异氰酸树脂胶黏剂（UL-4811），固体含量 100%。

1.3.2 竹片的含水率

竹片的含水率根据使用的胶黏剂分别调整为以下数值：使用 PF 时，<8%；使用 IC 时，14±2%。

1.3.3 胶黏剂的涂布量

单面涂胶量 160～170g/m^2。

1.3.4 热压条件

热板温度：150℃；压力：20kgf/cm^2；热压时间 1min/mm（竹片厚度）。

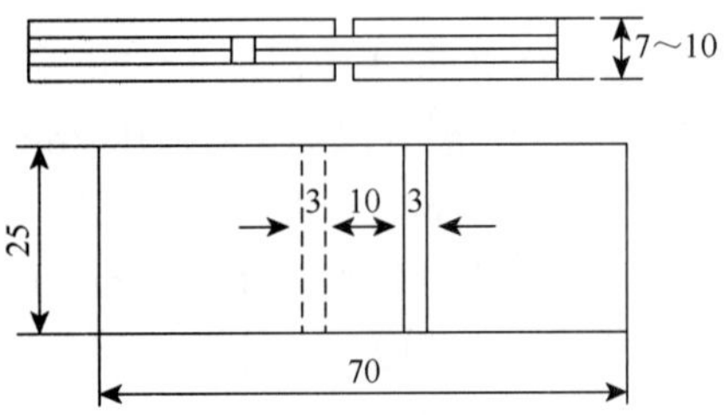

图 1 胶合强度试件（单位：mm）

1.3.5 试件的制作

首先将两块竹片胶合成二合板，锯成宽 2.5cm、长 7cm 的尺寸，并加工成如图 1 所示的 1/2 部分的沟槽，然后再将两块已经胶合起来的二层竹片再胶合起来，制成如图 1 所示的最终试件。

1.4 试验方法

1.4.1 未处理竹片的胶合性能试验

供试验的竹材有毛竹和桂竹两种。使用的胶黏剂有 PF 和 IC 两类。胶合面的组合有：竹青面和竹青面、竹黄面和竹黄面、竹肉面和竹肉面、竹青面和竹黄面、竹黄面和竹肉面、竹青面和竹肉面共六种，以下简称为外层-外层、内层-内层、中层-中层、外层-内层、内层-中层、外层-中层。

胶合强度试验按常态和湿润两种条件进行测定，各种试验条件的试件均取 6 个以上试件。

1.4.2 处理后竹片的胶合性能试验

供试验的竹材有毛竹和桂竹两种。胶黏剂有 PF 和 IC 两类。

胶合面的组合有竹青面和竹青面、竹黄面和竹黄面、竹青面和竹黄面三种。

胶合强度试验按常态和湿润两种条件进行测定。表面处理有物理法和化学法两种。试件的数目都在 6 个以上。

1.5 胶合强度试验

在拉伸剪切试验时，为了避免弯曲应力的作用，采用德国工业标准 DIN53255 规定的试件（图 1）。试验按日本工业标准 JIS K—6802 规定的常态和反复煮沸试验（煮沸 4h，60℃热风干燥 20h，反复 2 个周期）的方法进行。

2 结果和考察

2.1 未处理竹材的胶合性能

使用 PF 和 IC 胶黏剂的毛竹的常态和湿润状态的胶合性能如图 2 所示。

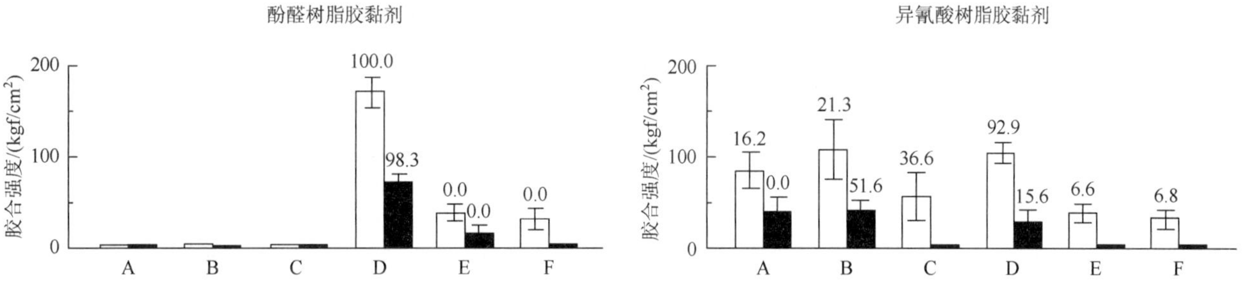

图 2 未处理毛竹的胶合强度

I：标准偏差（数字为竹破率%）A：外层-外层；B：外层-中层；C：外层-内层；D：中层-中层；E：中层-内层；F：内层-内层；常态、湿润的表示符号见图 3 说明

使用 PF 胶黏剂胶合竹片时，中层-中层显示出良好的常态和湿润状态的胶合强度，胶合面上的竹材破坏率（以下简称竹破率），几乎可达 100%，但是外层-外层、外层-中层、外层-内层都完全不能胶合。中层-内层、内层-内层在常态条件下多少还有一点胶合强度，但是在湿润状态下胶合强度很低，而且胶合面上竹破率等于 0。

使用 IC 胶黏剂胶合竹片时，外层-外层、外层-中层、中层-中层的胶合显示出一定程度的常态和湿润状态的胶合强度，但是内层的组合在常态下胶合强度相当低，湿润状态的胶合强度则完全没有。

综上所述，IC 树脂虽然比 PF 树脂对竹材的胶合性能要好一些，但是，使用 PF 树脂，竹青面比竹黄面难胶合，使用 IC 树脂，竹黄面比竹青面难胶合。这一点显示了竹青面和竹黄面的化学成分的差别。

2.2 表面处理后竹材的胶合性能

图 3 所示为毛竹的竹青和竹黄面经过物理和化学处理后的胶合试件的常态及湿润状态的胶合强度试验结果。它和图 2 比较，有以下结果：

（1）使用 PF 胶黏剂时，用物理处理法改善胶合性能的效果很明显，但用化学处理法时，效果几乎表现不出来。同时，用物理法处理竹片后，湿润状态胶合强度试验时竹青胶合面上的竹破率虽然有些下降，但胶合强度与图 2 中的中层—中层的胶合强度大致是相同的。因此，如果选择好砂粒的种类和粒度大小，胶合性能将可得到进一步改善，所以喷砂处理法是一种实用性很强的方法。

（2）使用 IC 胶黏剂时，物理处理法的效果不如使用 PF 树脂时明显，整个胶合性能没有明显改善。而且，湿润状态的竹破率等于0。这大概是物理处理法形成的表面糙度对于IC树脂可能不适宜，砂粒的种类和粒度大小还需要进一步研究和改进。化学处理法的效果，外层-外层的胶合性能有明显的改善，但是，外层-内层、内层-内层的胶合性能和未经化学处理的结果几乎是同样的，可认为没有改善。这一结果表明，用碳酸钠处理竹青，可以除去竹青表面阻碍胶合的有害成分，而难以除去竹黄表面的有害成分。

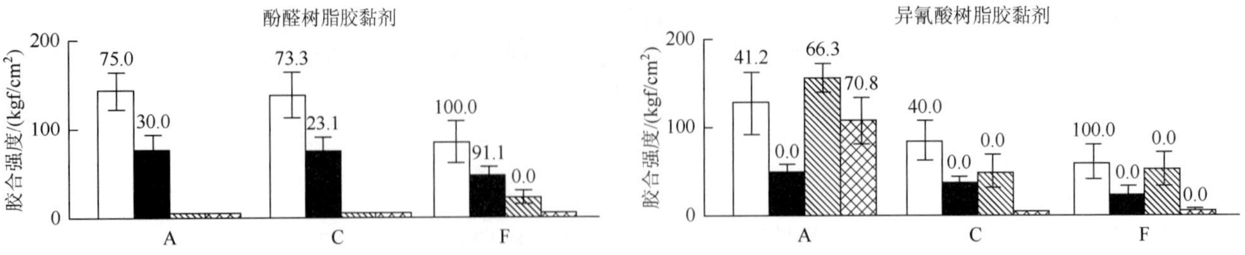

图3　表面处理后毛竹的胶合强度

初始温差（数字为竹破率，%）；物理处理（常态）；物理处理（湿润）；化学处理（常态）；化学处理（湿润）；
A：外层-外层；C：外层-内层；F：内层-内层

表1及表2分别为毛竹和桂竹使用酚醛树脂和异氰酸树脂胶黏剂时胶合性能的比较结果。表中除表面未经处理的以外，还有对竹青和竹黄进行了物理和化学处理后的三种组合的胶合面的胶合试验的结果。

表1　竹材的胶合强度（酚醛树脂胶黏剂）

竹材种类			桂竹						毛竹					
处理方法			未处理		物理处理		化学处理		未处理		物理处理		化学处理	
			常态	湿润	常态	湿润	常态	湿润	常态	湿润	常态	湿润	常态	湿润
胶合面的种类	外-外	BS	0.0	0.0	134.1	72.6	0.0	0.0	0.0	0.0	145.1	78.5	0.0	0.0
		SD	0.0	0.0	12.0	9.5	0.0	0.0	0.0	0.0	20.8	17.7	0.0	0.0
		BF	0.0	0.0	93.5	53.0	0.0	0.0	0.0	0.0	75.0	30.0	0.0	0.0
	外-中	BS	0.0	0.0					0.0	0.0				
		SD	0.0	0.0	—	—	—	—	0.0	0.0	—	—	—	—
		BF	0.0	0.0					0.0	0.0				
	外-内	BS	0.0	0.0	102.0	58.3	0.0	0.0	0.0	0.0	142.3	75.8	0.0	0.0
		SD	0.0	0.0	17.1	17.5	0.0	0.0	0.0	0.0	37.0	9.8	0.0	0.0
		BF	0.0	0.0	100.0	71.1	0.0	0.0	0.0	0.0	73.3	23.1	0.0	0.0
	中-中	BS	113.8	82.4					178.7	75.8				
		SD	24.9	13.3	—	—	—	—	16.1	9.8	—	—	—	—
		BF	100.0	100.0					100.0	98.3				
	中-内	BS	74.7	31.5					40.3	17.0				
		SD	20.7	12.0	—	—	—	—	8.1	9.3	—	—	—	—
		BF	70.0	0.0					0.0	0.0				
	内-内	BS	32.8	23.0	110.6	72.6	30.4	9.2	30.5	0.0	88.3	51.7	24.8	0.0
		SD	16.3	7.8	6.4	10.0	3.7	4.2	15.9	0.0	26.3	10.3	10.5	0.0
		BF	0.0	0.0	100.0	88.6	0.0	0.0	0.0	0.0	100.0	91.1	0.0	0.0

注：外：竹青面，内：竹黄面，中：竹肉面；BS：胶合强度：kgf/cm^2；SD：胶合强度的标准偏差 kgf/cm^2；BF：竹破率，%；—：未进行胶合试验。下同。

表2　竹材的胶合强度（异氰酸树脂胶黏剂）

竹材种类			桂竹						毛竹					
处理方法			未处理		物理处理		化学处理		未处理		物理处理		化学处理	
			常态	湿润	常态	湿润	常态	湿润	常态	湿润	常态	湿润	常态	湿润
胶合面的种类	外—外	BS	118.3	84.0	122.1	63.5	71.6	41.8	85.8	40.7	129.9	48.6	159.1	110.4
		SD	18.0	13.5	21.1	6.6	15.3	20.4	22.6	16.4	35.1	9.5	15.8	28.2
		BF	27.8	20.6	53.3	0.0	51.7	22.9	16.2	0.0	41.2	0.0	56.7	70.0

续表

竹材种类			桂竹						毛竹					
处理方法			未处理		物理处理		化学处理		未处理		物理处理		化学处理	
			常态	湿润	常态	湿润	常态	湿润	常态	湿润	常态	湿润	常态	湿润
胶合面的种类	外-中	BS	86.6	75.6					108.3	43.6				
		SD	15.0	16.2	—	—	—	—	35.6	9.4	—	—	—	—
		BF	75.0	83.6					21.3	51.5				
	外-内	BS	67.7	68.1	121.2		0.0	0.0	56.0	0.0	86.3	38.8	51.3	0.0
		SD	6.4	2.7	34.6		0.0	0.0	28.9	0.0	24.8	8.9	21.0	0.0
		BF	15.4	75.0	60.8		0.0	0.0	30.0	0.0	40.0	0.0	0.0	0.0
	中-中	BS	172.6	75.8					105.5	29.0				
		SD	24.8	16.0	—	—	—	—	12.9	16.0	—	—	—	—
		BF	100.0	89.0					92.5	75.0				
	中-内	BS	63.7	18.1					39.4	0.0				
		SD	17.8	8.5	—	—	—	—	11.3	0.0	—	—	—	—
		BF	0.0	0.0					0.0	0.0				
	内-内	BS	36.3	10.3	80.1	39.2	54.1	4.3	35.9	0.0	60.5	38.1	56.5	6.4
		SD	15.8	9.4	35.8	7.9	15.0	10.6	9.1	0.0	21.8	7.7	20.0	1.9
		BF	8.3	0.0	100.0	25.3	0.0	0.0	0.0	0.0	100.0	0.0	0.0	0.0

关于桂竹的试验结果，从总体上来看与毛竹类似。但是，在未经处理的条件下，桂竹的湿润胶合强度要比毛竹的湿润胶合强度高一些。

3 结 论

（1）两种胶黏剂对竹肉都有良好的胶合性能。竹青和竹黄使用异氰酸树脂胶黏剂时，只能得到某种程度的常态胶合强度（竹青有较高的常态和湿润强度，竹黄和竹肉的湿润强度均较低）。

（2）用喷砂的方法对竹青和竹黄表面进行物理处理后，胶合性能有明显改善，尤其是使用酚醛树脂胶黏剂时效果更明显。

（3）用碳酸钠进行的化学处理，对改善胶合性能一般均没有明显效果。但是使用异氰酸树脂胶黏剂时，对竹青的胶合性能有一定的改善。

（4）桂竹与毛竹的差别，仅在胶合方面稍微容易一些。

用喷砂进行的物理处理由于对曲面形状的表面也能适用，因此作为竹材胶合加工的前处理具有广泛的应用前景。今后期望能进一步研究研磨材料的材质和粒度，以确立适宜的技术参数。

竹材胶合板的研究——I. 竹材的软化与展平

张齐生
（南京林业大学 南京 210037）

摘 要

将半圆形竹筒软化后，展开成平直状。经刨削加工成一定厚度和宽度的竹片，按照胶合板的构成原理制成强度高、刚性好的结构用竹材胶合板。竹材通过加热、提高含水率和改善竹材的表面状态三种途径来增加其塑性、减小展平时的反向弯曲应力。采用一次加压直接展平工艺，可以获得符合工艺要求的具有最大限度的宽度和厚度的竹片。

关键词：竹材胶合板；竹材软化；竹材展平

Abstract

The semicircular bamboo tube is flattened after it has been softened. Then it is whittled into the sheets with a specific thickness and width. According to the constituting principle of plywood, the structural bamboo plywood with high strength and stiffness is made. Through heating, raising moisture content and improving the surface condition of bamboo, plasticity of bamboo can be increased, bending stress can be reduced to opposite direction, The technology with a single press and direct spread is adopted to obtain the bamboo sheets suited for productive demands and with the highest limit of width and thickness.

Keywords: Bamboo plywood; Softening of bamboo; Flattening of bamboo

如何在工业上科学而合理地利用竹材资源，是国内外科技工作者一直关心和思考的研究课题。本课题小组经过 7 年多的努力，突破了竹材的软化、展平技术难关，研究了毛竹“软化—展平—干燥定型—热压胶合”为核心的竹材胶合板制造工艺，并研制了竹材专用加工机械。建成了三个中试工厂，并进行了应用研究。

目前，竹材胶合板已在我国南京、长春、福建等地汽车制造厂广泛应用，为竹材资源的工业化利用开辟了新途径。

1 竹材胶合板制造工艺

竹材壁薄、中空、直径较小，具有弯曲度和尖削度，形状也不完全规则。采用传统的旋切方法，无论在利用率、劳动生产率还是质量和经济效益方面都难以达到满意的效果。经过分析和比较，决定采用将竹材软化以后展开成平直状，并刨削加工成竹片（相当于木材胶合板中的单板），再按照胶合板的构成原理制成竹材胶合板。其目的是希望用较简便的方法不改变竹材厚度和宽度上原有的结合形式，而获得最大限度厚度和宽度的竹片，从而减少生产过程中的劳动消耗和胶黏剂用量，并能获得保持竹材特性的强度高、刚性好、耐磨损的工程结构用竹材胶合板。通过小试、中试和生产运行中的反复验证和修改，目前生产中采用的竹材胶合板制造艺流程为

毛竹→截断→去外节→剖开→去内节→水煮→高温软化→展平→压刨→干燥定形→铣边→涂胶→组坯→预压→热压→热堆放→纵横锯边→成品。

竹材胶合板制造工艺主要包括：竹材的软化和展平、干燥定形及热压胶合工艺。

本文原载《南京林业大学学报（自然科学版）》1998 年第 4 期第 13-20 页。

2 竹材的软化

2.1 软化目的

为了满足工艺和产品应用的要求，希望展平以后的竹片裂缝不要贯穿到整个表面，以保持竹片整体状态并具有一定的横向强度，便于进行各后续工序的加工。竹材纤维素的含量比一般木材高，而半纤维素和木素的含量则比一般木材低。试验证明：半纤维素在 80℃，木素在 100℃即可以具有一定的塑性，而纤维素需要在 130～150℃的条件下才具有一定的塑性。因此，需要采用比木材更高的介质温度，才能达到一定的软化效果。

竹材的直径较小，曲率较大。要将半圆形的竹筒展平，竹材的外表面则受挤压，内表面受拉伸。其应力大小可用下式求出：

$$\sigma=\frac{E\cdot s}{2r}$$

式中，σ——展开时竹材外表面或内表面上的压应力和拉应力（Pa）；

E——竹材横向弹性模量（Pa），$E=1.05\times10^4$MPa；

s——竹材的壁厚（mm）；

r——竹材的曲率半径（mm）。

在常温下将直径 100mm、壁厚 10mm 的半圆形竹筒展平，则竹筒内、外表面所产生的拉伸和压缩应力为

$$\sigma=\frac{E\cdot s}{2r}=\frac{1.05\times10^4\times10}{2\times50}=1.05\times10^3\ (\text{MPa})$$

竹材横向的许用应力 $\sigma=6.08$（MPa）。由于竹筒展平时，内表面产生的拉伸应力（1.05×10^3MPa）大大地超过竹材横向许用应力（6.08MPa），故展平时竹筒内表面产生开裂是难以避免的。

由上式可知：对于某一需要展平的竹材，s 和 r 是一个定值，只有 E 值是随温度和含水率变化的可变值。因此设法减小 E 值，以减小拉伸应力 σ，从而减小展开时竹材内表面裂缝的宽度和深度。减小 E 值即意味着改变竹材自身的力学性能，提高竹材的塑性是改变竹材自身力学性能的有效方法。目前可以采取的措施主要有：①化学药剂处理；②提高竹材的温度；③提高竹材的含水率；④改变竹材的表面状态。

2.2 软化方案

软化试验曾先后采用过加碱蒸煮、氨水处理、常压和加压蒸煮、石蜡溶液中加热、热空气加热、流体床加热及改变竹材的表面状态（表面刻斜线和去青、去黄）等多种方法的探索试验。在大量试验的基础上，从经济性和实用性出发，为了尽量避免化学药剂的污染，降低处理成本，保持竹材本身的强度和色泽，决定采用增加含水率、提高温度和改变竹材表面状态等措施。具体软化处理试验方案有以下七种（表 1）。

表 1 竹材软化处理方案

方案	加热方式	软化展平效果
Ⅰ	常压水煮	竹片分成四块互不连续的小竹片，不能满足工艺要求
Ⅱ	加压水煮	竹片分成两块不连续的竹片，不能满足工艺要求
Ⅲ	温水、石蜡二次加热	竹片能保持连续成片，可符合生产，工艺要求
Ⅳ	同Ⅲ竹材内表面刻沟槽	竹片裂缝较浅，质量较好
Ⅴ	同Ⅲ竹材内表面去竹黄	竹片裂缝浅，质量好
Ⅵ	同Ⅲ竹材内表面去黄，外表去竹青	竹片无明显裂缝，质量很好
Ⅶ	分温水、沸水、热空气三次加热	竹片能保持连续成片，可符合生产工艺要求

2.3 软化过程中竹材内部的变化

2.3.1 含水率的变化

竹材的含水率与竹龄、采伐季节、竹材在竹秆高度上的位置等多种因素有关。软化工艺中的第一次热处理，主要目的是增加含水率和提高竹材的初始温度。第二次、第三次热处理主要是进一步提高温度，使竹材具有良好的塑性，满足展平工艺的要求。在Ⅲ、Ⅳ、Ⅴ、Ⅵ四个方案中的第二次热处理，是以石蜡做加热介质，将竹材放在石蜡溶液中加热，该法设备比较简单，加热均匀、效果也较好。在石蜡加热中，竹材内水分要蒸发，蒸发水分的多少是影响软化效果的一个重要因素。竹材加热和蒸发水分，对软化效果来说，是一个互相矛盾的过程。

竹材软化处理前后含水率的变化及含水率与竹龄、离地高度的关系见表 2。

表 2　软化前后含水率的变化及其与竹龄、高度的关系

竹龄/度		2	3	4	3	3	3
试材离地高度/m		0.6～2.5	0.6～2.5	0.6～2.5	2.5～4.4	4.4～6.3	6.3～8.2
软化前竹材含水率/%	W_{max}	69.90	58.50	55.10	50.20	47.90	
	W_{min}	62.30	41.90	30.80	32.40	30.20	
	W	65.80	46.60	42.80	39.00	36.10	
	σ	2.38	6.31	7.23	4.07	4.88	
	CV	3.62	13.54	16.89	10.44	13.52	
	n	10	15	16	21	14	
温水浸泡后含水率/%	W_{max}	87.40	97.40	88.90	80.50	84.60	71.30
	W_{min}	73.20	56.70	70.20	47.90	43.80	48.10
	W	79.20	76.90	78.10	57.20	54.70	59.30
	σ	5.46	13.82	6.10	9.49	11.84	9.03
	CV	6.89	17.97	7.81	16.59	21.65	15.23
	n	10	22	15	21	15	6
石蜡溶液加热后含水率/%	W_{max}	39.7	44.9	39.70	29.40	24.30	23.10
	W_{min}	33.10	22.60	21.50	15.80	11.30	9.70
	W	36.00	32.30	27.70	21.70	17.40	16.20
	σ	2.44	7.30	5.46	4.12	3.59	4.71
	CV	6.78	22.60	19.71	18.99	20.63	29.07
	n	9	23	15	21	13	6

注：竹龄以“度”表示，一度为两年。

由表 2 可见如下规律：①竹材的含水率随着竹龄的增加而减小；②同一竹龄的竹材，位置不同其含水率也不同，竹材的含水率随着竹秆高度的增加而减小；③竹材软化工艺中，第一次加热，含水率有明显增加，平均增加 21.5%；④第二次石蜡溶液加热，由于水分蒸发，竹材含水率明显下降，平均下降 35.04%。

2.3.2 竹筒曲率的变化

第一次加热过程中，含水率虽有增加，平均含水率达 67.57%，但是由于软化前竹材含水率已达 45.94%，超过了纤维饱和点，因此虽然含水率提高，竹筒并不产生湿胀，曲率也没有什么变化。第二次加热（石蜡溶液）过程中，由于水分蒸发，竹材含水率降低至纤维饱和点以下，竹材加热终了含水率平均值为 27.02%。竹材含水率自竹青、竹黄两表面至竹材壁厚的中心，存在着含水率梯度。竹青和竹黄部分含水率最低，而且竹青的干缩率是竹黄的 1.34 倍。因此竹筒的曲率呈现出减小的趋势，弧度趋于平坦，这一现象在石蜡溶液中加热竹材时明显可见。有节的竹筒，由于节部有横向排列的纤维，因而限制了竹筒曲率的减小。图 1

表示软化处理前后竹筒曲率的变化；表 3、表 4 为软化处理前后竹筒弧长的干缩率和竹筒曲率半径的变化率。

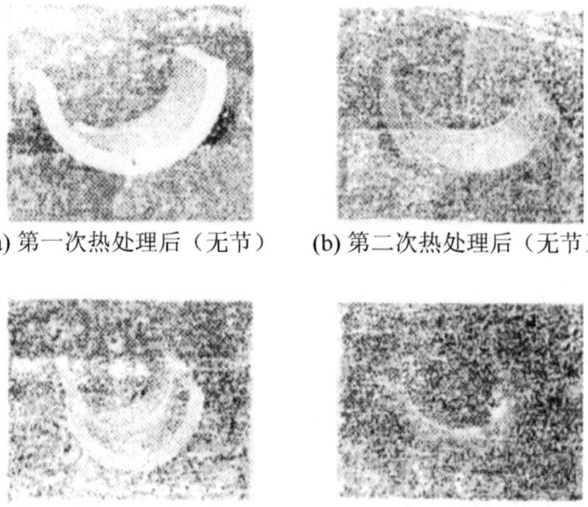

(a) 第一次热处理后（无节） (b) 第二次热处理后（无节）

(c) 第一次热处理后（有节） (d) 第二次热处理后（有节）

图 1 软化前后竹筒曲率半径变化

表 3 软化前后竹筒弧长的干缩率

工艺条件		B/%	B_{max}/%	B_{min}/%	σ	CV/%	n	竹龄/度
第一次加热	无节	−0.82	−2.10	0	0.38	46.34	35	2
	有节	−0.94	−1.88	−0.34	0.47	54.00	17	2
第二次加热	无节	7.24	9.56	5.48	0.93	12.85	35	2
	有节	6.87	8.27	5.62	0.91	13.25	14	2

注：表中 B = 竹材弧长平均干缩率，$B = (l_0-l)/l_0 \times 100\%$；
B_{max}—最大干缩率（%）；P_{min}—最小干缩率（%）；
n—试件数；σ—均方差；CV—变异系数；
l_0—软化处理前弧长（mm）；l—软化处理后的弧长（mm）。

表 4 软化前后竹筒曲率半径的变化率（内表面）

工艺条件		A/%	A_{max}/%	A_{min}/%	σ/MPa	CV/%	n	竹龄/度
第一次加热	无节	−3.86	−6.71	−1.41	1.38	55.8	36	2
	有节	−1.93	−4.48	−0.20	1.22	63.22	18	2
第二次加热	无节	23.71	42.31	5.99	7.83	33.02	34	2
	有节	14.43	20.45	7.28	4.17	28.90	14	2

注：A—竹筒曲率半径平均变化率（%）；$A = (D-D_0)/D_0 \times 100$（%）；
A_{max}—最大变化率（%）；A_{min}—最小变化率（%）；
D_0—软化前竹筒的直径（mm）；D—软化后竹筒的直径（mm）。

3 竹材的加压展平

3.1 展平方式

竹材加压展平可以采用三种形式：①一次加压展平。此法是将半圆形竹筒放在间隙式压机的压板内，一次加压展平。设备和工艺比较简单，但竹材展平过程中应力大，裂缝深，质量较差。②分段加压展平。此法将半圆形竹筒的弧分成若干段，在间隙式压机的压板内依次分段加压展平。③连续加压展平。在连续加压的展平机内，竹筒沿着圆弧切线方向进给的同时进行加压展平。②、③两法竹材在展平过程中应力小，裂缝多而分散，效果较为理想。但由于竹材有大小头、尖削度、弯曲度等因素，因此设计连续式展平机有一定的技术难度，目前尚未采用。而分段加压展平质量虽较好，但生产效率较低，难于满足生产要求，生产中也无法采用。目前生产中采用的是一次加压展平方式。图 2 为竹材加压展平方式示意图。

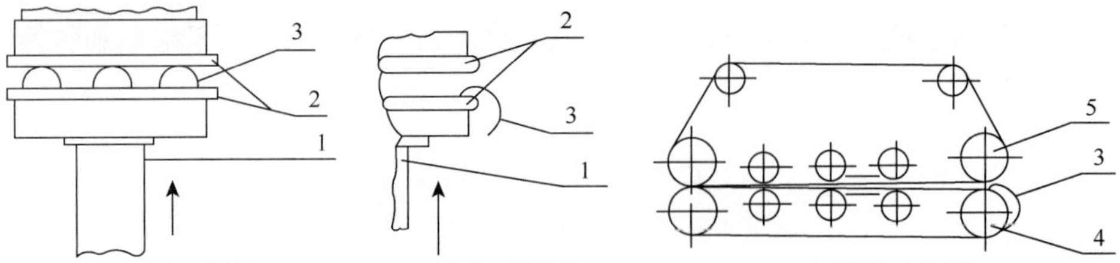

(a) 一次加压展平　　(b) 分段加压展平　　(c) 连线加压展平

图 2　竹材加压展平方式示意图

3.2　展平工艺

考虑到加压展平设备设计和制造上的技术难度，目前生产中采用一次加压展平工艺，并根据该工艺设计制造了五层竹材展平机。研究结果表明：竹材展平时所需的单位压力为（7.81～9.8）×10^5Pa（即 8～10kgf/cm^2），压板应加热到规定的温度。

由表 5 可知：表 1 所列的七种软化方案中，Ⅰ、Ⅱ两种方案展开效果差，难于满足生产工艺的要求，生产未予采用。Ⅲ、Ⅳ、Ⅴ、Ⅵ四种方案都是采用二次加热软化，原理基本相同。

表 5　各种软化方案一次加压展平后竹片的裂缝情况

	项目软化方案	Ⅰ	Ⅱ	Ⅲ	Ⅳ	Ⅴ	Ⅵ	Ⅶ
	竹节数/个	无	无	1	1	无	1	1
	直径/mm	95	99	104	100	105	105	102
	壁厚/mm	8	9	10	10	11	11	10
裂缝情况	整条数	4	1	0	0	0	0	0
	半条数	7	5	6	4	2	1	4
	最大裂缝深/mm	8	7.5	6.5	4	3	2	4
	最小裂缝深/mm	4	4	2	3	3	1	3
	裂缝宽/mm	5	5	3.5	3	1	1	2
	综合评价	竹片分成四块互不连续的小竹片，不能满足工艺要求	竹片分成两块不连续的竹片，不能满足工艺要求	竹片能保持连续成片，可符合生产工艺要求	竹片裂缝较浅，质量较好	竹片裂缝浅，质量较好	竹片无明显裂缝，质量很好	竹片能保持连续成片，符合生产工艺要求

Ⅳ、Ⅴ、Ⅵ三种方案中内表面刻斜线、去黄去青，都是为了改善表面状态度，减小展开时的应力。由于刻斜线难于机械化，故较长时间工厂用Ⅲ、Ⅵ两种软化工艺进行竹材的软化与展平。1986 年以来，由于石蜡供应紧张，价格昂贵，才改用按Ⅶ的方案进行软化与展平。软化工艺研究的大量资料表明：采用Ⅶ方案时，只要达到竹材软化的温度及规定的加热时间，一般都能保证展开质量。

3.3　影响竹材展平的因素

3.3.1　软化温度的影响

软化温度是影响竹材展平效果的关键因素。竹材按软化方案Ⅰ处理后，放入热压机的压板间一次加压展平，竹片断裂成四块互不连续的小块竹片。此时竹片的含水率平均为 80%～110%。若将竹片按方案Ⅲ处理，放入压板间加压展平。此时竹材的含水率一般仅为 27%左右，且展平后的竹片能连成一整体，裂缝数量多且分散，质量较好。

3.3.2　竹材厚的影响

由公式 $\sigma=\dfrac{E\cdot s}{2r}$ 可知，竹材壁厚 s 越大，应力 σ 也越大，展开效果也越差。

3.3.3 竹材直径的影响

竹材的直径增大，竹材的曲率则减小，竹材展平时的反向弯曲应力也减小，竹材展平的效果就好。对于直径较大的竹材，将其剖成三块进行展平，可以获得相当满意的展平效果。

3.3.4 竹材表面状态的影响

竹材外层的竹青、维管束比较密集，木纤维比较多，并含有蜡质，比木材坚实得多。竹材内层的竹黄多数为薄壁细胞，脆而松。竹青和竹黄影响软化处理的效果；又因其硬而脆，E 值比竹肉部分大，也影响展开效果。试验中，在竹筒内壁刻 20°～40°的斜线沟槽，在展平时起分散应力、导引裂缝方向的作用。展平后的竹片上裂缝条数多、深度浅而且呈斜线状，有利于后续工序的加工和表面质量的改善。软化前将竹材去竹青和去竹黄，改善了软化效果，减小了 E 值，从而减小了竹材展平时的反向弯曲应力，大大地改善了竹材展平的外观质量。因此，改变竹材的表面状态，实质上也就是减小竹材的 E 值，从而减小展平时的弯曲应力 σ 值，以提高竹材的展平效果。

3.3.5 竹材含水率的影响

含水率高，竹材的塑性好，有利于改善展平质量。但是竹材含水率还不是影响展平的最主要因素，决定性的因素是竹材的温度。当竹材达到规定的温度，含水率仅为 27%时，可以获得满意的展平效果。反之，含水率虽然高达 80%～110%，在常温下展平却无法得到符合工艺要求的竹片。但是含水率过低时，展平效果也不好。在加热和展平时，若加热时间过长，则含水率降低，竹筒的曲率增大，展平时竹筒发脆，竹片上的裂缝明显变宽、变深。

参考文献

[1] 南京林产工业学院竹类研究室. 竹林培育. 北京：中国农业出版社，1974.
[2] 北京林学院. 木材学. 北京：中国林业出版社，1983.
[3] 东北林学院. 胶合板制造学. 北京：中国林业出版社，1981.
[4] 平井信二，堀冈邦典. 合板（日、新版）. 东京：槙书店，1973.
[5] 陈桂升. 竹材胶合板. 中美林产品研讨会学术论文集，1987.

竹材胶合板的研究——Ⅱ. 竹材胶合板的热压工艺

张齐生
（南京林业大学 南京 210037）

摘 要

竹材胶合板主要作为结构材使用，要求有良好的耐候性。研究表明：使用水溶性酚醛树脂胶作为胶黏剂能满足使用要求。胶合工艺中，由于竹片的硬度、厚度误差都比木材单板大，因此要求有比木材胶合板更高的单位压力方能获得良好的胶合质量。主要的胶合工艺条件是：热压温度 140℃，单位压力 3.0MPa，热压时间 1.1min/mm，竹片的含水率＜10%。

关键词：竹材胶合板；结构材；胶合工艺

Abstract

Bamboo plywood is mainly used for a structural material, which needs a good weather-proof property. The research results show that the use of water-solubility phenol formaldehyde resin can meet the need of properties for application. During gluing, the errors both hardness and thickness for bamboo sheets are higher than that for wood-veneer, so the compression pressure for bamboo plywood is higher than that for wood-plywood to obtain a good bond quality. Here are the main processing condition，heat pressing temperature: 140℃, compression pressure: 3 MPa, heat pressing time: 1.1min, the humidity of bamboo sheets: ＜10%。

Keywords: Bamboo plywood; Structural material; Gluing technique

1 胶黏剂的选择

竹材胶合板，主要作为结构使用。胶合板的胶层应有良好的耐气候、耐水、耐腐蚀及耐冲击的性能。因此，进行不同胶黏剂的对比实验，对于保证产品质量、降低生产成本都是十分必要的。

本实验采用三种胶黏剂（六种配比）进行热压胶合实验并测定其物理机械性能。三种胶黏剂的六种配比名称如下：1#——脲醛树脂胶（中林 64）；2#——脲醛树脂胶加入定量填料；3#——上海木工所研制的酸性固化酚醛树脂胶；4#——上海木工所研究的酸性固化酚醛树脂胶加入定量填料；5#——上海木材一厂 51 号水溶性酚醛树脂胶；6#——上海木材一厂 51 号水溶性酚醛树脂胶加入定量填料。填料均为工业用面粉，用量为液体胶量的 3%。

由于条件的限制，实验着重进行三层结构竹材胶合板的实验研究。幅面为 33cm×33cm。

热压工艺暂以小试研究报告——“竹材层积材的研究”为基础，单位压力采用 2.0MPa。三种胶黏剂的热压工艺参数见表 1。

表 1 热压工艺参数

项目	涂胶量/(g/m²)	陈化时间/min	热压温度/℃	热压的单位压力/MPa	热压时间/(min/mm)	降压形式
1#	395～410	30	125	2.0	1.0	一次降压 30～45s
2#	320～330	30	125	2.0	1.0	同上
3#	280～300	60	145	2.0	1.1	一次降压 50～60s
4#	360～410	60，90	145	2.0	1.1	同上

本文原载《南京林业大学学报（自然科学版）》1989 年第 1 期第 32-38 页。

续表

项目	涂胶量/(g/m^2)	陈化时间/min	热压温度/℃	热压的单位压力/MPa	热压时间/(min/mm)	降压形式
5#	350～400	60	140	2.0	1.1	一次降压 40～60s
6#	380～420	60	140	2.0	1.1	同上

注：(1) 竹片在涂胶前的含水率为 8%～10%，涂胶方法采用手工涂胶。(2) 根据竹材胶合板的使用特点，不同胶黏剂的胶合板只检验两个指标：胶层抗剪强度和胶层剥离强度。(3) 酚醛胶和脲醛胶胶合板试件分别经沸水煮沸 3h 和 63℃水浸泡 3h 后，再测定其胶层抗剪强度（试件尺寸为 100mm×50mm）和剥离强度（试件尺寸为 44mm×20mm）。

三种胶种六种配比压制而成的竹材胶合板各项物理机械性能见表 2。

通过测定，可以得出这样的结论：

（1）同一种胶黏剂中加入了填料以后，胶合板的物理机械性能得到了明显改善。

（2）测定的各种胶合板的胶合强度都不大理想。分析其原因主要可能是所用的单位压力偏小。本实验采用全竹材结构，由于芯板竹片的硬度、厚度误差、粗糙度等均比木材单板大，热压时的单位压力应增大。

（3）普通水溶性酚醛树脂胶和酸性固化的酚醛树脂胶差别不大，但由于酸性固化酚醛树脂胶价格比普通水溶性酚醛树脂胶要贵一倍多，因此生产中仍宜采用普通水溶性酚醛胶。为求得良好的耐候性，不宜采用脲醛树脂胶。

生产中宜采用的水溶液酚醛树脂胶主要技术特性：固体含量（%）：50±2；黏度（cP）：700～1000；游离酚：3%以下。

表 2 三层竹材胶合板物理机械性能

代号	测定项目	试件数	平均数	最大值	最小值	均方差	变异系数
1#	胶层抗剪强度/MPa	27	5.97	7.07	4.63	0.89	14.9
	胶层剥离强度/kPa	—	—	—	—	—	—
2#	胶层抗剪强度/MPa	25	2.00	2.47	1.50	0.28	14.1
	胶层剥离强度/kPa	20	206	400	990	101	49.0
3#	胶层抗剪强度/MPa	20	1.61	2.30	0.93	0.47	28.9
	胶层剥离强度/kPa	18	192	283	115	55	28.8
4#	胶层抗剪强度/MPa	25	2.27	3.17	1.20	0.53	23.1
	胶层剥离强度/kPa	20	400	564	115	120	30.2
5#	胶层抗剪强度/MPa	20	1.56	2.94	0.88	0.54	34.6
	胶层剥离强度/kPa	22	168	290	102	72	42.6
6#	胶层抗剪强度/MPa	25	2.26	0.75	0.75	0.57	25.4
	胶层剥离强度/kPa	22	346	194	194	97	28.1

注：1#试件经 63℃水浸泡 3h 全部脱胶，故表中测定数据均为干强度。
2#试件经 63℃水浸泡 3h 后脱胶严重。抗剪试件脱胶 15 个，占 60%；剥离试件脱胶 9 个，占 45%。
3#试件经沸水煮 3h 后，抗剪试件脱胶 12 个，占 60%；剥离试件脱胶 10 个，占 56%。
4#试件经沸水煮 3h，脱胶不严重。抗剪脱胶 4 个，占 16%；剥离试件脱胶 5 个，占 25%。
5#试件经沸水煮 3h 后，抗剪试件脱胶 11 个，占 55%；剥离试件脱胶 12 个，占 54%。
6#试件经沸水煮 3h 后，抗剪试件脱胶 3 个，占 12%；剥离试件脱胶 7 个，占 32%。

2 热压工艺条件的探讨

在胶黏剂确定后，热压工艺是保证胶合质量的重要条件。一般认为竹材胶合板热压时的单位压力应大于普通木材胶合板。但是压力过大会造成密度增加、竹材利用率降低、变形加大等缺点；压力过小又会影响胶合质量。因此应当探讨竹材胶合板热压时最适宜的单位压力，供今后竹材胶合板生产中使用。

2.1 试验设计

为了简化试验，热压时的压板温度参照目前国内同种胶合板的温度，热压时间采用小试中确定的每毫米板坯厚度 1.1min。试验中采用的竹片厚度为 4.0～6.6mm，各项试验均组坯压制三层胶合板，酚醛树脂胶液中加入 3%的工业面粉做填料。

本次试验，热压的单位压力分别采用 2.0MPa、2.5MPa、3.0MPa 三种，其他条件均固定不变。不同工艺条件下制成的竹材胶合板，分别测试 10 项物理机械性能，进行综合评价，确定今后生产中采用的热压工艺条件。

试验方案	涂胶量/(g/m²)	陈化时间/min	热压温度/℃	单位压力/MPa	热压时间/(min/mm)	降压时间/s
Ⅰ	380～420	60	140	2.0	1.1	40～60
Ⅱ	380～420	60	140	2.5	1.1	40～60
Ⅲ	380～420	60	140	3.0	1.1	40～60

热压时间按板坯厚度每毫米需 1.1min 计算，热压时间 = 板坯厚度×1.1；全部采用一张一压工艺；降压分两段；总时间约 1min。

2.2　结果与分析

试验结果分别见表 3～表 5。

表 3　竹材胶合板物理机械性能（单位压力：2.0MPa）

项目	试件数	平均值	最大值	最小值	均方差	变异系数/%	准确系数/%
密度/(g/cm³)	22	0.81	0.86	0.70	0.038	4.79	1.01
压缩率/%	20	11.5	1.70	6.00	2.574	22.4	5
含水率/%	21	5.54	7.80	4.20	1.008	18.2	3.8
24h 吸水率/%	20	17.1	23.3	11.20	3.365	19.2	4.3
冲击强度/(J/cm²)	20	7.26	14.4	4.95	1.83	25.3	5.6
胶层剥离强度/kPa	26	240	404	87.2	79.7	32.1	7.0
纵向静曲强度/MPa	20	80.1	101.8	62.6	10.8	13.5	3
横向静曲强度/MPa	20	33.3	42.3	23.7	5.1	15.2	3.4
胶层抗剪强度/MPa	40	2.63	4.99	1.24	1.03	39.3	7.1
螺钉握着力/(N/cm)	20	2380	3160	1810	368.7	15.52	3.5

表 4　竹材胶合板物理机械性能（单位压力：2.5MPa）

项目	试件数	平均值	最大值	最小值	均方差	变异系数/%	准确系数/%
密度/(g/cm³)	26	0.84	0.97	0.71	0.052	6.12	1.2
压缩率/%	20	13.7	15.5	11.0	1.90	13.9	3.1
含水率/%	26	4.3	5.8	3.6	0.47	10.9	2.1
24h 吸水率/%	24	16.55	19.6	13.1	1.66	10.0	2.1
冲击强度/(J/cm²)	20	9.58	13.81	6.60	2.09	22	4.87
胶层剥离强度/kPa	33	386	627	235	145	36.7	6.5
纵向静曲强度/MPa	20	121.8	145.5	883.9	16.4	13.5	3
横向静曲强度/MPa	20	35.8	66.9	24.1	10.9	30.3	6.7
胶层抗剪强度/MPa	40	2.69	4.53	1.57	0.766	28.5	4.8
螺钉握着力/(N/cm)	20	2190	3090	1890	755.1	34.5	7.7

（1）表 3 为单位压力 2.0MPa 时的各项物理机械性能，试验结果发现，该组试件，胶合强度平均值虽然达到 2.63MPa，但 40 个试件经沸水 3h 后有 10 个脱胶，脱胶率达 25%，26 个胶层剥离强度试件经沸水 3h 后，有 4 个脱胶，脱胶率达 16%。究其原因，除部分试件竹片表面残留有竹青或竹黄，影响胶的湿润而未能胶合外，主要是竹片厚度误差较大，表面凹凸不平，胶合面在热压时未能紧密接触而造成胶合不良。因此可以认为该组试验的结果表明，胶合强度是不理想的，还应增加单位压力继续试验。

（2）表 4 为单位压力 2.5MPa 时的各项物理机械性能。该组试验胶合强度虽然仅提高 0.062MPa，但 40 个胶合强度试件，经沸水 3h 后只脱胶 5 个，脱胶率为 12.5%，其中有 3 个属于展开裂缝过大、试件胶合面上的竹片留有大块竹青和竹黄而造成脱胶。胶层剥离强度增加 0.146MPa，脱胶率为 8%，效果较为明显。纵向静曲强度从 80.1MPa 增加到 121.8MPa，增加了 52.1%；横向静曲强度从 33.3MPa 增加到 35.8MPa，增加了 7.5%，说明单位压力增加 0.5MPa 后，竹材胶合板的物理机械性能有了明显的改善。

（3）表 5 为单位压力 3.0MPa 时竹胶合板的各项物理机械性能。该组测试的各项物理机械性能都较高且稳定。尤其是 50 个胶合强度试验试件经沸水 3h 后脱胶仅 4 个，脱胶率为 8%。22 个剥离强度试验试件经沸水 3h 后脱胶仅 1 个，脱胶率为 4.5%。这些脱胶试件都是由于胶合面的竹片上残留有竹青、竹黄，或遇有大的展开裂缝，或由于在竹节附近厚度过小，而造成胶合不良引起脱胶，这些局部现象在竹材胶合板生产中是难以完全避免的。从表 5 还可以看出，继续再增加压力，胶合强度已不可能明显提高，因此单位压力 3.0MPa 是较为适宜的。

表 5 竹材胶合板物理机械性能（单位压力：3.0MPa）

项目	试件数	平均值	最大值	最小值	均方差	变异系数/%	准确系数/%
密度/(g/cm^3)	22	0.88	1.01	0.82	0.045	5.05	1.08
压缩率/%	18	16.2	19.0	13	1.925	11.9	2.8
含水率/%	22	4.8	5.9	3.3	0.699	14.7	3.1
24h 吸水率/%	25	16.13	22.6	11.9	2.334	14.5	3.1
冲击强度/(J/cm^2)	20	11.3	15.6	8.3	2.5	22	4.8
胶层剥离强度/kPa	22	470	741	315	106	22.5	4.8
纵向静曲强度/MPa	20	102.3	135.3	79.1	16.2	15.8	3.45
横向静曲强度/MPa	20	39.6	55.7	29.0	7.0	17.7	4
胶层抗剪强度/MPa	50	2.68	5.01	1.27	0.913	36.7	5.0
螺钉握着力/(N/cm)	20	2460	2930	2000	26.66	10.8	24

注：这类试件，胶层耐沸水性能为最理想。

压缩率与压力的关系曲线见图 1。胶合强度与压力的关系曲线见图 2。

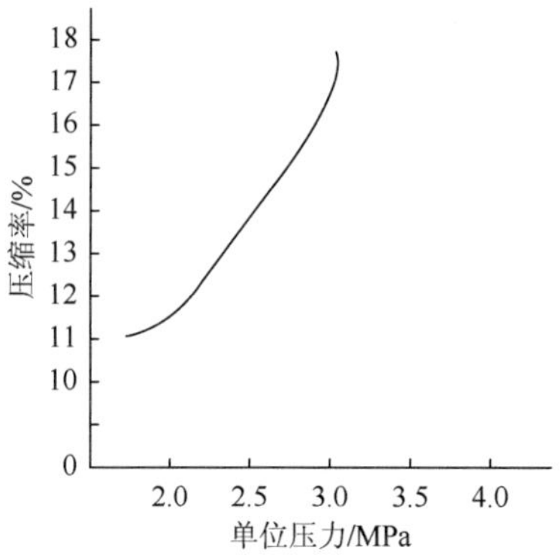

图 1 压缩率与压力的关系曲线

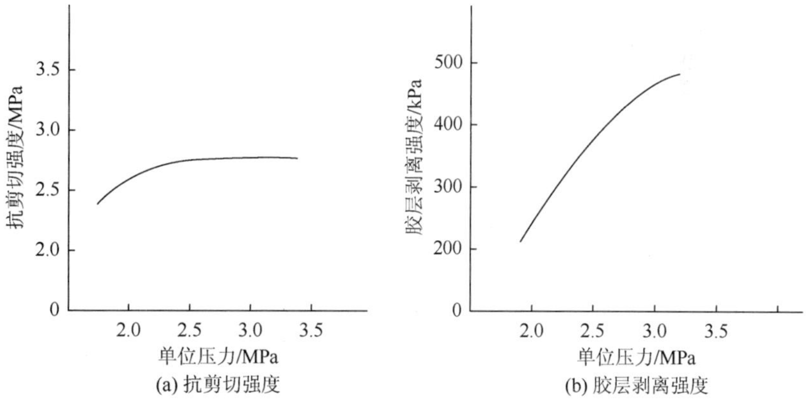

图 2 胶合强度与压力的关系曲线

3 结论与讨论

根据三种不同热压工艺条件，进行的热压胶合试验和物理机械性能的测定及比较，可以得出以下的结论。

（1）竹材胶合板热压最适宜的条件：热压温度为 140℃；热压时间为 1.1min/mm；热压单位压力为 2.5～3.0MPa。由于竹材胶合板的单位压力较一般的竹编胶合板和竹材层压板低 70%左右（竹编胶合板、竹材层压板为 5.0MPa 以上），因此竹材胶合板的密度要比竹编胶合板、竹材层压板低一些。这在利用上是一个重要的优点。

（2）竹材胶合板的压缩率随单位压力的增大而大幅度地上升。因此，在满足竹材胶合板使用强度的条件下，应尽量设法提高竹材利用率，减少压缩损失。所以单位压力在2.5～3.0MPa为宜（压缩率13.7%～16.2%），不必采用过高的单位压力。

（3）竹材胶合板的涂胶陈化时间比一般胶合板长，需60min以上。因为竹片的硬度大，表面平滑，对胶的润湿性较木材差。所以，陈化时间应长于一般木材胶合板。若陈化时间过短，在热压过程中，胶液容易被挤出，影响胶合强度。

（4）竹片上的竹青和竹黄，含有蜡质和有机硅，对胶黏剂的润湿性能很差。展开后的竹片，若不将竹青、竹黄除去，则根本不能胶合。为了获得满意的胶合性能，应力求将胶合面上的竹青和竹黄全部刨削干净。但是，这样做的结果将使大量的竹材变成刨花，大大地降低了竹材的利用率。因此研究带有竹青、竹黄竹片的胶合工艺将是今后继续需要解决的重要课题。

（5）竹筒展平成竹片以后，由于留有较大的残余应力，很快就形成弯曲状。为了满足组坯、热压工艺要求，必须消除竹片中的残余应力，使竹片保持平直状。在加工工艺中要求竹片展平后，利用自身温度而具有的塑性，立即进行刨削加工，使其达到一定的厚度，这样可以大大地降低能耗和刀具的磨损。刨削后再通过热板干燥机在保持压力的条件下进行干燥，消除竹片中的内应力，使竹片含水率达到8%～10%的要求，并使竹片保持平直，从而能获得满意的胶合质量。

参考文献

[1] 东北林学院. 胶合板制造学. 北京：中国林业出版社，1981.

[2] 平井信二，屈罔邦典. 合板（日、新版）. 东京：槙书店，1973.

[3] 东北林学院. 胶黏剂. 北京：中国林业出版社，1981.

[4] 小野和雄. 改良木材实验书. 东京：农业图书株式会社，1973.

竹材胶合板的研究——Ⅲ. 竹材胶合板的物理和机械性能

张齐生

（南京林业大学　南京　210037）

摘　　要

试验结果证明，竹材胶合板是一种吸水率低、膨胀率小、尺寸稳定、强度高、刚性好、阻燃性能好的工程结构材料。其强度高于当今其他结构板，也可与高强度的木材相媲美，可在车厢、建筑、机械等工业部门广泛应用。

关键词：竹材胶合板；物理性质；机械性质；耐老化性能；阻燃性能

Abstract

Through the measuring of six indexes for twelve kinds of physical, mechanical and flame-retarded performances, it has been proved that bamboo plywood is an engineering structural material, and it as performances of less density, low water absorption rate, small expansion on rate, stable size, high strength, good rigidity and advanced flame-retarded. Its strength is the highest of all structural panels and can catch up with that of the high-strength wood. It can be widely used in industry departments of railroad car, construct and mechanics etc.

Keywords: Bamboo plywood; Physical performance; Mechanical performance; Antiaging performance; Flame-retarded performance

1　试验与设计

1.1　试验材料

水溶性酚醛树脂胶竹材胶合板。厚度：15mm；层数：三层和五层。

1.2　热压工艺条件

热压温度：（140±5）℃；单位压力：3MPa（30kg/cm^2）；热压时间：16.5min。

1.3　试验内容和方法

由于国内外目前尚无竹材胶合板的物理、机械性能测试标准，本研究参照了国内外木质材料和木质人造板的测试方法制定了竹材胶合板的物理和机械性能测试方法。其中耐老化性试验参照美国 ASTM D1037 标准进行，阻燃性能参照我国公安部制定的氧指数法测定阳燃烧、阴燃烧和燃烧过程中的长度损失率、重量损失率及燃烧速度、火焰传播速度等项指标。

测试的主要物理机械性能见表 1、表 2。耐久性试验和阻燃性试验见表 3、表 4。

2　结果与分析

2.1　竹材胶合板的物理性质

由表 1 可知：

本文原载《南京林业大学学报（自然科学版）》1989 年第 13 卷第 2 期第 13-17 页。

表 1　竹材胶合板的物理性质

测定值		最大值	最小值	平均值	备注
密度/(kg/m³)	三层	887	758	788	$\rho=\frac{M}{V}$ 式中：M—竹材胶合板的重量；
	五层	866	825	848	V—竹材胶合板的体积
含水率 W/%		—	—	小于 8%	为绝对含水率
导热系数 λ/[kcal/(m·h·℃)]*		—	—	0.162	竹材胶合板
				0.152	单板复面竹材胶合板
导温系数 a/(m²/h)*		—	—	5.46×10^{-4}	竹材胶合板
				4.52×10^{-4}	单板复面竹材胶合板
比热 C/[kcal/kg·℃]*		—	—	0.333	竹材胶合板
				0.423	单板复面竹材胶合板
吸水率 ΔW/%		22.6	11.9	16.1	$\Delta W=\frac{G_2-G_1}{G_1}$ 式中：G_1—吸水前重量；G_2—吸水后重量
线膨胀率 H/%	a	1.10	0	0.50	$H=\frac{h_2-h_1}{h_1}$ 式中：h_1—吸水前长度；
	b	2.10	0.20	0.83	h_2—吸水后长度；a—纤维（板）长方向；
	c	5.20	1.90	3.80	b—纤维（板）宽度方向；c—板厚度方向

注：* 按《中华人民共和国法定计量单位》规定，导热系数单位符号用 W/(m·K)[1kcal/(m·h·℃) = 1.63W/(m·K)]；热扩散系数[表中的导温系数（m²/h）]单位符号用 m²/s；比热单位符号用 J/(kg·K)[1kcal/(1kg·℃) = 4186.8J/(kg·K)]。

（1）同一厚度同一热压条件下制成的竹材胶合板，随着层数的增加由于胶黏剂的用量增多，故密度也有增大的趋势。据文献[5]介绍，一般硬阔叶材胶合板的密度约为 800kg/m³，而软阔叶材胶合板的密度约为 500kg/m³，鱼鳞云杉气干木材的密度为 467kg/m³。因此，竹材胶合板的密度与硬阔叶材胶合板的密度大体相近。

（2）由文献[5]可知硬阔叶材胶合板的导热系数 $\lambda=0.100$kcal/(m·h·℃)，软阔叶材胶合板 $\lambda=0.145$kcal/(m·h·℃)；松木 $\lambda=0.120$kcal/(m·h·℃)，和松木的导温系数 $a=6.65\times10^{-4}$m²/h；比热 $C=0.324$kcal/(kg·℃)。由表 1 可以观察到：竹材胶合板的热学性能和硬阔叶材胶合板大体相近，但是它的隔热、保温性能略差于一般木材和软阔叶材，而比一般金属材料则要优异得多。

（3）由于竹材胶合板相邻层竹片是互相垂直配置且用高耐水性胶黏剂热压胶合而成，因此它的吸水性差，各个方向的吸水膨胀由于相互受抑制，线膨胀率和体积膨胀率小，故尺寸稳定性好。

2.2　竹材胶合板的机械性质

表 2　竹材胶合板的机械性质

测定值		试件数	平均值	均方差	变异系数/%	备注
静曲强度*(σ)/MPa	三层	21	113.30	16.6	14.4	$\sigma=\frac{3PL}{2bh^2}$ 式中：P—破坏载荷；
	五层	24	105.50	15.8	14.7	L—支座距离（240mm）；b—试件宽度（20mm）；
	鱼鳞云杉	21	34.0	16.9	16.9	h—试件厚度；胶合板 h = 15mm，鱼鳞云杉 h = 25mm
弹性模量(E)/MPa	三层	24	105.84	825.9	7.80	$E=4\frac{\Delta PL^3}{\Delta fbh^3}$ 式中：L、b、h 同上。
	五层	24	9898	117.0	11.9	其中，三层 $\frac{\Delta P}{\Delta f}=211.6$；五层 $\frac{\Delta P}{\Delta f}=197.7$
	鱼鳞云杉	24	4073	—	—	鱼鳞云杉 $\frac{\Delta P}{\Delta f}=375.9$

续表

测定值		试件数	平均值	均方差	变异系数/%	备注
冲击强度(A)/(J/cm^2)	三层	21	8.30	1.69	20.4	$A=\frac{Q}{b\cdot h}$ 式中：Q—折损耗功； b—试件宽度； h—试件厚度
	五层	21	7.95	2.42	30.7	
	鱼鳞云杉	21	4.26	1.65	38.6	
胶合强度(τ)/MPa	三层	19	3.52	0.49	13.8	$\tau=\frac{P}{b\cdot h}$ 式中：P—破坏载荷； b—试件宽度； h—试件厚度
	五层	15	5.03	0.60	12.1	
握钉力(M)/(N/mm)		20	241.10	26.70	10.8	$M=\frac{P}{h}$ 式中：P—破坏载荷（N）； h—试件厚度（mm）

注：* 1Pa = 1N/m^2，本专业领域常用 N/mm^2 为单位。

由表 2 可知：

（1）竹材胶合板的纵向静曲强度、弹性模量、冲击强度，厚度相同时随层数的增加而有减小的趋势，这是因为纵横方向的竹片厚度之比值随着层数的增加而减小的缘故。合理地调整各层厚度，可以满足不同使用目的对各项机械性能的要求。

（2）竹材胶合板的静曲强度是鱼鳞云杉的 3 倍以上，是定向刨花板（39.2MPa）的 2.5 倍以上。竹材胶合板的弹性模量是鱼鳞云杉的 2 倍，是定向刨花板（4300MPa）的 2.5 倍。冲击强度也是鱼鳞云杉的 2 倍。

（3）竹材的胶合性能良好，竹材在正确的胶合工艺条件下，能获得满意的胶合效果，胶合强度可以大大地超过同胶种的木材胶合板。

2.3 竹材胶合板的耐老化性能（耐久性能）

按美国结构用胶合板耐老化试验标准（ASTM D1037）规定的试验方法经过 6 个周期共 288h 的加速老化试验，静曲强度和冲击强度变化情况如表 3 所示。

表 3 加速老化试验后竹材胶合板静曲强度和冲击强度的变化

测定值	试件数	静曲强度/MPa				冲击强度/(J/cm^2)			
		老化前		老化后		老化前		老化后	
		三层	五层	三层	五层	三层	五层	三层	五层
平均值	27	113.3	105.5	90.8	65.2	8.3	7.95	6.23	5.2
下降百分率/%				19.9	38.2			24.9	34.6
均方差 S/MPa				24.6	18.2			2.45	1.45
变异系数 CV/%				28.1	27.9			39.3	27.9

ASTM D1037 标准规定：经 6 个周期加速老化试验后，当静曲强度残留率在 50%以上时，即认为可以承受在室外条件下使用三年以上的时间。试验结果表明：三层竹材胶合板静曲强度残留率为 80.1%，五层竹材胶合板为 61.8%；冲击强度残留率三合板为 75.1%、五合板为 65.4%，均达到和超过标准规定，可满足汽车车厢板的使用要求。

2.4 竹材胶合板的阻燃性能

竹材胶合板和红松、桦木酚醛树脂胶合板的阻燃性能试验结果见表 4。

由表 4 可知：

（1）红松和桦木的阴燃烧时间分别是竹材胶合板的 5.3 和 8.6 倍。

（2）红松和桦木的长度损失率大约为竹材胶合板的 40.2 倍。

（3）红松和桦木的重量损失率约为竹材胶合板的 63 倍。

（4）红松和桦木的燃烧速度分别为竹材胶合板的 14.4 倍和 10.2 倍。

（5）红松和桦木胶合板的火焰传播速度分别为竹材胶合板的 7.4 倍和 4.78 倍。

表 4　竹材胶合板的阻燃性能

名称	$O_1 = 20$（氧指数）（$O_1 = 21$，相当于在空气中燃烧）						
	$t_{阳}$/S	$t_{阴}$/S	Δl/%	ΔW/%	V_1/(mm/min)	V_2/(mm/min)	W/%
竹材胶合板	34.9	49.2	1.97	1.22	2.04	5.16	4.01
桦木胶合板	298.9	48.6	79.09	78.63	20.82	24.65	6.77
红松	186.6	56.9	79.22	77.76	29.46	38.26	9.94

注：氧指数—某物质引燃后，能够保持燃烧 50mm 长度或燃烧时间为 3min，所需的氧氮混合气体中最低氧的体积百分比浓度；$t_{阳}$—从熄灭燃烧的火焰到试件有火焰燃烧停止的时间；$t_{阴}$—从有焰燃烧停止到无焰燃烧停止的时间；Δl—长度损失百分率（%）；ΔW—质量损失百分率（%）；V_1—燃烧速度；V_2—火焰传播速度；W—绝对含水率。

3　结　　论

（1）竹材胶合板是一种强度高、刚性大、强重比很高的工程结构材料，代替木材、塑料和薄钢板用于制造汽车、火车车厢底板是一种理想的材料。

（2）竹材胶合板按美国结构用胶合板 ASTM　D1037 标准进行加速老化试验化，证明是一种耐候性很好的材料，可在室外露天使用。

（3）竹材胶合板由于相邻层竹片互相垂直配置胶合而成，其湿胀率小、尺寸稳定、不易变形，因而可以在竹材胶合板厂按用户提供的图纸加工成成品在车厢生产装配线中直接装配，便于工业化大批量生产。

（4）竹材胶合板经阻燃性能试验，证明不经防火处理已经具备良好的阻燃性能，在有一定防火要求的场合使用，也具有良好的应用前景。

本项研究得到了南京林业大学机械厂、木工厂及木材工业系人造板实验室的大力支持和帮助。东南大学动力工程系宋祥康先生代为进行了热学性质的测定，南京林业大学尹思慈副教授和 84 届毕业生吴盛富、吴广宁等同志进行了阻燃性能测试，在此一并表示感谢！

参 考 文 献

[1]　北京林学院. 木材学. 北京：中国林业出版社，1983.

[2]　东北林学院. 胶合板制造学. 北京：中国林业出版社，1981.

[3]　平井信二，堀罔邦典. 合板（日、新版）. 东京：槙书店，1973.

[4]　小野和雄. 改良木材实验书. 东京：农业图书株式会社，1973.

[5]　科尔曼，F. F. P. 木材学与木材工艺学原理. 杨秉国译. 北京：中国林业出版社，1984.

以竹代木、以竹胜木——论竹材资源开发利用的途径

张齐生
（南京林业大学　南京　210037）

1　我国的竹林资源

我国有竹类植物 30 个属 300 余种，主要分布在热带、亚热带和南温带海拔 3000m 以下的山地、丘陵和平原。全国有二三十种经济价值较高的竹种，据 1980 年的统计，全国竹林总面积 5102.70 万亩，占全国森林面积的 2.84%；全国竹林总蓄积量约为 7160 万 t，占全国森林总蓄积量的 0.75%。全国每年可轮伐毛竹 3 亿余株、杂竹 150 余万吨，相当于 500～600 余万 m^3 木材的量。竹子生长快、成材早、产量高、用途广，在全国森林资源急剧减少的情况下，竹林却例外，它依靠竹鞭自身顽强的繁衍能力，竹林总面积每年以 2.45%，总蓄积每年以 1.78%的速度递增。预计至 90 年底全国竹林总面积可达 6500 余万亩，全国竹林资源总蓄积量可达 8550 万 t。

在当前我国木材供应十分紧张，木材采伐量长期大于森林生长量、森林资源质量日益下降的情况下，如何合理地、充分地开发利用我国的竹类资源，对于缓解我国木材供应的紧张状况，保护我国的森林资源，开发山区经济都具有重要的意义。笔者从近十年来从事竹材加工利用研究和开发工作中积累和收集的资料，就竹材加工利用的途径和方法发表几点粗浅的看法。

2　竹材的基本特性

竹材和木材一样，都是天然生长的有机体，同属非均质和不等方向性材料。但是，它们在外观形态、结构和化学组成上都有很大的差别，具有自己独特的物理和机械性能。竹材与木材相比较，其主要特点是强度高，刚性好，硬度大。竹材和几种常用木材的主要物理机械性能如表 1 所示。另一方面竹材也具有一些缺陷，因而限制了在竹材利用中其强度高、刚性好、硬度大等特点的充分发挥。

表 1　竹材和几种常用木材的物理机械性能

性能	密度/(g/cm^3)	纵向静曲强度/MPa	纵向静曲弹性模量/MPa	硬度/MPa（弦向和径向平均值）
毛竹	0.789	152.00	12 062.2	71.60
泡桐	0.283	34.89	4310.0	10.83
大青杨	0.390	53.80	7750.0	15.73
鱼鳞云杉	0.451	73.60	10 390.0	16.01
桦木	0.615	85.75	8820.0	36.99
麻栎	0.842	111.92	16 580.0	73.21

竹材的主要缺陷有以下三点：

（1）竹材直径小，壁薄中空且有尖削度。

竹材的径级相对地小于木材，小的仅 1～2cm，经济价值最高的毛竹，其胸径也多数在 7～12cm，竹材壁薄中空，其直径由根部至梢部逐渐变小，壁厚由根部至梢部也逐渐变小，毛竹根部的壁厚最大可达 15mm 左右，而梢部壁厚却仅有 2～3mm，竹材的这一缺陷，给竹材的利用率和竹材的加工技术带来很多不利因素。

本文原载《中国木材》1990 年第 3 期第 29-34 页。

（2）竹材结构不均匀。

竹材在壁厚方向上，其外层称为竹青。竹青组织致密、质地坚硬、表面光滑，外表常附有一层蜡质，对水和胶黏剂润湿性差。其内层称为竹黄。竹黄组织疏松、质地脆弱、横向强度很低。竹青和竹黄之间的部分为竹肉，它的性能介于竹青和竹黄之间，是竹材加工利用的主要部分。由于竹青、竹黄、竹肉三者之间结构上的差别，因而它们的物理、力学性能及胶合性能也有明显的差异，对竹材的加工利用也带来很多不利的影响。

（3）竹材易腐蚀、易虫蛀、易霉变。

竹材远比一般木材含有更多的营养物质，其中蛋白质 1.5%～6%，糖类为 2%左右，淀粉类为 2.02%～5.18%，脂肪和蜡质为 2.18%～3.55%。因而在适宜的温湿度条件下使用或保存，很容易产生菌腐、虫蛀和霉变，从而缩短了使用寿命。

竹材由于有上述三大缺陷，尽管它有强度大、刚性好、耐磨损等特点，却不能得到充分的利用。千百年来竹材长期停留在劈篾编织农具、家具、工艺品及以原竹的形式或者经过简单的粗加工用于建筑的脚手架、竹跳板等的初级阶段，而不能像木材那样应用广泛。

3　开发竹材人造板是改善竹材性能、实现以竹代木的重要途径

多年来，人们从木材制成人造板后从根本上改变了木材特性的科学道理上得到了启迪，提出了制造竹材人造板来克服竹材各种缺陷的主张。随着人们对竹材本身的特性，竹黄、竹青、竹肉相互间的胶合性能有了较为深入的研究，逐步揭示了它们的内在联系，才先后研制出了和木材人造板既有联系又有差别并具有特殊性能的几种竹材人造板，竹材人造板幅面大、变形小、尺寸稳定、强度大、刚性好并能按使用要求调整产品的结构和尺寸，同时还具有防腐、防虫等特点，为以竹代木提供了有效的途径、发挥了重要的作用。目前我国竹材人造板的生产和应用技术在国内只有十多年的历史，但在世界竹材人造板生产、应用及研究的各个领域中，尚属于起步较早、处于领先地位的国家。我国竹材人造板的品种主要有以下五种。

3.1　竹编胶合板

竹编胶合板是竹材人造板产品中问世最早的一个产品。它是将竹子劈成薄篾编成竹席、干燥后涂（或浸）胶黏剂再经组坯胶合而成的一种板状材料。竹编胶合板一般由 2～5 张竹席组坯胶合而成，多数产品为薄板。

竹编胶合板一般有普通竹编胶合板和装饰用竹编胶合板。前者是由厚度稍厚、宽度稍宽的粗竹席胶压而成的板材。薄板主要用作包装材料，厚板也可用作水泥模板、车厢板等结构材。后者是由经过漂白或染色的薄篾编织成有精细、美丽图案的表层面席或用木材单板、刨制薄木作面层，并由若干层粗竹席为芯层一起组坯胶合而成。主要用于家具及装饰使用（如折叠椅面、椅背及室内装修，各种家具等）。

竹编胶合板生产中的劈篾、编席工作都可分散在农村各农户中作家庭副业，不需要复杂的机械设备。工厂只要有干燥机、涂胶机、热压机、裁边机即可组织生产。建厂投资较少，又能利用小径级的毛竹和杂竹，材料来源广。

竹编胶合板的竹席是由经、纬篾按挑一压一、挑二压二或挑四压四的方法编成，表面高低不平。为了保证有较好的胶合强度，需要加大涂胶量和热压时的单位压力，即便如此，竹编胶合板的胶合性能仍是竹材人造板中最差的。竹编胶合板竹材利用率较高，但由于手工劳动较多，劳动力成本日益增高，胶黏剂消耗量大（每 $1m^3$ 约 200kg），因而生产成本较高。

竹编胶合板，装饰效果不如木质胶合板和经过表面装饰的各种木质人造板美观；作为包装材料，在价格方面又面临硬质纤维板的激烈竞争；作为结构材，无论在性能还是价格方面，均比不上竹材胶合板和竹材层压板。因此，竹编胶合板的生存和发展面临着严峻的局面。

3.2　竹材层压板

将竹子劈成薄篾干燥以后，不经过编席而直接浸胶，再干燥至一定的含水率后组成板坯，然后经热压

胶合而成的板材即称为竹材层压板。竹材层压板竹篾多数均为纵向排列，主要使用酚醛胶，生产厚板，作结构材使用，主要用途用于车厢底板。

竹材层压板由于所有竹篾都要浸胶（因含量为 30%左右的酚醛胶），热压时又采用较高的单位压力，因此胶黏剂耗量大（每 $1m^3$ 约 250kg、略多于竹编胶合板），产品密度也较大（1.05～$1.10g/cm^3$）。由于篾片按平行方向组坯且采用模压成型，因此纵向强度、刚度很高，尺寸也稳定，但由于组坯时横向没有篾片，因而横向强度、刚度较低，且干缩率、湿胀率较大。

目前层压板主要采用模压方法生产，第二汽车制造厂使用的“东风 141”卡车底板所需的条状层压板代替同等尺寸的木材，使用量很大，取得了较好的社会效益和经济效益。

竹材层压板由于不适宜制造厚度较小和大幅面的板子，目前汽车制造厂在保证质量的基础上，力求采用大幅面和小于木材厚度的竹材人造板来代替木材和冷轧薄钢板，以便大幅度地降低成本和缓解冷轧薄钢板供应的紧张状况。为了适应汽车工业的需求，竹材层压板亟须在现有产品结构的基础上，解决组坯时篾片的横向组坯，以便能生产出纵横两个方向强度、刚度比较均匀，厚度较小、幅面大的竹材层压板，以满足汽车工业降低生产成本的要求，缓解冷轧薄钢板供应紧张状况。

竹材层压板生产用的篾片也可作为农村家庭副业在农户家生产，因而设备比较简单，建厂投资也较少（年产 $1500m^3$ 的工厂，设备投资约 150 万元）。而且竹材利用率较高，目前国内已有近十个工厂建成投产。

3.3 竹材胶合板

南京林业大学自 1982 年开始研制成功一种既不要剖篾也不需要编席的新工艺。将竹材经截断、剖开、去内外节以后，经过高温软化后再展平，并刨削成一定厚度，经干燥、定型后，涂胶、组坯、热压胶合而成，这种制成的新型竹材人造板，称为竹材胶合板。

竹材胶合板与竹编胶合板、竹材层压板的区别，主要是采用软化展平的方法，达到不改变竹材厚度和宽度上的结合形式而获得最大限度的厚度和宽度的竹片，从而减少生产过程中能量、胶黏剂和劳动力的消耗。由于是相邻层竹片互相垂直配置胶合而成，产品结构符合对称原则，且采用高耐水的酚醛胶，因而竹材胶合板幅面大，强度高，刚性好，尺寸稳定，变形小，是一种比较理想的车厢底板材料。竹材胶合板由于竹片厚度较大，一般 15mm 的板子多为三层结构，因而胶黏剂消耗量小，只需竹编胶合板或层压板的 1/4～1/5。另一方面由于竹片是经过定厚度加工，因而比竹席或篾片平整，故热压所需的单位压力较小，而且竹材胶合板的密度比竹编胶合板和层压板小，和一般硬杂木相近。

竹材胶合板还可以进行锯、铣、刨、钻和接长加工。由于它具有上述特点，南京汽车制造厂使用 15mm 厚的经接长的大幅面竹材胶合板代替 25mm 的木板，长春第一汽车制造厂使用 20mm 厚的经接长的大幅面竹材胶合板代替 32mm 的木板和冷轧钢板制造车厢底板，使用每立方米竹材胶合板可节约木材 4～$5m^3$，节约费用 1200～1500 余元。经几年使用的实践证明：竹材胶合板车厢底板整体性好，外形美观，经久耐用，而且具有施工简便的特点，深受汽车制造厂和汽车用户的欢迎。第二汽车制造厂和铁道部各客车厂今年也将批量试用。

竹材胶合板在性能和生产工艺上与竹编胶合板和竹材层压板相比虽然有前面所论述的优点，但竹材胶合板生产中需要大径级竹材（胸围 9 寸以上），竹梢头也未被充分利用，因而竹材利用率较低（35%～38%），而且小径竹材还无法利用。目前亟须从工艺和设备两方面加以改进提高，以提高竹材利用率和解决使用小径毛竹生产竹材胶合板的技术难关。另一方面目前使用的机械设备也存在不少欠合理之处，尚需进一步改进和提高。

竹材胶合板生产需要有一定的工业化规模，而且需要成套设备，技术要求比较严，投资也较大（建设一个年产 $2000m^3$ 的竹材胶合板厂，建厂投资需要 250 万～300 万元）。

3.4 竹材碎料板

以杂竹、毛竹枝桠、梢头为原料，经辊压、切断、锤式粉碎成针状竹丝以后，再喷胶、铺装成型、热压而制成的板材称为竹碎料板。

竹材的竹青和竹黄对胶黏剂润湿性差，所以在竹编胶合板、竹材层压板和竹材胶合板生产中，均需将竹青和竹黄除去方可获得满意的胶合效果，为此导致生产工艺复杂并降低了竹材的利用率。而竹材碎料板由于将竹子分离成杆状竹丝，在一定程度上改变了竹青、竹黄原有的表面状态，这就大大地改善了胶合效果。竹材碎料板原料来源广，可以利用各种杂竹、毛竹枝桠和梢头及竹材加工剩余物，竹材利用率高，工艺和设备又与木质刨花板相近。尤其是小型竹材碎料板厂投资较少（60 万～80 万元），乡镇企业容易上马，所以一度发展较快。据有关资料介绍，目前南方各省已有二三十家小型竹材碎料板厂，竹材碎料板外形虽近似于纤维板，但性能却劣于木质纤维板。另一方面由于竹材中含有较多的糖类等营养物质，未经防霉处理，所以制成的碎料板很容易发生霉变。目前的技术水平，要对如此大数量的竹材碎料进行防霉处理在技术上和经济上都有很多难处。竹材碎料板在与纤维板的竞争中，无论在价格还是性能方面都遇到很多困难，造成产品积压，工厂开工不足。目前竹材碎料板亟须在防霉处理上取得突破，并在生产过程机械化方面有新的进展，大大地提高劳动生产率和产品质量，这样才有可能在竹材人造板领域中占据其应有的地位。

3.5 竹材刨花（碎料）复合板

竹材刨花（碎料）复合板是以竹材胶合板生产使用的竹片为面、背板，以竹材刨花（或碎料）为芯层材料，经组坯后一次热压成型的板状材料。根据使用的需要，竹片两表面还可以组合木单板，三种材料复合一次成型。它融合了竹材（含木材）胶合板和竹材碎料板的生产工艺，是一种竹材利用率高，与竹材（或木材）胶合板外观形态相同，性能相当，耗胶量少于竹材碎料板，并在一定程度上克服了竹材霉变缺陷的新型竹材人造板。

实验表明：竹材刨花复合板改善了竹材胶合板和竹材碎料板的性能，具有强度大、刚性好、厚度误差小、板平整度好等特点，目前正在汽车工业中进行应用试验。从测试的各项物理机械性能中可以预测，它不仅可能在某些场合取代竹材胶合板和竹材层压板，而且由于它的某些特点，可能会具有更为广泛的用途。随着竹材刨花复合板应用研究的进一步开展，将会向人们展示其良好的应用前景。

综上所述，由于种种原因，以竹材为原料的各种人造板较之以木材为原料的各种人造板滞后了几十年乃至上百年才相继问世。我国各种竹材人造板问世最早的也只有一、二十年历史，很多产品都是在最近的十年中才先后问世；它们都还是襁褓中的“婴儿”，正在经历一个发育、成长的过程，需要在生产实践和产品应用中逐步完善和壮大起来。尽管如此，目前的竹材人造板以独特的性能作为结构材和包装材已经在卡车、客车、铁路车辆上代替木材、冷轧薄钢板、钙塑板制造车厢底板以及作为各种工业产品的包装材料被广泛地采用，节约了数十万立方米优质木材，为四化建设做出了贡献。

根据以上五种竹材人造板各自的工艺特性、产品性能以及原材料和辅助材料、能源供应情况，各竹材产地应因地制宜地选择适宜本地生产的产品，有计划地建厂，切忌一哄而起，盲目发展。以毛竹为主的产地，可以考虑建设生产竹材胶合板和竹材刨花复合板两个产品的竹材人造板厂，从目前的技术进展情况来看，预计 2～3 年内这两个产品将可开发出广阔的工业用途，并可实现机械化程度较高的工业化生产。

从目前各地建厂的实践中已经发现，生产单一产品的竹材人造板厂，竹材综合利用率较低，设备能力不能充分发挥，管理人员比例偏高，投资的效益较低，资金回收期较长，因而今后应尽可能建设竹材资源可以综合利用的多产品的竹材人造板厂。至于竹材碎料板在防霉技术尚未解决之前，在纤维板大量滞销的情况下，不宜大量发展，现有产品也应以各种材料进行复面装饰，以克服产品容易发生霉变的缺陷。

4 发展多种材料复合的竹材人造板新产品，探索以竹胜木的有效途径

研制与开发应用多种竹材人造板产品，开辟了以竹代木的重要途径，使得竹材资源的开发利用迈开了重要的步伐。但是竹材具有的强度高、刚性好、硬度大的特点却是一般木材不具有的特性。因此，在一些特殊的工业部门，如何根据其特殊的使用要求发挥竹材的特性，实现以竹胜木，发挥更好的技术经济效益，是我们科技工作者应该研究的另一个重要课程。

最近一位建筑方向的专家研究了竹材胶合板竹材刨花复合板和国际名优产品芬兰进口的维沙牌覆膜胶合板模板的机械性能，试图探讨竹材人造板在建筑水泥模板方面应用的可能性，意外地发现竹材人造板在水泥模板领域里具有“以竹胜木”的巨大特点。表2为竹材胶合板、竹材刨花复合板和维沙覆膜模板的机械性能。

表2 竹材胶合板、竹材刨花复合板和维沙覆膜模板的机械性能

性能	密度/(g/cm³)	静曲强度/MPa		弹性模量/MPa		胶合强度/MPa
		纵向	横向	纵向	横向	
维沙覆膜胶合模板（芬兰）	0.75～0.85	硬材 78	40	1.15×10^4	7.3×10^3	1.4～1.8
		桦木 60	41	1×10^4	4.7×10^3	
		软材 53	25	4.5×10^4		
竹材胶合板	0.75～0.85	113.3	70.17	1.06×10^8	5.7×10^4	3.50
竹材刨花复合板	0.85～0.92	114.1	38.3	5.4×10^4	4.0×10^4	沸水 3h 后不分层

由表2可知竹材人造板的静曲强度比维沙模板要高50%左右，胶合强度大1倍多，弹性模量要大5～10倍，而对水泥模板弹性模量具有十分重要的意义。因此竹材胶合板和竹材刨花复合板作为水泥模板可以冠以“高强模板”的美称。但是，模板对于表面质量、表面平整度和厚度误差都有十分严格的要求，这是目前的竹材胶合板和竹材刨花复合板生产工艺所难以达到的。我们曾针对上述要求，进行过多次试验，均未达到预期之效果。目前，我们在采用几种材料制造复合竹材胶合板的路子上已经迈出了可喜的一步，取得了一定的进展。一旦“高强模板”正式投入生产和使用，将对模板的结构改革产生重大的影响，并由此而带来巨大的经济效益。

“以竹胜木”是个新提出来的课题，笔者正在悉心从事这方面的研究与开发工作，并愿在此提出这个新课题，与全国的同行们及关心竹材资源开发利用的各行各业的人们一起进行探索和研究，为我国和世界竹材资源开发利用做一点贡献。

速生杨在木材加工方面的利用途径

张贵麟　张齐生　洪中立
（南京林业大学　南京　210037）

1　国内外速生杨开发和加工利用概况

据联合国粮农组织 1984 年统计，全世界现有杨树人工林 2000 余万亩（不包括中国）。

世界杨树速生丰产用材林发展的趋势，大致可以分为三种类型。第一种类型是木材供应紧张，现正大力营造速生林，如南斯拉夫。第二种类型是想继续发展速生林，以减少木材的进口，但无适当的立地条件，影响其发展，如韩国。第三种类型是由于经济效益的影响，正在逐步减少长轮伐期，维持短轮伐期，向超短轮伐期发展，以取得较好的经济效益。总的来说，目前世界上总的发展趋势是，通过多种集约经营来提高单位面积的产量（材积），而不是进一步扩大栽种面积，特别是缩短轮伐期，即向超短轮伐期发展，以适应国际上激烈的商品经济竞争。

国外速生杨树加工利用有以下主要特点：

（1）十分重视定向培育。即根据市场需要和预测，以取得较高的经济效益为前提，培育目的材。如意大利在最初 20 年间，由于培育的目的材不够明确，培育树种多，可供胶合板材利用的仅 20%，后在总结经验的基础上，选定Ⅰ-214 杨为主，加强集约经营，胶合板用材上升达 80%。当前在定向培育的方向上，有两大趋势，一是采用长轮伐期，培育大径级的优质原木，以供应单板和结构用材；二是向短轮伐期和超短轮伐期发展。由于大径级木材生产周期长（10 年以上），利用率（包括剩余物）最高为 50%～80%，而以木片为原料的工业用材大量需要，生产周期仅需 3～5 年，用超短轮伐期作业，木片的收获量比生产大径级材大 2～3 倍，而且基本上都可利用，从经济效益看，有向以生产木片为主的短轮伐期和超短轮伐期发展的趋势。

（2）大力发展多层次、多方面的综合加工利用。即按照不同产品对材质的要求，就杨树干材部位、规格和质量的不同，发展多层次、多品种的综合加工利用，以达到充分合理利用的目的。

（3）积极探索全树的加工利用。

（4）不断加强科学研究和新技术的开发。

我国 70 年代以前，杨树人工林的总面积约为 2000 万亩，相当于全世界杨树人工林面积的总和，但也有相当一部分不成材，生长量在 $1m^3/(a\cdot 亩)$以上的只有 400 万亩左右，只占总面积的 20%。林业部副部长徐有芳在国际杨树会议上宣布，我国到 20 世纪末将建设 1 亿亩速生丰产林，以满足国民经济和人民生活对木材的需要。

当前存在的主要问题是杨树的定向培育缺乏进一步的明确概念。用材林是一个广义概念，要使它构成科学的概念，就应有一个具体用材对象为内容，然后以此具体内容为目的，选择杨树最优品种，采用集约经营、科学培育的方法，在适宜的立地条件下营造人工林体，即所谓“定向培育”。因此，如何合理加工利用现有林木，明确今后定向培育的具体目标，以发挥其最大经济效益，既是我国杨树速生丰产用材林与国外的主要差距，又是当前亟待解决的问题。

2　速生杨在木材加工方面的利用途径

按照木材加工次序或主要产品类别来划分，速生杨树的利用大致有以下几种：

2.1　单板制品

这种制品包括单板、胶合板、单板层积材以及卫生筷、冰棒棍、糖果棍、牙签、水果包装箱等。同时也包括单板通过染色改性技术而制成的人造板。

本文原载《江苏林业科技》1989 年第 2 期第 46-49 页。

2.1.1 胶合板

本校曾对意杨Ⅰ-63、Ⅰ-72、Ⅰ-69、Ⅰ-214和毛白杨进行了生产性试验，由试验结果可以得出以下结论：

（1）旋切、干燥、胶合性能良好，制成的胶合板各项性能均达到国标要求。

（2）意杨材质松软，含水率高，生材不需经过任何热处理，即可旋出高质量的薄单板与厚度达3.5mm的厚单板。

（3）旋切的单板，表面光洁，无起毛现象，与椴木单板相近，单板干燥后翘曲程度虽略大于椴木，但制成胶合板后，板面平整、翘曲度小于国标要求，对使用无任何影响。

（4）对胶黏剂和整个加工过程无特殊要求，是较好的胶合板用材（表1）。

表1 意杨胶合板的胶合性能

树种		Ⅰ-63	Ⅰ-69	Ⅰ-72	Ⅰ-214	毛白杨
试作数		80	65	60	80	55
胶合强度/(N/mm^2)	最大值	3.625	2.975	2.45	1.825	1.775
	最小值	1.075	1.200	0.95	0.80	0.95
	平均值	1.760	1.672	1.328	1.161	1.369
	均方差	0.609	0.344	0.357	0.356	0.378
木破率/%	最大值	100	100	100	70	100
	最小值	5	0	0	0	0
	平均值	45	30	40	20	50

速生杨胶合板目前已在一些工厂开始生产，如青岛人造板厂、松江胶合板厂、长春胶合板厂、乌鲁木齐胶合板厂。在江苏，响水县胶合板厂利用速生杨生产血胶胶合板也取得成功，并进行批量生产。

2.1.2 单板层积材（LVL）

单板层积材是一种新型结构材料，它与锯材和其他建筑用人造板相比，具有许多独特的优点，如可以大量利用不适合生产胶合板和锯材的小径木、弯曲木等低质原料，达到小材大用、劣材优用的效果。同时幅面大，性能均匀，节子和裂缝等天然缺陷对产品的影响小，不易产生翘曲和干裂等。

本校对Ⅰ-63和Ⅰ-69的单板层积材进行了实验室试验，试验结果表明：

（1）利用意杨制造单板层积材是可行的，能够满足建筑结构的需要（表2）。

（2）抗蠕变性能较好，试件经75d长期负荷（所加载荷为试件破坏载荷的30%）试验后，其静曲强度几乎没有改变，且挠度较小。

表2 意杨LVL的各项性能数值

指标	容积量/(g/cm^3)	含水率/%	静曲强度*/(N/mm^2)	弹性模量*/(N/mm^2)	胶合强度·/(N/mm^2)	冲击强度/×10(N-M/mm^2)	握螺钉力/×10(N/mm)	压缩率/%
平均值	0.46	3.3	70.3	5724.3	2.16	0.41	8.4	5.563
标准差	0.015	0.26	0.424	643.0	0.692	0.0035	0.85	
变异系数	3.3	2.0	0.6	11.23	32.0	0.9	10.1	

注：* 指Flat wise bending的静曲强度和弹性模量；· 指LVL第一胶层的胶合强度。

利用意杨来生产单板制品应注意节疤这一问题，特别是死节，这对于胶合板和单板层积材尤为重要，如10年生意杨的整个树干部分从基部到胶合板旋切可用直径250mm，长度约12m，在这一长度的木段可区分为两大部分。一部分为少节木段，主要集中在整个树段的下半部，这部分木段的边材部分通常为无节区，可旋制出无节单板供胶合板使用。另一部分为多节木段，通常直径较小，集中在整个树段的上半部，这部分木段的边芯材都分布着数量不等的死节，旋出的单板表面质量较差。这两大部分的比例与树种、种植和营林条件有着密切的关系。因此，在树种选择和种植、营林时应加以注意，尽量减少树干部分的节疤，以提高单板的出材率。

另一方面，意杨材质松软，本身含水率高，含糖量也较多，原木不易存放，通常要求砍伐后立即使用，一般存放期不应超过半年，否则易发生心部腐朽色变、边材生虫等问题，特别是在高温高湿的条件下更应注意。

2.2 锯材制品

锯材制品包括各种各样的板材和方材，可作建筑材料和枕木。

2.2.1 建筑材料

如屋架、拉杆、门窗和地板的搁栅等。根据国外的经验和我国的情况，特别是广大农村的情况，采用速生杨来作为建筑的预制构件是值得考虑的。如果把农村房屋的屋架、门窗和其他有关的构件标准化，然后按标准来生产杨木构件，并进行干燥防腐等加工处理，最后把这些构件进行组装，这将为杨木广泛用作农村民房建筑创造有利的条件。至于杨木之间的力学性能差异问题，可以通过机械应力分等的方法来解决，本校已开始了这一方面的研究。建立杨木预制构件厂，这在设备上和技术上都不存在问题，主要是投资问题，如果投资不大，这就为速生杨用于建筑打开了一条新途径。

2.2.2 铁路枕木

我国和美国的有关标准中都规定了杨木可以用做枕木，在进行防腐处理时，杨木要比其他许多树种，如马尾松、红松容易得多。实际上，采用经防腐处理的杨木做枕木，要比红松好。

2.3 剩余物制品

这主要指刨花板和纤维板。

在人造板中，对原料要求最低的是普通刨花板，据介绍，以杨树的“三剩”和间伐材中的小径木为原料生产刨花板，在意大利、土耳其等国已有多年历史，而且用量达到了刨花板全部原料用量的 80%。杨木具有强度大、纤维素含量高、比重小、易于加工等特性，是生产刨花板的理想原料。同样，杨木也是纤维板的理想原料，将杨木用于纤维板生产也是可行的。

杨树剩余物制品中有几种产品值得注意，这些产品包括定向刨花板、华夫板、复合胶合板、中密度纤维板、水泥刨花板和矿渣刨花板等。

2.3.1 定向刨花板及其复合板

定向刨花板（OSB）和复合胶合板（Com-Ply）都是结构板材。国外有人预言，在 21 世纪，定向刨花板及其复合板将在很大程度上替代胶合板作为建筑用材。定向刨花板是一种新型结构的人造板材，由于它仍保持了天然木材纤维方向的特点，因而它的物理力学性能可以同胶合板和优良木材相比，可作为承重结构材料使用，达到“劣材优用”的目的，由速生小径材（木芯等）加工成大片刨花所耗分离的和所用胶黏剂量均比碎料刨花所需的少，制成板性能也较好（表 3）。

从表 3 可以看出，利用意杨作为定向刨花板及其复合板的原料是完全可行的。在本校进行的意杨定向刨花板中试过程中，其各项指标均已达到或超过加拿大的标准。

表 3　意杨人造板性能比较

板子种类	复合胶合板		多层定向刨花板		多层胶合板	
	UF 用胶量 10%	PF 用胶量 5%	UF 用胶量 9%	PF 用胶量 5%	63 杨	69 杨
板厚/mm	10	12	10	10	七层板	七层板
容积量/(g/cm^3)	0.61	0.63	0.68	0.65	0.60	0.64

续表

板子种类	复合胶合板		多层定向刨花板		多层胶合板	
	UF 用胶量 10%	PF 用胶量 5%	UF 用胶量 9%	PF 用胶量 5%	63 杨	69 杨
$MOR_{\parallel}/(N/mm^2)$	49.4	51.8	59.3	44.1	54.2	76.3
$MOR_{\perp}/(N/mm^2)$	50.6	56.8	33.1	29.5	41.4	37.6
$MOE_{\parallel}/(\times10^3N/mm^2)$	5.20	5.00	6.27	4.14	5.09	7.10
$MOE_{\perp}/(\times10^3N/mm^2)$	4.95	4.90	3.27	3.10	3.03	3.29
$IB/(N/mm^2)$	0.590	0.555	0.503	0.75		
NH/(N/mm)	13.0	46.1	24.5	28.3		
SH/(N/mm)			120.0	115.0		
TS/%	7.50		8.48			
$LE_{\parallel}$/%		0.0819		0.127		
$LE_{\perp}$/%		0.0788		0.139		

2.3.2 中密度纤维板

作为新三板（中密度纤维板、定向刨花板、华夫板）之一的中密度纤维板在国外发展较快，我国中密度纤维板厂（车间）有近 20 家，投产的已有十几家，产量为 24 万 m^3。

本校采用意杨作原料制造干法和湿法硬质纤维板和中密度纤维板进行了一系列研究，并测定了静曲强度、吸水率、厚度膨胀率及线性膨胀率（表 4）。

表 4 意杨纤维板性能

指标		静曲强度/(N/mm²)		吸水率/%		厚度膨胀率/%	线性膨胀率/%
		热处理		热处理			
		前	后	前	后		
湿法	硬质板	62.5	68.2	11.7	11.8	6.5	0.3
	中密度板	15.6	24.6	13.7	15.9		
干法	硬度板	58.2	58.2	24	24	4.4	0.2
	中密度板	26.1	26.1	16.44	26.04		

从试验结果看采用干法、湿法制造硬质纤维板和中密度纤维板，在工艺上是可行的，不论采用干法还是湿法，只要工艺合适，均可制中密度纤维板，其产品性能指标达到美国 ANSI·AZ082 标准和国内有关企业标准。同样，采用湿法制取硬质纤维板，可制取特硬级纤维板，在不加增强剂的条件下，可制得一等品。

意大利杨制造胶合板的研究

张齐生　杨萍　马国彩　陈戈　武维佳
（南京林业大学林工系　南京　210037）

摘　　要

本次试验用四种意大利杨（Ⅰ-63/51、Ⅰ-69/55、Ⅰ-72/58、Ⅰ-214）和我国的毛白杨、拟赤杨、椴木进行实验室和生产性对比试验，抽取试样，测定了4724个数据。试验结果表明：四种意大利杨的单板旋切、干燥、胶合性能良好，对胶黏剂和加工过程均无特殊要求，是一种良好的胶合板用材。

Abstract

Four species of Italian poplar, i. e, Ⅰ-63/51(*Populus deltoides* Bartr. cv. ‘Harvard’), Ⅰ-69/55(P. *deltoides* Bartr. cv. ‘Lux’), Ⅰ-72/58(P. *euramericana* cv. ‘san Martino’) and Ⅰ-214(P. *euramericana* cv. Ⅰ-214)versus Chinese *Populus tomentosa* Carr, *Alniphyllum fortunei* and *Tilia amurensis* have been adopted in a laboratory and production control experiment. 4724 data have been obtained from a number of samplings. Results show that the properties of the four species of Italian poplar are fine in veneer peeling, drying and bonding, that they have no special requirements for bon ding agent and processing and that they are good timber supply for plywood manufacturing. This will give great practical significance to the development of Italian poplar production in our plain areas, to the building of plywood timber bases and to the development of plywood industry in our country.

1　前　　言

我国森林资源不足，胶合板用材的径级和材质不够理想，使胶合板生产的发展受到限制。我院林学系及江苏林科所自1972年秋从意大利引进了几个黑杨派的新无性系，在江苏、湖南、湖北、安徽、河南、山东南部等地进行了大面积的试种。目前各地大面积栽种的杨树林长势良好，几年之后，即将进入成熟期和采伐期。为了大力发展我国的胶合板工业，经济、合理地利用杨树林资源，开展杨木胶合板课题的研究，具有重要的现实意义。

2　试 验 用 材

本试验用材以选用黑杨派的几个无性系为重点研究对象，并与我国的毛白杨（*Populus tomeutosa*）、拟赤杨（*Alniphyllum fortunei*）、椴木（*Tilia amurensis*）做了对比试验。黑杨派无性系的名称是

美洲黑杨：*Populus deltoides* Bartr. cv. ‘Harvard’（ex. Ⅰ-63/51），简称63杨；*Populus deltoides* Bartr. cv. ‘Lux’（ex. Ⅰ-69/55），简称69杨。

欧美杨：*Populus*×*euramericana*（Dode）Guinier cv. ‘san Martino’（ex. Ⅰ-72/58），简称72杨；*Populus*×*euramericana*（Dode）Guinier（ex. Ⅰ-214），简称214杨。

供试验用材情况见表1。

表1　试材情况

树种	树龄	树高/m	胸径/cm	整株材积/m³	胶合板用材积/m³	胶合板用材比例/%	心边材比例	采集地	备注
63Ⅰ	7年生	—	—	—	0.866	—	116.84	本院校园	该两株树被风刮倒，一些数据未测
63Ⅱ	7年生	—	—	—		—			

本文原载《南京林业大学学报（自然科学版）》1982年第2期第47-67页。

续表

树种	树龄	树高/m	胸径/cm	整株材积/m^3	胶合板用材积/m^3	胶合板用材比例/%	心边材比例	采集地	备注
69 I	7 年生	23.00	34	0.7985	0.723	49.32	121.75		
69 II	7 年生	22.80	29	0.6675					
72 I	7 年生	17.85	36	0.743	0.604	—	114.36		
72 II	7 年生	—	—	—		—		本院校园	树被风刮倒，一些数据未测
214	—	—	—	—	0.087	—	—		提前采伐，一些数据未测
毛白杨	23 年生	21.00	39	1.0879	0.598	54.97	65.00		
拟赤杨	—	—	—	—	0.450	—	不明显	江西景德镇	从江西采来为木段，一些数据未测

注：表中“树高”“胸径”“整株材积”三项数据由本院林学系教师高丽春、徐焕圻提供。

$$心边材比例=\frac{断面心材径向长度}{断面边材径向长度}\times 100\ (\%)。$$

3 旋　　切

3.1 木段准备

本次试验所用的木段共 22 段，总材积为 3.324m^3。除 I -63/51 两株和 I -72/58 一株因被风刮倒而提前 40 天采伐外，其他 I -69/55 两株、I -72/58 一株和毛白杨一株都是在旋切前一周采伐的新鲜材。拟赤杨于旋切前 20 天运到工厂。全部采用陆上贮存。I -214 因 4 个月前采伐，故浸泡于水中。试验材种均系软阔叶材，初含水率高，故旋切前未经冷水浸泡或蒸煮处理而直接进行旋切。I -214 在水中保存四个月，树皮基本上已腐烂，旋成的单板变色严重。

3.2 旋切工艺

旋切设备为本院工厂 FRS 型 6 呎旋切机。试验的主要工艺参数见表 2。

表 2　旋切工艺参数

参数	r_1/mm	α_1	r_2/mm	α_2	$\alpha_2-\alpha_1$	H/mm	μ	β	S/mm	Δ/%	备注
一	120	−28′	200	39′24″	1°7′24″	2.23	3°21′	19°	1.20	16.7	I -63/51 三段，I -69/55 二段，I -72/58 二段，毛白杨二段
二	129	−1°46″	209	−8′34″	51′12″	1.79	1°25′	21°	1.20	16.7	拟赤杨二段
三	110	−53′	202	4′	57′	3.04	49′	21°	1.60	6.25	I -63/51 二段，I -69/55 二段，I -72/58 一段，I -214 一段
四	129	−1°2′36″	209	−9′36″	53′	1.79	1°25′	21°	1.60	6.25	拟赤杨二段

注：r_1, r_2——旋刀刀刃距卡轴中心的距离（mm）；

α_1, α_2——刀刃在 r_1, r_2 位置时测定的后角值（度）；

H——旋刀的安装高度（mm）；

μ——旋切机辅助滑道倾斜角（度）；

β——旋切的研磨角（度）；

S——旋切单板的名义厚度（mm）；

Δ——压榨百分率（%）。

3.3　单板质量

在四种不同的工艺条件下，按不同的树种、单板厚度，分别测试了 1100 个数据。在不同工艺条件下，求得不同树种各种厚度单板的平均厚度、均方差及正态分布曲线图[1]（表 3，图 1）。

表 3　不同旋切工艺条件下单板的 $\bar{X}$ 与 σ

项目	一				二	三					四
	63 杨	69 杨	72 杨	毛白杨	拟赤杨	63 杨	69 杨	72 杨	毛白杨	214 杨	拟赤杨
$\bar{X}$	1.284	1.339	1.292	1.300	1.287	1.756	1.770	1.683	1.719	1.790	1.696
σ	0.073	0.134	0.048	0.052	0.058	0.070	0.168	0.037	0.086	0.103	0.091
备注	单板名义厚度：1.20mm				单板名义厚度：1.20mm	单板名义厚度：1.60mm					单板名义厚度：1.60mm

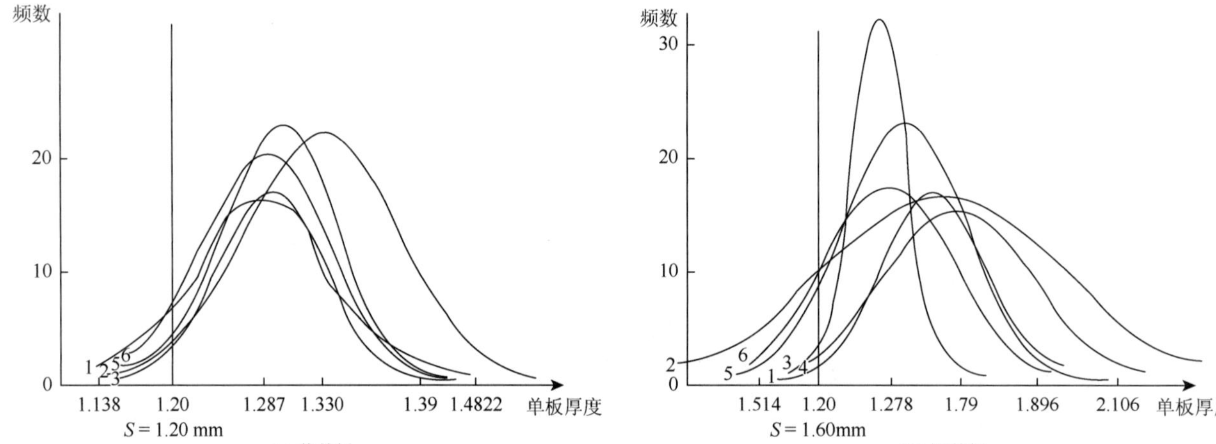

(a) 薄单板　　(b) 厚单板

图 1　单板厚度正态分布曲线

1. Ⅰ-63 杨；2. Ⅰ-69 杨；3. Ⅰ-72 杨；4. Ⅰ-214 杨；5. 毛白杨；6. 拟赤杨

在同一旋切条件下，各树种单板厚度的变异情况见表 4。为了从理论上得出结论，我们对此进行了方差分析（表 5）。在方差分析时各个“测点”的值是按每块单板条上取十个测点值的平均值，作为“测点”值。

表 4　在同一旋切条件下，各树种单板厚度的变异度

测点	一*					
	63 杨	69 杨	72 杨	毛白杨	拟赤杨	Σ
1	1.368	1.222	1.394	1.300	1.307	
2	1.334	1.232	1.382	1.309	1.279	
3	1.309	1.294	1.301	1.252	1.275	
4	1.301	1.311	1.256	1.294	1.347	
5	1.285	1.246	1.285	1.302	1.322	
6	1.304	1.368	1.315	1.342	1.710	
7	1.259	1.425	1.422	1.335	1.270	
8	1.240	1.234	1.439	1.287	1.287	
9	1.261	1.286	1.324	1.249	1.189	
10	1.273	1.214	1.256	1.239	1.218	
Σ	12.934	12.832	13.374	12.909	12.865	64.914
$(\Sigma)^2$	167.290	164.660	178.760	166.640	165.510	842.860
Σ^2	16.742	16.510	17.928	16.674	16.579	84.433

测点	二**						
	63 杨	69 杨	72 杨	214 杨	毛白杨	拟赤杨	Σ
1	1.165	1.699	1.801	1.855	1.718	1.859	
2	1.762	1.788	1.772	1.831	1.582	1.784	
3	1.722	1.777	1.707	1.933	1.820	1.775	
4	1.696	1.471	1.685	1.844	1.664	1.666	
5	1.733	1.908	1.646	1.731	1.805	1.588	
6	1.706	1.911	1.667	1.773	1.726	1.636	
7	1.673	1.949	1.707	1.746	1.744	1.656	
8	1.741	1.647	1.655	1.764	1.730	1.685	
9	1.662	1.571	1.628	1.692	1.758	1.698	
10	1.710	1.906	1.628	1.770	1.674	1.675	
Σ	17.170	17.407	16.843	17.221	17.221	17.022	103.602
$(\Sigma)^2$	294.810	303.01	283.690	296.560	296.560	289.750	1789.630
Σ^2	29.459	31.478	28.569	29.701	29.034	29.034	181.468

注：* ①单板名义厚度 $S = 1.20$mm；②拟赤杨的旋切条件虽然与其他的不同，但为了能综观，还是将其与意大利杨、毛白杨列在一起。
** ①单板名义厚度 $S = 1.60$mm；②同*②。

表 5　方差分析表

项目	组间		组内		总和	
	一	二	一	二	一	二
平方和	0.020	0.073	0.147	2.505	0.167	2.578
自由度	4	5	45	54	49	49
均方	0.005	0.014 75	0.003 27	0.046 39		
F	1.53	0.318				
显著性	否	否				

综合表 3、4、5 和图 1 可知：

（1）在同样的旋切条件下，树种对单板厚度偏差的影响并不显著，但是树种对薄单板的影响比对厚单板的影响要稍大一些。

（2）旋切单板的实际平均厚度都大于名义厚度。名义厚度 $S = 1.20$mm，实际平均厚度 $\bar{X} = 1.303$mm（平均最大为 1.338mm，平均最小为 1.284mm）。但均方差较小，平均为 0.076mm（平均最大为 0.1311mm，最小为 0.037mm），说明厚度波动不大，且厚度分布也符合正态分布，因此对普通胶合板生产的影响不大。单板实际厚度大于名义厚度主要是由于几种旋切工艺条件不适宜，如装刀高度太高，在旋切时产生“切入”现象，使单板厚度增大[4]，同时由于机床陈旧，旋切时压尺架后退，实际压榨率小于理论计算出的名义压榨率。

（3）从方差分析的结果可以看出：各种杨木其旋切性能是相近的，它们之间并无多大差别，只要调整好旋切工艺参数，完全可以旋切出质量符合要求的单板。

3.4　单板表面光洁度（粗糙度）

单板表面光洁度是单板质量的重要指标，它直接关系到胶合板的胶合强度和表面质量。光洁度用光切法显微镜测定，测出其不平度的最大值、最小值，并求其平均值（每个试件上取三个测点）（表 6）。

表 6　不同旋切工艺条件下的表面光洁度

一*

项目	63 杨		69 杨		72 杨		毛白杨		拟赤杨		椴木
	边材	心材	边材	心材	边材	心材	边材	心材	边材	心材	
试件数	8	8	8	8	8	8	8	8	8	8	24
光洁度/μ	119	133	128	119	109	124	109	117	112	113	107
最大值/μ	129	158	178	155	115	138	135	135	138	130	124
最小值/μ	112	125	106	103	94	108	88	94	88	80	87
平均值/μ	126		123.5		116.5		114		112.5		107

二**

项目	63 杨		69 杨		72 杨		214 杨		毛白杨		拟赤杨	
	边材	心材	边材	心材	边材	心材	边材	心材	边材	心材	边材	心材
试件数	8	8	8	8	8	8	/	8	8	8	8	8
光洁度/μ	133	147	123	14	110	117	/	133	128	127	121	111
最大值/μ	178	179	140	126	130	137	/	153	150	148	151	135
最小值/μ	107	100	89	99	73	79	/	107	83	93	85	68
平均值/μ	140		118.5		113.5		133		127.5		115.5	

注：* 椴木单板取自工厂，为了纵观比较，将拟赤杨列在一起。

** 214 杨边材单板未取到。为了纵观比较，将拟赤杨列在一起。

由表 6 可知：①由于旋切木段直径都在 25～40cm，树龄在 7～10 年（毛白杨 23 年）之间，心边材材质差别不大，因此心边材光洁度没有明显的差别；②几种杨木单板的表面光洁度和椴木相近，说明杨木的旋切性能与椴木相近；③厚单板的表面光洁度比薄单板的表面光洁度差，这是符合一般规律的；④意大利杨与椴木比较，前者略差。图 2 为几种单板的表面光洁度的照片图。

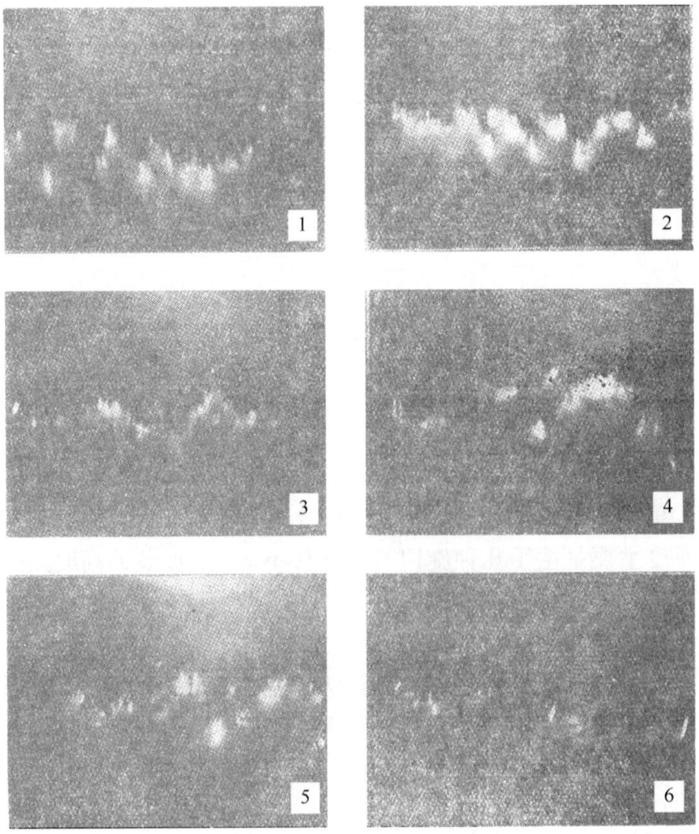

图 2　几种单板的表面光洁度

1. Ⅰ-63/51 1.2mm 心材平均粗糙度 95μ；2. Ⅰ-63/51 1.6mm 边材平均粗糙度 147μ；3. 毛白杨 1.2mm 边材平均粗糙度 109μ；4. 毛白杨 1.6mm 心材平均粗糙度 93μ；5. Ⅰ-69/55 1.6mm 边材平均粗糙度 123μ；6. 拟赤杨 1.6mm 边材平均粗糙度 112μ

3.5 单板背面裂隙度和背面光洁度

背面裂隙度是单板的又一个重要质量指标，它直接影响单板的光洁度和单板的横纹抗拉强度。

背面光洁度的测量方法和表面光洁度的测量方法相同。其测量值如表 7。

由表 7 可以看出：①几种杨木单板的背面裂隙度与椴木单板的相近；②意大利杨与椴木相比，光洁度差不多，但前者的裂隙度要小些。

表 7 背面光洁度及背面裂隙度

项目	一*											三**											
	63 杨		69 杨		72 杨		毛白杨		拟赤杨		椴木	63 杨		69 杨		72 杨		毛白杨		拟赤杨		214 杨	
	边材	心材	边材	心材	边材	心材	边材	心材	边材	心材		边材	心材	边材	心材	边材	心材	边材	心材	边材	心材	边材	心材
试件数	8	8	8	8	8	8	8	8	8	8	24	8	8	8	8	8	8	8	8	8	8	—	8
光洁度/μ	147	156	145	146	145	138	139	137	138	131	140	173	162	144	169	126	134	138	143	132	123	—	133
最大值/μ	176	176	170	158	167	168	164	146	157	144	169	188	196	154	186	139	147	156	153	142	146	—	155
最小值/μ	114	125	130	132	112	91	112	127	82	82	113	162	125	137	162	111	124	124	125	127	103	—	117
平均值/μ	151.5		145.5		141.5		138		134.5		140	167.5		156.5		130		140.5		127.5		133	
试件数	8	8	8	8	8	8	8	8	8	8	24	8	8	8	8	8	8	8	8	8	8	—	8
裂隙度/%	42	30	46	36	30	31	38	41	32	33	50	40	39	33	32	33	31	48	44	35	34	—	33
最大值/%	49	45	57	39	40	41	48	63	47	47	68	44	56	44	45	46	41	61	52	52	54	—	41
最小值/%	37	22	32	25	24	23	28	27	23	30	25	31	30	30	22	25	22	41	38	30	24	—	22
平均值/%	36		41		30.5		39.5		32.5		50	39.5		32.5		27.5		46		34.5		—	33

注：* 本次试验未旋椴木单板，椴木单板的有关数据为校工厂单板抽样所测定之值。

** 214 杨边材未取到试样。

4 单板干燥

湿单板的干燥，在我院工厂喷气式网带干燥机中进行。干燥机加热段长度为 10m，无冷却段，因此单板干燥后的变形比在有冷却段的干燥机上要大一些。

单板干燥工艺、单板干燥前的初含水率、干燥后的终含水率及干燥后的变形见表 8～表 12。

表 8 单板干燥工艺

单板厚度/mm	干燥机内温度/℃	蒸汽压力/kg	干燥时间/min	干燥机内湿度/%
1.20	130	5	6.5	15～20
1.60	130	5	7.5	15～20

表 9 干燥前单板的初含水率* （单位：%）

项目	63 杨		69 杨		72 杨	
	边材	心材	边材	心材	边材	心材
试件数	7	6	4	4	4	3
最大值	150.60	196.00	130.30	127.90	134.30	144.00
最小值	107.60	109.50	120.90	115.30	107.20	97.10
平均值	127.25	159.45	127.40	120.30	127.40	143.70

续表

项目	214 杨		拟赤杨		毛白杨	
	边材	心材	边材	心材	边材	心材
试件数	2	2	14	10	4	3
最大值	173.00	104.00	154.19	141.07	130.80	136.70
最小值	145.70	87.30	119.64	113.01	96.40	110.70
平均值	159.35	95.50	143.08	134.13	115.80	125.40

注：* ①214 杨伐倒后贮存在水中。
②63 和 72 杨因提前采伐 40 天，故边材含水率较低。

表 10　干燥后各种单板的终含水率　（单位：%）

项目	63 杨		69 杨		72 杨		毛白杨		拟赤杨		214 杨	
	边材	心材	边材	心材	边材	心材	边材	心材	边材	心材	边材	心材
试件数	15	14	21	18	24	24	13	24	10	10	—	8
最大值	11.5	12	12.36	11.83	13.6	14.15	13.30	15.45	8.00	7.92	—	14.29
最小值	8.55	9.3	9.42	8.63	10.1	10.75	11.30	10.15	5.20	6.41	—	11.59
平均值	10.36	11.3	11.09	10.08	11.88	12.63	11.49	12.22	6.97	7.16	—	12.83

表 11　各种单板干燥后的干缩率　（单位：%）

项目	63 杨	69 杨	72 杨	毛白杨	拟赤杨	椴木
试件数	4	4	4	4	4	
最大值	5.00	5.00	5.00	8.50	2.70	
最小值	3.30	3.20	2.40	7.00	2.30	
平均值	3.75	4.10	3.45	7.88	2.40	4.68
最终含水率/%	10.28	7.64	11.61	4.65	10.55	10
备注						推算值[5]

表 12　各种单板干燥后的翘曲变形量*

项目			63 杨		69 杨		72 杨		毛白杨		拟赤杨		椴木		214 杨
			边材	心材	边材	心材	边材	心材	边材	心材	边材	心材	心材	边材	心材
试件数		1.20	5	5	5	5	5	5	5	5	5	5	5	5	—
		1.60	5	5	5	5	5	5	5	5	5	5	—	—	5
长度方向	最大值	1.20	6.8	4.4	3.0	4.0	5.6	8.4	10.8	8.4	11.2	11.6	5.2	4.2	—
		1.60	5.0	4.6	9.2	7.4	8.0	7.8	10.4	8.4	12.8	12.6	—	—	6.4
	最小值	1.20	3.4	1.8	1.6	2.0	4.0	4.4	6.6	4.8	6.4	3.0	2.4	2.2	—
		1.60	6.0	4.2	8.4	4.4	5.8	4.2	7.4	7.6	9.4	9.6	—	—	5.0
	平均值	1.20	5.0	3.0	2.2	2.9	4.7	6.5	9.5	6.1	8.1	5.6	3.6	3.1	—
		1.60	3.7	4.5	8.9	5.2	7.0	5.4	8.4	8.0	11.0	11.0	—	—	5.6
宽度方向	最大值	1.20	5.2	8.8	6.0	7.8	6.4	9.2	6.4	8.8	11.2	9.0	5.0	5.2	—
		1.60	5.8	8.8	10.2	10.0	7.6	11.0	9.2	12.6	17.0	18.0	—	—	7.2
	最小值	1.20	2.8	4.4	3.8	2.4	3.4	5.0	4.6	5.0	4.8	5.8	2.1	3.4	—
		1.60	3.0	6.0	4.8	7.4	3.4	7.2	4.6	4.4	6.8	7.8	—	—	4.6
	平均值	1.20	2.4	6.9	5.2	5.0	5.1	6.5	5.5	7.2	7.4	7.2	3.4	4.5	—
		1.60	4.4	7.5	6.6	8.2	5.7	6.4	6.0	7.0	10.7	11.3	—	—	5.8

注：* ①63、69、72 杨和毛白杨、拟赤杨试件尺寸为 35cm×35cm。试件单板干燥存放 48h 以后，沿顺纹方向与横纹方向各取 5 个测点，点的间距为 8cm。②椴木项系校工厂抽样测定值。③214 杨边材无试件。

由表 8～12 可以看出：

（1）几种意大利杨（214 杨因浸泡在水中，难以断定）心边材的初含水率差异不大，干燥后的终含水率误差不超过 2%，因此单板干燥心边材可以采用同样的干燥工艺，不必分开来进行干燥。

（2）几种意大利杨单板的干缩率比椴木单板大约小 0.5%～1%，平均值约为 3.77%（椴木为 4.68%），因而胶合板的出材率也可相应提高 0.5%～1%。

（3）单板干燥机由于没有冷却段，单板干燥后的变形情况见图 3～图 6。从试件纵（顺纹）、横（横纹）两个方向的变形量来比较，63 杨最小（顺纹平均约 4mm，横纹平均约 5.7mm），69 杨次之，72 杨最大（顺横纹平均都为 5.9mm 左右）。

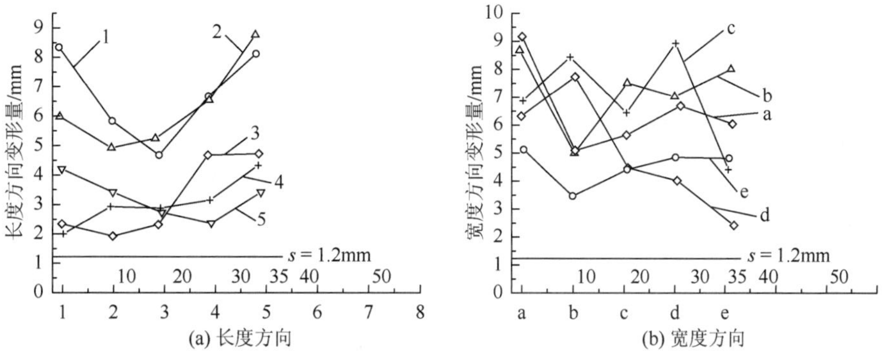

图 3　杨木薄板（心材部分）干燥后的变形曲线

1. Ⅰ-72/58 杨；2. 毛白杨；3. Ⅰ-63/51 杨；4. Ⅰ-69/55 杨；5. 杨木

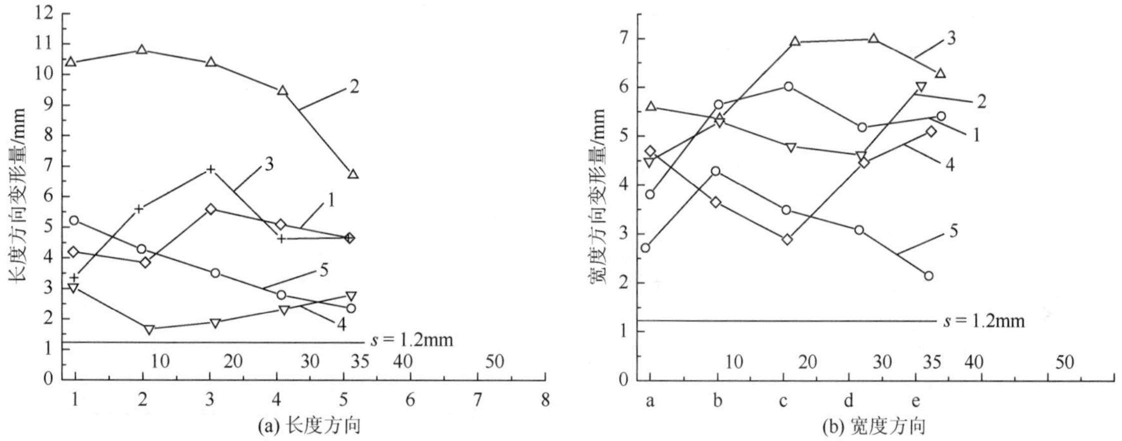

图 4　杨木薄板（边材部分）干燥后的变形曲线

1. Ⅰ-72/58 杨；2. 毛白杨；3. Ⅰ-63/51 杨；4. Ⅰ-69/55 杨；5. 杨木

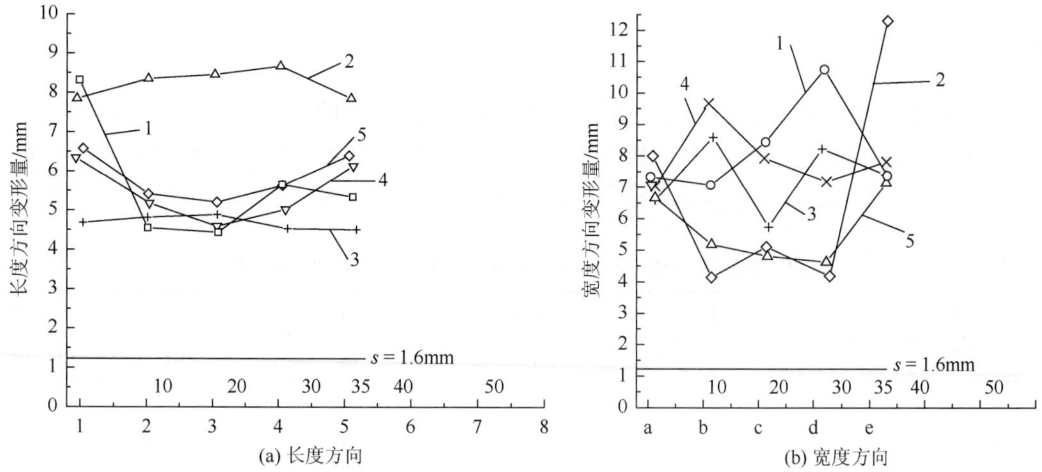

图 5　杨木厚板（心材部分）干燥后的变形曲线

1. Ⅰ-72/58 杨；2. 毛白杨；3. Ⅰ-63/51 杨；4. Ⅰ-69/55 杨；5. Ⅰ-214 杨

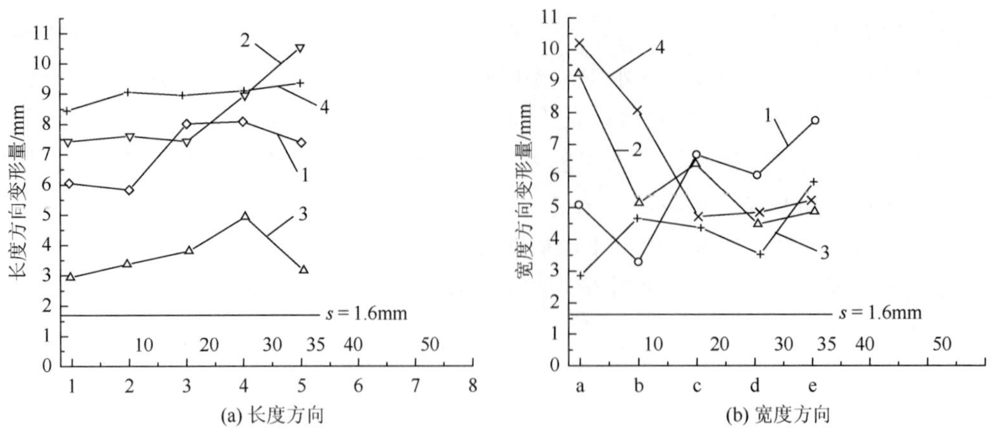

图 6　杨木厚板（边材部分）干燥后的变形曲线

1. Ⅰ-72/58 杨；2. 毛白杨；3. Ⅰ-63/51 杨；4. Ⅰ-69/55 杨；5. Ⅰ-214 杨

5 胶　合

5.1 胶黏剂

胶合试验是在本院人造板实验室 100 吨小型试验热压机（幅面 42cm×42cm，电加热）和本院工厂生产用的大幅面热压机上进行。小型试验胶合板的幅面为 35cm×35cm，生产性试验胶合板的幅面为 91.5cm×183cm。

胶合板的胶黏剂，小型试验采用上海人造板厂生产的 5[#]脲醛胶和日本脲醛胶（合成接着剤大鹿ンけ No. 210 一号）两种胶黏剂。生产性试验采用南京木器厂生产的胶合板用脲醛胶。各种胶黏剂的使用配方及主要技术指标见表 13。

表 13　胶黏剂的使用配方及主要指标

胶种	配方		固含量/%
	胶液	固化剂	
上海 5[#]脲醛胶	100 份	0.5 份	64
日本脲醛胶	100 份	0.5 份	47.3
南京木器厂脲醛胶	100 份	1 份	57

5.2 薄板的热压胶合

5.2.1 杨木的可胶合性

为了证实杨木的可胶合性，我们先选用了五个树种的 1.2mm 厚的单板进行了三合板胶合试验。胶合前，对几种杨木的 pH 与热压胶合前干单板含水率、热压条件、合板强度，分别进行测定。测定结果见表 14。

表 14　热压胶合前干单板的含水率、pH 及胶合板的胶合强度

项目		63 杨	69 杨	72 杨	毛白杨	拟赤杨
试件数		18	17	18	21	21
干单板的含水率/%	最大值	12.56	13.6	13.2	13.82	12.39
	最小值	9.6	9.72	8.6	10.36	10.06
	平均值	10.9	12.12	10.05	11.99	11.44
pH		6.42	6.07	6.21	6.22	5.46

续表

项目		63 杨	69 杨	72 杨	毛白杨	拟赤杨
试件数		12	12	12	12	12
胶合强度/(kg/cm²)	最大值	19.5	17	20.88	21	17.63
	最小值	9.75	9.25	13.4	13.75	13.25
	平均值	14.75	11.65	14.5	18.47	15.67
木破率/%	最大值	20	25	25	80	65
	最小值	0	5	10	18	5
	平均值	15	20	20	45	40

注：1. 表内 pH 由我院林工系木材学教研组尹思慈、王婉华同志提供；

2. 热压前干单板的含水率为单板干燥后存放 15 天后的测定值；

3. 胶种：上海 5#脲醛胶；

4. 热压条件：$T = 115$℃，$P = 8\text{kg/cm}^2$，三合板，一张一压 $t = 3\text{min}$，涂胶量 250g/m^2。

表 15　胶黏剂的种类和单位压力与胶合强度的关系　　（单位：kg/cm²）

项目		胶种		63 杨	69 杨	72 杨	214 杨*	毛白杨	拟赤杨	椴木
试件数		沪 5#脲胶	8	80	60	65	—	55	85	88
			10	30	30	30	90	55*	80*	35
		日本脲胶	8	30	36	30	—	40	35	35
			10	30	30	30	—	30	31	30
胶合强度/(kg/cm²)	最大值	沪 5#脲胶	8	29.50	28.50	32.00	—	35.50	30.25	26.25
			10	33.50	26.75	26.50	22.00	23*	29.75*	25.00
		日本脲胶	8	31.00	29.80	26.50	—	36.50	22.30	20.00
			10	30.00	29.75	26.00	—	31.80	23.50	20.50
	最小值	沪 5#脲胶	8	12.50	10.25	8.75	—	9.00	10.00	10.00
			10	11.75	10.00	10.00	8.00	9.5*	10.5*	10.00
		日本脲胶	8	13.50	10.00	12.50	—	10.00	10.5*	8.00
			10	10.00	8.00	9.50	—	9.5*	10.00	10.00
	平均值	沪 5#脲胶	8	21.15	20.27	18.39	—	21.69	18.74	18.35
			10	20.85	17.23	18.73	11.61	13.69*	18.84*	16.73
		日本脲胶	8	20.85	17.23	18.48	—	21.47	15.85	13.49
			10	20.65	18.30	20.25	—	21.66	17.91	14.72
	均方差	沪 5#脲胶	8	4.67	5.63	6.42	—	6.63	3.84	5.30
			10	5.01	4.25	4.82	3.56	3.78*	4.41	3.66
		日本脲胶	8	5.01	4.25	3.28	—	7.91	3.48	3.31
			10	4.34	4.86	4.82	—	6.97	2.95	2.97
木破率/%	最大值	沪 5#脲胶	8	100	100	100	—	100	表板裂割	100
			10	100	100	95	50	100		70
		日本脲胶	8	100	100	100	—	100	表板裂割	100
			10	100	95	100	—	100		60
	最小值	沪 5#脲胶	8	5	5	0	—	15	—	0
			10	5	5	5	0	0		5
		日本脲胶	8	5	5	10	—	15	—	0
			10	0	5	0	—	5		0
	平均值	沪 5#脲胶	8	60	60	55	—	70	—	40
			10	60	50	60	25	35		25
		日本脲胶	8	60	50	70	—	70	—	20
			10	65	45	60	—	20		20

注：1. 有"*"号的试件系院工厂生产性试验抽样检查的数据，热压条件为：南京木器制造的脲胶 $T = 115$℃，$P = 10\text{kg/cm}^2$，三合板，两张一压，$t = 7\text{min}$；

2. 试验室的热压条件为：上海 5#脲胶和日本脲胶，$P = 8\text{kg/cm}^2$、$P = 10\text{kg/cm}^2$；$T = 115$℃，三合板，一张一压，$t = 3\text{min}$。

表 16　单位压力与胶合板压缩率的关系

项目		63 杨		69 杨		72 杨		毛白杨	
		8/(kg/cm²)	10/(kg/cm²)	8/(kg/cm²)	10/(kg/cm²)	8/(kg/cm²)	10/(kg/cm²)	8/(kg/cm²)	10/(kg/cm²)
试件数		4	4	4	4	4	4	4	4
胶合板的压缩率/%	最大值	13.06	14.18	13.76	16.49	11.55	16.22	14.25	15.44
	最小值	10.76	12.83	10.84	12.16	8.58	10.76	11.83	9.67
	平均值	11.91	13.18	11.55	13.51	9.81	13.5	12.96	12.38
	偏差	1.27		1.96		3.7		−0.58	
弹性恢复量/mm	最大值	0.03	0.07	0.04	0.05	0.09	0.06	0.04	0.09
	最小值	0	0	0.02	0	0.02	0.03	0	0.02
	平均值	0.02	0.02	0.03	0.01	0.05	0.05	0.02	0.04
	偏差	0		0.02		0		0.02	

项目		拟赤杨		214 杨		椴木	
		8/(kg/cm²)	10/(kg/cm²)	8/(kg/cm²)	10/(kg/cm²)	8/(kg/cm²)	10/(kg/cm²)
试件数		4	4	4	4	4	4
胶合板的压缩率/%	最大值	7.94	12.85	10.03	9.39	12.57	16.71
	最小值	5.33	11.62	8.19	8.79	9.27	10.64
	平均值	6.58	12.04	9.11	9.09	10.49	12.63
	偏差	5.46		−0.02		2.14	
弹性恢复量/mm	最大值	0.07	0.29	0.03	0.07	0.17	0.18
	最小值	0	0.02	0.02	0	0.01	0
	平均值	0.03	0.12	0.02	0.03	0.06	0.04
	偏差	0.09		0.01		0.02	

注：1. 试验室的热压条件为：$T = 115$℃，三合板，一张一压，$t = 3$min，单板厚度 1.2mm；

2. 压缩率偏差 = “10kg/cm²” 时的厚度压缩率– “8kg/cm²” 时的厚度压缩率。

表 17　单位压力与胶合板含水率和容积重的关系

项目		63 杨		69 杨		72 杨		毛白杨	
		8/(kg/cm²)	10/(kg/cm²)	8/(kg/cm²)	10/(kg/cm²)	8/(kg/cm²)	10/(kg/cm²)	8/(kg/cm²)	10/(kg/cm²)
	试件数	12	8	8	8	8	8	8	8
胶合板含水率/%	最大值	10.30	11.70	10.40	11.60	13.70	14.20	12.90	15.20
	最小值	8.20	8.50	8.30	8.80	8.30	10.10	10.10	10.40
	平均值	9.17	11.03	9.45	10.19	10.80	11.76	12.15	12.18
	偏差	1.86		0.74		0.96		0.03	
胶合板容重/(g/cm²)	最大值	0.52	0.58	0.50	0.51	0.49	0.49	0.55	0.58
	最小值	0.44	0.42	0.41	0.45	0.38	0.40	0.42	0.51
	平均值	0.47	0.48	0.46	0.47	0.43	0.44	0.48	0.53
	偏差	0.02		0.01		0.01		0.05	

项目		拟赤杨		214 杨		椴木	
		8/(kg/cm²)	10/(kg/cm²)	8/(kg/cm²)	10/(kg/cm²)	8/(kg/cm²)	10/(kg/cm²)
试件数		8	8	8	8	8	10
胶合板含水率/%	最大值	12.10	12.60	11.90	12.60	13.40	13.30
	最小值	9.60	11.10	10.00	10.50	10.00	10.00
	平均值	10.69	11.74	10.86	11.95	11.43	11.84
	偏差	1.05		1.09		0.41	

续表

项目		拟赤杨		214 杨		椴木	
		8/(kg/cm^2)	10/(kg/cm^2)	8/(kg/cm^2)	10/(kg/cm^2)	8/(kg/cm^2)	10/(kg/cm^2)
试件数		8	8	8	8	8	10
胶合板容重/(g/cm^2)	最大值	0.46	0.46	0.44	0.43	0.52	0.60
	最小值	0.38	0.41	0.38	0.41	0.50	0.51
	平均值	0.42	0.44	0.41	0.41	0.51	0.55
	偏差	0.02		0.00		0.04	

注：1. 试验室的热压条件为 $T=115$℃，三合板，一张一压，$t=3$min，单板厚度 1.2mm；

2. 含水率偏差 =“10kg/cm^2”时的胶合板含水率–“8kg/cm^2”时的胶合板含水率；

3. 胶合板容重偏差 =“10kg/cm^2”时的胶合板容重–“8kg/cm^2”时的胶合板容重。

按国标中Ⅱ类胶合板测定。软阔叶材胶合板的胶合强度平均值不得低于 10kg/cm^2。表中各树种的胶合板强度均高于国标所规定的值[6]。这说明杨木的胶合性能是良好的，只是木破率较低。木破率低的原因，可能与胶黏剂存放期长、黏度大、涂胶不够均匀等因素有关。

5.2.2 胶黏剂的种类和单位压力对胶合质量的影响

胶黏剂和单位压力与胶合板的胶合质量有十分密切的关系。本试验采用几种固体含量不同的脲醛树脂胶（均未加填充剂），分别在单位压力为 8kg 和 10kg 条件下进行胶合试验，测得的胶合强度与木破率列于表 15。

由表 15 可以看出：①杨木胶合板由于各种杨木的 pH 都小于 7（表 14），因此对几种制胶工艺、固体含量不同的脲醛树脂胶，都具有良好的胶合强度，对胶黏剂的选择无特殊要求。②一般条件下，单位压力与胶合强度在一定范围内是成正比关系的。几种意大利杨木由于生长速度快，容积重小，材质松软，因此单位压力由 8kg 增加到 10kg，其胶合强度与木破率并没有显著的增加。

表 16、17 为单位压力与胶合板的压缩率、含水率和容积重的关系。

由表 16 和 17 可知：①随着压力的增加，各种杨木胶合板的厚度压缩率都有不同程度的增加。其中以拟赤杨增加最大，单位压力增加 2kg，压缩率增加 5.46%；72 杨次之，压缩率增加 3.7%。②压力增加，胶合板的含水率和容积重都增加。单位压力增加 2kg，各个树种胶合板的含水率均有不同程度的增加，因为压力增加，热压时水分蒸发的阻力增加，因而使胶合板的含水率增加。压力加大，木材被压得更加致密，其容积重也必然增加。③从胶合强度、木破率、胶合板的压缩率等多方面综合考虑，各种意大利杨木胶合板的单位压力不宜过高，一般以 8～10kg/cm^2 为宜。

5.2.3 热压前干单板的含水率对胶合质量的影响

本次试验由于不是单纯的研究干燥工艺，因此只在热压前抽样检查了各树种干单板的含水率，并在热压后测定其胶合强度。测定结果列于表 18。

表 18 热压前干单板的含水率与胶合强度的关系

项目	63 杨	69 杨	72 杨	214 杨	毛白杨	拟赤杨
试件数	80	60	65	10	55	85
单板含水率/%	10.9	12.12	10.05	14.2	11.99	11.44
胶合强度/(kg/cm^2)	21.15	20.27	18.39	脱胶	21.68	18.35
木破率/%	96.2	68	75	—	80	割裂

由表 18 看出：当热压前干单板的含水率不大于 12%时，使用脲醛胶，对胶合强度没有任何的影响。214 杨单板的干燥时间不足，干单板含水率为 14.2%，试件全部脱胶，因此要求杨木单板干燥后的终含水率控制在 10%～12%范围内。

5.3 多层胶合板的热压胶合

意大利杨木的薄板热压胶合性能是良好的，已如前述。这里，再进一步研究杨木多层厚胶合板（五层或五层以上）的热压胶合条件和物理机械性能。

5.3.1 热压胶合前干单板的含水率及热压胶合工艺

干单板的含水率测定值见表 19。我国各胶合板厂对于脲醛树脂胶胶合板要求涂胶前干单板的含水率为 8%～12%，而且厚合板（即多层板）应取较低值[1, 4]。本次试验供试单板的含水率数值大部分偏高，这对胶合强度将有一定的影响（热压过程中降压时曾发生有少数鼓泡的现象）。

表 19 热压胶合前干单板的含水率

项目		63 杨	69 杨	72 杨	214 杨	毛白杨	拟赤杨
试件数		12	11	6	9	11	11
干单板含水率/%	最大值	14.70	14.20	15.10	15.60	14.80	12.85
	最小值	11.40	11.10	12.40	13.20	9.60	9.67
	平均值	11.62	12.70	14.00	14.20	12.20	11.25

注：单板厚度 1.20mm。

根据意大利杨材质松软的特点，参照薄胶合板的胶合强度和胶合工艺，为了减少多层胶合板的压缩损失和提高其平整度，决定采用低温低压的热压胶合工艺，具体的胶合工艺见表 20。

表 20 多层胶合板的胶合工艺

层数	胶种	涂胶量 /(g/cm^2)	热压温度/℃	单位压力 /(kg/cm^2)	时间/min	每格张数	降压时间	备注
五	上海 5$^\#$脲醛胶	270	115	10	7	1	三段降压第二段为 30s	各种多层胶合板的表背板及芯板的厚度均为 1.60mm。热压时间每毫米板坯厚度以 50s 计算
七	上海 5$^\#$脲醛胶	240	115	10	10	1	同上	
九	上海 5$^\#$脲醛胶	240	110	15	12	1	同上	

5.3.2 多层胶合板的胶合性能

参考日本槙书店新版的《合板》一书中“合板的性质”部分，将多层胶合板性能的检验项目定为：含水率、胶合强度、剪切强度、静曲强度、弹性模量等五项[2]，各种试件的取法按照日本小野和雄著的《改良木材实验书》[3]。多层胶合板的含水率及容积率（胶合强度）、静曲强度及弹性模量、弹性恢复量见表 20、表 21。

综合表 19、表 20 的材料可以看出：

（1）意大利杨多层厚胶合板采用比一般树种的多层厚胶合板较低的单位压力的胶合工艺，完全可以保证良好的胶合性能，同时还可以减少压缩损失（几种意大利杨九合板的压缩率均不超过 10%）。

（2）多层厚胶合板的物理机械性质如含水率、胶合强度等均符合国标要求。静曲强度、弹性模量国标虽无具体要求，但制成多层胶合板以后，客积重增加并不十分显著，且纵横方向的静曲强度和弹性模量比较均匀。杨木本身机械强度虽低，但制成厚胶合板以后，也可以作为结构材料使用。

（3）多层胶合板的翘曲变形。杨木单板干燥后，其翘曲变形程度比一般树种稍微严重些，制成胶合板尤其是多层厚胶合板能否保持板面平整（翘曲度小于 2%），是关系到意大利杨能否制造厚胶合板的问题。本试验对所有多层厚胶合板试件（包括生产性试验的试件）逐张进行翘曲度测定。测定结果表明，四种意大利杨和拟赤杨的多层厚胶合板热压后存放 24h，板面平整，无翘曲现象。可见单板翘曲并非杨木本身材性的反映，而是与单板干燥设备、干燥工艺等因素有关。因此，通过改进干燥设备、干燥工艺，杨木单板干燥后的翘曲现象是可以解决的。

6 生产性试验

我们在实验室对 100 多张小板进行了胶合试验以后，又在院工厂进行了几种杨木的三合、五合、七合、九合（幅面为 91.5cm×183cm）共 117 张大板的生产性试验，并进行了抽样检查。其胶合强度、木破率如表 21 所示。生产性试验抽样检查的结果表明：几种杨木的胶合性能完全符合国标的要求。

表 21 生产性试验胶合板的胶合性能*

项目		63 杨	69 杨	72 杨	214 杨	毛白杨
试件数		80	65	60	80	55
胶合强度/(kg/cm^2)	最大值	36.25	29.75	24.50	18.25	17.75
	最小值	10.75	12.00	9.50	8.00	9.50
	平均值	17.60	16.72	13.28	11.61	13.69
	均方差	6.09	3.44	3.57	3.56	3.78
木破率/%	最大值	100	100	100	70	100
	最小值	5	0	0	0	0
	平均值	45	30	40	20	50

注：* 工厂热压条件：$T = 115℃$，$P = 10kg/cm^2$，三合板，二张一压，$t = 7min$，胶种系南京木器厂生产上用的脲醛胶。

7 结 论

综合以上研究可以认为，意大利杨木作为胶合板用材是有发展前途的。

（1）意大利杨的 63、69、72、214 四个品种及毛白杨、拟赤杨等六个树种的旋切、干燥、胶合，性能良好，制成的胶合板各项性能可以达到国标的要求，对胶黏剂和整个加工过程无特殊要求，是良好的胶合板用材。

（2）意大利杨旋切的单板，表面光滑，无起毛现象，与椴木单板相近。单板干燥后翘曲程度虽略大于椴木，但制成胶合板后，板面平整，翘曲度小于国家标准的要求，对使用没有任何影响。

（3）意大利杨的四个品种中，从单板的表面光洁度、裂隙度、厚度变异度和干燥、胶合性能以及树干的形状、枝桠的密集程度等方面综合考虑，作为胶合板用材以 63 杨为最好，72 杨次之，214 杨最差。

（4）意大利杨保存性能较差，贮存水中木材易变色；但 9、10 月间采伐的木段（带皮），陆上贮存 40 天（防止太阳直接照射），其含水率降低不超过 5%。因此在采伐、运输、贮存过程中，只要加强计划管理，对胶合板生产没有显著的影响。

参 考 文 献

[1] 南京林产工业学院林工系人造板教研组. 胶合板制造学. 南京：南京林业大学，1979.

[2] 平井信二，堀冈邦典. 合板（日、新版）. 东京：槙书店，1973.

[3] 小野和雄. 改良木材实验书. 东京：农业图书株式会社，1973.

[4] 江西省木材工业研究所. 人造板生产手册（下册）. 北京：中国农业出版社，1976.

[5] 南京林产工业学院木材学教研组. 木材学（讲义）. 南京：南京林业大学，1976.

[6] 南京林产工业学院林工系. 木材、木质材料、家具标准汇编（资料）. 南京：南京林业大学，1981.

竹材复合板的研究
——主要工艺参数与物理力学性能之间的关系

张齐生　王建和　黄河浪　陈国仁

摘　　要

本研究探讨了施胶量、密度和热压时间三因子对竹材复合板性能的影响，应用回归分析方法和最优化方法得出了竹材复合板较佳的工艺条件。

Abstract

The present study was conducted to seek the effects of resin amount, density and pressing time of bamboo composite boards on their properties. Quite good technological conditions have been found out by applying methods of regress on analysis and optimization.

竹材复合板是以竹材胶合板生产中经软化、展平、刨削加工、干燥定型及铣边后的竹片为面、背板，以竹材加工剩余物和毛竹的梢头、枝桠及各种杂竹经辊压、切断、粉碎、筛选、干燥、施胶等工序加工后的竹碎料（杆状竹丝）为芯层材料，经组坯后一次热压成型而成的板状材料。它融合了竹材胶合板和竹材碎料板的生产工艺，是一种竹材利用率、劳动生产率较高，与竹材胶合板外观相同、性能相当的新型竹材人造板。

本研究主要探索了某一厚度竹片的竹材复合板的主要工艺参数与其主要物理力学性能之间的关系，从而优化出较佳的工艺条件，为进一步开发应用竹材胶合板建立可靠的理论基础。

1　试验材料和设备

（1）竹片：厚度为 4mm。

（2）竹碎料：平均直径约 1.2mm，平均长度约 15mm。

（3）胶黏剂：212B 型水溶性酚醛树脂，固体含量为 45%。

（4）热压机：总压力为 100t、幅面为 350mm×350mm 的试验压机，压机上装有自动控温仪，使温度控制在 160℃左右。

（5）复合板规格：幅面尺寸 320mm×320mm。

2　试 验 设 计

2.1　产品结构及固定工艺条件

结构：竹材复合板厚度为 15.5mm，面背板均为 4mm 厚的竹片，芯层为竹碎料。采用 15.5mm 厚的厚度规控制板子的厚度。

固定工艺条件：竹片含水率＜8%；竹碎料含水率＜6%；热压温度（160±5）℃；防水剂施加量——液体石蜡 1%。

本文原载《林产工业》1990 年第 1 期第 1-7 页。

2.2 主要工艺因子的选择及取值范围

选择对竹材复合板性能有很大影响的施胶量、密度和热压时间为主要工艺因子，即设计因子，并分别以 x_1（%）、x_2（g/cm^3）和 x_3（min）来表示。预备试验的结果表明：当施胶量为 8%～9%、密度为 0.73～0.85g/cm^3、热压时间为 1～1.1min/mm 板厚且不加石蜡防水剂时，竹材复合板的强度很低，$MOR_{\perp}$仅 20.0～60.0N/mm^2（20mm 板厚），浸水 8h 后出现明显的中间分层现象，作为工程用结构材是明显不适宜的。因此根据产品的使用要求和预备试验的结果，参照其他竹材人造板的有关标准，规定三因子的取值范围为 $8\leqslant x_1\leqslant 12$；$0.8\leqslant x_2\leqslant 0.95$；$16\leqslant x_3\leqslant 24$。

2.3 主要考察指标

竹材复合板作为一种特殊用途的工程结构用材，应选择静曲强度（MOR）、弹性模量（MOE）、平面抗拉强度（*IB*）和 24h 吸水厚度膨胀率（*D*）为主要考察指标，且应着重考察板子的纵向静曲强度（$MOR_{\perp}$）、纵向弹性模量（$MOE_{\perp}$）、平面抗拉强度（*IB*）和 24h 吸水厚度膨胀率（*D*），并在试验后测取成品板的密度（γ）、含水率（w）和浸水 24h 后板子的吸水率，以供参考比较。

2.4 热压曲线的选择

预备试验时，比较了图 1（a）和图 1（b）两种不同热压曲线时板子的性能，发现后一种曲线优于前一种。因此本研究选择后一种热压曲线。

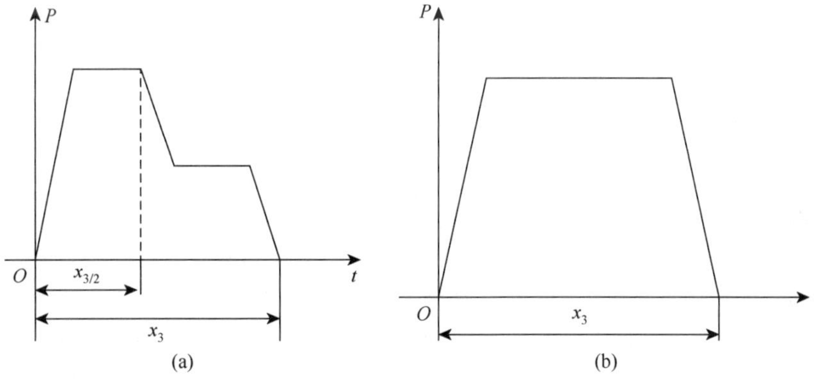

图 1 热压曲线

2.5 选择数据处理方法

本研究主要考察 x_1、x_2、x_3 三因子及其间相互作用对竹材复合板主要性能的影响，由于试验条件的限制，为尽可能减少试验次数，方便计算，便于因子间良好的组合，二次回归设计是比较有效的。本研究采用二次回归旋转设计。该法一方面保留了二次回归正交设计试验次数少（20 次）、计算简便、回归系数间相关性部分消除的优点，而且还使二次设计具有旋转性，有助于克服二次回归正交设计中二次回归预测值的方差依赖于试验点在因子空间中的位置这一缺点，同时使该设计具有预测作用。三因子回归模型的形式是

$$y = b_0 + b_1x_1 + b_2x_2 + b_3x_3 + b_{12}x_1x_2 + b_{13}x_1x_3 + b_{23}x_2x_3 + b_{11}x_1^2 + b_{22}x_2^2 + b_{33}x_3^2$$

根据所得的回归方程式，建立数学模型，上机优化得出较佳的工艺条件。

2.6 试验因子的水平编码

设第 J 个因子上、下限分别为 Z_{LJ}、Z_{DJ}(J = 1、2、3)，则 $Z_{DJ} = (Z_{1J} + Z_{2J})/2$，$\Delta J = (Z_{2J}-Z_{1J})/\gamma$（这里 $\gamma = 1.682$），线性变换式 $x_J = (Z_J-Z_{1J})/\Delta J$。因子水平取值及二次回归旋转设计矩阵及取值对照分别见表 1 及表 2。

表 1　因子水平取值对照表

因子取值	施胶量 x_1/%	密度 x_2/(g/cm^3)	热压时间 x_3/min
上星号臂 + 1.682	J2	0.95	24.0
上水平 + 1.0	J1.2	0.92	22.4
基准水平 0	J0.0	0.875	20.0
下水平−1.0	8.8	0.83	17.6
下星号臂−1.682	8.0	0.80	16.0
变化间距 Δ_1	1.3	0.045	2.4

表 2　二次回归旋转设计矩阵及取值对照

试验号	水平值			对照值		
	x_1	x_2	x_3	施胶量/%	密度/(g/cm^3)	热压时间/min
1	1	1	1	11.2	0.92	24.4
2	1	1	−1	11.3	0.92	17.6
3	1	−1	1	11.2	0.83	22.4
4	1	−1	−1	11.3	0.83	17.6
5	−1	1	1	8.8	0.92	22.4
6	−1	1	−1	8.8	0.92	17.6
7	−1	−1	1	8.8	0.83	23.4
8	−1	−1	−1	8.8	0.83	17.6
9	−1.682	0	0	8.0	0.875	20.0
10	−1.682	0	0	12.0	0.875	20.0
11	0	−1.682	0	10.0	0.80	20.0
12	0	+ 1.682	0	10.0	0.95	20.0
13	0	0	−1.682	10.0	0.875	20.0
14	0	0	+ 1.682	10.0	0.875	20.0
15	0	0	0	10.0	0.875	20.0
16	0	0	0	10.0	0.875	20.0
17	0	0	0	10.0	0.875	20.0
18	0	0	0	10.0	0.875	20.0
19	0	0	0	10.0	0.875	20.0
20	0	0	0	10.0	0.875	20.0

2.7　试验过程

竹片使用前进行选择，并先经压机在温度约 100℃时接触干燥 2min 左右，使之接近绝干状态。再准备好合乎幅面大小的竹片数量，进行单面涂胶，然后再进行称重。试验时为节省时间，施胶量相同的试验施胶一次进行，根据每次试验所要求的密度，计算出一块复合板的重量，再去除竹片的重量，最后换算出铺装所需的一定质量的施加过石蜡且拌胶均匀的刨花量。铺装和热压时，尽量避免竹片间产生缝隙，以保证竹材复合板的质量。

2.8　试件制取及测试方法

测试方法参照木质刨花板标准（GB4899—85）进行，每块试验板上各截取以下试件：

MOR$_{\perp}$、MOE$_{\perp}$试件（210mm×50mm×15.5mm）——4 块

MOR$_{\parallel}$、MOE$_{\parallel}$试件（210mm×50mm×15.5mm）——1 块

IB 试件（50×50×15.5）——2 块

γ 试件（兼做 D、A）（50mm×50mm×15.5mm）——2 块

W 试件（50mm×50mm×15.5mm）——1 块

试件截取如图 2 所示。

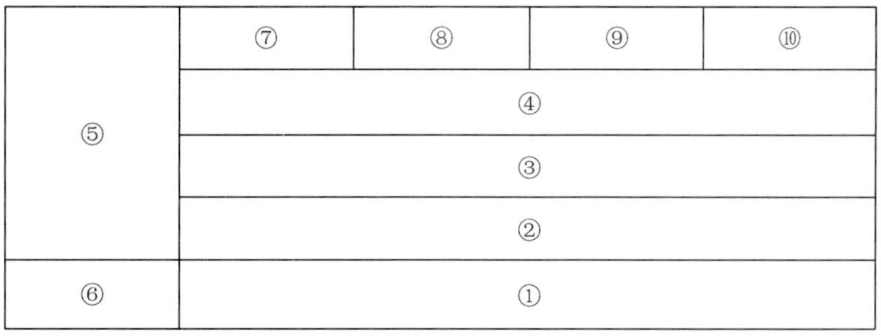

图 2　试件截取图

①②③④——$MOR_{\perp}$、$MOE_{\perp}$试件；
⑤——$MOR_{\parallel}$、$MOE_{\parallel}$试件；
⑥——W 试件；
⑦⑧——IB 试件；
⑨⑩——γ 试件

3　结果与分析

热压试验完成后，经常温下调湿处理 15 天后，制成试件测试的竹材复合板的各项物理力学性能如表 3 所示。

表 3　竹材复合板各项物理力学性能

试验号	工艺条件			MOR/(N/mm²)		MOE/(N/mm²)		W/%	实测密度/(g/cm³)	IB/(N/mm²)	24h 吸水厚度膨胀率/%	24h 吸水率/%
	施胶量/%	密度/(g/cm³)	热压时间/min	纵（⊥）	横（∥）	纵（⊥）	横（∥）					
1	11.2	0.92	22.4	111.1	11.7	9572.0	1274.0	6.6	0.86	1.39	2.4	16.3
2	11.2	0.92	17.6	114.0	11.6	9162.0	1557.0	6.0	0.87	2.06	2.9	14.2
3	11.2	0.83	22.4	71.4	8.4	8257.0	1106.0	7.5	0.81	0.99	3.9	15.3
4	11.2	0.83	17.6	77.9	6.9	8940.0	719.0	8.9	0.81	0.73	2.9	19.0
5	8.8	0.92	22.4	87.7	8.1	8292.0	1219.0	5.2	0.85	1.35	4.7	20.0
6	8.8	0.92	17.6	87.9	8.7	8179.0	1230.0	6.2	0.89	1.03	1.4	17.2
7	8.8	0.83	22.4	65.7	7.1	7855.0	1058.0	5.0	0.79	0.64	3.9	20.4
8	8.8	0.83	17.6	77.2	5.1	7674.0	701.0	7.5	0.82	1.24	3.7	20.3
9	8.0	0.875	20.0	66.4	6.5	7420.0	1019.0	11.4	0.86	0.87	3.5	14.2
10	12.0	0.875	20.0	108.2	12.7	9030.0	1335.0	7.2	0.85	1.67	3.2	15.1
11	10.0	0.80	20.0	78.9	5.9	6674.0	801.0	8.7	0.76	0.89	3.1	22.2
12	10.0	0.95	20.0	112.4	13.2	8725.0	1752.0	4.7	0.95	1.57	5.5	13.4
13	10.0	0.875	16.0	96.9	7.7	9677.0	1055.0	6.4	0.84	1.36	4.1	15.0
14	10.0	0.875	21.0	102.4	10.3	8236.0	1353.0	6.1	0.85	1.03	5.0	17.5
15	10.0	0.875	20.0	81.4	4.5	8506.0	663.0	9.4	0.85	1.06	3.5	16.5
16	10.0	0.875	20.0	101.8	12.1	8460.0	1752.0	4.3	0.83	1.10	2.6	15.0
17	10.0	0.875	20.0	108.8	8.7	8684.0	1246.0	6.5	0.85	1.41	3.7	17.1
18	10.0	0.875	20.0	92.0	7.8	9068.0	1078.0	7.8	0.84	0.80	2.3	18.0
19	10.0	0.875	20.0	84.3	8.1	8540.0	1274.0	6.4	0.85	1.08	5.4	18.2
20	10.0	0.875	20.0	87.3	6.9	9165.0	825.0	8.3	0.83	1.03	4.1	15.6

表中各个指标值分别为所测试件的平均值。出于名义密度与实测密度之间存在一定的差别，这一定会影响二次回归旋转设计所得回归方程式分析结果的准确性，因此研究时还按实测密度对试验结果进行了整理分析，并认为这是较为理想且符合实际的。

3.1 根据二次回归旋转设计得出各指标的回归方程

根据回归系数的 t 检验值，在显著水平 $a = 0.2$ 时的各单指标简化回归方程式如下：

（1）$MOR_{\perp} = 92.73-9.24x_1 + 12.07x_2 + 5.39x_1x_2-3.50x_2^2$

（2）$MOR_{\parallel} = 8.04 + 1.47x_1 + 1.82x_2$

（3）$MOE_{\perp} = 8716.3 + 478.8x_1-441.4x_2-183.3x_3-117.4x_1^2-303.3x_2^2 + 141.3x_2^2$

（4）$MOE_{\parallel} = 1742.6 + 240.6x_2$

（5）$A = 16.66-0.8483x_1-1.618x_2 + 0.403x_3-0.5625x_1x_3 + 1.0625x_2x_3-0.3860x_1^2 + 0.7284x_2$

（6）$IB = 1.08 + 0.1652x_1 + 0.2470x_2-0.09x_3 + 0.1538x_1x_2 + 0.0545x_1^2$

（7）$D = 3.6230 + 0.4037x_3-0.3750x_1x_3 + 0.200x_2x_3-0.2707x_1^2$

3.2 根据实测密度值进行多元线性逐步回归

该法用于试验结果的整理，不受因子个数的限制，试验次数也无严格限制。多元线性逐步回归可将二次项的变量转化为一次项来进行回归分析，然后采取对变量的剔除或引进，最后得出回归方程。

数学模型（三个变量）：

$y = a_0 + a_1x_1' + a_2x_2' + a_3x_3' + a_4x_1'x_2' + a_5x_1'x_3' + a_6x_2'x_3' + a_7x_1'^2 + a_8x_2'^2 + a_9x_3'^2$（$a$ 为回归系数），

令 $x_4' = x_1'x_2'$，$x_5' = x_1'x_3'$，$x_6' = x_2'x_3'$，$x_7' = x_1'^2$，$x_8' = x_2'^2$，$x_9' = x_3'^2$，则模型可转化为

$$y = a_0 + a_1x_1' + a_2x_2' + \cdots + a_9x_9'$$

经线性逐步回归后，再将一次项还原成二次项，得到三元二次方程式。

变量数 $M = 9$，实验次数 $N = 20$，给定显著性水平 $a = 0.05$，则得临界检验值 $F_{D、DE}(M, N-M-1) = 3.02$。令 $8 \leqslant x_1' \leqslant 12$，$0.80 \leqslant x_2' \leqslant 0.95$，$16 \leqslant x_3' \leqslant 24$，得回归结果：

（1）$MOR_{\perp} = -53.24 + 92.48x_1'x_2'-3.48x_1'^2-398.57x_2'^2$

（2）$MOE_{\perp} = 3982.33 + 539.65x_1'x_2'$

（3）$IB = 33.51-3.70x_1'-40.01x_2' + 4.55x_1'x_2'$

（4）$D = -0.1822 + 0.2239x_2'x_3'$

为了使回归规格化，便于优化计算，令

$$\begin{cases} x_1' = 1.2x_1 + 10 \\ x_2' = 0.045x_2 + 0.875 \\ x_3' = 2.4x_3 + 20 \end{cases}$$

这里$-1.682 \leqslant x_i \leqslant 1.682$（$i = 1、2、3$）。

由此可得以下规格化回归式：

（1）$MOR_{\perp} = 102.82 + 13.584x_1 + 10.233x_4-5.011x_1^2-0.807x_2^2 + 4.994x_1x_2$

（2）$MOE_{\perp} = 8704.26 + 566.63x_1 + 242.84x_2 + 29.14x_1x_3$

（3）$IB = 1.32 + 0.34x_1 + 0.25x_2 + 0.2457x_1x_2$

（4）$D = 3.7361 + 0.2015x_2 + 0.4702x_2 + 0.0242x_2x_3$

3.3 分析与讨论

（1）静曲强度（$MOR_{\perp}$）：从名义密度和实际密度回归所得的方程式可看出，$MOR_{\perp}$主要受 x_1（施胶量）和 x_2（密度）的影响，x_3（热压时间）对 $MOR_{\perp}$的影响不显著。施胶量和密度的交互作用对 $MOR_{\perp}$存在显著影响。从实际密度回归所得变换式中 x_1、x_2 项前的系数比较可看出，施胶量和密度对 $MOR_{\perp}$的影响，前者更为显著。当施胶量一定时，$MOR_{\perp}$随密度的增加而增加；当密度一定时，$MOR_{\perp}$随施胶量

的增加而增加。具体关系如图 3 所示。对 MOR$_\perp$单指标的优化计算表明，当 $x_1 = 1.682$、$x_2 = 1.682$ 即施胶量为 12%、密度为 0.95g/cm^3 时，两种密度所得回归方程都取得最大值，MOR$_\perp$最大值分别为 130.4N/mm^2 和 140.5N/mm^2。

（2）弹性模量（MOE$_\perp$），从实际密度回归的方程式可看出，影响 MOE$_\perp$的主要因子为施胶量和密度，两者相比，施胶量的影响更为显著。热压时间的影响不显著。当施胶量（或密度）一定时，MOE$_\perp$随密度（或施胶量）的增加而增加（图 4）。对 MOE$_\perp$单指标的优化计算表明，当施胶量为 12%、密度为 0.95g/cm^3 时，MOE$_\perp$取得最大值，为 10 148N/mm^2。

（3）平面抗拉强度（*IB*）：从实际密度回归得到的方程式看出，*IB* 主要受施胶量和密度的影响：若给定显著性水平为 $a = 0.10$，则回归方程式为 $IB = 1.75 + 0.36x_1 + 0.2415x_2 – 0.098x_3 + 0.2684x_1x_2 – 0.005\ 03x_2x_3$。从方程式中 x_3 项的系数大小可看出，热压时间对 *IB* 的影响不大。对 *IB* 单指标的优化计算表明，当施胶量为 12%、密度为 0.95g/cm^3 时，*IB* 可达最大值，最大值为 2.83N/mm^2。当施胶量（或密度）一定时，提高板子的密度（或施胶量）可提高板子的平面抗拉强度，施胶量对 *IB* 的影响较密度对 *IB* 的影响大（图 5）。

（4）24h 吸水厚度膨胀率（*D*）：从实际密度回归得到的方程式看出。*D* 主要受热压时间和密度的影响。从方程式中系数大小可看出，热压时间对 *D* 的影响要略大于密度。当密度（或热压时间）一定时，吸水厚度膨胀率会随热压时间（或密度）的延长（或提高）而增加。因此降低吸水厚度膨胀率的主要方法可考虑降低板子的密度，在一定范围内缩短板子的热压时间，施胶量对 *D* 的影响可基本忽略。对 *D* 单指标的优化计算表明，当密度为 0.80g/cm^3、热压时间为 16min 时，吸水厚度膨胀率取得最小值，为 2.67%（图 6）。

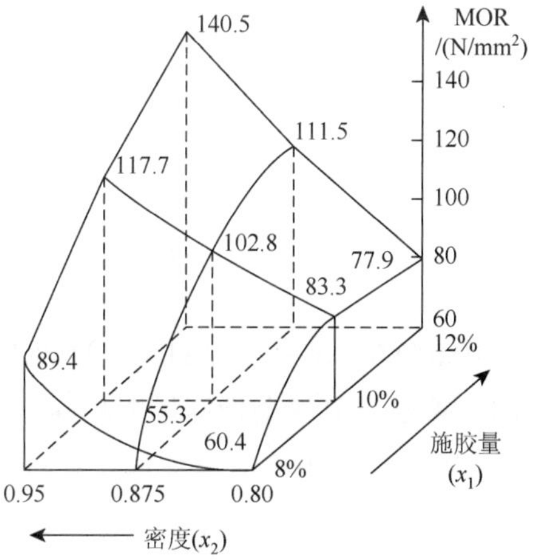

图 3 MOR$_\perp$-x_1-x_2 关系图

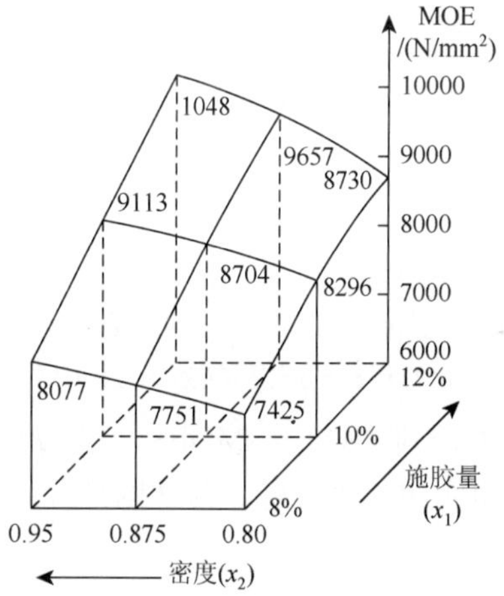

图 4 MOE$_\perp$-x_1-x_2 关系图

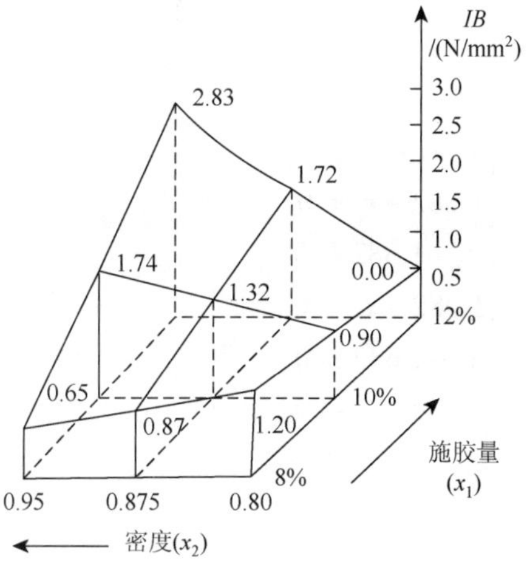

图 5 *IB*-x_1-x_2 关系图

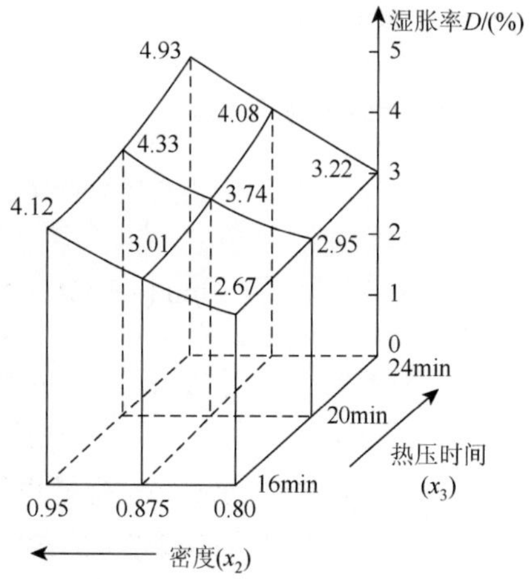

图 6 *D*-x_2-x_3 关系图

3.4 综合目标的确定及优化

3.4.1 综合目标的确定

研究的主要目的是获得竹材复合板 MOR⊥、MOE⊥、*IB* 和 *D* 四个考察指标同时较佳的工艺条件，即要处理一个多目标函数的优化问题，使 MOR⊥、MOE⊥、*IB* 这三个强度指标尽可能大，而同时使 *D* 尽可能小。

由于采用回归方法，得到了各分目标函数的回归方程，因此本研究决定采用加权组合法（直接加权法），将各分目标函数按下式组合为统一的目标函数：

$$F(x)=\sum_{i=1}^{4}C_4F_4(x)$$

其中，C_4 为加权因子，其值为一大于零的数，取决于各项分目标的数量级及其重要程度。C_4 的选择采用了以下两种不同方法：

（1）根据竹材复合板生产和使用要求，规定指标的上下限为

$$\begin{cases}100\leqslant F(x)=\mathrm{MOR}_{\perp}\leqslant 120\\8000\leqslant F_2(x)=\mathrm{MOE}_{\perp}\leqslant 10000\\1.2\leqslant F_3(x)=IB\leqslant 1.5\\2\leqslant F_4(x)=D\leqslant 5\end{cases}$$

各目标的容限：

$$\Delta f_4=(\text{上限}-\text{下限})/2$$

各目标的加权因子：

$$C_4=1/(\Delta f_i)^2\ (i=1\sim 4)$$

该法可在统一目标函数中使各分目标在数量级上达到统一平衡。

统一目标函数：

$$\begin{aligned}F(x)&=C_1F_1(x)+C_2F_2(x)+C_3F_3(x)-C_4F_4(x)\\&=58.0538+13.2460x_1+11.1239x_2-0.2609x_3+10.970x_1x_2-0.010\,65x_2x_3-0.050\,11\,x_1^2-0.008\,07\,x_2^2\end{aligned}$$

（2）考虑到 MOR⊥、MOE⊥、*IB*、*D* 四指标对竹材复合板同等重要，前三个指标量纲相同，后一个不同，且数量级也相差悬殊。为使四个分目标数量级一致，令 $C_1=10^{-1}$，$C_2=10^{-3}$，$C_3=1$，$C_4=1$ 得统一目标函数：

$$\begin{aligned}F(x)&=C_1F_1(x)+C_2F_2(x)+C_3F_3(x)-C_4F_4(x)\\&=16.5702+2.2650x_1+1.3146x_2-0.4702x_3+0.7742x_1x_2-0.0242x_2x_3-0.5011\,x_1^2-0.0807\,x_2^2\end{aligned}$$

3.4.2 建立数学模型

目标函数：max$F(x)$，即

$$-\min(-F(x))\qquad \text{约束条件}\begin{cases}x_1+1.682\geqslant 0\\1.682-x_1\geqslant 0\\x_2+1.682\geqslant 0\\1.682-x_2\geqslant 0\\x_3+1.682\geqslant 0\\1.682-x_3\geqslant 0\end{cases}$$

3.4.3 优化设计因子

这是一个有 6 个约束条件的最优化问题，本研究采用复合形法（COMPLEX）来进行优化。其原理是：在三维设计空间的可行域内，选定 4～6 个顶点组成复合形多面体，然后对多面体各个顶点的函数值逐一

进行比较，按一定的规则不断丢弃最坏点，而代之以新点，从而构成新的复合形多面体，这样可在可行域内不断逐步调优迭代，直到满足判断准则获得最优解为止。

经紫金-Ⅱ型微机运算，当 $x_1 = 1.682$、$x_2 = 1.682$、$x_3 = -1.679$ 时，上两综合目标都取得最大值，即说明当施胶量为 12%，密度为 0.95g/cm^3，热压时间为 16min2s 时，竹材复合板综合指标最高，性能最好。虽然最优点处在边界上，但考虑到实际生产和应用条件，还是认为优化结果是较为理想的。为了比较，还对按名义密度回归的方程式按以上两种方法确定统一目标，再进行优化。得到了与上述一致的结论。

4 结 论

（1）综合各项物理和机械性能，竹材复合板较佳的工艺条件为：热压板温度——160℃；压板闭合时间——1.1min/mm（成品厚度）；施胶量——12%；石蜡施加量 1%；成品密度——10.95g/cm^3。

（2）竹材复合板的纵向静曲强度和弹性模量与竹材胶合板（根据 CNZL87100368 号专利技术制造）相近。但由于其结构上的差别，中间层没有横向的竹片而是一层竹碎料，因此横向的静曲强度和弹性模量较竹材胶合板小，其纵横两个方向之比约为 10∶1（竹材胶合板为 10∶5～6）。这一特性在应用研究中应予以特别的重视。

（3）竹材复合板是一种新型的复合材料，同一成品厚度的板子，可由不同厚度的竹片和竹碎料层组成，其物理机械性能将有明显的差异，因此进一步研究竹材复合板的最佳结构（即竹片和竹碎料层的合理厚度）具有重要的理论和现实意义。

（4）竹材复合板是一种单向强度很高的材料（约为一般松木的 2～3 倍），纵横两个方向的强度差也比木材为小（木材约为 20∶1，而竹材复合板约为 10∶1），是一种代木的良好材料，预计在载重卡车上代替钢板制作边板和后盖板具有广泛的应用前景。目前应用试验已得到长春第一汽车制造厂和青海汽车制造厂的重视和支持。

参 考 文 献

[1] 张齐生. 竹材胶合板的研究（Ⅰ）. 南京林业大学学报（自然科学版），1988，(4)：13-20.

[2] 张齐生. 竹材胶合板的研究（Ⅱ）. 南京林业大学学报（自然科学版），1989，(1)：32-38.

[3] 张齐生. 竹材胶合板的研究（Ⅲ）. 南京林业大学学报（自然科学版），1989，(2)：13-18.

[4] 茆诗松. 回归分析及其试验设计. 2 版. 上海：华东师范大学出版社，1981.

[5] 张齐生. 机械优化设计. 上海：上海科学技术出版社，1981.

竹材胶合板——新型工程结构材料
——一种较理想的客、货车车厢底板

张齐生
（南京林业大学竹材工程研究中心　南京　210037）

我国竹材资源丰富，全国毛竹林蓄积量约40亿株，毛竹林面积3800余万亩，每年可采伐3.6亿株，相当于600余万立方米木材的量，产量与面积均居世界第一位。竹材具有生长快、产量高、轮伐周期短、一次造林成功即可年年择伐等特点，同时还具有强度高、刚性好等优良物理机械性能，是一种十分丰富的森林资源。由于它有直径较小、壁薄中空、易虫蛀、易腐蚀等缺陷，使现有的木材加工的方法和机械都不能简单地用于竹材加工，因而世界范围内的毛竹资源长期以来均未被工业化利用。

我校自1982年开始进行竹材胶合板的研究工作，提出了将竹材加热软化后再展平成竹片用以制成竹材胶合板的新构思。经过长达6年多的努力，攻克了竹材软化、展开的技术难关，实现了工业化生产，于1988年4月通过了林业部组织的部级鉴定，并于1989年9月6日取得了国家发明专利（专利名称：竹材胶合板制造方法，专利号：87100368.6）。我们还先后和南京汽车制造厂合作，完成了竹材胶合板在卡车车厢底板上的应用研究（1988年获江苏省科技进步三等奖）；和福建客车厂合作，完成了竹材胶合板在客车车厢底板上的应用研究（1988年7月通过鉴定）；和铁道部南京浦镇车辆厂合作，完成了竹材胶合板在铁路车辆车厢底板上的应用研究（1988年10月通过鉴定）。目前正在和第一汽车制造厂合作，进行竹材胶合板在解放牌卡车车厢底板上的应用研究，试验车现已行驶8万余公里，将在今年7～8月份进行鉴定。第二汽车制造厂去年试装1000台卡车，今年扩大试装2000台份，以便总结经验，准备采用。今年南京汽车制造厂已经停止使用木材，40 000台卡车将全部使用竹材胶合板。全国已有福建、江西、湖北、广东、北京、安徽、南京公交修理厂等几十家客车厂已全部使用竹材胶合板作为客车车厢的底板。

竹材胶合板是以毛竹为原料，经截断、去外节、剖开、去内节后，再经水煮、高温软化、展平、刨削加工、干燥定型、铣边后，通过高耐水的酚醛树脂胶使竹片纵横交错在一定的温度和压力下胶合而成。目前产品的幅面为1000mm×2100mm，厚度为10～30mm，根据用户的需要可以进行铣斜面接长，也可开槽、打眼或进行定规格加工。竹材胶合板具有幅面大、强度高、刚度好、变形小、吸湿膨胀、排湿干缩值小、耐磨损、耐虫耐腐等特点，经检测是当今世界上强度最高的非金属有机材料之一。目前，南京汽车制造厂使用15mm竹材胶合板代替原来25mm的木车厢底板；一汽和二汽使用22mm的竹材胶合板代替原来32mm的钢木车厢底板，所有客车厂均使用15mm竹材胶合板代替原有木底板或钙塑板。据各厂反映：使用竹材胶合板，每装一台车，可节约成本200～400元，此外还有坚固、耐用、施工方便、易清洗等优点。为了验证竹材胶合板的耐久性，我们曾先后两次参照美国ASTMD1037标准对竹材胶合板进行了加速老化试验。具体试验方法：将竹材胶合板试件在“49℃温水中浸泡1h—93℃蒸汽喷蒸3h—-20℃冷冻20h—99℃热风干燥3h—93℃蒸汽喷蒸3h—99℃热风干燥18h”共48h为一个处理周期，反复循环六个周期，共处理288h为整个加速老化过程，经处理后再将试件取出进行机械性能测试。测试结果表明；竹材胶合板静曲强度保存率为71.83%～80.13%，冲击强度保存率为65.38%～75.09%，胶合强度保存率为57%～62%。根据国外有关文献刊载，认为经加速老化试验后，试件强度残存率达50%时，则该种材料即可在室外露天使用三年以上时间。因此，可以肯定地说，竹材胶合板是一种耐久性十分可靠的材料。

目前我国以竹材为原料可用于汽车车厢底板的板材除竹材胶合板以外，还有竹编胶合板和竹材层压板。竹编胶合板是将竹材剖成篾编成竹席，再干燥，通过胶黏剂将几张竹席在一定的温度和压力下胶合成的板材。竹编胶合板因竹席是经纬两种竹篾编织而成，因此两块竹篾重叠处无论是浸胶或涂胶，胶黏剂都难于渗透进去。另一方面，竹席表面高低不平，因而胶黏剂用量虽较大，但胶合性能仍不甚理想。竹材层

本文原载《江苏交通科技》1991年第3期第11-13页。

压板是将竹材剖成篾不经编席，竹篾先进行干燥，然后再浸入胶黏剂，取出后再进行低温干燥，最后铺模在一定的温度和压力下胶合成板材。此法板材的纵向强度高，横向强度小，胶黏剂用量较大，由于铺模不易均匀因而胶合强度也不甚理想。层压板适合生产二汽钢木车厢结构的条状板条，产品主要供二汽东风卡车使用。

竹材胶合板、竹材层压板、竹编胶合板主要物理机械性能见表 1。

表 1　三种板材主要物理机械性能

产品名称	密度/(g/cm³)	静弯曲强度/MPa		弹性模量（纵向）/MPa	胶合强度/MPa	耐老化情况
		纵向	横向			
竹材胶合板	0.78～0.85	115.15	70.17	1.01×10^5	沸水 3h 后＞30	参照 ASTMD1031 标准试验强度残留平均大于 50%以上
竹材层压板	1.05～1.10	110～150	较小	$0.7\sim0.8\times10^5$	干热 120℃ 2h～50℃不裂胶	未试验
竹编胶合板	0.70～0.98	63.74	27.46	—	0℃、-20℃24h 不分层开裂	未试验

目前，我国南方竹区已建成的竹材胶合板厂有 12 个，它们分布在江西省的宜丰县、铜鼓县、奉新县、黎川县、永修县、赣州市和鹰潭市，福建省的建阳县，安徽省的黟县和芜湖市，湖北省的通山县，湖南省的株洲县，另有三个正在建设中，年生产能力约为 15 000 余立方米。竹材胶合板除用于车厢底板外，最近我们和建筑部门联合开发成高强度水泥模板，经过表面加工已经进入国内重大工程建设项目和外销国际市场。为了促进科技进步，协调产、销关系，稳步发展竹材人造板工业，1988 年 5 月成立了以我校为科技依托单位，由南汽、一汽、二汽和所有竹材胶合板厂以及有关设备配套厂等近 30 个单位组成的南京林达竹材人造板技术开发集团，办公地点设在我校竹材工程研究中心。

去年 9 月，林业部标准处组织有关专家审查，通过了竹材胶合板行业（部标）标准，今年 6 月份起将正式发布施行。目前，各厂的竹材胶合板内在和外观质量均比前几年有了明显的提高。厚度为 15mm 的竹材胶合板，每立方米的出厂价为 2300～2500 元，每平方米的价格为 34.5～37.5 元，欢迎大家试用和选用。

竹材胶合板在载货汽车上的应用研究

张齐生[1]　黄河浪[1]　韩光炯[2]　刘建荣[2]　岳飞虎[3]　王述之[3]
（1　南京林业大学；2　第一汽车制造厂；3　南京汽车制造厂）

编者按：用毛竹“软化—展开”工艺制成的竹材胶合板，于 1988 年通过鉴定并获得国家发明专利，现已建成一批工厂投入生产。其产品在载货汽车上的应用研究，成功地解决了用作车厢底板的技术问题和认识问题，为汽车制造业大面积和推广应用，节代木材、降低成本提供了切实可行的途径，也为竹材胶合板开辟了一个重要市场。用做水泥模板的竹材胶合板也已试验成功。这说明这种竹材胶合板作为工程结构材料有着广阔的应用领域和发展前景。

长春第一汽车制造厂 1956 年投产的解放牌中型载货汽车，系全木结构车厢，单车消耗木材（成材，以下同）1.258m^3；1981 年研制成铁木结构车厢，保留了纵横梁垫木及底板的 10 根木中底板，其他前、后、边板和纵横梁均改为铁制，比全木车厢节约木材近 2/3，单车木材消耗量为 0.523m^3，但自重增加 200kg；若改为全铁车厢，自重还需增加 150kg，这将严重影响整车重量指标。南京汽车制造厂 1958 年设计的跃进牌轻型载货汽车，也系全木结构车厢，单车消耗木材为 0.699m^3；1980 年进行了改进设计，也将前、后、边板及纵横梁均改为铁制，仅留纵横梁垫木及底板为木材，单车木材消耗量仍有 0.412m^3。以南汽年产 4 万辆、一汽 6 万辆汽车计算，两厂全年需耗用优质木材 6 万 m^3（折合原木为 8.5 万 m^3）。为了少用或不用木材，两厂曾先后与有关单位合作，研制异型硬聚氯乙烯车厢底板代替木底板，并在海南、北京、内蒙古等地进行了运行试验考核，取得了一定的效果。但是由于塑料底板要比木底板成本高达 60%上，因此各汽车制造厂均难以推广“以塑代木”的节木措施。

1986 年开始南京林业大学先后与南京汽车制造厂和长春第一汽车制造厂合作，进行竹材胶合板在载货汽车车厢底板上的应用研究工作，并在研究的基础上进行了大面积的推广应用。

1　竹底板车厢有关技术参数的确定

两种类型载货汽车的使用条件都十分苛刻，它们要在严寒、酷暑、日晒、雨淋、道路崎岖不平、承载和超载条件下行驶或停放，因此要求车厢底板有足够的强度和刚度及耐老化性能，且安全系数要大；另一方面为了降低成本、降低车身自重，又要求尽可能使竹材胶合板结构设计得轻一些，因而需要在有充分科学依据的条件下，确定车厢底板的合理结构和各项技术参数。

1.1　竹材胶合板种类的选择

提供作车厢底板试验用的材料有南京林业大学研究的以“竹材高温软化—展开”工艺为核心的竹材胶合板和浙江省某厂用竹篾经浸胶单方向层压胶合而成的竹材层压板。为了正确地选择材料，需对提供的材料和原车厢底板用木材进行物理机械性能的试验和对比。各项物理机械性能见表 1～表 5。

表 1　三种材料的物理机械性能

材料			密度/(g/cm^3)	本体静曲强度/MPa		接头静曲强度/MPa		胶合强度/MPa		冲击韧性/(J/cm^2)
				测定值	标准规定值	测定值	标准规定值	测定值	标准规定值	
竹材胶合板	15mm	三层	0.78	113.3	≥98			3.68	≥2.5	8.7
		五层	0.85	105.5	≥98				≥2.5	9.1
	22mm	五层	0.85	126.1	≥98		≥68		≥2.5	9.1
		七层				75				12.4

本文原载《林产工业》1991 年第 1 期第 1-4 页。

续表

材料	密度/(g/cm³)	本体静曲强度/MPa		接头静曲强度/MPa		胶合强度/MPa		冲击韧性/(J/cm²)
		测定值	标准规定值	测定值	标准规定值	测定值	标准规定值	
竹材层（30mm）	1.03	120	≥98		≥68	水煮沸		
车厢底板用木材（鱼鳞云杉）（33mm）	0.45	82.6		41				4.44

注：竹材胶合板的胶合强度是试件在沸水中煮沸 3h 后的测定值。

表 2 竹材胶合板的耐老化性能

过程	胶合强度/MPa	弯曲强度/MPa	试验条件
老化前	0.63	111.6	参照美国 ASTMD27 加法老化试验标准，“49℃温水 1h—93℃蒸汽喷蒸 3h—-12℃冷冻 20h—99℃热风 3h—93℃蒸汽喷蒸 3h—99℃热风 18h”为一个周期，依次反复循环六个周期，共 288h
老化后	0.03	52.3	
下降率/%	17.7	53	

表 3 耐酸腐蚀性能

过程	竹材胶合板静曲强度/MPa	铁中底板（冷轧钢板）	试验条件
酸腐蚀前	105.2	表面瓦锈蚀	将 22mm×200mm×300mm 竹材胶合板试件在 pH = 4 的溶液中浸泡 12h，自然干燥 10 天后，分别测定试验前后的静曲强度。底板在后样条件下处理后，观察处理前后的表面状态
酸腐蚀后	102.8	表面出现严重黄锈斑	
下降率/%	2.3		

表 4 两种材料的干缩性能

材料	干缩率/%			备注
	长	宽	高	
竹材胶合板	0.016	0.017	0.202	表中所列之干缩率为含水率减少 1%时的干缩系数。车厢底板中、长宽方向有装配关系，厚度方向是自由尺寸，竹材层压板宽度方向的干缩率是竹材胶合板的 12 倍。若含水率下降 10%，宽度 1000mm 的层压板总干缩率高达 18.1mm，原竹材胶合板仅为 1.5mm
竹材层压板	0.015	0.181	0.127	

表 5 四种材料的摩擦系数

性能	木底板	铁木底板	全铁底板	普通竹胶板合底板	表面压网纹复酚醛树脂层的竹材胶合板底板
静摩擦系数	0.52	0.31	0.28	0.42	0.47

从上述五个表中可以得出以下结论：竹材胶合板和竹材层压板都具有很高的强度和耐酸腐蚀性能，但由于竹材层压板的竹篾组坯不均匀，纹理又都是同一方向，因而胶合性能差，宽度方向强度小，干缩率大，又不宜制作大幅面板材，因而难以满足宽幅面底板的技术要求。而竹材胶合板由于相邻层竹片互相垂直组坯胶合而成，则具有胶合性能好、耐老化、耐酸腐蚀、干缩率小、纵横两向强度差小、摩擦系数较大等优点，各项性能几乎都优于木材，因此从科学、经济、安全三方面考虑，决定 NJ 轻型载货汽车采用 15mm 厚的竹材胶合板代替 25mm 厚的东北松木底板；CA1091 中型载货汽车采用 22mm 厚的竹材胶合板代替 33mm 厚的东北松木底板，并在与车架每一横梁重合处固定一根厚度为 11mm 的竹胶合板垫条，使竹胶合板底板装车后与铁木车厢底板保持 33mm 的同样高度。

1.2 竹材胶合板车厢底板的结构

南京汽车制造厂和长春第一汽车制造厂根据各种车架的特点，提出了车厢底板的结构设计，如图 1、图 2 所示。

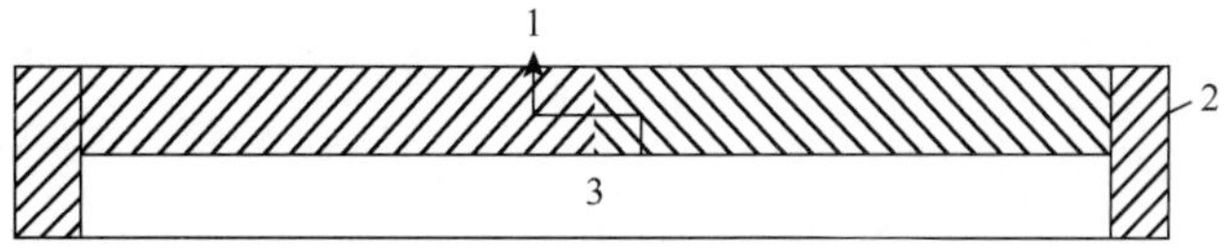

图 1 NJ 竹材胶合板车厢底板结构图

1. 竹材胶合板；2. 包边板；3. 横梁

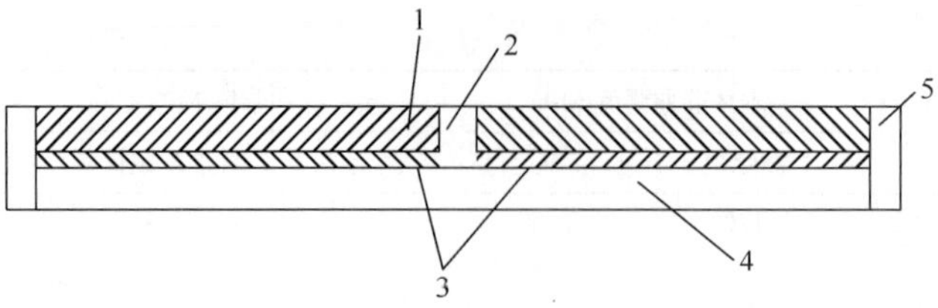

图 2　CA1091 中型载货汽车竹材胶合板车厢底板结构图

1. 竹材胶合板；2. 铁中底板；3. 竹材胶合板垫条；4. 横梁；5. 包边板

1.2.1　NJ 轻型载货汽车车厢底板结构

固定方式：采用表面横向、纵向有细纹，经表面渗碳、淬火制成的特种钢钉，将竹材胶合板直接钉在 2mm 厚的车架钢横梁上，其握钉力为普通铁钉的 5 倍左右。

1.2.2　CA1091 中型载货汽车车厢底板结构

固定方式：使用 38 个螺栓将竹材胶合板紧固在车架的各根钢横梁上，防止车厢在扭转变形时，钢钉与竹底板产生相对位移而被剪断。试验证明：螺栓紧固竹胶合板底板比钢钉固定，其强度可提高 6%～10%。

曾先后采用过三种结构形式的车厢底板，经过三个试验点的实际运行考核，结论为：

（1）采用三块结构，竹材胶合板两侧要铣高低槽，加工技术要求高，且接缝处不易平整；

（2）两块结构的强度高于三块结构；

（3）三块结构中，宽度窄的一块竹胶合板底板最容易损坏；

（4）采用两大块竹胶合板底板，中间保留一根铁中底板的结构，既可增加框架总成的刚度，又可使竹底板宽度缩小到 1062mm，便于利用现有各厂的设备生产，且竹材胶合板两侧不必铣高低槽，因而具有较多的优点。最后决定采用该结构为今后正式生产用的结构。

1.2.3　竹材胶合板的接长方式

现有的竹材胶合板需要接长方可达到车厢底板长度的要求。经过大量试验，采用竹材胶合板两头铣成 1∶5 的斜面，斜面上涂酚醛胶后进行热压接长，接头强度可达到竹材胶合板本体强度 70%以上。为了使用安全，特地使底板接头与横梁相重合，并用钢钉或螺栓紧固，确保接头的强度，同时接头处要平整，防止装卸货物碰坏接头。

2　竹材胶合板底板车厢的台架试验

2.1　弯曲强度试验

长春汽车研究所对 22mm×1000mm×1200mm 五层竹材胶合板底板和木车厢底板进行横向模拟均布载荷和集中载荷弯曲强度试验，其结果如表 6 所示。

表 6　竹底板与木底板的弯曲强度

载荷		破坏前的最大挠度/mm	最大承载力/kN	结论
		4 个 M10 螺钉紧固	10 个 M10 螺钉紧固	
集中载荷	竹材胶合板底板	44/27.5	42/30	1. 木板破坏形式为折断，破坏后承受压力为正常值的 1/5～1/4
	木底板	35/7.5	—	2. 竹胶合板破坏形式为底板拉断，破坏后承载能力为正常值的 1/2～2/3
均布载荷	竹材胶合板底板	51/30	57/30	3. 根据加载条件，竹胶板均优于木底板
	木底板		29/28	4. 集中载荷时，竹胶合板底板弯曲强度大于木底板 2 倍左右

2.2 扭转疲劳试验

长春汽车研究所和南京汽车制造厂研究所分别对两种车厢底板进行了疲劳试验，其结果如表 7 所示。

表 7 竹底板与铁木底板车厢疲劳强度

材料	车架横梁出现损坏时的扭转次数/万次	50 万次后检查	标准规定的优等品标准/万次	试验条件
NJ 竹底板车厢	10 万次横梁未出现损坏，竹底板完好无损，试验终止	—	12	1. 扭转频率 27 次/分
CA1091 竹底板车厢	13.6	竹底板完好无损	12	2. 车架最大扭矩时，左右前轮高度差 312mm，汽车轴向角 3.55°
CA1091 铁木底板车厢	8.3	铁中底板与横梁焊接处大量开焊	12	3. 车厢内均布载荷为 5t 砂袋，驾驶室底板上均布 51kg 砂袋，座椅均布 144kg 砂袋

2.3 落锤冲击试验

南京汽车制造厂研究所对两种车厢底板进行落锤冲击试验，试验结果如表 8 所示。

表 8 两种车厢底板的落锤冲击试验

材料	40kg 重锤由 1.2m 高度下落	40kg 重锤由 1.5m 高度下落	结论
NJ 竹底板	下表面局部断裂，可断续使用	下表面 1/3 厚度断裂，车厢可继续使用	竹材胶合板底板抗冲击性能优于木车厢底板
NJ 车底板	完全断裂	—	

从以上三项试验可以看出，竹材胶合板车厢底板在抗弯曲、抗扭转、抗冲击等方面均优于全木结构和铁木结构车厢，是一种理想的车厢底板材料。还有 11 台 CA1091 载货汽车在海南、吉林、内蒙古三个试验点进行了承载行驶考核。海南运输公司一台车已行驶三年多，行程 8 万多公里，同期使用的铁木车厢底板已全部锈蚀不能使用，而竹底板车厢仍可继续使用。其他各试验车也已使用近两年，行程 4 万公里以上，竹底板车厢无一损坏，用户普遍反映竹底板耐磨、使用寿命长，便于清扫，即使损坏，修理、更换也比铁木结构车厢底板方便。

3 结 束 语

1987 年 7 月江苏省科委已经主持通过了“竹材胶合板在 NJ 轻型载货汽车车厢底板上的应用研究”课题的技术鉴定；1991 年 7 月一汽集团联营公司也已主持通过了“竹材胶合板在 CA1091 中型载货汽车车厢底板上的应用研究”课题的技术鉴定，两个鉴定会的专家都给予了充分肯定和高度评价。到目前为止，南京汽车制造厂已累计装车 6 万辆，节约木材 2.5 万 m^3，降低装车成本 900 余万元，第一汽车制造厂目前也已累计装车近 7000 辆，降低装车成本 100 余万元，节约木材 5000 余 m^3，节约钢材 700 余吨，而且一辆车还可以减轻车厢自重 52kg，具有较好的经济和社会效益。两家工厂目前采用的竹底板车厢结构既可使用原有的木材，也可以使用竹材胶合板底板，因而便于组织生产。1992 年两厂将进一步扩大使用竹材胶合板底板的数量，为国家节约更多的木材，为企业创造更好的效益。第二汽车制造厂自 1988 年起也在进行宽幅竹材胶合板底板装车试验，1990 年已装车 1000 辆，今年计划装车 5000 辆。全国还有镇江冷藏车厂、福建客车厂、广州汽车厂、长沙客车厂、江西客车厂、安徽合肥客车厂、南京公交修理厂等许多家汽车、客车厂也都在采用竹材胶合板作车厢底板。我们深信，不久的将来，竹材胶合板将在我国的汽车工业中得到越来越广泛的推广与应用。

制造无接头大幅面竹材胶合板的新方法

张齐生　王建和　黄河浪
（南京林业大学竹材工程研究中心　南京　210037）

摘　要

研究采用铣过斜面的单块竹片，按几种不同的组坯方式，采用一次热压成型法压制无接头大幅面竹材胶合板。实验表明，与竹材胶合板铣斜面后热压接长工艺相比较，铣过斜面的竹片组坯成型法具有生产工艺简单、竹材利用率高、产品力学性能与未接长竹材胶合板相同等优点，是生产大幅面竹材胶合板的一种较好方法。

关键词： 无接头大幅面竹材胶合板；接长竹材胶合板；铣斜面竹片

Abstract

In this study, large dimension bamboo plywoods were manufactured by hot-pressing bamboo strips bevelled at one end for length jointing and assembled in different ways. The results show that, compared with length scarf jointing of ready made bamboo plywood，the new method for making large dimension bamboo plywood has advantages of simple process, high recovery of bamboo material and mechanical properties of products equal to those of bamboo plywood without length joints.

竹材胶合板作为车厢底板已在几十个汽车制造厂得到了广泛的应用，产生了巨大的经济效益和社会效益。但目前各竹材胶合板生产厂的产品最大幅面通常为 3′×7′（915mm×2135mm）和 4′×8′（1220mm×2440mm），而各型载重汽车车厢底板长度多数都在 3000～4300mm，因此竹材胶合板厂对竹材胶合板需进行铣斜面后再热压接长成需要的长度以满足汽车厂装车的要求。汽车厂也改进了车架设计，使两块竹材胶合板的接缝位置与车架横梁相重合，以防止接缝处在外力作用下断裂。由于近年来各汽车厂不断开发多种系列产品，各车型车架的横梁数及横梁位置不尽相同，因而需要不断变更接头位置方可满足车厢底板强度的需要。但是现有竹材胶合板生产工艺和设备难以满足上述要求，如何生产无接缝的大幅面竹材胶合板车厢底板是当今汽车工业提出的一个新课题。

1　制造大幅面竹材胶合板的方法

1.1　竹材胶合板铣斜面后热压接长法

1.1.1　接长工艺

（1）斜面加工：为了避免由于斜面斜率过小造成竹材消耗过多及铣刀盘直径过大的缺点，选定斜面的斜率为 1∶5（图 1）。

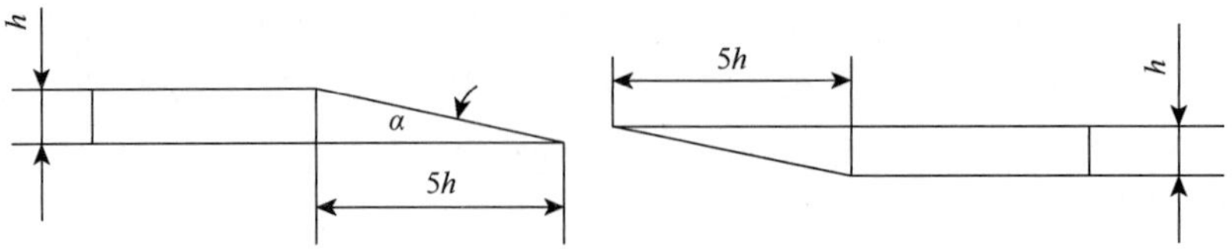

图 1　竹材胶合板斜面接长示意图

本文原载《林产工业》1993 年第 4 期第 20-22 页。

（2）胶黏剂：采用与竹材胶合板生产所用相同的水溶性酚醛树脂胶，使胶均匀地涂布在斜面上，涂胶量控制在 400～450g/m^2（双面）。

（3）辅助措施：为了防止搬运时产生的移动和错位，使两斜面涂胶重合后钉上 4～5 枚 15～20mm 左右长的铁钉，以增加其初始强度。

（4）热压工艺：温度、压力、时间三要素均与竹材胶合板热压工艺相同。

1.1.2 接长效果

我们从各生产厂选取几种不同厚度竹材胶合板的试样（包括斜面接长竹材胶合板接头试件），按照中华人民共和国专业标准《汽车车厢底板用竹材胶合板》进行力学性能测试，作为对照列于表 1。

表 1 斜面接长竹材胶合板的物理力学特性

序号	产品厚度/mm	非接头处静曲强度/MPa	接头处静曲强度/MPa	接头处强度/非接头处强度	备注
1	15	133.2	37.2		1, 3 号试件未达到专业标准要求
2	15	122.2	71.1		
3	15	91.3	65.1		
平均	15	115.5	57.8	0.500	
1	20	82.3	54.4		1 号试件未达专业标准要求
2	20	92.2	79.6		
3	20	107.7	95.1		
4	20	91.3	83.6		
平均	20	93.4	78.2	0.837	

注：（1）竹材胶合板静曲强度标准规定值：①板厚≤15mm，指标值≥98MPa。②板厚＞15mm，指标值≥90MPa。

（2）经接长的竹材胶合板，接缝处的静曲强度不得小于规定指标值的 70%。

1.1.3 主要优缺点

（1）优点：①不改变竹材胶合板现行生产工艺及设备；②不需要价格较高的大幅面热压机，只需增加铣斜面机和价格较低的接长机。

（2）缺点：①接缝处强度较低，且工艺要求严格，通常是竹材胶合板本体强度的 70%～80%（有时局部强度达不到要求）；②接缝处附近部位因经受 2 倍热压时间的加温加压，局部胶合性能受影响；③接缝处难于达到平整的要求。

1.2 单片竹片铣斜面后搭接组坯一次热压成型法

依据我国目前的机械制造水平，制造大幅面多层热压机（4500mm×2000mm）已没有多大的困难，但若生产 4500mm 长的展开竹片来制造大幅面胶合板，一方面由于竹壁厚度由根部至梢部是逐渐减小的，竹片愈长，厚度方向的利用率愈低；另一方面，由于软化、展平、干燥、热压等设备的尺寸规格都与竹片长度有关，若竹片长度增加至 4500mm，则上述设备全部要扩大一倍以上，从而使设备造价和占用房面积等大大增加，因此从竹材利用率和建厂投资等方面考虑都是不可行的。但若采用单块竹片铣斜面后搭接组坯一次热压成型法，则可以较好地解决制造大幅面竹材胶合板的难题。

1.2.1 试验材料

（1）竹片：含水率≤8%，铣过斜面的竹片斜率为 1∶10，竹片的厚度为 3.5～4.5mm，展开后自然宽度为 80～100mm，长度为 200mm。

（2）热压机：选用实验室用 QLB-D 平板硫化机，板子幅面为 300mm×300mm。

（3）胶黏剂：选用酚醛树脂胶，固含量为 45%，黏度 150～200cP（20℃），涂胶量 350～400g/m^2。

（4）热压工艺：单位压力 4.1MPa，温度 140℃，热压时间 1.1min/mm，板子幅面 350mm×350mm。

1.2.2　试验设计

试验设计过程如图 2 所示。

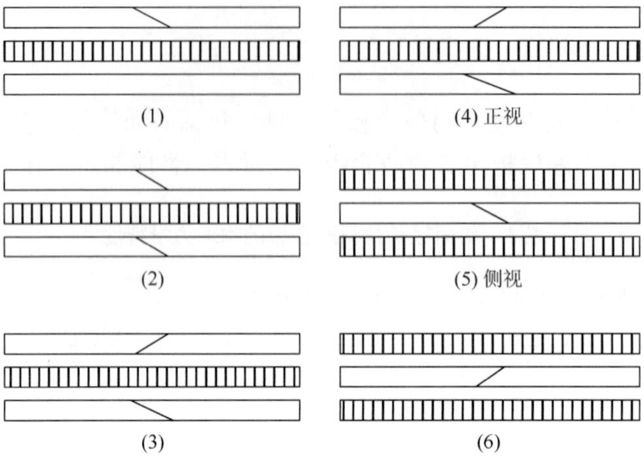

图 2　面、背、芯板的组坯方式

（1）面板搭接组坯；（2）面、背板搭接组坯（搭接方向相同）；（3）面、背板搭接组坯（搭接方向相反）；（4）面、背、芯板全部搭接组坯；（5）单块长竹片直接组坯（对照试验用，图略）；（6）芯板搭接组坯

1.2.3　试验结果

不同搭接方式组坯热压制成的竹材胶合板物理力学性能如表 2 所示。

表 2　几种搭接组坯竹材胶合板的物理力学性能

组坯方式	含水率/%	密度/(g/cm^3)	厚度/mm	压缩率/%	试件数	接缝处纵向静曲强度/MPa		接缝处纵向弹性模量/MPa		备注
						平均值	标准偏差	平均值	标准偏差	
1	4.5	0.85	10.81	13.8	8	138.5	35.4	13 425	2670	
2	6.1	0.78	10.08	14.1	8	144.6	20.3	14 953	1071	
3	4.2	0.76	10.63	10.1	8	121.4	22.8	15 282	910	
4	5.4	0.81	8.90	15.7	8	124.2	10.0	16 260	1525	
平均值	5.05	0.80	10.1	13.4	8	132.2	22.1	14 980	1544	
5	5.3	0.74	10.78	11.3	8	132.5	27.6	10 240	1800	
6	1.5	0.71	11.02	12.5	8	123.4	23.91	14 180	1050	

2　比 较 分 析

通过表 2 可以看出以下几点：

（1）板子的静曲强度、弹性模量值与竹片搭接组坯方式基本无关。1、2、3、4 四种组坯方式都能到达《汽车车厢底板用竹材胶合板》标准规定的指标要求，而且指标还有一定的裕度。

（2）面、背板的搭接方向对板子的物理力学性能影响不大，在实际生产中可任意选择。

（3）面、芯、背板中单个、两个或全部搭接组坯压制的板材相比，静曲强度相差不大，从标准偏差值可看出，搭接组坯方式压制的竹材胶合板性能较为稳定，最低值也达到标准规定要求，因此竹片搭接组坯成型法可用于生产大幅面的竹材胶合板。

与竹材胶合板铣斜面后热压接长工艺相比较，竹片铣斜面后搭接组坯成型法有如下几个优点：

（1）铣斜面竹片接缝部位的强度与其他部位的强度相应，从而消除了大幅面竹材胶合板强度的薄弱环节，适应各应用部门对竹材胶合板提出的新要求。

（2）生产工艺简单，竹材利用率高。在竹材干燥后，增加一道竹片铣斜面工序，对竹片进行涂胶后，按一定的组坯接长方式一次成型压制制成大幅面竹材胶合板，生产时需投资添置一台一定规格幅面的热压机（省去接长机），消除了热压接长工序，从而使生产工艺简化。此外，大幅面的竹材胶合板可由相同厚度、不同宽度的铣斜面竹片搭接组坯一次热压而成，从而使竹片厚度方向利用率提高，这也提高了竹材的利用率。

（3）在一定程度上降低了制造大幅面竹材胶合板所需的厂房和设备投资。由于目前竹材胶合板应用单位（如汽车制造厂）希望得到无接缝的大幅面竹材胶合板，因此软化、展开、干燥等工序的设备都要相应增加，这样就提高了设备造价，增加了厂房面积。若采用铣过斜面的竹片一次热压成型法，就不需添置除热压机外的其他设备，在现有的竹材胶合板厂只要添置一台幅面较大的热压机即可组织生产。

（4）由于采用一次组坯成型热压工艺，因此产品性能稳定，在厚度均匀性等方面也较整板铣斜面后再接长工艺（接长部位厚度往往高于其他部位）有所改善，也适合制造大幅面高强竹胶合水泥模板。

3　结　束　语

本项研究表明，同一厚度不同宽度的单片竹片铣斜面后搭接组坯一次热压成型大幅面竹材胶合板是可行的。由于短芯板不需要铣斜面（短芯板厚度一般大于面、背板），因此面、背板竹片的铣斜面率可减至1∶8～10，这就扩大了竹片的胶合面积，从整板块来看，不会影响竹材利用率。另一方面只要适当选择两种长度竹片铣斜面后进行上下交错搭接组坯，可以实现任一截面最多只有一处搭接缝，这样一次热压成型制造而成的竹材胶合板将会比竹材胶合板铣斜面后热压接长在强度均匀性、平整度和外观质量诸方面都有很大的改善和提高。因此说竹片铣斜面后搭接组坯一次成型法是制造大幅面竹材胶合板的一种好方法。

参 考 文 献

[1]　张齐生. 竹材胶合板的研究（Ⅰ）. 南京林业大学学报（自然科学版），1988，(4)：13-20.
[2]　张齐生. 竹材胶合板的研究（Ⅱ）. 南京林业大学学报（自然科学版），1989，(1)：32-38.
[3]　张齐生. 竹材胶合板的研究（Ⅲ）. 南京林业大学学报（自然科学版），1989，(2)：13-18.

钢框胶合板模板用高强胶合板的研究与应用

朱福民　张齐生　施炳华　刘达文

青岛瑞达模板系列公司在中国建筑科学研究院和中国建筑技术开发公司的共同合作下，根据国内外各种同类型模板体系，设计的钢框覆膜胶合板具有独特断面的模板热轧专用型钢，提高了模板的侧向刚度，从而增加了模板的周转次数，提高了经济价值。经过两年的施工实践证明，这种模板有较好的防水性能，不变形、不收缩、强度高、重量轻、拆装方便，脱模、清模工作量小，目前已由国家科委列为国家级科研成果推广项目，并在 1989 年先后在青岛、北京召开两次全国推广应用会。

根据国家科委和建设部领导同志的指示："要求瑞达模板提高技术性能，降低价格，达到技术性能先进，价格较钢模板低的优质价廉模板"。为此，我们开展了对面板的研究和开发工作。根据钢框复合模板成本分析，面板占总价的 50%左右，而且国内某合资厂生产的覆膜胶合板近期由于用软质材代替硬质材，结构层数减少，胶合板的强度和刚度因而降低，影响了模板的周转使用次数和经济效益，因此研究开发利用国产资源，立足国内，寻求质量好、价格低廉的模板面板是发展推用胶合板模板的唯一正确途径，在建设部施工管理司的支持下，并列为新产品开发研究项目。青岛瑞达模板系列公司与南京林业大学、中国建筑科学研究院共同协作，经过系列的试验和研究，完成了用高强胶合面板来代替覆膜胶合板作模板面板的研究，达到了进一步提高钢框胶合面板模板的技术性能，同时降低了成本获得更好的经济效益。高强胶合面板是由多层单片强度、硬度较高的国产竹材经特殊处理后胶合，并在表面涂以模板涂料而成。现将其主要技术性能介绍如下。

1　高强胶合面板技术性能

1.1　高强胶合面板的物理性能

由表 1 可知：高强胶合面板的密度与寒带硬阔叶材胶合板 800kg/m^3 接近，比软质阔叶材胶合板密度 500kg/m^3 大，高强胶合面板的热学性能和硬阔叶材胶合板大体相同，由于其吸水率低，膨胀率和体积膨胀率小，故模板尺寸稳定性好。

表 1　高强胶合面板的物理性能

项目		最大值	最小值	平均值
密度 ρ/(kg/m^3)	三层	887	757	788
	五层	866	825	848
导热系数 λ/(W/m·K)				0.188
吸水率 ΔW/‰		22.6	11.9	16.1
线膨胀率 H/‰	板厚度方向	1.10	0	0.50
	板厚度方向	2.10	0.2	0.83
	板厚度方向	5.20	1.90	3.80

1.2　高强胶合面板机械力学性能

由表 2 可知：高强胶合面板的静曲强度是木材的 3 倍，比硬质阔叶材胶合板提高 45%，比软阔叶材胶合板提高 95%，而高强胶合面板的弹性模量是木质胶合板的数倍。

本文原载《施工技术》1990 年第 2 期第 36-38 页。

表 2 高强胶合面板机械力学性能

项目		试件数	平均值	均方差	变异系数	备注
静曲强度 σ/MPa	三层	21	113.30	16.6	14.4	$\sigma=3PL/2bh^2$ 式中：P—破坏载荷； L—支座距离（240mm）； b—试件宽度（20mm）； H—试件厚度；胶合模板 $h=15$mm
	五层	24	105.50	15.8	14.7	
强行模量 E/MPa	三层	24	1.05×10^5	8259	7.8	$E=1/4$（$\Delta PL^3/\Delta fbh^3$） 三层 $\Delta P/\Delta f=211.6$ 五层 $\Delta P/\Delta f=197.7$
	五层	24	0.98×10^5	1176	11.9	
冲击强度 A/MPa	三层	21	0.83	1.69	20.4	$A=Q/b\cdot h$ 式中：Q—折损耗功； b—试件宽度； h—试件厚度
	五层	21	0.795	2.42	30.7	
胶合强度 τ/MPa	三层	19	3.52	0.49	13.8	$\tau=P/b\cdot l$ 式中：P—破坏载荷； b—剪切面宽度（20mm）； l—试件面长度（28mm）
	五层	15	5.03	0.60	12.1	
握钉力 M/(N/mm)		20	241.10	26.70	10.8	$M=P/h$ 式中：p—破坏载荷（N）； h—试件厚度（mm）

1.3 高强胶合面板的耐老化性能

美国结构用胶合板耐老化试验标准 ASTMD1037 规定：胶合面板经 6 个周期加速老化试验后，当静曲强度残留率在 50%以上时，即认为可以承受在室外条件下使用三年以上的时间。试验结果表明：三层高强胶合面板静曲强度残留率为 80.1%，五层高强胶合面板为 61.8%；冲击强度残留率三层为 75.1%、五层为 65.4%，均达到和超过标准规定，可满足建筑模板的使用要求。

1.4 高强胶合面板的阻燃性能

由表 3 可知桦木胶合板的阻燃烧时间为高强胶合面板的 8.6 倍，长度损失率为 40.2 倍，重量损失率为 63 倍，燃烧速度为 10.2 倍，火焰传播速度为 4.78 倍。

表 3 高强胶合面板的阻燃性能

名称	$O_1=20$（氧指数）（$O_1=21$，相当于在空气中燃烧）						
	$t_{阳}$/s	$t_{阴}$/s	长度损失/%	重量损失/%	燃烧速度/(mm/min)	火焰传播速度/(mm/min)	绝对含水率/%
高强胶合面板	34.9	49.2	1.97	1.22	2.04	5.16	4.01
桦木胶合板	298.9	48.6	79.09	78.63	20.82	24.65	6.77
红松	186.9	56.9	79.22	77.76	29.46	38.26	9.94

注：1. 氧指数：某物质点燃后，能够保持燃烧 50mm 长度或燃烧时间为 3min，所需的氧氮混合气体中最低氧的体积百分比浓度；2. $t_{阳}$：从熄灭燃烧的火焰到试件有焰燃烧停止的时间；$t_{阴}$：从有焰燃烧停止到无焰燃烧停止的时间。

1.5 高强胶合面板表面涂料性能

经过几十种涂料试验，现将目前选用的高强胶合面板表面涂料的技术性能列于表 4。

表 4 高强胶合面板表面涂料技术性能

项目	指标	
厚度	120g/m^2	
附着力	2 级	
耐高温	150℃/6h	无变化

续表

项目	指标	
耐沸水	100℃/5h	无变化
耐酸性	30%HCl/24h	无变化
耐碱性	40%(NaOH)/24h	无变化
冲击强度	50MPa	不破裂
柔韧性	半径 0.5mm	不开裂
硬度	0.78	
耐磨性	0.0033g/cm^2（泰柏法测定 1000 次不露底）	

1.6 高强胶合板与覆膜胶合板主要性能对比

高强胶合板与覆膜胶合板主要性能对比见表 5。

表 5 高强胶合面板与覆膜胶合板主要技术性能对比

项目	单位	高强胶合面板	覆膜胶合板
静曲强度 σ（纵向平均值）	/MPa	三层 113.3，五层 105.5	硬 78，桦 60，软 58
弹性模量 E（纵向平均值）	/MPa	三层 105×10^5，五层 0.98×10^5	硬 1.15×10^4，桦 1.0×10^4，软 4.5×10^3
剪切强度（纵向平均值）	/MPa	三层 3.52，五层 5.03	1.4～1.8
密度 ρ	/(kg/m^3)	三层 757～887，五层 825～866	约 780～850
含水率 W	/‰	小于 8	9～13
导热系数 λ	/(W/m·K)	0.188	0.107～0.195
吸水率 ΔW	/‰	11.9～22.6	15～25
线膨胀率 H	/‰	长 0.50 宽 0.83 厚 3.20	含水率增 1%，长宽增 0.01%， 含水率在 10%～25%内 长宽增 0.15%，厚增 0.25%
含水量变化时板面不平度	第 2m 长度的不平度 mm	不超过 1mm	1.2m×2.4m 板不超过 1mm
覆膜导水率	/(g/m^3·d)	1.7	2.9
抗弱酸、弱碱能力		表面无变化 (30%HCl) (40%NaOH)	有抗弱化学腐蚀能力， 表面无膨胀和软化
耐磨试验	/次数	1000 次不露底	300 次

2 结　论

（1）根据技术测试资料证明，高强胶合面板是一种强度高、刚度大、强重比很高的模板面板材料，其与覆膜胶合板的容重基本相等，弹性模量比硬质材覆膜胶合板提高几倍，剪切强度比硬质材覆膜胶合板提高 1.95 倍。用其替代覆膜胶合板，是完全可以的，不仅技术上能满足要求，同时还可进一步提高钢框胶合板模板质量和降低面板成本。

（2）根据高强胶合面板的结构组成，其单片硬度和单片剪切强度均要比覆膜胶合板提高数倍，因此可解决覆膜胶合板板边容易破坏、起层的缺陷。从而提高了模板面板的周转次数。

（3）高强胶合面板的吸湿性能较木材低，湿膨胀率小，尺寸稳定不易变形。加速老化试验资料证明这种面板是一种耐候性能良好的材料，可在室外露天使用。

（4）高强胶合面板的阻燃性能试验证明，不经防火处理的面板本身就具备良好的阻燃性能，抗电焊溅落火花的性能好，表面不留任何痕迹，克服了电焊火花损坏面板的现象。

（5）用高强胶合面板代替覆膜胶合板，制成的钢框胶合板模板，可大大降低成本。用于组合模板和扩大组合模板，每平方米可降低 8～10 元，用于大模板可降低 15～20 元，这样可使钢框胶合板模板的价格低于钢模板现行价格，有利于钢模板的更新换代。

钢框胶合板模板用高强胶合模板的设计与研究

朱福民[1]　陈莱盛[1]　朱善行[1]　张齐生[2]　夏靖华[3]　施炳华[3]
（1 青岛瑞达模板系列公司；2 南京林业大学；3 中国建筑技术开发公司）

70 年代中期，我国从国外引进钢模板生产技术，钢制大模板和定型组合钢模板已形成较完整的模板施工工艺，但钢模板耗钢量多，暴露出钢材供求的矛盾，薄钢板在我国产量有限，又得依赖从国外进口。同时钢模板刚度较小，受外力作用后容易变形、弯曲，不易保证混凝土质量。由于水泥对钢材的腐蚀，导致钢模板使用多次后表面出现锈蚀麻点，使混凝土及灰浆残渣大量黏在钢模板上，增加了模板清理、维护工作量。由于钢模板黏结在结构上，增加了脱模的困难，导致钢模板加速损坏。

80 年代初，随着胶合板技术的发展，国际上开始采用胶合板模板，后又发展为两面用酚醛树脂覆膜胶合板，并开始用型钢作框架，做到规格化、通用化，并有较高的制作精度。这种模板不仅节约人力，便于拼装，也可提高混凝土表面质量。由于这种模板的优良技术性能，克服了钢模板不易解决的缺陷，目前在国外已逐步替代了钢模板，其使用量已达 60%以上。

青岛瑞达模板系列公司与中国建筑科学研究院和中国建筑技术开发公司进行合作，根据国内外各种同类型模板体系，设计了具有独特断面的模板热轧专用型钢，提高了模板侧向刚度，从而为提高混凝土施工工艺表面质量，实现取消内粉刷的清水混凝土施工工艺创造了必备的模板功能。这种模板由于刚度好，增加了周转次数，提高了经济价值。2 年的施工时间证明，这种模板有较好的防水性能，不变形，不收缩，不翘曲，不开裂，均质，强度高，刚度好，重量轻，接缝少，周转次数高，拆装方便，脱模、清模工作量小。同时，这种模板的断面尺寸和构造与目前我国使用的组合钢模板相同，并可混合使用，从而为逐步替换钢模板创造了条件。目前瑞达模板已由建设部主持通过技术鉴定，国家科委已列为国家级科研成果推广项目，并在 1989 年先后在青岛、北京召开全国推广应用会。

钢框胶合板模板由模板专用型钢和面板两种材料组成，钢框是模板的骨架，决定模板的刚度、变形，而面板除保证刚度外，还涉及模板的周转次数和混凝土表面质量等性能。因此选择质量好、价格经济的面板，是钢框胶合板模板的关键，只有发挥这种模板的优良技术性能和经济效益，才能得到社会认可而推广应用。国家科委和建设部指示要求瑞达模板提高技术性能，降低造价，使其技能性能先进，价格较钢模板低，大量供应优质廉价模板，为此开展了对面板的研究和开发工作。根据钢框胶合板模板生产成本分析，面板的材料费用占总价的 45%左右，因此研究开发技术性能优良、价格较低的面板是降低钢框胶合板模板费用的唯一途径。在南京林业大学和中国建筑科学研究院协作下，经一系列试验和研究，用高强胶合模板来代替覆膜胶合板，进一步提高了钢框胶合板模板的技术性能，降低了成本，获得了更好的经济效益。本文重点介绍高强胶合模板的主要技能。

1　钢框胶合板模板的面板技术要求

钢框胶合板模板所用胶合板面板必须耐水、耐高温、耐磨、耐老化，目前国际上质量最好的是芬兰的维沙模板，其原料为寒带桦木和克隆、阿必东、柳桉等高强度硬木。板片层数：面板厚 18mm 时为 11～13 层，面板厚 12mm 时为 7～9 层，黏合剂采用酚醛树脂胶黏剂，具有耐水、耐气候性能。表面覆膜层厚度为 120g/m^2，其抗磨能力按泰柏法测定不小于 300 转。

我国从 1987 年开始生产类似维沙模板的双面覆膜胶合板，但质量极不稳定，而价格与维沙模板相差不多，影响模板的周转次数和经济效益。不配框的胶合板，一般周转 4～5 次，有的板边就发生翘曲起层现象；配框的胶合板面板，由于面板线膨胀率增大而产生面板板边起层的现象也较多，直接影响模板的周转次数。

胶合板面板所用木材大部分从国外进口，因此在全国推广应用钢框胶合板模板这一科研成果，使用量

本文原载《建筑技术》1991 年第 6 期第 26-31 页。

按每年更新钢模板 1/10 计算，需 200 万 m^3，耗用进口木材 10 万 m^3，涉及耗用国家外汇，因此须研究开发利用国产资源，立足于用国内资源生产的面板来代替覆膜胶合板。我们根据钢框胶合板模板的技术要求，在保证面板强度、刚度、耐水、耐高温、耐气候、耐磨等模板必须具备的技术要求条件下，利用国产资源开发了新的高强胶合模板。

实验证明，高强胶合模板面板是一种吸水率低、膨胀率小、结构性能稳定、强度高、刚度好、耐磨、耐蚀、阻燃性能优良的工程结构材料。同时还具备胶合板可锯、刨、钻的加工性能，完全可用作室外建筑模板面板。

高强胶合面板采用我国较多的森林资源，它具有一次造林成功，即可年年采伐、不断利用的特点，有利于保持水土，维护生态环境。我国这种资源的面积占世界第二位，产量居第一位，年产量相当于 500 多万 m^3 木材资源。目前我国对这种资源只作简单粗加工产品开发应用，资源的经济效益未发挥。开发这种高强胶合模板作面板，可改善和提高这种资源的经济价值和社会效益。为这种资源的工业化利用，通过深加工代替进口木材开辟新的途径。

2　高强胶合模板的技术性能

2.1　高强胶合模板的物理性能

根据表 1 可知：高强胶合模板的密度与寒带硬阔叶材胶合板（800kg/m^3）接近，较软质阔叶材胶合板密度（500kg/m^3）重，高强胶合模板的热学性能和硬阔叶材胶合板大体相同。但它的隔热、保温性能略差于一般软阔叶胶合板。由于其吸水率低，膨胀率和体积膨胀率小，故模板尺寸稳定性好。

表 1　高强胶合模板的物理性能

项目		最大值	最小值	平均值	备注
密度 ρ/(kg/m^3)	三层	887	757	788	$\rho = M/V$（M 为高强胶合模板的重量，V 为高强胶合模板的体积）
	五层	886	825	848	
含水率/%				小于 8%	绝对含水率
导热系数 λ/(W/m·K)				0.188	高强胶合模板
				0.177	单板
导温系数 α/(m^2/h)				5.46×10^4	高强胶合模板
				4.52×10^4	单板
比热 C/(J/kg·K)				1394	高强胶合模板
				1771	单板
吸水率 ΔW/%		22.6	11.9	16.1	$\Delta W=\frac{G_2-G_1}{G_2}$（$G_1$ 为吸水前重量，G_2 为吸收后重量）
线膨胀率 H/%	a	1.10	0	0.50	$H=\frac{h_2-h_1}{h_1}$（h_1 为吸水前长度，h_2 为吸水后长度）a—纤维（板）长度方向；b—纤维（板）宽度方向；c—板厚度方向
	b	2.10	0.20	0.83	
	c	5.20	1.90	3.80	

2.2　高强胶合模板的机械力学性能

根据表 2 可知：高强胶合模板的静曲强度是木材的 3 倍。较硬质阔叶材胶合板提高 45%，较软阔叶材胶合板提高 95%，而高强胶合模板的弹性模量是木质胶合板的数倍。

表 2　高强胶合模板的机械力学性

项目		试件数	平均值	均方差	变异系数/%	备注
静曲强度 α/MPa	三层	21	143.30	16.6	11.4	$\sigma=(3PL)/(2bh^2)$　式中，P—破坏载荷；L—支座距离（240mm）；b—试件宽度（20mm）；h—试件厚度（胶合模板 $h=15$mm）
	五层	24	105.50	15.8	14.7	

续表

项目		试件数	平均值	均方差	变异系数/%	备注
弹性模量 E/MPa	三层	24	10 584	825.9	7.80	$E=4(\Delta PL)/(\Delta fbh^2)$ 式中，L、b、h 同上，其中三层 $\Delta P/\Delta f=211.6$，五层 $\Delta P/\Delta f=197.7$
	五层	24	9898	1176.0	11.9	
冲击强度 A/(J/cm^2)	三层	21	8.30	1.69	20.4	$A=Q/(b\cdot h)$ 式中，Q—折损耗功；b—试件宽度；h—试件厚度
	五层	21	7.95	2.42	30.7	
胶合强度 τ/MPa	三层	19	3.52	0.19	13.8	$\tau=P/(b\cdot l)$ 式中，剪切 P—破坏载荷；b—剪面宽度（20mm）；l—切面长度（28mm）
	五层	15	5.03	0.60	12.1	
握钉力 M/(N/mm)		20	241.10	26.70	10.8	$M=P/h$ 式中，P—破坏载荷（N）；h—试件厚度（mm）

2.3 高强胶合模板的耐老化性能试验

按美国结构用胶合板耐老化试验标准（ASTMD1037）规定的试验方法，经过 6 个周期 288h 加速老化试验，其静曲强度和冲击强度变化情况见表 3。

表 3 高强胶合模板的耐老化性能

测定值	试件数	静曲强度/MPa				冲击强度/(J/cm^2)			
		老化前		老化后		老化前		老化后	
		三层	五层	三层	五层	三层	五层	三层	五层
平均值下降百分率/%	27	113.3	105.5	90.8	65.2	8.3	7.95	6.23	5.2
				19.9	38.2			21.9	34.6
均方差 S/MPa				24.6	18.2			2.15	1.45
变异系数 C_v/%				28.1	27.2			39.3	27.9

注：本试验为加速老化试验后高强胶合模板静曲强度和冲击强度的变化。

ASTMD1037 标准规定：经 6 个周期加速老化试验后，当静曲强度残留率在 50%以上时，即认为可在室外条件下使用 3 年以上。试验结果表明：三层高强胶合模板静曲强度残留率为 80.1%，五层高强胶合模板为 61.8%；冲击强度残留率三层为 75.1%，五层为 65.4%，均达到和超过标准规定，可满足室外建筑模板的使用需求。

2.4 高强胶合模板的阻燃性能

由于施工过程中钢筋和建筑配件须焊接，因此阻燃性能也是模板必备的技术技能。由表 4 可知，胶合板的阻燃烧时间为高强胶合模板的 8.6 倍，长度损失率为 40.2 倍，重量损失率为 63 倍，燃烧速度为 10.2 倍，火焰传播速度为 4.78 倍。

表 4 高强胶合模板的阻燃性能

模板名称	$O_1=20$（氧指数）（$O_1=21$，相当于在空气中燃烧）						
	$t_{阳}$/s	$t_{阴}$/s	ΔL/%	ΔW/%	V_1/(mm/min)	V_2/(mm/min)	W/%
高强胶合模板	34.9	49.2	1.97	1.22	2.04	5.16	4.01
桦木胶合板	298.9	48.6	79.09	78.63	20.82	24.65	6.77
红松	186.6	56.9	79.22	77.76	29.46	38.26	9.94

注：①氧指数：某物质引燃后，能够保持燃烧 50mm 长度或燃烧时间为 3min，所需的氧氮混合气体中最低氧的体积百分比浓度；②$t_{阳}$：从熄灭燃烧的火焰到试件有焰燃烧停止的时间；③$t_{阴}$：从有焰燃烧停止到无焰燃烧停止的时间；④ΔL：长度损失百分率（%）；⑤ΔW：重量损失百分率（%）；⑥V_1：燃烧速度；⑦V_2：火焰传播速度；⑧W：绝对含水率。

2.5 高强胶合模板表面涂料

高强胶合模板也可采用热压双面酚醛覆膜。考虑到目前采用的酚醛覆膜都是进口材料，为使钢框胶合板模板全部国产化，我们试验了几十种涂料，目前技术性能较稳定的模板涂料的主要技术性能见表 5。

表 5　高强胶合模板表面涂料技术性能

项目	指标
厚度	120g/m^2
附着力	2 级
耐高温	150℃/6h 无变化
耐沸水	100℃/5h 无变化
耐酸性	30% HCl/24h 无变化
耐碱性	40% NaOH/24h 无变化
冲击强度	500N/cm^2 不破裂
柔韧性	半径 0.5m/m 不开裂
硬度	0.78
耐磨性	0.0033g/cm^2（泰柏法测定 1000 次不露底）

2.6　高强胶合模板与覆膜胶合板主要机械力学性能对比

两者主要机械力学性能对比见表 6 和表 7。

表 6　高强胶合模板与覆膜胶合板机械力学性能对比

项目	高强胶合模板		覆膜胶合板	
	纵向平行平均值	纵向垂直平均值	平行	垂直
静曲强度/MPa	三层 113.3	16.6	硬 78	40
	五层 105.5	15.8	桦 60	41
			软 58	25
弹性模量/MPa	三层 1.05×10^4		硬 1.15×10^4	7.3×10^3
	五层 0.98×10^4		桦 1.0×10^4	4.7×10^3
			软 4.5×10^3	
剪切强度/MPa	三层 3.52	0.49	1.4～1.8	
	五层 5.03	0.60		

注：覆膜胶合板机械性能自青岛华林胶合板有限公司熊猫牌模板企业标准（3）胶合板物理机械性能标准。

表 7　高强胶合模板与覆膜胶合板物理性能对比

项目		最大值	最小值	平均值	覆膜胶合板
密度/(kg/m^3)		三层 887		788	约 780～850
		五层 866		848	
含水率/%				小于 8	9～13
导热系数/(W/m·K)		三层		0.188	0.107～0.195
		六层		0.177	
吸水率/%		22.6	11.9	16.1	15～25
线膨胀率/%	长	1.10	0	0.50	含水率每增 1%，长宽增 0.01%，在含水 10%～25%范围内，折合 0.15%，厚增 0.25%
	宽	2.10	0.20	0.83	
	厚	5.20	1.90	3.80	
含水量变化时板面不平度		每 2m 长度的不平度不超过 1mm			1.2m×2.4m 板不超过 1mm

续表

项目	最大值	最小值	平均值	覆膜胶合板
覆膜导水率/(g/m^3·d)		1.7		2.9
抗弱酸弱碱能力		耐酸性（30%HCl） 耐碱性（40%NaOH） 表面无变化		酚醛覆膜胶合板有抗弱化学腐蚀能力，表面无膨胀和软化
耐磨试验（泰柏试验）		1000 次不露底		300 次

3 结　　论

（1）高强胶合模板技术测试资料证明：用高强胶合模板代替覆膜胶合板是可行的。两者的容量基本相同，而前者静曲强度较硬质材覆膜胶合板提高 45%，较软质材覆膜胶合板提高 95%；弹性模量较硬质材覆膜胶合板提高 1 倍，较软质材覆膜胶合板提高数倍；剪切强度较硬质材覆膜胶合板提高 1.95 倍。在模板设计中，面板的强度大部分均有富余，而更重要的指标是模板的刚度，即控制变形，因此面板弹性模量的提高，对控制模板变形和刚度均有极重要的意义。试验数据证明，高强胶合板是一种强度高、刚度大、强度比很高的模板面板材料，用其替代覆膜胶合板，不仅技术上能满足要求，还可进一步提高钢框胶合板质量和降低面板成本。

（2）根据高强胶合模板的结构组成，其单片硬度和单片剪切强度均较覆膜胶合板提高数倍，可解决覆膜胶合板板边容易破坏、起层的缺陷，覆膜胶合板使用时由于木质单片剪切强度很低，板边极易破坏，高强胶合模板板边硬度高，剪切强度大，克服了板边破损起层等缺陷，从而提高了模板面板的周转次数。

（3）高强胶合模板用多层单片强度、硬度较高的材料相互垂直配置胶合而成，这种材料本身吸湿性较木材低，湿膨胀率小，尺寸稳定，不易变形，加速老化试验资料证明，高强胶合模板也是一种耐候性能良好的材料，用作建筑模板是一种比较理想的面板材料。

（4）高强胶合模板的阻燃性能试验证明：不经防火处理的面板本身已具备良好阻燃性能。覆膜胶合板在电焊、火渣溅落时往往表面会形成黑色碳化孔洞，而高强胶合模板遇电焊溅落火花表面不留任何痕迹，解决了支模后钢筋和构配件电焊火花损坏面板的问题。

（5）用高强胶合模板代替模板胶合板可节约大量进口木材，节约外汇。我国 70 年代是以钢代木，节约木材；而 80 年代推广钢框胶合板模板优势以木代钢。实践证明，以钢代木或以木代钢均解决不了钢材、木材的供需矛盾，势必依赖进口。而高强胶合模板是采用我国已有的森林资源，这种资源目前我国尚未科学利用、发挥其应有的经济价值。因此，用这种资源加工成高强胶合模板是立足于利用国内尚未开发的资源，使钢框胶合板模板的材料全部国产化，真正做到代替木材和钢材，这一点具有极重要的社会效益和经济效益。

（6）用高强胶合模板代替覆膜胶合板制成钢框胶合板模板，其刚度和周转次数等重要技术性能都可有明显提高。由于利用国产资源，面板的价格可降低 20%左右，因此制成的钢框胶合板模板，用于组合模板和扩大组合模板，每平方米可降低 8～10 元；用于大模板可降低 15～20 元，这样就使钢框胶合板模板的价格低于钢模板现行价格，使用单位在经济上容易接受，更有利于钢模板的更新换代和推广应用。

虽然高强胶合模板在技术性能和经济效益上均较覆膜胶合板面板性能优越，但这种新的面板材料刚开始用于建筑模板，因此对其技术性能还需进一步探讨，不断完善，以进一步满足建筑工程的需要。我们选用面板的原则是立足于全部国产化，目前国内的酚醛覆膜尚未大批量投产，质量也不稳定，因此改用防水涂料代替，虽然涂料的技术性能已大大优于酚醛覆膜质量，但加工工艺尚需进一步完善，形成生产工艺流程，以保证涂层的质量。高强胶合模板大量开发，形成相当生产能力，还可进一步提高质量，降低成本。

高强覆膜竹胶合模板的研究

张齐生　张晓东　王军华　张保良　刘汀

摘　要

对竹材胶合板进行结构特性及各种不同的覆膜工艺的研究，结果表明以竹材胶合板为基材，采用特定的结构设计及覆膜工艺可制成高品质的覆膜竹胶合板模板，其主要物理性能已达到或超过世界名牌 Wisa 模板的水平。

关键词：竹材胶合板；覆膜；覆膜竹胶合模板

70 年代末 80 年代初，一些发达国家开始用木材胶合板取代传统的钢模板进行混凝土施工，而后又研制了覆膜木材胶合板来进行清水混凝土施工。木材胶合板模板与钢模板相比具有幅面大、重量轻、整体刚度好、施工速度快、经济效益好等诸多优点。尤其是覆膜木材胶合板模板，它提高了混凝土施工的表面质量，减少了脱模时的吸附力，实现了大型桥梁及建筑物的清水混凝土施工，从而取消了传统的抹灰工序，这是模板工程中模板工艺的一次变革。统计资料表明，1987 年国外木材胶合板模板的使用量已占 60%以上。其中覆膜胶合板模板在欧美等地的使用量很大。目前，在众多的覆膜木材胶合板模板中，芬兰舒曼公司生产的维沙（Wisa）模板堪称一流。该产品是世界著名产品，以其优良的物理力学性能称雄世界，国际市场占有率很高。80 年代后期，我国的一些大型建筑企业及科研机构为了提高混凝土施工质量及施工速度，引进了木材胶合板及覆膜木材胶合板模板施工工艺，并对其进行了消化吸收，使之完全适合我国的施工要求，目前已大批量地应用于混凝土施工中。但是，我国生产的模板板材及世界上其他国家生产的较经济的模板板材，其总体强度仅为维沙模板的 50%～60%。施工时，不得不以增加支撑的方法来弥补板材强度的不足。这样不仅增加了模板的总体重量，而且经济效益及施工效率均较差。为了提高我国建筑模板的技术水平，开展具有中国特色的高强度覆膜竹胶合板的研究工作，具有十分重要的意义。

1　产品结构设计

竹材胶合板是我国独有的一种优质结构材料，它具有强度大、刚性好、耐水性强等诸多优点，是作为高品质覆膜模板的优良基材。但与优质的木材胶合板相比，它存在着纵横向强度差异较大（通常横向强度仅为纵向强度的 20%～35%）、表面有展开裂缝等缺点。而高品质的覆膜模板都应是强度大且均匀（通常横向强度应为纵向强度的 60%以上），表面平整、光滑，无明显缺陷。因此，解决普通竹材胶合板所存在的缺陷就成了研究工作的关键所在。

图 1 所示为普通三层及多层竹材胶合板在静弯曲测试时的受力状态及板断面的应力分布图。

由应力图可知，普通竹材胶合板在静力作用下，上表层受压应力作用，下表层受拉应力作用，且越靠近板的中心层，所受的拉、压应力越小。因此，板的试件在纵向受力时，由于表面是纵向竹片，而竹材的纵向抗拉伸及抗压缩许用应力很大。因此反映出板的纵向强度及刚度就很大。反之，板在横向受力时，由于表面是横向竹片，而竹材的横向许用应力较小，因此反映出板的横向强度及刚度就小。实际上，板在横向受力时，主要的应力是横向竹片以下的纵向竹片来承受的。由此可知，要增加板的横向强度及刚度需增加横向竹片的厚度。减小纵向竹片的厚度，而且横向竹片距离板的表面越近效果越好。基于上述理论，我们设计了几种不同层数、不同组坯结构的竹材胶合板进行了测试比较（表 1）。

本文原载《林产工业》1995 年第 3 期第 12-15 页。

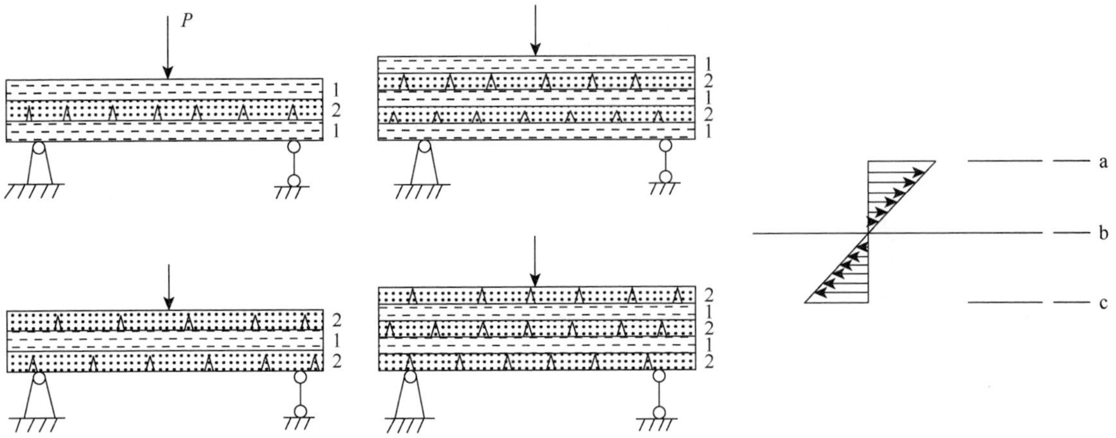

图 1　板的受力状态及断面应力分布

1. 纵向竹片；2. 横向竹片

a. 板的表面；b. 中心层；c. 板的表面

表 1　不同结构的竹胶板的力学性能比较

结构及厚度	‖ ⊥ ‖ ⊥ ‖ 2 4 2 4 2 12mm 五层	‖ ⊥ ‖ 3 8 3 12mm 三层	‖ ⊥ ‖ ⊥ ‖ 2 4 4 4 2 15mm 五层	‖ ⊥ ‖ 4.5 8 4.5 15mm 三层	‖ ⊥ ‖ ⊥ ‖ ⊥ ‖ 2 4 3 2 3 4 2 18mm 七层	‖ ⊥ ‖ ⊥ ‖ 3 6 3 6 3 18mm 五层
纵向静曲强度/MPa	120.0	107.5	103.5	108.7	100.9	104.5
横向静曲强度/MPa	70.3	40.2	70.0	36.3	72.2	53.8
纵向弹性模量/MPa	10 357.2	10 135.5	9785.1	10 735.3	9315.4	9134.8
横向弹性模量/MPa	5193.9	3970.0	5753.2	3235.4	5945.7	4852.4

注：表中‖表示纵向竹片，⊥表示横向竹片；‖, ⊥下面的数值表示该层竹片的厚度（mm）。

由表 1 可看出，通过对竹材胶合板组坯结构的调整可明显提高竹胶合板的横向强度及刚度，以减少竹材胶合板纵、横向强度和刚度差。但是由于我们设计的结构所使用的竹片的厚度差异较大，且较理想结构的板材层数偏多。在实际生产中制造这样的板材，竹材利用率较低，竹片加工量大，很不经济。因此我们利用木材的一系列优点同竹材复合的复合结构，以求做到既不减小竹材胶合板的纵、横强度，又改善竹材胶合板的表面性能。该复合板的基本结构形式为：板的两表面层采用木单板，其余各层均为竹片。考虑到增加板的横向强度、刚度及胶合板的构成原则，表层木单板设计为横向（纤维方向垂直于板长方向），研究中采用了意大利杨木单板、桦木单板、柳桉单板三种木单板及 1mm、1.25mm、1.4mm 三种单板厚度与竹片组合，并设计了以下结构的复合板材：

第一组（A）	⊥	‖	⊥	‖	⊥	18mm 五层
	1	5.5	6.5	5.5	1	
（B）	⊥	‖	⊥	‖	⊥	18mm 五层
	1.25	5.5	6	5.5	1.25	
（C）	⊥	‖	⊥	‖	⊥	18mm 五层
	1.4	5.5	5	5.5	1.4	
第二组（D）	⊥	‖	⊥	‖	⊥	12mm 五层
	1	3.5	4	3.5	1	
（E）	⊥	‖	⊥	‖	⊥	12mm 五层
	1.25	3.5	3.5	3.5	1.25	
（F）	⊥	‖	⊥	‖	⊥	12mm 五层
	1.4	3.5	3	3.5	1.4	

经热压制板后进行了测试，结果见表 2。

表 2 竹木复合结构板材的力学性能

测试项目	结构及厚度						
	A	B	C	D	E	F	树种
纵向静曲强度/MPa	113.4	98.3	89.4	140.7	110.4	98.4	杨木
	108.9	103.4	92.2	131.1	125.4	100.9	桦木
	110.2	114.2	95.2	110.4	102.2	104.3	柳桉
横向静曲强度/MPa	80.3	72.0	71.0	81.3	80.1	70.2	杨木
	78.2	78.5	73.4	78.4	91.3	85.4	桦木
	78.9	74.5	79.5	84.2	79.4	75.9	柳桉
纵向弹性模量/MPa	9734.6	8974.2	8034.2	10 349.8	9985.9	10 546.1	杨木
	9527.4	9834.3	8492.7	10 488.7	11 438.1	11 853.4	桦木
	9005.8	9567.5	8977.4	10 984.2	10 549.8	9863.9	柳桉
横向弹性模量/MPa	6720.7	6982.5	6670.0	8125.7	7943.4	8534.9	杨木
	6904.3	7008.1	6858.9	8324.3	8524.3	8731.3	桦木
	6357.1	6845.7	6794.2	8036.2	8031.5	8051.4	柳桉

注：热压工艺为温度 145～150℃，时间 1.1min/mm 板厚，压力 3.0～3.5N/mm^2，胶黏剂为酚醛树脂。

由表 2 可得出如下结论：

（1）单板的树种对板的力学性能影响不大；

（2）单板的厚度增大，板的横向强度、刚度也增大，但纵向强度则减小；

（3）竹木复合结构的板材纵、横强度、刚度差异很小，而且表面贴木单板后明显地改善了竹材胶合板的表面质量，为制造高强度覆膜竹胶合模板奠定了良好的基础。

2 覆膜方法选择及覆膜工艺研究

覆膜胶合板模板与一般模板相比具有施工质量好、易脱模、重复使用次数多、可进行清水混凝土施工等优点。根据我国的国情，我们采用了与国外不同的覆膜方法，最初是在竹材胶合板及竹木复合结构板表面上涂饰聚氨酯树脂磁漆的覆膜方式。其工艺路线为：

竹材胶合板 / 竹木复合板材 →刮腻子→自然干燥→砂光→涂漆→自然干燥→涂漆→自然干燥→成品

用该工艺试制的板材表面外观质量较好，色泽均匀。但由于其漆膜附着力较差，漆膜干燥时间较长，难于进行大规模工业化生产。因此，该工艺没有进行深入研究。之后，收集了大量的资料，对国外的覆膜技术进行了深入的了解分析。认为芬兰的覆膜技术虽然成熟、先进，但覆膜层耐冲击性差，不太适合我国的情况，也不太适合于竹材胶合胶。因此，在大量的实验室试验、测试的基础上，确定了四种适合我国现有设备及加工条件的覆膜方式：

（1）以竹材胶合板为基材，经表面砂光直接胶贴酚醛树脂浸渍纸（牛皮纸）；

（2）以竹材胶合板为基材，经表面砂光后直接胶贴特制的浸渍纸塑料贴面板；

（3）以竹材胶合板为基材，经表面砂光后将涂胶单板及特制的浸渍纸塑料贴面板一次覆于基材表面；

（4）以竹材胶合板为基材，经表面砂光后将涂胶单板及酚醛树脂浸渍纸一次覆于基材表面。

经过小试、中试及小批量的生产性试验，得出如下数据（表 3）。

表 3 高强覆膜竹胶合板的物理力学性能及表面质量比较（板厚 12mm）

项目	覆膜方式			
	a	b	c	d
容积重/(g/cm^3)	0.834	0.850	0.784	0.800
含水率/%	8.2	6.3	4.8	7.5

续表

项目		覆膜方式			
		a	b	c	d
胶合强度/MPa		2.8	6.3	4.8	7.5
弹性模量/MPa	纵向	12 478.4	13 674.7	10 382.3	11 253.2
	横向	3358.9	3790.5	7047.6	6782.5
静曲强度/MPa	纵向	138.2	121.3	108.5	109.7
	横向	34.5	38.4	73.4	75.9
表面耐性		2400 转露底	＞3700 转	＞3300 转	2000 转露底
磨耗值/(g/100r)		0.053	0.072	0.024	0.043
表面外观质量 覆膜老化实验（干湿循环）		色差较明显 覆膜表面有龟裂现象	色差不明显 覆膜表面有龟裂现象	色差不明显 覆膜无变化	色差较明显 覆膜光泽下降

根据表 3 的结果，按 c 方案制作的覆膜竹胶合模板物理力学性能优良，表面质量较好。因此采用 c 方案进行了大批量的工业化实验。该方案的生产工艺如下：

表层牛皮纸→浸三聚氰胺→组

→热压→牛皮纸塑料贴面板→组

底层牛皮纸→浸酚醛树脂→坯

木草板→干燥→剪切→涂胶→　　→热压→锯边→成品

竹材胶合板→砂光→涂胶→坯

用该方案共生产了高强覆膜胶合模板 4000 多平方米，分别在上海南浦大桥、杨浦大桥、合流污水及外滩改造工程中进行了实际应用。结果表明，该产品强度大，刚性好，表面覆膜层硬度大，耐磨损，可重复使用数十次，是一种性能优良的模板。然而用该工艺制作高强覆膜竹胶合板生产效率较低，生产成本较高，经济效果不理想，且表面质量与芬兰维沙模板有一定的差距。因此又着手研究如图 2 所示结构的高强覆膜竹胶合模板。

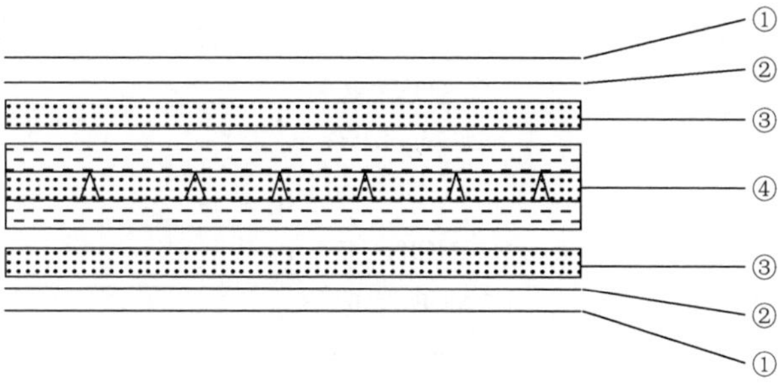

图 2　高强覆膜竹胶合模板断面结构图

①表膜；②底膜；③木单板；④竹材胶合板

经过一系列的试验，研究出了覆膜方式的生产工艺，并很快进入了工业化生产阶段。

这种覆膜竹胶合模板的生产工艺为：

竹材胶合板 → 定厚砂光 → 整形 →组

木单板 → 干燥 → 剪切 → 涂胶 →　→热压→锯边→产品

牛皮纸底膜→浸酚醛树脂→干燥→剪切 →

钛白纸表膜→浸三聚氰胺树脂→干燥→剪切→坯

3　热 压 工 艺

3.1　冷进冷出工艺

该工艺的过程为，热压板温度为 60～70℃时开始进板并加压、加温。当热压板温度升至需要的工作温度时，开始保温、保压，保温时间结束后，关蒸汽，停止加热，并向热压板内通冷却水，使热压板温度下降，当压板温度降至 70℃以下时即可卸压出板。

冷进冷出工艺的优点是产品的表面质量好，翘曲变形小；缺点是能源耗量较大，冷却水消耗量也大，经济上很难过关。

3.2 热进热出工艺

覆膜竹胶合水泥模板对表面的要求主要是平整、光滑、耐磨损、耐酸碱，色泽基本一致，对外观质量的要求与单纯用于装饰的塑料贴面板应有差别。为此从经济角度出发，为降低热能和冷却水用量，可采用热进热出工艺，即：将热压板加热至需要的温度时，将板坯装入热压机进行保温保压，降压前提前关闭蒸汽阀和液压泵，利用酚醛树脂固化时放热反应产生的热量来继续加热，到达热压周期终点时，再分段降压，使每一段的压力与内应力处于平衡后再开始降压。采用此法可防止热压过程中产生鼓泡、变形等缺陷，保证产品质量。

热进热出工艺的最大优点是节约能源，且整个过程易控制，板的质量也较好。

这种结构即覆膜方式的高强竹胶合模板与国内的同类产品相比具有强度大、刚性好、表面平整光滑、色泽均匀的优点。最显著的特点是该产品的纵、横强度及刚度的差异较小，厚度公差也小。其主要的物理力学性能已达到或超过芬兰的维沙模板（表 4）。

表 4 高强竹胶合模板与芬兰维沙模板技术性能对比（板厚 12mm）（由芬兰舒曼公司提供测试报告）

测试项目	高强竹胶合模板	芬兰维沙胶合板
覆膜耐磨性（泰柏）	3000 转（磨透）	标准版 300 转磨透 超级版 2100 转磨透
覆膜卷曲试验	半径 1357mm 可卷	桦木板半径 1200mm 可卷 松木板半径 2300mm 可卷
浸水厚度膨胀	24h 4.35%	含水率增%
	7d 8.09%	厚度膨胀增 0.25%
浸水厚平行板方向膨胀	24h 3.23%	含水率增 1%
	7d 5.06%	板长方向膨胀增 0.01%
浸水厚垂直板长方向膨胀	24h 2.27%	含水率增 1%
	7d 4.75%	垂直板长膨胀增 0.01%
干强度*试验/MPa	$MOR_{\parallel}$ 120.4	56
	$MOR_{\perp}$ 47.1	45
	$MOE_{\parallel}$ 10 533	9220
	$MOE_{\perp}$ 8183	6440
7 天（168h）20℃水中浸泡后强度/MPa	$MOR_{\parallel}$ 64.2	47.6
	$MOR_{\perp}$ 42.2	38.4
	$MOE_{\parallel}$ 5910	7560
	$MOE_{\perp}$ 5078	5281

注：* 含水率 2.5%。

4 结 论

通过调整竹材胶合板的结构并与木材复合可得到性能优良的板材。它集竹材及木材优点于一身，是一种高品质的复合板。若配以先进的覆膜方式，即可制造出高强覆膜竹胶合模板。该模板经上海南浦大桥、杨浦大桥、内环线工程、武汉长江二桥、沪宁高速公路立交桥等重点工程使用后，据用户反映，模板具有强度大、刚性好、板面光洁、平整度好、表面耐磨、吸湿膨胀率低等诸多优点，被公认为是国内性能最好的清水混凝土模板。该产品 1994 年已成批出口日本，深受日本市场的欢迎。

汽车车厢底板用多层竹帘胶合板的研制

蒋身学　张齐生　张维均　姜浩

我国是一个产竹大国，有竹类植物 39 属 500 余种，约占世界竹类植物属和种的 50%（全世界竹类植物有 79 属，1200 多种）；有竹林面积 421 万 hm^2，每年可砍伐毛竹约 5 亿支、杂竹 300 多万 t，相当于 1000 余万 m^3 木材，占全国年木材采伐量的 1/5 左右。因此，竹林在我国素有第二森林之美称。20 世纪 80 年代，国内一些有识之士将研究、开发思路转向竹材，并取得了一系列竹材开发利用成果，特别是在竹材人造板生产技术和设备方面，取得了重大突破。以"软化、展开"工艺为核心的竹材胶合板首先作为汽车车厢底板用材料成果取代木材被大规模推广应用，从而掀起了研究、开发、生产竹材人造板的热潮，开展至今形成了多种加工方法并存、多样化产品齐飞的竹材人造板行业。

作为承重构件的汽车车厢底板，特别是载货汽车的车厢底板，由于常年暴露于恶劣的气候环境之下，因此要求其具有很高的力学性能、良好的胶合强度、优越的耐候性能和耐腐蚀性能。竹材有较高的力学强度、优良的耐磨性能、适中的密度，如果结构设计合理，可以制成性能卓越的工程结构材料用作汽车车厢底板。

笔者设计了一种以薄竹帘（0.8～1.2mm 厚）为基本单元构成的，有别于传统竹胶板的多层竹帘胶合板。根据我国林业行业标准，汽车车厢底板纵、横向静曲强度之比为 3∶1。因此，在竹帘布置时为了保证产品的纵向强度，表面四层纵向布置，内部竹帘层则纵横交错布置，并且均采用两层组合，以减少表层竹帘层与相邻横向竹帘层厚度变化过大而引起的层间界面的结构应力。前期试验曾采用表面四层竹帘纵向组坯，其余内部竹帘单层纵横交错组坯，压成的板子在做浸渍剥离性能测试时发现局部分层剥离多数发生在第四层竹帘与单层横向竹帘的界面层上。此外，不管每层的层数是奇数还是偶数，其结构均应符合对称原理以减少板材变形。试验板由 18 层薄竹帘组成，其结构示意图如图 1 所示：

图 1　板坯断面示意图

1. 纵向竹帘；2. 横向竹帘

1　试验材料与设备

1.1　材料

竹帘：竹帘产自安徽省广德县，以棉线手工编织而成，棉线间距 300mm，竹篾厚度 0.8～1.2mm，平均 1.0mm。

胶黏剂：酚醛树脂胶黏剂，固体含量 49.3%，黏度 200mPa·s。

本文原载《林产工业》2002 年第 6 期第 29-31 页。

1.2 试验设备

（1）实验压机：平板硫化机，总压力 0.5MN，热压板尺寸 400mm×400mm。

（2）力学试验机：MWE-40A 液压式木材万能试验机。

（3）电热干燥箱。

（4）含水率测定仪：ST-85 数字式木材测湿仪。

2 试验方法

（1）胶黏剂加水稀释至固体含量 28%～30%，盛于广口容器内待用。

（2）竹帘置于烘箱内干燥至含水率 7%～8%，干燥温度 103℃。

（3）竹帘浸胶，浸胶量（固体重量比）7%左右。

（4）浸胶竹帘置于烘箱干燥至含水率 15%～17%，干燥温度 55～60℃。

（5）按图 1 结构组坯后热压，热压参数如下：

压力 $P_{max} = 30\text{MPa}$

温度 $t_{max} = 135\sim140℃$

热压时间 $T = 20\text{min}$，热压周期 30min 左右。

3 试验结果

经测试，板子力学性能如表 1 所示。

从表 1 可以看出，除了密度测值略低于规定值以外，其余各项力学指标均大大高于标准规定值。

由于表面 4 层竹帘纵向布置，尽管纵向层数与横向层数之比为 2∶1（12 层∶6 层），板子的力学性能指标纵、横向之比仍大于 2∶1，可见表面材料的配置方向对力学性能影响较大。

表 1 多层竹帘胶合板物理、力学性能

项目		单位	实测值	规定值	检验标准
密度		g/cm³	0.79	≥0.80	LY/T 1575
静曲强度 MOR	纵向	MPa	141.9	≥90	2000 汽车车厢底板用竹篾胶合板
	横向	MPa	67.3	≥30	
弹性模量 MOE	纵向	MPa	10 500	≥8000	
	横向	MPa	3860	—	A 类板
浸渍剥离性能		mm	剥离或分层长度≤10	剥离或分层长度≤25	GB/T17657—1999 I 类浸渍剥离试验

注：试件平均厚度 14.5mm。

4 工厂中试

根据实验室结果进行工厂试制，试生产工厂选在国林竹藤科技有限责任公司广德分公司。该分公司拥有热压板长度为 4.6m 的超长热压机，可以一次热压生产出超长的汽车车厢底板。因试制的多层竹帘胶合板用于南京汽车集团公司装配卡车，而南汽最具代表性的载货汽车车厢底板长度为 4.117m，故选定这种长度尺寸试制中试产品。4′×8′竹帘长度只有 2.6m，为使产品达到要求的尺寸，必须采用不同纵向长度尺寸的竹帘在垫板上进行纵向搭接组坯。本次试制采用了 3 种纵向尺寸的竹帘，即：2.6m、1.8m、1.3m。其中 1.8m 长的竹帘为定制。为了降低搭接头重叠对力学性能的影响，接头位置在板坯断面上尽量错开。板坯断面如图 2 所示。

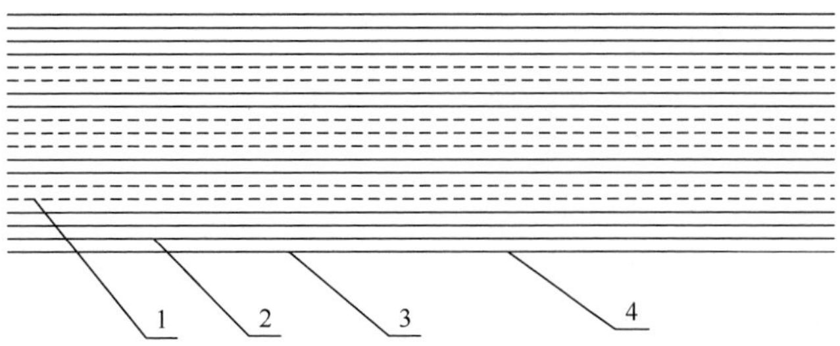

图 2　工厂试制时的板坯断面示意图

1. 横向竹帘；2. 1.3m 长纵向竹帘；3. 1.8m 长纵向竹帘；4. 2.6m 长纵向竹帘

考虑到产品要进行表面定厚砂光，板坯用 19 层竹帘构成。采用的生产工艺如下：

竹帘→干燥→浸胶→干燥或陈化→组坯→热压→粗裁边→定厚砂光→精裁边→铣槽口→树脂封边→检验→包装

热压工艺采用热进热出。由于竹帘浸胶处理后自然干燥（大批量生产可采用网带式干燥机），含水率较高，并且板坯面积大，热压时水汽排出路径长，因此，热压时提前降压，分段降压排汽。热压曲线如图 3 所示。

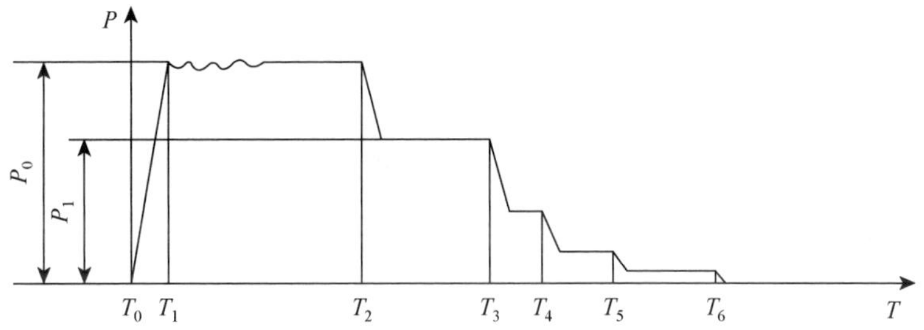

图 3　热压曲线示意图

在图 3 中：

P_0——最高压力，$P_0 = 3.0 \sim 3.2$MPa

P_1——保压压力，$P_1 = 2.0$MPa

$T_0 \sim T_1$——闭合时间，约 1mm

$T_1 \sim T_2$——高压保压时间，约 16min

$T_2 \sim T_3$——低压保压时间，约 5min

$T_3 \sim T_n$——分段降压时间，约 13min

热压周期 35min 左右。

5　中试产品性能

根据上述结构和生产工艺，生产了 6 块即三套载货汽车车厢底板并经过定厚砂光。经测试，其物理、力学性能如表 2 所示。

从表 2 可以看出：①由于中试板的密度稍大，其力学性能也稍优于实验室压制的板；②由于竹帘厚度只有 1mm，组坯时纵向错位搭接的接头对力学性能的影响很小，其接头处的力学指标仅略低于本体(不足 10%)。

表 2　中试产品的物理、力学性能

项目		单位	实测值	规定值	检验标准
密度		g/cm^3	0.82	≥0.8	LY/T1575—2000 汽车车厢底板用竹篾胶合板
静曲强度 MOR	纵向	MPa	154.3	≥90	
	横向	MPa	66.89	≥30	
弹性模量 MOE	纵向	MPa	12 430	≥8000	
	横向	MPa	3950	—	

续表

项目	单位	实测值	规定值	检验标准
接头处 MOR 纵向	MPa	142.8	—	A 类板（载货汽车车厢底板）
接头处 MOE 纵向	MPa	11 300	—	
浸渍剥离性能	mm	剥离或分层长度≤10	剥离或分层长度≤25	GB/T17657—19994.17 Ⅰ类剥离试验

注：试件平均厚度 15.2mm。

6 装车试验

生产的汽车车厢地板于 2002 年 3 月初在南京汽车集团公司汽车车厢有限公司进行了装车试验。由于产品由多层竹帘胶合而成并经过定厚砂光，板面平整，无裂缝、呈现无规则花纹（表面第一层竹帘大部分砂穿，颜色较深的酚醛树脂胶层形成这种花纹），涂布一层透明涂料之后，更为美观。多层竹帘胶合汽车车厢底板装车之后，车厢十分平整，中间的拼缝也很严密，厂方技术人员认为，采用多层竹帘浸胶热压的多层竹帘胶合板，其耐候性肯定优于以前的竹胶板。厂方对产品的内在性能和外观质量都特别满意。但是，由于多层竹帘胶合板的成本较高，耗胶量也高于传统竹胶板，故生产成本略微偏高。今后将通过芯层使用厚、薄竹帘交错组坯，减少砂光量（特别是底面的砂光量）等措施，降低成本。

7 结束语

从试制情况看，多层竹帘胶合汽车车厢底板具有强度高、硬度大、耐磨、耐候性能好、厚度基本一致、表面平整、外观美观等优点，是传统竹胶板汽车车厢底板的升级换代产品。可以相信，推广应用这种汽车车厢底板将对提高国产载货汽车的整车质量，迎接国际汽车行业挑战起积极的推动作用。

参考文献

[1] 张齐生. 中国竹材工业化利用. 北京：中国林业出版社，1995.
[2] 张齐生. 竹材胶合板的研究——Ⅰ. 竹材的软化与展平. 南京林业大学学报（自然科学版），1988，12（4）：13-20.
[3] 傅峰，华毓坤. 组坯方式对竹帘板胶合强度的影响. 南京林业大学学报（自然科学版），1995，19（1）：33-36.

竹片搭接组坯大幅面竹材胶合板的研制

张齐生　朱一辛　张挺　崔聪明　黄悦峰
（南京林业大学　南京　210037；西北人造板机器厂　乾县　713350）

以“软化—展开”为核心工艺制造的竹材胶合板已在汽车车厢底板上得到了广泛的应用，使汽车制造业和竹材胶合板制造业产生了巨大的经济效益和社会效益。随着汽车制造业不断开发新产品和完善汽车结构，要求竹材胶合板底板能够适应不同车型的车架结构，并且整板各处强度比较均匀，幅面的长度能达到 3000～4300mm。现有竹材胶合板幅面最大只有 1220～2440mm。要达到汽车车厢底板长度的要求，需用两块竹材胶合板端头铣成斜率为 1∶5 的斜面，斜面涂胶后再热压接长。该工艺劳动强度大，消耗高，产品质量也不稳定。因此，寻求新的工艺来制造大幅面竹材胶合板，是竹材胶合板自我完善的新课题。

南京林业大学竹材工程研究中心在实验室研究采用了竹片铣斜面后搭接组坯一次成型的方法。试验表明，这是制造大幅面竹材胶合板的一种好方法[1]。在此基础上，与西北人造板机器厂、安徽省广德县广宁竹材胶合板联营公司合作，设计并建成了一套年产 40 000m^3 竹材胶合板的生产线，运用新工艺研制出竹片搭接组坯大幅面竹材胶合板。该项研究于 1993 年 12 月通过了林业部科技司组织的鉴定，并被列入 1994 年度国家级重点新产品试制鉴定计划。

1　结 构 设 计

根据实验室研究结论和南京汽车制造厂 NJ1061 型汽车车架结构，并参考原竹材胶合板在汽车车厢底板上的应用情况，初定了成品车厢底板的结构形状，见图 1。

如图 1 所示，面板采用三组竹片，背板采用两组竹片斜面搭接而成。如此，在长度方向的任一截面最多只有一处搭接缝。背板搭接缝设计为与车架的一条横梁重合。成品厚 15mm，表板涂有酚醛树脂，其中面板压有规则的网纹。

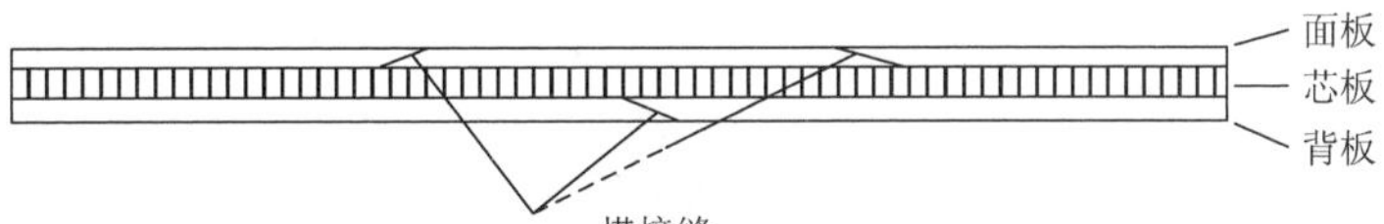

图 1　竹片搭接组坯大幅面竹材胶合板结构示意图

2　工 艺 设 计

2.1　原汽车车厢底板用竹材胶合板工艺流程

毛竹→截断→去外节→剖开→去内节→水煮→软化→展开→辊压→刨削→干燥→定型干燥铣边→芯板涂胶→组坯→预压→热压→整板端头铣斜面→斜面涂胶→接长组坯→接长热压→纵向锯边铣台阶→横向锯边→涂表面胶→压网纹（1）→压网纹（2）→检验→成品

2.2　汽车车厢底板用竹片搭接组坯大幅面竹材胶合板工艺流程

毛竹→（前 12 道工序与原工艺相同）→面背板竹片铣斜面→涂胶→组坯→热压→纵向锯边铣台阶→横向锯边→涂表面胶→压网纹→检验→成品

本文原载《林产工业》1996 年第 1 期第 34-36 页。

2.3 新工艺与原工艺的比较

新工艺与原工艺相比较增添了一道竹片铣斜面工序，改组坯、预压为连续化组坯，取消了整板端头铣斜面、接长组坯、接长热压工序，将两次分部压网纹并作一次，其余皆与原工艺相类同。

2.4 配套设备的确定

设备绝大部分选用已定型的竹材胶合板配套设备。针对新工艺特点，设计制造了 BZX1124 型单头竹板斜铣锯机、71 系列大幅面热压机组。其中后者是关键的配套设备，融热压机、装板机、卸板机、出板机、垫板回送机、连续式组坯台于一体，见图 2。机组的工作过程为：竹片在连续组坯台的垫板上组成板坯，进入装板机，而后采用一种特殊的装卸联动方式，使装板机中的板坯进入压机，热压好的板子同时进入卸板机。经出板机、垫板回送机分别将板子送出机组，垫板返回组坯台。整个机组采用 PC 机控制，保证生产处于连续的状态，并与生产节奏合拍。

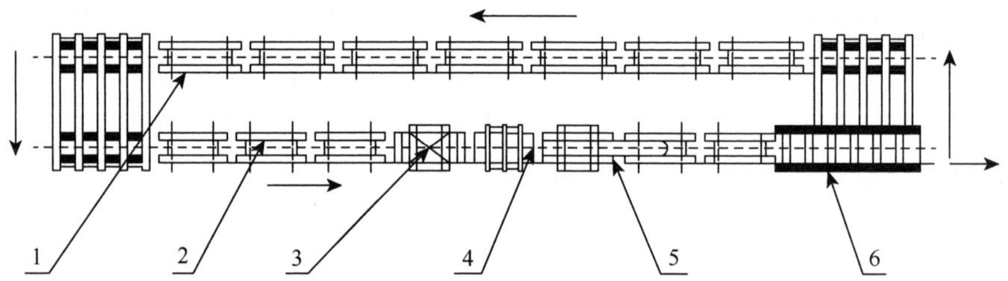

图 2　大幅面热压机组示意图

1. 垫板回送机；2. 连续式组坯台；3. 装板机；4. 热压机；5. 卸板机；6. 出板机

热压机主要参数：

总压力/t	2050
热压板尺寸/mm	4600×1370×100
层数/层	10
开挡/mm	120
油缸缸芯直径/mm	6×ϕ400
液压系统额定压力/MPa	270
许用最大蒸汽压力/MPa	2.2

2.5 主要工艺技术条件

2.5.1 面、背板竹片铣斜面

面、背板斜面斜率为 1∶10，铣削面应光滑，“刃口”锋利且与竹片轴线垂直，注意铣削时竹片的大头、小头、竹青、竹黄均衡搭配。

2.5.2 涂胶

芯板与面、背板斜面均涂布固含量（50±2）%、黏度 40～80s（涂—4 杯）的 PF-51 胶。芯板涂胶量 350～400g/m^2。要使所有斜面获得一致的润湿，两个相接触的斜面都应涂胶。又因斜面均为顺纹理，渗透性较强，故涂胶量需适宜，且涂胶后应适当陈化。

2.5.3 组坯

搭接的斜面彼此需全部搭接上，略为重叠 1～2mm，以保证胶合压力及整条搭接缝总体上为一条直线且与板坯边垂直。组坯时面板搭接缝与背板搭接缝应错开，不允许在同一断面上。大头斜面的竹片与小头斜面的竹片依次排列，以保证板坯整体上的纹理平行。

2.5.4 热压

单位压力 3.0～3.5MPa；热压温度 135～145℃；时间按每 1mm 板坯厚度乘 1.1min 计算。

3 测试结果与分析

从生产线上随机抽取未涂表面胶、未压网纹的竹片搭接组坯大幅面竹材胶合板试样，编号为①和②，从成品板中抽取试样，编号为③。委托林业部南京人造板质量监督检验站依据日本农林“结构胶合板”标准对试样①，依据 LY1055—91、GB13123—91、GB13124—91 对试样②、③进行了测试并与原工艺生产的汽车车厢底板用竹材胶合板的性能[2]作比较。其中编号④为 15mm 厚的五层板，编号⑤为 15mm 厚的三层板。结果见表 1。

（1）从表 1 可知，竹片搭接组坯大幅面竹材胶合板的含水率、胶合强度、本体和接缝的静曲强度均达到 LY1055—91《汽车车厢底板用竹胶合板》标准中的规定值，故完全适用于汽车车厢底板。

（2）本体和接缝的弹性模量接近相等，表明在未破坏的弹性范围内，斜面搭接对刚度影响不大。在测试静曲强度试件时发现，面板的搭接缝受力时压缩，往往是背板竹片折断或芯板竹片与背板竹片之间的胶层破坏，反映出面板搭接缝处静曲强度与本体一致甚至有超出；背板搭接受力时受拉伸，如果斜面的“刃口”锋利，搭接位置准确，则破坏形式大都是竹片折断或芯、背板间胶层破坏，反映出的静曲强度值接近于本体甚至也有超出本体的，反之，如果“刃口”钝或者搭接位置不够准确，则百分之百无一例外的是搭接面胶层破坏，反映出的静曲强度值在本体强度值的 60%～80%范围内。表 1 中的接缝静曲强度测试值为面板搭接缝与背板搭接缝静曲强度测试值的平均值。为提高安全性，使背板搭接缝与车架横梁相重合是切合实际的。

表 1 竹片塔接竹坯大幅面和竹胶合板的性能比较

	LY1055—91 规定值	竹片搭接竹坯大幅面竹胶合板			竹材胶合板	
		(1)	(2)	(3)	(4)	(5)
密度/(g/cm^3)			0.71		0.85	0.78
含水率/%	≤10		4.7	8.4		
本体静曲强度/MPa	≥98	131.8	115.4	116.1	126.1	113.3
接缝静曲强度/MPa	≥68.6	103.1	120.3	102.7	75	
本体弹性模量/×10^{3}MPa		12.2	11.1	9.4		
接缝弹性模量/×10^{3}MPa		11	11.1	9.4		
胶合强度/MPa	≥2.5		3	2.6	3.5	3.7
本体冲击韧性/(J/cm^2)				6.7	9.1	8.7
接缝冲击韧性/(J/cm^2)				8.2		

（3）冲击韧性接缝处高于本体，原因初步分析为接缝处较本体多了一层胶层所致，与原竹材胶合板冲击韧性与层数成正比的测试结果[2]相类似，其机理尚有待研究。

4 工艺效果评价

原工艺比较复杂，工序达 26 个，手工劳动多且劳动强度大；整板搭接时如果两块板子厚度误差较大或者搭接位置不准确，均不同程度影响接缝强度并在接缝处出现不平整，在装卸货物时容易造成人为机械损伤；经过接长时的重复加温加压，造成能源的重复消耗，对板子质量也有一定的不良影响，并使生产主机热压机的生产能力下降。

新工艺减少了 4 道工序，将原组坯—热压工段数台单独设置的设备设计制造为一个整体的机组，节约了厂房面积，并使得工艺布局更趋于合理，提高了生产的连续化程度，减轻了劳动强度；新工艺生产的产品质量较稳定，外型美观接缝处无明显高低缝，板面平整；整板刚度、强度基本均匀。

5 经济效益

竹材成本约占竹材胶合板生产成本的 65%左右。原工艺纵向竹片长度约需 2250mm，而新工艺一半的纵向竹片长度仅为 1450mm，另一半的纵向竹片长度为 2150mm。由于竹子有尖削度和弯曲度，因而竹片愈短，在厚度和宽度方面的利用率也愈高；同时，由于整板接长，每张小幅面板的四个边都要裁边，而大幅面板工艺可少裁两个横边，因而裁边损失也可以减少，两方面综合起来，竹材利用率可提高 15%左右，即可节约毛竹 33 根/m^3 左右，以 13.50 元/根计，可降低成本 445.50 元/m^3。

采用新工艺设备，生产每块汽车底板只需进入热压机 2 次，而原工艺要动用热压机 5 次，故新工艺节能显著，又因新工艺可提高劳动生产率，设备投资可减少，故可降低单位成本中的工资费用及设备折旧费用。

综上所述采用新工艺在降低竹材胶合板生产成本上有显著的效果，每立方米竹片搭接组坯大幅面竹材胶合板约可降低成本 500 元，以年产 4000m^3 计，可节约 200 万元/年。

6 结　论

（1）竹片搭接组坯大幅面竹材胶合板工艺合理可行，产品性能可靠且较整板搭接产品有明显的提高。

（2）竹片搭接组坯的新工艺简化生产工艺，减少设备投资，提高生产效率，降低劳动强度，节省能源，提高竹材利用率，经济效益显著。

（3）采用新工艺制造的竹材胶合板，性能达到 LY1055—91 指标的要求，为汽车制造业的发展进步创造了条件，并可推广应用到建筑用模板上，还可开发作为船用竹脚手板，有着良好的应用前景和社会效益。

（4）国内首台 4.6m×1.37m 的装卸联动 10 层热压机组的设计制造成功，为新工艺的实施提供了保证。

（5）可进一步深入研究竹片搭接机理，完善工艺理论，并逐步实现搭接组坯的机械化。

参考文献

[1] 张齐生，王建和. 制造无接头大幅面竹材胶合板的新方法. 林产工业，1993，20（4）：20-22.

[2] 张齐生，韩光炯. 竹材胶合板在载货汽车上的应用研究. 林产工业，1991，（6）：1-4.

单宁酚醛树脂胶在竹材胶合板中的应用研究

张齐生[1]　姜德峰[1]　刘以珑[1]　焦士任[2]

（1　南京林业大学竹材工程研究中心；2　内蒙古牙克石木材加工栲胶联合厂）

摘　　要

用落叶松栲胶代替60%的苯酚制成的四种单宁酚醛树脂胶（TPF）作胶黏剂。按照PF-51水溶性酚醛树脂胶的热压工艺条件制成的竹材胶合板，经煮沸和参照美国ASTM D137标准进行的加速老化试验结果，证明TPF-64、TPF-65具有与PF-51同样的胶合和耐老化性能，因而可以在竹材胶合板生产中推广应用。而TPF-62、TPF-63的胶合和耐老化性能则不理想。TPF胶黏剂具有便于运输和保存、低毒、价廉等特点，有良好的应用前景。

竹材胶合板和竹材层压板都是使用水溶性酚醛树脂作为胶黏剂，将竹材经热压胶合而制成的产品，广泛应用于汽车、客车、铁路车辆作车厢底板使用，与使用木材相比，具有良好的经济和社会效益。目前国内已有竹材胶合板厂和层压板厂20余家，年生产能力为5万余立方米，每年耗用液体酚醛胶5000余吨，需用苯酚1500余吨。这些工厂多数分布在竹材产区的县城和乡镇，竹材资源虽然丰富，但山区交通运输条件较差，远离化工原料基地，特别是苯酚，长期以来国内供需矛盾突出，而且价格很高，是影响竹材胶合板和层压板发展的一个重要的制约因素。

栲胶的主要成分是植物单宁，是天然多元酚物质，具有取代苯酚制成酚醛胶黏剂的潜力。各国科学家在这方面经过多年的努力，已经突破了技术难关，取得了长足的进展。据报道：黑荆树栲胶在南非已被大量用于制作各种人造板胶黏剂，取代了40%～80%的苯酚。今年来，我国栲胶生产出现了供过于求的现象，亟须开发新的应用途径。南京林业大学孙达旺教授和牙克石木材加工栲胶联合厂焦士任工程师等人经过两年多的研究，已成功地用60%落叶松树皮栲胶代替苯酚制成单宁酚醛树脂胶，并在木材胶合板上进行了应用试验。

为了探求单宁酚醛树脂胶（TPF）在竹材胶合板中应用的可行性，寻求一种质量可靠、价格较低廉，运输、保存、使用方便的新胶种，以适应我国竹材人造板工业发展的需要，本研究将目前竹材胶合板生产中使用的水溶性酚醛树脂胶和单宁酚醛树脂胶按照目前竹材胶合板的生产工艺同时进行热压胶合使用，并对产品进行煮沸胶合强度测定和加速老化试验，以比较其胶合性能。

1　试验设计

1.1　试验材料

1.1.1　胶黏剂

（1）竹材胶合板生产试验PF-51水溶性酚醛胶。

（2）单宁酚醛胶，4种：TPF-62；TPF-63；TPF-64；TPF-65①。

两类胶黏剂质量指标见表1。

表1　两类胶黏剂质量指标

项目	PF-51	TPF
外观	棕红色透明液体	暗红色不透明液体
密度/(g/cm^3)	1.01～1.03	1.10
pH	＞14	10.6

本文原载《林产工业》1991年第1期第11-15页。

续表

项目	PF-51	TPF
黏度（涂 4 杯）/s	60～90	60～90
固体物含量/%	50±2	50
贮存稳定性	稳定，不分层	三个月内不分层
可被溴化物/%	＞12	12.45
游离甲醛/%	未测（游离酚＜2%）	0.929

1.1.2　竹片

竹材胶合板生产用的竹片：面、背板厚 5mm；芯板厚 5mm，含水率＜8%，为保证竹片厚度的精度，竹片干燥后经压刨再加工一次。

1.1.3　热压工艺

结构：3 层
板坯温度：15mm
热板温度：145～150℃
单位压力：3.3MPa
预压时间：10h
热压时间：17min
堆放匀温：24h
涂胶量：PF-51　　400g/m^2
　　TPF-62　　500g/m^2
　　TPF-63　　500g/m^2
　　TPF-64　　450g/m^2
　　TPF-65　　460/m^2

1.2　试验方法

1.2.1　试验用板的压制

同一条件的竹片，分别用 PF-51、TPF-62、TPF-63、TPF-64、TPF-65 五种胶黏剂在完全相同的热压工艺条件（1.1.3）下压制成竹材胶合板，经过密堆匀温处理后锯截成试验用试件。

1.2.2　煮沸试验

参照中华人民共和国林业部已经审定即将发布实施的《汽车车厢底板用竹材胶合板标准》规定的试件制作方法及力学性能测试方法，分别测定各胶种竹材胶合板沸水 3h 后的胶合强度（快速测试法）和常态下的静曲强度。

1.2.3　加速老化试验

为了考核各胶种竹材胶合板作为车厢底板（或其他结构材）长期在室外条件下使用的耐久性，参照美国 ASTM D1037 加速老化试验标准，进行加速老化试验。ASTM D1037 标准规定的具体试验条件为：49℃温水浸泡 1h ⟶ 93℃蒸汽喷蒸 3h ⟶ −20℃冷冻 20h ⟶ 99℃热风干燥 3h ⟶ 93℃蒸汽喷蒸 3h ⟶ 99℃热风干燥 18h，共 48h 为一个周期，反复循环六个周期，共 288 小时为整个加速老化的全过程（ASTM 标准中规定冷冻为−13℃，考虑我国北方天气寒冷，本次试验采用−20℃）。在每一次循环结束后，分别各抽取 5 个试件按汽车车厢底板用竹材胶合板标准测定胶合强度和静弯曲强度。

1.2.4 试件的制作和试件数

1. 试件的制作

参照《汽车车厢底板用竹材胶合板标准》制取胶合强度和静曲强度试件。试件的形状和尺寸如图 1 和图 2 所示（单位：mm）。

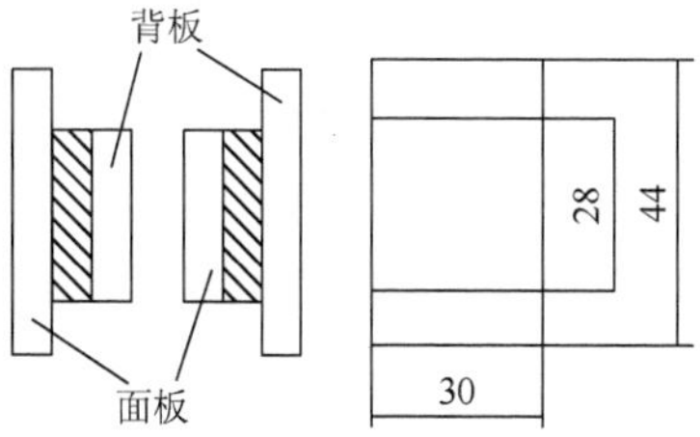

图 1 试件形状

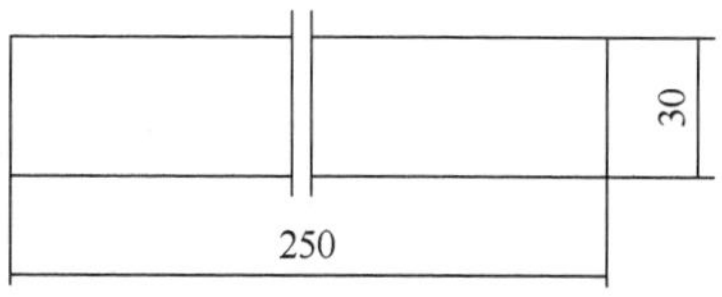

图 2 试件尺寸

2. 试件数

胶合强度煮沸试验试件：

5（胶种）×12（试件）= 60 个

静弯曲强度常态试验试样 5×12 = 60 个

胶合强度和静弯曲强度的加速老化试件：5（胶种）×2（测试项目）×5（试件数）×6（循环周期数）= 300 个试件；第六个周期测试静曲强度试件 5 个胶种共增加 14 个试件，因此试件总数共 314 个。

两种试验试件总数为 434 个，加速老化试验中将全部试件预先分成六个组，编号号码，一次抽取进行测试。

2 结果与分析

五个胶种竹材胶合板的沸水 3h 后胶合强度和常态下的静弯曲强度见表 2。

图 3、图 4 为加速老化过程中静曲强度和胶合强度的变化曲线图。

表 2 竹材胶合板的胶合强度及静弯曲强度

胶种	胶合强度/MPa（试件沸水 3h 后测试）					静弯曲强度（试件在常态下测试）				
	最大值	最小值	平均值	标准偏差	试件数	最大值	最小值	平均值	标准偏差	试件数
PF-51	3.84	0	2.59	1.06	12	173.3	120.9	152.9	17.2	12
TPF-62	4.08	0	3.11	1.05	12	200.7	111.8	118.4	25.9	12
TPF-63	1.60	0	2.40	1.66	13	212.6	101.9	161.0	25.3	12
TPF-64	5.25	1.90	3.15	0.90	12	177.8	110.0	163.3	10.7	12
TPF-65	4.83	2.79	3.98	0.55	13	188.1	119.2	151.1	26.0	12

五个胶种竹材胶合板加速老化过程中每一个周期结束后的胶合强度和静弯曲强度值见表 3。

竹材胶合板生产中竹片的厚度是由压刨加工而获得的，由于目前压刨加工精度较低，加之竹节的影响，因而厚度误差较大，所以在加速老化试验中，均有试件因局部胶合性能不良而开裂脱胶，另一方面由于本次试验进行了 5 个胶种的对照试验，试件总量多，而蒸锅和冷冻室容积有限，故加速老化试验中每一个周期中测试的试件数仅有 5 个，多数组出现标准偏差值较大，影响了试验准确度。虽然有上述两方面的不利因素，但从试验的结果中仍可得到如下的结论：①从沸水 3h 后测得的试件胶合强度和常态下的静弯曲强度可看出，TPF-64、TPF-65 两个胶种分别为 3.43MPa∶3.98MPa 和 163.3MPa∶151.1MPa，且标准偏差值较小，而 PF—51 则为 2.59MPa∶152.9MPa；②从加速老化试验的结果可以看出，在六个周期的循环

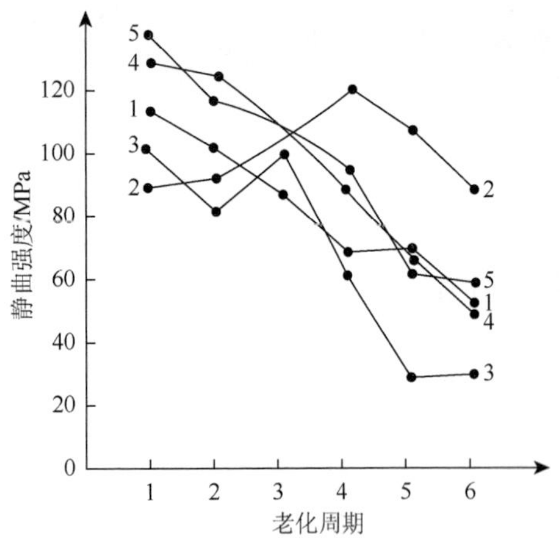

图 3　加速老化过程中静曲强度变化曲线

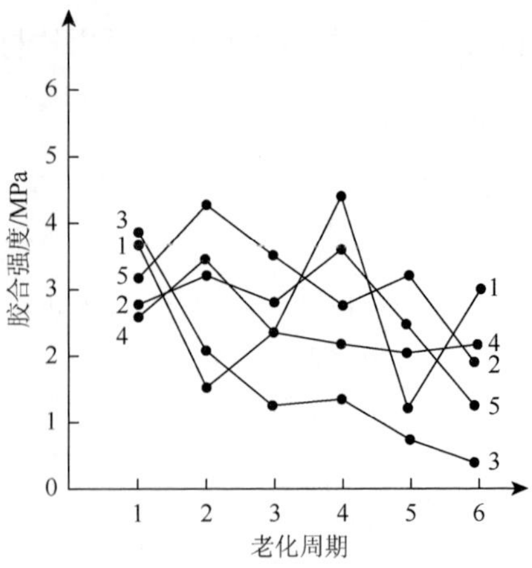

图 4　加速老化过程中胶合强度变化曲线

1. PF-51；2. TPF-62；3. TPE-63；4. TPF-64；5. TPF-65

过程中，每一组分别有 30 个胶合强度试件，其中 PF-51 有 7 个自行开裂脱胶，脱胶率为 23.3%；TPF-62 有 5 个脱胶，脱胶率为 16.7%；TPF-63 有 12 个试件脱胶，脱胶率为 40%；TPF-64 有 2 个试件脱胶，脱胶率为 6.7%；TPF-65 有 2 个试件脱胶，脱胶率为 6.7%；③经六个周期加速老化试验后，TPF-64 的胶合强度为 2.21MPa，TPF-65 为 1.9MPa，PF-51 为 3.30MPa；TPF-64 的静曲强度为 50.6MPa，TPF-65 为 62.3MPa，PF-51 为 52.8MPa，其性能与 PF-51 的处在相近的水平上。

表 3　竹材胶合板加速老化试验结果

周期	胶种	胶合强度（加速老化后）/MPa					静弯曲强度（加速老化后）/MPa				
		最大值	最小值	平均值	标准偏差	试件数	最大值	最小值	平均值	标准偏差	试件数
第一	PF-51	5.39	1.69	3.68	1.24	5	1.87.1	37.1	111.6	52.7	5
	TPF-62	3.80	1.77	2.84	0.80	5	132.0	48.2	91.4	28.5	5
	TPF-63	6.15	1.47	3.84	1.76	5	139.1	82.8	101.1	19.6	5
	TPF-64	3.82	1.97	2.73	0.7	5	149.2	121.3	139.0	11.8	5
	TPF-65	5.61	1.64	3.2	1.36	5	181.3	108.4	132.1	25.6	5
第二	PF-51	4.29	0	1.69	1.69	5	161.8	41.2	104.8	31.5	5
	TPF-62	4.72	0	3.25	1.73	5	196.8	33.3	96.2	58.9	5
	TPF-63	4.39	0	2.05	1.40	5	139.6	35.5	81.5	40.5	5
	TPF-64	5.52	1.81	3.45	1.21	5	139.5	94.8	116.2	17.3	5
	TPF-65	4.56	4.21	4.38	0.14	5	155.7	91.2	128.7	21.8	5
第三	PF-51	4.38	0	2.29	1.84	5	151.2	37.6	87.9	37.7	5
	TPF-62	3.90	0	2.80	1.42	5	137.8	106.3	124.2	10.9	5
	TPF-63	3.93	0	1.27	1.63	5	138.2	58.6	102.1	31.2	5
	TPF-64	4.62	1.08	3.11	1.41	5	137.7	68.0	109.6	15.4	5
	TPF-65	6.72	1.43	3.58	1.75	5	138.9	67.7	101.6	24.0	5
第四	PF-51	5.51	2.73	4.18	1.02	5	118.0	28.6	66.5	34.5	5
	TPF-62	4.74	2.17	3.61	0.96	5	145.8	69.6	121.0	27.6	5
	TPF-63	3.38	0	1.38	1.72	5	100.5	21.6	60.7	32.8	5
	TPF-64	4.19	0.65	2.16	1.29	5	114.4	44.4	86.2	25.0	5
	TPF-65	5.02	0	2.77	1.86	5	124.3	72.3	95.1	18.3	5
第五	PF-51	4.17	0	1.04	1.68	5	103.3	18.0	71.6	31.4	5
	TPF-62	4.00	0	2.37	1.15	5	134.0	87.8	109.7	18.8	5
	TPF-63	1.72	0	0.67	0.82	5	34.7	22.4	29.5	1.2	5

续表

周期	胶种	胶合强度（加速老化后）/MPa					静弯曲强度（加速老化后）/MPa				
		最大值	最小值	平均值	标准偏差	试件数	最大值	最小值	平均值	标准偏差	试件数
第五	TPF-64	4.05	0	2.10	1.33	5	108.2	31.7	66.6	29.0	5
	TPF-65	4.90	1.91	3.32	1.15	5	113.3	22.6	64.4	33.0	5
第六	PF-51	5.22	0	3.03	1.72	5	69.8	25.6	52.8	13.6	5
	TPF-62	2.50	0	1.17	1.10	5	120.1	63.0	91.1	9.6	5
	TPF-63	1.83	0	0.38	0.77	5	46.4	17.6	31.6	8.6	5
	TPF-64	4.20	0	2.21	1.42	5	74.9	21.9	50.6	14.4	5
	TPF-65	4.73	0	1.90	1.71	5	108.7	21.6	62.3	29.9	5

3 结 束 语

对试验所得的数据进行分析后，可以得出以下的结论：

（1）水溶性酚醛树脂胶（含 PF-51）是世界各国普遍确认的耐候、耐水性能优良的胶黏剂，我国近 5 年来竹材胶合板和竹材层压板在汽车车厢上的应用实践也证明了这一点；

（2）从 TPF 四个胶种和 PF-51 的对比试验中可以认为，TPF-64、TPF-65 两个牌号的胶黏剂在胶合性能方面达到 PF-51 胶黏剂的水平；

（3）参照美国 ASTM D1037 标准，认为经过加速老化试验后残留的胶合性能和强度能保持车厢底板用竹材胶合板标准规定值的 50%以上，即可承受在室外使用三年以上的时间，因此 TPF-64、TPF-65 和 PF-51 均符合室外使用的要求；

（4）制造 TPF 型胶黏剂用的栲胶是粉末状的，也可将 TPF 胶经喷雾干燥制成粉末状，使用时加水溶解即可，因此具有运输、保存、使用方便等优点，适合在山区和技术条件较差的竹材胶合板厂使用；

（5）TPF 型胶黏剂在现有酚醛胶的基础上可取代苯酚用量的 60%，因而毒性较低，有利于改善工人的作业条件，同时为落叶松栲胶开辟了新的用途，缓解了苯酚供应的紧张状况，具有良好的社会效益，且价格要低于现有酚醛胶②，因而也具有很好的经济效益；

（6）在竹材胶合板和竹材层压板中使用，应有不同的固含量和黏度要求，因此在这方面还应继续进行试验研究，以适应不同产品生产工艺的要求。

鉴于上述六点，我们认为，TPF-64、TPF-65 两种牌号的胶黏剂在胶合性能和耐久性及其综合经济性能上达到了 PF-51 胶的水平，可以在竹材胶合板生产中逐步推广应用。

本次试验承蒙江西省黎川县竹材胶合板厂和南京林业大学木材工业系人造板实验室、林业部南京人造板质量监督检验站的大力支持和协助，借此一并表示谢意。

注：①TPF-62，TPF-63 为同一品种，均为粉状，其中 62 型使用时加水和甲醛；63 型使用时加水、甲醛和碱。TPF-64、TPF-65 为同一品种，其中 TPF-64 为液胶，TPF-65 为粉状胶。

②目前苯酚出厂价约为 6400 元/t，落叶松栲胶（粉状）出厂价为 3050 元/t。固含量均为 50%的 TPF 胶每吨要比 PF-51 胶价格约低 600～700 元。

竹材刨花板热压工艺的研究

张晓东　朱一辛　刘以珑　张齐生　李燕文
（南京林业大学竹材工程研究中心　南京　210037）

摘　要

利用正交试验法研究了竹材刨花板热压曲线中各因素与板材的静曲强度、弹性模量及平面抗拉强度间的关系。结果表明，第一阶段压力是影响竹材刨花板力学性能的最主要因素，热压温度及第一阶段时间对力学性能也有较大的影响。根据试验结果确定了竹材刨花板的最佳热压工艺参数。

关键词： 竹材刨花板；因素；指标

Abstract

This paper dealt with the relationship between hot-pressing parameters and mechanical properties（MOR MOE and IB）of bamboo particle board by the orthogonal design method. The test results showed that the fist phase pressure was the most important factor affecting the strength properties of bamboo particle board, hot-pressing temperature and the first phase time also affected the strength properties, and the optimum hot-pressing technology was obtained.

Keywords: Bamboo particle board; Hot-pressing; Mechanical properties

竹材刨花板是以竹材加工剩余物、小径竹为主要原料经加工而成的一种竹材人造板，其物理力学性能优于普通木材刨花板，突出地表现在静曲强度、弹性模量、尺寸稳定性等方面。竹材刨花板可以替代木材胶合板模板用于混凝土施工，经二次加工后可用于清水混凝土施工及其他结构件。竹材刨花板可以充分利用竹材加工剩余物及小径竹，提高了竹材的综合利用率，是一种可持续发展的竹材产品。

1　材料和方法

1.1　试验材料

1.1.1　竹刨花

安徽省石台县竹材厂生产，刨花规格：长 25～30mm，宽 2～5mm，厚 0.4～0.5mm，含水率 4%。

1.1.2　胶黏剂

酚醛树脂胶黏剂，安徽省石台县竹材厂生产。树脂质量指标为固体含量 48%～52%，黏度 200～400mPa·s（20℃），pH 10～12。

1.2　试验设备

1.2.1　热压机

型号：QLB-D，幅面 400mm×400mm，总压力 0.5MN。

本文原载《木材工业》1996 年第 10 卷第 6 期第 9-11 页。

1.2.2 万能力学试验机

型号：MWE-40A，最大加载力为 40kN。

1.2.3 拌胶机

滚筒式拌胶机，胶料通过压缩空气喷施。

1.2.4 干燥

鼓风式电热干燥箱。

1.3 试验方法

1.3.1 制板工艺

竹刨花→干燥→计量→拌胶→铺装→热压。

1.3.2 试验设计

竹材刨花板的设计密度 0.75g/cm^3，施胶量 10%，板厚 15mm。热压曲线设计如图 1 所示。

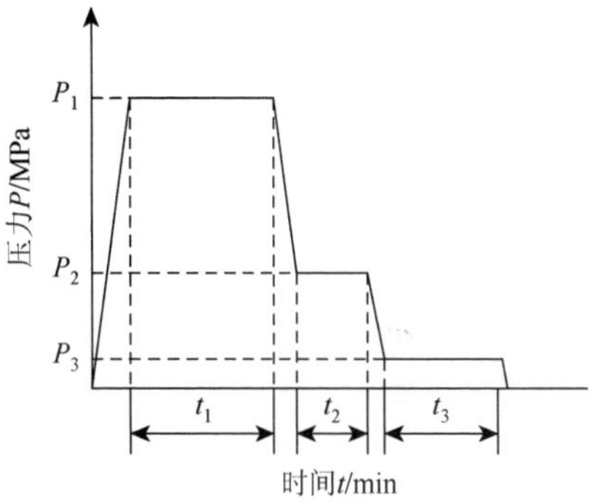

图 1 竹材刨花板热压工艺曲线

1.3.3 检测

静曲强度、弹性模量、平面抗拉强度均按 GB4905—85 测定。
试验按 $L18$（3^7）正交表实施，根据竹材及竹刨花的特性设计了如表 1 所示的因素水平表。

表 1 因素水平

水平	A	B	C	D	E	F	G
	P_1/MPa	P_2/MPa	P_3/MPa	t_1/min	t_2/min	t_3/min	T_1/℃
1	5	2	0.5	6	3	5	170
2	4	1.5	0.4	4	2	4	150
3	3	1	0.3	2	1	3	130

2 结果分析

试验板材的检测结果见表 2，检测结果进行直观分析，如图 2、图 3 所示。由图 2、图 3 可见：各因素对静曲强度的影响由大到小的顺序为 $P_2>P_1>T>P_3>t_3>t_1>t_2$；对平面抗拉强度的影响为 $P_1>t_1>T>t_3>P_3>P_2>t_2$；对弹性模量的影响为 $P_1>T>P_2>P_3>t_2>t_3>t_1$。因为竹材刨花板的静曲强度、弹性模量、平面抗拉强度是其最重要的力学性能指标，确定最佳热压工艺时应等同地考虑，所以本试验对三项指标进行了综合评分，并以综合评分为依据确定最佳工艺。综合评分的方法为，先计算出每项指标的平均值，再求出每个试验的检测值与该指标平均值的比值，三项指标比值之和即为综合评分值（表 2）。

表 2 试验结果

试验号（*A B C D E F G*）	检测结果			
	MOE/MPa	MOR/MPa	IB/MPa	综合评分
1（1 1 1 1 1 1 1）	3856	34.8	1.38	3.38
2（1 2 2 2 2 2 2）	3446	24.0	0.67	2.29
3（1 3 3 3 3 3 3）	2987	15.1	0.15	1.42
4（2 1 1 2 2 3 3）	4153	35.2	1.06	3.19
5（2 2 2 3 3 1 1）	4355	41.8	1.77	4.09
6（2 3 3 1 1 2 2）	3333	29.0	2.21	3.79
7（3 1 2 1 3 2 3）	3741	35.4	1.11	3.13
8（3 2 3 2 1 3 1）	3388	27.9	1.14	2.82
9（3 3 1 3 2 1 2）	3191	25.3	1.17	2.72
10（1 1 3 3 2 2 1）	4271	35.4	0.69	2.90
11（1 2 1 1 3 3 2）	4081	32.8	1.06	3.09
12（1 3 2 2 1 1 3）	3662	30.0	0.80	2.66
13（2 1 2 3 1 3 2）	3854	33.7	1.08	3.08
14（2 2 3 1 2 1 3）	4000	33.4	1.20	3.21
15（2 3 1 2 3 2 1）	4474	33.1	1.13	3.27
16（3 1 3 2 3 1 2）	3351	28.2	1.17	2.85
17（3 2 1 3 1 2 3）	3431	30.5	0.61	2.45
18（3 3 2 1 2 3 1）	3580	30.2	1.87	3.59
平均	3731	30.9	1.13	

注：表中数据为二次试验 6 个试件的平均值。

2.1 各因素对综合性能的影响

由图 3 的综合指标直观分析可知，各因素对综合指标的影响由大到小的顺序为 $P_1>T>t_1>t_3>P_3>P_2>t_2$，由表 3 的方差分析可知，第一阶段压力 P_1 对静曲强度、弹性模量、平面抗拉强度的作用高度显著，热压温度 T 及第一阶段时间 t_1 为一般显著，其他因素不太显著。

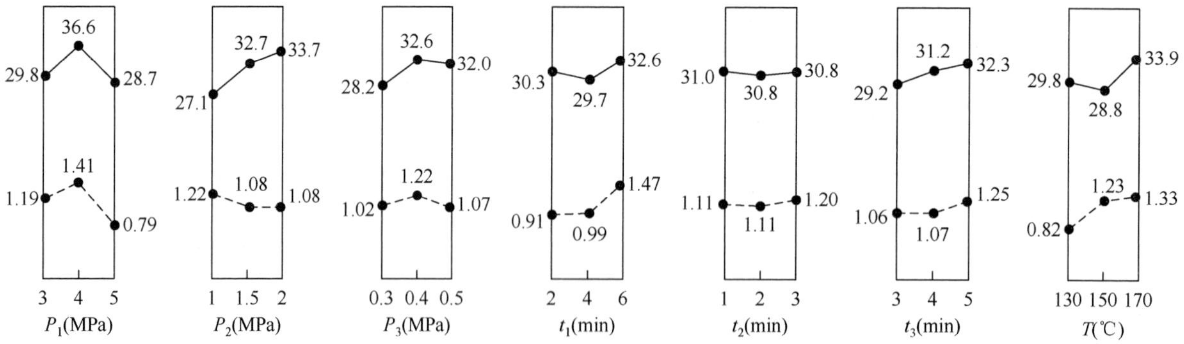

图 2 各因素与竹材刨花板的静曲强度及平面抗拉强度的关系

——静曲强度 ----平面抗拉强度

2.2 最佳热压工艺

对检测值的综合评分进行直观分析及方差分析见图 3、表 3，由图 3 可得最佳热压工艺参数为：$P_1=4$MPa、$P_2=2$MPa、$P_3=0.4$MPa，$t_1=6$min、$t_2=3$min、$t_3=5$min、$T=170$℃（设为 A）。根据表 3 的方差分析结果，从缩短热压周期及第三阶段排汽顺畅的角度出发，将热压工艺参数调整为 $P_1=4$MPa、$P_2=2$MPa、$P_3=0.3$MPa、$t_1=6$min、$t_2=1$min、$t_3=3$min、$T=170$℃（设为 B）。

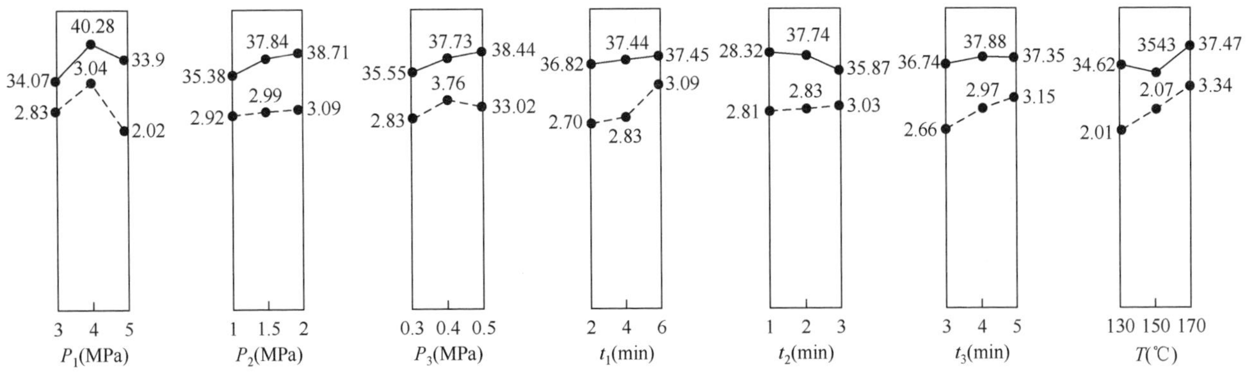

图 3　各因素与板的弹性模量及综合指标的关系

——弹性模量　- - - 综合评分

表 3　综合指标的方差分析

方差来源	平方和 *ss*	自由度 *f*	均方 *MS*	均方比 *F*	显著性
P_1	2.04	2	1.020	7.91	**
P_2	0.10	2	0.050		
P_3	0.29	2	0.145		
t_1	1.24	2	0.620	4.81	*
t_2	0.01	2	0.005		
t_3	0.25	2	0.125		
T	1.33	2	0.665	5.16	*
e	0.77	3	0.257		
e'	1.42	11	0.129		
总和	6.03	17			

注：$F_{0.01}$（2, 11）= 7.21, $F_{0.05}$（2, 11）= 3.98。

2.3　补充试验

根据以上分析结果得出两个较好的热压工艺 A、B，通过补充的验证试验以确定最佳工艺。补充试验结果见表 4。

表 4　补充试验结果

工艺	MOE/MPa	MOR/MPa	*IB*/MPa
A	4268	38.2	1.69
B	4293	36.3	1.62

注：表中数据为两次试验六个试件的平均值。

表中数据说明，运用优选出来的热压工艺及按方差分析结果调整后的热压工艺所压制的竹材刨花板都具有很好的静曲强度、弹性模量及平面抗拉强度，且两种不同工艺所压制的板材，其性能指标差异不大。因此选择 B 工艺，即：$P_1 = 4$MPa、$P_2 = 2$MPa、$P_3 = 0.3$MPa、$t_1 = 6$min、$t_2 = 1$min、$t_3 = 3$min、$T = 170$℃作为最佳热压工艺，这样既保证了竹材刨花板的力学性能又可缩短热压周期，提高生产率。

3　结　　论

（1）根据竹材特性制定的热压工艺曲线可压制出力学性能相当优越的竹材刨花板。

（2）在竹材刨花板密度及施胶量一定的前提下，热压曲线中的第一阶段压力对板的力学性能影响高度显著，热压温度及第一阶段时间对板的力学性能影响较显著。

（3）最佳热压工艺为 $P_1 = 4$MPa、$P_2 = 2$MPa、$P_3 = 0.3$MPa、$t_1 = 6$min、$t_2 = 1$min、$t_3 = 3$min、$T = 170$℃。

参 考 文 献

[1] 王庆琳. 杂竹碎料板生产技术与发展前景. 四川木材工业通讯，1988，(2)：13-16.

[2] 张齐生. 竹材复合板的研究. 林产工业，1990，(1)：1-7.

[3] 张齐生. 中国竹材工业化利用. 北京：中国林业出版社，1995.

竹材碎料复合板的中间试验

张齐生　张晓东　王建和　黄河浪　陈国仁

摘　要

本试验对竹碎料复合板的芯层采用三种不同施胶量进行了对比，结果表明：采用10%的施胶量有利于降低生产成本，复合板的物理力学性能也符合结构材的使用要求。经汽车制造和建筑专家检测认为，此种产品做水泥模板和卡车车厢旁板等有广泛应用前景。

Abstract

In the intermediate test of bamboo composite plywood three different glue dosages were used in core furnish for comparison. The results show composite panels with 10% glue dose in core meet the require mechanical and physical properties for structural uses. The product has a wide application prospect as shuttering and side board of truck boxes.

竹材碎料复合板是以竹片为面、背板，以竹碎料为芯层材料一次热压胶合而成。根据使用要求，还可将木单板和竹片、竹碎料一起组坯热压胶合而成单板覆面竹碎料复合板。在通过实验室研究获得最佳的工艺条件之后，最近我们又采用了三种不同的施胶量，结合现有工厂的条件进行了中间试验，并系统地测试了各项物理力学性质，为今后工业化生产和应用奠定了良好的基础。

1　试验与设计

1.1　试验材料与设备

（1）面、背板：采用生产竹材胶合板用的经干燥、齐边后的竹片，厚度3.5mm，含水率＜8%；

（2）芯层材料：采用竹纤维板生产用的竹碎料，由杂竹经辊压、切断、粉碎、干燥、筛选后制成，长约15mm，直径约1.2mm（30根平均值），含水率＜6%；

（3）胶黏剂：采用212B型水溶性酚醛树脂，固体含量为52%；

（4）热压机：3′×7′的10层热压机；

（5）复合板规格：2100mm×1000mm×20mm。

1.2　试验设计

（1）产品结构：单板（1.2mm）+竹片（3.5mm）+竹碎料+竹片（3.5mm）+单板（1.2mm），竹片双面涂胶，施胶量为350～400g/m^2。碎料施胶量分别为8%、10%、12%，生产时未加石蜡。

（2）热压工艺：温度140℃，时间1.1min/mm（产品厚度），要求的密度（名义密度）为0.90g/cm^3，生产时采用厚度规（$20^{-0.5}_{-0.6}$ mm）控制产品厚度。

（3）试件制作：参照《竹材胶合板行业标准》中有关规定。

（4）测试指标：①物理性能有密度、含水率、吸水率、24h吸水厚度膨胀率；②力学性能则分别测试常态、冷水浸泡24h和沸水3h三种状态下的纵向静曲强度（$MOR_{\perp}$）、横向静曲强度（$MOR_{\parallel}$）、纵向弹性模量（$MOE_{\perp}$）、横向弹性模量（$MOE_{\parallel}$）及平面抗拉强度（IB）。

本文原载《林产工业》1990年第6期第12-15页。

2　结果与分析

经测试施胶量分别为 8%、10%和 12%三种工艺条件下制得的板子，其物理性能和力学性能指标变化见表 1 和表 2。

表 1　竹材碎料复合板的物理性能

施胶量	厚度/mm		密度/(g/cm³)	含水率/%	冷水浸泡 48h 后的吸水率/%	冷水浸泡 24h 后的厚度膨胀率/%	备注
	名义	实际					
8%	20	19.3	0.887	8.6	23	5.20	冷水浸泡 24h 后已出现分层现象
10%	30	21.1	0.935	8.2	16.8	2.30	*
12%	20	22.7	0.924	10.1	19.2	2.83	*

注：*由于计算竹碎料用量时未计算 1.2mm 厚度板的重量，因此实际密度比名义密度大，实际厚度也比名义厚度大，厚度规未起作用。

表 2　三种不同工艺条件及三种不同状态下竹材碎料复合板力学性能指标变化　（单位：N/mm²）

指标	施胶量为 8%			施胶量为 10%			施胶量为 13%		
	Ⅰ	Ⅱ	Ⅲ	Ⅰ	Ⅱ	Ⅲ	Ⅰ	Ⅱ	Ⅲ
	常态值	下降	下降	常态值	下降	下降	常态值	下降	下降
MOR⊥	90.9	19.60%	52.10%	115.4	6.30%	11.40%	113.8	9.60%	27.30%
MOR∥	43.2	1.60%	6.30%	42.2	13.30%	19.40%	41.8	30.10%	32.80%
MOE⊥	5914	27.00%	52.40%	5289	5.20%	31.50%	5170	35.10%	41.50%
MOE∥	4050	35.20%	36.40%	4152	39.30%	39.20%	4363	38.20%	50.20%
IB*	＞2.30	75.70%	79.60%	＞2.51	31.50%	69.70%	＞2.43	21.80%	60.90%
平均下降	—	31.80%	45.40%	—	19.10%	34.20%	—	23.00%	42.50%
备注	Ⅰ：代表常态；Ⅱ：代表 24h 冷水浸泡；Ⅲ：代表沸水蒸煮 3h（指标值以常态为基准进行比较）								

注：IB 测试前剔除了上下单板层。测试结果表明，绝大部分试件破坏发生在竹片与铁块间的热熔胶胶层（少部分为竹片与碎料界面破坏），故不能真正反映竹材碎料复合板内部的胶结强度，上表仅提供一个下限值，供参考。

本次试验，由于施胶条件较原来的实验室手工喷胶和拌胶有较大改善，并考虑到竹材结构致密，吸收胶黏剂的量较少，竹碎料的施胶量可以比木碎料少一些，因此采用三种施胶量进行对比，以求获得较经济的工艺条件和符合使用要求的物理力学性能（由于设备故障，未能在喷胶的同时施加石蜡，在一定程度上影响了试验的准确性）。从上述测试结果可以看出：

第一种工艺条件（施胶量 8%）在常态上 MOR 虽较接近后两种工艺条件下的指标值，但在 24h 冷水浸泡后强度下降很大，尽管施胶量最低，较为经济，但由厚度膨胀率指标可看出，产品使用时变形也将会很大，不符合要求。第二种工艺条件（施胶量 10%）和第三种工艺条件（施胶量 12%）比较，由于生产时厚度控制未达到理想状况，致使密度也出现差异（厚度 $h_2=21.1\text{mm}<h_3=22.7\text{mm}$，而密度 $Y_2=0.935\text{g/cm}^3>Y_3=0.924\text{g/cm}^3$）。先假设其他条件相同，在相同厚度下进行比较，即有

理论值：$$\frac{\text{MOR}_2}{\text{MOR}_3}=\left(\frac{h_3}{h_2}\right)^2=\left(\frac{22.7}{21.1}\right)^2=1.16$$

实测值：$$\frac{\text{MOR}_{\perp 2}}{\text{MOR}_{\perp 3}}=\frac{115.4}{113.8}=1.014<1.16$$

$$\frac{\text{MOR}_{\parallel 2}}{\text{MOR}_{\parallel 3}}=\frac{42.2}{41.8}=1.010<1.16$$

因此从 $\text{MOR}_{\perp}$、$\text{MOR}_{\parallel}$ 两指标分析，施胶量 12%优于施胶量 10%，若再考虑密度因素，结论也是如此，但相差不甚明显。就厚度膨胀、平面抗拉、吸水率等指标而言，第二种工艺条件略优，经 24h 冷水浸泡后各项主要力学性质指标平均下降值也要低于第三种工艺条件，同时施胶量下降了 2%，较为经济。上述分析还说明施胶量和密度间存在较为明显的交互作用。

综上所述，在实际生产时施胶量10%或12%都是适用的，但为了节约胶耗量，降低生产成本，可考虑在一定密度下（如≥$0.935g/cm^3$）选择10%的施胶量进行生产。

3 竹材碎料复合板的主要物料消耗

根据实测和计算，每$1m^3$产品规格为2100mm×900mm×20mm、密度为$0.90g/cm^3$的复合板各种物料的消耗如下（锯边加工余量：长度方向100mm，宽度方向60mm）：

3.1 竹材碎料复合板（未经单板覆面）

（1）竹片（厚度3.5mm、含水率≤8%、密度$0.75g/cm^3$）：$0.391m^3$（293.4kg）；

（2）竹碎料（含水率≤6%）：605.5kg；

（3）胶黏剂［水溶性酚醛树脂固体含量52%，竹碎料施胶量10%，竹片单面涂胶量$200g/m^2$（液态）]；竹碎料耗胶量110kg，竹片单面涂胶量22.4kg，共计耗胶132.4kg；

（4）煤耗：约700kg；

（5）电耗：约350度。

3.2 单板覆面竹材碎料复合板

（1）木单板（厚度1.2mm、阔叶材、含水率≤8%，密度$0.6g/cm^3$）；$0.134m^3$（80kg）；

（2）竹片（厚度3.5mm、含水率≤8%、密度$0.75g/cm^3$）：$0.391m^3$（293.4kg）；

（3）竹碎料（含水率≤6%）：531.5kg，

（4）胶黏剂［水溶性酚醛树脂固体含量52%，竹碎料施胶量10%，竹片双面涂胶量$400g/m^2$（液态）]：竹碎料耗胶量96.60kg，竹片双面涂胶量44.70kg，共计耗胶141.30kg；

（5）煤耗：约800kg；

（6）电耗：约400度。

4 结　束　语

竹材碎料复合板的外观形态与竹材胶合板或木材胶合板相近。由于它融合了竹材胶合板和竹材碎料板的两种工艺，因而物理力学性能优于竹材碎料板，力学性能也优于木材胶合板，接近竹材胶合板。从实验室的试验研究和这次扩大的中间试验，可以得出以下的初步结论：

（1）中间试验的工艺条件是可行的，采用10%的施胶量，有利于降低生产成本，其物理力学性能也能符合结构材的使用要求，今后生产中若再施加1%的石蜡，还可进一步降低湿胀率，提高湿强度。

（2）竹片进行单面或双面涂胶（视产品结构而异），极大地提高了复合板的平面抗拉强度，测试试件大部分是在竹片与铁块间的热熔性胶胶合面上发生破坏，而竹片与碎料的胶合面结合强度很高（大于表2中给出的IB值）这一特性对结构材是十分重要的。

（3）在现有的竹材胶合板和竹材碎料板的工艺和设备的基础上，经过改进、提高和创新，工业化生产竹材碎料复合板是可望实现的。

（4）竹材碎料复合板可以利用竹材胶合板生产中的加工剩余物，也可利用丰富的小杂竹资源，且建厂投资较少。在竹材胶合板厂建设年产1000多立方米的生产车间，只需投资100多万元，并可实现毛竹资源的综合利用。

（5）中间试验的产品经汽车制造厂和建筑方面的有关专家检测，认为符合结构材的使用要求，在水泥模板、卡车车厢旁板等方面均有广泛的应用前景。

（6）根据现有的生产工艺和物料消耗及参照竹材胶合板的价格对复合板的经济效益进行评估，认为生产上是可行的。

增强型覆膜竹刨花板模板的研制开发

张晓东　朱一辛　张齐生

（南京林业大学竹材工程研究中心　南京　210037）

摘　　要

介绍了增强型覆膜竹刨花板模板的生产工艺，并对产品性能进行了分析。测试结果表明，增强型覆膜竹刨花板模板的物理力学性能优于普通覆膜竹刨花板，增强效果明显，完全可以满足清水混凝土的施工要求。

关键词：覆膜竹刨花板；增强型；模板；生产工艺

随着我国经济的高速发展，基础设施投资力度加大，建筑业对模板的需求量进一步扩大。目前我国建筑业使用的模板除钢模板外其他均为木材及竹材胶合板模板，以竹材胶合板为基材加工成的覆膜竹胶合板模板具有优良的物理力学性能及表面质量，是一些大型清水混凝土施工工程的首选模板材料。但由于它所使用的原料都是大径级的优质毛竹，且原料的加工利用率较低，造成其生产成本高，从而也导致了施工成本的提高。鉴于上述情况，研究开发一种使用功能与覆膜竹胶合板相同，但价格相对较低廉的模板产品有着十分重要的意义。

竹材刨花板是一种既利用竹材的原有特性又大幅度提高竹材加工利用率，同时对原材料（竹加工剩余物，小径竹均可利用）要求不严格的产品。因此以它作为基材经覆膜加工后的产品预想是可以满足施工要求的。然而在实际的应用中所得出的结论并非如此。由于加工方式的不同，竹材刨花板经覆膜以后制成的覆膜竹刨花板模板，虽然在表面性能上可与覆膜竹胶合板模板相同，但在弹性模量、静曲强度以及冲击韧性性能、重复使用次数等方面远不及竹胶合板，满足不了用户的使用要求，这样研制增强型的覆膜竹刨花板模板的构想也随之形成。

1　产品结构设计

1.1　增强材料的选择

选择增强材料应符合以下基本要求：①强度大，刚性较好；②适应竹刨花生产工艺并可用一般的酚醛树脂胶进行胶合；③市场供应量充足且价格低廉；④自身重量较轻。根据这些要求，在钢材、玻璃纤维及竹材中选择了竹材制成的竹篾条作为增强材料是较适宜的。

1.2　产品结构

在竹刨花板中加增强材料的方式有两种：①将增强材料加在竹刨花板的中间；②将增强材料加在竹刨花板的两表面。将增强材料加于竹刨花板的两表面，虽然从力学的角度来说增强的效果应比放在竹刨花板的中间要好，但由于表面的竹篾增强层很难处理得非常平整，覆膜后将直接影响板表面的平整程度，产品表面质量难以保证。将增强材料置于中间，这样板的两表面就仍由较细的竹刨花构成，其表面质量等同于覆膜竹刨花板，强度、刚度也有提高。因此，选择将增强材料置于竹刨花板的中间是适宜的。

本文原载《林业科技开发》2001 年第 3 期第 31-33 页。

2 生产工艺

2.1 工艺流程

增强型覆膜竹刨花板生产工艺流程以竹刨花板生产工艺为基础进行局部调整，在其中加入增强材料的工艺过程，并使之相互协调。图1为生产工艺流程示意图。

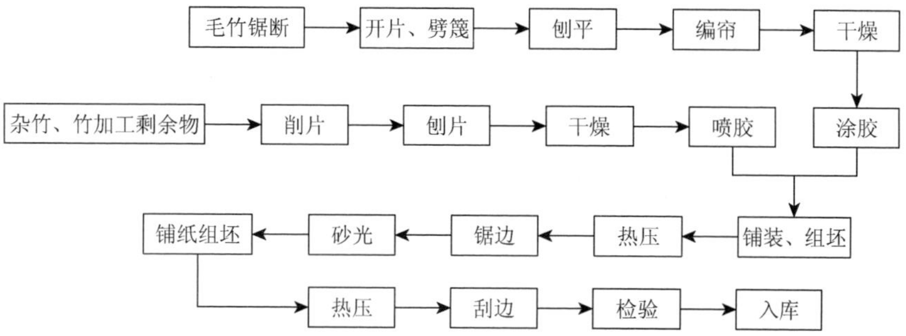

图1 增强型竹刨花板模板生产工艺流程示意图

2.2 工艺条件及要求

2.2.1 备料

采用鼓式削片机对竹质原料及竹加工剩余物进行削片加工以保证原料具有一定的长度；然后再用环式刨片机进行刨片加工，这样就可使竹刨花原料具有符合工艺要求的长、宽度及厚度的尺寸。刨花要求尺寸为长25mm、宽3～8mm、厚0.4～0.6mm。

竹篾可采用截断锯、剖竹机、剖篾机、压刨等设备进行加工，以保证所要求的工艺尺寸。一般的截断锯用于定长，剖竹机用于基本定宽，而剖篾机及压刨用以定厚。工艺要求竹篾长为产品公称尺寸加裁边余量50mm，宽为10～20mm，厚度为3～4mm。最后用编帘机或手工方式将这些竹篾编成一定规格的竹帘备用。

表面的胶膜纸覆膜层可根据不同的使用要求选用硫酸盐木浆纸及钛白纸或两者同时使用，原则上硫酸盐木浆纸浸渍酚醛树脂，钛白纸浸渍三聚氰胺树脂。浸渍应用立式浸胶干燥机进行。浸胶量应控制在80%～100%，干燥后挥发分含量应控制为8%～12%。

2.2.2 干燥、分选

可采用转子式干燥机对竹刨花进行干燥。由于竹刨花板的特殊性，干燥后的竹刨花可不进行分选而直接进行拌胶。干燥后竹刨花的含水率应控制在4%～6%。

竹帘的干燥使用普通网带式干燥机，干燥的终含水率控制在4%～6%，并通过检验将不符合工艺要求的竹帘选出以保证终产品的质量。

2.2.3 调胶施胶

竹刨花采用周期式的拌胶方式，即将计量好的竹刨花放入辊筒式拌胶机中，而后将胶黏剂均匀地喷入辊筒式拌胶机中搅拌均匀后由皮带运输机送入铺装机。采用周期式拌胶方式是为了尽可能地减少粗、细竹刨花同时拌胶所引起的细竹刨花与粗竹刨花间施胶量的差异，而如果采用连续式的环式拌胶机时，这个差异是较大的。

作为芯层增强材料的竹帘采用涂胶的方式进行施胶，这样施胶量易于控制。

2.2.4　铺装及热压

铺装工序是整个增强型竹刨花板的最重要的工序，也是能够生产出优质增强型竹刨花板的关键所在。这是因为，一方面在铺装过程中要保证施胶竹刨花均匀地铺于板坯的上、下两表面，同时能顺利地将芯层的增强材料加入；另一方面，又要保证整个板坯在结构上的均匀一致。为此，专门研制了一台组合式的机械式铺装机，用以满足特殊结构的工艺要求。该机采用两个铺装头，分别进行竹刨花板的上下两表层的竹刨花铺装，两铺装头间有一个过渡段，用来加入中间芯层的增强材料。

由于增强型竹刨花板具有较特殊的结构，因而在热压时应采用如图 2 所示的特殊的热压曲线。采用分段升压及分段降压的曲线主要是使板坯内的水分能够较顺畅地排出，以保证产品质量，避免鼓泡分层现象的产生。

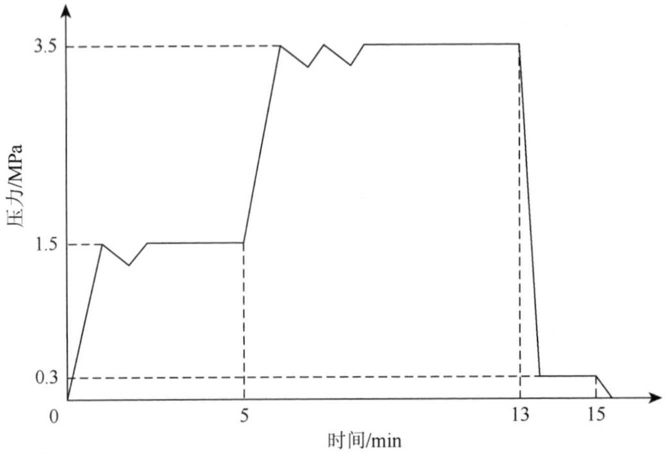

图 2　竹刨花复合板热压工艺曲线

3　产品性能测试及比较

对按上述工艺制成的增强型覆膜竹刨花板进行物理力学性能测试并与普通覆膜竹刨花板进行比较之数据见表 1。

表 1　增强型覆膜竹刨花板与普通覆膜竹刨花板性能比较

产品	密度/(g/cm^3)	含水率/%	MOR$_{\parallel}$/MPa	MOR$_{\perp}$/MPa	MOE$_{\parallel}$/MPa	MOE$_{\perp}$/MPa	TS/%
普通覆膜竹刨花板	1.00	6.4	37.4	35.2	3980.4	4000.8	3.8
增强型覆膜竹刨花板	0.94	5.8	50.7	34.8	5773.8	3840.1	4.0

注：表中数据均为 6 次测试 36 个试件的算术平均值。

表 1 中数据表明，经增强处理后的覆膜竹刨花板的性能均比普通覆膜竹刨花板有明显提高，说明用竹篾对普通竹刨花板进行增强处理是较理想的。

4　结　　论

（1）采用竹篾片作为增强材料，对竹刨花板进行增强处理是可行的并能够取得较好的增强效果。

（2）针对竹篾及竹刨花的特点，采用适当的工艺及设备可生产出性能优越的覆膜竹刨花板。

竹材碎料复合板模板的工艺研究

刘占胜　张齐生　张勤丽

摘　　要

采用二次正交回归设计试验，研究了一种在芯层粗碎料及表层细碎料间各放置一层竹席，热压后再经MF浸渍纸覆膜而成的新型结构板材。这种板子既提高了竹材利用率，改进了单纯竹碎料板较低的力学性能，又有平整、光滑的表面质量。它充分发挥了竹席和竹碎料各自的特性，综合性能良好，各项指标高于混凝土模板的标准要求。最终产品可用作清水混凝土模板。

关键词：竹席；竹碎料；复合板；混凝土模板

Abstract

A new kind of structural board was made by assembling (laying a piece of bamboo mat between core layer consisted of large bamboo particle and surface layer consisted of small bamboo particle), hot-pressing and overlaying MF-impregnated paper. Also, technological parameters for preparing the board were investigated with quadratic orthogonal regression design. Advantage of the technology a m. is to make full use of character of bamboo mat and bamboo particle, and to raise the rate of bamboo utilization. The board produced has both smooth, even surface and good comprehensive properties which exceed the reqirements specified in standard for concrete shuttering. And the board is suitable for clean concrete formwork.

Keywords: Bamboo mat; Bamboo particle; Composite board; Concrete shuttering

竹材模板具有强度大、重量轻、幅面大、收缩率及吸湿膨胀率低、不会生锈、能防潮、易清洗脱模、使用周期长（使用次数可达 50 次以上）、成本低等特点。每立方米竹材模板可以代替木材约 17m^3、钢材约 5t，节约混凝土浇注成本 15%左右[1, 2]。本文研究了一种在竹碎料板的粗细碎料层之间加放一层竹席的竹材碎料复合板的生产工艺。这种复合板不仅可以利用竹材加工剩余物，提高竹材的利用率，而且具备了竹材胶合板强度高的优点。又因其表面为细碎料，非常平整，可进行二次加工，经覆膜后可制成清水混凝土模板。

1　材料和方法

1.1　试验板结构

试验所研究的竹材碎料复合板是在竹材碎料板芯部的粗碎料和两边的细碎料之间各加放一层竹席。板厚 15mm，板幅面尺寸 400mm×350mm。

根据复合材料力学原理，如果将两层竹席置于最外层，板子将会获得最好的力学性能。但产品最终用途是作为清水混凝土模板使用，所以将细碎料置于板坯的最外层，这样覆膜后，可以获得较好的表面质量，以达到清水混凝土施工的要求。

1.2　材料

竹席手工编织，篾厚 0.8mm，篾宽 15～20mm，含水率（烘干后）8%～10%，表面平整均匀，无霉变，

本文原载《林产工业》2001 年第 3 期第 13-15 页。

编织紧密。经统计，浸胶前每张竹席平均质量200g，在正式试验中，作为计算碎料重量的依据。竹席采用浸胶，浸胶量为12%，浸胶后干燥至含水率为12%～14%。

竹碎料由小杂竹、毛竹采伐和加工剩余物加工而成。粗碎料为针棒状，长10～25mm，0.5～3.0mm，厚0.2～1.0mm。细碎料采用40网目筛子筛下，所含0.4～0.5mm长细纤维占60%以上。含水率4%～6%。

胶黏剂为酚醛树脂胶，pH 10～12，黏度700mPa·s，固体含量52%，游离酚含量＜2.5%，可被溴化物＞12%，水混合性＞30倍。

浸渍纸规格为100g/m^{2}的牛皮纸，浸胶量（MF）100%，挥发分14%。

1.3 方法

试验将竹席的重量和竹席浸胶量作为定值，考察板密度、表层细碎料重量、碎料施胶量、热压温度、热压时间五个因子的作用。采用二次正交回归设计方法进行试验[3]，因子水平对照见表1所示。试验对象皆为素板。对试验结果进行分析处理，得出通用的回归模型，并对结构和工艺参数进行优化，模型的正误性由验证试验的结论加以证明。在正式试验之前进行预备试验，确定试验中碎料及胶黏剂的损失率，验证所选热压曲线的可行性，并进行适当的调整。

表1 因子水平编码表

因子	板密度/(g/cm^3)	表层细碎料质量/(kg/m^2)	施胶量/%	热压温度/℃	热压时间/min
编码	x_1	x_2	x_3	x_4	x_5
变化间距	0.1	1	2	14	3
上星号臂（+1.547）	0.975	6.05	14.1	165.7	19.64
上水平（+1）	0.92	5.5	13	158	18
零水平（0）	0.82	4.5	11	144	15
下水平（–1）	0.72	3.5	9	130	12
下星号臂（–1.547）	0.665	2.95	7.9	122.3	10.36

注：施胶量指表层细碎料施胶量，芯层粗碎料的施胶量以低于表层细碎料施胶量的2%计。

1.4 热压工艺曲线

竹碎料复合板的热压机理与竹碎料板、木质刨花板相似。在参考它们的热压工艺的基础上，制定本试验热压工艺曲线如图1所示。板厚由厚度规控制。

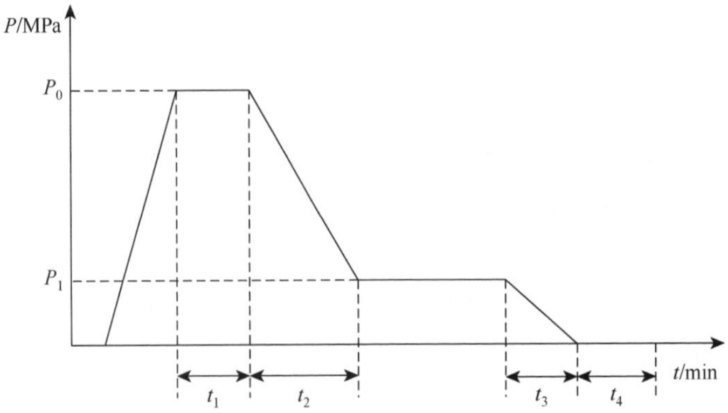

图1 热压工艺曲线

分别选取0.65g/cm^3，0.82g/cm^3，1.0g/cm^{3}的板密度进行试验，对P_0，P_1，t_1，t_2，t_3，t_4进行调整，确保压出规定厚度的试板，并使其不鼓泡，不分层，无任何缺陷。最终确定P，P_1分别为3.8MPa，0.33MPa；t_1，t_2，t_3，t_4分别为2min，3min，0.5min，0.5min。

2 结果与分析

2.1 回归分析

通过计算机程序对试验数据进行处理，得出各检测指标的回归方程。检测指标有静曲强度（MOR），弹性模量（MOE），冲击韧性（IS），内结合强度（IB）和吸水厚度膨胀率（TS）。经回归方程的显著性检验（F2 统计量），可知所有回归方程皆显著。依据回归系数的显著性检验（F1 统计量）结果，将不显著回归系数（$<F_{0.25}$）从方程中剔除，剩余的回归系数组成了各检测指标简化后的最优回归方程，如表 2 所示。

试验中，随着板密度（x_1）的增加，碎料的压缩比不断增大，板子致密程度越高，抵抗外部拉、压、剪应力的能力越强，所以板子的力学性能更好。从结果看，板密度对试板的力学性能高度显著。由表 2 可知，板密度与 MOR，IS，IB 成线性正相关，与 MOE 成凸状曲线正相关。

表 2 回归方程

指标	回归	方程显著
MOR	$y_1=36.72+8.84x_1-3.77x_2+1.36x_3$	$F_{0.05}$
MOE	$y_2=4203.93+839.61x_1-493.30x_2+206.11x_3+131.19x_4+95.56x_1x_2+130.69x_3x_5-332.85x_1^2-167.97x_3^2-112.38x_4^2$	$F_{0.01}$
IS	$y_3=21.81+2.72x_1-1.55x_2+0.86x_3-1.77x_4+0.93x_1x_2-1.34x_2^2-1.13x_3^2-1.32x_5^2$	$F_{0.05}$
IB	$y_4=1.35+0.54x_1+0.31x_3-0.11x_1x_2-0.13x_2x_3+0.16x_2x_4+0.12x_3x_5+0.16x_2^2$	$F_{0.05}$
TS	$y_5=5.30-0.87x_3+0.25x_4-0.27x_1x_3-0.22x_2x_5-0.44x_3x_5+0.26x_4x_5+0.38x_2^2+0.48x_4^2+0.40x_5^2$	$F_{0.10}$

据复合材料力学原理，当结构材表面承受外载荷作用时，其上下表面层所受的弯曲应力最大。所以随着表层细碎料数量的减少，竹席越趋于表面，板子所能承受的外力越大，即 MOR、MOE 越大。从试验结果看，表层细碎料质量（x_2）对 MOR、MOE 影响高度显著。由表 2 可知，它与 MOR、MOE 线性负相关。

施胶量（x_3）增大改善了竹碎料的塑性，使得碎料之间的接触面积增大，胶液的流展较充分，碎料之间的胶合点增多。从试验结果看，施胶量对各项指标均有较大的影响。由表 2 可知，施胶量与 MOR，IB 成线性正相关，与 TS 成线性负相关。

热压温度（x_4）的升高，热压时间（x_5）的延长都有助于树脂的固化更完全。但温度过高，时间过长，又会使树脂过度固化，降低了板子的力学性能。由表 2 可知，热压温度和时间除对 MOR 无影响之外，对于其他各项指标的影响表现出一种相对性。

2.2 工艺优化

采用最优值加权法[4]，将各分目标函数转化成一个综合目标函数如下：

$$F(x)=9.0616-0.8698x_1-0.0929x_2-2.05x_3+0.5834x_4-0.0803x_5-0.0219x_1x_2-0.5857x_1x_3+0.0216x_1x_4+0.0309x_2x_3-0.038x_2x_4-0.4565x_2x_5-1.0068x_3x_5+0.564x_4x_5+0.061x_1^2-0.8184x_2^2+0.0678x_3^2-1.0206x_4^2+0.911x_5^2$$

以编码空间作为约束条件采用复合型法进行寻优，结果见表 3。

表 3 综合指标下的最优工艺参数

	密度	表层碎料重	施胶量	热压温度	热压时间
优化结果	$x_1=1.543$	$x_2=-1.476$	$x_3=1.547$	$x_4=-0.998$	$x_5=1.543$
对应值	0.974g/cm^3	3.02kg/m^2	14.10%	130℃	19.63min

将优化结果代入各指标的回归方程，得到各项指标的预测值，列于表 4 中。

2.3　验证试验

用优化工艺压制两组板，每组中一半为素板，一半以 MF 浸渍纸覆膜，检测结果见表 4。

表 4　验证试验检测结果

指标	单位	预测值	第一组板		第二组板		平均偏差率/%
			素板	覆膜板	素板	覆膜板	
MOR	MPa	58	57.5	44.3	52.9	43.6	−4.8
MOE	MPa	5203	6123	6379	5661	6354	13.2
IS	kJ/m^2	24.3	28.7	32.5	25.5	27.3	11.5
IB	MPa	4.08	3.42		3.21		−18.7
TS	%	1.76	4.4	2.3	4.6	2.4	155

注：偏差率 = (预测值−素板实测值)/预测值。

从表中看到，除 TS 外，各项指标的实测值与预测值均能够很好地吻合。TS 的偏差很大，主要是因为验证试验在测试时正值夏季，外界气温在 25～30℃。水温的升高无疑会增加测试件的 TS。

验证试验证明所得的数学模型具有良好的预报性。从表 4 看出，板子的各项性能已经超过了竹材碎料板和混凝土模板的标准。结果表明，优化工艺适合于本论文所研究结构的竹席加强竹碎料复合板，可以根据优化工艺生产出理想性能的产品。

3　结论和建议

（1）本试验结构的竹席加强竹碎料复合板的优化工艺为：板密度 $0.974g/cm^3$；表层碎料重 $3.02kg/m^2$；施胶量 14.1%；热压温度 130℃；热压时间 19.63min。

（2）浸渍纸覆膜后的板子 MOE、IS 有所加强，MOR、TS 有所减小。其各项物理力学性能指标达到了混凝土模板的标准要求，而且表面平整光滑，可以用作清水混凝土施工模板。

（3）本试验只研究了一种厚度的竹席加强竹碎料复合板，如果继续进行几种常用厚度的板的工艺研究，可以扩大它的应用面，增进市场推广性。

参 考 文 献

[1]　王国超，陈小涛. 我国混凝土模板的现状及发展趋势，建筑人造板，1994，(1)：20-28.

[2]　张保良. 我国竹胶合板工业的现状和发展前景，林产工业，1995，(6)：1-3.

[3]　茆诗松. 回归分析及其试验设计. 2 版. 上海：华东师大出版社，1986.

[4]　崔化林. 机械优化设计方法和应用. 沈阳：东北工学院出版社，1989.

侧压竹集成材受压应力应变模型

李海涛[1,2]　张齐生[1]　吴刚[2]

（1 南京林业大学土木工程学院　南京　210037；

2 东南大学土木工程学院　南京　210096）

摘　要

为了研究侧压竹集成材的受压应力应变模型，选取根部原竹制作侧压竹集成材构件，进行试验研究与分析。采用对称放置的非接触式激光位移计来测量轴向变形，得到了连续荷载-位移关系曲线。探讨了侧压竹集成材的受压破坏机理，其破坏过程可以分为 5 个阶段，即弹性阶段、弹塑性阶段、荷载基本稳定阶段、荷载下降阶段和荷载残余阶段。侧压竹集成材的受压破坏属于延性破坏。侧压竹集成材在受压破坏过程中表现出 5 种典型的损伤形式，即胞壁层面损伤与层裂、胞壁屈曲与塌溃、微裂隙损伤区的形成与扩展、胶结界面损伤、胞壁断裂。基于试验结果与分析，给出了侧压竹集成材简化应力应变模型和精细应力应变模型，模型结果与试验数据吻合较好。

关键词：侧压；竹集成材；受压；破坏机理；应力应变模型

Abstract

In order to investigate the stress-strain model of the side pressure laminated bamboo under compression, the root parts of the original bamboo are chosen to fabricate the specimens and a series of axial compression tests are carried out. The axial displacement is measured by using the laser displacement sensor with symmetrical placement, and continuous load-displacement curves are obtained. Then, the damage mechanism of the side pressure laminated bamboo under compression is discussed. The whole failure process can be divided into five stages including the elastic stage, the elastic-plastic stage, the load basic stabilization stage, the load drop stage and the load remnant stage. The failure of the side pressure laminated bamboo under compression is ductile failure. During the failure process, five typical damage forms appear, including the cell wall damage and spallation, the cell wall buckling and collapse, micro-crack damage zone formation and extension, the glue interface damage, and the cell wall fracture. Based on the test results and analysis, a simplified stress strain model and a fine stress-strain model are proposed, whose results are in good agreement with the test data.

Keywords: Side pressure; Laminated bamboo; Compression; Damage mechanism; Stress-strain model

竹集成材是将速生、短周期的竹材加工成定宽、定厚的竹片，然后进行干燥处理使得含水率达到 8%～12%，再通过胶黏剂将竹片同方向胶合成任意长度、任意截面的型材（通常为矩形截面或方形截面）[1, 2]。这种型材强度高，能满足多层建筑结构对材料物理力学性能的需求，可大规模应用于建筑结构的梁和柱，解决了一般多层木结构建筑需要大径级天然木材的技术难题。竹集成材已被广泛应用于建筑模板、车厢底板、地板、家具等产品中，作为建筑材料的应用则刚刚起步。国内外学者[1-14]对竹集成材的制造、加工及基本力学性能展开了初步研究。但由于大量基础理论问题尚未解决，目前还未见结构用竹集成材的材性标准，更没有专门针对竹集成材建筑构件的设计规范或标准。此外，竹集成材的本构模型研究也鲜见报道。

根据不同生产工艺，竹集成材可分为侧压竹集成材、平压竹集成材和平侧相间竹集成材。平压竹集成

本文原载《东南大学学报（自然科学版）》2015 年第 6 期第 1130-1134 页。

材和平侧相间竹集成材强度相对较低，多应用在板材构件中；侧压竹集成材的力学性能较好，可应用于各种结构构件中。本文对侧压竹集成材的受压破坏机理与受压应力应变模型展开了详细研究。

1 试　　验

1.1 试件设计与制作

试件采用的毛竹产自江西靖安。为了保证试件材性的稳定，统一选取根部原竹制作竹集成材试件，采用的胶黏剂为酚醛胶。制作工艺参考文献[2]，试件截面形式见图 1（a）。共设计 16 个侧压竹集成材受压试件，试件截面宽度和高度均为 100mm，长度为 300mm。实测的竹集成材含水率为 7.89%，密度为 635kg/m^3。

(a) 试件截面

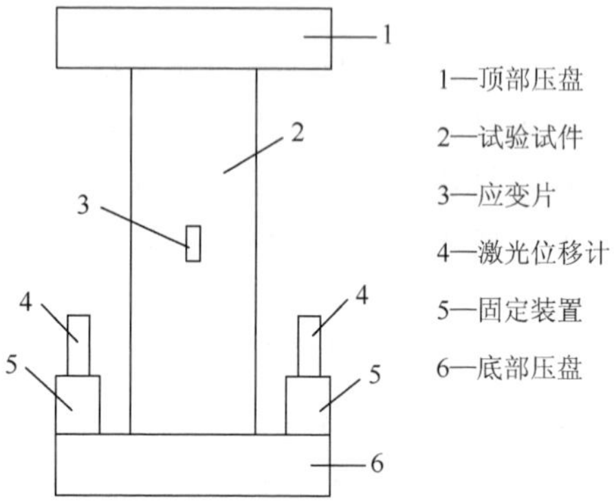

(b) 试验示意图

图 1　试件截面及试验示意图

1.2 加载制度

试验示意图见图 1（b）。依据《木结构试验方法标准》[15]设计加载制度。试验采用连续加载方式[15]。加载初期采用荷载控制，当荷载达到极限荷载的 80%左右时改为位移控制。试验采用的加载仪器为 200t 电液伺服万能试验机。所有试验在南京林业大学土木工程试验中心结构试验室完成。

1.3 测点布置

试件 4 个面的中间位置均贴有应变片（图 1（b）），用以测试 4 个面中间点的应变变化。本次试验采用 2 个对称放置的非接触式激光位移传感器来测试试件的轴向变形。

2 试验结果与分析

2.1 试验破坏形态

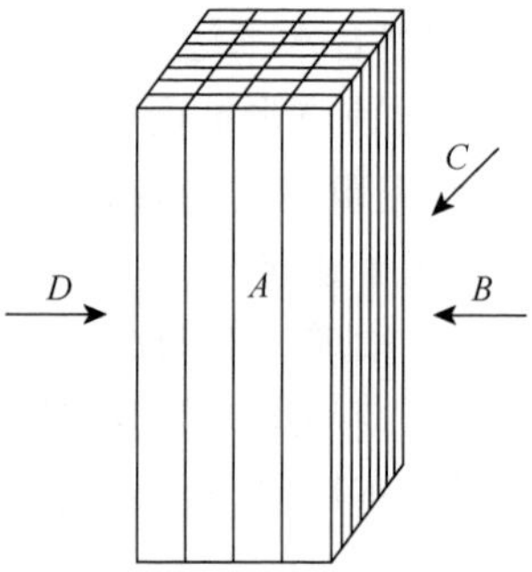

图 2　截面编号

为了便于描述试件的破坏形态，对试件 4 个面进行编号。如图 2 所示，将平行于单个竹片横截面较长边的侧面标记为 *A*，绕试件长度方向轴线逆时针旋转的侧面标记为 *B*，*C*，*D*。

试验结果及试件的最终破坏形态见表 1。由此可知，侧压竹集成材的破坏属于延性破坏，2 种典型的受压破坏过程分别对应 2 种破坏模式：①底部附近首先出现受压屈曲而导致整个试件破坏（模式 1）[1]；②顶部附近首先出现受压屈曲而导致整个试件破坏（模式 2）。其中，破坏模式 2 又可以细分为 2 种：①试件最终出现贯穿中线的主裂缝（模式 2ⓐ）；②无主裂缝，顶部周围断裂严重（模式 2ⓑ）。试件的典型破坏模式见图 3。

2.2 破坏机理分析

16个试件的荷载-位移曲线见图4，根据中间所贴的应变片测试结果得到的应力-应变曲线见图5。对比图4和图5可知，应力-应变曲线达到峰值荷载后大多试件出现迅速下降的现象，这是因为随着裂缝的扩展及变形的增大，部分应变片退出了工作。

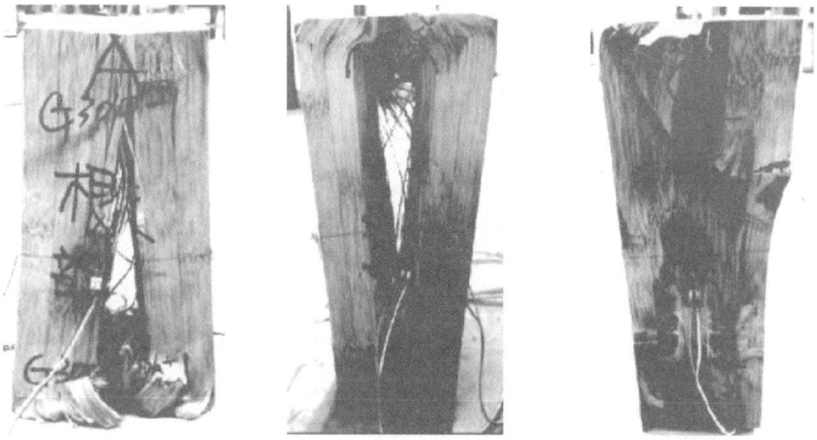

(a) 模式1　(b) 模式2ⓐ　(c) 模式2ⓑ

图3　典型破坏模式

基于显微镜观察结果，侧压竹集成材在受压破坏过程中表现出5种典型的损伤形式，即胞壁层面损伤与层裂、胞壁屈曲与塌溃、微裂隙损伤区的形成与扩展、胶结界面损伤、胞壁断裂。

表1　试件最终破坏形态

试件编号	弹性模量/GPa	抗压强度/MPa	破坏形态
G-1	8.813	58.15	试件从底部开始破坏，*A*，*C*面中间裂开，*B*，*D*面破坏不明显，*D*面底部出现微小破裂。底部端面破坏明显，顶部端面无明显破坏
G-2	8.396	58.86	试件从顶部开始破坏，*A*，*B*面中间破裂明显，*D*面左侧边缘裂开，*C*面顶部有微小破坏，且*A*，*D*面出现45°倾斜破裂。顶部端面破坏明显，底部端面无明显破坏
G-3	8.439	57.94	试件从顶部开始破坏，*A*，*C*面中间裂开，*B*，*D*面破坏不明显。顶部端面破坏明显，底部端面无明显破坏
G-4	8.509	57.30	试件从顶部开始破坏，*A*，*D*面上部破坏不明显，*B*，*C*面中间裂开，破坏明显，*C*面上部出现45°倾斜破裂。顶部端面破坏明显，底部端面无明显破坏
G-5	8.880	56.62	试件从顶部开始破坏，*A*面从上部开始破裂，*B*面左侧边缘裂开，*C*，*D*面上端破裂，且两面均出现45°倾斜裂缝。顶部端面破坏明显，底部端面无明显破坏
G-6	8.539	56.83	试件从上部开始破坏，*A*面上部破裂，且出现45°倾斜裂缝，*B*面破坏不明显，*C*，*D*面出现不同程度破裂，且*D*面上部出现45°倾斜破裂。顶部端面和底部端面破坏均明显
G-7	8.685	56.64	试件从顶部开始破坏，*A*，*C*面中间破裂，*B*，*D*面上端出现破裂，但破坏程度不大。顶部端面破坏明显，底部端面无明显破坏
G-8	8.870	61.09	试件从顶部开始破坏，*A*面上端出现45°倾斜裂缝，*B*，*C*面中间破裂，*D*面破坏不明显。顶部端面破坏明显，底部端面无明显破坏
G-9	9.055	55.47	试件从顶部附近开始破坏，*A*面上部突起，上部侧面出现横向裂痕，*C*面中部有竹丝凸起，*B*，*D*面上部中间出现竖向裂缝。顶部端面破坏明显，底部端面无明显破坏
G-10	9.240	57.28	试件从顶部附近开始破坏，*A*面上部出现竖向裂缝，*B*面上部竹片突起，*C*面上部竹片断裂，*D*面无明显现象。顶部端面破坏明显，底部端面无明显破坏
G-11	9.425	54.16	试件从顶部附近开始破坏，*A*面上部沿倾斜方向出现竖向裂缝，*B*面上部出现竖向裂缝，竹片断裂，*C*面中部侧面竹片突起，*D*面上部中间出现竖向裂缝，顶部出现45°倾斜裂缝。顶部端面破坏明显，底部端面无明显破坏
G-12	8.753	59.63	试件从顶部附近开始破坏，*A*，*C*面上部中间及侧面出现竖向裂缝，*B*面上部出现突起，顶部沿侧压方向出现横向裂缝。顶部端面破坏明显，底部端面无明显破坏
G-13	9.382	57.21	试件从底部附近开始破坏，*A*，*C*面出现竖向裂缝，*B*，*D*面下部竹片断裂，底部、顶部均出现沿侧压方向的横向裂缝。顶部端面破坏明显，顶部端面和底部端面破坏均明显

续表

试件编号	弹性模量/GPa	抗压强度/MPa	破坏形态
G-14	8.768	59.88	试件从顶部附近开始破坏，A，B，C，D 面上部均出现竖向裂缝，A 面上部竹片断裂，顶部垂直于侧压方向出现裂缝。顶部端面破坏明显，底部端面无明显破坏
G-15	8.953	62.55	试件从底部附近开始破坏，A，C 底部出现竖向裂缝，D 面中部中间出现竖向裂缝，底部沿侧压方向出现胶裂。底部端面破坏明显，顶部端面无明显破坏
G-16	8.862	63.32	试件从顶部附近开始破坏，A 面下部出现竖向裂缝，B 面下部侧面出现竖向裂缝，D 面上部中间出现竖向裂缝，顶部垂直于侧压方向出现裂缝。顶部端面和底部端面破坏均明显

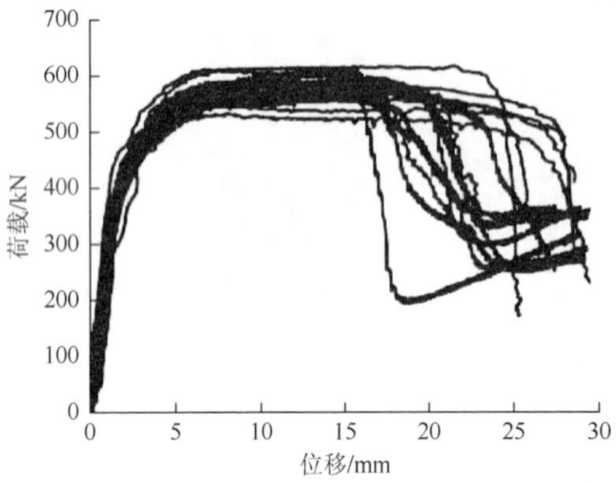

图 4　荷载-位移曲线

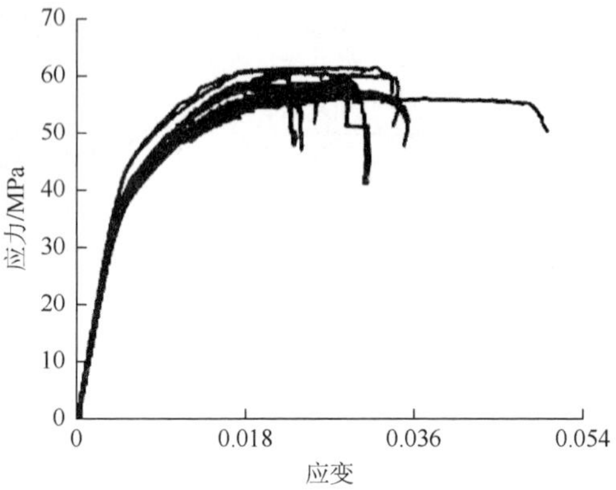

图 5　应力-应变曲线

根据图 4 和图 5，结合所有试件的破坏形态并基于显微镜观察结果，可将侧压竹集成材构件的轴心受压破坏过程分为 5 个阶段：弹性阶段、弹塑性阶段、荷载基本稳定阶段、荷载下降阶段与荷载残余阶段。后面 3 个阶段可合并作为韧性断裂阶段。

当荷载较小时，试件处于弹性阶段，应力-应变曲线的斜率保持不变。由图 5 可以看出，16 个试件弹性阶段的应力-应变曲线基本上完全重合，体现了较高的一致性。A，B，C，D 四个侧面的应变随荷载的增大均呈线性增大趋势，此时试件的纵向压缩位移也随着试件的荷载增大而线性增大，但增加较慢。无表面缺陷（裂纹）的侧压竹集成材受压试件在此阶段无损伤产生。

当荷载增加至极限荷载的 60%左右时，试件处于弹塑性阶段，竹材开始屈服，荷载-位移曲线的斜率不断减小，4 个侧面的应变变化率也逐渐变小，位移增加速度开始加快。所有试件均在弹塑性阶段结束点附近出现破坏声，但试件表面没有明显裂缝。在后半阶段，因纤维素分子链之间剪切滑行而使胞间或胞壁层间微裂隙形成、生长、串接，荷载继续增加，胞壁也同时屈曲与塌溃，直至接近极限荷载，伴随首批纤维束间的劈裂及胞壁的断裂，试件进入韧性断裂阶段。

弹塑性阶段结束后，荷载增加缓慢，可以认为基本稳定不变，即试件处于荷载基本稳定阶段。4 个面的应变及轴向位移增加较快。当位移达到 10mm 左右时，试件表面逐渐出现明显裂缝。试件在后断裂期仍保持较大程度的完整性，并有继续承担一定载荷的能力。随着试件纤维的持续受压，试件微裂隙损伤区也不断扩大并积蓄能量，每次纤维束劈裂前均要吸收较大的外力功。经过荷载基本稳定阶段后，荷载开始下降，试件处于荷载下降阶段。试件侧面的应变开始减小，部分应变片因其所在位置出现裂缝而退出工作，试件裂缝逐渐增多，且变宽速度较快。当荷载下降到 300kN 左右时，试件的整体破坏情况基本稳定，试件进入荷载残余阶段，但仍能继续承担荷载，部分试件中还出现了荷载反弹的现象。

3　应力应变模型

3.1　简化应力应变模型[1]

由试验可知，长度为 300mm 的侧压竹集成材试件的强度平均值为 58.3MPa，标准偏差为 2.5MPa，具有 95%保证率的强度特征值为 54MPa；弹性模量平均值为 8.848GPa，对应的标准偏差为 311MPa。竹集成材构件的破坏通常是变形控制而非强度控制，试件的变形能力取决于刚度，而刚度又取决于试件截面尺寸和弹性模量。就设计意义而言，弹性模量特征值更有代表性。基于弹性模量的平均值和标准偏差，得到弹性模量特征值为 8.336GPa。

考虑所有的试验结果，结合所得的应力-应变曲线，可以将侧压竹集成材的应力-应变关系简化成 3 个阶段，得到三段线模型，即简化应力应变模型。该模型的初始斜率取弹性模量特征值 8.336GPa，当弹性阶段应力到达 40MPa 时，材料的弹性模量特征值下降到 1.039GPa。这表明当应变 $\varepsilon = 0.02$ 时，材料达到塑性极限应力 54MPa，而当 $\varepsilon = 0.05$ 时材料失效破坏。简化应力应变模型与试验结果见图 6（未考虑荷载下降部分）。

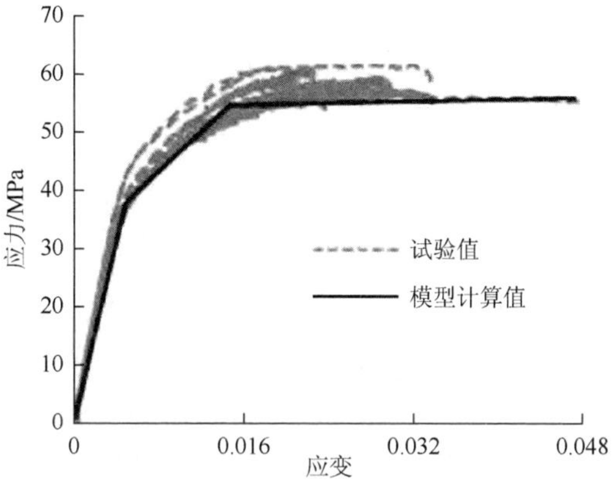

图 6 试验结果与简化应力应变模型

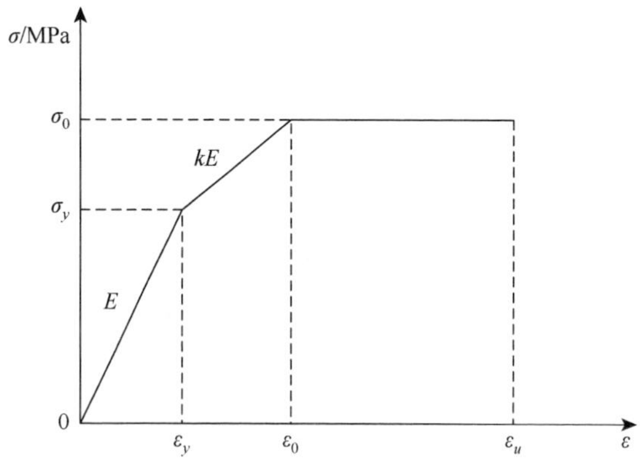

图 7 简化应力应变模型

将侧压竹集成材简化应力应变模型广义化，结果见图 7，其表达式为

$$\sigma = \begin{cases} E_{\varepsilon} & 0 \leqslant \varepsilon \leqslant \varepsilon_y \\ \sigma_y + kE(\varepsilon - \varepsilon_y) & \varepsilon_y < \varepsilon < \varepsilon_0 \\ \sigma_0 & \varepsilon_0 \leqslant \varepsilon \leqslant \varepsilon_u \end{cases} \tag{1}$$

$$k = \frac{\sigma_0 - \sigma_y}{(\varepsilon_0 - \varepsilon_y)E} \tag{2}$$

式中，σ 为侧压竹集成材应力；E 为侧压竹集成材弹性模量；ε_y 为比例极限应变；σ_y 为比例极限应力；k 为非线性阶段弹性模量系数；ε_0，σ_0 分别为峰值荷载对应的应变和应力；ε_u 为侧压竹集成材的最大极限应变。

3.2 精细应力应变模型

基于试验研究与分析，给出了更为精细的应力应变模型

$$\sigma = \begin{cases} E_{\varepsilon} & \varepsilon \leqslant \varepsilon_y \\ \sigma_0\left(7.3\dfrac{\varepsilon}{\varepsilon_0} - 21.6\left(\dfrac{\varepsilon}{\varepsilon_0}\right)^2 + 33.39\left(\dfrac{\varepsilon}{\varepsilon_0}\right)^3 - 25.28\times \right. \\ \qquad \left. \left(\dfrac{\varepsilon}{\varepsilon_0}\right)^4 + 7.4\left(\dfrac{\varepsilon}{\varepsilon_0}\right)^5 - 0.2045\right) & \varepsilon_y < \varepsilon < \varepsilon_0 \\ \alpha\sigma_0 & \varepsilon_0 \leqslant \varepsilon \leqslant \varepsilon_u \end{cases} \tag{3}$$

式中，α 为折减系数，基于所用的 16 个试件，这里取 $\alpha = 0.99$。

模型计算结果与试验结果的对比见图 8。由图可知，两者吻合较好。

4 结 论

（1）采用非接触式激光位移传感器得到了连续荷载-位移曲线图。

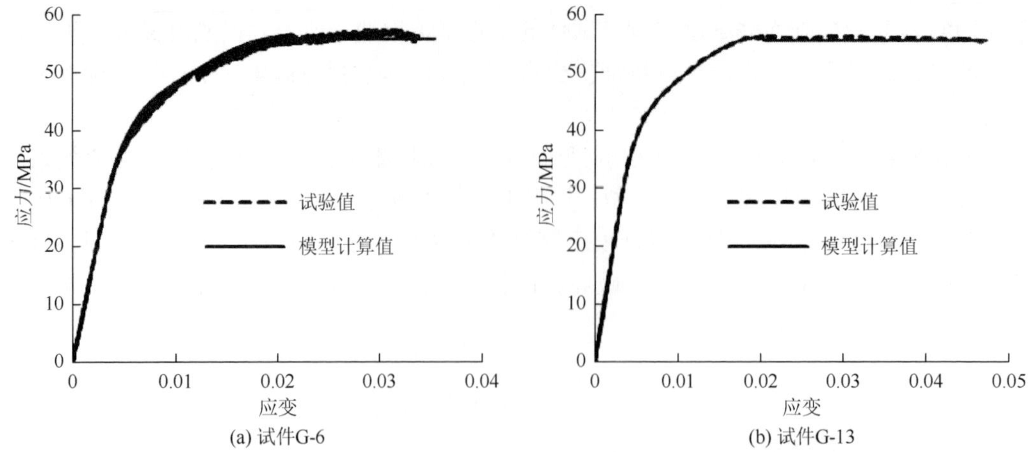

图 8　试验结果与精细应力应变模型计算结果对比

（2）侧压竹集成材构件的轴心受压破坏过程主要可以分为 5 个阶段，即弹性阶段、弹塑性阶段、荷载基本稳定阶段、荷载下降阶段和荷载残余阶段。侧压竹集成材在受压破坏过程中表现出 5 种典型的损伤形式，即胞壁层面损伤与层裂、胞壁屈曲与塌溃、微裂隙损伤区的形成与扩展、胶结界面损伤、胞壁断裂。

（3）侧压竹集成材试件的强度平均值为 58.3MPa，标准偏差为 2.5MPa，具有 95%保证率的强度特征值为 54MPa；弹性模量平均值为 8.848GPa，对应的标准偏差为 311MPa，弹性模量特征值为 8.336GPa。

（4）基于试验结果与分析，给出了侧压竹集成材简化应力应变模型和精细应力应变模型，同试验结果吻合较好。

参 考 文 献

[1] Li H，Zhang Q，Huang D. Compressive performance of laminated bamboo. Composites Part B：Engineering，2013，54：319-328.

[2] 李海涛，苏靖文，张齐生，等. 侧压竹材集成材简支梁力学性能试验研究. 建筑结构学报，2015，36（3）：121-126.

[3] Mahdavi M，Clouston P L，Arwade S R. Development of laminated bamboo lumber：review of processing，performance，and economical considerations. Journal of Materials in Civil Engineering，2011，23（7）：1036-1042.

[4] 江泽慧，常亮，王正，等. 结构用竹集成材物理力学性能研究. 木材工业，2005，19（4）：22-24，30.

[5] 苏靖文，李海涛，杨平，等. 竹材集成材方柱墩轴压力学性能. 林业科技开发，2015，29（5）：89-93.

[6] 陈国，张齐生，黄东升，等. 胶合竹木工字梁受弯性能的试验研究. 湖南大学学报（自然科学版），2015，42（5）：72-79.

[7] 苏靖文，吴繁，李海涛，等. 重组竹柱轴心受压试验研究. 中国科技论文，2015，10（1）：39-41，50.

[8] 魏洋，骆雪妮，周梦倩. 纤维增强竹梁抗弯力学性能研究. 南京林业大学学报（自然科学版），2014，38（2）：11-15.

[9] Li H，Su J，Zhang Q. Mechanical performance of laminated bamboo column under axial compression. Composites Part B：Engineering，2015，79：374-382.

[10] Yeh M C，Lin Y L. Finger joint performance of structural laminated bamboo member. Journal of Wood Science，2012，58（2）：120-127.

[11] Verma C S，Chariar V M. Development of layered laminate bamboo composite and their mechanical properties. Composites Part B：Engineering，2012，43（3）：1063-1069.

[12] Lee C H，Chung M J，Lin C H. Effects of layered structure on the physical and mechanical properties of laminated moso bamboo（*Phyllosachys edulis*）flooring. Construction and Building Materials，2012，28（1）：31-35.

[13] Sinha A，Way D，Mlasko S. Structural performance of glued laminated bamboo beams. Journal of Structural Engineering，2014，140（1）：1-8.

[14] Mahdavi M，Clouston P L，Arwade S R. A low-technology approach toward fabrication of laminated bamboo lumber. Construction and Building Materials，2012，29：257-262.

[15] 中华人民共和国标准. GB/T50329—2012 木结构试验方法标准. 北京：中国建筑工业出版社，2012.

侧压竹集成材弦向偏压试验研究

李海涛[1,2,3]　吴刚[2]　张齐生[1]　陈国[1]

（1 南京林业大学土木工程学院　南京　210037；
2 东南大学土木工程学院　南京　210096；
3 南京林业大学江苏林业资源高效加工利用协同创新中心　南京　210037）

摘　要

为了研究侧压竹集成材弦向偏压的力学性能，考虑偏心距的变化，设计 18 个长细比为 36、截面为 77mm×77mm、弦向偏压的竹集成材柱试件，进行试验研究与分析。结果表明：弦向偏压竹集成材柱的竹片接长部位或竹节部位为受拉区域的薄弱部位，其位置决定了偏压柱的破坏形式。随着偏心率的增大，*C* 面的纵向和横向极限应变绝对值呈上升趋势，而 *A* 面及两侧面 *B* 面和 *D* 面的纵向和横向极限应变绝对值呈下降趋势。对于纵向极限应变，偏心距较小试件的试验结果离散性较大；对于横向极限应变，所有试件试验结果的离散性均较大。偏心距较小时，试件的极限承载力下降较快且离散性较大；偏心距较大时，极限承载力下降较慢。弦向偏压柱试件跨中截面平均应变基本上呈现线性分布，符合平截面假定。给出了弦向偏压竹集成材柱承载力计算公式，公式计算结果与试验结果吻合良好。

关键词：竹集成材；弦向偏压；偏心率；变形

Abstract

Inorder to investigate the eccentric compression performance of side pressure laminated bamboo lumber (LBL), 18 LBL column specimens with the slenderness ratio of 36 and cross-section of 77mm×77mm were designed considering different eccentricity, and loaded under tangential eccentric compression. The test results show that the bamboo-strip connections and bamboo joints are the weak zones for the LBL columns under tangential eccentric compression, which determine the failure modes. The ultimate longitudinal and lateral strains for Face *C* increased with the increase of the eccentricity ratio, while these values for Face *A*, Face *B*, and Face *D* decreased. The discreteness for the ultimate longitudinal strain of the specimens with small eccentricity was relatively large. However, the ultimate lateral strain values for all specimens exhibited obvious discreteness. After the ultimate strength, the load-carrying capacities of the specimens with small eccentricity decreased significantly compared with those of the specimens with large eccentricity. However, the smaller eccentricity resulted in more evident discreteness of the ultimate load values. In addition, the strain was distributed linearly at the cross-section of the columns, which satisfies the plane-section assumption. Furthermore, an equation to predict the eccentricity influencing coefficient on the bearing capacity of laminated bamboo lumber columns was proposed. The predictions gave a good agreement with the test results.

Keywords: Laminated bamboo lumber; Tangential eccentric compression; Eccentricity ratio; Deformation

竹材引起越来越多学者[1-9]的关注。竹集成材[8]是将速生、短周期（通常 3～6 年）的竹材加工成定宽、定厚的竹片（去竹青、竹黄），干燥至 8%～12%的含水率，再用胶黏剂将竹片胶合而成的型材。

李海涛等[8]、Wei 等[9]、Sinha 等[10]、Douglas 等[11]均对竹集成材梁的力学性能开展了研究。Luna 等[12]研究了长细比对竹（瓜多竹）集成材实心和空心方柱力学性能的影响，但实心柱截面尺寸只有 50mm，空

本文原载《湖南大学学报（自然科学版）》2016 年第 43 卷第 5 期第 90-96 页。

心柱截面尺寸为 100mm。李海涛等[13-15]研究了由不同原竹部位制作的短柱轴心受压力学性能，还考虑长细比因素的影响，探讨了竹集成材柱轴压破坏机理。苏靖文等[16]探讨了竹集成材方柱墩的轴心受压各向力学性能。李海涛等[17]考虑偏心距的影响，初步探讨了重组竹柱的偏压力学性能。整体上讲，国内外学者对竹集成材柱力学性能的研究较少，对其偏心受压力学性能的研究更少。由于竹材或木材的抗剪性能较差，对其展开偏压力学性能试验的装置较复杂，这是该领域研究较少的一个原因。实际工程中的柱常是偏心受压，并且制作或施工工艺误差等原因也会造成一定的偏心。在此背景下，本文对侧压竹集成材方柱弦向偏压的破坏机理展开了试验研究。

1　试验情况

1.1　试件设计与制作

选用的毛竹产自江西靖安。为保证材性的稳定，统一选取根部原竹制作竹集成材试件，采用的胶黏剂为酚醛胶，竹片截面尺寸为 8mm×21mm，排列方式见图 1（a）。单个竹片的长度方向采用了机械连接，见图 1(b)。竹集成材的实测含水率为 7.6%；密度为 635kg/m^3；抗压强度为 58.68MPa；弹性模量为 9643MPa；极限荷载对应的极限压应变为 0.05；泊松比为 0.338。

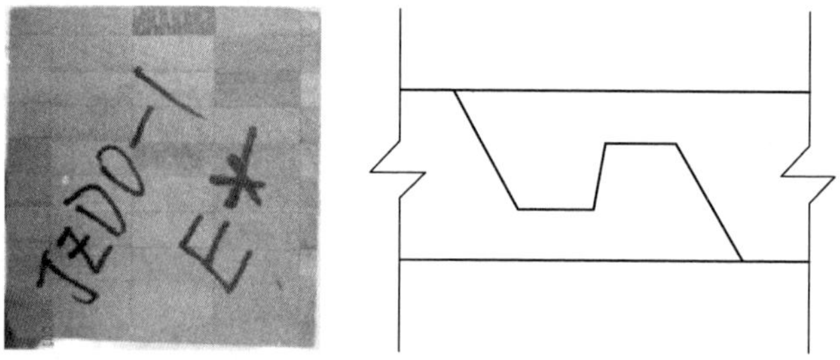

(a) 试件截面　　(b) 机械连接

图 1　竹集成材

考虑偏心距的影响，设计 6 组长细比为 36 的试件，每组 3 个，共 18 根；其中一组为轴心受压试件；其余组对应的偏心距 e_0 分别为 25mm，40mm，55mm，70mm 和 85mm，试件截面宽度 b 和高度 h 均为 77mm，长度 L 均为 800mm。试验设计偏心方向示意图见图 2（a），为弦向偏心。竹条矩形断面长向沿 x 轴方向。正对读者的面标为“A”，右侧面为“B”，左侧面为“D”，背面为“C”。

1.2　试验加载制度

依据 GB/T50329—2012[18]进行加载制度设计和试验。试验示意图见图 2（b）。采用的加载仪器为新三

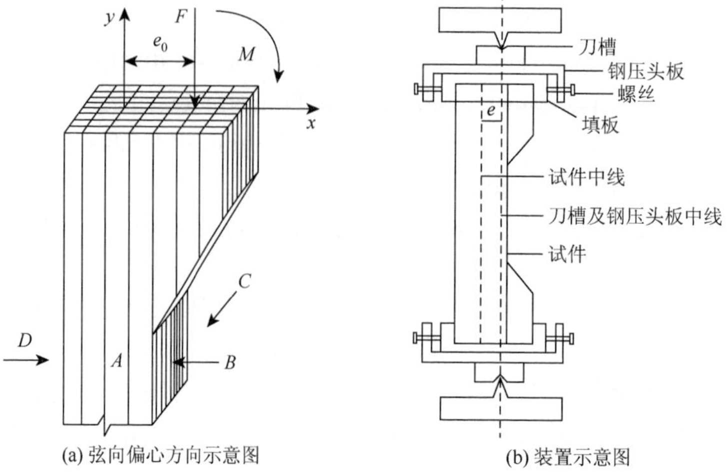

(a) 弦向偏心方向示意图　　(b) 装置示意图

图 2　试验示意图

思 100t 电液伺服长柱试验机。试件加载初期采用荷载控制，荷载达到极限荷载 80%左右，改为位移控制。试验从加载到破坏所用时间控制在 5～10min。试验在南京林业大学结构实验室完成。

1.3 测定布置

测量内容包括：柱中部、横向和纵向应变、沿柱高度三分点的侧向挠度及竖向荷载等。试件跨中侧面均贴有横向和竖向应变片，试件 *B* 面、*C* 面、*D* 面均布置一个横向应变片和一个纵向应变片；*A* 面除布置一个横向应变片外，沿侧面高度粘贴 5 个竖向应变片，测试柱跨中沿截面高度方向的应变变化，应变片布置方式见图 3。在试件 *D* 面侧向位置对应三分点共布置 3 个激光位移传感器（LDS，Keyence 牌，型号为 IL-300），测试侧向变形，另布置 2 个激光位移传感器测试轴向变形。

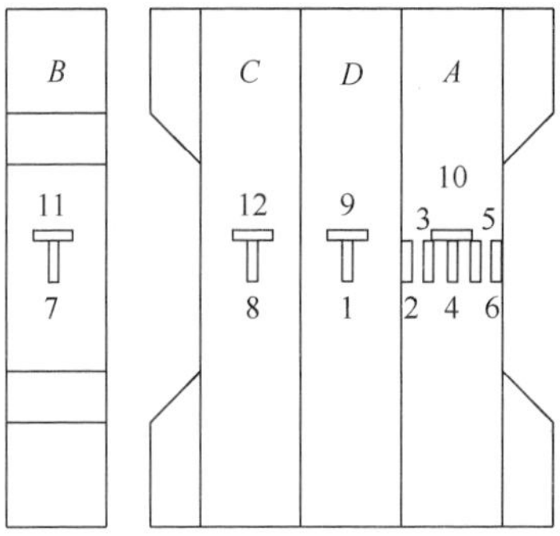

图 3 应变片布置

2 试验结果与分析

2.1 破坏形态与分析

根据试件的破坏过程和最终破坏形态，可将其分为 3 类。第一类破坏：受拉侧柱高度中心线位置附近首先出现裂缝而导致试件的破坏。当加载到极限荷载附近时，试件侧向变形较大，柱中部受拉侧 *D* 面最外层竹片首先断裂；继续加载，竹纤维由受拉侧最外层向内层层断裂，断裂的竖向裂缝沿着 *A* 面、*D* 面和 *C* 面向柱子两端延伸，最终导致试件破坏。本次试验中，多数试件发生此类破坏，典型破坏形式见图 4（a），对应表 1 中的 *M*。第二类破坏：非牛腿区域受拉侧靠近牛腿位置附近首先出现裂缝并向柱中部延伸而导致的破坏。这类试件在荷载值达到极限荷载开始下降时，非牛腿区域靠近牛腿的受拉侧最外层竹片首先断裂；随着加载的持续，竹纤维层层断裂并且裂缝向柱中部延伸，最终导致试件破坏。典型破坏形式见图 4（b），对应表 1 中的 L。本次试验中，发生该类破坏的试件为 JZD40-1 和 JZD55-2。第三类破坏：牛腿区域受拉侧最外层纤维首先出现断裂而导致的破坏。该类试件在加载到极限荷载时，牛腿区域受拉侧最外层竹片首先出现断裂；随着加载的继续，裂缝向柱中部延伸，并且受拉侧纤维层层断裂，导致试件承载力急剧降低。典型破坏形式见图 4（c），对应表 1 中的 B。发生该类破坏的试件为 JZD40-3 和 JZD55-3。

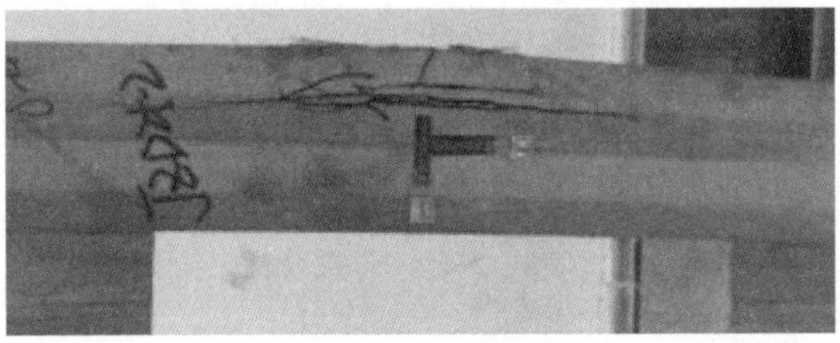
(a) 第一类破坏(JZD25-2)

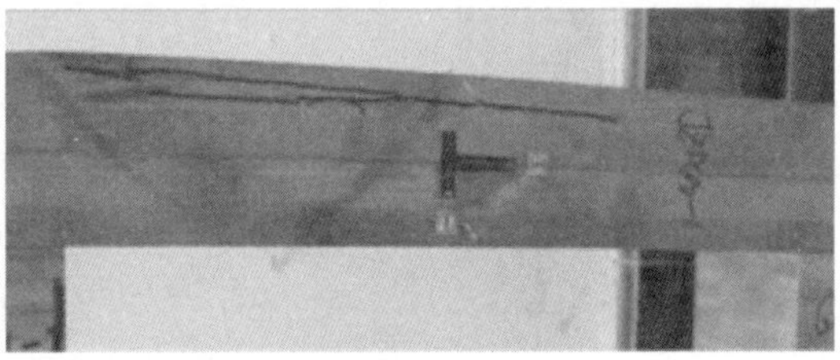
(b) 第二类破坏(JZD40-1）

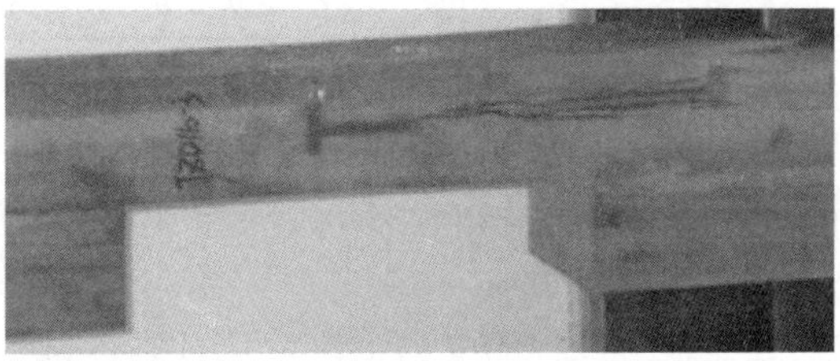
(c) 第三类破坏(JZD40-3)

图 4 典型的破坏形式

仔细观察所有试件首先出现破坏的位置，发现破坏的原因有两类，其一，竹片机械连接（图 1）位置胶层开裂，由于胶缝位置的纤维已经打断，只有胶的连接，胶的强度不够时，连接位置会首先出现开裂，见图 5。其二，自然竹节部位首先断裂。竹节部位是竹材的薄弱部位，该部位抗拉强度较其他部位低，在拉力作用下，易断裂。

图 5　机械连接破坏

2.2　主要试验结果

轴心受压柱均发生失稳破坏，实测的极限荷载分别为 274.7kN，270.2kN，275.0kN。偏压试件试验结果见表 1，表中 N_u 为极限荷载；w_u 为极限荷载对应的柱中部挠度；ε_{uasD}，ε_{ulsD} 分别为极限荷载对应的柱中部受拉侧（D 面）竖向应变和横向应变；ε_{uasB}，ε_{uasB} 分别为极限荷载对应的柱中部受压侧（B 面）竖向应变和横向应变；M 表示受拉侧柱高度中心线位置附近首先出现裂缝并向两端延伸而导致试件的破坏；L 表示非牛腿区域受拉侧靠近牛腿位置附近首先出现裂缝并向柱中部延伸而导致的破坏；B 表示牛腿区域受拉侧最外层竹片首先出现断裂而导致的破坏。GB50005—2003[19]中规定受弯构件跨中最大挠度不能超过跨度的 1/250，对于跨度为 800mm 的试件，规范容许挠度不超过 3.2mm；由表 1 知，对于所测试件，无论偏心距大小，其极限荷载对应的挠度均大于 3.2mm，为规范规定挠度的 6 倍以上，GB50005—2003[19]的要求是基于正常使用极限状态来规定的，即使考虑安全可靠度等因素，实测大偏心距试件的极限挠度仍远远大于规范规定。本次试验结果表明，对于弦向偏压竹集成材柱，控制其设计的是变形或刚度而不是强度。另外试件极限压应变均远小于竹集成材的实测极限压应变，说明材料的抗压强度没充分发挥。

表 1　试验结果

试件编号	N_u/kN	w_u/mm	ε_{uasD}/με	ε_{uasB}/με	ε_{ulsD}/με	ε_{ulsB}/με	破坏形态
JZD25-1	113.4	24.0	8963	−18 349	−2044	5397	M
JZD25-2	103.4	19.5	6844	−11 016	−1542	3680	M
JZD25-3	110.6	19.3	7551	−14 102	−2191	4067	M
JZD40-1	73.0	24.2	7317	−10 266	−1748	3158	L
JZD40-2	88.4	26.5	9348	−14 633	−1909	5241	M
JZD40-3	83.3	23.1	4964	−9680	—	3183	B
JZD55-1	70.5	23.3	9399	−15 417	−2540	4930	M
JZD55-2	63.3	24.2	8228	−10 547	−1841	4038	L
JZD55-3	59.8	20.3	6497	−9545	−1720	2473	B
JZD70-1	55.3	24.4	8483	−13 723	−2049	3447	M
JZD70-2	55.6	26.7	8542	−11 786	−2104	2615	M
JZD70-3	56.2	22.1	9305	−12 438	−2500	3378	M
JZD85-1	51.7	25.0	9240	−11 697	−2261	4071	M
JZD85-2	48.6	26.8	8550	−12 042	−2907	4262	M
JZD85-3	45.7	19.5	9160	−10 199	−1987	2752	M

2.3　荷载纵向应变关系

为了研究试件从开始加载到破坏整个过程的受力情况，选代表性试件，绘出跨中截面的荷载-纵向应变关系曲线，见图 6。

由图 6 可知，在加载初始阶段，竹集成材处于弹性状态，荷载-应变曲线呈线性变化。轴压试件在加载初期 4 个侧面的应变比较接近，随荷载的增加，4 个应变值的差别开始增大，荷载增大到 50kN 后，4 个侧面的应变值差别越来越明显。对于偏心距较小的试件在极限荷载之前，试件跨中截面受拉区应变较小，且发展缓慢，而受压区应变发展较快；由于试件具有初始偏心，随着荷载的增大，纵向应变发展逐步加快，待加载到极限荷载后，试件跨中截面受拉侧外层竹片接长部位（图 1（b））或竹节部位开裂，退出工作，荷载骤减，截面应力重分布，试件侧面变形迅速发展，受拉侧竹片层层劈裂。对于大偏心受压试件，由于初始偏心距较大，附加弯矩影响显著，试件跨中截面受拉区和受压区应变均发展较快。整体上讲，本次试验轴心受压试件 4 个侧面的应变值一直为负值，即 4 个侧面一直承受压力；偏心受压试件有 3 个侧面（*A* 面、*B* 面、*C* 面）以承受压力为主，而 1 个侧面（*D* 面）以承受拉力为主。

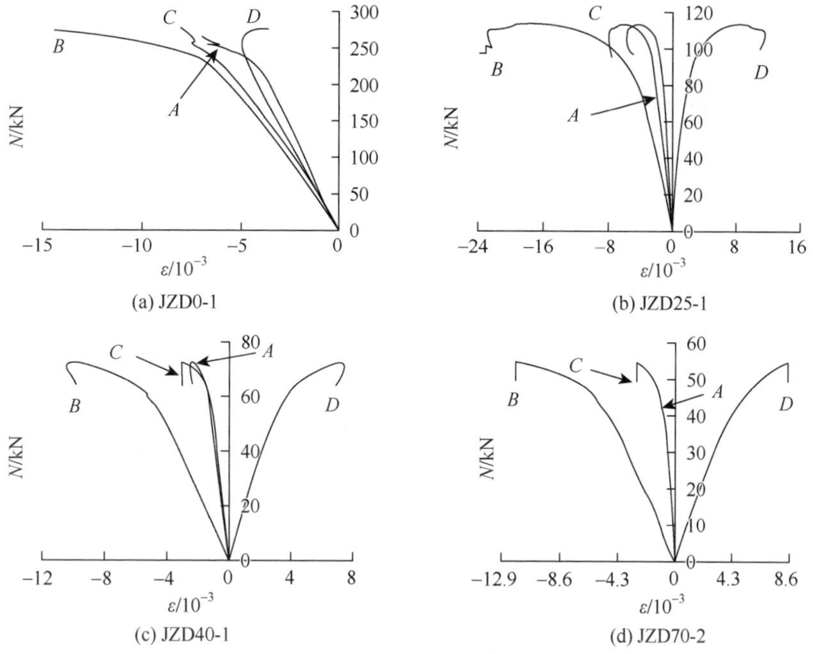

图 6　荷载-纵向应变曲线

2.4　荷载变形曲线

图 7 给出了实测各试件的荷载与柱中部侧向挠度之间的关系曲线。对于弦向偏心受压试件，由于有初始偏心，在加载初期，试件中部侧向挠度随荷载的增大而增加，跨中挠曲变形较为明显，荷载-挠度曲线呈线性发展；偏心距越大，跨中挠度增加越快，相同荷载下试件变形越大。随着荷载的增加，偏心距较大的试件较快进入非线性阶段。最后，试件在达到极限荷载后，因跨中挠度过大，使得各试件受拉侧中部或牛腿附近竹片接长部位（图 1）或竹节部位断裂致使整个试件丧失承载力而破坏。

图 8 为实测的各试件的荷载与纵向位移之间的关系曲线，*s* 为纵向位移。由图 8 可知，在加载初期，荷载-纵向位移曲线基本沿线性发展。对于弦向偏压试件，由于有初始偏心，纵向位移随荷载的增加快于轴心受压试件，偏心距越大，纵向位移增加越快。

综合图 7 和图 8，对比荷载-挠度曲线和荷载-纵向位移曲线可知，试件的极限荷载随着偏心距的增大而减小。偏心距越大，曲线的上升段越平缓，挠度和纵向位移的增加发展就越快。

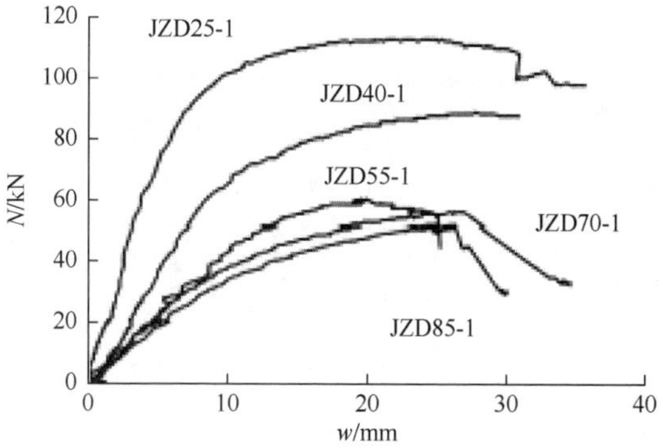

图 7　荷载-挠度关系曲线

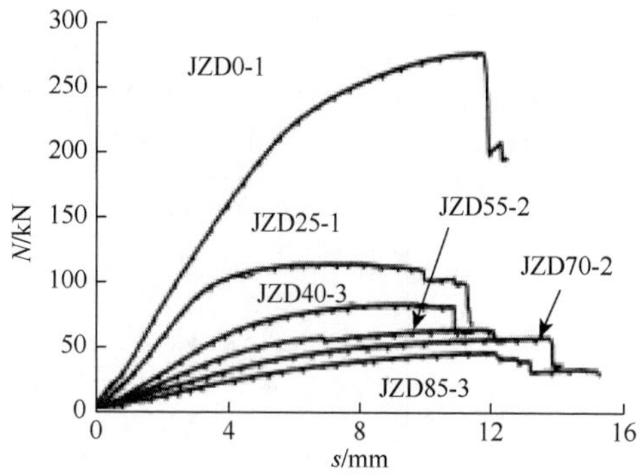

图 8　荷载-纵向位移曲线

2.5　平截面假定验证

典型的跨中截面平均应变分布实测结果见图 9。由图 9 可见，试件在初期加载过程中，沿截面高度各纤维的平均应变基本上为直线，截面应变分布基本符合平截面假定；随着荷载的增大，应变值出现偏离直线的趋势，偏心距越大，这种趋势越明显。

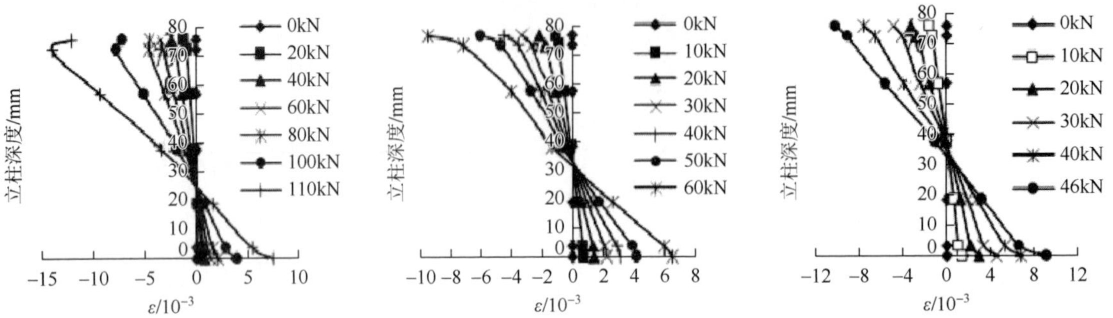

(a) JZD25-3　　(b) JZD55-3　　(c) JZD85-3

图 9　截面应变分布

2.6　极限值与偏心率

图 10 和图 11 分别给出了试件 3 个代表性侧面纵向和横向极限应变随偏心率变化的关系。极限应变为极限荷载对应的应变，偏心率为 e_0/h。由图 10 可看出，在本次试验范围内 D 面的纵向极限拉应变，随着偏心率的增大有增大的趋势；B 面和 C 面的纵向极限压应变绝对值，随着偏心率的增大有减小的趋势；对于纵向极限应变，偏心距较小的试件离散性较大。由图 11 可看出，在本次试验范围内 D 面横向极限压应变的绝对值，随着偏心率的增大有增大的趋势；C 面和 B 面的横向极限拉应变绝对值，随着偏心率的增大有减小的趋势；对于横向极限应变，所有试件试验结果的离散性均较大。

图 12（a），（b）分别给出了试件纵向位移和侧向挠度极限值随偏心率变化的关系。极限值均为极限荷载对应的位移，s_u 为纵向极限位移。由图 12 可看出，在本次试验范围内纵向极限位移随着偏心率的增大有明显增大的趋势，而侧向挠度极限值受偏心率的影响较小。偏心距较小的试件，实测的纵向极限位移离散性较小，偏心距越大，离散性越大。

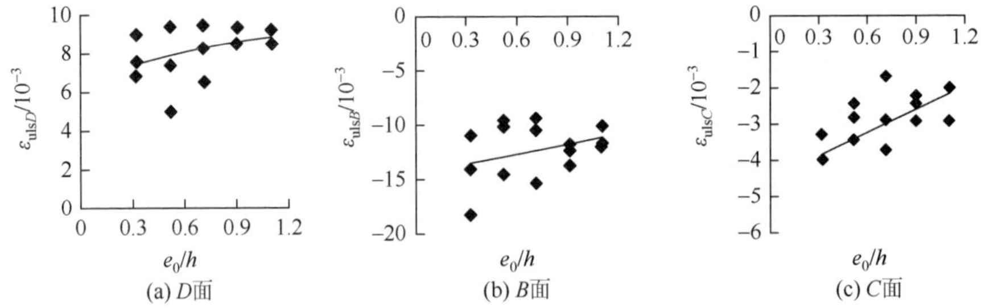

(a) D面　　(b) B面　　(c) C面

图 10　纵向极限应变与偏心率的关系

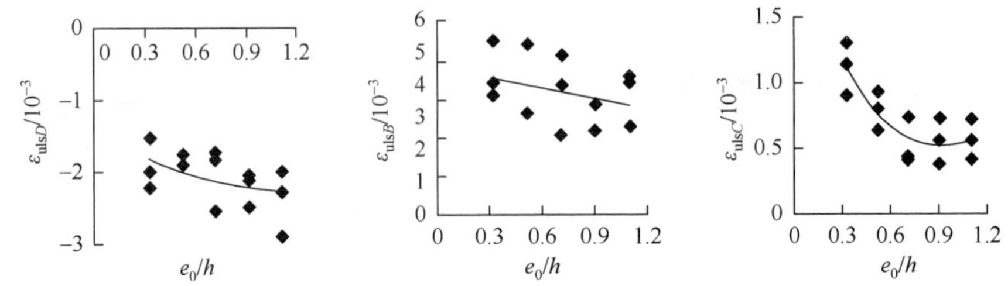

(a) D面　　(b) B面　　(c) C面

图 11　横向极限应变与偏心率的关系

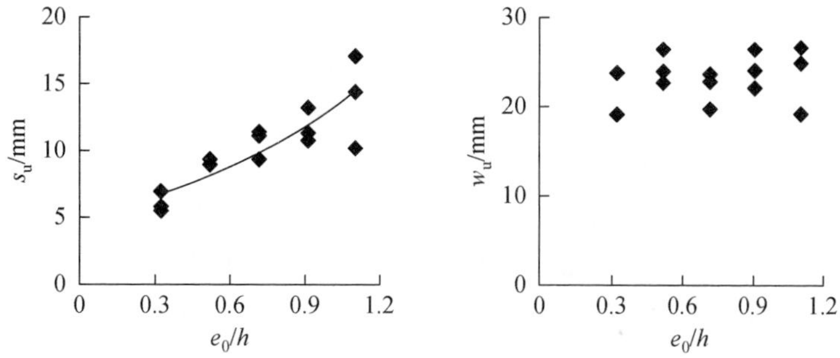

(a) 纵向位移与偏心率　　(b) 侧向挠度与偏心率

图 12　位移与偏心率的关系

图 13 给出了实测各试件极限荷载与其偏心率之间的关系曲线。由图 13 可看出，试件的极限承载力随着偏心距的增大而减小。偏心率较小时，随着偏心率的增大，试件极限承载力下降比较快；偏心率较大时，试件极限承载力下降相对较缓慢。由图 13 还可看出，偏心距较小的试件离散性大一些。

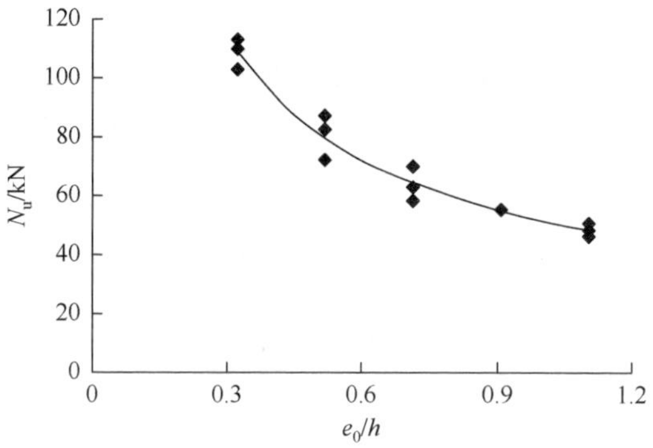

图 13　荷载与偏心率的关系

3　承载力计算

确定沿弦向偏压竹集成材柱承载力计算公式为

$$N_u = \varphi_e N_0 \tag{1}$$

式中：N_u 为弦向偏压柱的极限承载力；φ_e 为偏心距影响系数；N_0 为轴压柱的极限承载力。

根据试验结果，经过回归分析和理论计算，可确定偏心距影响系数 φ_e 的表达式为

$$\varphi_e = 0.34(e_0/h)^2 - 0.7e_0/h + 0.61 \tag{2}$$

将式（2）代入式（1），即可进行弦向偏压竹集成材柱承载力的计算。为了验证公式的正确性，用所推导公式计算的值同试验值作比较，见表 2。表 2 中，N_u^t 为偏压柱试验值的平均值，N_u^c 为依据推导公式的计算值，μ 为 N_u^t / N_u^c 的平均值。对比发现，变异系数和标准差均比较小，可见推导公式的计算结果与试验结果吻合良好。

表 2　计算结果与试验结果对比

试件	e_0/mm	e_0/h	N_u^t/kN	φ_e	N_u^c/kN	$\mu=N_u^t/N_u^c$	标准差	变异系数
JZD25	25	0.32	109	0.399	109	1.00	0.0470	0.0470
JZD40	40	0.52	81.6	0.307	83.9	0.97	0.0935	0.0962
JZD55	55	0.71	64.5	0.241	65.8	0.98	0.0830	0.0846
JZD70	70	0.91	55.7	0.200	54.7	1.02	0.0081	0.0080
JZD85	85	1.10	48.7	0.185	50.7	0.96	0.0591	0.0615

4 结　论

根据试验研究与分析结果，得出结论如下：

（1）弦向偏压竹集成材柱的破坏形式可分为三类：受拉侧柱高度中心线位置附近首先出现裂缝而导致试件的破坏；非牛腿区域受拉侧靠近牛腿位置附近首先出现裂缝并向柱中部延伸而导致的破坏；牛腿区域受拉侧最外层纤维首先出现断裂而导致的破坏。竹片接长部位及竹节部位为弦向偏压柱受拉区域的薄弱部位，该位置决定了偏压柱的破坏形态。

（2）弦向偏压柱跨中截面平均应变基本上呈现线性分布，符合平截面假定。试件中竹材的抗压强度没有充分发挥，破坏时的跨中挠度远超规范的规定值。

（3）沿弦向偏心，随着偏心率的增大，柱受拉侧 C 面的纵向和横向极限应变绝对值呈上升趋势，而受压侧 A 面及对称两侧面 B 面和 D 面的纵向和横向极限应变绝对值呈下降趋势。对于纵向极限应变，偏心距较小的试件离散性较大；对于横向极限应变，所有试件试验结果的离散性均较大。

（4）偏心距是影响竹集成材柱力学性能的主要因素之一，随着构件偏心距的增大，试件的刚度和极限承载力均呈下降趋势。偏心率较小时，随着偏心率的增大，试件极限承载力下降比较快，但试验结果离散性较大；偏心率较大时，试件极限承载力下降相对较缓慢，且试验结果离散性较小。

（5）在试验研究与分析的基础上，给出了弦向偏压竹集成材柱稳定承载力计算公式，推导公式的计算结果与试验结果吻合良好。

参考文献

[1] Wu W. Experimental analysis of bending resistance of bamboo composite I-shaped beam. Journal of Bridge Engineering，2014，19（4）：1-13.

[2] 肖岩，单波. 现代竹结构. 北京：中国建筑工业出版社，2013.

[3] 陈国，张齐生，黄东升，等. 胶合竹木工字梁受弯性能的试验研究. 湖南大学学报：自然科学版，2015，42（5）：72-79.

[4] 单波，高黎，肖岩，等. 预制装配式圆竹结构房屋的试验与应用. 湖南大学学报：自然科学版，2013，40（3）：7-14.

[5] 陈国，张齐生，黄东升，等. 腹板开洞竹木工字梁受力性能的试验研究. 湖南大学学报：自然科学版，2015，42（11）：17-24.

[6] 吴秉岭，余养伦，齐锦秋，等. 竹束精细疏解与炭化处理对重组竹性能的影响. 南京林业大学学报：自然科学版，2014，38（6）：115-120.

[7] 魏洋，骆雪妮，周梦倩. 纤维增强竹梁抗弯力学性能研究. 南京林业大学学报：自然科学版，2014，38（2）：11-15.

[8] 李海涛，苏靖文，张齐生，等. 侧压竹材集成材梁试验研究与分析. 建筑结构学报，2015，36（3）：121-126.

[9] Wei Y，Jiang S X，Lv Q F. Flexural performance of glued laminated bamboo beams. Advanced Materials Research，2011，168/170：1700-1703.

[10] Sinha A，Way D，Mlaskol S. Structural performance of glued laminated bamboo beams. Journal of Structural Engineering，2014，140（1）：1-8.

[11] de Lima D M，Amorim M M，Júnior H C L，et al. Avaliação do comportamento de vigas de bambu laminado colado submetidas àflexão. Ambiente Construído，2014，14（1）：15-27.

[12] Luna P，Takeuchi C，Alvardo C. Glued laminated guadua angustifolia bamboo columns. Acta Horticulturae. Belgium：Int Soc Horticultural Science，2013：125-129.

[13] 李海涛，张齐生，吴刚. 侧压竹集成材受压应力应变模型. 东南大学学报：自然科学版，2015，45（6）：1130-1134.

[14] Li H，Zhang Q，Huan D. Compressive performance of laminated bamboo. Composites Part B：Engineering，2013，54（1）：319-328.

[15] Li H，Su J，Zhang Q. Mechanical performance of laminated bamboo column under axial compression. Composites Part B：Engineering，2015，79：374-382.

[16] 苏靖文，李海涛，张齐生. 竹材集成材方柱墩各向轴压力学性能研究. 林业科技开发，2015，29（4）：45-49.

[17] Li H，Su J，Deeks A J. Eccentric compression performance of parallel bamboo strand lumber column. BioResources，2015，10（4）：7065-7080.

[18] 中华人民共和国住房和城乡建设部. GB/T50329—2012 木结构试验方法标准. 北京：中国建筑工业出版社，2012.

[19] 中华人民共和国建设部. GB50005—2003 木结构设计规范. 北京：中国建筑工业出版社，2004.

竹集成材高频热压过程中板坯内温度的变化趋势

NGUYEN Thi Huong Giang[1, 2]　张齐生[1]
（1 南京林业大学家具与工业设计学院　竹材工程研究中心　南京　210037；
2 越南林业大学木材工业学院　河内　156204）

摘　要

以毛竹（*Phyllostachys edulis*）集成材为研究对象，在同条件下进行高频热压，通过对竹集成材板坯高频热压过程中芯层温度变化的统计分析，得到了竹集成材高频热压过程中板坯温度的变化规律。结果表明：在试验条件范围内，随着板坯含水率从6%增加到18%，涂胶量从200g/m^{2}增加到300g/m^2，板坯的温度明显升高。升温过程可以分为快速升温和慢速升温2个阶段。在快速升温阶段板坯内的温度随板坯初含水率、涂胶量及加热时间的提高而递增；在慢速升温阶段板坯初含水率及涂胶量对板坯内的温度的影响很小，板坯芯层升温速度随加热时间的增加而减小。通过试验数据分析，得出较优的高频热压胶合工艺条件为：涂胶量300g/m^2，竹条含水率12%，高频热压时间7min。

关键词：木材科学与技术；含水率；热压时间；涂胶量；温度；毛竹材集成材；高频

Abstract

To obtain variation in the temperature law for glued and laminated bamboo (GLB), mats were hot pressed during two phases: fast heating and slow heating, with high-frequency at different moisture contents and amount of spreads. A statistical analysis on temperature variation inside the mats was conducted by Microsoft Excel software using ANOVA two-factor with replication analysis at a 95% confidence level. Results showed that when moisture content increased from 6% to 18%, the amount of spread increased from 200 to 300g/m^2, during the first phase, temperature inside the mats increased slowly with increasing moisture content below 12%, amount of spread below 250g/m^2, and pressing time, and increased sharply with moisture content above 12% and amount of spread above 250g/m^2； whereas, during the second phase temperature influence on moisture content and amount of spread inside the mats was very small at all conditions. Also during the second phase, the heating rate of the core layer decreased with an increase in pressing time. Optimum high-frequency hot pressing technological parameters for GLB manufacturing were as follows: amount of spread—300g/m^2, moisture content of bamboo splits—12%, and pressing time—7 min. It mean that temperature inside the mats are satisfactory, is necessary to make high quality of GLB in order to improve the performance of GLB.

Keywords: Woody science and technology; Moisture content; Pressing time; Amount of spread; Temperature; Glued laminated bamboo; High-frequency

高频加热是近几十年发展起来的一种新技术，在木材加工行业应用十分广泛。高频加热无须任何媒介，电场能量直接作用于介质分子，加热是从介质内各处同时进行的。这种加热的突出优点是加热迅速均匀，并且有选择性[1, 2]。在高频热压过程中，温度是3个主要工艺参数之一[3]，也是胶黏剂固化的必要条件。为保证板坯中的胶黏剂能够达到良好的固化，必须保证板坯中的温度达到固化温度。中外学者对人造板热压热转递过程以及板坯内升温过程做了较多的研究，但研究主要集中在纤维板、刨花板、胶合板[4-14]，对高频电场中板坯内的温度变化规律研究较少[15]。本研究基于使用脲醛树脂涂胶过的毛竹（*Phyllostachys edulis*）竹片，组坯后应用高频热压的工艺技术，压制厚度20mm的板材。在热压过程中使用万用数显仪测试板坯

本文原载《浙江农林大学学报》2015年第32卷第2期第167-172页。

内水平方向的各温度点，进而研究高频电场中板坯内的温度变化规律，从而选择合理的加热时间、涂胶量、板坯初含水率，保证板坯中的胶黏剂能够达到良好的固化。

1　材料与方法

1.1　材料来源及处理

毛竹竹片取自福建华宇竹业有限公司，是一种去青、去黄、定宽、端面呈矩形的长条状的竹片，又称等宽等厚竹片。竹片长为1000mm，宽20mm，厚5mm。竹片的初含水率8%～13%。将竹片含水率分别调节到6%，12%和18%。竹片经含水率调整后，为避免含水率变化放入塑料袋内密封待用。

胶黏剂取自浙江诸暨光裕竹业有限公司，选用脲醛树脂胶黏剂，固体含量50%，pH 7.8。

1.2　主要仪器

DZG-45E电加热蒸汽锅炉，蒸汽加湿箱，GJ15-6B-1高频发生器，GJB-PI-51B-JY高频液压机（热压板幅面500mm×300mm），万用数显仪。

高频加热设备参数设置：阳极电压 $U_a = 4$kV，阳流 $I_a = 2.0$～3.0A，栅流 $I_g = 0.4$～0.6A，频率6.78MHz。

1.3　试验方法

1.3.1　测温点的配置

为找出高频电场中板坯内的温度变化趋势，对板坯芯层水平方向进行多点布局。水平方向选取5个点，其中I号点、III号点、IV号点和V号点均离板坯长边为30mm，短边50mm，II号点位于中心位置。水平方向的标号见图1。测温点通过在相应位置的竹片沿纵向锯一定深度的锯口来实现。

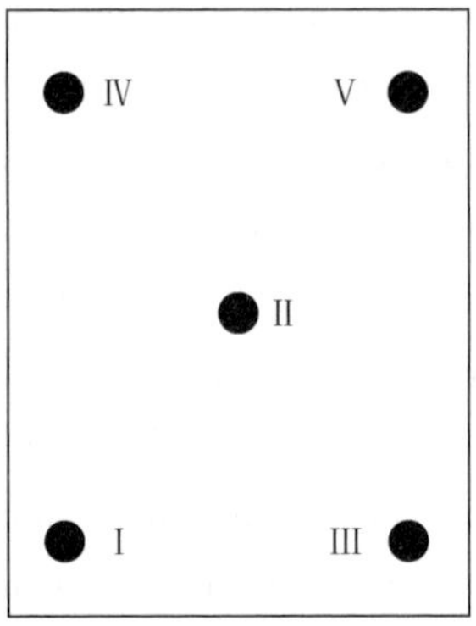

图1　温度测量点的选择

1.3.2　试验设计

试验1：试材为毛竹竹片，板材规格尺寸为500mm×200mm×20mm，竹片初含水率分别为6%，12%和18%，涂胶量为200g/m²。在高频热压过程中采用万用数显仪测试在不同含水率条件下板坯内温度的变化。

试验2：试材为毛竹片，板材规格尺寸为500mm×200mm×20mm，竹片含水率为12%；涂胶量分别为200g/m²，250g/m²，300g/m²。在高频热压过程中采用万用数显仪测试在不同涂胶量条件下板坯内温度的变化。

1.3.3　板坯内温度试验

试验工序主要分竹片涂胶、组坯、高频热压胶合和温度测量。

（1）竹片涂胶：对调整过含水率的竹片进行单面涂胶。

（2）组坯：竹片涂胶后进行全纵向组坯，共4层，目标板材尺寸为500mm×200mm×20mm。按图1所示辅以钻孔测温和密封等措施。

（3）高频热压定型和温度测量：组坯后，在热压单位正压力3.0MPa，侧压力5.0MPa的高频压机中进行高频热压压制成竹材集成材。高频电场中一般不允许有金属元件存在，否则会影响电场的分布和加热的均匀性[16]。因此，试验中采用的测温方法是断续测量温度。当高频加热时，测温传感头不插入板坯内。由于万用数显仪的动态响应速度快，因此，试验时在关闭高频60s后，立即向中间层位置（图1）胶层中插入测温传感头进行板坯内各温度点的测量。试验重复2次，温度取板坯各测量点算术平均值。

2 结果与分析

2.1 含水率对高频热压竹集成材板坯内温度的影响

在涂胶量为200g/m²，板坯初含水率为6%，12%和18%的条件下进行板坯内部温度测量试验，得到各点平均温度见表1。从表1可以看出：在高频电场中3种板坯边缘前期加热不同步，板坯被加热后边缘各点温升不一致。

对表1中测试点I号点到V号点的温升速度进行分析，发现II号点位置温升速度较快，其次为I号点和III号点，IV号点和V号点位置加热速度较慢。板坯中心点加热速度快是因为中心位置不易散热。板坯中心的温度达到所要求的温度需要加热时间5min，而板坯边缘各处达到所要求的温度需要加热时间7min。在90～95℃后各点温度逐渐接近，是因为水汽蒸发快导致含水率下降加热速度下降，并且加热过程中温度不断升高，水蒸气传热，板坯各处含水率逐渐均匀使得温度逐渐接近。

表1 不同含水率高频热压板坯内温度的水平分布

含水率/%	t/min	T/℃ I	II	III	IV	V
18	0	8	8	8	8	8
	1	43	60	45	40	41
	2	60	76	61	58	58
	3	74	87	74	72	73
	4	84	95	85	83	82
	5	94	100	93	91	90
	6	98	104	96	95	96
	7	99	107	98	97	98
12	0	8	8	8	8	8
	1	41	58	43	37	40
	2	58	75	59	54	54
	3	67	85	68	65	64
	4	79	96	79	76	75
	5	86	100	85	85	84
	6	95	105	95	95	96
	7	102	107	100	99	99
6	0	8	8	8	8	8
	1	39	42	40	36	35
	2	57	67	58	55	53
	3	66	76	67	65	63
	4	71	85	71	70	70
	5	81	92	82	80	80
	6	95	99	96	94	94
	7	97	103	98	96	96

根据相关理论，竹材在高频电场中吸收的热功率可以用功率密度 P_v 值（W/cm³）表示，$P_v = 0.556fE^2\varepsilon''\times10^{-12}$，其中电场频率 f（Hz）一定，$E = U/d$ 与电压 U（kV）及板坯厚度 d（cm），介质损耗因素 ε''为介电常数与介质损耗角正切之积[17]。在同一个平面上，电场强度 E 一定，所以影响加热快慢的主要因素为介质损耗因素，介质损耗因素越大，功率密度也越大，则极性分子（如水）运动的幅度和次数就越大，摩擦产生的热量也越大，加热的速度就越快。而介质损耗因素与板坯初含水率有密切关系。在高频热压胶合过程中，竹条含水率和涂胶量高导致板材中的水分多，介电常数随之提高。介电常数值小的板材吸收高频功率小，胶合速度慢。介电常数值大的板材吸收高频功率多，胶合速度快。胶合速度越快，加热时间越短，所需要的功率越大。功率密度对加热时间影响最大，它直接决定了竹集成材所得加热功率的大小。板坯含水率高即水分含量多，而水的介质损耗因素比绝干木材约高320倍[15]。当含水率低于纤维饱和点时，介质损耗角正切随含水率的增加而增加；当含水率高于纤维饱和点时，介质损耗角正切随含水率的增加而减少[18]。

板坯内升温过程可分为快速升温和慢速升温2个阶段。快速升温阶段为75℃之前，板坯无明显水分外逸，温度上升迅速。慢速升温阶段为75℃后，温度上升缓慢。3种板材中板坯内各处温度较快达到固化温度为含水率18%和12%的板材（加热时间6min），含水率6%的板材加热速度较慢（加热时间7min），但初含水率为12%的板材在慢速升温阶段内的平均芯层温度反而最高。对表1板坯中心点的数据利用Excel进行分析并制成散点图，见表 2 和图 2。

由图 2 可以看出：在高频热压过程的快速升温阶段，温度范围为 5～75℃。板坯初含水率对板坯的升温有着较为显著影响。对于快速升温阶段，含水率范围为 6%～18%，含水率越高，水蒸气越多使板坯中心升温速度加快。在慢速升温阶段，板坯初含水率对板坯中心升温速度的影响较小，主要原因是此时板坯的水分基本蒸发完毕，板坯内部的含水率较低，因此板坯中心升温速度比较缓慢。

从表 2 可知：加热时间对竹集成材板坯中心温升有着极显著影响（p<0.000 01<α = 0.05），含水率对竹集成材板坯中心温升有着较为显著影响（p<0.0001<α = 0.05）。

表 2　表 1 的无重复双因素分析结果

因素	自由度	F 与 $F_{0.05}$ 比值	p 值
热压时间 t	6	165.845>$F_{(6, 2, 0.95)}$ = 2.996	<0.000 01
含水率	2	30.637>$F_{(6, 2, 0.95)}$ = 3.885	<0.0001

2.2　涂胶量对高频热压竹集成材板坯内温度的影响

在板坯初含水率为 12%，涂胶量分别为 200g/m^2，250g/m^2 和 300g/m^2 的条件下进行板坯内部温度测量试验，得到各点平均温度见表 3。

由表 3 可知：板坯内温度随涂胶量的增加而升高。在试验范围内，当含水率一定时，涂胶量越高水分含量越多，而水的介质损耗因素比固体树脂约高 80 倍[17]，从而使得温度上升越快。但涂胶量过高，当温度升高时水汽蒸发越多影响到板坯固化，导致温升缓慢。同时也可以看出在 75℃之前，板坯温升迅速，在 75～95℃后，温度上升缓慢，在超过 100℃时，因胶黏剂被加热，有大量水蒸发，胶黏剂快速固化，使温度上升逐渐接近。对表 3 中测试点I号点到V号点 5 个温度点的温升速度进行分析，发现II号点温升速度较快，其次为I号点和III号点，IV号点和V号点位置加热速度较慢。在 3 种板材中板坯内各处温度较快达到固化温度为涂胶量 300g/m^2 的板材（6min），其次为涂胶量 250g/m^2 和 200g/m^2 的板材（7min）。涂胶量为 300g/m^2 的板材在慢速升温阶段内的平均芯层温度反而最高。对表 3 板坯中心点的数据利用 Excel 进行分析并制成散点图，见表 4 和图 3。

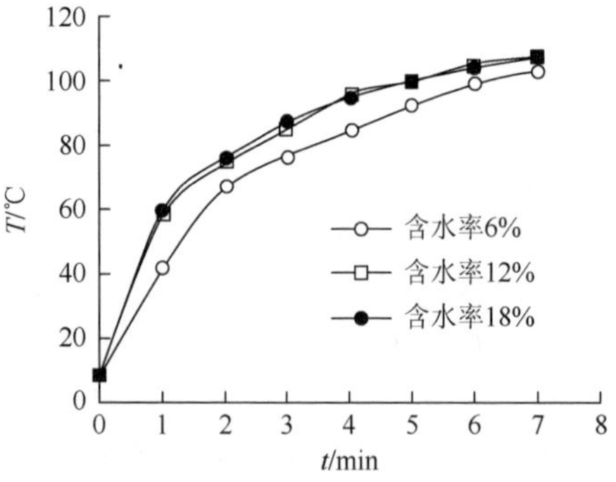

图 2　不同含水率条件下竹集成材板坯中心升温与时间的关系

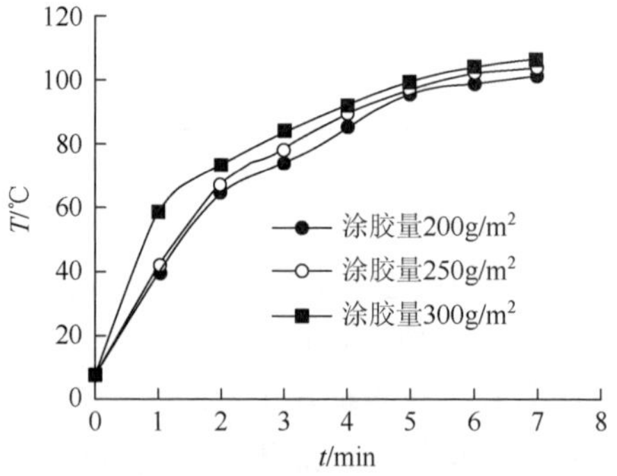

图 3　不同涂胶量条件下竹集成材板坯中心升温与时间的关系

从表 4 可知：加热时间对竹集成材板坯中心温升有着极显著影响（p<0.000 01<α = 0.05），涂胶量对竹集成材板坯中心温升有着较为显著影响（p = 0.0007<α = 0.05）。

由图 3 可以看出：板坯内升温过程可分为快速升温和慢速升温 2 个阶段。在快速升温阶段，温度范围为 5～75℃。涂胶量对板坯的升温有显著影响。在高频热压时，涂胶量高导致水汽多，从而使得板坯中心升温速度加快。在慢速升温阶段，涂胶量对板坯中心升温速度的影响较小，主要原因是此时胶黏剂快速固化，板坯内部的含水率较低，因此，板坯中心升温速度比较缓慢，并各温度点的温升逐渐接近。在快速升温阶段，温升速度随着加热时间的增加而增加。在慢速升温阶段，温升速度随着加热时间的增加而减小。

表 3 不同涂胶量高频热压板坯内温度的水平分布

涂胶量/(g/m²)	t/min	T/℃ I	II	III	IV	V
200	0	8	8	8	8	8
	1	33	40	29	30	30
	2	49	65	46	47	45
	3	60	74	62	58	60
	4	70	85	70	71	71
	5	85	95	86	83	82
	6	94	99	95	92	90
	7	97	101	98	96	96
250	0	8	8	8	8	8
	1	36	42	40	31	35
	2	59	67	57	51	52
	3	67	78	65	61	63
	4	76	89	80	74	75
	5	90	97	92	87	88
	6	97	102	98	92	93
	7	98	104	100	98	99
300	0	8	8	8	8	8
	1	45	59	43	40	40
	2	58	73	54	55	52
	3	68	84	71	67	63
	4	83	92	86	80	81
	5	92	100	96	90	90
	6	100	104	102	97	96
	7	104	106	104	102	102

表 4 表 3 的无重复双因素分析结果

因素	自由度	F 与 $F_{0.05}$ 比值	P 值
热压时间 t	6	$140.140 > F_{(6, 2, 0.95)} = 2.996$	$<0.000\ 01$
含水率	2	$314.191 > F_{(6, 2, 0.95)} = 3.885$	0.0001

3 结 论

通过对板坯水平方向温度分布的研究，可以得出如下结论：

（1）板坯内升温速度分为快速升温和慢速升温 2 个阶段。在快速升温阶段，板坯边缘各点与中心点温升不一致，板坯边缘各点温升基本接近。在慢速升温阶段，板坯各点温度逐渐接近。

（2）在试验范围内，板坯内温度随板坯初含水率及涂胶量的增加而增加。但涂胶量 300g/m^2、板坯初含水率 12%的板材在慢速升温阶段内的平均芯层温度最高。在不同条件下，板坯各处温度达到所要求的温度需要加热时间 7min。

（3）加热时间对板坯的升温有着极其显著影响；板坯初含水率对板坯的升温有着较为显著影响；涂胶量对板坯的升温有显著影响。

在快速升温阶段，上述 3 个因素对板坯芯层升温速度有着显著影响；在慢速升温阶段，含水率及涂胶量对板坯芯层升温速度的影响很小，板坯芯层升温速度随加热时间的增加而减少。

参考文献

[1] 陈勇平，王金林，李春生，等. 高频介质加热在木材胶合中的应用木材加工机械，2007，(5)：37-41.

[2] 吴智慧. 高频介质加热技术在木材工业中的应用. 世界林业研究，1994，7（6）：30-36.

[3] 吴智慧. 高频介质加热胶合温度的测试. 木工机床，1991，(2)：53-55.

[4] 刘翔，张洋，李文定，等. 含水率对胶合板热压传热的影响. 林业科技开发，2013，27（1）：32-34.

[5] 余妙春，饶久平，谢拥群. 中密度纤维板微波预热后板坯内水分和温度的分布. 东北林业大学学报，2011，39（6）：47-48，64.

[6] 雷亚芳. 刨花板热压过程中传热特性的研究. 北京：北京林业大学，2005.

[7] 陈天全. 大片刨花板热压过程中温度、气压和含水率变化规律研究. 北京：北京林业大学，2006.

[8] 李翠翠. 中密度纤维板热压过程中芯层温度与板材性能的关系. 长沙：中南林业科技大学，2008.

[9] 杜朝刚. 刨花板热压过程温度变化规律及其影响因素的研究. 北京：北京林业大学，2005.

[10] 谢力生，赵仁杰，张齐生. 常规热压法干法纤维板热压传热的研究（Ⅰ）. 中南林学院学报，2002，22（2）：92-95.

[11] Zombori B G，Kamke F A，Watson L T. Simulation of the internal conditions during the hot-pressing process. Wood Fiber Sci，2003，35（1）：2-23.

[12] 谢力生，赵仁杰，张齐生. 常规热压法干法纤维板热压传热的研究（Ⅱ）. 中南林学院学报，2003，23（2）：66-70.

[13] 谢力生，赵仁杰，张齐生. 常规热压法干法纤维板热压传热的研究（Ⅲ）. 中南林学院学报，2004，24（1）：60-62.

[14] 杜朝刚，陈天全，常建民. 刨花板热压过程中的传热传质研究现状和展望. 林产工业，2004，31（5）：10-14.

[15] 陈勇平，王金林，李春生，等. 高频热压胶合中板坯内温度分布及变化趋势. 林业科学，2011，47（1）：113-117.

[16] 于大伟. 木质复合材高频加热胶合过程温升的测量. 林业科技，2007，32（2）：55-56.

[17] 成俊卿. 木材学. 北京：中国林业出版社，1985.

[18] 时维春，李好信. 木材介电系数与含水率的关系——木材介电系数混合规则. 东北林学院学报，1984，12（4）：131-140.

竹集成材高频热压胶合工艺及性能研究

阮氏香江[1,2]　张齐生[1]　蒋身学[1]

（1 南京林业大学竹材工程研究中心　南京　210037；2 越南林业大学木材工业学院　河内　156204）

摘　　要

采用酚醛树脂胶黏剂，以竹条含水率、涂胶量为试验因子进行竹集成材的高频热压胶合试验，并对其物理力学性能进行检验。结果表明，竹集成材高频热压胶合技术是可行的。在本试验范围内，竹集成材的密度和胶合性能随涂胶量的增加而提高。通过分析试验数据，得出较优的高频热压胶合工艺条件为：涂胶量 $300g/m^2$，竹条含水率 12%，高频热压时间 10min。

关键词： 竹集成材；含水率；涂胶量；高频热压；性能

Abstract

Bamboo strips were bonded by phenol formaldehyde resin by using high frequency hot press to prepare glued laminated bamboo (GLB). The influences of bamboo moisture content and adhesive spread on physical and mechanical properties of GLB were investigated. The results showed that higher moisture content and spread improved the performances of GLB. The optimal pressing was achieved when the spread, moisture content and pressing time were $300g/m^2$, 12% and 6min, respectively.

Keywords: Glued laminated bamboo; Moisture content; Spread; High-frequency hot pressing; Property

竹集成材是一种新型的多功能竹质人造板，它是以加工成一定长度、断面呈矩形的竹条为基本构成单元，经炭化或不炭化、干燥、涂胶等工序，竹条按同一纤维方向平面或侧面组坯、热压胶合而成的竹质板方材[1]。竹集成材作为一种新型的家具基材保持了竹材的天然纹理和特性，具有幅面大、变形小、尺寸稳定、强度高等特点[2-4]。它既能够替代木材，缓解目前硬木短缺的现象，又可使竹集成材的力学性能优势得到充分体现。因此，在全球优质木材资源短缺的情况下，竹集成材的研究和应用具有重要意义。

目前，竹集成材生产大多数采用蒸汽加热的传统热压成型法[5]。高频加热是近年发展起来的一门新技术，在木材加工行业应用十分广泛，但在竹材加工行业尚未推广应用。高频加热无需传热媒介，电场能量直接作用于介质分子（竹材和胶黏剂），加热是从介质内各处同时进行，其优点是加热迅速、能耗低、加热均匀、有选择性[6]。

考虑到高频加热受材料水分影响大的特点，而竹条和胶黏剂均含有水分，因此，以竹条含水率和涂胶量为试验因子，在一定的高频频率和压力条件下，考察不同含水率和涂胶量对高频热压竹集成材性能的影响，从而确定在本实验范围内较优的高频热压胶合工艺。

1　材料与方法

1.1　试验材料

毛竹条：取自福建华宇竹业有限公司，是一种去青、去黄、定宽、端面呈矩形的长条状的基本单元，又称等宽等厚竹片。竹条长 1000mm、宽 20mm、厚 5mm，初含水率 8%～13%，试验时锯断成约 500mm 的长度。

胶黏剂：PF 胶黏剂，取自浙江诸暨光裕竹业有限公司，固含量 46%。使用时配胶，100 份酚醛树脂胶、10 份面粉。

本文原载《林业工程学报》2014 年第 28 卷第 4 期第 109-112 页。

1.2 仪器设备

DZG-45E 电加热蒸汽锅炉，蒸汽加湿箱，GJ15-6B-1 高频发生器，GJB-PI-51B-JY 高频液压机（热压板幅面 500mm×300mm），万能力学试验机，气流式干燥箱，恒温恒湿箱，电子天平等。

高频发生器参数：频率为 6.78MHz，试验时使用的阳极电压 $U_a = 4kV$，阳流 $I_a = 2.0 \sim 3.0A$，栅流 $I_g = 0.4 \sim 0.6A$，阳/栅极电流的比值为（5～6）∶1。

1.3 试验方法

1.3.1 竹条含水率处理

本试验设定的竹条含水率分别为 6%、12%和 18%，通过以下方式进行干燥及含水率调节。

（1）含水率 6%调节：将竹条放入烘箱，先将温度值设定为 60℃，干燥 2h 后关闭烘箱，冷却 1h 后测量含水率，将含水率过高和过低的竹条剔除。

（2）含水率 12%调节：竹条置于蒸汽加湿箱，温度设定为 100℃，将电加热蒸汽锅炉的蒸汽（蒸汽锅炉压力 $P \leqslant 0.2MPa$）连续通入加湿箱，使竹条保持高湿状态 30min 后自然降温，3h 后取出。处理后的竹条测试含水率，挑选出合格竹条。

（3）含水率 18%调节：前期处理同上，使竹条保持高湿状态 1h 后自然降温，3h 后取出。处理后的竹条测含水率，挑选出合格竹条。

为避免含水率变化，处理后的竹条马上放入塑料袋内密封待用。

1.3.2 高频热压胶合工艺

（1）竹条涂胶：以竹条双面涂胶计算涂胶量，选择涂胶量 200g/m^2，250g/m^2 和 300g/m^2 3 个水平，涂胶竹条上下面和侧面涂胶，表面不涂胶的竹条侧面涂胶（板坯边缘竹条侧面不涂胶）。因为板坯为偶数层，面层竹条单面涂胶。

（2）组坯：竹条纵向平面组坯，即平拼，共 4 层，竹青面朝外。板材目标尺寸 500mm×200mm×20mm。

（3）高频热压：根据前期预备试验结果，选定单位正压 3.0MPa、侧压 5.0MPa，高频热压时间 10min。根据设备使用要求，高频热压时需手动不断调整阳极电流和栅极电流比值，使两者之间的比例保持在（5～6）∶1。

本试验仅选竹条含水率和涂胶量为变化因子（表 1），每种条件下压制 4 个试样。

表 1　因素水平表

水平	含水率/%	涂胶量/(g/m^2)
1	6	200
2	12	250
3	18	300

1.3.3 物理力学性能测试

（1）依据 GB/T17657—1999《人造板及饰面人造板理化性能试验方法》测试高频热压胶合后竹集成材的密度、含水率、弹性模量、静曲强度，各测试数据取平均值。

（2）依据日本农业标准 JAS—1992《建筑用集成材物理力学性能指标及测试方法》[7]，测试竹集成材浸渍剥离率，该标准对结构用集成材使用环境要求：

①连续或间断处于相对湿度＞19%；②与大气直接接触；③受太阳辐射。根据标准的要求，对试件进行冷水浸渍剥离、热水浸渍剥离和减压加压浸渍剥离试验，以确定竹集成材相应的浸渍剥离率。该标准规定试件的浸渍剥离率＜5%。

2 结果与分析

测试高频热压胶合后的竹集成材的物理力学性能，结果取平均值，试验数据见表 2。同时，对试验结果进行多因素方差分析，结果见表 3。

表 2 不同条件下高频热压胶合竹集成材的物理力学性能

竹条含水率/%	涂胶量/(g/m^2)	密度/(g/cm^3)	板材含水率/%	静曲强度/MPa	弹性模量/GPa	浸渍剥离率/%		
						冷水	热水	减压加压
6	200	0.66	5.79	100.25	9.47	16.67	6.67	10.00
	250	0.67	5.56	134.65	10.17	3.56	6.67	8.22
	300	0.73	6.73	135.84	10.91	0	5.11	0
12	200	0.71	9.13	125.04	10.48	10.00	4.44	6.67
	250	0.72	9.44	193.89	11.20	2.44	3.33	4.22
	300	0.75	8.36	202.89	11.39	0	3.11	4.22
18	200	0.73	14.19	140.53	9.54	2.22	4.22	16.67
	250	0.75	15.31	159.87	10.64	0.89	1.78	15.56
	300	0.76	16.10	172.34	10.94	0	0	15.11

表 3 方差分析结果

指标	因素	自由度	*F* 值
板材的含水率	竹条含水率	2	0.745
	涂胶量	2	109.890*
密度	竹条含水率	2	9.454*
	涂胶量	2	15.272*
MOR	竹条含水率	2	8.927*
	涂胶量	2	9.178*
MOE	竹条含水率	2	15.637*
	涂胶量	2	32.627*
剥离率	竹条含水率	2	18.548*
	涂胶量	2	3.571

注：$F_{0.05(2,4)} = 6.944$。

2.1 密度和含水率与涂胶量的关系

由表 2 可以看出，不同竹条含水率和不同涂胶量制成的竹集成材，其物理力学性能存在较大差异。不同竹条含水率和涂胶量对高频加热胶合竹集成材含水率和密度的影响结果见图 1 和图 2。由图 1 可见，除 6%含水率竹条以外，其他竹条所制的板材其含水率呈现先小幅上扬后下降的趋势。由图 2 可知，板材的密度随着竹条含水率增加而增大，但板材的含水率也相应增加。在相同竹条含水率条件下，板材的密度随涂胶量增加而增大。涂胶量 300g/m^2 时，板材的密度达到峰值。

从表 3 可以看出，竹片的含水率对竹集成材高频加热胶合后的含水率影响较小，但涂胶量对板材的含水率有显著影响；竹条的含水率及涂胶量对竹集成材的密度均有显著影响。

2.2 静曲强度（MOR）受含水率和涂胶量的影响

高频加热竹集成材静曲强度与竹条含水率和涂胶量的关系见图 3。

由图 3 可知，当涂胶量从 200g/m^2 上升到 300g/m^2 时，MOR 随涂胶量的增加呈上升趋势，尤其是当竹条在含水率 12%条件下这种趋势较明显；MOR 上升到一定程度后上升趋缓。

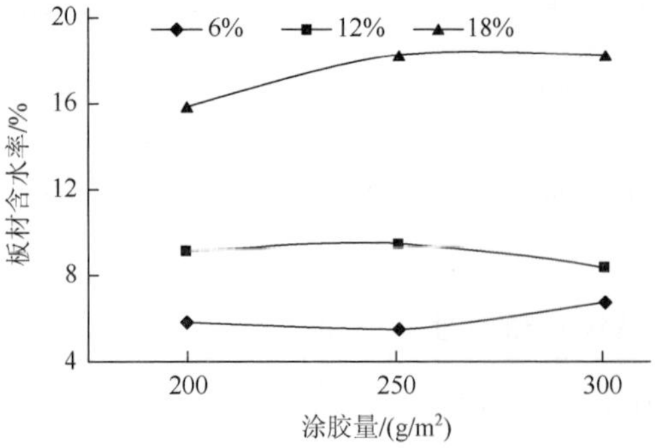

图 1　不同含水率及涂胶量对竹集成材含水率的变化

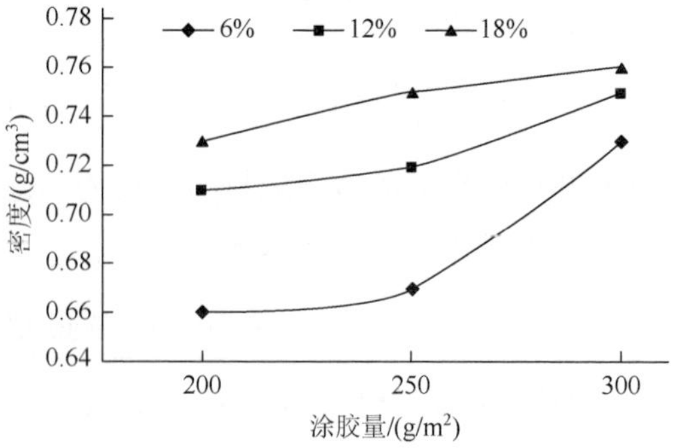

图 2　不同含水率及涂胶量对竹集成材密度的变化

含水率为 12%时，涂胶量从 200g/m^2 上升到 250g/m^2，MOR 提高 55.06%；当涂胶量继续上升到 300g/m^2 时，MOR 值继续增加 4.64%。

由表 3 可以看出，竹条的含水率及涂胶量对竹集成材静曲强度的影响显著。

2.3　弹性模量（MOE）受含水率和涂胶量的影响

MOE 与竹条含水率和涂胶量的关系见图 4。由图 4 可知，随着竹条含水率的增加，板材的 MOE 呈上升趋势。竹条含水率为 12%的板材，其 MOE 值比其他 2 种含水率高；涂胶量从 200g/m^2 增加至 300g/m^2，MOE 值上升 8.68%。

从表 3 可以看出，竹条的含水率和涂胶量对竹集成材弹性模量的影响显著。

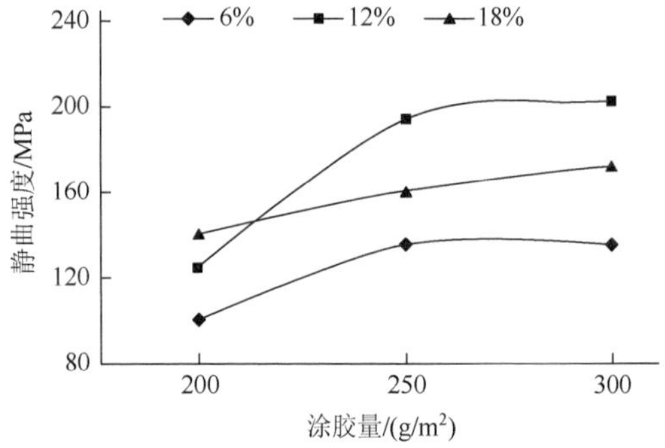

图 3　不同含水率及涂胶量对竹集成材静曲强度的变化

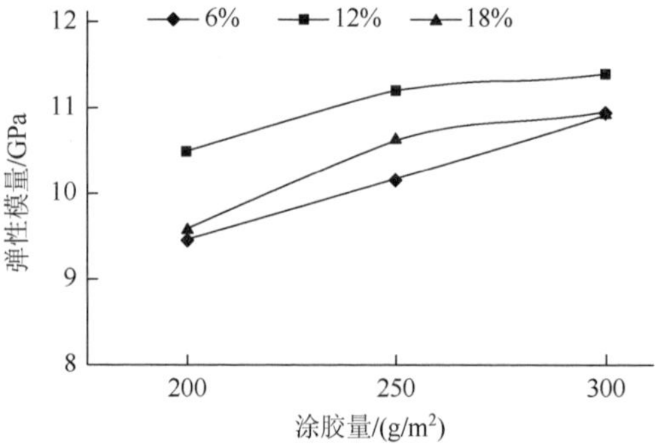

图 4　不同含水率及涂胶量对竹集成材弹性模量的变化

2.4　浸渍剥离率受含水率和涂胶量的影响

高频加热胶合竹集成材冷水浸渍和热水浸渍的剥离率与竹条含水率和涂胶量的关系分别见图 5、图 6。从图 5、图 6 可以看出，在试验范围内竹集成材的剥离率随含水率及涂胶量的增加而降低。在这 2 种试验中，涂胶量 300g/m^2 时，3 种竹条含水率的剥离率均降至 0，表明胶合良好。在涂胶量 200g/m^2 和 250g/m^2 条件下，竹条含水率 18%的浸渍剥离率低于其他 2 种竹条含水率，似乎竹条含水率 18%比较好。减压加压浸渍剥离率与竹条含水率和涂胶量的关系见图 7。由图 7 可知，在减压加压浸渍剥离试验中，竹条含水率 18%的剥离率最高，表明竹条含水率 18%不是最好的选择。

鉴于减压加压浸渍剥离试验条件最严格，最能说明竹集成材的胶合状况，因此不能选择含水率 18%为最佳竹条含水率。综合考虑，竹条含水率 12%在 3 种浸渍剥离试验中均较为稳定，以竹条含水率 12%为宜。在涂胶量 250～300g/m^2 条件下，试件的冷水剥离率最小，热水剥离率次之，大部分减压、加压浸渍剥离率大于其他 2 种条件。

根据 JAS—1992 标准要求，上述 3 种浸渍剥离均需要重复 2 次，因此，将第 1 次处理后无剥离的试件再次进行第 2 次处理。经过第 2 次处理，除含水率 12%和涂胶量 250g/m^2，300g/m^2 外，其他试件的剥离率均超过 5%，说明本试验选用的 PF 胶黏剂涂胶量 250g/m^2，300g/m^2 能满足建筑结构用竹集成材的要求。

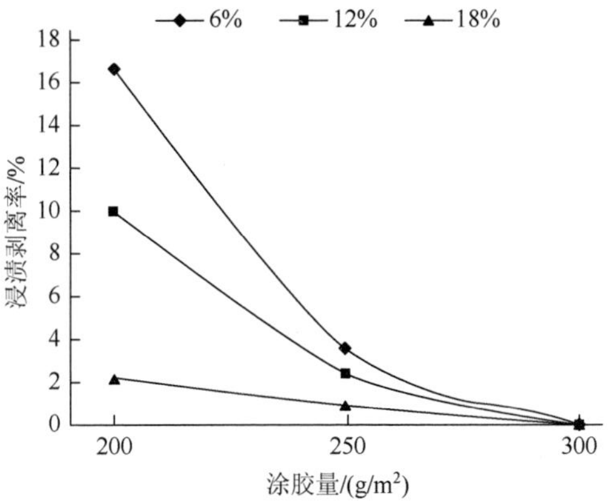

图 5　竹集成材冷水浸渍剥离率

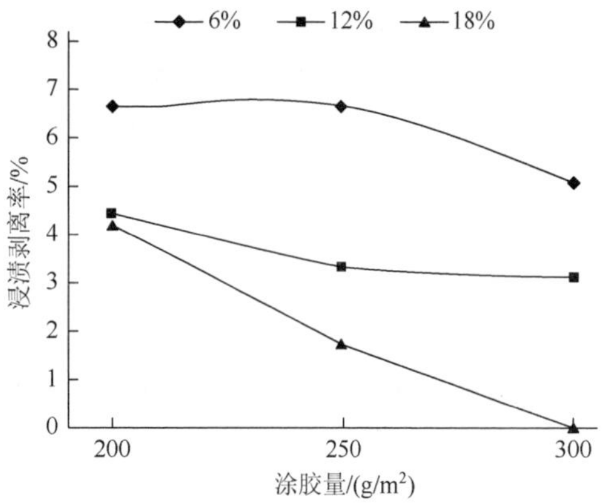

图 6　竹集成材热水浸渍剥离率

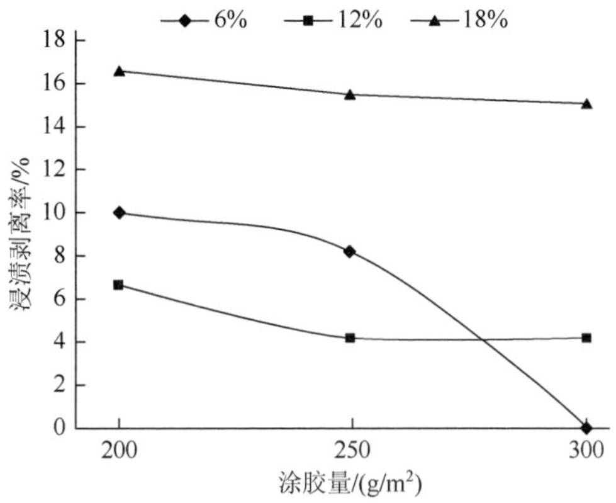

图 7　竹集成材压力条件下浸渍剥离率

从表 3 可以看出，竹条含水率对竹集成材高频热压胶合后的浸渍剥离率影响显著，涂胶量对板材的剥离率影响较小。

可能的原因是在高频热压胶合过程中，竹条含水率越高导致竹材中结合水含量增加，水的介电常数较高[8, 9]；因此，在电场作用下竹材内部的水分子运动加剧，摩擦产生的热量也越多，板坯加热和干燥的速度就越快[10]；因此，在较短时间内板坯内温度能很快能达到要求的温度。但是，PF 胶黏剂对水分较敏感，过高的含水率会降低竹材的胶合强度，这种情况从减压、加压浸渍剥离试验数据中表现明显。竹条的含水率过低，即竹材介电常数低，降低了电场内的介质损耗，加热速度变慢，在相同的热压时间内，板坯内的温度未达到要求的温度，导致板材的物理力学性能下降。

试验中发现，当竹条的含水率和涂胶量过高时，如后期排汽时间过短，卸压时竹集成材容易鼓泡。究其原因，在于高频热压过程中，板坯中的蒸汽压力较大，需较长的排汽时间才能排出板坯内蒸汽。

从上述结果与分析可知，竹集成材在高频热压胶合过程中，含水率和涂胶量是影响竹集成材性能的重要因素之一[11]。本次试验条件下，竹条含水率 12%、涂胶量 300g/m^2 压制的板材物理力学性能较优。

3　结　　论

（1）毛竹条顺纹平面组坯、高频热压胶合制成集成材，其密度随涂胶量增加呈现上升的趋势。

（2）竹集成材的静曲强度随涂胶量的增加而上升，抗弯弹性模量随涂胶量的增加呈小幅上扬趋势。

（3）竹条含水率过低或过高，均可导致板材浸渍剥离率加大。在一定的含水率条件下，剥离率随涂胶量的增加而降低。

（4）在本试验条件范围内，竹集成材高频热压胶合的最佳工艺参数为：涂胶量 300g/m^2，竹条的含水率 12%，高频热压时间 10min。

参 考 文 献

[1]　赵桂玲，朱毅. 竹集成材在家具设计中的应用. http：//www. 365f. com[2013-12-06].

[2] 张群成. 竹集成板家具创新设计初探. 家具与室内装饰，2010，(2)：42-43.
[3] 李吉庆，吴智慧，张齐生. 竹材集成材家具的造型和生产工艺. 林产工业，2004，31（4）：47-52.
[4] 张齐生. 中国竹材工业化利用. 北京：中国林业出版社，1995.
[5] 蒋身学，张齐生，傅万四，等. 竹材重组材高频加热胶合成型压机研制及应用. 林业科技开发，2011，25（3）：109-111.
[6] 陈勇平，王金林，李春生，等. 高频介质加热在木材胶合中的应用. 木材加工机械，2007，(5)：37-41.
[7] 日本林业试验场. 木材工业手册. 东京：日本丸善株式会社，1982.
[8] 刘一星，赵广杰. 木质资源材料学. 北京：中国林业出版社，2004.
[9] 徐世克，汤颖，章卫钢，等. 竹材介电性质研究. 浙江林业科技，2012，32（6）：18-21.
[10] 吴智慧. 高频介质加热技术在木材工业中的应用. 世界林业研究，1994，(6)：30-36.
[11] 申利明. 木材软化处理新工艺——高频加热法. 中国木材，1990，(6)：37-39.

基于大尺度重组竹试件各向轴压力学性能研究

李海涛[1]　苏靖文[1]　魏冬冬[2]　张齐生[1]　陈国[1]

（1 南京林业大学土木工程学院　南京　210037；2 江西飞宇竹业集团有限公司　奉新　330700）

摘　　要

对大尺度重组竹试件进行了 3 个方向轴心受压试验研究与分析，探讨了其破坏机理及所测参量之间的相互关系。竹重组材的受压破坏属于延性破坏，沿 3 个方向的破坏过程均经历弹性阶段、弹塑性阶段、塑性阶段和破坏阶段；但破坏阶段有所区别。试件各向受压的最终破坏形态较接近，均出现沿对角线方向的主裂缝。顺纹方向的实测抗压强度、弹性模量和泊松比值最大，离散性较大；横纹方向Ⅰ的抗压强度稍大于横纹方向Ⅱ的抗压强度，但其弹性模量和泊松比均比横纹方向Ⅱ对应的值要小。基于试验结果，给出了各个方向抗压强度、弹性模量和泊松比相互之间对应的关系。

关键词：竹材重组材；轴心抗压；破坏机理；抗压强度；弹性模量；泊松比

Abstract

In order to investigate the axial compression damage mechanism and the relationship between the test parameters for three directions, the experimental study on parallel bamboo strand lumber (PBSL) based on the large scale was conducted in this paper. The axial compressive failure for the PBSL belongs to the ductile damage. Except for the different damage stage, the whole failure process for specimens along three directions are similar with each other and can be divided into four stages: elastic stage, elastic-plastic stage, plastic stage and failure stage. The final failure mode for the three directions are similar with each other which is the main crack appeared along the diagonal. With large discreteness, the compressive strength, modulus of elasticity and Poisson's ratio for the parallel to grain direction are biggest among three directions. The compressive strength for the perpendicular to grain direction I is bigger than that for IIwhile the modulus of elasticity and Poisson's ratio for direction I is smaller than that for II. Based on the test analysis of the results, the relationship between the compressive strength, modulus of elasticity and Poisson's ratio for three main directions were proposed for the PBSL under axial compression.

Keywords: PBSL; Axial compression; Damage mechanism; Compressive strength; Modulus of elasticity; Poisson's ratio

1　引　　言

重组竹是将竹材[1-3]疏解成通长的、相互交联并保持纤原有排列方式的疏松网状纤维束，再经干燥、施胶、组坯成型后热压而成的板状或其他形式的材料[4-6]。这种材料强度高，材质均匀，长度、密度可根据需要任意控制，加工性能好，可满足建筑结构对材料物理力学性能的需求。不少学者[4-14]对竹重组材的制造、加工及基本力学性能展开了初步研究，但目前国内外没有重组竹相关试验标准及建筑设计标准，在建筑上的应用研究较少，大量基本理论还没建立，人类对这种材料的破坏机理和本构模型的了解很有限。现有研究多数基于小尺度试件。苏靖文等[4]对重组竹轴心受压柱进行了试验研究与分析。李海涛等[5]对重组竹偏心受压柱进行了试验研究与分析。张俊珍等[6]对重组竹横纹抗压强度和顺纹抗压强度进行了试验研究与分析，但所选择的尺寸截面仅为 20mm×20mm。重组竹应用到建筑领域的梁柱构件中，均以大尺度试件为主，

本文原载《郑州大学学报（工学版）》2016 年第 37 卷第 2 期第 67-72 页。

而在大尺度下，重组竹的受压力学性能如何鲜有文献报道。试件尺寸越大，所含缺陷越多，其破坏机理同小尺寸有所区别，并且尺寸越大越能反映重组竹的整体力学性能。基于此，笔者对重组竹三个方向轴心受压力学性能展开了试验研究与分析，借以探讨重组竹的破坏机理。

2 试验情况

2.1 试件设计与制作

试验用毛竹产自江西奉新，竹重组材的生产厂家为“江西省飞宇竹业集团有限公司”。设计试件尺寸为100mm×100mm×100mm，共18个，根据加载方向不同，将其分成3组，每组6个试件。3个加载方向见图1，其中1为顺纹方向（竹纤维束方向），2为横纹方向Ⅰ（原竹筒弦向），3为横纹方向Ⅱ（原竹筒径向）。为了保证试件材性稳定，统一选取梢部原竹制作竹重组材短柱试件。实测的密度为990.2kg/m^3，实测含水率为7.8%。

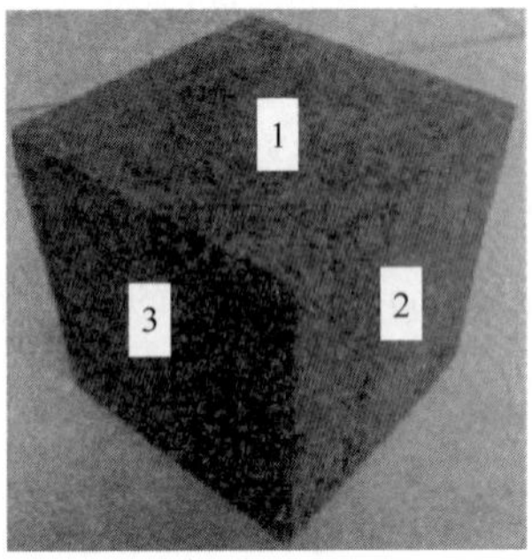

图1 竹重组材试件

2.2 试验加载制度

依据GB/T 50329—2012[15]进行加载制度设计和试验。试验现场图如图2。试件加载初期采用荷载控制，当荷载达到极限荷载大约80%，改为位移控制。试验从加载到破坏所用时间控制在5～10min。试件就位后，首先进行几何对中，使加载的作用线和构件的几何中心对齐，以保证轴压，然后通过预加载来检测仪器是否工作正常并减少系统误差。

2.3 测点布置

试件4个侧面中间位置均粘有两个应变片（图2），用以测量4个面中间点竖向和横向的应变变化。本次试验采用非接触式激光位移计（LDS，见图2）来测试件的轴向变形。试验采用的加载仪器为100t电液伺服万能试验机，采集仪器为TDS530数据自动采集系统。

图2 试验现场图

3 试验结果与分析

所有试件顶面标示有“*”。顺纹方向，以一个侧面（弦向）记为A面，围绕试件竖直方向轴线顺时针依次标上A、B、C、D。横纹方向Ⅰ和Ⅱ，均以一侧面（顺纹）记为A面，围绕试件竖直方向轴线顺时针依次标上A、B、C、D。主要试验结果见表1。

表1 试验结果

试件编号	极限承载能力/kN	实测面积/mm^2	极限强度/MPa	弹性模量/MPa	A面（C面）泊松比	B面（D面）泊松比
1-100-1	625.1	10 112	61.8	11 640	0.270	0.205
1-100-2	692.0	10 089	68.6	11 208.5	0.275	0.340
1-100-3	639.5	10 058	63.6	12 238.3	0.315	0.280
1-100-4	622.0	10 066	61.8	11 656.3	0.470	0.395
1-100-5	718.6	10 111	71.1	13 051.8	0.275	0.550
1-100-6	638.5	10 084	63.3	10 510.4	0.270	0.365
2-100-1	234.3	10 222	22.9	886.9	0.141	0.042
2-100-2	274.6	10 100	27.2	834.3	0.098	0.031

续表

试件编号	极限承载能力/kN	实测面积/mm²	极限强度/MPa	弹性模量/MPa	A 面（C 面）泊松比	B 面（D 面）泊松比
2-100-3	255.6	10 095	25.3	960.0	0.153	0.033
2-100-4	240.0	10 081	23.8	842.6	0.168	0.023
2-100-5	261.6	10 127	25.8	834.3	0.160	0.035
2-100-6	244.0	10 128	24.1	712.4	0.111	0.021
3-100-1	216.9	9955.6	21.8	1536.7	0.165	0.055
3-100-2	190.0	10 110	18.8	1488.0	0.200	0.045
3-100-3	220.1	10 030	21.9	1669.7	0.329	0.061
3-100-4	209.2	9928.5	21.1	1567.7	0.302	0.071
3-100-5	225.2	9924.9	22.7	1723.8	0.191	0.057
3-100-6	211.9	9842.3	21.5	1707.8	0.203	—

3.1 顺纹方向

选取典型试件 1-100-6 描述其破坏过程如图 3 所示。在加载初期，材料基本处于弹性状态，试件表面无明显现象，四侧面中心的应变值基本相等；随着荷载的增加，试件由弹性阶段逐步进入弹塑性阶段，试件表现出一定的塑性变形，刚度有所降低，变形渐趋明显；当荷载增加至极限承载力附近时，可听到明显竹丝劈裂声，仔细观察发现试件 D 表面左下角和右上角距离侧面边大约 25mm 范围内出现多条细微裂缝，B 表面沿左上角右下角对角线方向也出现细微裂缝；当荷载稍过峰值后，D 面两个部位的裂缝均向试件中部扩展，B 面沿左上角右下角对角线方向裂缝增加，发生明显局部竹纤维弯曲和错位。继续加载，B 面和 D 面沿另外一条对角线方向也开始出现明显裂缝及竹纤维弯曲和错位现象，并且 A 面和 C 面靠近顶面和底面的竹纤维均发生外凸。从加载仪器上取下试件，发现顶面和底面均出现开裂。从图 3 试件 1-100-6 的最终破坏图可看出，试件主要发生以局部纤维弯曲为主的破坏，并且套箍效应沿着 A 面、C 面方向表现较明显。

3.2 横纹方向 I

选取典型试件 2-100-1 描述其破坏过程如图 4 所示。加载初期，同顺纹方向受压类似，材料基本处于弹性状态，试件表面无任何明显现象；随着荷载增加，试件由弹性阶段逐步进入弹塑性阶段，试件表现

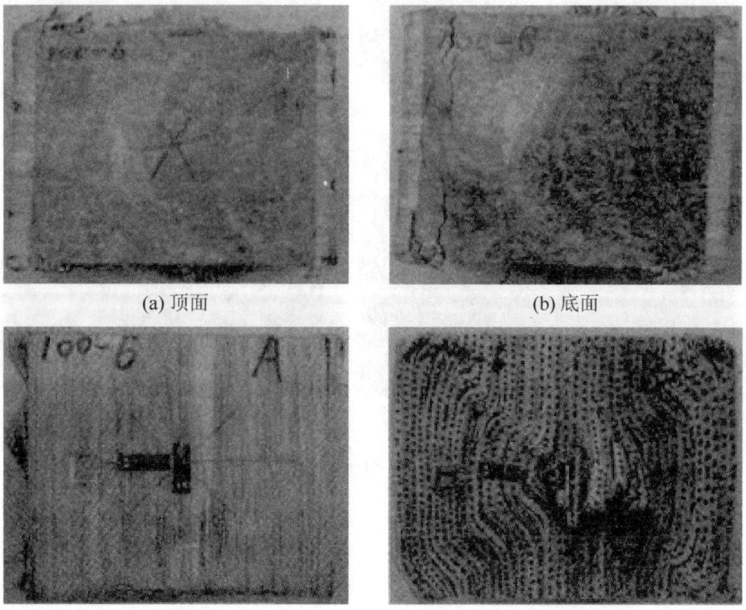

(a) 顶面　(b) 底面

(c) A面　(d) B面

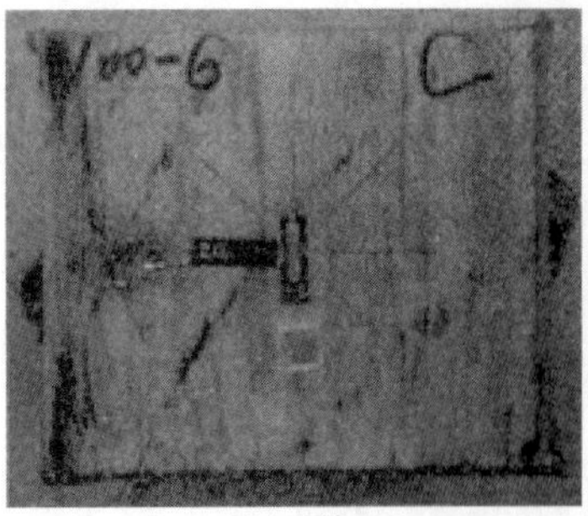

(e) C面

(f) D面

图 3　顺纹受压典型破坏形态（1-100-6）

出一定的塑性变形，刚度有所降低，变形渐趋明显；当荷载增加至极限承载力 90%左右时，试件 D 面距底边 30mm 左右位置开始出现细微裂缝，A 面右上角和 C 面左上角也出现细微裂缝；当荷载增加至极限承载力附近时，A 面和 C 面沿对角线出现的裂缝开始增大并向侧面中心发展，从 D 面可看到明显开裂；继续加载，D 面首先出现裂缝的地方，竹纤维向外翘出，B 面下部分距底边大约 20～30mm 以内出现明显开裂，A 面左上角、左下角及右下角对角线附近均出现明显开裂，并向试件侧面中心发展。最后，试件发生过大轴向变形（大于 15mm）的情况下停止加载。从加载仪器上取下试件，发现顶面和底面也出现明显开裂。从试件 2-100-1 的最终破坏图可以看出，顶部和底部的加载板对试件 B 面、D 面方向有明显的套箍效应。

(a) 顶面

(b) 底面

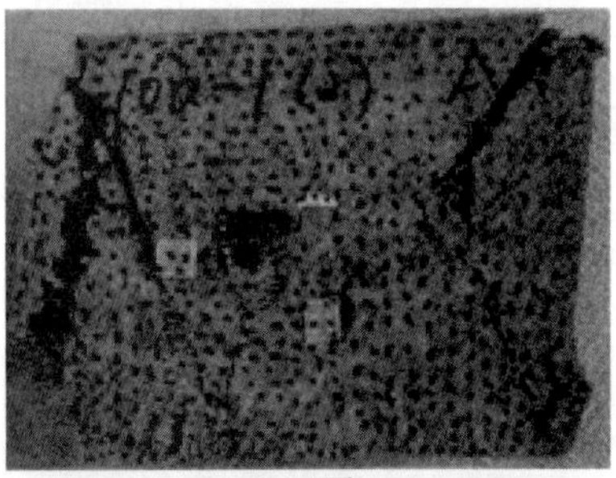

(c) A面

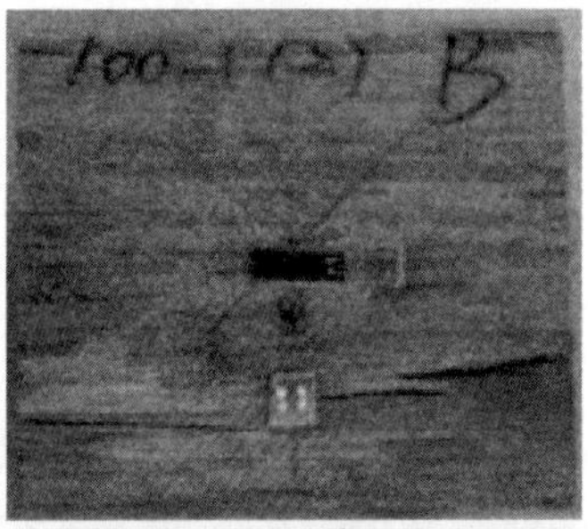

(d) B面

(e) C面

(f) D面

图 4　横纹受压 I 典型破坏形态（2-100-1）

3.3　横纹方向 II

选取典型试件 3-100-4 描述如图 5 所示。加载初期，同前述类似，材料基本处于弹性状态；随着荷载的增加，试件由弹性阶段进入弹塑性阶段，试件表现出一定的塑性变形，刚度有所降低，变形渐趋明显；当荷载增加至极限承载力 90%左右时，A 面左上角和 C 面右上角附近开始出现细微裂缝；当荷载增加至极限承载力附近时，A 面左上角和 C 面右上角沿对角线出现的裂缝开始增大并向侧面中心发展，同时 A 面右下角和 C 面左下角也出现明显裂缝，D 面顶边附近可看到明显开裂；继续加载，D 面顶边部分竹纤维向外翘出，A 面左下角和 C 面右下角附近也出现明显裂缝，并且 A 面和 C 面对角线方向的裂缝均向试件侧面中心发展。最后，试件发生过大轴向变形（大于 15mm）的情况下停止加载。从加载仪器上取下试件，发现顶面和底面与 B 面和 D 面交接的边附近也出现明显开裂。从试件 3-100-4 的最终破坏图可看出，顶部和底部的加载板对试件 B 面、D 面方向有明显的套箍效应。

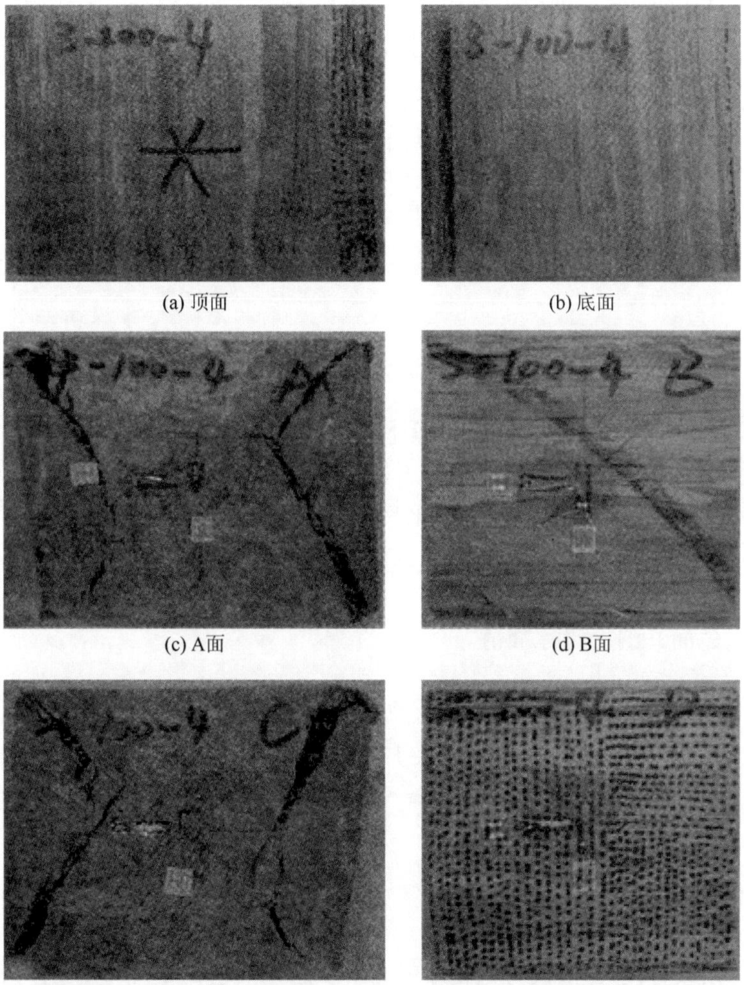

(a) 顶面　(b) 底面

(c) A面　(d) B面

(e) C面　(f) D面

图 5　横纹受压 II 典型破坏形态（3-100-4）

4　综 合 分 析

4.1　抗压强度对比

重组竹顺纹方向、横纹方向I、横纹方向II的抗压强度平均值分别为 65.0、24.9、21.3MPa，标准偏差分别为 3.87、1.55、1.34MPa，变异系数分别为 0.0596、0.0624、0.0629，具有 95%保证率的强度特征值为 58.7、22.3、19.1MPa。很明显，竹材顺纹方向抗压强度最大，但是同另外两个方向相比，其试验结果的离散性较大；横纹方向I的抗压强度比横纹方向II的抗压强度要大。基于试验结果 3 个方向的抗压强度标准值关系式可以用式（1）、式（2）和式（3）表示，其中 f_{sck}、f_{hIck}、f_{hIIck} 分别为顺纹、横纹方向I、横纹方向II对应的抗压强度标准值。

$$f_{sck} = 2.63 f_{h\mathrm{I}ck}, \tag{1}$$

$$f_{sck} = 3.07 f_{h\text{II}ck}, \tag{2}$$

$$f_{h\text{II}ck} = 0.857 f_{h\text{I}ck}. \tag{3}$$

4.2　弹性模量对比

重组竹顺纹方向、横纹方向I、横纹方向II的弹性模量平均值分别为 11 717.5、845.1、1615.6MPa，标准偏差分别为 869.2、81.0、97.9MPa，变异系数分别为 0.0742、0.0959、0.0606，其具有 95%保证率的强度特征值为 10 287.7、711.9、1454.5MPa。同抗压强度类似，顺纹方向弹模最大并且离散性较大；同抗压强度不同的是，横纹方向II的弹模比横纹方向I的弹模要大。基于试验结果，3 个方向的弹性模量标准值关系式可以用式（4）、式（5）和式（6）表示，其中 E_{sck}、E_{hIck}、E_{hIIck} 分别为顺纹、横纹I、横纹II对应的弹模标准值。

$$E_{sck} = 14.45 E_{h\text{I}ck}, \tag{4}$$

$$E_{sck} = 7.07 f_{h\text{II}ck}, \tag{5}$$

$$E_{h\text{II}ck} = 2.04 f_{h\text{I}ck}. \tag{6}$$

4.3　A 面（C 面）泊松比对比

重组竹顺纹、横纹I、横纹II的 A 面（C 面）泊松比平均值分别为 0.313、0.139、0.232，标准偏差分别为 0.079、0.028、0.067，变异系数分别为 0.253、0.203、0.289，具有 95%保证率的强度特征值为 0.182、0.092、0.122。同弹模类似，顺纹 A 面（C 面）泊松比最大并且具有较大离散性；横纹II的 A 面（C 面）泊松比比横纹I的 A 面（C 面）泊松比要大，但离散性也较大。基于试验结果，3 个方向的 A 面（C 面）泊松比标准值关系式可以用式（7）、式（8）和式（9）表示，其中 v_{sckAC}、v_{hIckAC}、$v_{hIIckAC}$ 分别为顺纹、横纹I、横纹II对应的 A 面（C 面）泊松比标准值。

$$v_{sckAC} = 1.98 v_{h\text{I}ckAC}, \tag{7}$$

$$v_{sckAC} = 1.49 v_{h\text{II}ckAC}, \tag{8}$$

$$v_{h\text{II}ckAC} = 1.33 v_{h\text{I}ckAC}. \tag{9}$$

4.4　B 面（D 面）泊松比对比

重组竹顺纹方向、横纹方向I、横纹方向II的 B 面（D 面）泊松比平均值分别为 0.356、0.031、0.058，标准偏差分别为 0.117、0.0078、0.0094，变异系数分别为 0.328、0.253、0.163，其具有 95%保证率的强度特征值为 0.164、0.018、0.042。同 A 面（C 面）泊松比类似，顺纹方向 B 面（D 面）泊松比最大并且具有较大离散性；横纹方向II的 B 面（D 面）泊松比比横纹方向I的 B 面（D 面）泊松比要大。基于试验结果，3 个方向的 B 面（D 面）泊松比标准值关系式可以用式（10）、式（11）和式（12）表示，其中 v_{sckBD}、v_{hIckBD}、$v_{hIIckBD}$ 分别为顺纹、横纹方向I、横纹方向II对应的 B 面（D 面）泊松比标准值。

$$v_{sckBD} = 9.11 v_{h\text{I}ckBD}, \tag{10}$$

$$v_{sckBD} = 3.9 v_{h\text{II}ckBD}, \tag{11}$$

$$v_{h\text{II}ckBD} = 1.33 v_{h\text{I}ckBD}. \tag{12}$$

所有试件 3 个方向的抗压强度、弹性模量、泊松比的对比图见图 6～图 9。由表 1 及图 6～图 9 可明显看出，3 个方向相比，不管是抗压强度，还是弹性模量和泊松比，均是顺纹方向的实测值最大，但是顺纹方向数据离散性较大；两个横纹方向相比，横纹方向I的抗压强度稍大于横纹方向II的抗压强度，但是横纹方向II的弹性模量和泊松比均比横纹方向I对应的值要大。

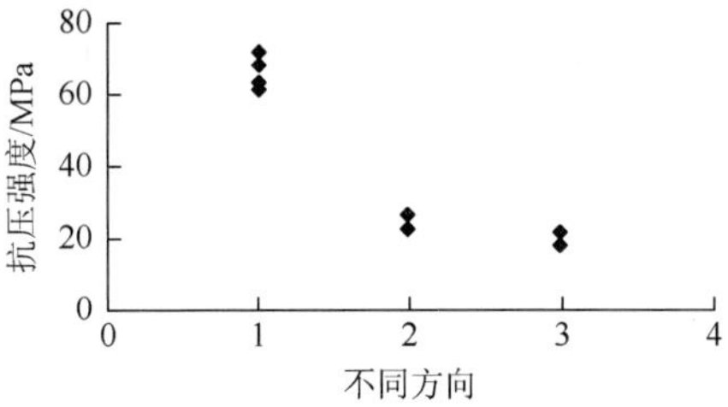

图 6　抗压强度比较

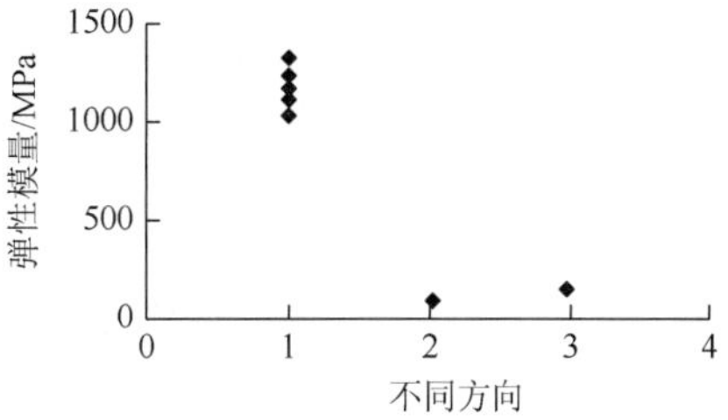

图 7　弹性模量比较

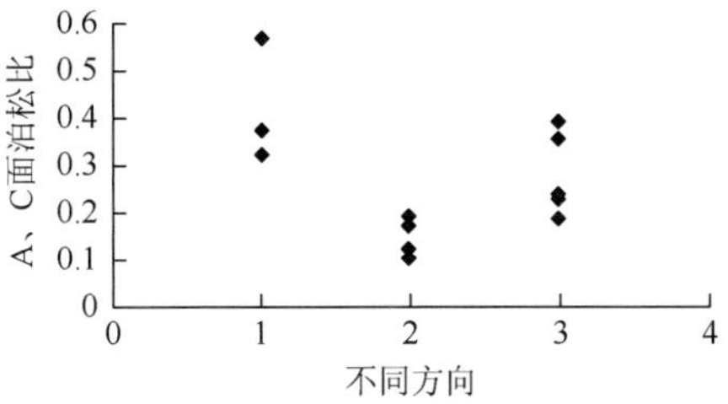

图 8　A、C 面泊松比对比

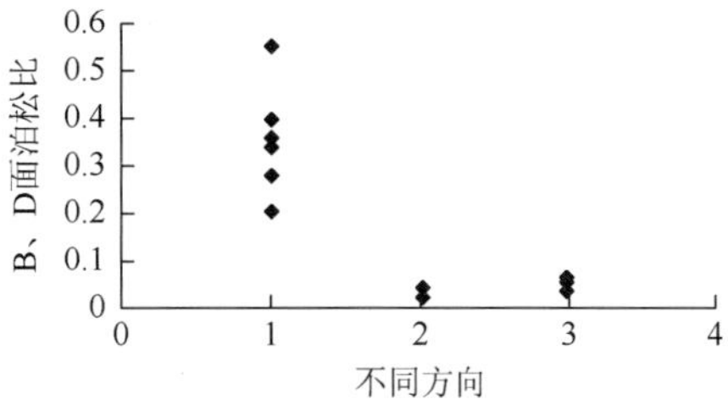

图 9　B、D 面泊松比对比

4.5　典型荷载轴向变形曲线对比

典型荷载-位移曲线对比见图 10。由图 10 可看出，沿 3 个方向的破坏过程类似，均经历弹性阶段、弹塑性阶段、塑性阶段和破坏阶段；但是对于破坏阶段，顺纹方向受压破坏和两横纹方向受压破坏有区别。顺纹方向的破坏阶段可以分为荷载下降阶段、荷载残余阶段，荷载轴向变形曲线在变形为 4mm 左右进入下降段；两横纹方向的破坏阶段荷载虽有下降，但较少，且随着加载的继续，变形增加明显，荷载降低很少或基本保持不变。两横纹方向的试件，一直到加载结束都没出现明显下降段。另外，顺纹荷载轴向变形曲线弹性阶段的斜率最大，横纹II对应的斜率其次，横纹I对应的斜率最小；同样荷载增量下，顺纹方向产生的变形最小，横纹II其次，横纹I最大，这说明顺纹方向的弹性模量最大，横纹II其次，横纹I最小，同实测结果保持一致。

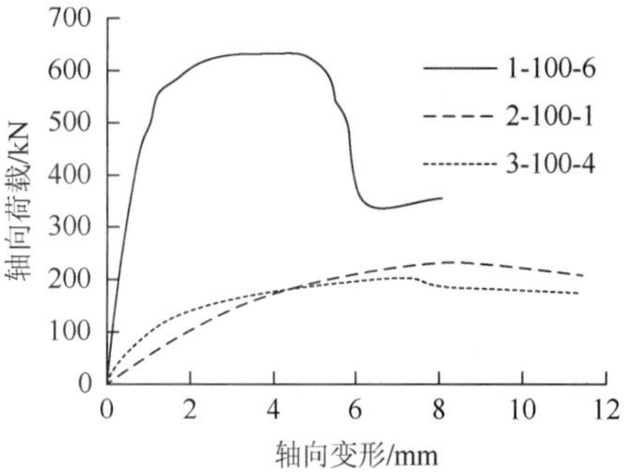

图 10　典型荷载-位移曲线对比

5　结　　论

（1）沿 3 个方向的受压破坏过程均经历弹性阶段、弹塑性阶段、塑性阶段和破坏阶段。顺纹方向受压破坏阶段还可分为荷载下降阶段、荷载残余阶段；对于两个横纹方向，破坏阶段荷载虽均有下降，但下降较少，且随着加载的继续，变形增加明显，荷载降低很少或基本保持不变。

（2）整体上讲，沿着 3 个方向加载，试件的最终破坏形态比较接近，均为强度破坏，都出现沿对角线方向的主裂缝。

（3）顺纹方向的实测抗压强度、弹性模量和泊松比值最大，但是顺纹方向数据的离散性较大；横纹方向I的抗压强度稍大于横纹方向II的抗压强度，但是横纹方向II的弹性模量和泊松比均比横纹方向I对应的值要大。

（4）基于试验结果，给出了各个方向抗压强度、弹性模量和泊松比相互之间对应的关系。

参 考 文 献

[1]　李海涛，苏靖文，张齐生，等. 侧压竹材集成材简支梁力学性能试验研究. 建筑结构学报，2015，36（3）：121-126.

[2]　苏靖文，李海涛，杨平，等. 竹集成材方柱墩轴压力学性能. 林业科技开发，2015，29（4）：45-49.

[3]　陈国，张齐生，黄东升，等. 胶合竹木工字梁受弯性能的试验研究. 湖南大学学报（自然科学版），2015，42（5）：72-79.

[4]　苏靖文，吴繁，李海涛，等. 重组竹柱轴心受压试验研究与分析. 中国科技论文，2015，10（1）：39-41.

[5]　李海涛，苏靖文，张齐生. 竹材重组材柱偏心受压试验研究与分析.

[6]　张俊珍，任海青，钟永，等. 重组竹抗压与抗拉力学性能的分析. 南京林业大学学报（自然科学版），2012，36（4）：107-111.

[7] 魏洋，骆雪妮，周梦倩. 纤维增强竹梁抗弯力学性能研究. 南京林业大学学报（自然科学版），2014，38（2）：11-15.

[8] 魏万姝，覃道春. 不同竹龄慈竹重组材强度和天然耐久性比较. 南京林业大学学报（自然科学版），2011，35（6）：111-115.

[9] 关明杰，朱一辛，张心安. 重组木与重组竹抗弯性能的比较. 东北林业大学学报，2006，34（4）：20-21.

[10] 吴秉岭，余养伦，齐锦秋，等. 竹束精细疏解与炭化处理对重组竹性能的影响. 南京林业大学学报（自然科学版），2014，38（6）：115-120.

[11] 秦莉. 热处理对重组竹材物理力学及耐久性能影响的研究. 北京：中国林业科学研究院，2010.

[12] Li H　T，Zhang Q S，Huang D S. Compressive performance of laminated bamboo. Composites part B：engineering. 2013，54（1）：319-328.

[13] Li H T，Su J W，Zhang Q S. Mechanical performance of laminated bamboo column under axial compression. Composites part B：engineering. 2015，79：374-382.

[14] Kim Y J，Motoaki O T Y. Study on sheet material made from zephyr strands V：Properties of zephyr strand board and zephyr strand lumber using the veneer of fast-growing species such as poplar. Journal of wood science，1998，44（1）：438-443.

[15] 中华人民共和国住房和城乡建设部. GB/T50329—2012 木结构试验方法标准. 北京：中国建筑工业出版社，2012.

3 种竹材重组材耐老化性能比较

黄小真　蒋身学　张齐生

（南京林业大学竹材工程研究中心　南京　210037）

摘　　要

竹材重组材生产工艺简单、产品性能好、用途广，近年发展迅速。本文采用欧洲标准 BSEN1087—1 人工加速老化方法对冷压、热压、炭化热压三种工艺生产的竹材重组材进行了耐老化性能测试，并对测试数据进行分析、比较。结果表明：热压炭化竹材重组材老化前后的 24h 吸水率、24h 吸水厚度和宽度膨胀率均低于其他两种工艺生产的竹材重组材；热压炭化材与热压材耐老化处理后的弹性模量、静曲强度下降趋势和下降幅度差异不大，冷压材下降幅度最大；3 种板材老化过程中内结合强度的变化情况差别不很明显，下降趋势和下降幅度基本一致。

关键词： 竹材重组材；BS EN1087—1 老化方法；耐老化性能

Abstract

Parallel bambo sliver lumber (PBSL) has been newly developed for its simple process, excellent properties, and various uses. In this paper, the aging resistant performance of three sorts of parallel bamboo sliver lumber that was produced with different processes, i. e. cold pressing, hot pressing, and hot pressing after heat-treated, were tested according to European standard BS EN1087—1, compared and analyzed. Results indicated that the 24h absorbing and 24h swelling ratios in both thickness and width of parallel bamboo sliver lumber made by heat-treated hot-pressing after being aging resistant tested are obviously less than that of the specimens by cold and hot pressing processes; the downtrend and declining extent of MOE and MOR of specimens made by heat-treated hot pressing and hot pressing are almost the same，but those of cold pressing specimens reduce largely after tested. The reduction of IB of specimens made by 3 processes is approximately the same.

Keywords: Parallel bamboo sliver lumber; BS EN1087—1 accelerated aging method; Aging resistant performance

竹材重组材是指将竹材经截断、剖条、去青、去黄、剖篾、加缝辊压、干燥、浸胶、竹篾同一纤维方向组坯后经压制胶合而成的一种新型竹材人造板，具有强度高、厚度尺寸大、纹理美观的特点。它突破了传统的切削加工方式，为竹材的综合利用开辟了一条新的利用途径[1]，因此，竹材重组材生产工艺优化、新型加工设备研制等成为竹材加工行业的研究热点。

目前市场上存在 3 种不同工艺的竹材重组材，即：冷压竹材重组材、热压竹材重组材、炭化热压竹材重组材。所谓冷压竹材重组材，即浸胶干燥后竹篾装入钢制模具内，在不加热的状态下以很高的压力将竹篾压至需要的密度，并用螺栓固紧保持压紧状态，再送入高温烘房使胶黏剂固化；热压和炭化热压竹材重组材均采用热压机热压胶合，不同之处是炭化热压竹材重组材的竹篾在浸胶之前先进行高温热处理，然后再用热压法生产。

材料和产品的使用寿命是材料研究者和使用者共同关心的问题。对于任何一种新产品，人们都希望通过加速的方法在实验室用较短时间获得的试验数据预测，估算材料和产品的寿命[2]。近年来随着开发研究的不断深入，多学科间的交融渗透和新技术及新方法的不断涌现，促进了人造板耐老化性能研究的快速发展[3]。

本文原载《林业工程学报》2010 年第 24 卷第 2 期第 55-57 页。

本试验采用欧洲标准 BS EN1087-1 人工加速老化方法对 3 种生产工艺（冷压、热压、炭化热压）制造的竹材重组材进行老化处理，测试、分析试样老化后各项性能，比较不同生产工艺竹材重组材耐老化性能。

1　材料与方法

1.1　材料

竹材重组材直接由浙江 3 家工厂供给，原材料均为毛竹。试验用板材分别为冷压、热压、炭化热压 3 种加工方式，胶黏剂均为酚醛树脂。其生产工艺参数为：冷压法单位压力 68MPa，高温烘房温度 120℃，保温时间 8h，热堆放 15 天；两种热压法产品单位压力 8.0MPa 左右，温度 135～145℃，时间 1.1min/mm 板坯。3 种板材锯切成厚度 20mm、宽度 43～56mm 的试件，每种材料共 24 个试件。

1.2　方法

根据欧洲标准 BS EN1087—1 加速老化试验标准进行老化试验，其操作要点如下[4]：

（1）水浸泡及升温，在 1.5h 内水温由 $t = 20$℃升至 100℃；

（2）沸水煮（100℃）2h；

（3）即刻放入冷水中（$t = 20$℃）冷却 1～2h。

为了比较老化处理过程中的物理力学性能变化，将试验过程划分为 4 个阶段：①水浸泡及升温 1.5h；②沸水煮 1h，水温 100℃；③沸水煮 1h，水温 100℃；④水中冷却浸泡 1～2h，水温 20℃。每阶段处理后取出 6 个试件，进行调质处理后，按照国家标准 GB/T 17657—1999[5]进行检测，检测指标包括 24h 吸水率、24h 吸水厚（宽）度膨胀率、弹性模量、静曲强度、内结合强度。

2　结果与分析

2.1　老化前后板材的吸水性能

竹材重组材老化试验前后吸水性能的变化见表 1。

表 1　老化前后板材吸水性能变化

处理	指标	冷压板材	热压板材	炭化热压板材
老化前	密度/(g/cm^3)	1.22	1.27	1.15
	浸水前厚度/m	20.36	20.18	20.29
	浸水后厚度/m	20.61	20.36	20.43
	浸水前宽度/m	42.74	53.04	56.61
	浸水后宽度/m	43.09	53.36	56.88
	24 h 吸水率/%	9.66	5.87	2.57
	24h 吸水厚度膨胀率/%	1.25	0.86	0.68
	24h 吸水宽度膨胀率/%	0.83	0.60	0.47
老化后	浸水前厚度/m	20.34	20.38	20.27
	浸水后厚度/m	21.59	21.02	20.79
	浸水前宽度/m	49.17	49.26	54.84
	浸水后宽度/m	50.19	50.12	55.67
	24h 吸水率/%	11.29	7.64	6.26
	24h 吸水厚度膨胀率/%	6.13	3.14	2.56
	24h 吸水宽度膨胀率/%	2.07	1.75	1.51

注：所有试件均在吸水性能测试前进行了 48h 调质处理（$t = 20 \pm 3$℃、$R_H = 65\% \pm 1\%$）；表中数据为每 6 个试件的平均值。

从表 1 可以看出，经过 BS EN1087—1 人工加速老化处理后，3 种板材中冷压板材的吸水率及尺寸变化均为最大，热压板材其次，炭化热压板材最小。无论哪一种板材，都是厚度方向上的尺寸变化较大，宽度方向上的尺寸变化较小。将 3 种板材老化过程中，各阶段的试件进行 24h 吸水厚度和宽度膨胀率以及 24h 吸水率数据转化成易于分析的直观图，如图 1～图 3 所示。

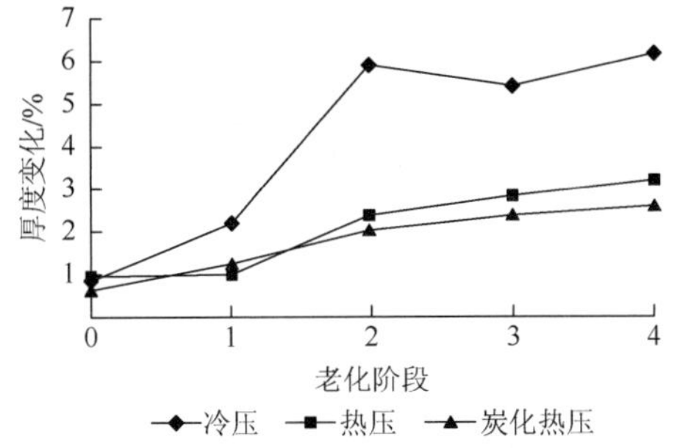

图 1　老化处理中试件 24h 吸水厚度膨胀率变化

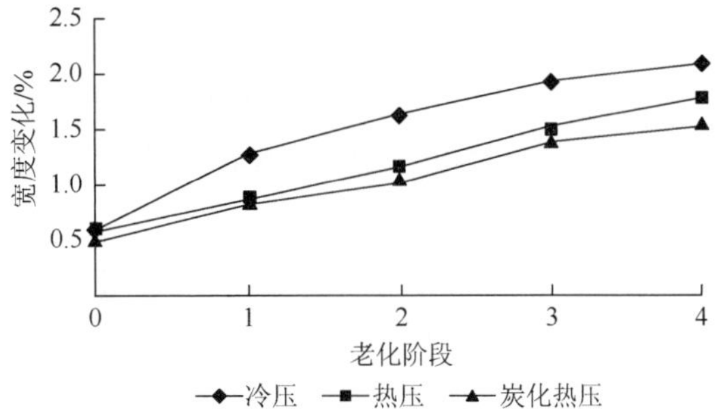

图 2　老化处理中试件 24h 吸水宽度膨胀率变化

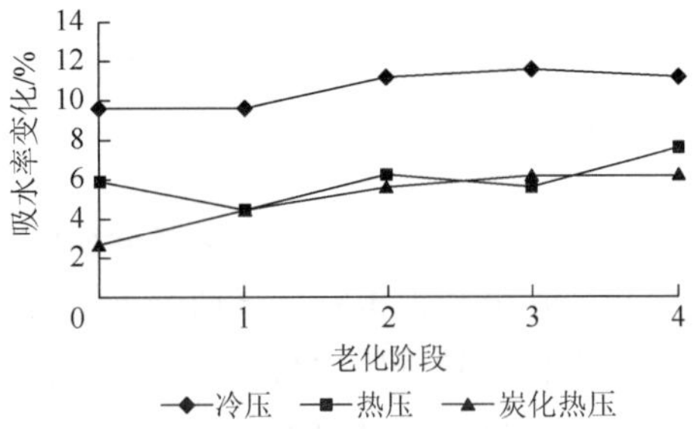

图 3　老化处理中试件 24h 吸水率变化

可以看出，3 种板材吸水性和尺寸变化在老化第二、三阶段（水煮阶段）较为严重，不同板材之间性能区别主要表现在这两个阶段。总的来看，冷压板材的吸水及尺寸膨胀在各阶段变化幅度较大，热压板材次之，炭化热压板材最小。可能的原因是在热处理（炭化）过程中，竹材细胞壁中的高分子聚合物发生了变化，导致 OH 键之间彼此横向联结，或者 OH 键被非亲水性基团所取代，此外，热处理分解了大部分半纤维素，降低了微纤丝非结晶区，因此热处理材的尺寸稳定性得到提高。而冷压板是在高压力条件件形成的，存在细胞压溃现象，导致局部胶接点减少，吸水性未得到改善。

2.2　老化前后板材的力学性能

竹材重组材老化试验前后力学性能的变化见表 2。

表 2　老化前后板材力学性能的变化情况

处理	力学性能	冷压板材	热压板材	炭化热压板材
老化前	弹性模量/MPa	13 579	14 833	13 250
	静曲强度/MPa	130	129	122
	内结合强度/MPa	3.38	3.47	3.29
老化后	弹性模量/MPa	8700	11 450	9900
	静曲强度/MPa	81	92	86
	内结合强度/MPa	1.09	1.54	1.38

注：所有试件均在吸水性能测试前进行了 48h 调质处理（$t=20\pm3$℃、$R_H=65\%\pm1\%$）。表中数据为每 6 个试件的平均值。

3 种板材的力学性能均随着老化阶段的推移而逐渐下降。由表 2 数据可以看出，冷压板材老化处理后的弹性模量、静曲强度和内结合强度值均最小；热压板材老化处理后的力学性能值最大。将板材在老化过程中各个阶段的力学性能值分别转化成为直观分析图，可以清楚地比较 3 种板材在老化过程中力学性能的下降程度及下降速度（图 4～图 6）。

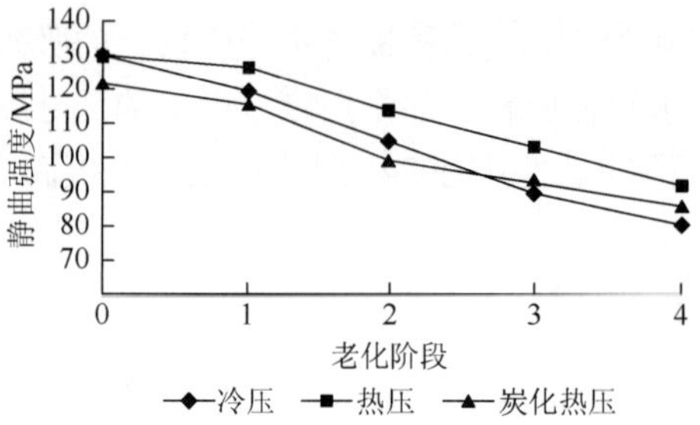

图 4 老化过程中静曲强度变化

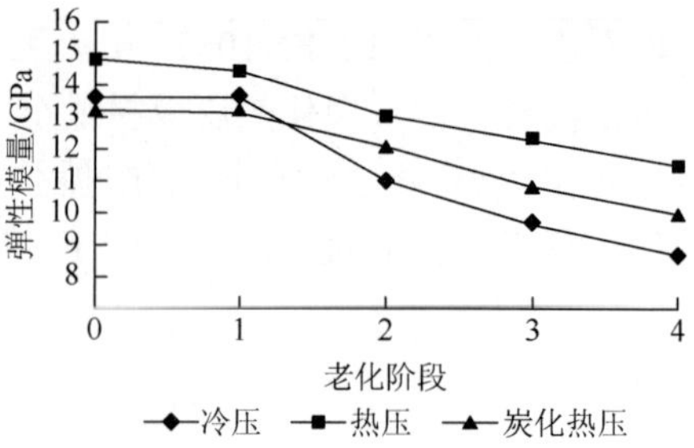

图 5 老化后弹性模量

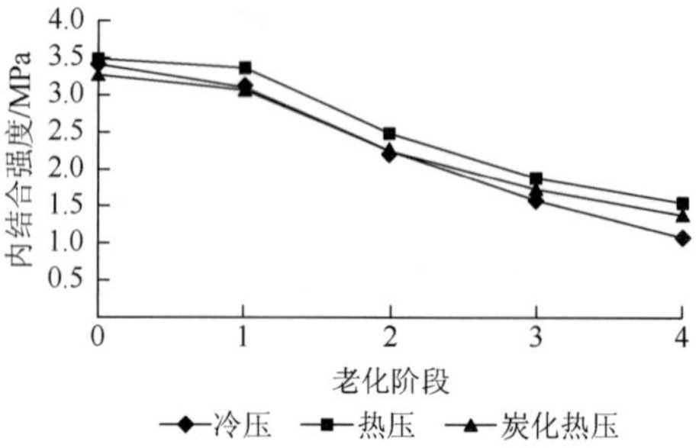

图 6 老化过程中内结合强度变化

可以看出，从老化处理各阶段来看，冷压板材的弹性模量和静曲强度折线明显呈下降程度最大、下降速度也最快的态势，热压板材与炭化热压板材弹性模量和静曲强度折线从斜率来看差别不大，但炭化热压板材老化处理前后的弹性模量和静曲强度值均较热压板材低；3 种板材老化过程中内结合强度的变化情况差别不很明显，下降趋势和下降幅度基本一致，但总的来看，仍然是老化处理后的冷压板材的内结合强度最小。究其原因，是因为冷压板生产时采用了非常高的压力，使竹材细胞及胞间发生塌陷，老化处理时，这些薄弱部位首先损失强度，从而导致弹性模量、静曲强度和内结合强度下降程度大于热压板。

3 结 论

（1）3 种竹材重组材中冷压板材的吸水率及尺寸变化均为最大，热压板材其次，炭化热压板材最小，无论哪一种板材，都是厚度方向上的尺寸变化较大，宽度方向上的尺寸变化较小，竹篾热处理后再热压胶合的炭化热压板材的尺寸稳定性最好，冷压板材最差。

（2）冷压板材的弹性模量和静曲强度折线明显呈下降程度最大、下降速度也最快的态势，热压板材与炭化热压板材弹性模量和静曲强度折线从斜率上看来差别不大，但炭化热压板材老化处理前后的弹性模量和静曲强度值均较热压板材要低；3 种板材老化过程中内结合强度的变化情况差别不很明显，下降趋势和下降幅度基本一致，但总的来看，仍然是冷压板材的内结合强度最小，热压板材的内结合强度最好，炭化热压板材居中。在竹材高温处理过程中，大量半纤维素和部分木素降解，使竹材某些力学性能有所下降。但由于炭化后竹材平衡含水率低，使用时的含水率也较低，所以适宜的炭化处理温度可以提高炭化材使用时的抗弯弹性模量和抗压强度[6]。

参 考 文 献

[1] 李琴，华锡奇，戚连忠. 重组竹发展前景展望. 竹子研究汇刊，2001，(1)：76-80.

[2] 许凤和，李晓俊，陈新文. 复合材料老化寿命预测技术中大气环境当量的确定. 复合材料学报，2001，18 (2)：93-96.

[3] 张双保，周宇，周海滨，等. 木质复合材料用基体耐老化性研究现状. 建筑人造板，2001，(1)：27-30.

[4] British Standard：Particleboards determination of moisture resistance. BS EN1087—1：1995.

[5] 中国林业科学研究院木材工业研究所. GB/T17657—1999 人造板及饰面人造板理化性能试验方法. 北京：中国标准出版社，1999.

[6] 顾炼百，涂登云，于学利. 炭化木的特点及应用. 中国人造板，2007，(5)：30-37.

新型 FRP-竹-混凝土组合梁的力学行为

魏洋[1,2] 吴刚[2] 李国芬[1] 张齐生[1] 蒋身学[1]

（1 南京林业大学土木工程学院 南京 210037；

2 东南大学混凝土及预应力混凝土结构教育部重点实验室 南京 210096）

摘 要

提出一种新型 FRP-竹-混凝土组合结构，其由 FRP、竹材及混凝土组合而成，混凝土与竹材通过连接件连接。对采用销钉型连接件的 FRP-竹-混凝土组合梁的力学行为进行试验研究。研究结果表明：混凝土-竹材的界面表现出一定的滑移，FRP-竹-混凝土组合梁为一种部分组合结构，组合梁因底部竹材纤维拉断而达到极限承载力，FRP 筋因失去外部竹材包裹黏结而退出工作，FRP 筋达不到极限强度，相对于对比竹梁，极限荷载 P_{max} 提高 1.84～2.06 倍，对应挠度限值 $L/250$ 的荷载 $P_{L/250}$ 提高 3.33～3.82 倍，承载力和刚度得到大幅度的提高，新型组合梁的力学性能介于完全组合和无组合之间，可通过组合效率系数 E 定量反映，为减小或避免混凝土承受拉力，应尽量保证组合梁截面中性轴接近竹-混凝土组合界面。

关键词： 竹结构；FRP-竹-混凝土；组合结构；力学行为

Abstract

A new type of FRP-bamboo-concrete composite structures (FBCCS) was proposed, which is composed of FRP, bamboo and concrete. Concrete and bamboo were connected by connectors. The mechanical behavior of FBCCS with dowel type connections was investigated by testing and analysis. The results indicate that FBCCS are subject to a certain slip at the concrete-bamboo interface and the response of FBCCS was partially composite structures. The ultimate bearing capacity is achieved when the fracture in tension of bottom bamboo fiber occurs. The ultimate strength of FRP reinforcement is not obtained due to the bond loss of the external wrapped bamboo materials. The ultimate load P_{max} enhances by 1.84 to 2.06 times and the load $P_{L/250}$ corresponding midspan deflection of $L/250$ increases by 3.33 to 3.82 times compared with those of the bamboo beam. The carrying capacity and cross-sectional rigidity are significantly improved. The mechanical performance of the novel composite beams is intermediate between those of full-composite and non-composite structures, and the composite efficiency can be estimated by the parameter E. In order to reduce or avoid concrete subjected to tensile stresses, the neutral axis of the composite cross-section should be designed to approach the bamboo-concrete interface.

Keywords: Bamboo structures; FRP-bamboo-concrete; Composite structures; Mechanical behaviour

竹材是当前节能环保的生物质绿色材料的重要品种之一，是一种天然有机体，具有强度高、质量小、可再生和环境友好的特点[1-4]。我国的竹材工业化的水平和规模均居世界领先地位，先后开发了竹编胶合板、竹帘胶合板、竹材集成材、竹材层积材、竹材重组材等多种竹质工程材料，产品品种已经系列化和标准化[5-7]。江泽慧等[8]对结构用竹集成材物理力学性能进行了研究，竹集成材的水平剪切强度、静曲强度以及弹性模量等力学性能非常优越，水平剪切强度明显优于桉树、马尾松、落叶松、杨木、思茅松共 5 种层积材。陈绪和等[9]对竹胶合梁的制造工艺进行了研究，并报道了 2004 年建成的第一所用竹材制作的云南省屏边小学校舍，该校舍的屋架、屋顶板和内外墙板均为竹集成材和竹胶合板制成，这是竹人造板材首次作为结构材用于建筑，实现了竹材从天然传统建筑材料向现代工程建筑材料的转变，扩大了竹材在建筑领域的应用范

本文原载《中南大学学报（自然科学版）》2014 年第 45 卷第 12 期第 4384-4392 页。

围。肖岩等[10, 11]研制了装配式竹结构过渡安置房，所用的主要材料为竹胶合板，该结构具有施工速度快、保温隔热效果好、造价低廉等优点，适合抗震救灾所需的过渡安置房。Li 等[12]提出了将竹材人造板与冷弯薄壁型钢复合成楼板、墙体、梁、柱等钢-竹组合构件，以发挥钢和竹两种材料的优势。魏洋等[13]采用梁柱结构体系，实现了竹结构的快速集成装配施工。既有研究表明竹结构具有绿色、生态、环保、低碳的优良品质，尤其在近年倡导节能、低碳的背景下，竹结构的发展对于形成新的结构体系，降低结构的能耗具有显著意义[1-4]。然而，普通竹结构存在截面刚度低、承载与跨越能力有待提高等问题，针对这些不足，本文作者提出一种新型 FRP-竹-混凝土组合结构[14]，通过 3 根 FRP-竹-混凝土组合梁和 1 根对比竹梁的抗弯试验，研究新型 FRP-竹-混凝土组合梁的力学行为。

1　FRP-竹-混凝土组合结构

本文提出的新型 FRP-竹-混凝土组合结构如图 1 所示，基本原理如下[14]：FRP 材料布置于截面下部，对截面受拉区增强，利用 FRP 较高的抗拉强度和弹性模量提高构件的承载力与刚度，混凝土布置于截面上部，对受压区增强，利用混凝土较高的抗压能力，增加原竹结构的截面惯性矩，大幅度提高截面刚度，竹材具有较高的强重比、较好的弹性与韧性及加工性能，通过竹材将 3 种材料组合为一体，充分发挥各自的长处，提高竹材构件对建筑结构的适用性与经济性。新型 FRP-竹-混凝土组合结构具有以下应用优点：

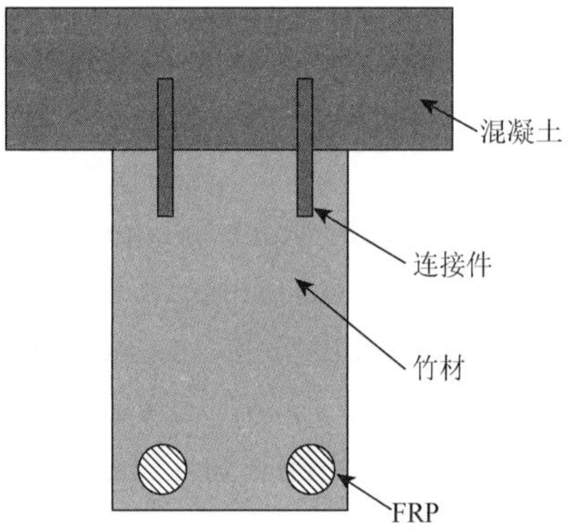

图 1　新型 FRP-竹-混凝土组合结构概念图

（1）大幅度地提高了原竹结构的截面惯性矩，从而有效提高了原竹结构的刚度，彻底改变竹结构受弯构件刚度控制设计的不利局面，克服了纯竹结构容易振动问题。

（2）采用混凝土作为新型组合结构的受压区，充分利用混凝土抗压能力强的特点，用竹材作为组合结构的主体，其具有自重小、承载力大、刚度大、抗扭能力强、延性好等优点。

（3）不改变原有竹结构的相关优点，如：生态性、易加工、易于工业化生产等。相对于混凝土结构、钢结构等传统结构，具有较大的单位重量承载力，其生产与加工过程环境污染小，能耗低，降低了钢材需求，相对于竹结构，承载能力大，跨越能力强，延性和自恢复能力好，经济效益更好。

2　FRP-竹-混凝土组合梁的足尺试验

2.1　制作工艺与材料性能

FRP-竹-混凝土组合梁涉及竹材、FRP、混凝土等几种材料，竹材采用性能较好的竹材重组材。在竹材压制过程中，将 FRP 材料加入竹材组坯内，并将 FRP 材料定位后临时固定，竹材浸胶采用酚醛树脂胶，FRP 材料浸胶选用性能较好的环氧树脂，以保证 FRP 材料与竹材之间可靠的黏结力，对含 FRP 材料的竹坯压制固化后，进行尺寸加工即完成 FRP 增强竹梁的制作，随后，在 FRP 增强竹梁的顶部进行钻孔，植入连接件，以实现竹梁与混凝土部分的组合，最后在竹梁的顶部绑扎构造钢筋、浇筑混凝土。

本文试验中，FRP-竹-混凝土组合梁的整个截面形状呈 T 形，如图 2 所示，竹材位于下部，混凝土位于上部受压区，试件竹梁部分尺寸为 106mm×160mm×1870mm；FRP 采用 GFRP 筋，GFRP 筋截面中心距离底面 20mm，混凝土采用 C30 细石混凝土，混凝土翼缘宽度 300mm，厚度 100mm，混凝土内设置 ϕ6@150 的箍筋和 4ϕ8 的纵筋，纵筋和箍筋为Ⅰ级 Q235 钢筋。连接件采用销钉型，具体为 L 形 ϕ8 钢筋后植入，如图 3 所示，总长 120mm，植入竹梁深度 50mm，外露 35mm，垂直 90°弯钩 35mm，弯钩部分指向竹梁中轴线，间距 50mm，左右呈梅花形布置，连接件采用植筋胶后植入。试件的竹材重组材的力学性能实测如下：抗拉强度为 126.7MPa，抗压强度为 65.1MPa，足尺试件实测弯曲弹性模量为 11.9GPa；GFRP 筋的弹性模量为 31.2GPa，强度为 723.5MPa，混凝土立方体抗压强度为 37.1MPa，圆柱体抗压强度为 25.8MPa，弹性模量为 20.1GPa。试件详细参数如表 1 所示。

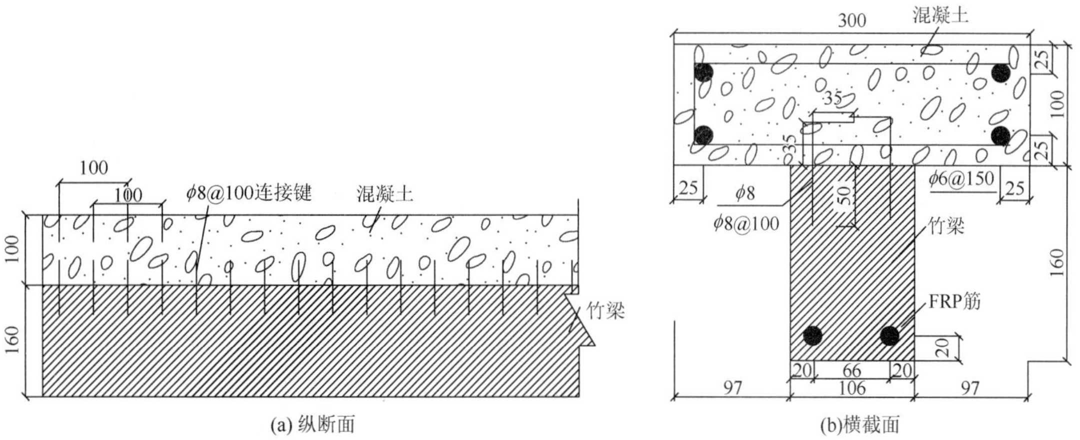

图 2 新型 FRP-竹-混凝土组合梁试件截面（单位：mm）

表 1 试件参数

试件编号	FRP 筋直径/mm	FRP 筋截面积/mm^2	截面形状	竹材截面(长×宽)/mm×mm	混凝土截面（长×宽）/mm×mm
B-0	—	—	矩形	106×160	—
B-1	2ϕ10mm	157	T 形	106×160	300×100
B-2	2ϕ18mm	509	T 形	106×160	300×100
B-3	2ϕ22mm	760	T 形	106×160	300×100

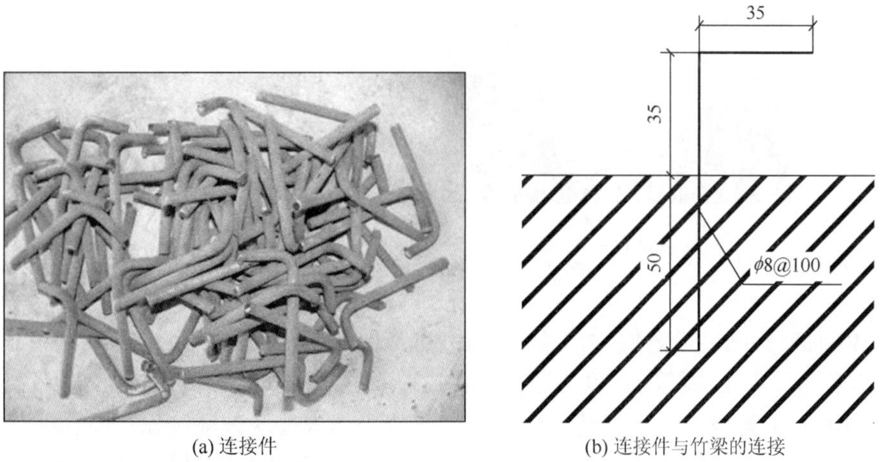

图 3 连接件（单位：mm）

2.2 试验加载及测试

为研究 FRP-竹-混凝土组合梁的抗弯性能，加载装置采用结构弯曲试验加载系统，四点弯曲加载，试件全长 1870mm，两支座中心线间距 1710mm，两加载点间距 570mm，采用位移控制加载。试验时，测量试件跨中、$L/4$、$3L/4$ 的位移（L 为试件跨度），在跨中截面沿试件高度及顶、底面粘贴应变片测量侧面应变及顶、底面应变，具体如下：竹梁表面应变片，编号 B1～B9，混凝土表面应变片，编号 C1～C7，标距 100mm；同时，在内部筋材的表面粘贴应变片监测应变，纵向钢筋应变片编号 S1～S4，每根 GFRP 筋的中部粘贴 4 个应变片，编号 F11～F14 和 F21～F24，以保证应变片的一定存活（图 4）。试验过程中，观测竹-混凝土界面的滑移过程，记录裂缝开展及破坏过程。

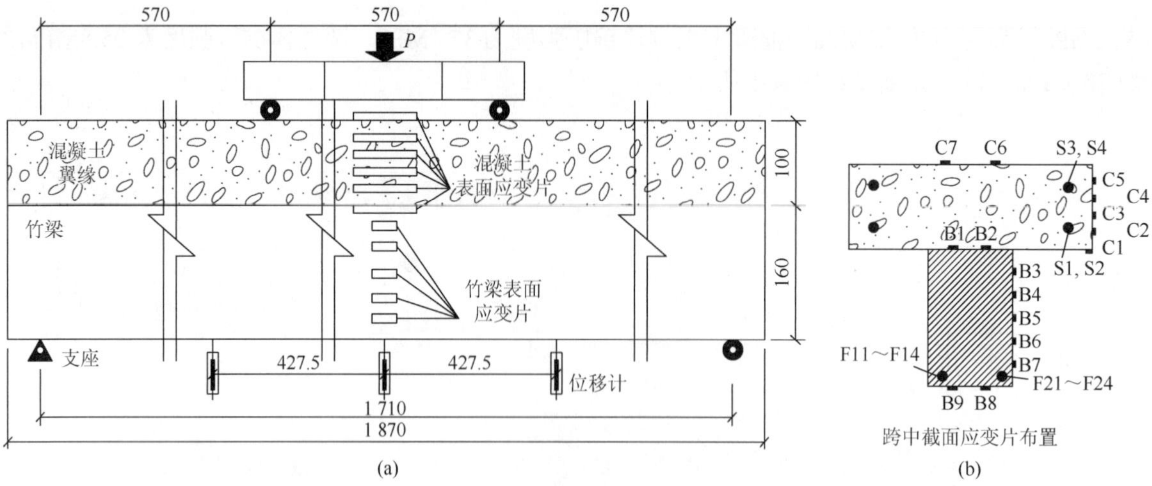

图 4　加载装置图（a）及跨中截面（b）应变片布置（单位：mm）

2.3　试验结果与分析

2.3.1　试验过程及破坏特征

对比梁 B-0 的破坏发生于试件中部弯矩较大区域，如图 5 所示。从图 5 可见：当加载至 142.1kN 时，底面竹纤维受拉断裂，其裂口齐整，随即自裂口顶端开始，向两端扩展产生水平纵向裂缝，其水平裂缝以下的竹材逐渐丧失承载作用，截面实际高度变小，承载力下降，对应极限荷载的跨中挠度 42.6mm，约为跨度的 1/40。

(a) 底部竹纤维断裂　　(b) 水平裂缝

图 5　对比梁 B-0 的破坏形态

B-1 相对于 B0 而言其刚度显著增大，当加载至 20kN 时，在两加载点附近混凝土翼缘下部出现细微的裂缝，随着荷载的增加混凝土裂缝的宽度不断增加，并沿着混凝土翼缘的侧面向上发展；加载至 200kN 时，加载点与支座之间混凝土翼缘出现斜裂缝，此时竹梁部分仍然未出现破坏迹象；加载至 244kN 时，在加载点附近，翼缘顶部混凝土有轻微压碎；加载至 254kN 时，竹梁底部竹纤维开始有轻微断裂，加载至 260.6kN 时，底部竹纤维大量垂直断裂（图 6（a）），达到其极限承载力；继续加载，荷载不再增加，翼缘顶部混凝土大面积压溃（图 6（b））；同时，在裂口处，自裂口顶部沿 FRP 筋产生水平纵向裂缝，至加载结束，FRP 筋与竹材黏结较好，未发生剥离。

对于 B-2，当加载至 20kN 时，在两加载点附近混凝土翼缘下部出现细微的垂直裂缝，随后裂缝高度和宽度不断增加；加载至 260kN 时，在两加载点之外的混凝土翼缘侧面，出现斜裂缝；加载至 292kN 时，在试件加载点附近底部竹纤维出现断裂，随即产生沿着 FRP 筋纵向的水平裂缝；继续加载，翼缘顶部混凝土压溃破坏，下部的竹材不断断裂，竹材逐渐丧失对 FRP 筋的包裹黏结作用（图 6（c）），截面实际高度逐渐降低，承载力下降。B-3 的加载过程及破坏特征与 B-2 类似，最终，翼缘顶部混凝土压溃破坏，纤维筋之外的竹材剥落。

(a) 竹纤维断裂 (b) 翼缘混凝土压碎 (c) 竹纤维剥落

图 6 组合梁试件破坏特征

对于 3 个 FRP-竹-混凝土组合梁试件，混凝土-竹材的界面表现出一定的滑移，并随着荷载增加而持续增大，在试件破坏后，凿出界面连接件，连接件在与竹材界面处发生明显的弯曲变形（图 7），由于竹材的弹性模量较低，竹材难以实现对销钉型连接件的刚性锚固，竹材对连接件的约束实为一种弹性约束，界面滑移难以避免，FRP-竹-混凝土组合梁为一种部分组合结构，其整体受力性能决定于连接件的刚度及其荷载-滑移关系。

组合梁的破坏过程及形态可概括为：纯弯段混凝土出现大量垂直裂缝，且大多接近贯通，弯剪区后期出现斜裂缝，竹-混凝土界面存在相对滑移，底部竹材纤维拉断而达到极限承载力；当 FRP 筋直径较小时（10mm），FRP 筋与竹材黏结较好，当 FRP 筋直径较大时（18mm 和 22mm），FRP 筋因失去外部竹材包裹黏结而退出工作，最终混凝土翼缘发生压溃破坏，FRP 筋达不到极限强度。

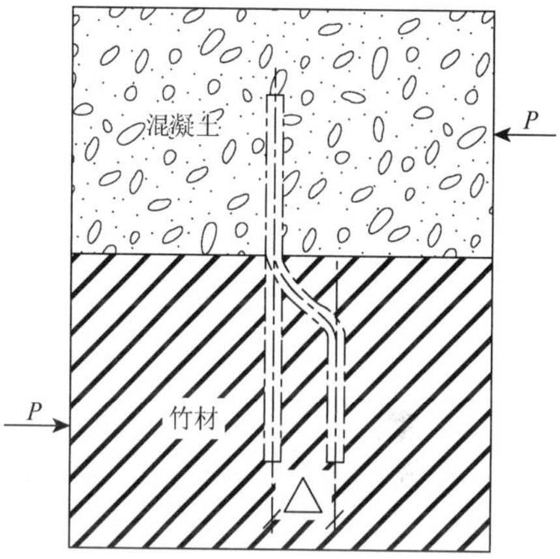

图 7 竹-混凝土界面连接件变形

2.3.2 试件荷载-位移关系及承载力分析

试件荷载-跨中位移关系曲线见图 8。其同时给出了各组合梁完全组合和无组合的理论计算曲线，以便评判连接件的连接效率。各组合梁的荷载-位移曲线基本相似，可分为 3 个阶段：①弹性阶段（$P<P_y$）为荷载和挠度基本呈线性关系，竹梁与混凝土整体工作，定义荷载-位移曲线由线性变化为非线性的转折点为弹性极限 P_y 和 P_y 为极限荷载的 18%～26%。②弹塑性阶段（$P_y<P<P_u$）。组合梁表现出一定的塑性变形，截面刚度开始逐渐降低，荷载上升越来越慢，一方面由于混凝土翼缘顶部受压的非线性及底部裂缝的不断开展引起截面刚度不断降低，另一方面由于竹-混凝土组合界面的滑移，组合梁由竹材与混凝土近似整体工作逐渐转变为竹材与混凝土的部分组合，组合截面刚度降低，荷载-位移表现为非线性关系。③破坏阶段（$P>P_u$）：荷载达到 P_u 时，竹材纤维在底部发生断裂，竹梁在 FRP 筋水平位置处出现水平裂缝，承载力不断下降，翼缘顶面混凝土压溃，当 FRP 筋直径较小时（10mm），FRP 筋与竹材黏结较好，破坏历程较长，极限位移较大，延性较好，当 FRP 筋直径较大时（18mm 和 22mm），在竹材断裂后，FRP 筋因失去黏结而退出工作，破坏历程较短，FRP 筋直径越大，极限位移越小。

对各试件的试验结果分析如表 2 所示。与 B0 相比，新型组合梁表现出了较高的承载力和较大的截面刚度。组合梁 B-1，B-2 和 B-3 的极限荷载 P_{max} 相对于 B0 分别提高到 1.84，2.06 和 2.02 倍，承载力得到了大幅度的提高，由于在 GFRP 筋直径过大的情况下，直径越大，外部竹材的黏结厚度越小，越容易发生剥离破坏，同时存在制造误差，B-3 的承载力反而略低于 B-2。对应跨中挠度 $\Delta=L/300$（L 为试件跨度）时的荷载 $P_{L/300}$，B-1，B-2 和 B-3 分别各自提高到 3.54，4.07 和 3.87 倍；对应我国《木结构设计规范》$L/250$ 挠度限值[15]的荷载 $P_{L/250}$ 分别各自提高到 3.33，3.62 和 3.82 倍，组合梁截面刚度大大增强，普通竹梁 $P_{L/250}/P_{max}$ 为 0.23，而组合梁为 0.42～0.43，普通竹梁刚度控制设计的不利局面得到了根本改变。

组合结构的组合程度大小可以采用组合效率系数 E（式（1））定量反映：对于完全组合结构 $E=1$，对于无组合结构，$E=0$，组合效率系数 E 越大，组合程度越高，结构的刚度和承载力越大[16, 17]。

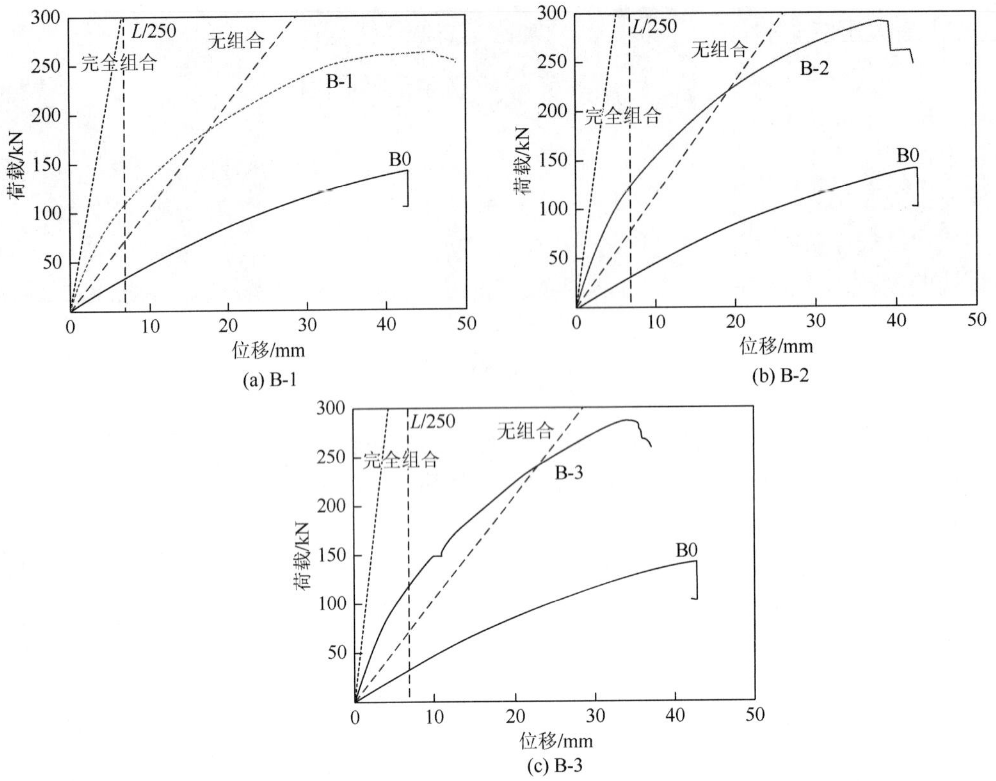

图 8　试件荷载-跨中位移关系曲线

表 2　试样测试结果

试件编号	$P=50$kN			$\Delta=L/300$			$\Delta=L/250$			破坏时			$P_{L/250}/P_{max}$
	Δ/mm	刚度比	E	$P_{L/300}$/kN	$P_{L/300}$ 比	E	$P_{L/250}$/kN	$P_{L/250}$ 比	E	P_{max}/kN	P_{max} 比	Δ_{max}/mm	
B0	10.62	—	—	27.7	—	—	33.2	—	—	142	—	42.4	0.23
B-1	2.25	4.72	0.68	98.1	3.54	0.51	110.6	3.33	0.46	261.9	1.84	46.0	0.42
B-2	2.01	5.28	0.70	112.7	4.07	0.52	126.2	3.80	0.46	293.2	2.06	39.1	0.43
B-3	2.17	4.89	0.64	107.3	3.87	0.52	120.1	3.62	0.47	287.5	2.02	33.2	0.42

注：表中各指标比为组合梁指标与对比竹梁 B0 指标的比。

$$E=\frac{\Delta_{NC}-\Delta_{PC}}{\Delta_{NC}-\Delta_{FC}} \tag{1}$$

式中：Δ 为跨中位移，下标 NC，FC 和 PC 分别表示无组合、完全组合和部分组合。

对于本文试验梁，在荷载较小时，$P=50$kN，$E=0.64\sim0.70$，在 $\Delta=L/300$ 时，$E=0.51\sim0.52$，在 $\Delta=L/250$ 时，$E=0.46\sim0.47$，这表明，销钉型连接件对竹-混凝土界面的连接是一种柔性连接，产生组合结构的部分组合行为，其力学性能介于完全组合和部分组合之间，而凹口型、连续金属网型等刚性连接件或许能够提供更高效率的连接方案。在接近极限状态时，试件的截面刚度低于无组合情况，这是由于混凝土大量裂缝降低了截面的刚度，因此，为了减小或避免混凝土承受拉力，在 FRP-竹-混凝土组合梁设计时，应尽量保证截面中性轴接近竹-混凝土组合界面。

2.3.3　荷载-应变关系

典型组合梁跨中截面荷载-应变关系如图 9 所示，应变以拉为正，压为负。在整个加载过程中，竹梁下部的纤维应变与荷载基本呈线性关系，只是在临近破坏时表现出一定的非线性，竹纤维拉断的最大拉应变为（6000～8000）με；竹梁上部，早期承受拉应力，并随着荷载的增加拉应变越来越大，此时竹-混凝土近似完全组合；随着竹-混凝土界面滑移的产生，拉应变随后降低，在 100～140kN 时转变为压应变，受压过程中表现出较大的非线性，竹纤维最大压应变 B-1，B-2 和 B-3 分别为 4000με，2800με

和 2500με 左右，最大压应变值较对比梁大为降低，证实了上部混凝土的参与作用，大大降低了竹材的所受的压力。

在加载过程中，混凝土翼缘的上部自始至终都承受压力，压应变的变化与荷载的增加保持较好的线性变化，对应极限荷载时，B-1，B-2 和 B-3 的最大压应变分别为 1500με，1800με 和 1700με 左右，接近于混凝土的峰值应变；混凝土翼缘的下部在整个加载过程都表现为拉应变，并随着荷载的增加应变近似呈线性增加；在整个加载过程中随着界面滑移，部分组合行为越来越明显，混凝土翼缘的中下部（C3）由早期的受压转变为后期的受拉。

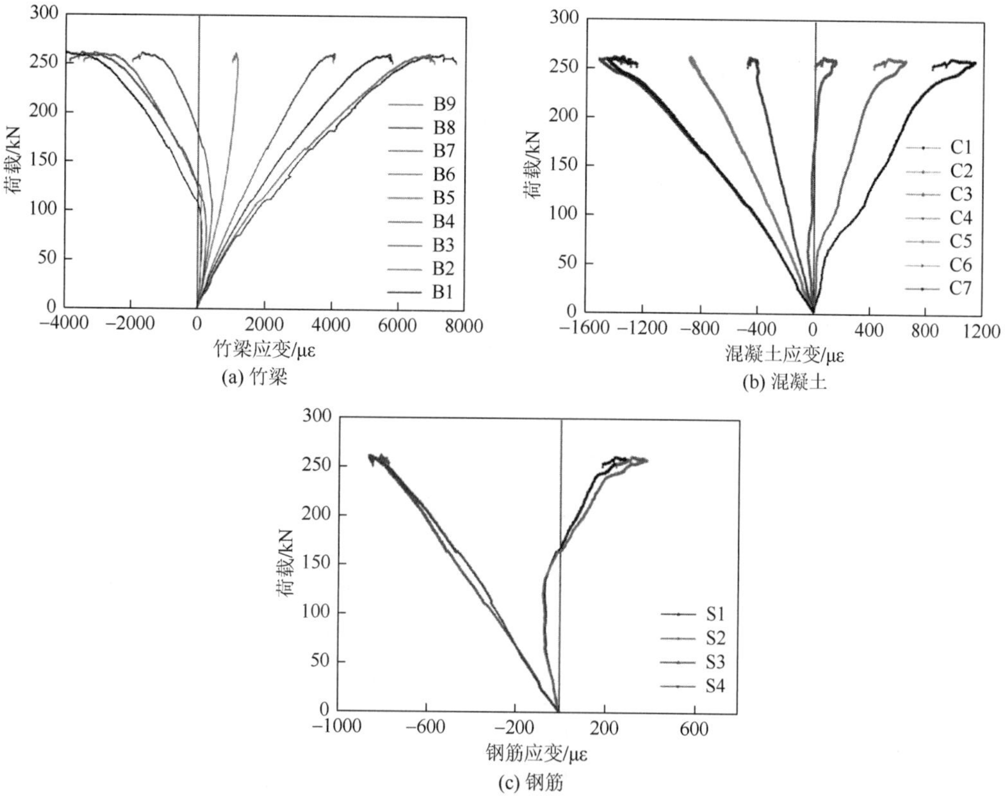

图 9　典型组合梁跨中截面荷载-应变关系曲线（B-1）

混凝土翼缘内纵向构造钢筋的应变随着荷载变化规律与相同位置处混凝土应变的变化规律相似，纵筋分为上侧纵筋和下侧纵筋，上侧纵筋在整个受力过程中都承受压应力，应变的发展与荷载基本呈线性关系，而下侧的纵筋在开始阶段受压，后期逐渐由受压转变为受拉，受力性质的转变反映了组合梁结构内部各部分的内力重分布，在极限荷载下，纵向钢筋应变很小，未达到屈服应变。可以看出：混凝土翼缘内纵向钢筋的主要作用是防止混凝土收缩、温度裂缝等，参与受力的贡献很小，仅需按照较小直径构造配置即可。

典型跨中截面 FRP 筋应变与荷载的关系如图 10 所示。从图 10 可见：FRP 筋的应变与荷载表现出了良

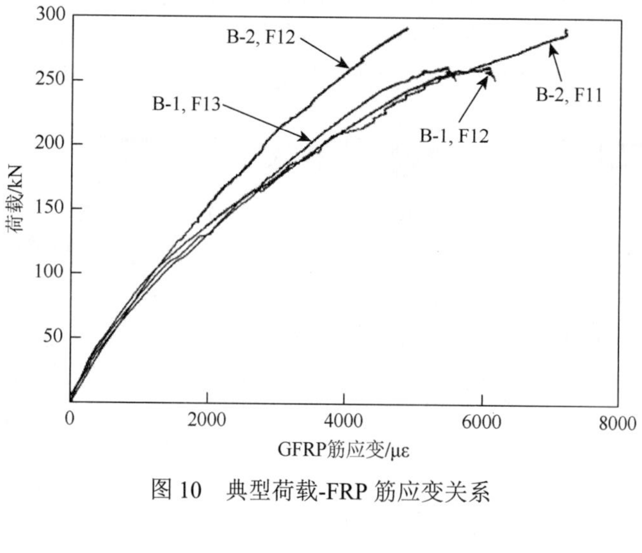

图 10　典型荷载-FRP 筋应变关系

好的线性增长关系，在竹材发生断裂之前，FRP 筋与竹材具有很好的黏结，FRP 筋的应变与相同位置处的竹材应变相近，二者变形一致，对应极限荷载时的 FRP 筋应变为 5000～7000με，为 FRP 筋极限应变的 1/4～1/3。FRP 筋置于受拉区能够起到对竹材的有效增强作用，但由于破坏始于竹材受拉断裂，FRP 筋难以达到其极限强度。

2.3.4 截面应变随高度变化规律

图 11 所示为小荷载下组合梁跨中截面应变沿截面高度变化。从图 11 可见：在荷载较小时，竹-混凝土界面滑移较小，整个截面下部受拉，上部受压，平截面假定近似成立，整个截面具有共同的中性轴，如对试件 B-1，中性轴距离上边缘理论值为 77.3mm，实测值为 74.8mm，但是，可以发现在竹-混凝土的界面处，截面上、下应变并不连续，存在应变差值，荷载较小时，应变差较小，随着荷载增大，应变差越来越大，部分组合行为越来越明显。

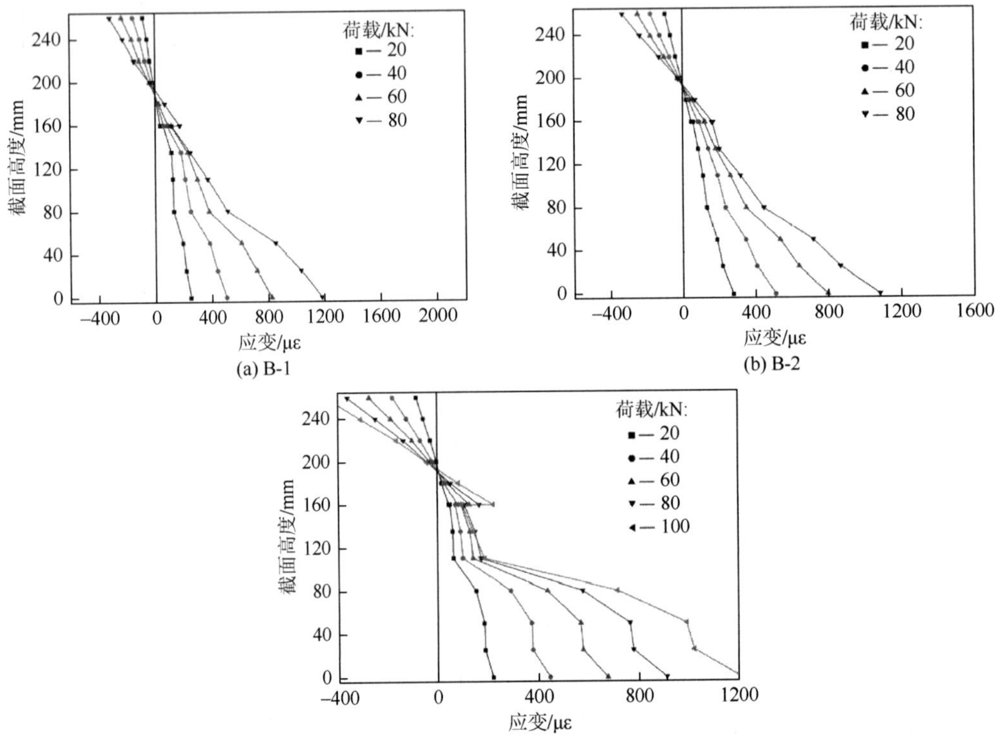

图 11　小荷载下组合梁跨中截面应变沿截面高度的分布（$P<80$kN）

图 12 所示为大荷载下组合梁跨中截面应变沿高度变化。由于组合梁界面的滑移变大，界面处应变差变得明显，平截面假定对整个截面不再成立，但是，在上下各自部分截面内，平截面假定依然成立，混凝土和竹材截面应力可分为两个部分应力叠加：其一为各自承担的弯矩引起的应力，其二为弯矩产生力偶在上、下截面引起的轴应力。在加载过程中，对于混凝土翼缘部分，中性轴基本保持不变，约位于上部截面

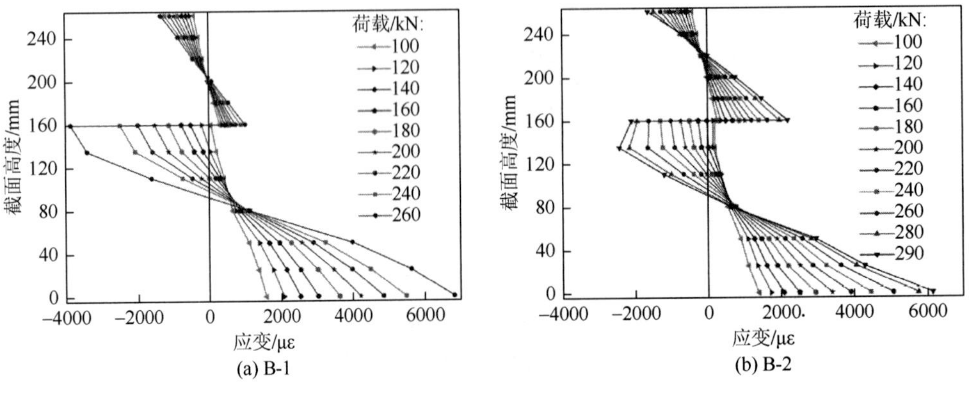

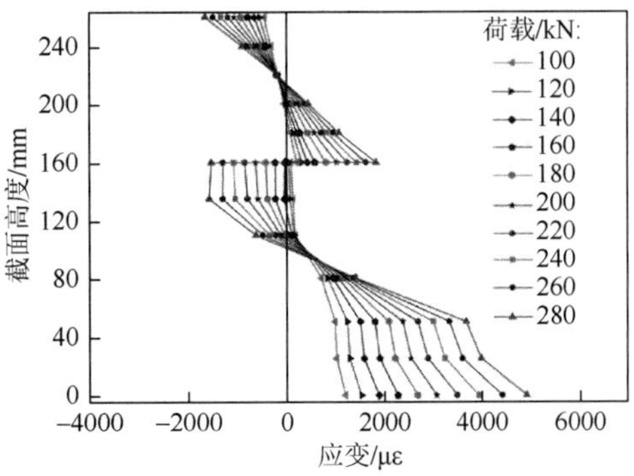

(c) B-3

图 12 大荷载下组合梁跨中截面应变沿截面高度的分布

高度的 0.4 倍处，下部截面的中性轴位置不断下移，上、下截面应变分布呈平行状，意味着上、下两部分的弯曲曲率相同，在加载后期，由于混凝土裂缝开展过多，试件上、下部分难以保证沿全长弯曲变形协调，跨中区域的竹材部分曲率大于混凝土部分。对应极限荷载时，B-1，B-2 和 B-3 的竹材部分中性轴高度分别为 93mm，90mm 和 101mm，约为 0.60h（h 为竹材截面高度），远小于对比试件 0.45h。

3 结 论

（1）由于竹材的弹性模量较低，竹材难以实现对销钉型连接件的刚性锚固，混凝土-竹材的界面表现出一定的滑移，竹材对连接件的约束实为一种弹性约束，FRP-竹-混凝土组合梁为一种部分组合结构，其整体受力性能决定于连接件的刚度及其荷载-滑移关系。

（2）组合梁因底部竹材纤维拉断而达到极限承载力，在竹材断裂后，FRP 筋因失去外部竹材包裹黏结而退出工作，FRP 筋达不到极限强度，最终混凝土翼缘发生压溃。

（3）组合梁的荷载-位移曲线表现为弹性阶段和弹塑性阶段、破坏阶段 3 个阶段，相对于对比竹梁，极限荷载与截面刚度都得到了大大提高，普通竹梁刚度控制设计的不利局面得到了根本改变。

（4）FRP-竹-混凝土组合梁的力学性能介于完全组合和部分组合之间，可通过组合效率系数 E 定量反映，为了减小或避免混凝土承受拉力，在 FRP-竹-混凝土组合梁设计时，应尽量保证截面中性轴接近竹-混凝土组合界面。

（5）在竹-混凝土的界面，截面上、下应变存在应变差值，随着荷载增大，应变差越来越大，部分组合行为越来越明显，平截面假定对整个截面不再成立，但在上下各自部分截面内，平截面假定依然成立。

参 考 文 献

[1] Mahdavi M，Clouston P L，Arwade S R. Development of laminated bamboo lumber：Review of processing，performance，and economical considerations. Journal of Materials in Civil Engineering，ASCE，2011，23（7）：1036-1042.

[2] Yu D，Tan H，Ruan Y. A future bamboo-structure residential building prototype in China：Life cycle assessment of energy use and carbon emission. Energy and Buildings，2011，43（10）：2638-2646.

[3] Verma C S，Chariar V M. Development of layered laminate bamboo composite and their mechanical properties. Composites Part B-Engineering，2012，43（3）：1063-1069.

[4] Flander K，Rovers R. One laminated bamboo-frame house per hectare per year. Construction and Building Materials，2009，23（1）：210-218.

[5] 魏洋，张齐生，蒋身学，等. 现代竹质工程材料的基本性能及其在建筑结构中的应用前景. 建筑技术，2011，42（5）：390-393.

[6] Li H T，Zhang Q S，Huang D S，et al. Compressive performance of laminated bamboo. Composites Part B-Engineering，2013，54：319-328.

[7] Wei Y，Jiang S，Lv Q. Flexural performance of glued laminated bamboo beams. Adv Mater Res，2011，168/169/170：1700-1703.

[8] 江泽慧，常亮，王正，等. 结构用竹集成材物理力学性能研究. 木材工业，2005，19（4）：22-30.

[9] 陈绪和，王正. 竹胶合梁制造及在建筑中的应用. 世界竹藤通讯，2005，（3）：18-20.

[10] 肖岩，佘立永，单波，等. 现代竹结构在汶川地震灾后重建中的应用. 自然灾害学报，2009，18（3）：14-18.

[11] Xiao Y，Zhou Q，Shan B. Design and construction of modern bamboo bridges. Journal of Bridge Engineering，2010，15（5）：533-541.

[12] Li Y，Shen H，Shan W，et al. Flexural behavior of lightweight bamboo-steel composite slabs. Thin-Walled Structures，2012，53（4）：83-90.

[13] 魏洋，吕清芳，张齐生，等. 现代竹结构抗震安居房的设计与施工. 施工技术，2009，38（11）：52-55.

[14] 魏洋，李国芬，王立彬，等. 一种 FRP-竹-混凝土组合梁：CN，ZL201020530480. X. 2010-09-06.

[15] 中华人民共和国建设部. GB50005—2003 木结构设计规范. 北京：中国建筑工业出版社，2003.

[16] Yeoh D，Fragiacomo M，Franceschi M D，et al. Experimental tests of notched and plate connectors for LVL-concrete composite beams. Journal of Structural Engineering，2011，137（2）：261-269.

[17] Gutkowski R，Brown K，Shigidi A，et al. Laboratory tests of composite wood-concrete beams. Construction and Building Material，2008，22（6）：1059-1066.

新型竹梁抗弯性能试验研究

魏洋[1] 蒋身学[1] 吕清芳[2] 张齐生[1] 王立彬[1] 吕志涛[2]
（1 南京林业大学 南京 210037；2 东南大学 南京 210096）

摘 要

通过 10 个大尺寸矩形竹梁的试验，重点从结构构件层次上研究了新型竹梁的受弯性能。研究表明，竹梁存在四种典型的破坏形态，其允许承受的设计荷载实际是由截面刚度控制，而并非强度控制；竹梁在破坏前，横截面应变沿高度方向的分布基本上呈线性，平截面假定是成立的。同时，还介绍了新型竹梁在抗震安居示范房工程中的应用情况，竹梁的使用性能在实践工程中得到了良好的检验。

关键词：竹质工程材料；梁；竹结构；汶川地震；重建

Abstract

Ten large-size bamboo rectangular beams were tested to investigate bending performance of a new type of bamboo beams with emphasis on structural components. It was concluded that bamboo beams exhibited four kinds of typical failure modes, the control condition of the permit design load was the cross-section stiffness rather than material strength. Before the failure of bamboo beams, cross-section strain distribution along the height was linear, and the plane-section assumption was established. At the same time, the new type of bamboo beams used in the anti-seismic living model room was introduced and the bamboo beams performance was tested well in practice.

Keywords: Bamboo engineering materials; Beams; Bamboo structure; Wenchuan Earthquake; Reconstruction

1 引 言

木结构建筑具有良好的抗震性能，然而，由于我国森林资源匮乏，木材再生周期长，使其应用受到了严重限制。竹结构具有与木结构类似的性能优势，竹材具有较高的强重比，因而竹结构一般比其他类型的结构重量轻，尤其是较轻的竹结构楼面、屋顶，使得竹结构建筑在地震中遭受的地震作用荷载较小，故而竹结构的抗震性能并不逊于木结构[1-5]。汶川地震发生后，南京林业大学和东南大学等单位提出了采用新型竹质工程材料建造震后安居房的建议方案[5]，并进行了相关的设计与建造示范研究。文中主要通过试验研究了所采用的新型竹梁的抗弯性能，并简要介绍了新型竹梁在抗震安居示范房工程中的实际应用情况，为竹结构在建筑领域的应用开拓奠定了一定的理论与技术基础。

2 竹梁制作工艺及试验概况

竹梁采用竹材层积材制作。竹材层积材是用一定规格的竹篾，经干燥、浸胶、组坯、加压固化而成的一种竹材人造板，又称竹材层压板[6, 7]。其加工工艺较为简单，可采用小径级竹材，原材料来源广，竹材利用率高，易于工业化生产，竹篾与竹片相比，厚度较小，材料的均匀性有所提高，但仍然具有较大的离散性。由于组坯时竹篾仅在纵向排列，竹材层积材的纵向强度和刚度很高，但横向强度较低，易在横向发生分层、屈曲的不利破坏模式，随着压制压力的提高，密度的增加，这种不利破坏模式会得到改善，力学性能的离散性也会相应缓和。根据其力学及工艺特点，竹材层积材适用于承重墙体、单向板、梁等房屋构件，在安居房工程设计与建造中，即选择了竹材层积材制作承重梁。

本文原载《建筑结构》2010 年第 40 卷第 1 期第 88-91 页。

然而，过去针对竹材层积材的抗弯性能研究都局限于以材料性能试验为目的的小试件研究，其试验结果仅能代表竹材自身的材料性能，未能从结构构件层次上考察竹梁构件的受弯性能。为研究新型竹梁构件的抗弯性能，共制作了 10 个竹材层积材矩形梁，编号为 L1～L10。小试件材料性能测试结果：材料抗弯强度平均为 123.8MPa，弯曲弹性模量平均为 12 500MPa；试件截面尺寸：宽 30mm，高 100mm，长 2000mm。试验加载装置采用恒载试验机，两点加载，加荷点间距 600mm，梁跨度 *L* 为 1800mm，由于梁截面高宽比较大，在侧面采取了防止侧向失稳的措施。正式加载前，先预加 1kN 荷载对试件预压，检查仪器是否正常工作以及消除接触不良现象，正式加载时先每级加载 0.1kN 至 1kN，再每级加载 0.5kN，至接近破坏时每级加载 0.1kN，以试件承受的最大荷载为极限荷载。试验时，架设百分表测量支座、加载点（*L*/3，2*L*/3 处）及跨中处位移；在跨中截面沿梁高度等间距粘贴应变片测量侧面应变，同时测量梁底、梁顶应变；观察记录破坏形态。梁截面尺寸、测点布置及应变片编号见图 1。

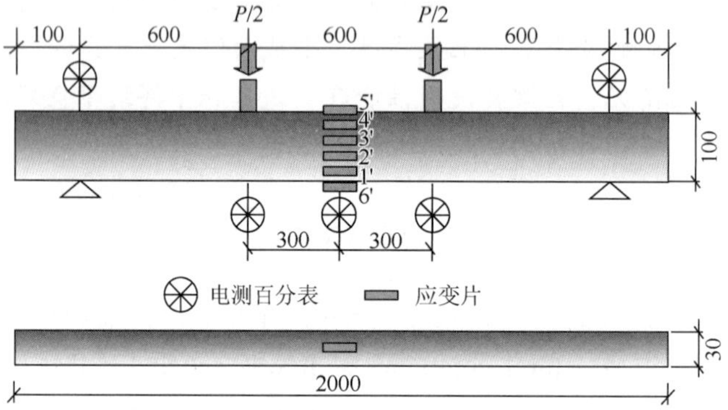

图 1　测点布置及加载情况（单位：mm）

3　试验结果及分析

3.1　竹梁荷载-位移关系曲线

作为示例，图 2 给出了试件 L6 的 *L*/3、跨中和 2*L*/3 处位移随荷载的变化曲线。可以看出，在同级荷载下，*L*/3 和 2*L*/3 处的位移基本相同，跨中位移最大，在加载初期，随着荷载的增加，各点位移基本呈线性增加，当加载到 4kN 左右（极限荷载的 35%），逐渐进入塑性阶段，当接近最大荷载附近（10kN 左右），出现一平缓段，荷载上升很慢。图 3 为所有试件的荷载-跨中位移曲线，可以看出，多数试件在达到最大荷载以后，承载力迅速下降，破坏后所能维持的荷载水平很低；破坏时，所有梁的实际挠度均较大，弯曲变形非常明显（图 4），基本都达到 50mm 以上（超过 *L*/36）。根据我国《木结构设计规范》[8]，作为结构的受弯构件，梁和格栅的挠度限值为 *L*/250，各试验梁破坏时的挠度均远远超过这一限值。因此，竹梁允许承受的设计荷载实际是由截面刚度控制，而并非强度控制。

3.2　破坏形态与机理分析

竹梁的典型破坏形态可归纳为四种（图 5）。第一种为梁底部纤维脆性拉断（如试件 L1），其由于受拉边局部竹纤维存在薄弱的地方或某些制造缺陷，竹纤维拉应力达到抗拉强度而发生脆性断裂，断裂发生时间较短，裂口整齐，一旦裂口出现，承载力即达到最大值；第二种为梁顶部竹篾层间受压屈曲破坏（如试件 L2），由于竹梁的制作是通过在横向逐层铺设竹篾压制而成，横向层间经常是受荷过程中的薄弱环节，破坏时，在截面顶部薄弱处横向发生分层并屈曲，整体发生侧向扭曲，此种破坏形态的承载力较低；第三种为底部纤维分层逐渐拉断（如试件 L4），其破坏发生于跨中弯矩较大区域，由于底部最外层纤维所受拉应力最大，在加载过程中逐渐撕裂，与第一种破坏形态不同的是其断裂过程较缓和，裂口为交叉锯齿形状，经历时间较长；第四种为底部纤维斜向撕裂，其破坏往往始于跨中纯弯段，经加载点向端部弯剪区域发展，应为弯曲应力和剪应力共同作用的结果，如试件 L3，L5～L10 等。第三、四种破坏形态破坏过程持续较长，

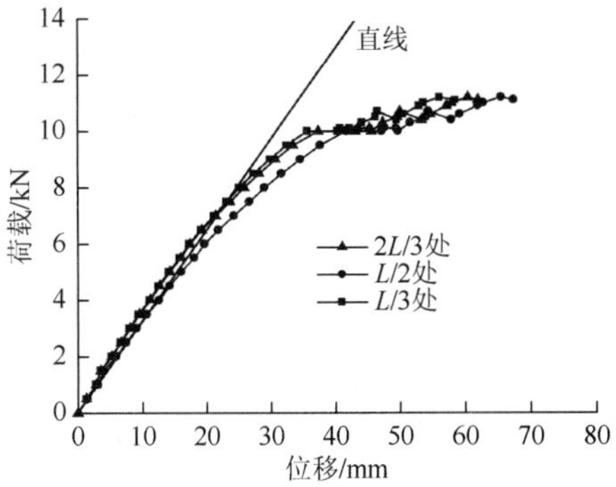

图 2 试件 L6 的荷载-位移关系曲线

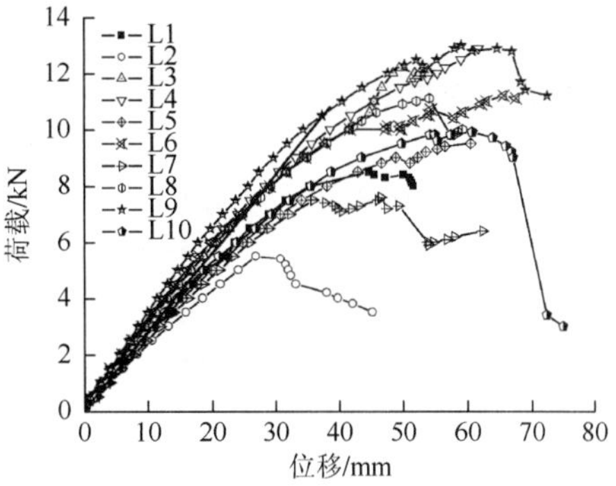

图 3 所有试件的荷载-跨中位移关系曲线

图 4 试件弯曲变形情况

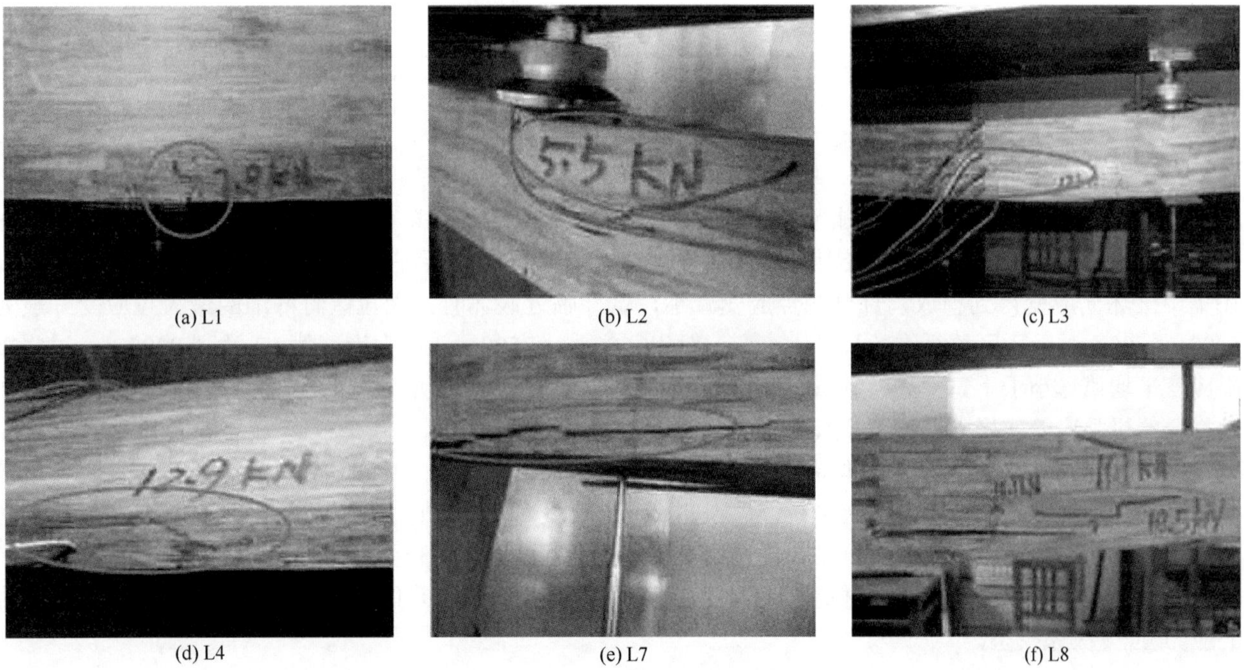

(a) L1 (b) L2 (c) L3

(d) L4 (e) L7 (f) L8

图 5 竹梁典型破坏形式

承载力下降较为缓慢，是比较理想的破坏形态，也是大多数试件发生的破坏形态，只有个别试件发生了梁底部纤维脆性拉断或顶部横向分层、屈曲破坏，建议在实际工程中，进一步提高竹篾材料的均匀性，提高压制的压力和密度，以避免第一、二种破坏形态。回顾各个试件的试验过程，每个试件在破坏之前，无论破坏形态如何，都会断断续续地出现竹纤维断裂或压屈分层的响声，破坏过程并不突然，破坏时梁的整体变形十分显著，这归因于竹材的弹性模量远小于钢材或混凝土的。总体来说，竹梁作为受弯构件的破坏征兆比较明显，这对于竹梁在房屋结构中的应用是很有意义的。

3.3 抗弯承载力及截面刚度分析

各试件详细试验结果及截面刚度分析见表 1。从表中可以看出：各试件的极限承载力和强度的离散性较大，试验梁对应规范挠度限值 $L/250$ 时的荷载 $P_{L/250}$ 在 1.8～2.6kN 之间，离散性也很大，但可以看出，$P_{L/250}$ 与 $P_{\max}$ 的比值基本上都在 19%～24%之间（除了试件 L2 由于局部屈曲造成承载力过低），平均为 22%，离散性较小。这说明只要截面刚度较好的试件，其极限承载力必然较高；按挠度验算的极限承载力大约是按强度验算极限承载力的 1/5，再次说明对于竹梁受弯构件，控制设计的一定是截面刚度；各试件对应 $P_{L/250}$ 时的弯曲弹性模量具有将近 95%的保证率，建议设计变形验算时可按此取值。

表 1　抗弯承载力及截面刚度分析

梁的编号	极限荷载 $P_{\max}$/kN	弯曲抗拉强度/MPa	$L/250$ 时的荷载 $P_{L/250}$/kN	$P_{L/250}P_{\max}$/%	$L/250$ 时的弯曲弹性模量/MPa
L1	8.5	51.0	2.00	24	11 500
L2	5.5	33.0	1.80	33	10 350
L3	12.0	72.0	2.30	19	13 225
L4	12.9	77.4	2.50	19	14 375
L5	9.5	57.0	2.10	22	12 075
L6	11.2	67.2	2.40	21	13 800
L7	7.6	45.6	1.85	24	10 638
L8	11.1	66.6	2.38	21	13 685
L9	13.0	78.0	2.60	20	14 950
L10	9.9	59.4	2.00	20	11 500
平均	10.1	60.7	2.19	22	12 610
标准偏差	2.4	14.5	—	—	1609

注：规范[8]规定楼板梁、搁栅及 $L>3.3$m 的檩条的挠度限值为 $L/250$，试验梁按此计算即是 7.2mm；弯曲抗拉强度按弹性理论计算。

3.4 截面应变分析

图 6 为典型试件跨中截面各测点（图 1）的应变随荷载的变化曲线（正为拉、负为压），可以看出，在整个加载过程中，无论是受拉区还是受压区，各测点的荷载-应变关系基本上都近似为线性变化，破坏后，在集中破坏区应变得到释放，部分测点应变减小，试件临近破坏时，受拉区竹纤维的最大拉应变一般为 6000～6700με，受压区竹纤维的最大压应变一般为−6000～−7500με，最大为试件 L3 达到 9295με，这些极限应变平均值远小于小试件的材性试验结果，这说明随着构件尺寸的增大，内部缺陷的概率相应增大，构件材料的极限应变或极限强度肯定有所减小。

图 7 给出了不同荷载等级下典型试件跨中截面应变沿高度变化图。可以看出，在试件破坏前，竹梁横截面应变沿高度方向的分布基本上呈线性，因此，在竹梁受弯构件设计计算时，平截面假定是成立的。同时，可以发现，截面中性轴的位置在加载过程中一直处于基本不变的位置，大约位于截面中部略微偏下，平均离梁底 45mm，这体现了竹材受拉性能与受压性能的区别，进一步的研究需要精确确立竹梁材料层次的应力-应变关系模型。

4　竹梁在抗震安居示范房工程中的应用情况

针对汶川震后抗震安居房的建设，南京林业大学等单位提出了主体结构全部采用新型竹制工程材料的全竹结构方案，并在南京林业大学校园内建设了示范工程。该工程为二层独立式住宅建筑，平面尺寸为 9.2m×11.5m，主梁最大跨度 3.4m，次梁最大跨度 4.0m，层 2 顶采用坡屋顶设计，屋面荷载由纵向水平梁传递到屋架梁，正如前文竹梁抗弯性能试验结果证实，控制竹梁受弯构件设计的是变形限值，偏于安全地取弯曲弹性模量 8000MPa，结合竹梁加工制作工艺，最终各梁的截面宽度取 50mm，70mm，截面高度取 150～

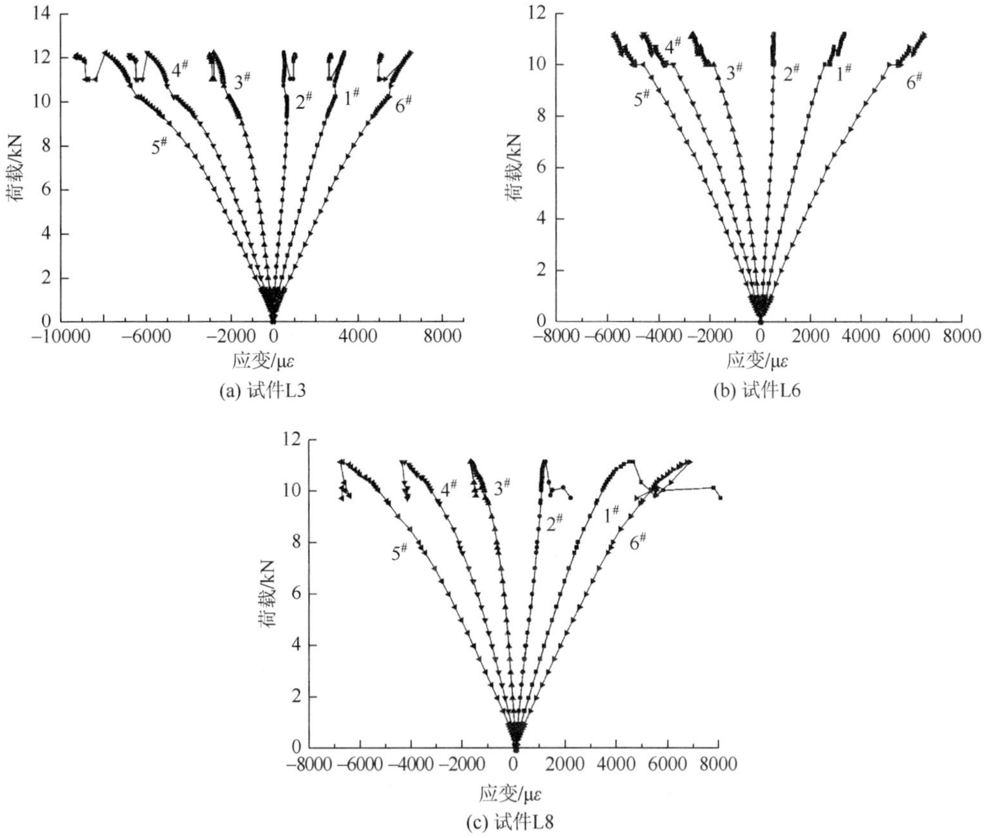

(a) 试件L3　(b) 试件L6　(c) 试件L8

图 6　典型试件荷载-跨中截面应变曲线

280mm，经验算各竹梁都能够满足木结构设计规范的要求。图 8 给出了竹梁在抗震安居示范房工程中的应用情况。图 8（a）为工程涉及的部分竹梁加工成品情况，包含工程所应用到的多种规格；图 8（b）为竹梁现场安装情况，竹梁与柱及次梁与主梁的连接都采用金属节点，安装方便快捷；图 8（c）为主体完成效果图。目前，该工程已竣工验收。

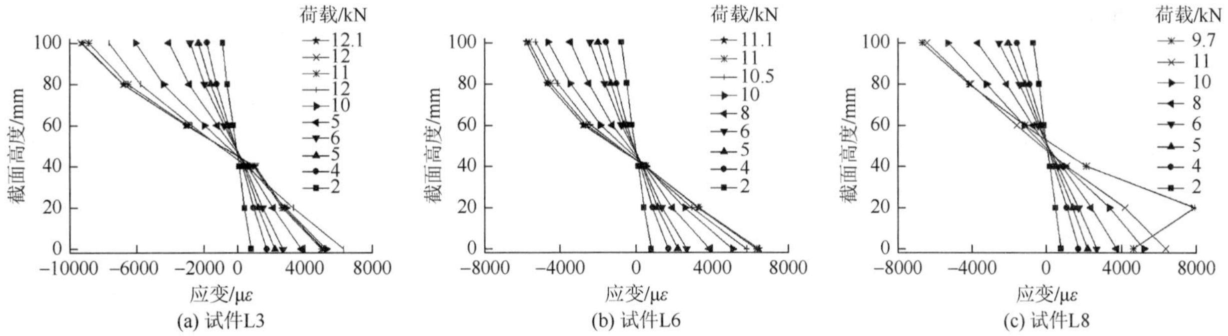

(a) 试件L3　(b) 试件L6　(c) 试件L8

图 7　典型试件跨中截面应变沿高度变化图

(a) 工程涉及的部分竹梁加工成品　(b) 竹梁现场安装　(c) 主体完成效果图

图 8　竹梁在抗震安居示范房工程中的应用

5 结　　论

（1）竹梁的四种典型破坏形态是梁底部纤维脆性拉断、梁顶部竹篾层间受压屈曲破坏、底部纤维分层逐渐拉断和底部纤维斜向撕裂，建议在实际工程中，进一步提高竹篾材料的均匀性，提高压制的压力和密度，以避免出现第一、二种破坏形态。

（2）竹梁允许承受的设计荷载实际是由截面刚度控制，而并非强度控制，按挠度验算的极限承载力大约是按强度验算极限承载力的 1/5。

（3）试验数据显示，竹梁受弯构件竹纤维的极限应变平均值远小于小试件的材性试验结果，其材料极限应变或极限强度随着构件尺寸的增大而相应减小。

（4）竹梁在破坏前，横截面应变沿高度方向的分布基本上呈线性，平截面假定是成立的。

致谢：感谢南京林业大学杨平教授、周年强老师、黄东升教授、东南大学吴刚教授等的帮助和支持!

参 考 文 献

[1] 竹屋抗震性能令人吃惊—世界林业动态. 世界竹藤通讯，2004，2（4）：10.

[2] 王正，郭文静. 新型竹建筑材料的开发利用. 世界竹藤通讯，2003，1（3）：7-11.

[3] 朱建新，盛素玲. 浅谈竹结构建筑的生态性. 建筑科学，2005，21（4）：92-94.

[4] 郑凯，陈绪和. 竹材人造板在预制房屋建造中的应用前景. 世界竹藤通讯，2006，4（1）：1-5.

[5] 吕清芳，魏洋，张齐生，等. 新型抗震竹质工程材料安居示范房及关键技术. 特种结构，2008，25（4）：6-10.

[6] 孙正军，程强，江泽慧. 竹质工程材料的制造方法与性能. 复合材料学报，2008，24（1）：80-83.

[7] 李琴，汪奎宏，华锡奇. 重组竹生产工艺的初步研究. 人造板通讯，2001，7：6-9.

[8] 中华人民共和国建设部. GB50005—2003 木结构设计规范. 北京：中国建筑工业出版社，2003.

新型抗震竹质工程材料安居示范房及关键技术

吕清芳[1]　魏洋[2]　张齐生[2]　禹永哲[3]　吕志涛[1]

（1 东南大学土木工程学院　南京　210096；

2 南京林业大学　南京　210037；

3 南京固强建筑技术有限公司　南京　210001）

摘　要

汶川大地震的惨剧使得广大的研究人员对结构的抗震性能给予了更大的关注。以竹质工程材料为基础的竹结构在生态性、工业化、施工、节能、抗震性能和经济性方面都具有优势。本文重点介绍了新型竹结构抗震安居示范房的关键技术，主要包括竹质工程材料的选择、结构设计的主要抗震思想、关键节点设计、竹质工程材料的防潮与结构的防火措施。该示范房的成功建设，为汶川地震后村镇住宅的重建提供了一个可供选择的良好方案。

关键词：竹质工程材料；竹结构；抗震；汶川地震；重建

Abstract

Wenchuan earthquake tragedy makes the majority of the researchers giving greater attention on the structure seismic performance. The bamboo structure constructed by bamboo engineering materials have good advantages in the ecological, industrial, construction, energy conservation, seismic performance and economy. Emphasis is given to the key technologies of the new bamboo anti-seismic model living room, including the choice of bamboo engineer materials, the main ideas in structural anti-seismic design, the key nodes design, moisture-proof of bamboo engineering materials and the fire prevention measures of the structure. The completed bamboo structure provides a good alternative scheme for the reconstruction of residential villages and towns after Wenchuan earthquake.

Keywords: Bamboo engineering materials; Bamboo structure; Anti-seismic; Wenchuan earthquake; Reconstruction

1 引　言

2008 年 5 月 12 日，在四川汶川县发生 8.0 级地震，地震造成了大量人员伤亡和财产损失。地震灾害情况统计表明，结构的抗震性能主要决定于结构的体系类别：砖混结构在各种结构体系中的抗震性能表现最差，此类结构在地震中普遍发生整体倒塌、墙体剪切、预制板坠落等严重破坏形式。而砖混结构是震区中最普遍的结构形式，村镇的住宅、教学楼大多采用这种结构；在地震中木结构却表现出良好的抗震性能，这一点也得到了国内外历次地震的证实。但是，由于我国森林资源匮乏，20 世纪 80 年代以来，国家有关部门为保护我国森林资源，一直提倡节约木材，特别是在建筑领域，木结构发展受到较大的制约。相比较，我国竹材资源丰富，竹结构建筑具有与木结构相似的突出优势，而过去由于竹材本身材料发展的局限，竹结构建筑一直处于起步阶段，随着竹帘胶合板、竹材层积材、竹材重组材等多种竹质工程材料的成功开发，制作力学性能均匀稳定的各种尺寸的结构构件已成为可能。因此，在汶川灾后重建工作中，要长治久安地解决近千万人的居住和生活问题，设计和建造竹质工程材料的新型抗震安居房是一种可供选择的良好方案。

本文原载《特种结构》2008 年第 25 卷第 4 期第 6-10 页。

2　竹结构建筑的优点

竹材是我国重要的自然资源之一，我国的竹结构建筑可谓源远流长。作为一种廉价、易得的建筑材料，在我国南方的农村地区竹材房屋一直非常普遍，利用现代复合、重组技术，竹材可以制成建筑结构的主要承重构件及装修材料，包括板、梁、柱、墙体和门窗、天花板等。除了竹材轻质高强、韧性好、耐磨等优点，竹结构建筑具有许多其他结构类型所不具备的独特优势[1-3]，简述如下。

2.1　材料的生态性

竹材生长快，成材早，属于短周期的可再生森林资源，一次造林可以持续利用，与木材相比，竹材在种植、生长、管理养护等方面具有更大的优势；竹材的采集、加工、制造以及竹建筑的建造过程、废弃处理对环境的污染破坏小，而传统的混凝土、钢筋的生产过程本身就会造成污染，另外，竹结构建筑具有比较容易的可拆除重建性；竹材的利用开发，有利于环境质量提高和生态平衡，对环境保护和经济的可持续性发展具有显著的意义。

2.2　工业化程度高、施工速度快

竹结构建筑的施工类似于轻钢结构，主要构件及节点在工厂预先加工，构件容易实现标准化，通过现场关键节点的装配连接即可迅速完成建造过程，安装速度快，需求工人数量少，1 栋 200m^2 的两层住宅仅需要 5～6 人 40d 左右即可完成。

2.3　保温节能性

竹材人造板导热系数为 0.14～0.18W/(m·K)，低于黏土砖、混凝土，能够保证竹结构建筑具有较高的节能效益；另外，竹材人造板生产和使用过程能耗较低。

2.4　优良的抗震性能

竹材具有较高的强重比，因而竹结构一般比其他类型的结构重量轻，尤其是较轻的竹结构楼面、屋顶使得竹结构建筑在地震中遭受的地震作用荷载较小；竹结构通常采用金属节点锚栓连接，在地震侧向荷载作用下，具有较好的变形能力，结构体系具有很好的柔性，能够吸收和耗散地震中的大量能量。竹屋优良的抗震性能也得到了相关试验的证实，英国木材研究和发展协会与位于印度中部的中央电力研究所于 2004 年 2 月完成了项竹结构房屋抵御高强度地震的试验，用作试验的竹屋能够抵御印度曾遭遇过的里氏 7 级地震和日本兵库发生的里氏 7.8 级地震而安然无恙，竹屋表现出了抵抗强地震的能力[4]。

3　竹质工程材料及其基本性能

原竹是小直径的空心圆柱体，由于中空、壁薄、尖削度大，并且存在开裂、腐蚀、容易霉变的缺陷，原竹本身不能直接满足现代建筑结构的主要构件的需要，因此，必须利用现代复合、重组技术对原竹进行加工改性，才能制作出能够适应现代工程结构的竹质工程材料。竹质工程材料是以原竹为主要原材料，采用高性能的环保型胶黏剂，经过现代竹材加工技术制成的复合竹材[5, 6]。目前，此类结构材料主要以竹帘胶合板、竹材层积材、竹材重组材等为代表，它们不仅保留了原竹的优良特性，同时消除了竹材的各向异性、材质不均和易干裂的缺点，还解决了原竹防潮、防腐、防霉、阻燃等突出问题，同时提高了竹材的利用率，成品规格灵活多样，可适应工程的多种需要，便于实现工厂化生产，拓宽了竹材的应用领域。

表 1 给出了 3 种性能较好的竹质工程材料及马尾松的力学性能比较，在力学性能及其稳定性方面，竹材重组材最好，竹材层积材优于竹帘胶合板。总体来说，几种竹质工程材料的静弯曲强度、顺纹抗压强度均高于马尾松，弹性模量接近甚至超过马尾松，各项性能均优于一般木材。根据各种竹质工程材料的特性，并结合各主要构件的受力特点，本竹结构抗震安居示范房采用竹帘胶合板制作楼屋面板及墙板构件、竹材层积材制作梁、竹材重组材制作柱（分别如图 1（a）～（c）所示）。

表 1　几种竹质工程材料与松木的力学性能比较

材料	密度/(g/cm^3)	静曲强度/MPa	弹性模量/MPa	顺纹抗压强度/MPa
竹材重组材	1.10	172	14 300	117.5
竹材层积材	0.95	130	11 000	58.3
竹帘胶合板	0.85～0.90	110	10 000	—
马尾松	0.59	79.4	12 000	36.9

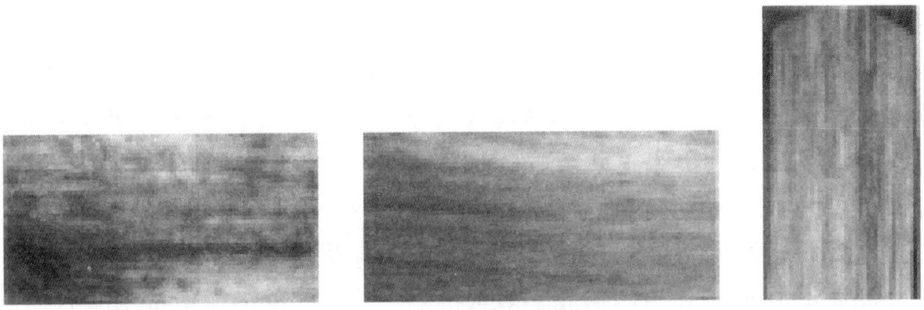

(a) 楼屋面板(竹帘胶合板)　(b) 梁(竹材层积材)　(c) 柱(竹材重组材)

图 1　竹质工程材料构件

4　竹结构抗震安居示范房的设计

4.1　工程概况

由于该住宅的使用对象为震灾后广大农村居民，本建筑设计为每户独立式住宅建筑（图 2），建筑面积约 180m^2，大于一般单元式住宅每一户的建筑面积，而又小于目前我国一般独立式别墅的建筑面积，不设车库，满足使用者居住生活的基本功能需要。底层入口设于正立面中间，传承当地民居建筑文化；结合

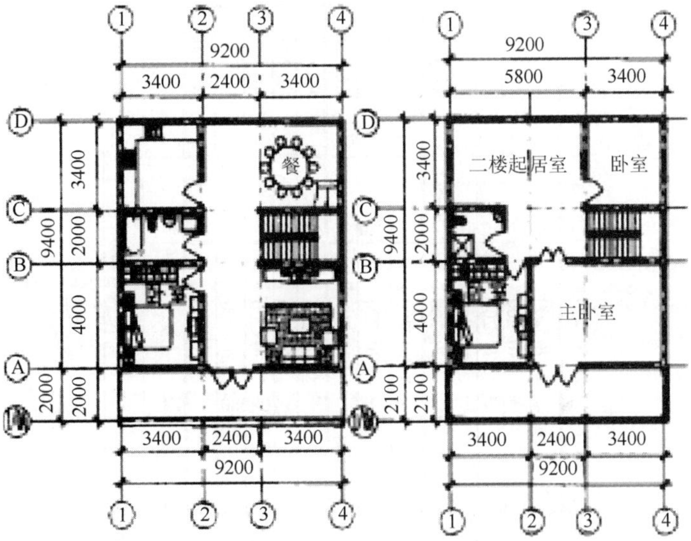

(a) 1层平面　(b) 2层平面

图 2　建筑平面布置

时代特色，将入口处雨棚扩展为柱廊。内部空间也结合传统与现代生活特点，入口与右侧空间合为一较大的家庭活动的室内空间，入口左侧设一间卧室，厨房和餐厅面积较大，餐厅内用户可根据需要设置储藏空间。2 层设 3 间卧室，有主有次，并于北面设置一个小的家庭活动室，也可根据家庭人口需要改为卧室。南面结合底层门廊设置室外平台，满足晾晒需要，并形成室内外空间的连通。根据建筑使用功能、室内空间比例、建筑经济性的要求，取 1 层层高 3.2m，2 层层高 2.8m，2 层吊顶设于屋架下弦，底层净高约 3m，2 层净高基本等于层高为 2.8m。

4.2　结构设计的主要抗震思想

对于灾区的新型抗震安居房而言，在地震（余震）活动较为频繁的地区进行灾后重建必须着重于结构抗震能力，设计要符合国家“小震不坏，中震可修，大震不倒”的抗震设防原则。根据抗震要求，结构平面布置注重规则对称，以避免在水平地震力作用下结构发生扭转；立面和竖向则力求规则，保证结构侧向刚度均匀变化；同时，考虑整体性，保证抗侧力构件之间的可靠联系。现代木结构的主要结构形式有“梁柱结构体系”和“轻型木结构体系”两种[7, 8]，梁柱结构体系是一种传统的建筑形式，其由跨度较大的梁柱结构形成主要的受力体系，承受主要荷载；而轻型木结构是由构件断面较小的规格材和面板均匀密布连接组成的一种空间箱形体系，它由主要结构构件（结构骨架）和次要结构构件（墙面板、楼面板和屋面板）共同作用来承受各种荷载，具有经济、安全、结构布置灵活的特点。本结构充分发挥竹材轻质高强的特点，借鉴两种结构体系的成功经验，结构体系总体上采用梁-柱 + 搁栅-墙骨柱构成的多约束、多传力路径的受力体系，首层梁柱平面布置如图 3 所示，框架柱与主梁组成多榀平行框架，抵抗地震作用下的水平侧向力；除了框架柱以外，还在门窗开洞的两端增设墙骨柱，并在墙内设置斜向支撑和水平横撑来增加墙体的抗侧刚度和侧向承载力（图 4），框架柱和墙体形成了多重抗侧力体系，更增加了抗震能力；为了保证墙体具有足够刚度，其骨架构件的规格尺寸需满足变形要求，骨架与面板之间的连接应该牢固、可靠，以确保墙体的整体作用。

为了加强结构的整体性，每层高度处均设置贯通的竹制圈梁，窗口上下均设置连系梁；楼面采用板（16mm 厚）-搁栅-梁构成的受力体系，用螺钉连接节点，同时骨架与面板之间需牢固、可靠连接，以确保楼面板的整体作用；考虑抗震设防要求，地震区屋架采用四支点的竹质屋架，配合斜放简支檩条挂瓦，屋架端部必须与竹柱可靠锚固，在水平悬挑部分用水平撑杆支撑到框架柱上；为了减轻结构的自重，屋面盖瓦尽可能采用轻质瓦，如沥青瓦、石棉瓦等，以减轻地震作用。

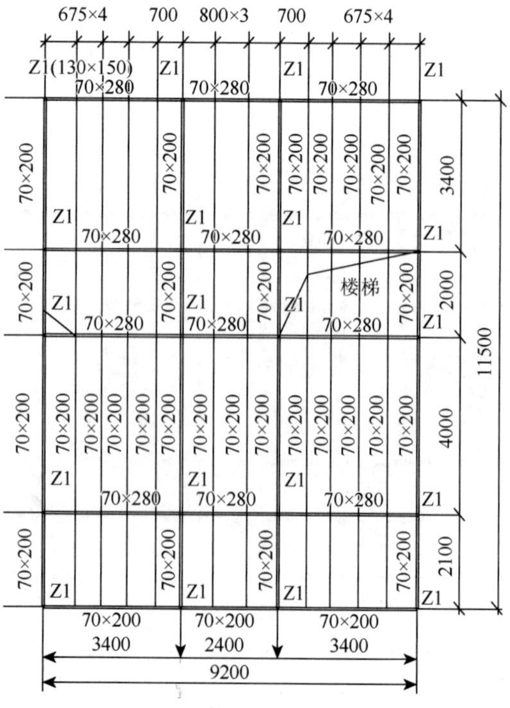

图 3　首层梁柱平面布置

4.3 关键节点设计

节点连接是木结构的最关键问题之一，构件的连接设计除了应该保证强度、传递荷载之外，还应防止构件产生开裂，并且从设计和构造节点上允许构件收缩和膨胀。木结构中常用的连接方式主要有榫卯连接、齿连接、齿板连接、普通钉接和螺栓连接等[9]。榫卯连接是中西方传统的木构件常用的连接方式，由于榫卯的存在，削弱了构件截面，因此不利于受力，且节点加工较复杂；齿连接是方木和原木结构中常用的连接方式，这种连接也会削弱构件的截面，不太适用于本结构；齿板连接广泛地用于构件的接长和接厚，这种连接节点抗压能力较低，且齿板容易锈蚀，由于竹质材料的硬度较大，板齿钉入构件困难，这种节点在本结构中很难应用；普通钉接承载能力相对较低，只能用于受力较小或基本不受力的连接，可用于本结构中楼面板、墙面板的连接固定；螺栓连接适用于一般的木结构，这种节点可以承受较大的内力，在现代木结构中广泛应用，同样较适合用于本结构的节点连接。

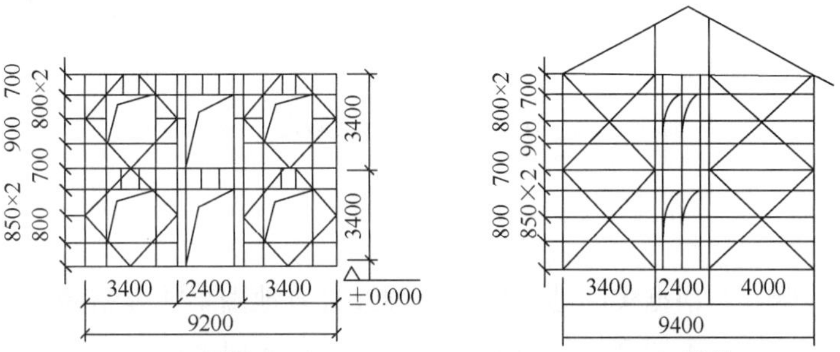

(a) 正面　　(b) 侧面

图 4　墙骨柱及斜撑设计

借鉴轻型木结构所使用的构件螺栓连接，对本竹结构房屋主要构件节点使用的金属连接件和螺栓进行了详细的设计，内容有：①柱与基础节点。竹柱的柱脚插入 250mm 高 8mm 厚矩形钢筒内，采用 4 个 M16 的对拉螺栓在 2 个方向对竹柱与钢筒之间进行固定，如图 5（a）所示，矩形钢筒焊接于底部 10mm 厚钢板，由 4 个 M20 锚栓锚固于基础，保证地震作用下上部结构与基础间不发生错动；②墙骨柱与基础的连接节点。每根墙骨柱通过 2 片对称角钢实现其与基础的连接，竹墙骨柱与 L 形角钢之间通过钉接固定，L 形角钢与基础通过 M12 锚栓固定，如图 5（b）所示；③柱与梁的连接节点（图 5（c））。在竹柱的四周通过螺栓固定了连接钢板，在连接钢板的外侧焊接 U 形托，以实现对竹梁的支撑，梁端伸入 U 形托后，通过螺栓固定梁的位置；④主、次梁的连接节点（图 5（d））。通过 2 个相互垂直焊接的 U 形钢板连接件实现主、次梁之间连接，U 形钢板与主梁和次梁各通过 2 根对拉螺栓固定。其他连接节点与以上节点类似，不一一给出，这些节点的设计，能满足各类复杂节点的连接要求，传力路径明确；同时，预加工的金属连接件保证了结构的安装速度、安装质量，有利于实现住宅的标准化、工业化；另外，此类节点对保证结构良好的抗震性能是有利的，螺栓连接使得结构具有一定的变形能力，金属节点保证了“强节点，弱构件”的抗震理念。

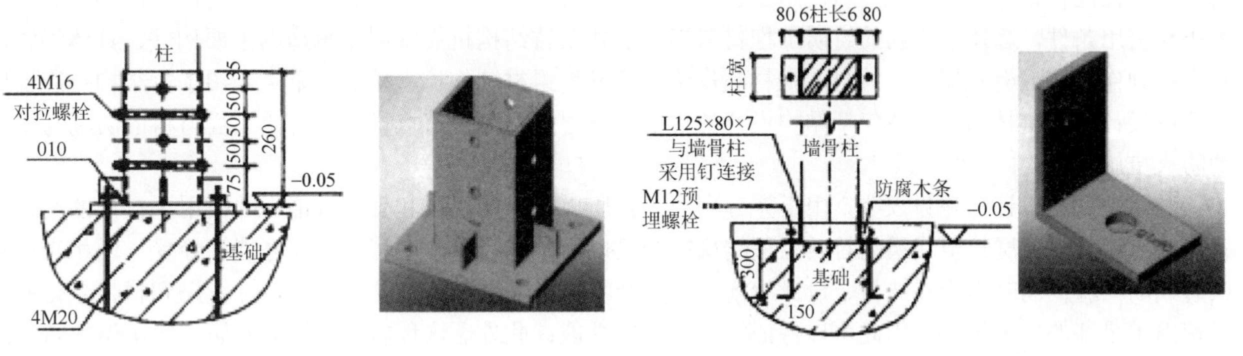

(a)柱与基础的连接节点　　(b) 墙骨柱与基础的连接节点

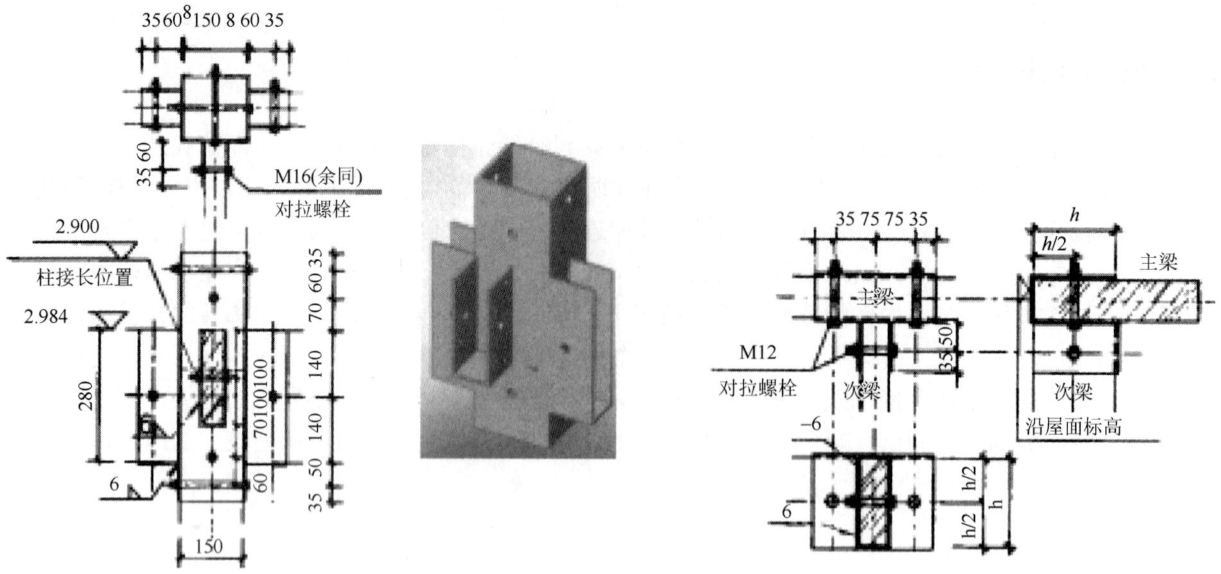

(c) 柱与梁的连接节点　　(d) 主、次梁的连接节点

图 5　主要的节点形式

4.4　其他设计

基础采用混凝土浅基础，并根据实际地质情况沿轴线设置地圈梁加强结构整体性，调节不均匀沉降。外墙采用双层竹帘胶合板墙板，中间添加保温层，保温材料可采用玻璃纤维、矿棉或棉毡，墙外侧铺设钢丝网粉刷砂浆，既满足建筑节能要求，又满足建筑防盗要求，很大程度上提高了建筑的舒适性和安全性。内墙根据隔声要求采用中空双层竹帘胶合板墙板，中间填塞隔声材料。

虽然竹质工程材料已经可以通过生产工艺具备良好的耐火、防潮和耐腐蚀性能，但是在干湿循环作用下仍存在老化现象，各项力学性能指标都会发生少量削减，因此在结构方面必须考虑这一因素。首先，在结构设计计算中，各项力学性能指标都综合现有竹质工程材料的老化试验研究结果给予折减，充分考虑材料老化的影响；其次，考虑到 2 层的阳台也为竹制，为减轻干湿循环造成的影响，除了设计中采取强度和刚度折减以外，在构造上将屋面出挑与阳台外沿平，同时为挑出屋面部分做三角撑以支承屋面檩条；第三，将底层楼面架空高于地面 600mm 以上，底层楼面固定在混凝土底座上，南北两主要立面上混凝土底梁下至室外地面间留空，保证空气流通，防止潮湿引起腐蚀。

防火方面，可根据现行《建筑设计防火规范》中的规定灵活应用，墙体、天棚可采用防火石膏板作为饰面。

5　结　　论

本文系统分析了竹结构建筑的优势，与其他结构相比，竹结构在生态性、工业化、施工、节能、抗震性能和经济性方面都具有显著的优势，许多方面都与木结构相似，尤其具有比木结构更好的生态性。在对目前 3 种性能较好的竹质工程材料制造工艺、特点进行对比分析的基础上，结合结构构件不同部位的受力大小和使用条件，选择了不同的竹质工程材料制作了新型竹结构抗震安居示范房的主要构件，具体为竹帘胶合板制作楼屋面板及墙板、竹材层积材制作梁、竹材重组材制作柱，随后，重点介绍了竹结构抗震安居示范房设计的关键技术，主要包括结构设计的主要抗震思想、关键节点设计、竹质工程材料的防潮与结构的防火措施等。

该示范房的设计与建设表明，由于充分利用了竹质重组材的受压和受弯性能，并采用了合理的结构形式和节点构造，二层甚至三层的竹质工程结构完全可以用于建设抗震安居房，使之能够经受一段相当长的余震期的考验；同时由于在选材、设计与施工上充分考虑了防潮防蛀与防火要求，并考虑到材料老化的因素留出了足够的安全储备，因此可以保证结构的耐久性能；此外，这种多层的抗震安居房比单层的竹屋或者吊脚楼大大提高了土地的利用率，从而可以满足短期内解决大量受灾人口的安置问题。建设该示范房所用三种竹制工程材料均为目前相对成熟工艺制成产品，取材便利，供货迅速；节点的金属连接件制作与木结构类似，生产加工也不困难；且施工工艺相对简便，施工周期短，表现出明显的经济性和实用性。

目前，该工程已在南京林业大学的校园内开工建设，一层施工已基本完成，关键技术的解决对确保该工程的顺利进展具有重要的作用。该新型竹结构抗震安居示范房的成功建设为汶川地震后村镇住宅的重建提供了一个良好的选择。

致谢：本文研究得到了南京林业大学蒋身学教授、扬平教授、黄乐升教授，东南大学吴刚教授、欣晓星老师等的帮助和支持，在此表示深深的感谢!

参 考 文 献

[1] 叶明，钱城，郝赤彪. 新型绿色建材——竹材人造板探讨. 青岛理工大学学报，2007，28（5）：41-44.

[2] 朱建新，盛素玲，浅谈竹结构建筑的生态性. 建筑科学，2005，21（4）：92-94.

[3] 郑凯，陈绪和. 竹材人造板在预制房屋建造中的应用前景. 世界竹藤通讯，2006，4（1）：1-5.

[4] 竹屋抗震性能令人吃惊——世界林业动态，世界竹藤通讯，2004，2（4）：10.

[5] 孙正军，程强，江泽慧. 竹质工程材料的制造方法与性能. 复合材料学报，2008，24（1）：80-83.

[6] 李琴，汪奎宏，华锡奇. 重组竹生产工艺的初步研究. 人造板通讯，2001，（7）：6-9.

[7] 孙红亮. 轻型木结构住宅的性能研究. 天津建设科技，2007，（3）：33-36.

[8] 程海江. 现代木结构建筑在我国的应用模式及前景研究. 上海：同济大学，2007.

[9] 孙永良. 轻型木结构齿板连接节点承载能力研究. 上海：同济大学，2007.

新型竹质工程材料抗震房屋基本构件力学性能试验研究

吕清芳[1] 魏洋[2] 张齐生[2] 禹永哲[3] 吕志涛[1]

（1 东南大学土木工程学院 南京 210096；

2 南京林业大学 南京 210037；

3 南京固强建筑技术有限公司 南京 210001）

摘 要

基于竹材的优良特性和竹结构优异的抗震性能，课题组提出采用竹质工程材料建造新型抗震安居房，为汶川地震后的村镇住宅重建提供一个良好的选择方案。针对新型竹质工程材料抗震房屋结构设计计算的需要，对其所涉及的竹质工程材料的基本构件进行了足尺的试验研究，包括竹材重组材柱、竹材层积材梁。通过试验，分析了梁和柱的破坏形式，确定了强度和弹性模量的设计取值。

关键词：竹质工程材料；柱；梁；竹结构；汶川地震；重建

Abstract

Based on the good characteristics of bamboo and the excellent seismic performance of bamboo structures, bamboo enginering materials were presented to construct a new anti-seismic living rom and which provided a good alternative scheme for the reconstruction of residential villages and towns after Wenchuan earthquake. For the design and analysis of the anti-seismic structure with a new type of bamboo engineering materials, its basic components were fullscale tested, including the reconstituted bamboo columns, laminated bamboo beams. The failure modes of beams and columns were analyzed and the strength and elastic modulus values were defined for the design.

Keywords: Bamboo engineering materials; Columns; Beams; Bamboo structure; Wenchuan earthquake; Reconstruction

1 引 言

2008 年 5 月 12 日四川省汶川县发生的 8.0 级强烈地震，造成了重大人员伤亡，大量钢筋混凝土房屋和市政公用设施坍塌，但有不少的古木建筑却依然屹立未倒，木结构出色的抗震性能也得到了国内外历次地震的证实。但木材自身存在一些缺陷，且我国的木材资源十分有限。与之相比较，我国的竹材资源丰富，竹林面积和产量均居世界第 1 位，竹材不仅具有与木材相近的性能，而且竹质工程材料具有轻质、高强的特点，其静弯曲强度、抗压强度、抗拉强度以及弹性模量等均优于一般的木材，以竹质工程材料为基础的竹结构在生态性、工业化、施工、节能、抗震性能和经济性方面都具有良好的优势[1-3]。

对于汶川地震的灾后重建，采用何种结构和材料，建设什么样的房屋，已经成为党和政府及全国人民普遍关注的重要问题。汶川地震发生后，南京林业大学和东南大学等有关单位立即组织人员开展了新型抗震竹质工程材料安居示范房的设计与建造研究，并得到了中国工程院的立项资助。目前，基于本文试验结果所设计的抗震安居示范房工程，已在南京林业大学校园内开工建设。

图 1、图 2 所示即为针对汶川地震后村镇住宅重建所设计的新型抗震竹质工程材料安居示范房的建筑正立面图和首层梁柱平面布置图。该结构充分发挥竹材轻质、高强的特点，借鉴木结构典型结构体系的成功经验，结构体系总体上采用梁-柱＋搁栅-墙骨柱构成的多约束、多传力路径的受力体系。

本文原载《建材技术与应用》2008 年第 11 期第 1-5 页。

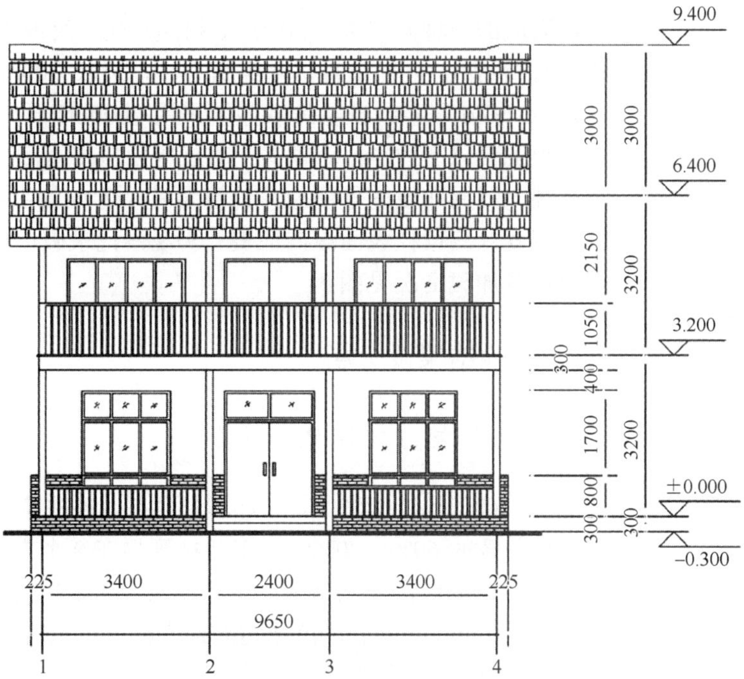

图 1 建筑正立面图

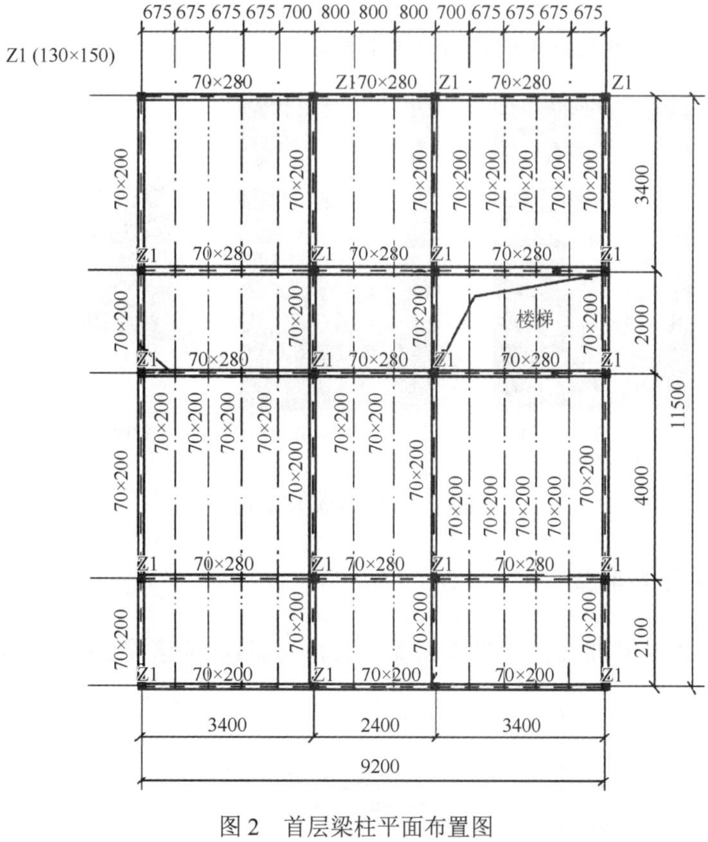

图 2 首层梁柱平面布置图

本文主要针对该工程结构设计计算的需要，对结构所涉及的竹质工程材料基本构件的力学性能进行了足尺的试验研究，包括竹材重组材制作的柱、竹材层积材制作的梁。

2 竹柱的力学性能试验

2.1 材料性能及试验概况

竹柱采用竹材重组材制作。重组竹又称重竹，其以竹丝束为基本单元，通过干燥、浸胶、组坯、热压固化而成的一种高强度、高密度、材质均匀、纹理美观的新型竹质工程材料[4, 5]。共制作了 6 个竹材重组材方柱，边长 100mm，柱高 600mm，分别以 Z1～Z6 编号。试验加载装置采用 2000kN 压力机，分级加载。试验过程中测量以下内容：①轴力：通过压力传感器测读；②纵向变形：通过沿柱轴向四周布设的电测位移计测量各个方向的纵向变形；③轴向应变：粘贴应变片测读柱表面纵向应变；④观察记录破坏形态。柱截面尺寸、测点布置及加载情况见图 3。

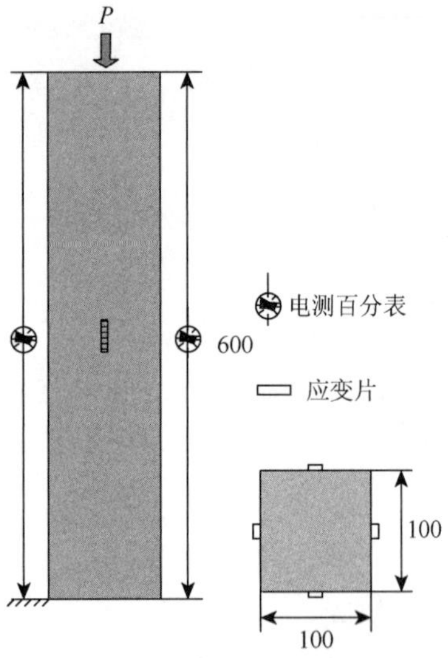

图 3　测点布置及加载情况

2.2　试验结果及分析

2.2.1　竹柱受力过程及破坏形态

随着荷载的持续增大，在加载的早期，各柱荷载能够持续增大；加载到破坏荷载的 60%～70%时，多数柱开始在某个方向朝一侧外凸；同时，伴随着轻微的胶的受力绷紧声音和柱角等薄弱处竹纤维丝受压曲折的声响，荷载增加逐渐趋于缓慢，变形增加逐渐加快；最后，荷载达到最大值，承载力随即开始下降。

竹柱典型破坏形式可归纳为两种（图 4），第 1 种为受压弯曲变形过大，承载能力不能继续增加，破坏时呈显著弯曲状，破坏征兆明显，如 Z1、Z3～Z6；第 2 种破坏形式为顶部纤维受压在横向炸开，破坏时柱的变形主要沿轴向，无明显侧向变形，破坏突然、剧烈，如 Z2。对 6 个试件的总结可看出，由于尺寸、加载偏心等误差，多数试件发生的破坏形式属于第 1 种。

(a) 受压向一侧弯曲 (Zl、Z3～Z6)　　(b) 顶部纤维受压在横向炸开(Z2)

图 4　竹柱典型破坏形式

2.2.2　竹柱荷载-位移关系曲线

图 5 给出各柱的荷载-位移曲线。从图 5 可见，竹柱的荷载-位移关系曲线可分为两个阶段，第 1 阶

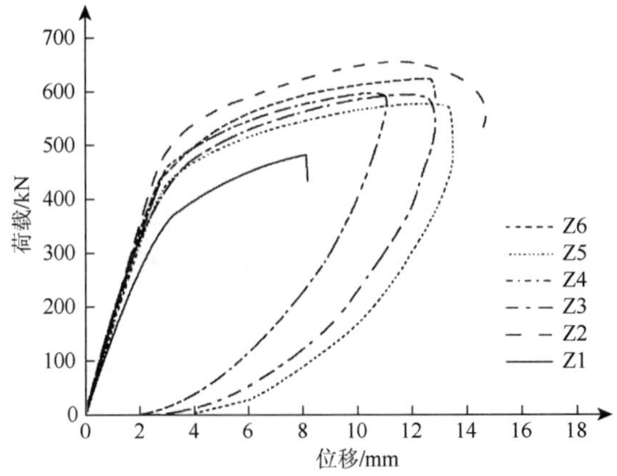

图 5　各柱荷载-位移关系曲线

段为弹性阶段，荷载与位移呈线性关系；在第 2 阶段，随着荷载的继续增加，柱竖向位移增幅加大，曲线趋于平缓，荷载与位移呈非线性关系。值得注意的是，卸载阶段的荷载-位移曲线表明竹材具有优异的弹性恢复能力，80%以上的变形在卸去荷载后能够得到恢复，这对于结构在地震中保持较好的延性、耗能能力及较小的震后残余变形具有重要的意义。

2.2.3 竹柱的强度分析

各竹柱试件的试验结果见表 1。其中，弹性极限荷载和强度定义为弹性阶段结束点，最大挠度指对应最大荷载时的挠度。

由表 1 可以看出，对于弹性极限荷载，最大值为 440kN，最小值为 340kN，平均值为 415kN；对于最大荷载，最大值为 644kN，最小值为 530kN，平均值为 613kN，标准差 50.26kN；各试件相应的弹性极限强度平均值约为极限强度的 67.7%。其保证率≤95%的极限强度和弹性极限强度分别为 53.0MPa、34.3MPa。

表 1 竹柱承载力及强度试验结果

柱编号	弹性极限荷载/kN	最大荷载/kN	弹性极限强度/MPa	极限强度/MPa	最大挠度/m	最大挠度对应应变
Z1 柱	340	530	34	53	10.68	0.0178
Z2 柱	470	680	47	68	13.12	0.0219
Z3 柱	420	614	42	61.4	13	0.0217
Z4 柱	420	614	42	61.4	11.2	0.0187
Z5 柱	400	596	40	59.6	13.08	0.0218
Z6 柱	440	644	44	64.4	13.2	0.0220
平均值	415	613	41.5	61.3	12.38	0.0206
标准偏差	43.70	50.26	4.37	5.03	1.13	0.0019

3 竹梁的力学性能试验

3.1 材料性能及试验概况

竹梁采用竹材层积材制作。竹材层积材是用一定规格的竹篾，经干燥、浸胶、干燥、组坯、热压固化而成的一种竹材人造板，又称为竹材层压板。共制作了 10 个竹材层积材矩形梁，截面宽 30mm，截面高 100mm，长度 2000mm，分别以 L1～L10 编号。试验加载装置采用恒载试验机，两点加载，加荷点间距 600mm。在正式加载前，先预加 1kN 荷载对试件预压，检查仪器工作是否正常以及消除接触不良现象；正式加载时，先每级加载 0.1kN 至 1kN，再每级加载 0.5kN，至接近破坏时每级加载 0.1kN，以试件承受的最大荷载为极限荷载。试验过程中架设百分表测量支座、$L/4$、$3L/4$ 及跨中位移变化；粘贴应变片测读梁跨中截面梁底、梁顶及沿高度应变变化；观察记录破坏形态。梁截面尺寸、测点布置及加载情况见图 6。

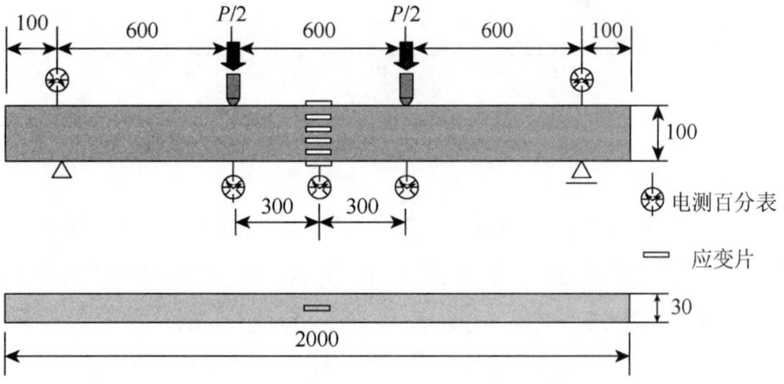

图 6 测点布置及加载情况（单位：mm）

3.2　试验结果及分析

3.2.1　梁受力过程及破坏形态

在竹梁试验过程中，挠度随荷载的增加而逐渐加大，多数梁在加载到破坏荷载的 50%之后逐渐出现竹纤维的断裂声，在荷载达到最大值后，承载能力迅速下降，破坏时的跨中挠度普遍达到较大值（一般＞L/40），梁整体变形显著，破坏征兆明显。

竹梁典型破坏形式可归纳为 3 种（图 7），第 1 种为梁顶部竹篾层间受压屈曲破坏（如 L1、L2），破坏时在屈曲处截面横向发生分层，整体侧向发生扭曲，此种破坏形式的承载力较低；第 2 种破坏形式为梁底部纤维拉断，这是由于竹纤维拉应力达到抗拉强度而发生断裂，同时达到最大承载能力；第 3 种破坏形式为底部纤维斜向撕裂，其破坏往往始于跨中纯弯段，经加载点向端部弯剪区域发展，应该是弯曲应力和剪应力共同作用的结果，如 L3、L4、L6、L8～L10 等。此种破坏形式的破坏过程持续较长，承载力下降较为缓慢，是比较理想的破坏形式。绝大多数试件发生的是第 3 种破坏形式，只有个别试件发生了横向分层、屈曲破坏，建议在实际工程中进一步提高压制的压力和密度，以避免发生第 1 种破坏形式。

(a) 竹篾层间受压屈曲　(b) 底部纤维拉断　(c) 底部纤维斜向撕裂

图 7　竹梁典型破坏形式

3.2.2　竹梁荷载-位移关系曲线

各梁的荷载-位移曲线如图 8 所示。

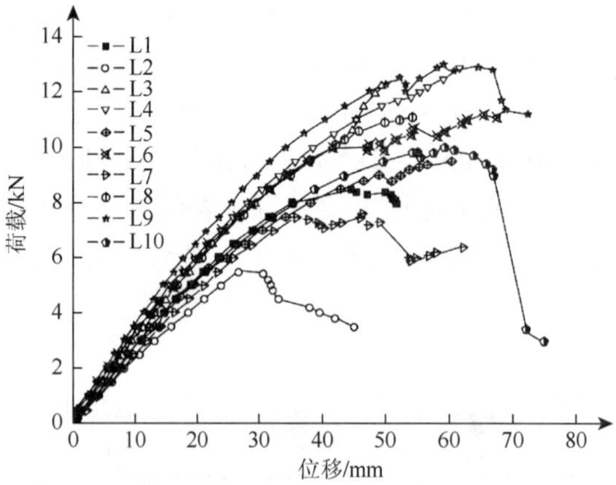

图 8　各梁荷载-跨中位移关系曲线

由图 8 可以看出，竹梁从加载初始直至破坏发生之前，其工作基本处于弹性阶段，在加载后期，局部破坏逐渐发生，曲线出现一平缓段，随后承载力迅速下降；所有的梁在破坏时的挠度均较大，多数达到 50mm 以上（＞L/36）。根据 GB50005—2003《木结构设计规范》的规定，作为受弯构件的梁和格栅的挠度限值为 L/250[6]，各试验梁破坏时的挠度均远远超过这一限值。因此，竹梁可承受的荷载实际上是由刚度控制的，而非强度控制。

3.2.3 抗弯承载力及强度分析

各竹梁试件的试验结果见表 2。对于最大荷载，最大值为 13.0kN，最小值为 5.5kN，平均值为 10.1kN，标准差 2.4kN，相应的弯曲抗拉强度平均值为 60.7MPa，标准差 14.5MPa，其保证率≤95%的弯曲抗拉强度为 36.8MPa。

表 2 竹梁抗弯承载力及强度试验结果(1)

梁编号	最大荷载/kN	最大挠度/m	$L/250$ 时的荷载/kN	弯曲抗拉强度/MPa
L1 梁	8.5	44.55	2	51
L2 梁	5.5	30.73	1.8	33
L3 梁	12	49.36	2.3	72
L4 梁	12.9	61.57	2.5	77.4
L5 梁	9.5	60.45	2.1	57
L6 梁	11.2	67.45	2.4	67.2
L7 梁	7.6	46.45	1.85	45.6
L8 梁	11.1	54.45	2.38	66.6
L9 梁	13	59.02	2.6	78
L10 梁	9.9	60.68	2	59.4
平均值	10.1	53.47	2.19	60.7
标准偏差	2.4		0.28	14.5

注：（1）挠度限值楼板梁和搁栅及 $L>3.3$m 的檩条 $L/250$，试验梁即为 7.2mm。最大挠度为对应最大荷载时的跨中位移。

由表 2 数据可见，试验梁的极限承载力和强度的离散度较大，而且部分梁的极限承载力较平均值小很多，其原因可能是因为该批梁经历过雨淋，含水率较高，对其承载力的影响较大。另外，表 2 给出了各梁对应挠度限值时的荷载值，平均为 2.19kN，约为极限承载力的 21.6%，这对于设计计算中评估变形控制的竹梁承载力，具有重要的参考意义。

3.2.4 对应不同荷载下的挠度及弯曲弹性模量分析

表 3 给出各试验梁在弹性阶段，对应不同荷载时的跨中位移和相应的弯曲弹性模量。在 2.0kN 时，弯曲弹性模量平均为 12 684MPa，标准差 1723MPa；在 4.0kN 时，弯曲弹性模量平均为 11 873MPa，标准差 1605MPa。随着荷载的增大，弯曲弹性模量逐渐降低。对比表 2 可知，对应挠度限值时的荷载值平均为 2.19kN，处于表 3 所给荷载的范围内。最终，弯曲弹性模量取 10 000MPa，具有将近 95%的保证率，建议变形验算时可按此取值。

表 3 不同荷载下各竹梁试件的跨中位移和弯曲弹性模量

对应不同荷载/kN		L1	L2	L3	L4	L5	L6	L7	L8	L9	L10	平均值	标准偏差
跨中位移/m	2.0	7.18	8.295	6.135	5.62	6.95	5.91	7.82	5.95	5.49	7.29	6.66	0.93
	4.0	14.77	18.545	13.105	12.39	15.42	12.63	16.34	12.97	11.42	14.61	14.22	2.04
弯曲弹性模量/MPa	2.0	11 532	9982	13 727	14 733	11 914	14 010	10 588	13 916	15 082	11 358	12 684	1723
	4.0	11 212	8930	12 636	13 366	10 739	13 112	10 135	12 768	14 501	11 335	11 873	1605

4 结 论

（1）竹材具有诸多的优良特性，是建筑行业的理想材料；竹结构房屋抵御高强度地震的试验表明，用作试验的竹屋能抵御 7.8 级地震而安然无恙[7]。因此，本课题组提出采用竹质工程材料建造新型抗震安居房。本文则主要针对该工程所涉及的竹质工程材料基本构件进行了足尺的试验研究，包括竹材重组材柱、竹材层积材梁。

（2）对于竹材重组材柱，典型的两种破坏形式为横向弯曲变形过大不能继续承载和顶部纤维受压在横向炸开；竹柱在卸载后能够恢复 80%以上的变形，具有优异的弹性恢复能力；试验柱的≤95%保证率的极限强度和弹性极限强度分别为 53.0MPa、34.3MPa。

（3）对于竹材层积材梁，典型的 3 种破坏形式是梁顶部竹篾层间受压屈曲破坏、梁底部纤维拉断和底部纤维斜向撕裂破坏，建议提高压制的压力和密度，以避免发生第 1 种破坏形式；试验数据显示，竹梁可承受的荷载实际上是由刚度控制的，而非强度控制；竹材层积材试验梁的≤95%保证率的弯曲抗拉强度为 36.8MPa；建议变形验算时弯曲弹性模量取 10 000MPa。

致谢： 本文得到了南京林业大学蒋身学教授、杨平教授、黄东升教授、王立彬副教授、周年强老师、东南大学吴刚教授等的帮助和支持，在此表示感谢!

参 考 文 献

[1] 叶明，钱城，郝赤彪. 新型绿色建材——竹材人造板探讨. 青岛理工大学学报，2007，28（5）：41-44.

[2] 朱建新，盛素玲. 浅谈竹结构建筑的生态性. 建筑科学，2005，21（4）：92-94.

[3] 郑凯，陈绪和. 竹材人造板在预制房屋建造中的应用前景. 世界竹藤通讯，2006，4（1）：1-5.

[4] 李琴，汪奎宏，华锡奇，等. 重组竹生产工艺的初步研究. 人造板通讯，2001，（7）：6-9.

[5] 孙正军，程强，江泽慧. 竹质工程材料的制造方法与性能. 复合材料学报，2008，25（1）：80-83.

[6] 中华人民共和国建设部. GB50005—2003 木结构设计规范. 北京：中国建筑工业出版社，2003.

[7] 孟永庆. 竹屋的抗震性能令人吃惊. 世界林业动态，2004，（29）：9.

竹结构民宅的生命周期评价

黄东梅　周培国　张齐生
（南京林业大学竹材工程研究中心　南京　210037）

摘　要

竹材作为结构材料，在加工过程中需要使用一定量的化工材料对其进行改性处理，以达到要求的物理、化学性质，这使得竹结构的环保性能大受质疑。以南京林业大学竹结构民宅示范工程为研究对象，采用生命周期评价方法对其整体环境性能进行评估，并核算出单一的环境总负荷指标，以期为乡镇民宅结构材料的比选提供决策依据。结果表明：资源采掘、运输、生产和建造阶段对环境总负荷的贡献率分别为30.82%、3.43%、52.17%和13.57%。竹结构部分占整栋民宅环境负荷的43.93%，其中主要化工材料酚醛树脂（PF）胶对总负荷的贡献率仅为14.59%，而所使用的钢材对总负荷的贡献率是PF胶的3.21倍。可见，竹结构民宅的主要环境负荷来自传统建筑材料。

关键词：竹结构民宅；生命周期评价；不可再生资源

Abstract

Bamboo, before used as structural materials of buildings, must be modified to meet the needs of physical and chemical quality. In its producing processes, chemical materials are applied and thus its environmental performance has been doubtful. We conducted LCA in this study to quantify the environmental loads and their potential impacts based on a demonstration project: a two-layer bamboo construction village house in the Bamboo Engineering Research Centre in Nanjing. Single indicator of the total environment load was calculated to provide guidelines for material selection. The results indicated that, the environmental load of raw material acquisition, transportation, production, construction phase respectively accounted for 30.82%, 3.43%, 52.17% and 13.57%. In the material constitutes of the building, bamboo structural material accounted for 43.93% of environmental load, including 14.59% of that from the PF adhesive, while the environmental load contribution of steel materials used for the bamboo construction house was as high as 3.21 times of PF adhesive. It can be thus concluded that major environmental load of the bamboo-constructed village house still comes from the most common building materials, such as steel and concrete.

Keywords: Bamboo-constructed house; Life cycle assessment; Non-renewable resources

从产品与材料的生命周期评价（LCA）角度来看，建筑业属于重污染行业[1]，是温室气体排放的第3大行业[2]。在中国乃至全球面临的节能减排压力下，建筑业自然成为节能减排的重点行业，寻找节能、减排、降耗的优质建筑材料成为研究热点。广大乡镇民宅建设是建筑业的重要组成部分。我国乡镇民宅建设主要以钢砼和砖木结构为主，2010年，二者分别占乡镇民宅建筑总面积的44.3%和44.7%，其中建筑成本较高的新建钢砼民宅达到4亿m^2。

在力学性质允许的情况下，以可再生竹木材料代替不可再生的砖、石和钢砼作为结构用材，是乡镇民宅建设可持续发展的有力支撑。木结构作为一种环境友好型的住宅形式已得到论证[3]；但是，我国木材资源相对匮乏，而竹材资源相对丰裕，“以竹代木”“以竹胜木”的资源利用思路为竹结构建筑提供了发展契机。据推算，我国竹结构民宅的潜在年度需求规模将在70亿～400亿元之间，假设竹结构民宅更新期为40年，那么竹结构民宅的潜在总市场需求规模将在2800亿～16000亿元之间。

本文原载《北京林业大学学报》2012年第34卷第5期第148-152页。

为了获得作为结构材料的物理、化学性质，必须利用现代复合、重组技术，改变原竹的物理结构并加入一定量高性能胶黏剂进行胶合、压制成竹构件产品。一方面竹结构材的广泛使用对酚醛树脂胶（简称 PF 胶）、燃煤、电力等产生较大的需求，这些产品在其生命周期过程中会对环境产生较大的压力；另一方面经过处理的竹结构材对人居环境也会产生不良影响[4]。本文聚焦前者，试图对竹结构民宅生命周期中直接和间接环境影响[5]进行分析并做出初步评价。

1 生命周期评价的对象与范围

1.1 评价对象

对竹结构民宅的承重部分从资源采掘到安装建造过程进行环境综合性能评估，以便为建设“资源节约型”和“环境友好型”建筑行业提供决策支持，推动竹结构民宅尽早实现规模化和产业化生产。

以 2008 年南京林业大学竹材研究中心建造的 2 层竹结构民宅示范房[6]为研究对象。单栋竹结构民宅建筑面积为 180.5m^2，工程设计使用年限 50 年，耐火等级 2 级，7 度抗震设防。采用“梁-柱-搁栅-墙骨柱”构成的多维受力体系，承重构件包括独立柱基、地圈梁、竹柱、竹梁、竹墙、竹楼板、竹楼梯及框架结构连接件[6]。承重柱和墙骨柱为竹材重组材，竹墙板是竹材胶合板，其他结构用竹材为层积材。

1.2 评价范围

竹结构民宅与钢砼、砖木结构相比，主要在结构用材方面具有差异性，其他辅助材料几乎相同；因此本研究聚焦竹结构民宅的承重结构部分，包括地坪以下的钢砼基础和地坪以上的竹结构框架。相关研究表明，乡镇民宅的 70%～90%环境排放和 85%能源消耗在材料制造和安装建造阶段[7]；因此，本研究的评价范围界定为从资源采掘到安装建造过程，不失一般性。依据生命周期的过程单元划分，包括资源采掘过程（P1）、材料与产品运输过程（P2）、建筑材料制造过程（P3）、结构构件制作过程和现场安装建造过程（P4）。为了排除建筑物平面设计差异而导致不同结构材料之间的可比性，本研究以每平方米建筑物为基本功能单位。

2 生命周期清单分析

依据材料预决算和现场耗费统计，竹结构民宅承重构件的主要材料消耗为竹束、竹帘、竹篾、PF 胶、钢板连接件、钢筋、水泥和砂石，使用量分别为 23.6、12.6、75.0、14.0、12.3、5.2、29.5 和 151.1kg/m^2。

在编制竹结构民宅生命周期清单中，采取企业调查法与文献追踪法相结合。由于我国缺乏可利用的生命周期数据库，国内研究者一般使用生命周期清单数据模块[8]。本文沿袭这一做法，来自相关文献所提供的清单数据模块包括钢材生产[9]、电力生产和原煤燃烧[10]、水泥生产[11]、原煤等（包括原油、天然气、柴油）化石资源生产[12]、柴油燃烧、PF 胶[13]。实地调研部分包括竹材半成品（竹束等）生产过程清单、竹结构材制作过程清单、砂石生产清单。对于矿石等不可再生资源生产的生命周期清单数据处理，依据 ISO 14040[14]及其操作手册[15]建议，采取 Finnveden 等[16]所提出的能量消费统计量来度量，即把物质从一种状态转化为另一种状态所耗费的能量。砂石生产所用的安山岩采掘过程清单来自现场实测，化石能源采掘清单参考文献[12]。假定在矿物开采过程所做的功都来自电力，其引致环境排放按照电力生产计算。矿物采掘过程的环境排放清单参考石灰石[11]，主要是灰尘和可吸入颗粒物（简称 PM_{10}）。依据生命周期评价方法，竹结构民宅的输入输出清单数据如表 1 所示。

表 1 竹结构民宅生命周期清单 （单位：kg/m^2）

输入				输出			
物质	数量	物质	数量	物质	数量	物质	数量
水	7.1×10^2	橄榄石	6.8×10^{-1}	CO_2	5.4×10^2	COD	1.2×10^{-2}
原竹	2.9×10^2	白云石	2.5×10^{-1}	CO	1.6×10^2	NH_4^+	1.7×10^{-2}
原煤	9.5×10^1	氟石	2.3×10^{-1}	CH_4	8.0×10^1	NMHC	7.0×10^{-1}

续表

输入				输出			
物质	数量	物质	数量	物质	数量	物质	数量
原油	2.6×10^{1}	石膏	1.5×10^{0}	C_xH_y	3.2×10^{-2}	HCHO	4.0×10^{1}
天然气	9.4×10^{0}	黏土	4.9×10^{0}	SO_x	2.2×10^{0}	挥发酚	2.1×10^{-1}
原盐	1.5×10^{-1}	砂岩	1.1×10^{-1}	H_2S	8.0×10^{-3}	石油类	8.1×10^{-3}
铁矿石	2.7×10^{1}	安山岩	1.5×10^{2}	NO_x	5.7×10^{0}	烟粉尘	7.0×10^{0}
石灰石	7.7×10^{1}			PM_{10}	3.0×10^{0}	固废	1.2×10^{2}

注：天然气的单位是 m^3/m^2。

从表 1 可知：水、原竹等可再生资源是竹结构民宅消耗的主要资源；消耗最大的不可再生资源是原煤和安山岩，而消耗量较大的原油、天然气和铁矿石都是我国相对稀缺的不可再生资源。竹结构民宅的主要污染物是 CO_2 和 CO。以排放量大小为序，承重结构生命周期过程所输出的污染物分别是 CO_2、CO、CH_4、HCHO、烟粉尘和 NO_x。它们主要来自钢筋、酚醛树脂、水泥生产过程和运输过程的气体排放。

3 生命周期影响评价

3.1 影响类别与等效物选择

根据主要资源消耗和污染物排放状况（表 2、3）可知，本项目对不可再生资源（ADP）、温室效应（GWP）、光化学影响潜力（POCP）、酸化影响（AP）、富营养化（EP）、水体污染（WTP）和人体毒性（HTP）等环境影响类型产生较大影响。为使产品和项目的生命周期清单和评价结果具有国内外可比性，采用 ISO 14040[14]及其操作手册[15]所推荐的等效物进行评价。各种环境影响类型的等效物选择以及相关污染物的当量值如表 2、3 所示。

表 2 主要环境影响因子的当量值 （单位：kg/kg）

等效物	影响类型					
	GWP	POCP	AP	EP	WTP	HTP
	CO_2	C_2H_4	SO_2	PO_4^{3-}	1, 4-DCB	1, 4-DCB
CO_2	1.000					
CO		0.027				
CH_4	21.00	0.006				
C_xH_y		0.398				
SO_x		0.048	1.000			0.096
H_2S			1.880		1.400	0.220
NO_x	270.0	0.028	0.690	0.130		1.200
NMHC		0.416				
烟粉尘						0.820
PM_{10}						0.820
COD				0.022	0.140	
NH_4^+			1.880	0.330		
HCHO		0.519			0.830	0.027
挥发酚		0.218			28.00	240.0
石油类		0.398			2.800	

注：各环境影响类型的等效物选择，如水体毒性（WTP）的等效物，国际上常采用 1, 4-DCB 当量，而不是国内常用的 Cr^{6+}当量；因此，在选择环境影响类型的等效物时，应该考虑权重选择和归一化过程。

表 3　各类资源的不可再生资源消耗潜力（ADP）当量值　（单位：kg/kg）

序号	资源	锑当量	序号	资源	锑当量	序号	资源	锑当量
1	水	可再生	6	原盐	8.24×10^{-11}	11	氟石	3.63×10^{-10}
2	原竹	可再生	7	铁矿石	6.10×10^{-8}	12	石膏	1.04×10^{-10}
3	原煤	1.34×10^{-2}	8	石灰石	2.83×10^{-10}	13	黏土	2.09×10^{-9}
4	原油	2.01×10^{-2}	9	橄榄石	4.62×10^{-8}	14	砂岩	8.28×10^{-8}
5	天然气	1.87×10^{-2}	10	白云石	9.50×10^{-10}	15	安山岩	3.70×10^{-8}

注：ADP 等效物参考国际标准采用锑（Sb）当量，而不是国内常用的铁当量、硅当量。

从表 2 可知：从竹结构民宅承重构件生命周期主要污染物环境影响的广泛性来看，对 POCP 的影响最广泛，其次是 HTP；从单个污染总负荷大小来看，首先是 NO_x，其次是 HCHO、SO_x、H_2S 和挥发酚等。

从表 3 可知：各类资源的锑当量值相对大小表明该资源在地球上蕴藏量的相对多寡，锑当量越大，其蕴藏量越小，也越贵重；在本例中，原煤、原油和天然气等化石资源都是相对稀缺资源。

3.2　不可再生资源的锑当量

不可再生资源耗竭研究是生命周期评价体系的重要组成部分，如何正确、全面地认识和评价矿产资源的耗竭问题成为广泛关注的焦点[17]。由于在建筑材料所用的矿石中传统等效物的铁和锑（Sb）含量较低，崔素萍等[18]认为采用硅当量比较合适。本文认为等效物的选择主要是提供一个相对耗竭速度的评判标准，从资源或元素的多用途性来看，任何一种资源都不能够恰当地或等效地替代另一种资源，无论选择哪个等效物都是无差异的，只是提供一个计量标准。可见，ISO 14042 的操作手册所推荐的锑当量，提供了与其他环境影响类型之间比较的尺度（即全球消耗量），为下一步归一化过程的权重问题提供了相对客观的依据。

锑当量是以元素以及相对单一的化合物为基准的，但是现实中许多矿物都是以共生矿为主，需要进一步处理。以石子和机制砂原料安山岩为例，安山岩平均化学成分为 52.4%SiO_2，17.17%Al_2O_3，7.92%CaO，3.67%Na_2O，1.11%K_2O。本文提出，第 i 种共生矿石（比如安山岩）资源的不可再生资源锑当量（ADP）计算方法如下：

$$\mathrm{ADP}=\sum_{j} d_{j}\left(\sum_{k} n_{jk} A_{jk} / B_{jk}\right) \tag{1}$$

式中：d_j 为第 j 种矿物元素的锑当量；n_{jk} 为包含第 j 种矿物元素的第 k 种矿物成分的比重；A_{jk} 和 B_{jk} 为第 k 种矿物中第 j 种矿物元素的原子质量和矿物的分子质量。

3.3　特征化与归一化

特征化过程是将各种污染物排放量乘以在不同环境影响类型中的当量值后，再按照不同环境影响类型汇总的过程。在 LCA 评价的框架中，归一化权重问题一直缺乏一个令人满意的解决方法。然而对于材料、产品或建设项目的环境影响评价来说，提供单一的环境总负荷指标有利于方案比选。

目前，各环境影响类型之间的权重赋值方法比较常用的有德尔菲法（专家打分法）、目标距离法和层次分析法(AHP)[19]。本文采用以世界总排放量为基准的目标距离法，归一化基准分别是 ADP 为 1.57×10^{11}kg 的锑当量，GWP 为 3.86×10^{13}kg 的 CO_2 当量，POCP 为 4.55×10^{11}kg 的 C_2H_4 当量，AP 为 2.99×10^{11}kg 的 SO_2 当量，EP 为 1.32×10^{11}kg 的磷酸根当量，WTP 为 1.98×10^{12}kg 的 1, 4-二氯苯（1, 4-DCB）当量，HTP 为 4.98×10^{13}kg 的 1, 4-二氯苯当量。由于该基准是表征全球范围内各选定影响类型的污染物排放总当量，类型参数结果的归一化就能通过考察研究对象生命周期资源消耗和污染物排放损害在相应总环境影响中的份额，增加对研究对象各参数结果相对重要性的了解，从而使来自于不同影响类型的特征化结果具有可比性[12]。

加权方法是以各影响类型归一化基准的倒数作为加权因子，评判在各影响类型内部竹结构民宅承重构件的环境参数对世界环境的贡献值。各影响类型之间的相对权重采取等值权重方法，权重系数为 0.15，以体现 2010 年与 1995 年世界环境退化的相对压力大小。

单位竹结构民宅的承重构件生命周期输入、输出清单数据，经过环境影响类型的特征化、归一化和加权处理后，其生命周期各过程和总体环境负荷值及比重如表4所示，得出环境总负荷为3.59×10^{-12}。

表4 每平方米竹结构民宅各阶段污染负荷状况

类型	采掘过程	运输过程	建材生产	建造过程	总负荷	比重/%
ADP	7.31×10^{-13}	—	—	—	7.31×10^{-13}	20.35
GWP	2.32×10^{-13}	9.94×10^{-14}	1.02×10^{-12}	2.82×10^{-13}	1.64×10^{-12}	45.60
POCP	6.05×10^{-15}	2.02×10^{-15}	1.10×10^{-13}	6.64×10^{-15}	1.25×10^{-13}	3.48
AP	1.18×10^{-13}	1.67×10^{-14}	5.86×10^{-13}	1.75×10^{-13}	8.96×10^{-13}	24.96
EP	1.84×10^{-14}	4.69×10^{-15}	4.71×10^{-14}	2.18×10^{-14}	9.20×10^{-14}	2.56
WTP	2.84×10^{-16}	2.26×10^{-16}	7.17×10^{-14}	—	7.22×10^{-14}	2.01
HTP	1.35×10^{-15}	2.13×10^{-16}	3.35×10^{-14}	1.90×10^{-15}	3.70×10^{-14}	1.03
合计	1.11×10^{-12}	1.23×10^{-13}	1.87×10^{-12}	4.87×10^{-13}	3.59×10^{-12}	100.00
比重/%	30.82	3.43	52.17	13.57	100.00	

4 结果与讨论

4.1 生命周期环境影响结果评价

从表4可知：从环境影响类型的贡献率来看，温室效应GWP影响最大，达到45.60%；酸化效应AP影响为24.96%；不可再生资源消耗ADP影响为20.35%；三者合计为90.91%，其余4项仅为9.09%。从生命周期过程来看，建材生产过程环境影响最大，达到52.17%，其中温室效应GWP影响为54.69%，酸化效应AP影响为31.29%，合计为85.98%；其次是资源采掘过程，为30.82%，其中不可再生资源消耗ADP影响为66.03%；再次是建造过程，为13.57%；运输过程最小，仅为3.43%。

4.2 主要污染物及其来源

依据单一污染总负荷（ELU）指标的大小排序，竹结构民宅生命周期主要污染物分别是NO_x、CO_2、SO_x、CH_4、HCHO和挥发酚，分别占27.50%、23.25%、19.34%、3.05%、2.64%和1.76%，合计占本项目环境总负荷的77.54%。主要污染物对各种环境影响类型的贡献率如表5所示。

表5 主要污染物的环境影响贡献率 （单位：%）

类型	NO_x	CO_2	SO_x	CH_4	HCHO	挥发酚
GWP	19.36	23.25	—	2.98	—	—
POCP	0.15	—	0.59	0.07	1.91	0.04
AP	5.56	—	18.74	—	—	—
EP	2.37	—	—	—	—	—
WTP	—	—	—	—	0.70	1.28
HTP	0.06	—	0.01	—	0.03	0.44
合计	27.50	23.25	19.34	3.05	2.64	1.76

注：合计指该污染物在本项目环境影响总负荷中所占的比重。

从表5可知：从主要环境影响类型角度来看，GWP的主要影响污染物是CO_2和NO_x，分别占23.25%和19.36%；AP的主要影响污染物为SO_x和NO_x，分别占18.74%和5.56%。从主要污染物来源看，NO_x主要来自炼钢过程，CO_2主要来自钢材生产、水泥生产和燃煤过程，SO_x主要来自电力生产与炼钢过程，CH_4、HCHO和挥发酚主要来自PF胶的生产过程。

4.3　承重构件的环境影响评价

为了评价和比较不同材料的承重结构，对钢砼基础、竹构件和钢板连接件等不同承重构件分别进行核算和评价（表 6）。

表 6　承重构件的环境影响贡献率　（单位：%）

影响类型	竹材结构件		钢砼基础		连接件
	总体	PF 胶	总体	钢筋	
ADP	15.21	5.81	3.96	0.50	1.18
GWP	14.97	3.10	12.25	7.83	18.37
POCP	2.37	2.07	0.36	0.32	0.75
AP	7.86	1.05	5.87	4.78	11.23
EP	0.96	0.07	0.64	0.41	0.96
WTP	2.00	1.99	0.01	0.00	0.01
HTP	0.57	0.49	0.14	0.13	0.32
合计	43.93	14.59	23.24	13.98	32.83

从表 6 可知：钢砼基础的贡献率（即钢砼基础的污染负荷占项目总负荷的比重）为 23.24%，贡献率较大的环境影响类型是 GWP、AP 和 ADP。竹构件贡献率为 43.93%，贡献率较大的环境影响类型是 ADP、GWP 和 AP。钢板连接件的贡献率为 32.83%，贡献率较大的环境影响类型是 GWP 和 AP。

4.4　PF 胶的环境影响评价

与原竹结构相比，现代竹结构材在加工过程中使用一定量的化工材料，使得消费者对竹结构民宅的“生态性”产生疑虑，因此对相关化工材料的环境影响进行独立评价具有较强的实际意义。本项目使用的化工材料主要是 PF 胶，用量约为 2528kg，住宅用胶量达到 14.0kg/m^2。所使用的 PF 胶生命周期总污染负荷仅占本项目总污染负荷的 14.59%。按照环境影响类型来分，PF 胶对项目总污染负荷的贡献主要体现在 ADP 方面，次之是 GWP、POCP、WTP、AP、HTP 和 EP。总体来看，竹结构民宅环境负荷的主要来源不是化工材料——PF 胶，而是钢板连接件和钢筋等传统建筑材料。

5　结　论

竹结构材在生产过程中会使用一些化工材料，主要是 PF 胶，从而使其环保性受到质疑。本文借助生命周期评价方法对南京林业大学竹结构示范性民宅进行评价，核算出单一的环境总负荷指标，并进行分类比较。从生命周期过程来看，建材生产过程环境影响最大，贡献率为 52.17%；次之是资源采掘过程，贡献率为 30.82%；再次是建造过程，贡献率为 13.57%；对总负荷贡献率最小的是运输过程，仅为 3.43%。从主要环境影响类型来看，依次是 GWP（占总负荷的 45.60%）、AP（24.96%）和 ADP（20.35%）；从污染因子层面来看，主要污染物为 NO_x、CO_2、SO_x、CH_4、HCHO 和挥发酚，分别占 27.50%、23.25%、19.34%、3.05%、2.64%和 1.76%，合计占本项目环境总负荷的 77.54%。

在整栋竹结构民宅的承重材料中，竹结构材部分对总环境负荷的贡献率为 43.93%，其中包括 PF 胶的 14.59%。用于竹构件连接的钢板连接件对总负荷的贡献率为 32.83%，钢砼基础的贡献率为 23.24%。可见，在竹结构民宅的生命周期中，主要环境负荷来自于传统建筑材料。

参 考 文 献

[1] Li X D，Zhu Y M，Zhan Z H. An LCA-based environmental impact assessment model for construction processes. Building and Environment，2010，45：766-775.

[2] EPA. Potential for reducing greenhouse gas emissions in the construction sector. Washington：Environmental Protection Agency，2009.

[3] 刑大鹏，陈雰霞. 走出中国现代建筑的禁区. 新建筑，2005，(5)：10-13.

[4] 肖书博，李念平，李靖，等. 现代竹结构建筑室内空气质量的实测与分析研究. 全国暖通空调制冷 2008 年学术年会资料集. 青岛：中国建筑学会暖通空调分会，中国制冷学会空调热泵专业委员会，2008.

[5] 黄东梅，张齐生，周培国. 基于投入产出的区域主导产业污染负荷核算. 南京林业大学学报（自然科学版），2011，35（5）：107-111.

[6] 魏洋，吕清芳，张齐生，等. 现代竹结构抗震安居房的设计与施工. 施工技术，2009，(11)：52-54.

[7] Adalberth K，Almgren A，Petersen E H. Life cycle assessment of four multi family buildings. International Journal Low Energy Sustainable Build，2001，2：1-21.

[8] 马盼虎，栾忠权. 模块化思想的产品生命周期评价研究与应用. 北京机械工业学院学报，2007，(12)：23-27.

[9] 杨建新，刘炳江. 中国钢材生命周期清单分析. 环境科学学报，2002，(7)：519-522.

[10] 狄向华，聂祚仁，左铁镛. 中国火力发电燃料消耗的生命周期排放清单. 中国环境科学，2005，25（5）：632-635.

[11] 姜睿，王洪涛. 中国水泥工业的生命周期评价. 化学工程与装备，2010，(4)：183-187.

[12] 袁宝荣，聂祚仁，狄向华，等. 乙烯生产的生命周期评价（Ⅱ）：影响评价与结果解释. 化工进展，2006，(4)：432-435.

[13] 储险峰，李娜，刘艳. 橡胶阻尼材料的生命周期清单分析. 江西科学，2010，(6)：359-364.

[14] ISO 14040 Environmental management：Life cycle assessment principle and framework. Geneva：International Organization of Standardization，2006：28.

[15] Guin E J B，Gorr E M，Heijungs R. Handbook on life cycle assessment：operational guide to the ISO standards. New York：Kluwer Academic Publisher，2002.

[16] Finnveden G，Stlund P. Exergies of natural resources in life-cycle assessment and other applications. Energy，1997，22：923-931.

[17] Finnveden G. The resource debate needs to continue. International journal of LCA，2005，10（5）：372.

[18] 崔素萍，罗楠，王志宏. 建筑材料生命周期评价中不可再生资源耗竭性当量的研究. 中国建材科技，2009，(4)：1-5.

[19] 邓南圣，王小兵. 生命周期评价. 北京：化学工业出版社，2003.

四大竹乡产毛竹弯曲力学性能的比较研究

程秀才[1,2]　张晓冬[1]　张齐生[1]　岳孔[3]　贾翀[1]

（1 南京林业大学　南京　210037；

2 南京市产品质量监督检验院　南京　210028；

3 南京工业大学　南京　210009）

摘　要

对四大竹乡产毛竹的弯曲力学性能进行了研究，使用电子万能力学试验机采用径向加载方式测试竹材弯曲强度（MOR）和弯曲弹性模量（MOE），并比较分析了毛竹弯曲断裂形态差异。结果表明：生长朝向和竹节对毛竹的弯曲力学性能具有较大影响；测量方式不同，毛竹的弯曲力学性能差异较大；四大竹乡产毛竹 MOR 差异较大，而 MOE 差异不明显。

关键词：毛竹；弯曲性能；竹节；距地高度

Abstract

In this paper, bending performance of Moso bamboo from four Hometowns of Bamboo was studied. MOR and MOE were tested with radial load by mechanics apparatus. Bending rupture of bamboo with and without node were comparatively analyzed. The results showed that aspect and node influence bamboo bending performance. In different measuring mode, the bamboo bending performance is different. In four counties under study, MOR is very different and MOE difference is not significant.

Keywords: Moso bamboo; Bending performance; Node; Height

竹类属被子植物亚门单子叶植物纲禾本科竹亚科（*Bambusoideae*）[1]。我国竹材资源十分丰富，据统计全国竹类植物共有 39 属 500 余种，竹林面积居世界第一位。全国现有竹林总面积约 500 万 hm^2，占世界竹林总面积的 1/4～1/5。全国有竹林分布的省区达 27 个，而且竹材资源呈增长趋势，到 2010 年，竹林产量将达到 3100 万 t，可替代木材 2800 万 m^3。竹材具有刚度好、强度大等优良的力学性质，是一种良好的工程材料。竹材的 MOR、抗拉强度、MOE 及硬度等数值约为一般木材（中软阔叶材和针叶材）的 2 倍左右，可与麻栎等硬阔叶材相媲美[2]。与钢材相比，竹材密度只有钢材的 1/6～1/8，而竹材的顺纹抗压强度约相当于钢材的 1/5～1/4，顺纹抗拉强度约为钢材的 1/2（3 号钢）[1]。毛竹（*Phyllostachysheterocycla* cv. *pubescens*）为刚竹属竹子品种，又被称为楠竹、茅竹、猫头竹和孟宗竹。全国有毛竹林面积约 300 余万 hm^2，毛竹蓄积量有 52.61 亿株。毛竹秆形粗大端直，材质坚硬强韧，是我国竹类植物中分布最广、用途最多的优良竹种，是竹材工业化利用中制造竹材胶合板、竹材层压板和竹编胶合板最理想的原材料。

1996 年 2 月，原林业部命名福建省建瓯市、顺昌县，浙江省安吉县、临安市，江西省宜丰县、崇义县，广东省广宁县，湖南省桃江县，安徽省广德县，贵州省赤水市 10 个县（市）为“中国竹子之乡”。气候条件与竹子生长关系密切，从而也影响到竹材的性质，尤其是力学性能指标[3]，四大竹乡的气候条件见表 1[4]。

本文原载《竹子研究汇刊》2009 年第 28 卷第 2 期第 34-39 页。

表 1 四大竹乡的基本气候条件

地点	经纬度	地理情况	气温情况	年降水量
浙江省安吉县	东经 119.6°北纬 30.6°	地处天目山北麓，多山。南部和西部为天目山山地，东部为丘陵和平原相间	年均气温 15.5℃	1378mm
安徽省广德县	东经 119.4°北纬 30.9°	四周多山，中部丘陵起伏，构成盆地地形	年均气温 15.4℃，属于北亚热带湿润气候	1299mm
福建省建瓯市	东经 118.3°北纬 27.0°	地势东北高西南低，四周中低山地环绕，中部为丘陵谷地	年均气温 18.7℃，属于亚热带季风气候	1664mm
江西省宜丰县	东经 114.7°北纬 28.3°	西北为山地丘陵，东南为河流冲积平原	温暖湿润，气候差异比较明显	1700mm

竹材弯曲性能通常是按照 GB/T 15780—1995《竹材物理力学性质试验方法》中规定的弦向加载方向进行测试，但在目前国内毛竹工业化利用生产竹材人造板过程中很多时候是将毛竹径向加工成篾片或竹片来进行使用生产，因此采用径向加载方式测试毛竹的弯曲性能具有更加实际的意义，可以为企业产品结构设计和生产工艺提供理论依据和基本思路，从而按照所设计产品的预期性能优化组织生产。本研究采集浙江省安吉县、安徽省广德县、福建省建瓯市、江西省宜丰县四大竹乡产毛竹进行实验分析，通过采用不同的测量方式得到不同的毛竹试件弯曲性能值，进行分析比较从而得出毛竹在不同的生长朝向和有无竹节的情况下弯曲性能上的基本规律和性能差异，并对竹材的断裂形态进行分析。

1 材料与方法

1.1 试件制备

采集四大竹乡产地立地等级为 I 等的阳坡和阴坡毛竹各 5 株，均为 6 年生毛竹，平均胸径 10cm 左右。自地面开始，每隔 0.8m 截取 1 段，共截取 7 段。再将每个产地的毛竹机械加工成（260mm×12mm×h）规格的试件各 120 个，将试件去青去黄，其中 60 个试件为无节试件；另外 60 个为有节试件，且竹节处于试件的中间位置。试件在温度（20±2）℃、相对湿度（55±10）%的条件下放置 14d，含水率达到比较均匀的程度，为 15%～17%。然后将试件放置在（70±2）℃鼓风烘箱中 96h 后含水率达到 6%～7%。

1.2 测试方法

使用电子万能力学实验机（深圳市新三思计量技术有限公司生产，型号为 CM T6104，精度等级为 1 级）测试试件的 MOR 和 MOE，每组 60 个试件中，30 个试件竹青向上竹黄向下进行测试，竹黄部分受拉应力；另外 30 个试件竹黄向上竹青向下进行测试，竹青部分受拉应力。测试试件 MOR 和 MOE 在环境为温度（20±2）℃、相对湿度（55±10）%的条件下，按照 GB/T 17657—1999《人造板及饰面人造板理化性能试验方法》中规定的检验方法测试 MOR 和 MOE 并进行数据计算，试验跨距为试件厚度的 20 倍，载荷的施加速度为 10.0mm/min。

2 结果与分析

2.1 毛竹的距地高度对弯曲力学性能的影响

四大竹乡产毛竹的弯曲力学性能与距地高度的变化趋势基本一致，以安徽广德产毛竹为例，如图 1 和图 2 所示。

从图 1 和图 2 中 MOR 测试数值比较可以看出：测定广德产毛竹的 MOR 在同样的立地高度上使用同样的测定方法阳坡和阴坡的之间有一定的差异。阴坡毛竹的 MOR 数值＞阳坡的毛竹的 MOR 数值，阳坡毛竹 MOR 平均值为 124MPa，阴坡毛竹平均值为 137MPa，阴坡比阳坡高出 10.48%；有节试件的 MOR＞无节试件的 MOR，阳坡和阴坡毛竹的有节试件 MOR 平均值为 144MPa，无节试件平均为 117MPa，有节试件比无节试件高出 23.07%。阳坡和阴坡的 MOR 均以无节试件竹青在上测试时为最小，采取其他测量方式时均比无节试件竹青在上有所高出。阳坡毛竹有节试件竹黄在上＞有节试件竹青在上＞无节试件竹黄在

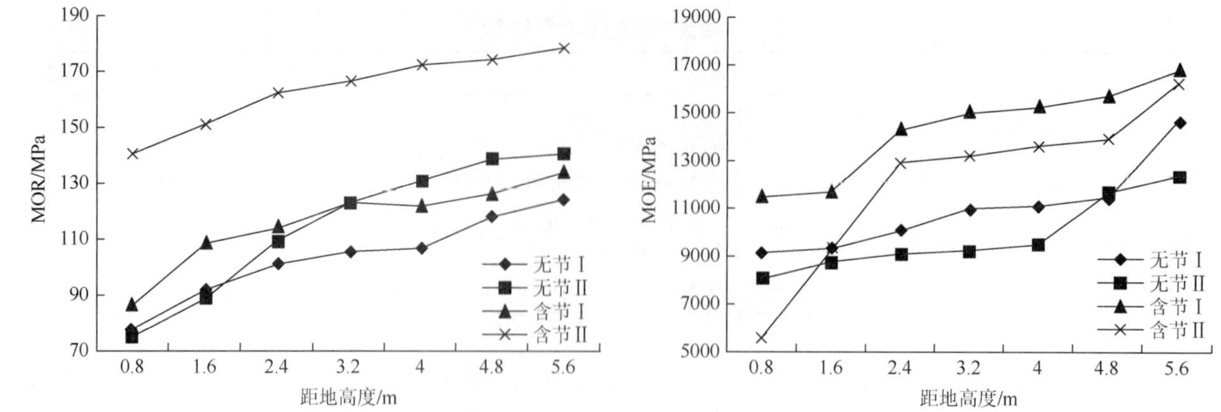

图 1　广德产阳坡毛竹弯曲力学性能与距地高度的关系

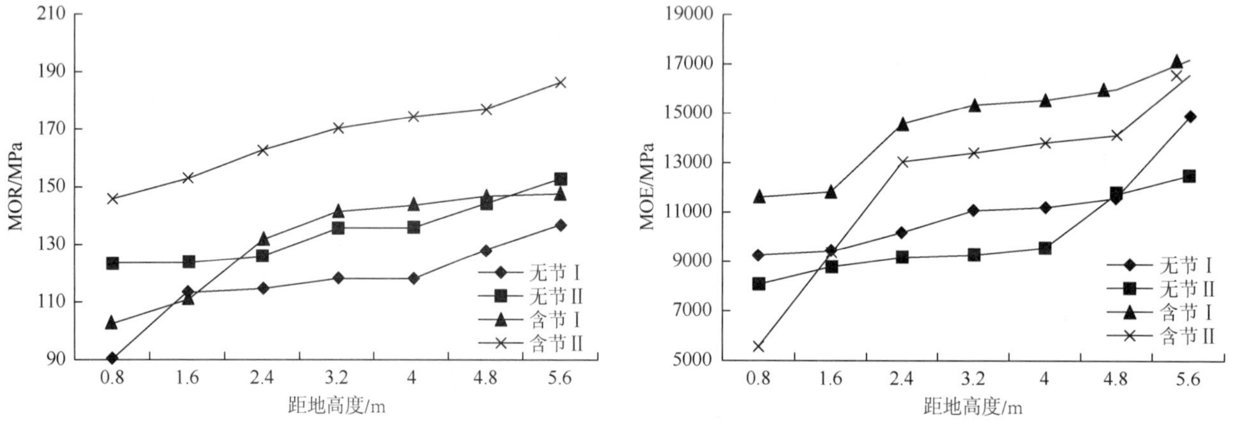

图 2　广德产阴坡毛竹弯曲力学性能与距地高度的关系

上＞无节试件竹青在上，无节试件竹青在上测试 MOR 平均值为 103MPa，无节试件竹黄在上测量弯曲强度比无节试件竹青在上平均高出 10.67%，平均 MOR 为 114MPa；有节试件竹青在上平均高出 11.65%，平均弯曲强度为 115MPa；有节试件竹黄在上平均高出 58.25%，平均弯曲强度为 163MPa。阴坡毛竹测试 MOR 有节试件竹黄在上＞无节试件竹黄在上＞有节试件竹青在上＞无节试件竹青在上，无节试件竹青在上测量 MOR 平均为 117MPa，有节试件竹青在上测量比无节试件竹青在上平均高出 12.82%，平均 MOR 为 132MPa；无节试件竹黄在上测量比无节试件竹青在上平均高出 14.52%，平均 MOR 为 134MPa；有节试件竹黄在上测量比无节试件竹青在上平均高出 42.73%，平均 MOR 为 167MPa。

从图 1 和图 2 中 MOE 测试数值比较可以看出：测定广德产毛竹的 MOE 过程中在同样的立地高度上使用同样的测定方法阳坡和阴坡的之间有一定的差异。总的来说阴坡毛竹 MOE 数值＞阳坡毛竹的 MOE 数值，阳坡平均 MOE 为 10 425.29MPa，阴坡平均为 11 576.13MPa，阴坡比阳坡高出 11.04%；有节试件的 MOE＞无节试件的 MOE，阳坡和阴坡的有节试件 MOE 平均为 12 452.55MPa，无节试件平均为 9548.87MPa，有节试件比无节试件高出 30.41%。阳坡毛竹 MOE 测试有节试件竹青在上＞有节试件竹黄在上＞无节试件竹青在上＞无节试件竹黄在上，无节试件竹黄在上测量 MOE 平均为 8152.22MPa，无节试件竹青在上测量 MOE 比有节试件竹青在上平均高出 18.38%，平均 MOE 为 9650.54MPa；有节试件竹黄在上平均高出 38.51%，平均 MOE 为 11 291.344MPa；有节试件竹青在上平均高出 54.65%，平均 MOE 为 12 607.05MPa；阴坡毛竹 MOE 测试有节试件竹青在上＞有节试件竹黄在上＞无节试件竹青在上＞无节试件竹黄在上，无节试件竹黄在上测量 MOE 平均为 9638.43MPa，无节试件竹青在上测量比无节试件竹黄在上平均高出 11.58%，平均 MOE 为 10 754.29MPa；有节试件竹黄在上测量比无节试件竹青在上平均高出 23.24%，平均 MOE 为 11 878.36MPa；有节试件竹青在上测量比无节试件竹青在上平均高出 45.60%，平均 MOE 为 14 033.45MPa。

2.2　不同产地毛竹的弯曲力学性能

将试验对浙江安吉、安徽广德、福建建瓯、江西宜丰所产毛竹不同测试方式条件下弯曲性能的测试结果汇总如表 2 和表 3 所示。

表 2　四大竹乡产毛竹不同测量方式 MOR 测试结果　（单位：MPa）

产地	阳坡毛竹				阴坡毛竹				平均值
	无节试件		有节试件		无节试件		有节试件		
	Ⅰ	Ⅱ	Ⅰ	Ⅱ	Ⅰ	Ⅱ	Ⅰ	Ⅱ	
安吉	94	103	109	140	110	148	123	154	123
广德	103	115	116	163	117	135	132	167	131
建瓯	107	200	140	159	118	178	142	162	151
宜丰	115	165	127	152	126	177	135	177	147
平均值	105	145	123	154	118	160	133	165	138

注：“Ⅰ”表示测试时竹青位置朝上；“Ⅱ”表示测试时竹黄位置朝上。

表 3　四大竹乡产毛竹不同测量方式 MOE 测试结果　（单位：MPa）

产地	阳坡毛竹				阴坡毛竹				平均值
	无节试件		有节试件		无节试件		有节试件		
	Ⅰ	Ⅱ	Ⅰ	Ⅱ	Ⅰ	Ⅱ	Ⅰ	Ⅱ	
安吉	8091	9171	9647	10 686	10 013	11 924	11 044	10 436	10 127
广德	9650	8152	12 607	11 291	10 754	9638	14 033	11 878	11 000
建瓯	9291	8892	12 601	12 069	8960	8562	11 269	12 684	10 541
宜丰	8488	7965	11 462	12 406	7700	8887	12 110	11 711	10 091
平均值	8880	8545	11 579	11 613	9357	9753	12 114	11 677	10 440

从表 2 可以看出四大竹乡产毛竹的径向 MOR 平均值为 138MPa，MOR 数值福建建瓯＞江西宜丰＞安徽广德＞浙江安吉，以浙江安吉产毛竹的 MOR 为最小 123MPa，安徽广德高出 6.50%，为 131MPa；江西宜丰高出 19.51%，为 147MPa；福建建瓯高出 22.76%，为 151MPa。从毛竹的生长朝向影响来看，阴坡生长的 MOR 稍大于阳坡生长的毛竹。阳坡毛竹平均 MOR 为 132MPa，阴坡毛竹平均 MOR 为 144MPa，比阳坡高出 9.09%。有节处毛竹的 MOR 高于无节处的毛竹。有节处的平均 MOR 为 144MPa，无节 MOR 为 132MPa，有节处比无节处高出 9.09%。采用的测量方式不同 MOR 也不同，竹青在上测量 MOR 平均为 120MPa，竹黄在上测量为 156MPa，比竹青在上高出 30%。

从表 3 可以看出四大竹乡产毛竹的平均 MOE 为 10 440MPa，MOE 值四个产地相差不大，分别为 10 127MPa、11 000MPa、10 541MPa、10 091MPa。从毛竹的生长朝向影响来看，阴坡生长的毛竹 MOE 与阳坡生长的毛竹 MOE 由一定的差异。阳坡毛竹平均 MOE 为 10 154MPa，阴坡毛竹平均 MOE 为 10 725MPa。有节处毛竹的 MOE 高于无节处的毛竹。有节处的平均 MOE 为 11 746MPa，无节为 9134MPa，有节处比无节处高出 28.60%。采用的测量方式不同 MOE 相差不显著，竹青在上测量 MOE 平均为 10 482MPa，竹黄在上测量为 10 397MPa。

2.3　毛竹测试试件的断裂形态分析

毛竹有节试件与无节试件在分别采取竹青向上和竹黄向上两种不同的径向弯曲力学性能测试的方式时，其断裂过程形态有着显著的差异，不同弯曲阶段的断裂状态如图 3 和图 4 所示。

从图 3 和图 4 可以看出采用不同的径向弯曲性能测试方式，毛竹试件的断裂形式是不同的。

当无节毛竹竹青向上弯曲力学性能测试时，首先在竹黄处很快就会出现径向竹黄部位的裂痕。随着进一步的径向加压，径向裂痕也逐步加长，当裂痕延展到一定长度时，在纵向上毛竹发生劈裂，先是径向裂痕的一端，然后是对应的另一端，压力继续加大，竹青处也发生断裂，直到整个毛竹试件断裂。无节毛竹竹黄向上弯曲力学性能测试时，毛竹先是发生弯曲变形，由于竹青部位密度较大抗拉强度也较大，竹青开始并未发生断裂；直到达到较大弯曲变形程度时，竹青部分维管束才会逐渐断裂；随着变形压力的不断加大，维管束也一直保持以一束束的状态发生断裂，但是直到弯曲程度非常大时也很难使整个毛竹试件全部发生断裂情况。有节毛竹竹青向上弯曲力学性能测试时，即使竹节部分处于压头的正下方也不会在竹节部

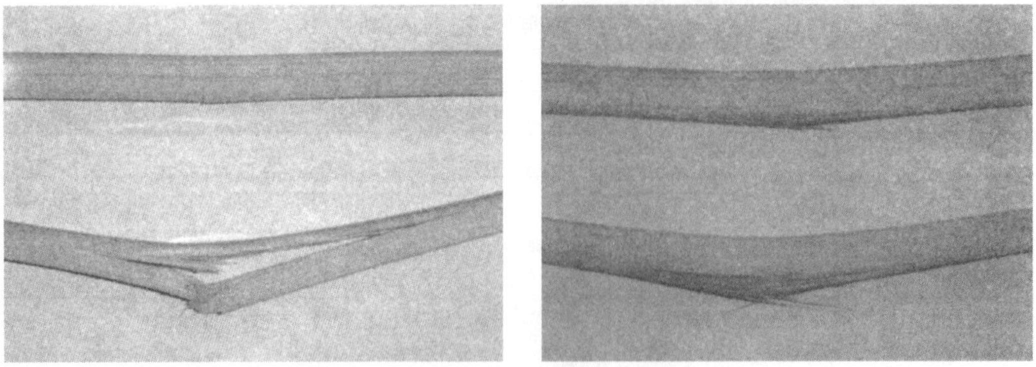

图 3　无节毛竹弯曲测试断裂破坏形态

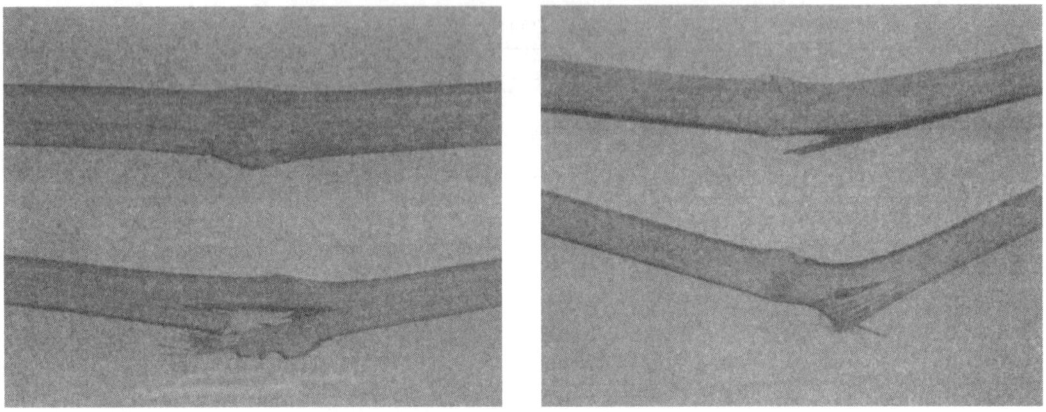

图 4　有节毛竹弯曲测试断裂破坏形态

位发生断裂现象，通常是在竹节两端中纤维构造相对比较薄弱的一端靠近竹节处部位发生类似无节毛竹竹青向上弯曲断裂现象。有节毛竹竹黄向上弯曲力学性能测试时，断裂的开始情况也是在竹节两端中纤维构造相对比较薄弱的一端靠近竹节处部位，发生如无节毛竹竹黄向上的断裂情况。

竹壁内存在的细胞主要是薄壁的基本组织细胞和以厚壁细胞为主体的维管束，由于靠近竹青部分的维管束小而分布较密，而竹黄部分的维管束则大而稀少，因此，通常发生断裂出现在竹黄部分。竹节部分维管束分布弯曲不齐，所以不容易发生断裂。因为竹材的径向没有细胞连接所以很容易发生断裂分离。

3　结　　论

（1）生长朝向对毛竹的弯曲力学性能具有较大影响，生长朝向阴坡的毛竹弯曲力学性能优于生长朝向阳坡的毛竹；采用不同的测量方式，毛竹的弯曲力学性能差异较大；竹节对毛竹弯曲力学性能有增强作用。

（2）四大竹乡产毛竹的径向 MOR 平均值为 138MPa，福建建瓯＞江西宜丰＞安徽广德＞浙江安吉；MOE 测试数值四个毛竹产地相差不大。

（3）采用不同的径向弯曲方式时，毛竹断裂过程形态有着显著的差异，竹黄部位受拉应力时很容易发生断裂，而竹青部位受拉应力时不容易发生断裂情况。

参 考 文 献

[1]　尹思慈. 木材学. 北京：中国林业出版社，1996：253-259.

[2]　张齐生. 中国竹材工业化利用. 北京：中国林业出版社，1995：2-11.

[3]　张志达. 中国竹林培育. 北京：中国林业出版社，1998.

[4]　王越. 中国市县手册. 北京：浙江教育出版社，1987.

[5]　张晓冬，程秀才，朱一辛. 毛竹不同高度径向弯曲性能的变化. 南京林业大学学报（自然科学版），2006，30（6）：44-46.

甜竹的干缩性及其纤维饱和点

关明杰　朱一辛　张齐生

（南京林业大学竹材工程研究中心　南京　210037）

摘　　要

以甜竹（*Dendrocalamus hamiltonii*）为对象，研究了竹材的干缩性及其纤维饱和点，测定了不同含水率下甜竹的径向和弦向干缩率，从组织构造上分析了竹材差异干缩与木材不同的原因。采用曲线拟合建模法，用三次曲线对试验数据进行拟合，经检验拟合效果较好。另外，根据三次曲线的特性，对曲线上急剧变化与缓慢变化过渡区间内的极值点求解，确定了甜竹的弦向和径向纤维饱和点分别为34.84%和34.52%。

关键词：竹材；甜竹；干缩率；含水率；曲线拟合法；纤维饱和点

Abstract

Bamboo as a kind of fast-growing plant has so similar properties as those in wood, and so often to be used as wood. As a sort of natural engineering and building material, the physical and mechanical properties of bamboo wood were affected by the moisture content in the culm. The fiber saturation point of tree wood has been studied and defined for over a century. However, the relation between moisture content and physical and mechanical properties of bamboo wood had hardly been illustrated. Knowledge of the relation between properties and moisture content in bamboo is the basis for further understanding of the plant and its properties, for putting them to proper uses and processing. In this paper, the shrinkage rates of radial and tangential dimensions in *Dendrocalamus hamiltonii* under different moisture content was tested and the reasons causing differences between bamboo and tree wood in tangential and radial shrinkage by comparing the distinctions of their anatomic structure were analysed. With the curve fit model method, the cubic equation is adopted to fit the experiment data resulting in a good effect. According to the equation and testing figure, the critical point in the curve was found out and was further defined as fiber saturation point (FSP). The FSP values derived from the radial and tangential shrinkage in D. *hamiltonii* were 34.84% and 34.52% respectively.

Keywords: Bamboo; D. *hamiltonii*; Shrinkage; Moisture content; Curve fit model method; Fiber saturation point

纤维饱和点（fiber saturation point，FSP）是木材的一种特定含水率状态。Tiemann 在 1906 年提出了纤维饱和点是木材抗弯强度与含水率关系变化的转折点。Siau 将木材的物理力学性能与水分变化直接相关的这一点含水率定义为 FSP[1]。FSP 还被定义为当木材为结合水饱和而毛细管内不含自由水的状态时木材的含水率[2-4]。研究表明，纤维饱和点是木材性质变化的转折点。如何定义和测量纤维饱和点的研究尚处于探索阶段[2-7]。笔者以甜竹（*Dendrocalamus hamiltonii*）为研究对象，测定了竹材干缩性与含水率的变化关系，用曲线拟合建模法对试验数据进行分析[6]，进而确定了甜竹的纤维饱和点。

1　材料与方法

1.1　试材采集及制样

甜竹主要分布在云南南部地区，为笋竹加工和工农业应用最广的竹种之一。试验用甜竹 4 年生，于 1998 年 8 月采自西双版纳，共伐 4 株。

本文原载《南京林业大学学报（自然科学版）》2003 年第 27 卷第 1 期第 33-36 页。

制样依据《竹材物理力学性质试验方法》(GB/T 15780—1995)，在每株长 1.0～1.2m 的竹段中，选择无明显缺陷、竹青无损伤及节间长度在 200mm 以上的竹筒，分东、西、南、北 4 个方向劈制宽度为 15mm 的竹条各一根，用于制作干缩性试样。劈制的竹材试样，先浸泡于室温清水中至尺寸基本稳定后才可制成规格（长×宽×壁厚）为 10mm×10mm×t 的试件。

1.2 仪器设备

DL-302A 型恒温恒湿箱，调温范围为：室温升 10～70℃，调湿范围≤95%；
JA5003 型千分天平，精确度为 0.001g；
101-1 型干燥箱；玻璃干燥器、称量瓶；
百分表测量装置，精确至 0.01mm。

1.3 试验方法

湿饱和材试件中，取 3 个试件，分别测出初含水率作样片。将试件置于调温调湿箱，分阶段从高向低调整调温调湿箱的湿度，温度从低向高调节，调节幅度以预设的含水率梯度为依据。通过测定含水率样片各阶段的质量以确定整组试件含水率所处的状态。当试件含水率与预设的含水率大致相同时，测定整组试件在当时状态下的径、弦向尺寸及重量。当达到最大温度和最低湿度时，将试件放入烘箱，在（100±2）℃时进行干燥，以预设的含水率梯度为依据，分阶段测定含水率样片各阶段的质量以确定试件含水率状况，直到绝干状态。同时测定整组试件在当时状态下的径、弦向尺寸及重量。

按标准 GB/T 15780—1995 计算甜竹的含水率及在不同含水率下的径、弦向干缩率（试件从当时含水率状态到绝干状态时的干缩率）。计算结果的修约符合 GB 8170《数值修约规则》的规定。试验数据采用曲线拟合法建模进行分析。

2 结果与分析

2.1 甜竹干缩率

2.1.1 甜竹干缩结果分析

甜竹不同含水率的弦向、径向干缩率见图 1。

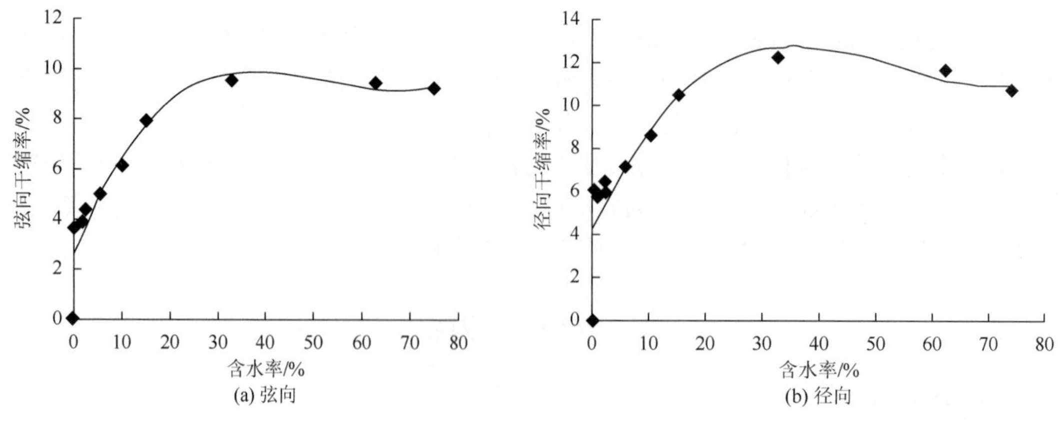

图 1　甜竹干缩率与含水率关系

由图 1 知，不同含水率下甜竹的弦向干缩率均小于径向干缩率。用弦向干缩率与径向干缩率的比值计算甜竹的差异干缩值见表 1。

表 1 甜竹差异干缩

含水率/%	差异干缩	含水率/%	差异干缩
74.66	0.91	2.47	0.70
62.72	0.85	2.09	0.69
32.88	0.82	1.12	0.69
15.31	0.80	0.59	0.64
10.38	0.75	均值	0.76
5.73	0.74		

由表 1 可知，随着含水率降低，差异干缩值减小。甜竹差异干缩值均值为 0.76，说明甜竹在干缩过程中的弦向与径向干缩的差异较小。这一点与木材不同。木材的弦、径向干缩差异较大，弦向干缩率约为径向干缩率的 1.5～2.5 倍。甜竹与木材在干缩各向异性表现出的不同与两者本身构造有关。同木材相比，竹材没有横向组织，细胞几乎全纵向排列，而木材存在的木射线对径向干缩有抑制作用。竹材没有早晚材的差异也是甜竹弦、径向干缩差异小的原因。竹材胞壁构造中微纤丝角的影响也是一个重要的方面。关于竹材构造对竹材的干缩性或其他物理力学性能的影响有待进一步研究。

2.1.2 曲线拟合及检验

根据图 1 曲线形状判断，与三次多项式曲线图形较为吻合。采用三次曲线拟合求出甜竹弦向干缩率与含水率变化关系的经验公式如下：

$$y = 0.000\,06x^3 - 0.0101x^2 + 0.4853x + 2.4896 \tag{1}$$

$$R^2 = 0.9062$$

同理，对甜竹的径向干缩率与含水率的关系进行拟合得如下经验方程：

$$y = 0.000\,07x^3 - 0.0117x^2 + 0.5575x + 3.8721 \tag{2}$$

$$R^2 = 0.8180$$

对方程（1)、(2）进行检验，结果见表 2。

表 2 甜竹干缩方程检验结果

含水率/%	B'_x		B_x		$\beta = B'_x - B_x$		β^2	
	弦向	径向	弦向	径向	弦向	径向	弦向	径向
74.66	7.39	9.41	9.22	10.18	−1.83	−0.77	3.34	0.59
62.72	8.00	10.08	9.50	11.14	−1.50	−1.06	2.25	1.12
32.88	9.66	12.04	9.53	11.67	0.13	0.37	0.02	0.14
15.31	7.77	9.92	7.96	9.91	−0.19	0.00	0.04	0.00
10.38	6.51	8.48	6.11	8.16	0.40	0.31	0.16	0.10
5.73	4.95	6.70	5.02	6.82	−0.07	−0.13	0.01	0.02
2.47	3.63	5.18	4.34	6.22	−0.71	−1.04	0.51	1.08
2.09	3.46	4.99	3.97	5.77	−0.51	−0.78	0.26	0.61
1.12	3.02	4.48	3.74	5.45	−0.72	−0.97	0.52	0.94
0.59	2.77	4.20	3.65	5.71	−0.88	−1.51	0.77	2.29
0.00	2.49	3.87	0.00	0.00	2.49	3.87	6.20	14.99
求和					−3.40	−1.69	14.07	21.88

注：B'_x 为检验值，B_x 为实测值。

由表 2 可以看出，拟合方程的检验值与实测值之间偏差很小，且方程的拟合方差系数为 0.8 以上，说明上述两个拟合方程能很好地描述甜竹弦向、径向干缩率与含水率的关系。

2.2 纤维饱和点的确定

从图 1 可见，含水率与弦向干缩率的关系曲线为平滑曲线，干缩率急剧变化的部分与缓慢变化部分无明显的转折点，而是曲率半径较大的弧线。从方程检验结果表可以看出，含水率值在（1.12, 74.66）区间上与方程拟合很好，若此区间内存在纤维饱和点 x，则在区间（1.12, x）上随着含水率的增大，干缩率也相应增加。在区间（x, 74.66）上则随着含水率的变化，干缩率变化较小。那么可以通过研究拟合曲线的性质，求出此区间上曲线增长的关键点（极值点、拐点）即为纤维饱和点。

由弦向干缩率的拟合方程（1）得

$$y' = 0.000\ 18x^2 - 0.0202x + 0.4853$$

$$y'' = 0.000\ 36x - 0.0202$$

求解得，$x = 56.11$ 为曲线的拐点。当 $x = 34.84$ 时，方程（1）在区间（0, 56.11）上取得极大值。则由纤维饱和点定义用弦向干缩率求得甜竹的弦向纤维饱和点 $FSP_x = 34.84\%$。

同理，对方程（2）求导得

$$y' = 0.000\ 21x^2 - 0.0234x + 0.5575$$

$$y'' = 0.000\ 42x - 0.0234$$

求得拐点为 $x = 55.71$。则在区间（0, 55.71）上，当 $x = 34.52$ 时方程（2）取得极大值。因此，由径向干缩率得出的甜竹径向纤维饱和点 $FSP_j = 34.52\%$。

3 结　论

（1）甜竹的径向干缩率均略大于弦向干缩率，甜竹的差异干缩较小。与木材弦向干缩率为径向干缩率的 1.5～2.5 倍的情况明显不同。这与竹材没有横向组织，没有早晚材的差异有关。

（2）甜竹径、弦向干缩率随含水率变化呈连续曲线变化，当含水率在一定范围内时，随含水率的增加，甜竹干缩率急剧增大，尔后增长趋势变缓。采用三次曲线对试验数据进行拟合，拟合检验证明，曲线拟合效果较好，说明三次曲线能较好地描述甜竹干缩率与含水率变化关系。

（3）通过对三次曲线上急剧变化与缓慢变化过渡区内极值点的求解，确定了甜竹的纤维饱和点的数值。由甜竹弦向干缩率求得甜竹的弦向纤维饱和点为 34.84%，由径向干缩率求得甜竹的径向纤维饱和点为 34.52%。

参 考 文 献

[1] Siau J F. Transport processes in wood. Berlin：Springer-Verlag，1984：245.

[2] Babiak M，Kudela J. A contribution to the definition of the fiber saturation point. Wood Science and Technology，1995，29（3）：217-226.

[3] 陈森，蒲建华，齐秀云，等. 干缩法、力学法、电学法测定纤维饱和点的研究. 南京林业大学学报（自然科学版），1985，9（4）：152-159.

[4] Stamm A J. Review of nine methods for determining the fibre saturation points of wood and wood products. Wood Science and Technology，1971，4：114-128.

[5] Simpson L A，Barto A F M. Determination of fiber saturation point in whole wood using differential scanning calorimetry. Wood Science and Technology，1991，25（4）：301-308.

[6] 南京地区工科院校数学建模与工业数学讨论班. 数学建模与实验. 南京：河海大学出版社，1996：171-180.

[7] Tsai Y C，Chilh H S，Ho C C. Determination of the Moisture Content at Fiber Saturation Point of Bamboo by Nondestructive Testing Method with Stress Wave Timer. WC TE’98-5th，world conference on Timber Engineering. Montreaux，Switzerland，1998：820.

干缩法测定黄竹纤维饱和点的研究

关明杰　朱一辛　张齐生
（南京林业大学竹材工程研究中心　南京　210037）

摘　　要

以黄竹为研究对象，测定了不同含水率下黄竹的径向和弦向干缩率。采用曲线拟合建模法，用三次曲线对试验数据进行拟合，经检验拟合效果较好。根据曲线性质和试验数据的特点，找出曲线上变化的关键点，定义为竹材纤维饱和点。由弦向和径向干缩得出的黄竹纤维饱和点分别为 24.64%和 29.65%。

关键词：黄竹；曲线拟合建模法；纤维饱和点

Abstract

The paper tests shrinkage rates of radial and tangential dimension in D. *membranaceus* under different moisture content. With the curve fit model method, the cubic equation is adopted to fit the experiment data resulting in good effect. According to the equation and testing figure, the critical point in the curve is found out and is further defined as fiber saturation point (FSP). The paper illustrates the FSP values derived from the radial and tangential dimension in D. *membranaceus* are 24.64% and 29.65% respectively.

Keywords: D. *membranaceus*; Curve fit model method; Fiber saturation point

同木材加工工业相比，竹材加工利用起步较晚，竹材材性的基础研究在深度及广度上尚不能与木材的基础理论研究相比[1]。就木材纤维饱和点（fiber saturation point，FSP）而言，Tiemann 早在 1906 年就发现在干燥湿材时，达到一定的含水率以前，当含水率一直下降时，木材的力学性质保持不变；在这个含水率以下时，随着含水率的降低，木材力学性能值提高。并把描述这种关系曲线与直线部分的交叉点所对应的含水率定义为 FSP。1944 年 Tiemann 又把木材为水饱和而吸热差为零时这一点状态时的含水率定为 FSP[2]。后来，进一步把这个定义扩大为众所周知的，当木材为结合水饱和而毛细管内不含自由水的状态时木材的含水率为 FSP[3, 4, 7-9]。直到现在，关于如何定义和测量纤维饱和点的讨论仍在继续，而竹材纤维饱和点的研究尚处于起步阶段。本研究以黄竹（*Dendrocalamus membranaceus*）为研究对象，测定了竹材干缩性与含水率的变化关系，用曲线拟合建模法对试验数据进行分析[5, 6]，从数学的角度确定了黄竹的纤维饱和点。

1　材料和方法

1.1　试材采集及制样

1.1.1　试材采集

黄竹是丛生竹的一种，目前是国内天然丛生竹竹林中面积最大者。本研究试材采自西双版纳，竹龄为 4 年，采伐时间 1998 年 8 月，共伐 4 株。

1.1.2　试件制作

依据《竹材物理力学性质试验方法》（GB/T 15780—1995），将每株约 1.0～1.2m 长的竹段中，选择无

本文原载《竹子研究汇刊》2003 年第 22 卷第 3 期第 40-43 页。

明显缺陷及竹青无损伤、节间长度在 200mm 以上的竹筒，用于制作干缩性试样。劈制的竹材试样，先浸泡于室温清水中至尺寸基本稳定后才可制成规格为 10mm×10mm×t（竹壁厚度）mm 试件。试件量：25。

1.2　试验仪器设备

（1）DL-302A 型恒温恒湿箱，调温范围：室温升 10～70℃，调湿范围：室温升≤95%。

（2）JA5003 型千分天平，准确至 0.001g。

（3）101-1 型干燥箱。

（4）玻璃干燥器、称量瓶。

（5）百分表测量装置，准确至 0.01mm。

2　试 验 方 法

2.1　试验过程

将黄竹湿饱和材试件按以下步骤进行试验：

湿饱和材试件中取 3 个试件，分别测出初含水率作样片。将试件置于调温调湿箱，分阶段从高向低调整调温调湿箱的湿度，温度从低向高调节，调节幅度以预设的含水率梯度为依据。测定含水率样片各阶段的质量以确定试件含水率所处的大致状态。当试件含水率与预设的含水率大致相同时，测定整组试件在当时状态下的径、弦向尺寸及重量。当达到最大温度和最低湿度时，将试件放入烘箱，在（100±2）℃下进行干燥，以预设的含水率梯度为依据，分阶段测定含水率样片各阶段的质量以确定试件含水率所处的大致状态，直到绝干状态。同时测定整组试件在当时状态下的径、弦向尺寸及重量。

2.2　数据分析方法

按 GB/T 15780—1995 计算黄竹的含水率和径、弦向干缩率（某含水率下的竹材干缩率指试件从当时含水率干燥至绝干时的干缩率）。结果计算的修约符合 GB8170《数值修约规则》的规定。试验数据采用曲线拟合法建模进行分析。

3　试验结果及分析

3.1　黄竹干缩率的测试结果

根据黄竹径、弦向干缩率见图 1。

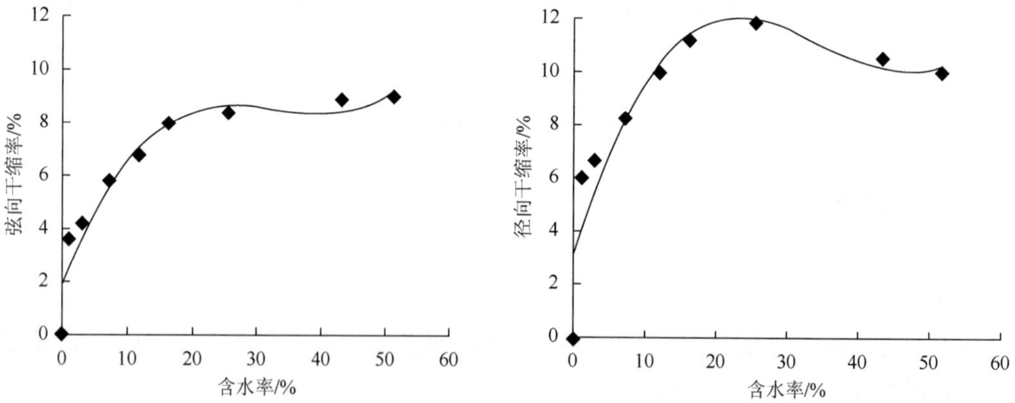

图 1　黄竹干缩率与含水率关系

3.2　曲线拟合及检验

根据图 1 曲线形状判断，三次多项式曲线与图形较为吻合。采用三次曲线拟合求出黄竹弦向干缩率与含水率变化关系的经验公式如下：

$$y = 0.0002x^3 - 0.0211x^2 + 0.6755x + 1.6842 \tag{1}$$
$$R^2 = 0.9268$$

方程检验结果见表 1。

表 1 弦向干缩方程检验结果表

含水率/%	B'_x（检验值）	B_x（实测值）	$\beta = B'_x - B_x$	β^2
51.57	7.83	9.07	−1.23	1.52
43.40	7.61	8.90	−1.29	1.66
25.66	8.50	8.40	0.11	0.01
16.39	7.97	7.98	−0.01	0.00
12.09	7.12	6.77	0.35	0.12
7.19	5.52	5.78	−0.25	0.06
2.97	3.51	4.20	−0.69	0.47
1.02	2.35	3.59	−1.24	1.53
0.00	1.68	0.00	1.68	2.84
求和			−2.56	8.22

3.3 纤维饱和点的确定

从图 1 看，含水率与弦向干缩率的关系曲线为平滑曲线，干缩率急剧变化的部分与缓慢变化部分无明显的转折点，而是曲率半径较大的弧线。从方程检验结果表可以看出，含水率值在（1.02, 51.57）区间上与方程拟合很好，若此区间内存在纤维饱和点 x，则在（1.02, x）上随着含水率的增大，干缩率也相应增加。在（x, 51.57）上则随着含水率的变化，干缩率变化较小。那么则可以通过研究拟合曲线的性质，求出此区间上曲线的增长的关键点（极值点、拐点）即为纤维饱和点。

由弦向干缩率的拟合方程（1）得

$$y' = 0.0006x^2 - 0.0422x + 0.6755$$
$$y'' = 0.0012x - 0.0422$$

求解得，$x = 35.17$ 为曲线的拐点，在（1.02, 35.17）上有，当 $x = 24.64$ 时，上述方程在（1.02, 51.57）上取得极大值，$y = 8.51$。在（1.02, 24.64），随着含水率的增长，黄竹的干缩率呈三次曲线增长，当含水率达到 24.64%时达到极大值；接着，随着含水率的增长，干缩率的增长变缓。则由纤维饱和点定义用弦向干缩率求得黄竹的 $FSP_x = 24.64\%$。

同理，对黄竹的径向干缩率与含水率的关系图进行拟合得如下经验方程：

$$Y = 0.0003x^3 - 0.0277x^2 + 0.8514x + 2.5873 \tag{2}$$
$$R^2 = 0.8599$$

对上述方程进行检验得表 2。

表 2 径向干缩方程检验结果表

含水率/%	B'_x（检验值）	B_x（实测值）	$\beta = B'_x - B_x$	β^2
51.57	13.97	9.11	4.86	23.67
43.40	11.89	9.57	2.32	5.37
25.66	11.26	10.76	0.50	0.25
16.39	10.42	10.09	0.34	0.11
12.09	9.36	8.99	0.37	0.14
7.19	7.39	7.46	−0.07	0.00
2.97	4.88	6.02	−1.14	1.31

续表

含水率/%	B'_x（检验值）	B_x（实测值）	$\beta=B'_x-B_x$	β^2
1.02	3.43	5.46	−2.03	4.12
0.00	2.59	0.00	2.59	6.69
求和			7.73	41.66

对方程（2）求导得

$$y'=0.0009x^2-0.0544x+0.8514$$
$$y''=0.0018x-0.0544$$

当 $y'=0$，$y''=0$，时求得拐点为 $x=30.78$，驻点分别为 $x=29.65$，$x=31.91$。则在（1.02, 30.78）上有 $x=29.65$ 方程取得极大值。因此，由径向干缩率得出的 $FSP_j=29.65\%$。

4 结　论

（1）本研究中黄竹的径向干缩率均略大于弦向干缩率。黄竹干缩率随含水率变化呈连续曲线变化，当含水率在一定范围内（纤维饱和点以下）时，随含水率的增加，黄竹干缩率急剧增大，尔后增长趋势变缓。

（2）采用三次曲线对试验数据进行拟合，拟合检验证明，曲线拟合效果较好。说明三次曲线能较好地描述黄竹干缩率与含水率变化关系。

（3）通过对三次曲线上急剧变化与缓慢变化过渡区内极值点的求解，确定了黄竹的纤维饱和点。由黄竹弦向干缩率求得黄竹的 FSP_x 为 24.26%，由径向干缩率求得 FSP_j 为 29.65%。

参 考 文 献

[1] 关明杰，张齐生. 竹材学专题文献分析. 竹子研究汇刊，2001，20（3）：69-72.

[2] 尹思慈. 木材学. 北京：中国林业出版社，1996，114-119，253-263.

[3] 渡边治人. 木材应用基础. 张勤丽，张齐生，张彬渊译. 上海：上海科学技术出版社，1986：167-176.

[4] 陈森，蒲建华，齐秀云，等. 干缩法、力学法、电学法测定纤维饱和点的研究. 南京林业大学学报（自然科学版），1985，9（4）：152-159.

[5] 侯祝强，吴舒辞. 木材纤维饱和点含水率的计算模型. 浙江师范大学学报：自然科学版，1995，18（1）：32-37.

[6] 南京地区工科院校数学建模与工业数学讨论班. 数学建模与实验. 南京：河海大学出版社，1996：171-180.

[7] Babiak M，Kudela J. A contribution to the definition of the fiber saturation point. Wood Science and Technology，1995，29（3）：217-226.

[8] Stamm A J. Review of nine methods for determining the fibre saturation points of wood and wood products. Wood Science and Technology，1971，4：114-128.

[9] Simpson L A，Barto A F M. Determination of fibre saturation point in whole wood using differential scanning calorimetry. Wood Science and Technology，1991，25（4）：301-308.

高温软化处理对竹材性能及旋切单板质量的影响

程瑞香[1]　张齐生[2]

（1 东北林业大学生物质材料科学与技术教育部重点实验室　哈尔滨　150040；
2 南京林业大学竹材工程研究中心　南京　210037）

摘　要

采用高温软化竹材工艺，对在 120℃密闭高温条件下软化 30min 的软化工艺效果进行研究。结果表明：竹材经密闭高温 120℃软化 30min 后，其弹性模量大幅度下降，由未处理前的 8912MPa 下降到 6417MPa，竹材经高温软化处理后塑性提高。动态热机械分析（DMA）的试验结果表明：未软化处理竹材的 T_g 为 120℃，高温软化处理竹材的 T_g 为 88℃，软化处理竹材比未软化处理竹材的 T_g 下降了 26.7%。硬度测试结果表明：经高温软化处理后，竹材的硬度大幅度下降，近青面和近黄面分别下降了 42.0%和 54.7%。通过对旋切竹单板质量的测定表明：竹材在密闭高温 120℃软化 30min 的工艺下，旋切的竹材单板表面质量可以得到保证。

关键词：软化处理；竹材；单板；硬度；动态热机械分析（DMA）

Abstract

Because bamboo absorbs water slowly, the softening time of bamboo blocks by this routine softening method lasts long. In order to improve bamboo softening effect and effeciency quickly, softening treatment technology at high temperature was adopted. Effect of softening treatment of bamboo at 120°C for 30min was studied in this paper. The results of modulus of elasticity (MOE) of bamboo showed that the MOE of bamboo strip after softening treatment for 30min at 120°C was decreased from 8912MPa to 6417MPa which meant that plasticity of bamboo was increased greatly. The results of dynamic mechanical analysis (DMA) showed that glass transition temperature (T_g) of no softening treatment bamboo was 120°C, while T_g of softening treatment bamboo at 120°C for 30min was 88°C, T_g of softening treatment bamboo at 120°C for 30min decreased 26.7% compared with that of no softening treatment bamboo. The results of hardness showed that the hardness of surface near outer part of bamboo and surface near inner part of bamboo after softening treatment for 30min at 120°C was decreased with 42.0% and 54.6% respectively compared with no softening treatment bamboo. The results of thickness deviation and lathe check on the loose side of veneer showed that surface quantity of bamboo veneer can be guaranteed after softened at 120°C for 30min.

Keywords: Softening treatment; Bamboo; Veneer; Hardness; Dynamic mechanical analysis (DMA)

我国是全球第一产竹大国，现有竹种 39 属 500 余种，是我国第二大森林资源（张齐生等，2003；刘道平，2001）。以往的竹材产品品种少，竹材加工工艺都不太复杂，多数属劳动密集型产品，加工层次低，经济效益不显著。因此，开发技术含量高、经济效益好、市场竞争力强的竹类资源深加工产品，是竹材加工业的当务之急。而旋切竹单板正是这样一种新兴竹产品。

在旋切竹单板的生产过程中竹材软化是关键工序之一，常用的软化处理工艺是将截好的竹段放入 40～50℃的水中浸泡 6～10h 后缓慢升温，温度升至 80～120℃后保温 1～2h，然后自然冷却到 50～70℃即可。为了使竹子快速软化，在蒸煮时常加入 10%的 $NaHCO_3$（李新功等，2001；李德清，2000；何德芳等，2001）；但采用 $NaHCO_3$ 软化竹材破坏竹材的部分组分，同时由于竹材吸水速度较慢，采用这种常规软化法，竹筒水热处理所需时间较长（程瑞香，2004）。本研究在密闭容器中采用高温软化处理的工艺，对处理后的竹材性能及对旋切单板的质量进行研究。

本文原载《林业科学》2006 年第 42 卷第 11 期第 97-100 页。

1　材料与方法

1.1　试验材料

采用的竹材为毛竹（*Phyllostachys pubescens*）。

1.2　试验方法

1.2.1　密闭高温软化处理竹材的弹性模量

竹材弹性模量的试验方法参照国家标准 GB/T 17657—1999《人造板及饰面人造板理化性能试验方法》进行，试件尺寸（长×宽×厚）为 150mm×20mm×6mm，试件长度为顺纹方向。

工艺分 120℃高温软化处理（高温处理）30min 和无软化处理（对照组）2 种情况。

高温软化竹材工艺：首先把竹筒放入水池中浸泡 8h，捞出后再放入装有水的密闭罐中，注意密闭罐中的水一定要淹没竹段，以免高温蒸汽使竹材变色，然后打开阀门，通入蒸汽使温度升高到 120℃并保温 30min。

弹性模量的测定在深圳市新三思计量技术有限公司生产的 ANS 微机控制电子万能力学试验机上进行。试件跨距为 120mm，中央集中加载，试验时每个试件的近青面均朝下。软化处理的试件取出擦干后应立即进行试验，从试验机上直接读取载荷和挠度值并计算抗弯弹性模量。

1.2.2　动态热机械分析（DMA）方法对高温软化竹材 T_g 的测定

在同一竹片上截取 2 段，分别标记 1 和 2。把标号为 1 的作为对照组的试件，把标号为 2 的试件放入密闭蒸煮罐中，在 120℃保温 30min。分别把标号为 1 和 2 的两种竹片置于（103±2）℃下烘至绝干，再制成四角方正、四边平齐的尺寸为（长×宽×厚）60mm×8mm×5mm 的试样，在德国 NETZSCH DMA 242 动态热机械分析仪上进行试验。试验中采用三点弯曲的承载方式，温度范围 35～200℃；气氛为空气；升温速率为 5℃/min；动态力 4N，频率 3.3Hz。

1.2.3　密闭高温软化竹材硬度的测定

竹材硬度试件的制作参照国家标准 GB/T 1941—1991《木材硬度试验方法》。试件尺寸为（长×宽×厚）70mm×20mm×6mm，其长轴应与木材纹理相平行。

试件处理条件分高温处理 30min 和对照组 2 种情况，试验方法参考 GB/T 1941—1991。我国国家标准 GB/T 1941—1991 规定采用 Janka 硬度测定法，其原理即以静荷载将直径为 11.28mm 的钢半球压入木材时，测得的最大荷载值即为木材的硬度，单位 N，称金氏硬度。但由于竹片的尺寸小，如果采用直径比较大的钢半球，竹片易被压裂，影响试验结果，因此，本试验采用直径为 4mm 的非标准的钢压头。分别检测生材和处理后的每个试件近青面和近黄面的硬度，试件检测硬度后及时测定其含水率。

具体方法如下：将试样放于硬度试验设备支座上，并使试验设备的直径为 4mm 钢半球端部正对竹片试验面中心位置，以 3～6mm/min 的速度将钢压头压入试样的试验面，直至压入 2mm 深。将载荷读数计下，准确至 10N。

采用 SIBER HEGNER CO.LTD 生产的木材万能试验机，带有电触型硬度试验设备，包括一个直径为 4mm 钢半球的压头。

1.2.4　旋切竹单板质量的测定

对经高温软化 30min 和对照组的旋切竹单板质量进行测定。本试验采用的旋切机为盐城轻工机械厂生产的卡盘式竹材旋切机，旋刀安装高度–0.3mm，旋刀长度为 600mm，本试验采用的卡盘直径为 120mm。

1. 单板厚度偏差的检测

用于检测单板厚度偏差的试件尺寸为（长×宽）150mm×200mm。检测单板厚度偏差时，分别在竹段刚进刀处、旋切中部和接近旋切竹芯处截取检测，3 处厚度的平均值与名义厚度之差为一组厚度偏差。而每一处的厚度又为 3 点的平均值，这 3 点按如下方法确定：在 150mm×200mm 的单板条上，距两端 20mm 处和板条中央用螺旋测微器分别测定单板的 3 点厚度。

2. 单板背面裂隙的检测

截取 10cm×10cm 的旋切单板，使其含水率接近 30%，在单板背面涂以适量的绘图墨水，干后，沿试件横向纤维方向切开，在显微镜下观察断面上裂隙的深度和条数，计算平均裂隙度。

$$\text{平均裂隙度} = \frac{\sum h_i}{N \times S} \times 100\%$$

式中：N 为在测定的长度范围内单板背面裂隙的条数；S 为单板的厚度；h_i 为单板第 i 条背面裂隙。

2 结果与分析

2.1 密闭高温软化处理竹材的弹性模量

高温软化处理 30min 和对照组竹材的抗弯弹性模量见表 1。从表 1 中可以看出：对照组竹材的弹性模量平均值为 8912MPa，经高温软化处理后，竹材的弹性模量下降到 6417MPa，竹材的含水率增加，可见竹材经高温软化处理后可以提高塑性，有条件保证旋切竹单板的表面质量。

表 1 高温软化处理 30min 和对照组竹材的抗弯弹性模量（节间）

试验号	对照组		120℃软化处理 30min	
	MOE/MPa	MC/%	MOE/MPa	MC/%
1	7950	9.8	5690	47.74
2	8120	9.6	6290	43.28
3	9470	10.9	6680	46.89
4	9380	10.1	6600	47.77
5	9410	12.5	6820	41.53
6	8490	11.7	5730	50.35
7	9670	9.8	7070	42.76
8	8650	10.8	6350	51.35
9	9100	12.3	6550	46.85
10	8880	10.5	6390	44.24
平均	8912	10.8	6417	46.28
CV%	6.68	9.75	6.83	7.03

高温软化可以提高竹材塑性的主要原因是采用高温软化处理竹材，水分子进入无定形区使纤维润胀（李文珠等，2001），从而使竹材的弹性模量降低。

2.2 高温软化处理后 T_g 确定

120°C软化 30min 和对照组竹材和的 DMA 损耗角正切（tanδ）如图 1 所示。以 tanδ 峰值表示玻璃化温度 T_g，则对照组竹材的 T_g 为 120°C，高温软化处理竹材的 T_g 为 88℃，高温软化处理竹材的 T_g 比未软化处理竹材的 T_g 下降了 26.7%。

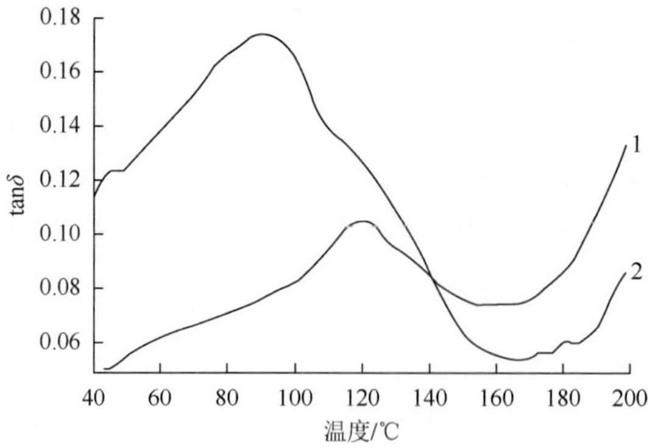

图 1　高温软化与未软化竹材的 DMA 损耗角正切随温度变化曲线

1. 对照组；2. 120℃软化 30min

2.3　高温软化竹材硬度的测定

120℃软化 30min 和对照组竹材的硬度见表 2。从表 2 中的试验结果可以看出，经 120℃高温软化 30min 后，竹材的硬度大幅度下降，近青面和近黄面分别下降了 42.0%和 54.7%。

表 2　高温软化 30min 和对照组竹材的硬度[①]

试验号	对照组		120℃软化处理	
	近青面	近黄面	近青面	近黄面
1	1580	1210	910	450
2	1900	1500	1110	820
3	2110	1780	1330	610
4	1420	1200	820	460
5	2240	1820	1270	810
6	1860	1590	1080	680
7	1920	1460	1030	710
8	1720	1360	1000	560
9	1850	1420	1070	800
10	1480	1200	860	680
平均	1808	1454	1048	658
CV%	14.53	15.53	15.68	20.73

注：①无软化处理的竹材的含水率为 10%；120℃软化处理 30min 竹材的平均含水率为 44.5%。

2.4　旋切竹单板质量的测定

经 120℃软化 30min 旋切的竹单板的厚度偏差和背面裂隙度见表 3。从表 3 的结果看，单板厚度偏差在±0.05mm 以内，单板背面裂隙也较好，可见，120°C软化 30min 的软化工艺能保证旋切竹单板的表面质量。

表 3　旋切竹单板的质量[①]

试验号	单板厚度偏差/mm	单板背面裂隙度/%
1	0.05	20.6
2	0.05	25.7
3	−0.01	19.8
4	0.05	22.1
5	0.04	28.5
平均		23.3

注：①旋切竹单板的名义厚度为 0.4mm。

3 结　　论

（1）经 120℃软化 30min 后，竹材的弹性模量大幅度下降，竹材的弹性模量由软化处理前的 8912MPa 下降到 6417MPa，说明高温软化处理可以提高竹材的塑性。

（2）在 DMA 试验中，未软化处理的竹材的 T_g 为 120℃，软化处理的竹材的 T_g 为 88℃，软化处理竹材的 T_g 比未软化处理竹材的 T_g 下降了 26.7%。

（3）硬度测试结果表明：经 120℃软化 30min 后，竹材的硬度大幅度下降，近青面和近黄面分别下降了 42.0%和 54.7%。

（4）通过对旋切竹单板质量的测定表明：在此软化工艺下，旋切的竹材单板表面质量可以得到保证。

参 考 文 献

程瑞香. 2004. 刨切微薄竹和旋切竹单板的工艺技术研究. 南京：南京林业大学.

何德芳，崔成法，曾奇军，等. 2001. 竹单板旋切工艺的初步探析. 木材工业，15（6）：29-30.

李德清. 旋切竹单板工艺探讨. 2000. 林业机械与木工设备，12：21-22.

李文珠，林卫军，张文标. 2001. 木材软化机理初探. 中国木材，（1）：38-40.

李新功，王道龙，曾齐军. 2001. 竹单板旋切工艺简介. 木材加工机械，12（3）：23-24.

刘道平. 2001. 中国竹业产业化现状及展望. 林业科技开发，15（5）：3-5.

张齐生，蒋身学. 2003. 中国竹材工业面临的机遇与挑战. 世界竹藤通讯，1（2）：1-5.

毛竹材质生成过程中化学成分的变化

张齐生　关明杰　纪文兰

（南京林业大学　南京　210037）

摘　要

以材质生成期为 1～8 年生毛竹为研究对象，采用同一部位取样的方法，研究了材质生成期中 9 种主要化学成分的变化，以及竹秆不同高度部位化学成分的变化。结果表明，木素含量随竹龄增长呈指数增加，灰分含量与竹龄变化呈二次曲线关系，综纤维素和各种抽出物含量与竹龄呈阶段性变化。化学成分随竹龄的变化可以分为增长期（1～4 年生）、成熟期（5～7 年生）、下降期（8 年生以上）。竹秆不同高度部位的主要化学成分变化很小，各种抽出物含量，从根部到梢部略有减少。

关键词：毛竹；化学成分；材质生成

Abstract

The author studied 9 chemical compositions of moso bamboo aged from 1 to 8 years and the differences of chemical composition in the different parts of culm were studied. The results shown: ash content varies by quadratic equation, and lignin increases with bamboo ages by exponential equation, but the other chemical compositions show a periodical change with aging. According to the variation regularity of chemical compositions the bamboo mature growing can be classified as three periods: increasing period (below 4 years old), steady period (5～7 years old), declining period (above 8 years old). The difference of main chemical compositions in the different parts of the culm is very little though the kinds of abstracts of bamboo decline a little from the bottom to the top.

Keywords: *Phyllostachy edulis* Mazel ex H. Lehaie; Chemical composition; Mature growing

中国是世界上竹类资源最丰富的国家，其中毛竹产量占中国竹材总产量的 2/3 以上，为中国第一竹种。毛竹在出笋后 2 个月内，即可完成秆形生长，接着进入材质生成期，竹材材质生长过程中化学成分的变化对竹材材质有着极大影响。

竹材的化学组成主要成分为纤维素、半纤维素和木素。这三大“要素”构成了竹材物理力学性质的分子学基础，竹材中含有少量的抽出物，这些抽出物直接或间接与竹子的生理作用有关，进而影响竹材使用过程中的生物活性（虫害、霉变、腐朽等）及加工特性。竹子化学成分含量的变化不仅关系到竹材的物理力学性质和加工利用性质，也与竹材本身的化学利用紧密相关。系统分析竹材材质生长过程中化学成分的变化，对于确定竹材加工利用及化学利用的合理采伐竹龄，有着重要的理论价值和实际意义。

有关专家曾以不同竹子为研究对象，对竹材的化学成分进行了研究[1-7]。而对毛竹材质生长期中化学成分变化目前尚无全面研究。笔者以中国产量最多的毛竹为研究对象，对处于材质生成期的 1～8 年生毛竹进行同一部位的化学成分分析，并对竹秆不同部位的化学成分进行研究。

1　材料与方法

1.1　采集与制备

毛竹（*Phyllostachy edulis* Mazel ex H. Lehaie）采自南京林业大学句容下蜀林场，其中 5，6，7，8 年生

本文原载《南京林业大学学报（自然科学版）》2002 年第 26 卷第 2 期第 7-10 页。

毛竹采伐时间为 2000 年 11 月 22 日；1，2，3，4 年生毛竹采伐时间为 2001 年 2 月 16 日，每个竹龄各取 3 根胸径基本相同的毛竹为试验样本。将竹秆自距地面 1m 处的最近一个竹节处截断，去除梢部。

将锯好的竹秆从根部开始分成竹节数相同的 5 段，同一部位的 8 个竹龄均取第一段为样段，进行不同竹龄化学成分分析；4 年及 7 年生毛竹则分 5 段单独取样，从根部开始记为 1，2，3，4，5，进行竹秆不同高度部位的化学成分分析。

将试材用刀切成小薄片，充分混合，取均匀样品约 500g，风干后，置入粉碎机磨碎，过 40 目筛。截取能通过 40 目筛，但不能通过 60 目的部分细末，贮存在具有磨砂塞的广口瓶中。

1.2 分析方法

测定木素含量采用 72%硫酸法，戊聚糖采用四溴化法，综纤维素采用亚氯酸钠法，其他项目分析方法参照文献[8]。

2 结果与分析

2.1 不同竹龄化学成分的差异

竹材进入材质生长阶段后，各种化学成分不断变化。不同竹龄毛竹同一部位各主要化学成分的差异见表 1 所示。

表 1 不同竹龄毛竹的化学成分 （单位：%）

竹龄/a	灰分	冷水抽出物	热水抽出物	1% NaOH 抽出物	苯醇抽出物	KLASON 木素	酸溶木素	总木素	综纤维素	戊聚糖
1	2.02	9.11	10.51	32.73	4.71	21.51	2.35	23.86	71.40	22.81
2	2.26	8.20	10.67	32.35	5.05	24.26	2.47	26.73	71.60	20.46
3	0.96	8.22	11.29	31.56	6.40	24.15	2.41	26.56	71.17	21.48
4	1.46	8.54	11.65	31.97	6.47	23.56	2.31	25.87	70.62	20.84
5	0.62	5.13	7.44	26.65	4.29	25.06	2.30	27.36	73.84	21.80
6	0.82	5.97	8.08	29.91	4.30	24.72	2.70	27.42	72.47	21.57
7	1.07	6.50	9.22	29.30	5.11	25.53	2.28	27.89	72.51	22.28
8	2.58	8.87	10.63	31.08	5.41	24.53	2.26	26.79	70.55	22.91

（1）灰分。将各竹龄的灰分含量描散点图得图 1。对各点进行曲线拟合得二次回归方程为

$$y = 0.1178x^2 - 1.0993x + 3.417$$
$$R^2 = 0.6433,\ R = 0.8$$

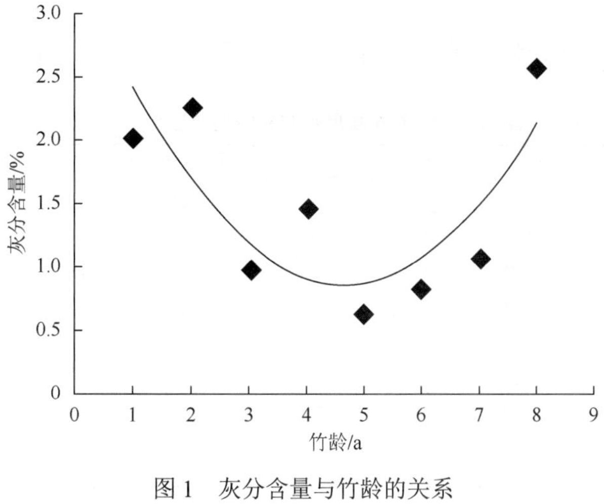

图 1 灰分含量与竹龄的关系

当 $x = 4.67$ 时，上述回归方程取得极小值；由图 1 曲线也可以看出，竹龄为 5 年生时，灰分值位于曲线的最低点。5 年生以下竹材的灰分含量随竹龄的增加而减少，5 年生以上竹材的灰分含量则随着竹龄的增加而增加。

（2）抽出物。各种抽出物的百分比含量呈明显的阶段性变化，1～4 年生毛竹的冷水抽出物的百分比含量变化不大，稳定在较高水平，其值范围为 8.20%～9.11%；5～7 年生毛竹的冷水抽出物含量为 5.13%～6.5%，与 1～4 年生毛竹的冷水抽出物含量相比，5～7 年生毛竹的冷水抽出物含量明显减少；8 年生毛竹的冷水抽出物含量则又有所回升，达到了 8.87%。

热水抽出物、1% NaOH 抽出物、苯醇抽出物与冷水抽出物在总体变化上基本一致，呈现出 1～4 年较高，5～7 年较低，8 年又有所回升的趋势。

（3）综纤维素。5 年生毛竹的综纤维素含量达到最大值 73.84%，而 6～7 年生毛竹的综纤维素含量则略有下降。总体看来，同 1～4 年生毛竹的综纤维素含量相比，5～7 年生毛竹的综纤维素含量处于较高水平。

（4）木素含量。木素含量散点图如图 2 所示。对图 2 进行曲线拟合得木素含量与竹龄关系的数学模型如下：

$$y = 1.4599\ln x + 24.625 \qquad R^2 = 0.6712 \qquad R = 0.82$$

由图 2 可见，随着竹龄的增长，毛竹的木素含量逐年增加。

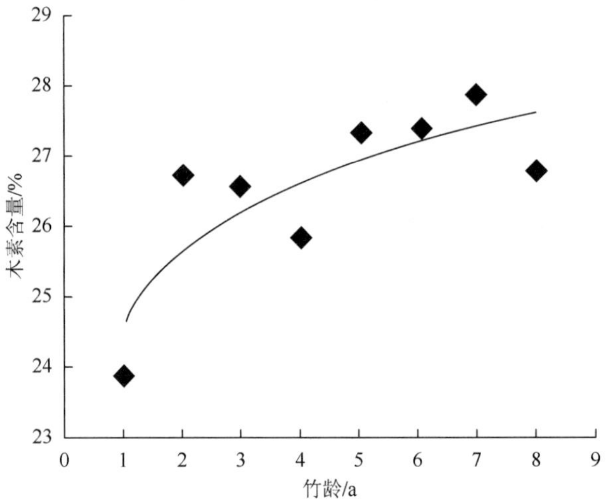

图 2　木素含量与竹龄的关系

（5）戊聚糖含量。除 1 年生毛竹外，2～8 年生毛竹的戊聚糖含量逐年增加，到 8 年生时已近于 1 年生毛竹的戊聚糖含量。

2.2　竹秆不同高度部位的化学成分差异

对 4 龄竹及 7 龄竹进行了从根部到梢部不同部位化学成分的分析，结果见表 2。

表 2　毛竹不同高度部位的化学成分　（单位：%）

竹秆部位		灰分	冷水抽出物	热水抽出物	1% NaOH	苯醇抽出物	KLASON 木素	酸溶木素	总木素	综纤维素	戊聚糖
4 龄	1	1.46	8.54	11.65	31.97	6.47	23.56	2.31	25.87	70.62	20.84
	2	1.16	7.70	11.35	31.46	5.47	22.60	2.37	24.97	73.05	20.44
	3	0.97	7.14	10.72	30.11	5.61	22.31	2.36	24.67	72.56	20.78
	4	0.85	7.16	10.78	29.75	5.03	22.58	2.33	24.91	72.16	20.91
	5	0.72	6.27	9.24	27.11	4.31	23.69	2.50	26.19	72.71	21.32
7 龄	1	1.07	6.50	9.22	29.3	5.11	25.58	2.28	27.86	72.51	22.28
	2	0.86	6.26	8.27	27.3	5.73	24.16	2.36	26.52	73.29	21.56

续表

竹秆部位		灰分	冷水抽出物	热水抽出物	1% NaOH	苯醇抽出物	KLASON 木素	酸溶木素	总木素	综纤维素	戊聚糖
7 龄	3	0.82	5.73	8.28	26.66	5.32	25.71	2.30	28.01	72.98	21.70
	4	0.87	5.38	7.86	25.51	4.24	25.52	1.95	27.47	73.02	22.15
	5	0.81	5.43	8.04	25.62	4.85	25.44	2.37	27.81	73.35	22.43

由表 2 知，4 龄竹及 7 龄竹的木素、综纤维素、戊聚糖随竹秆高向部位的改变变化较小，这些高分子量物质的百分比含量基本不变，说明大分子物质在竹秆内分布均匀。竹材的灰分及 4 种抽出物的百分比含量都呈现出从根部到梢部随着竹秆部位的升高而逐渐减少的趋势。

3 结 论

依据毛竹的化学组分，可以将毛竹材质生长中的化学成分变化分为 3 个主要阶段：

（1）增长期。1～4 年生毛竹的抽出物含量较高，综纤维素含量基本稳定在一定水平，木素含量随竹龄不断增长。此竹龄段的毛竹处于低分子量物质向大分子量物质合成的时期，即木素、综纤维素等大分子物质增长的时期。从化学成分的变化趋势上看，可认为 4 年生以下为毛竹材质增长期。

（2）稳定期。5 年生毛竹的抽出物总含量最低，而综纤维素的含量最高，木素含量也较高。5～7 年生毛竹的综纤维素、木素都稳定在较高水平。从分子水平上看，此年龄段的竹材化学成分中大分子量物质所占比重最大，竹材处于材质生长的稳定期。

（3）下降期。8 年生毛竹的综纤维素含量降低，灰分及抽出物含量增加，说明毛竹合成大分子量物质的能力下降，毛竹的材质生长进入下降期。

竹秆不同高度部位的各种抽出物含量，从根部到梢部逐渐减少，主要大分子物质综纤维素、木素、戊聚糖的含量变化不明显。

参 考 文 献

[1] 张齐生. 中国竹材工业化利用. 北京：中国林业出版社. 1995.

[2] 陈友地. 十种竹材化学成分的研究. 林产化学与工业，1985，5（4）：30-39.

[3] Fengel D，Shao X. Studies on the lignin of the bamboo species *Phyllostachys makino Hay*. Wood Science and Technology，1984，18：103-112.

[4] Itoh T. Lignification of bamboo（*Phyllostachys heterocycla* M it f.）during its growth. Holzforschung，1990，44：191-200.

[5] Higuchi T，Kimura N，Kaw amura. Difference in chemical properties of lignin of vascular bundles and of parenchyma cells of bamboo. Mokuzai Cakkaishi，1966，12：173-178.

[6] 王文久，辉朝茂，文翠. 云南 14 种主要材用竹化学成分研究. 竹子研究汇刊，1999，18（2）：74-78.

[7] 郑蓉. 不同海拔毛竹竹材化学组成成分分析. 浙江林业科技，2001，21（1）：55-56.

[8] 北京造纸工业研究所，造纸工业化学分析. 北京：轻工业出版社，1975.

[9] 吴炳生，傅懋毅，张家贤. 料慈竹化学成分的研究. 浙江林学院学报，1995，12（3）：281-285.

[10] 林金国，董建文，方夏峰. 麻竹化学成分的差异. 植物资源与环境学报，2000，9（1）：55-56.

[11] 聂少凡，林思祖，林金国，等. 人工杉木林木材化学成分的变异规律. 南京林业大学学报（自然科学版），1998，22（3）：43-46.

[12] 王晓明. 竹类研究文献计量分析. 南京林业大学学报（自然科学版），1990，14（2）：104-108.

[13] 全金英，张潇. 茶秆竹、淡竹、短穗竹纤维形态和化学组成的研究. 竹类研究，1997，（2）：1-6.

[14] 全金英，黄金生，王佩卿. 制浆用竹材生物结构及化学组成的研究. 江苏造纸，1992，（12）：48-54.

密闭高温软化处理竹材的玻璃化转变温度

程瑞香[1]　张齐生[2]

（1 东北林业大学生物质材料科学与技术教育部重点实验室　哈尔滨　150040；
2 南京林业大学竹材工程研究中心　南京　210037）

摘　　要

动态热机械分析（DMA）可以用来评判水热处理竹材的效果。DMA 研究表明：高温软化处理的竹材，其储能模量明显降低，在 40℃时，经高温软化处理后竹材的储能模量比未软化处理后的竹材降低了 60.4%；未软化处理竹材的玻璃化转变温度（T_g）为 119.8℃，软化处理竹材的玻璃化转变温度（T_g）为 88.4℃，软化处理竹材的 T_g 比未软化处理竹材的 T_g 下降了 26.2%。

关键词：竹材；软化处理；玻璃化转变温度（T_g）；动态热机械分析（DMA）

Abstract

Dynamic mechanical analysis (DMA) could be used to evaluate the effect of softening treatment with heat and water. The results of DMA showed that storage modulus (E') of softening treatment bamboo at 120℃ for 30min was apparently decreased compared with that of no softening treatment bamboo. The storage modulus (E') of bamboo at 40℃ after softening treatment at 120℃ for 30min reduced 60.4% compared with that of no softening treatment bamboo. That is to say that the effect of softening treatment at high temperature was obvious. Glass transition temperature (T_g) of no softening treatment bamboo was 119.8℃, while glass transition temperature (T_g) of softening treatment bamboo at 120℃ for 30min was 88.4℃, T_g of softening treatment bamboo at 120℃ for 30min decreased 26.2% compared with that of no softening treatment bamboo.

Keywords: Bamboo; Softening treatment; Glass transition temperature (T_g); Dynamic mechanical analysis (DMA)

无纺布强化旋切竹单板是一种新型表面装饰材料，它是竹材经旋切后，在其背面粘贴无纺布，经指形纵向接长而制成的。无纺布强化的旋切竹单板可用作人造板家具的贴面材料；还可充分利用其竹纤维的形象和良好的耐磨性用于室内装饰装修材料，如用作护墙板、地板、天花板的表层材料，其装饰效果具有独特的地方风格。另外，无纺布强化旋切竹单板还可以经特定模压制成竹餐盘、果盘、竹扇、竹屏风等多种特殊形状的工艺品。

无纺布强化旋切竹单板为竹材的综合利用开辟了一条新途径，具有很好的开发前景。但由于竹材硬度高，在旋切竹单板的生产中，竹材只有经过软化处理后，旋切出竹单板的表面质量才好。常用的软化处理方法是将截好的竹段放入 40～50℃的水中浸泡 6～10h 后逐渐缓慢升温，升温速度以 4～5℃/h 为宜，温度升至 80～120℃后保温 1～2h，然后自然冷却到 50～70℃即可（李新功等，2001）。为了提高竹段蒸煮速度，蒸煮时也可加入一定量的 $NaHCO_3$，这种处理方法可以使竹材软化速度快一些。但是由于 $NaHCO_3$ 多少会破坏木材的化学成分，因此，采用在 120℃高温的条件下，密闭软化 30min 的软化处理工艺来提高竹材软化的效率。本文拟采用动态热机械分析（DMA）的方法来评判竹材在 120℃的高温条件下，密闭软化 30min 的软化处理效果。

动态热机械分析就是在程控温度下测量物质在振动负荷下的动态模量和力学损耗与温度关系的技术。DMA 是测定当材料受到周期性应力时的机械反应，从而确定材料的黏弹性及流变性能。

本文原载《林业科学》2006 年第 42 卷第 7 期第 87-89 页。

木质材料对交变应力的响应具有黏性材料和弹性材料的特征，其应力、应变的关系为

$$\sigma = E^* \varepsilon \tag{1}$$

$$\tan\delta = E''/E' \tag{2}$$

$$E' = |E^*|\cos\delta \tag{3}$$

$$E'' = |E^*|\sin\delta \tag{4}$$

式中：σ 为应力；ε 为应变；E'为实数模量或称储能模量，它反映材料变形时能量储存大小，即回弹能力；E''为虚数模量或称损耗模量，它反映材料变形时能量损耗的大小；E^*为复合模量；δ 为应力和应变之间的相位角，也称损耗角；$\tan\delta$ 为力学损耗因子，损耗角正切。

在水热处理过程中，木质材料吸水后 T_g 下降，因此，可以通过测定材料干、湿态玻璃化转变温度评判水热处理效果的好坏。由 DMA 测得的湿态玻璃化转变温度越低，说明水热处理的软化效果越好。本文旨在利用动态热机械分析研究密闭高温条件下软化竹材的玻璃化转变温度，以判断密闭高温软化竹材的软化效果。

1 材料与方法

1.1 试验材料

试验所采用的竹材为毛竹（*Phyllostachys pubescens*）。

1.2 试验方法

1.2.1 试样制备

在同一竹片上截取 2 段，分别标上记号 1 和 2。把标号为 1 的作为未软化处理的试件，把标号为 2 的试件放入密闭蒸煮罐中，在 120℃保温 30min。分别把标号为 1 和 2 的 2 种竹片置于（103±2）℃下烘至绝干，制成四角方正、四边平齐的尺寸为（长×宽×厚）60mm×8mm×5mm 的试样。

1.2.2 试验条件

做 DMA 的承载方式采用三点弯曲。测试条件如下：温度范围 35～200℃；气氛为空气；升温速率 5℃/min；动态力 4N；频率采用多频率，分别为 1.00Hz，3.33Hz 和 10.00Hz（Onic et al.，1998；Liu et al.，2001）。

1.2.3 仪器

德国 NETZSCH DMA 242 动态热机械分析仪。该仪器具有 6 种承载形式，即三点弯曲、双悬臂弯曲、单悬臂弯曲、剪切、压缩、拉伸。

2 结果与分析

尽管做了 1.00Hz、3.33Hz 和 10.00Hz 3 种不同测试频率的动态试验，但从所得的 DMA 图谱中发现，在所测试的频率范围内，不同频率条件下竹材的动态力学行为规律基本一致，只是不同频率下储能模量的数值有差别，所以本文如不特殊指明，均按测试频率为 1.00Hz 的情况分析。

未软化处理竹材和高温软化处理（120℃软化 30min）竹材的 DMA 储能模量（E'）、损耗角正切（$\tan\delta$）以及损耗模量（E''）随温度的变化分别如图 1（a）、（b）、（c）所示。

从图 1 的 DMA 结果可以看到：未软化处理竹材在 40～200℃之间的储能模量（E'）比高温软化处理过的竹材的储能模量（E'）大。未软化处理竹材在 40℃时的储能模量为 5610MPa，经高温软化处理竹材 40℃时的储能模量为 2220MPa，经高温软化处理后竹材的储能模量降低了 60.4%，说明高温软化处理的效果是非常明显的，它可明显地提高竹材的塑性，从而可以保证旋切竹单板的质量。

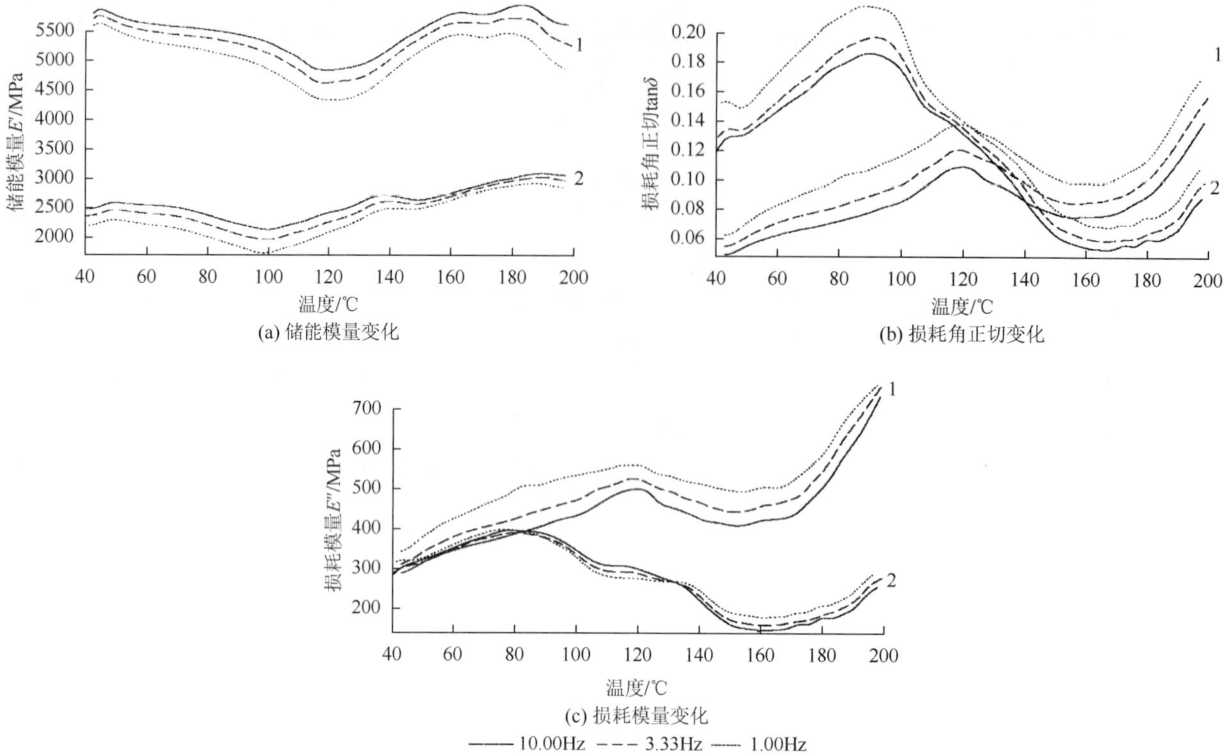

(a) 储能模量变化　(b) 损耗角正切变化　(c) 损耗模量变化

图 1　DMA 的储能模量（E'）、损耗角正切（tanδ）、损耗模量（E''）随温度变化的曲线

1. 未软化处理的竹材；2. 经高温软化处理的竹材

DMA 力学损耗峰对应的温度可看作是玻璃化转变温度（T_g）（陈文怡，2003；赵军和白萍，2001）。聚合物的玻璃化转变是从玻璃态向高弹态转化，其转变温度（T_g）是表示玻璃化转变的重要指标。玻璃化转变是高聚物的一种普遍现象，即使是结晶高聚物，也难以形成 100%的结晶。在高聚物发生玻璃化转变时，许多物理性能发生了急剧的变化，特别是力学性能。在只有几度范围的转变温度区间前后，模量将改变 3～4 个数量级，使材料从坚硬的固体突然变成柔软的弹性体，完全改变了材料的使用性能。

竹材是由部分结晶纤维素和非结晶半纤维素、木素等聚合物构成的。当加热到玻璃转化温度时，竹质材料的非结晶区部分会发生玻璃态的转化。此时竹质材料的物理力学强度会发生巨大变化，利用损耗角正切曲线的峰顶温度可以确定玻璃化转变温度（Michael et al.，2000）。

从图 1（a）、（b）、（c）可以看到：刚开始时，随温度升高，储能模量（E'）缓慢下降，未软化处理的竹材的 E'在 100～130℃之间有一个明显的下降，损耗模量（E''）和损耗角正切（tanδ）在此期间则明显上升；而经高温软化处理的竹材储能模量（E'）在 90～120℃之间有一个明显的下降，损耗模量（E''）和损耗角正切 tanδ 在此期间则明显上升。因为 E'的下降以及 tanδ 的明显上升与竹材在这一温度范围内的部分软化有关，即与竹材中木素的玻璃化转变有关，因此说明经高温软化处理的竹材比未软化处理的竹材的玻璃化转变温度有所降低。以 tanδ 峰值表示玻璃化温度 T_g，则未软化处理的竹材的 T_g 为 119.8℃，软化处理的竹材的 T_g 为 88.4℃，软化处理竹材的 T_g 比未软化处理竹材的 T_g 下降了 26.2%。

与未软化处理竹材相比，高温软化处理竹材可明显地提高竹材的塑性，其主要原因是因为采用高温软化处理竹材时，水分子进入无定形区使纤维润胀，从而使竹材的储能模量（E'）和玻璃化转变温度（T_g）降低。

3　结论与讨论

DMA 研究表明：高温软化处理的竹材，其储能模量明显降低，在 40℃时，经高温软化处理后竹材的储能模量比未软化处理后的竹材降低了 60.4%，说明高温软化处理的效果是非常明显的。

另外，DMA 的结果也表明：未软化处理竹材的玻璃化转变温度（T_g）为 119.8℃，软化处理的竹材的玻璃化转变温度（T_g）为 88.4℃，软化处理竹材的 T_g 比未软化处理竹材的 T_g 下降了 26.21%。

参 考 文 献

陈文怡. 2003. 端胺基聚氨酯环氧树脂胶粘剂的固化过程与热性能研究. 武汉：武汉理工大学.

李新功，王道龙，曾奇军. 2001. 竹单板旋切工艺简介. 木材加工机械，12（3）：23-24.

赵军，白萍. 2001. 动态热机械分析法对环氧树脂固化程度的研究. 中国胶粘剂，10（3）：33-34.

Onic L，Bucur V，Ansell M P，et al. 1998. Dynamic thermomechanical analysis as a control technique for thermoset bonding of wood joints. International Journal of Adhesion & Adhesives，18（2）：89-94.

Michael P W，Suzhou Y，Timothy G R. 2000. Using dynamic mechanical spectroscopy to monitor the crystallization of PP MAPP blends in the presence of wood. Composite Interfaces，7（1）：3-12.

Liu Z Q，Cunha A M. 2001. Bernardo thermal characterizations of wood flour starch cellulose acetate compounds. J Macromol Scl-physics，40（3）：529-538.

竹材通过端部压注处理进行防裂及防蛀的研究

许斌　张齐生
（南京林业大学　南京　210037）

摘　　要

为了提高处理液在竹材内的渗透速度以及渗透效果，实验设计了一套端部压注装置，并将几种高分子化合物压注到竹材内部。结果表明：①从酚醛树脂处理材扫描电镜图中可知，发现酚醛树脂已渗透到绝大多数的纤维和薄壁细胞胞壁中；②在防裂性方面，聚乙二醇（PEG）处理材、无机盐处理材以及酚醛树脂处理材均具有较好的防裂效果；③防蛀效果从最佳到较好的试剂排列为 3.5%氟化钠（NaF），34%氯化钙（$CaCl_2$），4%五氯酚钠（NaPCP），1.5%聚乙烯醇（PVA），25%氯化钠（NaCl）；④本次防裂防蛀处理中，氯化钙（$CaCl_2$）的防裂防蛀效果最佳，氯化钠（NaCl）防裂防蛀效果略逊。

关键词： 圆竹防裂；竹材防蛀；端部压注；尺寸稳定性；抗劈力；竹长蠹

Abstract

To promote the diffusion speed and diffusivity in the bamboo, a set of high pressure sap displacement equipment is designed according to Boucherie process in the paper and have been put into practical use. Using the machines, several polymeric compounds are pressed into the round bamboo culms. The result indicats: ①SEM electron microscope is also used to show the diffusion of phenolic resin in the bamboo, and those photos show there are resin in most fiber walls and parenchyma cell's walls; ②the bamboo treated with inorganic salts has the best bulking effect, and treated with polyethylene glycol and phenolic resin has good bulking effect also; ③the chemical materials' effects of resistance against bamboo beetle arrowed from the best are as the following: 3.5% solution of sodium fluoride, 34% solution of calcium chloride, 4% solution of sodium pentachlorophenolate, 1.5% solution of polyvinyl alcohol, 25% solution of sodium chloride; ④It draws a conclusion that calcium chloride has the best treatment effect of resistance against checking and bamboo beetle, and sodium chloride has a good treatment also.

Keywords: Round bamboo anti-checking; High pressure sap displacement method; Antiborer; Dimensional stabilization; Cleavage strength; Bamboo powder post beetle

竹材的防护处理通常采用浸渍、喷洒及涂刷等方法，这几种方法处理时都较方便，但效果不甚理想，只能起到暂时防护目的。由于竹青表面附有蜡质，竹青层有十多层厚壁细胞，且节间无射线组织等横向联系，药剂很难渗入。药剂渗入竹材的主要通道是维管束的导管、筛管和细胞间隙，它们孤立于一些木质化的厚壁细胞之间。药液渗透主要通过细胞壁上的单纹孔进行，渗透能力很低，有时即使导管中充满了药剂，仍难以渗透到附近的纤维和薄壁细胞中。如干材在水溶液中常温浸渍 24h，通常只能渗进 5～10mm，使用喷洒及涂刷方法只能渗进 1～3mm。如果处理材再次进行精加工，处理层被去除，加工面又重新受到菌虫的侵蚀。采用加压罐处理时，由于竹材浸渍于处理液中，竹材空隙中的空气受压不能有效地排出，药液仍难渗入其中。

试验采用改进的树液置换法——端部压注法，让竹材在高含水率状态下，压注进水溶性的无机盐、高分子化合物以及防虫剂等，让这些药剂沉积于细胞腔或细胞壁中而起到稳定尺寸、防蛀等效果。使处理材的使用寿命大为延长，增加其使用价值。

本文原载《竹子研究汇刊》2002 年第 21 卷第 4 期第 61-66 页。

1 材料与方法

1.1 材料

1.1.1 圆竹

试验所用的毛竹（*Phyllostachys heterocycla* var. *pubescens*）采自南京林业大学竹园，试验用竹为 6 年生。下端直径为 80mm 左右，由于最下段的竹节间距太短，加上直径变化较大且形状不规则，一般将离地 20～30cm 下段截去不用。因砍伐竹材气干后会使溶液的渗透作用减弱，加之气干后的细胞孔径变小，所伐竹材应在一星期内做完试验，试验竹段长度为 1m 左右。

1.1.2 防裂试剂

（1）聚乙二醇（PEG）。试验用的聚乙二醇的平均分子量为 1000。

（2）酚醛树脂。根据戈德斯坦（Goldstein）等对酚醛树脂的研究表明，羟甲基酚的数目对尺寸稳定的影响极大。即树脂缩合度低，羟甲基酚的量就多，抗膨润（收缩性能）（ASE）就越高，如用低分子量的树脂处理，也能产生比水大的膨润，即所谓的充胀效果的缘故，使处理材的 ASE 就高。

（3）无机盐类。选用了氯化钠、氯化钙、氯化镁以及碳酸钠等无机盐类。

（4）聚乙烯醇（PVA）。由聚乙酸乙烯酯经皂化而成的高分子化合物。

1.1.3 防蛀药剂

为了比较防裂试剂的防蛀效果，选用了氟化钠和五氯酚钠两种药剂作为对比。

1.2 端部压注原理及装置

1.2.1 端部压注原理

竹壁外层的竹青和竹壁内层的竹黄，两者都是致密结构，加上节隔组成一层密封层，将竹肉紧夹其中。而竹材内起输导作用的导管和筛管等，在刚砍伐不久，仍保持其畅通的结构，处理液在一定的压力下很快被压进导管及筛管之中，并通过导管壁上呈梯状或网状的具缘纹孔与纤维及薄壁细胞的单纹孔相贯通，药剂在压力及高浓度下会渗透进并沉积于纤维细胞及薄壁细胞内，起到膨胀细胞壁并减小收缩的作用。

1.2.2 端部压注装置

该装置由动力系统、贮液罐、压注帽三大部分组成（图 1）。动力系统由空气压缩机等组成，提供一

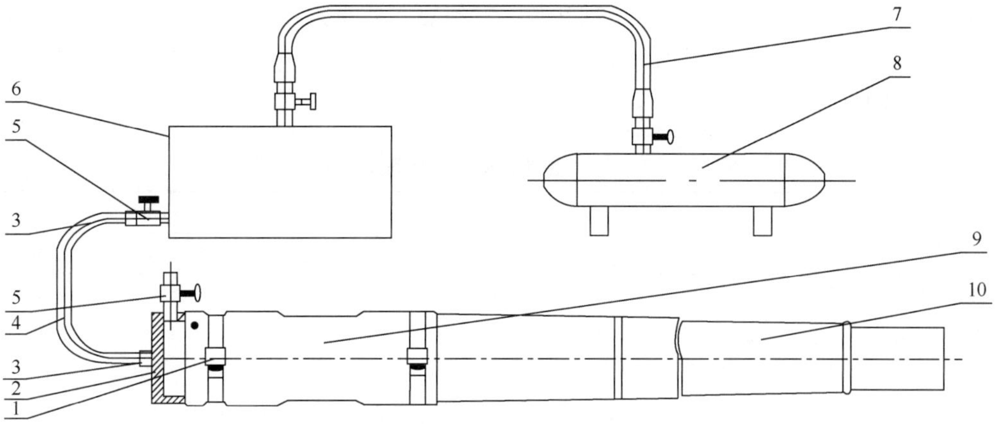

图 1 竹材端部压注示意图

1. 猴箍；2. 压注帽；3. 快速接头；4. 透明耐压管；5. 阀门；6. 贮液罐；7. 耐压胶管；8. 空气压缩机；9. 耐压橡皮管；10. 待处理竹材

定的气压于贮液罐内，处理液在气压的作用下流进压注帽内。压注帽是该装置的关键部分，由于竹材的外形多为接近圆的椭圆，为此需要选择合适的密封圈，密封圈要有一定的弹性，才能满足不同直径、不同形状竹材的密封。

1.3 防裂试验

将所伐竹材在端部压注装置进行如表 1 所示的试验，为了确保其端面导管及筛管的畅通，需将待密封的竹端先截去 10mm 厚的一段竹环，并用水洗去端面的杂质。

表 1 处理材所用试剂及试验结果表

试验编号	试剂	溶剂	溶液浓度/%	处理前含水率/%	处理后含水率/%	简径平均干缩率/%	处理效果
Ⅰ-1	—	水	—	86.64	7.48	5.36	无裂缝
Ⅰ-3	$CaCl_2$，Na_2CO_3	水	28.6，25	54.99	17.27	1.34	无裂缝
Ⅱ-2	$CaCl_2$，Na_2CO_3	水	28.6，25	63.94	9.13	2.68	无裂缝
Ⅱ-3	PEG	水	25	115.42	4.0	8.79	无裂缝
Ⅱ-4	PVA	水	7.5	99.19	10.4	8.56	无裂缝
Ⅲ-1	PVA	水	3	82.3	16.7	3.49	有裂缝
Ⅲ-2	PVA，硼砂	水	1.5	74.88	10.5	4.52	无裂缝
Ⅲ-3	PEG	水	25	75.93	9.83	3.65	无裂缝
Ⅲ-4	聚乙烯缩丁醛	酒精	2	58.25	5.7	4.39	无裂缝
Ⅲ-5	乙基纤维素	70%二甲苯 30%酒精	1.2	55.12	3.7	3.89	有裂缝
Ⅳ-1	酚醛	水	25	66.04	10.26	2.86	有 3 条缝
Ⅳ-2	酚醛	水	34	60.4	10.68	2.66	无裂缝
Ⅳ-3	酚醛	水	40	58.6	11.25	3.26	有条长缝
Ⅳ-4	酚醛	水	44.5	55.36	12.13	2.96	有条裂缝
Ⅴ-1	NaCl	水	25	62.42	10.8	2.26	无裂缝
Ⅴ-2	$MgCl_2·6H_2O$	水	55.6	51.99	14.7	1.25	有 4 条缝
Ⅴ-3	$CaCl_2·6H_2O$	水	34	44.4	17.8	—	有 4 条缝

1.4 防蛀试验

为了检验防裂试剂的防蛀效果，另备了两种长效杀虫剂，通过端部压注法处理压进竹材内，为了对比生材处理材与气干处理材的防蛀效果，在一已气干的圆竹段内压注进同样的杀虫剂。将处理竹材劈成长 80mm、宽 25mm 左右的竹条，放置于培养皿中，并在每只培养皿中放进 20 只竹长蠹，20 天后观察其结果。处理方法及防蛀效果见表 2。本次防蛀效果采用蛀孔数、蛀屑重、死虫数作为评价指标，以对照组中的蛀孔数为 0 分，以无蛀孔为 100 分；蛀屑重同样以对照组为 0 分，以无蛀屑为 100 分；死虫数也以对照组为 0 分，以蛀虫全部死亡为 100 分（表 3）。

表 2 处理竹材防蛀效果表

竹材编号	溶质	溶剂	浓度/%	放进虫数	死虫数	濒死虫数	蛀孔数/个			蛀屑重/g
							浅	深	总数	
Ⅰ-3	$CaCl_2$，Na_2CO_3	水	28.6，25	20	4	0	0	0	0	0.006
Ⅱ-2	$CaCl_2$，Na_2CO_3	水	28.6，25	20	4	0	0	4	4	0.049
Ⅱ-3	PEG	水	25	20	1	0	0	12	12	0.217
Ⅲ-2	PVA，硼砂	水	1.5	20	3	2	3	1	4	0.031
Ⅲ-3	PEG	水	25	20	8	0	1	4	5	0.143
Ⅲ-4	聚乙烯缩丁醛	酒精	2	20	1	0	0	13	13	0.247

续表

竹材编号	溶质	溶剂	浓度/%	放进虫数	死虫数	濒死虫数	蛀孔数/个			蛀屑重/g
							浅	深	总数	
Ⅳ-1	酚醛	水	25	20	1	1	0	8	8	0.187
Ⅳ-2	酚醛	水	34	20	2	4	0	8	8	0.197
Ⅳ-3	酚醛	水	40	20	2	2	0	9	9	0.202
Ⅳ-4	酚醛	水	44.5	20	3	0	0	9	9	0.156
Ⅴ-1	NaCl	水	25	20	7	1	1	5	6	0.034
Ⅴ-2	$MgCl_2·6H_2O$	水	55.6	20	1	1	0	6	6	0.141
Ⅴ-3	$CaCl_2·6H_2O$	水	34	20	11	3	2	2	4	0.036
A4	NaPCP	水	4	20	4	0	2	1	3	0.012
A5	MBT	水	0.4	20	1	1	2	6	8	0.063
A6	NaF	水	3.5	20	1	3	6	0	6	0.008
A7	NaF	水	3.5	20	10	2	2	0	2	0.010
对照组	—	—	—	160	16	0	1	98	100	1.78

表 3 防蛀处理材得分表

试件编号	分数	试件编号	分数	试件编号	分数
Ⅰ-3	208	Ⅳ-1	47	Ⅴ-3	235
Ⅱ-2	157	Ⅳ-2	71	A4	198
Ⅱ-3	7.5	Ⅳ-3	55	A5	124
Ⅲ-2	195	Ⅳ-4	64	A6	208
Ⅲ-3	138	Ⅴ-1	145	A7	251
Ⅲ-4	0	Ⅴ-2	89	对照组	0

2 结果与分析

2.1 端部压注处理的渗透性

为了检验端部压注处理过竹材的渗透性，将固含量为44.5%酚醛树脂处理材Ⅳ-4与无处理材制作成切片，在扫描电镜（SEM）中拍摄为电镜照片，见图2～图5，图2为6龄无处理竹材的薄壁细胞，图3为2龄无处理材的髓外组织（竹黄），图4为Ⅳ-4的薄壁细胞，图5为Ⅳ-4的髓外组织。可知：①图2与图4均为薄壁细胞，图2的胞壁横切面呈拉毛状，中间空隙较多，而图4的胞壁横切面较为光滑，且空隙少，呈现典型的含树脂状态。且发现图4胞壁的淀粉粒已被渗进的树脂黏住成块状，而图2中的淀粉粒则呈分散的小球状。②图3与图5同为髓外组织，图5的多数髓外组织的胞腔中被树脂充满，而图3中则无此现象。

图2 薄壁细胞，×1850

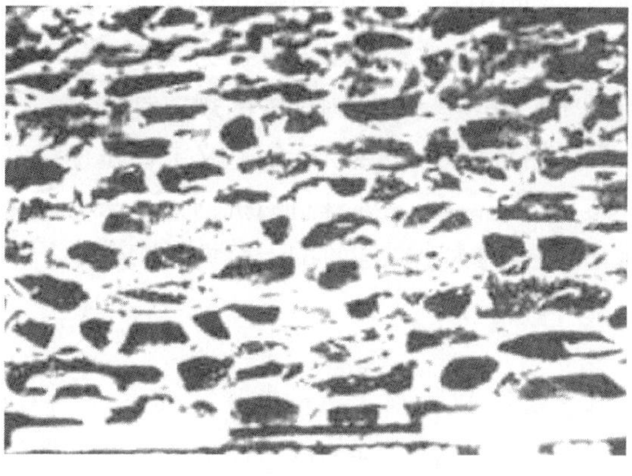

图3 髓外细胞，×341

图 4　Ⅳ-4 薄壁细胞，×3100

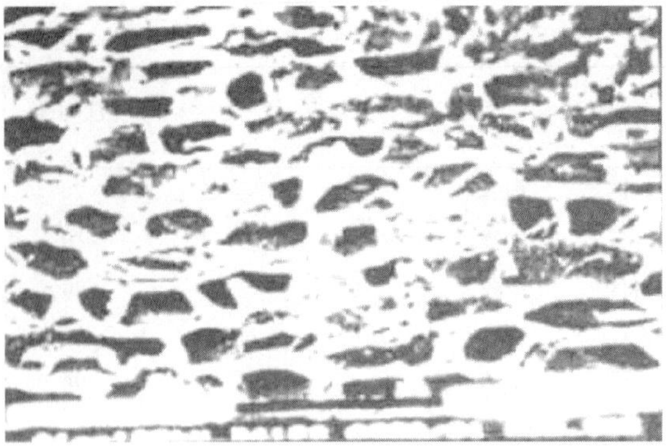

图 5　Ⅳ-4 髓外细胞，×274

2.2　防裂试验结果

为了检验处理材的防裂效果，试验采取室内快速干燥检验法、室外日晒风吹检验法以及用竹材抗劈力来分析对竹材防裂性的影响，表 1 中的试验结果即是在恒温 40℃，相对湿度为 30%，经 15 天处理后测得的。从中可知：①无机盐处理材的外表弦向干缩率 1.34%～2.68%，是所有处理材中干缩最小的，确实起到了充胀细胞壁的作用；②PEG 处理材Ⅱ-3 由于初始含水率较高为 115.4%，所以在湿度较低的情况下出现了轻微皱缩现象，外表弦向干缩率竟达 8.79%，而同样用 PEG 处理的Ⅲ-3，由于初含水率为 75.93%，其干缩率为 3.65%，小于同株未处理材的干缩率 3.85%，以上两组用 PEG 处理的竹材经过 15 天的快速干燥处理，圆竹都无裂缝；③酚醛树脂类处理材，其干缩率较小，外表弦向干缩率为 2.66%～3.26%。其中以固含量为 34%的树脂处理材Ⅳ-2 的外表弦向干缩率最小，且表面未出现开裂，树脂处理材的固含量以多少为好，有待以后进一步研究；④1.5% PVA 处理材，外表弦向干缩率为 4.52%，可知处理材在尺寸稳定性上一般，虽处理材经干燥后无开裂，但其防裂性能还有待室外处理进一步观察。

2.3　防蛀试验结果

从表 2 及表 3 可知：①以 3.5%氟化钠（NaF）溶液压注处理防蛀效果最好，生材压注处理后的防蛀效果优于气干材；②高浓度的 34%氯化钙（$CaCl_2$）溶液压注处理材防蛀效果较好，仅次于 3.5%的氟化钠溶液，得分 235；③4%五氯酚钠（NaPCP）溶液处理材防蛀效果略逊于 34%氯化钙（$CaCl_2$）溶液，得分 198；④25%氯化钠（NaCl）溶液处理材防蛀效果稍差一点，但死虫数为 7 只，说明处理材被蛀食时的确起到毒杀作用，加之氯化钠（NaCl）对人无毒，有望用于餐饮业的食具防蛀处理。

2.4　其他

竹材的抗劈性是指竹材抗拒被具有楔作用的工具而劈开的特性，抗劈力是由最初产生劈裂所需的外力及其后劈开木材所需的外力来决定的。由于竹材的物理力学性能测试标准中无抗劈力这一检测方法，加以竹材的壁薄中空，不能按国标 GB1942—91《木材抗劈力试验方法》中截成 20mm×20mm×50mm（纤维方向）的试验小块。在本次抗劈力试验中，将竹材劈成宽度为 20mm 左右的竹片，长度 50mm，厚度就取竹壁厚度，其余尺寸按国标中的规定制作。

竹材的抗劈力虽然从一定意义上讲是衡量其内部横向抗拉应力的指标。由于防裂试剂的充胀作用，处理材的抗劈力小于未处理材的抗劈力，只有固化后的Ⅴ-3、4 两酚醛树脂处理材的抗劈力大于未处理材。因此抗劈力的大小对圆竹的干裂性影响较小，不能作为衡量圆竹是否易开裂的指标。

3　结　　论

（1）端部压注处理的渗透性效果远比其他处理方法都佳，效率较高，且设备价廉以及操作简单，比较适合竹材的防护处理，尤其适合处理大径级的丛生竹而作为柱材等使用。

（2）PEG 处理材、无机盐处理材及酚醛树脂处理材均具有防裂效果，无机盐中氯化钙（$CaCl_2$）处理材防裂效果优于氯化镁（$MgCl_2$）及氯化钠（NaCl）。

（3）处理材的抗劈力对圆竹的干裂性影响较小，不能作为衡量圆竹是否易开裂的指标。

（4）端部压注处理时，生材压注处理后的防蛀效果优于气干材。

（5）在防裂防蛀处理中，氯化钙（$CaCl_2$）的防裂防蛀效果最佳，氯化钠（NaCl）的防裂防蛀效果略逊。由于 PEG 和酚醛树脂中未添加杀虫剂，只起到防裂效果。既能防裂又能防蛀的复配试剂在本次试验未曾涉及，希望在以后的试验中进一步研究。

竹条漂白工艺的研究

侯伦灯[1]　张齐生[1]　苏团[2]　洪敏雄[3]　侯勇[3]　傅郁[3]

（1 南京林业大学木材工业学院　南京　210037；

2 福建农林大学材料工程学院　福州　350002；

3 福建篁城科技竹业有限公司　建瓯　353100）

摘　要

对竹条漂白工艺进行了研究，就漂白剂种类、漂白液浓度与温度、漂白时间等工艺因素对竹条漂白效果的影响进行分析，结果表明漂白剂种类对竹条漂白效果有显著影响，氧化性漂白剂过氧化氢与其稳定剂混合使用时竹条的白度增加，效果可达 25%～30%。通过极差分析与方差分析优化工艺参数：过氧化氢浓度 10%～15%、温度 60～75℃、浴比 1∶10～1∶20、pH 10～11、浸渍漂白 6h。

关键词：竹条；漂白工艺；过氧化氢；白度

Abstract

The technology of bamboo splint were studied, and the effects of bleaching agent, concentration of bleaching liquid, bleaching temperature, bleaching time were analyzed. The results showed that the kinds of bleaching agent had significant influence on the bleaching effect of bamboo splint, and the whiteness could be 25%～30% with the mixture of hydrogen peroxide and its stabilizer. The technological factors were optimized by the range analysis and variance analysis: the concentration of hydrogen peroxide 10%～15%, temperature 60～75℃, bleaching liquor ratio 1∶10～1∶20, pH 10～11, bleaching time 6h were feasible.

Keywords: bamboo splint; bleaching; hydrogen peroxide; whiteness

近十多年以竹条为基本结构单元的竹材人造板工业发展迅速，包括竹地板、竹家具板、竹刨切薄片及各种竹工艺品用材，片状长竹条是构成各种竹板材的主要单元形式。但由于毛竹的栽培技术、立地条件、采伐季节、竹龄与材性等方面的区别，造成竹条表面和内部色泽存在差异，挑选均色竹片的工作量大、生产效率低、加工利用率低，甚至严重影响竹板材的外观质量与加工利用价值[1-3]。本研究经过漂白处理的竹条，白度均匀、色泽鲜艳，有效地提高了竹条的利用率。

1　材料与方法

1.1　试验材料

竹条取自福建篁城科技竹业有限公司，竹材为 4～5 年生毛竹（*Phyllostachys edulis*），片状竹条的规格约为 400mm×25mm×8mm，含水率 8%～10%。

化学药剂：过氧化氢、亚氯酸钠、连二亚硫酸钠、硅酸钠、氢氧化钠、醋酸、稀硫酸溶液等。

1.2　试验方法

试验采用 L_9（3^4）正交试验表进行[4]。考虑漂白剂种类（A）、漂白液浓度（B）、漂白液温度（C）、漂白时间（D）4 个因素对浸渍漂白竹条效果的影响，并设定相关 3 个水平。其他主要工艺参数分别为竹条

本文原载《福建林学院学报》2012 年第 32 卷第 1 期第 76-79 页。

与漂白液体积比即浸渍浴比 1∶10～1∶20、漂白液升温速度 1℃/min、不同种类漂白液分别在碱性 pH 10～11 或酸性 pH 4～5.5 条件下处理[5]，另加入稳定剂与渗透剂少许，漂白后期分别用醋酸或稀硫酸处理、清水漂洗、低温干燥，并经标准状态下调温与调湿处理后检测竹条白度。依据 GB/T 2677.4—10 的相关标准，对竹条漂白处理前后的多戊糖含量、综纤维素含量、酸不溶木质素含量以及热水、1% NaOH、有机溶剂抽出物等主要化学组分进行测定与分析。

1.3 试验仪器与设备

试验中使用的主要仪器与设备有 CN61M/HH-S 数显恒温水浴锅、XT-48B 白度仪、BS224S 电子天平、101 型热风鼓风箱、索氏抽提器、综纤维素测定仪、回流冷凝装置、真空吸滤装置、玻璃滤器等化学分析仪器。

2 结果与分析

2.1 竹条白度检测结果

各试验方案竹条浸渍漂白及后期处理后，竹条试样白度增加值检测结果见表 1。

表 1 竹条白度增加值检测结果

试验号	因素				白度增加/%
	A：漂白剂种类	B：漂白液浓度/%	C：漂白液温度/℃	D：漂白时间/h	
1	H_2O_2	5	45	4	24.37
2	H_2O_2	10	60	6	26.86
3	H_2O_2	15	75	8	30.07
4	$NaClO_2$	5	60	8	20.69
5	$NaClO_2$	10	75	4	21.25
6	$NaClO_2$	15	45	6	20.31
7	$Na_2S_2O_4$	5	75	6	20.63
8	$Na_2S_2O_4$	10	45	8	17.25
9	$Na_2S_2O_4$	15	60	4	19.06

2.2 极差与方差分析

考察不同的漂白剂种类、漂白液浓度、漂白液温度、漂白时间对竹条漂白效果的影响，通过对表 1 的检测结果进行极差与方差分析，从中对各因素的影响程度及显著性进行主次排序，并选择出各因素的较优水平，结果见表 2、表 3。

表 2 检测结果的极差分析

极差来源	白度增加值/%			
	漂白剂种类	漂白液浓度	漂白液温度	漂白时间
$k1$	27.10	21.90	20.64	21.56
$k2$	20.75	21.79	22.20	22.60
$k3$	18.98	23.15	23.98	22.67
极差 R	8.12	1.36	3.34	1.11
较优水平	A1	B3	C3	D3
因素主次	1	3	2	4

从表 2 可知，各因素对竹条漂白效果的影响程度不一，但其强弱趋势明显。各因素对白度增加值的影响强弱依次为漂白剂种类＞漂白液温度＞漂白液浓度＞漂白时间。极差分析反映了各工艺因素对漂白竹条白度增加指标的影响趋势，在试验方案的工艺选择范围内，其中漂白剂种类影响趋势差异较大，过氧化氢主剂的增白效果最好，漂白温度升高则增白效果也呈上升趋势，漂白液浓度与漂白时间的增加对竹条增白效果影响不明显。由表 3 可知，漂白剂种类对竹条漂白效果的影响显著，相对而言漂白液温度、漂白液浓度、漂白时间对竹条漂白性能的影响不显著。综合各工艺因素的影响强弱与显著程度，较优水平可考虑选择漂白剂种类为过氧化氢、漂白液温度为 75℃、漂白液浓度为 15%、漂白时间 6h。

表 3　检测结果的方差分析

方差来源	变动平方和	自由度	F 值	显著性
因素 A	109.390	2	47.171	*
因素 B	3.424	2	1.476	
因素 C	16.758	2	7.226	
因素 D	2.319	2	1.000	
误差	2.320	2		
F_a	$F_{0.10}$（2.2）= 9.00	$F_{0.05}$（2.2）= 19.0		

2.3　主要化学组分分析

应用上述较优工艺对竹条进行漂白处理，并对竹条漂白处理前后的纤维素、半纤维素、木质素，以及热水、1% NaOH、苯醇等各类抽出物含量进行测定，其主要化学组分测定结果见表 4。

表 4　竹条处理前后主要化学组分的测定

试样	纤维素/%	半纤维素/%	木质素/%	热水抽出物/%	1% NaOH 抽出物/%	苯醇抽出物/%
竹条	47.52	25.76	25.32	12.61	34.61	5.35
漂白竹条	45.13	21.50	23.86	11.71	33.58	5.11
变化率	5.03	16.54	5.77	7.14	2.98	4.49

从表 4 分析可知，竹条经漂白处理后，各主要化学组分含量均有所降低，竹条的纤维素、半纤维素、木质素含量降低幅度分别为 5.03%、16.54%、5.77%，尤其表现在半纤维素含量的变化，降低幅度最大。热水抽出物含量降低幅度也较大，降低幅度为 7.14%。

2.4　各工艺因素对漂白效果的影响分析

竹材化学组成与硬阔叶材类似，主要由纤维素、半纤维素和木质素组成，还有少量的抽出物、灰分等，并随竹类、部位和生长年龄而存在变异性。1～4 年生毛竹处于木质素、综纤维素等大分子物质的增长期；5～7 年生毛竹处于综纤维素、木质素较高水平的稳定期；8 年生毛竹的综纤维素含量降低，灰分及抽出物含量增加，材质生长进入下降期[6-8]。纤维素是构成竹材细胞壁主要成分的线型高聚物，半纤维素是由几种不同类型的单糖构成的异质多聚体，木质素是由香豆醇、松柏醇、芥子醇单体或单木质酚合成的复杂酚类聚合物。从表 4 分析可知各主要化学组分均有不同程度的降低，竹条显色的主要原因是其木质素中分子存在苯环、羰基、乙烯基和松柏醛基等发色基团，以及其他一些助色基团。用氧化和还原性漂白剂有选择性地破坏发色基团或助色基团，可使竹条色泽变浅或发白[9, 10]。漂白剂种类、漂白液浓度、温度、pH、漂白时间、浴比等因素对竹条漂白效果的影响相互联系。

2.4.1　漂白剂种类

试验选择常用的氧化性漂白剂——过氧化氢、亚氯酸钠，还原性漂白剂连二亚硫酸钠。由表 2 可知，在 pH 10～11 碱性条件下，过氧化氢分解时生成 HO_2^- 具有较强的漂白能力，金属离子的存在或漂白溶液温度升高将加剧过氧化氢分解，使用过程中添加少许硅酸盐稳定剂，能有效延长过氧化氢使用时间[11]。在酸性条件下，亚氯酸钠分解生成的 ClO_2^- 也有较强的漂白能力，但易损伤竹条表面纤维形态，且对金属设备材料也有较强侵蚀性。连二亚硫酸钠水溶液分解生成的 $NaHSO_3$ 具有还原漂白能力[10]，但经其漂白后的竹条，其白度耐光性和耐久性较差。漂白剂种类是对漂白效果影响强且显著的因素，试验结果表明竹条主成分对氧化性漂白剂的适应性较为理想，后期清水漂洗等工序的进一步处理也便于实施。综合考虑漂白效果、环境影响、价格因素等，过氧化氢为适宜的竹条漂白剂。

2.4.2 漂白液浓度

试验选择各漂白液浓度为 5%～15%。由表 2 可知，漂白液浓度在 5%～10%范围内，竹条白度变化不明显。漂白液浓度 10%提高到 15%，竹条白度值增加率约为 6%。漂白液浓度是影响漂白效果的一个重要因素，随着其浓度的提高，漂白液中的 HO_2^-、ClO_2^-、$NaHSO_3$ 氧化或还原能力明显增强，渗透到竹条的量也会不断增加，进而提高竹条漂白效果，但过度漂白会造成竹材纤维素、半纤维素与木质素的加剧分解，致使竹条强度降低，且不利于漂白效果的保持。而相对于其他工艺因素其对白度增加的影响并不显著。结合考虑影响水平、漂白效果、生产效率等，漂白液浓度 15%较为合适。

2.4.3 漂白液温度对漂白效果的影响

试验选择漂白液温度为 45～75℃，竹条漂白过程从常温开始，以升温速度为 1℃/min 将漂白液升至工艺要求的温度。随着漂白液温度升高，过氧化氢、亚氯酸钠、连二亚硫酸钠分解速度明显加快，氧化或还原漂白能力随之上升，达到理想漂白效果所需时间缩短。由表 2 可知，当漂白液温度在 45～75℃之间，竹条白度增加呈明显上升趋势。但是温度过高造成漂白剂流失严重，漂白液浓度降低，进而影响漂白液的循环使用与竹条漂白效果[12, 13]，故应控制漂白液升温速度，并在一定周期适当补充漂白液量。为此漂白液温度以 75℃较为合适。

2.4.4 漂白时间对漂白效果的影响

漂白时间是漂白过程中一个重要因素，对生产效率、经济效益影响显著。在保证漂白效果的前提下，应尽量缩短漂白工作时间。试验选择各漂白时间段为 4～8h，由表 2 可知，随着漂白时间的延长，竹条漂白效果得到改善，白度值基本呈增加的趋势，但漂白时间 6～8h 内竹条白度增加不明显，且漂白时间延长，造成竹材木质素分解加剧，失去竹条应有的色泽鲜艳度。因此试验条件下竹条漂白时间以 6h 为宜。

3 结　　论

极差与方差分析体现了漂白剂种类对竹条漂白效果有显著影响，氧化性漂白剂过氧化氢与其稳定剂混合使用，竹条的白度增加效果可达 25%～30%。试验结果表明使用过氧化氢漂白剂、浓度 15%、温度 75℃、浸渍漂白 6h 的漂白工艺，对竹条进行漂白处理效果良好，经漂白处理后竹条色泽均匀稳定。

参 考 文 献

[1] 张齐生. 中国竹材工业化利用. 北京：中国林业出版社，1995：27-50.
[2] 赵仁杰，喻云水. 竹材人造板工艺学. 北京：中国林业出版社，2002：12-25.
[3] 侯伦灯. 我国人造板材料的研究与发展趋势. 林业科技开发，2002，16（5）：6-8.
[4] 洪伟. 林业试验设计技术与方法. 北京：北京科学技术出版社，1993：148-158.
[5] 陈国青，陈琼. pH 值对亚氯酸钠活化效果的影响. 环境与健康杂志，2006，23（6）：559-560.
[6] 陈友地，秦文龙，李秀玲，等. 十种竹材化学成分的研究. 林产化学与工业，1985，（4）：32-39.
[7] 马灵飞，马乃训. 毛竹材材性变异的研究. 林业科学，1997，33（4）：356-364.

[8] 丁雨龙. 竹类植物资源利用与定向培育. 林业科技开发，2002，16（1）：6-8.

[9] 李坚. 木材科学. 北京：高等教育出版社，2002：84-209.

[10] 庄启程. 科技木. 重组装饰材. 北京：中国林业出版社，2004：65-72.

[11] 江茂生，陈礼辉. 漂白过程 H_2O_2 分解及其抑制模拟. 福建林学院学报，2001，21（3）：272-275.

[12] 黄卫文，李文斌，陈国能，等. 竹席漂白新工艺及其反应机理的研究. 中南林学院学报，1994，14（1）：24-28.

[13] 李延军，毛胜凤，鲍滨福，等. 刨切薄竹漂白工艺研究. 林产工业，2007，34（2）：25-27.

竹片胀缩性能的初步研究

王建和　孙丰文　张齐生
（南京林业大学竹材工程研究中心　南京　210037）

摘　要

通过对竹材胶合板生产的半成品“软化—展开”竹片胀缩性能的测定，得到了胀缩性能各指标与一些因子间的回归方程，分析了竹片胀缩的变化规律，为竹材的加工利用提供一些依据。

关键词： 竹片；胀缩性

Abstract

This paper obtains a serial of regression equations in criterions of the properties of expansion and shrinkage of bamboo sheets to some variables by the means of measuring for the properties of expansion and shrinkage of the “softening-spreading” bamboo sheets, i. e. the semi-products to manufacture bamboo plywood, analyzes the variation rule of expansion and shrinkage of bamboo sheets, and provides some theoretic and practical bases for the processing and utilizing of bamboo.

Keywords: Bamboo sheet; Properties of expansion and shrinkage

以竹材“软化—展开”工艺为核心制成的竹材胶合板在我国已得到比较广泛的应用。目前，年生产能力已近 3 万 m^3，每年可代替优质木材 10 余万 m^3。在实际生产和应用中发现，竹材胶合板的胀缩性能与木材及木材人造板有较大的不同，在室外露天使用及运输时尤其明显，而交通运输及建筑等领域对竹材人造板的胀缩特性又有较高的要求，否则就会影响装车及施工的质量及竹材人造板的安全使用。本研究通过对竹材胶合板生产的组成单元——“软化—展开”竹片胀缩性能的实测与分析，以找出竹片的胀缩性能指标与含水率、密度等因子间的内在规律，从而为竹材胶合板的生产和推广应用提供一些理论依据和实践基础。

1　试验材料和方法

1.1　试验材料

（1）竹片：取自江西省黎川县竹材人造板厂，它是由直径 9cm 以上的毛竹（*Phyllostachys pubescens*）经截断、去外节、剖开、去内节、水煮、高温、软化、展开、刨青刨黄、干燥及定型等工序加工制成的，厚度有 3.0mm、4.0mm、5.0mm、5.5mm 和 6.0mm 五种（这是竹材胶合板生产中常见的五种厚度）。由于原料不经密封保存数月，其含水率已接近气干平衡含水率。

（2）竹片试样截取：每种竹片厚度取相邻三个竹节的节段，每一节段以节子为中心取 150mm 长截断，宽度都取 75mm，都含有一条展开裂缝，试样总数为 3×5＝15（片）。

（3）竹片试样测定：测点如图 1 所示，每一试样长宽方向测三点，厚度方向测九点（其中三点为节子部位）、测试前用不褪色记号笔划线标点。

（4）试验仪器：长宽测试使用日本产液晶显示游标卡尺（精度 0.01mm），厚度测试用螺旋测微器（精度 0.01mm），此外还备有称量天平、烘箱等。

本文原载《竹子研究汇刊》1993 年第 12 卷第 1 期第 39-46 页。

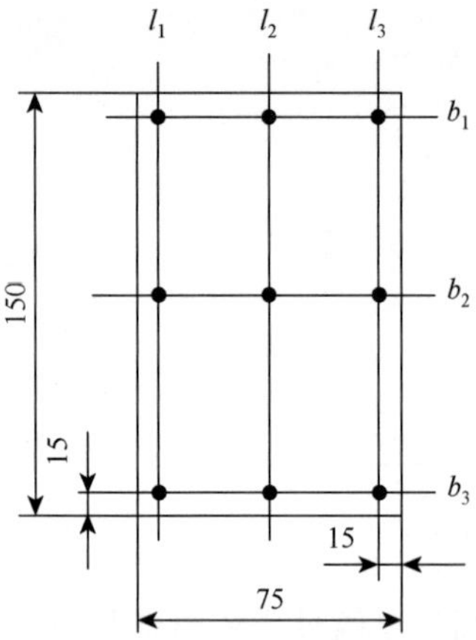

图 1　竹片长宽厚测点标示（单位：mm）
l—长度；b—宽度

1.2　试验方法

试验按以下步骤进行：

（1）首先对同一厚度的相邻段竹片试样进行编号，分别记作 A1、A2、A3，B1、B2、B3，…E1、E2、E3，以便于对照，然后在气干状态测取竹片长、宽、厚和质量，并作记录。

（2）一组竹片从气干始放入烘箱进行烘干，隔一定时间测取竹片长、宽、厚及重量，烘至绝干，以考察气干竹片的干缩性能；另两组竹片自气干始浸水，每隔一定时间测取竹片长、宽、厚及重量，并作记录，等竹片吸水量最大（即间隔一定时间质量不再增加）时取出，一组竹片放入热压机压板间进行接触干燥，另一组竹片放入烘箱进行气流循环干燥，每隔一定时间测取竹片长、宽、厚及质量，以考察气干竹片的湿胀性能及两种不同干燥方式对竹片失水干缩性能及干燥速率的影响。其工艺路线如下：

$$\text{气干竹片} \xrightarrow{\text{浸水}} \text{最大吸湿（测湿胀）} \longrightarrow \begin{bmatrix}\text{压板干燥}\\ \text{气流干燥}\end{bmatrix} \longrightarrow \text{绝干（测干缩）}$$

烘箱的温度和热压机压板温度都定为（100±1）℃，恒温控制。竹片以刚接触压板为准，不同厚度竹片则放于压板不同层次。

（3）考察竹片节子部位与无节部位干缩与湿胀性能的差别。并运用多元逐步回归方法，以干缩率、吸水率、湿胀率等为指标，干燥（浸水时间）、含水率或密度等因子为变量，建立一系列回归方程，以考察竹片的干缩、湿胀与含水率、时间、密度或竹片厚度等因子间的内在变化规律。

2　试验结果和分析

2.1　气干竹片的干缩性能

气干竹片的干缩性能见表 1。

表 1　气干竹片的干缩性能

指标		干燥时间/h			
		0（气干）	1.50	3.5	5.5（绝干）
含水率/%		7.30	1.70	0.45	0
密度/(g/cm³)		0.667	0.65	0.642	0.641
长度方向	干缩率/%	—	0.127	0.169	0.178
	干缩系数			0.0244	
宽度方向	干缩率/%	—	1.051	1.290	1.330
	干缩系数	—		0.1822	
厚度方向	干缩率/%		0.959	1.280	1.380
	有节处干缩率/%	—	1.540	1.860	1.990
	无节处干缩率/%	—	1.670	1.000	1.110
	干缩系数	—	0.1890（有节处 0.276，无节处 0.1521）		

注：1. 干燥时间为累计值，竹片为烘箱干燥；
2. 表中数据为五种厚度竹片平均值；
3. 干缩系数为含水率每下降 1%时的干缩率。

实验数据表明，不同气干密度的竹片其干缩性能存在一定差异。以竹片长、宽、厚三个方向的干缩率为考察指标，分别记为δ_1、δ_b、δ_s，以竹片气干密度，竹片含水率为变量，分别记为x_1、x_2，运用多元逐步回归法得以下回归式（显著性水平$\alpha = 0.05$）：

$$\begin{cases}\delta_l = 0.622 - 0.0357x_1x_2 - 0.998x_1^2 \\ \delta_b = 1.3374 - 0.2677x_1x_2 \\ \delta_s = 1.3280 - 0.2710x_1x_2\end{cases} \tag{1}$$

由表1和回归方程式可得出以下几点：

（1）就气干竹片的干缩率而言，厚、宽方向较为接近，其大小次序为$\delta_s > \delta_b > \delta_l$，厚度方向约是长度方向的7.5倍，说明气干竹片干缩主要是厚度和宽度方向（分别相当于圆竹的径向和弦向）的干缩。1000mm×100mm×5mm规格的竹片从气干干燥到绝干，长、宽、厚三方向将分别缩短1.2mm、1.3mm和0.07mm，折合材积损失约3%，因此竹材胶合板生产过程中半成品竹片干燥时不宜过干，工艺规定8%以下，实际宜控制在4%～6%之间为佳。

（2）竹片厚度方向有节处的干缩明显要大于无节处，前者约是后者的1.8倍。这是由于有节处维管束排列形式呈多样性，且密度较大，因此干缩也相应大一些。据统计，竹片刨青刨黄后，有节处厚度略大于无节处厚度，前者约是后者的1.05倍，因此干燥后随着厚度方向的干缩差异，有节、无节处厚度差异将会趋于减少。

（3）回归表明，总干燥时间对δ_l、δ_b、δ_s影响不明显，竹片干缩率主要受竹片气干密度和含水率影响。对于一定气干密度（0.55～0.75g/cm^3）的竹片，δ_l、δ_b、δ_s都随含水率的减少而增加，且基本呈线性关系。气干竹片含水率与干燥时间关系密切，呈左半支（开口朝上）抛物线关系，即含水率 $W = 6.908 - 3.531x + 0.421x^2$（$x$为干燥时间（h））。

2.2 气干竹片的湿胀性能

气干竹片的湿胀性能见表2。

表2 气干竹片的湿胀性能

指标	浸水时间/h				
	0（气干）	2	9	44	112（最大吸水）
含水率/%	9.8（7～12）	24.4	34.1	65.1	80.3
密度/(g/cm^3)	0.727（0.583～0.984）	0.805	0.852	0.995	1.100
吸水率/%	—	13.3	22.1	47.0	64.7
长度方向湿胀率 Y_l/%	—	0.033	0.039	0.048	0.035
宽度方向湿胀率 Y_b/%	—	0.233	0.769	1.676	2.110
厚度方向湿胀率 Y_s/%	—	1.26	1.84	3.12	3.96
厚度方向湿胀率（有节处）/%	—	1.79	2.06	3.69	4.86
厚度方向湿胀率（无节处）/%	—	0.84	1.8	2.72	3.03

注：表中数据为五种厚度10片竹片的测试平均值；浸水时间为累计时间。

试验表明，气干竹片湿胀率与含水率及竹片的密度变化有关，以Y_l、Y_b和Y_s代表气干竹片长、宽、厚三方向的湿胀率，以X_1和X_2代表竹片的含水率及密度，在显著性水平$\alpha = 0.05$下得到以下回归方程：

$$\begin{cases}Y_l = 0.009\,45 + 0.001\,65X_1 - 0.001\,25X_1X_2 \\ Y_b = -0.2323 + 0.0803X_1X_2 - 0.000\,532X_1^2 - 0.7102X_2^2 \\ Y_s = -0.7707 + 0.110\,04X_1 - 0.000\,634X_1^2\end{cases} \tag{2}$$

由表2及回归式可以得出以下结论：

（1）就湿胀率而言，气干竹气吸水最大时，其大小次序为：$Y_s > Y_b > Y_l$，宽、厚方向分别约为长度方向的60、110倍，因此竹片的湿胀主要表现为厚、宽方向的明显变化。1000mm×100mm×5mm规格的气干竹片浸水到最大湿胀时，其规格尺寸将变为1000.35mm×102.11mm×5.198mm，其体积增加率为6.2%。

（2）就竹片厚度方向湿胀率而言，有节和无节部位也存在明显差异。与干缩特性类似，有节部位相对无节部位要大，前者约是后者的1.6倍。

（3）竹片最大湿胀时，其含水率并非都超过100%，其变化范围约在52%～130%，平均值约为80.8%。据测定，竹片的公定密度（竹片绝干重与浸水后最大体积的比值）约在1.05～1.95变化，平均值约为1.341。

对于一定的竹片，其公定密度基本为定值，由于竹片可能来自不同竹龄的毛竹，因此其公定密度呈现较大的差异，导致竹片吸湿性和吸水速率有较大的不同。

（4）气干竹片长、宽湿胀率与竹片含水率、密度密切相关。厚度湿胀率仅与竹片含水率有关。Y_1的回归式表明，当密度$X_2 \geqslant 1.32$时，Y_1将随含水率的增加反而呈下降趋势。从表2也可看出，气干竹片浸水44h，长度方向湿胀率Y_1已近最大，而宽度方向湿胀率Y_b还在不断增加，浸水112h后竹片Y_1反而比浸水44h后Y_1有所减少，这可能是由于宽度方向快速湿胀及竹片在展开裂缝等因素影响所致，其机理还有待深入研究。

（5）含水率一定，密度大的竹片其长度方向湿胀率Y_1反而小；宽度方向湿胀率Y_b变化较为复杂，当含水率（或密度）一定时，Y_1随密度（或含水率）的增加呈开口向下的左半支抛物线关系，当达到极值点后，曲线将趋于平缓。厚度方向湿胀率Y_s随含水率增加而增加，其间关系为开口朝下的左半支抛物线，极值点之后将趋平缓。由于含水率增加，其密度也相应增加，因此Y_s也随密度的增加而增加。

2.3　竹片自最大湿胀至绝干的干缩性能

从表3、表4可看出，竹片热风干燥速率要高于压板干燥（同样温度下），但最大吸水的竹片在干燥开始后1.5h内速率差不多，含水率<4%时，压板干燥至绝干要消耗大量时间。在3.5h之内，经过干燥，最大吸水的竹片即可使含水率下降到 8%之下。由此说明，只要竹片干燥设备气流循环均匀，温度适宜，干燥时间可从目前的10～13h缩短一些，即可满足竹材胶合板生产要求。试验还发现，压板干燥竹片较为平整，而气流干燥稍有翘曲。

表3　竹片热风干燥

指标	干燥时间/h						
	1.50	3.50	6.75	8.75	12.25	17.25	18.00
含水率/%	15.2	2.94	1.35	1.08	0.84	0.10	0
长度方向干缩率 δ_1 /%	0.1105	0.2060	0.2570	0.270	0.270	0.2710	0.2710
宽度方向干缩率 δ_b /%	3.084	4.484	4.972	5.100	5.104	5.108	5.108
厚度方向干缩率 δ_s /%	6.120	8.840	9.204	9.230	9.612	9.874	9.874

表4　竹片压板干燥

指标	干燥时间/h							
	0.05	0.150	0.30	0.60	1.20	1.95	3.95	30.0
含水率/%	55.2	39.8	30.7	21.3	16.1	10.1	6.90	0

注：竹片压板和热风干燥试样数都为5，干燥前的平均含水率分别为72.1%和74.7%（接近相等），表3中的干缩率相对最大湿胀而言。

3　结　　论

通过以上竹片胀缩性能的初步研究和分析，可以得出以下几点结论：

（1）气干竹片的湿胀和干缩都是厚度（径向）最大，宽度（弦向）次之，长度（纵向）最小，且节子部位要大于无节部位。

（2）气干竹片的最大干缩率与最大湿胀率相比，$\delta_1 > Y_1$，$\delta_b < Y_b$，$\delta_s < Y_s$，即长度方向干缩率要大于湿胀率，宽度和厚度方向干缩率要小于湿胀率。

（3）气干竹片干缩率和湿胀率与竹片的含水率和密度密切相关，随年龄和立地条件的不同呈现较大的差异。

（4）竹片的热风干燥速率要大于压板干燥速度，竹材胶合板生产的竹片干燥适宜用热风气流循环干燥。

（5）由于竹材胶合板是竹片纵横交错组坯热压而成，因此竹材胶合板在运输及贮存过程中产生的纵向湿胀主要是由于横向芯板宽度方向湿胀所致。由于横向芯板宽度方向湿胀约是纵向表背板长度方向湿胀的7～60倍及横向芯板在竹材胶合板长度方向展开裂缝及与表、背板间胶结力的存在，因此竹材胶合板纵向湿胀是横向芯板和纵向表、背板湿胀相互作用影响的结果，竹材胶合板纵向湿胀率将在竹片宽度方向湿胀率和长度方向湿胀率之间，这点已为实验所证实。

竹材胶合板的胀缩特性研究

王建和　张齐生
（南京林业大学竹材工程研究中心　南京　210037）

竹材胶合板是我国竹材人造板的主要品种，它是以毛竹等直径较大的竹种经截断、去外节、剖开、去内节、水煮、高温软化、展开（辊平）、刨青刨黄、干燥（定型）、铣边、涂胶、组坯、预压、热压、堆放、锯边等工序制成，目前已广泛应用在车辆、建筑等工程结构领域。几年来，南京林业大学竹材工程研究中心对竹材胶合板的各项物理力学性能及竹材胶合板在汽车、火车、客车车厢底板上的应用都做了较为系统的研究，但对竹材胶胶合板的胀缩性能还缺乏全面研究。在实际使用中，竹材胶合板的胀缩性能好坏将会影响装车或装框质量，因此研究竹胶合板的胀缩性能对于促进其生产和推广应用、保证其安全可靠地使用具有一定的现实意义。

1　试验材料和方法

竹材胶合板取自江西省黎川县竹材人造板厂，厚度为15mm（名义），结构为三层。截取幅面为150mm×75mm两块，测试部位如图1所示。每一试件长、宽方向都测三点，厚度方向测九点。测试前用不褪色记号笔标点划线。测试竹板的长、宽使用日本产液晶显示游标卡尺（精度0.01mm），厚度的测试使用螺旋测微器（精度0.01mm）。此外还需备称量天平、烘箱及水槽等。

试件经编号后在气干状态测取长、宽、厚和重量，做好记录。然后按以下步骤进行：

气干竹材胶合板 ⟶ 浸水 $\xrightarrow{\text{抽测长、宽、厚、重}}$ 至最大湿胀 ⟶
烘干 $\xrightarrow{\text{抽测长、宽、厚、重}}$ 绝干

为考察竹材胶合板的湿胀干缩性能，应用了多元逐步回归法建立了湿胀率、吸水率及干缩率等指标与含水率等因子间的回归方程，并分别进行讨论分析。

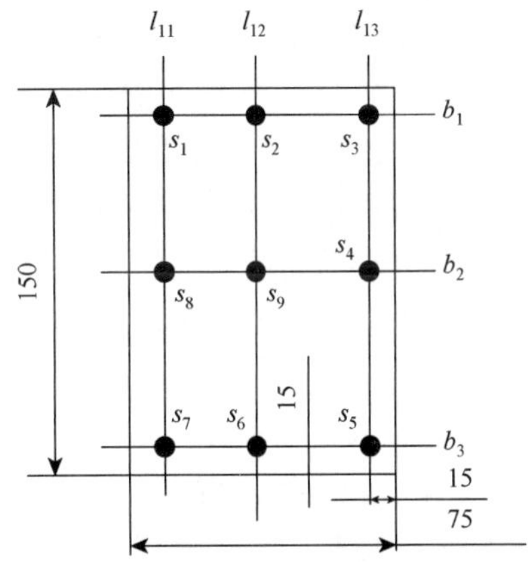

图1　竹材胶合板长、宽、厚测点标示（单位：mm）

l—长度；b—宽度；s—厚度

2　试验结果和分析

2.1　竹材胶合板的湿胀性能

竹材胶合板的湿胀性能见表1。

表1　竹材胶合板的湿胀性能

指标	浸水时间/h					
	0（气干）	2	9	44	112	144（最大吸水）
含水率/%	8	13.2	17.9	28.9	39.6	39.8
密度/(g/cm³)	0.877	0.902	0.927	0.966	1.018	1.030
吸水率/%	—	4.90	9.20	19.50	29.4	30.2
长度方向湿胀率/%	—	0.037	0.097	0.326	0.379	0.381
宽度方向湿胀率/%	—	0.111	0.243	0.709	1.090	1.092
厚度方向湿胀率/%	—	1.360	2.950	6.950	9.770	9.78

注：表中数据为两块试件平均值；浸水时间为累计值。

本文原载《林产工业》1993年第1期第9-11页。

实验表明，竹材胶合板的湿胀性能受其含水率和密度的影响，设长、宽、厚三个方向的湿胀率分别为 Y_1、Y_b、Y_a，设含水率、密度分别为 X_1、X_2，运用多元逐步回归法进行回归，得到以下回归方程式（显著性水平 $\alpha = 0.05$）：

$$\begin{cases} Y_1 = -0.2541 + 0.1656X_1 + 0.0124X_1 \\ Y_b = -0.2760 + 0.034\,04X_1X_2 \\ Y_a = -2.8492 + 0.3233X_2 \end{cases}$$

竹材胶合板吸水率与其浸水时间和密度有一定关系，但经回归计算，密度影响不显著，回归方程式为

$$A = 2.707 + 0.5035t - 0.002\,38t^2$$

式中，A 为吸水率（%）；t 为浸水时间（h）。

由表 1 及上述回归方程式，可以得出：

（1）竹材胶合板的吸水速率及吸水率明显低于竹片。经 112h 浸泡，竹片的平均吸水率达 64.7%，而竹材胶合板仅 39.6%。

（2）当达到最大湿胀时，竹材胶合板的含水率不会超过 100%，实测只有 39.8%，而竹片含水率有的可超过 100%，平均值可达 80.8%。这说明竹片涂上耐水性酚醛树脂胶后经交错组坯熟压成板后，吸湿能力明显下降，这同时也说明竹片的纵向吸湿能力较差。

（3）竹材胶合板的湿胀率以厚度方向为最大，宽度方向次之，长度方向最小。竹材胶合板达最大湿胀时，$Y_a : Y_b : Y_1 = 25.7 : 2.9 : 1.0$，而竹片达最大湿胀时，$Y_a : Y_b : Y_1 = 113.1 : 60.3 : 1.0$。由此可看出，竹材胶合板的湿胀规律虽然与竹片湿胀规律一致（竹片径向≫弦向≫纵向），但其间的差距已大为减少。这是因为三层竹材胶合板的三层竹片相邻层都是互相垂直组坯胶合而成，因此纵横两个方向竹片的湿胀都受到另一方向竹片的抑制，厚度方向湿胀受的抑制作用则较小，主要是受三层竹片径向湿胀及其间胶结力的影响，而竹片的湿胀是径向≫弦向≫纵向，因此从累加效果看，竹材胶合板湿胀规律是：厚度方向≫宽度方向≫长度方向。

（4）在浸水 112h 后，测得气干竹片长、宽、厚三方向的湿胀率分别为 0.035%、2.110%和 3.960%，而竹材胶合板长、宽、厚三方向的湿胀率分别为 0.379%、1.090%和 9.770%。竹材胶合板长、宽方向湿胀率大小正好都位于竹片长（纵）、宽（弦）方向湿胀率大小之间，这说明竹片经交错涂胶组坯压制竹材胶合板是克服竹片各向湿胀差异过大的有效方法。

（5）从表 1 可看出，当竹材胶合板在堆放和运输过程中由于吸湿或雨淋等因素影响，含水率从＞8%增加到约 13%和 18%时，4m 长的竹胶合板长度方向将分别伸长 1.48mm 和 3.88mm。这说明含水率只增加 5%，长度则要伸长 2.40mm。由此可推知，含水率每增加 1%，长度就要伸长约 0.5mm。因此竹胶合板在运输过程中要严格防止雨淋，在气候潮湿时最好密封运输，以保证装车和施工的精度。目前供应汽车厂家的产品上下两表面都涂有耐水酚醛树脂表面胶，由于防止了竹片的径向（厚度方向）吸湿，因此对减少竹材胶合板的湿胀起到了良好作用。但应考虑到竹片的横向（弦向）吸湿也较大，因此四边最好用防水涂料或油漆封边，以降低由于四边吸湿造成的板材长、宽湿胀。

（6）竹材胶合板自气干浸水至最大湿胀，含水率每增加 1%，湿胀率的增加值为长度方向 0.012%，宽度方向 0.034%，厚度方向 0.3076%。

（7）竹材胶合板的吸水率与浸水时间的关系曲线为一开口向下的左半支抛物线。从回归方程可看出，当浸水时间 t 取 105.8h 时，竹材胶合板吸水率即可达最大值，此后随浸水时间的延长，吸水率增加缓慢或基本不变。

（8）回归方程式表明，竹胶合板长、宽方向湿胀不仅与含水率有关，而且还与密度有关。这说明湿胀与竹材胶合板组成单元竹片所属的年龄和立地条件有关，密度越大，Y_1、Y_b 也越大。竹材胶合板厚度方向湿胀主要受含水率影响，且基本呈线性关系。这说明含水率越大，竹材胶合板厚度方向湿胀越大，这与竹片厚度湿胀规律相类似。

2.2 竹材胶合板自最大湿胀的干缩性能

竹材胶合板自最大湿胀的干缩性能见表 2。

表 2 竹材胶合板自最大湿胀的干缩性能

指标	干燥时间/h							备注
	0(最大湿胀)	1.50	3.50	6.75	8.75	12.25	17.25	
含水率/%	39.8	20.6	10.3	4.10	2.55	1.18	0.40	最大吸湿竹片最大干
长度方向干缩率 δ_l/%	/	0.134	0.308	0.576	0.957	0.630	0.66	缩率为 $\delta_l = 0.271\%$
宽度方向干缩率 δ_b/%	/	0.29	0.68	0.99	0.99	1.010	1.05	$\delta_b = 5.108\%$
厚度值的变化/mm	14.85	16.13	15.37	14.99	14.97	14.88	14.87	气干 13.78
	14.15	14.99	14.7	14.43	14.42	14.41	14.360	气干 12.66

注：表中数据为两试件的平均值；干燥为热风循环干燥，干燥时间为累计值，温度为（100±1）℃。

为考察干燥时间（以 t 表示）对竹材胶合板含水率的影响及含水率（以 W 表示）对竹材胶合板长、宽干缩率 δ_l、δ_b 的影响，进行了逐步回归计算，得到以下方程式（显著性水平 $\alpha = 0.05$）：

$$\begin{cases} W = 33.14 - 5.787t + 0.233t^2 \\ \delta_l = 0.6853 - 0.0386W + 0.000\,539W^2 \\ \delta_b = 1.0878 - 0.0479W + 0.000\,512W^2 \end{cases}$$

由于最大湿胀竹材胶合板经 1.5h 干燥，厚度有增加趋势，将它干到绝干后其厚度才接近于最大湿胀时厚度值，因此表 2 未列出干缩值，只给出了厚度的变化情况。

从表 2 及回归方程式，可以得到以下结论：

（1）竹材胶合板自最大含水率开始干燥，开始 1.5h 含水率降低最快，随后逐渐变慢，干燥 4h 左右即可达到 10%以下。含水率与干燥时间呈较明显的开口朝上的抛物线关系（左半支），当 $t = 12.42$h 时，含水率达最小。

（2）竹材胶合板长、宽方向干缩率与含水率关系密切，干缩率随含水率的变化呈开口朝上的抛物线关系（左半支），即随着含水率的降低，干缩率增加，含水率每降低 1%，长、宽方向干缩率将分别增加 0.0158%、0.0267%，而厚度方向变化则例外，最大吸湿竹材胶合板由于开始烘干时两表面竹片强烈的失水作用，上下表面竹片开始剧烈的收缩，呈现“ω”和“ɷ”型，但由于竹片间胶结力的存在，竹材胶合板不会出现干缩后脱胶开裂现象，且因厚度测点位于四角离边部 1cm 处，因此厚度测值呈增加趋势。

（3）最大吸湿竹材胶合板比气干竹材胶合板厚度方向约增加 10%，此时经干燥处理，厚度先是明显增加，然后慢慢减少，至绝干时才接近或略大于最大吸湿厚度。这说明最大吸湿竹材胶合板经干燥后干缩很小（相对于最大吸湿厚度而言），这点应加以注意。未达最大吸湿（即生产后对其两表面喷水或短时间浸水处理）竹材胶合板是否存在同样的厚度变化机理及吸湿怎样影响竹材胶合板强度，这些有待深入研究。

（4）与最大吸湿竹片相比，最大吸湿竹材胶合长度方向的干缩要大，宽度方向的干缩要小，这与竹材胶合板湿胀规律一样，体现了竹材胶合板中竹片纵向和弦向干缩相互作用的结果。

3 结　　论

（1）与脲醛胶木材胶合板相比，含水率每增加 1%竹材胶合板平行板长的湿胀率略微小一些，垂直板长方向的湿胀率要大一些（竹材胶合板含水率每变化 1%平行板长和垂直板长方向的湿胀率分别为 0.012～0.02、0.011～0.02）。

（2）竹材胶合板的干缩和湿胀是组成单元竹片纵、弦、径三方向干缩和湿胀相互作用的结果。相对竹片而言，竹胶合板纵、横方向的干缩和湿胀大小正好都位于竹片纵、弦向湿胀率大小之间。

（3）竹材胶合板在运输和贮存过程中要严格防止雨淋和受潮，以免长度和宽度方向的湿胀而影响装车和装框使用。目前有些厂家生产的产品长宽和规格比规定尺寸少 3～5mm（负公差），预留湿胀尺度，这也是保证产品质量和可靠使用的有效方法。

（4）对竹材胶合板上下两表面涂敷耐水酚醛树脂胶再热压固化或涂饰油漆及四边涂饰耐水涂料或油漆，可大大降低竹材胶合板的湿胀，提高竹材胶合板的尺寸稳定性。

参 考 文 献

[1] 张勤丽. 装饰人造板的变形. 林产工业，1990，(1)：18-21.

[2] 张齐生. 竹材胶合板的研究——I. 竹材的软化与展平. 南京林业大学学报（自然科学版），1988，(4)：13-20.

竹材胶合板的新进展

张齐生
（南京林业大学竹材工程研究中心　南京　210037）

近十年来，我国竹材工业化的加工利用方兴未艾，无论是产品的品种，还是工业化的规模或者是技术水平，在世界产竹国家中均居前列。

我校早在 1981 年就开始进行以竹材“高温软化—展平”工艺为核心的竹材胶合板生产工艺与专用设备的研究和开发工作，先后建成两个中试工厂，并于 1988 年通过林业部科技司组织的技术鉴定。该项工艺的主要特点是，通过竹材高温软化、展平、刨削、干燥、胶合等加工方法，将弧形的竹筒展平，从而获得最大限度的宽度和厚度的板状竹片，再纵横交错排列胶合成竹材胶合板，以改变传统的将竹子剖成篾、再编席、或再组坯胶合成板材的传统加工方法。该工艺的主要优点是胶黏剂用量少、胶合性能好、生产的机械化程度高等。但是，一种新的工艺需要在较长的生产实践中才能逐步地得到改进和完善。鉴定以后的竹材胶合板生产工艺和专用设备，虽然得到了专家们的充分肯定，但仍有不少需要改进和完善之处。为了满足市场的需要，一方面选择条件成熟的竹材产地，有计划地推广建厂，另一方面在推广过程中对工艺和设备不断进行改进和完善，同时协助有关工厂开展产品的应用试验，扩大产品的应用领域。经过近五年的努力，在多方面取得了不少的进展，到 1992 年年底为止，已建成竹材胶合板厂 17 家，其中有三家是按照改进和完善后的工艺和设备建设的，另有三家正在建设中。改进后的工艺和设备在原有几家工厂的技术改造和扩建工程中也发挥了重要的作用。目前已形成三万多立方米的年生产能力，产值一亿多元，税利两千多万元，产品广泛应用于全国近百家载货汽车、公路客车、公交车辆和铁路客、货车制造厂作车厢底板以及建筑工程作水泥模板使用。竹材胶合板的新进展，归纳起来主要表现在以下诸方面：

（1）改“软化—展平”工艺为“软化—展平—辊平”工艺，提高竹材利用率。

竹材自根部至梢部直径由大变小、壁厚由厚变薄。过去采用多层平板式展平机对软化后的竹材进行展平，由于竹片长达 2500mm，自身的尖削度使头尾两端厚度不一；另一方面在每一间隔内要放进几块竹片同时进行展平，由于每一块竹片间的厚度和尖削度都有差异，因此难以把竹片全部展平。为此，尽管采用平板加热、加大展平压力、分两次进行保温保压，以求提高展平效果，但实际展平结果，竹片的某些部分仍呈弧形状，在刨削过程中难以把表面的竹青和竹黄刨削干净。残留竹青和竹黄的存在影响胶合质量和表面美观及二次加工的性能；若把全部残留竹青、竹黄刨削干净，则竹片厚度方向的损失太大，降低竹材利用率。为此，在改进后的工艺中，将过去的“软化—展平”工艺改为“软化—展平—辊平”工艺。增加辊平工序的目的是经过展平后尚未完全平坦的竹片，再一次使竹片逐块纵向进入辊平机的三对辊筒间隙中，依次逐对加大辊平压力，由于竹片与每对上下辊筒均呈线接触，且最大线压力高达 100kg/mm，所以竹片的每一个局部都被彻底辊平，竹片刨削后厚度的利用率可以提高 10%以上，长期难以解决的残留竹青和竹黄的问题基本上得到了解决，提高了竹材胶合板的胶合和外观质量。

（2）计、制造新型竹片高温连续式软化机、竹片单层展平机、辊平机，实现竹片“软化—展平—辊平”连续化生产。

由于增加了辊平工序，对原有的展平工艺要求可以大大地降低，只需将竹片初步展平能送进辊平机的辊筒间隙中即可满足工艺要求。为此，新工艺的展平工序平板不必加温，竹片不需保温、保压。工艺上的这一变化为“软化—展平—辊平”工序连续化生产提供了有利条件，只需要设计制造连续式的软化、展平、辊平设备，即可实现该工序的连续化生产。

本文原载《中国木材》1993 年第 1 期第 21-23 页。

改进前的软化设备采用多层间歇进、出料式的高温软化炉；展平机采用多层热平板间歇式展平机。由于都是间歇式，因此工人手工劳动多、劳动强度大、工作环境差（高温作业），竹片的软化程度难以掌握。现改为连续式高温软化机、单层上动式展平机和连续式辊平机。由四根无端链条将连续式高温软化机与单层展平机的 F 平板形成封闭的输送装置。工人只需在软化机的进料端将竹片排放在链条上，即可自动地将竹片送入高温软化机软化，再送入展平机展平，竹片卸出后转向进入辊平机辊压，整个过程采用单板机自动控制，一条生产线即可实现年产 2000m^3 的生产能力。与改进前的工艺和设备相比较，操作工人由原来每班 16 人减为 6 人，改善了劳动条件，减轻了劳动强度，竹片的软化程度由机械自行控制，提高了竹片的展平、辊平质量。

（3）改进竹片刨削、铣边等加工设备，采用高效、高精度的双驱动竹材压刨机、履带进料自动锯边机。

竹材胶合板生产中，同类型设备数量最多的是竹片压刨机（8 台）、竹片铣边机（6 台）由于竹片硬度高、韧性大、表面光滑摩擦系数小等特点，原有单驱动进料的压刨机，长期存在进料困难、易打滑、工作台面磨损快、装刀困难、机床工作可靠性差、生产效率低下；手工进料的竹片铣边机生产效率低，尤其是弯曲竹片，铣削次数更多，因此这两道工序耗用大量劳动力，影响质量和产量。现重新设计制造双驱动三速竹材压刨机和无级变速履带进料自动锯边机，由于在设计中考虑到竹材的特性，因此是一种高效、高精度的竹材加工设备，与原有同类型设备相比较，生产效率可提高一倍左右。

（4）采用竹片预干燥工艺，提高竹片干燥定型机的生产率。

竹片展平以后仍存在着弯曲应力，采用普通的干燥方法，竹片易产生弯曲变形。采用自行设计制造的钢带输送竹片的热板式干燥定型机，在加温、加压条件下使竹片中的水分蒸发，干燥后含水率均匀、竹片平整，具有良好的定型效果。但是由于竹片厚度较大，一般为 3～8mm，所需的干燥时间较长，干燥机的生产效率低，使干燥工序的生产能力与前后工序不配套，成为生产过程中的薄弱环节。改进后的工艺，在干燥定型前增加竹片预干燥工序，采用炉气体间接加热的大容积干燥窑进行竹片预干燥，使竹片含水率由 30%～40%干燥至 12%～15%的中间含水率，再送往热板式干燥机干燥至终含水率 6%～8%，既达到干燥又达到使竹片平整、定型的效果，并使干燥工序的生产能力与前后工序相配套，实现均衡生产。

（5）采取多种措施，节约能耗，降低生产成本。

竹材胶合板生产过程中的水煮、软化、展平、干燥、胶合等工序都需要消耗热能，是生产成本的重要组成部分。竹片软化需要 180℃以上的高温，所有竹材都需经过软化，热能耗量很大，改进前的工艺曾先后采用过电加热，电、蒸汽混合加热，炉气体间接加热等多种形式，但单位能耗都很高。改进后的长达 15m、宽 4m 的连续式高温软化机和两只大容积预干燥窑，均采用高效螺旋式燃烧炉，以竹材废料为燃料，在炉内充分燃烧产生的高温炉气体通过加热管道送入软化机和干燥窑内，加热空气进行竹材软化和竹片干燥，由于热效率高，能耗大为降低。此外，原有工艺的四台五层的展平机的热平板都需要通蒸汽加热，改进后的工艺采用单层展平机，不需要加热直接进行冷展平，也大大地降低了蒸汽消耗。由于采取上述三项节能措施，改进后的工艺，蒸汽耗用量可以比原有工艺减少一半左右，燃料消耗量也大为降低。

（6）大力开展产品应用试验，积极扩大竹材胶合板的应用领域。

我校和南京汽车制造厂合作，进行了竹材胶合板在跃进牌轻型载货汽车车厢底板上的应用研究，在长达两年的时间内，取得了大量的科学数据和装载实际行驶考核后，于 1987 年 9 月进行了技术鉴定，并在跃进牌轻型载货汽车上全面推广应用。以后我们又继续与长春第一汽车制造厂、福建客车厂、铁道部浦镇车辆厂合作，进行了竹材胶合板在中型载货汽车车厢底板上的应用研究、在公路客车底板上的应用研究及在铁路客车底板上的应用研究，并先后由上述三个单位的主管部门组织专家进行了技术鉴定后全面推广应用。1992 年我们又协助铁道部鹰潭木材防腐厂竹材胶合板分厂与铁道部石家庄车辆厂、戚墅堰车辆厂合作，进行竹材胶合板在铁路货车旁板和底板（敞篷车）上的应用试验，都已经取得重大进展。与此同时，自 1990 年开始，我校就组织力量进行以竹材胶合板为基材制造高强度竹胶合水泥模板的研究工作，经过三年多时间，先后进行了六个工艺方案，从实验室到工业化试生产，从产品的数据测试到大型桥梁工程的应用试验等千百次试验，目前已组建了杭州西湖竹材模板联营公司，正式开始生产高精度（厚度误差≤±1.0mm）、高平整度（表面不平度≤±0.5mm）、高强度［纵向弹性模量≥10 000MPa（厚度 = 12mm）；≥8000MPa（厚

度 = 17mm）]。高耐磨度［磨耗值≤0.08g/100r（泰柏）］的高强度竹胶合水泥模板。由于上述大量应用试验所取得的结果，才使竹材胶合板日益被社会所了解和接受。

竹材胶合板从诞生至今已经经历了十多个不平凡的岁月，才迎来了今天的可喜形势。但是十多年时间毕竟是历史长河中的一瞬间，它还需要在今后长期的生产实践中进一步完善和发展，成为竹材工业化利用的一个重要产品。

竹集成材方柱墩轴压力学性能

苏靖文　李海涛　杨平　张齐生　黄东升
（南京林业大学土木工程学院　南京　210037）

摘　要

对竹集成材方柱墩试件 3 个方向的轴心受压力学性能进行了研究与对比分析，探讨了竹集成材方柱墩各向轴心受压的破坏机理。3 个方向的受压破坏均为延性破坏，横纹受压Ⅰ和横纹受压Ⅱ受压破坏的过程及形态较为接近。竹集成材方柱墩顺纹抗压强度值最大，但是试验结果的离散性较大。两个横纹方向的抗压强度值基本相等，试验结果离散性较小。竹集成材方柱墩试件 3 个方向的受压破坏过程可以分为弹性阶段、弹塑性阶段、塑性阶段和破坏阶段。顺纹方向的弹性模量大于另外两个方向的弹性模量，另外两个方向的弹性模量基本相等。3 个方向的荷载轴向位移关系均可以用 1 个三段线模型表示。

关键词： 竹材集成材；轴心抗压；破坏机理

Abstract

In order to investigate the compressive strength performance of laminated bamboo square column, an experimental study was carried out in three axial directions. All the axial compression failures belonged to the ductile damage. The compression failure process and mode for the two directions perpendicular to the grain were similar to each other. The compressive strength parallel to the grain was the highest but the test data were scattered. The strength values for the other two directions were almost equal to each other with less variation. The whole failure processes in all the three directions were similar and could be divided into elastic stage, elastic-plastic stage, plastic stage and failure stage. The two elastic modulus perpendicular to the grain were equal to each other and smaller than that parallel to the grain. A tri-linear model was proposed which can be used for all the three directions.

Keywords: Laminated bamboo lumber; Axial anti-compression; Failure mechanism

我国竹类资源极其丰富，竹子的面积、种类、蓄积量和采伐量均居世界产竹国之首[1-3]。竹子的生长周期短，3～5 年即可成材，是一种可再生资源，开发价值极大。竹材具有良好的力学性能，其顺纹抗拉强度约为木材的 2 倍，约为钢材的一半，强重比甚至高于钢材，抗压强度约为木材的 1.5 倍[3-10]。因此，将竹材经过工业化处理[1-12]制成承重构件（如梁、板、柱）应用到现代竹建筑结构领域，不仅可以拓宽竹材的应用范围，而且有利于保护生态环境，符合国家倡导的节能减排理念。

竹集成材[1-5]是将速生、短周期（通常 3～5 年）的竹材加工成定宽定厚的竹片，干燥至含水率 8%～12%，再通过胶黏剂将同方向竹片胶合成任意长度、任意截面的型材（通常为矩形断面或方形断面）。这种型材强度高，能满足多层建筑结构对材料物理力学性能的需求，可大规模应用于建筑结构的梁和柱，解决一般多层木结构建筑需要大径级天然木材的技术难题。国内外部分学者[1-5]对竹集成材的制造、加工及基本力学性能展开了初步的研究，但目前国内外很少有竹集成材相关试验标准及建筑设计标准，在建筑结构上的应用研究更少，大量的基本理论都还没有建立，这就制约了竹集成材在建筑领域的推广和应用。现有的研究多是基于小尺度试件，在大尺度下，竹集成材的受压力学性能研究鲜有报道。笔者对竹集成材方柱墩试件 3 个方向轴心受压力学性能展开了试验研究与分析，借以探讨竹集成材 3 个方向的破坏机理。

本文原载《林业科技开发》2015 年第 29 卷第 5 期第 89-93 页。

1　材料与方法

1.1　试件设计与制作

本试验选用产自江西宜春的毛竹，竹集成材由江西远南竹业集团有限公司生产。毛竹竹龄为3～4年，试件均由根部向上2100mm处的原竹加工而成，并采用酚醛胶进行黏合。将压制而成的型材加工成长、宽、高均为100mm的立方体试件30个，编号为G100-1～30，其中，G100-9～14由于仪器问题导致所测数据无效。根据加载方向的不同将其余24个试件分为3组，3组试件均为轴心受压。试件的3个加载面见图1：G100-1～8的加载方向垂直于面1，即顺纹方向加载；G100-15～22的加载方向垂直于面2，即横纹方向I（径向）；G100-23～30的加载方向垂直于面3，即横纹方向II（弦向）。试验结束后测得的试样平均含水率为8.26%，平均密度为600kg/m^3。

图1　竹集成材试件

图2　试验现场图

1.2　试验方法

采用200t电液伺服万能试验机进行加载，采集仪器为TDS530数据自动采集系统，试验采用非接触式激光位移计（LDS）测定试件的轴向变形。根据GB/T 50329—2012《木结构试验方法标准》进行加载设计和试验，试验现场如图2所示。试件就位后首先进行几何对中，使荷载的作用线和构件的几何中心对齐，以保证轴压，然后通过预加载来检测仪器是否工作正常，并减少系统误差。试件加载初期采用荷载控制，当荷载达到极限荷载的80%左右时改为位移控制以控制试验时间。试件从加载到破坏所用时间为5～10min。

2　结果与分析

2.1　破坏过程与现象对比

2.1.1　顺纹方向受压

选取典型试件G100-7描述破坏过程，其最终破坏形态如图3所示。试件在加载初期基本处于弹性状态，试件表面没有任何明显现象。随着荷载的增加，试件由弹性阶段逐步进入弹塑性阶段，试件表现出一定的塑性变形，刚度有所降低，变形渐趋明显。当荷载增加至极限承载力附近时，可以听到明显的劈裂声，但试件表面没有明显开裂现象。达到峰值荷载时，A面和C面中部开始出现明显竖向裂缝，继续加载，E面和F面也开始出现明显裂缝，各个侧面都能看到竹丝屈曲和错位现象。最后，当试件发生较大轴向变形（＞10mm）时停止加载。4个侧面靠近顶面的竹丝均发生屈曲现象，这是由于顶板对顶面有套箍效应，即顶板和顶面的摩擦力限制试件顶面竹丝向四周滑移。试件从加载仪器上取出后发现，顶面和底面均出现开裂：顶面有 1 条较宽的贯穿整个截面的主裂缝，还有 1 条稍宽的并行裂缝及一些细微裂缝；而底面则布满了较多的细微裂缝。

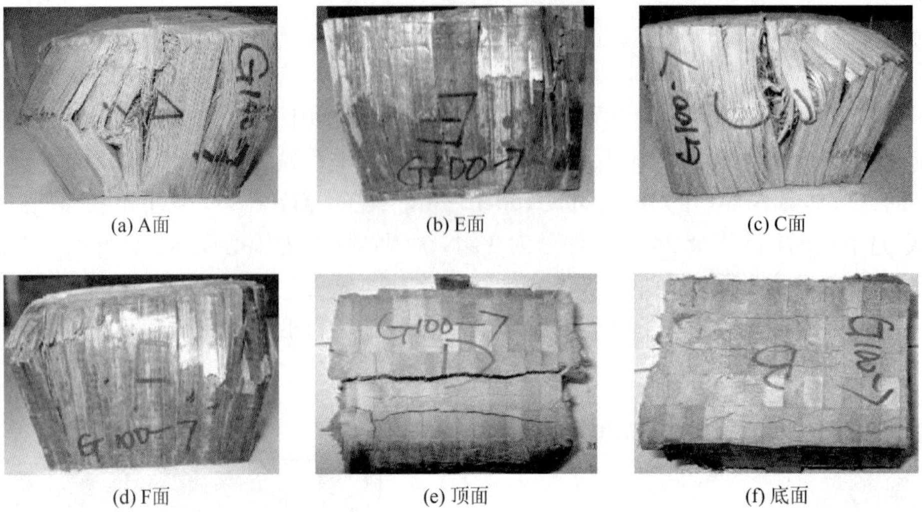

(a) A面　(b) E面　(c) C面

(d) F面　(e) 顶面　(f) 底面

图 3　顺纹方向受压典型破坏形态

2.1.2　横纹方向 I 受压

选取典型试件 G100-19 描述破坏过程，其最终破坏形态如图 4 所示。在加载初期，与顺纹方向受压类似，试件基本处于弹性状态，试件表面没有任何明显现象，4 个侧面的竖向应变基本相等。随着荷载的增加，试件由弹性阶段逐步进入弹塑性阶段，试件表现出一定的塑性变形，刚度有所降低，变形渐趋明显；当荷载增加至极限承载力 95%左右时，可听到劈裂声，试件 A 面中心部位附近出现 1 条约 20mm 长的竖向细微裂缝，C 面中心附近有 3 条竖向细微裂缝。当荷载增加至极限承载力附近时，A 面最早出现的那条裂缝变宽并向上下延伸，而距第 1 条裂缝左侧约 10mm 处出现 1 条新的竖向裂缝，C 面最早出现的 3 条裂缝变宽并向上下延伸，而距 C 面底边 20～30mm 范围内出现多条竖向细裂缝，从 A 和 C 面均能看出竹片的厚度变薄或呈畸形状态。过峰值荷载后继续加载，原有各面裂缝继续变宽和延伸，更多细微裂缝开始出现，A 和 C 面沿对角线方向均出现系列交错裂缝，B 和 D 面的边部出现开裂现象。最后，当试件发生较大轴向变形时停止加载。试件从加载仪器上取出后发现，顶面和底面中心部位并未出现明显开裂，只是在平行于竹纤维方向的边缘有细微裂缝。从图 4 可以看出，顶部和底部的加载板对试件有明显的套箍效应。

(a) A面　(b) B面　(c) C面

(d) D面　(e) 顶面　(f) 底面

图 4　横纹方向 I 受压典型破坏形态

2.1.3 横纹方向Ⅱ受压

选取典型试件 G100-23 描述破坏过程，其最终破坏形态如图 5 所示。试件在加载初期基本处于弹性状态，试件表面没有任何明显现象。随着荷载的增加，试件由弹性阶段逐步进入弹塑性阶段，试件表现出一定的塑性变形，刚度有所降低，变形渐趋明显。当荷载增加至极限承载力附近时，可以听到明显的劈裂声，A 和 C 面中部附近均出现 1 条约 15mm 长的竖向细微裂缝，该裂缝是竹片本体破坏而非胶裂。过极限承载力后，A 和 C 面中心附近出现多条竖向裂缝，而 B 和 D 面虽然没有明显裂缝，但是均向外凸起。继续加载，A 和 C 面沿对角线方向均出现 1 条主裂缝和系列细微裂缝，B 和 D 面边部出现明显裂缝，并有竹片凸出表面。最后，当试件发生较大轴向变形时停止加载。试件从加载仪器上取出后发现，顶面和底面与 B 和 D 面交界处附近均出现明显开裂。从图 5 可以看出，顶部和底部的加载板对试件 B 和 D 面方向有明显的套箍效应。

(a) A面　(b) B面　(c) C面

(d) D面　(e) 顶面　(f) 底面

图 5　横纹受压Ⅱ典型破坏形态

由前述破坏过程及形态对比可以发现，横纹受压Ⅰ和横纹受压Ⅱ的破坏过程及最后的破坏形态较为接近。对于顺纹方向加压，试件最终的破坏形态往往是竹丝外鼓；对于另两个方向加压，试件最终的破坏形态往往是 A 和 C 面两对面由中心向四角出现密集斜裂缝。尽管施压方向不同，破坏形态各异，但 3 个方向的受压破坏均是一个缓慢的过程，并且破坏前均有明显的征兆，均属延性破坏。

2.2 综合对比分析

试验实测结果如表 1 所示。竹集成材顺纹抗压强度平均值为 70.6MPa，标准差为 9.2MPa，变异系数为 0.13，具有 95%保证率的特征值为 55.5MPa；横纹方向Ⅰ的抗压强度平均值为 14.1MPa，标准差为 0.40MPa，变异系数为 0.028，具有 95%保证率的特征值为 13.4MPa；横纹方向Ⅱ的抗压强度平均值为 14.8MPa，标准差为 0.57MPa，变异系数为 0.039，具有 95%保证率的特征值为 13.85MPa。通过比较可以明显看出，竹集成材顺纹抗压强度最大，其平均值是另两个方向抗压强度平均值的 5 倍左右，但是顺纹抗压方向强度实测值的离散性较大，其具有 95%保证率的特征值约为横纹抗压对应值的 4 倍。横纹方向Ⅰ的抗压强度略小于横纹方向Ⅱ的抗压强度，这两个方向抗压强度实测值离散性较小。3 个方向的抗压强度特征值关系式为

$$f_{\mathrm{sck}} = 4f_{\mathrm{hck1}} \tag{1}$$

$$f_{\mathrm{hck2}} = 1.03f_{\mathrm{hck1}} \tag{2}$$

式中，f_{sck} 为顺纹抗压强度标准值；f_{hck1} 为横纹方向Ⅰ抗压强度标准值；f_{hck2} 为横纹方向Ⅱ抗压强度标准值。

表 1 实测结果

编号	实测面积/cm^2	极限荷载/kN	极限抗压强度/MPa	破坏形态
G100-1	99.86	783.01	78.41	B、D 面中间出现竖向裂缝，A 面边缘出现竖向裂缝，C 面边缘有不明显的竖向裂缝和斜裂缝
G100-2	99.13	739.03	74.55	A、B、C 面均出现竖向裂缝，且竹篾折断，D 面破坏不明显
G100-3	100.15	551.36	55.06	A 面出现斜裂缝，B、C、D 面出现竖向裂缝
G100-4	99.22	741.57	74.74	A、B、C 面中间断裂，D 面边缘破裂
G100-5	99.02	752.04	75.95	A、B、C、D 面均有不同程度竖向裂缝，且各面竹篾有不同程度折断
G100-6	99.06	751.63	75.87	A、C 面出现竖向裂缝，B 面边缘有竖向裂缝，D 面破坏不明显
G100-7	99.46	731.82	73.58	A、C 面中间出现竖向裂缝，B、D 面破裂不明显
G100-8	99.44	564.24	56.74	B、D 面中间出现竖向裂缝，A、C 面无明显破坏
G100-15	99.77	139.92	14.02	A、C 面出现 45°斜裂缝，呈倒 Y 型破坏
G100-16	99.70	135.85	13.63	A、C 面出现对角 45°斜裂缝，呈 M 型破坏
G100-17	99.87	136.70	13.69	A、C 面出现对角 45°裂缝，呈倒 Y 型破坏
G100-18	100.21	141.80	14.15	A、C 面出现对角 45°裂缝，A 面边缘竹篾整体断开
G100-19	100.34	142.12	14.16	A、C 面出现斜裂缝破裂，呈 M 型破坏
G100-20	100.34	139.92	13.94	A、C 面出现斜裂缝破裂，呈倒 Y 型破坏，A 面边缘竹篾整体断开
G100-21	100.28	149.40	14.90	A、C 面呈倒 Y 型斜裂缝破坏，A 面边缘处竹篾整体断开
G100-22	100.34	143.81	14.33	A、C 面呈倒 Y 型斜裂缝破坏，A 面边缘处竹篾整体断开
G100-23	100.07	140.59	14.05	A、C 面呈 M 型斜裂缝破坏，B、D 面受压变形，破坏不明显
G100-24	99.92	139.75	13.99	A、C 面呈 M 型斜裂缝破坏，A 面边缘处竹篾断开，B 面破坏不明显
G100-25	99.79	156.18	15.65	A、C 面呈 M 型斜裂缝破坏，B 面受压横向断裂，D 面受压变形，破坏不明显
G100-26	100.06	152.11	15.20	A、C 面呈 M 型斜裂缝破坏
G100-27	99.89	150.08	15.03	A、C 面呈 W 型斜裂缝破坏
G100-28	99.84	151.10	15.13	A、C 面呈 M 型斜裂缝破坏
G100-29	99.73	145.50	14.59	A、C 面呈 M 型斜裂缝破坏
G100-30	100.51	148.22	14.75	A、C 面呈 M 型斜裂缝破坏

2.3 荷载–轴向位移关系模型

典型的荷载-位移曲线对比如图 6 所示，无论沿哪个方向加压，试件均经历弹性阶段、弹塑性阶段、塑性阶段、开裂阶段。在顺纹方向施压，荷载-轴向位移曲线经历较大的轴向位移后，在 12.5mm 左右进入下降段，而另外 2 个方向的荷载-轴向位移曲线基本重合，变化趋势也基本相同，一直到加载结束都未出现明显的下降段。此外，顺纹荷载-轴向位移曲线弹性阶段的斜率大于另两个方向对应曲线的斜率，在同样荷载增量下，顺纹方向产生的位移小于另外两个方向，表明顺纹方向的弹性模量大于另外两个方向，而另外两个方向的弹性模量基本相等。

结合试件典型的荷载-位移曲线对比图，综合分析所有试验结果，竹集成材各方向典型的荷载-位移关系均可用一个三段线关系模型表示（图 7）。用表达式表示竹集成材各向荷载-轴向位移关系模型见式（3）：

$$N=\begin{cases}k_1Es & (0\leqslant s\leqslant s_{cy})\\ N_{cy}+k_1k_2E(s-s_{cy}) & (s_{cy}\leqslant s\leqslant s_{cu})\\ N_{cu} & (s_{cu}\leqslant s\leqslant s_{c0})\end{cases} \tag{3}$$

式中，N 为轴向荷载；N_{cy} 为比例极限荷载；N_{cu} 为极限荷载；s 为试件轴向位移；s_{cy} 为比例极限轴向位移；s_{cu} 为极限荷载-对应的极限位移；s_{c0} 为荷载-位移曲线平台末端点对应的最大位移；E 为弹性模量；k_1 为常数；k_2 为第 2 阶段弹性模量变化系数。k_2 可由式（4）计算得出：

$$k_2=\frac{N_{cu}-N_{cy}}{(s_{cu}-s_{cy})k_1E} \tag{4}$$

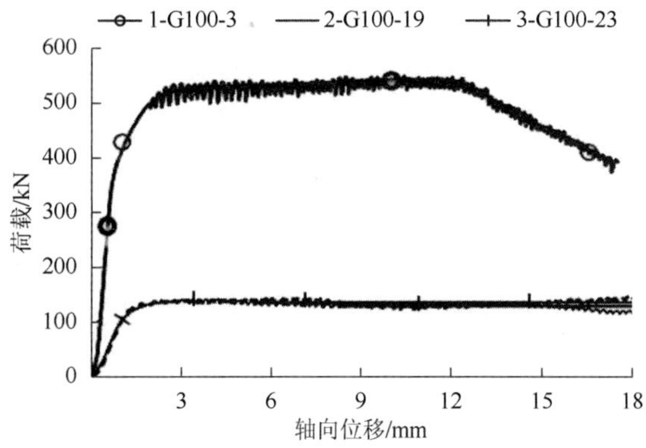

图 6　典型荷载-位移曲线对比

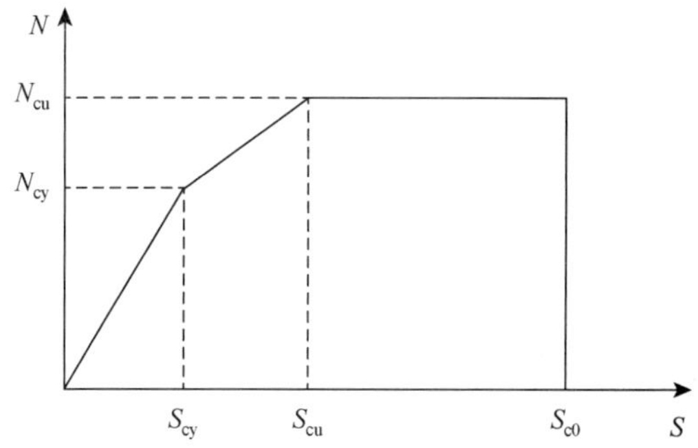

图 7　荷载-位移关系模型

将试验结果与模型进行对比（图 8）发现，模型与试验结果吻合较好。

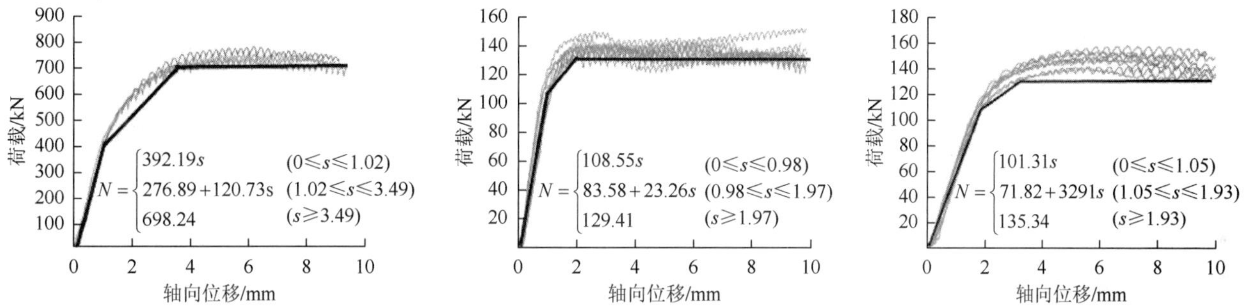

(a) 顺纹方向　(b) 横纹方向Ⅰ　(c) 横纹方向Ⅱ

图 8　试验结果与模型对比

3　结　　论

（1）大尺度竹集成材试件 3 个方向的受压破坏均是一个缓慢的过程，并且破坏前均有明显的征兆，是一种延性破坏。横纹受压Ⅰ和横纹受压Ⅱ的破坏过程及最后的破坏形态较为接近。

（2）竹集成材顺纹抗压强度最大，其平均值是另外两个方向抗压强度平均值的 5 倍左右，但是顺纹抗压方向强度实测值的离散性较大，其具有 95%保证率的特征值为横纹抗压对应值的 4 倍左右。横纹方向Ⅰ的抗压强度略小于横纹方向Ⅱ，这两个方向抗压强度实测值离散性较小。顺纹方向的弹性模量大于另外两个方向的弹性模量，另外两个方向的弹性模量基本相等。

（3）竹集成材试件 3 个方向的受压破坏过程可以分为弹性阶段、弹塑性阶段、塑性阶段和破坏阶段。

（4）3 个方向的荷载—轴向位移关系均可以用 1 个三段线模型表示。

参 考 文 献

[1] 李海涛，苏靖文，张齐生，等. 侧压竹材集成材简支梁力学性能试验研究. 建筑结构学报，2015，36（3）：121-126.

[2] 江泽慧，常亮，王正，等. 结构用竹集成材物理力学性能研究. 木材工业，2005，19（4）：22-24.

[3] Li H T，Zhang Q S，Huang D S，et al. Compressive performance of laminated bamboo. Composites：Part B，2013，54（1）：319-328.

[4] 唐宏辉，陈鸿斌，王正. 结构用竹集成材制造工艺技术简介. 人造板通讯，2004，（9）：16-19.

[5] 张叶田，何礼平. 竹集成材与常见建筑结构材力学性能比较. 浙江林学院学报，2007，24（1）：100-104.

[6] 苏靖文，吴繁，李海涛，等. 重组竹柱轴心受压试验研究. 中国科技论文，2015，10（1）：39-41.

[7] 魏万姝，覃道春. 不同竹龄慈竹重组材强度和天然耐久性比较. 南京林业大学学报（自然科学版），2011，35（6）：111-115.

[8] 张俊珍，任海青，钟永，等. 重组竹抗压与抗拉力学性能的分析. 南京林业大学学报（自然科学版），2012，36（4）：107-111.

[9] 吴秉岭，余养伦，齐锦秋，等. 竹束精细疏解与炭化处理对重组竹性能的影响. 南京林业大学学报（自然科学版），2014，38（6）：115-120.

[10] 高黎，王正，常亮. 建筑结构用竹质复合材料的性能及应用研究. 世界竹藤通讯，2008，6（5）：1-5.

[11] 陈国，单波，肖岩. 轻型竹结构房屋抗震性能的试验研究. 振动与冲击，2011，30（10）：136-142.

[12] 魏洋，骆雪妮，周梦倩. 纤维增强竹梁抗弯力学性能研究. 南京林业大学学报（自然科学版），2014，38（2）：11-15.

第二部分

竹木复合结构理论创新与应用开发（1992～2017年）

20世纪80年代初，张齐生、赵仁杰先生等一批林业科技工作者在国内外率先开展竹材工业化利用的研究工作，先后成功地开发了车厢底板和混凝土模板用竹材胶合板，包装用竹编胶合板，室内装饰竹地板等产品，并在车辆、建筑、包装、居家装修等领域得到了推广应用。在南方竹产区建设了一大批竹材加工企业，为竹产区的农民就业和经济的发展做出了重大的贡献。经过十几年的推广和应用，至90年代中期，竹材加工产业已在南方竹产区初步形成，各种竹材加工产品年产量已达百万立方米，但是这些企业普遍存在规模偏小、机械化程度不高，保留有较多的手工劳动，生产效率和竹材利用率都比较低，产品的加工精度和深度不高，产品性能难以达到与大工业配套的一些木材产品的技术要求（如集装箱底板、桥梁、隧道、电站等大型工程用的清水混凝土模板和高等级装饰用地板），产品的附加值较低，呈现出劳动密集型产业的典型特征。而竹材也由当初的滞销变为畅销，价格也随之由每根1.8～2.0元跃升为每根12～15元，竹产品的生产成本大幅上升。同期，速生意大利杨胶合板生产也迅速发展，价格具明显优势，成为不同用途的竹材胶合板强有力的竞争对象，竹材加工产业何去何从已成为人们共同关注的焦点！竹材加工产业的可持续发展面临着严峻的挑战。

以张齐生院士领衔的创新团队在认真分析竹材和木材的材性、加工、经济和应用性能的基础上，提出竹材加工要坚持用“以竹胜木”的新理念去取代“以竹代木”的传统观念，从产品的结构、材料、加工工艺等方面进行创新，大力开发能发挥竹材优良特性、市场需求量大、便于机械化生产、附加值高、一般木材难以达到要求的竹材加工产品。为此，1995年张齐生，孙丰文在“林产工业”第6期上发表了“竹木复合结构是科学合理利用竹材资源的有效途径”的论文，详细阐述了作者的观点和思考。

（1）运用层合板理论，综合木单板、竹帘、竹席、胶黏剂及施胶方式等多种因素的影响，确定了计算竹木复合板弯曲拉伸、剪切应力、弹性模量、静曲强度的计算方法，构建了完整的竹木复合结构理论体系，从细观和宏观层面上阐释了不同使用条件下竹木复合结构的失效机制，并提出竹木复合结构的“等强度设计”准则，为各种高性价比的竹木复合结构产品设计和研发提供了坚实的理论基础。

（2）根据“等强度设计”准则，通过竹材外增强、竹材内增强、板坯梯度压缩等技术创新，国内外首创并成功开发了多种结构形式的竹木复合集装箱底板的成套制造技术。

（3）将浸渍酚醛树脂的浸渍纸或无纺布，再配置横向斜面搭接组坯的薄型木单板作为表层，采用不同图案的不锈钢衬板，通过热压形成坚固耐磨、外形美观的表面层，解决了结构用和装饰用两大难题。集成应用多项技术，国内外首次成功开发了可替代WISA模板的清水混凝土模板、批量生产与车厢等宽等长的整幅载货汽车车厢底板。

（4）通过竹材防霉、防腐、炭化、分层等技术的集成创新，将竹材作为面层材料，木材作芯层材料，通过应力平衡技术，解决了产品的翘曲变形等问题，成功研制体育场馆用和多种室内用竹木复合地板。

研究成果“竹木复合结构理论及应用”获2009年梁希林业科学技术二等奖，“竹木复合结构理论的创新与应用”获2012年国家科技进步二等奖，其相关成果“TMJ-A弹性模量无损显示机”获2004年江苏省科技进步二等奖，“落叶松丹宁酚醛树脂胶黏剂的研究与应用”获2005年国家技术发明二等奖，“一种竹木复合集装箱底板及其制造方法（ZL98111153.X）”获2013年中国发明专利优秀奖。在竹木复合结构理论及产品的示范和辐射作用下，竹木复合已经成为竹材、速生木材高质化利用中的一个重要技术手段。张齐生院士团队持续践行二十余载，在我国南方竹产区推广建立几十家规模化生产企业，引领打造了一个年产值近百亿元的新兴产业，在学术界和产业界形成广泛影响力。

孙丰文

竹木复合结构是科学合理利用竹材资源的有效途径

张齐生　孙丰文
（南京林业大学　南京　210037）

摘　　要

综述我国 10 多年来竹材工业“以竹代木”所取得的科技成果及社会经济效益，辩证地分析当前竹材加工利用面临的挑战。根据复合材料力学分析和试验研究的结论，提出利用竹材强度高、韧性好的优点，采用竹木复合结构是充分发挥竹材特性、科学合理地开发利用竹材资源的有效途径。

主题词： 竹材；木材；复合板；机械性能

Abstract

This paper summarizes the scientific achievement and social-economic benefit obtained by using bamboo instead of wood in the Chinese bamboo industry for ten years, and dialectically analyzes the challenge that the bamboo industry is facing now. In accordance with the mechanical analyse and test it is put forword that using the advantage of high strength and good toughness of bamboo, adopting the bamboo-wood composite structure can be an effective way to use bamboo resources in the structural field scientifically and reasonably.

竹材和木材一样，都是天然生长的有机体，是大自然赋予人类的一种再生资源。它具有强度大、韧性好、耐磨等特点，作为工程结构材料具有广阔的应用前景。但是由于竹子具有径级小、壁薄中空、易腐蚀、易开裂等缺陷，因此，以原竹形式或经过简单的机械加工，直接取代木材作为工程结构材料使用无法满足工程技术的种种要求。随着世界范围内人类生产活动的迅速发展，世界木材资源日益减少、质量不断下降，主要表现在大径级天然林、成熟林、过熟林逐步消失，取而代之的是人工速生中幼林，而这些人工林多为速生材，机械强度较低，不适宜作为结构材料使用。而车辆、造船、集装箱、建筑等工业部门由于种种特殊技术要求，仍大量需要使用以木质材料为主的工程结构材料。我国是世界上木材资源较为贫乏的国家，木材供应十分紧张，供需矛盾突出，每年需从国外进口部分原木和制成品。另一方面，我国竹类资源十分丰富，产品和面积均为世界第一位，仅竹类资源中经济利用价值最高的毛竹产量约占世界的 90%，每年砍伐量约 3 亿多株，相当于 600 多万 m^3 木材。科学、合理的利用好竹材资源，广泛应用于工程结构领域，对缓解我国优质材、特殊用材供应的紧张状况具有重要的意义。

1　十多年来我国竹材工业的“以竹代木”取得举世瞩目的成就

千百年来世界各国的竹材多数都是以原竹的形式或经过简单的加工应用于建筑业作脚手架、足跳板或搭建简易临时建筑，少数用于编织农具、家具和竹工艺品。80 年代起，我国林业科技工作者先后解决了拓宽竹材在工程结构领域应用的一系列关键技术，先后研究、生产出竹材胶合板、竹材层压板、竹编胶合板、竹编—竹帘复合水泥模板、高强覆膜竹胶合水泥模板、竹木复合集装箱底板等系列产品，产品广泛应用于我国的汽车、火车、建筑、集装箱等工业部门，每年可为国家创造数十亿元工业产值，节代优质木材成百万 m^3，为数万职工提供就业机会，使竹材工业成为我国的一个新兴产业。我国的竹材工业无论在规模和水平上均居世界领先地位，取得了举世瞩目的成就，为“以竹代木”做出了重要的示范和推动作用，为竹材的工业化利用开辟了新的途径。

本文原载《林产工业》1995 年第 22 卷第 6 期第 4-6 页。

2 单纯“以竹代木”已难于适应当前资源、价格的挑战

我国竹林的面积、产量均居世界第一位，但是竹林的面积仅占森林面积的约 3%，竹材的产量也仅占我国木材年消耗量的 1/20（估计我国每年木材耗用量约 1.0 亿～1.2 亿 m^3）。因此，与木材相比较，竹材的绝对数量还是很少的。

十多年来我国的竹材工业从无到有、从小到大地发展壮大起来，目前已初具规模。除制造各种结构用竹材人造板以外，还有数百家工厂利用竹材生产竹材集成地板、竹凉席、竹方便筷等生活用品，竹材用量大幅度增长。全国范围的竹材由滞销变为供不应求，竹材的价格由 1981 年每根 1.80 元涨至目前的每根平均 13～14 元（按眉径 1 尺计算），15 年内平均上涨 6～8 倍。由于竹材加工的技术难度大，生产效率也较低，生产成本较高，加之近几年电力、化工原料大幅度调价，而竹材胶合板的价格在同一时期仅上涨 3 倍。根据换算，目前竹材的价格已超过木材，而且供应极其紧张，使一批竹材加工企业由于原材料供应不足而不能满负荷生产，甚至出现亏损。由于产品调价，使一些使用竹材产品的企业较多的增加了成本，从而开始动摇“以竹代木”的方向，重新思考单纯“以竹代木”是否科学合理。面对资源、价格的挑战，“竹材工业”的出路到底在哪里？这是当前林业科技工作者面临的又一个严峻的课题。

3 “竹木复合结构”是科学、合理的开发利用竹材资源的有效途径

所谓结构用材是指这种材料在使用过程中主要是承受外力的作用，因此要求它要有足够的强度、刚度和耐久性。目前生产的各种车辆底板用竹材胶合板、水泥模板用竹材胶合板、竹木复合集装箱底板等都属于结构用竹材胶合板。

作为工程结构材料使用的板材（多层胶合板材料）在使用过程中会产生变形和应力，其变形及应力情况如图 1 所示：

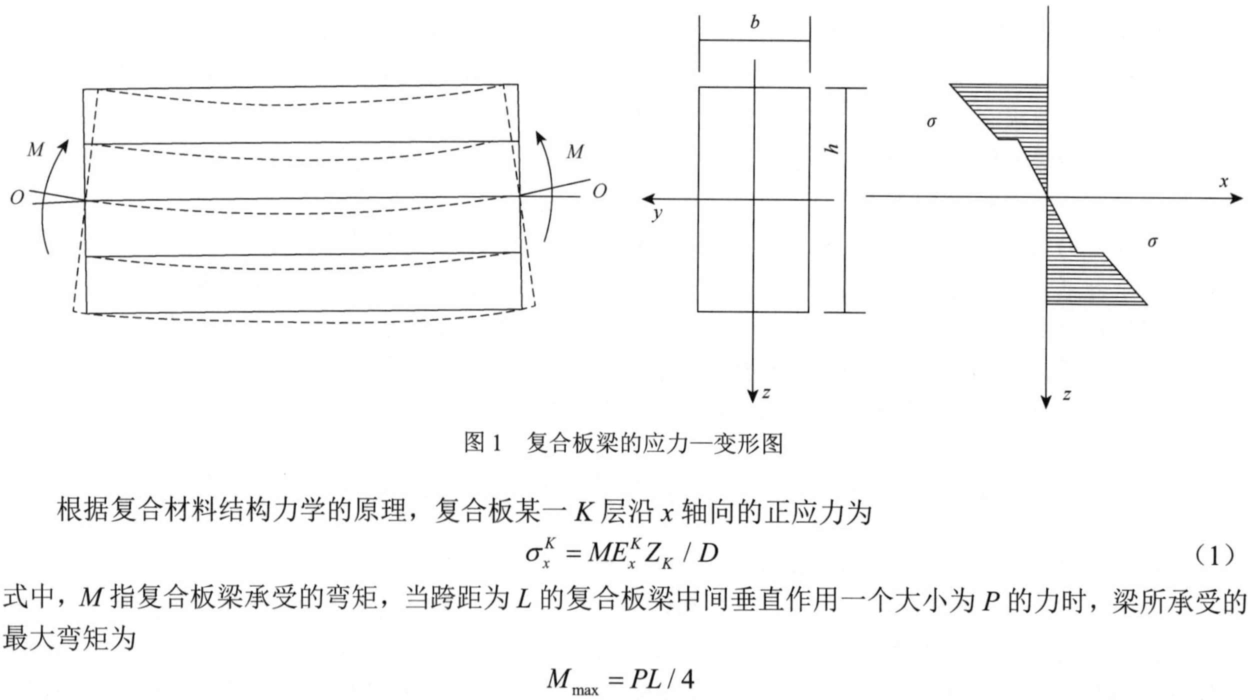

图 1 复合板梁的应力—变形图

根据复合材料结构力学的原理，复合板某一 K 层沿 x 轴向的正应力为

$$\sigma_x^K = ME_x^K Z_K / D \qquad (1)$$

式中，M 指复合板梁承受的弯矩，当跨距为 L 的复合板梁中间垂直作用一个大小为 P 的力时，梁所承受的最大弯矩为

$$M_{\max} = PL/4$$

E_x^K 指复合板第 K 层材料在 x 轴向正轴弹性模量，其值由材料性质决定；Z_K 指复合板第 K 层原料距中性轴的距离；D 指复合板梁的抗弯刚度。

$$D = E_x J_y = \sum_{k=1}^{n} E_x^K J_y^K \qquad (2)$$

式中，J_y 指整个截面对中性轴 y 的截面惯矩，J_y 仅与截面的几何形状有关；E_x 指复合板在 x 轴向的弹性模量。

$$J_y = \int_A Z^2 \mathrm{d}A$$

$$J_y^K = \int_{AK} Z^2 \mathrm{d}A_K$$

$$D = \frac{2}{3}\sum_{k=1}^{n/2} E_x^K (Z_K^3 - Z_{K-1}^3) \tag{3}$$

对于矩形断面来说：

$$J_y = bh^3/12$$

$$E_x = D/J_y = \frac{3}{h^3}\sum_{k=1}^{n/2} E_x^K (Z_K^3 - Z_{K-1}^3) \tag{4}$$

最大正应力发生在复合板梁的上下表面

$$\sigma_{\max} = \frac{M_{\max}\cdot E_x \cdot Z_{\max}}{D} = \frac{PL/4\cdot E_x \cdot h/2}{E_x \cdot bh^3/12} = \frac{3PL}{2bh^2}\cdot\frac{E_x}{E_x} \tag{5}$$

式中，E_x 指面层材料（竹材）的轴向弹性模量。

由上述分析可以看出，复合板中各层材料对弯曲模量的贡献与它到中性面距离的三次方成正比，而各层的正应力与其到中性面的距离成正比，因此在进行复合板结构设计时，将强度大、弹性模量高的材料放在最外层，将性能差的材料放在芯层，才有可能充分发挥各层材料的优势，做到材尽其用，如竹材碎料复合胶合板就是一例（见图 2（a））。

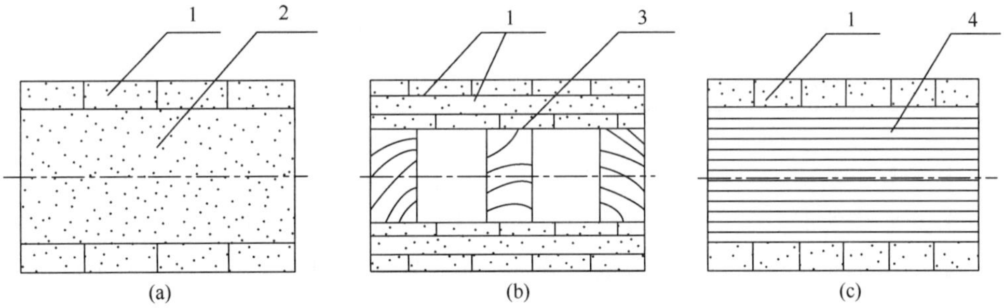

图 2　几种复合板结构示意图

1. 竹片　2. 碎料　3. 木头　4. 木单板

上式还说明，复合板的抗弯刚度与其断面的几何形状紧密相关。截面惯性矩 J_y 越大，抗弯能力越强，而 J_y 的大小与复合板厚度的三次方正相关。因此对大型的工程结构板材，如船舶跳板，可以采用厚度较大的矩形空心断面，以增强抗弯刚度，减轻重量，降低成本（见图 2（b））。因此，从受力的情况来分析，两表面层受力最大，中间层受力最小。从科学的结构考虑，一种一定厚度多层结构、全部使用竹片制造的竹材胶合板，如果中间层代之以加工较方便、价格较低廉、来源较广泛、强度较低的木质材料，采用科学的胶合工艺，制成竹木复合结构的胶合板，则既可获得竹材胶合板的强度，又可提高生产效率，并大幅度降低生产成本，而其使用性能并不受影响。

目前，我国竹材供应紧张，价格偏高，而近 10 多年来大面积营造的人工林已先后进入间伐期，这些小径级的间伐材价格较低，急需开发工业用途，是竹木复合胶合板作芯材的好材料。适时的开发竹木复合胶合板替代原有的全竹材胶合板，既可为竹材胶合板寻找到一条降低生产成本、提高生产效率的新途径，又可为我国大面积人工林间伐材找到一条工业化的新用途，同时还使竹材和木材的强度都得到充分的发挥。胶合板越厚，采用这种结构的优越性越大。

近两年来，我们开发成功的国内外首创的竹木复合集装箱底板就是一个例证（见图 2（c））。集装箱底板的名义厚度是 28mm，它对静弯曲强度、胶合强度、弹性模量和外观质量都有极其严格的要求，可以毫不夸张地说，集装箱木底板是迄今为止世界上对强度和弹性模量要求最为严格的产品之一。传统的集装箱底板是采用印尼、马来西亚等国家产的大径级阿必东木材制成的 28mm 多层硬木胶合板。由于热带雨林大面积消失、沙漠化日益严重，世界环境组织强烈呼吁各国开发新型集装箱底板取代原有的热带硬木底板，以保护人类赖以生存的生态环境。世界各国都把目标集中到竹材上。我们在研制开发以竹材为原料的竹材集装箱底板时认为，若全部用竹材，则不仅生产效率低，而且原料成本高，最后导致生产总成本高，在国际市场上没有竞争能力；若全部用木材制造，除热带的阿必东、克隆等硬阔叶材外，包括我国在内的世界各国，几乎找不到一种理想的替代树种。经过综合考虑，并根据材料的受力分析，我们采用了竹木复合结构，即两表面用 3.5mm 竹片作面、背板，中间用 1.6～1.8mm 的多层马尾松单板作芯板，制成竹木复合胶合板，经过科学地、系统地研制和测试，终于成功地开发出价格低于原有集装箱底板、各项性能符合使用要求的竹木复合集装箱底板。目前，该产品已取得国际认证，并在江苏的宜兴华茂竹木业有限公司开始批量生产。几种不同用途的竹质人造板的性能比较如表 1 所示。

表 1　几种用途竹质人造板的性能比较

集装箱底板	密度/(g/cm^2)	厚度/mm	MOR/MPa		MOE/MPa		平均干缩系数/%		
			∥	⊥	∥	⊥	长	宽	厚
1. 竹材胶合板	0.79	28	124.4	48.3	9218	3150	0.034	0.093	0.597
2. 竹木复合板	0.86	28	111.4	42.4	10 802	3877	0.016	0.044	0.401
3. 阿必东胶合板限定值	0.87	28	93.5	40.9	12 314	3279	0.009	0.036	0.297
	≤0.85	28±0.8	>75	>30	>10 000	>3000			
1. 竹木复合板	0.86	18	127.9		9974		1.2（2h 吸水厚度 2.3 膨胀率%）		
2. 竹料碎料板	0.97	18	35.1		5467				
船舶跳板	厚度/mm	长度/mm	重量/kg		225kg 变形/mm		承载能力/kg		
1. 竹木复合空心跳板	50	3000	22.5		17.9		943		
2. 松木跳板	50	3000	26.2		≤18		>900		

由表可知，竹木复合结构可以科学合理地发挥竹材和木材各自的优良特性，获得既降低生产成本，又保证产品内在、外观质量的双重效果。通过合理选择木材的材种，科学地确定表面层竹片的厚度和正确的胶合工艺，现有的汽车车厢底板用竹材胶合板、铁路平车底板、各种建筑用竹胶合水泥模板等各项技术要求都可以充分地得到满足。

竹片覆面胶合板的初步研究

孙丰文　张齐生

（南京林业大学竹材工程研究中心　南京　210037）

摘　　要

本文研究了以竹片为外层材料、多层杨木单板为芯层材料的复合胶合板的结构和力学性能，分析了板坯结构形式、纵向竹片厚度、单板层数及板坯压缩率与产品机械强度之间的关系。初步研究结果表明：板坯结构形式对产品的静载荷抗弯曲性能影响显著；在试验范围内，纵向竹片厚度为3.5～5.0mm、板坯压缩率在23%左右时，竹片覆面杨木胶合板的综合力学性能比较理想。

关键词：竹片覆面胶合板；杨木；结构；静曲强度；弹性模量

Abstract

In this paper, structural and mechanical properties of composite plywood with bamboo sheet as face veneer on multi-layer poplar core veneer were investigated. It was also analyzed that relationship between type of board structure, thickness of longitudinal bamboo sheets, layer number of poplar core veneer, compression ratio of thickness and mechanical strength of the products. Results of the preliminary study showed that both MOR and MOE of the composite plywood were all higher than those of LVL made of poplar, and the MOE was over that of bamboo plywood. The results indicated that the type of board structure remarkably affected properties of the composite plywood in bending. While thickness of outer longitudinal bamboo sheets from 3.5mm to 5mm, compression ratio of thickness about 23%, the various mechanical properties were much better.

Keywords: Composite plywood with bamboo sheet as face veneer; Poplar; Structure; Modulus of rupture (MOR); Modulus of elasticity (MOE)

毛竹具有干形粗大通直、强度高、硬度大、耐磨性好等优点，是我国工业利用价值最高、资源最丰富的竹种。毛竹经截断、剖分、去节、软化、展平等工序加工成的竹片宽度大、竹壁厚度利用率高、平整度好、整体性强、组坯时拼缝严密。以展平竹片为原料制成的竹材胶合板是各类竹材人造板中表面质量最好的一种。本文研究以杨木单板为芯层材料、以竹片为面层的复合胶合板的结构和性能。

1　材料和方法

1.1　试验材料

竹片由5～8年生毛竹（*Phyllostachys pubescens*）经截断、剖分、去节、水煮软化、展平、去竹青竹黄、定厚、干燥、铣边等工序制成。根据实际生产中的面板厚度（一般竹材胶合板面层竹片厚度为2.0～5.0mm），试验选择最常用的竹片厚度2.5～4.0mm，每片厚度偏差±0.15mm，竹片含水率6%～8%。

木单板　意杨旋切单板，单板厚度1.6±0.1mm，含水率4%～6%。

胶黏剂　水溶性酚醛胶，固体含量43%～47%，pH 10～12，黏度400mPa·s。

1.2　试验方法

试验在4'×4'（6层）热压机上进行。板坯幅面1200mm×1200mm，成品设计厚度29±1mm。芯层木

本文原载《木材工业》1996年第10卷第1期第11-13页。

单板涂胶量（双面）350～400g/m^2，芯层竹片涂胶量（双面）300～350g/m^2，板坯结构见图 1，热压工艺曲线如图 2，热压最高压力 2.8～3.2MPa，热压温度 130～135℃，加压固化时间以板坯厚度 1.1min/mm 计算。每组试验重复一次。

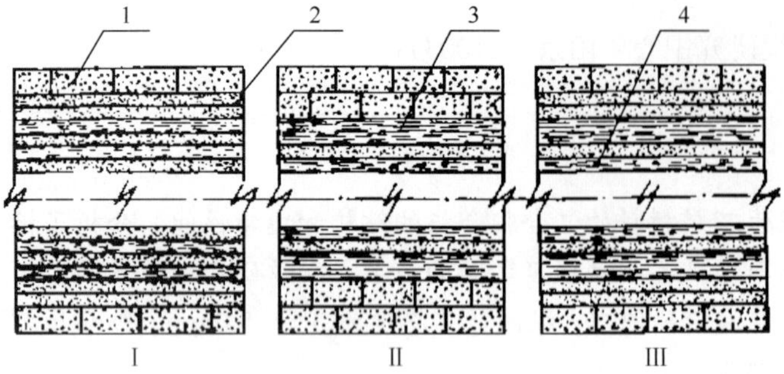

图 1　竹片覆面胶合板结构示意图

1. 纵向竹片；2. 纵向木单板；3. 横向竹片；4. 横向木单板

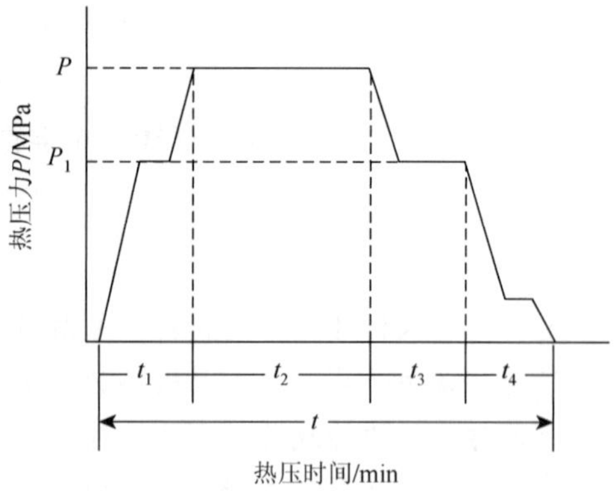

图 2　竹片覆面胶合板热压工艺曲线

P_1 =（2/3）P；t_1 =（1/5）t，t_2 =（2/5）t，t_3 =（1/5）～（3/10）t，t_4 =（1/10）～（1/5）t

2　结 果 分 析

试验依据 LY 1055—91，GB/T 4897—92，JAS 结构胶合板及 JAS Ⅰ类结构胶合板标准分别对不同结构形式的竹片覆面胶合板的含水率（WC）、比重 γ（或密度 D）、静曲强度（MOR）、弹性模量（MOE）以及胶合强度（MSS）进行了检测，结果列于表 1。

表 1　竹片覆面胶合板的试验结果

项目		结构形式					对照组	
		Ⅰ	Ⅱ-a	Ⅰ-b	Ⅰ-c	Ⅰ	a	b
WC/%		7.4	7.9	8.1	9.0	7.8	6.4	8.9
D/(g/cm^3)		0.77	0.71	0.78	0.86	0.76	0.78	0.69
MOR/MPa	∥	104.7 （6.7）	110.0 （5-1）	105.3 （7.8）	109.5 （10-8）	112.5 （15-7）	124.4 （12.3）	72.2 （12.9）
	⊥	38.4 （19.9）	41.3 （12.6）	52.5 （12.5）	62.6 （14.4）	54.8 （9.9）	48.3 （23.1）	36.1 （19.0）
MOE/MPa	∥	10 399 （6.5）	9092 （8.6）	9803 （5.1）	10 048 （4.4）	10 201 （6.8）	9218 （7.3）	9197 （4.9）
	⊥	3416 （8.5）	2424 （4.9）	3410 （6.4）	4720 （3.9）	3072 （7.7）	3151 （9.8）	3219 （7.5）
MSS/MPa		1.72 （17.3）	1.52 （20.8）	1.61 （19.4）	2.12 （35.7）	1.81 （21.5）	2.35 （23.3）	2.04 （34.0）

注：表 1 中括号内的数据为相应指标的变异系数；对照组栏内 a 为竹材胶合板（自制），表面采用 2 层纵向竹片（总厚度 7.0mm），热压温度 135～140℃，热压压力 3.5～4.0MPa；b 为杨木胶合板（自制），表面采用 3 层纵向单板，其余各层纵横交错配置，热压温度 130～135℃，热压压力 2.8～3.2MPa。

表 2 对影响竹片覆面胶合板性能的重要结构参量及其静载荷抗弯的比强度（R/γ）和比模量（E/γ）作了分析。

表 2　竹片覆面胶合板的结构参置及比强度性能

项目		结构形式					对照组	
		Ⅰ	Ⅰ-a	Ⅰ-b	Ⅰ-c	Ⅰ	a	b
竹片厚度/mm	∥	3.5	4.0 + 3.0	2.5 + 2.5	2.5 + 2.5	3.5	竹片横/纵厚度比为 0.462	杨木胶合板
	⊥	0	2.5	2.5	2.5	3.0		
木单板横/纵厚度比		0.727	0.8	0.857	0.889	0.5		0.643
板坯层数/层		21	15	19	23	19	9	23

续表

项目		结构形式					对照组	
		Ⅰ	Ⅰ-a	Ⅰ-b	Ⅰ-c	Ⅰ	a	b
板坯厚度/mm		37.4	33.4	35.8	42.2	37	38	36.8
板坯压缩率/%		23.8	14.7	23.2	33.6	23.0	22.4	23.7
比强度 R/γ/MPa	∥	136.0	154.9	135.0	127.3	148.0	159.5	104.6
	⊥	49.9	58.2	67.3	72.8	72.1	61.9	52.3
比模量 E/γ/MPa	∥	13 505	12 806	12 568	11 684	13 422	11 818	13 329
	⊥	4436	3414	4372	5488	4042	4040	4665

检测结果表明：在多层木单板表面覆以竹片加强层后，产品的机械强度有较大提高。在板坯压缩率基本相同的条件下竹片覆面杨木胶合板的静曲强度和弹性模量优于杨木胶合板，其弹性模量高于竹材胶合板，而静曲强度与竹材胶合板的相近。

分析数据（见表 2）显示了竹片覆面胶合板的结构形式、外层纵向竹片厚度、板坯层数和板坯压缩率等参数对产品力学性能的影响趋势。

首先，板坯外层纵向竹片厚度增大有利于提高产品的纵向静曲强度；而板坯压缩率增加，产品的纵向静曲强度和弹性模量都有所改善。横向静曲强度和弹性模量则随着芯层木单板层数的增加、横向木单板所占比例的增大以及压缩程度的增大而明显提高。但压缩率过大，产品密度显著增加，其比强度和比模量有下降趋势。在试验范围内，纵向竹片厚度为 3.5～5.0mm，板坯压缩率在 23%左右时，产品的综合性能比较理想。

其次，板坯结构形式对产品的力学性能影响显著。在试验研究的三种结构中，Ⅰ型结构的胶合板表现出较高的静曲强度和比强度，而Ⅰ型结构产品的弹性模量和比模量超过Ⅱ、Ⅲ两种结构产品的相应指标值。

3 结　论

（1）以竹片为外层材料，多层杨木单板为芯层材料生产的竹片覆面胶合板不仅具有较高的表面硬度和耐磨损性能，而且较之杨木胶合板和竹材胶合板有较好的静载荷抗弯曲性能。该产品可以用于对强度和刚度要求较高的工程结构材料领域，如载重汽车及平板车底板、运输托盘、脚手架板等。

（2）竹片覆面胶合板的外层纵向竹片厚度、内层单板层数及板坯压缩程度等因素对板的力学性能有一定的影响。试验结果表明：外层纵向竹片的总厚度为 3.5～5.0mm 板坯压缩率为 23%左右时，产品的各项物理力学性能较好。

（3）采用单层纵向竹片作面层的胶合板具有较高的弹性模量和比模量；用单层纵向竹片作面层，在其下二层纵向木单板内以横向竹片增强时，产品的静曲强度和弹性模量较佳。

参 考 文 献

[1] 陈广琪. 竹木复合材料的研究. 南京: 南京林业大学, 1991.

[2] 张齐生. 竹材复合板的研究. 林产工业, 1990, (1): 1-7.

[3] 孙丰文, 王建和, 张齐生. 影响竹材复合板机械性能的主要因子. 南京林业大学学报 (自然科学版). 1995, (1): 59-64.

世界集装箱底板用材的新进展

孙丰文　张齐生

（南京林业大学　210037）

摘　　要

90年代初，开发集装箱硬木底板替代材料，以保护热带雨林生态，促进世界集装箱制造业的发展，成为世界造箱业和环保组织热衷的共同话题。本文对集装箱一直在使用的热带硬木（Apitong）底板的资源状况作了分析，讨论了各类新型集装箱底板的结构和主要物理机械加工使用性能；并从森林保护、原料来源、生产工艺及制造成本等方面，对各种新型底板的发展前景作了初步预测。

关键词：集装箱；底板；替代材料；进展

Abstract

Container manufacturers and environmentalists are making great efforts to seek new substitutes for tropical hardwood as a main material for making container. This is urgent for the protection of natural ecological environment and the development of container industry. This paper analyses the present situation of Apitong resources, which used to be the main material for container making, compares the structural characteristics, physic-chemical properties of various kinds of container floor, displays their technological process, material supply and costs. The prospects of various kinds of products are also discussed.

集装箱运输是现代化的运输方式，被喻为 20 世纪货物运输领域的一场革命。集装箱运输系统由集装箱、运输工具、装卸设备、仓储设施等有机组成。80 年代末，我国开始逐步成为集装箱生产的重要基地，1988 年我国干货集装箱产量仅为 4 万 TEU（20′标准箱），到 1994 年生产能力达 40 万 TEU，约占世界干货箱总量的 50%。

集装箱的底板是集装箱的主要承载配件，不仅要求有极高的强度、刚度和较好的耐久性，还需要进行特殊的化学防虫处理，是迄今为止人造板产品中技术性能要求最高的一种。热带硬木一直被认为是最合适的一种木料，因为 Apitong 木材具有比较理想的材性（气干密度 0.62～0.82g/cm^3，径向干缩率 4.0%～5.7%，弦向干缩率 7.9%～14.0%，横纹抗压强度 46.1～58.9MPa，抗弯强度 92.1～133.3MPa，弹性模量 10.3×10^3～15.1×10^{3}MPa，抗剪强度 11.6～16.5MPa）[1]，使用寿命长，而且树干高大（直径 1.4m，树高达 35m），易于加工。然而，随着集装箱用量的持续增长，Apitong 采伐过度，严重破坏了热带雨林的生态环境，从而给集装箱制造业带来危机。因此，近年来世界造箱业迫切寻求能够替代传统热带硬木 Apitong 底板的新型材料。

1　传统热带硬木底板的资源危机

据估计，目前生产的集装箱中至少有 80%采用 Apitong 底板，而 Apitong 木材有 75%以上集中在东南亚各国，如马来西亚、印度尼西亚、沙捞越、菲律宾等。1992 年生产集装箱近 100 万 TEU，其中 80 万 TEU 使用了 Apitong 底板，大约消耗了 16.5 万棵原木。据英国的一家顾问工程公司估计，1995 年世界集装箱总需求量达 115 万 TEU（包括更新箱 43 万 TEU，新增箱 72 万 TEU），到 2000 年将会增加至 130 万 TEU/年[2]。按目前 Apitong 原木的使用水平，1hm^2 热带森林中可以采伐 1 棵 Apitong 树（马来西亚规定），大约有 3m^3

本文原载《世界林产研究》1995 年第 6 期第 37-42 页。

木材，可以生产 4.86 个 TEU 的底板，那么 130 万 TEU 将会造成 26 749hm^2 的森林损失：以盛产 Apitong 木材的印度尼西亚为例，其原始森林规模约为 30 500hm^2，至今仅余 15 700hm^2，近几年来每年消耗量约为 480hm^2，因此再过 30 多年其原始森林即将消耗殆尽。鉴于这种局势，东南亚各国相继制定政策限制 Apitong 木材的采伐和出口，以保护热带雨林生态。

2 新型集装箱底板的研究

5 年前，对环境保护组织力图用可再生资源取代热带硬木用于集装箱底板的做法尚未引起足够的重视。然而近 2～3 年内，尤其是 1992 年到 1993 年，热带雨林的过度采伐以及 Apitong 底板价格的暴涨迫使造箱主不得不重新考虑发展新型底板材料的计划，加快了 Apitong 底板替代材料的研制进程。

2.1 以非传统硬木为主的混合木底板

2.1.1 橡木（Rubberwood）底板

橡木气干密度为 0.65g/cm^3，硬度适中，生长周期约为 25 年，最接近“可再生硬木”。80 年代末橡木被认为是用以制作家具的潜在材料之一。近几年以橡木为原料制造集装箱底板的研究也正在进行。马来西亚的一家公司用橡木制成指接集成材，其厚度为 32mm，长度达 5900mm，检测表明，该集成材密度为 0.70g/cm^3，抗弯强度为 71MPa，弹性模量为 11 395MPa；1990 年马来西亚的希尔（Seal）公司用酚醛树脂作胶黏剂制造出 19 层 28mm 厚的集装箱底板。底板由 13 层橡木单板作芯层，上下面分别铺置 3 层 Keruing 单板，其密度仅为 0.77g/cm^3，比 Apitong 胶合板底板轻 15%。因此被称之为 Seal-Light。据称，Seal-Light 底板的强度介于 Apitong 木材与 Apitong 胶合板底板之间，化学防虫处理容易。但是，由于橡树的主干长度和直径都很小（平均直径 15～25cm，长度 1.8m），形状也不规则，因而旋切加工非常困难，材料利用率很低，制造费用远高于传统热带硬木 Apitong。

2.1.2 桦木（Birch）底板

几年前，桦木底板因价格等方面的原因被造箱主冷落，近年来 Apitong 木材价格剧增，使桦木底板在欧洲等地也有可能重返市场。虽然目前桦木底板的售价还略高于 Apitong 底板，但桦木底板在滚剪强度方面具有优越性。芬兰 Schauman 公司的研究表明，相同结构的桦木胶合板底板与 Apitong 胶合板底板相比，前者的滚剪强度比后者高 10%左右。

除橡木、桦木外，以山樟（*Dryobalanops*）、山龙眼（*Hocpea*）、天科木（*Homalium*）、龙眼香木（*Pometia*）等与 Apitong（D. *grandiflorus*）混合作木底板也正在试制过程中。

2.2 以塑料等非木质材料为主的集装箱底板

2.2.1 Strato-stock

Strato-stock 底板由 Industria Legno Pasctti（ILPA）公司研制，其芯层为玻璃纤维增强的树脂木板。表层是强度高、不渗透且具有抗化学腐蚀性能的聚丙烯材料[3]。该产品密度为 0.60g/cm^3，抗弯强度为 85MPa，弹性模量为 12 797MPa。据法国船级社（B. V.）装载测试，底板 7260kg 的滚剪残余变形为 1.5mm。

2.2.2 HDPE

HDPE 是英国 Envirodek 公司模拟热带硬木底板研制的一种高密度聚乙烯（High Density Polyethylene）塑料底板。HDPE 采用空心结构，厚度为 28mm，每条宽度为 123mm，条板两边有搭拼用的楔口（见下图），长度按集装箱尺寸要求确定。根据 ISO1161 标准检测，HDPE 底板的滚剪残余变形为 2mm。试验表明，该塑料底板在 60～70mm 变形条件下，载荷卸除后变形能够回复，而硬木 Apitong 底板的变形达到 6～7mm 时就会出现碎片。HDPE 质量较轻，每个 TEU 底板重 216kg，相当于硬木底板重的 2/3[4]。

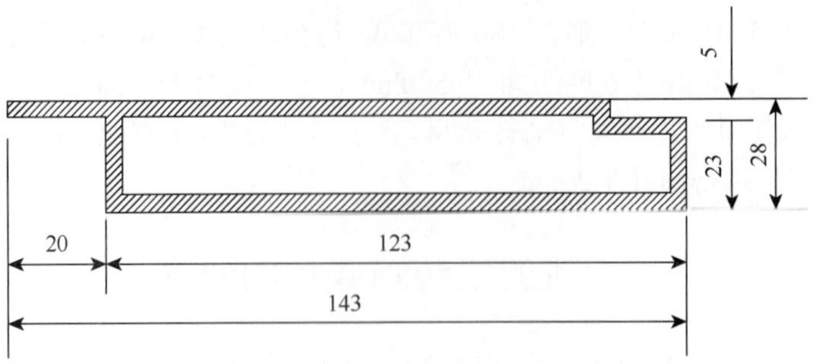

图 1　HDPE 断面结构

2.2.3　AZDEL

1994 年美国通用电气公司塑料分公司推出了一种称之为 AZDEL 的热塑性材料。以此材料为上下面层，以软木层压板（Laminated Softwood）、波形钢板（Corrugated Steel）或由聚丙醚聚丙乙烯发泡成的隔热材料 CARIL 以及硬木胶合板等为芯层，用沉头螺钉联接固定可以制成多种集装箱底板。AZDEL 的主要特点是热塑性好，可以随表面不平的基材板屈曲和密贴，可以进行钉加工和溶接，维修方便，并具有抗化学腐蚀、防渗透、隔热等优良性能[5]。

2.2.4　纤维织物底板

纤维织物底板是以废旧布料、地毯等纤维材料经特殊加工制成，主要有 Horizon Pacific 公司研制的 Tiber（Technical Industrial Board）底板，英国 Tiphook 公司的 Carpetbaggers 底板以及美国 Seawolf 公司的 C-board 底板。其中 Tiber 是由合成纤维经加热压合及化学处理加工制成；而 C-board 则是将原料磨碎后再混合均匀，以干、湿或浆料状态进入成型机使之成型。它们的共同特点是，能够进行锯切、胶结、油漆等加工，使用过程中不会碎裂或腐朽，报废的底板可回收再利用。

2.3　以竹材为主的集装箱底板

毛竹（*Phyllostachys pubescens*）杆形粗大通直、材质致密强韧，是 1200 多竹种中工业利用价值最高的一种。我国是产竹大国，其中毛竹林面积达 255 万 hm^2，总蓄积达 80 亿株，占世界毛竹总量的 90%以上。毛竹材性与热带硬木接近：密度 0.6～0.8g/cm^3，抗弯强度 120～175MPa，弹性模量 10 000～13 000MPa，横纹抗压强度 48～75MPa；而且毛竹生长周期短，一般 3～5 年即可成材，6～8 年强度最大；毛竹一次造林成功即可年年择伐，永续利用，不会破坏生态环境。因此，在世界各国开发集装箱底板替代材料的同时，我国南京林业大学竹材工程研究中心、浙江龙游、湖南双峰等单位也都进行了以毛竹为原料的新型底板的研究。

2.3.1　全竹材底板（Bamboo Floor Board）

整个结构全部使用竹材的集装箱底板主要有以下几种形式：

（1）浙江龙游压板厂生产的竹篾积成胶合板。该产品是将毛竹截断、剖分、劈篾、干燥、浸胶、组坯、热压制成。其主要优点是抗弯强度大，抗剪能力强；最大的问题在于铺装不均匀引起胶合强度及其他各项物理机械性能不稳定，而且底板比重过大，硬度太高，锯刨钉加工性能极差，给底板的安装和维修带来不便。

表 1　竹质底板与阿必东胶合板底板性能对照

项目	单位	阿必东胶合板	全竹胶合板			竹材桦木底板	松竹复合底板
			I	II	III		
厚度	mm	28	28	28	28	28	28
密度	g/cm^3	0.87	0.92	0.88	0.78	0.87	0.88

续表

项目			单位	阿必东胶合板	全竹胶合板			竹材桦木底板	松竹复合底板
					Ⅰ	Ⅱ	Ⅲ		
胶合强度			MPa	1.43	–	3.28	3.8	1.45	2.04
静曲强度		∥	MPa	93.5	129	161.2	129.4	99	108.6
		⊥		40.9	–	61.1	48.3	–	43.9
弹性模量		∥	MPa	12 314	11 976	9478	9218	12 905	11 184
		⊥		3279	–	4600	3151	–	4105
平均干缩湿胀率	长度		%	0.008	–	0.037	0.034	–	0.016
	宽度			0.031	–	0.080	0.093	–	0.044
	厚度			0.290	–	0.500	0.597	–	0.391
ASTM D1037（6 周期）老化	MOR	∥	MPa	24.8	–	70.8	0.1	–	64.9
		⊥		10.1	–	30.1	28.4	–	25.5
	MOE	∥	MPa	4532	–	7032	6215	–	10 110
		⊥		1098	–	1850	2176	–	3452
7260kg 滚剪残余变形			mm	1.5	2.0	2.0	0.1	1.5	1.5
锯（刨）切加工性				++	–			+	++
螺（圆）钉透入性				++	–			+	++
表面耐磨抗划伤性				+–	++			+–	++
防渗透性				+–	++			+–	++
抗污染性				+–	++			+–	++
清洗性				+–	+			+–	++
表观质量				++	+–			++	++
质量稳定性				++	–			+	++
制造成本				高	较高	高	较低	高	低

注：++：优；+：良；+–：足够；–：差。

（2）青岛金源等公司以等宽等厚竹片生产的积成竹胶合板。该底板的主加工过程为：毛竹→截断→剖竹→（分层）→两面刨光→两边刨光→干燥→涂胶→组坯→热压→齐边→铣槽。底板的抗弯强度及胶合强度较高，但表面通长裂缝无法消除，竹材加工利用率及生产效率太低，制造成本很高，不易规模化生产。

（3）以软化展平竹片为面料的竹材胶合板。竹材胶合板底板由南京林业大学竹材工程研究中心研制，利用软化展平竹片宽度大、平整度好、拼缝严密的优点作为底板的上下面层，用竹片或横拼式竹帘作为芯层，用 PF 胶热压胶合成型。其主要优点是：表面平整美观、无缝隙、加工性能好和安装维修容易。

2.3.2　竹材/桦木胶合板（Bamboo/Birch Floor Board）

1994 年青岛东元公司用 4 面刨光加工的等宽等厚竹片为芯层，在上下面分别铺放 3 层桦木（Chinese birch）单板，用酚醛树脂胶接制成了一种竹木复合型底板。该产品表面性能与阿必东胶合板（Apitong plywood）底板相近，强度较高，通过了美国船级社（American Bureau of Shipping）的初步检验。但由于我国桦木主要集中在北方地区，径级较小，心腐严重，材料供应紧张，出材率很低，故制造成本高。

2.3.3　松竹复合集装箱底板（PBCB）

PBCB（Pine Bamboo Composite Board）是南京林业大学竹材工程研究中心与香港迪勤国际发展有限公司联合研制的一种新型底板。它充分利用了我国南方资源丰富的毛竹和马尾松资源，以展平竹片作面层，以松木单板为芯层，由 PF 胶合制成。产品按澳大利亚卫生检查局（AQIS）规定的防虫药剂 BasileumSI—84 进行了处理，表面采用 PU 罩光涂料处理。底板表面平整美观，无缝隙，耐磨抗划伤能力极强，防渗透，耐光热，耐腐蚀，易清洗，老化性能优于 Apitong 底板。而且材料来源丰富，主加工过程和化学处理过程与传统硬木底板相似，产品质量稳定，可大规模工业化生产。该底板于 1994 年底通过法国船级社（B. V.）强度测试，目前已小批量生产，并有 100 套 TEU 底板进入国际运输行列。

各种竹质集装箱底板与 Apitong 胶合板的性能见上表。

3　集装箱底板的发展趋势

在集装箱运输过程中，集装箱底板是支持载货重量的主要配件，要求底板材料能够经受货物的冲击、振动及其他外力的作用，并能避免各种恶劣环境的影响，具有较长的使用寿命。因此，强度、耐老化性及化学处理等技术性能是决定材料能否作为集装箱底板的先决条件。但作为一种新型底板材料是否具有发展前景，除上述条件之外，还决定于以下几个方面的因素：

（1）原材料来源及其对环境的影响。开发无环境公害的新型底板替代材料是全球造箱业的共识。因此，要求材料有丰富的可再生资源，而且材料的使用不会导致环境恶化，这是影响底板长远发展的重要因素之一。

（2）生产工艺可行性及质量稳定性。集装箱底板的制造必须有完善的生产工艺技术和严格的质量监控体系，保证生产大规模、高效率，产品质量稳定可靠。

（3）产品制造成本及使用维护费用。对于造箱主来说，除了底板性能必须满足集装箱的使用要求外，底板的制造成本及维护费用是他们最关心的问题，他们甚至不愿意接受比现行传统硬木底板价格高一点的新型替代材料。因此，价格的高低才是关系到新产品能否进入市场的至关重要的因素。

根据上述条件可以对未来的集装箱底板市场进行预测。首先，传统硬木底板仍将在一定时期内占据大部分市场；第二，以非传统硬木橡木、山樟等为主的混合木底板，这种底板对保护热带雨林来说虽然不是一种最佳选择，但是也不失为一种权宜之计；第三，以非木质纤维为原料的塑料底板，这类底板虽然具有质量轻、强度高、耐化学腐蚀、可回收再利用、不必进行化学处理等许多优点，但由于其制造成本较高，因而短期内将不会被造箱主大量接受，除非阿必东木底板的价格超过塑料底板的价格；第四，在以竹材为主的多种新型集装箱底板中，全竹材底板因其产品质量低、生产效率低或制造成本高，不可能有很大发展；竹材桦木底板则会受桦木资源及其加工费用等方面的影响；松竹复合集装箱底板（PBCB）的各项性能指标都比较理想，而且资源丰富，我国毛竹和马尾松绝大部分集中在长江流域以南地区，马尾松面积 2110 万 hm^2 以上，25 年即可成材，马尾松择伐后由于南方温湿度适宜，对土质、水、肥要求不高，造林成活率很高，不会引起森林生态的恶化；从产品结构及生产工艺考虑，竹片的加工效率较低（与木材相比），用量较少（15%）木材加工效率高，用量大（85%）结构工艺配合科学合理，而且主生产过程与 Apitong 胶合板相似，便于形成严密的监控体系，保障产品质量稳定性和规模化；在价格方面，PBCB 底板比现用 Apitong 胶合板底板的价格低 10%以上，具有较强的市场竞争潜力。因此，PBCB 底板是迄今为止综合性能都比较理想的一种无环境公害的新型集装箱底板。PBCB 板的研制成功已为世界造箱业所瞩目，它将会在 2～3 年内逐步走向成熟。

参 考 文 献

[1] 日本农林省林业试验场木材部. 世界有用木材 300 种. 孟广润，关福临译. 中国林业出版社，1984.

[2] 今后十年的日子是否好过. 集装箱工业通讯，1985，8（1）.

[3] 张玲. 关于干货集装箱底板替代材料的讨论. 集装箱工业通讯，1993，4（2）.

[4] 艾向柘. 不利用地球植被的箱底板. 集装箱工业通讯，1995，11（1）.

[5] 艾向柘. AZDEL——一种新的复合材料. 集装箱工业通讯，1995，12（1）.

竹木复合集装箱底板的研制开发

孙丰文　张齐生

（南京林业大学竹材工程研究中心　南京　210037）

1　研制开发新型集装箱底板的背景

70 年代始，国际货运集装箱化急速发展。目前，全球超过 1000 万台的集装箱安装了同一系列的热带雨林硬木底板。规模如此庞大的全球性工业，由于使用原材料的局限性，存在着热带雨林生态恶化及底板能否长期稳定供货的隐患。

80 年代，我国实行对外经济开放政策，世界贸易航运目标发生了很大变化。进入 90 年代后，我国成为集装箱的主要生产国，年总产量约占全球需求量的 60%左右，每年需从马来西亚、印尼、韩国等国进口阿必东、克隆底板，总值超过 10 亿元人民币。这种状况影响着集装箱制造业的进一步发展和国家经济创汇效益。

1993 年，马来西亚公布了限制砍伐热带林政策。集装箱底板的价格由原来的 260 USD/TEU 剧升至 320～340USD/TEU。同年，国际租箱协会（IICL）在德国汉堡举行了会议，提出集装箱新材料概念及评审标准，从而在世界范围内掀起了研制开发集装箱底板替代材料的热潮。南京林业大学竹材工程研究中心自 1993 年初，在竹片覆面胶合板专利技术的基础上，与香港迪勤国际发展有限公司合作，在江苏宜兴华茂竹木业有限公司的密切配合下，进行了一系列的新型底板替代材料的研究开发工作。

2　研制新型底板替代材料的基本思路

我国的林业资源现状是原生林缺乏，优质大径级林日益减少，人工速生林发展迅速。因此在新型底板材料的选材方面主要考虑了如下几点：

（1）立足国产材。易于繁殖、生长较快、具有一定的资源优势，具有长远开发利用的前景。

（2）基本原材料应具有较好的物理力学性能，有初步满足集装箱底板技术性能要求的前提和基础。

（3）采用多种材料复合结构。通过合理设计，充分发挥各组原材料的性能优势。

（4）符合当前我国林业发展政策。

通过初步的试验和分析，优选毛竹和马尾松作为制造新型底板的基本原材料。这两种树种均为我国南方速生材用树种，资源丰富。其中毛竹林面积约 255 万 hm^2，总蓄积达 80 亿株；马尾松林面积 2110 万 hm^2 以上，总蓄积量 5.2 亿 m^3。而且这两种材料的工业化利用尚不充分，被林业部列为重点开发利用对象。估计如果将毛竹、马尾松年采伐量的 1%用于生产集装箱底板，可达到年产 10 万 m^3 底板的能力。

3　竹木复合集装箱底板的研制开发历程

1993 年，以产品密度、静曲强度、弹性模量为目标，进行了一系列的结构设计试验，并对制板工艺进行了初步优化。

1994 年 1 月～6 月，在宜兴华茂竹木业有限公司进行了大样板的试制，完善热压工艺，并在上海太平国际货柜有限公司进行了试装箱及箱底强度试验。6 月份通过林业部主持的成果鉴定。

1994 年 6 月～1996 年 4 月，进行了集装箱底板工业化生产试验，氯丹、辛硫磷的防虫效果试验及一系列的装箱试验。同时还进行了阿必东胶合板底板与竹木复合底板的加速老化和疲劳破坏的对比试验。1995 年 4 月，中试厂宜兴华茂竹木业有限公司取得法国船级社的集装箱底板生产认证。迄今为止，中试厂已承接不同用户的订单累计近 2000TEU 的竹木复合集装箱底板。

本文原载《林业科技开发》1997 年第 6 期第 23-24 页。

此外，南京林业大学竹材工程研究中心还进行了防虫剂和 PU 涂料等底板配套技术的研究，其中新型防虫剂已于 1995 年底报送 AQIS 审批。

4　竹木复合集装箱底板的主要特点

4.1　结构工艺特点

竹木复合集装箱底板采用多层马尾松单板胶合、竹片覆面结构，其主要生产过程与阿必东胶合板底板类似，便于提高生产效率和实现严密的质量监控体系。

竹木复合集装箱底板的简要生产工艺流程如下所示：

毛竹→截断→开条→分层→（防霉处理）→干燥→整张化（拼板）——┐
马尾松→截断→水热处理→旋切→干燥→剪板→涂胶（防虫处理）——┘→
组坯→预压→热压→裁边→砂光→铣槽→表面修补、涂饰→检验→包装

该工艺为松木单板与整张化竹片组坯后一次热压成型工艺。也可以采用先将松木单板制成一定厚度的胶合板作为芯板，再与整张化竹片胶合成型的二步法生产工艺。

4.2　物理力学性能特点

（1）竹木复合底板的密度与阿必东胶合板底板相当（分别占 20Ft 和 40Ft 箱体重的 13%和 15%左右）。

（2）静曲强度高于阿必东胶合底板 15%～20%，纵向弹性模量低于阿必东胶合板 10%～15%，但横向弹性模量高于阿必东胶合板底板的 10%～15%。ISO1496 + 1/3 强度试验后，底板的残余变形小于 3mm。

（3）表面硬度及抗划伤性能、抗冲击性能、表面防水性能优于阿必东胶合板底板。

（4）耐老化性能优于阿必东胶合板底板。

经 ASTMD1037 连续 6 周期 288h 干湿冷热处理后，竹木复合底板的静曲强度和弹性模量保留率分别为 45%和 60%左右；而阿必东胶合板底板仅为 22%和 30%左右。

（5）疲劳性能优于阿必东胶合板底板。阿必东胶合板底板经 6966 次的交变应力（载荷区间 250～200N，加载频率 2.7Hz）作用后，底板芯层开胶；而同样条件下，竹木复合底板经 81 000 次疲劳应力作用后，仍保留静曲强度 76.97MPa，保留弹性模量 7360MPa。此外，上海远东集装箱有限公司进行的对比性装箱滚压试验也表明：阿必东胶合板底板经 7260kg 小车循环滚压 66 次时，底板有 4 处断裂并有 8 处螺钉脱落；而竹木复合底板的循环滚压次数超过 118 次。

4.3　安装与维护

竹木复合集装箱底板的打孔、锯割等可加工性良好，便于安装、更换和维修。此外，该底板防油渍、化学药品污染的能力较强，容易清洗。

5　目前存在的问题及发展构想

在竹木复合集装箱底板的生产过程中由于集装箱底板对表面质量的特殊要求，使得表面竹片的加工存在一定的难度。原来的竹片整张化技术（拼板技术），竹材的加工效率和利用效率均较低，表板合格率不高。竹片成本占全部原材料成本的 30%，而竹材材积仅占底板材积的 15%，因而使得竹木复合集装箱底板的制造成本偏高。影响了该新型底板的市场竞争能力。自 1996 年底，竹材工程研究中心开始致力于改进这一技术，将原来的拼板改为织帘，通过特制的竹片加工和编织设备，实现竹片整张化，从而在保证底板强度的前提下提高竹材的利用率和加工效率，降低成本。

近几年来，集装箱价格持续下跌，至 1996 年底，集装箱售价仅为 1900～2200 USD/TEU，与之对应，底板的价格也由 1993 年的 320USD/TEU 降至 1996 年的 240～260USD/TEU。进入 1997 年后，箱价开始走出低谷，由于东南亚诸国对传统的底板用材料—阿必东的限制砍伐与出口政策，国内造箱业已出现底板短

缺的局面，这为集装箱底板替代材料的发展提供了契机。鉴于这种形势，香港迪勤国际发展有限公司正在筹备在上海建厂，拟充分利用我国南方毛竹、马尾松、云南松、油松等资源优势。使竹产区与松木产区配套，建立一个年产 5 万 TEU 至 10 万 TEU 的竹木复合集装箱底板的样板厂，并逐步在我国形成年产 10 万 m^3 集装箱底板的生产线。笔者认为：利用北方静曲强度、弹性模量较高的落叶松制成特殊结构的胶合板，与南方竹片配套可生产出力学性能较好、价格较低的竹木复合集装箱底板。这一方案不仅有利于竹木复合集装箱底板的推广和发展，同时对进一步开发落叶松资源、提高北方胶合板企业的经济效益也会起到积极作用。

竹木复合集装箱底板的研究

张齐生　孙丰文
（南京林业大学　南京　210037）

摘　要

以国内速生材毛竹和马尾松为原料，应用正交异性复合层板的弯曲理论，对竹木复合集装箱底板的结构和性能进行了理论设计和试验验证。系统地研究了压缩率和成型工艺对竹木复合集装箱底板性能的影响。并与传统热带硬木底板的性能作了对比分析。结果证明：采用合理的结构和工艺制造的竹木复合板，其综合性能不低于阿必东胶合板底板，可作为阿必东胶合板底板的理想替代品。

关键词： 集装箱底板；竹材复合板；结构性能设计；工艺

Abstract

Using the fast-growing *Phyllostachys pubescens* and Masson pine as raw materials and applying the bending theories of quadric orthogonal anisotropic composite laminated board, the structures and properties of the bamboo & wood composite container floor were designed in theories and proved by tests. The effects of compression ratio and pressing technology on the properties of bamboo & wood composite container floor were systematically studied. And comparative analysis of the properties of this new container floor with apitong plywood container floor is made. The results show that synthetical property of the bamboo & wood composite container floor manufactured with rationalized structure and technology was not inferior to that of apitong plywood container floor, and it was the ideal substitute of apitong plywood for container floor.

Keywords: Container floor; Bamboo composite board; Design of structure and property; Technology

集装箱底板要求有足够的强度、刚度、吸振性、耐候性及较长的使用寿命。热带硬木一直被当作集装箱底板的理想材料。国内外造箱业所使用的木底板几乎全部是用阿必东制成的胶合板。近几年来，热带雨林的过度采伐，严重影响到森林生态平衡。因此寻求资源丰富、无环境公害的集装箱底板的新型替代品成为当务之急。

本研究从性能、结构和工艺等方面入手，探索用国产材制造集装箱底板的可能性，并对研制的新型底板与传统硬木底板的性能进行了对比分析。

1　设计依据和方法

1.1　性能设计

集装箱的底板通过沉头螺钉与弹性底梁连接，其横梁间距 360mm，中间纵梁与两边侧梁间距 1138mm。根据板的弯曲理论，底板受载下的应力—应变状态可以由四边夹支的连续薄板来模拟，受载时底板中央处短跨方向的应力必定大于长跨方向的应力[1]。另一方面，由于底板厚度较大，支承跨距较小，底板变形时，芯层产生较大的剪切应力。因此集装箱底板的性能设计应以提高短跨方向（即板的纵向）的强度和刚度，及芯层抗剪切破坏的能力为目的。

根据验箱师的经验，阿必东胶合板满足下列技术要求时，即可顺利通过原型箱的箱底强度测试。厚度：28±0.8mm；密度：0.65～0.85g/cm^3；含水率：8%～12%；静曲强度：纵向≥75MPa，横向≥30MPa；弹

本文原载《林业科学》1997 年第 33 卷第 6 期第 546-553 页。

性模量：纵向≥10 000MPa，横向≥3000MPa。在大量集装箱已经投放市场营运的情况下，不可能改变现役集装箱的底梁结构。因此本项研究采用等代设计法，即使新型底板达到与阿必东胶合板底板同样的技术性能要求。

1.2 结构设计

1.2.1 结构设计的理论依据

根据层合板的弯曲理论，各向异性薄板的弯曲刚度由下式推算[2]（图1（a））。

$$D_{ij} = \frac{1}{3}\sum_{k=1}^{n} Q_{ij}^{(k)}(Z_k^3 - Z_{k-1}^3) \tag{1}$$

式中，D_{ij}为层合板单位宽度的弯曲刚度；$Q_{ij}^{(k)}$为层合板中第k层的偏轴弯曲模量；k为层合板的单层序号；Z_k为层合板的第k个单层的Z轴坐标。

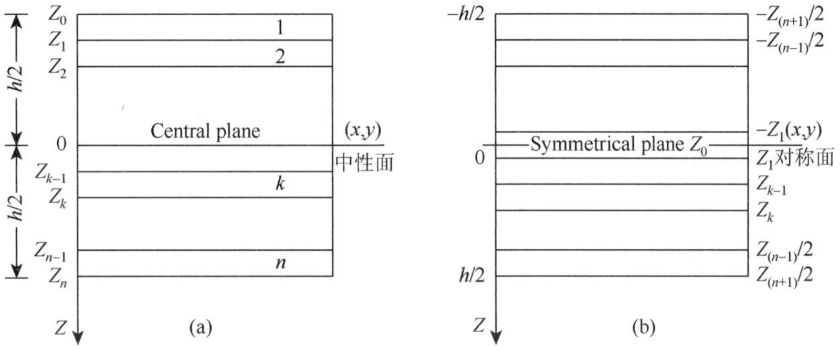

图1 层合板的几何标志

对于只有两个直交方向的奇数层对称层合板[$k = 1, \cdots\cdots, (n+1)/2, Z_0 = 0$]，图1（b），由（1）式得

$$D_x = D_{11} = \frac{2}{3}\sum_{k=1}^{(n+1)/2} E^{(k)}x(Z_k^3 - Z_{k-1}^3) \tag{2}$$

$$D_y = D_{22} = \frac{2}{3}\sum_{k=1}^{(n+1)/2} E^{(k)}y(Z_k^3 - Z_{k-1}^3) \tag{3}$$

式中，D_x、D_y为单位宽度层合板沿x、y轴向的正轴弯曲刚度；$E_x^{(k)}$、$E_y^{(k)}$为层合板第k层材料沿x、y轴向的正轴弯曲模量。

由上式看出，由不同单层材料组成的复合层合板，其弯曲刚度主要取决于各层材料的弹性模量及其铺层位置，离中性面愈远的单层发挥作用愈大。对于由相同材料构成的层合板，当铺层纤维方向与x或y向一致时，分别有

$$E_x = E_{\parallel}, Ey = E_{\perp} \text{或} E_x = E_{\perp}, Ey = E_{\parallel}$$

由于$D_x = \frac{h^3}{12}\cdot E_x$，$D_y = \frac{h^3}{12}\cdot E_y$，所以

$$E_x + E_y = 12(D_x + D_y)/h^3 = E_{\parallel} + E_{\perp} \tag{4}$$

式中，$E_{\parallel}$为材料平行纤维方向的弹性模量；$E_{\perp}$为材料垂直纤维方向的弹性模量。（4）式说明：对于单一材料组成的直交层合板，如果不考虑工艺等其他因素的影响，则层合板的结构决定纵横向的弹性模量之比，而纵横方向的弹性模量之和仅取决于材料本身。

1.2.2 材料选择

选择材料的原则是：资源丰富、生长快、易于繁殖；具有一定的强度和弹性模量，通过结构优化和工艺实施能够使产品满足集装箱底板的要求；与热带硬木相比，具有一定的价格优势。本研究选用毛竹和马尾松为基本原料，其性能见表1。

表 1　试验用原材料的性能

项目	密度 D/(g/cm^3)	静曲强度 MOR/MPa	弹性模量 MOE/MPa
毛竹	0.70	118.9	11 570
马尾松	0.53	88.4	11 560

胶黏剂选用耐候性较好的水溶性酚醛树脂。树脂质量：固体含量 43%～47%，pH 10～12，黏度 400～480cPa，游离酚<2.5%。

1.3　工艺设计

竹片采用软化展平竹片或锯条后刨削加工的等宽等厚竹片，竹片含水率 6%～8%。

马尾松经旋切制成单板，干燥后含水率 4%～6%，单板涂胶量：300～350g/m^2，。据厚型结构胶合板制造的经验和初步试验的结果：热压温度 130℃～140℃，热压时间 1.0min/mm，单位压力：2.4MPa<P<4.0MPa。热压工艺曲线如图 2 所示[3]。

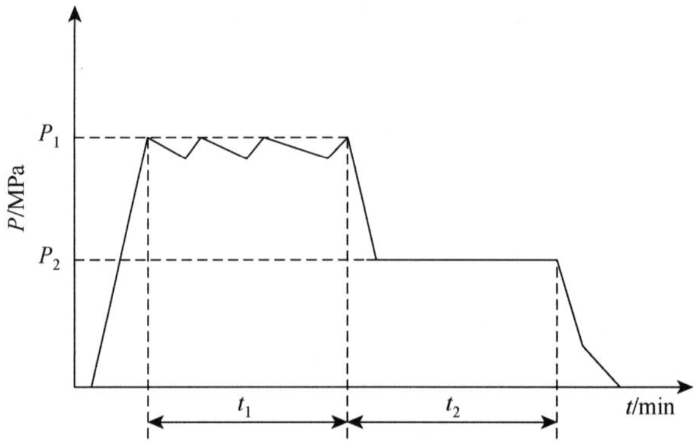

图 2　热压工艺曲线

2　结果与分析

2.1　单一材种胶合板的性能

表 2 数据显示，竹材胶合板的静曲强度较高，而弹性模量较低；马尾松胶合板的 MOR 和 MOE 能达到集装箱底板的性能要求，但马尾松节子多，材质较阿必东松软，面背板表面质量难以符合要求，松木内富含松脂，定厚砂光困难。此外，海洋运输中受太阳热辐射，树脂溢出表面，容易污染货物。

表 2　不同树种胶合板的性能

项目	竹材胶合板		马尾松胶合板
层数	9	17	23
坯厚/mm	38	38	39.1
密度/(g·cm^{-3})	0.78	0.88	0.78
纵向静曲强度 MOR$_{\parallel}$/MPa	124.4	161.2	96.0
横向静曲强度 MOR$_{\perp}$/MPa	48.3	61.1	50.8
纵向弹性模量 MOE$_{\parallel}$/MPa	9218	9478	10 316
横向弹性模量 MOE$_{\perp}$/MPa	3151	4600	4527

2.2　竹片——木单板组合形式对复合胶合板性能的影响

据原料的基本性能和表 2 的检测结果，拟利用竹片强度高、硬度大的优点，以竹片作为面层提供强度和表面硬度，用马尾松旋切单板为芯层，制成复合胶合板。依据上述理论分析的结果，考虑竹片在垂直纤维方向上不连续，取 $E_{\perp}=0$；据实测结果，木单板的 $E_{\perp}$近似取为 $E_{\parallel}$的 1/25，对几种不同结构的复合胶合板性能进行预报（表 3、表 4）。

表 3　竹木复合板的铺层结构

代号	铺层顺序、方向、材料	层数
a	$[0_b/90/0/90/0/90/0/90/0/90/0/0_c]_S$	23
b	$[0_b/0/90/0/90/0/90/0/90/0/90/0_c]_S$	23
c	$[0_b/0_2/90/0/90/0/90/0/90/0/90_c]_S$	23
d	$[0_b/0_2/90/0/90/0/90/0/90/0/0_c]_S$	23
e	$[0_b/0_2/90_b/0/90/0/90/0/0_c]_S$	19
f	$[0_b/0_3/90/0/90/0/90/0/90/0_c]_S$	23
g	$[0_b/0_3/90_b/0/90/0/90/0_c]_S$	19
h	$[0_b/0/90_b/0/90/0/90/0_2/0_c]_S$	19

注：下标“b”、“c”分别表示该层为竹片层和中心层；0，90 表示铺层方向；下标“S”表示对称层合板；单层厚度 0_b：3.5mm，90_b：3.0mm；0，90：1.6mm；下标数字“2”“3”表示在该方向连续铺设的单层数。

预报结果表明，用毛竹和马尾松作为原材料制造集装箱底板时，单纯依靠结构上的调优无法达到规定的指标值。只有在实施结构过程中，通过合理的胶合工艺进一步改善其性能。

表 4　复合板的预报性能

项目	结构形式							
	a	b	c	d	e	f	g	h
密度/($g\cdot cm^{-3}$)	0.78	0.78	0.78	0.78	0.75	0.78	0.75	0.75
纵向弹性模量 $MOE_{\parallel}$/MPa	7971	8869	9603	9604	9375	10 190	10 090	8490
横向弹性模量 $MOE_{\perp}$/MPa	3855	2959	2225	2224	2369	1637	1672	3230

注：*D* 的预报值未考虑施胶量的影响；MOE 的预报值未考虑材料压缩、胶黏剂等因素的作用。

表 4 列出的 8 种结构，a、b、f、g、h 均出现单向模量较高，而另一方向的弹性模量过低。c、d、e 三种结构的纵横两个方向的弹性模量与指标限值相比均衡。据这三种结构试制样品，测试结果列于表 5。

表 5　复合板的性能实测值

项目	c	d	e
密度/(g/cm^3)	0.84	0.84	0.81
纵向静曲强度 $MOR_{\parallel}$/MPa	101.3	103.9	102.6
横向静曲强度 $MOR_{\perp}$/MPa	35.0	33.6	63.7
纵向弹性模量 $MOE_{\parallel}$/MPa	9830	10 107	9530
横向弹性模量 $MOE_{\perp}$/MPa	3026	3025	4040
厚度/mm	29.2	29.2	27.8
压缩率/%	24.9	24.9	24.3

显然，弹性模量的实测值比预测值高，其增量体现了涂胶、热压等工艺因素对弹性模量的贡献率。但代价是产品密度增大、材料的厚度利用率降低。三种结构中 d 的各项性能均满足集装箱底板的技术要求。

2.3　板坯压缩率的影响[4]

对 d 结构的产品进行回归分析的结果证明：产品纵横向的弹性模量之和 y（MPa）与板坯压缩率 x（%）之间存在如下关系：

$$y=6647.45+346.624x-3.145x^2\ (15<x<60,\ 显著水平\ \alpha=0.01) \tag{5}$$

（5）式表明：在压缩率较低时，压缩率增大，弹性模量显著增大，随着压缩率不断提高，它对弹性模量的正效应逐渐减弱。当 $x = 55.1$ 时，弹性模量理论上达到极大值，压缩率继续增大将对弹性模量产生负效应。

根据集装箱底板对弹性模量的要求，y＞13 000MPa，因而有 x＞23.2%。考虑到产品密度及成本，压缩率的最佳范围应为 25%~28%。

2.4　成型工艺对复合板性能的影响

马尾松的早晚材、边心材的性能差异较大[5]，尤其是硬度的差异，使得板坯在高压长时间的热压过程中，压缩程度变异很大，因此最终厚度的控制是制造竹木复合集装箱底板的关键技术。

试验采用了一次热压成型（Ⅰ），二次胶合成型（Ⅱ：即先制成马尾松胶合板芯材，砂光后再于表面贴竹片），厚度规控制一次热压（Ⅲ）等工艺。检测产品的厚度偏差及力学性能，结果列于表 6。

表 6　成型工艺对产品性能的影响

项目	Ⅰ	Ⅱ	Ⅲ
板面厚度偏差	＞2mm	＜1mm	＜1mm
板间厚度偏差	＞3mm	＜2mm	＜2mm
纵向静曲强度 $MOR_{\parallel}$/MPa	97.8（9.21%）	96.35（18.24%）	111.37（9.04%）
横向静曲强度 $MOR_{\perp}$/MPa	35.65（11.4%）	46.83（9.78%）	42.4（7.56%）
纵向弹性模量 $MOE_{\parallel}$/MPa	10 046（4.71%）	9936（4.62%）	10 802（1.29%）
横向弹性模量 $MOE_{\perp}$/MPa	3600（6.99%）	3878（6.71%）	3877（5.44%）

注：表中括号内数字表示相应指标值的变异系数。

试验结果表明：在不使用厚度规时，一次成型的毛坯厚度偏差很大，定厚砂光时竹片局部砂穿可能性大，板面质量受到影响；而且由于厚度方向的不均匀压缩，导致产品的力学性能变异性大。采用二次胶合成型的产品，竹片表面仅需轻微砂光即可使厚度偏差达到公差要求；但采用二次贴面时，一方面马尾松基材表面纵向单板砂削量大，单板局部砂透率高，从而造成纵向弹性模量有所降低，纵向静曲强度变异性增加；另一方面，马尾松内的油脂易阻塞砂带的砂粒间隙，砂带报废率高，成本提高；而且二次加工使总体加工效率降低。使用厚度规不仅可以有效地控制厚度偏差，其静曲强度、弹性模量的均匀性增强；而且相同组坯厚度的情况下，可适当提高压缩率，减小砂光余量，因而可使弹性模量有所提高。

综上所述，从表面质量而言，三种工艺方法从优到劣的顺序为Ⅲ＞Ⅱ＞Ⅰ；从力学性能分析：Ⅲ＞Ⅰ＞Ⅱ；从加工效率及制造成本来看：Ⅲ优于Ⅰ，Ⅰ优于Ⅱ。

2.5　竹木复合集装箱底板与阿必东胶合板底板的性能对比分析

2.5.1　常规物理机械性能（表 7）

表 7　两种集装箱底板的性能对比

项目	竹木复合底板	阿必东胶合板	试件数
厚度/mm	28±0.8	28±0.8	
密度/(g/cm^3)	0.84～0.88	0.85～0.88	
含水率/%	8～12	8～12	
纵向静曲强度 $MOR_{\parallel}$/MPa	104.5（11.67%）	92.5（11.28%）	28
横向静曲强度 $MOR_{\perp}$/MPa	44.0（17.16%）	36.2（8.15%）	28
纵向弹性模量 $MOE_{\parallel}$/MPa	10 218（5.77%）	12 166（8.43%）	28
横向弹性模量 $MOE_{\perp}$/MPa	3897（7.95%）	3521（9.28%）	28
胶合强度/MPa	2.04（18.5%）	1.43（35.1%）	25
局部抗压强度/MPa	17.3	9.2	9

续表

项目		竹木复合底板	阿必东胶合板	试件数
冲击强度/(kg/cm)		150.7	110.7	12
平均干缩湿胀率	（Length）/%	0.016	0.008	9
	（Width）/%	0.044	0.036	9
	（Thickness）/%	0.391	0.290	9
磨耗浓度/(mm/1000r)		0.09	0.12	3
表面吸水率（24h%）		2.92	16.91	6
6 螺孔吸水率（24h%）		4.35	3.20	

注：表中括号内数字表示相应指标值的变异系数。

2.5.2 箱底强度（原型箱试验）

依据 ISO1496 标准，原型箱试验历经三个阶段：I. 箱顶提升，II. 箱底提升，III. 模拟小车滚压。检测试验终结时箱底指定位置的残余变形（图 3）。结果列于表 8。

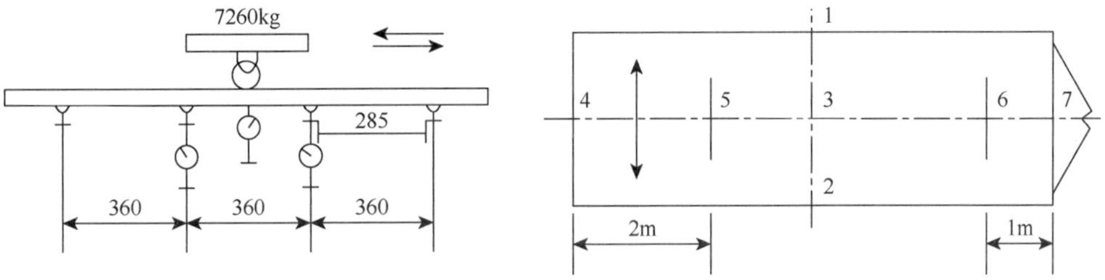

图 3 底板强度试验及变形测定位置

表 8 底板强度试验的变形 （单位：mm）

箱型	试验历程	竹木复合板			阿必东胶合板		
		3	5	6	3	5	6
ICC 20Pt	I	0.5	0.5	0.5	1.0	1.0	0.5
	II	0.5	0.5	0.5	1.0	1.0	0.5
	III	1.5	1.0	1.5	1.0	0.5	0.5
最大残余变形			2.0			2.0	
ICCC 40Pt	I	0.5	1.0	1.0	1.0	1.0	1.0
	II	0.5	1.0	1.0	1.0	1.0	1.0
	III	1.0	1.0	1.0	1.5	1.0	1.0
最大残余变形			2.0			2.5	

注：Ⅰ：均匀载荷 57 220kg；
Ⅱ：均匀载荷 57 220kg；
Ⅲ：7260kg 小车往复 5 次。

通过原型箱检测的箱底强度是集装箱底板材料的强度、刚度等性能的综合体现。对 40Ft 和 20Ft 箱的检测结果证明：尽管竹木复合底板的纵向弹性模量略低于阿必东胶合板底板，但由于其横向弹性模量较高，极限强度大，韧性较好，因而其综合性能不低于阿必东胶合板底板。

3 结论与讨论

以毛竹和马尾松为原料制造集装箱底板是可行的。竹木复合集装箱底板的铺层结构 d 型较好，板坯最佳压缩范围应控制在 25%～28%。

使用厚度规可以有效地控制热压厚度偏差，产品的力学性能不会受到影响，静曲强度、弹性模量等指标值趋向均匀。

竹木复合集装箱底板除弹性模量略低于阿必东胶合板底板外，其他力学性能指标均优于阿必东胶合板底板。

竹木复合集装箱底板作为传统热带硬木底板的替代品，将会解决资源短缺及热带雨林生态恶化等问题，是一种新型的价格较低的“绿色”底板。

目前竹木复合集装箱底板已经法国船级社批准，在我国江苏宜兴华茂竹木业有限公司投入生产，美国“Genstar”、我国台湾省“长荣”等大型租箱公司已正式使用。这不仅结束了我国集装箱底板依赖进口的历史，对促进我国林产加工及世界集装箱制造业的发展也将起重要作用。

参 考 文 献

[1] A. P. 博雷西. 高等材料力学. 汪一麟，汪一骏，译. 北京：科学出版社，1987：377-429.

[2] 陆关兴，王耀先. 复合材料结构设计. 上海：华东化工学院出版，1991：86-91.

[3] 孙丰文，张文生. 竹片覆面胶合板的初步研究. 木材工业，1996，(1)：11-13.

[4] 徐士良. FORTRAN 常用算法程序集. 北京：清华大学出版社，1992：307-314.

[5] 成俊卿. 木材学. 北京：中国林业出版社，1985：713-720.

[6] 孙丰文，张齐生. 世界集装箱底板用材的新进展. 世界林业研究，1995，(6)：37-42.

集装箱底板用防虫剂的研究

孙丰文　张齐生　王书翰
（南京林业大学竹材工程研究中心　南京　210037）

摘　　要

研究了一种非辛硫磷类的新型复配防虫剂，该防虫剂主要用于集装箱底板用胶合板的防护处理。应用滤纸药膜法和大鼠急性毒性实验研究了该防虫剂的毒性，试验研究了防虫剂对胶黏剂和胶合性能的影响，检测分析了防虫剂有效成分氯氰菊酯在集装箱底板中的保持率，采用钻孔法和群集实验法检验了防虫处理后的底板对竹蠹虫和白蚁的杀灭作用。结果证明：该新型防虫剂与酚醛树脂胶黏剂具有较好的混溶性，对胶黏剂的稳定性和胶合强度均无不良影响，通过胶层处理的底板中防虫剂有效成分保有量较高，防虫剂对人体毒性低、对竹蠹虫和白蚁具有较强杀灭作用，而且该防虫剂价格较低，是辛硫磷类防虫剂的理想替代品。

关键词： 集装箱底板；防虫剂；辛硫磷；氯氰菊酯

Abstract

Studying a new pesticide of phoxim-free Derenleum SP20, which is mainly used for the preservative of container flooring plywood. Adopting pesticide filter method and acute toxicity test in rats, studying the toxicity of the new pesticide. Researching the effects of the pesticide on PF glue and the bonding properties by test. Detecting and analyzing the effective ingredient-cypermethrin holding rate of the new pesticide in container floorings. Testing the kill effects of the container flooring treated by pesticide on *Dinoderus minutus* or termites using drilling hole method and assembling method respectively. The test results prove that the new preservative Derenleum SP20 can interfuse into PF adhesive well, and have no side-effect on the stability or bonding properties of PF adhesive; present a high holding rate of effective pesticidal ingredient in container floorings bonded with Derenleum SP20treated PF. I his new pesticide is low poisonous to human being and have acute kill effects on bamboo insects and termites, and its price is lower, so, it is a ideal substitute for phoxim pesticide.

Keywords: Container flooring; Preservative; Phoxim; Cypermethrin

木材是一种天然的生物材料，内含许多营养成分，容易遭受细菌和各种害虫的侵蚀，所以澳大利亚卫生检疫监督局（AQIS）规定，集装箱底板用胶合板以及用于包装箱运输货物的木质材料必须经过 AQIS 指定的防护处理[1, 2]。目前，用于集装箱底板防虫剂的主成分均为辛硫磷（Phoxim），这也是 AQIS 唯一允许用于集装箱底板胶层处理的防虫剂，年用量达 2500t。这类防虫剂主要由德国生产，国内有两家工厂也在生产，但其质量与国外产品质量尚存在一定差距。辛硫磷类防虫剂的主要优点在于其有较好的渗透性和对害虫的速效性，但该药剂的挥发性较强，在碱性条件下或温度高于 70℃时即开始缓慢分解，在温度达到 140℃时迅速分解[3]。而用于生产集装箱底板的酚醛树脂胶黏剂的 pH 一般均在 9.0 以上，且热压温度一般高于 130℃，热压时间大于 30min，因而胶层处理的有效药剂损失率较高，药剂的残效期短。另一方面，辛硫磷对人体或动物的毒性较大。AQIS 已经认识到这些问题，早在两年前已经考虑禁止辛硫磷类防虫剂在集装箱底板的应用，这一计划迟迟没能实施的主要原因在于迄今还没有开发出适合集装箱底板胶层处理的更为理想的防虫剂。

根据这种形势，南京林业大学研究开发了以氯氰菊酯为主的集装箱底板防虫剂。经南京药科大学、南

本文原载《林产工业》2006 年第 33 卷第 6 期第 33-37 页。

京林业大学、广州白蚁防治研究所的毒理实验和杀虫实验证明：该防虫剂毒性低，对竹蠹虫、白蚁等多种木材害虫均具有较强的杀灭效果和防护作用。

1　试验材料和方法

1.1　试验材料

1.1.1　防虫剂

（1）氯丹（Clondane）：进口，其有效成分含量 74.2%；
（2）敌杀死：法国罗素—伏克福公司生产、国内分装，有效成分含量 2.5%；
（3）贝西乐姆（Baserleum I20）：德国进口，有效成分辛硫磷含量 20%；
（4）杀灭灵：购自农药商店，有效成分含量 20%；
（5）Derenleum SP20：自制复配可湿性粉剂，有效成分氯氰菊酯含量 15%。

1.1.2　底板制备材料

（1）马尾松单板：厚度 1.7mm，含水率 6%～8%，用作竹木复合集装箱底板的芯层材料；
（2）竹片：经刨青刨黄和齐边加工成的等厚度竹片，厚度 3.5mm，含水率 6%～10%，用作竹木复合集装箱底板的表层材料；
（3）克隆单板：厚度 1.7mm，含水率 8%～l0%，用于生产集装箱底板用胶合板；
（4）胶黏剂：水溶性酚醛树脂胶黏剂，其固体含量 50%，用作集装箱底板的胶合材料。

1.1.3　试验用虫

（1）竹长蠹（*Dinoderus minutus*）：为我国南方常见干材害虫，其抗缺氧、抗饥饿能力强，不进食情况下能存活 10～35d[4]。在竹产区收集带虫的被害竹材，和新鲜竹材混放在温度 20～25℃、湿度 70%左右的容器中保存，使用时将带虫竹材劈开、取出成虫，选取健康活泼的作为试验用虫。
（2）乳白蚁：由南京市白蚁防治研究所室内饲养的乳白蚁 *Coptermers* sp. 和在广州中山大学园内绿化树下用松木板诱捕的台湾乳白蚁 *Coptermers formosanus* Shiraki。

1.2　试验方法

1.2.1　防虫剂的使用方法

根据胶黏剂的实际使用量，按比例（以防虫剂有效成分折算）加入防虫剂，搅拌均匀并调整 pH 为 8.0 左右后备用。通过单板涂胶、配坯、热压等操作，使防虫剂扩散到集装箱底板的每一层内部，从而达到防虫目的。

1.2.2　集装箱底板试样的制备

（1）竹木复合集装箱底板：用竹片作表层、用马尾松单板作芯层，共 2 层竹片、19 层单板，单板涂胶量 350g/m^2，按规定结构形式组坯，热压制成厚度为 28mm 的竹木复合胶合板，热压温度 135℃、单位压力 3.0MPa、时间 40min[5]。
（2）克隆胶合板底板：用 19 层克隆单板，涂胶后按规定结构组坯、热压制成厚度为 28mm 的胶合板。单板涂胶量 350g/m^2、热压温度 135℃、单位压力 3.0MPa、时间 40min。

1.2.3 底板防虫试验

采用滤纸药膜法和大鼠实验法检验防虫剂的毒性，分别用竹长蠹和乳白蚁作为试虫、采用表面蛀蚀法、钻孔蛀蚀法、粉末蛀蚀法以及群集法，检验防虫处理后底板的防虫能力。

2 试验结果

2.1 防虫剂的毒性

2.1.1 大鼠实验

南京医科大学卫生毒理学教研室的实验结果表明：新型防虫剂 Derenleum SP20 大鼠经口急性中毒半致死量（LD50）为 681mg/kg、雌性为 926mg/kg，大鼠经皮急性中毒半致死量（LD50）雄性和雌性均大于 4640mg/kg。根据我国农药急性毒性分级标准[6]，新型防虫剂属低毒类药剂。其经口急性毒性低于氯丹、略高于辛硫磷，经皮急性毒性低于氯丹和辛硫磷。从胶层处理工艺考虑，其与人体手部皮肤接触的机会较多、入口机会极小，因此经皮毒性低是一个很大的优点。

2.1.2 乳白蚁实验

实验由南京市白蚁防治研究所进行。首先将 0.2g 防虫剂 Derenleum SP20 置于 1/4ϕ9cm 的潮湿滤纸上，制成含毒滤纸。然后将含毒滤纸放人ϕ9cm 的培养皿的底部，其相对位置放置另一张 1/4ϕ9cm 的无毒潮湿滤纸。在培养皿内投放 30 头室内饲养乳白蚁的成龄工蚁和 1 头兵蚁。观察记录白蚁被击倒半数时间和 24h 的死亡率。将上述使用过的含毒试纸取出后再重复使用两次，在新的培养皿内重复，上述防虫实验。三次实验结果表明：该防虫剂对乳白蚁击倒快、致死作用强，记录击倒中时为（29±2）min，24h 的死亡率均为 100%。

2.2 防虫剂对胶合性能的影响

2.2.1 对胶黏剂的储存稳定性的影响

在酚醛树脂胶黏剂中分别按 0.5%、1%、1.5%、2%的比例加入防虫剂 Derenleum SP20，搅拌，观察其溶解性能和稳定性。结果表明：防虫剂 Derenleum SP20 在酚醛树脂胶黏剂中的溶解性能非常好，混合胶液放置 28h 以上无分层现象，胶液黏度变化不明显。表 1 列出了防虫剂用量为 2%时混合胶液的黏度变化。

表 1 防虫剂对胶黏剂黏度的影响

试验序号	胶黏剂的初始黏度	加入防虫剂后胶黏剂的黏度变化						
		0	0.5h	1.0h	2.0h	3.0h	4.0h	28.0h
1	357	410	415	420	415	400	397	410
2	357	410	425	425	405	393	390	405
3	360	405	410	415	400	397	390	405
平均	358	408	417	420	407	397	392	407

2.2.2 对胶合强度的影响

在酚醛树脂胶黏剂中加入 2%的防虫剂 Derenleum SP20，搅拌均匀后使用：分别用马尾松单板和克隆单板为材料，压制成 5 层胶合板。涂胶量 300g/m^2，热压温度 130℃，热压时间 1min/mm。同样工艺条件下，制成不含防虫剂的胶合板。按照 JAS 结构用胶合板标准中的 I 类板的循环煮沸法检测其胶合强度，结果列于表 2，其中第一组为马尾松胶合板、第二组为克隆胶合板。

表 2　防虫剂对胶合强度的影响

试验序号		胶合强度/MPa				
		试件个数	最大值	最小值	平均值	变异系数/%
第一组	未加防虫剂	16	1.28	0.82	1.06	12.07
	加入防虫剂	16	1.38	0.98	1.11	11.34
第二组	未加防虫剂	20	1.49	0.86	1.30	14.25
	加入防虫剂	20	1.57	1.15	1.38	10.82

表 2 数据显示，加入防虫剂后，胶合强度略有提高，主要是防虫剂中填料和乳化剂作用的结果。

2.3　防虫剂在胶合板中的含量及保持时间

用加入防虫剂 Derenleum SP20 的胶液作胶黏剂，热压制成 28mm 后的竹木复合集装箱底板，底板上下表面采用 3.5mm 的竹片、中间采用 19 层马尾松单板。底板在不淋雨状态下放置一定时间后，取样，用劈刀将其沿厚度方向分成 5 片，其中上、下表面的竹片与其相邻 2 层单板部分为外层、中间 7 层单板部分为内层、其余 8 层单板部分为中层。分别将内、中、外层试样粉碎至 40 网目，经有机溶剂抽提、层析柱过滤、有机溶剂淋洗，然后将淋洗液浓缩处理，用高效液相色谱测定浓缩液中防虫剂有效成分含量，再换算成胶合板底板中防虫剂有效成分含量。结果列于表 3。

表 3　竹木复合集装箱底板中防虫剂有效成分测定结果

样品号	防虫剂用量/(g/m^3)	底板存放时间/月	试样在底板中的位置	检测结果/(g/m^3)
1	200	1	外	60.2
2	200	1	中	102.8
3	200	1	内	106.8
4	200	15	外	38.2
5	200	15	中	65.6
6	200	15	内	115.2

检测结果表明：用 Derenleum SP20 处理的竹木复合集装箱底板，在放置 1 个月后，底板内、中、外层的防虫有效成分测出量分别占施加量的 53.4%、51.4%和 30.1%，在底板放置 15 个月后，其内、中、外层的防虫有效成分测出量分别占施加量的 57.6%、32.8%和 19.1%。外层测出量低的主要原因在于底板的最外层为 3.5mm 的竹片，外层部分所含胶层少，防虫剂的实际含量少。此外，热压过程中会有少量的药剂分解，胶黏剂的包埋作用导致部分药剂不能抽提出来。用实际工业化生产的克隆胶合板底板（经 Baserleum I20 处理）进行对照分析，结果表明其有效成分辛硫磷的测出率在 32.3%～45.8%之间。

2.4　集装箱底板的防虫效力

2.4.1　对乳白蚁的杀灭作用

从用防虫剂 Derenleum SP20 处理的竹木复合集装箱底板试样上锯制 70×70（cm）的试件，分别在一个试件的正面和另一试件的任意一个侧面放置一张潮湿滤纸，用硬塑紧紧圈住其四周，然后在滤纸上投放 30 头乳白蚁工蚁和 1 头兵蚁。在（23±1）℃恒温下观察乳白蚁的活动情况。结果证明：试件表面对乳白蚁的毒性较小，24h 死亡率为 52%；试件侧面的乳白蚁有较大毒性，半数击倒时间为 62min，24h 死亡率为 100%（实验在南京市白蚁防治研究所进行）。

用直径为 9cm 的培养皿，皿底铺一张相同直径的滤纸，滴加 1mL 蒸馏水，在滤纸上均匀撒布一层用

Derenleum SP20 处理的克隆胶合板底板磨成的木粉，然后每个培养皿放入台湾乳白蚁工蚁 30 头。接虫 24h 后，观察、记录皿中白蚁的死亡数。实验重复 3 次，每次均用未进行防虫处理的集装箱底板磨成的木粉作为对照。试验在温度（27±1）℃、相对湿度为 70%～75%的培养箱内进行。滤纸药膜击倒法试验结果表明：用 Derenleum SP20 处理的克隆胶合板底板木粉对台湾乳白蚁具有很强的杀灭作用，24h 死亡率为 100%；而未经防虫处理的集装箱底板木粉对台湾乳白蚁的 24h 死亡率仅为（2.22±1.57）%（实验在广东省昆虫研究所进行）。

2.4.2 对竹囊虫的杀灭作用

将经过 Derenleum SP20 防虫处理（胶层处理）的底板样品锯制成 100×100（mm）的试块，在其中央沿厚度方向用直径为 25.4mm 电钻打不同深度的孔，然后将试虫（竹长盘）放入孔内，观察试虫的存活状态，以此判断底板不同层次的防虫能力，如图 1。

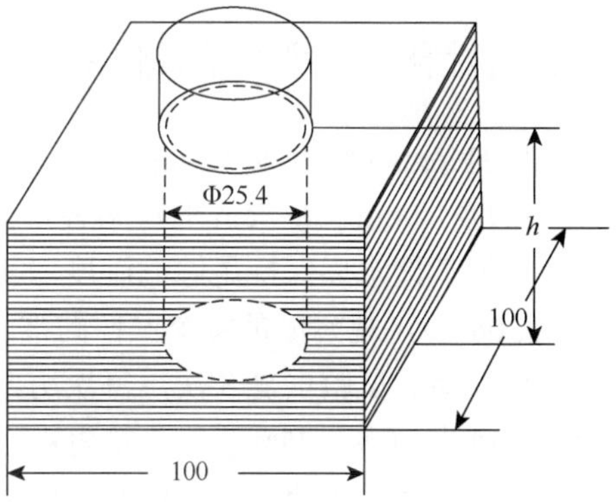

图 1 集装箱底板钻孔蚀蛀法示意图

采用不同的防虫剂、相同的工艺和结构制成竹木复合集装箱底板，取样加工成图 1 所示试件，孔深为（14.5±0.5）mm，每孔放入健壮的竹长蠹 10 头，观察各种防虫剂的杀虫能力，结果列于表 4。其中 A-0 试件未加防虫剂、A-1 加入 Baserleum I20（有效成分为 750g/m^3）、A-2 加入杀灭灵（有效成分 150g/m^3）、A-3 使用的防虫剂为 Derenleum SP20（有效成分 150g/m^3）、A-4 防虫剂为敌杀死（有效成分 3.75g/m^3）、A-5 为氯丹（有效成分 800g/m^3）。

用竹长蠹为受试虫、采用图 1 所示钻孔法，分别检验了防虫剂 Derenleum SP20 在不同使用量时、底板芯层[试件的钻孔深度为（14.5±0.5）mm]的防虫能力，以及用 Derenleum SP20 处理的竹木复合集装箱底板不同层次的防虫能力，结果分别列于表 5 和表 6。

表 4 不同防虫剂处理的集装箱底板的防虫效果

试件编号	接入试虫（竹长意）经不同天数后的存活状态											
	第 1 天	第 3 天	第 5 天	第 6 天	第 7 天	第 9 天	第 10 天	第 11 天	第 15 天	第 16 天	第 18 天	第 21 天
A-0	9-1-0	10-0-0	10-0-0	9-1-0	9-1-0	9-1-0	9-1-0	9-1-0	4-4-x	3-0-4x	2-0-5x	0-0-10
A-1	9-1-0	5-4-1	4-2-3x	3-1-4x	1-2-5x	0-0-7x	0-0-10					
A-2	9-1-0	8-2-0	7-1-2	6-2-2	6-2-2	4-3-2	4-1-5	4-1-5	1-1-8	0-0-10		
A-3	0-7-3	0-6-4	0-0-10									
A-4	4-2-2x	3-5-2	3-3-4	3-3-4	3-3-4	3-3-4	3-3-4	3-2-5	0-2-8	0-1-9	0-0-10	
A-5	8-2-0	0-5-5	0-1-9	0-0-10								

表 5 Derenleum SP20 的用量不同时集装箱底板的防虫效果

试件编号	防虫剂用量/(g/m^3)	接入试虫（竹长囊）经不同天数后的存活状态									
	第 1 天	第 2 天	第 3 天	第 4 天	第 5 天	第 6 天	第 7 天	第 9 天	第 11 天	第 12 天	
B-0	0	10-0-0	10-0-0	10-0-0	10-0-0	10-0-0	9-1-0	9-1-0	9-1-0	9-1-0	9-1-0
B-1	100	3-4-3	3-4-3	2-5-3	1-6-3	0-6-4	0-5-5	0-5-5	0-2-8	0-0-10	
B-2	150	0-7-3	0-7-3	0-6-4	0-5-5	0-2-8	0-0-10				
B-3	200	0-7-3	0-6-4	0-5-5	0-1-9	0-0-10					
B-4	300	0-4-6	0-2-8	0-0-10							

表 6 集装箱底板不同层次的防虫效果

试件编号	防虫剂用量/(g/m^3)	孔深 h/(mm)	接入试虫（竹长）经不同天数后的存活状态							
			第 1 天	第 2 天	第 3 天	第 4 天	第 5 天	第 6 天	第 7 天	第 8 天
C-1		2.8	2-7-1	2-5-3	1-6-3	1-4-5	0-3-7	0-2-8	0-1-9	0-0-10
C-2		7.0	0-6-4	0-6-4	0-5-5	0-2-8	0-0-10			
C-3	200	11.5	0-7-3	0-6-4	0-4-6	0-3-7	0-1-9	0-0-10		
C-4		14.5	0-7-3	0-5-5	0-3-7	0-2-8	0-0-10			

表 4、5、6 实验结果显示：防虫剂 Derenleum SP20 对竹长蠹有很好的麻痹和杀灭效果，随着用量的增加，底板的防护能力增强；当用量达到 200g/cm^3 时，受试虫在第一天就被全部麻痹或杀死、第 5 天全部死亡，底板防虫能力优于 Baserleum I20（用量 750g/cm^3）和氯丹（有效成分 800g/cm^3）处理的底板；表层由于竹片厚度较大，底板外层的防虫能力略差于内层，但与 Baserleum I20（用量 750g/cm^3）处理的底板相近；未施加防虫剂的底板，受试虫经 10d 仍然比较健壮、21d 后才能全部死亡。

2.4.3 对台湾白蚁的杀灭作用

将 Derenleum SP20 处理的克隆胶合板底板试件 50×50（mm）放入干燥箱内（70±1）℃干燥 4h 后称重。取直径 9cm、高 7cm 的塑料杯，杯内放 150g 干河砂，砂面放 1 块试件，并滴加 270mL 蒸馏水，此后适当滴加蒸馏水以保持足够的湿度。每个杯内放入台湾乳白蚁工蚁、兵蚁 5g（约 1800 头，兵蚁比例＜10%）。接虫 30d 后，观察记录每个试件的被蛀程度，并将试件放入干燥箱内（70± 1）℃干燥 4h 后称重，计算重量损失率。试验重复 3 次，每次用未经防虫处理的集装箱底板试件作为对照。试验在温度（27±1）℃、相对湿度为 70%～75%的培养箱内进行。群体法测定结果表明：台湾乳白蚁工蚁仅蛀蚀 Derenleum SP20 处理的集装箱底板的两层表层单板，内层单板和胶层未见被工蚁蛀蚀，而对照集装箱底板的内、外层单板及胶层均被工蚁蛀蚀成很深的凹陷。接虫 30d 后，试件的重量损失率分别为：防虫处理的集装箱底板仅为（2.67±0.47）%，而对照未防虫处理集装箱底板达（30.67±1.53）%（实验在广东省昆虫研究所进行）。

2.5 成本分析

新型防虫剂 Derenleum SP20 的生产成本为 30 元/kg，根据试验结果，1m^3 集装箱底板中有效成分含量为 150g 时，底板的防虫效果即可与 Basileum120 处理的底板相当，考虑胶层处理过程中的损耗，1m^3 集装箱底板实际使用 Derenleum SP20 的量约 1.5kg，防虫剂费用为 45 元/m^3；而使用 Basileum I20 时，底板中有效成分辛硫磷的含量必须达到 0.7kg/m^3，防虫剂用量必须在 3.5kg/m^3 以上，按单价 42 元/kg 计，成本费用高于 150 元/m^3。

3 结论和讨论

（1）新型集装箱底板防虫剂 Derenleum SP20 与酯醛树脂胶黏剂混溶性好，混合胶液贮存稳定，对胶合强度无不良影响。

（2）采用胶层处理工艺，不改变涂胶、热压等工艺参数，防虫剂有效成分在底板中具有较高的保持率。

（3）滤纸药膜实验和大鼠急性实验证明：该新型防虫剂对害虫毒性强，对人和动物低毒或无毒，对生产、使用环境影响小。

（4）用 Derenleum SP20 通过胶层处理制成的集装箱底板，经钻孔法和群集法实验检验：底板对竹长蠹和乳白蚁均具有较强的杀灭作用，可以起到有效的防护作用。

（5）与辛硫磷类防虫剂相比，使用 Derenleum SP20 成本费用更低。

参 考 文 献

[1] Cargo Containers. Quarantine aspects and procedures 1st March 2000. AQIS，2000.

[2] AS1604—1997. Timber-Preservative-treated-Sawn and round.

[3] 黄汝增，翁若芬，叶俊华. 新农药使用手册. 上海：上海科学技术文献出版社，1989.

[4] 周慧明. 王爱风，王书翰. 辛硫磷瞬间处理竹材和竹制品预防竹长囊虫危害的试验. 竹类研究，1981，3（1）.

[5] 张齐生. 孙丰文. 竹木复合集装箱底板的研究. 林业科学，1997，33（6）：546～554.

[6] 农业部农药鉴定所. 新编农药手册. 北京：农业出版社，1989.

竹木复合集装箱底板使用性能的研究
——与阿必东胶合板底板的对比分析

张齐生　孙丰文　李燕文
（南京林业大学竹材工程研究中心　南京　210037）

摘　要

对竹木复合集装箱底板及阿必东胶合板底板的装载强度、耐老化性能、疲劳强度及滚压破坏强度进行了试验研究和对比分析。结果表明：竹木复合集装箱底板在上述性能方面具有与阿必东胶合板底板相同甚至更高的等级，其承载安全性及使用寿命优于阿必东胶合板底板。

关键词： 竹材；阿必东；集装箱底板；老化；疲劳；耐久性

Abstract

This paper researches and analyses the Loding-strength, aging properties, fatique and roll-crushing rupture strength of bamboo and wood composite container floor and apitong plywood floor by test and contrast.The test results show that bamboo &. wood composite container floor is equivalent or superior to apitong plywood container floor in the way of those properties aforementioned, and its safety for loading and service life exceed those of apitong plywood floor.

Keywords: Bamboo; Apitong; Container Floor; Aging; Fatigue; Durability

集装箱运输是国际远洋运输的重要工具。作为集装箱有用负荷的主要承载部件——底板应具有在复杂环境及复杂应力状态下的安全性及必要的使用寿命。目前国内外造箱业所使用的底板有75%以上为木底板，而这些木底板几乎全部是热带硬木阿必东制成的胶合板底板[1]。自1993年开始，南京林业大学竹材工程研究中心进行了用国产材制造集装箱底板的尝试，现从工程结构材料的实用角度出发，通过模拟装载、加速老化、疲劳破坏及循环滚压破坏试验，对集装箱底板的新型替代品——竹木复合集装箱底板的机械性能进行了研究，并与现行使用的阿必东胶合板底板作了对比分析。

1　材料和方法

1.1　试验材料

竹木复合集装箱底板由江苏宜兴华茂竹木业有限公司制造，品牌“Greentech”。

阿必东胶合板底板由上海太平国际货柜有限公司提供，品牌“Thumb”。两种底板材料的常态物理力学性能见表1。

表1　两种集装箱底板的常态物理力学性能

板种	厚度/mm	含水率/%	密度/(g/cm^3)	静曲强度/MPa		弹性模量/MPa		冲去强度/(J/cm^2)
				纵向	横向	纵向	横向	
竹木复合底板	28.7	10.8	0.87	113.1	36.7	10 460	3 681	11.7
阿必东胶合板	28.9	10.4	0.86	87.5	35.0	11 337	3 275	9.2

本文原载《南京林业大学学报》1997年第21卷第1期第27-33页。

1.2 试验方法及步骤

1.2.1 模拟装载试验

模拟装载试验[2]由法国船级社在上海太平国际货柜有限公司进行。试验依据标准 ISO1496。试验装备为模拟装载试验架。试验操作程序如下：

（1）将规格尺寸的竹木复合集装箱底板和阿必东胶合板底板各一套，分别装配到两个相同型号的成型箱体的底梁上，以备试验。

（2）将装配好的集装箱安放到试验架的脚垫上。用卡车装入重量为 $2R-T$（其中 R 为集装箱的额定装载量，T 为箱体的外壳重。对 20 英尺标准箱 $2R-T=45\ 820$kg）的钢锭，并使钢锭均匀地分布在底板上。检测装载前后底板关键部位的变形。

（3）用垂直拉杆联接到集装箱的四个顶角上，进行垂直吊顶试验。试验持续 5min。测量底板在起吊过程及结束时的变形。

（4）用斜拉杆联接到集装箱的四个底角上（拉杆直线与集装箱的侧梁成 45°），进行吊底试验。试验持续 5min。检测起吊过程及结束时的变形。

（5）用叉车将钢锭卸出。用重量为 7260kg 的双轮小车（轮缘包覆硬质橡胶，两轮中心距 760mm，轮迹宽 180mm，单轮投印面积不大于 $142cm^2$）沿底板纵向往复运行 5 次，使滚压轮迹尽量遍布整个底面。检测滚压过程及结束时底板的变形。

1.2.2 加速老化试验

老化试验检测指标[3, 4]为静曲强度和弹性模量。根据集装箱底板的支承条件及租箱公司的要求。试件尺寸和试验方法分别依据 JISZ2113 及 AS TM D1037。每个试件进行连续 6 个循环的冷热干湿处理，每次循环包括以下 6 个步骤：①49℃的温水浸泡 1h；②93℃～95℃蒸汽喷蒸 3h；③−12℃冷冻 20h；④99℃干燥 3h；⑤93℃～95℃蒸汽处理 3h；⑥99℃干燥 18h。每循环 48h，共连续处理 288h。

1.2.3 疲劳破坏试验

疲劳试验[5, 6]于南京航空航天大学疲劳断裂试验室进行。试验方法参考了 AS TM D 671 标准，并结合集装箱底板的实际使用特点进行了调整。

试验设备：IN STRON 1341 电液伺服材料试验机；载荷传感器：25kN，示值误差 5‰；试验夹具：三点弯曲试验夹具；试件尺寸：依据 JISZ2113（因受夹具限制，支点间距为 350mm）；载荷输入方式：正弦波；循环应力比：$R=(-P_{min}):(-P_{max})=0.1$；试验环境：大气，室温 23℃±2℃。

1.2.4 滚压破坏性试验

该试验由法国船级社（B. V.）于上海远东集装箱有限公司进行。

将阿必东胶合板底板和竹木复合集装箱底板各半套对称地安装在同一个集装箱的中间纵梁两侧。并将该箱放置到试验架的脚垫上。用 7260kg 双轮小车沿纵向在两种底板上交替往复运行，检查两种底板在不同运行次数时的损伤情况。

2 结果与分析

2.1 模拟装载试验结果

经模拟装载试验后，底板的变形是底板胶合性能、静曲强度、抗弯刚度及韧性的集中体现。ISO1496 要求经吊顶、吊底及小车滚压 3 次后，底板的累计残余变形最大值不大于 3mm。变形测点位置如图 1。阿必东胶合板底板与竹木复合集装箱底板在 20 英尺集装箱上的试验结果如表 2。

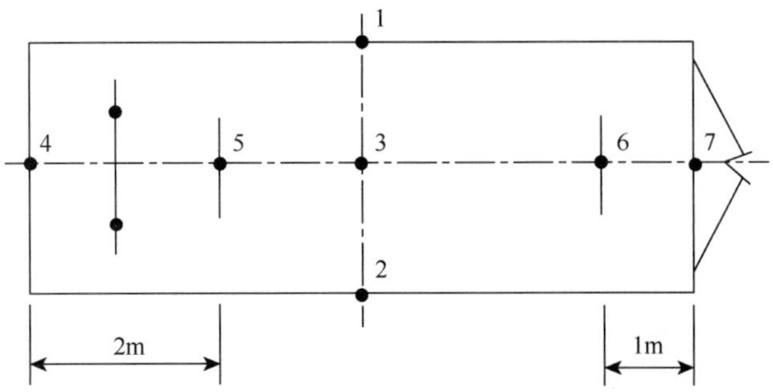

图 1　模拟装载试验底板变形的测点位置

表 2　模拟装载试验结果

试验历程	底板测点处变形/mm						
	1	2	3	4	5	6	7
①装载前（空箱，底角支承）	0/0	0/0	0/0	0/0	0/0	0/0	0/0
②装载后（45820kg，底角支承）	1/1. 5	2/1	11/14. 5	0/0. 5	11/12	6. 5/9	4/3
③吊顶（45820kg，悬空）	1/1. 5	2/1	11/15. 5	0/0. 5	11/12. 5	7/9. 5	4/3
吊顶结束（45820kg，支承）	1/1. 5	2/1	11/14. 5	0/0. 5	11/12	6. 5/9. 5	4/3
④吊底（45820kg，悬空）	0/1	1. 5/0	11/12. 5	0/0. 5	11/11	7/9	4/3
吊底结束（45820kg，支承）	1/1. 5	2/1	11/14. 5	0/0. 5	11/12	6. 5/9	4/3
卸载（空箱，底角支承）	0/0. 5	0. 5/1	1/1	0/0	1/1	0/0. 5	0. 5/0. 5
⑤滚压 5 次（7260kg，支承）	1/2	1. 5/1	5/10. 5	0/0. 5	15/11. 5	13/9	8/4
滚压结束（空载，支承）	0/1	1/0	1. 5/2	0/0	1/1. 5	1/1	1/1
累计残余变形	0/1	1/0	1. 5/2	0/0	1/1. 5	1/1	1/1

注：斜线左右的数字分别表示竹木复合底板与阿必东胶合板底板在对应点处的变形。

模拟装载试验的结果表明：竹木复合集装箱底板具有不低于阿必东胶合板底板的承载能力。满足 ISO 1496 对集装箱底板的技术性能要求。

由图 2 可知，尽管竹木复合集装箱底板的纵向弹性模量低于阿必东胶合板底板的纵向弹性模量，但前者具有更高的弹性极限和破坏极限，即 $P_{e2}>P_{e1}$，$P_{max2}>P_{max1}$。因此，当 $P<P_{e1}$ 时，阿必东胶合板底板的变形小于竹木复合底板的变形；当载荷消除后，二者的变形均能恢复，不会有残余变形存在。当 $P_{e1}<P<P_{e2}$ 时，尽管阿必东胶合板底板的变形仍小于竹木复合底板的变形，但由于载荷已超出了阿必东胶合板底板的弹性极限，故载荷消除后，前者有不可恢复的塑性变形，而后者无残余变形。当 $P>P_{e2}$ 时，二种底板均产生塑性变形，但竹木复合底板的塑性变形较小，如 $P_0=3500\text{N}$ 时，$\Delta d_2=0.86\text{mm}$，而 $\Delta d_1=1.20\text{mm}$。另一方面，竹木复合底板的横向弹性模量高于阿必东胶合板底板的横向弹性模量，因而其整体抗弯刚度较大。所有这些因素的共同作用，使得竹木复合集装箱底板在装载过程中具有与阿必东胶合板底板相同或更小的残余变形。

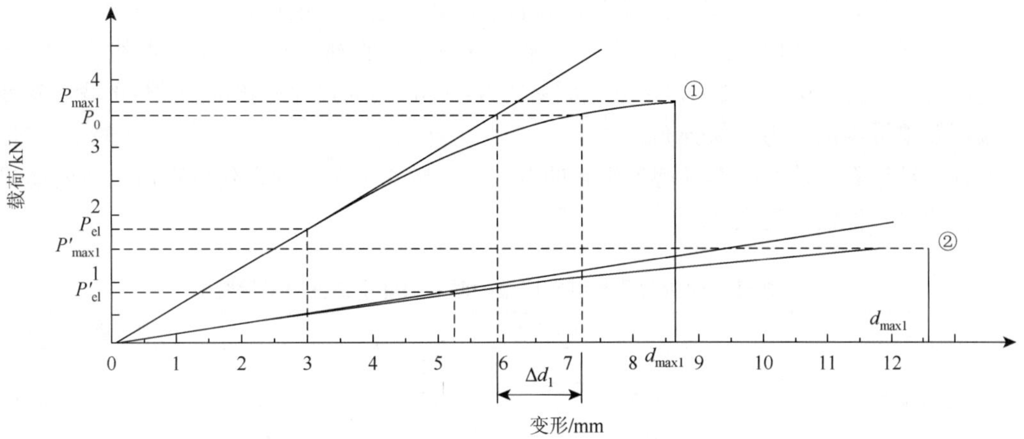

(a) 阿必东胶合板底板

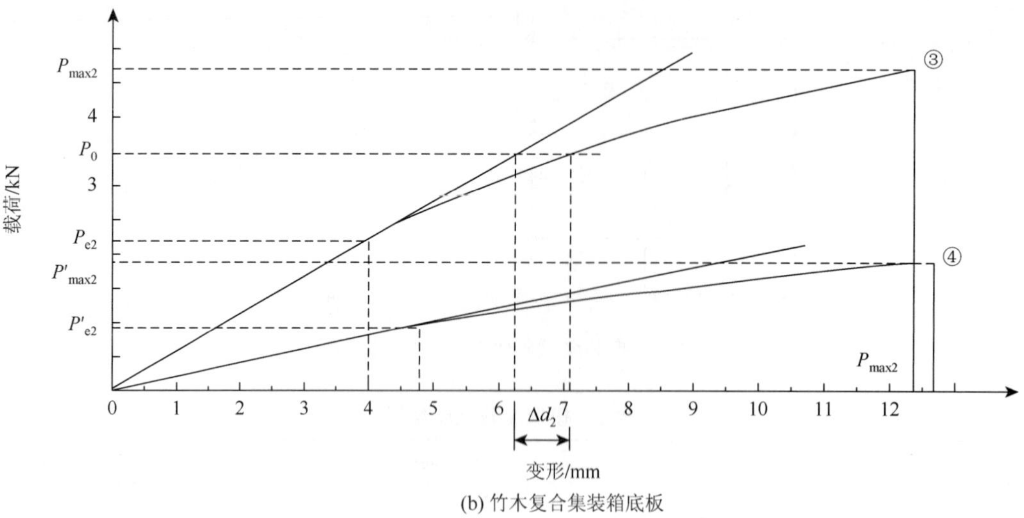

(b) 竹木复合集装箱底板

图 2　集装箱底板的静态弯曲载荷—变形曲线

①③代表纵向；②④代表横向

2.2　耐老化性能

加速老化试验检验了底板抵抗干湿、冷热等复杂环境影响的能力。检验结果见图 3。

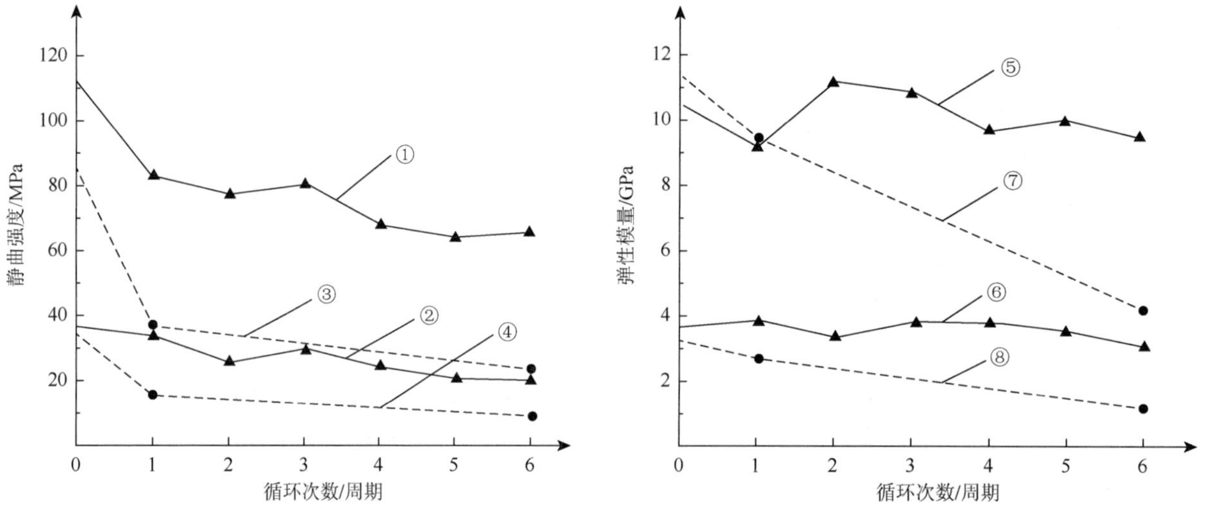

图 3　集装箱底板在加速老化试验中静曲强度与弹性模量的衰减曲线

①②⑤⑥代表竹林复合底板；①③⑤⑦代表纵向；③④⑦⑧代表阿必东胶合底板；②④⑥⑧代表横向

图 3 表明：在加速老化试验过程中，第Ⅰ、Ⅱ两个周期对底板的性能影响最大；随着循环次数的增加，处理条件对试件的作用逐渐减弱（图中曲线没有考虑老化处理过程中试件尺寸变化的影响）。事实上，试件尺寸特别是厚度（在Ⅰ、Ⅱ周期内）明显膨胀，从而导致试件的刚度增大。因此曲线代表的指标值高于相应的实际值。曲线的上下波动主要由以下几个因素所致：①试件的尺寸变化；②试件的含水率变化；③处理过程中，胶层及单板内的应力重新分布。

从试验的最终结果看，若考虑厚度增加引起的偏差，经过 6 个循环的老化处理后，两处集装箱底板的静曲强度和弹性模量的保留值见表 3。

表 3　加速老化处理后集装箱底板的静曲强度及弹性模量保留值

材料	横向强度/MPa		弹性模量/MPa	
	纵向	横向	纵向	横向
阿必东胶合板底板	52.3（46.2%）	16.5（44.9%）	6422（61.4%）	2102（57.1%）
竹木复合集装箱底板	20.3（23.2%）	7.5（21.5%）	3424（30.2%）	897（27.4%）

注：表中括号内数字表示相应指标值的保留率。

显然竹木复合集装箱底板的耐老化性能优于阿必东胶合板底板。

2.3 疲劳特性

当疲劳应力水平在材料的弹性极限内时，材料不会产生疲劳破坏[7]。图 2 显示，竹木复合集装箱底板和阿必东胶合板底板的弹性极限，分别为其破坏强度的 46.8%和 48.6%。因此，确定竹木复合底板与阿必东胶合板底板的疲劳试验应力水平，分别大于 46.8%和 48.6%。疲劳试验结果列于表 4。

表 4 集装箱底板的疲劳试验结果

材料	加载区间/kN	加载频率/Hz	最大应力水平/%	循环次数	疲劳破坏形式	保留静曲强度/MPa	保留弹性模量/MPa
竹木复合底板	0.25～2.5	2.7	50	81 006	未破坏	76.97	7360.3
	0.28～2.8	2.7	56	86 849	未破坏	79.23	7134.6
阿必东胶合板底板	0.20～2.0	3.3	50	48 778	芯层开胶	—	—
	0.25～2.5	2.7	62.5	6966	上、下部局部开胶	—	—

疲劳试验表明：两种底板材料存在的细微缺陷，如单板旋切裂隙、节疤等对疲劳应力不敏感。在低频循环应力作用下，竹木复合集装箱底板的竹片与木单板、木单板与木单板之间均胶合良好，无开胶、分层、断裂等破坏迹象；相同应力水平或平均载荷下，其疲劳循环次数远大于阿必东胶合板底板的疲劳循环次数。在最大应力水平为 50%～56%范围内，竹木复合底板经 80 000 多次的低频应力作用后，试件静曲强度和弹性模量的保留率仍在 70%左右。这应归功于表层竹片所赋予竹木复合底板的较高静态破坏强度和韧性。

从载荷的波形分析，输出应力波滞后于输入应力波，且竹木复合底板的输出波滞后角大于阿必东胶合板底板的输出波滞后角，说明前者吸收变形能的能力大于后者，因而有更好的抗疲劳破坏性能。

2.4 底板的滚压破坏特性

小车循环滚压破坏试验反映了集装箱底板在实际动载荷作用下抵抗破坏的能力，同时也是底板疲劳性能更进一步的模拟。试验结果见表 5。

表 5 两种底板的小车滚压试验结果

小车滚压次数	竹木复合底板	阿必东胶合板底板
6	中间纵梁的最大残余变形为 2mm	
50	无破坏迹象	有 2 个固定螺钉断裂
66	无破坏迹象	底板有 4 处断裂，并有 8 个螺钉脱落
118	边部沿竹纤维方向有 40mm 长的细裂缝，并有 4 处螺钉断裂	
141	底板有两处断裂	
破坏形式	底板胶层未破坏芯层木单板剪切成片状	底板胶层呈薄片状剥离

注：阿必东胶合板底板破坏后，小车在竹木复合底板单侧往复运行至底板破坏，在底板破坏处剖开，检查破坏形式。

该试验进一步确证了竹木复合集装箱底板比阿必东胶合板底板具有更好的承载安全性和更长的使用寿命。B.V.检查结果也认为竹木复合集装箱底板具有与阿必东胶合板底板相当甚至更高的级别。

3 结论与讨论

竹木复合集装箱底板的静态机械强度及装载能力不低于阿必东胶合板底板，其耐老化性能及弯曲疲劳强度优于阿必东胶合板底板，动态滚压至破坏的次数大于阿必东胶合板底板。由此推断，竹木复合集装箱底板具有比阿必东胶合板底板更好的承载安全性和更长的使用寿命。

建议对配有竹木复合集装箱底板并已承运的集装箱进行跟踪调查，进一步确定加速或强化试验数据与实际使用性能之间的内在联系。

参 考 文 献

[1] 孙丰文，张齐生. 世界集装箱底板用材的新进展. 世界林业研究，1995，（6）：37～42.

[2] 中华人民共和国船舶检验局. 集装箱检验规范. 1991.

[3] 余德新，范仔，宋一然. 人造板的加速老化试验研究. 林产工业，1993，（3）：17～19.

[4] 金士九，金晟娟. 合成胶黏剂的性质和性能测试. 北京：科学技术出版社，1992，172～298.

[5] Nagasawa C，Kumagai Y，Ono M. FatigueTest of Adhesive-bonded Joints under Repeated Stress of Constant Deflection. [日]木材学会言志，1981，27（7）：541～547.

[6] Nagasawa C，Kumagai Y，Ono M. Effects of Overlap length on the Fatigue Properties of Adhesive-bonded Joints. [日]木材学会言志，1981，27（8）：633～639.

[7] 王孟钟，黄应昌. 胶黏剂应用手册. 北京：化学工业出版社，1994，907～912.

TMJ-A 人造板弹性模量无损检测显示机的误差因素分析

高燕秋　王兆伍　张齐生
（南京林业大学　南京　210037）

摘　要

人造板无损检测是在线检测结构用人造板力学性能、保证产品质量的重要环节。本文介绍了弹性模量无损检测设备的功能和工作原理，从测试方法、机械系统、控制系统几个方面入手，分析了测试误差的形成原因及影响因素，为进一步提高人造板无损检测设备的测试精度和可靠性提供依据。

关键词： 弹性模量；无损检测；测试误差；传感器

Abstract

In order to ensure the quality of structural boards, it is important to apply nondestructive testing equipment for on-line examination of their mechanical properties. Function and principle of TM J-A on-line nondestructive testing equipment, which was developed by the authors, are introduced in this article-Furthermore, factors affecting measurement error from testing methods and equipment mechanical and control systems, necessary for improving equipment accuracy and reliability, are also analyzed.

Keywords: MOE; Nondestructive testing; Measures error; Structural board

集装箱底板、包装箱板材、建筑模板等结构人造板，对力学性能均有较高的要求，为保证产品质量，有必要建立全过程质量控制体系，人造板在线无损检测设备即是其中的一个重要环节。笔者等经几年努力，研制开发了集装箱底板弹性模量无损检测仪[1]。为提高测试精度和保证测试结果的稳定可靠，需要对测试误差的形成原因及影响因素进行分析研究，本文试从测试方法、机械系统、控制系统等几个方面进行讨论，以期为该检测仪的进一步改进完善提供依据。

1　TMJ-A 人造板弹性模量无损检测设备简介

结构人造板由于需要承受较大载荷，因而对其有严格的力学性能要求。检测板材质量通常采用小试件的 3 点弯曲试验法，即抽取一定比例的成品板截成小试件进行破坏性试验这种方法费用较高，耗时长，不能及时反馈到生产线，同时，由于具有随机性，故不能保证每块板的质量都符合要求而采取无损检测（Nondestructive Testing 即 NDT）方法，可对生产过程实行在线检测，并及时反馈到生产线，及时调整工艺参数，保证每一块板的质量符合要求[2]。

美国、日本等国家从 60 年代起已利用超声波、声发射、扫描、核磁共振等技术对中密度纤维板、刨花板等人造板的力学性能进行无损检测。80 年代初国内许多专家对结构人造板的强度预测进行了大量的理论研究工作，主要用于检测定向刨花板机械性能国内外对人造板弹性模量无损检测也进行了不少研究，可以用超声波、声发射、应力波、冲击波等多种方法来测定人造板的弹性模量，但试验成果大多未能得到广泛应用对于各向异性的多层复合材料组成的人造板，实现在线无损检测的难度更大，能用于生产线上的无损检测设备，目前国内还未见报道。

南京林业大学与江苏省金坛市正达机械有限公司合作，对人造板在线无损检测理论进行立项研究，历经 5 年时间，先后制作了三轮样机，在 2001 年底研制成功 TMJ-A 弹性模量显示机（图 1）该显示机采用 PLC（可编程控制器）和工控计算机结合，对检测过程进行全自动控制，能实时显示被测板件的参数和测试数据，并具

本文原载《木材工业》2002 年第 16 卷第 5 期第 24-26 页。

有测试数据自动整理保存和打印功能；还可以对不同规格板件的厚度和弹性模量进行在线检测，并可在必要时测定试件的静曲强度，主要应用于集装箱底板（或基板）的检测，也可以用于其他结构人造板的测试。

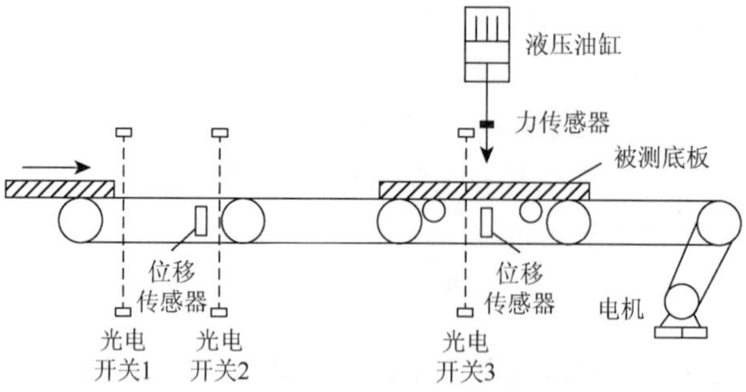

图 1 弹性模量无损检测设备简图

1.1 TMJ-A 人造板弹性模量显示机的性能参数

最大试验载荷，kN	30
测试厚度，mm	（15～35）±0.05
测试宽度，mm	30～1300
测试长度，mm	12 002 500
弯曲支架长度，mm	45～1000
最大挠度，mm	25
测试时间，min 炔	2

1.2 TM J-A 人造板弹性模量显示机的检测过程

（1）初始位置被测工件由前一工位送入，当工件到达光电开关 1，PLC 开始工作，电机启动，工件继续向前运动，并由光电开关和 PLC 控制。

（2）工件到达光电开关 2，开始测量板厚。随着工件的移动，位移传感器将板厚数据送至 PLC，并根据光电开关的开闭测得整块板长通过所需时间。

（3）被测工件到达光电开关 3，由 PLC 根据板长确定工件应到达的弹性模量测量位置。

（4）工件到达弹性模量（静曲强度）测量位置，电机关闭，工件停止运动。液压系统在 PLC 控制下根据测试要求自动加载由力传感器测定载荷大小，位移传感器测定相应挠度测试结果（弹性模量、厚度等）及被测工件参数在工控计算机上自动显示并保存。

（5）测试结束，停止加载液压油缸活塞自动上行，并启动电机将被测工件送出，等待下一工件送入。

2 测试方法的误差分析

人造板弹性模量的计算公式：$\mathrm{MOE}=\dfrac{1\Delta PL^3}{4\Delta fbh}$

式中：MOE——试件的弹性模量（MPa）；

L——支座距离（mm）；

b——试件宽度（mm）；

h——试件厚度（mm）；

$\Delta P\Delta f$——线性区域内载荷变形曲线的斜率。

2.1 板件尺寸的影响

根据 GB/T 17657—1999 的规定，测定人造板弹性模量的试件尺寸为：$l=(20h+50)$mm，$b=50$mm；支座距离 $L=20h$，即跨厚比 $L/h=20$ 而进行在线测试时，产品规格尺寸要大得多，无条件地直接应用上述公式是不合适的。由于人造板是各向异性的复合材料，经理论分析和试验验证[3, 4]，当跨厚比大于某一数值时，剪切引起的影响能够忽略，因此，在 3 点弯曲试验中可以应用上述公式进行计算。

2.2 跨厚比的影响

对于大尺寸人造板，测试时如取 $L/h=20$，所得到的弹性模量值比标准值小很多。在一般情况下，跨厚比 L/h 增加，弹性模量测试值呈增加趋势（见图 2），但当跨厚比大于某一数值时，弹性模量测试值变化趋缓，接近国家标准规定测试方法的数值。因此，选择合适的跨厚比具有重要意义而且跨厚比与整个测试系统的状态是相关的，某一厚度的试件应选择多大的支座距离合适，与支承型式、支承辊直径、加压方式和压头结构都有关联，需要根据具体的测试设备决定最佳的跨厚比大小。

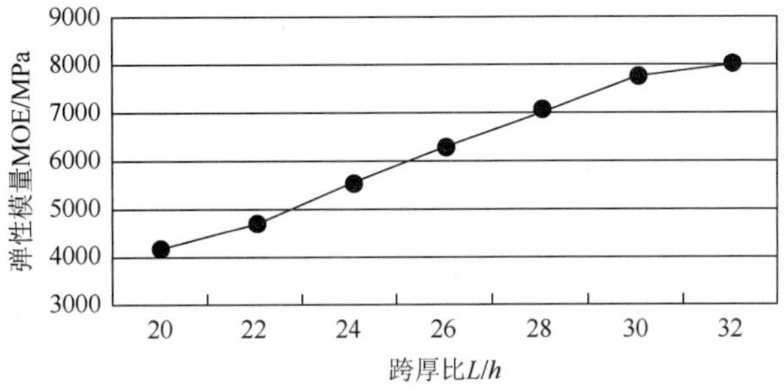

图 2 跨厚比对板材弹性模量的影响

板宽 1222mm，板长 1964mm，板厚 30mm

2.3 温度的影响

GB/T 17657—1999 中规定，试件应在（20±2）℃进行测量，工厂生产线的环境温度显然不可能满足这一要求，要解决这一问题，首先是在无损测试设备生产调试时，应采用与国家标准规定测试方法相同的条件进行对比试验，得出基准数据，再在实际生产时根据实际环境温度进行修正。

3 机械系统的误差分析

3.1 机械传动装置的影响

测试应在传动装置达到稳定运行状态后进行，如果板件的输送速度有变化，会对测试结果有些影响。

3.2 液压系统的影响

液压系统的压力和流量控制对于测试结果的影响较大，压力的选择必须使测试点落在载荷变形曲线的线性区域，否则就不能得到弹性模量的正确值。液流量大小会影响加载速度，从而也影响了测试结果的准确性，因此，加载速度应尽量小。

4 控制系统的误差分析

图 3 为 TMJ-A 弹性模量显示机的控制系统框图。

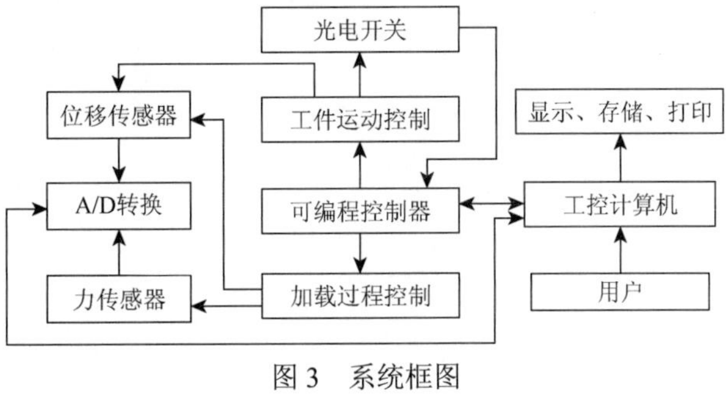

图 3 系统框图

弹性模量的自动检测过程，实际上是数据（信息）采集、传递、转换和处理的过程，传感器的选择使用、可编程控制器（PLC）对信息采集的控制、A/D 转换方式，放大滤波电路设计，以及 PLC 与工控计算机的通信等，都会影响测试数据的精度和可靠性。

4.1 传感器的影响

传感器对精度的影响主要表现在最大工作范围及工作区间的选择上一般来说，传感器的最大工作范围不宜太大，以提高测量精度；但最大工作范围过小，易导致测量参数超出允许值。为了适应被测工件参数的变化，必要时只能选择稍大的工作范围传感器应尽量在其线性度较好的区域内工作，这就要求选择合适的安装位置和测量区间，使测量的初值和最大值都能位于线性区域内。传感器在开始工作前和工作一定时间后，必须进行标定，以保证其工作精度。

4.2 信息采集方式的影响

进行测试时一般要求按一定的时间间隔采集数据，例如试件厚度 h，在板的全长中需采集若干数据，取其平均值作为测试结果，采样点取得太少，不能反映试件真实情况；采样点取得过多，系统不能及时响应，也会产生误差，又如在弹性模量计算公式中，压力 P 和变形 f 必须一一对应，即二者的采集必须同步，编制程序时应该考虑各被测量参数在时间和空间上的相互关系，才能达到协调一致[5]。

4.3 信息传递和转换的影响

在信息传递过程中，尤其是在 PLC 和工控计算机的通信中，应保证信息不发生丢失和改变。在被测量由模拟量转换为数字量时，更应注意减少信号的失真和畸变。为此要严格选择合适的控制元件、电气元件及设计性能优良的放大滤波电路。

5 结　论

降低人造板无损检测设备的测试误差，是提高生产率、保证成品质量的重要关键。人造板弹性模量无损检测设备是由机械传动、液压装置和自动控制等部分组成的综合系统，其中对测试误差起主要作用的是跨厚比、液压装置工作参数及控制系统设计。选择合适的跨厚比 L/h 是进行在线测试的重要条件。液压装置合适的工作参数，可保证测试过程能在载荷—变形曲线的线性区域内进行。设计控制系统应该在元器件选择、程序编制、放大滤波电路等方面精心设计和调试，使整个系统能处在误差较小的最佳状态下工作。只有如此，人造板弹性模量无损检测设备才能在人造板生产线上起到实时监控产品质量的作用。

参 考 文 献

[1] 高燕秋，王兆伍，孙丰文. 竹木复合集装箱底板弹性模量的无损检测. 南京林业大学学报，2001，25（6）：69-72.

[2] Leslie G，An ton polensek-nondestructive prediction of load-deflection relations for lumber. Wood and Fiber Science，1987，19（3）：133-327.

[3] 孙丰文. 竹木复合集装箱底板结构力学性能的模型理论与强度预测. 南京：南京林业大学，2001.

[4] 孙丰文，李燕文，张齐生. 竹木复合板的试件尺寸对静曲强度及弹性模量测试值的影响. 林产工业，1998，25（4）：4-5.

[5] 宋伯生. 可编程控制器配置、编程联网. 北京：中国劳动出版社，1998.

Elasticity modulus of oriented strand board made for the core of composite container flooring

XU Bin[1]，CHEN Si-guo[2]，ZHANG Qi-sheng[1]

（1 Bamboo Engineering Research Center Nanjing Forestry University Nanjing 210037 China；

2 Alberta Research Council Edmonton Alberta T6N1E4 Canada）

Abstract

The oriented strand board (OSB) made for the container flooring's core is divided into thin an isotropic layers with the same thickness and homogeneity. Then the OSB can be treated a laminate panel configured with those thin OSB layers. With an X-ray system to measure the vertical density profile of the OSB, Modulus of Elasticity (MOE of each thin layer was affected by density. A laser detector was used to measure the strand angle in the mat, and the Visual Basic for Application (VBA) was applied to model the strand angle distribution. Thus the MOE of every thin layer and the MOE of the entire OSB can be simulated, The results indicated that the modeled MOE was only 3.7% higher than the true one. The layer's contribution to the whole OSB can be predicted using the model, as well. The faces (50% of weight) made an approximate 90% contribution in the parallel MOE and 74% in perpendicular MOE.

Keywords: Oriented strand board; Vertical density profile; MOE; Visual Basic for Application

用于集装箱底板芯板的定向刨花板弹性模量模型

许 斌[1] 陈思果[2] 张齐生[3]

（1 南京林业大学竹材工程研究中心 南京 210037；

2 阿尔伯塔省研究院 Edmonton Canada T6N1E4）

摘 要

将集装箱底板芯板用定向刨花板细分为等厚均质各向异性薄层，定向刨花板可以看成这些薄层所构成的对称于中面的层合板。通过激光测量刨花铺装角度及 X 射线测量薄层的密度，可分析每一薄层因密度的增加而引起的弹性模量的变化，运用 VBA 编程来模拟刨花角度的分布，建立了刨花板弹性模量预测模型。模型预测值与实验值不超过 3.7%。通过预测分析各薄层对板弹性模量的贡献表明，占总重量为 50%的表板定向层对纵向弹性模量的贡献率为 90%，对横向弹性模量的贡献率为 74%。

关键词：定向刨花板；断面密度；弹性模量；VBA 编程

Effects of the oriented strand board (OSB) mat structure on MOE have been studied by a number of researchers[1-5]. The container flooring requires high strength and stiffness, so the OSB made for the core of container flooring should have high mechanic properties with an appropriate parallel/perpendicular property ratio. It is therefore necessary to study the effect of production parameters on MOE of the container flooring's core layer made of OSB. In this study, a model was developed to predict MOE of OSB. Pane Is manufactured in a North America OSB mill were used. X-ray and laser technologies were utilized to measure

本文原载《南京林业大学学报（自然科学版）》2008 年第 32 卷第 6 期第 89-92 页。

the vertical density profile and strand alignment of the OSB panels. Density was measured using an X-ray system to the OSB. The variation of MOE of each thin layer as affected by density can be obtained. The Visual Basic for Application (VBA) was applied to model the strand angle distribution. The MOE of every thin layer and MOE of the entire were calculated by the VBA program with testing the ligament angle of strand and the vertical density profile.

1 Materials and Methods

1.1 The parameters of strand and hot. Pressing procedure

Aspen strands of 0.86 mm thick and 146 mm long produced at the Meadow Lake OSB Mill of Tolkol Industries LTD were used for the OSB manufacturing. The strands were blended with 10% MDI and 1.0% Ewax. The furnish moisture content wads 8%.

The weight ratio of m_{face} ∶ m_{core} ∶ m_{core} ∶ m_{face} = 25 ∶ 25 ∶ 25 ∶ 25. The face strands were oriented，and the core strands were random. The OSB mats were formed by machine on the production line of the meadow Lake OSB Mill. The formed mats were pressed using a hot press with a platen temperature of 180℃ for 14 minutes，and the thickness of the OSB was 23 mm. the target density was 760 kg/m^3.

1.2 The vertical density profile and MOE

The OSB pane Is produced in the mill were taken to Alberta Research Council（ARC）for testing. The MOE test was conducted based on the JIS Z2113. To accommodate the need of container flooring test，the size of specimens were modified to be 430 mm×50 mm. A test span of 380 mm was used accordingly.

The vertical density profiles were measured using an X-ray QMS Density Profiler（Model QDP-01 X），which is manufactured by Quintek Measurement System Inc. The test machine sends X-ray through 0.08 mm section thickness of the OSB specimen. The density of the specimen was derived dependent on the X-ray absorbed by the OSB section.

1.3 Measurement of strand alignment

To obtain the alignment angle of the strands in the mat，1464 strands were manually measured using a protractor，and 3600 dots on the strands in the mat were measured by a laser system developed by ARC. The laser system consists of a laser generator，an optical camera，and a computer with an image card. When shooting a laser beam onto a piece of wood strand，the laser spot elongates along the fiber direction. This is because each of the fibers in the wood acts like a piece of light pipe. When the laser light hits the wood fibers，it is ducted by internal reflections within the fibers and tends to be redistributed preferentially in an elongated pattern. By imaging the laser spot and modeling the ellipse to determine the major axis，the strand orientation can be accurately obtained. A computer program was written to display the laser spot and to model the ellipse for determination of fiber (strand)orientation in real time. The date(60Hz)is processed and statistic information is displayed on the monitor. In this paper，an assumption was made that the strand length were parallel to the fiber direction. Thus，the terms of fiber angle and strand angle are interchangeable.

The measured strand angle distribution was shown in Fig.l. It can be concluded that the strands were distributed symmetrically with 0°. It was seen that the distribution pattern was close to the normal distribution. The average angle of hand-measured was $\mu = 0.63°$，and the standard deviation $S = 41.2°$. The average angle of laser-measured was $\mu = -1.36°$，and the standard deviation $S = 30.4°$. So the alignment angle measured with laser was more close to the general normal distribution.

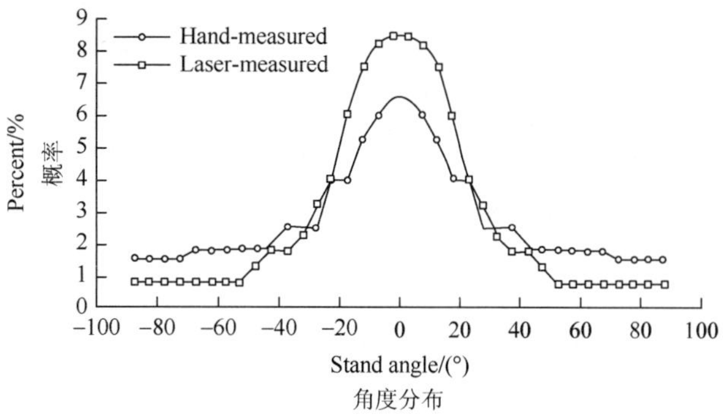

Fig.1 The strand angle distribution of the OSB mat formed in the mill

图 1 工厂刨花铺装时角度分布

2 Modeling

The MOE of an individual strand as a function of the angle between the grain and the applied load is described using the Hankinson formula[5-7]:

$$E_\theta = \frac{E_L \cdot E_T}{E_L \sin^K \theta + E_T \cos^K \theta} \tag{1}$$

Where E_θ represents MOE at an angle θ from the grain direction, E_L is the stiffness parallel to the grain, E_T is the stiffness across the grain, and K is an empirically determined constant.

For a given wood species (Aspen) $\triangle \mathrm{MOE}_L$ is a function of strand orientation configuration and density ρ_c of the panel layer[5]

$$\frac{\Delta E_{\mathrm{MOE}_L}}{\rho_C - \rho_w} = -0.21\theta + 19 \tag{2}$$

Where ρ_w denotes the wood density. The units of $\Delta E_{\mathrm{MOE}_L}$ density and strand angle are respectively MPa, kg/m^3 and (°). Therefore, the MOE of every layer was computed as following[2]

$$E_{\mathrm{MOE}_L} = \sum_{i=1}^{n} E_\theta / N + \Delta E_{\mathrm{MOE}_L} \tag{3}$$

Where N is the number of the strand of the layer.

In order to facilitate the VBA modeling of the alignment angles of strands, the angles were divided from 0° to 90° at a 5° increment. Since the positive angle and the negative angle had the same influence on the MOE of the OSB, the negative strand angles were converted to positive values. In order to closely proximate the actual alignment angle of the OSB, 204 strands were used in each layer in the modeling. According to the measured distribution of the strand angles, a random angle was generated by the computer in every 5° interval. The random angles in the random core layer were produced by the computer from 0° to 90°. According to the vertical density profile and the face/core weight ratio. The interface layer between the oriented face and random core was determined.

The effective MOE (or integrated MOE) for the entire OSB was calculated with the MOE of every layers and their distances to the central axis.

$$E_{\mathrm{MOE}_E} = \frac{1}{I}\sum_{i=1}^{n} E_i I_i = \frac{1}{I}\sum_{i=1}^{n} E\left[\frac{t_i^3}{12} + t_i S_i^2\right] \tag{4}$$

Where E_{MOE_E} is the effective MOE of the panel, E_i is the MOE of every layer. I is the moment of inertia of the OSB. I_i is the moment of inertia of i layer. t_i is the thickness of i layer. S_i is the distance to the central axis.

Combining the formulas (1), (2), (3) and (4), E_{MOE_E} can be calculated using the VBA program:

$$E_{\mathrm{MOE}_E}=\frac{12}{h^3}\sum_{i=1}^{n}\left[\frac{t_i^3}{12}+t_iS_i^2\right]\left[\frac{1}{204}\sum_{j=1}^{204}\left[\frac{E_LE_T}{E_L\sin^K\theta_j+E_T\cos^K\theta_j}+(19-0.21\theta_j)(\rho_i-\rho_w)\right]\right] \tag{5}$$

where $\theta_j(j=1,\cdots,204)$ is the strand angle in the i layer. i is the layer which is made up of 3 thin layer of the vertical density profile. $t_i = 0.24$ mm is the thickness of i layer. $\rho_w = 430\mathrm{kg/m^3}$，$E_L = 9190\mathrm{MPa}$，$E_T = 574\mathrm{MPa}$，$K = 2.0$[5, 8].

3　Results and discussion

Based on the vertical density profile，the formula（5）was used in the VBA program to calculate the MOE of every layer and the MOE of the entire OSB. For simplicity，the VBA program was not described in the paper. The modeled MOE of every layer was presented in Fig.2. specimens were cut from a 1200 mm×2400 mm panel from them ill for MOE testing. The specimens used for the vertical density profile test were also taken from the same panel. As shown in Table 1，the difference between the modeled MOE with the laser measured strand angle distributions and the true MOE was with within 3.7%.

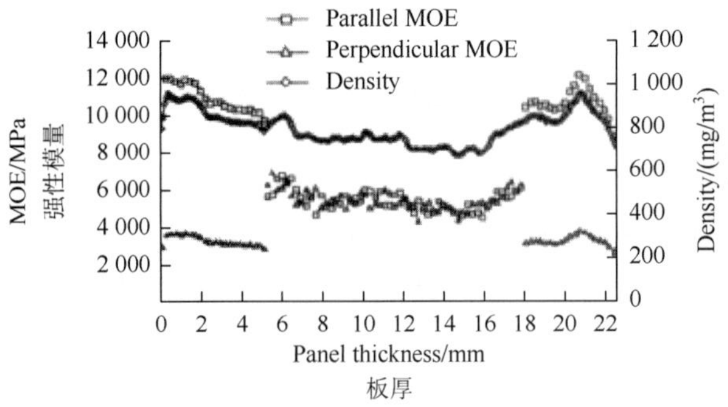

Fig.2　Vertical distribution of density and MOE_E of individual panel layers through the thickness

图 2　板厚方向上的密度分布及相对应的弹性模量分布

Table 1　Comparison between the modeled MOE and the true MOE

表 1　弹性模量预测值与实际值的对比

No.编号	Average density/(kg/m³) 平均密度	Modeled MOE 弹性模量预测值		True MOE in parallel 纵向弹性模量实际值			True MOE in perpendicular 横向弹性模实际值		
		$\mathrm{MOE}_{\parallel}$/MPa	$\mathrm{MOE}_{\perp}$/MPa	Density/(kg/m³)	MOE/MPa	Error rate/%	Density/(kg/m³)	$\mathrm{MOE}_{\perp}$/MPa	Error rate/%
1	787	9752	3628	789	9400	3.7	778	3500	3.6
2	773	9479	3529	782	9300	1.9	772	3500	0.8

The VBA program was run 10 times to see the random variation of simulated MOE for a same alignment angle distribution. The modeled MOE were nearly equal within 20 MPa in both parallel and perpendicular directions.

The modeled parallel MOE with hand-measured strand angles was 8398 MPa，and the perpendicular one was 4699MPa. The modeled parallel MOE with laser measured strand angles was 9752MPa，and the perpendicular one was 3628MPa. The true MOE from the same 1200 mm×2400 mm panel was 9400MPa in the parallel direction and 3500MPa in the perpendicular direction. The modeled MOE with laser measured strand angles was closer to the true MOE，with differences of only 3.7%，parallel and 3.6% in perpendicular. It can be seen that the alignment angle exerted an influence on the MOE. By changing the alignment angle， the desired parallel/perpendicular ratio MOE could be achieved.

With the model，the MOE contribution of every layer to the entire OSB can be obtained. The face layers significantly contributed more to the effective MOE than the core layer（Table 2）.The faces（50% of weight）made an approximate 90% contribution in the parallel MOE and 74% in perpendicular MOE.

Table 2 The modeled data contributed by the 3 layers of OSB

表 2 3 层模型弹性模量值及对 OSB 板的贡献

Layer 层	Weight ratio/%质量比	$MOE_{\parallel}$	Contribution/%贡献	$MOE_{\perp}$	Contribution/%贡献
Upper face	25	4624	47.5	1443	40.0
Core	50	1051	10.8	972	26.3
Down face	25	4064	41.7	1226	33.7

4 Conclusions

(1) The MOE modeled with the laser measured strand angles was closer to the true MOE than that of modeled with hand measured strand angles. The laser system could measure the fiber orientation of strands more accurately.

(2) The error rate between the modeled MOE calculated by VBA and the true MOE was within 3.7%. the face layers (50% of weight) can make an approximate 90% contribution in parallel MOE and 74% in perpendicular MOE.

References

[1] Geimer R L. Flake alignment in particleboard as affected by machine variable and particle geometry. Forest Service Research paper, Madison W is, 1976.

[2] Geimer R L. Date basic to the engineering of reconstituted flack board. Processing of the Thirteenth Washington State University International Symposium on Particleboard. Washington: washing to Sate University, 1979.

[3] Xu W. Influence of vertical density distribution on bending modulus of elasticity of wood composite panels: A theoretical consideration. wood and Fiber Science, 1999, 31 (3): 277-282.

[4] Xu W. Influence of percent alignment and shelling ratio on modulus of elasticity of oriented strand board: a theoretical consideration. Forest Prod J, 2000, 50 (10): 43-47.

[5] Chen S, Fang L, Liu X, et al. Effect of mat structure on modulus of elasticity of oriented strand board. Wood Sci Tech, 2008, 42: 197-210.

[6] Chen S, Well wood R, Nondestructive Evaluation of Oriented Strand Board. Proceedings of the 13th International symposium on Nondestructive Testing of Wood. California Berkeley: University of California, 2002.

[7] Jozsef B, Benjamin A J. Mechanics of wood and wood composites. New York: Van No strand Reinhold Company, 1982.

[8] Forest Products Laboratory. Wood Handbook—wood as an engineering material. USA: USDA Forest Service, 1999.

用奇异函数法解变截面竹木复合空心板的变形

王泉中　朱一辛　蒋身学　张晓东　张齐生
（南京林业大学　南京　210037）

摘　要

采用奇异函数法求得了变截面竹木复合空心板的挠曲线方程式，用叠加法验证了奇异函数法所得结果的正确性，比较了变截面与等截面两种结构下的变形。结果表明，用奇异函数法处理集中量或不连续问题较传统方法有明显的优势。

关键词： 奇异函数；变截面；复合空心板；夹层梁

Abstract

The deflection equation of empty-in-centre plank of bamboo-timber combination with variable cross-section has been determined with the method of Singularity Function. Moreover the author has tested the exactitude of solution subjected to Singularity Function's Method by Superposition and compared with the deflection about two constructions under variable and equivalent cross-section. The results indicate that Singularity Fuction's Method has an obvious advantage over the traditional method with respect of dealing with the problems of concentration quantity or uncontinuing.

Keywords: Singularity Function; Variable cross-section; Composite empty-in-centre plank; Laminate beam

经典的高等数学是建立在连续函数的基础上的，因此用经典高等数学方法来表述与处理力学中的一些集中量和不连续问题，就会受到限制。遇到这种情况，传统的方法往往是采取将一个完整的问题人为地分割表达和处理[1]。而用奇异函数方法则可避免人为地分割一个完整的问题，并使得问题的表述与处理相对简单得多。

变截面竹木复合空心板，考虑到提高材料利用率，降低生产成本，增强抗弯刚度，便于制造等方面原因，该结构板芯层采用了阶梯形，对于这种结构板，如用传统方法来求解板的挠曲线方程是相当烦琐的。使用奇异函数法，使得板的挠曲线方程求解变得简捷。

1　变截面竹木复合空心板变形的奇异函数法

考虑一根 n 段阶梯形梁，其横截面轴惯矩依次为 $J_1, J_2, \cdots\cdots, J_n$，材料弹性模量 $E=$ 常数。由材料力学可知，均质等截面梁的挠曲线微分方程为

$$EJy''(x)=M(x) \tag{1}$$

式中，$y(x)$为梁的挠度，$M(x)$为梁的弯矩方程。

将式（1）改为

$$Ey''=M(x)/J(x) \tag{2}$$

利用阶跃函数，阶梯形梁的 $1/J$（x）可表为

$$\frac{1}{J(x)}=\sum_{i=1}^{n}\beta_i(x-x_{i-1})^0 \tag{3}$$

式中，$\beta_i=\dfrac{1}{J_i}-\dfrac{1}{J_{i-1}}$，$x_0=0$，$J_0=0$。

本文原载《南京林业大学学报》2000 年第 24 卷第 1 期第 32-34 页。

将式（3）代入式（2）得

$$Ey'' = M(x)\sum_{i=1}^{n}\beta_i(x - x_{i-1})^0 \tag{4}$$

对式（4）积分二次，即可求得阶梯形梁的挠曲线方程。

变截面竹木复合空心板是上、下面板为竹帘层压板，芯层木材采用阶梯形结构的一种新型结构板，其结构示意图如图 1 所示。根据柱形弯曲理论[4]，变截面竹木复合空心板的弯曲犹如平面弯曲的梁一样，所以，完全可将这种结构板视作硬夹心层合梁；同时考虑到板的跨高比很大，由剪力引起的附加变形相对弯矩引起的变形是很小的，因此可忽略剪力对其变形的影响。另外，夹层梁是层合梁中的一种特殊情况，因此，从一般层合梁推导得到的结论是适用于夹层梁的，当然也适合于变截面竹木复合空心板。

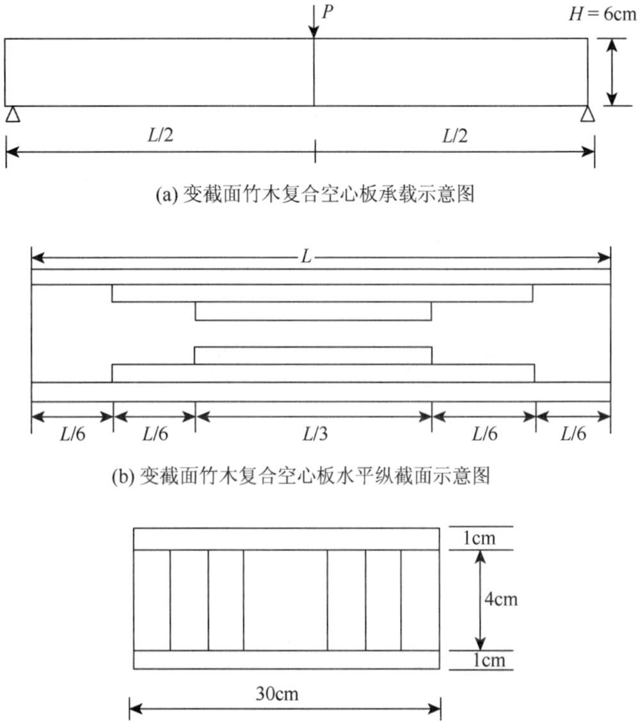

(a) 变截面竹木复合空心板承载示意图

(b) 变截面竹木复合空心板水平纵截面示意图

(c) 空心板中间段横截面示意图

图 1　变截面竹木复合空心板结构示意图

变截面竹木复合空心板，分为三种不同的横截面。不同的横截面具有不同的抗弯刚度。根据复合材料结构力学有关理论，横截面对中心轴 z 的抗弯刚度计算公式为

$$\overline{EJ} = \sum_{i=1}^{n} E_i J_i \tag{5}$$

式中，J_i 为第 i 层横截面对中心轴 z 的惯性矩；E_i 为第 i 层沿着长度方向的弹性模量。用奇异函数来描述竹木复合空心板的挠曲线微分方程为

$$y'' = \left(\frac{P}{2}x - P\left(x - \frac{L}{2}\right)^1\right)\left\{\frac{1}{\overline{E_1J_1}} + \left(\frac{1}{\overline{E_2J_2}} - \frac{1}{\overline{E_1J_1}}\right)(x - L_1)^0 + \left(\frac{1}{\overline{E_3J_3}} - \frac{1}{\overline{E_2J_2}}\right)(x - L_2)^0 + \left(\frac{1}{\overline{E_2J_2}} - \frac{1}{\overline{E_3J_3}}\right)(x - L_3)^0 + \left(\frac{1}{\overline{E_1J_1}} - \frac{1}{\overline{E_2J_2}}\right)(x - L_4)^0\right\} \tag{6}$$

令，$A = \dfrac{1}{\overline{E_1J_1}}$，$B = \dfrac{1}{\overline{E_2J_2}} - \dfrac{1}{\overline{E_1J_1}}$，$C = \dfrac{1}{\overline{E_3J_3}} - \dfrac{1}{\overline{E_2J_2}}$，当 $L_1 = \dfrac{L}{6}$，$L_2 = \dfrac{L}{3}$，$L_3 = \dfrac{2L}{3}$，$L_4 = \dfrac{5L}{6}$ 时，式（6）为

$$y'' = \left(\frac{P}{2}x - P\left(x - \frac{L}{2}\right)^1\right)\left(A + B\left(x - \frac{L}{6}\right)^0 + C\left(x - \frac{L}{3}\right)^0 - C\left(x - \frac{2L}{3}\right)^0 - B\left(x - \frac{5L}{6}\right)^0\right) \tag{7}$$

式（7）积分二次，得

$$\frac{y}{P}=\frac{A}{12}x^3-\frac{1}{6}\left(x-\frac{L}{2}\right)^3(A+B+C)+\frac{B}{12}\left(x-\frac{L}{6}\right)^0\left[x^3-\frac{L^3}{216}-\frac{L^2}{12}\left(x-\frac{L}{6}\right)\right]+$$
$$\frac{C}{12}\left(x-\frac{L}{3}\right)^0\left[x^3-\frac{L^3}{27}-\frac{L^2}{3}\left(x-\frac{L}{3}\right)\right]+\frac{C}{6}\left(x-\frac{2L}{3}\right)^0\left[\left(x-\frac{L}{2}\right)^3-\frac{x^3}{2}+\frac{31L^3}{216}\right]+$$
$$\frac{7CL^2}{9}\left(x-\frac{2L}{3}\right)^1+\frac{B}{6}\left(x-\frac{5L}{6}\right)^0\left[\left(x-\frac{L}{2}\right)^3-\frac{x^3}{2}+\frac{109L^3}{432}\right]+$$
$$\frac{7BL^2}{144}\left(x-\frac{5L}{6}\right)^1+Hx+1 \tag{8}$$

利用边界条件 $y(0)=0$，$y(L)=0$ 可得

$$H=-\left(\frac{A}{16}+\frac{B}{18}+\frac{45C}{1296}\right)PL^3,\ I=0$$

2　结果与分析

用奇异函数法求得的式（8）即为描述变截面竹木复合空心板的挠曲线方程。有了它可以知道板变形后的全貌。且这一解析式为采用优化方法研究该空心板的结构提供了条件，而常用的叠加法只能求得指定点处的变形。因此，用奇异函数法来描述具有集中量和不连续问题（集中载荷，变截面等）是很有实际意义的。

为了说明用奇异函数法求得结果的正确性，笔者分别用奇异函数法与叠加法求解了若干处变形。假定 $\overline{E_1J_1}=EJ$，$\overline{E_2J_2}=2EJ$，$\overline{E_3J_3}=3EJ$，这样，$A=\frac{1}{EJ}$，$B=-\frac{1}{2EJ}$，$C=-\frac{1}{6EJ}$，两种方法计算在 $x=L/6$，$L/3$，$L/2$ 位置处的挠度是完全相同的，分别为 $69PL^3/15\,552EJ$，$57PL^3/7776EJ$，$65PL^3/7776EJ$ 这充分说明奇异函数法不但较之经典函数法要简便得多，而且结果也是精确的。

变截面竹木复合空心板的横截面刚度计算如下：

范围	$0\leqslant X<L/6$ $5L/6\leqslant X\leqslant L$	$L/3\leqslant X\leqslant 2L/3$	$L/6\leqslant X\leqslant L/3$ $2L/3\leqslant X\leqslant 5L/6$
$\overline{EJ}=\sum_{i=1}^{n}E_iJ_i$ （Nm^2）	521×10^{-4}	575×10^{-4}	548×10^{-4}

当面板相同，芯层所用木材数量相等情况下，变截面结构与等截面结构空心板的变形见表 1。表 1 表明，变截面结构在抗弯能力方面较等截面结构要强，在若干点处变截面结构的变形显著减小。显然，如果适当地调整芯材布置，那么板中点的挠度会进一步减小。若使用优化方法来调整芯材布置，那么就能得到一定条件下的最优结构。

表 1　两种截面空心板的变形

结构	变形		
	$X=L/2$	$X=L/3$	$X=L/6$
变截面板	$0.3603PL^3$	$0.2827PL^3$	$0.1788PL^3$
等截面板	$0.3812PL^3$	$0.3238PL^3$	$0.1831PL^3$
百分比/%	5.5	12.7	2.3

3　结　　论

（1）用奇异函数法来处理突变问题是较为方便的，而且所得结果仍为解析解。

（2）变截面结构优于等截面结构。

（3）用奇异函数法得到的变截面梁的挠曲线方程便于对结构进行优化设计。

参 考 文 献

[1] 张双寅. 复合材料结构的力学性能. 北京：北京理工大学出版社，1992.
[2] 王燮山，奇异函数及其在力学中的应用. 北京：科学出版社，1993.
[3] 张齐生，朱一辛，蒋身学. 结构用竹木复合空心板的初步研究. 林产工业，1997，(3)：15-19.
[4] 罗祖道，李思简. 各向异性材料力学. 上海：上海交通大学出版社，1994.

用高阶剪切理论研究竹木复合空心板的弯曲性能

王泉中　张齐生　朱一辛
（南京林业大学　南京　210037）

摘　　要

运用高阶剪切理论对竹木复合空心板的弯曲性能进行分析与研究。结果表明：在跨高比较小时，横向剪切效应对板的弯曲性能有显著影响；预测的变形与一阶剪切理论基本相当：预测的强度能够反映出横向剪切效应的影响。其影响只与载荷大小有关，而与跨高比无关；描述横截面上的应力分布与一阶剪切理论显著不同，尤其是剪应力不仅在跨中截面上存在较大差异，而且还随截面的位置而变。

关键词：高阶剪切理论；竹木复合空心板；弯曲性能；横向剪切效应

Abstract

The bending properties of the hollow plank of the bamboo-timber combination were in detail analyzed with high-order shear deformation theory (HSDT) in this paper. The results indicated that transverse shear effect affects greatly on the bending properties of the plank while the ratio of span-height was small. The calculated deflection was the basic same with first-order shear deformation theory (FSDT). The calculated strength could show the affection caused by transverse shear effect and the affection had only relation to the loading value and no to the ratio of span-height. The distribution of stress on cross-section was obvious different from FSDT and particularly shear-stress had not only considerable difference on cross-section in span-center but also change as the location of cross-section.

Keywords: High-order shear deformation theory; Hollow plank of bamboo-timber combination; Bending properties；Transverse

我国有丰富的竹材资源。开发与利用竹材资源方兴未艾。竹材因其强度高、韧性好等特点被广泛地用于结构材料。竹木复合空心板（图 1）是根据造船工业的特殊需要研究开发的一种特殊结构板，为克服竹材质重、刚性差的弱点，采用空心夹层形式，其上下面板为结构、性能相同的竹篾层积材，芯层为松木条；板具有厚面板、硬夹心的特点。由于受其板重和结构尺寸的限制，准确预测其弯曲性能对减少盲目试制起到非常重要的作用，研究发现（王泉中等，2001a；2001b），竹篾层积材具有很强的正交各向异性和显著的横向剪切效应，以这样性能的面板作为主要构件的竹木复合空心板，在横向集中载荷作用下，势必具有更为显著的横向剪切效应。为能准确预测其弯曲性能，本文运用高阶剪切理论对竹木复合空心板的弯曲性能进行了详细与深入的分析，并与王泉中等（2001a；2001b）中的有关分析结果进行了比较。

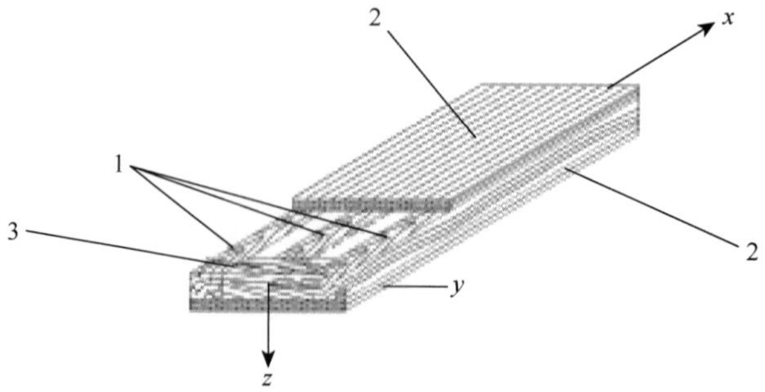

图 1　竹木复合空心板结构示意图

1 芯层；2 面板；3 木封条

本文原载《林业科学》2005 年第 41 卷第 1 期第 127-130 页。

1 高阶剪切理论概述

一阶剪切理论对横向剪切效应明显弯曲问题的变形计算有了较大改善，但因其平截面的近似假设，对弯曲强度的分析仍与经典理论一样，没有得到任何改善，高阶剪切理论放弃了与实际不符的平截面假设，避免了一阶剪切理论人为地选择剪切变形系数所产生的影响。不但对变形的分析更趋精化，而且涉及了横向剪切效应对强度的影响。

利用罗祖道等（1994）给出的高阶剪切理论的位移模式，该位移模式是依据梁的横截面上剪应力为抛物线分布的假设，针对两端简支、中间受一集中载荷的空心夹层梁模型，运用最小势能原理导出了高阶剪切理论下的位移函数表达式，其主要过程如下：

对上述空心夹层梁，设定的位移模式为

$$u(x,z)=\alpha'(x)\cdot z-\frac{1}{3}\beta'(x)\cdot z^3 \tag{1}$$

$$w(x)=\frac{h^2}{4}\beta(x)-\alpha(x) \tag{2}$$

对第 n 层，其应力分量可表示为

$$\sigma_x^{(n)}=E^{(n)}\left(\alpha''\cdot z-\frac{1}{3}\beta''\cdot z^3\right) \tag{3}$$

$$\tau_x^{(n)}=G^{(n)}\beta'\left(\frac{h^2}{4}-z^2\right) \tag{4}$$

式中，E、G 为第 n 层材料的纵向弹性模量与横向剪切弹性模量。本问题共 3 层。

整梁的变形能为

$$\begin{aligned}U=&\int_0^L\int_{-\frac{1}{2}b}^{\frac{1}{2}b}\int_{-\frac{1}{2}h}^{\frac{1}{2}h}\frac{1}{2}\left[E_c\left(\alpha''\cdot z-\frac{1}{3}\beta''\cdot z^3\right)^2+G_3(\beta')^2\left(\frac{h^2}{4}-z^2\right)^2\right]\mathrm{d}x\mathrm{d}y\mathrm{d}z+\\&2\int_0^L\int_{-\frac{b}{2}}^{\frac{b}{2}}\int_{-\frac{h}{2}}^{\frac{h}{2}}\frac{1}{2}\left[E_f\left(\alpha''\cdot z-\frac{1}{3}\beta''\cdot z^3\right)^2+G_f(\beta')^2\left(\frac{h^2}{4}-z^2\right)^2\right]\mathrm{d}x\mathrm{d}y\mathrm{d}z=\\&\int_0^L\left[\frac{h^3}{24}A_3(\alpha'')^2-\frac{h^5}{240}A_5\alpha''\beta''+\frac{h^7}{8064}A_7(\beta'')^2+\frac{h^5}{60}G(\beta')^2\right]\mathrm{d}x\end{aligned} \tag{5}$$

梁的总势能为

$$\pi=\int_0^{\frac{L}{2}}\left[\frac{h^3}{24}A_3(\alpha'')^2-\frac{h^5}{240}A_5\alpha''\beta''+\frac{h^7}{8064}A_7(\beta'')^2+\frac{h^5}{60}G(\beta')^2\right]\mathrm{d}x-Pw\Big|_{x=\frac{L}{2}} \tag{6}$$

根据最小势能原理 $8\pi=0$。可得到关于 α，β 的微分方程组和相应的边界条件，求解后可得到空心夹层梁的位移函数为

$$u(x,z)=\frac{5040P(5A_3-A_5)}{h^5k^2(25A_3A_7-21A_5^2)}\left(1+\frac{\cos kx}{\cos\frac{kL}{2}}\right)\left(\frac{A_5h^2}{20A_3}z-\frac{1}{3}z^3\right)+\left(\frac{3P}{A_3h^3}x^2-\frac{3PL^2}{4A_3h^3}\right)z\quad\left(0\leqslant x\leqslant\frac{L}{2}\right) \tag{7}$$

$$w(x)=\frac{252P(5A_3-A_5)^2}{h^3k^2A_3(25A_3A_7-21A_5^2)}\left(x-\frac{\sinh kx}{k\cosh\frac{kL}{2}}\right)-\frac{P}{h^3A_3}x^3-\frac{3PL^2}{4A_3h^3}x\quad\left(0\leqslant x\leqslant\frac{L}{2}\right) \tag{8}$$

式中，$k=\left[\frac{3360A_3G}{h^2(25A_3A_7-21A_5^2)}\right]^{\frac{1}{2}}$，$A_3=bE_f+(b_1E_c-bE_f)r^3$，$A_5=bE_f+(b_1E_c-bE_f)r^5$，$A_7=bE_f+(b_1E_c-bE_f)r$，$G=bG_f+\frac{15}{8}(b_1G_c-bG_f)\left(r-\frac{2}{3}r^3+\frac{1}{5}r^5\right)$，$r=\frac{h_1}{n}$。

这里：u、w 分别为梁横截面的纵向位移和横向位移；E_f、E_c 分别为面板与芯层的纵向弹性模量；G_f、G_c 分别为面板与芯层的板厚向剪切弹性模量；b、b_1 分别为面板与芯层的宽度；h、h_1 分别为板与芯层的高度；L 为梁的跨度；P 为作用于梁跨中的载荷；x、z 分别为梁横截面位置坐标与其上点的高度坐标。材料性能常数和结构尺寸等具体数据见文献（王泉中等，2001a；2001b）。

2　变形与强度的分析

对于变形分析，研究其跨中挠度，根据式（8），其跨中挠度计算式为

$$w\left(\frac{L}{2}\right)=\frac{252P(5A_3-A_5)^2}{h^3k^2A_3(25A_3A_7-21A_5^2)}\left(\frac{L}{2}-\frac{1}{k}\tanh\frac{kL}{2}\right)+\frac{PL^3}{4h^3A_3} \tag{9}$$

为说明高阶剪切理论下的分析结果，图 2 同时给出了经典理论和一阶剪切理论下跨中挠度随跨高比（L/h）变化的情况，图 2 表明，对弯曲变形的分析，高阶剪切理论与一阶剪切理论非常接近，这说明一阶剪切理论对弯曲变形的分析比经典理论不但有了很大改进，而且具有相当精度，另一方面，一阶剪切理论中针对竹木复合空心板的弯曲问题所选择的截面剪切变形系数是合适的，由于一阶剪切理论分析表达式简单，因此，在一般工程应用中，采用一阶剪切理论进行分析计算完全合适。

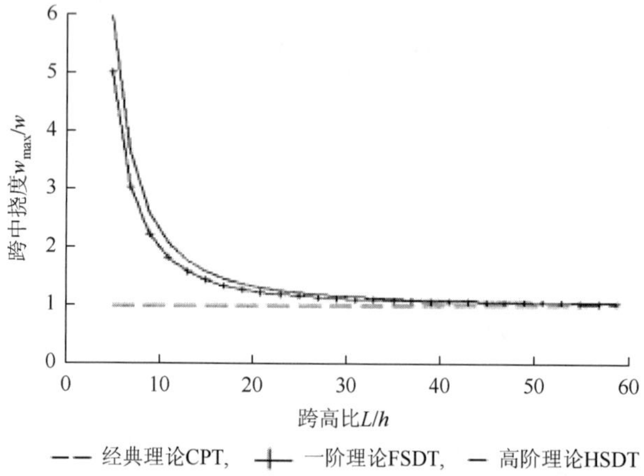

图 2　在 P 下竹木复合空心板 w–L/h 之间的关系

w_{max} 为梁的跨中挠度

对于强度分析，利用式（7）与（3），可得到第 n 层的正应力表达式为

$$\sigma_x^{(n)}=E^{(n)}\left[\frac{5040P(A_5-5A_3)\sin kx}{h^5k(25A_3A_7-21A_5^2)\cos\frac{kL}{2}}\times\left(\frac{h^2A_5}{20A_3}z-\frac{1}{3}z^3\right)+\frac{6Px}{h^3A_3}z\right] \tag{10}$$

对于横截面上剪应力，可通过平衡微分方程求得，其表达式为

$$\tau_x^{(n)}=E^{(n)}P\left[\frac{5040(A_5-5A_3)A_5\cosh x}{40h^3A_3(25A_3A_7-21A_5^2)\cosh\frac{kL}{2}}+\frac{3}{h^3A_3}\right]\left(\frac{h^2}{4}-z^2\right)+\frac{5040E^{(n)}P(A_5-5A_3)\cosh x}{12h^5(25A_3A_7-21A_5^2)\cosh\frac{kL}{2}}\left(z^4-\frac{h^4}{16}\right) \tag{11}$$

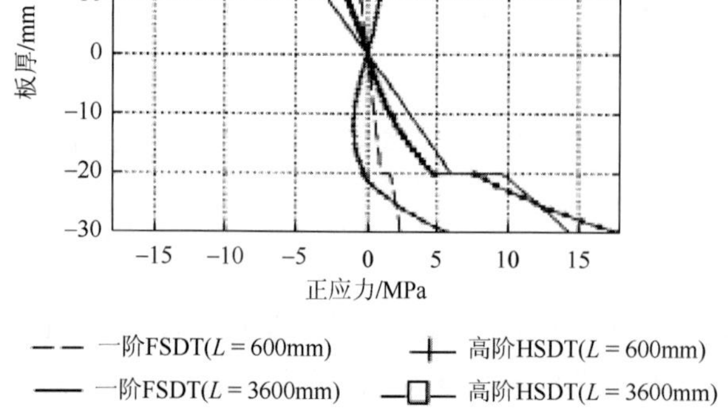

图 3　跨中横截面上正应力分布

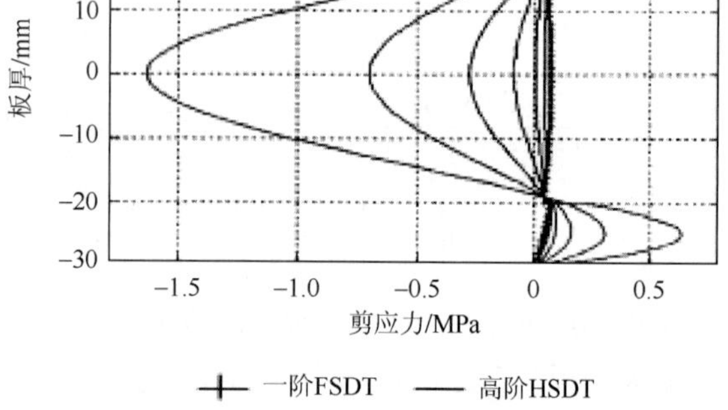

图 4　距跨中不同位置处横截面上剪应力分布

图 3 表明跨中横截面上的正应力，高阶剪切理论下为非线性分布，一阶剪切理论为线性分布，且在面板与芯层之间应力有突变。随着跨高比的增加，高阶理论下的应力分布线性化趋势越明显，且能清楚地反映出面板与芯层间的应力突变。在应力的数值上，高阶剪切理论下的应力明显地大于一阶剪切理论下的应力。计算发现，不同跨高比下，2 种理论计算的应力数值相差的绝对值是相等的，这说明，高阶剪切理论反映的横向剪切效应对弯曲强度的影响不随跨高比而变；但随着跨高比的增加，相对差距在显著地缩小，表明横向剪切效应在不断地减弱。

对式（11）分析可知，在载荷不变的情况下，横截面上的剪应力分布与跨高比无关，图 4 反映出，在高阶剪切理论下，横截面上剪应力分布随横截面的位置而变；但随着距跨中截面距离的增加，横截面上剪应力分布趋向于一阶剪切理论下的分布，图中显示了每增加 10mm 时横截面上剪应力的分布情况，约在距跨中 50mm 处，2 种理论下剪应力分布基本相同。

在等值的集中载荷作用下，竹木复合空心板面内最大正应力 $\sigma_{\max}$ 比值[绝对比 $=\sigma_{(\mathrm{HSDT})}/\sigma_{(\mathrm{FSTD})}$；相对比 $=\sigma_{(\mathrm{HSDT})}-\sigma_{(\mathrm{FSDT})}/\sigma_{(\mathrm{FSDT})}$]随跨高比（$L/h$）变化曲线如图 5 所示，在跨高比很小时，横向剪切效应对弯曲应力的影响是十分显著的。

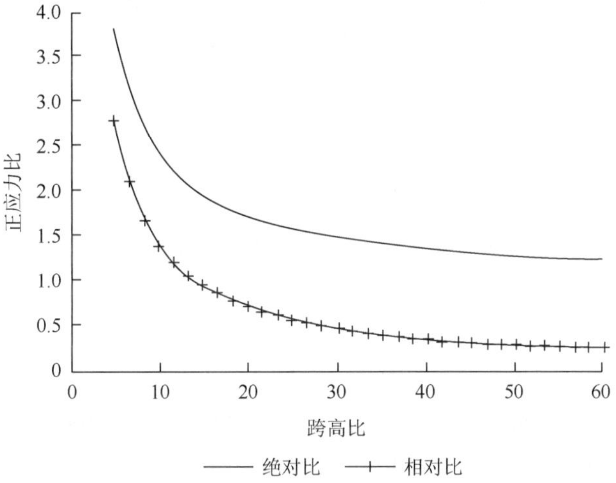

图 5　应力比与跨高比间的关系

3 结 束 语

计算分析表明，横向剪切效应对竹木复合空心板的弯曲性能有显著影响，在跨高比较小时，高阶剪切理论表达的变形是经典理论表达的几倍。横截面上的正应力和剪应力分布与一阶剪切理论表达的完全不同，尤其是剪应力，不仅跨中截面上存在较大差异，而且还随截面的位置而变。另外，由高阶剪切理论表达的横向剪切效应产生的附加弯曲应力以及剪应力仅与载荷有关而与跨高比无关，总之，在弯曲变形的表达上高阶剪切理论对一阶剪切理论改进不大，一阶剪切理论已具有相当精度，对弯曲强度的表达，高阶剪切理论较一阶剪切理论有很大改进。本文的研究结果对以竹篾层积材为主的层合型结构的分析具有指导意义。

参 考 文 献

王泉中，张齐生，朱一辛，等，2001a. 考虑横向剪切效应的竹材层合板弯曲变形，南京林业大学学报（自然科学版），25（4）：37-40.

王泉中，朱一辛，蒋身学，等，2001b. 竹木复合空心板弯曲变形分析. 南京林业大学学报（自然科学版），25（1）：27-30.

罗祖道，李思简，1994. 各向异性材料力学. 上海：上海交通大学出版社：458.

热压温度及板材密度对竹木复合层积材顺纹抗压强度的影响

张晓春　蒋身学　张齐生

（南京林业大学竹材工程研究中心　南京　210037）

摘　要

通过单因变量两因素重复试验，以毛竹竹篾和桦木单板为原料，使用酚醛树脂胶黏剂压制竹木复合层积材，分析热压温度对竹木复合层积材顺纹抗压强度的影响。结果表明，在试验选定因素水平范围内，热压温度和板材密度对竹木复合层积材顺纹抗压强度影响及板材密度显著，板材顺纹抗压强度随热压温度的升高而增强，但 145℃与 160℃两水平之间差异并不显著；不同密度对板材顺纹抗压强度的影响差异显著，板材的顺纹抗压强度随板材密度的增大而增大；在其他工艺参数相对不变的情况下，热压温度与板材密度的交互作用对板材顺纹抗压强度的影响并无显著的影响。

关键词：热压温度；板材密度；竹木复合层积材；抗压强度

Abstract

Two-factor experiments were carried out to study the effects of hot-pressing temperature and board density on compressive strength of bamboo-wood composite LVL. The tested boards were made from bamboo strips near bamboo green and birch veneers using phenolic-formaldehyde adhesive. The results showed that hot-pressing temperature and board density had a significant effect on the compressive strength parallel to the grain, which was enhanced with the rise of hot-pressing temperature. But the value difference between 145℃and 155℃was not significant. Board density had a significant effect on the compressive strength, which increased with the increase of board density. The interaction of hot-pressing temperature and board density had no significant effect on the compressive strength parallel to the grain.

Keywords: Hot-pressing temperature; Board density; Bamboo-wood composite LVL; Compressive strength

热压温度是人造板热压三要素之一，其主要作用是促进胶黏剂固化，塑化木材单板使板坯压紧，同时蒸发板坯中的水分。过高的热压温度亦会引起板坯含水率稍高的板材产生鼓泡、胶层热分解等工艺缺陷[1]。余养伦等在研究桉树单板层积材的制造工艺和主要性能时发现，热压温度对板材的静曲强度、弹性模量具有显著的影响。在其测试的 130～160℃温度范围内，随着热压温度的升高，板材的静曲强度和弹性模量随之增大[2]。热压温度的适当选择不仅影响着产品质量，同时热压温度也影响着生产设备的生产效率及生产能耗和成本。而板材的密度是影响其物理力学性能的一个重要因素。在多数情况下，当板材的密度大于木材单板的密度时，木材中的细胞就会受到一定程度的压缩，当压缩压力超过木材的抗压强度时，木材细胞就会被压溃，导致产品性能的降低[3]。因此，本文重点探讨用毛竹竹篾与桦木单板，通过浸胶法生产竹木复合层积材时，热压温度与板材密度对其力学性能指标顺纹抗压强度的影响。

1　材料与方法

1.1　实验材料

毛竹（*Phyllostachys heterocycla*）竹篾，刨除毛竹外竹壁表面微薄蜡质成分，在靠近竹青面制取，厚

本文原载《林业科技开发》2011 年第 2 期第 45-47 页。

度 1.5mm 左右，宽度 20mm，密度 1.0g/cm^3，杭州大庄实业集团有限公司提供；桦木（*Betula platyphylla*）旋切单板，购于山东省青岛市，密度 0.6g/cm^3，规格为 900mm×450mm×1mm；胶黏剂为水溶性酚醛树脂胶黏剂，固含量 40%，黏度 20s（涂 4 杯，20℃），均由杭州大庄实业集团有限公司提供。

1.2　实验设计与方法

根据复合材料力学层合板理论及人造板工艺学的对称原则，将桦木单板与竹篾帘如图 1 所示全顺纹组坯制成 400mm×200mm×20mm 的板材。在前期实验室正交试验优化工艺的基础上，采用两因素两重复检测值试验的方差分析方法分析不同温度、不同板材密度对竹木复合层积材顺纹抗压强度的影响。温度拟定 3 个水平，分别为 130℃、145℃和 160℃；板材密度拟定 3 个水平，分别为 0.9g/cm^3、1.0g/cm^3 和 1.1g/cm^3。每组试验条件重复 2 次，试件个数为 6 个，取测试均值作为对应试验条件下的强度值，应用 spss 统计分析软件进行数据结果分析。

（表、芯层为竹帘，其余为桦木单板）

图 1　板坯结构示意图

1.3　制板工艺

竹木复合层积材的生产工艺流程如图 2 所示。

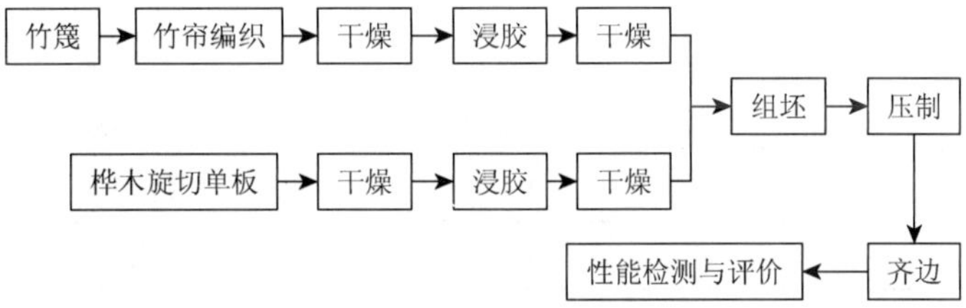

图 2　工艺流程图

将竹篾用棉线手工编织成帘，与桦木单板一起干燥至含水率 6～8%。单板、竹帘均采用浸胶方式施胶，浸胶单板胶液固含量 30%，浸胶时间 30min。浸胶竹帘胶液固含量 40%，浸胶时间 40min。浸胶单板、竹帘自然干燥至含水率 14%～17%时，按图 1 所示结构铺装组坯，表、芯层 3 层竹帘，其余为浸胶桦木单板，制成幅面 400mm×200mm×20mm 的板材。

热压曲线：采用分段加压、卸压的热压曲线，热压压力 4.5MPa，热压时间 1.2min/mm。

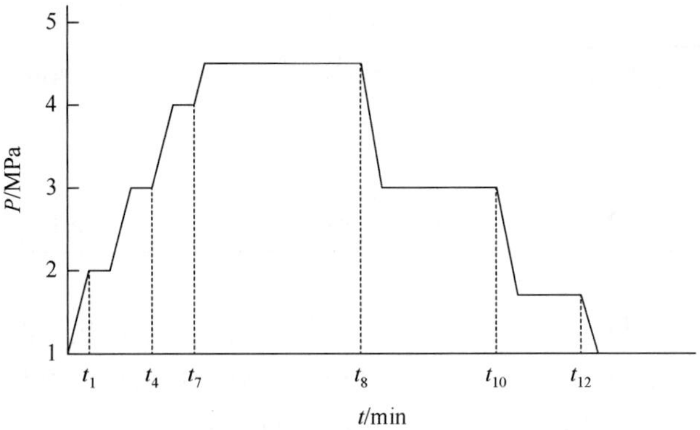

图 3　热压曲线图

1.4　测试方法

试件的锯解和测试按照 ASTM D3501《胶合板压缩试验方法》进行。

2　结果与分析

热压温度和板材密度对竹木复合层积材顺纹抗压强度影响的试验结果见表 1。表 2 为描述统计量，可知热压温度和板材密度每水平重复 2 次后板材顺纹抗压强度实验的平均值和标准差。由表 2 可知，竹木复合材料在热压温度 160℃，板材密度 1.1g/cm^3 时最大，为 174.79MPa；在热压温度 130℃，板材密度 0.9g/cm^3 最小，为 152.82MPa。

表 1　热压温度和板材密度对竹木复合层积材抗压强度的影响　　（单位：MPa）

温度/℃	密度/(g/cm^3)		
	0.9	1.0	1.1
130	148.88	158.44	164.52
	156.76	154.81	164.18
145	157.02	170.34	176.00
	155.46	165.77	171.57
160	157.93	171.99	175.24
	157.86	167.05	174.33

表 2　描述统计量

热压温度/℃	密度/(g/cm^3)	平均值/MPa	标准差	自由度
130	0.9	152.8200	5.572 00	2
	1.0	156.6250	2.566 80	2
	1.1	164.3500	0.240 42	2
	总计	157.9317	5.928 85	6
145	0.9	156.2400	1.103 09	2
	1.0	168.0550	3.231 48	2
	1.1	173.7850	3.132 48	2
	总计	166.0267	8.266 09	6
160	0.9	157.8950	0.049 50	2
	1.0	169.5200	3.493 11	2
	1.1	174.7850	0.643 47	2
	总计	167.4000	7.891 43	6
总计	0.9	155.6517	3.436 87	6
	1.0	164.7333	6.761 87	6
	1.1	170.9733	5.345 84	6
	总计	163.7861	8.199 35	18

表 3 为不同因素对板材顺纹抗压强度影响的方差分析，由表可知，热压温度和板材密度对竹木复合材料抗压强度的影响都达到了极显著的水平。热压温度与板材密度的交互作用对竹木复合材料顺纹抗压强度的影响不显著。图 4 中 1、2、3 条线也近似平行，说明不同热压温度和不同板材密度两影响因素之间并无显著的交互效应[4]，因此直接对热压温度和板材密度两因素进行主效应分析。

表 3 方差分析表

方差来源	平方和	自由度	均方差	F	Sig.
校正模型	1071.117[a]	8	133.890	16.787	0.000
	482866.023	1	482866.023	60540.336	0.000
热压温度	314.129	2	157.064	19.692	0.001
密度	712.335	2	356.168	44.655	0.000
热压温度 X 密度	44.652	4	11.163	1.400	0.309
误差	71.783	9	7.976		
总计	484008.924	18			

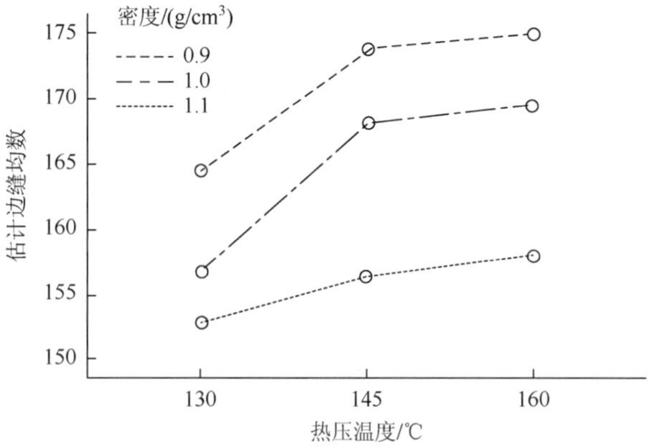

图 4 热压温度和板材密度的交互作用

由表 4 多重比较结果可知，热压温度 145℃与 160℃之间差异不显著，130℃与 145℃和 130℃与 160℃之间差异显著。温度在 145℃和 160℃时，竹木复合层积材的顺纹抗压强度最大，分别为 166.03MPa 和 167.40MPa，热压温度在 130℃时板材的顺纹抗压强度最小，为 157.93MPa。

表 4 不同热压温度对板材抗拉强度影响的 S-N-K 多重比较

热压温度/℃	自由度	均衡子集	
		1	2
130	6	157.9317	
145	6		166.0267
160	6		167.4000
Sig.		1.000	0.421

由表 2 和表 4 同时也可以看出，伴随着热压温度的升高，板材的顺纹抗压强度亦会得到相应的提高。对于厚度仅为 1mm 左右的薄单板用浸渍法生产层积材，酚醛树脂会渗入单板内部。热压温度越高，单板内部树脂固化的程度就越好，产品的性能也就越高。但由于浸渍法生产竹木复合层积材时板坯含水率稍高，组成单元尺寸较大时板坯内水蒸气扩散困难，同时酚醛树脂在固化的过程中会释放水分进一步使板坯内部的含水率增加，过高的热压温度容易引起板材鼓泡现象，产品质量难以保证[5]。因此，鉴于 145℃与 160℃之间板材顺纹抗压强度差异不显著，生产中采用 145℃为宜。

由表 5 多重比较结果可知，不同板材密度对竹木复合层积材的顺纹抗压强度的影响差异显著，密度越大，板材的抗压强度就越大。不同密度水平之间差异的显著性，说明板材的强度对密度有着较强的依赖性。在相同板厚情况下，密度越高，板材在热压过程中压缩率就越大，木质单元中的孔隙就会逐渐被填充和压实，从而引起板材强度随密度增加而升高[6]。

表 5　不同密度对板材顺纹抗压强度影响的 S-N-K 多重比较

密度/(g/cm^3)	均衡子集			
	自由度	1	2	3
0.9	6	155.6517		
1.0	6		164.7333	
1.1	6			170.9733
Sig.		1.000	1.000	1.000

3　结　论

(1) 热压温度对浸渍法生产竹木复合层积材的顺纹抗压强度有着显著影响。其他工艺参数相对不变的情况下，在本试验选定温度范围内，板材顺纹抗压强度随热压温度的升高而增强。最佳的热压温度为 160℃，但由于 145℃与 160℃两水平之间差异并不显著，从节省能源和降低生产成本考虑，在满足板材性能要求的前提下，热压温度取 145℃为宜。

(2) 板材密度对竹木复合层积材的顺纹抗压强度亦有着显著的影响。不同密度对板材顺纹抗压强度的影响差异显著，板材的顺纹抗压强度随板材密度的增大而增大。

(3) 在其他工艺参数相对不变的情况下，热压温度与板材密度的交互作用对板材顺纹抗压强度的影响并无显著的影响。

参 考 文 献

[1]　华毓坤. 人造板工艺学. 北京：中国林业出版社，2002：223-224.

[2]　余养伦，于文吉，王戈. 桉树单板层积材的制造工艺和主要性能. 林业科学，2007，43（8）：155-158.

[3]　刘焕荣. 浸渍法生产竹木复合强化单板层积材工艺研究. 北京：中国林业科学研究院，2007：54-55.

[4]　王苏斌，郑海涛，邵谦谦. SPSS 统计分析. 北京：机械工业出版社，2003：185-186.

[5]　林利民，由昌久，杨玲. 单板类人造板热压过程传热速度的研究. 林业科技，2004，29（4）：32-35.

[6]　罗鹏，杨传民，计宏伟，潘道津，温芮. 密度对稻壳—木材复合材料性能的影响. 林业科技，2003，28（6）：36-37.

热压压力及板材密度对竹木复合层积材顺纹抗压强度的影响

张晓春[1]　朱芋锭[2]　姚迟强[1]　李延军[1]　张齐生[1]
（1 浙江农林大学工程学院　杭州临安　311300；
2 南京林业大学　南京　210037）

摘　　要

通过单因变量两因素重复试验，以毛竹竹篾和桦木单板为原料，使用酚醛树脂胶黏剂压制竹木复合层积材，分析热压压力及板材密度对竹木复合层积材顺纹抗压强度的影响，并利用扫描电子显微镜对竹木复合层积材的微观构造进行了观察。结果表明，在试验选定因素水平范围内，热压压力和板材密度对竹木复合层积材顺纹抗压强度影响显著，板材顺纹抗压强度随热压压力的升高先增大而后减小，且各水平间差异显著；不同密度对板材顺纹抗压强度的影响差异显著，板材的顺纹抗压强度随板材密度的增大而增大；在其他工艺参数相对不变的情况下，热压压力与板材密度的交互作用对板材顺纹抗压强度的影响并无显著的影响。扫描电镜照片显示，热压压力升至一定水平，板材内部结构受到一定程度的损伤。

关键词：热压压力；板材密度；竹木复合层积材；抗压强度

Abstract

Two-factor experiments were carried out to study the effects of hot-pressing pressure and board density on compressive strength of bamboo-wood composite LVL. And the microscopic structure of the boards was observed by scanning electron microscopy.The tested boards were made from bamboo strips near bamboo green and birch veneers using phenol-formaldehyde adhesive. The results showed that the compressive strength parallel to the grain was first enhanced and then reduced significantly with the rise of hot-pressing pressure, and was significantly enhanced with the rise of board density. The interaction of hot-pressing pressure and board density had no significant effect on the compressive strength parallel to the grain.Scanning electron micrographs showed that the board internal structure was damaged in a certain degree when the hot-pressing pressure rose to a certain level.

Keywords: Hot-pressing pressure；Board density；Bamboo-wood composite LVL；Compressive strength

人造板生产过程中影响其物理力学性能的工艺因素有很多，包括原料树种、胶黏剂种类、施胶量、热压温度、热压时间、热压压力等，在诸多的影响因素中热压压力和板材密度是两个极其重要的指标。在板坯的热压过程中，过高的压力在使木质单元发生变形的同时，还伴随着单元细胞结构的损伤和破坏，最终势必对板坯的物理力学性能造成影响[1-7]；而在多数情况下，当板材的密度大于木材单板的密度时，木材中的细胞就会受到一定程度的压缩，当压缩压力超过木材的抗压强度时，木材细胞就会被压溃，导致产品性能的降低[8]。因此，本文重点探讨用毛竹竹篾与桦木单板通过浸胶法生产竹木复合层积材时，热压压力与板材密度对其力学性能指标顺纹抗压强度的影响，并利用扫描电子显微镜对竹木复合层积材的微观构造进行了观察，作一综合分析。

1　材料与方法

1.1　实验材料

毛竹（*Phyllostachys heterocycla* cv. *pubescens*）竹篾，通过刨除毛竹外竹壁表面微薄蜡质成分，在靠近

本文原载《竹子研究汇刊》2012 年第 31 卷第 3 期第 23-27 页。

竹青面制取，厚度 1mm 左右，宽度 20mm，密度 1g/cm^3，购于浙江杭州；桦木（Betula platyphylla Suk）旋切单板，密度 0.6g/cm^3，规格为 900mm×450mm×1mm，购于山东青岛市；胶黏剂为水溶性酚醛树脂胶黏剂，固体含量 40%，黏度 20s（涂 4 杯，20℃），购于浙江杭州。

1.2 实验设计与方法

图 1 板坯结构示意图

表、芯层为竹帘，其余为桦木单板

根据复合材料力学层合板理论及人造板工艺学的对称原则，将桦木单板与竹篾帘如图 1 所示全顺纹组坯制成 400mm×200mm×20mm 的板材。在实验室正交试验优化工艺的基础上，采用两因素两重复检测值试验的方差分析方法分析不同压力与不同板材密度对竹木复合层积材力学性能的影响。热压压力拟定 3 个水平，分别为 3MPa、4.5MPa 和 6MPa；板材密度拟定 3 个水平，分别为 0.9g/cm^3、1.0g/cm^3 和 1.1g/cm^3。每组试验条件重复 2 次，试件个数为 6 个，取测试均值作为对应试验条件下的强度值，应用 SPSS 统计分析软件进行数据结果分析。

1.3 制板工艺

竹木复合层积材的生产工艺流程如图 2 所示。

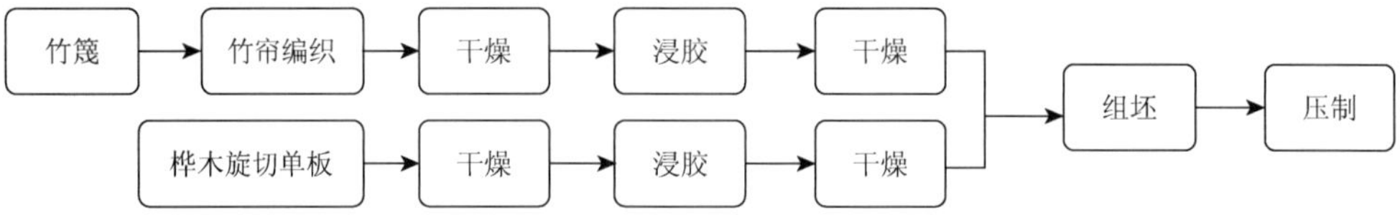

图 2 工艺流程图

将竹篾用棉线手工编织成帘，与桦木单板一起干燥至含水率 6%～8%；单板、竹帘均采用浸胶方式施胶，浸胶单板胶液固体含量 30%，浸胶时间 30min；浸胶竹帘胶液固体含量 40%，浸胶时间 40min；浸胶单板、竹帘自然干燥至含水率 14%～17%时，按图 1 所示结构铺装组坯，表、芯层 3 层竹帘，其余为浸胶桦木单板，制成幅面为 400mm×200mm×20mm 的板材。

1.4 测试方法

检测标准参照 ASTM D3501《胶合板压缩试验方法》进行。

2 结果与分析

2.1 实验结果分析

热压压力和板材密度对竹木复合层积材顺纹抗压强度影响的试验结果见表 1，表 2 为描述统计量，可知热压压力盒板材密度每水平重复 2 次后板材的顺纹抗压强度试验的平均值和标准差。由表 2 可知，竹木复合层积材的顺纹抗压强度在热压压力 4.5MPa、板材密度 1.1g/cm^3 时最大，为 171.06MPa；在热压压力 3MPa、板材密度 0.9g/cm^3 时最小，为 147.51MPa。

表 1 热压压力、板材密度对竹木复合层积材顺纹抗压强度的影响

压力/MPa	密度/(g/cm^3)		
	0.9	1	1.1
3	147.36	150.19	154.84
	147.65	148.74	160.47
4.5	157.9	162.98	173.23
	157.63	164.47	168.89
6	150.09	158.56	165.21
	149.28	156.13	170.18

表 2 描述统计量

热压压力/MPa	密度/(g/cm^3)	平均值/MPa	标准差	自由度
1	1	147.51	0.21	2
	2	149.47	1.03	2
	3	157.66	3.98	2
	总计	151.54	5.16	6
2	1	157.77	0.19	2
	2	163.73	1.05	2
	3	171.06	3.07	2
	总计	164.18	6.13	6
3	1	149.59	0.71	2
	2	157.35	1.72	2
	3	167.70	3.51	2
	总计	158.21	8.32	6
总计	1	151.62	4.86	6
	2	156.85	6.47	6
	3	165.474	6.81	6
	总计	157.98	8.21	18

表 3 为不同因素对板材抗压强度影响的方差分析，由表可知，热压压力和板材密度对竹木复合材料抗压强度的影响都达到了极显著的水平，热压压力 sig. = 0.000，$P<0.05$；板材密度 sig. = 0.000，$P<0.05$。热压压力与板材密度的交互作用对竹木复合材料抗压强度影响的显著性水平为 sig. = 0.197，$P>0.05$，说明在本实验条件下，不同热压压力和不同板材密度两影响因素之间并无显著的交互效应，因此直接对热压压力和板材密度两因素进行主效应分析。结果见表 4 和表 5。

表 3 方差分析

方差来源	平方和	自由度	均方差	*F*	Sig.
校正模型	1103.301[a]	8	137.913	28.660	0.000
	449 228.768	1	449 228.768	93 353.889	0.000
热压压力	479.918	2	239.959	49.866	0.000
密度	587.027	2	293.514	60.995	0.000
热压压力*密度	36.356	4	9.089	1.889	0.197
误差	43.309	9	4.812		
总计	450 375.379	18			

表 4 不同热压压力对板材抗压强度影响的 S-N-K 多重比较

热压压力	自由度	均衡子集		
		1	2	3
1	6	151.5417		
3	6		158.2100	
2	6			164.1833
Sig.		1.000	1.000	1.000

表 5 不同板材密度对板材抗压强度影响的 S-N-K 多重比较

密度	自由度	均衡子集		
		1	2	3
1	6	151.6200		
2	6		156.8450	
3	6			165.4700
Sig.		1.000	1.000	1.000

由表 4 和表 5 可知，热压压力各水平间存在着显著的差异，热压压力在 4.5MPa 时，层积材的顺纹抗压强度值最大，为 164.18MPa，在 3MPa 时最小，为 151.54MPa，随着压力的升高，板材的抗压强度先增大而后减小。说明在本实验条件下，6MPa 的热压压力有可能已经对板材的细胞单元造成了损伤，影响了其力学性能。板材密度各水平之间仍存在着显著的差异，顺纹抗压强度随板材密度的增大而增大。

2.2　扫描电子显微镜观察及综合分析

为了进一步了解热压压力与板材密度对竹木复合层积材力学性能的影响，对竹木复合层积材的微观构造进行了扫描电镜观察，如图 3 所示。

3MPa　　4.5MPa　　6MPa

图 3　不同热压压力下竹木复合层积材的微观结构

由 2.1 节知，板材性能随着热压压力的升高先增大而后减小。扫描电镜图片显示（图 3），在热压压力为 3MPa 时，竹材与单板的内部细胞结构并未发生明显的变化，胶层附近的单板细胞，在热压之后被压缩的很密实；热压压力 4.5MPa 时，热压结束后，板坯内部结构非常的密实，可以明显看到单板细胞及部分导管发生明显的变形，但并未出现被压缩损坏的现象；当热压压力为 6MPa 时，在板坯热压过程结束后，由电镜图片可以清晰地看到，单板导管被严重损坏，部分单板细胞也被压溃，出现裂纹，板坯内部结构受到一定程度的损伤。

板坯加压目的是使被胶接单元与胶黏剂紧密结合，进而使胶黏剂部分渗入木材细胞中为胶接创造必要的条件。增加压力，会使板坯胶接单元之间的空隙变小，但也会使板材的密度增大，有利于板坯性能的提高。但当压力过大，超过木材细胞抵抗变形的能力时，木材就会被压溃，板材性能反而降低。

3　结　　论

（1）热压压力对浸渍法生产竹木复合层积材的顺纹抗压强度有着显著的影响，其他工艺参数相对不变的情况下，在本试验选定压力范围内，板材顺纹抗压强度随热压压力的升高先增强而后降低；热压压力升至一定水平后，会对板材的内部结构造成一定的损伤，影响其力学性能；各压力水平之间差异显著，最佳的热压压力为 4.5MPa。

（2）板材密度对竹木复合层积材的力学性能亦有着显著的影响，不同的密度对板材力学性能的影响差异显著，板材的顺纹抗压强度随板材密度的增大而增大。

（3）在其他工艺参数相对不变的情况下，热压压力与板材密度的交互作用对板材顺纹抗压强度的影响并无显著的影响。

参 考 文 献

[1]　许斌，张齐生，蒋身学. 热压工艺对定向刨花—单板复合集装箱底板性能的影响. 林产工业，2010，37（4）：14-18.

[2]　许民，李帅，苏玉伟. 热压温度对麦秸塑料刨花板性能的影响. 东北林业大学学报，2006，34（3）：41-51.

[3]　谢力生，李翠翠，王红强，李达丰. 人造板热压应力研究.. 木材工业，2006，20（5）：4-7.

[4] 顾继友，胡英成，朱丽滨. 人造板生产技术与应用. 北京：化学工业出版社，2009：244-255.

[5] 梅长彤. 组坯结构与人造板性能关系的基础研究. 南京：南京林业大学，2004.

[6] Chui Y H, Schneider M H, Zhang H J. Effects of resin impregnation and process parameters on some properties of poplar LVL. Forest Products Journal，1994，44（7/8）：74-78.

[7] Strickler M D. The effect of press cycles and moisture content on properties of Douglas-fir flake board. Forest Products Journal，1959，9（7）：203-207.

[8] 刘焕荣. 浸渍法生产竹木复合强化单板层积材工艺研究. 北京：中国林业科学研究院，2007：54-55.

竹木复合层积材的力学性能及耐老化性能

张晓春　朱芋锭　蒋身学　张齐生

（南京林业大学竹材工程研究中心　南京　210037）

摘　要

以毛竹靠近竹青的最外层竹篾和桦木单板为原料生产3种不同密度的竹木复合层积材，对其基本力学性能及耐老化性能进行了研究。结果表明：在板材密度0.9～1.1g/cm^{3}的范围内，竹木复合层积材的抗弯强度＞220MPa，抗弯模量＞20GPa，顺纹抗压强度＞150MPa，顺纹抗拉强度＞200MPa，且板材力学性能随板材密度的增大而增大；在实验室加速老化处理后竹木复合层积材的抗弯模量、抗弯强度、顺纹抗压（抗拉）强度的保留率都很高，均在75%以上，表现出很强的抗老化能力。

关键词： 竹木复合层积材；力学性能；耐老化性能

Abstract

Bamboo-wood composite laminated veneer lumbers (LVL) with 3 densities were prepared in this study. The material chosen were bamboo strips near bamboo green and birch veneers. Mechanical properties of the boards and the influence of accelerated aging were studied. The results showed that in the density range from 0.9 to 1.1g/cm^3, the values of MOR were above 220MPa. The values of MOE were above 20GPa. The values of compressive strength parallel to the grain were above 150MPa. And the values of tensile strength parallel to the grain were above 200MPa. All the strengths increased with the increase of board density. Accelerated aging test showed that the retention rate of board mechanical properties was more than 75%, showing a strong anti-aging ability.

Keywords: Bamboo-wood composite LVL; Mechanical property; Aging resistant performance

我国竹类资源丰富，利用价值较高、集中成片分布的毛竹林面积300余万公顷，具有生长速度快、韧性好、强度高等优良特性[1]。针对竹材的结构特点，目前已经开发出了竹材胶合板、竹篾层积材、竹材集成材、竹地板、竹材刨花板及竹木复合材料等多种产品[2]，为我国农村经济的发展做出了重要的贡献。在竹材的应用中，也存在着径级小、出材率低、加工效率低等缺点，尤其是竹材株内的径向和纵向变异性大，最外层青篾的密度和强度，都要高于最内层黄篾2～3倍[3]。给竹材的加工、利用增加了困难。

木材具有加工容易、生产效率高等优点。而桦木纹理直，结构细，材质均匀，质量中等，具有较高的力学强度和冲击韧性[4]。为了达到竹材的高效利用、提高竹材产品附加值，本试验选取竹材靠近竹青的最外层（下文简称近青竹篾）与桦木单板为原料，生产竹木复合层积材，分析其基本力学性能和耐老化性能，为竹材的高效利用提供基础资料。

1　材料与方法

1.1　试验材料

毛竹（*Phyllostachys heterocycla* var *pubescens*）近青竹篾，刨除毛竹外竹壁表面微薄蜡质成分，在靠近最外层竹青面制取，厚度1.5mm左右，宽度20mm，密度1g/cm^3，购于浙江杭州；桦木（*Betula platyphylla*）旋切单板，购于山东青岛，密度0.6g/cm^3，规格为900mm×450mm×1mm；胶黏剂为水溶性酚醛树脂胶黏剂，固体含量40%，黏度20s（涂4杯，20℃），购于浙江杭州。

本文原载《林业科技开发》2011年第25卷第5期第54-56页。

1.2 制备工艺

竹木复合层积材的生产工艺流程如图 1 所示。

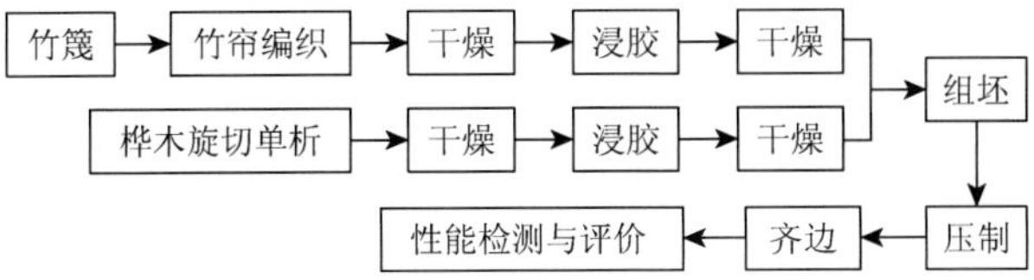

图 1　工艺流程图

将近青竹篾用棉线手工编织成帘（尽量减小竹篾间的空隙），与桦木单板一起干燥至含水率 6%～8%。单板、竹帘均采用浸胶方式施胶，浸胶单板胶液固体含量 30%，浸胶时间 30min，浸胶量约为 19%。浸胶竹帘胶液固体含量 40%，浸胶时间 40min，浸胶量约为 7%。浸胶单板、竹帘自然干燥至含水率 14%～17%时进行组坯，表、芯层 3 层竹帘，其余为浸胶桦木单板，层数根据设定的密度计算得出，分别压制密度为 0.9g/cm^3、1.0g/cm^3 和 1.1g/cm^3 的板材。产品厚度设定为 20mm，由厚度规控制。每种密度的板材重复压制 3 块。

热压工艺采用分段加压、卸压的热压曲线（图 2）热压压力为 4.5MPa，热压温度为 145℃，热压时间为 1.2min/mm。

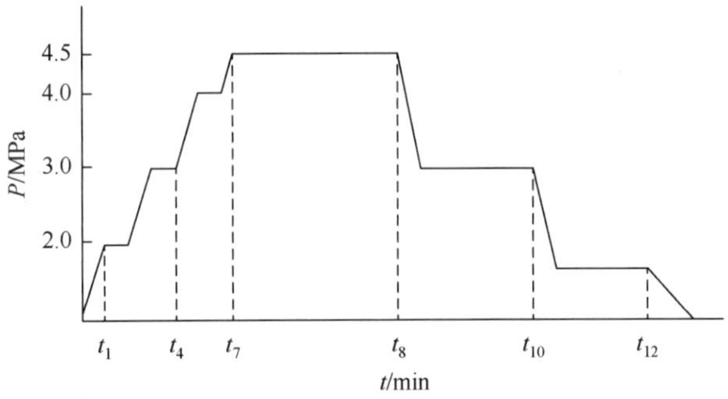

图 2　热压曲线图

1.3 测试方法

测定竹木复合层积材抗弯弹性模量和抗弯强度的试件尺寸和方法参照 GB/T17657—1999《人造板及饰面人造板理化性能试验方法》进行；测定顺纹抗拉强度和顺纹抗压强度的试件尺寸和方法分别参照 ASTMD3500《胶合板抗拉结构试验方法》和 ASTM D3501《胶合板压缩试验方法》进行。试件制好后，将其放在温度 20℃、相对湿度 65%的恒温恒湿箱中调湿，直至平衡。

根据美国材料与试验协会标准 ASTM D1037 中的 6 循环加速老化试验方法，对密度为 1.0g/cm^3 的竹木复合层积材进行耐老化试验。为减小误差，6 个循环周期连续进行，每一周期老化后的试件立即放入温度 20℃、相对湿度 65%的恒温恒湿箱中调质 48h。记录调质后的试件尺寸，并即时进行抗弯模量和抗弯强度的检测。

2　结果与分析

2.1 竹木复合层积材的力学性能

由表 1 可见，竹帘层数一定时，板材密度增大，单板层数随之增加，竹木比例随之降低，板材压缩率从 11.1%增大到 24.5%。竹木复合层积材的力学性能随着板材密度的变化而变化。在板材选定的密度范围内，各力学性能均随密度的增大而呈现不同程度的提高。其模量和强度的力学性能均要高于北美 PRL—501《单板层积材性能》和我国 GB/T20241—2006《单板层积材》标准中具体规定的结构用单板层积材产品的性能指标要求[5]。因此，可以考虑将其用于结构材的开发使用。

表 1　不同密度竹木复合层积材的力学性能

密度/(g/cm³)	板材压缩率/%	抗弯强度/MPa	抗弯模量/GPa	顺纹抗压强度/MPa	顺纹抗拉强度/MPa
0.90	11.1	227.94（11.56）	21.60（0.95）	153.37（4.57）	215.07（4.89）
1.00	18.4	249.63（10.49）	23.56（0.90）	168.05（3.54）	238.90（5.61）
1.10	24.5	254.14（11.81）	24.07（1.56）	173.79（3.79）	249.70（5.07）

注：括号中数值为标准偏差。

竹帘层数一定时，板材密度增大，单板层数随之增加，竹木比例随之降低，板材压缩率从 11.1%增大到 24.5%。尽管密度的升高有助于材料力学性能的提高，但材料的使用过程中，在相同外部尺寸的条件下，材料的质量也相应的提高。而材料质量在结构材应用中会严重影响其使用。因此，为了进一步比较竹木复合材料在应用上的优劣，对竹木复合材料各力学性能进行强重比分析。由表 2 可知，高密度的竹木复合材料力学性能虽然高于低密度的板材，但高密度板材的强重比均比低密度板材的强重比低。此外，高的密度在生产中也伴随着高的板材压缩比，在多数情况下，当压缩压力超过木材的抗压强度时，木材细胞就会被压溃，导致产品性能的降低[6]。说明通过提高材料密度来获取板材高的力学性能并非很好的方法。在进行竹木复合材料研发设计时，要根据材料的使用场合及具体的性能指标，做出合理的选择。

表 2　竹木复合层积材的强重比　　（单位：cm）

密度/(g/cm³)	比抗弯强度	比抗弯模量	比顺纹抗压强度	比顺纹抗拉强度
0.90	253.27	24.00	170.41	238.97
1.00	249.63	23.56	168.05	238.90
1.10	231.04	21.88	157.99	227.00

2.2　竹木复合层积材的耐老化性能

有资料显示，在采用 ASTMD1037 加速老化标准进行材料耐老化试验时，老化后的实际尺寸更利于老化板材的力学性能计算和分析[7]，因此，本试验采用老化后试件实际尺寸计算各老化周期板材的力学性能，结果见表 3。由表 3 可知，老化处理后的竹木复合层积材各力学性能随老化周期的进行而逐渐下降。整个老化过程结束后，板材的抗弯强度下降了 19.2%，抗弯弹性模量下降了 17.0%，顺纹抗压强度下降了 22.3%，且力学性能均在老化的前 2 个周期出现较大的下降，之后随着老化周期的进行，下降的幅度逐渐减缓。

表 3　竹木复合层积材各老化周期的力学性能

阶段		抗弯强度/MPa	抗弯弹性模量/GPa	顺纹抗压强度/MPa
老化前		249.78	23.65	167.03
各周期老化后	1	233.98	21.38	152.28
	2	223.87	20.39	142.31
	3	217.08	19.99	134.02
	4	212.37	19.97	133.47
	5	207.77	19.85	132.60
	6	201.91	19.64	129.80

为了便于比较，在同样的测试标准下，本文对竹材重组材[8]、竹篾层积材及花旗松木层积材[9]（Douglas-fir plywood）的耐老化性能进行了对比分析。表 4 为加速老化处理对各板材力学性能保留率的影响结果。可以看出，老化处理后 4 类板材的抗弯强度、抗弯弹性模量和顺纹抗压强度的保留率都比较高，都在 70%以上。

表 4 老化前后各板材力学性能变化

板材类别	阶段	抗弯强度/MPa	抗弯模量/GPa	顺纹抗压强度/MPa
竹木复合层积材	老化前	249.78	23.65	167.03
	老化后	201.91	19.64	129.80
	保留率/%	80.83	83.04	77.71
竹层积材	老化前	319.68	27.10	160.00
	老化后	274.32	25.34	135.00
	保留率/%	85.81	93.51	84.38
竹材重组材	老化前	118.32	11.76	/
	老化后	90.00	9.47	/
	保留率/%	76.06	80.53	/
花旗松木层积材	老化前	49.40	75.52	/
	老化后	36.90	56.41	/
	保留率/%	74.70	74.70	/

4 类板材中，抗弯强度和抗弯模量的保留率均是竹层积材的最大，分别为 85.81%和 93.51%；竹木复合层积材的分别为 80.83%和 83.04%，竹材重组材分别为 76.06%和 80.53%[8]，花旗松木层积材均为 74.7%。4 种板材在抗弯强度和抗弯模量保留率上的差别，原因可能与板材的组成原料和制备工艺的差异有关。竹木复合层积材和竹层积材所用竹篾为竹材靠近竹青的最外层，多含结构致密的纤维细胞，且层管组织比较少，质地比较均匀；桦木单板平均厚度 1mm 左右，采用浸胶方式使胶液深入单板内部，热压固化后，树脂填充了单板内部孔隙；老化处理过程中，减少了水分和水蒸气的渗透能力，使其抗降解能力增强，有利于抵抗加速老化处理对材料的损伤。而竹材重组材是将竹材经过加缝滚压后干燥施胶，在不加热的状态下，将竹篾装入钢制模具以很高的压力压制所需的密度后，再送入高温烘房使胶黏剂固化。加缝滚压对竹材纤维有一定程度的损伤，较高的压力会使竹材细胞及胞间发生塌陷，使板材内部存在较大的压缩应力。老化处理时，这些因素都会导致板材的强度损失。可见，竹木复合层积材具有较好的耐老化能力。

3 结 论

（1）利用竹材靠近竹青的最外层竹篾制造竹木复合层积材，其模量和强度的力学性能均要高于北美 PRL—501《单板层积材性能》和我国 GB/T20241—2006《单板层积材》标准中具体规定的结构用单板层积材产品的性能指标要求，将其作为结构材使用具有很大的优势。

（2）与竹材层积材、竹材重组材及木层积材相比，在加速老化处理后竹木复合层积材的力学性能保留率比较高，均在 75%以上，表现出较强的抗老化能力。

（3）由于竹材径向结构上的差异，将竹材径向分级，选用靠近竹青的最外层竹篾制造竹木复合层积材，对竹材的高效利用有着重要的现实意义。

参 考 文 献

[1] 郑睿贤. 毛竹工业利用技术分析. 竹子学报，1998，17（3）：1-9.

[2] 江泽慧. 世界竹藤. 沈阳：辽宁科学技术出版社，2002.

[3] 虞华强. 分级竹帘人造板的力学性能研究. 北京：中国林业科学研究院，2001：17-25.

[4] 刘一星. 中国东北地区木材性质与用途手册. 北京：化学工业出版社，2004：85-88.

[5] 张冬梅，林利民，王春明，闫超，李晓秀，徐兰英，唐伟. 木结构建筑用落叶松单板层积材生产工艺及其性能评价. 林业机械与木工设备，2008，36（2）：44-46.

[6] 刘焕荣. 浸渍法生产竹木复合强化单板层积材工艺研究. 北京：中国林业科学研究院，2007：54-55.

[7] 班磊. 高品质公交车底板耐老化性能研究. 南京：南京林业大学，2006：30-33.

[8] 黄小真. . 户外竹材重组材耐老化试验方法及性能研究. 南京：南京林业大学，2009：14-17.

[9] Okkonen E A，River B H. Outdoor aging of wood-based panels and correlation with laboratory aging：Part2. Forest Products Journal，1996，44（3）：55-65.

高强轻质竹木复合材料生产工艺研究

张晓春　蒋身学　张齐生
（南京林业大学竹材工程研究中心　南京　210037）

摘　要

以竹材近青竹篾和桦木单板为原料制备竹木复合单板层积材，选用酚醛树脂胶黏剂，探讨了竹木复合单板层积材生产工艺各因素对复合材料性能的影响。结果表明，在试验选取的因素水平内，随涂胶量的增加、压力的增大，板材性能先增大而后降低；随浸胶时间的延长、密度的增大，板材性能也随之增大。确定了高强轻质竹木复合单板层积材较合理的制造工艺参数。

关键词：近青竹篾；桦木单板；单板层积材

Abstract

Bamboo-wood composite laminated veneer lumber (LVL) was prepared using birch veneer and bamboo strip near the bamboo green as raw materials, and PF resin as adhesive.The influences of various processing factors on properties of the composite lumber were explored. The results showed that the mechanical properties of the composite lumber first increased and then decreased with the increase of pressure and glue amount. Plank performance become higher with the increase of dipping time and density. The optimum technological parameters for LVL proces were set.

Keywords: Bamboo strip near the bamboo green; Birch veneer; Laminate veneer lumber (LVL)

我国的竹材资源丰富，产量和面积均居世界第一[1]。竹材又具有强度高、硬度大、韧性好、耐磨等优良性能，作为工程材料具有广阔的应用前景。但同时竹子具有径级小、壁薄中空、规则性差等缺点。竹材外壁的维管束尺寸小且密集、薄壁细胞小而少，内壁的维管束尺寸大而疏松、薄壁细胞多，导致竹材径向外壁和内壁的密度相差 1 倍以上[2]，力学性能也随之相差数倍。根据竹材这种特殊的组织结构，刨除竹壁表面微薄蜡质成分，制取近青面厚度 1.5mm 左右的近青竹篾，不仅使其具有高的力学性能，材质上，也更加均匀。在我国，桦木分布广，遍及东北三省、西北等地，资源丰富。木材纹理直，结构细，材质均匀。边材材质更优，质量中，具有较高的力学强度和冲击韧性[3]。

充分利用桦木单板及近青竹篾的上述优点，选用酚醛树脂胶黏剂，采用人造板热压工艺路线可制取高强轻质的竹/桦复合材料，可以应用于开发对材料性能有特殊要求的产品，如船舶、风电叶片等。

1　试验材料与方法

1.1　试验材料

毛竹（*Phyllostachys heterocycla* var. *pubescens*）近青竹篾，杭州大庄实业集团有限公司提供，厚度 1.5mm，宽度 20mm，密度 1g/cm^3；桦木（*Betula platyphylla* SUK.）旋切单板，购于山东青岛市，密度 0.6g/cm^3，规格为 900mm×450mm×1mm；胶黏剂为水溶性酚醛树脂胶黏剂，固体含量 40，黏度 20s（涂 4 杯，20℃），改性剂为面粉和轻质碳酸钙，施加量分别为 20%和 7%，用以增加胶黏剂的黏度，降低成本。均由杭州大庄实业集团有限公司提供。

本文原载《竹子学报》2011 年第 30 卷第 1 期第 27-31 页。

1.2 工艺流程

试验采用的生产工艺流程为：

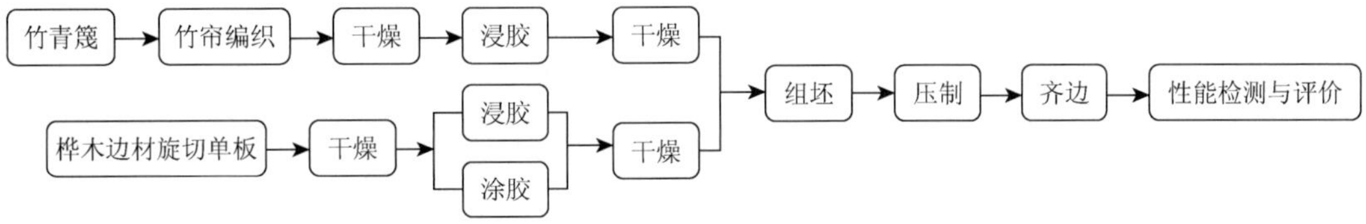

其中，施胶前将近青竹篾帘和单板统一干燥至含水率 8%～10%；近青竹篾浸胶胶液固体含量 40%，浸胶时间 40min，单板浸胶胶液固体含量 30%；施胶后，将近青竹篾帘和单板在自然条件下干燥至含水率为 12%～16%；然后根据试验设计进行组坯。竹帘和单板的组坯方式见图 1。

图 1 竹木复合组坯方式

1.3 试验设计

影响竹木复合层积材性能的因素较多，经综合分析及前期探索性试验后，本研究主要考虑单板涂胶量、单板浸胶时间、热压压力、竹帘层数及密度 5 个因素对其力学性能的影响，各因素水平见表 1。涂胶量与浸渍时间‘0’水平的设定，目的是考察浸胶单板全组坯、浸胶单板和涂胶单板间隔组坯、涂胶单板全组坯 3 种组坯方式压制而成的板材性能优劣。这样根据正交表进行时，1 号试验由于涂胶量和浸胶量都为 0，实际试验无法进行，但明显其对应板材性能为所有试验中最差。因此，便于后期试验结果的分析，根据其余试验结果给与 1 号试验的检测性能一个理论最小值。根据试验条件，板坯规格设为 400mm×250mm×20mm，每种试件各压制 2 块，性能测试值取其平均值。

表 1 试验因素与水平

因子/水平	涂胶量/(g/m^2)	单板浸渍时间/min	热压压力 P	竹帘层数 N	密度/(g/m^3)
1	0	0	3	0	0.8
2	180	15	4	3	0.9
3	230	30	5	5	1
4	280	45	6	7	1.1

1.4 指标检测

检测标准参照 ASTM D3500《胶合板抗拉结构试验方法》和 ASTM D3501《胶合板压缩试验方法》进行。

2 试验结果与分析

2.1 顺纹抗拉强度

以顺纹抗拉强度为检测指标，表 2 显示，材料的顺纹抗拉强度在 191.34～272.18MPa 范围内，平均 228.92MPa。由图 1 各因素对板材性能的影响直观图，可以看出，浸胶单板压制的板材性能远高于涂胶单板压制的板材，板材性能随着浸胶时间的延长而增高，这是由于浸胶单板使得酚醛树脂深入单板内部，其密实化程度与胶合强度都要高于涂胶单板，而随着浸胶时间的延长，这种密实化程度与胶合强度也随之增大，板材的力学性能亦随之提高，但由于是常压条件下浸渍单板，随着时间的延长胶液浸渍量增长缓慢，所以由表 3 显示浸胶时间对顺纹抗拉强度的影响较小；在试验所选涂胶量范围内，板材性能先增大而后降低，在 230g/m^2 和 280g/m^2 时，对板材的性能影响不大，为节约成本，以施胶量 230g/m^2 为好；材料的密度越大，复合板被压的越密实，制造单元本身经过压缩其力学强度也会增加，所以随着密度的加大，板材的性能也随之显著升高；竹帘层数为 3 层，热压压力为 5MPa 时，板材具有较高的顺纹抗拉强度。

表 2　竹木复合层积材性能测试结果

试验号	含水率/%	顺纹抗拉强度/MPa	顺纹抗压强度/MPa
1	3.5	180	130
2	3.4	248.36	177.15
3	3.5	272.18	183.84
4	3	270.27	191.44
5	4.2	230.54	176.86
6	4.2	212.21	153.48
7	4.5	191.34	145.32
8	4.3	220.49	148.18
9	3.5	219.64	158.17
10	3.7	209.27	151.56
11	3.7	261.1	173.77
12	4.3	240.59	165.43
13	3.6	230.15	150.00
14	3.6	250.46	160.69
15	3.9	205.52	149.34
16	4.2	220.58	160.69
平均	3.82	228.92	161.00

表 3　正交试验结果极差分析

性能指标	因素					
	水平	涂胶量/(g/cm^2)	浸胶时间/min	热压压力/P	竹帘层数/N	密度/(g/cm^3)
	A	B	C	D	E	E
顺纹抗拉强度	1	242.702	215.082	218.473	215.598	203.82
	2	213.645	230.075	231.473	240.025	219.98
	3	232.65	232.535	240.692	233.91	238.782
	4	226.678	237.983	225.257	226.91	253.093
	R	29.057	22.901	22.219	24.427	49.273
主次因素	E>A>D>B>C					
顺纹抗压强度	1	170.608	153.757	154.485	150.36	144.77
	2	155.96	160.72	167.195	162.275	160.332
	3	162.233	163.067	162.72	168.238	163.188
	4	155.18	166.435	159.58	163.107	175.69
	R	15.428	12.678	12.71	17.878	30.92
主次因素	E>D>A>C>B					

2.2　顺纹抗压强度

以顺纹抗压强度为检测指标，表 2 显示，材料的顺纹抗压强度在 150.00～191.44MPa 范围内，平均 161.00MPa。由图 1 各因素对板材顺纹抗压强度的影响，可以看出，浸胶单板压制的板材性能远高于涂胶单板压制的板材，板材性能随着浸胶时间的延长而增高；在试验所选涂胶量范围内，板材性能先增大而后降低；材料的密度越大，板材的性能也随之越高；竹帘层数为 5 层，热压压力为 4MPa 时，板材具有较高的顺纹抗压强度。由于近青竹篾的规则性不是很好，编帘时篾间不可避免的存在一定的空隙，加之顺纹抗拉强度检测时，检测部位只有 6mm 宽度，一定程度上使得竹帘层数对板材性能的影响出现偏差。考虑到生产成本和板材结构的均匀性，优化试验中采用 3 层竹帘结构进行验证。

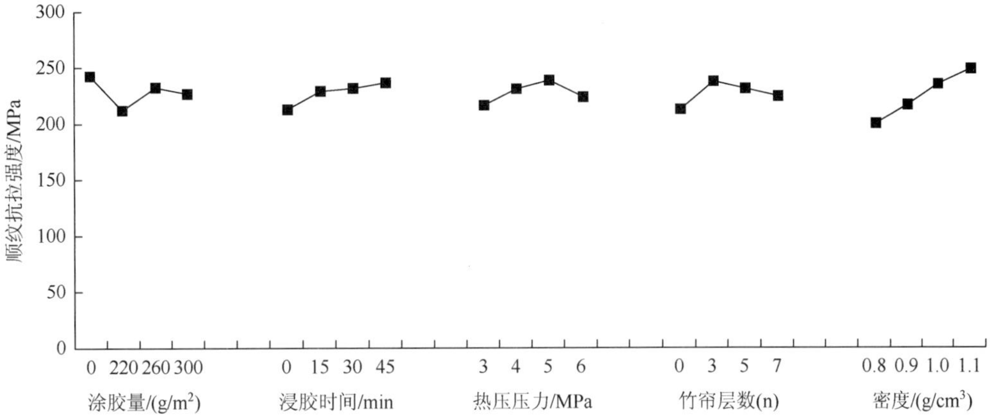

图 2 各因素对板材抗拉强度的影响

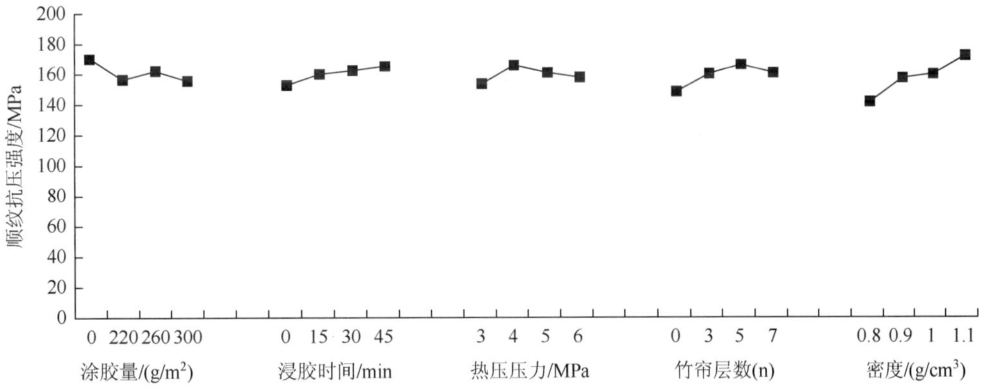

图 3 各因素对板材顺纹抗压强度的影响

2.3 优化后板坯性能的检测分析

综上分析，考虑到生产成本、制造工艺及结构材料自身重量较大会影响结构的载荷能力，在优化后的工艺条件下，采用 3 层竹帘、单板全浸胶的组坯方式，热压压力 4MPa，压制 3 块密度为 0.9～1.0g/cm^3 的竹木复合层积材。根据 1.4 指标检测标准进行检测，结果如表 4 所示。可见，利用竹材近青竹篾和桦木单板压制的复合层积材可以用来开发对材料有高强重比要求的产品。

表 4 竹木复合层积材力学性能

产品	密度/(g/cm^3)	含水率/%	顺纹抗拉强度/MPa	顺纹抗压强度/MPa
竹木复合 LVL	0.95	3	246.82	168.32

3 结　　论

（1）利用强度值高，材质均匀的竹材近青竹篾与桦木单板按照木质 LVL 的组坯方式组坯、热压，可以制备高强轻质的竹木复合单板层积材。

（2）在试验选取的因素水平内，随涂胶量的增加、压力的增大，板材性能先增大而后降低；随浸胶时间的延长、密度的增大，板材性能也随之增大，由于竹篾间空隙的存在，竹帘层数对板材性能的影响比较复杂。

（3）本试验条件下，考虑生产成本及制造工艺，制备竹木复合 LVL 的较优工艺为：采用 3 层浸胶竹帘和浸胶单板组坯，竹帘浸渍胶液固体含量 40%，浸渍时间 40min，单板浸渍胶液固体含量 30%，浸渍时间 30min；竹帘分别位于板坯的上、下表层及芯层；热压压力 4Mpa，板坯密度 0.9～1.0g/cm^3。

参 考 文 献

[1] 张齐生. 竹类资源加工的特点及其利用途径的展望[C]. 中国木材工业可持续发展高层论坛论文集，2004：37-42.
[2] 孙正军，程强，江泽慧. 竹质工程材料的制造方法与性能[J]. 复合材料学报，2008，1（24）：80-83.
[3] 刘一星. 中国东北地区木材性质与用途手册[M]. 北京：化学工业出版社，2004：85-88.

湿热条件对木竹复合胶合板弯曲性能的影响

关明杰　朱一辛　张晓冬　张齐生
（南京林业大学竹材工程研究中心　南京　210037）

摘　要

对木竹复合胶合板在5种不同湿热条件下的弯曲性能进行了研究。结果表明：木竹复合胶合板在不同湿热条件下的弯曲性能从大到小依次为：冰冻（55℃，4h），常态（20℃，65%），干热（150℃，4h），冷水（20℃，24h），热水（90℃，4h）。冰冻处理后木竹复合板的弯曲性能表现为正增强效应，其力学性能保持率为130%以上；干态、冷水、热水处理后均为负效应，表现为弯曲性能降低。干热与冷水处理下木竹复合胶合板的静曲强度保持率小于弹性模量的保持率；热水处理后的弹性模量保持率低于静曲强度保持率。木竹复合胶合板在冰冻、冷水、干热下表现为以脆性破坏为主，热水处理后木竹复合胶合板的性能表现出黏弹性特征。

关键词：木竹复合胶合板；湿热条件；弯曲性能

Abstract

The paper deals with the bending properties of bamboo-wood composite plywood in five hygrothermal conditions, including normal condition (20℃, 65%), frozen (–55℃, 4h), drying (150℃, 4h), cold water (20℃, 24h), hot water (90℃, 4h). The results showed that modulus of elasticity and modulus of rupture of this material treated under–55℃, 4h was the best among the five hygrothermal conditions, increasing up more 130%, while that of this material treated in drying 150℃, 4h; cold water 20℃, 24h; hot water 90℃, 4h decreased compared with that treated in 20℃, 65%. After being tredated in drying and cold water, the render ratio of MOE was better than the render ratio of MOR, though the render ration of MOE was worse than the render ratio of MOR in hot water. The curve of loading and delection showed that bamboo and wood composite plywood mainly showed low-temperature brittleness and hot brittleness when treated in cold water, frozen condition, and drying. Hot water increased the viscoelastic property of bamboo-wood composite plywood.

Keywords: Bamboo-wood composite plywood; Hygrothermalconditions; Bending properties

木竹复合胶合板主要用作交通运输车辆的底板、建筑用模板等[1, 2]。木竹复合胶合板不仅可减少运输车辆的自重，增大其运载能力；而且可减少装配施工中的搬运负荷，提高施工效率，降低劳动力成本。然而，由于车辆运载过程中区域跨度大，复合板应用的环境也随之发生变化。车辆在运载过程中从中国的北部至中国的最南端，其温度范围在–45～45℃，湿度在0～98%；用作模板时，水泥水化时的反应温度在45℃以上，板所经受的湿度变化也很大。木竹复合胶合板在各种温度和湿度时的性能表现，对其作为承载构件的安全性极其重要。根据对复合材料的研究，湿热环境对复合板的性能变化有着极为重要影响[3-3]。笔者对以竹席为强化表层的复合胶合板进行了常态、干热、冷水、热水及冰冻条件下的试验研究，为木竹复合胶合板的应用提供基本的湿热条件下的性能依据。

1　材料与方法

1.1　工艺条件

木竹复合胶合板用竹材表层板、杨木胶合板复合压制而成。竹材表层板由4层厚度为0.5～0.6mm的竹

本文原载《南京林业大学学报（自然科学版）》2005年第29卷第6期第106-108页。

席干燥后浸酚醛树脂胶（固体质量分数 50%）热压而成，密度为 0.85g/cm^3，经砂光，厚度为（2±0.3）mm。杨木胶合板基材砂光后厚度为 12mm。

以上材料均由诸暨市光裕竹业有限公司提供，并在工厂实地压制成板。热压温度 135～140℃；压力 1.5MPa，热压时间 7min。采用“冷进冷出”工艺。成品厚度为 15mm。

1.2　弯曲性能测试方法

按 GB/T17657—1999 的要求，将试件锯制成宽 50cm、长 350cm 的试件。共分 5 组条件进行试验：常态（20℃，65%），冷水（20℃，24h），热水（90℃，4h），干热（150℃，4h），冰冻（−55℃，4h）。每组 5 个试件，试件自上述状态取出后立即进行弯曲试验。

主要试验设备有：GDJS—100 型高低温交变湿热箱，CMT6104 型微机控制电子万能试验机，HH—42 快速恒温数显水箱。

2　结果与分析

2.1　湿热处理后木竹复合胶合板弯曲性的保持率

不同湿热条件下的木竹复合胶合板抗弯弹性模量及静曲强度测试结果见图 1。

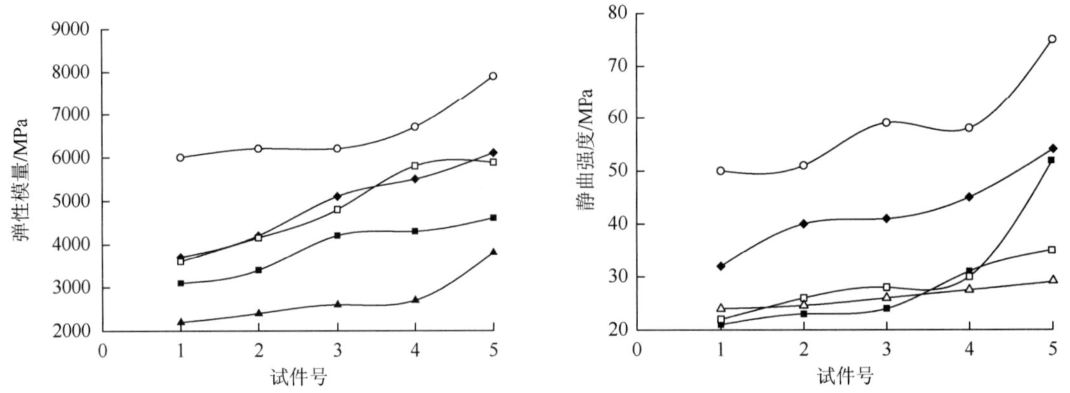

图 1　不同湿热条件下的木竹复合胶合板纵向弹性模量和静曲强度

由图 1 可见，木竹复合胶合板在不同条件下的抗弯性能表现为冰冻时最强，常态、干热、冷水处理时依次次之，热水处理下最弱。

将冷水、热水、冰冻、干热下的性能除以常态下的弯曲性能得到这 4 种状态下的弯曲性能保持率，见表 1。

表 1　不同湿热条件下的弯曲性能保持率

状态	静曲强度保持率		弹性模量保持率	
	均值	方差	均值	方差
冷水	65.7	8.0	81.2	5.1
热水	64.8	6.3	57.4	5.0
冰冻	136.8	9.3	134.0	18.4
干热	76.5	11.5	96.2	4.1

从表 1 可知，冰冻对木竹复合胶合板抗弯模量和静曲强度有增强效应，强度保持率均在 130%以上，为常态的 1.3 倍，说明冰冻可以提高其弯曲强度。而干热、冷水、热水处理后的弯曲性能保持率低于 100%，即处理后表现出弯曲性能上的负效应。竹木复合胶合板在冷水中的静曲强度保持率低于其弹性模量的保持率，说明其在冷水浸渍处理后刚性损失小于强度损失，在冷水处理后表现为一定的冷脆性；与冷水处理相

反，在热水处理时，木竹复合板的弹性模量保持率 57.4%低于其强度保持率 64.8%，说明与冷水处理相比，热水处理在更大程度上增加了竹材和杨木的塑性，其变形量增加，刚度下降。干热处理后的木竹复合胶合板的总体刚度损失小，但是破坏强度降低。

2.2 湿热处理后木竹复合胶合板的负荷变形

不同条件处理后的木竹复合胶合板的负荷—挠度曲线见图 2。

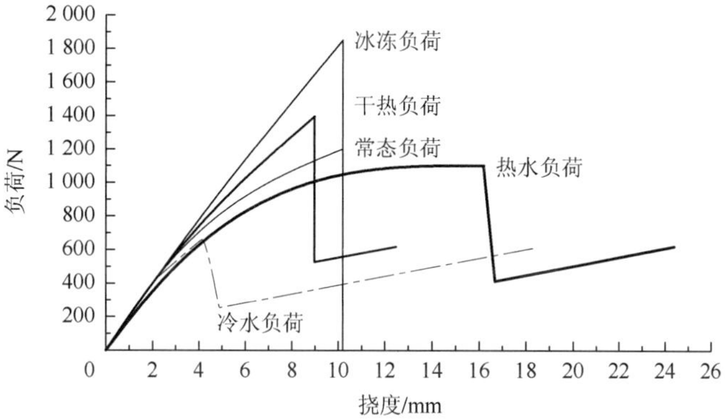

图 2 不同湿热条件下竹木复合胶合板负荷与挠度关系

从负荷与挠度曲线的斜率可见，不同条件下木竹复合胶合板的弯曲性能的大小顺序与图 1 结果基本一致。冷水负荷曲线的最高点下，其挠度最小，约 5mm，负荷也最小。这主要由于此批试件的主要破坏均为杨木单板间的界面破坏，而非竹材与杨木间的界面破坏，实际上反映了杨木单板间的界面胶合强度较低；同时，只有少量的纤维残留在杨木与杨木的胶合面上，杨木间存在“点焊式”界面胶合，冷水处理对这种胶合的破坏性较小，但由于冷水处理后在一定程度上增加了木竹复合胶合板塑性，在承载时产生的层间剪切强度超出了这种“点焊式”的胶合强度而致分层破坏，在负荷与变形的曲线图上呈“z”形的两阶段破坏。热水处理后，木竹复合胶合板表现为负荷—挠度曲线上直线段的缩小，弧线范围扩大，其挠度达到 16mm，在 5 种处理条件下变形最大，说明热水可明显增加木竹复合材料的黏弹性。冰冻和干热后的负荷弹性段，呈明显的直线段。实验中发现，冰冻处理后木竹复合胶合板几乎完全呈现出硬脆性破坏，无纤维拔出。

根据以往研究结果表明，木材内水分结冰所致的填充效应，使木材性能表现为较大增强。此次试验中，木竹复合胶合板冰冻状态下的弯曲性能增强也可能是冰结晶增强效应，其增强机理有待进一步研究。

3 结　论

（1）木竹复合胶合板在不同湿热条件下的总体弯曲性能以冰冻时最强，常态、干热、冷水处理时依次次之，热水处理下最弱。

（2）冰冻处理对竹木复合板的弯曲性能表现为正增强效应，其力学性能保持率为 130%以上。干热、冷水、热水均为负效应，其弯曲性能保持率低于 100%，表现为弯曲性能降低。

（3）干热与冷水处理下的静曲强度保持率小于弹性模量的保持率，说明这两种条件下木竹复合材料的刚度降低不大，呈现出一定的干脆性或冷脆性。热水处理后的弹性模量保持率低于静曲强度保持率，说明其在热水处理后的变形增加，刚度损失比强度损失大。

（4）负荷—挠度曲线表明，木竹复合胶合板在冰冻、冷水、干热下表现为以脆性破坏为主，热水处理时的性能变化表现出以黏弹性为主的特征。

参 考 文 献

[1] 朱一辛，蒋身学. 汽车车厢底板用竹木复合板的研制. 木材工业，1996，10（3）：4-7.
[2] 蒋身学，朱一辛，张齐生. 竹木复合层积材结构及其性能. 南京林业大学学报（自然科学版），2002，26（6）：10-12.

[3] 管国阳，矫桂琼，潘文革. 湿热环境下复合材料的混合型层间断裂特性研究. 复合材料学报，2004，21（2）：81-86.

[4] 李向阳，蒋莉，张志民. 湿热环境对损伤分层复合材料夹层板屈曲性能的影响. 复合材料学报，2000，17（4）：110-113.

[5] Xu H，Chiaki T，Tetsuya N. Mechanical properes of plywood reinforced of by bamboo and jute. Forest Products Journal，1998，48（1）：81-85.

[6] 过梅丽，肇研，谢令. 航空航天结构复合材料湿热老化机理的研究. 宇航材料工艺，2002（4）：51-54.

[7] Hyung-Won K，Michael A，Grayson，et al. The effect of hygrothermal aging on the microcracking properties of some carbon fiber/polyimide. Advanced Composite Letters，1995，4（5）：185-188.

[8] 管国阳，矫桂琼，潘文革. 湿热环境下复合材料的混合型层间断裂特性研究. 复合材料学报，2004，21（2）：81-86.

不同颜色地板的视觉特性研究

孙启祥[1]　张齐生[2]　彭镇华[1]

（1 中国林业科学研究院林研所　北京　100091；

2 南京林业大学　南京　210037）

摘　要

视觉物理量上，不同地板的色度学参数之间存在着较大差别。在$L^*a^*b^*$色空间中，各种地板的L^*值为35～70；红绿轴色品指数a^*值为 5～25；黄蓝轴色品指数b^*值为 20～35；色饱和度c^*值的分布范围同黄蓝轴色品指数b^*较为相似，为20～40；各种地板色调角Ag^*的大小为0.9～1.4。在孟塞尔色空间，各种地板的明度V值为2.0～6.0，V值的大小顺序同L^*值一致。各种地板色调H值为16～25，分布在Y和GY区间。色饱和度C值为6～18。采用实验心理学中的等级排列法制作顺序量表，再通过PZ转换，将原始测验分数转换成标准分数的方法，得到了各种地板视觉心理量等距量表。不同地板的视觉喜欢程度和视觉高档程度上均具有较大差别。视觉喜欢程度和视觉高档程度上的排序不完全一致，但基本相似。视觉心理量高档、喜欢与视觉物理量中红绿轴色品指数a^*之间呈正相关，与明度以及色调之间成负相关，其中与明度值的相关程度相对较高。说明在人们心理上一般认为，明度越低，色调越红的地板越好。

关键词：地板；颜色；视觉物理量；视觉心理量

Abstract

Both visual physical quantities and visual psychological quantities among different floors have distinct difference. There are positive correlation between high grade liking and red-green-axis color index and negative correlation between grade liking degree and brightness, color tone, manifesting that people psychologically think the lower brightness and the redder color tone the better the floor is.

Keywords: Floor; Colour; Visual physical quantities; Visual psychological quantities

人类认识外在世界信息的80%都是通过视觉提供的。视觉在人类感知过程中具有极其重要的作用。颜色是影响人类视觉的两个重要环境因子之一，对视觉效果起着决定性作用，因此一直是视觉研究中的基本内容。颜色不仅为人们提供了丰富的信息，促进了人们对客观世界的认识能力，而且与人们建立了深刻的情感联系，具有极强的心理效果。具体表现为温度感、距离感、重量感、注目感、性格感以及空间感、尺度感、疲劳感、混合感、明暗感等。同时，色彩还具有联想与象征的特性，会给人以热情、愉快、冷漠、忧郁等各种不同的感情效果。正是由于颜色能给予人们如此之多的感觉效果，所以它对室内环境有着十分重要的影响。正确地运用色彩对人的各种作用来进行室内色彩设计，可以美化生活，令人舒适愉快，甚至能够治疗疾病，有利健康，从而创造出适合人们需要的理想的室内环境气氛。

地板用于装饰地面，是室内最基本的装饰材料。从视觉几率来看，室内人眼接触最多的是地面，最少的是顶棚，四壁居中。可见地板的颜色对于人的视觉影响较大，在室内视觉环境中占有重要地位。

视觉感受一种颜色取决于颜色的3个基本特征：色调、明度和饱和度。任何一种颜色都是这三者总效果的结果。色调是由物体表面反射的光线中占优势的光波波长所决定，在可见光光谱范围，不同的光波波长引起不同的视觉感受，产生红、橙、黄、绿、青、蓝、紫等相应的各种色调；明度是颜色的明暗程度，即是指作用于物体上光线的反射系数，取决于光的强度；饱和度是指一个颜色的纯度，取决于表面反射光波波长范围的大小[1, 2]。

本文原载《安徽农业大学学报》2004年第31卷第4期第431-434页。

正是基于地板颜色在室内环境中的重要性，作者选取了多种颜色的地板，对其视觉物理量与视觉心理量进行了测定与分析，试图为生产地板时颜色的确定提供理论依据。

1 材料与方法

1.1 地板颜色的定量测量与计算

1.1.1 试验材料

全竹（*Phyllostachys pubescens*）、杉木（*Cunninghamia lanceolata*（Lamb.）Hook.）、柞木（*Quercus mongolica*）、西南桦（*Betula alnoides*）、柏木（*Cupressus funebris* Endl.）、芸香（*Cantleye corniculata*（Becc）*Howard*）、钻石檀（Bulletwood）、玉檀（*Shorea pauciflora* King）、康巴斯（*Koompassia malaccensis* Maing）、柚（*Tectona grandis* L. f.）杨（Poplar）复合地板。

1.1.2 测量与计算方法[3~5]

每种地板 3 块，每块取 3 个测点，即每种地板 9 个测点，取平均值作为最终测量值。

XYZ 表色系（CIE1964）参数测定：3 刺激值 X（红）、Y（绿）、Z（蓝）和色度坐标值 x、y 均有仪器直接测得。其中 $x = X/(X+Y+Z)$，$y = Y/(X+Y+Z)$。

$L^*a^*b^*$ 表色系（CIE1976）参数测定计算：L^*、a^*、b^*3 色度参数值由仪器直接测得。Ag^*、c^* 通过计算得到，其中：$Ag^* = \arctan(b^*/a^*), c^* = (a^{*2}+b^{*2})^{\frac{1}{2}}, L^*$：明度，完全白的物体明度值为 100，完全黑的物体明度值为 0；a^*：红绿轴色品指数，正值越大表示颜色越偏向红色，负值越大表示颜色越偏向绿色；b^*：黄蓝轴色品指数，正值越大表示颜色越偏向黄色，负值越大表示颜色越偏向蓝色；Ag^*：色调角；c^*：色饱和度。

孟塞尔表色系参数计算：因试验仪器不能直接测量孟塞尔色空间的参数，采用佐道健的方法[3]，将 $L^*a^*b^*$ 色空间测得的色度参数值向孟塞尔色空间进行转换，转换公式为

$$V = 0.1002L^* - 1.160$$

$$H = 0.03636L^* + 0.2663r - 14.30\theta + 0.09131r\theta + 14.826$$

$$C = 0.1439r + 1.054\theta - 1.022\theta^2 + 0.497r\theta - 0.1670$$

其中，$\theta = \arctan(a^*/b^*), r = (a^{*2}+b^{*2})^{\frac{1}{2}}$。

H 是以 YR 为基准的数量化标号值，当其值在 0～10 范围内时，色调可表示为 HYR，当其值超过这个范围时，采用以下方式表示：当 $-10 < H \leqslant 0$ 时，色调标号为（$H+10$）R；当 $10 < H \leqslant 20$ 时，色调标号为（H-10）Y；当 $20 < H$ 时，色调标号为（H-20）GY。

1.2 视觉心理量的确定

对地板视觉心理量选取依据的主要原则是，简单准确，符合实际。在这个原则基础上，选择了人们在评价地板时最为常用、最为重要的 2 个视觉心理量指标，即喜欢和高档。这 2 个视觉心理量指标数值的确定，首先采用实验心理学中的等级排列法制作顺序量表，再通过 *PZ* 转换，将原始测验分数转换成标准分数，从而得到各种地板视觉心理量的等距量表[2]。

2 结果与分析

2.1 不同地板的视觉物理量比较分析

从表 1 中可见，不同地板的色度学参数之间存在着较大差别。在 $L^*a^*b^*$ 色空间中，各种地板的 L^* 值为

35～70，其中柏树、杉木、强化、竹材及西南桦地板的L^*值在 60 以上，明度较高，而钻石檀、康巴斯和柚木地板的L^*值都在 45 以下，明度较低，颜色较暗。红绿轴色品指数a^*值为 5～25，其中康巴斯地板的a^*值最高，为 23.54，颜色偏红，而杉木地板的a^*值最低，为 5.96。黄蓝轴色品指数b^*值为 20～35，数值的分布范围相对a^*值较为集中，柏树、芸香、杉木和竹材地板的b^*值相对较高，说明颜色偏黄，钻石檀、强化和柚木地板的b^*值相对较低，只有 20 左右。色饱和度c^*值的分布范围同黄蓝轴色品指数b^*较为相似，为 20～40，其中最大值为芸香地板，达 39.28，钻石檀地板值最小，为 21.74。各种地板色调角Ag^*的大小为 0.9～1.4，其中钻石檀和杉木较大，康巴斯等较小。

表 1　各种地板在不同色空间的参数值

种类	X	Y	Z	x	y	L^*	a^*	b^*	c^*	Ag^*	V	H	C
竹	31.93	30.85	14.05	0.42	0.40	62.38	10.00	33.58	35.04	1.28	5.09	23.21	10.31
杉木	35.91	35.43	16.99	0.40	0.40	66.07	5.96	33.53	33.88	1.40	5.46	24.28	8.00
西南桦	34.52	30.70	16.89	0.42	0.37	62.25	19.66	27.07	33.46	0.94	5.08	18.94	15.52
柞木	24.74	22.75	12.6	0.41	0.38	54.81	14.24	24.21	28.09	1.04	4.33	18.06	11.71
柏木	39.05	37.75	17.35	0.42	0.40	67.80	10.70	35.7	37.27	1.28	5.63	24.04	11.00
康巴斯	16.79	13.62	5.71	0.46	0.38	43.61	23.54	27.63	36.29	0.87	3.21	18.32	18.20
芸香	23.83	21.40	7.95	0.45	0.40	53.04	17.77	35.05	39.28	1.10	4.15	22.19	15.12
钻石檀	8.70	8.41	4.01	0.41	0.40	34.82	6.39	20.78	21.74	1.27	2.33	18.21	6.52
强化	34.63	32.08	18.61	0.41	0.38	63.38	15.17	20.13	25.21	0.92	5.19	16.10	11.94
柚杨	4.68	13.68	7.66	0.41	0.38	43.74	10.78	20.13	32.04	1.08	3.22	19.36	12.71

在孟塞尔色空间，各种地板的明度V值为 2.0～6.0，V值的大小顺序同L^*值一致。各种地板色调H值分布为 16～25，其中竹、杉木、柏木和芸香地板分布在Y区间，其余几种地板都分布在GY区间。色饱和度C值为 6～18，最大为康巴斯，18.20，最小为钻石檀，6.52。

2.2　不同地板的视觉心理量比较分析

2.2.1　视觉高档程度比较

通过表 2 可见，人们在视觉上认为这些地板档次上具有较大差别。其中钻石檀、康巴斯、玉檀和芸香地板在视觉上被认为档次较高，Z''值在 2 以上；柏木、杉木和强化地板在视觉上被认为档次较低，Z''值在 1 以下；竹、西南桦、柞木和柚杨地板档次中等。

表 2　各种地板视觉高档程度

种类	等级总和	MR	Mc	P	Z	$M'c$	P'	Z'	Z''
钻石檀	84	1.35	9.65	0.96	1.75	10.15	0.92	1.41	2.96
康巴斯	138	2.23	8.77	0.88	1.18	9.27	0.84	0.99	2.54
玉檀	203	3.27	7.73	0.77	0.74	8.23	0.75	0.67	2.22
芸香	228	3.68	7.32	0.73	0.61	7.82	0.71	0.55	2.10
柚杨	331	5.34	5.66	0.57	0.18	6.16	0.56	0.15	1.70
柞木	340	5.48	5.52	0.55	0.13	6.02	0.55	0.13	1.68
竹	432	6.97	4.03	0.40	−0.25	4.53	0.41	−0.23	1.32
西南桦	479	7.73	3.27	0.33	−0.44	3.77	0.34	−0.41	1.14
强化	616	9.94	1.06	0.11	−1.23	1.56	0.14	−1.08	0.47
杉木	570	9.19	1.81	0.18	−0.92	2.31	0.21	−0.81	0.74
柏木	671	10.82	0.18	0.02	−2.05	0.68	0.06	−1.55	0.00

2.2.2 各种地板的视觉喜欢程度比较

通过表 3 可见，人们在视觉上对这些地板的喜欢程度也具有较大差别。其中钻石檀、芸香和康巴斯地板人们喜欢程度最高，Z'' 值在 2 以上；柏木、杉木、强化和柚杨地板人们喜欢程度较低；竹、西南桦、柞木和玉檀地板人们喜欢程度中等。各种地板在视觉喜欢程度和视觉高档程度上的排序不完全一致，但基本相似。

2.3 视觉物理量与视觉心理量相互之间的关系分析

2.3.1 $L^*a^*b^*$ 色空间的视觉物理量与视觉心理量相关分析

由相关系数矩阵可以看出，$L^*a^*b^*$ 色空间的 5 个视觉物理量与 2 个视觉心理量之间的相关关系表现为，红绿轴色品指数 a^* 与高档和喜欢之间呈正相关，这可能是因为中国人很容易将红色木质材料与红木一类的高档木材联系起来，同时中国人自古以来又有喜欢大红大紫的习惯，而红绿轴色品指数 a^* 越高，表示颜色越红。因此，红绿轴色品指数 a^* 高的地板，人们在心理上就认为它高档，并且喜欢。其余 4 个视觉物理量与视觉心理量之间呈负相关。但相关程度都未达到显著水平。明度值 L^* 与心理量之间的相关程度相对较高。原因可能是一般在评价木材时，人们多是从颜色的深浅来直观地判定档次的高低，认为颜色越深的木材，档次越高。明度值越低，颜色越深，人们往往就认为越高档，通常也越喜欢。

$$\begin{bmatrix} -0.867526 & 0.246399 & -0.299761 & -0.156856 & -0.226288 \\ -0.679239 & 0.328479 & -0.086209 & -0.058519 & -0.207098 \end{bmatrix}$$

表 3 各种地板视觉喜欢程度

种类	等级总和	MR	Mc	P	Z	$M'c$	P'	Z'	Z''
钻石檀	108	1.74	9.26	0.93	1.48	9.76	0.89	1.23	2.87
康巴斯	142	2.29	8.71	0.87	1.13	9.21	0.84	0.99	2.63
玉檀	326	5.26	5.74	0.57	0.18	6.24	0.57	0.18	1.82
芸香	127	2.05	8.95	0.90	1.28	9.45	0.86	1.08	2.72
柚杨	530	8.55	2.45	0.25	−0.67	2.95	0.27	−0.61	1.03
柞木	309	4.98	6.02	0.60	0.25	6.52	0.59	0.23	1.87
竹	348	5.61	5.39	0.54	0.1	5.89	0.54	0.1	1.74
西南桦	356	5.74	5.26	0.53	0.08	5.76	0.52	0.05	1.69
强化	613	9.89	1.11	0.11	−1.23	1.61	0.15	−1.04	0.60
杉木	536	8.65	2.35	0.24	−0.71	2.85	0.26	−0.64	1.00
柏木	677	10.92	0.08	0.01	−2.33	0.58	0.05	−1.64	0.00

2.3.2 孟塞尔色空间的视觉物理量与视觉心理量相关分析

从相关系数矩阵来看，孟塞尔色空间的 3 个视觉物理量与 2 个视觉心理量之间的相关关系表现为，2 个视觉心理量与明度 V，色调 H 呈负相关，明度 V 同上一样，是由于明度 V 值越低，颜色越深，人们认为越高档，而孟塞尔色空间的色调 H 值由低到高表示颜色由红到黄再到黄绿等，色调越红，H 值越低，但人们认为越高档、越喜欢，因而也为负相关。这里 2 个视觉心理量与色饱和度 C 呈正相关，由于色饱和度 C 越高，颜色越逼真，一般来说给人以较好的视觉感受。

$$\begin{bmatrix} -0.867084 & -0.350562 & 0.210343 \\ -0.678834 & -0.25483 & 0.239282 \end{bmatrix}$$

3 结 论

在视觉物理量上，不同地板的色度学参数之间存在着较大差别。在 $L^*a^*b^*$ 色空间中，各种地板的 L^* 值为 35～70；红绿轴色品指数 a^* 值为 5～25；黄蓝轴色品指数 b^* 值为 20～35，数值的分布范围相对 a^* 值较为集中；色饱和度 c^* 值的分布范围同黄蓝轴色品指数 b^* 较为相似，为 20～40；各种地板色调角 Ag^* 的大小为 0.9～1.4。在孟塞尔色空间，各种地板的明度 V 值为 2.0～60，V 值的大小顺序同 L^* 值一致。各种地板色调 H 值分布为 16～25，其中竹、杉木、柏木和芸香地板分布在 Y 区间，其余几种地板都分布在 GY 区间。色饱和度 C 值为 6～18。

采用实验心理学中的等级排列法制作顺序量表，再通过 PZ 转换，将原始测验分数转换成标准分数，从而得到各种地板视觉心理量等距量表。人们在视觉上认为这些地板在档次方面以及对这些地板的喜欢程度均具有较大差别。各种地板在视觉喜欢程度和视觉高档程度上的排序不完全一致，但基本相似。竹地板的视觉高档程度和喜欢程度中等。

$L^*a^*b^*$ 色空间的 5 个视觉物理量与两个视觉心理量之间的相关关系表现为，红绿轴色品指数 a^* 与高档和喜欢之间呈正相关，其余 4 个视觉物理量与视觉心理量之间呈负相关，但相关程度都未达到显著水平，以明度值 L^* 与心理量之间的相关程度相对较高。孟塞尔色空间的 3 个视觉物理量与两个视觉心理量之间的相关关系表现为，2 个视觉心理量与明度 V，色调 H 呈负相关，与色饱和度 C 呈正相关，相关程度也都不明显，同样以明度 V 相对较高。

参 考 文 献

[1] 杨治良. 实验心理学. 杭州：浙江教育出版社，1998.

[2] 朱滢. 实验心理学. 北京：北京大学出版社，2000.

[3] 佐道健. 针叶树材面に现れゐ节の色调. 木材学会志，1992，38（1）：92～95.

[4] 刘一星. 木材视觉环境学. 哈尔滨：东北林业大学出版社，1994.

[5] 增田稔. 木材の视觉特性とイメージ. 木材学会志，1992，38（12）：1075～1081.

地板轻量撞击声隔声特性的研究

孙启祥[1]　张齐生[1]　彭镇华[2]
（1 南京林业大学竹材工程中心　南京　210037；
2 中国林业科学研究院　北京　100091）

摘　要

采用小型隔声箱体对几种地板的轻量撞击声隔声特性进行了研究。结果显示：铺装木质地板的楼板与光混凝土楼板及铺装花岗岩楼板的轻量撞击声特性显著不同，前者的声压级曲线近似单峰型变化；而后者近似阶梯型变化。铺装各种地板后的楼板，轻量撞击声声压级均有降低，其中铺装木质地板具有明显更佳的轻量撞击声隔声性能，尤其是 500Hz 以上的中、高频轻量撞击声。木质地板相互之间的隔声效果差别不大。试验中采用的地板实铺方式较之木龙骨铺装方式的轻量撞击声隔声性能为好。

关键词：地板；轻量撞击声；隔声；铺装方式

Abstract

Characteristics of light impact sound insulation for the floors were studied through adopting small size sound insolation instrument. The results showed that frequency spectra property of light impact sound insulation were significantly different between wood floors and concrete floor lab and granite floor. Wood floors have good insulation effect for light impact sound, specially for sound up to 500Hz. Granite only have small improvement for light impact sound. In addition, the performance of light impact sound insulation for the floor was better under solid flooring than under flooring with wood keel.

Keywords: Floor; Light impact sound; Sound insulation; Flooring mode

噪声污染已经成为当今人类社会的一大公害。所谓噪声是指人们不需要的、讨厌的声音。也可说是对人的身心给予不良影响的声音。人耳常用声音范围，其声压级是 40～80dB，频率为 1000～4000Hz，超过这个范围的噪声对人的身心健康影响很大，表现为引起听力衰减甚至丧失，对消化器官、呼吸器官、循环器官和神经系统等造成暂时或永久性障碍，干扰工作、学习和睡眠，令人感觉不快等。室内噪声是最常见的环境噪声，它包括空气声和固体声。其中固体声是指直接由振动、撞击激发而传到别处的声音。固体声能量大，且在结构中传播时衰减小，因此一般较难隔绝[1，2]。调查研究表明，跳跃、跑动以及行走所产生的固体声或称楼板撞击声，是最主要的室内噪声，对居民的影响最大[3]。楼板撞击声又分为轻量撞击声和重量撞击声两类。如常见的穿高跟鞋行走所产生的撞击声属于轻量撞击声[4]。由于地板材料对楼板的轻量撞击声具有直接而重要的影响，因此，研究不同地板的轻量撞击声隔声特性，对于研制、选择具有良好撞击声隔声性能的地板，创造良好的室内声环境无疑具有重要意义。

1　材料与方法

1.1　试验材料

选择柞木（*Quercus mongolica*）、西南桦（*Betula alnoides*）、柏木（*Cupressus funebris* Endl.）、杉木

本文原载《安徽农业大学学报》2002 年第 29 卷第 2 期第 143-146 页。

(*Cunninghamia lanceolata*(Lamb.)Hook.)、芸香(*Cantleye corniculata*(Becc)Howard)、玉檀(*Shorea pauciflora* King)、强化（HDF），以及花岗岩（Granite）等 8 种较为典型的地板产品作为本项研究的试验材料。

1.2 试验仪器与方法

1.2.1 试验装置及仪器

由于标准声学实验室要求试材的面积至少 10m^2[5]，按照这个标准购买试材需要大量经费。本试验采用自制的小型隔声箱体代替标准声学实验室进行撞击隔声试验[6]。小型隔声箱体用混凝土捣制而成，外围尺寸为：长 110cm、宽 100cm、高 120cm，壁、底厚均为 10cm，内部四壁和底部分别衬以 10cm 的玻璃棉，箱体上面四周放置橡皮垫，橡皮垫上再盖上尺寸为 110cm×100cm×14cm 的混凝土顶板。

标准打击器：结构为 5 个 500g 钢锤，排在一条直线上，相邻两锤的中心间距为 10cm，连续两次撞击之间的时间是（100±5）ms，从高为 4cm 处无摩擦地自由下落。

传声器为丹麦产 4415 型；声级计为丹麦产 B&K2230；滤波器为丹麦产 B&K1625。

1.2.2 试验方法

在小型隔声箱体内将传声器用三脚架固定于其中央并离顶板 50cm 处，用延伸电缆穿过一侧壁上的小孔使传声器与外面的声级计（采用 A 计权网络）相连，声级计与倍频程滤波器连接（图 1）。

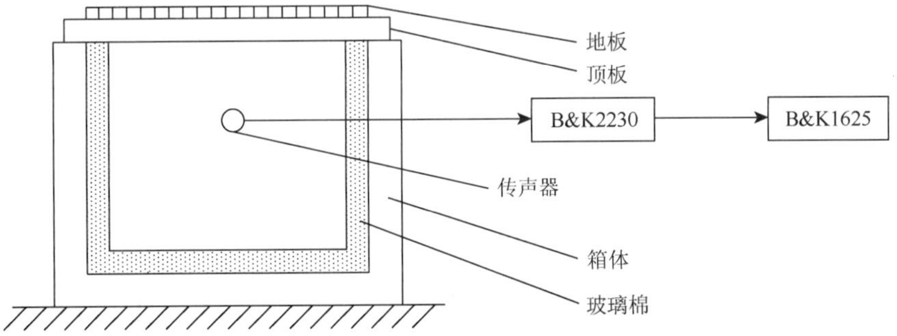

图 1 地板撞击声测试示意图

轻量撞击声的测量，分木龙骨铺装和实铺两种铺装方式。木龙骨铺装时，先在顶板上用胶黏剂固定好木龙骨，木龙骨间距为 40cm，再在木龙骨上分别安装各种地板。在地板的中间位置放置标准打击器，接通电源启动打击器撞击地板作为激励，由声级计读出倍频程声压级，读数重复 10 次，其平均值作为测定结果。实铺时，在顶板上先铺上一层泡沫塑料，再于上面铺上地板。其他测试步骤同木龙骨铺装。

2 结果与讨论

2.1 各种地板的轻量撞击声频谱特性

图 2 为各种地板的轻量撞击声声压级曲线。由图 2 可见，无铺装的光混凝土楼板和铺装了花岗岩的楼板，这两者的轻量撞击声声压级曲线变化趋势极为相似，基本上为随着频率的提高撞击声声压级呈阶梯形上升，低频段的声压级相对较低，高频段的声压级相对较高；各种木质地板的轻量撞击声声压级曲线表现为另一种相似的变化趋势，即无论是实铺方式还是木龙骨铺装方式，几乎都为 125Hz、250Hz 两个频率的声压级值相差不大，500Hz 处的声压级迅速增加并达到最高值，随后几个频率的声压级值随频率提高又大幅度下降，近似于单峰曲线。这与上述的光混凝土楼板和铺装了花岗岩楼板的轻量撞击声声压级曲线变化趋势明显不同。可见轻量撞击声频谱特性受地板材料的影响较大，受铺装方式的影响较小。

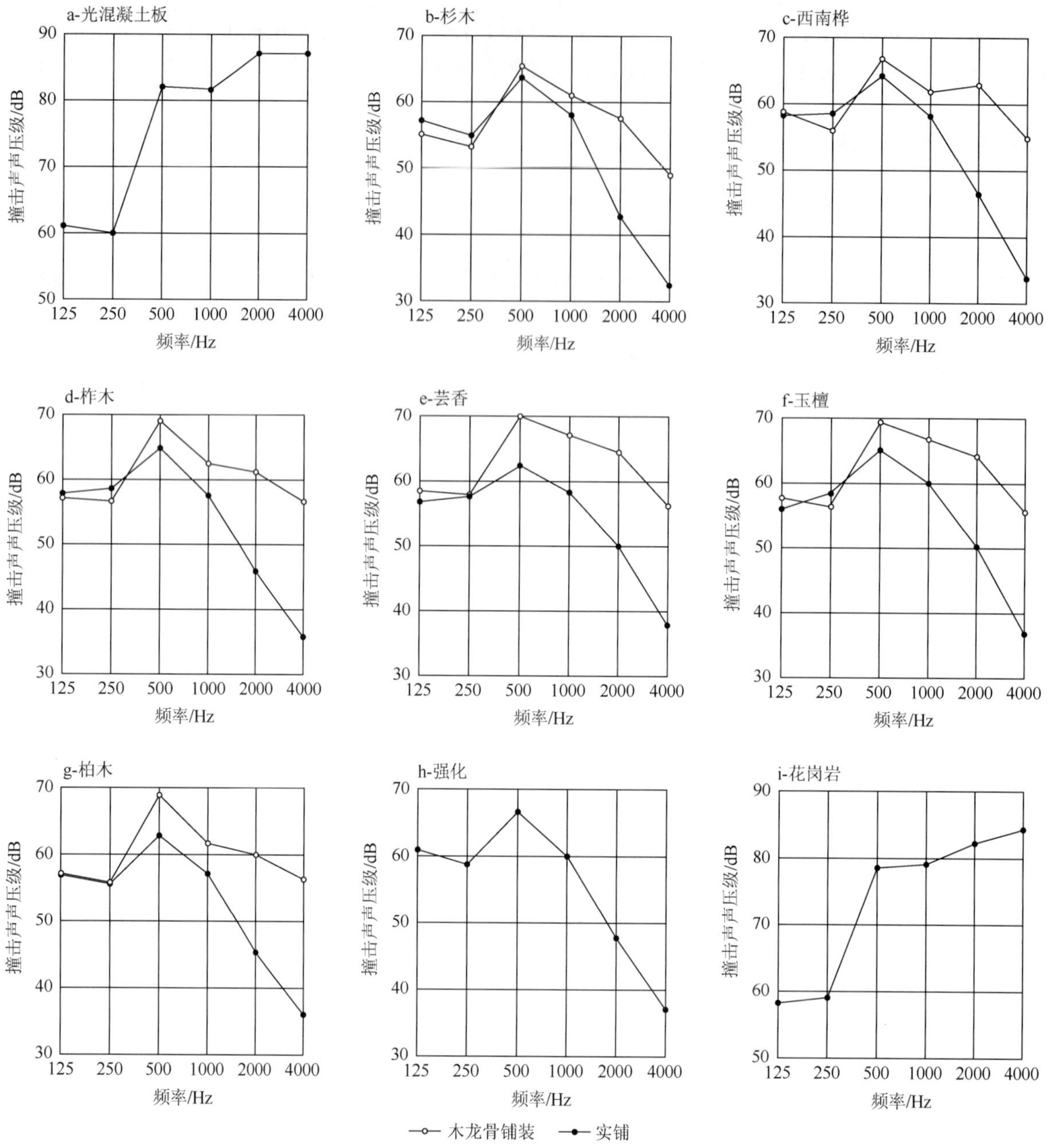

图 2 不同地板轻量撞击声声压级倍频程曲线

2.2 不同地板的轻量撞击声隔声性能

2.2.1 实铺方式

通过图 2 中各种地板实铺方式下的轻量撞击声比较可见：①各种地板铺装后，从 125 到 4000Hz 各个谱段的轻量撞击声声压级都有不同程度的下降。②木质地板铺装后在中、高频的轻量撞击声改善程度十分明显，起到了良好的隔声效果，而花岗岩地板铺装后对轻量撞击声虽有降低，但改善程度很小。因此，木地板的轻量撞击声隔声性能良好，并明显优于石材地板。③对于木质地板相互之间比较而言，以杉木的轻量撞击声声压级最低，撞击声改善程度稍好于其他地板。结合表 1 分析可得，密度较低的地板对 1000Hz 以上谱段的轻量撞击声相对具有更好的隔声效果。总体来说，不同木质地板之间的轻量撞击声隔声性能相差不大。

2.2.2 木龙骨铺装方式

通过图 2 中各种地板木龙骨铺装方式下的轻量撞击声比较可见：①按木龙骨铺装方式铺装各种地板

后，楼板的轻量撞击声也得到了较大改善。其中同样主要在 500 至 4000Hz 几个谱段的轻量撞击声声压级有明显降低，显示出对中、高频轻量撞击声具有较为显著的隔声效果。②木质地板之间，仍是以杉木的轻量撞击声声压级最低，撞击声改善程度稍好于其他地板。并且密度较低的地板也显示出对 1000Hz 以上谱段的轻量撞击声具有更好的隔声效果趋势。但不同木质地板之间的轻量撞击声隔声性能总体上相差也不是很大。

表 1 各种地板的密度

	地板种类						
	柞木	西南桦	柏木	杉木	芸香	玉檀	强化
密度/(kg/m^3)	823.3	706.1	646.6	345.5	1091.7	955.8	902.6

2.2.3 两种铺装方式比较

由图 2 可明显看出，实铺方式与木龙骨铺装方式相比，实铺方式在 125、250Hz 二个谱段上的声压级水平基本相近，但在 500Hz 以上各个谱段的声压级水平显著低于木龙骨铺装方式，而且随着频率的提高，两者之间差值越大。说明地板的实铺方式比木龙骨铺装方式具有更好的轻量撞击声隔声性能，尤其是在对高频谱段的轻量撞击声隔声效果方面这一点表现更为明显。

3 结 论

铺装木质地板的楼板与光混凝土楼板及铺装花岗岩楼板的轻量撞击声频谱特性明显不同，前者的声压级曲线近似单峰型变化；而后者近似阶梯型变化。轻量撞击声频谱特性受地板材料的影响较大，受铺装方式的影响较小。铺装各种地板后的楼板，轻量撞击声声压级均有降低，其中铺装木质地板具有更佳的轻量撞击声隔声性能，尤其是 500Hz 以上的中、高频轻量撞击声。木质地板之间，有密度越低，轻量撞击声隔声效果越好的趋势，但总体相差不大。另外，试验中采用的地板实铺方式较之木龙骨铺装方式的轻量撞击声隔声性能为好。

参 考 文 献

[1] 马大猷. 噪声控制学. 北京：科学出版社，1987.

[2] Shuzo S. Physiological and Psychological responses to light floor-impact sounds generated by a tapping machine in a wooden house. Mokuzai Gakkaishi，1995，41（3）：293-300.

[3] 小原俊平. 快适な室内の环境创り方. オーム社，1994.

[4] Akira T. The charateristics of impact sounds in wood-floor systems. Mokuzai Gakkaishi，1987，33（12）：941-949.

[5] 孙广荣，吴启孚. 环境声学基础. 南京：南京大学出版社，1995.

[6] 齐藤. 试作遮音床板の性能试验（1）. 木材工业，1983，38（9）：21-24.

地板重量撞击声隔声特性的研究

孙启祥[1]　张齐生[2]　彭镇华[2]
（1 南京林业大学竹材工程中心　南京　210037；
2 中国林业科学研究院　北京　100091）

摘　要

采用小型隔声箱体对几种地板的重量撞击声隔声特性进行研究的结果显示：各种地板的重量撞击声频谱特性都十分相似，但木龙骨铺装方式下与实铺方式下的楼板重量撞击声频谱特性显著不同。各种地板的重量撞击声隔声性能表现不是很佳。实铺方式的重量撞击声隔声效果相对优于木龙骨铺装方式。

关键词：地板；重量撞击声；隔声；铺装方式

Abstract

Characteristics of heavy impact sound insulation for the floors were studied through adopting small size sound insolation instrument. The results showed that frequency spectra property of heavy impact sound insulation were very similar among all the floors, but significantly different between solid flooring and flooring with wood keel. The floor were not effective on heavy impact sound. The performance of heavy impact sound insulation for the floor was also better under solid flooring than under flooring with wood keel.

Keywords: Floor; Heavy impact sound; Sound insulation; Flooring mode

在室内环境中，人们裸脚行走、小孩跑跳等所产生的楼板撞击声多属于重量撞击声[1]。同轻量撞击声一样，楼板的重量撞击声也是室内主要的噪声之一，对居民的身心健康具有重要影响，是引起邻里纠纷最常见的因素[2]。地板材料对楼板的重量撞击声具有一定影响。因此，对地板重量撞击声隔声特性进行研究，旨在了解不同地板的重量撞击声隔声特性，并为进一步研究、开发与利用重量撞击声隔声性能良好的地板提供依据。

1　材料与方法

1.1　试验材料

选择柞木（*Quercus mongolica*）、西南桦（*Betula alnoides*）、柏木（*Cupressus funebris* Endl.）、杉木（*Cunninghamia lanceolata*（Iamb.）Hook.）、芸香（*Cantleye corniculata*（Becc）Howard）、玉檀（*Shorea pauciflora* King）、强化（HDF）以及花岗岩（Granite）等 8 种较为典型的地板产品作为本项研究的试验材料。

1.2　试验仪器与方法

1.2.1　试验装置与仪器

自制的小型隔声箱体[3]。小型车轮胎，尺寸为 5.20—10—4PR，气压为（1.5±0.1）×105Pa[4]。传声器为丹麦产 4415 型；声级计为丹麦产 B&K2230；滤波器为丹麦产 B&K1625。

本文原载《安徽农业大学学报》2002 年第 29 卷第 2 期第 147-149 页。

1.2.2 试验方法

以小型车轮胎撞击地板作为激励。轮胎的接地面是从高为（90±10）cm 的位置自由落体投向地板[4]。其他均与轻量撞击声相同[3]。

2 结果与讨论

2.1 各种地板的重量撞击声频谱特性

图 1 为各种地板的重量撞击声声压级曲线。由图 1 可见，各种地板实铺方式下的楼板重量撞击声声压级曲线变化趋势，都与无铺装的光混凝土楼板相似，表现为随着频率的增高而重量撞击声声压级逐步降低，即低频段的声压级较高，而高频段的声压级值相对较低。但木质地板木龙骨铺装方式下的楼板重量撞击声声压级曲线变化规律基本上都表现为：125Hz、500Hz 两频率处的声压级较高，250Hz 的声压级较低，500Hz 以上又呈频率增高而声压级降低的趋势。这种频谱特性与实铺方式下完全不同。可见地板材料种类对重量撞击声频谱特性的影响较小，而地板铺装方式对重量撞击声频谱特性却具有较大影响。

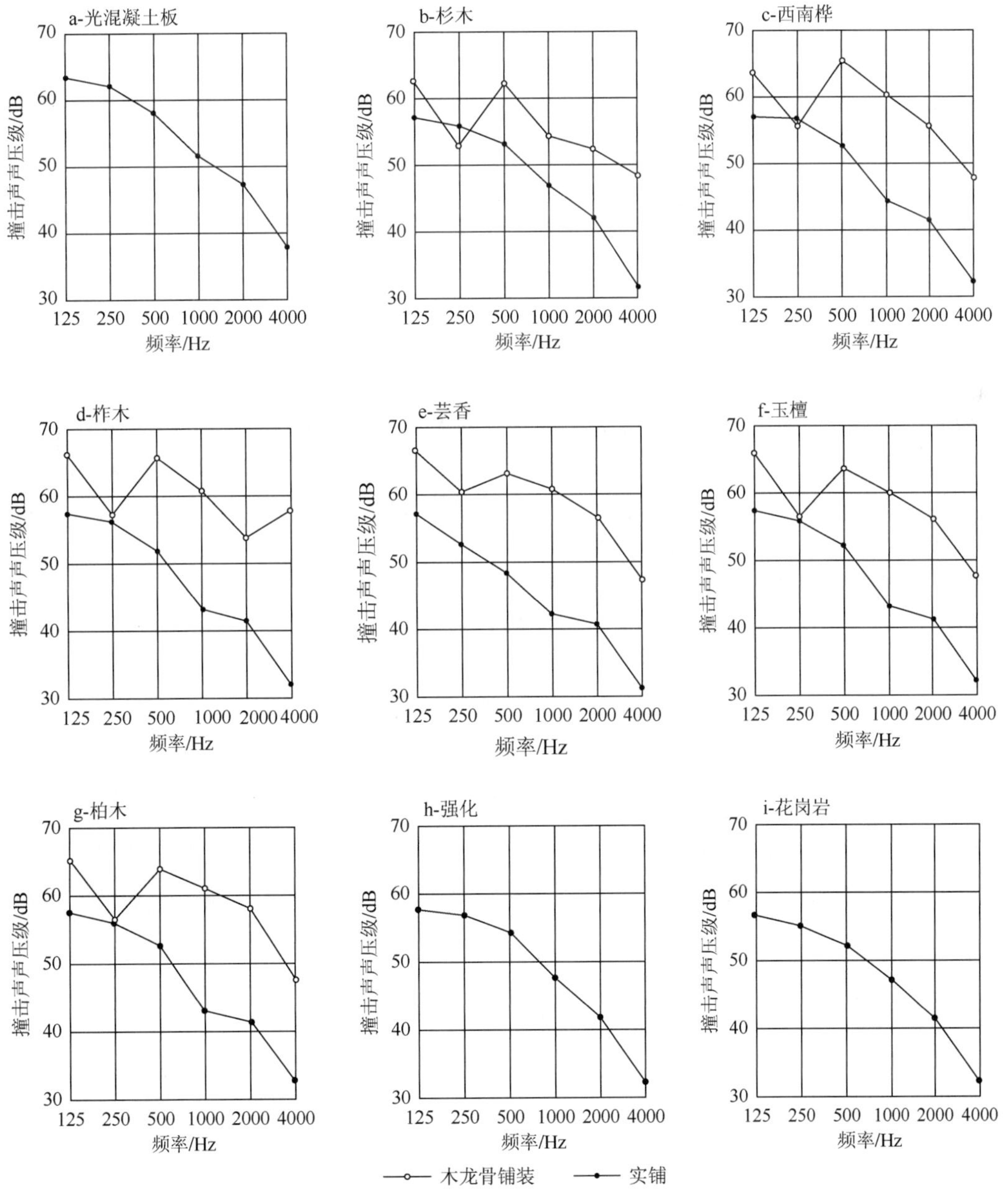

图 1 不同地板重量撞击声声压级倍频程曲线

2.2 不同地板的重量撞击声隔声性能

2.2.1 实铺方式

通过图 1 中各种地板实铺方式下的重量撞击声比较可见：①各种地板铺装后，从 125～4000Hz 各个谱段的重量撞击声声压级都有所下降，起到了一定的隔声作用，但下降的幅度并不很大，隔声效果不是十分显著。②木质地板中，密度较大的地板[3]，重量撞击声改善程度略有增大。不过总体上木质地板之间以及木质地板与花岗岩石材地板相互之间的重量撞击声声压级值相差都不是很大，可见各种材料的地板对重量撞击声的隔声效果都较为相近，无明显差别。

2.2.2 木龙骨铺装方式

通过图 1 中各种地板木龙骨铺装方式下的重量撞击声比较可见：①按木龙骨铺装方式铺装各种地板后，楼板的重量撞击声声压级值除在 250Hz 谱段稍有降低外，其他所有谱段的声压级值却比光混凝土楼板还有较大增高，这种情况下不仅没有起到隔声降噪效果，反而提高了噪声水平。②木质地板之间比较而言，是以杉木的重量撞击声声压级最低，撞击声改善程度稍好于其他地板。密度较低的地板比密度较高的地板在所有谱段上的声压级值都相对较小。

2.2.3 两种铺装方式比较

由图 1 可以看出，实铺方式与木龙骨铺装方式相比，实铺方式比木龙骨铺装方式在 125～4000Hz 的所有频率上的重量撞击声声压级都明显要低，本试验中采用的实铺方式对于重量撞击声隔声效果明显好于木龙骨铺装方式。

3 结　论

各种地板实铺方式下的楼板以及无铺装的光混凝土楼板，其重量撞击声频谱特性都十分相似，表现为随着频率的增高而重量撞击声声压级逐步降低。但木质地板木龙骨铺装方式下的楼板重量撞击声频谱特性与实铺方式下显著不同。地板材料种类对重量撞击声频谱特性的影响较小，而地板铺装方式对重量撞击声频谱特性影响较大。各种地板实铺方式下对重量撞击声起到了一定的隔声作用，但效果不是十分明显。各种地板相互之间的重量撞击声性能也相差不大。地板木龙骨铺装方式下对重量撞击声没有隔声降噪效果。实铺方式的重量撞击声隔声效果明显好于木龙骨铺装方式。

参 考 文 献

[1] Akira T. The charateristics of impact sounds in wood-floor systems. Mokuzai Gakkaishi，1987，33（12）：941-949.

[2] 小原俊平. 快适な室内の环境创り方. オーム社，1994.

[3] 孙启祥，彭镇华. 地板轻量撞击声隔声特性的研究. 安徽农业大学学报，2002，29（2）：143-146.

[4] 日本计量管理协会. 噪声与振动测量. 宋永林译. 北京：中国计量出版社，1990.

自然状态下杉木木材挥发物成分及其对人体身心健康的影响

孙启祥[1]　彭镇华[2]　张齐生[1]

（1 中国林业科学研究院林业研究所　北京　100091；

2 南京林业大学　南京　210037）

摘　要

采用原材料动态顶空套袋采集法以及热脱附、GC-MS 等措施，成功地采集与分析了自然状态下杉木木材的挥发物成分，杉木木材挥发物中有 35 种萜类化合物、15 种脂肪族化合物和 5 种芳香族化合物，萜类化合物的 MS 强度最高。同时，从药物生理和芳香疗法的角度，初步分析了挥发物对人体生理、心理健康的影响。结果表明，杉木的挥发物中含有许多有益成分，尤其是各种萜类化合物，大多具有良好的生理活性及芳香疗法作用，如能够抗菌、消炎、祛痰、镇咳，以及解除心理上的紧张与疲劳，令人感觉自然、轻松、舒适、愉快等。因而具有改善空气质量，促进人体身心健康的功能。

关键词：挥发物；杉木材；人体健康；生理；心理；空气质量，芳香疗法；动态顶空采集；GC-MS

Abstract

Adopting dynamic head-space and GC-MS, volatiles of wood of Chinese fir in nature were successfully collected and analyzed.It contains 35 terpenoid, 15 aliphatics and 5 aromatic compounds, in which the MS intensity of terpenoid is the highest.Meantime, effect of volatiles on physiology and psychology were analyzed from angle of drug physiology and aromatherapy.The results showed that some of volatiles of wood of Chinese fir were useful for human health, especially terpenoid being of good physiological activity and aromatherapy function, such as sterilization, diminish inflammation, codein, and making people feel easy, comfort, pleasant, and so on. Therefore, based on preliminary analysis of this paper, volatiles of wood of Chinese fir could ameliorate indoor air quality and regulate human body and mind health.

Keywords: Volatiles; Wood of Chinese fir; Human body and mind health; Physiology; psychology; Air quality; aromatherapy; Dynamic head-space; GC-MS

挥发物，是一类有挥发性、能随水蒸气蒸馏的油状液体。挥发物不是均一的化合物，它是有多种化学性质不同的成分组成的混合物，一种挥发物可能含有几十种乃至一、二百种化学成分[1, 2]。

挥发物中有许多成分具有较强的生理活性。对人体健康而言，其中有些有益，而有些有害。随着人们环境意识的增强以及对身心健康的日益重视，关于挥发物与人体健康之间的关系越来越受到人们的关注。但由于受到研究手段以及已有医学知识等诸多限制，如挥发物的采集方法问题，因为采集方法不同，所得挥发物的化学成分会有所不同[3, 4]，一直以来最为常用的是浸提液法、水蒸气蒸馏法等，但都未能做到将材料处于自然状态下进行挥发物采集，如何才能采集到自然状态下材料的挥发物成分一直处于探索与完善之中；另外，像挥发物中一些成分到底有哪些生理活性，对人体健康究竟有哪些影响等，也知之甚少，正因如此，这方面的研究工作长期以来一直较少。近年来气质联用技术日趋成熟，并在物质分离、成分结构鉴定方面得到广泛应用，挥发物采集技术（如动态顶空采集法、液空采集法等）也在不断提高[5~8]，这些都为材料在自然状态下的挥发物采集和成分的精确测定与分析提供了可能。不过，总体来看，自然状态下材料的挥发物及其与人体健康方面的研究才刚刚起步，许多方面都有待于进一步深入探索。

挥发物不仅是植物中一类常见的重要成分，而且也是木材的组成成分之一，如从木材中提取的 α-和 β-

本文原载《安徽农业大学学报》2004 年第 32 卷第 2 期第 158-163 页。

萜烯是工业上合成樟脑和多种香料的重要原料。木材中逸出的挥发油成分，赋予木材具有气味。不同树种木材中挥发油的含量和成分差别很大[2]。今天，木材在室内装修、家具等方面得到大量使用。由于挥发物的存在，这些材料自然要向室内空间挥发其所含有的各种挥发性化学物质，改变着室内空气环境，从而对室内居民的身心健康造成影响[9]。因此，研究室内建筑装修和家具广泛应用的木质材料中挥发物化学组成及其对人体的影响，对于正确选择有益人身健康的材料，避免使用有害木质材料及其制品，创造一个洁净、健康的室内空气环境具有重要意义。

基于这种目的，作者以我国最为重要的商品材杉木作为研究对象，在国内首次采用动态顶空套袋采集法和 TCT-GC/MS 联用技术，对自然状态下木材挥发物成分进行了采集、测定与分析，并从生理、心理等角度进一步分析了挥发物成分对人居环境、人体健康的影响，试图为木质材料挥发物成分及其对人体健康影响方面的研究摸索出一些新的方法、途径与思路。

1　材料与方法

1.1　材料挥发性成分的采集

1.1.1　采集方法

采用动态顶空套袋采集法。其装置如图 1 所示。具体操作步骤如下：①用塑料袋套住适量的地板材以后，立刻将袋内的空气抽走。②抽走袋内的空气后，用泵泵入通过活性炭和 GDX-101 过滤后的净化空气，并密闭系统。③待密闭 30min 后，如图 1 所示开始循环采气。采气时间根据材料挥发物释放量有所不同，以保证目标成分可达到仪器的检测限，又不穿透吸附剂为宜。本试验中材料挥发性有机物的采集，流量为 100mL/min，采样的时间为 30min。采样时的环境温度为 26℃，空气湿度为 50%。

1.1.2　空白实验

先把采样袋中的空气抽尽，然后冲入过滤的空气。待袋中空气达 2/3 体积时接吸附管，循环采气。

1.1.3　采样所用的装置及其质量保证

采样气路。循环采样要求有较好的气密性，管路尽量不形成干扰物质，因此选用硅胶管作为连接管路。

采样袋。采样袋位于过滤器后，并直接与吸附管连接，因此对采样袋要求较高。其材质要求不与被测组分产生吸附、发生化学变化或形成干扰物质。本试验采用的是美国 Reynolds Metals Company 生产的 Reynolds Oven Bag，该产品材质稳定、耐高温，可保证不释放挥发性气体。袋子的大小为 482mm×596mm。

采样所用的吸附管和吸附剂。采样所用的吸附剂要求具有良好的热稳定性，能有效地吸附/解吸挥发性有机物。本试验选用的 Tenax-GR（60～80mesh），Tenax-GR 能高效地吸附/解吸低分子量有机物，适用于挥发性有机成分的富集与分析。采样管选用 Chrompack 公司的产品。长 16cm，内径 3mm。平均每根采样管装 0.2000 左右的 Tenax-GR。采样前将装有吸附剂的吸附管放在热脱附器上，在 275℃温度条件下，通 N_2 老化 120min。首次用于装柱的吸附剂应按说明用溶剂清洗并通 N_2 吹干后再老化。

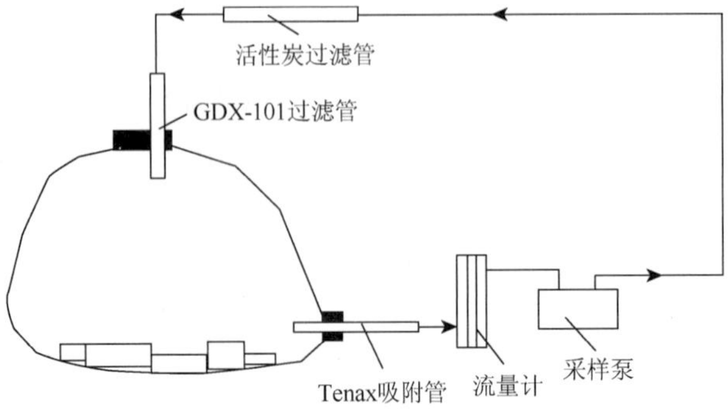

图 1　地板材料挥发物成分采集装置

气泵及流量计。本实验采用的是北京市劳动保护科学研究所生产 QC-1 型大气采样仪。转子流量计使用前经皂膜流量计校正。

本试验所采用的这种方法，其优点主要表现在：可采集材料在自然状态下的挥发成分，循环吸附可将含量很低的挥发性成分累积富集，高质量的采集袋、吸附管和吸附剂保证了挥发性成分的有效采集、吸附与解吸，热脱附方法保证了挥发性成分的准确分析。

1.2 挥发物成分鉴定

1.2.1 实验仪器

TCT-GC/MS，型号：CP-4010PT/TCT（CHROMPACK 公司）；TRACEGC2000（CEINSTRUMENT 公司）；VOYAGER MASS（FINNIGANG 公司）。

1.2.2 仪器的工作条件

TCT 的主要条件：System Pressure，20kPa；Rod temperature，250℃；Trap Precool，−100℃（3min）；Tube Desorption，250℃（10min）；Trap inject，260℃。

GC 的工作条件：色谱柱，CP-Si18 Low Bleed/ms（60m×0.25mm×0.25μm）。

程序升温：40℃（3min）——6℃/min——250℃（3min）Post run 270℃（5min）。

MS 的工作条件：lonization Mode，EL；E-energy：70eV；Mass range 29～350 amu；1/F，250℃；Sre，200℃，Emission Current，150μA。

1.2.3 检索谱库

NIST98。

1.3 挥发物效用分析

从药物生理和芳香疗法的角度，分析挥发物对人体健康的影响。

2 结果与分析

2.1 挥发物的主要成分与强度

分析鉴定结果，杉木木材挥发物主要为 55 种化合物组成的混合物，具体见图 2 和表 1。由表 1 中可见，杉木木材挥发物成分和其他材料一样，都是由脂肪族化合物、芳香族化合物和萜类化合物三类化合物组成，符合挥发物成分的共性。进一步分析，在这些成分中，有脂肪族化合物 15 种，芳香族化合物 5 种，萜类化合物 35 种；在挥发物强度方面，以萜类化合物相对较强，脂肪族化合物相对较弱。很明显，杉木木材挥发物的主要组分是萜类化合物。

2.2 杉木木材挥发物对人体健康的影响

众所周知，挥发物对人类的身心健康会产生影响。而这些影响从根本上说，都是由挥发物中所含有的化合物成分决定的。在组成挥发物的三大类成分中，最具生理活性的当数萜类化合物。萜类化合物种类繁多，结构复杂，性质各异，生理活性表现多种多样。例如：雷公藤内酯、雷公藤羟内酯具有抗血病、抗肿瘤活性；马桑内酯类化合物具有治疗神经分裂症作用；芍药甙能够抑制血小板凝集、扩张冠状动脉、增强免疫功能；齐墩果酸具有促进肝细胞再生活性；戎芦素 B、E 具有防治肝硬变、肝炎的活性；闹羊花毒素III对重症高血压有紧急降压作用并对室上性心动过速有减慢心率作用；雪胆甲素能够抗菌消炎等等。另外，不少单萜和倍半萜成分都具有祛痰、止咳、平喘、驱风、健胃、解热及镇痛等功效；有些成分还是香料、化妆品工业的重要原料[1]。

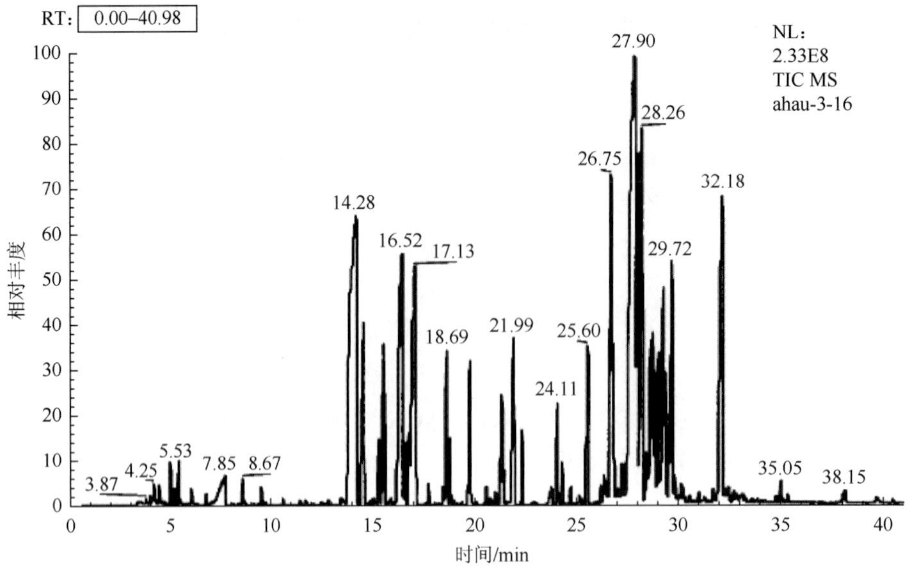

图 2　挥发成分气相色谱图

本试验中得到的萜类化合物成分，已确定具有生理活性的化学成分有：α-蒎烯有明显镇咳和祛痰功能，并有抗真菌（如白念珠菌）作用；β-蒎烯也具有抗炎，祛痰，抗真菌作用；α-香叶烯（月桂烯）能够祛痰，镇咳。柠檬烯可治疗胆结石，并有刺激性祛痰作用；β-水芹烯有令人愉快的香气对支气管有温和的刺激作用，吸入作为祛痰剂，并可作杀虫剂和驱白蚁剂；莰酮兴奋中枢神经系统，强心、升压，少量胃肠舒适，抗真菌（但误服有毒性）；莰醇抗心肌缺血，促进神经胶质细胞生长，止痛防腐、抗炎等；α-石竹烯具有平喘作用；雪松醇能起到解痉功效；杜松醇具有祛痰作用[1, 10~12]……当然除上述化学成分以外，还有其他成分，这些成分由于没有经过药理试验，其作用目前尚不清楚，有待今后进一步研究。不过从上述已知的萜类化合物所具有的各种生理活性推定，富含萜类化合物的杉木木材总体上具有明显的抗菌、消炎、祛痰、镇咳作用，并能解除紧张，令人放松，有利于居住者的身心健康。

表 1　挥发物成分及 MC 强度

序号	化合物成分	MC 强度×10^3	
		空白	杉木
1	甲醇	24.8	1050
2	丁醇	824	668
3	乙酸	872	3830
4	己醛	598	1490
5	乙酸丁酯	128	215
6	糠醛	29.6	884
7	庚醛	—	53.8
8	2, 7, 7-三甲基二环[2, 2, 1]庚-2-烯	—	59.2
9	6-甲基-5-庚烯-2-酮	—	
10	2-丙基戊醇	—	
11	壬醛	131	270
12	环己基异硫氰酸酯	—	306
13	[1, 1′-二环戊基-2-酮		81.8
14	1-甲基-1-乙烯基-2, 4-二（基乙烯基）环己烷	9.08	8220
15	2-丙基戊醇		259
	芳香族化合物		
16	苯甲醛	—	515
17	2-甲基-6-对-甲苯基-2-庚烯	—	4680

续表

序号	化合物成分	MC 强度×10^3	
		空白	杉木
18	对-（1, 2, 2-三甲基环戊基）甲苯	6.86	4380
19	1, 3, 4, 5, 6, 7-六氢-1, 1, 5, 5-四甲基-二氢化 2, 4α-甲基萘	1.4	750
20	苯乙酮	—	182
	萜类化合物		
21	2α-蒎烯	184	8760
22	莰烯	7.11	8190
23	β-蒎烯	—	6120
24	2α-香叶烯（月桂烯）	10.6	7300
25	3-蒈烯	24.5	8810
26	萜品烯	2.61	3720
27	柠檬烯	25.2	4360
28	β-水芹烯	—	12 700
29	对-孟 1, 4(8)-二烯	4.74	4980
30	小茴香醇	—	4370
31	莰酮	13.9	1490
32	莰醇	12.1	5520
33	对-孟-1-烯-4-醇	11.4	2660
34	对-孟-1-烯-8-醇	22.8	5150
35	乙酸小茴香酯	7.02	3860
36	香茅酸甲酯	—	76.9
37	蒈烯	—	81.8
38	乙酸莰酯	18.4	5010
39	乙酸异莰酯	—	954
40	香叶酸甲酯	—	2570
41	乙酸对-孟-1-烯-8-醇酯	26.4	4870
42	依兰烯	—	1110
43	胡椒烯	1.4	1460
44	雪松烯（1）	5.59	5410
45	罗汉柏烯	1.72	2070
46	雪松烯	—	11 700
47	雪松-8(15)-烯	13.5	12 200
48	罗汉柏烯（1）	16.4	10 400
49	α-石竹烯	—	3190
50	杜松-1(10), 3, 8-三烯	7	2020
51	β-石竹烯氧化物	—	110
52	雪松醇（柏木醇）	—	355
53	雪松-8-醇	11.5	7420
54	杜松醇	—	490
55	乙酸雪松-8-醇酯	—	644

研究挥发物作用的一个重要新兴领域为芳香疗法（Aromatherapy）。所谓芳香疗法是指将植物中的芳香物质（精油或挥发物），通过各种方式吸入人的体内，从而对人的身心健康发挥作用的一种方法。大量研究证明，芳香疗法对于生活节奏高度紧张而引起的身心疾病即所谓“现代病”的治疗有良好效果。其作用

主要表现在：芳香物质能够让人心情愉快、轻松舒适（如春黄菊油），能使人镇静、令人清醒（如柠檬香），能使人精力集中、工作效率提高（如迷迭香），还能活化循环机能（如薄荷脑）甚至具有减肥功效等。有关具体的研究如：在室内送入柠檬等香气，发报人员的失误率明显降低；吸入宜人的香气，可使 α 脑波的功率谱密度较早地恢复到 1/f 型涨落谱状态，使人轻松自然；侧柏等植物精油的吸入能导致伴随性阴性变动（事件关连电位，CNV）早期成分减少，起镇静作用，茉莉等植物精油的吸入导致 CNV 早期成分增加，起觉醒作用；台湾扁柏材油芳香物质的吸入，可使人的血压下降，R-R 间隔即脉搏每拍间隔的变动系数减少，工作效率提高，自然感增强；另外，低浓度的 α-蒎烯的吸入，可使人的精神性发汗减少，工作效率提高，自然感增强；另外，低浓度的 α-蒎烯的吸入，可使人的精神性发汗减少，指尖血流量增加，脉搏少而稳定，可抑制交感神经的兴奋，促进副交感神经的作用，使人趋于放松，减轻疲劳感。因此，从芳香疗法的角度来看，由于杉木木材中含有的 α-蒎烯等萜类化合物多具有较强的香气和生理活性，因而可能具有良好的芳香疗法效果[13~17]。

挥发物中的脂肪族化合物和芳香族化合物，通常数量较少，杉木木材挥发物也是如此，因此挥发物中这两类化合物的生理活性相对而言少有研究。不过，从香精香料方面的研究来看，其中有些化合物也具有较好的香气。醛有柠檬香气和玫瑰香韵，庚醛有芳香性等[18]……因此，这些香气的吸入，理论上来说，也会起到一定程度的芳香疗法作用。但一般来说脂肪族化合物和芳香族化合物芳香成分在挥发物中的含量相对较少，挥发物的香气及其芳香疗法作用主要还是由大量的萜类化合物中芳香成分所决定。

从上述挥发物成分的生理活性以及芳香疗法作用现有分析来看，杉木木材挥发物中具有许多有益成分，尤其是各种萜类化合物，它们多具有抗菌、消炎、祛痰、镇咳作用，并能解除心理上的紧张与疲劳，令人感觉自然、轻松、舒适、愉快等良好的生理活性及芳香疗法作用，能够积极改善空气品质，不论在生理上，还是心理上，对居住者的身心健康都较为有利。当然杉木挥发物中某些成分的效用以及整个挥发物的实际效用等问题都还有待以后进一步试验。

3　结论与讨论

采用动态顶空套袋采集法和 TCT-GC/MS 联用等技术进行挥发物成分采集与分析，具有十分自然、真实、准确、可靠等特点，是分析自然状态下材料挥发物成分的有效方法。

杉木木材的挥发油成分以萜类化合物种类最多，达 35 种；脂肪族化合物 15 种，位居第二，芳香族化合物种类较少，仅有 5 种。挥发物强度也是以萜类化合物最高。说明杉木木材挥发物的主要组成成分为萜类化合物。从药物生理和芳香疗法的角度，初步分析了挥发物对人体生理、心理健康的影响。现有的分析结果表明，杉木的挥发物中具有许多有益成分，尤其是各种萜类化合物，它们多具有良好的生理活性及芳香疗法作用，如能够抗菌、消炎、祛痰、镇咳，以及解除心理上的紧张与疲劳，令人感觉自然、轻松、舒适、愉快等。因而具有积极改善空气品质，促进人体身心健康的功能。

参 考 文 献

[1]　肖崇厚. 中药化学. 上海：上海科技出版社，1997.

[2]　成俊卿. 木材学. 北京：中国林业出版社，1985：495-497.

[3]　Mitsuyoshi Y. Terpenes emitted from trees. Mokuzai Gakkaishi，1984，30（2）：190-194.

[4]　马斯，贝耳兹. 芳香物质研究手册. 徐汝撰译. 北京：轻工业出版社，1989.

[5]　北京大学化学系仪器分析教学组. 仪器分析教程. 北京：北京大学出版社，1997.

[6]　汪正范. en-ichi 色谱联用技术. 北京：化学工业出版社，2001.

[7]　Awano K. Head-space and Aqua-space. The illustrations of methods by which the collection of aroma are best achieved. 香料，1999，(202)：105-107.

[8]　傅若农. 色谱分析概论. 北京：化学工业出版社，2001.

[9]　孙启祥. 从生命周期角度评估木材的环境友好性. 安徽农业大学学报，2001，28（2）：170-175.

[10]　国家医药管理局中草药情报中心站. 植物学有效成分手册. 北京：人民卫生出版社，1986.

[11]　李卓彬. 中药有效成分药理学应用. 哈尔滨：黑龙江科技出版社，1995.

[12]　夏忠弟，毛学政，罗映辉. 蒎烯抗真菌机制的研究. 湖南医科大学学报，1999，24（6）：507-509.

[13]　宫崎良文. 精油の吸入による变化（第二报）. 木材学会志，1992，38（10）：909-913.

[14] 张意宽. 有香的舒适空间. 室内设计与装修，1996，(6)：52-53.
[15] 洪蓉，金幼菊. 日本芳香生理心理学研究进展. 世界林业研究，2001，14（3）：61-66.
[16] 谷田正弘. 香りの生理心理效果研究の现状と问题点. Fragrance Journal，1999，(1)：57-61.
[17] 谷田贝光克. 树木抽出成分利用技术研究组合研究成果. 山林，1995，(1335)：69-77.
[18] NH 勃拉图斯. 香料化学. 刘树文译. 北京：轻工业出版社，1984.

竹木组合工字梁的静载试验研究

陈国[1] 周涛[1] 李成龙[1] 张齐生[2] 李海涛[1]

（1 南京林业大学土木工程学院 南京 210037；

2 南京林业大学材料科学与工程学院 南京 210037）

摘 要

以竹集成材为翼缘、欧松板为腹板设计竹木组合工字梁，对 10 根不同结构的工字形截面竹木组合梁进行了 4 点弯曲静载试验。研究剪跨比及加劲肋等参数对组合梁破坏形态、强度和延性等影响。结果表明：腹板和翼缘具有很好的协同效果，组合梁的破坏始于侧向失稳，主要破坏形态表现为翼缘内欧松板层裂及腹板被剪坏。组合梁的极限承载力随着剪跨比的增大呈下降趋势；竹加劲肋能显著提高工字梁的极限承载力，提高幅度最大为 15.7%，对极限位移最大增加幅度约为 10.13%。

关键词：欧松板；竹集成材；工字梁；破坏机理；抗弯性能

Abstract

An OSB webbed bamboo I-shaped beam was presented. Tests were performed on 10 composite beams to investigate the effects of shear span ratio and stiffeners on the failure mode, strength and ductility using the four-point bending load. Experiment results showed that the web and flanges of beams possessed good load-carrying capacity and the initial damage of the wood-bamboo composite beams was lateral buckling, and the main failure mode was the delamination of OSB and shear failure of the web. Also, the bamboo stiffeners improved the ultimate load-carrying capacity of the beams by 15.7%, and increased the ultimate displacement and initial flexural stiffness by 10.13%.

Keywords: OSB; Parallel strand bamboo(PSB); I-shaped beam; Failure mechanism; Bending performance

木质工字梁是以实木锯材为翼缘，以欧松板（OSB）或木胶合板为腹板榫接后，用耐候型结构胶黏接而成的工字形截面产品，被广泛应用于现代木结构中[1, 2]。Leichti 等[3]认为以 OSB 板为腹板的木质工字梁比相同承载能力的矩形截面木梁节省木材 50%，重量轻 45%。木质工字梁腹板与翼板之间的接头是影响工字梁的一个关键因素，腹板与翼板之间的接头方式有很多，如梯形槽接口、矩形槽接口等[4, 5]。木质工字梁破坏时，接头处容易发生拔出破坏，从而导致翼缘发生断裂现象，表现出明显的脆性破坏特征[6]。我国的木材资源十分匮乏，阻碍了木质工字梁的推广应用。而毛竹资源极其丰富，竹材的力学强度较高[7~10]，具备作为工程结构用材的条件。竹集成材（竹层积材）是以毛竹为原料，经纵锯、四面精刨成定宽、定厚的矩形截面竹片，再经蒸煮、炭化、涂胶等工序，最后组坯热压成任意规格的人造集成材[11]。笔者提出一种以竹集成材为翼缘，欧松板为腹板的竹木组合工字梁，腹板与翼缘间采用平接的方式。为研究竹木工字梁的力学性能，设计了 10 根不同结构的组合梁试件。通过对梁试件进行 4 点弯曲静载试验，研究其在不同剪跨比和加劲肋影响下的破坏机理、承载性能和变形性能等，为竹木组合工字梁的设计提供理论依据。

1 材料与方法

1.1 材性试验

试验用腹板由规格为 1220mm×2440mm×9.5mm 的 OSB 板裁切而成，按照英国标准 BS EN 789（BSI 2004）

本文原载《南京林业大学学报（自然科学版）》2016 年第 40 卷第 5 期第 121-125 页。

和BS EN 1058（BSI 1996）的要求确定OSB板小试件的取样位置和尺寸。选取4～6年生、胸径约为150mm的湖南益阳产毛竹，并委托东莞桃花江竹业公司加工成竹集成材翼缘。目前国内的竹集成材主要应用于非结构用材，如地板和家具等，现行规范LY/T 1815—2009《非结构用竹集成材》显然不适合于此次试验，而JGT 199—2007《建筑用竹材物理力学性能试验方法》仅适用于测试原竹的材性，与此同时，国外亦无结构用竹集成材的材性实验标准规范。因此，此次竹集成材材性试验主要按照ASTM D143—14《Standard Test Methods for Small Clear Specimens of Timber》进行。试件中OSB板和竹集成材（PSB）的材料力学性能如表1所示。

表1 试材力学性能

板材	顺纹抗拉强度/MPa	顺纹抗压强度/MPa	弹性模量MOE/MPa	泊松比	含水率/%
OSB	10.92	11.85	4582	0.21	4.7
PSB	104.51	57.04	11 050	0.30	10.3

1.2 试件设计

共设计10根欧松板（OSB）为腹板的竹质工字梁试件分为2组，试件几何尺寸见表2，结构见图1。试验共分2组，第1组为无加劲肋的竹木组合梁试件，编号为B1～B5；第2组为加载点处和支座处增设加劲肋的组合梁试件，编号为B6～B10。先以砂纸将OSB板和翼缘黏胶面打磨光滑，再用酒精清洗构件黏胶面的油污和灰尘杂质，然后以环氧树脂胶黏剂将翼缘和腹板胶结为工字梁试件，涂胶量为250g/m^2。最后，用2.8mm×40mm水泥钢钉从翼缘侧面钉入欧松板，研究中未考虑钉间距的影响，当翼缘和腹板间的胶黏剂未完全达设计强度前，钉子仅起到固定作用，钉间距为150mm[12]，钉距离板边距为10mm。将制作好的试件平放于地面，再以重物均匀加压，养护时间不少于15d。

为研究加劲肋对试件力学性能的影响，在编号为B6～B10试件腹板的加载点和支座处成对布置截面尺寸为25mm×35mm的竹加劲肋，加劲肋紧靠承受集中力一侧的翼缘，加劲肋另一端与翼缘预留5mm的间隙。试件全长为2440mm，两端各预留220mm，实际跨度L为2000mm。

表2 试件尺寸设计

编号	b/mm	t/mm	l_1/mm	λ	加劲肋
B1	59.25	35.05	384	1.6	无
B2	59.02	35.22	432	1.8	无
B3	58.94	35.16	480	2.0	无
B4	59.40	34.98	600	2.5	无
B5	58.88	35.34	720	3.0	无
B6	59.50	35.61	384	1.6	有
B7	59.50	34.85	432	1.8	有
B8	59.53	35.10	480	2.0	有
B9	59.50	35.32	600	2.5	有
B10	59.50	35.09	720	3.0	有

注：b，t分别为翼缘的宽度和高度；λ为剪跨比，$\lambda=l_1/L$，其中l_1为支座到加载点的距离，L为梁的跨度。

1.3 加载装置及测试方法

试验加载装置如图2所示。试件简支、跨中两点对称加载，竖向力通过连接于量程为100kN的杭州邦威电液伺服静力加载系统的分配钢梁施加，并在分配钢梁和试件上翼缘间以及台座和试件下翼缘间放置钢垫板，以防翼缘局部承压破坏。参照《木结构试验方法标准》GB/T 50329—2012，采用位移加载方式，当试件处于弹性阶段时，加载速率为2.0mm/min；超过弹性阶段，加载速率降为1.0mm/min，直至试件最终破坏。正式加载前，首先进行预加载，观察布置在试件左右两端的激光位移计和应变片读数变化是否同步，以确保仪器工作正常并消除系统误差。

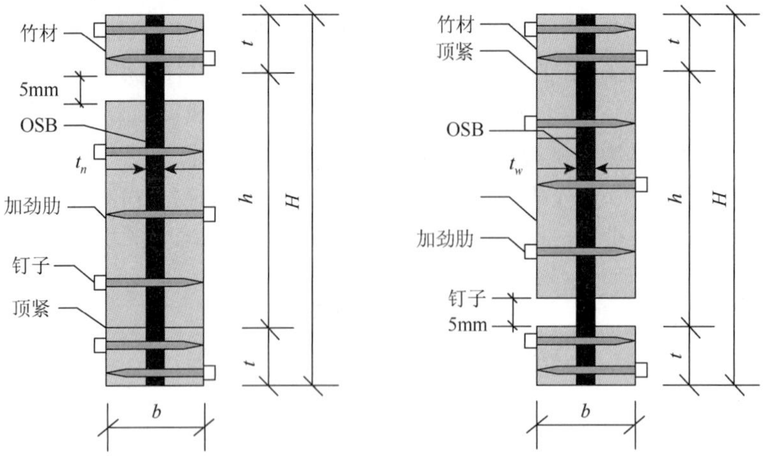

a. 支座处　　b. 加载点处

图 1　竹加劲肋布置方式

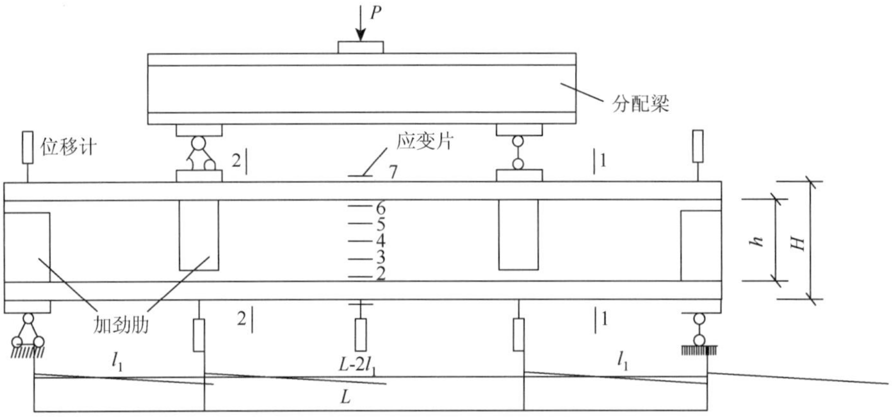

图 2　试验加载装置

为详细记录试验全程试件的竖向变形情况，在两端支座顶、加载点下方及跨中共布置 5 个激光位移计，梁跨内的实际变形值为所在截面位移计读数值与支座端挠度值的相对差值。在梁跨中截面沿高度等距粘贴 5 个应变片，从下至上，应变片编号依次标记为 $2^{\#}$至 $6^{\#}$，同时在梁底、梁顶各贴 1 个应变片，编号分别为 $1^{\#}$和 $7^{\#}$。

2　结果与分析

2.1　组合梁的静载破坏形态

对组合梁进行 4 点弯曲加载试验，试验结果见表 3。由表 3 可知，随着剪跨比的增大，试件承载力呈下降趋势。当剪跨比 $\lambda>2.0$ 时，降幅尤为显著。布置于支座处和加载点处的腹板加劲肋亦对试件承载能力有较大的影响，以编号为 B5 和 B10 的试件为例，二者的剪跨比均为 3.0，加劲肋可显著提高腹板的局部受力性能，承载能力的提高幅度达 15.7%。剪跨比对试件的延性影响可忽略不计，而加劲肋对延性的影响较大，这主要是因为加劲肋能显著提高试件的变形能力，增幅为 10.13%。

表 3　试件承载力、跨中位移和延性对比

编号	P_u	P_n	D_u	μ
B1	23.21	21.82	8.76	1.02
B2	22.40	18.82	9.36	1.03
B3	21.26	17.00	10.19	1.04
B4	17.87	14.68	10.47	1.06
B5	13.88	10.41	11.25	1.17

续表

编号	P_u	P_n	D_u	μ
B6	25.68	23.75	9.30	1.23
B7	23.18	21.22	9.52	1.25
B8	22.67	19.17	10.47	1.13
B9	20.21	14.73	11.43	1.24
B10	16.06	13.11	12.39	1.24

注：P_u 和 P_n 分别为极限承载力和正常使用时的承载力；μ 为位移延性，$\mu=D_u/D_y$；D_y 和 D_u 分别为荷载下降至 85%时 P_u 和极限荷载时的跨中挠度。

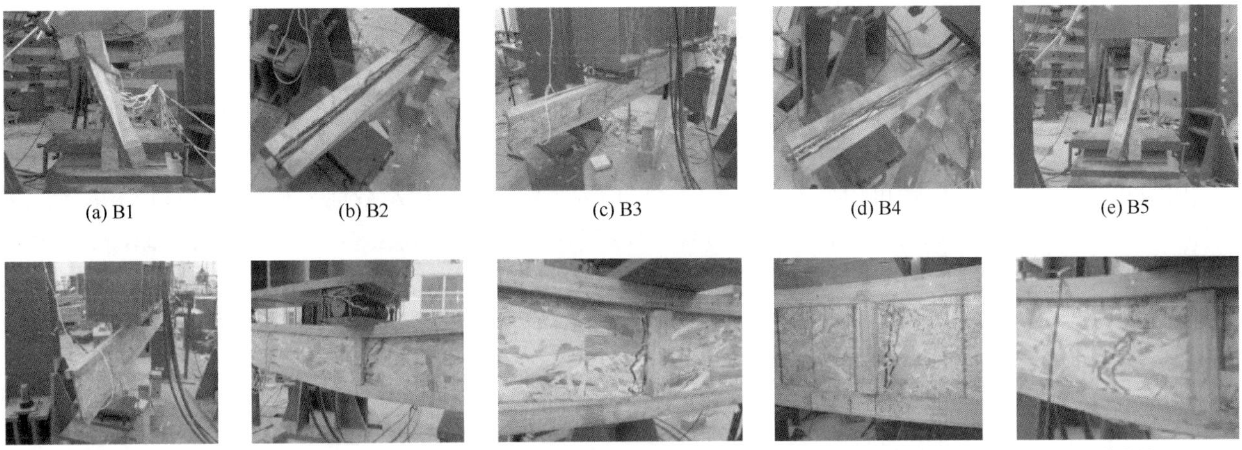

(a) B1 (b) B2 (c) B3 (d) B4 (e) B5

(f) B6 (g) B7 (h) B8 (i) B9 (j) B10

图 3 组合梁破坏形态

组合梁静载破坏形态表明（图 3），10 根组合梁试件无一发生翼缘和腹板间叠合面胶黏结破坏，YY5016 的环氧树脂胶结剂和钉连接能保证腹板与翼缘很好地协同工作。竹木组合梁试件在 4 点弯曲静载下主要发生翼缘内欧松板层裂、腹板局部屈曲及腹板剪切 3 种破坏形态。

（1）翼缘内欧松板层裂破坏：全部试验梁均始于侧向扭转，且翼缘内的 OSB 板产生了层裂。在加载初始阶段，竹集成材翼缘和 OSB 腹板之间表现出良好的组合作用。以梁 B1 为例，当加载至 $0.3P_u$ 时，可听到木材纤维清晰的断裂声，左加载点处上翼缘内的欧松板层状木片间产生了第一道裂缝，并伴随着木屑从裂口处脱落。随着施加在试件上的竖向荷载不断增加，右端加载点下的欧松板也出现了一道水平裂缝，裂缝快速向支座两端扩展，抗弯刚度不断下降，扭转变形和侧向变形渐趋明显。加载至 P_u 时，裂缝扩展至全梁纵向，随后荷载急剧下降，挠度迅速发展，剪跨区的纵向裂缝发展较宽并几乎贯通。不难发现，破坏后，部分钉子被拔出或剪断，胶层未发生开裂现象。

（2）腹板局部屈曲：梁 B1～B5 表现为这类破坏，破坏主要以加载点和支座端的腹板处局部外鼓屈曲为特征。同样在加载初始阶段，翼缘和腹板之间表现出良好的组合作用，加载至（0.5～0.7）P_u 时集中力作用处的腹板发生了轻微的外鼓现象，开始听到腹板的响声，表明欧松板纤维发生了断裂破坏。随着荷载的继续增大，支座端的腹板侧面开始外鼓并出现斜向裂缝。一般而言，加载点下的腹板外鼓早于支座处的腹板，这主要是因为加载点处的腹板承受剪力和弯矩的受力状态复杂。

（3）腹板剪切破坏：梁 B6～B10 的加载点和支座处的腹板两侧设置了加劲肋，自开始加载至最终破坏未发生腹板局部屈曲的破坏现象。当腹板及加载点处的腹板设置加劲肋时，试件的破坏形态发生了较为明显的改变。以 B6 为例，当梁处于弹性变形阶段时，加劲肋对试件受力性能的影响可忽略不计，当其承受的竖向荷载接近极限荷载时，加劲肋可显著改善腹板的局部屈曲性能，此处的腹板未发生剪切破坏现象。

当荷载加载至极限承载力时，剪跨区的腹板发生剪切破坏，裂缝与翼缘呈 45°左右夹角。破坏在一瞬间发生，试件最终丧失承载力，但翼缘未发生木工字梁[13-14]和竹梁[15-16]破坏时常见的断裂现象。

10 根竹—木组合梁的破坏均始于试件失稳。

破坏后的竹集成材翼缘尽管有较大的挠曲变形但均未发生受拉/受压破坏，这主要是因为翼缘的应变值远未达到材料极限应变，仍处于线弹性阶段，上下翼缘的拉/压应变值大致相等，最大应变仅为 2.5×10^{-3}，而竹集成材受破坏时的极限应变高达 9.0×10^{-3}[11]，这与试件翼缘未发生破坏的现象吻合。而竹梁和木工字梁破坏时通常断成两截。剪跨比 λ≤2.0 时，无加劲肋试件承受集中荷载处的腹板易发生局部屈服，加载点与支座间腹板发生剪切破坏；而 λ>2.0 时，加载点处的腹板容易发生水平拉裂，剪跨比越大，侧向扭转越显著。由于加劲肋对腹板局部失稳有一定的贡献，组合梁的承载力明显提高，但延性无显著改善。

2.2　组合梁的荷载—跨中挠度关系

实测荷载—跨中挠度曲线见图 4。竹—木组合梁的荷载—挠度曲线可以近似分为 3 个阶段：①线弹性工作阶段，从开始加载至加载荷载为（0.5～0.7）P_u，试件的荷载与挠度之间近似呈线性关系，此阶段试验梁整体工作性能良好；②非线性阶段，试件 B6 所受的荷载超过 0.9P_u 后，试件翼缘内的欧松板快速进入屈服阶段，随后组合梁的刚度降低，荷载与挠度呈明显的非线性关系；③下降段，在荷载达到 P_u 后，承载力开始下降，剪跨比愈小，下降速率愈快。同时，带加劲肋的试件由于内力重分布，承载力下降反而变得缓慢。

加劲肋可显著提高腹板抵抗局部失稳能力，从而增大组合梁的极限承载能力和极限位移，最大分别提高 15.7%和 10.13%。剪跨比对试件极限承载力有着较大的影响，剪跨比越大，极限承载力越低，当剪跨比 λ≤2.0 时，极限承载力随着剪跨比的增大，下降幅度较慢；当剪跨比 λ>2.0 时，下降速率急剧加快。当试件处于正常使用极限状态阶段时（即跨中挠度小于 8mm），荷载—跨中挠度曲线基本为直线，这与此阶段的试件无明显损伤的实验现象相符。

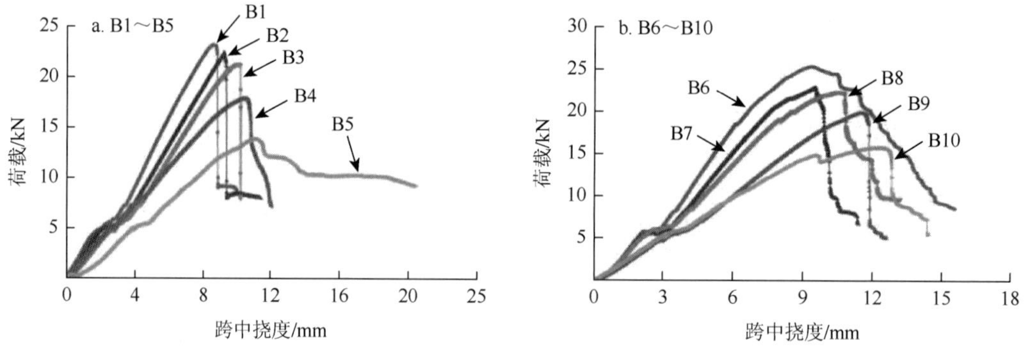

图 4　组合梁荷载—跨中挠度曲线

2.3　组合梁的荷载—应变关系

平截面假定是指梁的横截面在构件受到拉力、压力或纯弯曲作用而发生变形后仍然保持为平面，并且垂直于变形后的梁的轴线。利用杆件微段的平衡条件和应力—应变关系，即可求解出梁内的应变和应力。为了验证平截面假定，对试件 B2 的跨中截面 2～6 号应变片的应变分布规律进行了分析（图 5），结果表明，跨中截面应变值与腹板截面高度呈线性关系，截面中性轴变化无明显变化，即测试点的应变值与测试点至中性轴的距离成正比例关系，符合平截面假定。

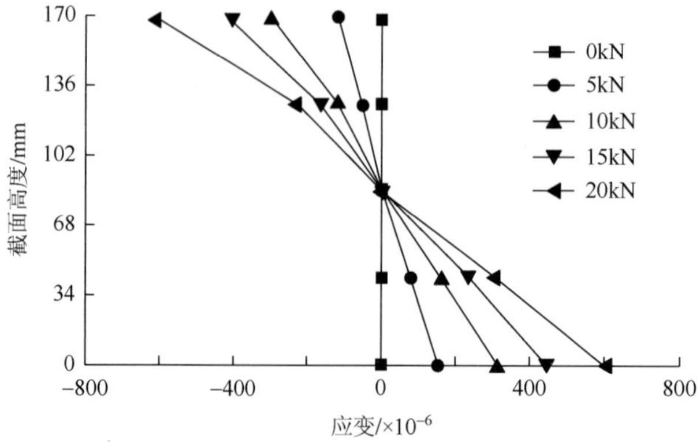

图 5　组合梁跨中截面沿截面高度应变的分布规律

2.4 组合梁的延性

构件的延性μ是指构件在破坏前的塑性变形能力，即从屈服开始到极限承载力或到达后而承载力仍无明显下降期间的变形能力。延性系数较大，结构屈服后能够继续承受大的塑性变形而不至于发生破坏垮塌。经加劲肋增强后，工字梁延性有一定程度的提高（6.0%～21.4%）。加劲肋提高了集中荷载作用点处腹板抵抗局部失稳能力。

3 结 论

1）以OSB板为腹板的竹木工字梁，其破坏模式表现出典型的脆性破坏特征，破坏均始于侧向扭转，但组合梁均未发生断裂。翼缘内的OSB层裂和腹板剪切破坏是较为理想的破坏形态，此时的腹板材料强度得到了充分利用。然而，上下翼缘的应变值均明显小于材料极限应变，翼缘强度未得到充分的利用。

2）加劲肋对组合梁试件的力学性能有显著影响，由于加劲肋可提高腹板抵抗局部失稳的能力，加劲肋对试件的极限荷载提高幅度达15.7%，而对极限位移提高幅度较小，仅10.13%。同时，加劲肋有利于提高试件的延性，但增幅较小。组合梁的极限承载力随着剪跨比的增大呈下降趋势，加劲肋能显著提高工字梁的极限承载力。

3）组合梁横截面应变沿高度方向呈线性变化规律，满足平截面假定。翼缘与腹板间的抗剪性能是保证二者协同工作的关键因素。

参 考 文 献

[1] 张须杰. 木质工字梁的制造工艺及有限元分析[D]. 哈尔滨：东北林业大学，2012.

[2] Hindman D P，Manbeck H B，Janowick J J. Measurement and prediction of lateral torsional buckling loads of composite wood materials：rectangular sections[J]. Forest Products Journal，2005，55（9）：42-47.

[3] Leichti R J，Falk R H，Laufenberg T L. Prefabricated wood I-joists：an industry overview[J]. Forest Products Journal，1990，40（3）：15-20.

[4] 陈竹，董春雷，张宏健. 木质工字梁翼缘和腹板梯形槽接口的垂向承载能力[J]. 西南林业大学学报，2011，31（3）：65-68.

[5] 王春明，王戈，徐兰英，等. 木工字梁抗弯刚度和剪切系数试验方法设计及验证[J]. 木材加工机械，2014，25（3）：5-7.

[6] 唐荣燕. 木质工字梁用单板层积材翼缘静态力学性能的研究[D]. 昆明：西南林业大学，2009.

[7] 肖岩，陈国，单波，等. 竹结构轻型框架房屋的研究与应用[J]. 建筑结构学报，2010，31（6）：195-203.

[8] 李玉顺，沈煌莹，单炜，等. 钢-竹组合工字梁受剪性能试验研究[J]. 建筑结构学报，2011，32（7）：80-86.

[9] 杨会峰. 速生树种复合木梁的受弯性能研究[D]. 南京：南京工业大学，2007.

[10] 盛宝璐，周爱萍，黄东升，等. 重组竹的顺纹拉压强度与本构关系[J]. 南京林业大学学报（自然科学版），2015，39（5）：123-128.

[11] 李海涛，苏靖文，张齐生，等. 侧压竹材集成材简支梁力学性能试验研究[J]. 建筑结构学报，2015，36（3）：121-126.

[12] Li Z，Xiao Y，Wang R，et al. Studies of nail connectors used in wood frame shear walls with ply-bamboo sheathing panels[J]. Journal of Materials in Civil Engineering，2015，27（7）：139-146.

[13] Zhu E C，Guan Z W，Rodd P D，et al. Buckling of oriented strand board webbed wood I-joists[J]. Journal of Structural Engineering，2005，131（10）：1629-1636.

[14] Davids W G，Roncourt D G，Dogher H J，et al. Bending performance of composite wood I-joist/oriented strand board panel as-semblies[J]. Forest Products Journal，2011，61（3）：246-256.

[15] 魏洋，骆雪妮，周梦倩. 纤维增强竹梁抗弯力学性能研究[J]. 南京林业大学学报（自然科学版），2014，38（2）：11-15.

[16] 单波，周泉，肖岩. 现代竹结构技术在人行天桥中的研究与应用[J]. 湖南大学学报（自然科学版），2009，36（10）：29-34.

竹木箱形组合梁力学性能试验研究

陈　国[1]　张齐生[2]　黄东升[1]　李海涛[1]　周　涛[1]

（1 南京林业大学土木工程学院　南京　210037；

2 南京林业大学材料科学与工程学院　南京　210037）

摘　　要

提出一种以竹集成材为翼缘，OSB 板为腹板的竹木箱形组合梁。以组合梁的剪跨比和加劲肋为参数，对 12 根梁试件的力学性能进行四点弯曲试验研究。结果表明，当剪跨比小于 2.0 时，组合梁出现了明显的剪切破坏特征，随剪跨比增大，极限承载力呈显著下降趋势。加劲肋能显著提高组合梁的极限承载力，提高幅度为 14.7%～18.3%，对极限位移的提高幅度为 1.4%～7.5%。加劲肋增强后的组合梁的初始抗弯刚度亦有大幅提高，提高幅度为 9.4%～16.9%。研究表明，以 OSB 板为腹板的竹木箱形组合梁在工程结构领域具有很好的应用前景。

关键词：OSB 板；竹集成材；箱形组合梁；破坏机理；抗弯性能

Abstract

A composite OSB-bamboo beam with box section was proposed with glue-laminated bamboo as flange and OSB as web. Four-point bending test study was conducted on mechanical properties of 12 beams using parameters of the shear-span ratios and stiffening ribs of composite beams. The results show that when the shear-span ratio is less than 2.0, the composite beam has obvious shear failure characteristics, and the ultimate capacity decreases obviously with the increase of shear-span ratio. The ultimate capacity of the composite beam can be improved significantly by the stiffening ribs with the amplitude of 14.7%～18.3% and the increasing amplitude for ultimate displacement is 1.4%～7.5%. The initial bending stiffness of the composite beam strengthened with the stiffening ribs is also improved greatly with the amplitude of 9.4%～16.9%. The research shows that the composite OSB-bamboo beam with box section, which adopts OSB as web, has good application prospect in the field of engineering structure.

Keywords: Oriented Strand Board(OSB); Glue-laminated bamboo; Composite beam with box section; Failure mechanism; Bending behavior

0　概　　述

竹子轻质高强[1]，具有作为工程结构用材的先决条件。尽管原竹也可用来建造房屋[2]，但由于竹子存在壁薄中空、易遭虫蛀、尖削度大以及材质不均等缺点，限制了原竹结构房屋的应用[3]。竹材集成材是以 3～5 年生毛竹为原料，经纵锯、四面精刨成定宽、定厚的矩形截面竹片，然后经蒸煮、炭化、含水率干燥至 12%以下，涂刷室外型酚醛树脂胶，最后组坯热压成任意规格的一种人造集成材[4]。欧松板，又称定向刨花板（OSB），是以间伐材、小径材为原料，经去皮，沿顺纹方向刨切成一定规格的木片刨花，经干燥，掺入胶黏剂和防水剂，按其经纬方向分层定向排列，在高温高压下制成。由于刨花是定向排列，相比木胶合板而言，其具有更高的抗剪强度、材质均匀、握钉力更好等优点，被广泛应用于家具行业和木质结构房屋中[5]。

国内外学者对竹梁开展了大量的试验研究。魏洋等[6]、李海涛等[7]进行了矩形截面竹梁的试验研究，

本文原载《建筑结构》2015 年第 45 卷第 22 期第 102-106 页。

结果表明梁允许承受的设计荷载实际是由截面刚度控制的。肖岩等[8, 9]开发出一种新型的矩形截面胶合竹梁（格鲁班），并成功应用于车行桥梁和房屋工程中，破坏形态主要表现为由于挠度过大而导致组合梁发生破坏。

在矩形截面竹梁的试验研究与应用中发现其存在以下不足：①竹梁的承载能力由刚度控制，其正常使用极限状态时的承载力不到强度破坏时的 30%；②易发生梁底竹纤维拉断破坏，而中部的竹纤维强度却得不到充分利用。为提高竹梁的初始抗弯刚度，李玉顺等[10]、Wu Wenqing[11]、Sinha A 等[12]、Aschheim M 等[13]提出竹梁采用工字形截面，试验结果同样表明竹梁的承载能力由刚度控制而非强度控制。魏洋等[14, 15]提出在竹梁的受拉侧配置钢筋和粘贴纤维增强材料以改善其变形性能，但增强后的竹梁在正常使用极限状态下的承载力甚至不到极限承载力的 20%，且加工工艺复杂。肖岩等[8]、单波等[16]提出在梁底部粘贴碳纤维布，但粘贴后竹梁抗弯刚度的提高幅度仍然偏低。

因此，提出一种以 OSB 板为腹板、竹集成材为翼缘的竹木箱形组合梁。对组合梁的受力性能和变形能力等特性进行了四点弯曲试验，并研究了组合梁的破坏过程和机理，所得结果可为此类型梁的设计与工程应用提供参考。

1 试件设计

所用腹板材料为 OSB 板，名义厚度为 9.5mm，经窑干干燥，满足 APA 质量体系认证。实测 OSB 板弹性模量为 3560MPa，剪切模量为 1420N/mm^2，含水率为 4.7%，密度为 610kg/m^3。竹集成材翼缘要求集成材表面光滑平整，避免局部缺胶，材性试验测得弹性模量为 10 210MPa，密度为 880kg/m^3，含水率为 10.3%。翼缘与腹板之间采用 YY506 型室温固化环氧树脂胶，涂胶量为 250g/m^2。最后，用直径为 2.8mm 的 40mm 长水泥钢钉从 OSB 板侧面直接钉入翼缘内，必须确保钉帽与翼缘板平齐，不得过分陷入板内，钉间距为 200mm，钉边距不小于 10mm。试件制作完毕后，再以重物加压，养护时间取决于温度，室温条件下的胶黏剂养护时间不低于 15d。

2 试验概况

设计了 12 根 OSB 板为腹板的组合梁试件，根据加劲肋和剪跨比不同分为 2 组，每组有 6 个试件，编号分别为 B1～B6 和 B7～B12。为研究加劲肋对组合梁试件力学性能的影响，在试件 B7～B12 的加载点和支座所在腹板处设置截面尺寸为 30mm×35mm 的竹集成材加劲肋，加劲肋的高度为 227mm，加劲肋紧靠承受集中压力一侧的翼缘，另一端与翼缘预留 3～5mm 的间隙（图 1）。以分配梁加载点处的加劲肋为例，若此处的加劲肋两端与上、下翼缘均紧密接触，上翼缘受到的荷载将通过加劲肋直接传递至下翼缘，使下翼缘与腹板脱开造成整根试件迅速丧失承载力。同理，支座端处的加劲肋顶端与上翼缘也应预留空隙。试件总长 2.44m，试件实际净跨距为 2.0m，具体参数见表 1。

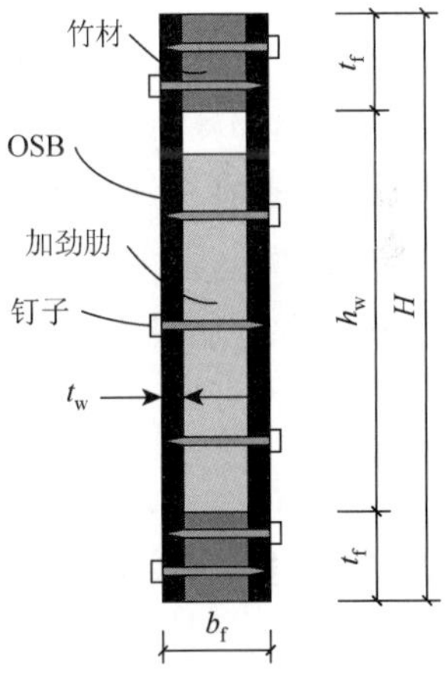

图 1 试件截面图

表 1 试件具体参数

试件编号	$b_f \times t_f$/mm	l_1/mm	剪跨比 λ	横向加劲肋
B1	49×35	360	1.2	无
B2	49×35	420	1.4	无
B3	49×35	480	1.6	无
B4	49×35	540	1.8	无
B5	49×35	600	2.0	无
B6	49×35	750	2.5	无
B7	49×35	360	1.2	有
B8	49×35	420	1.4	有

续表

试件编号	$b_f \times t_f$/mm	l_1/mm	剪跨比 λ	横向加劲肋
B9	49×35	480	1.6	有
B10	49×35	540	1.8	有
B11	49×35	600	2.0	有
B12	49×35	750	2.5	有

加载试验为静载破坏性试验，采用四点弯曲加载方式（图 2）。试验数据主要包含荷载、跨中竖向位移、两端支座沉降以及梁侧、梁顶、梁底的应变分布规律，在两端支座顶、加载点下方及跨中共布置 5 个激光位移计。跨中实际位移值需扣除试件两端支座的沉降位移。沿跨中腹板高度等距离粘贴 5 个应变片，应变片编号从下往上依次为 2#～6#，应变片间距为 75mm。同时在梁底、梁顶各粘贴 1 个应变片，编号分别为 1#和 7#。

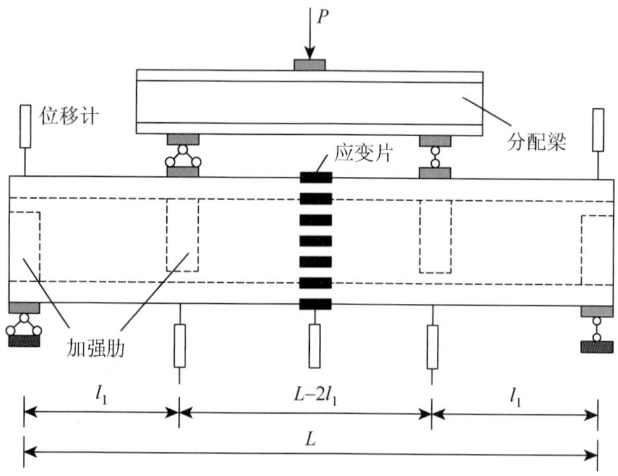

图 2　试验加载装置

试验程序参照《木结构试验方法标准》（GB/T 50329—2012）的要求，包括预加载和正式加载 2 个部分，其中预加载的作用是消除作动器和试件间的缝隙，并且检查仪器是否正常工作。加载全程采用位移控制，匀速加载：试验加载初期加载速度为 2.5mm/min，当接近极限荷载理论值时，为便于观察试件的具体破坏过程，加载速率变为 1.5mm/min，从开始加载至试验终止的时间控制在 8～15min。

3　结果与分析

3.1　荷载—跨中挠度曲线

12 根试件的荷载—跨中挠度曲线如图 3 所示。在加载初始阶段，随着竖向荷载值的增大，跨中挠度呈线性增长；当试件承受的竖向荷载值达到极限荷载值的 40%左右时，开始发生扭转，可听见清脆的 OSB 板木纤维发生脆断的声响，此时 OSB 板板面仍无明显可见破坏；当荷载接近 80%极限荷载时，试件损伤不断加剧，荷载值增加出现放缓的迹象；当竖向荷载值达到极限荷载后，承载力迅速下降且伴随着巨大的声响。试件典型破坏特征如图 4 所示。

试件 B1～B6 为无横向加劲肋的试件。当试件承受的竖向荷载值达到极限荷载的 40%时，试件开始发生侧向扭转，OSB 板内的木纤维发出清脆的断裂声，OSB 板板面局部发生轻微的褶皱现象，但此时腹板表面无可见裂缝。随着荷载持续增大，木纤维断裂声不断加剧，扭转愈发明显。当荷载增至 70%极限荷载时，跨中挠度渐趋明显，加载点处/支座处的腹板出现较明显的剪切破坏特征。与此同时，当加载点处上翼缘内的 OSB 板承受的剪应力达到极限强度时，OSB 板将发生层裂现象，OSB 板最初从加载点处出现分层现象，并沿试件纵向往支座处发展。翼缘与 OSB 板采用胶连接的局部区域出现胶裂，这主要是因为在试件加工过程中发生漏胶，从而导致局部应力集中。另外，胶黏剂 A 组和 B 组的实际配合比以及胶层厚度也可能影响胶连接强度。随着试件承受的竖向荷载不断加大，加载点处的腹板产生显著的褶皱，褶皱方向与试件纵

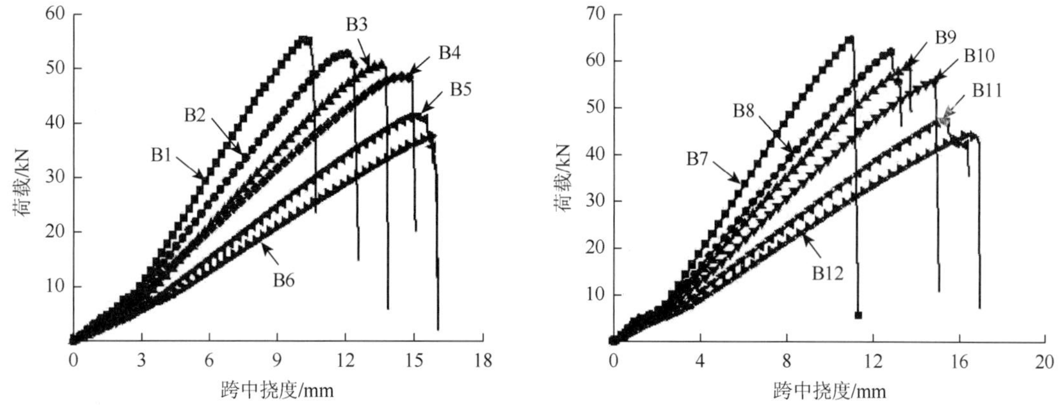

(a) B1～B6　(b) B7～B12

图 3　试件荷载—跨中挠度曲线

(a) 剪切破坏　(b) 支座处腹板局部压溃　(c) OSB板和翼缘分离

图 4　试件典型破坏形态

向夹角呈 45°～60°左右。尽管加载点与支座间翼缘内的 OSB 板已发生分离，但此时钉子仍能承担一定的平面剪切应力，以至于试件尚未完全丧失承载力。随着更多的钉子被剪断或穿透 OSB 板，伴随着“啪”的一声巨响，试件迅速丧失承载力，表现出脆性破坏的特征。试件未发生整体垮塌现象，卸载后部分变形可恢复。而木工字梁试件破坏时，试件通常断裂成两段，且变形无法恢复[5]。

试件 B7～B12 为加载处及支座处带横向加劲肋的试件。当试件剪跨比 $\lambda \leqslant 2.0$ 时（试件 B7～B11），试件表现出显著的剪压破坏特征，试件的竖向极限承载力随着剪跨比的增大而减小，加载点与支座间的 OSB 板腹板发生剪切破坏。对于剪跨比 $\lambda > 2.0$ 的试件 B12，加载初期基本处于弹性阶段；当竖向荷载值增大到 50%极限荷载时，试件发生侧向扭转并随荷载加大不断加剧，腹板内的木纤维发生撕裂，并伴随着木屑从裂口处散落；当荷载接近极限荷载时，翼缘内的 OSB 板发生分层现象，裂缝迅速向试件纵向两侧扩展，并形成贯通缝，钉子部分被剪断或拔出，试件发生显著的扭转。试件破坏时的跨中变形大于无加劲肋的组合梁试件，可见集中荷载作用点处的横向加劲肋可显著提高腹板局部抵抗失稳的能力并改善试件的变形能力。

各试件主要试验结果如表 2 所示。《木结构设计规范》（GB 50005—2003）规定，木梁正常使用极限状态下的挠度不得超过 $L/250$，即对于本文净跨为 2000mm 的试件而言，其挠度限值为 8mm。$P_{L/250}$ 与 P_u 的比值为 48.2%～80.0%，平均为 64.1%，该比值随着剪跨比的增大而减小。

加劲肋可显著改善腹板的局部失稳性能，从而提高其承载能力：①加劲肋显著提高了试件的极限承载力，提高幅度为 14.7%～18.3%，平均提高幅度为 16.6%；极限位移亦有一定程度的提高，平均提高为 3.6%。②剪跨比对试件极限承载力有着较大的影响，剪跨比越大极限承载力越低，当剪跨比 $\lambda \leqslant 2.0$ 时，极限承载力随着剪跨比的增大，降幅变缓；当剪跨比 $\lambda > 2.0$ 时，下降速度加快。③在跨中挠度小于 $L/250$ 的正常使用极限状态时，荷载-跨中挠度曲线基本为直线，这和此阶段的试件无明显损伤的试验现象相符。

表 2　主要试验结果

试件编号	P_{cr}/kN	P_u/kN	$P_{L/250}$/kN	D_{cr}/mm	D_u/mm
B1	23.77	55.53	44.41	4.99	10.21
B2	21.48	52.79	35.83	5.28	12.14
B3	20.23	50.58	30.34	5.83	13.60

续表

试件编号	P_{cr}/kN	P_u/kN	$P_{L/250}$/kN	D_{cr}/mm	D_u/mm
B4	19.85	48.53	27.88	5.95	14.51
B5	18.72	41.55	21.42	7.17	15.12
B6	16.71	37.81	18.25	7.46	15.74
B7	33.64	65.28	47.76	6.01	10.98
B8	30.08	62.12	38.73	6.47	12.73
B9	28.47	58.86	35.24	6.67	14.02
B10	27.86	55.67	30.72	7.37	14.72
B11	22.91	47.84	24.75	7.49	15.38
B12	21.20	44.74	21.47	7.91	16.44

注：P_{cr}为开裂荷载；P_u为极限荷载；$P_{L/250}$为跨中挠度值为 $L/250$（8mm）时对应的竖向荷载值；D_{cr}为开裂荷载时的跨中挠度；D_u为极限荷载时的跨中挠度。

3.2 截面应变分析

图 5 为典型试件 B1，B7 跨中截面腹板高度范围内的应变随荷载的变化规律，图中应变受拉为正，受压为负。在试件从开始加载直至达到 70%极限荷载的过程中，$1^{\#}$～$7^{\#}$测点的应变沿截面高度近似呈线性变化，符合平截面假定。试件 B1，B7 破坏时，跨中截面、上翼缘和下翼缘均未发生可见破坏，这主要是因为跨中处的腹板、上翼缘和下翼缘的应变均未达到材料的极限应变，上、下翼缘的应变值基本相等，最大应变仅为 2500$\mu\varepsilon$，而竹集成材破坏时的应变一般高达 9000$\mu\varepsilon$[7, 8]。同样，OSB 板的应变最大仅为 1700$\mu\varepsilon$，这和试件跨中截面处的 OSB 板未发生任何破坏的试验现象相吻合。

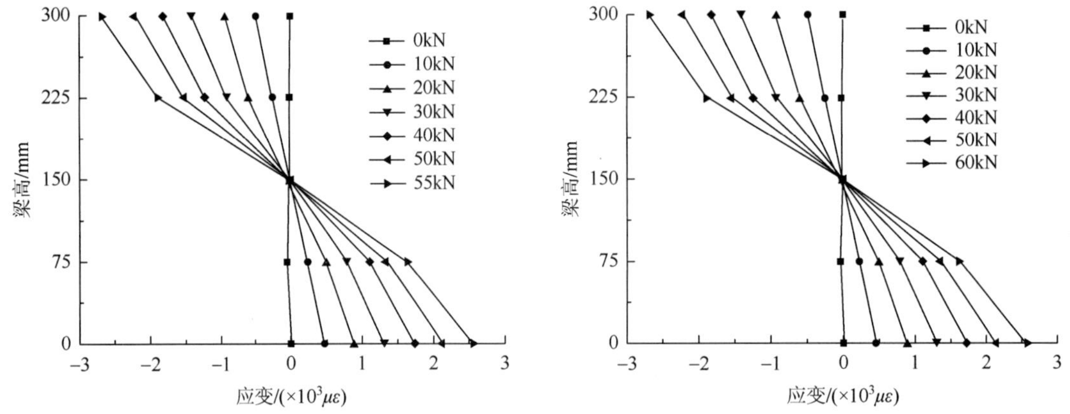

(a) B1　　(b) B7

图 5　跨中截面沿截面高度应变的变化

3.3 初始抗弯刚度

取各试件 0～0.4P_u时的割线刚度为试件初始弯曲刚度[17]，各试件弯曲刚度对比如图 6 所示。加劲肋可显著提高试件的极限承载力和初始抗弯刚度，平均提高幅度分别为 16.6%，13.2%。剪跨比越大越容易发生局部失稳，试件的初始抗弯刚度减小。

4 结　论

将竹集成材和 OSB 板复合而成箱形组合梁，可极大地提高毛竹的科学利用水平，同时也有利于促进节能环保型竹木结构体系的健康发展。根据试验结果可得出以下几点结论：

（1）试件跨中挠度达到正常使用极限状态前，试件受力性能始终处于弹性工作阶段，$P_{L/250}$与 P_u 的比值平均为 64.1%，腹板材料强度得到了充分利用。试件破坏前，试件的受压区边缘应变及受拉区边缘应变均明显小于材料极限应变，竹集成材翼缘的强度未得到充分的利用。

（2）一旦超过极限承载力后，试件迅速丧失承载力，表现为脆性破坏特征，破坏后的试件未发生整体垮塌现象。腹板剪切破坏、OSB 板层裂和失稳是无侧向支撑试件主要的破坏形态。竹木箱形组合梁受弯试件的跨中截面应变分布符合平截面假定。

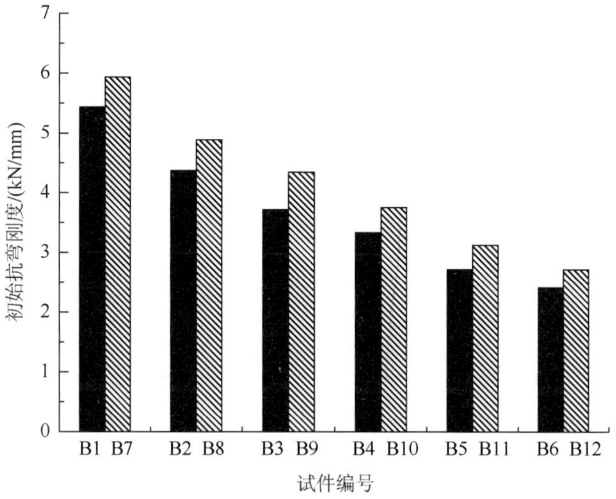

图 6　各试件初始抗弯刚度对比

（3）配置加劲肋后的试件承载力将显著提高，极限荷载平均提高幅度约 20.7%，由于加劲肋可改善 OSB 腹板的局部失稳，OSB 板腹板的强度能够充分发展，各试件的跨中极限位移提高幅度为 1.7%～12.6%。同时，加劲肋也有利于提高试件的初始抗弯刚度，但采用加劲肋增强的组合梁试件延性有所降低。

（4）试验研究发现部分试件的翼缘与腹板间亦发生了胶层开裂现象，这是因为在加工竹木箱形组合梁构件时，胶黏剂的调配和涂抹均为手工操作，不利于胶层质量的控制。另外，应避免锤击钉子时用力过猛，以免钉帽过分陷入欧松板。

参 考 文 献

[1] Li H，Zhang Q，Huang D，et al. Compressive performance of laminated bamboo[J]. Composites Part B：Engineering，2013（54）：319-328.

[2] 单波，高黎，肖岩，等. 预制装配式圆竹结构房屋的试验与应用[J]. 湖南大学学报：自然科学版，2013，40（3）：7-14.

[3] 单波，周泉，肖岩. 现代竹结构人行天桥的研发和建造[J]. 建筑结构，2010，40（1）：92-96.

[4] Xiao Y，Yang R，Shan B. Production，environmental impact and mechanical properties of glubam[J]. Construction and Building Materials，2013，44（6）：765-773.

[5] Zhu E C，Guan Z W，Rodd P，et al. Buckling of oriented strand board webbed wood I-joists[J]. Journal of Structural Engineering，2005，131（10）：1629-1636.

[6] 魏洋，蒋身学，吕清芳，等. 新型竹梁抗弯性能试验研究[J]. 建筑结构，2010，40（1）：88-91.

[7] 李海涛，苏靖文，张齐生，等. 侧压竹材集成材简支梁力学性能试验研究[J]. 建筑结构学报，2015，36（3）：121-126.

[8] Yan X，Quan Z，Bo S. Design and construction of modern bamboo bridges [J]. Journal of Bridge Engineering，2010，15（5）：533-541.

[9] 肖岩，陈国，单波，等. 竹结构轻型框架房屋的研究与应用[J]. 建筑结构学报，2010，31（6）：195-203.

[10] 李玉顺，沈煌莹，单炜，等. 钢-竹组合箱形梁受剪性能试验研究[J]. 建筑结构学报，2011，32（7）：80-86.

[11] Wu W. Experimental analysis of bending resistance of bamboo composite I-shaped beam [J]. Journal of Bridge Engineering，2014，19（4）：04013014-1-13.

[12] Sinha A，Way D，Mlasko S. Structural performance of glued laminated bamboo beams [J]. Journal of Structural Engineering，2014，140（1）：04013021-1-8.

[13] Aschheim M，Gilmartín L，Hernández M E. Engineered bamboo I-joists[J]. Journal of Structural Engineering，2010，136（12）：1619-1624.

[14] 魏洋，王晓伟，李国芬. 配筋重组竹受弯构件力学性能试验[J]. 复合材料学报，2014，31（4）：1030-1036.

[15] 魏洋，骆雪妮，周梦倩. 纤维增强竹梁抗弯力学性能研究[J]. 南京林业大学学报：自然科学版，2014，38（2）：11-15.

[16] 单波，周泉，肖岩. 现代竹结构技术在人行天桥中的研究与应用[J]. 湖南大学学报：自然科学版，2009，36（10）：29-34.

[17] 许清风，陈建飞，李向民. 粘贴竹片加固木梁的研究[J]. 四川大学学报：自然科学版，2012，44（1）：36-42.

腹板开洞竹木工字梁受力性能的试验研究

陈 国[1] 张齐生[2] 黄东升[1] 李海涛[1]
（1 南京林业大学土木工程学院 南京 210037；
2 南京林业大学材料科学与工程学院 南京 210037）

摘 要

以洞口尺寸、形状和净距为参数，对 28 根开孔梁和 2 根实腹梁的力学性能进行了试验研究与对比分析，研究其破坏形态及破坏机理等，并与未开孔梁的试验结果进行对比。提出了基于费氏空腹桁架理论的开孔梁承载力计算公式。结果表明，开孔梁内的应力分布、挠度变化不再完全符合传统弯曲理论。随着径腹比的加大，开孔梁的承载力和刚度呈显著下降趋势。方孔梁的承载力略大于外接圆孔，以外接圆孔代替方孔梁的承载力偏于安全。对于径腹比为 0.5 的多洞口梁而言，当方洞和圆洞净距分别大于 2 倍和 2.5 倍孔长时，可忽略洞口间的相互影响。通过对比分析，理论结果与实验结果的误差平均值为 15%左右，从而验证了修正后的空腹桁架理论计算公式的准确性和可靠性。

关键词：竹集成材；腹板开孔；工字梁；受力性能；破坏机理；费氏空腹桁架理论

Abstract

The effect of parameters, such as the size, shape and clear distance of holes, on the mechanical performance of the joists was analyzed experimentally. Compared with 2 joists with no web holes, a total of 28 OSB webbed bamboo joists were tested to failure to investigate their failure modes and failure mechanism. Based on the Vierendeel truss theory, the design formula of the composite joists was presented. It was found that the holes changed the stress distribution in the webs and the deflection did not conform to the traditional bending theory. With the increase of the ratio of height to web height, the load carrying capacity and stiffness of the joists with holes decreased significantly. A web hole with sharp corners had a bigger negative impact on strength than a circular hole of similar size. The results from the tests on I shaped joists with two circular and two square web holes with a size of 50 percent web depth showed that the critical clear distance was about 2 times and 2.5 of the web hole size respectively. The comparison showed that the error between the theoretical results and the experimental results was about 15%, verifying the accuracy and reliability of the revised formula of Vierendeel truss theory.

Keywords: laminated bamboo lumber; web opening; I shaped joist; mechanical performance; failure mechanism; Vierendeel truss theory

竹集成材[1-2]是将速生毛竹加工成定宽、定厚的竹条，干燥至含水率低于 12%，经蒸煮、炭化等工序，再通过胶黏剂将竹片同方向胶合成任意长度、任意截面的型材，具有比木材更加卓越的物理力学性能，极大改善了原竹材吸水膨胀系数大、易干裂和易形变的缺点[3-4]。文献[5-8]对矩形截面的竹集成材梁受力性能进行了系统深入的研究，但未对开洞竹梁展开研究。OSB 板（又称欧松板、定向刨花板）通常以间伐材、小径材为原料，沿顺纹向刨切成一定规格的木片刨花，在高温高压下定向排列压制而成，被广泛用作覆面板和木工字梁的腹板，相比木胶合板和华夫板而言，OSB 板具有更高的性价比。竹-木工字梁[9]是以胶黏剂、钉子等剪力连接件将 OSB 腹板和竹集成材翼缘连接为一个整体而共同工作的受力构件，充分发挥了欧松板和竹集成材各自的优点，具有显著的经济效益和生态效益。

本文原载《湖南大学学报（自然科学版）》2005 年第 42 卷第 11 期第 111-118 页。

为改变以往在梁底布设管道支架安放水管、通风管及电线等设施，需在梁腹板开凿孔洞，从而获得更大的房屋净高和降低造价。孔洞削弱了梁的有效截面并改变了应力在腹板中的传递路径[10]，使得梁的承载力和刚度较实腹梁有所降低，腹板内的应力分布、挠度变化亦不再完全符合传统弯曲理论。目前，国内外关于竹木开孔工字梁的试验研究还未广泛开展，GB50005—2003《木结构设计规范》和GB/T28985—2012《建筑结构用木工字梁》中尚无开孔梁的相关条文，这也是当前竹木工字梁推广应用中亟待解决的难题。

腹板开洞会对开孔梁的抗剪强度、抗剪稳定性和变形性能等带来不利的影响。Zhu 等[11]认为孔洞削弱了腹板截面的连续性，开孔区段成为木工字梁新的薄弱部位，裂缝首先从孔洞四周开展，当裂缝到达翼缘后，翼缘发生断裂，梁随即丧失承载力，破坏具有很大的突然性。开洞木梁的初始开裂荷载与洞口大小和位置比较敏感。蔡健[12]和黄泰赟[13]等对腹板开圆孔和腹板开矩形孔的钢筋混凝土梁进行了试验研究，研究表明孔径是影响开孔梁受力性能的主要因素。随着孔径的增大，开孔梁挠度加大但增幅较小，试件的抗剪承载力随孔径加大呈直线下降趋势，当孔径大于 0.4 倍梁高后下降的幅度尤为显著。Morrissey 等[14]通过有限元软件定量分析了洞口面积和位置对梁整体刚度的影响及洞口边缘处的应力分布情况。对开洞率及开洞位置相同的梁而言，开设方洞的梁极限荷载略比开圆洞的梁低 10%，这主要是因为方洞口角部产生了应力集中，降低了梁腹板的整体受力性能。

本文对 28 根腹板开孔的竹-木工字梁在单调荷载作用下的破坏特征、挠曲性能、承载能力等进行试验研究，分析这种新型开孔梁的力学特性，并基于费氏空腹桁架理论推导出开孔梁的承载力计算公式，以期为该开孔梁的实际应用奠定基础。

1 试件概况

1.1 材料性能

腹板材料为 9.5mm 厚的加拿大 Tolko 牌 OSB 板，依据 LY/T1580-2010《定向刨花板》测得其抗拉极限强度（斜纹）、抗压极限强度（斜纹）、抗剪强度和弹性模量平均值分别为 9.4MPa，14.2MPa，8.1MPa 和 3560MPa，含水率为 4.7%，密度为 610kg/m^3。翼缘为原产于湖南省益阳市的 4～6 年生，且胸径为 90～110mm 的毛竹为原料，并委托东莞桃花江竹业公司加工成截面尺寸为 25mm×35mm 和 30mm×35mm 的竹集成材，并严格控制含水率不大于 12%。依据 GB/T26899—2011《结构用集成材》实测得静曲强度为 61.2MPa，弹性模量为 10.2GPa，密度为 880kg/m^3，含水率为 10.3%。加工试件所用胶为盐城壹加壹电子材料有限公司生产的环氧树脂系列木材胶黏剂，型号为 YY5016，其钢—钢剪切强度为 22MPa，初步固化时间为 3～5h，完全固化时间为 24～48h，固化时间取决于黏胶温度。

1.2 试件设计

首先将 OSB 板和竹集成材翼缘胶结成整体，涂胶量为 500g/m^2，再以 2.8mm×40mm 钉子分别从翼缘两侧钉入，钉尖进入另一侧翼缘，钉间距为 100mm。梁高为 240mm 和 300mm 的试件支座处和跨中处设置 25mm×35mm×150mm 和 25mm×35mm×210mm 的加劲肋，加劲肋一端紧靠承受集中力一侧翼缘，另一端与翼缘预留 5mm 的缝隙，加劲肋与腹板间通过 3 枚 60mm 长钉子连接。试验时的温度约为 20～27℃，相对湿度为 45%～55%。试验设计了 28 根腹板左侧开圆孔或方孔的竹木工字梁试件和 2 根腹板未开洞梁，根据孔洞形状、孔洞尺寸和孔间净距划分为 5 组，如图 1 所示。其中，图 1（a）为对比试件 24Ⅰ1 和 30Ⅰ1，图 1（b），（c），（d）和（e）分别为 24CⅠ1～24CⅠ4 和 30CⅠ1～30CⅠ4，24SⅠ1～24SⅠ4 和 30SⅠ1～30SⅠ6，30CⅠ5～30CⅠ9，24SⅠ5～24SⅠ9。

图 1（b）和图 1（c）主要考察试件左侧开洞形状和开洞尺寸对竹木工字梁受力性能的影响。而图 1（d）和（e）则是考察开圆孔间净距和方孔净距的影响。试件全长 $L=2440$mm，支座间实际跨度为 2000mm，具体参数见表 1。

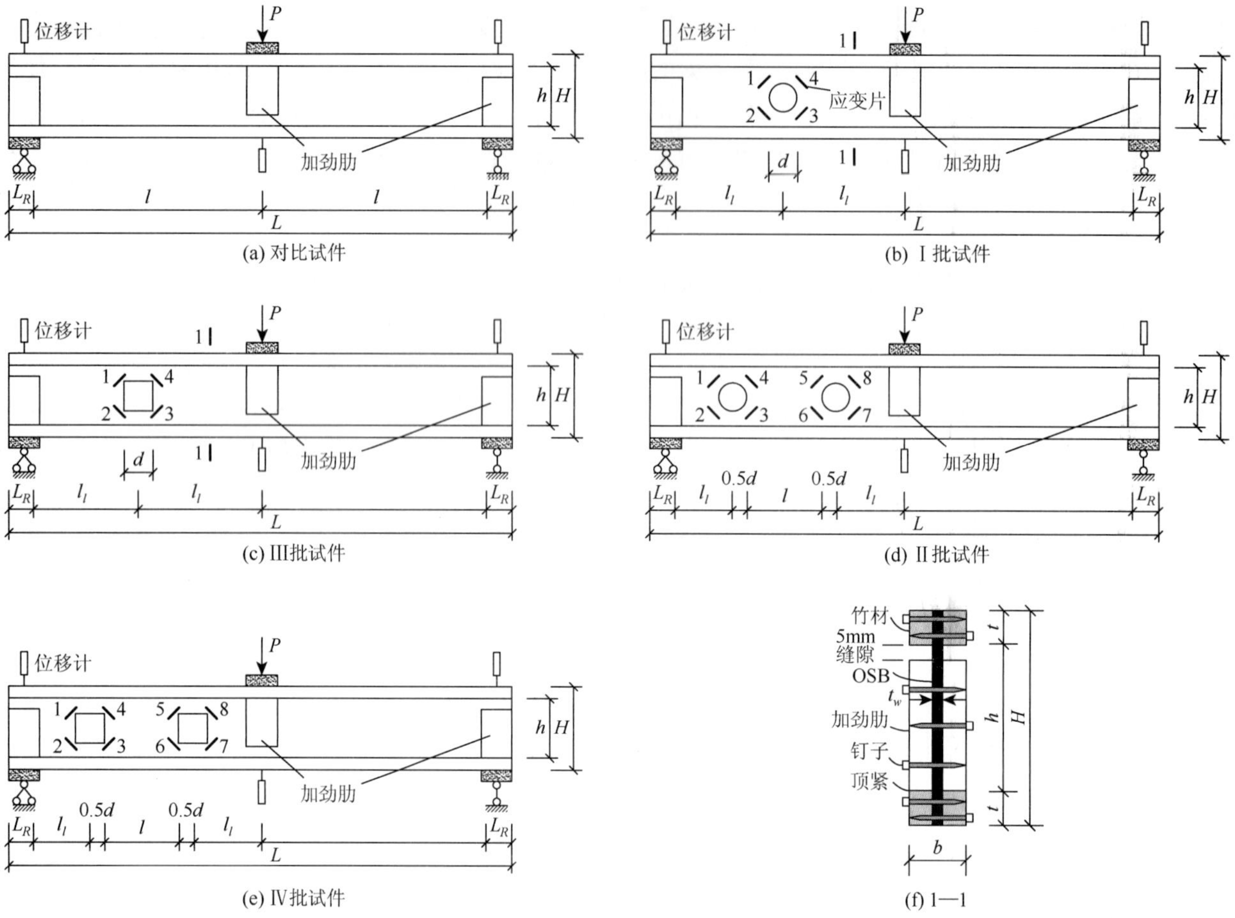

图 1　试件示意图

表 1　试件参数表

批次	试件编号	$b\times t$ / (mm×mm)	H / mm	洞口形状	$\frac{d}{h}$ / %	l_1 / mm	l / mm
(a)	24Ⅰ1	59.5×35	240	—	—	—	—
	30Ⅰ1	69.5×35	300	—	—	—	—
(b)	24CⅠ1	59.5×35	240	圆洞	25	500	—
	24CⅠ2	59.5×35	240	圆洞	50	500	—
	24CⅠ3	59.5×35	240	圆洞	75	500	—
	24CⅠ4	59.5×35	240	圆洞	100	500	—
	30CⅠ1	69.5×35	300	圆洞	25	500	—
	30CⅠ2	69.5×35	300	圆洞	50	500	—
	30CⅠ3	69.5×35	300	圆洞	75	500	—
	30CⅠ4	69.5×35	300	圆洞	100	500	—
(c)	24SⅠ1	59.5×35	240	方洞	25	500	—
	24SⅠ2	59.5×35	240	方洞	50	500	—
	24SⅠ3	59.5×35	240	方洞	75	500	—
	24SⅠ4	59.5×35	240	方洞	100	500	—
	30SⅠ1	69.5×35	300	方洞	25	500	—
	30SⅠ2	69.5×35	300	方洞	50	500	—
	30SⅠ3	69.5×35	300	方洞	75	500	—
	30SⅠ4	69.5×35	300	方洞	100	500	—
	30SⅠ5	69.5×35	300	方洞	50	500	—
	30SⅠ6	69.5×35	300	方洞	50	500	—

续表

批次	试件编号	$b\times t$ / (mm×mm)	H / mm	洞口形状	$\frac{d}{h}$ / %	l_1 / mm	l / mm
（d）	30CⅠ5	69.5×35	300	圆洞	50	270	230
	30CⅠ6	69.5×35	300	圆洞	50	212.5	345
	30CⅠ7	69.5×35	300	圆洞	50	155	460
	30CⅠ8	69.5×35	300	圆洞	50	97.5	575
	30CⅠ9	69.5×35	300	圆洞	50	40	690
（e）	24SⅠ5	59.5×35	240	方洞	50	330	170
	24SⅠ6	59.5×35	240	方洞	50	287.5	255
	24SⅠ7	59.5×35	240	方洞	50	245	340
	24SⅠ8	59.5×35	240	方洞	50	202.5	425
	24SⅠ9	59.5×35	240	方洞	50	160	510

注：30SⅠ5 和 30SⅠ6 试件洞口角部为圆角，半径 r 分别为 25mm 和 15mm。

1.3 加载方案和测点布置

试件均为简支，一端固定铰支座，另一端为滚动支座。采用跨中单点单调加载模式，竖向荷载由杭州邦威电液伺服加载系统的作动器提供，在作动器与试件间放置一块刚度足够大的钢垫板，从而避免试件上翼缘局部承压破坏。试验加载程序参照《木结构试验方法标准》GB/T50329—2012。试验中主要量测的内容包括，支座沉降值、跨中挠度值、洞口周边的应变值、试件极限荷载值，所测数据均由 TDS—530 静态数据系统自动采集，采样频率为 10Hz。加载全程为位移控制，试件跨中挠度不大于 8mm 时的加载速度为 2.0mm/min，之后降至 1.0mm/min，持续加载至试件破坏，持荷时间为 8～15min。为消除系统误差和检验测试仪器是否工作正常，在正式加载前需对试件进行预加载。

为详细记录试验全程试件的竖向变形情况和应变分布规律，在两端支座顶及梁跨中共布置 3 个激光位移计，并在孔洞边缘按照逆时针等距粘贴应变片，编号依次标记为 $1^{\#}$～$8^{\#}$。

2 试验结果及分析

2.1 破坏形态与机理分析

对比试件 24Ⅰ1 和 30Ⅰ1 的腹板未开设孔洞，在加载初期时，试件表现出良好的组合作用。随着荷载的增加，试件开始发生扭转并渐趋明显，当竖向荷载达到 0.7 P_u（P_u 为极限荷载值）时，翼缘内的 OSB 板发生层裂，并伴随着巨大的劈裂声响。随着荷载的增加，OSB 板裂缝不断加宽并逐渐发展成通长裂缝，部分钉子被拔出或剪断。试件破坏时有明显的竖向变形，试件达到极限强度后迅速丧失承载力。从破坏形态上看，对比试件的破坏始于梁整体扭转和翼缘内的 OSB 层裂，破坏时腹板和竹集成材翼缘无明显可见破坏。

腹板开孔梁试件在试验过程中，从受力情形来看具有类似的特征。以方洞梁为例，加载初期，洞口均为正方形洞口，随着试件承受的竖向荷载逐渐增加，方洞口将变成平行四边形，右上角和左下角通常为钝角，而右下角和左上角表现为锐角。其中，钝角所在的角部区域的欧松板承受压应力，此处的应变片发生了严重的褶皱现象，压应变读数平均为 7000 $\mu\varepsilon$。而另一个对角线处的欧松板表面粘贴的应变片甚至被拉断，这与此处承受拉应力相符，应变片拉应变达 7000～8000 $\mu\varepsilon$。对于腹板开设圆形洞口的组合梁而言，破坏后圆洞将变成椭圆形洞口。因此，尽管所有的开洞腹板表现出相似的变形特征，但主要的可视破坏形态分为 3 类，即腹板/翼缘处连接破坏、洞口周边撕裂/褶皱破坏及腹板屈服。腹板无孔洞的参考梁的破坏形态主要表现为侧向扭转破坏、翼缘内的欧松板层裂。

2.1.1 翼缘内的 OSB 层裂

当洞口高度 d 不大于 25%腹板高度 h 时，开孔梁的破坏形态与无孔梁 24Ⅰ1 和 30Ⅰ1 无明显差别。梁试件 24CⅠ1，24SⅠ1，30CⅠ1 和 30SⅠ1 洞口角隅区域的应变片始终保持在线弹性阶段，应变片无褶皱或拉断的可见破坏，孔洞对试件截面的削弱可忽略不计。

2.1.2　洞口周边撕裂/褶皱破坏

当洞口尺寸 25%＜d/h≤75%时，洞口截断了部分主应力迹线，部分主应力迹线则改变方向，使得孔洞产生的不利影响逐渐增大。孔周边缘处欧松板发生撕裂和褶皱破坏是开洞组合梁试件的一个主要破坏形态。拉应力和压应力区域主应力与梁长度方向的夹角大致为 40°～60°，夹角平均值约为 50°。试件腹板洞口均产生了较大的拉应力，此处的应变力被拉裂，与之相对应的另一条斜对角线上的孔洞处的欧松板则受到了压应力，这与此处的应变片发生了典型的褶皱现象相对应，4 个角点的应变值大致相等。当梁试件跨中荷载位移曲线进入非线性截断时，洞口周边处欧松板产生裂缝，表现出空腹桁架的破坏特征，如图 2（a），（b），（c），（e）和（f）所示。30SⅠ2，30SⅠ5 和 30SⅠ6 试件腹板开设相同尺寸的方洞，前者孔角为直径，而后二者孔角进行了圆弧处理，回转半径 r 分别为 25mm 和 15mm。显然，圆角处理有利于减小孔角应力集中，但其承载力提高幅度不大，仅为 10%，刚度提高幅度可不计。

2.1.3　腹板/翼缘处连接破坏

当洞口直径/高度等于 100%腹板高度时，翼缘将承担竖向荷载产生的弯矩和剪力。孔洞右上角和左下角处区域的欧松板破坏时将产生较大的拉应力。当竖向荷载 P 在孔洞处产生的剪力超过翼缘和腹板间的抗剪承载力时，试件角点区域的欧松板产生的拉应力逐渐增大，部分欧松板不断嵌入翼缘内随后并从翼缘另一侧突出。由于翼缘和腹板间胶黏剂的作用为面连接，二者无法完全分离，使得腹板区域的部分欧松板被拉裂，应变片断裂。与之相反的是，另一对角线的右上角和左下角处产生的压应力不断增大，导致此处的欧松板及其表面的应变片发生严重的褶皱现象。试件最终破坏时，翼缘未发生木工字梁试验常见的断裂现象[11]，如图 2（d）所示。

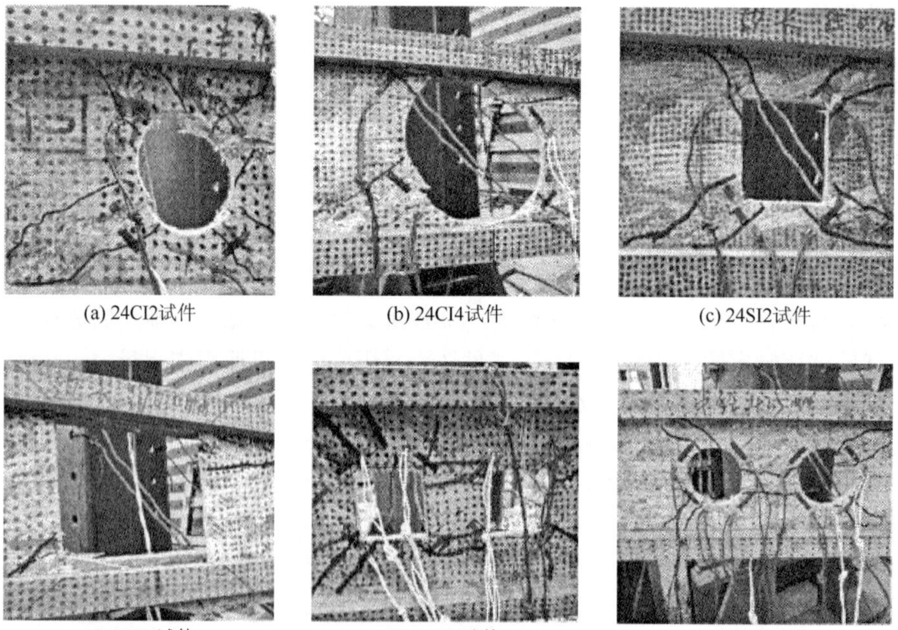

(a) 24CI2试件　(b) 24CI4试件　(c) 24SI2试件

(d) 24SI4试件　(e) 24SI5试件　(f) 30CI5试件

图 2　试件的主要破坏形态

2.2　荷载位移曲线

28 根腹板开单个孔洞的工字梁和 2 根实腹梁的荷载跨中挠度曲线如图 3 所示。从荷载跨中挠度曲线可看出，工字梁的受力过程大致可分为 3 个阶段。

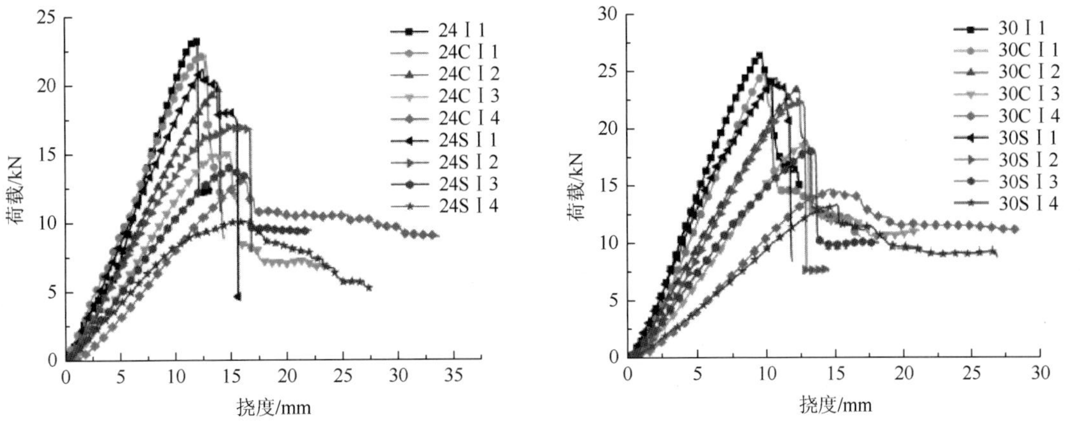

(a) 24 I 系列　(b) 30 I 系列

图 3　荷载-跨中挠度曲线

（1）弹性阶段。试件从开始加载到跨中挠度达到 $L/250$～$L/140$（8～14mm）阶段为弹性阶段。在此阶段，构件各截面始终处于线弹性阶段，表现出良好的整体工作性能。试验梁在弹性阶段荷载挠度曲线的斜率是不相同的，斜率随孔洞尺寸的增大而减小，方洞梁的弹性抗弯刚度略小于圆洞梁。

（2）弹塑性阶段。从弹性阶段到试件达到极限承载力的阶段为弹塑性工作阶段。在此阶段，开孔梁洞口区域的腹板角隅部分形成塑性铰，进入塑性的同时即发生内力重分布，而竹集成材翼缘仍处于弹性阶段，跨中挠度发展明显加快，并呈现出显著的非线性特征。当开孔高度 d 与腹板高度 h 的比值不大于 1/4 时，工字梁无弹塑性阶段。开孔高度越大，塑性发展越充分。

（3）下降段。从极限承载力到试件最终丧失承载力阶段为下降段。在此阶段，洞口角隅对角线区域产生显著的裂缝，裂缝宽度发展迅速，而另一对角线区域的角隅的 OSB 发生了较严重的褶皱现象。在此阶段，由于 d/h 的不同，试验梁可分为 2 种情况。当 $d/h\leqslant 1/4$ 时，工字梁的承载力达到极限承载力后翼缘内的 OSB 发生严重层裂并发生侧向扭转，试件的承载力急剧下降，孔洞对梁力学性能的影响可忽略不计。当 $d/h>1/4$ 时，随着孔洞尺寸的不断增大，孔洞尺寸和孔洞形状将对梁整体受力性能和竖向变形产生显著影响。开孔梁的承载力达到最大值后腹板屈服后，洞口处的弯矩和剪力由翼缘承担，表现出空腹桁架破坏特征，故组合梁的承载力下降比较缓慢。孔洞削弱了组合梁的有效抗弯刚度，但试件破坏时的延性反而有所提高，卸载后的试件跨中挠度变形可恢复。

3　影响开孔梁力学性能的主要因素

3.1　孔洞尺寸和孔洞形状

由于孔洞直接削弱了腹板的有效截面，降低了梁的有效刚度。同时，孔洞也改变了剪应力在腹板内的传递路径，从而导致梁的承载力迅速下降。如图 4 所示，随着孔洞高度的增加，试件的承载力表现出下降的趋势。当 $d/h\leqslant 25\%$时，24 I 系列梁的承载力下降幅度较小，仅 12%，而 30 I 系列梁下降约为 10%。但是当 $d/h\geqslant 50\%$时，其承载能力将显著下降。由于孔洞的存在降低了试件的整体刚度，导致梁在相同荷载作用下的挠度比非开洞梁的挠度大得多。从图 4 可见，当竖向荷载较小时，梁仍处于整体工作状态，剪切变形较小。但随着荷载的增大，洞口角部将产生塑性铰，孔洞上下肢处产生较大的剪切变形，此时，梁的整体变形除翼缘产生的弯曲变形外，还包含由于孔洞产生的剪切变形。

3.2　孔间净距

如图 5 所示，对于带有 2 个圆洞的组合梁而言，圆洞净距为 2 倍圆洞直径时，洞口可视为独立的洞口，此时，试件的承载力可恢复至洞口间净距为 0 时的试件的承载力。然而，随着洞口距离持续增大，即孔洞与跨中加载点/左支座的距离逐渐减小，试件的承载力将急剧减小。对腹板带 2 个方洞的组合梁而言，方洞净距大于 2.5 倍方洞长度时，洞口间将不相互影响。

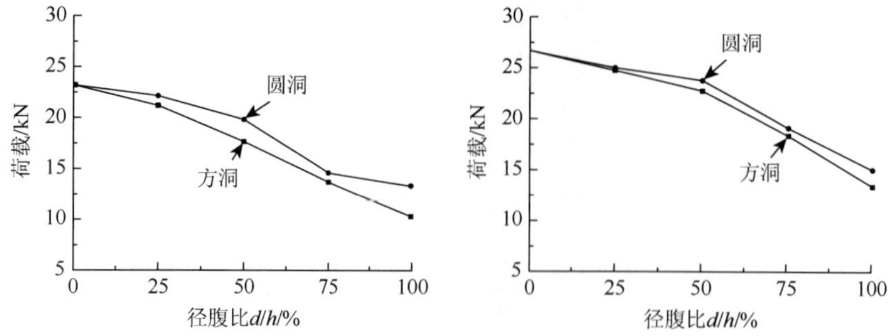

(a) 24 I 1系列　　(b) 30 I 1系列

图 4　荷载—径腹比曲线

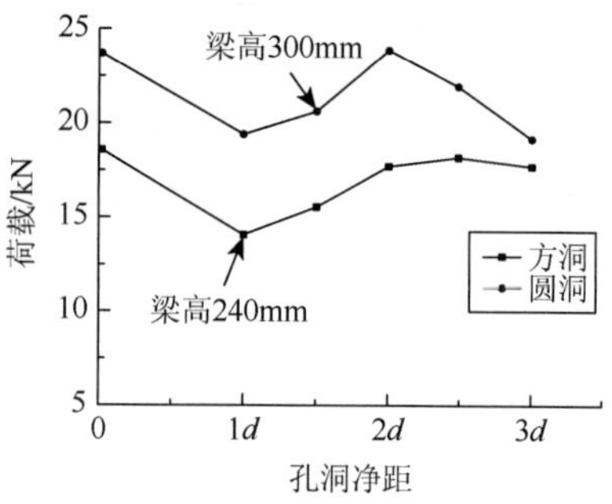

图 5　孔洞净距对试件强度的影响

4　腹开圆洞竹-木梁承载力计算

开孔梁的翼缘和腹板由 2 种不同物理力学性质的材料组成，根据材料力学的方法，首先采用等效截面法将翼缘材料等效为相同高度的 OSB，假定转化前后的翼缘高度相同，且翼缘形心位置不变。

$$b'_f = \frac{E_f b_f}{E_w} \tag{1}$$

式中，E_f, E_w 分别为翼缘和 OSB 的弹性模量；b_f, b'_f 为等效前后翼缘的宽度。

在开孔梁的腹板开始屈服前，整体工作性能良好，可近似按弹性材料处理。腹开圆孔的竹木工字梁是多次超静定结构，其受力状态类似于蜂窝钢梁，可采用费氏空腹桁架理论[15]对其进行简化计算。

①假定由剪力引起的次弯矩，其反弯点位于梁桥中点和墩腰处。②假定空腹截面处上、下 T 形截面承担的剪力按其刚度分配。③假定截面保持平面内变形。

4.1　圆孔梁正应力计算

孔洞处通常承受剪力 V 和弯矩 M 的共同作用，分别考虑开孔梁在纯弯矩 M 和纯剪力 V 作用下的正应力，再将二者产生的效应叠加。在纯弯矩 M 作用下，圆孔梁的最大正应力 $\sigma_{M\theta}$ 位于圆孔周边，且随着夹角 θ 的改变而变化。作用于圆孔处的弯矩 M 可分解为力偶 $N_M = M / y_o$，在夹角 θ 的 T 形截面的形心 G_θ 上作用有 N_M 和 $N_{M\theta}$，如图 6（a）所示。

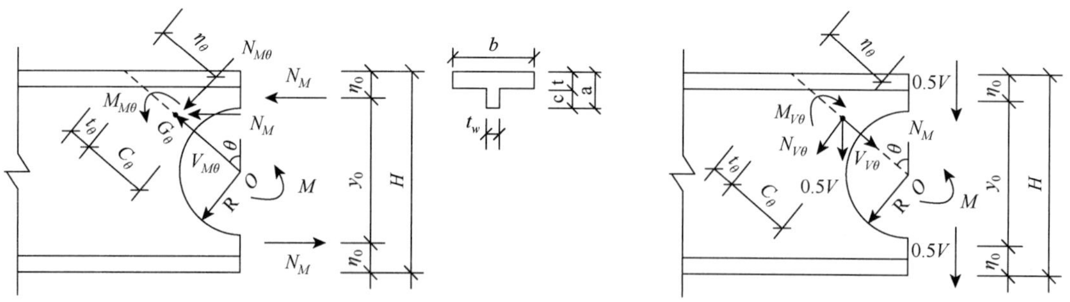

(a) 纯弯矩作用下　　(b) 纯剪作用下

图 6　圆孔梁计算简图

$$\sigma_{M\theta} = \frac{N_{M\theta}}{A_\theta} - \frac{M_{M\theta}}{W_\theta} = \frac{M}{y_0}\left\{\frac{\cos\theta}{A_\theta} - \frac{1}{W_\varphi} \times \left[\frac{t_w c_\theta (c_\theta + 2t_\theta) + b t_\theta^2}{2A_\theta}\cos\theta - \eta_0\right]\right\} = \frac{M\zeta_M}{y_0} \tag{2}$$

$$t_\theta = \frac{t}{\cos\theta} \tag{3}$$

$$c_\theta = \frac{c + R(1-\cos\theta)}{\cos\theta} \tag{4}$$

$$A_\theta = t_w c_\theta + bt_\theta \tag{5}$$

$$W_\theta = \frac{(t_w c_\theta^3 + bt_\theta^3)A_\theta + 3bt_w c_\theta t_\theta (c_\theta + t_\theta)^2}{6(t_w c_\theta^2 + 2bc_\theta t_\theta + bt_\theta^2)} \tag{6}$$

$$M = 0.5Pl_1 \tag{7}$$

$$V = 0.5P \tag{8}$$

式中，$t_\theta, c_\theta, A_\theta, W_\theta$ 分别为夹角 θ 的 T 形截面的翼缘厚度、梁桥高度、截面面积、截面抵抗矩；ζ_M 为弯曲正应力系数；c，y_0 为夹角为 0° 的梁桥高度和 T 形截面的重心；M，V 和 l_1 定义见图 1。

在纯剪力作用下，剪力按照上、下两 T 形截面的刚度进行分配，故通过圆心正截面的上、下梁桥分别作用剪力的大小均为 $0.5V$，在夹角 θ 的 T 形截面的形心 G_θ 上作用有 $0.5V$ 和 $M_{V\theta}$，如图 6（b）所示。正应力 $\sigma_{V\theta}$ 随着夹角 θ 的变化而变化，约在 $\theta = 35°$ 时达到最大。

$$\sigma_{V\theta} = \frac{N_{V\theta}}{A_\theta} + \frac{M_{V\theta}}{W_\theta} = \frac{V\sin\theta}{2}\left\{\frac{1}{A_\theta} + \frac{1}{W_\theta} \times \left[R + \frac{t_w c_\theta^2 + 2t_w c_\theta t_\theta + bt_\theta^2}{2A_\theta}\right]\right\}\frac{V\zeta_V}{2} \tag{9}$$

式中，ζ_V 为剪力次弯矩正应力系数。

$$\sigma_\theta = \sigma_{M\theta} + \sigma_{V\theta} = \frac{M\zeta_M}{y_0} + \frac{V\zeta_V}{2} \tag{10}$$

对于给定的梁而言，弯曲正应力系数 ζ_M 和剪力次弯矩正应力系数 ζ_V 均为关于夹角 θ 的函数。ζ_M 与 ζ_V 不会同时达到最大值，最大正应力所在截面，即不位于弯矩最大处，也不位于剪力最大处。弯矩正应力 $\sigma_{M\theta}$ 与次弯矩正应力 $\sigma_{V\theta}$ 之和的最大值在 0° ～25° 之间，且孔洞区域组合截面正应力不再保持为平截面，开洞区域不再满足平截面假定。

4.2 圆孔梁剪应力计算

在夹角为 θ 的截面上，当弯矩和剪力共同作用时，截面存在由弯矩 M 产生的切应力 $V_{M\theta}$ 和由剪力 V 产生的切应力 $V_{V\theta}$（图 6），其剪应力 τ_θ 为

$$\tau_\theta = \lambda\frac{(V_{V\theta} - V_{M\theta})S_\theta}{t_w I_\theta} \leqslant f_v \tag{11}$$

$$V_{M\theta} = N_M \sin\theta = \frac{M}{y_0}\sin\theta \tag{12}$$

$$V_{V\theta} = 0.5V\cos\theta \tag{13}$$

$$S_\theta = \frac{t_w(c_\theta + t_\theta - \eta_\theta)^2}{2} = \frac{t_w}{8}\left[\frac{t_w c_\theta^2 + 2bc_\theta t_\theta + bt_\theta^2}{A_\theta}\right]^2 \tag{14}$$

$$I_\theta = \frac{(t_w c_\theta^3 + bt_\theta^3)A_\theta + 3bt_w c_\theta t_\theta (c_\theta + t_\theta)^2}{A_\theta} \tag{15}$$

式中，S_θ, I_θ 分别为夹角 θ 的 T 形截面的翼缘面积矩、转动惯量。蜂窝钢梁的试验结果表明，按空腹桁架理论计算的剪应力值较实测值偏小[15]，工程计算时，公式（11）中引入调整系数 λ 取 0.9。

根据前述实测结果可知，方洞梁的理论值近似等于内接圆孔梁的强度值。以 30CⅠ2 和 30SⅠ2 为例，二者在相同位置分别开设孔高相同的圆孔和方孔，近似认为二者的理论值相等。试件所能承受的极限承载力理论值取公式（10）和公式（11）计算值的较小值。通过试算不同的夹角 $\theta(0° < \theta < 360°)$，不难发现，公式（10）计算所得的理论值均大于公式（11）计算理论值。且孔洞上方的梁桥中心通常不是剪应力 τ_θ 最大值处，按公式（11）计算的 τ_θ 最大值位于夹角 $\theta = 40°$～$55°$ 处，这与图 2 所示的破坏现象相符。由表 2 可知，开孔区域的承载力通常由腹板的抗剪承载力决定，而非由正应力决定，空腹桁架理论计算值小于实测值，平均误差为 15%，偏于安全。

表 2 试件极限承载力理论值与试验值对比

试件编号	实验值/kN	理论值/kN	误差值/%
24C I 1	22.12	17.09	22.7
24C I 2	19.74	14.59	26.1
24C I 3	14.49	12.18	15.9
24C I 4	13.17	11.02	16.3
24S I 1	21.19	17.09	19.3
24S I 2	18.63	15.09	19.0
24S I 3	13.50	12.18	9.8
24S I 4	11.53	11.02	4.4
30C I 1	24.92	20.01	19.7
30C I 2	23.73	18.59	21.7
30C I 3	19.02	16.24	14.6
30C I 4	14.84	11.88	20.0
30S I 1	24.67	20.01	18.9
30S I 2	22.55	18.59	17.6
30S I 3	18.23	16.24	10.9
30S I 4	13.16	11.88	9.7
30S I 5	23.10	18.59	19.5
30S I 6	22.96	18.59	19.1

5 结 论

本文主要是在孔洞尺寸、孔洞形状、孔洞位置、孔洞间距等参数变化时，对 OSB 为腹板的竹木开孔工字梁进行试验研究，得出以下结论：

（1）由于腹板开孔对截面削弱的影响，孔洞处的剪切变形影响不可忽略，且孔洞区域组合截面不再保持为平截面，开洞区域不再满足平截面假定。孔洞尺寸和孔间净距是影响开孔梁力学性能的主要因素。当洞口高度不大于 1/4 梁高时，孔洞的影响可忽略。对于圆洞梁和方洞梁而言，建议孔间净距取 2 倍直径和 2.5 倍洞高。

（2）孔洞形状对开孔梁的极限承载力影响并不显著。圆角处理后的正方形洞口梁的极限承载力提高幅度约 3%～7%，圆角半径越大，提高幅度越大。对于相同孔高的组合梁而言，方洞梁（边长 d）的承载力略可近似取其内接圆孔梁（直径 d）的承载力，且偏于安全。

（3）本文提出的修正后费氏空腹桁架极限承载力理论值偏于安全，与实测值的误差大约为 15%，计算的最大剪应力出现位置并非梁桥中点，而是位于开孔截面与圆形正截面夹角约 40°～55°之间，孔洞截面最大拉、压应力的位置均为与孔洞中心正截面夹角 10°～25°的孔口边缘。

（4）孔洞上 T 形截面和下 T 形截面承担大部分的剪力，当开孔梁孔洞处抗剪承载力不足时，应考虑在洞口周边采取补强措施，如：在孔洞四周设置加劲肋、镀锌薄钢板等措施来提高洞口周边的抗剪承载能力。

参 考 文 献

[1] Xiao Y，Yang R Z，Shan B. Production，environmental impact and mechanical properties of glubam. Construction and Building Materials，2013，44 (6)：765-773.

[2] Li H T，Zhang Q S，Huang D S，Deeks A J. Compressive performance of laminated bamboo. Compos ites Part B：Engineering，2013，54 (1)：319-328.

[3] 单波，高黎，肖岩，王正. 预制装配式圆竹结构房屋的试验与应用. 湖南大学学报（自然科学版），2013，40（3）：7-14.

[4] Mahdavi M，Clouston P L，Arwade S R. A low-technology approach toward fabrication of laminated bamboo lumber. Construction and Building Materials，2012，43（29）：257-262.

[5] XIAO Y，ZHOU Q，SHAN B. Design and construction of modern bamboo bridges. Journal of Bridge Engineering，2010，15（5）：533-541.

[6] 单波，周泉，肖岩. 现代竹结构技术在人行天桥中的研究与应用. 湖南大学学报（自然科学版），2009，36（10）：29-34.

[7] 李海涛，苏靖文，张齐生，陈国. 侧压竹材集成材简支梁力学性能试验研究. 建筑结构学报，2015，36（3）：121-126.

[8] 魏洋，骆雪妮，周梦倩. 纤维增强竹梁抗弯力学性能研究. 南京林业大学学报（自然科学版），2014，38（2）：11-15.

[9] 陈国，张齐生，黄东升，等. 胶合竹木工字梁受弯性能的试验研究. 湖南大学学报（自然科学版），2015，42（5）：72-79.

[10] Pirzada G B，Chui Y H，Lai S. Predicting strength of wood I-joist with a circular web hole. Journal of Structural Engineering，2008，134（7）：1229-1234.

[11] Zhu E C，Guan Z W. Buckling of oriented strand board webbed wood I-joist. Journal of Structural Engineering，2005，131（10）：1629-1636.

[12] 蔡健，黄泰簧，李静. 腹部开有圆孔的钢筋混凝土简支梁的试验研究. 土木工程学报，2009，42（10）：27-35.

[13] 黄泰赟，蔡健. 腹部开有矩形孔的钢筋混凝土简支梁的试验研究. 土木工程学报，2009，42（10）：36-45.

[14] Morrissey G C，Dinehart D W，Dunn W G. Wood I-joist with excessive web openings：An experimental and an alytical investigation. Journal of Structural Engineering，2005，135（6）：655-665.

[15] 邵旭东，刘俊珂. 计入加劲肋的圆孔蜂窝组合梁强度简化计算. 湖南大学学报（自然科学版），2009，36（9）：7-11.

第三部分

竹材装饰与结构材料（2000～2017年）

我国木材资源严重短缺，对外依存度超50%，竹材高效加工利用是缓解我国木材资源供需矛盾的重要途径，也是保障国家木材安全的战略选择。张齐生院士领衔的研发团队以竹材高效加工利用为目标，攻克了全竹工业化高效利用的世界性难题，创制了竹材胶合板、户外重组竹材、竹木复合材料等系列竹基复合材料，开创了世界竹材加工产业先河，成为世界竹资源高效利用的典范，为促进我国南方竹产区经济增长，尤其是贫困山区农民脱贫致富作出了巨大贡献。

2000年以来，我国竹材加工的技术和产品发生了重大变化，一方面竹材加工产业快速发展，涌现出大量竹材新技术和新产品；另一方面，竹材加工企业总体规模偏小，普遍属于依赖资源的劳动密集型企业，处于原材料综合利用率低、机械化程度和劳动生产率不高的生产状态。另外，企业在产品开发上不重视对科技的投入，造成企业创新能力差，产品科技含量低，品种少，同质化现象严重等问题。近年来由于原材料、劳动力、运输成本的上升，企业利润普遍缩水，几乎无利可图，经营困难。如竹地板、竹篾胶合板、竹水泥模板等产品遍地开花，附加值不高，不少企业已被迫停产。

张齐生院士在《竹类资源加工的特点及其利用途径的展望》《我国竹材加工利用要重视科学与创新》《我国竹材加工产业现状与对策分析》等论文中就适时地指出：竹材加工产业是我国的特色产业，许多技术和装备无法从国外直接引进，也不能简单照搬和效仿木材加工业的技术，要根据竹材直径小、壁薄中空和易劈裂的特点，科学加工应用竹材。因此，竹材加工企业：①只有坚持自主创新、自我发展才是唯一出路，要着眼长远、立足当前，提质增效，勇于创新、敢于创新，努力开发拥有自主知识产权的竹材新技术和新产品。②竹材产品与市场接受度密切相关，竹材加工产业要遵循市场规律，在价值导向为目标的基础上，开发“以竹胜木”的高附加值新产品才能获得市场认可。③大力发展机械化、自动化和信息化程度高的竹工机械，实现“机器换人”，提高劳动生产效率和产品附加值。④各级政府应加大科技投入，给予必要的政策扶持，使竹材加工业成为一个蓬勃发展的绿色朝阳产业。

在他的领导和带领下，先后组建了“南京林业大学竹材工程技术研究开发中心”“国家林业局竹材工程技术研究中心”“江苏省高校竹材高效加工利用团队”，陆续开发了重组竹高频胶合、连续化热压、高温热处理竹束制造户外竹重组材生产技术，竹材高温热处理装备与技术，竹单板生产技术，竹材无裂纹展平生产技术等，开发了竹单板、竹单板胶合板、竹单板贴面人造板、户外竹重组材、竹展平地板等新产品，获得了国家科技进步一等奖、二等奖各1项，国家技术发明二等奖1项，省部级奖5项等科技成果，推动了我国竹材加工的科技进步。

在饰面用竹单板以及后续产品开发方面，他领导的南京林业大学旋切竹单板课题组开发了竹筒软化及旋切技术，发明了竹材旋切机等装备；浙江农林大学刨切竹单板课题组发明了制备湿竹方材的干-湿复合胶合工艺、竹板脉动式加压浸注技术，研发了生产刨切微薄竹专用胶黏剂、微薄竹指形接长机等。其中“竹质工程材料制造关键技术研究与示范”获2006年国家科技进步一等奖；“刨切微薄竹生产技术与应用”获得2007年国家技术发明奖二等奖。

在竹重组材以及竹结构材开发方面，他领导的课题组开展国家“十一五”科技攻关项目“重组竹材高频加热固化成型法关键技术研究”，以及国家林业局公益性行业科研专项“无限长大截面竹重组材连续热压胶合技术及设备研制”，开发了重组竹材工业化生产的高频压机、大截面竹重组材连续热压机以及配套工艺，并进行了工业化生产；针对2008年5月12日我国四川汶川地震中，砖混和钢筋混凝土结构纷纷倒塌造成了大量人员伤亡和财产损失，他和吕志涛院士共同提出开发竹质结构安居示范建筑，并得以推广应用；另外，在户外竹材应用方面，研发了户外重组竹材单元材料碾压竹篾的梳解设备与技术、竹篾高温热处理设备与技术、户外重组竹材双向分段热压胶合技术等，形成了户外重组竹材生产新工艺，并建立了产业化中试示范生产线5条，实现了稳定生产。“竹重组型材及其制造方法”获得2012年中国专利优秀奖；“高性能竹基纤维复合材料制造技术与应用”获2015年国家科技进步奖二等奖。

张院士的研究成果与生产实践紧密结合，在众多领域得到推广应用，带动并建成了一大批竹材加工企业，推动和促进了我国竹材加工产业的形成和发展。张齐生院士为竹材加工利用事业作出了创造性的贡献。

李延军

我国竹材工业化利用的几种途径

张齐生　孙丰文
（林业部竹材工程技术研究开发中心　北京　100083）

为了适应我国及世界经济发展的需要。我们自20世纪80年代初期，开始进行竹材工业化利用的研究工作。针对竹子的特性围绕科学性、经济性和实用性三个基本主题，重点开发工业用途大、市场需求多、经济价值高的结构用材。根据不同的用途和要求，采用相应的加工工艺，形成了几个大的竹产品系列，从而大大提高了竹材的利用价值，拓宽了竹子的应用领域。

由于竹子存在直径小、壁薄中空、结构不均匀、易腐、易霉等缺陷，所以现有的木材加工设备和加工工艺方法都不能直接使用。如木材可以通过锯切制成板材，可以通过旋切（或刨切）加工成单板再制成胶合板，而竹材用同样的方法却难以实现。因此，竹材工业化利用的技术难度要比木材大得多，针对竹材的基本特性和特点，我们研究采用下述几种工艺措施，对竹材资源进行综合开发利用。

1　竹　片　法

该法的基本思想是直接利用竹壁的整个厚度，形成较厚的平整的竹片，再按胶合板的组坯方法加工制成多层胶合板。根据竹片的制作工艺可以分为展平法和刨削法。

1.1　竹材高温软化-展平法制成宽度为6～12cm的宽竹片

工艺流程如下：

竹子→截断→去外节→剖分→去内节→软化→展平→定厚刨削加工→干燥→铣边→按制造胶合板的方法制成竹材胶合板

目前国内有20多家企业以此法生产，年产量在3万m^3以上，主要分布在江西、安徽、福建、浙江等地。

软化-展平法，通过展平、刨削加工，可以将圆形竹筒直接制成在宽度方向呈连续状的便于后续工序加工的竹片，加工过程便于机械化。由于竹片宽度、厚度较大，因此胶黏剂耗量较小，制成的竹材胶合板具有较高的强度和整体性能。由于其表面有展平裂缝存在，虽不影响强度，但在某种程度上影响了外观质量，因此该产品主要用于载重汽车、客车作车厢底板。中国每年有几十万辆卡车和客车采用这种竹胶合板作车厢底板。

1.2　竹材加工成定宽定厚的竹条再胶拼成竹片

工艺流程如下：

竹子→截断→开竹条→去青黄→四面刨定宽定厚刨削→干燥→胶拼→按制造胶合板的方法制成装修用竹材胶合板

该法中的竹条加工是将竹筒通过安装在同一轴上的双圆锯片，依次锯切成等宽竹片。由于竹筒是圆锥形，连同锯路消耗在内，竹材利用率很低；将窄竹条胶拼成宽竹片，需要双向加压的压机，结构较复杂，胶拼的效率也不高。但该产品由于拼缝严密，行条经漂白，产成品经砂光、涂饰等处理后，外观质量好，可作地板、竹家具等。产品增值幅度较高，加工技术要求也很高，是竹材制品中的精品。但该产品的国内外市场还有待进一步开发。

本文原载《林业科技开发》1997年第3期第13-14页。

2 竹 篾 法

该法利用竹子易于沿纵向劈裂的特点，将竹子沿厚度分成几层，形成厚度、宽度较小的篾条。

2.1 编织加工

（1）纵横交错编织（称竹席）。工艺流程如下：

竹子→截断→剖篾→编成竹席→干燥→涂胶胶合

这种方法制成的产品称为竹编或竹席胶合板，是我国竹材加工利用中最早的方法之一。编席至今仍以手工编织为主。竹编胶合板工艺较简单，设备投资较少，生产企业主要分布在四川、浙江、湖南、江西、安徽等省。产品以薄型板为主，主要作用包装、室内顶板、铁路篷车顶板、侧壁板等。

（2）平行织帘（称竹帘）。工艺流程如下：

竹子→截断→剖篾→定厚→织帘→干燥待用

按照胶合板的制造方法，相邻层竹帘互相垂直组坯，热压胶合可制成竹帘胶合板。

按照制造胶合板的方法将竹席作为面层、竹帘作为芯层用酚醛胶作胶黏剂制成竹席竹帘复合水泥模板；也有在竹席外面再加一层浸渍酚醛胶的浸渍纸制成的竹席竹帘复合水泥模板。前者简称竹胶模板，后者称覆膜竹胶模板。该产品主要用于建筑水泥模板，在我国的湖南、湖北、江西、浙江、安徽等省，有数十家生产竹胶模板的企业，也是我国的一个主要竹产品。

2.2 竹篾层压

工艺流程如下：

竹子→截断→剖篾→干燥→浸渍→陈化→干燥→组坯→热压制成单向强度很高的竹材层压板

制造层压板，竹篾既不编席，也不织帘，而竹篾需浸胶低温干燥后，在模框内进行组坯。通常竹篾多为同一方向组坯，也可纵横交错组坯。但是，这种手工组坯难以均匀。因此，该法的优点是工艺、设备较简单，产品单方向强度高，不足之处是胶消耗量大，热压时需要压力也较大。该产品主要用于铁路篷车底板、铁木结构载货汽车的车厢底板，特殊加工的竹材层压板，还可用于远洋冷藏船舱板。

3 竹材碎料法

根据木材刨花板的制造原理将竹子分解成小型单元（碎料或纤维束），制成竹碎料（刨花）板。

工艺流程如下：

不规则竹材→切断→刨片→干燥→施胶→铺装→热压→锯边→砂光→成品

该产品的生产工艺与木质刨花板相近，但竹材由于其特殊的结构，制成的竹碎料板其强度高于木刨花板，其吸水膨胀率低于木刨花板。因而在水泥模板及复合板的基材等方面，有广阔的应用前景。目前已在安徽石台、福建建瓯建成两家工厂，另一家正在建设，还有几家正进行可行性研究。

4 综 合 法

综合运用上述三种方法的优点，根据产品需要的性能，开发各种用途的复合制品，如竹木复合集装箱底板、覆膜竹胶合模板、覆膜竹碎料模板、竹木复合层积材，装饰用竹材胶合板等产品。通过十几年的努力，目前中国已建成近百家竹材加工企业，每年可生产几十万立方米的竹材人造板产品，可以替代上百万立方米的优质木材，为人民的生活和国家建设提供了重要的原料。竹子由过去的滞销变成供不应求。目前竹子的价格比 80 年代初提高了 5～7 倍，竹产区竹农的生活由于竹子和竹笋两项的收入普遍要比农业产区农民的生活水平高，已走上了初步富裕的道路。为进一步开发我国的竹材资源，提高经济效益，目前我们正在开发充分利用竹材优良性能作面层材料，利用价格较低廉的低等级速生木材作芯层材料的各种竹木复合材料。

我国竹材加工利用要重视科学和创新

张齐生
（浙江林学院　临安　311300）

摘　　要

在分析我国竹材资源及竹材加工利用现状的基础上，指出我国竹材工业发展过程中存在的问题，其中主要问题是对竹材的利用缺乏科学性和创新性。提出了竹材利用的意见：①竹材人造板产品要继续巩固、提高、发展。竹材人造板不是竹材加工利用的唯一产品，切忌盲目建厂，一哄而上，互相压价竞争。②以竹材和小径级原竹为主要原料，生产各种生活用品和竹制品，适应人们崇尚自然和回归自然的生活理念。③竹材化学利用方兴未艾，值得探索和开发。④重视和发挥竹业协会的作用，组织同行企业加强信息和技术交流，以适应加入 WTO 后的新形势。

关键词： 竹材加工利用；创新性；科学性；中国

1　我国竹材加工利用的现状

1.1　我国的竹材资源

我国是世界上主要产竹国家，竹林面积约 400 万 hm^2，其中经济利用价值较高的毛竹（*Phyllostachys pubescens*）林面积约 250 万 hm^2，占世界毛竹总量的 90%以上。我国的竹林面积约占国土面积的 0.5%，约占全国森林面积的 2.8%，每年可砍伐毛竹约 5 亿支，各类杂竹 300 多万 t，相当于 1000 万 m^3 以上木材。另外，我国竹类的种质资源十分丰富，据统计全国竹类资源有 40 多属 400 余种（全世界约有 50 多属 1200 余种），约占世界竹类种质资源的 1/3[1]。这些竹子中既有材用竹，也有笋用竹，既有直径大的，也有直径小的，为我国竹材资源的利用提供了十分有利的条件。我国的竹材资源主要分布在黄河、长江以南 14 个省、市、自治区的丘陵山区。只要进行科学的经营管理，这些资源是一项取之不尽、用之不竭的重要生物资源。开发利用好竹类资源，对我国山区经济的发展和增加农民的收入具有十分重要的意义。

1.2　竹材加工利用的现状

竹材直径小，壁薄中空，尖削度大，其结构和化学组成都和木材有很大差异。因此在加工利用方面两者各有特点：①木材直径大，竹材直径小，壁薄中空，导致竹材产品加工过程中劳动生产效率低，竹材利用率低，生产成本较高，因此，竹材加工的产品不能简单地“以竹代木”。②竹材强度和密度都高于一般木材[2]，竹材产品的强度大于一般木材产品，适合于作为结构材使用，因此可用较小厚度的竹材产品替代较大厚度的木材产品，以取得经济上的成效。③竹材纹理通直，色泽简洁，易于漂白、染色和炭化等处理，可制成竹材集成材、竹材地板替代珍贵阔叶材，在家具、竹制品和室内装饰等领域有广阔应用前景。④竹材纹理通直，韧性大，劈裂性好，易于劈篾编织，通过简单的剖、冲、刨、磨等加工可制成各种生活用品，具有木材无可比拟的优点。⑤同一竹种的小直径竹子，其直径差异不大，经过处理和加工，可制成各种用途的竹制品，这也是木材不具有的优点。⑥竹材内含淀粉和蛋白质等营养成分，易霉变，耐虫耐磨性能差，不加处理，其耐久性不如木材。从上述比较中可以看出，不能简单地“以竹代木”生产各种竹制品。只有充分了解竹材的特性，生产那些性能价格比优于木材的竹材产品，才能在国民经济的某些领域得到应用。

20 世纪 80 年代初，我国竹材加工利用开始起步。20 多年来，我国竹材工业已取得长足的发展，开发了上百种新产品，使我国的竹材工业无论在产品的质量和数量，还是在企业的规模和技术的先进程度等方

本文原载《浙江林学院学报》2003 年第 20 卷第 1 期第 1-4 页。

面均处在世界领先水平，而且成为世界上最大的竹材制品出口国。竹材加工利用已从初期的大力发展各种竹材人造板[3]到目前的开发竹炭、竹醋液等化学产品，从单纯的重视大径级毛竹的利用到重视利用各类中小径级的竹制品生产。竹材人造板也从车厢底板和水泥模板两大系列产品发展到今天的车厢底板、水泥模板及竹材集成材和竹材地板三大系列产品，特别是竹材集成材和竹材地板系列产品，其生产技术先进，生产工艺精良，产品质量上乘，堪称竹材加工产品中的精品。2001 年我国竹材人造板产量超过 100 万 m^3[4]。浙江省安吉县 2001 年竹业产值 41 亿元（其中加工产值 37 亿），2001 年浙江省竹业产值达 120 亿元。

2 竹材加工利用要在“科学、创新”上下功夫

不同属和不同种的竹子无论是直径大小，还是材性、外观形态和结构都千差万别，因此它们的利用方法和用途也同样是千差万别的。另一方面经济在快速发展，技术在突飞猛进，社会需求在不断更新和扩展，竹材加工的步伐必须与经济发展的速度同步才能适应时代前进的要求。回顾 20 多年来我国竹材工业发展的历史，我们虽然取得了很大的成绩，但我国竹材工业的发展过程中还有很多不足之处，其中主要的问题是“科学、创新”上的功夫下得不够。主要表现在：①在开发利用上没有体现出创新精神。某地开发出一个好产品，大家一哄而上，形成低水平重复，产品供过于求，最后导致价格的恶性竞争；另一种现象是一个新产品出现了，没有不断完善和创新，而是一个老面孔多少年不变，最终导致被其他产品所替代。②多数竹产区县未能根据自己的地区优势和竹材的资源特点，科学地利用好当地的竹材资源，形成当地竹材的特色产品和特色企业。③就全国竹产区来说，竹材产品还较为单一，经济效益不够理想，至今仍然存在着“千军万马过独木桥”的局面。因此今后我国竹材工业的发展要在“科学、创新”上做文章，要充分利用当地的地区优势，结合竹材资源的特点，进行科学合理的加工，开发各种适销对路的产品，特别是有自主知识产权的创新产品。以下几点意见供各地在发展竹材工业中作参考。

第一，竹材人造板产品要继续巩固，提高，发展，但竹材人造板不是竹材加工利用的唯一产品，切忌盲目建厂，一哄而上，互相压价竞争。

竹材人造板中的车厢底板、水泥模板及竹材集成材和竹材地板等三大系列产品，是竹材作为结构用人造板和装饰用材的非常成功的产品，已有多年的历史。它开辟了我国竹材工业化利用的先河，但这绝不是竹材唯一的利用途径。目前，这些产品除铁路车厢底板供需基本保持平衡以外，其他产品都已供过于求，出现了互相压价的恶性竞争局面。水泥模板的销售价与生产成本价已经接近，不少企业已被迫停产。竹材地板也有类似的情况。各企业一定要认清形势，不要“千军万马过独木桥”，部分企业要独辟蹊径，走自己的阳关道。

第二，以竹材和小径级原竹为主要原料生产各种生活用竹制品，符合人们崇尚自然、回归大自然的生活理念，具有很好的发展前景。

竹制品范围非常广泛，包含了人们的衣食住行等各方面的用具及生活用品。有的以小径级原竹为主要原料，经过处理和加工，制成各种围篱、凉棚、室内装潢板和竹家具等。竹材经各种加工和处理后制成各种生活用具，如筷子、竹签、牙签、香棒、竹凉席、竹用具、竹编和竹雕制品等。我国很多竹产区在这方面已做出了表率，他们利用当地盛产的某一竹种，形成自己的产品特色，如牙签之乡（广东龙门的粉单竹 *Lingnania chungii*），香棒之乡（广东广宁的青皮竹 *Bambusa textilis*），凉席之乡（浙江安吉的毛竹），竹编之乡（浙江嵊州和新昌的毛竹，广东信谊的粉单竹），竹炭之乡（浙江衢县和遂昌的毛竹），竹笋之乡（浙江临安和德清的早竹 *Phyllostachys praecox* 和雷竹 P. *praecox* f. prevernalis）等。我们希望有更多的以竹子为原料的特色产业形成。竹制品的主要特点是作为旅游商品和生活用品，其市场多数在国外，一般单个价格虽然不高，但批量大，效益好。仅浙江竹产业协会下属规模较大的企业就有 38 家，规模较小的多达数百家。这些产品的开发应当引起企业家们的重视。

第三，要重视竹材的化学利用。竹材的化学利用早已引起人们的关注。四五年前，浙江大学的张英教授开发竹叶黄酮，并进行了中间试验，在此基础上浙江安吉还开发了竹叶啤酒[5]。最近两三年来，国内外研究开发了竹炭和竹醋液[1, 6]。初步研究表明，竹炭具有较大的比表面积，对有害气体有较强的吸附力，对空气有良好的净化作用，对空气中的水分也有很好的调节作用；竹炭内含有多种微量元素（钙、镁、铝和钾等），竹炭加入水中煮沸以后，能增加水中的微量元素，使水分子变小，改善水质，易被人体吸收；

竹炭具有良好的导电性能，能发射远红外线，在保健品和抗静电产品等方面都有很好的应用前景。竹炭的上述性能国内外都正在研究之中。目前已有一定规模的产品在日本、韩国和国内市场销售。另外竹材加工的竹碎料挤压成型后再烧制的竹棒炭也是一种烧烤专用炭，市场前景很好。竹醋液是竹炭烧制过程中产生的一种茶褐色液体副产品，含有多种化学成分和生物活性物质，在农药、医药、保健和环境卫生等领域有非常广阔的应用前景。目前国内市场尚未启动，主要销往韩国和日本等国家。当前我国要加快国内市场的开发速度，使竹炭和竹醋液早日进入我国的千家万户，成为家家户户延年益寿、岁岁平安的环保用品。

纺织用竹纤维是近期竹材开发利用的又一项重大创新技术成果。利用新鲜竹材加入一种特殊的植物提取液，经高温软化，将竹材制成纺织用竹纤维。该种纤维与麻、丝、毛等混纺后，可大大改善纯纺织品的性能，被专家称为我国继大豆蛋白纤维后的又一项具有自己知识产权的纺织用材料，社会效益和经济效益都十分显著。该项技术目前正在进入工业化试验阶段。

竹材的化学利用远不止上述内容，竹材还有更多的奥秘等待我们去探索，去开发。

第四，要重视和发挥竹产业协会的作用。我国加入世界贸易组织以后，全球经济一体化的步伐进一步加快，市场竞争日趋激烈。行业协会的作用越来越重要。为了面对竞争，我们要把相同的企业组织起来，共同商定行规和自律措施；交流信息和技术；共同筹资向社会宣传和推荐企业，以提高企业和产品的知名度；保护协会所属各企业的合法权益。总之，在市场经济条件下，要充分发挥协会的桥梁和纽带作用，这对促进产业的发展具有重要的意义。目前浙江省已在这方面迈出了重要步伐。在省政府的领导下，正式成立了浙江省竹产业协会，分别设立了竹材地板、竹制品、竹胶合板、竹笋和竹炭竹醋液 5 个分会。协会的各项工作正在顺利开展，省政府还拨了专款扶持协会开展各项活动。

3 结 束 语

由于竹材结构的特殊性，竹材加工利用的难度要比木材加工利用的难度大得多，竹材又主要分布在我国和亚非拉经济欠发达地区，因此我们肩负着提高竹材加工利用水平的历史重任。在竹材开发利用上，我们一定要坚持“科学”2 字。不要简单照搬和效仿木材的加工方法，要根据竹材直径小、壁薄中空和劈裂性好的特点，科学加工利用竹材，使竹材产品的生产工艺和技术达到惟妙惟肖、令人赞绝的水平。二要开拓创新。竹材加工利用的历史还不长，还有很多应用领域等待我们去开发。因此我们要敢于创新，勇于创新，想前人未想，做前人未做过的工作，努力开发有自主知识产权的新技术和新产品，为竹材工业化利用不断开辟新路。

参 考 文 献

[1] 姜树海，张齐生，蒋身学. 竹炭材料的有效利用理论与应用研究进展. 东北林业大学学报，2002，30（4）：53-54.
[2] 马灵飞，韩红，马乃训，等. 丛生竹材纤维形态及主要理化性能. 浙江林学院学报，1994，11（3）：274-280.
[3] 叶良明，余学军，韩红，等. 高节竹和水泥混合物的水化特性. 浙江林学院学报，2002，19（1）：1-4.
[4] 张齐生，周定国，梅长彤，等. 当代中国人造板工业的发展特点. 中国林业，2001，（9）：14-16.
[5] 张英，冯磊，陈霞，等. 一种新型的保健啤酒——竹啤. 竹子研究汇刊，2000，9（1）：33-37.
[6] 张齐生，姜树海. 重视竹材化学利用开发竹炭应用技术. 南京林业大学学报，2002，26（1）：1-4.

中国的木材工业与国民经济的可持续发展

张齐生

（南京林业大学　南京　210037）

摘　　要

用大量的事例和数据论述了新中国成立50多年来，特别是改革开放后的20多年，在我国的国民经济发展的同时，钢材、水泥两大原材料的生产也同步快速增长。由于我国森林资源短缺，木材的生产量呈现了负增长。但是，由于同期快速发展的木材工业，大大提高了中国的木材利用水平，降低了木材消耗；利用部分木材、采伐和加工剩余物及多种非木质材料制造人造板，成为世界第二大人造板生产国；进口部分原木和锯材作为补充，这三种措施的综合结果，每年可为我国经济发展带来近2亿 m^3 木材的实际效益，技术进步和发达的木材工业为国民经济可持续发展提供了技术支撑。

关键词：林业；木材工业；可持续发展

20世纪是人类历史上科学技术发展速度最快的一个世纪。据报道，20世纪创造的社会财富和消耗的能源比前19个世纪累计的总和还要多，它一方面给人类带来了高度的物质文明，同时也给人类带来了生态环境急剧恶化和资源枯竭、经济难以持续发展的两大难题。

中国是一个少林国家，森林覆盖率16.55%，仅为世界平均水平27%的61%；全国人均森林面积仅有 $0.128hm^2$，为世界人均 $0.611hm^2$ 的20.9%，人均森林蓄积量 $9.048m^3$，只有世界人均 $72m^3$ 的12.6%；森林资源本身先天不足，加之近几十年来过度采伐，可采资源几近枯竭，自然灾害频繁发生。

长期以来，我国对林业地位和作用的认识一直没有解决。仅仅把林业当成一个产业，从而形成了以木材生产为中心的指导思想。而对于森林的生态价值没有足够认识，更没有把林业当成社会经济可持续发展的基础。

世纪之交，我国林业引来了新的历史转变，十六大明确提出："必须把可持续发展放在十分突出的地位，坚持计划生育、保护环境和保护资源的基本国策"。因此，改善生态环境、加强生态建设、维护生态安全已成为新世纪林业的首要任务。温家宝同志在2002年的一次重要会议上的讲话中曾经指出："在贯彻整个可持续发展战略中，应该赋予林业以重要地位；在整个生态环境建设中应该赋予林业以首要地位。"一个重要，一个首要，十分突出地阐明了林业在国民经济可持续发展中的关键作用。因此，中国经济的发展、中华民族的复兴都离不开林业。中国是12亿人口的大国，要在维护好生态环境的前提下，保证国民经济持续发展所需要的木材供给是我们林业工作者面临的一个重要课题。

1　中国木材工业的发展成就

木材具有质量轻、强度大、易加工、不锈蚀，以及色感、触感、嗅感好等特点，是大自然赋予人类宝贵的天然财富，在交通、机械、采矿、建筑、轻工、装修和人民生活等领域应用十分广泛，是国民经济发展中一种不可缺少的重要材料。但是，木材是天然生长的有机体，其直径受树龄的限制，生长过程中不可避免地有尖削度、弯曲度、节子等生长缺陷，同时它还具有吸湿膨胀、排湿干缩和各向异性等特点。这些缺陷极大地影响了木材优良特性的发挥和限制了它的应用领域。为了能科学、合理地对木材进行加工和利用，需对木材进行多种方式的改性与重组，使大材能优用、小材能大用，废材也能综合利用，并能改善性能，极大地提高木材的利用率，从而形成和发展了木材科学，并相应地建立和发展了木材工业。中国木材工业和木材科学技术的主要成就有以下几点。

本文原载《林产工业》2003年第30卷第3期第3-6页。

1.1 建立了完整的林业教育和林业科学研究体系

中国有 20 多所高等学校设有林科相关专业，从中央到各省、市都设有专门的林业研究机构。能培养从学士到博士的各种层次的人才，也能开展从基础到应用的各种科研工作。

木材科学技术的研究领域不断扩大，研究对象从天然林木材转移到人工林木材，并扩展到竹材、农作物秸秆和其他草本植物。短周期工业用材林的培育及木材材性方面的研究，已取得了可喜的成绩，为实现人工林木材取代天然林木材奠定了理论和实践基础。

1.2 新产品、新设备和新技术的研究开发成果丰硕，推广应用成效显著

（1）高效、节能木材干燥设备和工艺的推广，为全国家具和木制品质量的提高做出了重要贡献。

（2）竹材人造板系列产品的研究开发，为中国和世界竹材工业化利用开辟了新途径，节约了大量优质木材。竹材人造板主要产品有：竹材胶合板、竹建筑模板、竹木复合集装箱底板、竹地板等。

（3）定向结构刨花板的研究与开发，为人造板在我国建筑业上的应用进行了成功尝试。

（4）农作物秸秆人造板的研究开发，取得了长足的进展，将会对中国的资源、环境产生不可估量的影响。

（5）多种多样的新技术和新设备的研究开发和应用，提高了中国木材工业的产品质量和木材利用率，降低了生产成本，从整体上提高了中国木材工业的水平。

1.3 木材工业发展迅速，技术水平快速提高

木材工业的发展依存于冶金、机械、电子、化工等工业的综合技术水平。改革开放以后，随着我国整体工业技术水平的发展和提高，国际合作交流的日益广泛和深入，中国的木材工业经历了一个“快速”发展时期。20 世纪 50 年代，中国最为传统的人造板产品——胶合板实现产业化；50 年代后期至 60 年代中期，湿法纤维板实现了国产设备的工业化生产，在此基础上发展和壮大了中国林业机械制造业；60 年代后期至 70 年代中期，刨花板生产初具规模；80 年代后期，中密度纤维板经过近 10 年的徘徊进入了快速发展时期。与此同时，国内外木材工业的各种产品和技术，都已渗透到中国木材工业的发展和产业结构的调整中，缩短了中国木材工业与世界同行业先进水平的距离。中国木材工业主要产品的生产，有引进世界先进水平的成套现代化的生产设备，也有经过吸收消化后的国产成套中小型生产设备；既有引进国外的技术，也有自主研究开发的技术；有与国外类似的大型企业，也有适合中国国情的中小型企业。

1.4 木材工业主要产品的产量列美国之后，居世界第 2 位

1980～2001 年，全国人造板产量由 99.6 万 m^3 增加到 2110.82 万 m^3，其中胶合板 904.82 万 m^3、纤维板 570.11 万 m^3，刨花板 344.53 万 m^3、其他人造板 292.13 万 m^3。22 年间增长了 21.2 倍，总量列美国之后，居世界第 2 位。持续升温的房地产和住宅装修热激活了中国的家具市场，多年来中国家具产业一直保持着 15%的年增长速度。2001 年全行业销售额高达 1400 多亿元，中国已成为出口美国家具的第一大国。目前，中国的工业原木、锯材、各种人造板的产量均已位居世界前列。各种木材工业的产品都已告别了“短缺经济”，实现了“剩余经济”，一个具有完整产业体系的木材工业已初具规模。

2 发达的木材工业为国民经济的可持续发展提供技术支撑

多年来，木材、钢铁和水泥一起被列为国民经济发展所急需的三大原材料，在木材工业基础薄弱的情况下，木材的利用多数以原木、板、方材的形式直接利用，因此木材利用率低，对木材的直径、木材的材质要求很高，木材耗用量也大，我国 20 世纪 70 年代以前的木材利用大体上处于这种状况。如当时制造一辆载重汽车，需耗用木材 3～5m^3，制造一辆铁路客车，需耗用木材 8～12m^3。另外，铁路、矿山建设和建筑、包装、家具业都需要大量木材，据有关资料介绍，我国木材产量的 1/2 用于建筑业的模板、门、窗及工业包装材，而且这些木材都是将原木加工成板、方材直接使用，因此木材利用率低、木材耗用量大。

随着木材科学技术水平的提高和木材工业的发展，我们可以将小径木材、低等级木材经过改性、重组，加工成单板层积材、胶合板、刨花板、中密度纤维板、高密度纤维板、木材集成材、定向刨花板等各种人造板，用不同厚度的人造板替代木材使用，每 1m^3 人造板可以替代 3m^3 以上的原木。结构用胶合板、单板层积材、木材集成材可以直接替代方材使用；特别珍贵的木材，可以加工成 0.13～0.15mm 厚的微薄木来制造薄木贴面装饰胶合板，与常规使用相比可以增大装饰面积 100 倍以上。各种天然珍贵木材的薄木和可以模仿珍贵木材纹理的人造薄木贴面装饰胶合板肩负着替代紧缺珍贵材的重任，在家具、车船、室内装修中发挥重要作用。

我国由于开发了竹材人造板系列产品，公路客、货车和铁路客、货车的车厢底板和建筑业的水泥模板都已大量采用各种竹材人造板，现代家具也已大量采用各种人造板，因此发达的木材工业不仅能提高木材的利用率和配套产品的质量，而且还能降低对木材质量和木材径级的要求，大大地减少木材的耗用量。

经济的高速发展对木材、钢材、水泥这三大基本材料的需求也是快速同步增长的。中国从 1980 至 2001 年国民生产总值从 4517.8 亿元增加至 95 933 亿元，增长了 21.2 倍，同一时期中国的钢材产量从 2712.2 万 t 增加至 15 745 万 t，增长了 5.8 倍；水泥产量从 7985.7 万 t 增加至 62 100 万 t，增长了 7.8 倍。

我国森林资源贫乏，木材蓄积量有限，国家严格限制木材采伐量，因此木材产量从 1980 年的 5359 万 m^3 减少到 2001 年的 4552.03 万 m^3，下降了 15%，同年中国进口了 1686.31 万 m^3 的原木、429 万 m^3 锯材、65.13 万 m^3 胶合板、74.9 万 m^3 纤维板作为补充，调剂品种的空缺。同时，我国还进口了以木材为原料的纸浆 493.8 万 t，废纸 641.91 万 t，上述进口材料折合成原木 8380.71 万 m^3。当年我国人造板的产量为 2110.82 万 m^3，可替代原木 6332.5 万 m^3。将当年我国木材的生产量、进口木材和纸浆量、人造板折算成原木量共计 1.93 亿 m^3，与 1980 年相比，增长 3.3 倍。

木材的产量虽然没有和钢材、水泥同步增长，由于木材工业技术水平的提高而带来木材利用率的提高以及在国内大力提倡节约、代用木材，大大地减少了木材的消耗。但是木材需求的增长幅度仍高达 3.3 倍。这说明经济高速发展需要消耗大量木材。

22 年来我国木材产量虽然小幅增长或负增长，但是由于木材工业的快速发展，木材利用水平有了很大的提高，小径材、采伐和加工剩余物、各种竹材及非木质材料得到充分利用，生产了大量的人造板产品，替代了数亿立方米的木材；同期还进口了大量的木材和纸浆作补充。这些措施的综合结果，每年可为我国经济带来近 2 亿 m^3 木材的实际效益，其中木材工业的发展为我国经济持续发展提供了技术支撑。

3　新世纪中国木材工业肩负的重任

既要维护好我国的生态环境，又要满足经济持续发展是我国的基本国策。今后木材工业的重点应该放在进一步提高技术装备水平和产品质量，消除环境污染，解决人工林木材开发利用、农作物秸秆和竹材资源深度开发利用及优质大径木材和装修用珍贵硬阔叶木材的“短缺问题”，要自主开发与引进相结合。面临的主要任务有以下几点。

3.1　利用现代信息技术，加速提高我国木材工业的技术装备水平

当前，我国木材工业的产品存在的主要问题是良莠不齐，有与世界水平同步的产品，也有质量很低劣的产品。究其原因，主要是技术装备的水平悬殊太大。我国的木材工业技术装备在自动检测、自动显示、自动控制及金属材料、加工精度、元器件的质量等方面与国外都有较大的差距。我们应尽快缩小差距，提高国产设备的技术水平，以提高木材工业的产品质量。

3.2　加快开发木材制品的精、深加工技术与设备

当前，我国木材工业比较注重各种人造板产品成套设备，忽视了木材制品精、深加工技术及设备的研究与开发。事实上，各种人造板和木材都属于初级产品，需要进行精、深加工，赋予各种功能才能进一步提高其附加值。例如，每次木工机械展览会上，国外产品中有关曲线、曲面、榫槽、内外成型、雕刻、镂

铣等方面的加工设备往往令大家耳目一新。因此，我们应在这方面下大力气，花大功夫，缩小与国外的差距。

3.3 大力开发人工林及抚育间伐小径材的利用技术

中国目前有人工林 4700 万 hm^2，居世界第一位，其中速生丰产林 330 多万 hm^2，每年可提供木材 2250 万 m^3。待抚育间伐的幼林有 2000 万 hm^2，计划每年安排 133 万 hm^2，可产抚育间伐小径材 1000 万 m^3，应高效利用这一部分相当可观的木材资源；重点研究开发利用小径材，生产高附加值的材料或产品，用以代替过去只能用大径材才能生产的材料或制品。

3.4 重视非木质人造板的生产与应用

中国主要农作物的秸秆年产量约 4 亿 t，若利用其 1%，每年有 400 万 t 秸秆可用于生产非木质人造板，可制成约 400 万 m^3 人造板，能够代替 1200 万 m^3 原木。这样既可解决木材资源之不足，又可综合利用农作物剩余物，增加农民收入，改善生态环境。

3.5 加强人造薄木的研究与生产

我国用于建筑装修的胶合板约占国内胶合板消费总量的 50%，用于家具生产的约占 40%，其他的用于工业生产，如车船制造、家电制造、包装等。这些用途中，相当大的一部分产品都需要贴面装饰。全球范围内用于刨切装饰薄木的珍贵阔叶材蓄积量日益减少，极大地影响装饰薄木的供应。因此，必须开发各种新型人造薄木来满足市场需求。人造薄木是一种仿真材料，有相当大的技术难度，需要多学科协作攻关，才能使仿真效果逼真，生产成本降低。

3.6 竹材的加工利用要重视复合材料，精、深加工和化学利用

中国有竹林面积 420 万 hm^2，每年可轮伐毛竹 5 亿根，杂竹 300 万 t，可用于制造竹材人造板、竹浆、竹地板、竹材集成材、竹家具等多种产品。

由于竹材产区受天保工程影响较小，生产潜力巨大。因此，应在现有基础上，进一步研究开发新型竹质复合材料，用于替代大规格木材的板方材，以缓和大径材的供需矛盾。同时还应重视竹材精、深加工产品的开发，如旋切、刨切微薄竹的生产与应用；重视竹材的化学利用，如纺织用竹纤维和竹炭、竹醋液的生产与应用。

3.7 低毒高效胶黏剂和处理剂的研究

上述项目的开发均需要低毒高效胶黏剂。为此，需研究开发不同板种、不同用途需要的低毒（低游离甲醛、低游离酚）、高效的系列胶黏剂，保证各类人造板、单板层积材或制品具有各种优良性能。为了使木质材料能够延长使用寿命，适于各类环境条件下使用，还需开发低毒高效抗流失的各种木材处理剂（防腐、防火、阻燃、尺寸稳定等）以及相应的处理技术。

中华民族的复兴，需要我国的经济持续和稳定地发展。我国林业工作者肩负着营造生态环境和提供木材的两大任务。通过大力发展人工速生丰产林的建设，建立发达的、现代化的木材工业体系，高效利用好现有的木材资源和竹材、农作物秸秆等非木质材料资源。中国的木材供给，实现以国产材为主，进口部分国内紧缺的大径材、特殊珍贵树种材作为补充的方针是完全可行的，中国林业工作者有责任、有能力在新世纪为中华民族的复兴做出自己应有的贡献。

参考文献

[1] 国家统计局. 中华人民共和国 2001 年国民经济和社会发展统计公报. 2002，2.

[2] 王恺. 面向二十一世纪，中国木材工业发展初探. 木材工业，1999，13（1）：3-5.

[3]　张齐生，孙丰文. 我国竹材工业的发展展望. 林产工业，1999，26（4）：3-5.
[4]　张齐生，孙丰文. 面向 21 世纪的中国木材工业. 南京林业大学学报，2000，24（3）：1-4.
[5]　贾骞. 中国木材类产品供需状况及对策. 木材工业，2002，16（5）：3-5.
[6]　周定国. 农作物秸秆人造板开发现状、难点和建议. 林产工业，2002，29（4）：3-6.
[7]　何泽龙. 人造板设备与木工机械行业现状及发展趋势. 林产工业，2002，29（6）：7-9.
[8]　张齐生，姜树海. 重视竹材化学利用，开发竹炭应用技术. 南京林业大学学报，2002，26（1）：1-4.
[9]　沈贵，张文玲. 中国木材工业现状与未来. 林产工业，2003，30（1）：3-5.

竹类资源加工的特点及其利用途径的展望

张齐生

（南京林业大学竹材工程中心　南京　210037）

摘　　要

根据竹类植物的分类学和生物学特性，简要介绍了竹类资源现状，列举了竹材加工与木材加工之间的特点，重点阐述了竹类资源的利用途径及开发前景的展望，即：①保持和发展各地现有的特色竹制品；②巩固、提高竹材人造板产品，同时不断改进技术，开发创新产品；③重视竹材化学利用，开发竹炭和竹醋液的应用技术；④重视竹材精深加工技术的研究与开展；⑤大力发展竹材造纸。

关键词：竹类资源；加工特点；利用途径；展望

1　竹类资源加工的特点

中国是世界竹类资源最丰富的国家。世界有竹类植物 50 多属、1200 多种，中国有 40 多属、400 余种，种植资源竹十分丰富。中国竹林面积居世界第一位，竹林面积达 420 万 hm^2（其中经济利用价值较高、集中成片分布的毛竹林面积 280 万 hm^2）；竹林面积占国土面积的 0.5%，占森林面积的 2.8%，毛竹砍伐量近 6 亿根，其他杂竹产量 300 多万 t，竹材总产量达 1400 多万 t。竹类植物能够一次造林成功，科学地加以经营，即可年年择伐，永续利用而不破坏生态环境，这是所有木本植物都不具有的特点。因此开发利用好竹类资源对于促进我国山区经济的发展和维护生态环境都具有重要的意义。

竹类植物属禾本科的竹亚科，秆茎木质化程度高、坚韧，属多年生。但其外观形态却酷似草类的禾亚科，主要表现为秆茎壁薄中空，中间有节，秆茎外表含有蜡质和有机硅，胶黏剂不能润湿，因而竹类植物有“似木非木、似草非草”的雅称。由于竹材的这种特殊结构，使竹类资源的加工利用形成了与木本植物的木材不同的特点，其特点主要有以下几方面。

（1）竹类植物直径小，壁薄中空、尖削度大，外、中、内层结构成分有差异。竹类植物中直径较大的毛竹，其直径大多数为 70～100mm，壁厚平均不足 10mm；直径较小的竹类植物大多数直径为 30～50mn，壁厚平均为 4～6mm。而多数木材加工设备和技术在竹材加工中不能直接应用，因此竹材加工业的技术水平远远落后于木材加工业。

（2）由于竹材的特殊结构，竹材加工的多数产品仅能实现机械化生产，个别工序或产品还难于摆脱手工劳动，要实现连续化、自动化困难更大，所以竹材加工业劳动生产效率低，与木材加工业相比，根据不同的产品，劳动生产效率要低数倍至数十倍。

（3）竹材外表的竹青和内表的竹黄，胶黏剂不能润湿，和中间层竹材材性差异很大，竹材加工中真正可利用的材料主要是中间部分的竹材，因此竹材的利用率较低，根据不同的产品，其利用率多数在 20%～50%（体积或质量计）。

（4）竹材难以通过简单的加工，像木材那样加工成大尺寸的板材或方材而加以利用；竹材通过锯、剖或刨削加工，仅能加工成宽度 20～30mm，厚度 5～8mm 的竹片，难以直接利用。

（5）竹材的结构与木材有明显差异，化学组成也不尽相同，竹材比木材含有更多的半纤维素、淀粉、蛋白质、糖分等营养物质，因而竹材制品的耐虫、耐腐等霉变能力不如木材制品，特别是在室外露天条件下使用，更应注意加强上述性能的防护措施。

由于竹类资源加工的上述特点，因此竹材加工不能简单地模仿木材加工，木材能够制造的产品，竹材不一定都能够制造。有的是因为技术上不可行；有的则是技术上可行，而经济上不可行。例如木材经过锯剖可

本文原载《中国林业产业》2004 年 1 月第 9-11 页。

以制成木方或板材，而竹材由于其结构的原因，无法通过锯剖制成竹方或竹板；又如木材可以通过旋切制成三层或多层木材胶合板，竹材虽然也可以通过旋切制成三层或多层胶合板，但加工的技术难度大，生产成本高，若是同样的用途和相同的价格，则竹材旋切制成的胶合板就是技术上可行而经济上不可行的产品。因此竹材加工利用必须在充分了解竹类植物的结构、性能特点的基础上，科学地进行加工，合理地加以利用。

2　竹类资源的利用途径的展望

我国竹类资源丰富，竹林面积和竹材产量均居世界首位，改革开放后的二十多年来，由于社会、经济快速发展对木材的强大需求，且国内木材价格又长期高于国际市场价格，在各级政府的支持和扶持下，我国竹材加工工业得到了快速的发展，目前全国竹材加工企业有数千家，竹地板和竹材人造板产量预计达 100 万 m^3 以上，竹业产值达数百亿元，但是竹材加工企业多数为中小型企业，而且技术装备仍较为落后，产品中有技术含量高，结构科学、合理的“以竹胜术”的产品，但多数仍为缺乏科技创新的附加值较低的劳动密集型产品。20 世纪 50 年代的日本和 60 年代我国的台湾，都曾经有过竹材加工业的发展，但随着工资水平的大幅度提高，都从兴旺走向没落。随着我国社会经济快速发展和世界经济一体化的进程，劳动密集型产品的竞争优势也将逐步丧失，因此我们应从宏观和战略的高度来思考和展望竹材利用的途径。竹材加工业如何在激烈的市场竞争中求生存求发展，是竹材产业界面临的一个重要问题。我认为竹材的利用途径应着重注意以下几个方面。

2.1　竹制品生产能充分利用当地的竹种资源，具有良好的市场前景，适应人们消费观念的变化，应形成各地的产品特色，予以保持和发展

竹制品是以不同直径的竹材为原料，经过锯、剖、刨、砂、雕刻、编织、油漆等多种工序加工处理而制成的多种多样符合人们崇尚自然、回归大自然理念的各种生活用竹制品。竹材制品，在中国虽然已有悠久的历史，但加工技术的进步，消费、观赏观念的不断更新，使竹制品不断焕发出新的活力，产品不断推陈出新。这些竹制品如各种类型的竹筷子、竹签、竹牙签、竹香棒、竹凉席、竹笼、竹编制品、竹农具、竹雕制品及竹围篱、竹凉棚、竹室内装潢板、竹家具等，深受消费者的喜爱。

我国的很多竹产区，利用当地盛产的某种竹种资源，开发具有自己特色的产品，形成相当大的批量，在国内外享有盛誉，并拥有自己的品牌和市场。如竹席之乡（浙江安吉，利用毛竹）、竹炭之乡（浙江遂昌和衢县，利用毛竹）、竹编之乡（浙江嵊县和新昌，利用毛竹；广东信谊，利用粉单竹）、竹笋之乡（浙江临安和德清，利用早竹和雷竹）、牙签之乡（广东龙门，利用粉单竹）、香棒之乡（广东广宁，利用青皮竹）等。可惜这些特色产品还太少，我们希望形成更多的以竹子为原料的特色产业。竹制品的主要特点是作为生活用品，其市场既有国外也有国内，一般建厂投资不大，企业可大可小，产品单价虽然不高，但批量大、效益好，仅浙江省竹产业协会下属规模较大的企业就有 38 家，规模较小的多达数百家。竹制品的生产应当不断推陈出新，形成各地的产品特色。

2.2　竹材人造板严品要巩固、提高、不断改进技术，开发创新产品，切忌盲目建厂，一哄而上，互相压价竞争

竹材人造板中的车厢底板、水泥模板及竹材集成材、竹材地板三大系列产品，是竹材作为结构用人造板和装饰用材的非常成功的产品，已有多年的历史，它开辟了我国竹材工业化利用的先河，但竹材人造板绝不是竹材唯一的利用途径。今后应在现有产品的基础上，利用中、大径级竹材资源大力开发家具用、竹制品用竹集成材及竹地板的下游产品，还应大力开发轻质、高强竹木复合结构用和装饰用人造板产品，各企业要独辟蹊径，开发自己有独特构思、有销售市场的产品，不要“千军万马过独木桥”，要八仙过海，各显神通。只有这样竹材人造板市场才能越来越宽广。

2.3　重视竹材化学利用，开发竹炭、竹醋液的应用技术

浙江大学的张英教授，早在 20 世纪末，即开展了竹叶提取竹叶黄酮等方面的研究工作并成功地开发

了竹叶黄酮啤酒和竹叶黄酮系列保健用品，近期还进行了从竹叶中提取抗氧化剂的研究工作，为我国竹材化学利用开辟了先河。最近两三年来，国内外研究开发了竹炭和竹醋液。初步研究表明，竹炭具有较大的比表面积，对有害气体有较强的吸附力，对水和空气有良好的净化作用，对空气中的水分也有很好的调节作用。竹炭内含有多种微量元素（钙、镁、铝和钾等），竹炭加入水中煮沸以后，能增加水中的微量元素，使水分子变小，改善水质，易被人体吸收；竹炭具有良好的导电性能，能发射远红外线，在保健品和抗静电产品等方面都有很好的应用前景。竹材的上述性能国内外都正在研究之中。目前已有一定规模的产品在日本、韩国和国内市场销售。另外竹材加工的竹碎料挤压成型后再烧制的竹炭也是一种烧烤专用炭，市场前景很好。竹醋液是竹炭烧制过程中产生的一种茶褐色液体副产品，含有多种化学成分和生物活性物质，在农药、医药、保健和环境卫生等领域有非常广阔的应用前景。经多种技术改性的竹炭在高效灭菌、高效分解有害气体和污水处理等方面有广阔的应用前景，当前要加快国内市场的开发速度，使竹炭和竹醋液早日进入我国的千家万户，成为家家户户延年益寿、岁岁平安的环境用品。烧制竹炭和提取竹醋液，竹子直径可大可小，劳动生产效率高，竹材加工剩余物也可利用，可实现全竹综合利用的目的。

纺织用竹纤维是近期竹材开发利用的又一项重大创新技术成果。利用新鲜的竹材加入适量的辅助软化剂，经高温软化和多种工艺处理，可将竹材制成纺织用竹纤维。该种纤维与麻、丝、毛等混纺后，可大大改善纯纺织品的性能，被专家称为我国继大豆蛋白纤维后的又一项具有自己知识产权的纺织用材料，社会效益和经济效益都十分显著。

竹材的化学利用远不止上述内容，竹材还有更多的奥秘等待我们去探索，去开发。

2.4 重视竹材精深加工技术的研究与开发

竹材加工业要在原有产品的基础上，大力开发技术要求高、有自主知识产权的精深加工产品，进一步扩大应用领域，增加附加值。目前我国竹材加工业的产品中一般技术都不太复杂，多数属劳动密集型产品，精度最高的产品除竹编工艺品外，竹材集成地板无论是选配原料、加工工艺还是涂饰质量都应该称得上工艺精湛、质量上乘，是竹材加工产品中的精品，是附加值较高的产品之一；目前各地正在开发的刨切微薄竹和旋切竹单板齿形接长无纺布强化技术，都具有较高的技术含量和加工深度，可以使竹材成为薄型装饰材料应用于家具和室内装修领域，具有较好的应用开发应用前景。

2.5 大力发展竹材造纸

我国森林资源紧缺，木材供应紧张，我国造纸用的木浆长期依赖进口。随着近几年造纸技术的进步，竹材造纸已没有大的技术障碍，因此，我国云南、海南、广东、广西等地大面积营造的丛生竹，其生物量大，是毛竹的 7～10 倍，纤维素的含量高于毛竹，是造纸的好原料，以竹材为原料造纸和以木材为原料造纸，其劳动生产效率大体上相近，而原料成本竹材应低于木材，因此将丛生竹列入造纸原料的基地建设，大力发展竹材造纸的生产，是利国利民的大事。

参考文献

[1] 张齐生等. 中国竹材工业化利用. 北京：中国林业出版社，1995.

[2] 张齐生，姜树海. 重视竹材化学利用，开发竹炭应用技术. 南京：南京林业大学学报，2002，26（1）：1-4.

[3] 张齐生. 我国竹材加工利用要重视科学和创新. 浙江林学院学报，2003，20（1）：1-4.

[4] 汪奎宏，李琴，高小辉. 竹类资源利用现状及深度开发. 竹子研究汇刊，2000，19（4）：72-75.

我国竹材加工产业现状与对策分析

李延军　许斌　张齐生　蒋身学

（南京林业大学材料科学与工程学院，国家林业局竹材工程技术研究中心　南京　210037）

摘　要

在分析我国竹材资源及加工产业现状的基础上，指出我国竹材加工产业发展过程中存在的区域发展不平衡、企业效益偏低、产品附加值不高等问题及其原因，提出了我国竹材加工产业的发展对策。在当前我国宏观经济转型升级的关键时期，劳动密集型产品的竞争优势在逐步丧失，我国竹业界应从战略的高度思考和展望竹材加工利用的途径。竹材加工业要充分了解竹材的特性，重视科学与创新，牢固树立“以竹胜木”的理念，开发出各种附加值高的“以竹胜木”新产品；要加快用信息业和制造业技术改造传统竹材加工技术，改进产品结构，优化生产工艺；要加快竹材加工企业的转型升级，优化产业结构，深化竹材在竹家具、日用竹制品、竹材装饰装修等领域的开发利用，并在水利输送、农业灌溉等方面开发具有重大前景的竹材新产品；要发展循环经济，提高综合效益，大力开展竹材的元素利用、竹材生物质能源和生物质化学品利用、竹炭竹醋液精深加工与应用，实现竹材加工产业的转型升级。

关键词： 竹材工业；产业现状；转型升级；以竹胜木；对策

1　竹材资源与加工产业的现状

1.1　竹材资源的现状

我国是世界竹类资源第一大国，竹子栽培和竹材利用历史悠久，在竹类资源种类、面积、蓄积量、竹制品产量和出口额方面均居世界第一，素有“竹子王国”美誉[1]。我国地处世界竹子分布的中心，竹子有40余属500余种，面积达673万 hm^2，占世界竹子资源的1/3，自然分布于东起台湾、西到西藏、南至海南、北到辽宁的广阔区域，集中分布于长江以南的16个省（市、区）[2]。竹子具有一次成林、长期利用，生长快、成材周期短、生产力高等特点。我国年产竹材15.39亿根，相当于约2300万 m^3 的木材量，经营竹林显著减少了森林砍伐[2]。竹子因其独特的生长特性、生态功能和经济价值，被公认为巨大的、绿色的、可再生的资源库和能源库，已被广泛应用于环境、能源、纺织和化工等各个领域，是培育战略性新兴产业和发展循环经济的潜力所在。在全球环境日益受到重视和着力提高农民经济收入的背景下，开发利用好这些取之不尽、用之不竭的竹类资源，将为我国山区经济发展和生态环境建设做出应有的贡献。

1.2　竹材加工产业的现状

竹子是一种木质化的多年生禾本科植物，生长发育独特，具有独特的地下根鞭系统和快速的更新繁殖能力，高径生长快速完成，是一种特殊的生态植被类型，其生物学特性明显有别于作物和林木。竹材直径小、壁薄、中空，木质素、纤维素组成特殊，易分离、易液化、相溶性好，其物理、化学性能及加工工艺有别于木材。因而，竹类植物曾有“似木非木、似草非草”的雅称。这是竹材加工利用中需要特别重视的一个特征[3-5]。竹材加工业要充分了解和认识到竹材的特殊性能，不能简单地“以竹代木”生产各种竹制品，要生产那些附加值和质量比木材优越的“以竹胜木”竹产品，才能在国民经济的某些领域中得到应用[4]。

我国是全球最大的竹产品生产和出口国，经过30多年的发展，我国在竹材加工技术和产品研发方面一直走在世界前列。目前，已开发了竹编胶合板、竹材胶合板、竹席/帘胶合板、竹车厢底板、竹水泥模板、竹篾集成材、竹地板、竹木复合材料、刨切竹单板、重组竹材、竹风电叶片、竹展平板、竹缠绕复合压力

本文原载《林业工程学报》2016年第1卷第1期第2-7页。

管等一代又一代的竹材新产品，推动着竹材加工的科技进步。20 世纪 80 年代中后期，张齐生率先提出了以“竹材软化展平”为核心的竹材工业化加工利用方式，发明了竹材胶合板生产技术，产品广泛应用于我国汽车车厢底板和公交客车地板，开创了竹材工业化利用的先河；随后又开发出了以竹篾、竹席、竹帘为构成单元的竹篾积成材、竹编胶合板和竹帘胶合板[5-8]。20 世纪 90 年代初期竹材工业发展迅速，竹家具板、竹地板、竹集成材等各种工程结构用竹材人造板的生产规模快速壮大。张齐生又适时提出了“竹木复合”的发展理念[5-9]，建立了竹木复合结构理论体系，开发了竹木复合集装箱底板等 5 种系列产品，竹材加工技术逐步走向成熟。2000 年后，竹材加工利用的技术和产品发生了重大变化，即：①竹材加工机械化、自动化和信息化技术进一步提高，如重组竹高频胶合、竹材加工数控机床等；②竹单板及其饰面材料制造技术以及各种竹装饰制品迅速发展，如刨切竹单板、薄竹复合板、竹单板贴面人造板等；③竹材加工的方式及产品用途进一步拓展，如大片竹束帘、竹材展平等；④竹材化学加工利用技术日趋成熟，如竹炭、竹醋液、竹纤维等；⑤竹保健品发展趋势明显，如以竹笋、笋箨为原料的膳食纤维、低聚糖，以竹叶为原料的竹叶黄酮等[10-12]。

目前，我国竹产业已经形成一个集文化、生态、经济、社会效益为一体的绿色朝阳产业链。无论是竹林面积、竹材产量，还是竹林培育、竹材加工利用水平等均居世界首位。我国竹产业的研究领域广泛而深入，竹工机械、竹基人造板、复合材料与竹材综合利用技术方面一直引领国际前沿，竹材产品涉及竹地板、竹家具、竹材人造板、竹工艺品、竹装饰品、竹浆造纸、竹纤维制品、竹生活品、竹炭等十几个类别的上千种产品，产品出口日、韩、美、欧等数十个国家和地区，形成广泛影响力。据统计，2014 年全国竹产业总产值达到 1845 亿元，从业人员达到约 1000 万人，竹产业已经成为我国山区经济发展和农民脱贫致富的经济增长[2]。

2 我国竹材加工产业存在的问题

20 多年来，我国竹产业取得了长足的发展，但就整个产业来说，依然存在着诸多问题[2]。主要表现在：

（1）竹产业技术和经济区域发展不平衡。我国东部沿海省份如浙江、福建等省的竹产业发达、技术水平较高、经济效益较好；内陆省份虽然竹资源丰富，但竹产业发展滞后，技术水平和经济效益较低；中西部地区竹资源优势和潜力远未发挥出来，如贵州、云南等省。

（2）产业发展不协调，产业链短，大多以一产为主，二产不发达，三产发展落后，产业发展驱动力弱，导致竹产业整体水平不高，经济效益不突出。

（3）国内竹产品市场整体消费氛围尚未形成。由于消费者的认知度不高和对产品不甚了解，国内许多生活用品都以木质为主。相比较而言，因竹产品的自然、生态、性价比高，其消费在欧美等国外市场普遍接受，如竹地板、竹质家具、竹制日用品等远销海外。

（4）企业规模小，低水平重复建设频繁，产品同质化突出，市场恶性竞争严重，产品附加值和经济效益偏低。到 2011 年，全国竹材加工企业将近 12 756 家，其中年产值低于 500 万元的企业占总数的 59.4%，产值超亿元的企业只占企业总数的 0.8%。因此，竹材加工企业总体规模偏小，普遍属于依赖资源的劳动密集型企业，处于原材料综合利用率低、机械化程度低、劳动生产率低的生产状态。

另外，企业在产品开发上不重视对科研的投入，造成企业创新能力差、产品科技含量低、品种少、同质化现象严重等问题。近年来由于原材料、劳动力、运输成本的上升，企业利润普遍缩水，经营困难。如竹材地板、竹篾胶合板、竹水泥模板等产品遍地开花，附加值不高，不少企业已被迫停产。

目前我国竹材加工企业确实遇到了前所未有的困难，究其原因，主要有以下 4 个方面[1]：

（1）劳动力成本上升过快。竹材加工业是一个劳动密集型产业，生产机械化、自动化和信息化程度低，多数工序摆脱不了人工操作，特别是半成品加工，基本都依靠人工配合机械完成，如备料工序的竹子截断、剖竹、制篾、削片、竹片挑选、精刨竹片等；竹材人造板加工中的竹单元材料堆垛、装卸、浸（涂）胶、组坯、热压胶合、纵横锯边等工序，都少不了工人手工作业，使用人工的比例很高。20 世纪 90 年代初，竹材加工产业的一线工人月工资仅 300～400 元，目前，月工资上升到 3000～4000 元，上涨近 10 倍[13, 14]。此外，由于大多数企业的生产条件未得到根本性改善，许多年轻人不愿从事竹材加工，导致竹材加工企业开始出现招工难的情况。

（2）竹材原料价格上涨幅度过大。随着竹材加工产业的快速发展，竹材原料的价格近年来也一路攀升。一根胸径 10cm 的毛竹（质量约 25kg），20 世纪 80 年代运至山下公路边售价仅为 1.8～2.0 元/根[9]，目前，同样大小的毛竹售价已达 18～20 元/根，价格上涨近 10 倍。

（3）竹产品价格未能同步上涨。由于竹产品和木材产品有相似或相近的功能，因此产品的价格往往要与木材产品进行比较。凡是“以竹代木”的产品，很难跳出木材产品的范畴。20 多年来，竹产品价格和其他产品一样，由于质量提高和基本原材料物价上涨，价格也有所调整。20 世纪 90 年代，竹材胶合板的出厂价约为 2000 元/m^3，而目前竹材胶合板的出厂价为 4000～4500 元/m^3，仅上涨 1 倍多，远没有实现与原竹和劳动力价格的同步增长[14]。虽然如此，但由于加强企业管理和科技进步，一般企业劳动生产效率也提高了 1 倍多，抵消了部分生产成本上涨对企业的影响。

（4）竹材加工产业优化升级，世界范围内无先例可循。中国是世界上竹材加工产业技术最先进、规模最大的国家，是传统的竹产品出口国，也是亚非拉国家学习的榜样。日本、韩国在 20 世纪 80 年代具有较好的竹材加工产业基础，但由于劳动力成本和竹材价格的上升，新技术新产品的缺乏，而逐步萎缩和转移[1]。欧美等经济发达国家没有竹材和竹产业，只是进口和使用各种竹材产品。因此，我国无法从国外进口技术和设备，也无企业优化升级的先例可循，唯一的出路只能依靠自主创新[4, 15]。

3　竹材加工产业的出路和希望

3.1　重视科学与创新，开发“以竹胜木”的新技术和新产品

竹材加工产业是我国的特色产业，许多技术和装备无法从国外直接引进，也不能简单照搬和效仿木材加工技术，要根据竹材直径小、壁薄中空和易劈裂的特点，科学加工利用竹材。因此，只有坚持自主创新、自我发展才是唯一出路。要着眼长远、立足当前，提质增效，敢于创新，努力开发拥有自主知识产权的竹材新技术和新产品。另外，竹材产品与市场接受度密切相关，竹材加工产业要遵循市场规律，在价值导向为目标的基础上，开发“以竹胜木”的高附加值新产品。竹材加工产业还要充分考虑竹材的固有特性，在提高资源利用效率、降低能源消耗的前提下，大力发展机械化、自动化和信息化程度高的竹工机械，实现“机器换人”，提高劳动生产率和产品附加值。对于竹材加工这样一个劳动密集型和惠民的产业，各级政府应加大科技投入，给予必要的政策扶持，使竹材加工业成为一个蓬勃发展的绿色朝阳产业[1, 4]。

3.2　加快用信息业和制造业技术改造传统竹材加工业的步伐

竹材由于结构的特殊性，加工利用的难度要比木材大得多，大多数竹产品的制作仍处在手工作业阶段，难以实现机械化、自动化生产，生产效率低下，竹材利用率不高。这就迫切需要用制造业和信息业的技术来改造传统的竹材加工产业，使竹材加工业的生产过程逐步实现机械化和自动化[1, 4]。

（1）改进竹产品结构，调整和简化生产工艺，以便于实现机械化和自动化生产。重组竹是在竹材层压板的基础上经改进于 21 世纪初发展起来的，与传统的竹集成材相比，具有材料利用率高、生产技术简单、产品纹理酷似珍贵木材等优点。根据重组竹生产工艺的差异，可分为冷压成型高温热固化和热压胶合成型两种主要生产方法。经过科技创新，张齐生带领的团队开始从事高频热压胶合技术的研发，现已成功应用于重组竹材的生产，在现有传统热压胶合工艺的基础上较大幅度地提高了生产效率和产品质量[16]。同时团队也正着手开发重组竹连续化自动化中试生产设备，把重组竹做成任意长度进行截断，用作建筑用的梁、柱等材料，这将为竹子进入建筑领域开辟一条很好的通道。于文吉、余养伦等[17-19]开发出以多级辊压的竹束片为基本单元（即将一定长度的竹筒剖成 2～4 片，一次通过碾压设备，将其加工成竹束片），并自行设计开发出相应的缝拼设备，从而将竹束片缝拼成整张化的竹束帘，减少了后续干燥、浸胶、组坯的工作量。张齐生、李延军等[20-23]提出并开发的以高温热处理竹篾为原料单元的热压法生产的竹重组材，经表面涂布弹性油漆或木蜡油，可制成户外用材，经久耐用。另外，在竹筷生产中，将传统的双生筷生产技术调整为单根筷的生产技术，即将原来竹材去节加工的制造方法和产品保留竹节材料使用的结构上微调，使生产工艺更加简单，可以使每根竹子生产筷子的数量从 180 双增加到 360 双，竹材生产效率和利用率均提高了 1 倍[1]。

（2）用信息业和制造业新技术改造传统的竹材加工产业。竹材加工业应采用“机器换人”的方法来提高劳动生产率。浙江大庄实业集团有限公司在传统的竹集成材桌面加工过程中，引进数控加工中心以提高加工效率。就一张整竹桌面的加工而言，以原来每天 6 人生产 30 张，现在利用先进的数控加工中心加工，可以实现每天 2 人加工 300 张桌面的目标，生产效率提高 30 倍[1]。浙江永裕竹业股份有限责任公司将冷压成型-热固化竹重组材生产工艺中的固化后模具拔销、半成品脱模、模具转运等由人工来完成的工序，集合至一条自行设计的生产线上完成，大幅度减少了工人数量，降低劳动强度，提高了生产效率。浙江久川竹木股份有限公司全面推行现代科学管理的生产经营模式，实行企业销售地区的总代理模式，设立专卖店和办事处，完成企业的“销售员”向“接单员”的角色转化，避免了销售员控制企业的销售市场，形成“一支独大”的局面。另外，企业在引进木质办公家具生产线的同时，充分考虑到竹材家具的特性，改进生产技术和设备，提高了产品质量和生产效率。

（3）开发竹材加工新技术新产品，实现新理念。竹材纵向强度大，易弯曲；横向强度小，容易产生劈裂。多年来竹业界一直想攻克将竹筒沿圆周方向快速无裂纹展平技术，但均未实现。通过竹业界多年艰苦的探索，近期我国竹材加工的“竹筒无裂纹展平技术”的梦想终于实现了。这个工艺主要是将新鲜竹筒在高温高压下加热至 150～190℃，达到竹材的软化温度，这时的竹材已变得柔软，塑性增加，通过展平机压辊上的钉齿或刀齿分散竹黄的应力，使弧形竹片加工成上下表面无裂缝的平直条形竹片。目前，这项技术已成功应用于竹砧板、竹地板和其他竹制品生产上，应用前景广阔[24, 25]。

3.3 加快企业转型升级步伐，优化产业结构

竹材加工产业在“以竹代木”和“以竹胜木”的两种观念中，要减少和淘汰附加值不高的“以竹代木”的竹材胶合板、竹篾层级材等产品，要牢固地树立“以竹胜木”的理念[1]。“以竹代木”的竹材产品始终离不开木材产品的范畴，在价格和质量上难以取胜，只有开发出各种“以竹胜木”的高附加值竹材新产品，才具有市场竞争力。

（1）开发刨切竹单板饰面产品应用于装饰装修领域。刨切竹单板是我国近年来开发的具有自主知识产权的竹材精深加工新产品，目前已经在国内多家企业工业化生产，竹单板由于特殊的竹材纹理与性能已经成为竹材装饰的主要产品之一[26-29]。竹单板一般厚度在 0.3～1.0mm，可以制成与人造板相同尺寸的幅面，粘贴其表面获得装饰效果；也可以通过自身多层复合制得性能优异的薄竹胶合板，发挥竹材优越的韧性制成一些平面或异型产品，如圆形管道、茶具外套、自行车车架、明信片、眼镜盒等[26-29]。另外，刨切竹单板装饰已应用于西班牙马德里机场天花板工程、宝马汽车内饰等国际知名工程，同时一些国内外著名设计师也对竹材装饰情有独钟，对发展竹材装饰产业起到了极大的促进作用，出现了由浙江大庄实业集团有限公司提供产品，用全竹装饰的无锡大剧院、济南大剧院等大型国内工程[1]。

（2）发展新型竹家具。竹集成材家具是近年来发展迅速的竹产品。竹材纹理清新，本色竹家具色彩淡雅，炭化竹家具稳重大方。竹材加工企业可充分利用竹材绿色、环保以及可持续性发展的特点，设计一些式样新颖、结构独特的竹家具，开辟国内外市场。竹集成材家具可以利用竹材强度高、韧性好的特点，制成结构简洁的拆装式家具，也可制成曲线型家具；竹集成材家具也可进行雕刻，使其具有雍容华贵的感觉。如竹集成材橱柜，竹集成材办公桌及书柜，竹集成材椅子、茶几、屏风，竹集成材书房家具，竹工艺门等产品。竹集成材也可用于制作日用电子产品和各种日用竹制品，如竹制电子产品、竹制保温杯、竹集成材制作的浴盆、竹集成材制作的花瓶等。原竹家具也是近年来发展迅速的竹产品。经过材性处理后的原竹家具防虫蛀，不会开裂、变形、脱胶，坚固耐用，易于长久保存，物理力学性能也相当于中高档硬杂木[30]。外形美观、质量亦佳的原竹高档家具经浙江安吉洁家竹木制品有限公司推出后，很快赢得消费者的青睐。

（3）大力发展各种日用竹制品。随着竹材加工技术的不断进步和人们消费观念的更新，竹制品也要不断推陈出新。在传统竹制品的基础上，利用新技术新工艺开发一些人们喜爱的各种生活用竹制品。竹凉席、竹地毯、竹筷子、竹牙签、竹香棒、竹灯具、竹家具、竹室内装修制品、各系列竹砧板等竹制品，深受消费者喜爱，发展前景广阔[1-4]。

（4）针对市场需求，开发具有重大前景的新型竹产品。目前在给排水工程及石油化工防腐场合中，所用的管道普遍采用钢管、聚氯乙烯管、聚乙烯管、玻璃钢管等有机塑料管道，或者水泥管道。由浙江鑫宙

竹基复合材料科技有限公司首先提出和发起研究，并与国际竹藤中心联合开发了“竹缠绕复合压力管”技术和产品[31-33]。竹缠绕复合压力管是以连续的薄竹篾或竹束纤维为基材，以热固性树脂为胶黏剂，采用先进的环纵向层积二维缠绕工艺，加工制成多层结构的新型生物基复合管道。竹质缠绕复合管充分发挥竹材纵向拉伸强度高、柔韧性好的材性优势，突破林产工业传统的平面层积热压加工模式，实现环向缠绕层积、多壁层结构的异型产品。该产品可应用于水利输送、农业灌溉、林业工程、城市管网等领域，市场潜力巨大。

3.4 发展循环经济，提高综合效益

竹子和木材一样，其化学成分主要为木质素、纤维素、半纤维素，内含碳、氢、氧三大元素。竹子生长快、成材早，单位面积的生物量比一般的木材大，是生物质能源和生物质化学品的重要来源。由于竹子的特殊构造，竹制品生产过程中劳动力密集，生产效率低，竹材利用率也只有30%～40%，大量的竹材加工剩余物都作为锅炉燃料而未能高附加值利用，加强对这些剩余物的循环利用是竹材加工业可持续发展的又一个重要出路[1]。

（1）竹材元素利用。为了提高竹材资源的利用率和附加值，安徽格义清洁能源有限公司提出了竹材的元素利用方法，即将竹材中的木质素、纤维素、半纤维素分别提取出来，分类制造后续高附加值产品。该方法创新能力强、资源利用率高，具有很好的经济效益，值得大家思考[1]。

（2）竹材生物质能源和生物质化学品利用。云南是我国重要的竹材产区，资源种类主要为大径级的丛生竹，产量平均可达 75t/hm^2 以上，资源丰富。从生竹的直径虽然大，但材质结构比较粗松，加工性能不如毛竹好。竹制品的市场主要在东部地区，运输距离太远，发展像东部一样的竹产业，面临着诸多不利因素，因此，云南的竹产业迟迟难以起步。最近，经专家考察，提出了竹材气化多联产技术，可以将这些竹材废料和未被利用的原料进行热解，同时产生固、液、气 3 种产品，生物质燃气可用于发电或直接供给锅炉，炭材可加工成活性炭，冷凝出的生物质提取液可制成叶面肥或杀菌剂，实现了竹子资源的全利用，前景广阔。

（3）竹炭、竹醋液精深加工与应用。竹炭、竹醋液作为一个新兴的产业，近年来在国内得到了迅猛发展。竹炭的净化水和空气、导电、电磁波屏蔽、防静电、释放负离子、发射远红外线等功能，以及竹醋液的防虫、杀菌、促进植物生根、发芽、生长以及果实的成熟等机能，在国内的应用领域日益扩展，已逐渐渗透到人们生活的各个领域[10]。但是竹炭的使用效果目前大多数仅限于保健品，市场容量不够大，仍需继续对竹炭和竹醋液进行深度开发和利用，使竹炭和竹醋液的后续产品成为生活和生产用的必需品。另外，加工竹炭和竹醋液的竹子，类型广泛，劳动生产效率和资源利用率高，竹材加工剩余物也可充分利用，可实现全竹综合利用[1, 10]。

当前我国宏观经济正处在转型升级的关键时期，劳动密集型产品的竞争优势在逐步丧失，从事竹材加工的科技工作者和企业界应从战略的高度来思考竹材加工利用的途径。竹材加工业要充分了解竹材的特性，重视科学与创新，牢固树立“以竹胜木”的理念，开发出各种附加值高的新产品，以满足市场的需求。

参 考 文 献

[1] 刘露霏. 机遇就蕴藏在挑战中——中国工程院院士、南京林业大学教授张齐生解读新常态下我国竹产业发展趋势. 中国绿色时报，2015-04-06（B02）.
[2] 国家林业局. 全国竹产业发展规划（2013—2020 年）. 2013.
[3] 张齐生. 竹类资源加工的特点及其利用途径的展望. 中国林业产业，2004，(1)：9-11.
[4] 张齐生. 我国竹材加工利用要重视科学与创新. 浙江林学院学报，2003，20（1）：1-4.
[5] 张齐生. 中国竹材工业化利用. 北京：中国林业出版社，1995.
[6] 赵仁杰，喻云水. 竹材人造板工艺学. 北京：中国林业出版社，2002.
[7] 张齐生，解兆骅. 竹材胶合板制造方法：中国，87100368. 1988-08-24.
[8] 张齐生. 竹材胶合板的研究——Ⅰ. 竹材的软化与展平. 南京林业大学学报，1988，20（4）：13-20.
[9] 张齐生，孙丰文. 我国竹材工业化利用的几种途径. 林业科技开发，1997，11（3）：13-14.
[10] 张齐生，姜树海. 重视竹材化学利用—开发竹炭应用技术. 南京林业大学学报，2002，26（1）：1-4.
[11] 徐有明，郝培应，刘清平. 竹材性质及其资源开发利用的研究进展. 东北林业大学学报，2003，31（5）：71-77.

[12] 张齐生，孙丰文. 竹木复合结构是科学合理利用竹材资源的有效途径. 林产工业，1995，22（6）：4-6.
[13] 李琴. 竹材胶合板在浙江省的开发前景探讨. 竹子研究汇刊，1989，8（4）：80-86.
[14] 邢少文. 制造业劳资分配新格局. 南风窗，2011，(21)：17-19.
[15] 张齐生. 当前发展我国竹材工业的几点思考. 竹子研究汇刊，2000，19（3）：16-19.
[16] 蒋身学，张齐生，傅万四，等. 竹材重组材高频加热胶合成型压机研制及应用. 林业科技开发，2011，25（3）：109-111.
[17] 于文吉. 我国高性能竹基纤维复合材料的研究进展. 木材工业，2011，25（1）：6-8.
[18] 余养伦，于文吉. 高性能竹基纤维复合材料制造技术. 世界竹藤通讯，2013，11（3）：6-10.
[19] 齐锦秋，于文吉，谢九龙，等. 竹基纤维复合材料纤维化单板的形态研究. 木材工业，2012，26（2）：6-9.
[20] 蒋身学，程大莉，张晓春，等. 高温热处理竹材重组材工艺及性能. 林业科技开发，2008，22（6）：80-82.
[21] 汤颖，李君彪，沈钰程，等. 热处理工艺对竹材性能的影响. 浙江农林大学学报，2014，31（2）：167-171.
[22] 田磊. 户外竹集成材制备与性能研究. 南京：南京林业大学，2013.
[23] 张齐生，蒋身学，林海，等. 竹重组型材及其制造方法：中国，200810093764. 4. 2009-12-23.
[24] 林海. 竹展平方法：中国，201210257840. 7. 2014-07-16.
[25] 林海，姜应军. 竹子去青刀具组件和具有它的竹子去青装置：中国，201220361953. 7. 2013-01-16.
[26] 李延军，杜春贵，刘志坤，等. 刨切薄竹的发展前景与生产技术. 林产工业，2003，30（3）：36-38.
[27] 李延军，杜春贵，鲍滨福，等. 大幅面刨切薄竹的生产工艺. 木材工业，2006，20（4）：38-40.
[28] 李延军，杜春贵，刘志坤，等. 一种刨切薄竹及其生产方法：中国，021483388. 2005-11-16.
[29] Li Y J，Shen Y C，Wang S Q，et al. A dry-wet process to manufacture sliced bamboo veneer. Forest Products Journal，2012，62（5）：395-399.
[30] 刘玉寒. 略谈我国原竹家具的设计与开发优势. 湖南科技学院学报，2011，32（11）：207-208.
[31] Zhang D，Wang G，Ren W H. Effect of different veneer-joint forms and allocations on mechanical properties of bamboo-bundle laminated veneer lumber. Bioresources，2014，9（4）：2689-2695.
[32] 刘露霏."竹管"乾坤有多大？——揭秘竹缠绕复合压力管 C 技术篇. 中国绿色时报，2015-01-15（B01）.
[33] 王戈，陈复明. 竹纤维及其新型复合材料的研究与开发//第二届中国竹藤资源利用学术研讨会论文集，2015：40-48.
[34] 张文标，李文珠，张宏，等. 竹炭竹醋液的生产与应用. 北京：中国林业出版社，2006.

竹材学专题文献分析

关明杰　张齐生
（南京林业大学竹材工程研究中心　南京　210037）

摘　要

本论文以 1949～1999 年半个世纪间世界范围内有关竹材学的研究文献为依据，系统分析了竹材学研究的区域性、时代分布及竹材学各个不同研究方向上的变化。通过文献综合分析，对竹材学未来发展动向作了初步预测。

关键词：竹材学；文献；分析

竹子是我国森林资源的重要组成部分，竹子的利用在我国有着极为久远的历史。从商代的弩箭到汉代的竹宫，晋代的造纸，无不体现了竹子在人民生活中的重要性。随着社会经济的发展，科学技术的进步，竹材的用途越来越广，尤其是近几年，竹材作为一种工程结构材料和装饰材料获得广泛应用更加引起人们对竹材的重视。特别是今天，在原始森林遭到严重破坏，热带和亚热带森林面积急剧减小，木材资源紧缺的严峻形势下，竹子以其生长快、产量高、强度大的特点在工程原材料领域占据了重要的一席之地。竹材利用促进了人们对竹材结构、物理化学性质及其他性能的了解和认识，这些认识的系统总结便形成了竹材学。迄今为止，尚没有一本竹材学方面的专著出版。从文献资料上系统地了解竹材学发展的历程，对于更好地利用竹材，及从事竹材学研究和竹材加工利用有着极为重要的意义。

1　资料来源及方法

竹材学是研究竹质原料的科学，其范围包括竹材结构、物理化学性质、缺陷及改良理论等。本文以 1949～1999 年半个世纪的竹类研究文献为依据，其中 1949～1989 年四十年间世界各国研究的竹材学文献以《竹类研究》中收录的文献为主要依据，1989～1999 年十年间以《竹类文摘》收录文献资料为依据，共收集竹材学研究文献 198 篇。

2　文献整理及统计分析

2.1　区域分布

世界范围内发表竹材学研究文献的国家和地区见表 1。

表 1　竹材学文献的区域分布

国家	日本	德国	菲律宾	韩国	美国	印度	英国	中国
文献量	24	8	9	12	2	21	7	115
百分比/%	12.12	4.04	4.55	6.06	1.01	10.61	3.54	58.07

表 1 说明，竹材学研究的文献量主要集中在东南亚地区，以中国、日本、印度这 3 个产竹大国为主，文献量与产竹区呈紧密相关。中国竹材学文献量占总文献量 58.07%，约为日本或印度文献量的 5 倍。以上数据说明中国是竹材加工利用及其研究的主要国家，同时也反映了中国的竹材加工利用基础研究方面

本文原载《竹子研究汇刊》2001 年第 20 卷第 3 期第 69-72 页。

处于世界领先水平。德国及美国虽不为原产竹国，但因从产竹国引种，也进行了少量的竹材学方面的研究。

2.2 年代分布

世界范围内竹材学文献以每十年为一阶段的年代统计结果见表 2。

表 2 竹材学文献的年代分布

年代	1949～1959	1960～1969	1970～1979	1980～1989	1990～1999
文献量	18	13	28	22	117
累计量	18	31	59	81	198

从表 2 中可以看出，竹材学研究的文献量在 50 年间总量不断增加，其文献量呈波浪式增长，其中 20 世纪 60 年代的文献量较少，仅有 13 篇。70、80 年代的文献量均比前两个年代有所增长，尽管增长幅度不大。到了 90 年代，文献量的增长趋势发生了急剧变化，在 90 年代发表的竹材学文献为 117 篇，为前 40 年的总量的 1.2 倍，使文献总量为 50 年代的 10 倍还多。由表 1 知，中国是竹材学研究的主导国家，因此，表 2 中的数据也大致反映了中国竹材加工利用的随时代发展的过程：50 年代开始竹材学研究的探索，60 年代受国情影响步伐放慢，70、80 年代开始继续前进，90 年代爆发性增长。这种爆发性增长是中国 80 年代初开始的竹材工业化利用在 90 年代蓬勃发展的直接表现，正是这种工业化利用的实际需要才促进了竹材学研究的广泛开展。

2.3 文献类型分类

竹材学文献类型统计如表 3 所示。

表 3 竹材学文献类型分布

文献类型	期刊论文	会议论文	汇编论文	报告论文
文献量	162	9	8	19
百分比/%	81.82	4.55	4.04	9.59

由表 3 知，竹材学文献主要刊载在期刊上，占 81.82%，其次为报告论文，占 9.59%，会议论文与汇编论文所占比例很小。由此可知，期刊是读者获取竹材学资料第一来源，是我们科研人员从事竹材学研究的主要文献依据。

2.4 期刊类型分布

由表 3 知，期刊上收录的竹材学文献有 162 篇，这些文献分别刊载在 68 种期刊上。经统计，刊载竹材学文献 3 篇以上的期刊共 19 种，各期刊载量由多到少的顺序见表 4。

表 4 竹材学文献分布主要期刊

序号	期刊名称	文献量/篇	累积文献量/篇	期刊语言
1	竹子研究汇刊	19	19	中
2	竹类研究	16	35	中
3	CA	12	47	英
4	台湾林产工业	9	56	中（台）
5	哈工大学报	6	62	中
6	台湾林业研究	6	68	中（台）

续表

序号	期刊名称	文献量/篇	累积文献量/篇	期刊语言
7	浙江林学院学报	6	74	中
8	FPA	5	79	英
9	Indian Forestry	3	82	英
10	木材学会志（日）	3	85	日
11	Wood Research	3	88	英
12	Wood Sci. and Tech.	3	91	英
13	林产工业	3	94	中
14	林业科学研究	3	97	中
15	同济大学学报	3	100	中
16	中华林学会季刊（中国台湾）	3	103	中（台）
17	竹类杂志（日）	3	106	日

由表 4 知，在上表 18 种期刊中，共载文献为 106 篇，占期刊总量（162 篇）的 65.43%，说明期刊分布相对比较集中。这 18 种期刊中有英文期刊 6 种，日文期刊 2 种，中文期刊 10 种。以上期刊均为林业科研工作者所熟知，是科研人员快速了解竹材学研究情况的一个有效途径。

2.5　研究方向分类

竹材学研究主要包括竹材的物理力学性质、化学组成、解剖构造、竹材防护、化学改性 5 个方面。以这 5 个研究方向为基础把竹材学的文献进行了分类整理得表 5。

表 5　竹材学文献分类

研究方向	文献量/篇	累计文献量/篇	百分率/%
物理力学性质	98	98	49.49
化学组成	14	112	7.07
解剖构造	43	155	21.72
竹材防护	23	178	11.62
化学改性	20	198	10.10

由表 5 知，在半个世纪间，竹材学的主要研究集中竹材的物理力学性质上，其次为解剖构造方面。总体上看，化学组成研究是竹材学研究的薄弱环节。这时需要说明如下几点：①上述分类中把竹材的防霉、防虫、防腐都归为竹材防护，在这一类别中，文献主要以防霉、防腐为主，防虫文献仅为 1 篇。②化学改性以材色泽处理为主，其中漂白文献为主；竹材染色文献量很少，仅有 3 篇；物理力学性质文献中包括了竹材的热、电性质及表面性能和力学性能方面的文献。电学性质的文献仅有 1 篇，热学性质为 5 篇，其他均为力学性质及表面性能。尽管竹子被公认为是一种很好的乐器材料，但文献中未见有关竹材声学性质的报道。

3　结论与讨沦

（1）从年代上看，1949～1989 年的 40 年间，竹材学的研究呈缓慢增长，在 90 年代取得了前所未有的重大飞跃，是竹材学文献集中的时期。从国家和地区看，竹材学的研究主要集中在世界上两大竹产区——中国和印度，一个主要用竹国——日本，这 3 个国家是目前世界上最大的 3 个用竹国，可见竹材的利用与竹材学的研究息息相关。中国在竹材学研究领域处于主导地位，应加强同其他国家的合作研究，相互取长补短，利用国外先进的科研手段把竹材学研究的领域进一步拓展开来。

（2）物理力学性质是竹材学主要研究方向，这是因为这一性质的基础理论是竹材工业化利用——竹质人造板工业发展的基石，随着竹材工业化新产品的开发，仅有这一方面的理论是不够的，需要各个方面性能研究的协调发展，才能开发出更多性能优异的竹质产品。

（3）竹材学研究在竹材的声学性能上尚属空白，在竹材染色基理、防霉机理上也无文献论及。竹材化学组成虽有初步研究，但对化学性质对各种物理性质、加工性质的影响尚无专门文献论及，竹材各种性能与加工性质及利用的基础理论上尚属薄弱环节。以上所述，是科研人员从事竹材研究及利用应着重注意的方面，也是竹材学未来的发展方向。

参 考 文 献

[1] 张齐生等. 竹材工业化利用. 北京：中国林业出版社，1995.

[2] 周芳纯. 竹林培育学. 北京：中国林业出版社，1998.

[3] 朱玉芳等. 竹类专题文献分析. 竹类研究，1989，(4)：71-76.

[4] 施必青，方伟，王学勤. 我国毛竹研究文献分析. 竹子学报，1998，17（4）：71-77.

[5] 罗式胜. 文献计量学引论. 北京：书目文献出版社，1987.

毛竹生长过程中纤维壁厚的变化

许斌　蒋身学　张齐生
（南京林业大学竹材工程研究中心　南京　210037）

摘　　要

对处于生长期的异龄毛竹的纤维壁厚变化进行了研究。结果表明：毛竹的纤维壁厚由竹黄至竹青逐渐增至最大，然后略有减小；同竹层微管束的纤维壁厚变异性不显著；异龄竹对应部位纤维壁厚随竹龄的增加呈对数形式增长，且低龄竹的壁厚增长速度较快，至7龄时增长较慢。

关键词：毛竹；纤维壁厚；变化

竹材的纤维细胞木质化后的长时间内，在胞腔中仍保留有生长作用的细胞质，因而竹材在生长过程中胞壁一直在增厚[1]。胞壁的增厚不仅影响竹材的材性，而且对其加工和利用也有较大的影响。笔者对毛竹（*Phyllostachy edulis* Mazel ex H .Lehaie）维管束中的纤维壁厚进行测量与分析，找出竹材生长过程中胞壁厚度变化规律，为科学合理地利用竹材提供依据。

1　材料与方法

1.1　试件制作

自南京林业大学下属林场各采集1龄、3龄、4龄、7龄毛竹，在距地面1.1m左右的第9节处截断，取长×宽为20mm×8mm，厚为竹壁厚的小块。把试样小块置于高压锅中蒸煮2h，然后置于酒精（50%）∶甘油∶氢氟酸（10%）为1∶1∶1（体积比）的溶液中浸泡软化约20d，在滑走式切片机上切成厚10～16μm的横切面切片，并制作成永久切片。

1.2　测量方法

切片通过南京林业大学化学工程学院研制的FMS-100型计算机纤维形态测量仪，放大800倍投影于计算机屏幕上，用鼠标点取维管束中相邻两细胞壁及其胞间层厚度（以下简称双壁厚）。由于维管束中的纤维数量众多，就在维管束的内纤维帽、左纤维帽、右纤维帽、外纤维帽的中部，从导管（或筛管）到基本组织的薄壁细胞，按一直线（如图1B所示的4个箭头线）连续测量相邻两纤维的双壁厚。竹壁同

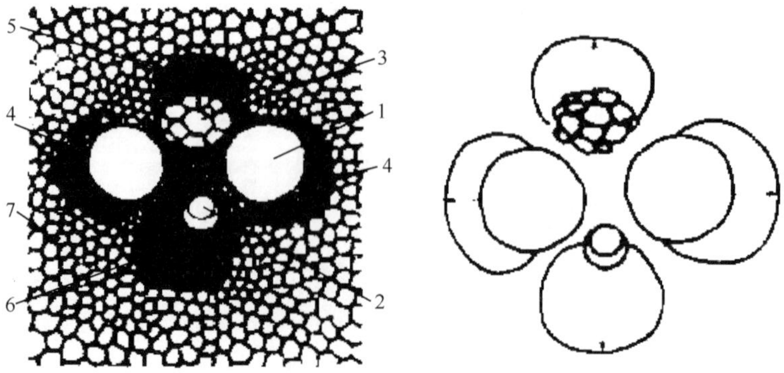

(a) 显微结构　　(b) 示意图

图1　竹材秆茎的维管束横切面

1. 后生木质部梯状导管；2. 原生木质部梯状和环状导管；3. 初生韧皮部筛管；4. 侧生纤维帽；5. 外纤维帽；6. 内纤维帽；7. 基本组织薄壁细胞

本文原载《南京林业大学学报（自然科学版）》2003年第27卷第4期第75-77页。

一圆周上的维管束视为一层，每层观测 2～4 个维管束，若双壁厚小于 6μm 则舍去，因为 6μm 左右为导管与纤维之间的过渡细胞。将所测纤维双壁厚按 4 个方向先各自取平均值，再取总平均值，然后取同层的几个维管束的纤维壁厚平均值，作为该层维管束的纤维双壁厚。为便于比较，将维管束从竹黄到竹青分为 14 层。

2　结果与分析

2.1　竹材纤维双壁厚变化规律

不同竹层竹材纤维双壁厚的变化见表 1。由表 1 可见，纤维双壁厚从竹黄层至竹青层逐渐增大，至第 10～11 层达最大值，随后略有下降，但变异不大。内纤维帽与整个纤维管束的纤维平均值从第 1 层至第 7 层极为相似。在观测中发现内纤维帽中纤维个数从竹黄层至竹青层由较薄（7 层左右）而逐渐增长至 20 层，竹材纤维双壁厚由内到外逐渐增厚，维管束由疏变密，这与竹材外圆内空的特性相适应，外层较多厚壁纤维可承受较大的应力。

表 1　不同竹层竹材纤维双壁厚的平均值　　（单位：μm）

层数	内侧平均值				总平均值				层数	内侧平均值				总平均值			
	1a	3a	4a	7a	1a	3a	4a	7a		1a	3a	4a	7a	1a	3a	4a	7a
1	7.71	8.43	9.33	9.69	7.5	8.53	8.73	9.45	8	10.47	11.63	12.43	12.82	9.23	10.33	10.95	11.05
2	7.76	8.87	8.33	10.37	7.68	9.15	8.45	9.74	9	10.40	11.92	12.89	14.64	10.04	10.50	11.42	112.21
3	7.97	8.92	8.94	10.06	7.93	9.13	9.08	9.64	10	10.50	13.51	13.41	13.17	10.35	11.64	11.68	11.92
4	8.13	8.76	9.39	10.53	8.08	9.10	9.33	10.24	11	11.30	12.75	13.55	13.27	10.27	11.41	12.48	12.08
5	8.40	8.87	9.89	9.97	8.30	9.06	9.51	10.33	12	10.06	12.33	13.23	12.52	10.38	11.39	11.93	11.91
6	8.69	9.40	10.32	11.12	8.78	9.30	10.32	10.84	13	11.08	13.54	13.17	12.93	10.20	12.31	11.76	11.43
7	9.59	10.91	10.65	11.09	8.94	10.35	10.35	11.05	14	10.83	13.56	12.64	12.45	9.88	12.64	10.51	11.26

注：内侧平均值是指内侧纤维帽的平均值。

2.2　同层维管束之间的差异性

竹材纤维双壁厚的方差分析见表 2。

表 2　竹材纤维双壁厚的方差分析表

变差来源	试样层数	均方比 F	标准均方比	显著性
3 龄竹	1	0.8176	$F_{0.10}$（3.88）= 2.15	
	2	2.6592	$F_{0.10}$（2.70）= 2.77	
	3	1.9140	$F_{0.10}$（3.100）= 2.14	
	4	1.6880	$F_{0.10}$（3.101）= 2.14	
异龄竹	3	8.6100	$F_{0.01}$（3.99）= 4.00	**
		9.0200	$F_{0.01}$（3.99）= 4.00	**
	6	4.2290	$F_{0.01}$（3.108）= 4.05	**
		4.6300	$F_{0.01}$（3.117）= 4.03	**
	11	5.0900	$F_{0.01}$（3.163）= 3.90	**
		4.9000	$F_{0.01}$（3.163）= 3.90	**

通过对 3 龄竹靠近竹黄的 4 层维管束纤维双壁厚的方差分析可知，同层维管束的厚度分布是有差异的，但总体看差异不显著。

2.3 异龄材间纤维双壁厚的差异性

从 4 株异龄材第 3 层、第 6 层、第 11 层中每层抽取 1 个维管束中的纤维进行方差分析（表 2），可知异龄材的双壁厚差异特别显著，尤以靠近竹黄层（第 3 层）差异最大。

2.4 纤维双壁厚随竹龄变化的规律性

不同层竹纤维壁厚随竹龄变化的回归分析见表 3。通过对 4 株异龄竹材的纤维双壁厚的一元线性回归分析，可知不同层之间的纤维双壁厚变异性有差异，但差异不大，对数的系数多分布在 0.90～1.08。总体上看，纤维的双壁厚随着竹龄逐渐增长，低龄竹的增长速度较快，随着竹龄的增加而逐渐减缓，呈对数形式增长，竹壁内层的纤维双壁厚与竹龄的相关性较好，尤以第一层为佳，相关系数为 $R^2 = 0.9917$。靠近竹青的相关性较差，这可能与竹青层的维管束未分化完全有关。

表 3 不同层竹纤维壁厚随年龄变化的回归分析

层数	回归方程	相关系数 R^2	层数	回归方程	相关系数 R^2
1	$Y = 0.9803\ \ln(x) + 7.4660$	0.9917	8	$Y = 0.9937\ \ln(x) + 9.2892$	0.9446
2	$Y = 0.9604\ \ln(x) + 7.6911$	0.7796	9	$Y = 0.9745\ \ln(x) + 9.8905$	0.8701
3	$Y = 0.8682\ \ln(x) + 7.9833$	0.9664	10	$Y = 0.9550\ \ln(x) + 10.4120$	0.9773
4	$Y = 1.0704\ \ln(x) + 8.0013$	0.9744	11	$Y = 1.0574\ \ln(x) + 10.3890$	0.8005
5	$Y = 1.0122\ \ln(x) + 8.1788$	0.9509	12	$Y = 0.8484\ \ln(x) + 10.4620$	0.9158
6	$Y = 1.0716\ \ln(x) + 8.6230$	0.8727	13	$Y = 0.7206\ \ln(x) + 10.6270$	0.4350
7	$Y = 1.0704\ \ln(x) + 8.9868$	0.9778	14	$Y = 0.6512\ \ln(x) + 10.3510$	0.2012

注：$Y_{0.05} = 0.9500$，$Y_{0.01} = 0.9900$。

3 结　　论

（1）纤维的双壁厚由竹黄至竹青逐渐增至最大值，然后略有减小。

（2）同一层维管束内的纤维双壁厚的变异性不显著。

（3）纤维双壁厚的平均值随竹龄的增长差异特别显著，其平均值随竹龄呈对数形式增长，增长方式为先快后慢。由于时间及设备的原因，试验中未曾比较同龄竹相同部位以及同一样竹不同部位的相关性，有待进一步研究。

参 考 文 献

[1] Liese W. The anatomy of bamboo culms. Technical Report，1997.

[2] 腰希申，梁京森，马乃训，等. 中国主要竹材微观构造. 大连：大连出版社，1993.

[3] 张齐生，关明杰，纪文兰. 毛竹材质生成过程中化学成分的变化. 南京林业大学学报，2002，26（2）：7-10.

[4] 范额尔 D，邵孝洵. 台湾桂竹的化学和超微结构的研究. 南京林业大学学报，1984，8（2）：1-7.

[5] Grosser D，Liese W. On the anatomy of asian bamboos，with special reference to their vascular bundles. Wood Science and Technology，1997，5（4）：290-312.

从生竹防霉处理研究

许斌　张齐生

（南京林业大学竹材工程研究中心　南京　210037）

摘　　要

通过选用多种防霉剂，采用不同的处理方法来对丛生竹进行防霉处理，分别进行室内存放 1a 后检验和恒温恒湿箱快速检验来判定防霉效果，对几种处理方法的优缺点进行比较，从中筛选出针对不同使用场合处理的优良防霉剂。

关键词：丛生竹；防霉；处理方法；竹砧板

由于丛生竹竹材的薄壁细胞中存在较多的淀粉、蛋白质等营养物质，在适宜的温度和湿度下，很容易霉变，在竹材的表面形成灰色、绿色等霉斑[1]，进而深入竹材内部，引起色变。为了保持竹材雅洁的色质，尤其对加工竹工艺品，有必要进行防霉处理。此次试验主要采用几种化学防霉剂对丛生竹进行防霉处理，来筛选出用于不同使用场合的优良防霉剂。

1　材料与方法

1.1　试验材料及防霉剂

1. 试验材料

此次从云南采伐了四种典型丛生竹竹种：黄竹（D. *membranaceus Munro*）、小叶龙竹（D. *barbatus Hsueh* et D. Z. Li）、龙竹（*Dendrocalamus giganteus Munro*）和巨龙竹（D. *sinicus Chia* et J. L Sun）。黄竹的径级较小，壁较厚。巨龙竹的径级很大，可达 25～30cm，壁较厚，砍伐数量较少。此次试验选用壁厚中等，数量较多，竹龄 3～5a 的龙竹作为防霉试验试材。由于竹青、竹黄组织致密，不易霉变，故试材均为去除竹青、竹黄的竹片，竹片试件的尺寸为 50mm×20mm×（3～6）mm。

2. 防霉剂

此次选用的防霉剂分为水溶性和有机溶剂型两类。水溶性防霉剂有：五氯酚钠（NaPCP）、ACB（主要成分为季铵盐类）、虫霉灵、异噻唑啉酮类（HQA）、4，6-二硝基酚，氟化钠（NaF）、硼酸（H_3BO_3）、硼砂（$Na_2B_4O_7 \cdot 10H_2O$）、低分子季铵盐[2, 3]。

有机溶剂型防霉剂有：异噻唑啉酮类（HQB）、五氯酚（PCP）、二硫氰基甲烷（MBTC）、福美双、氧化双三丁基锡（TnBTO）、百菌清、霉克净、苯并咪唑类（TBZ）[4]。

在以上防霉剂中，苯并咪唑类（TBZ）对人畜、鱼、蜜蜂和野生动物均很安全，无致畸、致癌、致突变等慢性毒性问题，可作食品添加剂，用于与食品接触的竹器皿的防霉。

3. 试验仪器

上海产恒温恒湿箱、喷雾瓶。

1.2　处理方法

1. 涂刷处理

用刷子将防霉剂溶液涂刷到竹材试件表面，处理时间短，效率较高。如果处理材量大，则可通过瞬间

本文原载《竹子研究汇刊》2006 年第 25 卷第 4 期第 28-31 页。

浸渍 2～3min 来代替涂刷。

2. 浸渍处理

将待处理的竹材完全浸没于防霉溶液中，待其吸收一定量药液后取出。该处理方法较涂刷处理吸收防霉剂要多，防霉效果可持续更久。

3. 表面浸渍石蜡

在竹材表面先涂刷防霉剂溶液，待其干后再浸渍含有防霉剂的石蜡。

1.3　检验方法

1. 室内存放

将防霉处理过的试材放置于室内自然条件下，最好是经过高湿的梅雨季节后观察其防霉效果。

2. 快速检测法

为了快速检测处理材的长久防霉效果，通常经过喷菌，然后在恒温（28±2）℃、恒湿（90%±5%）环境 28d 后，让处理竹材在如此适宜霉菌生长的条件下，材料的防霉效果达到一定标准（表 1），则为合格。据我多年进行竹材防霉经验，此方法的防霉效果与室内存放 1a 的防霉效果相同。

表 1　防霉样品防霉评级标准

防霉等级	霉菌生长情况
0	试样表面用肉眼观察，看不到霉菌生长
1	试样表面霉菌呈个别点状生长，霉斑直径小于 2mm，或菌丝呈稀疏丝状生长
2	试样表面霉菌呈稀疏点状生长，其中个别霉斑直径 2～4mm，或菌丝呈稀疏网状分布，生长区域面积小于 25%
3	试样表面霉菌呈密集点状生长，或菌丝呈绒毛状覆盖，分布面积在 25%～50%
4	试样表面霉菌呈密集点状生长，或菌丝呈绒毛状覆盖，分布面积大于 50%至全部覆盖，见不到试样表面

1.4　检验标准

根据防霉处理试件上的霉菌生长情况，将其分为 5 个等级（表 1）。一般地说，试件的防霉效果达到 0 级或 1 级为合格，否则为不合格[5]。

2　防霉处理试验

2.1　涂刷处理试验

1. 水溶性防霉剂

经过多次涂刷防霉试验，从中挑选出防霉效果较好的几组水溶性防霉剂（表 2）。

表 2　水溶性防霉剂防霉效果表

处理药剂	药剂浓度/%	防霉等级
ACB-1（复配）	8	2
ACB-2（复配）	11	1
虫霉灵	0.5	0
NaF + NaPCP	1.0 + 1.5	0
HQB	1.5	1
HOA	2.0	0
ACB-3（复配）	2.0	0

注：对照未处理竹材的表面已全被菌丝覆盖。

2. 有机溶剂型防霉剂

对于加工好的竹制品，而又不想使竹制品的含水率过高，可采用有机溶剂型防霉剂进行涂刷。经过多次试验，从中挑选出防霉效果较好的几组有机溶剂型防霉剂（表 3）。

表 3　有机溶剂型防霉剂防霉效果表

处理药剂	药剂浓度/%	防霉等级
PCP	2	1（5%）
二硝基酚 + PCP	1.4 + 0.5	0
MBTC + PCP	0.6 + 0.5	1（1%）
MBTC	1.0	0
霉克净	1.5	1（3%）
MBTC + 福美双	0.1 + 1.0	1（2%）

注：对照未处理竹材的表面已全被菌丝覆盖。

2.2　浸渍处理

1. 常压浸渍与高压浸渍吸液量的对比

在 0.4MPa 的压力下浸渍时，竹材可在短时间内吸收较多的水溶性的 ACB 防霉剂药液（表 4），已渗透进竹材的内部，从而提高处理材的持久防霉效果。

表 4　常压浸渍与高压浸渍吸液量的对比表

处理方法	浸渍时间/h							
	1	2	3	6	10	24	48	72
常压浸渍吸液量/%	//	19.3		25.6	29.9	41.9	54.9	69.8
加压浸渍吸液量/%	42	58	70	78				

注：所用的试材均为去青去黄等宽竹条。

2. 常压浸渍处理试验

通常采用常温常压浸渍一定时间来处理竹材制品，处理药剂常用水溶性防霉剂。此种处理方法能吸收较多的防霉液，表 5 为用浸渍处理方法取得防霉效果较好的几组防霉剂。

表 5　常压浸渍处理防霉效果表

处理药剂	药剂浓度/%	浸渍时间/h	防霉等级
虫霉灵	0.5	24	0
ACB-4（复配）	0.5	24	0
HQA	0.2	24	0
NaF-二硝基酚	0.67 + 0.33	24	1
ACB-1 + TnBTO	1.1 + 0.2	24	0
NaF + NaPCP	0.5 + 0.5	水煮 20min	0
NaPCP，$ZnSO_4$	5, 3	先在前者中浸渍 15min，再于后者中浸渍 15min	1

注：对照未处理竹材的表面已全被菌丝覆盖。

2.3　表面浸渍石蜡试验

目前市场上流行的一种圆形竹砧板，利用了竹材其端面耐磨耐用的特点而制成。但其表面易霉变，为此生产厂家多在其表面浸渍石蜡，然后再抛光出售。如仅浸渍石蜡，其表面还是易霉变。为此，采用在浸蜡之前先在砧板表面涂刷防霉剂溶液，然后再浸添加有防霉剂的石蜡。图 1 为砧板表面涂含各种防霉剂的石蜡，经室内自然存放 1a 后的防霉结果照片；表 6 是经防霉处理过的砧板经室内自然存放 1a 后的防霉结果。从表中可知：竹砧板浸石蜡的确可以减少竹材吸收水分，起到部分防霉效果；但只浸石蜡，还不能达到较好的防霉要求，需添加适当的防霉剂才能起到较好的防霉效果。

图 1　竹砧板存放 1a 后的防霉结果照片

表 6　竹砧板存放 1a 后防霉结果表

编号	浸蜡前涂刷防霉剂	添加于石蜡中的防霉剂	防霉等级
A1		浸石蜡	3
A2	涂两遍 0.5%TBZ 溶液	浸石蜡	1
A3		0.5%HQB + 1%松节油	0
A4	涂两遍 0.5%TBZ 溶液	0.5%HQB + 1%松节油	0
A5		0.2%霉克净	1
A6	涂两遍 0.5%TBZ 溶液	0.2%霉克净	1
A7		0.3%霉克净	0
A8	涂两遍 0.5%TBZ 溶液	0.3%霉克净	0
A9		0.4%霉克净	1
A10	涂两遍 0.5%TBZ 溶液	0.4%霉克净	0
A11		0.2%TBZ	1
A12	涂两遍 0.5%TBZ 溶液	0.2%TBZ	1
A13		0.3%TBZ	1
A14	涂两遍 0.5%TBZ 溶液	0.3%TBZ	2
A15		0.4%TBZ	1
A16	涂两遍 0.5%TBZ 溶液	0.4%TBZ	0
A17		0.5%TBZ	2
A18	涂两遍 0.5%TBZ 溶液	0.5%TBZ	1
A19		2%硼砂	2
A20	涂两遍 0.5%TBZ 溶液	2%硼砂	0
B1	H_3BO_3 + 0.2%TBZ + 1.0%季铵盐	浸石蜡	1
B2	H_3BO_3 + 0.2%TBZ + 1.0%季铵盐	0.2%TBZ	1
B3	H_3BO_3 + 0.2%TBZ + 1.0%季铵盐	0.3%TBZ	0
B4	0.7%TBZ + 2.0%季铵盐	浸石蜡	2
B5	0.7%TBZ + 2.0%季铵盐	0.2%HBZ	4
B6	0.7%HBZ + 2.0%季铵盐	0.3%HBZ	0

注：对照未处理竹材的表面已全被菌丝覆盖。

从图 1 和表 6 中可得出如下的结论：直接在石蜡中加入 0.5%HQB + 1%松节油或加入 0.3%霉克净后，涂在竹砧板表面可起较好的防霉效果；分两次防霉处理也可起到较好的防霉效果：先涂两遍 0.5%TBZ 溶液，再涂含 0.4%TBZ 或 2%硼砂的石蜡；或先涂 1.5%H_3BO_3 + 0.2%TBZ + 1.0%季铵盐溶液或 0.7%HBZ + 2.0%季铵盐溶液，再涂含 0.3%TBZ 的石蜡。以上几组防霉剂的毒性均小，可作为砧板防霉用。

3 结 论

通过以上几种防霉剂处理方法的比较，可得出如下结论：

（1）加压浸渍处理可在短时间内吸收较多的防霉液而起到持久的防霉效果。

（2）用于表面涂刷处理较好的水溶性防霉剂有：虫霉灵、异噻唑啉酮类（HQA）、ACB-3（复配）、氟化钠（NaF）与五氯酚钠（NaPCP）的复配物和 ACB-2 等。

（3）用于表面涂刷处理较好的有机溶剂型防霉剂有：二硫氰基甲烷（MBTC）、二硝基酚与五氯酚（PCP）的复配物、二硫氰基甲烷（MBTC）与五氯酚（PCP）的复配物、福美双等。

用于表面涂刷处理较好的防霉剂同样也是用于浸渍处理较好的防霉剂，要求表面涂刷处理时所用防霉剂浓度较高。用于浸渍处理较好的防霉剂还有：ACB-1 与氧化双三丁基锡（TnBTO）的复配物、氟化钠（NaF）与二硝基酚的复配物、五氯酚钠（NaPCP）与硫酸锌（$ZnSO_4$）。

在浸渍石蜡中添加一些防霉剂，则可起到很好的防霉效果。用于涂蜡处理效果较好防霉剂有：异噻唑啉酮类（HQB）、霉克净、苯并咪唑类（TBZ）、硼砂。

参考文献

[1] Liese W，Kumar S. Bamboo Preservation Compendium. Published by CIBART & ABS & INBAR，2003：41-46.
[2] 周慧明. 竹材防霉防蛀技术. 竹类研究，1986，5（1）：84-88.
[3] 刘云. 竹制品防霉、防虫. 竹类研究，1985（增刊）：51-59.
[4] 汤宜庄，袁亦生. 竹材防霉防腐处理实验研究. 木材工业，1990，4（2）：1-6.
[5] 林应锐. 防霉与工业杀菌剂. 北京：科学出版社，1987：28-45.

竹材湿热效应的动态热机械分析

关明杰　张齐生
（南京林业大学竹材工程研究中心　南京　210037）

摘　　要

采用动态热机械分析对−130～130℃范围内不同含水率的竹材动态力学性能进行了研究。结果表明：在−130～130℃的范围内，湿热作用下的竹材动态力学性能表现为负效应，湿热作用使储能模量降低，玻璃态转变点也随着含水率的增加而降低。竹材在含水率为10%和34%时的玻璃化转变点及损耗因子分别为30.5℃、0.02和10.61℃、0.04。

关键词：竹材；湿热效应；动态热机械分析

竹材是一种天然的高分子材料，由于其独特的纤维定向结构，使其具有优良的力学性能，被广泛用作工程结构材料。当竹材被作为工程结构材料应用时，受到的力往往是交变应力，即应力呈周期性变化。因此，研究竹材的动态力学性质十分重要。有关专家曾对竹材的动切变模量和动态杨氏模量及其影响因素进行了研究[1, 2]。竹子的主要化学成分为纤维素、半纤维素和木质素[3]，纤维素作为骨架物质又分为结晶区和无定形区，这就使竹子成为一种非均相的高聚物，在力学性能上呈现出黏弹性特征。高聚物的黏弹性与温度、湿度及时间密切相关，而关于竹材动态力学性能与湿度关系的研究尚未见报道。竹材易吸水，吸水后不仅导致竹材物理尺寸的变化，对竹材的力学性能也产生影响。

动态热机械分析（dynamic mechanical analysis，DMA）即通过给出随温度或时间变化时材料的模量（包括弹性模量和黏性模量）或黏度，来得到材料黏弹性特征的一系列的参数[4]。动态热机械分析广泛用于高聚物的黏弹性分析，笔者利用动态热机械分析仪，对不同水分和温度条件下的竹材动态力学性能的测定，分析竹材在不同水分和温度作用下的湿热效应。

1　材料与方法

1.1　试材

试验用竹材为采自浙江安吉的5年生毛竹（*Phyllostachys edulis*）。试材的制作参照我国塑料及复合材料动态力学性能的强迫非共振试验方法[5]。以弦向锯制成长方形试样，尺寸为 40.0mm×6.0mm×25mm。将试样分3组，每组各制取3个试样，其中1个试样用于含水率测试对比试验，另外2个用于湿热处理后进行动态热机械分析。

1.2　试材的含水率调整

在GDJS-100型高低温交变湿热箱中，分别对试材进行3种处理：100℃干燥；20℃，相对湿度65%处理；30℃，相对湿度95%处理。各组试样分别在对应的处理条件下调整至质量恒定为止。取出密封袋装后，送动态热分仪进行测试。

1.3　动态热机械分析方法

试验仪器及软件包：美国TA公司生产DMA，Q800 V7.0 Build 113。

本文原载《南京林业大学学报（自然科学版）》2006年第30卷第1期第65-68页。

试验方法：温度扫描（dynamic temperature ramp test），即在选定的频率与应变水平下，测定试样的动态力学性能随温度的变化，并由此获得被测试样的特征温度。试验选定的DMA测试参数为：频率3Hz，温度变化范围−130～130℃，升温速率5.00℃/min。强迫非共振模式为单悬臂梁弯曲，试样尺寸及安装见图1。

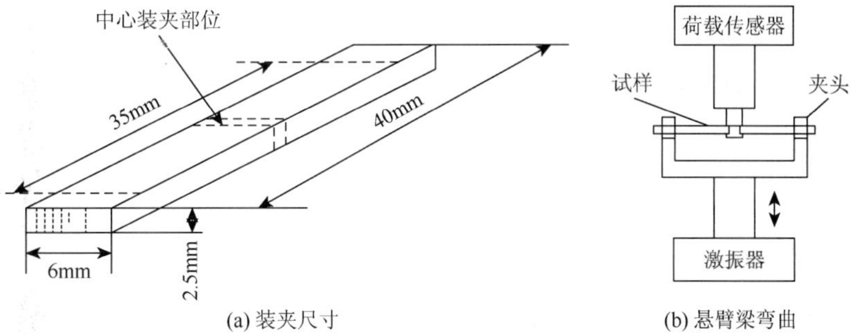

图1　试样尺寸及悬臂梁弯曲安装

2　结果与分析

2.1　不同含水率竹材的储能模量与温度的关系

通过对竹材进行动态热机械分析得不同含水率竹材的储能模量与温度关系（图2（a））。由图2（a）可见，随着温度的升高，竹材的储能模量呈下降趋势，含水率的提高使这种下降变得更加明显。即温度降低有利于提高竹材的抗弯曲性能。含水率34%时的储能模量在20℃左右快速下降，说明竹材含水率的增加使竹材在常温下的模量降低较大。因此竹材在常温使用时考虑到安全性，含水率越低越好。将图2（a）中的曲线进行线性拟合得出不同含水率下的储能模量与温度的关系方程如下：

$$y_0 = -13.512x + 6449.9 \quad R^2 = 0.9999 \tag{1}$$

$$y_{10\%} = -13.724x + 6006.6 \quad R^2 = 0.9956 \tag{2}$$

$$y_{34\%} = -22.569x + 4971.7 \quad R^2 = 0.9927 \tag{3}$$

式中，y_0、$y_{10\%}$、$y_{34\%}$分别表示竹材在绝干及含水率10%、34%时的储能模量；x表示温度。

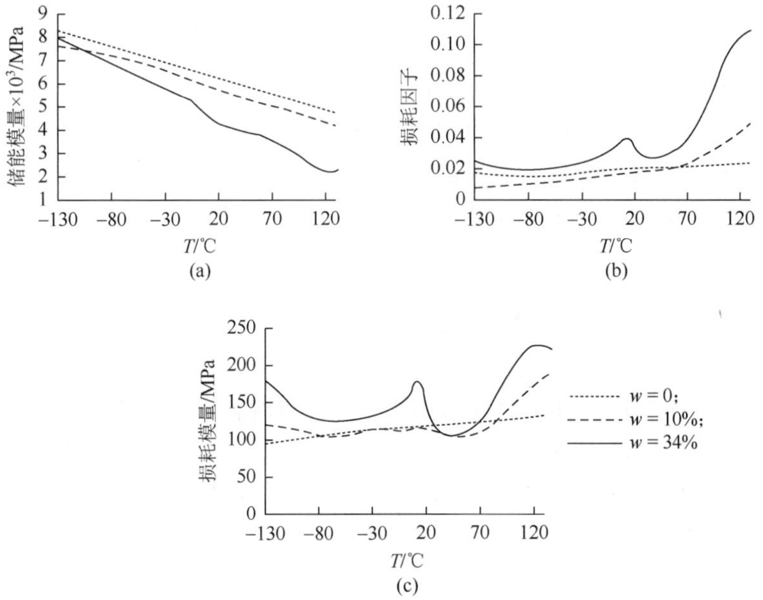

图2　不同含水率竹材的动态力学性能与温度的关系

从上述方程可以看出当竹材含水率为10%与34%时其储能模量随温度变化的变化速度上几乎相差1倍，变化速率从−13.724降至−22.569，含水率的增加使储能模量随温度增加的降低速度而增大。

从图 2（a）中纵坐标（储能模量）5000MPa 以上的区域中任意画一条与横坐标平行的直线均可与 3 条含水率曲线相交，这说明竹材的同一性能值既可在高湿低温下获得，也可在中湿中温及低湿高温下得到，表明竹材的弯曲性能可以通过改变温度和湿度来达到。竹材是一种天然的梯度功能材料，弯曲性能随着竹秆部位的升高而增大[6-8]。研究表明竹材秆高方向上弯曲性能随着离地高度的增加含水率逐渐减小[9]。自地面至竹梢处，温度逐渐升高，竹材的含水率也逐渐减小，使竹材的秆茎的整体强度能在温度和外界风载变化时，既能保持一定刚度又具有一定韧性，即保证了竹材的弯曲模量在一定安全值范围内。说明竹材生长过程中已具有利用湿热进行强度性能调控的功能，且在其生理活性消失后依然保持这一特性。当竹材含水率为 34%时，竹材表现出了在常温下既具有一定强度又具有较高韧性的区域，当温度在 0～35℃时，储能模量的值域为 5000～4000MPa。

2.2　损耗因子及损耗模量

在−130～130℃的温度变化范围，随温度的升高绝干竹材的损耗因子缓慢增加（图 2（b）），损耗模量也呈线性增加（图 2（c）），表现为刚性体。而随着含水率的变化，竹材在此温度范围内的弯曲性能发生了改变，出现了明显的损耗因子峰（图 2（b）），同时损耗模量值增大（图 2（c））。

由图 2（b）可见，竹材在含水率为 10%和 34%时的玻璃化转变点（即竹材从玻璃态到高弹态的转变点）及损耗因子分别为 30.5℃，0.02 和 10.61℃，0.04。由此可见，在同样的温度荷载中，含水率的增加降低了竹材的玻璃化转变点，同时损耗因子也增加了。在近 130℃时，损耗因子的值也因含水率的增加而出现了较大的增长，损耗因子从绝干材的 0.02 增长到 0.05（含水率 10%），再到 0.15（含水率 34%）；高温时含水率高的竹材损耗因子比含水率低的要高出 2～7 倍。在玻璃化转变区域内，竹材呈现出了高弹态特征。由此可见，竹材在生长期间通过自身含水率的调整机制调整其在生长温度下的“高弹态”区域，表现为“宁弯不折”。同时，竹子在年老时，由于丧失了这种水分调节机制，则在温度和风力荷载下易出现脆断现象。

竹材是由纤维素、半纤维素和木质素为主要成分组成的非晶高聚物。这些高分子链的特点是长而柔，一小部分分子要相对于另一部分做独立运动，能够独立的最小单元称为链段[4]。在竹材中，这些链段的特点是含有大量极性羟基，当温度处于玻璃化转变点以下时，链段被冻结，竹材表现出了刚硬的玻璃态，弹性模量高而弹性变形小。含水率增加较小时，水分在竹材中主要以结合水存在时，水分子与链段中的羟基极易形成氢键结合。当温度处于玻璃化转变点以下时，水分子与羟基链段一同被冻结，链段之间不存在相对迁移，荷载时不需要克服链段间的摩擦力，内耗非常小，故损耗模量值和损耗因子值较低；含水率的增加使竹材中含有自由水时，在细胞腔中可能含有少量自由水形成的类似雪一样的极细冰晶，这种冰晶在温度极低时使竹材在受力作用时需要克服细胞间隙间的摩擦，因此当竹材含水率在 34%时会在−130℃出现较大的损耗。从图 2（b）可见，含水率的增加也出现了在高温时的损耗因子峰，说明总体上含水率的增加使竹材的整体性能向低温移动，即应用环境温度降低。因此，如果要提高竹材的耐寒性，应考虑如何改变竹材的涵水特性，使之在低温时能够处于保有适当水分的高弹态而非玻璃态。同时，可以将竹材这种湿热效应的作用机理用于竹材改性。

3　结　　论

（1）不同含水率的竹材在−130～130℃内，其储能模量随着温度增加逐渐减小；含水率的增大使竹材的储能模量降低速率随温度增加而增大。总体上，竹材储能模量在湿热作用下表现为负效应。

（2）在−130～130℃范围内竹材中水分的增加使竹材的储能模量向低温方向移动，竹材的玻璃化转变点温度也降低。竹材在含水率为 10%和 34%时的玻璃化转变点及损耗因子分别 30.5℃、0.02 和 10.61℃、0.04。

（3）温度升高时，绝干材的损耗因子和损耗模量最小；高温时含水率高的竹材损耗因子比含水率低的要高出 2～7 倍。在玻璃化转变区域内的损耗因子随着含水率的增加而增大。

（4）湿热效应使竹材通过温度和湿度的调节实现了从刚硬的玻璃态到柔韧的高弹态的转变，使竹材在常温下既保持一定强度又具有一定韧性。

参考文献

[1] 余观夏，江泽慧，阮锡根. 竹材的动切变模量与密度及纤丝角的关系. 南京林业大学学报：自然科学版，2002，26（3）：5-8.

[2] 张爱珍，余观夏，阮锡根. 竹材动态杨氏模量影响因子的分析. 南京林业大学学报：自然科学版，2003，27（5）：43-46.

[3] 张齐生，关明杰，纪文兰. 毛竹材质生成过程中化学成分的变化. 南京林业大学学报：自然科学版，2002，26（2）：7-10.

[4] 过梅丽. 高聚物与复合材料的动态力学热分析. 北京：化学工业出版社，2002.

[5] 中国航空工业总公司. HB7655—1999. 塑料及复合材料动态力学性能的强迫非共振试验方法. 北京航空工业总公司第三〇一研究所，1999.

[6] Lo T Y，Cui H Z，Leung H C. The effect of fiber density on strength capacity of bamboo. Material Letters，2004，（58）：2595-2598.

[7] Nogata F，Takahashi H. Intelligent functionally graded material：bamboo. Journal of Composites Engineering，1995，5（7）：743-751.

[8] Yu W K，Chung K F，Chan S L. Column buckling of structural bamboo. Engineering Structure，2003，（25）：755-768.

[9] 周芳纯. 竹林培育学. 北京：中国林业出版社，1998.

考虑横向剪切效应的竹材层合板弯曲变形

王泉中　张齐生　朱一辛　蒋身学

（南京林业大学　南京　210037）

摘　　要

用层梁经典理论、一阶剪切变形理论以及有限单元法分别计算了竹材层合板梁的弯曲变形。为验证理论分析与数值计算结果是否合理，对实际结构变形进行了测定。结果显示，竹材层合板梁在跨高比较小时具有十分显著的横向剪切效应；一阶剪切变形理论与有限单元法均能足够精确地反映含有剪切效应的梁的弯曲变形；横向剪切效应很小时，经典理论的解与实际情况的符合程度优于一阶剪切变形理论。

关键词： 竹材层合板；横向剪切；一阶剪切变形；有限单元法；跨高比

优良的复合材料层合板由于层间的剪切弹性模量远小于纤维方向的拉压弹性模量，因而具有较为显著的横向剪切效应[1]。木材胶合板因其主要用于家具隔板、装潢面板等非承重场合，所以对板的刚度、强度问题研究甚少。但近年来研制开发的竹材胶合板，主要用于车厢底板、建筑模板、集装箱底板等承载场合，所以板的刚度与强度问题日显重要。笔者采用理论分析及数值计算方法，分析了单向竹材层合板梁在横力作用下的弯曲变形及横向剪切效应对弯曲变形的影响。

1　竹材层合板梁弯曲变形的理论分析

单向竹材层合板是用竹片编织成的竹帘，经干燥、浸胶、再干燥后，以竹帘为基本铺层，沿同一方向层叠组坯热压胶合而成的。因竹片同方向排列，所以板在纵向（竹材纤维方向）的强度与刚度特别高，具有十分明显的各向异性特征[2]。忽略在板厚度方向上的胶层厚度，竹材层合板可看成均匀的各向异性材料板。

设竹材层合板产生柱形弯曲。根据复合材料结构力学理论，柱形弯曲下的板可作为梁来处理。这样，取其竹材纤维方向为梁长方向，结构形式与承载情况如图 1 所示。下面用不同理论来分析图 1 结构的变形。

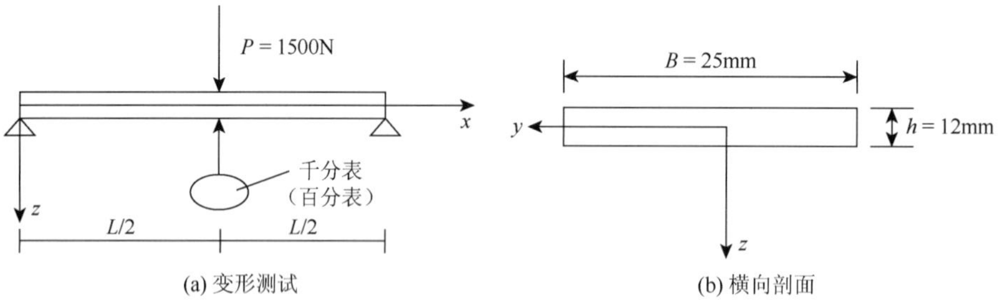

图 1　竹材层合板梁结构与变形测量示意图

1.1　层梁经典理论

据层梁经典理论，图 1 所示的两端简支的竹材层合板梁挠曲线表达式[3]为

$$w=\frac{Px}{48D}(3L^2-4x^2)\left(0\leqslant x\leqslant\frac{L}{2}\right) \tag{1}$$

式中，w 为挠度；$D=E_xI_y$ 为梁横截面对中性轴的抗弯刚度，E_x 为沿竹材纤维方向梁的拉压弹性模量，I_y 为横截面对中性轴的惯性矩。

本文原载《南京林业大学学报（自然科学版）》2001 年第 25 卷第 4 期第 37-40 页。

1.2 一阶剪切变形理论

由一阶剪切变形理论知，图 1 所示的竹材层合板梁挠曲线表达式[2]为

$$w=\frac{Px}{48D}(3L^2-4x^2)+\frac{T}{2C}Px\left(0\leqslant x\leqslant\frac{L}{2}\right) \tag{2}$$

式中，T 为剪切系数，矩形截面可取 $T=\dfrac{3}{2}$；$C=G_{xz}A$ 为梁横截面的抗剪刚度，G_{xz} 为板厚方向即梁的横截面方向的剪切弹性模量，A 为梁的横截面面积。

比较式（1）与式（2），发现横向剪切效应增加的弯曲变形为式（2）的第二项。对于图 1 所示结构，跨中点产生最大挠度。其挠度值由式（2）给出，为

$$w\left(\frac{L}{2}\right)=\frac{PL^3}{48D}+\frac{T_{PL}}{4C} \tag{3}$$

式（3）可改写为

$$w\left(\frac{L}{2}\right)=\frac{PL^3}{48D}\left[1+T\frac{E_x}{G_{xz}}\left(\frac{h}{L}\right)^2\right]=\frac{PL^3}{48D}\left[1+T\frac{\dfrac{E_x}{G_{xz}}}{\left(\dfrac{h}{l}\right)^2}\right] \tag{4}$$

由式（4）可看出，横向剪切效应产生的附加挠度与弹模和剪模的比值成正比，与跨高比的平方成反比。对于某一种材料，其材性常数一定时，跨高比越小，即梁越短时，剪切附加效应越强。对于竹材层合板，$\dfrac{E_x}{G_{xz}}=\dfrac{15\,934\text{MPa}}{577\text{MPa}}=27.6$，当跨高比为 10 时，剪切效应产生的附加挠度为弯曲挠度的 41.4%，详尽分析见表 1。

表 1 层梁经典理论与一阶剪切变形理论下的梁跨中点挠度比较

跨高比	层梁经典理论挠度/mm	一阶剪切变形理论挠度/mm	剪切效应产生的附加挠度所占弯曲挠度的百分比/%
6	0.19	0.42	121.0
9	0.64	0.99	54.7
12	1.53	1.99	30.1
15	2.98	3.56	19.5
18	5.15	5.84	13.4
21	8.18	8.99	9.9
24	12.21	13.13	7.6
27	17.38	18.42	6.0
30	23.84	24.99	4.8
33	31.73	33.00	3.9

表 1 表明，跨高比较小时，剪切附加效应是十分显著的，其产生的附加弯曲变形甚至超过由弯矩产生的变形。但剪切效应随跨高比的增大而明显地减弱。

2 竹材层合板梁弯曲变形的有限元分析

被视为均匀各向异性材料的竹材层合板在横向载荷作用下发生柱形弯曲变形，由于载荷与弹性性质都与板的宽度方向坐标 y（图 1（b））无关。因此，产生柱形弯曲变形的竹材层合板弯曲问题可简化为广义平面应力问题来分析。图 1（a）所示的 x 方向（即竹材纤维向）为所研究的广义平面应力问题的一个主方向，z 方向（即板的厚度向）为另一个主方向。

用有限元方法分析若干种跨高比下梁的弯曲变形。其分析网格为矩形或正方形。理论分析及有限元计算所用的材料性质常数经实验测定，分别为：弹性模量 $E_x=15\,934$MPa，$E_z=316$MPa；泊松比 $\nu_{xz}=0.387$，

$\nu_{zx}=0.008$；剪切弹性模量 $G_{xz}=577\text{MPa}$；集中载荷 $P=1500\text{N}$。有限元计算得到的梁跨中点挠度与理论分析结果比较见表 2。

表 2　跨中挠度的有限元计算与理论分析结果之间的比较

跨高比	层梁经典理论挠度/mm	一阶剪切变形理论挠度/mm	有限元分析挠度/mm	相对层梁经典理论误差/%	相对一阶剪切变形理论误差/%
6	0.19	0.42	0.49	157.89	16.67
9	0.64	0.99	1.04	62.25	5.05
12	1.53	1.99	2.03	32.68	2.01
15	2.98	3.56	3.56	19.46	0
18	5.15	5.84	5.82	13.01	0.34
21	8.18	8.99	8.69	6.23	3.34
24	12.21	13.13	12.53	2.62	6.30
27	17.38	18.42	18.00	3.57	2.28

由表 2 看出，在所研究的跨高比范围内，除跨高比为 6 外，有限元解与一阶剪切变形理论解符合得相当好。表明，在一般情况下，所用的有限元分析程序能很好地反映出横向剪切效应对弯曲变形的影响。至于跨高比为 6 时，有限元解相对一阶剪切变形理论结果存在稍大误差的原因可从两方面来分析，一方面，从理论上讲，一阶剪切变形理论当跨高比很小，剪切效应显著时也存在一定误差。另一方面，剪切效应显著时，所用的有限元分析单元不能很好地反映出剪切效应对弯曲变形的影响，这与网格划分有一定关系。

3　变形实测结果与讨论

竹材层合板梁跨中点挠度测量示意图如图 1（a）所示，加力装置为浙江大学近期开发的 WYS-2 材料力学实验台，测力装置为 SCLY-2 数字测力仪，其精度为±2%，测量位移的仪器为千分表或百分表。试验用的竹材层合板由浙江诸暨竹材人造板厂生产。试件个数为 40。对每个试件，测量表 2 中 8 种跨高比下梁中点挠度。其变异系数均小于 10%。实测挠度与理论分析以及数值计算结果见表 3。

表 3　实测挠度与理论分析以及数值计算的比较

跨高比	实测挠度/mm	一阶剪切变形理论挠度/mm	相对实测误差/%	有限元分析挠度/mm	相对实测误差/%	层梁经典理论挠度/mm	相对实测误差/%
6	0.45	0.42	6.67	0.49	8.89	0.19	57.78
9	0.95	0.99	4.21	1.04	9.47	0.64	32.63
12	1.87	1.99	6.42	2.03	8.56	1.53	18.18
15	3.38	3.56	5.33	3.56	5.33	2.98	11.83
18	5.59	5.84	4.47	5.82	4.11	5.15	7.87
21	8.65	8.99	3.93	8.69	0.46	8.18	5.43
24	12.64	13.13	3.88	12.30	2.69	12.21	3.40
27	17.28	18.42	6.60	18.00	4.17	17.38	0.58

表 3 表明：①一阶剪切变形理论用以描述含有剪切效应的竹材层合板梁的弯曲变形是非常合适的，在所研究的范围内，具有很高精度。但当跨高比趋大，剪切效应变小时，出现与实际情况的符合程度反而不如经典理论的趋势。当跨高比较大、剪切效应很小时，用经典理论描述梁的弯曲变形不但具有足够精度，而且更符合实际情况。②有限元法分析正交各向异性特征的竹材层合板梁的弯曲变形的精度是相当高的。说明有限元法用来分析竹木质材料的层合板弯曲问题完全有效。③从经典理论值相对实测挠度的误差来看，跨高比很小时，由横向剪切效应产生的附加弯曲变形很大。因而，当跨高比较小时，用经典理论来描述梁的弯曲变形是不合适的，会产生很大误差。④当跨高比较大，剪切影响很小时，不管哪种理论分析或者有限元计算，均具有相当高的精度。

4 结 论

（1）竹材层合板梁在跨高比较小时，具有十分显著的横向剪切效应，其剪切效应的影响程度与刚度比 E_x/G_{xz} 成正比，与跨高比的平方 $\left(\frac{L}{h}\right)^2$ 成反比。但当材料一定时，跨高比增大，剪切效应明显减弱。

（2）一阶剪切变形理论用来描述含有剪切效应的竹材层合板梁的弯曲变形问题是非常合适的，它能很好地反映横向剪切效应对弯曲变形的影响。有限单元法作为固体力学结构分析的有力工具，用以分析具有正交各向异性特性的竹材层合板结构的变形也是十分有效的，具有相当高的精度。

（3）当跨高比较大、横向剪切效应很小时，经典理论与实际情况的符合程度优于一阶剪切变形理论。

参 考 文 献

[1] 罗祖道，李思简. 各向异性材料力学. 上海：上海交通大学出版社，1994.

[2] 张齐生. 中国竹材工业化利用. 北京：中国林业出版社，1995.

[3] 哈尔滨建筑工程学院. 玻璃钢结构分析与设计. 北京：中国建筑工业出版社，1981.

[4] 王泉中，朱一辛，蒋身学，等. 竹木复合空心板弯曲变形分析. 南京林业大学学报，2001，25（1）：27-30.

现代竹质工程材料的基本性能及其在建筑结构中的应用前景

魏洋[1]　张齐生[1]　蒋身学[1]　吕清芳[2]　吕志涛[2]

（1 南京林业大学　南京　210037；
2 东南大学土木工程学院　南京　210096）

摘　要

通过对比分析竹帘胶合板、竹材层积材、竹材重组材等现代竹质工程材料的工艺及基本性能，指出每种材料在建筑结构构件中的应用选择，结合现代竹结构安居示范房的设计与建造实例，分析竹结构的应用前景与优势。竹结构在设计与建造方面都具有非常好的灵活性，具有出色的抗震性能，其最大优势在于绿色、低碳、节能、减排，竹质工程材料能够达到现代结构工程的要求，使得竹结构的大规模推广应用成为可能。

关键词： 竹结构；竹质工程材料；重组竹；竹材层积材；竹帘胶合板

目前，我国部分建筑结构采用砖混结构和钢筋混凝土结构体系，但要使用大量的黏土制品、水泥和钢材，其材料能耗高、污染大，废弃后难以降解，在当前发展低碳经济的大环境下，绿色、生态、环保、低碳的新型建筑结构材料是土木工程科技发展的必然方向。随着我国经济发展，传统的木结构作为典型的绿色建筑结构又逐渐进入了人们的视线，但是我国森林资源匮乏，木材再生周期长，木结构应用受到了严重限制。“以竹代木”，利用现代复合、重组技术制作的竹质工程材料建造的工程结构，具有与木结构类似的优越性能，其在生态性、保温节能性、抗震性及施工与工业化方面具有突出的优点[1, 2]。

本文在对相关竹质工程材料的工艺与基本性能进行阐述的基础上，对现代竹质工程材料在建筑结构中的应用前景进行了展望。

1　现代竹质工程材料的工艺与基本性能

目前，我国针对竹材的研究主要集中于竹材制造工艺、竹木重组及竹塑复合等领域，先后开发了竹编胶合板、竹材集成材、竹材层积材、竹材重组材、竹材复合板等多种竹质工程材料和装饰材料，产品品种已系列化和标准化，在竹材产品开发与应用方面走在世界前列[3, 4]。

竹材与木材相比在建筑方面的特性毫不逊色，竹材本身的抗拉强度及弯曲强度可达150MPa左右，抗压强度可达60～70MPa，弯曲弹性模量达10GPa以上。可见，竹材的力学性能优于普通木材，而且竹材有较好的弹性与韧性。现代竹质工程材料的产品形式已十分丰富与成熟，可用于建筑结构构件的竹材产品有竹材胶合板、竹材层积材、竹材重组材等。

1.1　竹帘胶合板

竹帘胶合板是将竹剖成厚1～2mm、宽10～15mm左右的竹篾，用细棉线、麻线或尼龙线将其连成竹帘，经干燥、涂胶或浸胶，以纵横交错的竹帘组坯，通过浸胶热压而成的结构材料。

由于竹帘胶合板的结构特点，其作为建筑结构材料可应用于楼、地面及墙体结构材料。图1为竹帘胶合板及其力学性能试验情况，通过5个1200mm×600mm×16mm双跨连续板的集中加载试验表明，竹帘胶合板的强度高，承载能力强，在整个加载过程中，荷载与位移关系基本呈线性变化（图1），荷载-位移曲线本身未表现出其塑性发展过程，由于在破坏前，其加载点位移已非常大，整个板面下凹，其破坏形态主要是加载点附近板底出现的纵向裂缝，部分纤维横向断裂（图2），在纵向裂缝出现与发展过程中，承载

本文原载《建筑技术》2011年第42卷第5期第390-393页。

能力可继续提高，整个破坏过程经历时间长，纤维的部分断裂并不引起承载力下降，可认为是一种延性破坏。由于其承载力高，破坏历程长，破坏发生时挠度大，因此，竹帘胶合板在楼、地面的应用设计中，都是正常使用极限状态控制结构设计（挠度限值）。

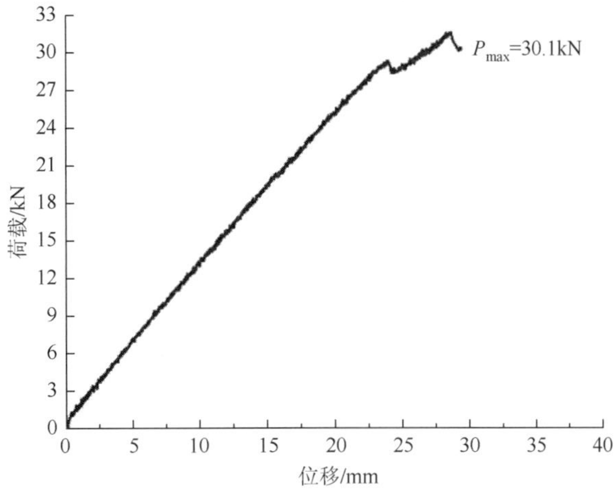

图 1　双跨连续竹帘胶合板的典型荷载-位移关系曲线

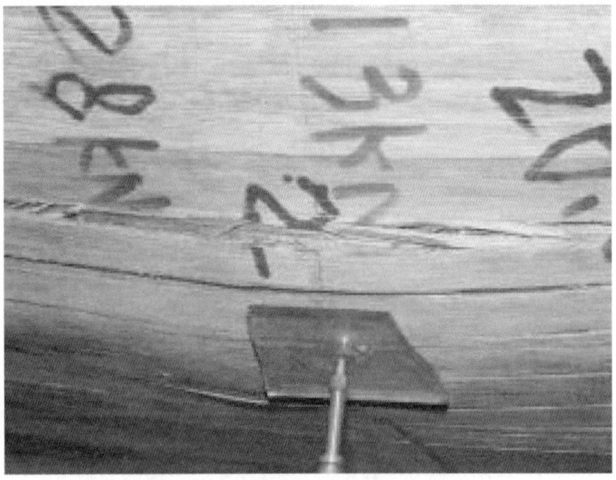

图 2　竹帘胶合板典型破坏形态

1.2　竹材层积材

竹材层积材是用一定规格的竹篾，经干燥、浸胶、干燥、组坯、热压固化而成的一种人造竹材板，又称竹材层压板。

目前，根据市场上现有设备能力，竹材层积材的压制厚度一般在 40mm 以下，宽度和长度不限，当其用于梁时，截面可旋转 90°使用，梁高不受限制，梁宽可通过多层二次施胶组合实现较大尺寸。图 3 为竹

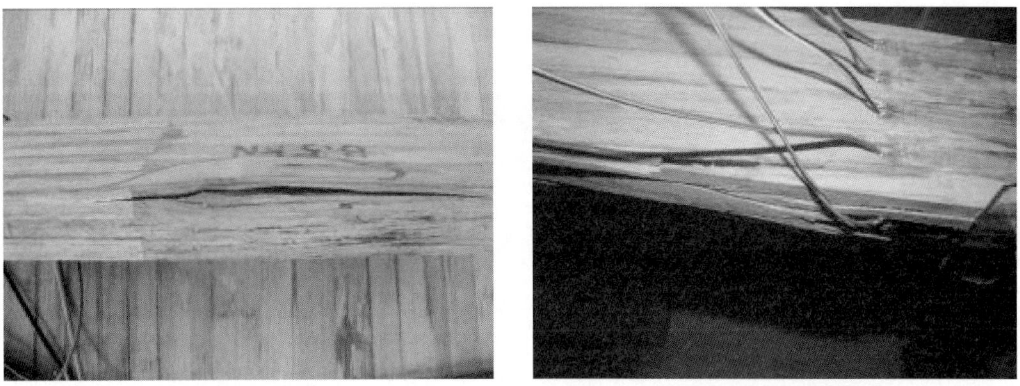

(a) 分层、屈曲破坏　　(b) 竹纤维底部分层拉断

图 3　竹材层积材及其梁构件力学性能试验情况

材层积材梁构件的力学性能试验情况，通过 10 根 30mm×100mm×2000mm 的简支梁弯曲试验表明，在竹梁压制不密实时，会发生梁顶部竹篾层间受压屈曲破坏，承载力较低，对于一般竹材层积材梁构件，通常发生底部纤维分层逐渐拉断（弯曲应力引起）和底部纤维斜向撕裂（剪应力引起）的破坏模式。

图 4 为竹材层积材梁构件的典型荷载-位移关系曲线，竹材层积材梁在整个加载过程中，大部分区段都处于近似弹性工作阶段，只有接近最大荷载部位，才出现平缓段，进入近似完全塑性阶段。破坏时，梁的实际挠度大，弯曲变形明显。因此，竹梁允许承受的荷载设计值实际是由截面刚度控制，根据试验结果按弹性理论计算，相应弯曲抗拉强度平均为 60.7MPa，按挠度限值（$L/250$）[5]验算的极限承载力大约是按强度验算极限承载力的 1/5，在变形验算时，其弯曲弹性模量取 10GPa，具有 95%的保证率。由于竹材层积材尺寸范围较大，力学性能较好，用于建筑结构构件可作为梁、柱、承重墙体、单向板等，尤其是跨度较大的梁构件，其他竹质工程材料目前无法做到。

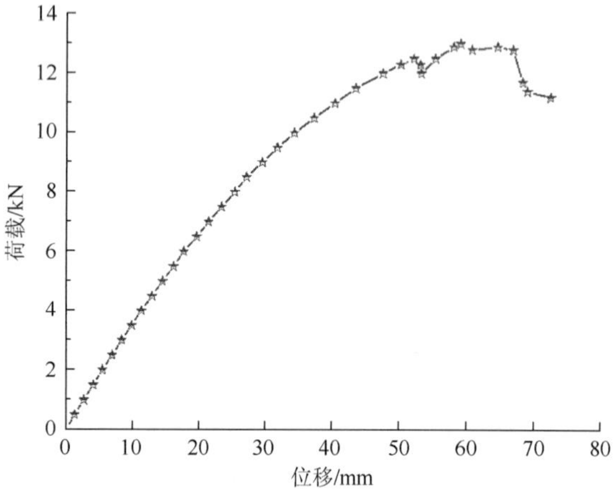

图 4　竹材层积材梁构件的典型荷载-位移关系曲线

1.3　重组竹

重组竹又称重竹，是一种将竹材重新组织并加以强化成型的新型竹质工程材料。重组竹充分利用了竹材纤维材料固有特性，对竹材的利用率可达 90%以上，由于在纤维层次上对竹材进行重组，力学性能稳定，离散性小，强度高，如果对竹材纤维进行浸药等预处理，可使重组竹具备优良的防腐性能、防火性能和防虫性能。

目前，重组竹热压成型是一块约 1860mm×1260mm×35mm 大小的板材，冷压成型规格为 1860mm×105mm×165mm，也有其他不同规格，但尺寸差别不大。由于重组竹良好的物理特性，故广泛应用于高档地板、家具制作领域，尤其是室内地板，多数出口至欧美市场。图 5 给出了重组竹柱、梁的部分试验结果，根据 6 个 100mm×100mm×600mm 的重组竹短柱试验表明（图 5（a）），竹柱受压时，在 60%～

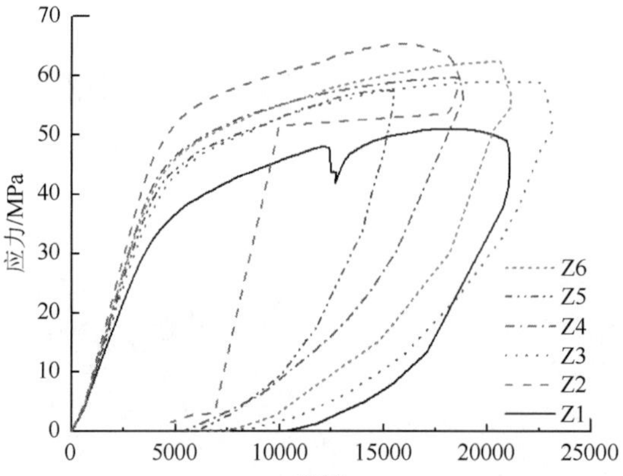

(a) 短柱受压应力-应变曲线

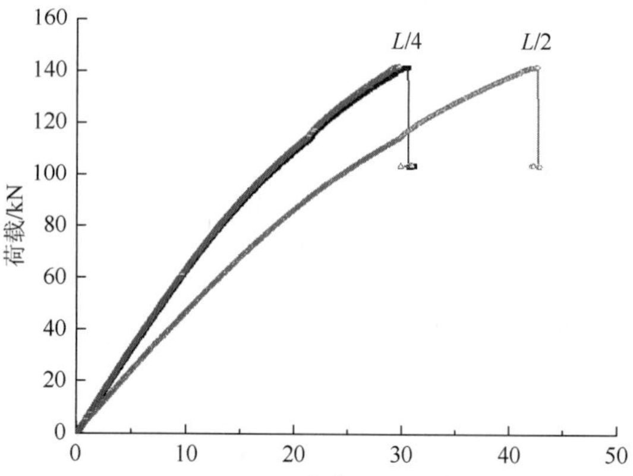

(b) 重组竹梁的荷载-位移关系曲线

图 5　重组竹柱、梁试件试验结果

70%极限荷载以下，材料处于弹性工作阶段，在弹性极限点后，应力-应变曲线呈非线性变化，在达到极限强度时，应变发展较快，荷载基本不再增加，随后，由于初始缺陷或加工偏差等原因，受压柱朝某一方向弯曲，荷载开始下降，其应力-应变曲线的卸载曲线表明，卸载后试件的残余应变在 20%左右，并在随后的时间里继续恢复，恢复能力远超过普通钢材，证实了竹材优良的弹性与韧性，重组竹短柱的平均抗压强度达 61.3MPa，弹性模量在 10GPa 以上，离散性小，力学性能稳定。对 105mm×160mm×1870mm 的重组竹简支梁进行抗弯试验，其 $L/4$ 和跨中处位移随荷载的变化曲线如图 5（b）所示，其荷载-位移关系曲线与竹材层积材梁相似，破坏为底部竹纤维受拉断裂破坏，断裂瞬间发生，随后，在裂缝顶部水平方向竹材发生剥离式撕裂破坏，承载力急剧下降，相应弯曲抗拉强度达 90.4MPa，较竹材层积材梁高 49%，由截面刚度推算的材料弹性模量与竹材层积材梁相近，对应挠度限值（$L/250$）的荷载值为极限荷载的 23.4%，与竹材层积材梁试验结果相似。综上所述，重组竹梁较竹材层积材梁除在强度方面有较大提高之外，其他性能相近或相似。

根据重组竹柱、梁试件的试验结果，重组竹力学性能稳定，强度高，弹性模量与其他竹质工程材料区别不大，是重要承重构件的理想材料，尤其是结构柱，而对于梁构件，由于挠度限值控制设计，其相对于竹材层积材的优势并不明显。

2 现代竹质工程材料应用及其前景分析

以现代竹质工程材料为主要结构构件，南京林业大学等有关单位进行了竹结构安居示范房的设计与建造研究，成功完成了一幢两层的独立式住宅建筑。该工程平面布置为 9.2m×11.5m，整体结构以梁柱结构体系为主，同时，兼用搁栅-墙骨柱构成多约束、多传力路径的受力体系。该安居示范房的主要结构构件及建造过程如图 6 所示，结构的主次梁采用竹材层积材制作，主梁最大跨度为 3400mm，截面为 70mm×280mm，次梁最大跨度 4000mm，截面为 70mm×200mm；柱采用冷压重组竹制作，截面尺寸为 130mm×150mm，受当前重组竹加工设备限制，采用 1.2～2m 的节段设置阶梯形接头，通过胶结与螺栓接长，柱与梁通过金属节点连接，组成竹结构框架；楼面板采用 16mm 厚、300mm 宽的竹帘胶合板制作，竹帘胶合板支撑于竹材层积材次梁上，次梁间距 600～800mm，通过凹凸缝相互搭接。

(a) 竹框架构成　　(b) 主次梁与楼面板

图 6　安居示范房主要结构构件

现代竹质工程材料的竹结构应用实践表明，竹结构建筑的结构体系可借鉴传统木结构，采用梁柱结构体系，利用金属节点形式，实现竹结构的快速装配施工，竹结构具有施工速度快，构件、节点易标准化，易工业化生产的优点。

竹结构体系的建筑形式和使用功能与木结构体系相近，木结构在全球林业资源发达、并提倡建筑节能环保的地区已相当盛行，发展也相当成熟。在美国、加拿大等北美地区以及对环保要求极高的日本，木结构占有相当高的比例，而在气候寒冷的北欧，木结构房屋也是主要的建筑形式；木结构在我国的应用尚处于发展阶段，竹生长周期短，竹结构的研究与开发对缓解我国木材供需矛盾，具有长远意义。

竹材具有较高的强重比，可达钢材的 3～6 倍，远胜于混凝土等材料，竹结构比其他类型的结构重量轻；竹材变形能力强，同时又具有很好的弹性与韧性，在经历较大荷载后的恢复能力强，残余变形小。因此，竹结构具有非常好的抗震能力。

竹结构建筑的设计和建造灵活，可快速建造与拆除，对工程技术人员要求低，尤其适合村镇住宅等建筑结构领域，现代竹质工程材料能够达到现代结构工程的要求，使得竹结构的大规模推广应用成为可能。

3 结　语

本文对现代竹质工程材料的工艺及基本性能结合已有的研究成果进行逐一阐述，主要包括竹帘胶合板、竹材层积材、竹材重组材等，并针对各类材料的特点进行对比分析，指出每种材料在建筑结构构件中的应用选择，最后，在现代竹结构安居示范房的设计与建造实例的基础上，分析了竹结构的应用前景与优势，可得出以下结论。

（1）竹帘胶合板的强度高、承载能力强、破坏历程长，破坏模式可认为是延性破坏。由于竹帘胶合板的结构特点，其作为建筑结构材料可应用于楼、地面及墙体结构材料，在楼、地面的应用设计中，正常使用极限状态控制结构设计。

（2）竹材层积材通常发生底部纤维分层逐渐拉断和底部纤维斜向撕裂的破坏模式，其允许承受的设计荷载由截面刚度控制，按挠度限值（$L/250$）验算的极限承载力约是按强度验算极限承载力的 1/5。由于其尺寸范围较大，力学性能较好，用于建筑结构构件可作为梁、柱、承重墙体、单向板等构件，尤其是跨度较大的梁构件。

（3）重组竹力学性能稳定、离散性小、强度高，作为竹柱受压时，在 60%～70%极限荷载以下，材料处于弹性工作阶段，在弹性极限点之后，应力-应变曲线呈非线性变化，作为竹梁受弯时发生底部竹纤维受拉断裂破坏，其抗弯强度较竹材层积材梁提高 49%，但截面刚度与同截面竹材层积材梁相近。考虑性能与造价的关系，是重要承重构件结构柱的理想选择，但对于梁构件，由于挠度限值控制设计，其相对于竹材层积材的优势并不明显。

（4）基于现代竹质工程材料的竹结构应用实践表明，竹结构在设计与建造方面都具有非常好的灵活性及抗震性能，完全可替代木结构在建筑领域的应用，竹结构最大的优势在于绿色、低碳、节能、减排，是土木工程结构领域的材料与结构创新。

参 考 文 献

[1] 魏洋，蒋身学，吕清芳，等. 新型竹梁抗弯性能试验研究. 建筑结构，2010，40（1）：88-91.

[2] 吕清芳，魏洋，张齐生，等. 新型竹质工程材料抗震房屋基本构件力学性能试验研究. 建材技术与应用，2008，（11）：1-5.

[3] 张齐生. 中国竹材工业化利用. 北京：中国林业出版社，1995.

[4] 孙正军，程强，江泽慧. 竹质工程材料的制造方法与性能. 复合材料学报，2008，24（1）：80-83.

[5] 中华人民共和国建设部. GB 50005—2003，木结构设计规范. 北京：中国建筑工业出版社，2005.

侧压竹材集成材简支梁力学性能试验研究

李海涛　苏靖文　张齐生　陈国
（南京林业大学土木工程学院　南京　210037）

摘　要

考虑剪跨比、截面高宽比两个因素，设计 14 个侧压竹材集成材简支梁试件，对其力学性能进行试验研究，采用非接触式激光位移传感器和 Vic-3D 测试系统进行位移测量。结果表明：侧压竹材集成材梁经历弹性阶段、弹塑性阶段后，突然发生脆性断裂破坏；侧压竹材集成材简支梁试件的抗压弹性模量与抗拉弹性模量相等；试件截面平均应变符合平截面假定；试件中竹材的抗压强度没有得到充分发挥；随着剪跨比的增大，试件的承载力下降较快，而梁截面宽度对承载力的影响较小。

关键词：侧压竹材集成材简支梁；静力试验；挠度；剪跨比；峰值应力

引　言

竹材集成材[1]是将速生、短周期的竹材加工成定宽、定厚的竹片，干燥至含水率为 8%～12%，再通过胶黏剂将竹片同方向胶合成任意长度、任意截面的型材（通常为矩形截面或方形截面）。针对竹材集成材受弯性能方面，Yeh 等[2]研究了原竹部位对竹材集成材受弯性能的影响，Verma 等[3]研究了竹片布置对竹材集成材受弯性能的影响，但其研究采用的均为小尺寸试件，并且使用传统测量仪器。就竹材集成材足尺梁构件方面，Lee 等[4]探讨了胶水及含水率对竹材集成材梁受弯力学性能的影响；Wei 等[5]通过试验证明了竹材集成材梁的设计应以刚度控制为主；Sinha 等[6]通过足尺试验初步探讨了胶水对竹材集成材梁的强度和刚度的影响，证明了该种材料在建筑中应用的可能性，提出若将其应用于实际结构，还需进行大量相关研究。已有的研究[1-9]主要分析了竹材集成材梁的力学性能，但关于截面尺寸及剪跨比对竹材集成材梁力学性能影响的研究鲜见报道。

考虑剪跨比、截面高宽比 2 个因素，本文作者设计 14 个侧压竹材集成材梁试件，对其力学性能进行试验研究。采用非接触式激光位移传感器及 Vic-3D 全场位移应变测试系统测量位移，并比较两种仪器的位移测量结果。

1　试验概况

1.1　试件设计与制作

试件设计中考虑了剪跨比及梁截面宽高比 b/h 两个因素，设计并制作了 14 个侧压竹材集成材简支梁试件。试件截面高度 $h = 100$mm，长度 $L = 2400$mm，设计跨度 $l = 2100$mm，主要参数见表 1，其中 λ 为剪跨比（$\lambda = a/h$，a 为分配梁支座到梁试件最近支座的距离）。制作时，先将切割好去青去黄的规格（厚度为 8mm，宽度为 21mm）竹片按图 1（a）所示进行加压，再将压制形成的板材按图 1（b）所示加压而形成块形型材，然后将其切割成需要的构件截面形式，竹片间均涂有酚醛胶。试件截面见图 1（c）。

表 1　试件主要参数

试件编号	λ	b/mm	b/h	试件编号	λ	b/mm	b/h
SL2.5-1	2.5	45	0.45	SL5-1	5.0	45	0.45
SL2.5-2	2.5	45	0.45	SL5-2	5.0	45	0.45

本文原载《建筑结构学报》2015 年第 36 卷第 3 期第 121-126 页。

续表

试件编号	λ	b/mm	b/h	试件编号	λ	b/mm	b/h
LL5-1	5.0	55	0.55	SL7-2	7.0	45	0.45
LL5-2	5.0	55	0.55	WL7-1	7.0	50	0.50
TL7-1	7.0	35	0.35	WL7-2	7.0	50	0.50
TL7-2	7.0	35	0.35	LL7-1	7.0	60	0.60
SL7-1	7.0	45	0.45	LL7-2	7.0	60	0.60

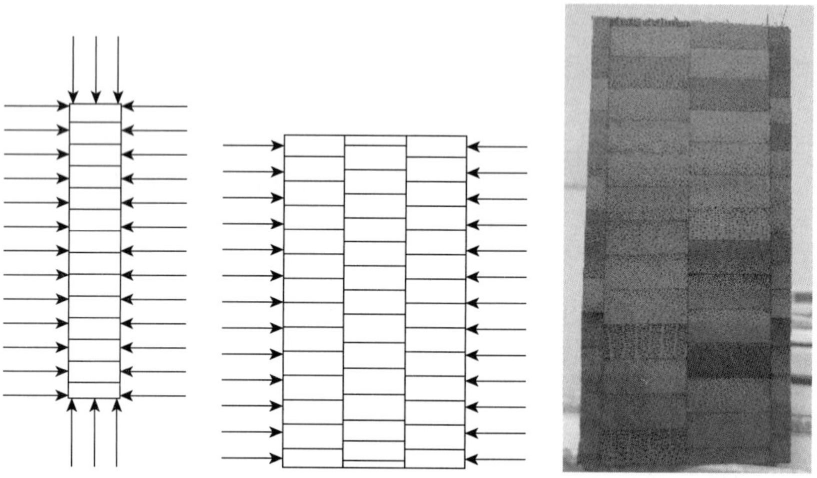

(a) 形成板材　(b) 形成块材　(c) 实际截面

图 1　侧压竹材集成材

为了保证试件材性的稳定性，统一选取原竹根部制作竹材集成材试件，采用的胶黏剂为酚醛胶。竹材集成材的实测含水率为 7.89%，密度为 635kg/m^3，抗压强度为 58.68MPa，弹性模量为 9643MPa，极限荷载对应的极限压应变为 0.05，泊松比为 0.338。

1.2　试验加载

试验在南京林业大学土木工程实验中心结构实验室完成。试验加载装置见图 2。

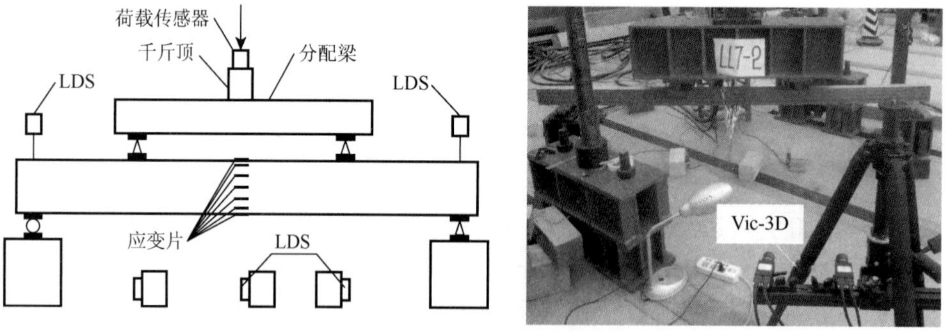

(a) 试验加载示意　(b) 试验现场

图 2　试验装置及测点布置

依据 GB/T 50329—2012《木结构试验方法标准》[10]设计加载制度。试验采用的加载仪器为 10t 电液伺服万能试验机，千斤顶通过分配梁进行三分点加载。试验采用连续加载方式，运行速度按不超过式（1）的计算值采用[10]。

$$v = 5\times10^{-5}\times\frac{a}{3h}(3l-4a) \tag{1}$$

试件加载初期采用荷载控制，当荷载达到极限荷载的约 80%，改为位移控制。试验从开始加载到试件破坏整个过程控制在10min以内。所有试件的加载点均随着剪跨比的改变而改变。为了便于测定梁受弯时的弹性模量，对于剪跨比为7的试件（正好对称三分点加载，符合规范[10]测定弹性模量的标准要求），按GB/T 50329—2012规范要求进行试验。弯曲应力和剪切应力依据材料力学基本公式进行计算。弹性模量E表达式为

$$E=\frac{a\Delta F}{48I\Delta w}(3l^2-4a^2) \tag{2}$$

式中，a为分配梁支座到试件最近支座的距离；ΔF为荷载增量；I为试件截面惯性矩；w为ΔF作用下的跨中挠度。

1.3 测点布置

试件跨中沿截面高度粘贴7个应变片（从上到下编号依次为A、B、C、D、E、F、G），测量跨中截面沿高度方向的应变变化，应变片布置见图2（a）。共安放5个非接触式激光位移传感器（LDS，型号为IL-300），其中3个布置在分配梁两支承点位置和梁试件跨中正下方地面上，2个布置在试件梁两端支座正上方（图2（a））。另外，试验中还使用了Vic-3D全场位移应变测试系统，见图2（b）。

2 试验结果及其分析

2.1 试验破坏形态

在加载初期，各试件基本处于弹性状态；随着荷载的增加，试件表现出一定的塑性变形，刚度有所降低，变形渐趋明显，受拉区某些缺陷（如节疤、斜纹、机械接头部位等）处出现少许微裂缝，并伴随轻微的声响；最终破坏时，试件挠度已较大（所有试件的最大挠度均超过50mm），且一旦最外层竹材纤维被拉断，试件会由于横纹受拉引起纵向的劈裂，进而导致试件瞬间破坏。由于竹材抗拉强度对缺陷处产生的应力集中比较敏感，多数试件的破坏属于脆性破坏，典型试件最终破坏形态见图3。

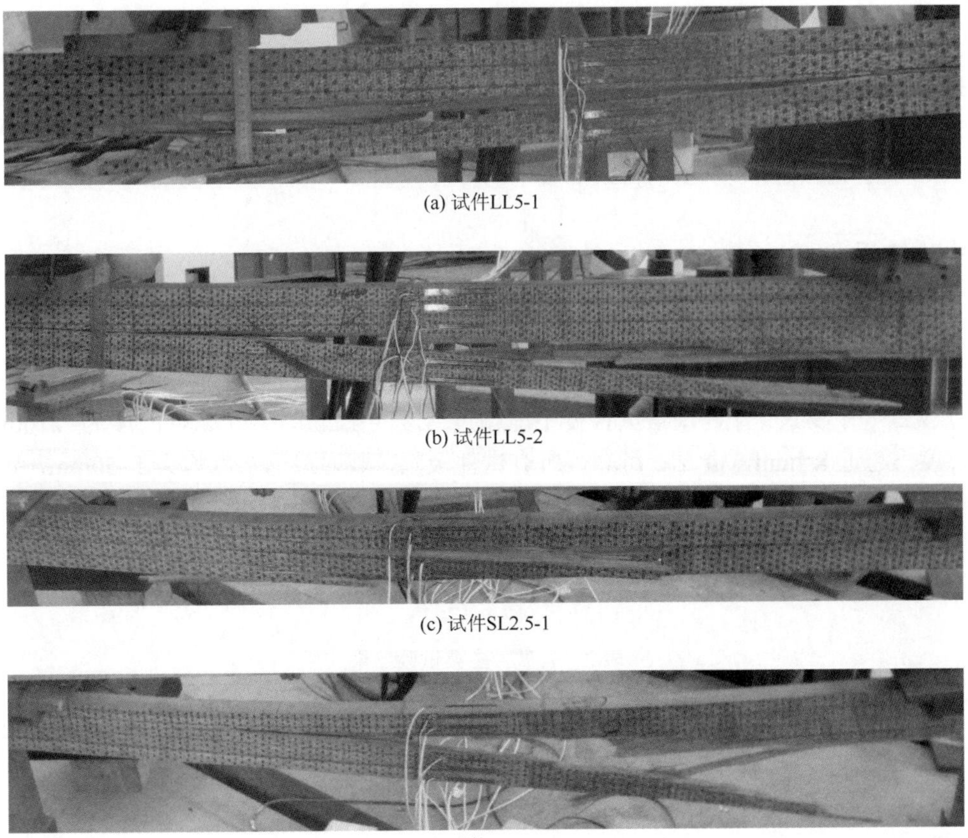

(a) 试件LL5-1

(b) 试件LL5-2

(c) 试件SL2.5-1

(d) 试件SL2.5-2

(e) 试件SL5-1

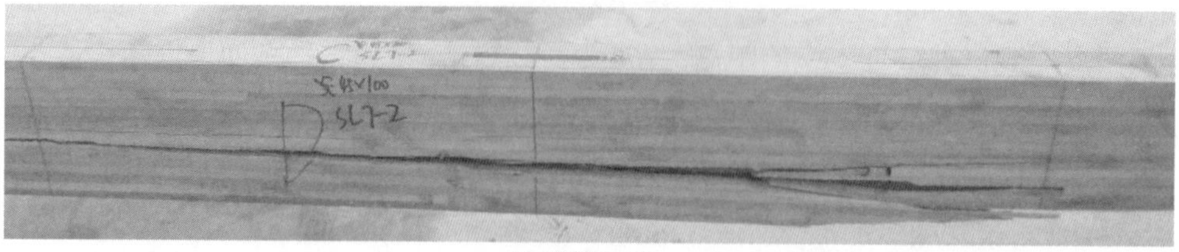

(f) 试件SL7-2

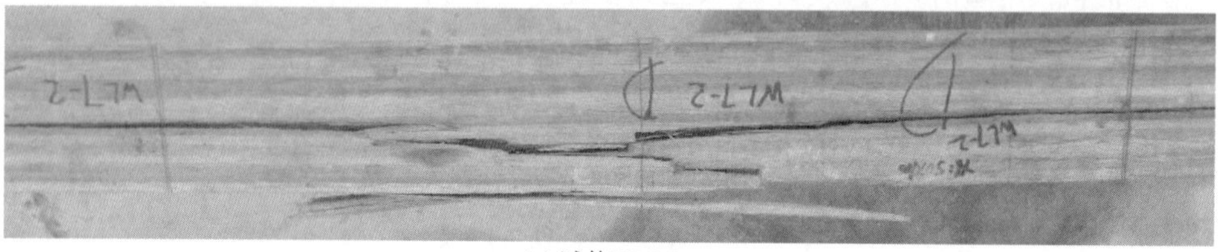

(g) 试件WL7-2

(h) 试件LL7-2

图 3　典型试件破坏形式

各试件首先出现的裂缝位置均在两加载点中间的纯弯段，并且多数试件首条裂缝均位于加载点附近区域，说明加载点位置附近梁底边缘处竹材纤维的受力状态比较复杂，易产生应力集中，进而出现裂缝。在达到极限荷载之前，试件会断断续续出现竹纤维束断裂或压屈分层的响声，接近破坏时试件的整体变形显著，这是由于竹材的弹性模量远小于钢材或混凝土的弹性模量。

2.2　主要试验结果

各试件主要试验结果见表 2。GB/T 50329—2012《木结构试验方法标准》[10]规定的计算弹性模量的梁试件宜采用三分点加载装置，因此只针对剪跨比为 7 的试件计算了梁的纯弯曲弹性模量。GB50005—2003《木结构设计规范》[11]中要求木梁跨中最大挠度不能超过跨度的 1/250，对于试件跨度 $l = 2100$mm，按规范计算的容许挠度不超过 8.4mm，由表 2 可知，所有试件极限荷载对应的挠度均大于 50mm，远大于按木梁规范计算的容许挠度。当试件挠度为跨度的 1/250 时，对应的荷载均小于极限荷载的 18%，试件的承载力远没有得到发挥。所以，在对侧压竹材集成材简支梁的设计中，可以考虑以挠度或刚度作为控制指标进行设计。

表 2　各试件主要试验结果

试件编号	F_m/kN	f_m/MPa	$F_{l/250}$/kN	$F_{l/250}/F_{max}$/%	ε_c	ε_t	w_m/mm	τ_{max} /MPa	E/MPa
SL2.5-1	39.72	65.85	4.60	11.58	−0.009	0.006	68.8	6.62	—
SL2.5-2	53.96	89.67	4.19	7.77	−0.010	0.009	69.9	8.99	—
SL5-1	21.87	71.54	2.53	11.63	−0.010	0.010	111.1	3.65	—

续表

试件编号	F_m/kN	f_m/MPa	$F_{l/250}$/kN	$F_{l/250}/F_{max}$/%	ε_c	ε_t	w_m/mm	τ_{max} /MPa	E/MPa
SL5-2	22.05	72.71	2.34	10.53	−0.013	0.010	95.5	3.68	—
LL5-1	22.35	61.42	2.82	12.22	−0.010	0.008	90.2	3.05	—
LL5-2	19.72	52.40	2.63	13.32	−0.010	0.010	80.5	2.69	—
TL7-1	9.61	55.89	1.69	17.57	−0.009	0.009	76.1	2.06	11 504
TL7-2	10.00	58.21	1.76	17.60	−0.010	0.009	78.0	2.14	10 962
SL7-1	13.65	62.79	1.46	10.64	−0.011	0.009	89.1	2.28	10 827
SL7-2	13.45	62.98	1.76	13.09	−0.010	0.007	84.8	2.24	11 804
WL7-1	12.96	54.47	1.73	13.28	−0.009	0.008	74.5	1.94	9 662
WL7-2	14.93	63.37	1.92	12.71	−0.011	0.009	84.4	9.99	11 568
LL7-1	17.23	59.68	2.77	16.12	−0.011	0.010	83.0	2.15	11 504
LL7-2	15.57	56.45	2.02	12.94	−0.011	0.008	67.0	1.95	11 240

注：F_m为极限荷载；$F_{l/250}$为跨中挠度为 l/250 时对应的荷载；f_m为试件的峰值弯曲应力；ε_c为极限荷载对应的受压应变；ε_t为极限荷载对应的受拉应变；w_m为极限荷载对应的梁跨中挠度；τ_{max}为极限荷载作用下梁截面的最大剪应力（峰值剪应力）；E为弹性模量。

由表 2 可以看出，剪跨比对试件承载力的影响较大，随着剪跨比的增大，试件的承载力下降较快。根据剪跨比为 7 的 7 个试件的试验结果得到，试件的平均纯弯弹性模量为 11 134MPa，标准差为 677.5MPa，变异系数为 0.0609。

侧压竹材集成材梁试件受拉边缘竹材的极限拉应变一般约为 0.01。试件破坏时的竹材的最大压应变基本上不超过 0.013，而竹材的极限压应变一般约为 0.05，因此侧压竹材集成材梁试件中竹材的抗压强度没有得到充分发挥。

2.3 荷载-挠度曲线

典型试件的荷载与跨中挠度曲线比较见图 4。

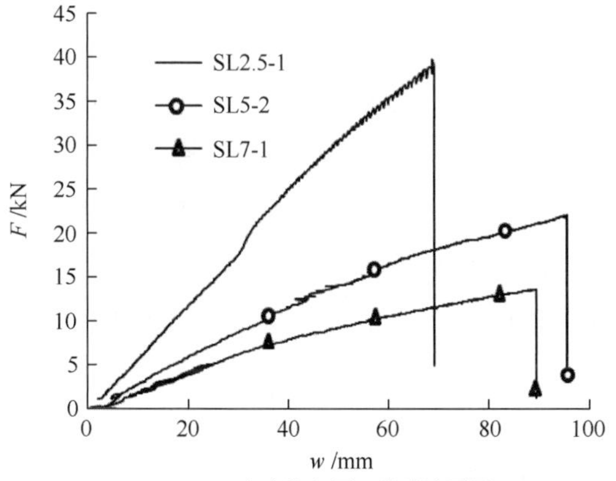

(a) 宽高比相同，剪跨比不同

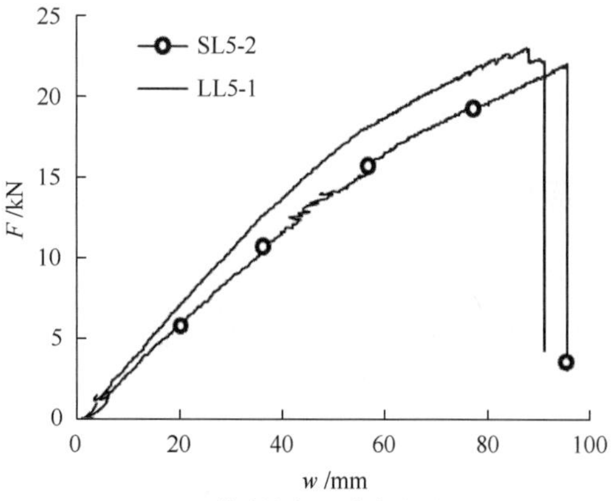

(b) 剪跨比为5，宽高比不同

图 4　典型试件荷载-跨中挠度曲线对比

从图 4 可以看到，所有试件均经历了弹性阶段、弹塑性阶段后，突然发生脆性断裂破坏，但破坏时跨中挠度已远超出试件跨度的 1/250。图 4（a）为截面相同而剪跨比不同的 3 个试件的荷载-挠度曲线，从图 4（a）可以看出，在相同跨中挠度下，剪跨比越大，荷载越小。当跨中挠度为 20mm 时，试件 SL2.5-1 的对应荷载为 12kN，试件 SL5-2 的对应荷载为 6kN，试件 SL7-1 的对应荷载为 4kN，试件剪跨比从 5.0 到 2.5 对应的荷载增量为 6kN，而剪跨比从 7 到 5 对应的荷载增量为 2kN，前者的荷载增量为后者荷载增量的 3 倍，说明剪跨比增量比较接近的情况下，剪跨比越小，对应的荷载增量越大。

2.4　荷载-应变曲线

典型试件的梁顶、梁底面荷载-应变曲线见图 5。典型试件的跨中侧面荷载-应变曲线见图 6。由图 5 和图 6 可以看出，侧压竹材集成材梁试件在加载初期，试件基本处于弹性阶段。侧压竹材集成材梁试件在一定荷载作用下即截面应力在一定范围内，荷载-应变曲线基本线性。由图 5 可以看出，侧压竹材集成材的抗压弹性模量与抗拉弹性模量相等。

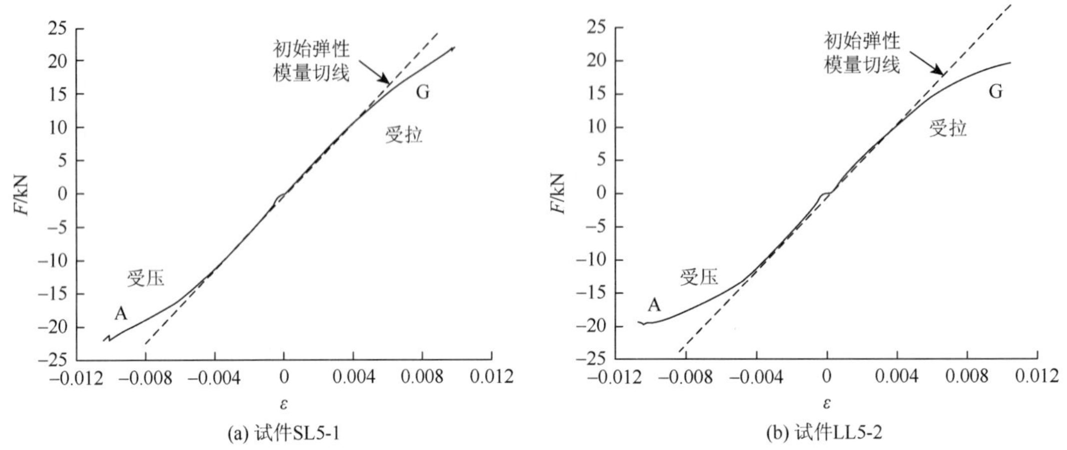

图 5　典型试件梁顶、梁底荷载-应变曲线

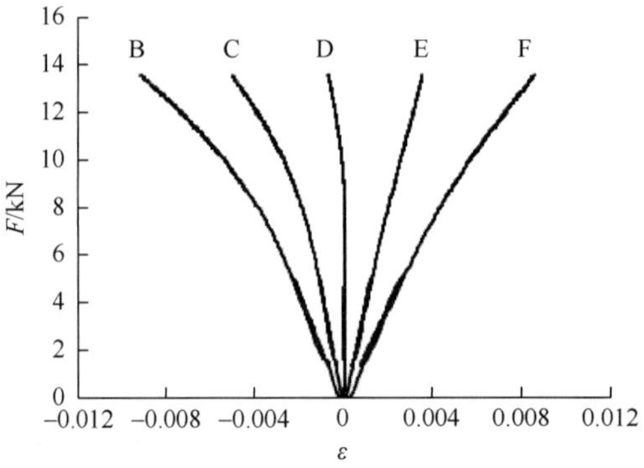

图 6　试件 SL7-1 跨中侧面荷载-应变曲线

2.5　截面应变

典型的跨中截面平均应变见图 7，其中，纵坐标 0mm 代表梁底面，100mm 代表梁顶面。可以看出，试验过程中，侧压竹材集成材梁试件截面平均应变基本上呈现线性分布，因此在计算侧压竹材集成材梁试件时，可以采用平截面假定。

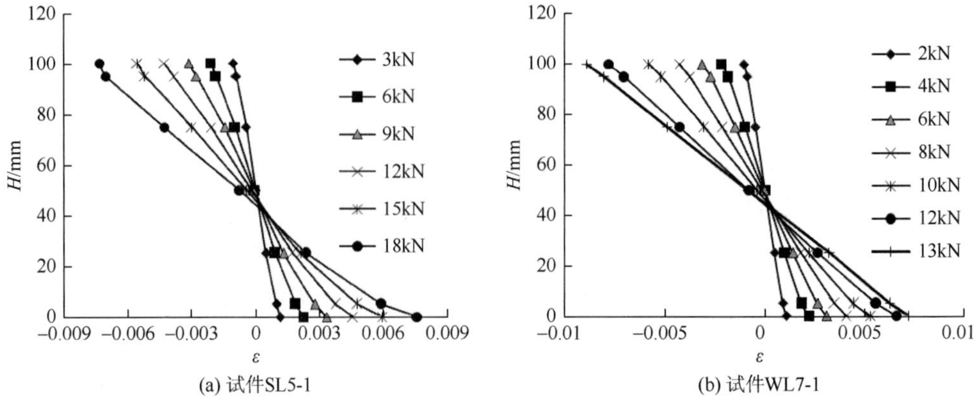

图 7　跨中截面平均应变

2.6 截面宽度对峰值应力的影响

选取剪跨比为 7 的试件比较宽度对试件峰值应力的影响见图 8。

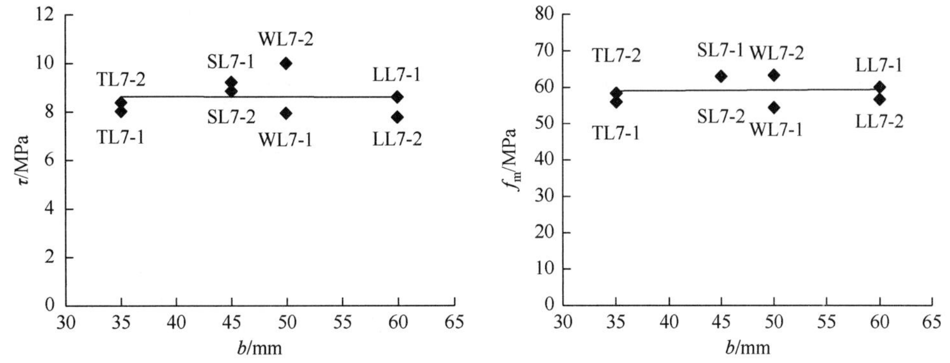

图 8 试件宽度对峰值应力的影响

通常，对于发生脆性破坏的梁，峰值弯曲应力与梁的体积有一定的关系，体积越大，其存在的缺陷越多，构件峰值弯曲应力相应减小[12]。由图 8 可以看出，整体上来说，峰值弯曲应力和峰值剪应力均随试件截面宽度的增加有所减少。但是，不管是峰值弯曲应力还是峰值剪应力，其随试件尺寸的减小均不明显。因此，考虑到其他因素对试件的影响及试件的离散性，可以忽略宽度的影响。

2.7 激光位移传感器与 Vic-3D 测试结果对比

将由激光位移传感器（LDS）得到的跨中挠度同 Vic-3D 测试系统得到的跨中挠度进行对比，见图 9。由图 9 可以看出，两种仪器测得的挠度吻合较好。另外，这两种仪器均为目前较先进的非接触式位移测量仪器，同传统的位移计相比，这两种仪器在现代土木工程试验中应用相对较少，但是这两种仪器在测试过程中受外界影响因素较小，布置灵活。

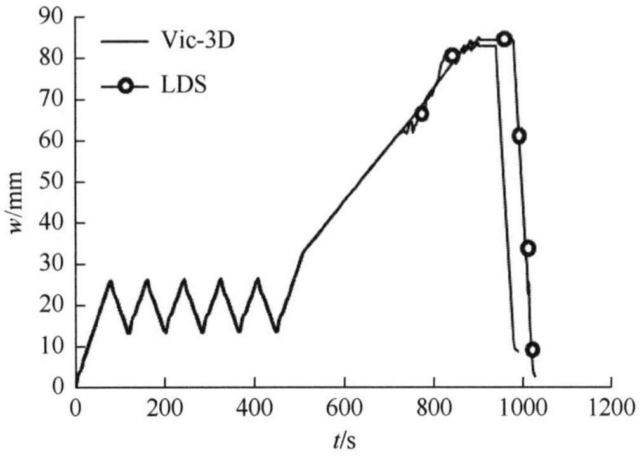

图 9 激光位移传感器与 Vic-3D 测试结果对比

3 结 论

（1）荷载作用下，侧压竹材集成材梁经历弹性阶段、弹塑性阶段后，突然发生脆性断裂破坏，破坏时跨中的挠度已远超出试件跨度的 1/250。因此，在设计中应以挠度作为控制指标。

（2）侧压竹材集成材简支梁试件中，竹材的抗压强度没有得到充分发挥。侧压竹材集成材的抗压弹性模量与抗拉弹性模量相等。剪跨比对承载力的影响较大，随着剪跨比的增大，试件的承载力下降较快。剪跨比为 2.5 的试件没有发生剪切破坏。

（3）试件截面平均应变基本呈线性分布，在计算侧压竹材集成材简支梁试件时，可以采用平截面假定。

（4）随着梁截面宽度的增加，试件的峰值应力均减小，但减小程度并不明显。

（5）采用非接触式激光位移传感器和 Vic-3D 测试系统测得的位移吻合较好。与传统的位移计相比，这两种仪器测量过程中受外界影响因素较小，布置灵活。

参考文献

[1] Li H T，Zhang Q S，Huang D S，et al. Compressive performance of laminated bamboo. Composites：Part B：Engineering，2013，54（1）：319-328.

[2] Yeh M-C，Lin Y L. Finger joint performance of structural laminated bamboo member. Journal of Wood Science，2012，58（2）：120-127.

[3] Verma C S，Chariar V M. Development of layered laminate bamboo composite and their mechanical properties. Composites：Part B：Engineering，2012，43（3）：1063-1069.

[4] Lee A W C，Bai X S，Bangi A P. Selected properties of laboratory-made laminated-bamboo lumber. Holzforschung，1998，52（2）：207-210.

[5] Wei Y，Jiang S X，Lv Q F，et al. Flexural performance of glued laminated bamboo beams. Advanced Materials Research，2011，168-170：1700-1703.

[6] Sinha A，Way D，Mlasko S. Structural performance of glued laminated bamboo beams. Journal of Structural Engineering，ASCE，2014，140（1）：04013021.

[7] 陈国，单波，肖岩. 轻型竹结构房屋抗震性能的试验研究. 振动与冲击，2011，30（10）：136-142.

[8] 肖岩，陈国，单波，等. 竹结构轻型框架房屋的研究与应用. 建筑结构学报，2010，31（6）：195-203.

[9] 苏靖文，吴繁，李海涛，等. 重组竹柱轴心受压试验研究与分析. 中国科技论文，2015，10（1）：39-41.

[10] 中华人民共和国住房和城乡建设部. GB/T 50329—2012 木结构试验方法标准. 北京：中国建筑工业出版社，2012.

[11] 中华人民共和国建设部. GB 50005—2003 木结构设计规范. 北京：中国建筑工业出版社，2006.

[12] Bohannan B. Prestressed wood members. Forest Products Journal，1962，12（12）：596-602.

胶合竹木工字梁受弯性能的试验研究

陈国　张齐生　黄东升　李海涛

（南京林业大学土木工程学院　南京　210037）

摘　　要

提出了一种以 OSB 为腹板骨架，OSB 板外用环氧树脂胶黏剂和钉子连接竹集成材而成的胶合竹-木工字梁。以竹-木工字梁的腹板高度、剪跨比及加劲肋为参数，对 24 根竹-木工字梁的结构性能进行研究。分析了工字梁试验全程的破坏形态和破坏机理，探讨了其极限承载力、延性和抗弯刚度等，并研究影响其结构性能的因素。研究结果表明，竹-木工字梁整体工作性能优良，跨中截面应变沿梁高方向仍基本符合平截面假定，其极限承载力与截面高度、剪跨比和加劲肋有关。当剪跨比小于 2.0 时，组合梁出现了明显的剪压破坏特征，剪跨比越大，极限承载力呈显著下降趋势。加劲肋能显著提高工字梁的极限承载力，提高幅度为 3.4%～38.0%，对极限位移的提高幅度为 1.7%～12.6%。加劲肋增强后的工字梁的初始抗弯刚度亦有大幅提高，提高幅度为 10%～30%，腹板越高，增幅越大。

关键词：欧松板；竹集成材；工字梁；破坏机理；抗弯性能

2013 年以来，中国北方多地出现不同程度的雾霾天气，空气污染十分严重。建筑既是人类活动的基本场所，也是大量消耗能源、资源的重要环节，对雾霾天的贡献十分显著。传统类型的钢筋混凝土结构和砌体结构存在着资源利用率低和环境污染严重等问题，而竹-木结构建筑由于轻质高强以及环境负荷小等优点[1-3]，具有广阔的应用前景。将竹材、速生木材等生物质材料作为主要建筑材料应用于工程领域无疑有利于减少对钢材和水泥等重污染产品的依赖。近年来，随着全球森林资源蓄积量的增加，部分学者开始对木梁和竹梁的力学性能进行了大量有益的探索。作为木结构建筑的主要受荷构件，木工字梁的承载能力和变形性能直接关系着整个结构的安全性。ASTMD1037-12 对木工字梁的腹板材料选用和等级划分作了详细规定，指出大片刨花板和定向刨花板是消费比最高的腹板材料。许清风等[4]、Zhu 等[5]、熊海贝等[6]均进行了木工字梁的实验研究，结果表明，腹板的物理力学性能对于工字梁的力学性能和变形能力有着至关重要的影响，其中以 OSB 板为腹板的木梁承载能力最大。然而，一旦 OSB 腹板发生剪切破坏，裂缝从腹板迅速扩展至木翼缘，翼缘发生脆性断裂，最终导致木工字梁断成两截。相比木材而言，胶合竹材具有更好的物理和力学性能，具有作为建筑结构用材的条件[7]。文献[8]～[14]对竹梁进行了大量的试验研究，竹梁破坏时变形过大，由刚度所控制，强度利用率低；提出以竹大片刨花板为腹板的竹工字梁，但也同时存在初始抗弯刚度偏低的问题。

针对木工字梁承载力不足而竹梁初始抗弯刚度低的工程问题，本文提出一种新型的轻质竹-木工字梁构件，以 OSB 为腹板材料，竹集成材为翼缘，腹板与翼缘表面间用耐候结构胶黏结而成，然后对胶合竹-木工字梁的抗弯性能和变形能力等特性进行了试验研究，并根据研究结果提出相应的结论和建议。

1　试 件 设 计

腹板材料选用厚度 $t_w = 9.5$mm 加拿大 Tolko 牌 OSB 板（译为：欧松板），公称幅面为 1220mm×2440mm，实测平均静曲强度为 25.1MPa，平均弹性模量为 3560MPa，平均含水率为 4.7%，密度为 610kg/m^3。翼缘采用东莞桃花江竹业公司生产的竹集成材，竹龄 4～6 年，竹种为毛竹。集成材规格有 2 种，分别为 25mm×35mm×2440mm 和 30mm×35mm×2440mm，材性试验测得其静曲强度为 61.2MPa，弹性模量为 10210MPa，密度为 880kg/m^3，含水率为 10.3%。本次试验采用由盐城壹加壹电子材料有限公司生产的

本文原载《湖南大学学报（自然科学版）》2015 年第 42 卷第 5 期第 72-79 页。

YY5016 型室温固化环氧树脂胶黏剂，其钢-钢剪切强度大于 22MPa，适合温度为−45～＋95℃，初步固化时间为 3～5h，完全固化时间为 24～48h，固化时间取决于黏胶温度。首先将竹集成材方料和 OSB 板分别裁切成相应的规格；用砂纸将板材黏胶接触面打磨粗糙，再以酒精清洗板材表面的灰尘和油脂，最后用盐城壹加壹电子材料有限公司生产的 YY5016A/B 型环氧树脂胶将 OSB 板和上、下竹集成材翼缘胶结成整体，涂胶量为 $250g/m^2$，涂胶量的主要依据为厂家产品说明书的建议用量。以木工夹具临时固定，以防腹板和翼缘在胶合过程中发生错动。最后，用 2.8mm×40mm 钉子从翼缘侧面钉入，将翼缘和腹板连接为整体，钉间距为 100mm，每根工字梁需 64 枚钉子。为避免板材凹陷处局部缺胶，将制作好的组合梁平放于地面，再以重物均匀加压。加压时间取决于实验室的温度，温度越高，胶凝固越快，制作本试件时实验室的温度为 14℃左右，重物加压 96h，养护时间为 15d。

2　试 验 概 况

试验设计了 24 根 OSB 为腹板的竹质工字梁试件，根据加劲肋和梁高不同分为 4 组，每组有 6 个试件，编号分别为 24I1～24I12 和 30I1～30I12。其中，24I1-24I6 和 30I1-30I6 分别为梁高 240mm 和 300mm 的无加劲肋对比试件。为研究加劲肋对组合梁力学性能的影响，在试件编号为 24I7～24I12 和 30I7～30I12 的加载点和支座处腹板处成对设置截面尺寸为 25mm×35mm 的竹集成材加劲肋，加劲肋的高度分别为 160mm 和 230mm，加劲肋紧靠承受集中压力一侧的翼缘，加劲肋另一端与翼缘预留 2～3cm 的间隙。试件全长为 2.44m，梁两端各预留 220mm，支座间实际跨度 L 为 2.0m。试件具体参数见表 1。

表 1　试件参数表

试件编号	$b_f \times t_f$/(mm×mm)	H/mm	l_1/mm	λ	加劲肋
24I1	59.5×35	240	336	1.4	无
24I2	59.5×35	240	384	1.6	无
24I3	59.5×35	240	432	1.8	无
24I4	59.5×35	240	480	2.0	无
24I5	59.5×35	240	600	2.5	无
24I6	59.5×35	240	720	3.0	无
24I7	59.5×35	240	336	1.4	有
24I8	59.5×35	240	384	1.6	有
24I9	59.5×35	240	432	1.8	有
24I10	59.5×35	240	480	2.0	有
24I11	59.5×35	240	600	2.5	有
24I12	59.5×35	240	720	3.0	有
30I1	59.5×35	300	360	1.2	无
30I2	59.5×35	300	420	1.4	无
30I3	59.5×35	300	480	1.6	无
30I4	59.5×35	300	540	1.8	无
30I5	59.5×35	300	600	2.0	无
30I6	59.5×35	300	750	2.5	无
30I7	59.5×35	300	360	1.2	有
30I8	59.5×35	300	420	1.4	有
30I9	59.5×35	300	480	1.6	有
30I10	59.5×35	300	540	1.8	有
30I11	59.5×35	300	600	2.0	有
30I12	59.5×35	300	750	2.5	有

竹-木工字梁的制作加工及相关试验在南京林业大学结构工程实验室完成。为详细记录全程试件的竖

向变形情况和应变分布规律，在两端支座顶、加载点下方及跨中共布置 5 个激光位移计，并在梁跨中截面沿高度等距粘贴 5 个应变片，从下至上，应变片编号依次标记为 2#～6#，同时在梁底、梁顶各贴 1 个应变片，编号分别为 1#和 7#。所有的量测数据统一由 TDS-530 静态数据系统采集，采样频率为 1Hz。整个试验程序参照 GB/T 50329—2012《木结构试验方法标准》。竖向荷载经由连接于作动器的分配梁传递至试件，为消除系统误差并确保仪器设备工作正常，在正式加载前需对试件进行预加载（图 1）。加载方式为四点加载，在加载点和支座处放置钢板以防翼缘局部压坏。试验全程采用位移控制的方式进行加载，加载速率为 1.0～2.0mm/min，持荷时间为 6～15min。

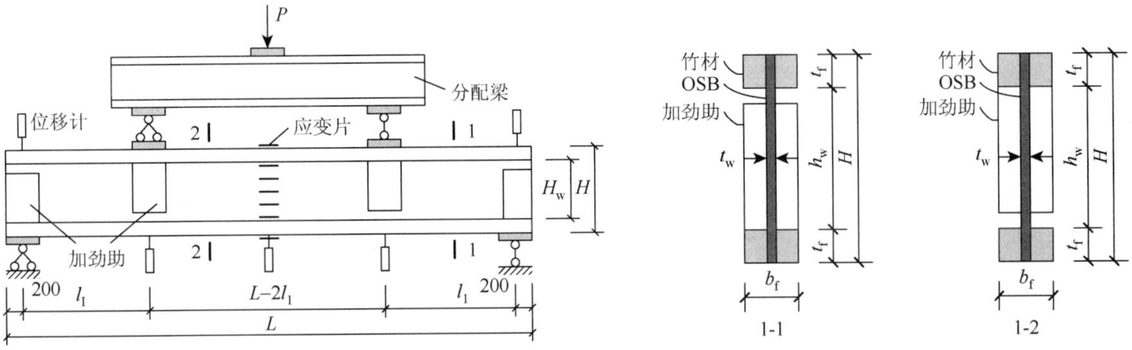

图 1 试验加载装置

3 主要试验结果及分析

3.1 破坏特征

1. 梁高为 240mm 组

对比试件 24I1-24I6 为无加劲肋工字梁，荷载增加至 30%～50%极限荷载时，开始发生侧向扭转，可听到轻微的“嗞嗞”响声，表面局部木纤维损伤产生的断裂声，但 OSB 表面无可视裂缝。加载至 60%极限荷载时，支座附近腹板的木纤维开始出现拉断的劈裂声，刚度有所降低，变形渐趋明显，随后分配。梁加载点下所在区域的受压区发生局部失稳，持续加载至试件的极限荷载，加载点与支座间的腹板应变达到材料极限应变而剪坏，腹板裂缝开展方向与下翼缘呈 45°。与此同时，翼缘内 OSB 板剪应变也达到 OSB 的内结合极限应变而开裂，伴随着巨大响声，试件上翼缘内 OSB 产生层裂并快速沿梁纵向发展，部分钉子被拔出或剪断，表现为脆性的破坏特征，破坏具有突然性。剪跨比越大，试件无支撑长度越大，越容易发生失稳，从而极限承载力越低。卸载后，变形部分回弹，但仍保持部分残余变形（图 2（a）～图 2（c））。

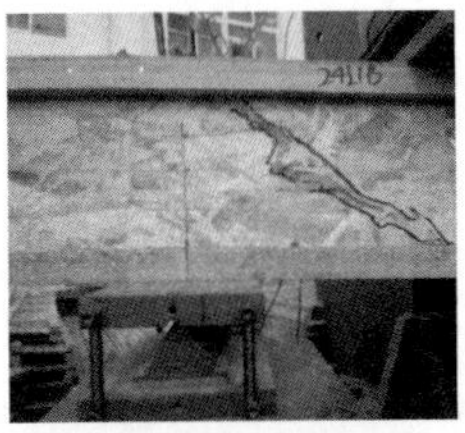

(a) 支座附近腹板剪坏

(b) 加载点下腹板受拉破坏

(c) OSB层裂和钉拔出

(d) 扭转

(e) OSB层裂和胶裂

(f) 加载点处腹板剪坏

图 2 主要破坏形态

24I7～24I12 为加载点及支座处带加劲肋的组合梁试件。其中，24I7～24I10 试件的剪跨比 $\lambda\leqslant2.0$，组合梁表现出明显的剪压破坏特征，组合梁的极限承载力随着剪跨比的增大而减小，加载点与支座间腹板发生剪切破坏。而对于剪跨比 $\lambda>2.0$ 的 24I11 和 24I12 试件，加载初期时的试件基本处于弹性阶段，随着荷载的增加，试件开始发生侧向扭转变形并渐趋明显，翼缘内产生少许微裂缝（翼缘内 OSB 层裂或胶裂），并伴随刺耳的劈裂声。当竖向荷载值接近极限荷载值时，OSB 劈裂声开始变得持续且逐渐加大，裂缝沿梁纵向快速发展形成通缝，钉子部分被拔出或剪断，破坏过程在瞬间完成，试件有明显的挠度变形，加载点处翼缘下方的腹板被拉坏。不难发现，横向加劲肋可显著提高组合梁局部抗剪承载力并改善变形性能（图 2（d）～图 2（f））。

2. 梁高为 300mm 组

相对于梁高为 240mm 无加劲肋的试件而言，编号为 30I1～30I5 的试件拥有更大的高宽比，因而更容易发生侧向失稳。当竖向荷载增加至 45%的极限承载力时，试件开始发生轻微的扭转。当竖向荷载加载至 60%～80%极限荷载时，可观察到较明显的侧向扭转变形，并伴随着刺耳的 OSB 层裂声音，翼缘内的 OSB 层裂处有少量的木屑从裂口处脱落。当加载至极限荷载时，OSB 层裂快速沿梁长方向扩展，试件竖向变形大约为 6～10mm，试件最终丧失承载力。对于剪跨比 $\lambda>2.0$（即 30I6～30I12）的试件，剪跨比越大，试件达极限承载力时的跨中竖向变形越大，且延性更好。随荷载的增加，试件竖向变形和应变不断增大并开始发生侧向扭转。当竖向荷载加载至 60%～80%极限荷载时，可听到轻微的 OSB 层裂声，不断有木屑从腹板断裂处脱落，木材纤维断裂声不断加剧。当加载至极限荷载时，OSB 层裂快速沿梁长方向扩展，伴随着“啪”的一声巨响，加载点与支座间的腹板发生剪切破坏，裂缝方向与中性轴呈 45°。试验结束后，梁试件未发生整体垮塌现象。

总之，24 根竹-木工字梁强度一般由试件失稳控制（表 2），跨中挠度最大变形值约为 8mm（即为正常使用极限状态挠度值）。破坏时的竹集成材翼缘应变远未达到其极限应变强度，这和试验中翼缘未发生强度破坏的现象相呼应，竹翼缘尽管有较大的挠曲变形，但未发生断裂。当剪跨比 $\lambda\leqslant2.0$ 时，无加劲肋试件易发生明显的扭转，加载点与支座间腹板发生剪切破坏；而当剪跨比 $\lambda>2.0$ 时，加载点处的腹板容易发生水平拉裂，剪跨比越大，侧向扭转越显著。由于加劲肋对腹板局部失稳有一定的约束作用，组合梁的承载力得到较明显提高，但延性无显著改善。同时，破坏后的组合梁未发生垮塌或断裂，而矩形截面的竹梁[8]和木工字梁[5]破坏时发生了从中部断裂成两半。

3.2　荷载-跨中挠度曲线

由表 2 和图 3 可知，加劲肋可改善腹板的局部失稳性能，卸载后多数试件跨中挠度变形可恢复。加劲肋可显著提高竹-木组合梁的极限承载力，提高幅度为 3.4%～38.0%，平均提高幅度为 20.7%，极限位移亦明显提高，提高幅度为 1.7%～12.6%，平均提高幅度为 7.2%。剪跨比对试件极限承载力有较大的影响，剪跨比越大，极限承载力越低，当剪跨比 $\lambda\leqslant2.0$ 时，极限承载力随着剪跨比的增大，下降幅度比较缓慢，当剪跨比 $\lambda>2.0$ 时，下降幅度更迅速。

腹板主要起着承担剪力的作用，在相同剪跨比而无加劲肋条件下，当梁高从 240mm 增至 300mm 时，极限承载力平均提高 36.6%，极限位移呈下降趋势，平均降幅为 16.3%。在相同剪跨比而有加劲肋条件下，极限承载力的平均提高幅度高达 54.7%，极限位移呈下降趋势，平均降幅为 11.3%。在跨中挠度小于 $L/250$ 的正常使用极限状态时（即跨中挠度小于 8mm），荷载-跨中挠度曲线基本为直线，这和此阶段的试件无明显损伤的实验现象相符。

表 2　主要试验结果

试件编号	P_{cr}	P_u	P_n	D_{cr}	D_u	主要破坏特征
24I1	15.83	25.83	25.64	5.71	8.10	左加载点处上翼缘内 OSB 层裂，左支座底 OSB 层裂，轻微扭转，左支座与左加载点间 OSB 腹板剪坏
24I2	13.27	23.21	21.82	5.27	8.76	左加载点扭转，左加载点处上翼缘胶裂，左支座顶 OSB 层裂，左支座底部 OSB 层裂且胶裂

续表

试件编号	P_{cr}	P_u	P_n	D_{cr}	D_u	主要破坏特征
24I3	12.36	22.4	18.82	5.75	9.36	左加载点处腹板失稳，左支座底 OSB 层裂，左支座顶胶裂
24I4	11.25	21.26	17.00	5.88	10.19	左加载点上翼缘 OSB 层裂，左支座扭转，左支座下翼缘内 OSB 层裂
24I5	9.87	17.87	14.68	5.52	10.47	左加载点上翼缘内 OSB 层裂，左支座扭转
24I6	7.86	13.88	10.41	6.34	11.25	侧向扭转，右支座上翼缘胶裂，右支座上翼缘内 OSB 出现微裂缝
24I7	13.77	26.72	26.43	4.38	8.28	扭转，右加载点与右支座间的腹板发生剪切破坏
24I8	12.68	25.68	23.75	4.56	9.30	左支座底部腹板与翼缘分离，钉子被剪断；左加劲肋附近 OSB 腹板剪坏
24I9	11.18	23.18	21.22	4.74	9.52	右加劲肋处腹板与翼缘分离，支座处加劲肋腹板被剪坏
24I10	11.68	22.67	19.17	5.26	10.47	支座底部的腹板与翼缘分离，部分钉子被拔出
24I11	10.19	20.21	14.73	5.97	11.43	跨中加劲肋处腹板被剪坏，此处的腹板-翼缘完全分离，扩展至左支座
24I12	8.06	16.06	13.11	4.94	12.39	左右加载点附近翼缘-腹板胶裂，右重左轻，少量钉被拔出/剪断
30I1	20.97	32.21	—	4.52	6.68	扭转，左支座下翼缘内 OSB 层裂，左加载点左侧上翼缘内 OSB 层裂
30I2	19.75	29.44	—	5.18	7.16	右加载点上翼缘内 OSB 层裂并伴随胶裂，右支座下翼缘内胶裂，右侧扭转严重
30I3	17.53	27.91	26.88	5.26	7.86	左加载点左侧上翼缘内 OSB 层裂，左支座下翼缘内 OSB 层裂，左支座下翼缘内胶轻微裂缝
30I4	16.98	25.98	24.49	5.81	8.48	扭转，左右加载点上翼缘内 OSB 层裂，左支座底 OSB 层裂
30I5	13.18	23.72	22.20	5.03	8.98	明显扭转，左右加载点上翼缘内 OSB 层裂，左重右轻；左支座下翼缘内胶裂
30I6	10.85	20.96	16.92	5.07	9.45	跨中上翼缘内 OSB 层裂，往两侧支座发展，左右支座下翼缘内 OSB 层裂，扭转较明显
30I7	30.39	39.24	—	5.94	7.45	左支座与左加载点间腹板 45°斜向剪切破坏，梁轻微扭转，左支座下翼缘内 OSB 层裂
30I8	28.98	37.49	37.33	6.12	8.06	左加劲肋处腹板 OSB 剪坏，左支座上翼缘内胶裂，右支座加劲肋与腹板轻微撕裂
30I9	26.16	36.45	34.01	6.26	8.81	跨中上翼缘 OSB 层裂，扭转，左支座上及下翼缘内 OSB 层裂，右支座上翼缘胶裂且 OSB 层裂
30I10	25.4	34.25	30.71	6.78	9.33	梁右侧下翼缘内 OSB 层裂，右加载点处腹板剪切破坏，扭转
30I11	24.19	32.74	28.05	7.11	9.97	左加载点腹板剪切破坏，左支座上翼缘内 OSB 层裂，扭转
30I12	19.79	26.23	21.21	7.51	10.53	右加载点上翼缘内胶裂，左加载点上翼缘内 OSB 层裂，扭转

注：P_{cr} 为开裂荷载；P_u 为极限荷载；P_n 为正常使用极限荷载；D_{cr} 为开裂荷载时的跨中挠度；D_u 为极限荷载时的跨中挠度。

3.3 荷载-应变曲线

试验过程中对各组试件跨中截面的应变进行了测试，为验证平截面假定，对典型试件 24I1 和 30I1 的截面应变分布规律进行了分析，如图 4 所示。从中可以看到，截面中性轴位置无明显变化，应变沿高度基本上呈线性分布，从而验证了平截面假定。不难发现，24I1 和 30I1 试件在各级荷载作用下，跨中截面的平均应变沿高度上的变化趋势基本符合平截面假定，平均应变沿高度基本为直线分布。当 24I1 和 30I1 试件最终破坏时，跨中截面及上、下翼缘均未发生任何破坏，这主要是因为跨中截面处的竹集成材翼缘和 OSB 腹板的应变远未达到材料极限应变，仍处于弹性段，上下翼缘的拉/压应变基本相等，最大应变仅为 1500με（图 5），而竹集成材破坏时的应变一般高达 9000με[15]。同样，腹板的应变最大仅为 1000με，这和试件跨中截面处的 OSB 板未发生任何破坏的试验现象相吻合。

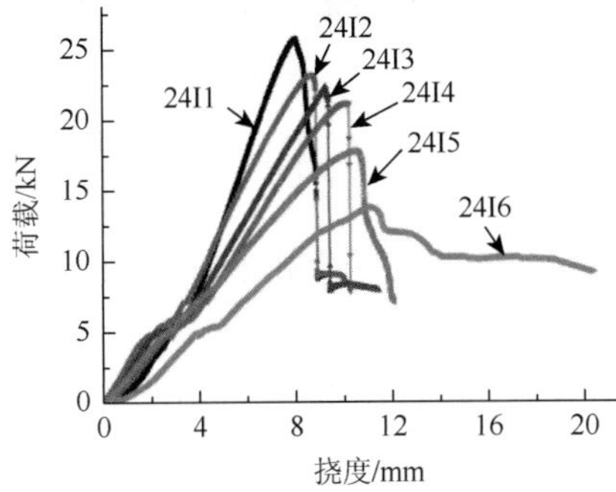

(a) 24I1～24I6

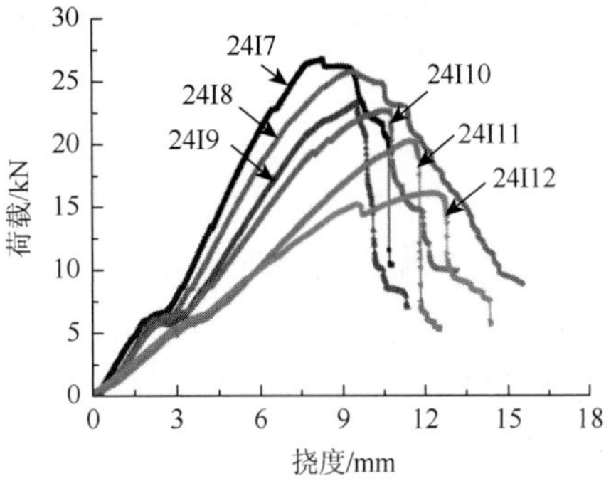

(b) 24I7～24I12

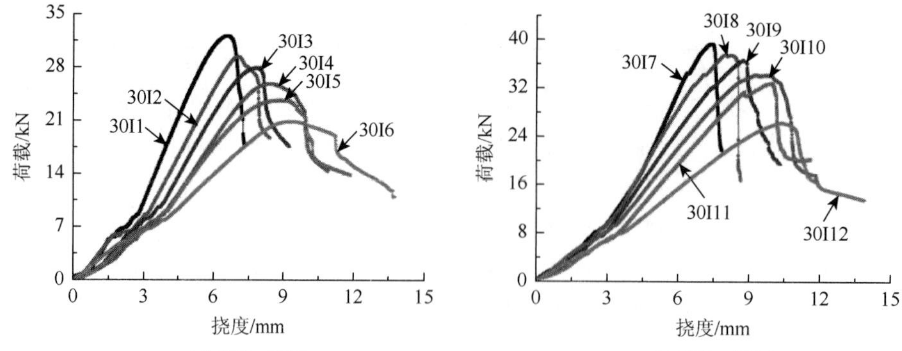

(c) 30I1～30I6　　(d) 30I7～30I12

图 3　荷载-跨中挠度曲线

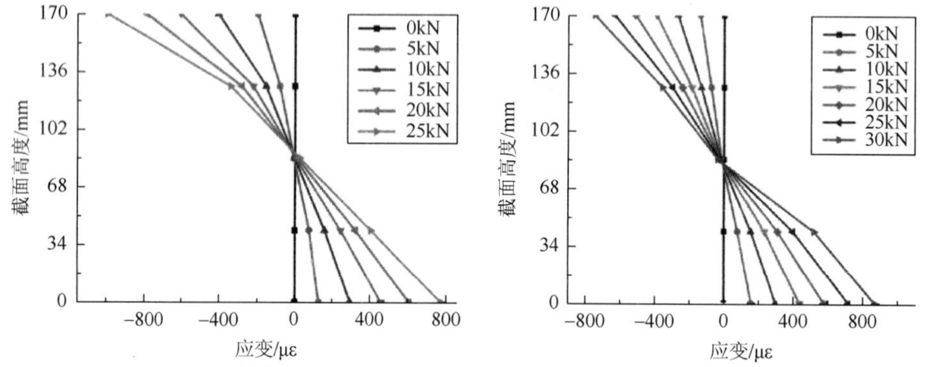

(a) 24I1　　(b) 30I1

图 4　跨中截面沿截面高度应变的变化

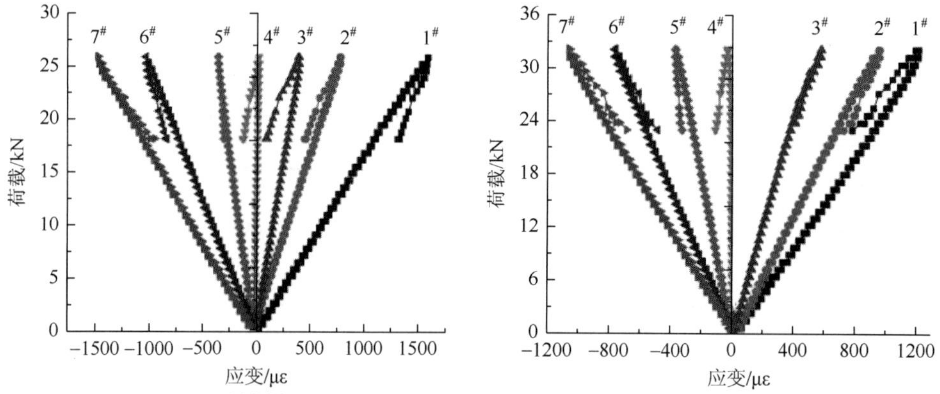

(a) 24I1　　(b) 30I1

图 5　荷载-应变曲线

3.4　位移延性

位移延性是指结构或构件从屈服开始到达极限承载力或到达后而承载力仍无明显下降期间的变形能力。延性好的结构，后期变形能力大，即结构屈服后还能继续承受大的塑性变形而不至于发生破坏垮塌。梁的延性系数 μ_Δ 为

$$\mu_\Delta = \frac{\Delta u}{\Delta y} \tag{1}$$

竹-木组合梁无明显屈服平台和下降段，因此，定义 Δu 为试件所受荷载下降至 85%P_u（极限承载力）时的跨中挠度，Δy 为梁到达极限承载力时的跨中挠度。

结果表明，经加劲肋增强后，24I 系列的工字梁延性有了小幅提高，6.0%～21.6%。加劲肋提高了集中荷载作用点处腹板抵抗局部失稳能力（图 6）。然而，加劲肋对 30I 系列的工字梁延性性能的提高幅度较小，仅为 4.5%～13.4%。腹板越高，加劲肋对组合梁的延性提高越小。

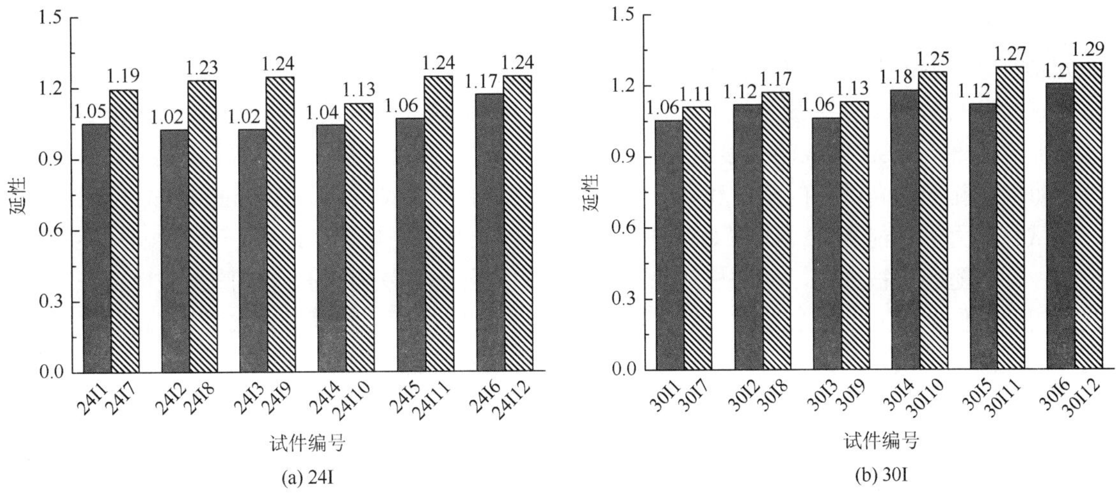

图 6 延性

3.5 初始抗弯刚度

取各试件的 0～0.4P_u 时的割线刚度为试件初始弯曲刚度[4]，各试件弯曲刚度对比如图 7 所示。加劲肋可显著提高组合梁试件的极限承载力和初始抗弯刚度。对于梁高为 24I 和 30I，其刚度分别提高 10%和 30%，梁截面高宽比越大，越容易发生局部失稳，使得加劲肋的作用越显著。在相同梁高情况下，剪跨比越大，试件初始抗弯刚度越小。

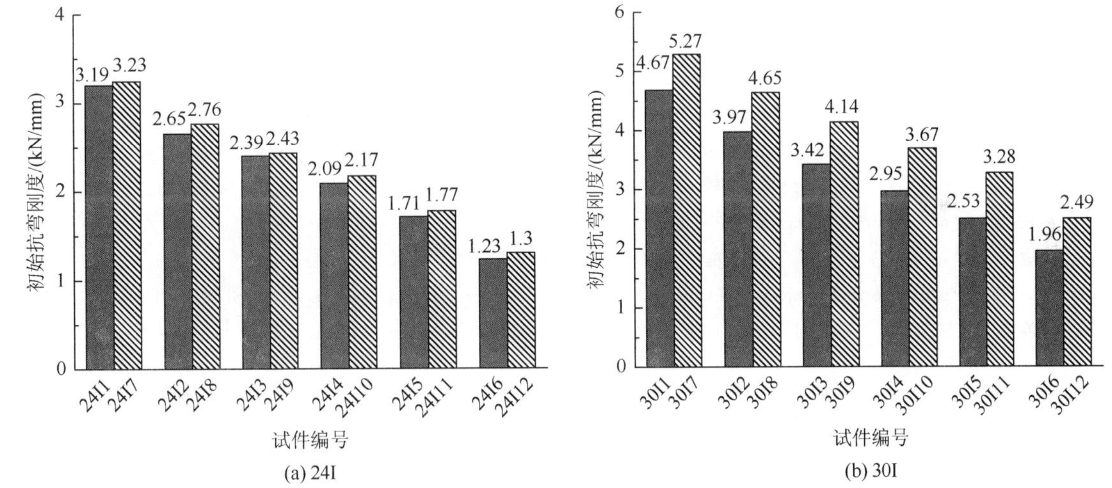

图 7 初始抗弯刚度

4 结 论

本文通过 24 根 OSB 为腹板的竹质工字梁抗弯性能试验，分析了组合梁试件的荷载挠度特点、荷载应变关系及影响承载力的参数。根据试验结果，可得出如下结论：

（1）胶合竹-木工字梁四点弯曲试验为脆性破坏，失稳是无侧向支撑试件主要的破坏形态。构件弯剪区段翼缘内的 OSB 层裂和 OSB 腹板剪切破坏是试件较为理想的破坏形态，破坏前的跨中最大变形约为 $L/250$，腹板材料强度得到了充分利用。

（2）胶合竹-木工字梁受弯构件的受力过程大致可分为两个阶段：弹性工作阶段和塑性工作阶段。试件下翼缘（受拉区）一直处于弹性工作阶段；而试件上翼缘（受压区）在跨中挠度变形达正常使用极限状态时的 $L/250$ 前始终处于弹性工作阶段，一旦超过极限承载力后，试件迅速丧失承载力。腹板越高，梁试件弹性工作阶段越短，而腹板加劲肋也有利于延长组合梁的弹性工作阶段。

（3）竹-木工字梁受弯试件的受压区边缘压应变及受拉区边缘拉应变均明显小于材料极限应变，OSB

腹板强度得到了充分利用，相反，竹集成材翼缘的强度未得到充分的利用。竹-木工字梁受弯试件的跨中截面应变分布符合平截面假定，中性轴高度较对比试件略高。

（4）配置加劲肋后的试件承载力将显著提高，极限荷载平均提高幅度约 20.7%，由于加劲肋可改善OSB 腹板的局部失稳，OSB 腹板的强度能够充分发展，各试件的跨中极限位移提高幅度为 1.7%～12.6%。同时，加劲肋也有利于提高试件的延性和初始抗弯刚度，但加劲肋对梁高为 300mm 的试件延性有所降低。

（5）梁试件的力学性能和竹翼缘与 OSB 板间的连接性能有着密切的关联。一旦翼缘与 OSB 界面间过早发生胶裂，钉子随即将被拔出，使腹板边缘与翼缘之间的剪力无法有效传递，脆性破坏特征明显，导致试件承载力明显偏低。因此，在加工竹-木组合梁构件时需严格控制涂胶质量、胶养护温湿度和钉接质量，以避免这种破坏形式的发生。因此，应进一步深入研究竹-OSB 节点剪切性能试验。

（6）竹材是一种可再生的生物质材料，将竹-木工字梁应用于工程结构中，既有利于拓宽竹材的利用范围，又符合可持续发展的要求。应深入研究组合梁截面尺寸、侧向稳定、腹板开洞和防火性能等影响组合梁受力性能的因素以满足实际工程应用的要求。

参 考 文 献

[1] Xiao Y，Yang R Z，Shan B. Production，environmental impact and mechanical properties of glubam. Construction and Building Materials，2013，(44)：765-773.

[2] 单波，高黎，肖岩，等. 预制装配式圆竹结构房屋的试验与应用. 湖南大学学报：自然科学版，2013，40（3）：7-14.

[3] Li H T，Zhang Q S，Huang D S，et al. Compressive performance of laminated bamboo. Composites Part B：Engineering，2013，(54)：319-328.

[4] 许清风，朱雷，陈建飞，等. 粘贴钢板加固木梁试验研究. 中南大学学报：自然科学版，2012，43（3）：1153-1159.

[5] Zhu E C，Guan Z W，Rodd P D，et al. Buckling of oriented strand board webbed wood I-joists. Journal of Structural Engineering，2005，131（10）：1629-1636.

[6] 熊海贝，康加华，吕西林. 木质组合梁抗弯性能试验研究. 同济大学学报：自然科学版，2012，40（4）：522-528.

[7] 肖岩，陈国，单波，等. 竹结构轻型框架房屋的研究与应用. 建筑结构学报，2010，31（6）：195-203.

[8] Xiao Y，Zhou Q，Shan B. Design and construction of modern bamboo bridges. Journal of Bridge Engineering，2010，15（5）：533-541.

[9] 单波，周泉，肖岩. 现代竹结构技术在人行天桥中的研究与应用. 湖南大学学报：自然科学版，2009，36（10）：29-34.

[10] Sinha A，Way D，Mlasko S. Structural performance of glued laminated bamboo beams. Journal of Structural Engineering，2014，140（1）：04013021.

[11] 喻云水，周蔚虹，刘学. 竹质工字梁抗弯性能的研究. 中南林业科技大学学报：自然科学版，2012，32（1）：154-156.

[12] Wu W Q. Experimental analysis of bending resistance of bamboo composite I-shaped beam. Journal of Bridge Engineering，2014，19（4）：04013014.

[13] 李玉顺，沈煌莹，单炜，等. 钢-竹组合工字梁受剪性能试验研究. 建筑结构学报，2011，32（7）：80-86.

[14] Aschheim M，Gil-martín L，Hernández-montes E. Engineered bamboo I-joists. Journal of Structural Engineering，2010，136（12）：1619-1624.

[15] 李海涛，苏靖文，张齐生，等. 侧压竹材集成材简支梁力学性能试验研究. 建筑结构学报，2015，36（3）：121-126.

高温热处理竹材重组材工艺及性能

蒋身学　程大莉　张晓春　崔月红

（南京林业大学木材工业学院　南京　210037）

摘　　要

采用加缝处理后的竹篾先进行不同温度的蒸汽高温热处理，再按照热压法生产竹材重组材的方法压制试材，并测试其物理力学性能。结果表明，在试验范围内，竹篾热处理温度越高，压制成的竹材重组材吸水厚度膨胀率越低，尺寸稳定性越好；此外，竹篾经高温热处理后，竹材重组材的力学性能与竹篾未处理材相比有一定程度的下降，且MOR的下降速率高于MOE。

关键词：竹篾；竹材重组材；高温热处理；物理力学性能

高温热处理是将竹、木材放入高温、无氧或者低氧的环境中进行一段时间热处理的物理改性技术。热处理温度通常为160～230℃，是一种不添加任何化学物质的竹、木材物理改性处理方法。根据保护及传热介质的不同，高温热处理可分为蒸汽、热油和惰性气体3种处理工艺。由于蒸汽容易获得，目前广泛采用的是高温（过热）蒸汽处理工艺。

蒸汽高温热处理过程可分为3个阶段，即：高温干燥、高温热处理、降温和调湿。窑或容器内蒸汽加热可采用导热油、电加热器或炉气通过散热器来实现，并使蒸汽保持较高的流速，达到较高的传热效率和材料处理均匀的目的。

高温干燥阶段的温度为100～130℃。在此阶段，首先通过喷入蒸汽排出窑或容器内的空气，达到氧含量≤3%。同时应根据材料的种类和初含水率确定合适的升温速度。通过干燥，材料的含水率降低至几乎绝干（一般 1%～3%）。干燥阶段所用的时间主要取决于木材的初含水率，树种和木材的厚度。合理的干燥对防止木材内裂非常重要。

高温热处理应采用一定的升温速度使窑或容器内温度增加到160～220℃。热处理温度值取决于最终用途和对材色的要求。

热处理结束后应对木材进行降温和调节含水率。当温度降至80～90℃时，根据最终用途通过喷蒸对材料进行调湿，达到适当含水率（5%～7%）。高温热处理后，木质材料的一些化学性质和物理性质发生了永久改变，使其由湿度不同而导致的干缩和湿胀减小，生物耐腐蚀性提高，材色加深，平衡含水率降低，pH降低，隔热性能提高，故能长期在室外使用[1, 2]。

1　材料与方法

1.1　材料

竹篾：取自浙江富阳力达竹胶模板有限公司，是一种去青去黄、经齿形辊碾压后呈横向不断裂、纵向较松散的竹篾，尺寸为：长400mm，厚2～4mm，宽15～20mm。竹篾的初含水率10%～12%。

胶黏剂：取自上述同一公司，为水溶性酚醛树脂，固含量50%。加水稀释至固含量28%，待用。

1.2　方法

1. 竹篾高温热处理

预留2份竹篾（每份2000g）不进行高温热处理，用作对照试验，其余竹篾分3种温度（130℃、160℃、

本文原载《林业科学开发》2008年第22卷第6期第80-82页。

190℃）在自行设计的常压高温热处理箱进行处理。处理过程中利用蒸汽发生器不断补充因箱体泄漏而损失的蒸汽，工艺过程如下。

（1）130℃处理：先将温度值设定为100℃，升温及保温时间1.5h，然后将温度设定为130℃，升温及保温3h后降温，待温度降到70～80℃后，通入较多的蒸汽，保持1～2h进行调湿。

（2）160℃处理：方法同上，不同之处是当温度130℃时，升温及保温1h，然后温度设定为160℃，升温保温2h。

（3）190℃处理：不同之处是在130℃、160℃、190℃温度下各保温1h。

为了保证含水率均匀性，处理后的竹篾置于恒温恒湿箱72h后再进行热压。

2. 竹材重组材压制

竹材重组材生产工艺如下：

处理和未处理竹篾 → 浸胶 → 干燥 → 组坯 → 热压 → 堆放 → 锯解

竹篾浸胶量为8%（绝干重量之比），浸胶后竹篾干燥温度70℃，干燥至含水率12%～15%。竹篾全纵向组坯（设定密度1.05g/cm^3），并用棉绳捆扎。热压采用"热进冷出"工艺，压力4.5MPa，温度140℃，时间1.0min/mm板厚。毛板堆放24h后，去除两侧边密度较低部分，将中部达到设定密度部分锯解成试件。

2 结果与分析

每一种处理温度各压制两块板材，采用GB/T4897—92标准进行测试，取测试数据平均值，不同处理温度压制的竹材重组材的主要物理力学性能见表1。

表1 不同温度处理的竹材重组材物理力学性能比较

处理温度/℃	密度/(g/cm^3)	弹性模量MOE/MPa	静曲强度MOR/MPa	最大弯曲力/kN	吸水厚度膨胀率/%		
					24h	48h	96h
对照	1.054	12 100	129.44	3.59	2.095	3.979	6.410
130	1.071	11 669	115.48	3.39	1.654	2.607	4.043
160	1.095	11 383	112.42	2.98	1.345	2.060	3.421
190	1.120	10 986	102.67	2.52	1.164	1.982	2.698

由表1可以看出，经高温热处理的竹材重组材与未经热处理材相比，热处理材的力学性能有所下降，但吸水厚度膨胀率远低于未处理的板材。同时可以看出，热处理温度越高，竹材重组材的力学性能下降越大（图1）。用130℃处理后竹篾压制的竹材重组材MOE下降3.6%、MOR下降11%；160℃处理后，其MOE下降6%、MOR下降13%；190℃处理后，其MOE下降9%、MOR下降21%，可以看出，随着热处理温度升高，MOR下降速率大于MOE。另一方面，热处理温度越高，竹材重组材的吸水厚度膨胀率相比对照材下降越多（图2）。以吸水厚度膨胀率下降率（对照材吸水厚度膨胀率–处理材吸水厚度膨胀率/对照材吸水厚度膨胀率）表示，130℃处理后，其24h吸水厚度膨胀率下降21%；48h吸水厚度膨胀率下降34%；

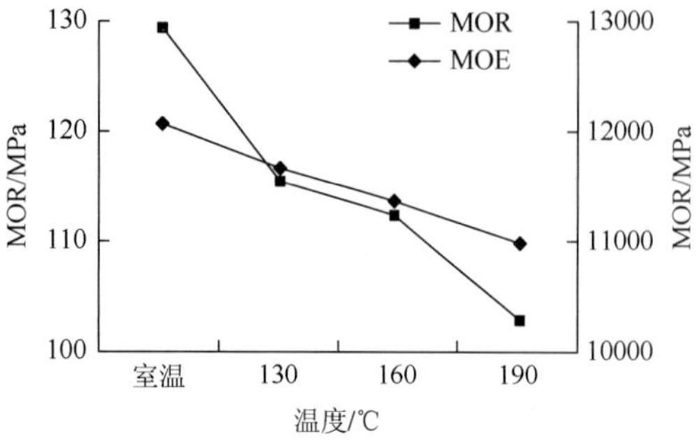

图1　竹材重组材MOR、MOE比较

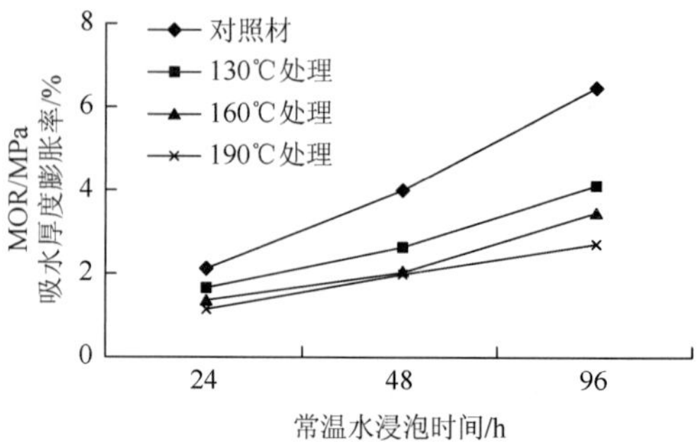

图2　竹材重组材吸水厚度膨胀率比较

96h吸水厚度膨胀率下降37%；160℃处理后，其24h吸水厚度膨胀率下降36%，48h吸水厚度膨胀率下降48%，96h吸水厚度膨胀率下降47%；190℃处理后，其24h吸水厚度膨胀率下降44%，48h吸水厚度膨胀率下降51%，96h吸水厚度膨胀率下降53%。

试验结果验证了国内外相关研究结论，即高温热处理后，木质材料中大部分半纤维素发生热解，从而降低材料的干缩湿胀性。半纤维素是无定形的物质，由两种或多种糖基组成，其结构具有分支，主链和侧链上含有亲水性基团，因而是木材中吸湿性最大的组分。热处理过程中，半纤维素中的某些多糖容易裂解为糠醛和某些糖类的裂解产物，在热量的作用下，这些物质又能发生聚合作用生成不溶于水的聚合物，从而降低木质材料的吸湿性[1, 3]。同时，纤维素的羟基减少，结构发生变化，也可降低吸湿性。但纤维素聚合度降低，氢键被破坏，使得木质材料的力学强度有所损失[4]。此外，高温处理使木质材料抽提物部分被汽化，木质素中的发色基团和助色基团发生化学变化，导致材色加深[1, 3, 5]。

3 结　论

（1）用蒸汽高温热处理方法处理竹篾是可行的。本试验采用的3种处理温度中，以190℃处理竹篾压制的竹材重组材改性效果最佳。今后要在处理温度、处理时间、加热速率、试件尺寸、初含水率对处理效果方面作进一步研究。

（2）与对照材相比，用蒸汽高温热处理竹篾生产的竹材重组材，其吸水厚度膨胀率可大幅度降低。在本试验范围内，热处理温度越高，竹材重组材吸水厚度膨胀率越低，尺寸稳定性越好。

（3）高温热处理后，竹材的力学性能有一定程度的下降，且MOR的下降速率高于MOE。

参考文献

[1] 吴帅，于志明. 木材炭化技术的发展趋势. 中国人造板，2008，15（5）：3-6.

[2] 顾炼百，涂登云，于学利. 炭化木的特点及应用. 中国人造板，2007，14（5）：30-32.

[3] Mari N，Tapani V，et al. The effect of a heat treatment on the behavior of extractives in softwood studied by FTIR spectroscopic methods. Wood Science and Technology，2003，37：109-115.

[4] Santos J A. Mechanical behavior of Eucalyptus wood modified by heat. Wood Science and Technology，2000，34：39-43.

[5] Bekhta P，Niemz P. Effect of hight emperature on the change in color，dimensional stability and mechanical properties of spruce wood. Holzforschung，2003，57（5）：539-546.

竹材重组材高频加热胶合成型压机研制及应用

蒋身学[1]　张齐生[1]　傅万四[2]　穆国君[3]
（1 南京林业大学竹材工程研究中心　南京　210037；
2 国家林业局北京林业机械研究所　北京　100714；
3 青岛国森机械有限公司　青岛　266700）

摘　　要

在分析当前竹材重组材生产方法及设备的基础上，提出了高频加热胶合成型方法。重点介绍了高频加热胶合成型机的主要参数设计、高频发生器参数设计，最后简单介绍了高频加热胶合工艺及用该设备生产的竹材重组材的物理力学性能。

关键词： 竹材重组材；高频加热；胶合成型压机；参数设计

竹材重组材是近年发展起来的新型结构材料，具有生产工艺简单、产品密度大、强度高、耐磨损、花纹酷似贵重木材、用途广的优点[1]。自从 20 世纪末面世以来，得到业界和市场的推崇，在国内迅速发展。据统计，2009 年全国共生产竹材重组材地板超过 600 万 m^2。同时，竹材重组材作为仿红木家具、建筑构件材料的市场也逐渐成熟，将会形成新的市场需求[2]。

但是，目前生产上采用的冷压成型法和热压成型法及其设备不能适应其快速发展的需要。所谓冷压法就是利用超高压（单位压力 70MPa）在不加热的情况下将竹篾在模具内压缩至需要的密度，在压力条件下用螺栓固定，然后竹篾连同模具放入高温烘房内加热。冷压法的优点是工艺简单、操作简便，缺点是模具多且使用寿命短、内应力大、养生时间长。特别是超高压引起细胞腔压溃，造成压溃的竹纤维缺胶且内应力不易释放，在使用过程中，特别是户外使用易出现开裂、变形等缺陷。冷压法所采用的设备为无加热装置的冷压机，为保证有足够大的压力，其加压面积较小，通常是一次仅压一根 1800mm×103mm×103mm 的方材。同时冷压机承受周期式的大压力，也容易变形，影响产品的尺寸精度。

热压成型法与常规多层热压机生产方法相似，只是组坯在模具或带特殊厚度规的垫板上进行。其优点是采用相对较低的压力，产品内应力较小，断面密度面层高芯层低，在同等质量情况下产品力学性能较好，尺寸较稳定[3]。但是，热压法只能生产厚度≤40mm 的板材。因为板坯是通过热平板接触传热获得加热，板坯越厚，热传递需要的时间越长，导致表层胶黏剂过分固化而发脆。因此，开发研制新型设备及工艺是目前竹材重组材生产中亟待解决的问题。

1　设计思想

高频热压胶合是利用施加了胶黏剂的纤维材料作为介质，组坯后被两块作为极板的金属压板（铝板或不锈钢板）紧紧夹在中间形成一个电容，给两个金属板加上电压，在两极板中间产生一个电场，板坯中的水分子（包括液体胶黏剂分子）被极化排列。当外加电场以极高的频率变化时，水分子也被迫跟随外电场高速旋转和振动，使分子间产生剧烈的摩擦和碰撞，导致材料的介电损耗急剧增加而发热，促使胶黏剂快速干燥固化胶合[4]。高频加热适宜胶合大尺寸方材和厚板，而竹材重组材为了适应家具和建筑的需要，厚度达 150～200mm。因此，采用高频加热热压成型是解决当前竹材重组材生产中存在问题的最佳选择。

研制的竹材重组材高频加热成型压机由液压机和高频发生器两部分组成。

本文原载《林业科技开发》2011 年第 25 卷第 3 期第 109-111 页。

2 液压机参数设计

2.1 设计依据

竹材重组材尺寸：3000mm×800mm×200mm；竹材重组材物理力学性能：密度 0.75～1.1g/cm^3，$MOR_{\|}$≥110MPa，$MOE_{\|}$≥10 000MPa。

2.2 垂直正向压力及液压系统确定

采用油缸上置式结构。参考普通热压机制造竹材重组材常用的单位压力 p 范围 6.0～7.0MPa，竹材重组材断面尺寸 f：300cm×80cm，液压机的公称总压力 P 应为 14.4～16.80MN，取 $P = 18.0$MN。

采用 6 只 D380mm 的柱塞油缸提供垂直正向压力，4 只活塞油缸提供提升力，油缸行程 900mm，压制工件最小厚度尺寸 25mm。高压液压泵为 63YCY 柱塞泵。

2.3 侧向加压结构设计

作为结构材料，竹材重组材压制时四周均需要压紧，产品才能达到密度均匀、强度高的效果。因此，除了上下方向的主要压力外，两侧向也需提供足够的辅助压力。为了满足绝缘的要求，两侧向滑块（侧模）采用环氧树脂玻璃纤维层压板和聚四氟乙烯板制成，利用前者的强度和后者的高绝缘性能。侧向绝缘材料的尺寸为 400mm（宽）×330mm（高），防止电场侧向击穿，侧模左右相对移动距离各为 10mm。除了左右移动外，侧模对中移动到位必须在工作位置上固定，防止在正压力作用下，竹篾的侧向压力引起侧模位移。侧模定位由每边两对斜块（定位模）组成的自锁作用完成，通过上定位模的上下移动实现位置锁紧或松开。侧模移动和定位分别由各自的活塞油缸完成。由于在主油路系统不工作的情况下进行，侧模采用单独的油泵驱动。高频加热成型压机的动作顺序为：进料机进料—进料机回程—侧模推进—定位模下降—侧模定位—上压板快速下降—升压—高频加热—补压、保压—分级卸压—定位模上升—侧模复位—上压板回程—停止。

2.4 进料及卸板装置

为了减少辅助时间，设计专门的进料和卸板机构。由于竹篾坯断面尺寸大于毛坯厚板，设计两套驱动集成在一起。进料时通过轨道运行至压机中心线位置，压机工作时退回至一边。

3 正负极、绝缘配置及高频发生器参数

3.1 设计依据

竹篾（介质）尺寸（宽×厚）：（1.5～2.5）mm×（2～5）mm（经辊压加缝处理）；竹篾含水率：8%～13%；胶黏剂：酚醛树脂胶黏剂；板坯尺寸变化：根据经验，在保持压力的条件下，板坯加热前的厚度尺寸一般是成品厚度的 3/2；生产能力：20m^3/三班。

3.2 正负极及绝缘配置

固定的下压板为正极，上下移动的上压板为负极。下压板由上往下依次为不锈钢板、铜板（正极）、环氧树脂层压板、机架。高频加热成型压机正负极及绝缘层配置示意图见图 1。

3.3 高频发生器参数确定

（1）每周期加热时间。考虑到保压、分段降压、排汽、装卸料时间，每一周期总的时间 $T = 30$min，则利用高频加热软化、压缩竹篾的加热时间 t<18min/周期。

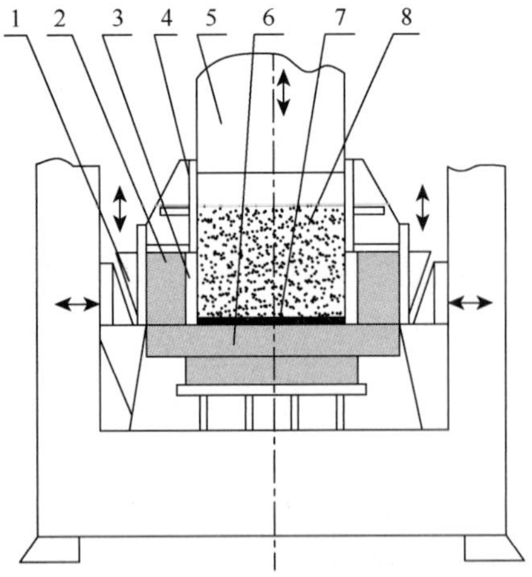

图 1　高频加热成型压机正负极及绝缘层配置

1. 定位斜滑块；2. 侧环氧树脂玻纤层压板；3. 聚四氟乙烯绝缘板；4. 钢侧压板；5. 上压板（负极）；6. 下环氧树脂玻纤层压板；7. 铜板和不锈钢垫板（正极）；8. 带胶竹篾（压缩前）

（2）高频发生器参数。振荡功率：N_{max}≈120kW（相应输入功率 = 180kW）；振荡频率：f = 6.78MHz；振荡管：FD-934SD（陶瓷水冷管）；高压主变压器：容量 200kVA，分 3 挡：7000V/10 000V/13 000V。

3.4　其他设计要点

竹篾板坯被加热后，在压力作用下，其厚度降低，始末工作电容量（负载阻抗）差异范围大。为此，设计时从以下两方面考虑：①阳极槽路线圈和栅极反馈线圈的电感量在工作状态下能实现平滑调节；②除振荡回路中设可调真空电容外，还在负载工作电容端并联一只可调真空电容，用于调节、补偿负载工作电容的变化。此外，设计各种安全保护警示系统，如机柜机安全互锁、阳流过载保护、振荡管冷却水流量电控、水压继电器监控等。

4　设备操作及影响因素

4.1　操作工艺步骤

竹材重组材高频加热成型压机的操作工艺如下：

浸胶竹篾干燥 → 含水率调节 → 称重 → 进料 → 侧模到位 → 加正压 → 高频加热 → 保温保压 → 分段降压 → 侧模复位 → 卸正压 → 毛板推出 → 后期加工

4.2　影响因素

1. 板坯厚度

单位体积竹木材在高频电场中吸收的热功率可以用功率密度 P_v 值表示。P_v 与电场强度 E、电场频率 f 和介质损耗因素 ε' 之间的关系为

$$P_v = 0.556 f E2\varepsilon' \times 10^{-12}\text{W/cm}^3$$

由此可知，高频加热是一种直接式加热方法，与竹木材的热传导性以及尺寸形状无关。对于一台成型的高频设备，其频率 f 是一定的。电场强度 $E = U/d$，电压 U 确定后，板坯厚度 d 变化对电场强度也就是功率密度影响很大，成平方关系。对于竹材重组材高频加热压机来说，最后成品厚度为加热前的 2/3 左右。加热过程中，随着厚度减小，其电场强度也随之大幅度降低。采取的措施是及时进行负载匹配，保持电子管阳极电流与栅极电流之比为 5 左右。对于装料量不同引起的厚度变化，可调节与负载并联的真空电容量使之匹配。

2. 含水率及铺装均匀性

一般来说，胶黏剂的介质损耗因素大于木材，水的介质损耗因素又远大于树脂，所以含水率是影响高频胶合产品质量的最重要因素。含水率越高加热越迅速，但含水率过高会使电阻率下降，临界击穿场强降低，板坯加热时容易击穿烧毁[3]。水分过多也会吸收太多热量，使胶黏剂的固化受到影响，影响板材质量。研究表明，含水率为 8%～13%时高频胶合为宜[4]。因此，在生产中，竹篾浸胶干燥后应在含水率调节窑陈放一段时间。此外，如果铺装时很不均匀，压紧后材料密实的地方加热更快，容易导致加热不均匀。

5 应用本设备压制的竹材重组材物理力学性能

设备中试时采用产自云南的龙竹为原料，生产的竹材重组材性能如下：密度 0.98g/cm^3，$MOR_{\parallel}$ = 170MPa，$MOE_{\parallel}$ = 18 300MPa。

竹材重组材要达到断面及表面无缝隙，传统热压法产品密度必须达到 1.1g/cm^3 以上，而高频加热成型机生产的产品，根据中试结果，密度 0.95g/m^3 以上就能获得无缝隙的外观质量，这是高频加热的优势。

6 生产能力及能耗

6.1 生产能力

最大产品规格：3.0m×0.8m×0.2m；加热周期：30min；每天生产时间：22h；每年生产天数：254 天；生产能力：3.0×0.8×0.2×60/30×22×254 = 5364m^3/a。

6.2 能耗

根据中试生产 2600mm×800mm×180mm 的竹材重组材进行的测试，其阳极直流电压 7.5kv、阳极平均电流 10A，试验时连续加热时间 17min 计：平均输入功率：N = 7.5×10 = 75kW；每个周期电耗：W = 75×17/60≈21.3kW·h；每个周期的材积：2.6×0.8×0.18≈0.37m^3；重组材单位能耗：21.3÷0.37 = 57.6kW·h/m^3。按 0.8 元/kW·h 计算，生产 1m^3 竹材重组材的能耗费用：0.8×57.6≈46.1 元/m^3。即 1m^3 竹材重组材的能耗不会超过 50 元。根据竹材加工企业测算，传统蒸汽加热多层热压机生产 1m^3 竹材重组材仅燃煤费用就达 150～180 元/m^3。而且，由于温度高、板坯加热不均匀、传统多层热压机均采用冷-热-冷生产工艺，即热压过程结束后，向热压板内通入冷却水，通过传导的方式使板坯降温，防止卸板时发生由于内部蒸汽压力引起的“鼓泡”。冷却过程会消耗大量的水和热能。板坯进入热压机再次闭合时，热压板的温度仅有 50～60℃，必须再次加热至 140℃，如此循环，所以热能消耗大。因此，竹材重组材的能耗远低于传统蒸汽加热多层热压机。

7 结 语

竹材重组材高频加热成型压机已在浙江一家竹材加工企业进行小批量试生产，其高频加热生产工艺仍处于完善之中，但试生产的产品质量优于冷压和传统热压成型法，显示出高频加热胶合在竹材加工中具有良好的应用前景。

参 考 文 献

[1] 张彬渊. 重组竹——可持续发展的家具优质新材料. 家具，2008，(3)：64-66.
[2] 吕清芳，魏洋，张齐生，等. 新型抗震竹质工程材料安居示范房及关键技术. 特种结构，2008，25 (4)：6-10.
[3] 蒋身学，程大莉，张晓春，等. 高温热处理竹材重组材工艺及性能. 林业科技开发，2008，22 (6)：80-82.
[4] 陈勇平，王金林，李春生，等. 高频介质加热在木材胶合中的应用. 木材加工机械，2007，(5)：37-41.

足尺重组竹受弯构件的试验与理论分析

魏洋[1,2]　吴刚[2]　张齐生[1]　蒋身学[1]
（1 南京林业大学　南京　210037；
2 东南大学　南京　210096）

摘　　要

通过5个足尺重组竹受弯构件的试验与理论分析，详细研究了重组竹的抗弯性能。研究表明，重组竹受弯构件的典型破坏形态是底部竹纤维拉断和中性轴附近层间剪切破坏，重组竹受弯构件的设计由截面刚度控制，对应挠度限值 $L/250$ 的荷载值 $P_{L/250}$ 与极限荷载 P_{max} 的比值有较好的稳定性，通过回归建立了重组竹抗弯强度 f_m 与弹性模量 E 的相关关系模型，弹性模量表达的刚度能够准确预测承载力；对于重组竹受弯构件，平截面假定依然成立；参考木结构设计计算方法，考虑竹材重组竹的材料特性，给出了重组竹受弯构件的计算方法，初步建议了重组竹抗弯强度设计值、顺纹抗剪强度设计值、弹性模量 E 的设计指标。

关键词：竹结构；竹质工程材料；重组竹；受弯构件；力学性能

国内外针对竹材先后开发了竹材胶合板、竹材集成材、竹材层积材、竹材重组材等多种竹质工程材料，产品品种已经系列化和标准化[1]，竹材作为结构的主要材料在土木工程领域的研究与应用尚处于起步阶段，但已引起越来越广泛的兴趣。竹材较钢材、混凝土、木材具有更高的强重比[2]，竹材作为建筑材料具有环保、低碳、可再生、经济等优良性能[3]，尤其在住宅建筑中更具有广阔的前景[4]，竹材的现代利用可在部分工程中替代混凝土、钢、木等传统材料[5]。目前，针对竹结构的研究集中于节点、原竹结构和胶合竹结构的基本受力性能：文献[6]针对原竹研究了PVC新型连接节点，可应用于中等跨度的轻质竹结构的建造；文献[7]利用竹层积材加工成不同尺寸和形状的梁部件，然后用螺栓、夹板、钉子等金属连接件连结和组装，制成竹层积材屋架，并在云南屏边小学的校舍建造中进行了应用；文献[8]以普通的竹材胶合板为基本材料，使用常规的规格板材，采用模块式设计和生产，进行了快速装配式竹结构抗震安置房的建设；文献[9]对胶合竹板制成长梁的成型工艺和构件的力学性能进行了研究，并以胶合竹板为基本材料建造了竹结构人行桥梁；文献[10]对层积材梁进行了较为深入的研究，研究了层积材梁的破坏特征及承载性能；文献[11]以重组竹柱、层积材梁和竹帘胶合板楼板构建了现代竹结构抗震安居房体系，梁柱结构体系承重，金属节点连接。利用竹材制品而建造的竹结构生态性、装配化、抗震性等各个方面具有与木结构相似的优良性能，而相对于竹材胶合板、竹材集成材、竹材层积材等制品，竹材重组材具有更好的材料均质性，力学性能更稳定，竹材利用率更高，然而，针对竹材重组材的抗弯性能的研究目前还未见公开报道。笔者通过5个足尺重组竹受弯构件的试验与理论分析，详细研究了重组竹抗弯性能，包括其破坏形态、计算方法及其力学性能的设计指标等，为重组竹在土工工程领域的应用奠定一定的基础。

1　重组竹生产工艺与加载测试

1.1　重组竹生产工艺

重组竹又称重竹，是一种将竹材重新组织并加以强化成型的新型竹质工程材料，其是将竹材碾压加工为纵向不断裂、松散而交错相连的竹丝束，以竹丝束为基本单元，通过干燥、浸胶、组坯、热压固化而成的一种高强度、高密度、材质均匀、纹理美观的新型竹质工程材料，其广泛应用于高档地板、家具制作领域，作为建筑构件也是理想的材料。重组竹的成型工艺可分为普通热压工艺、冷压工艺和高频热压工艺3

本文原载《土木建筑与环境工程》2012年第34卷（增刊）第140-145页。

种[12]：热压成型法构件的厚度一般不能超过 50mm，冷压成型法的构件长度目前不超过 2000mm，高频热压成型法突破了重组竹生产的厚度和长度等局限，目前已经处于初试阶段。本文所采用的重组竹构件仍然为冷压成型工艺生产，关键工艺如图 1 所示（(a) 为浸胶干燥后的竹丝束，(b) 为冷压机械，(c) 为竹材冷压坯料装模加锁情况，(d) 为冷压成型重组竹方料）。

(a) 竹丝束　(b) 冷压机械　(c) 冷压坯料装模加锁　(d) 重组竹方料

图 1　重组竹冷压成型关键工艺

1.2　试验加载及测试

为研究重组竹受弯构件的抗弯性能，共制作了 5 个重组竹受弯构件，分别以 B1～B5 编号，试件尺寸为 1870mm×160mm×106mm，加载装置采用杭州邦威结构加载系统，四点弯曲加载，两加载点间距 570mm，试件全长 1870mm，两支座中心线间距 1710mm。正式加载前，先预加 3kN 荷载对试件预压，检查仪器是否正常工作以及消除接触不良现象，加载过程中采用位移控制加载，试验初期加载速度为 2mm/min，在接近理论最大荷载时速度变为 1.5mm/min，以便观察试件的具体破坏过程。试验时，测量试件跨中位移，同时在跨中截面沿试件高度及顶、底面粘贴应变片测量侧面应变及顶、底面应变，试件外表面共计布置了 9 个应变片，分别记为 $1^{\#}$～$9^{\#}$，具体的加载装置图及跨中截面应变片布置如图 2 所示。

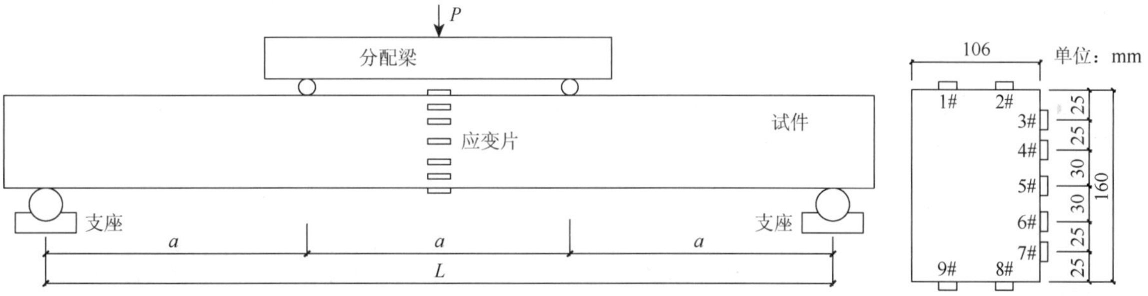

(a) 加载装置图　(b) 跨中截面应变片布置

图 2　加载装置图及跨中截面应变片布置

2　试验结果与分析

2.1　荷载-位移曲线及破坏特征

图 3 给出了试件的跨中位移随荷载的变化曲线，在加载初期，随着荷载的增加，位移基本呈线性增加，继续加载，曲线的斜率呈逐渐减小的变化，定义荷载-位移曲线由线性变化为非线性的转折点为比例极限 P_y，B1～B5 的比例极限 P_y 分别为 128.1kN、98.6kN、90.0kN、110.3kN、83.9kN，其约为极限荷载的 60%～70%，继续加载，构件表现出一定的塑性变形，刚度略有下降，变形渐趋明显，荷载上升越来越慢，在接近极限荷载时，出现竹纤维断裂的轻微响声。

各重组竹受弯试件的破坏特征的典型照片见图 4。其典型破坏形态可归纳为两种。破坏形式 1 为试件底部竹纤维拉断（如 B1、B2、B3、B5），其破坏发生于试件中部弯矩较大区域，由于底部最外层纤维所受拉应力最大，在达到极限荷载时底部外侧纤维受拉断裂，其裂口齐整，裂口高度 20～30mm，约为截面高度的 1/8～1/5，其一旦出现裂口，再继续加载时，即在裂口顶端产生水平纵向裂缝，水平纵向裂缝自裂口开始，沿试件的纵向向两端扩展，使得水平纵向裂缝以下的竹材逐渐丧失承载作用，截面裂缝以上竹材

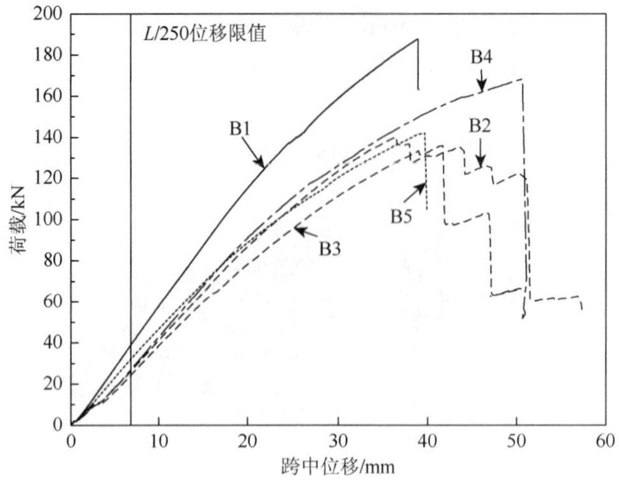

图 3　试件荷载-跨中位移关系曲线

继续工作，并维持一定的荷载值，持续加载，在试件跨中区域，竹材继续向上断裂，截面有效高度越来越小，承载力呈阶梯形下降（如 B2、B3），受拉破坏是重组竹受弯试件的主要破坏形式，虽然受压区较早进入塑性，但其极限压应变较大，而受拉断裂更容易在受拉侧区瑕疵处出现（如竹纤维搭接、不连续处等）。破坏形式 2（图 5）为试件中性轴附近发生沿着纵向水平的竹纤维层之间的层间剪切破坏（如 B4），在剪力作用下，中性轴附近剪应力最大，加载后期，在试件轴线方向出现一条贯通左右的水平裂缝，截面中部发生了竹材层间的水平错动，荷载急剧下降，达到其极限荷载，分析原因，由于重组竹的胶合特性，其层间剪切强度不足，在剪力作用下，发生剪切破坏，尤其是高跨比较大时。

各重组竹受弯试件在破坏时，试件的变形都非常显著，跨中位移 36～50mm，约为跨度的 1/50～1/30，根据中国《木结构设计规范》[13]规定，作为结构的受弯构件，梁和搁栅的挠度限值为 $L/250$（L 为跨度），各试件破坏时的挠度均远远超过这一限值，从图 3 可以看出，各试件对应 $L/250$ 的荷载值与极限荷载相差甚远，按照规范的挠度限值要求，其材料强度得不到充分发挥，构件设计由截面刚度控制；从各试件荷载-位移曲线对比情况分析，除了试件 B1 的荷载值较大、刚度较大外，其他几个试件的试验曲线非常接近，离散型很小，表现出较为稳定的力学性能，其优于竹材层积材的试验结果[10]，反映了重组竹材料较好的均质性。

(a) 试件B1　(b) 试件B2　(c) 试件B3

图 4　破坏形式 1：底部纤维脆性断裂

(a) 正面　(b) 侧面

图 5　破坏形式 2：纵向剪切破坏（B4）

2.2 承载特性分析

各试件试验结果及截面刚度分析见表 1，包括最大荷载 P_{max}、比例极限 P_y、对应 $L/250$ 时的荷载值 $P_{L/250}$ 及弯曲弹性模量等。最大荷载 P_{max} 的最大值为 187.6kN，最小值为 136.0kN，不计剪切破坏的 B4，平均为 151.5kN，标准差 22.3kN，按弹性理论计算，相应抗弯强度平均为 95.5MPa，标准差 15.3MPa，变异系数为 0.16。由虚功原理，忽略剪力与轴力的影响，可以推导出四点加载弯曲试件跨中挠度计算公式：

$$\Delta=\frac{Pa}{48EI}(3L^2-4a^2) \tag{1}$$

式中，Δ 为跨中挠度；P 为两加载点总荷载；E 为竹材弹性模量；I 为截面惯性矩；L 为梁跨度；a 为加载点距支座的距离（图 2）。

表 1 各试件试验结果及截面刚度分析

梁编号	B1 梁	B2 梁	B3 梁	B4 梁	B5 梁	平均	标准偏差	标准值
最大荷载 P_{max}/kN	187.6	140.3	136.0	168.2	142.0	151.5	22.3	114.8
抗弯强度/MPa	118.2	88.4	85.7	—	89.5	95.5	15.3	70.4
$L/250$ 时的荷载 $P_{L/250}$/kN	35.5	23.3	21.9	24.2	29.5	26.9	5.6	17.6
$P_{L/250}/P_{max}$	0.19	0.17	0.16	0.14	0.21	0.17	0.03	0.13
$L/250$ 时的弯曲弹性模量/MPa	14 418	11 408	10 730	12 165	10 961	11 936	1491	9483

注：挠度限值楼板梁和搁栅及 l>3.3m 的檩条 $L/250$[13]，试验梁即是 6.8mm，表中标准值取其正态概率分布的 0.05 分位值确定，实际建筑结构设计中，弹性模量标准值以概率分布的 0.5 分位值确定（见后文）。

由公式（1），可以推得竹材弯曲弹性模量可按公式（2）计算，对应 $L/250$ 时各试件的弯曲弹性模量平均为 11 936MPa，标准差 1491MPa，变异系数为 0.12，具有 95%的保证率的标准值为 9483MPa。

$$E=\frac{Pa}{48\Delta I}(3L^2-4a^2) \tag{2}$$

根据文献[10]的试验结果，竹材层积材梁的抗弯强度平均值为 60.7MPa，标准差 14.5MPa，弹性模量平均值为 12 610MPa，标准差 1609MPa，对比分析，可以得出结论：重组材的抗弯强度明显高于层积材，变异系数较小，强度稳定性较好，而重组竹的弯曲弹性模量与层积材并无明显区别，二者相近。虽然各试件的承载力和弹性模量都有着一定的离散型，但同时可以发现 $P_{L/250}$ 与 P_{max} 的比值 $P_{L/250}/P_{max}$ 有较好的稳定性，平均为 0.17，这与竹材层积材的试验结果相似[10]，即意味着构件的刚度高时，其承载力一定较大，进一步对重组竹抗弯强度 f_m 与弹性模量 E 的关系进行分析，如图 6 所示，二者具有非常好的相关性，对数据进行回归可得到公式（3），相关指标 $R^2=0.97$，意味着弹性模量高时其强度即高，弹性模量表达的刚度能够很好地预测承载力。

$$f_m=0.008E \tag{3}$$

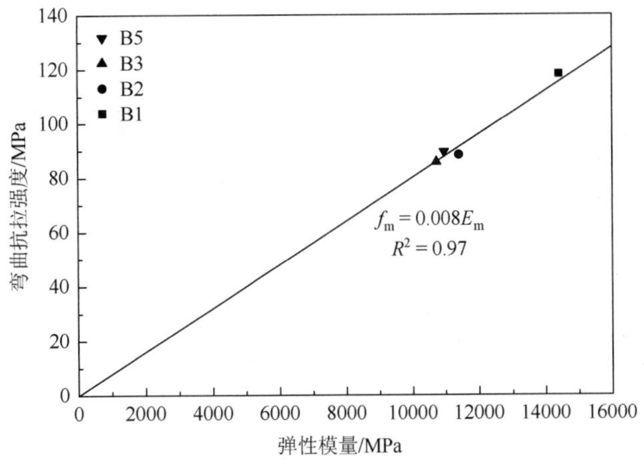

图 6 重组竹抗弯强度 f_m 与弹性模量 E_m 的关系

根据试件 B4 的试验结果，其沿着纵向水平发生剪切破坏，在剪区，剪切破坏的水平面基本位于截面高度 1/2 附近，根据极限承载力，按照剪应力计算公式（5），代入荷载及几何参数，推算重组竹的纵向层间剪切强度为 7.44MPa，文献[14]根据重组竹梁的试验结果得到各试件的抗剪强度为 6.34～7.75MPa，平均 7.09MPa，本文试验结果与文献[14]的试验结果相近，这为重组竹试件的抗剪验算提供重要依据。

2.3　截面应变分析

图 7 为典型试件跨中截面的应变随荷载的变化，正为拉负为压，可以看出，在整个加载过程中，无论是受拉区，还是受压区，各测点的荷载-应变关系基本可近似为线性变化，只是在后期表现出一定的非线性，尤其是受压区的塑性表现明显，在达到极限荷载时，各试件受压区的竹纤维最大应变可达 0.010～0.011，受拉区的竹纤维最大应变可达 0.008～0.010，截面最大拉应变略低于截面最大压应变，即使如此，受压区的最大压应变距离竹材 0.015～0.020 的极限压应变还较远，其受压的塑性并未充分发挥。试验过程中，重组竹试件截面平均应变沿截面高度基本呈线性分布，图 8 为典型试件跨中截面应变沿高度变化图。

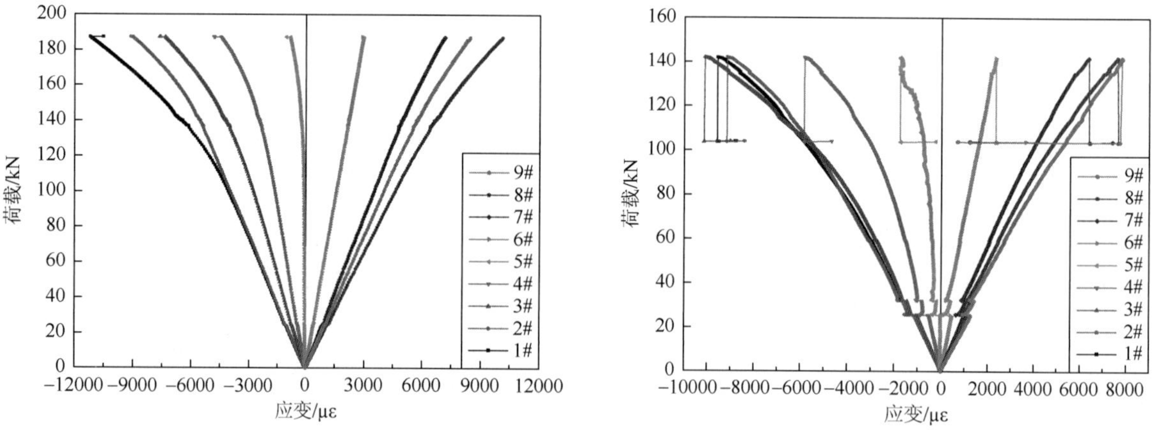

(a) 试件B1　　(b) 试件B5

图 7　典型试件荷载-跨中截面应变曲线

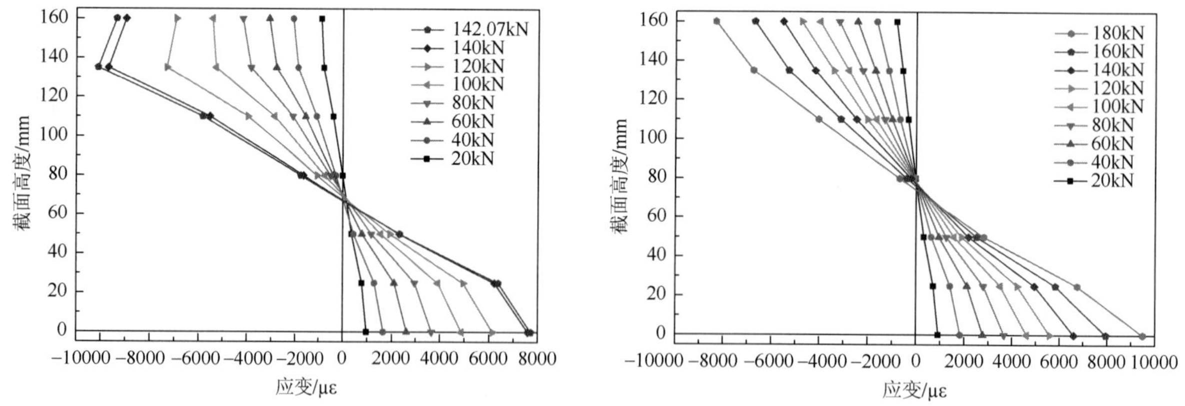

(a) 试件B1　　(b) 试件B5

图 8　典型试件跨中截面应变沿高度变化图

可以看出平截面假定对于重组竹受弯构件是成立的，由于加载过程中试件受压边缘先进入塑性，而竹材受拉强度较高，受拉侧仍处于弹性阶段，此时中性轴不断下移，随着达到极限拉应变，试件最终破坏，中性轴的位置在加载过程中下降变化幅度不大，整个加载过程，中性轴距离梁底距离为 68～76mm，约为 0.425～0.475h（h 为截面高度），平均 0.45h，大约位于截面中部略微偏下，这与竹材层积材梁的试验结果也极为相似[10]。

3 重组竹受弯构件的设计计算

目前，中国《木结构设计规范》对木结构受弯构件设计计算是基于弹性理论的一种简化方法，未考虑木材的弹塑性发展过程，未考虑构件实际承载的极限状态，对重组竹受弯构件，目前完整的重组竹应力-应变关系模型还未能建立，已有的研究表明竹材的受力性能与木材相似[1-11]，暂参考木结构设计计算方法，考虑竹材重组竹的材料特性，即可完成重组竹受弯构件的计算，其抗弯承载力、抗剪承载力分别按公式（4）、（5）计算，其挠度按照公式（6）验算：

$$\frac{M}{W_{\mathrm{n}}} \leqslant f_{\mathrm{m}} \tag{4}$$

式中，f_{m}为竹材抗弯强度设计值；M为弯矩设计值；W_{n}为净截面抵抗矩。

$$\frac{VS}{Ib} \leqslant f_{\mathrm{v}} \tag{5}$$

式中，f_{v}为竹材纵向抗剪强度设计值；V为剪力设计值；I为全截面惯性矩；b为截面宽度；S为剪切面以上的截面面积对中性轴的面积矩。

$$w \leqslant [w] \tag{6}$$

式中，$[w]$为受弯构件的挠度限值；w为受弯构件按荷载效应的标准组合计算的挠度。

对于公式（4）～（6）所涉及的重组竹力学性能指标：抗弯强度设计值f_{m}、抗剪强度设计值f_{v}以及弹性模量E理论上应该通过大量的试验进行确定。对于普通木材强度，中国《木结构设计规范》仍是基于无疵小试件试验确定，需要考虑天然缺陷、尺寸效应等因素对强度的影响，将小试件试验所获得的参数转化为结构木材的统计参数[13]，过程较为复杂，而国际上现较为流行的是基于足尺试件试验确定木材强度，因为足尺试件的试验结果已经包含了天然缺陷、尺寸效应等因素的影响。笔者基于试验的结果，遵循《建筑结构可靠度设计统一标准》[15]规定，材料强度的标准值可取其概率分布的 0.05 分位值确定，材料弹性模量标准值可取其概率分布的 0.5 分位值确定，建议如下：鉴于竹材与木材力学性能的相似性，参考木材抗拉分项系数，顺纹抗弯 $\gamma_{\mathrm{R}} = 1.6$，顺纹受剪 $\gamma_{\mathrm{R}} = 1.5$[16]，其重组竹抗弯强度设计值 $f_{\mathrm{m}} = f_{\mathrm{k}}/\gamma_{\mathrm{R}} = 44.0\mathrm{MPa}$，顺纹抗剪强度$f_{\mathrm{v}}$的变异系数参考抗弯强度的变异系数，取 0.15，偏于安全地取发生顺纹剪切破坏的 B4 的剪切强度作为f_{v}平均值，则重组竹顺纹抗剪强度设计值 $f_{\mathrm{v}} = f_{\mathrm{k}}/\gamma_{\mathrm{R}} = 4.16\mathrm{MPa}$，弹性模量$E$的设计指标取其标准值，根据概率分布的 0.5 分位值确定，故重组竹弹性模量设计指标可取 11 936MPa。

4 结　　论

笔者对 5 个足尺重组竹受弯构件进行了试验研究，重组竹受弯构件表现出优良的结构性能，在土木工程领域具有很好的应用前景，根据试验结果和理论分析，可得到如下结论：

（1）重组竹受弯构件的典型破坏形态是底部竹纤维拉断和中性轴附近层间剪切破坏：底部竹纤维拉断是由于底部最外层纤维所受拉应力最大而导致底部外侧纤维受拉断裂，其裂口齐整；中性轴附近层间剪切破坏是由于中性轴附近剪应力最大，较大的剪应力产生层间剪切破坏。

（2）各重组竹受弯构件在达到极限破坏时，试件的变形都非常显著，约为跨度的 1/50～1/30，重组材的抗弯强度明显高于层积材，变异系数较小，强度稳定性较好，而重组竹的弯曲弹性模量与层积材并无明显区别，二者相近。

（3）重组竹受弯构件设计由截面刚度控制，对应挠度限值 $L/250$ 的荷载值 $P_{L/250}$ 与极限荷载 $P_{\max}$ 的比值有较好的稳定性，通过回归建立了重组竹抗弯强度f_{m}与弹性模量E的相关关系模型，其表明弹性模量表达的刚度能够准确预测承载力。

（4）在极限破坏时，重组竹受弯构件受压区的竹纤维最大应变可达 0.010～0.011，受拉区的竹纤维最大应变可达 0.008～0.011，在整个加载过程中，平截面假定成立，中性轴在加载过程中不断下移，但变化幅度不大。

（5）参考木结构设计计算方法，考虑竹材重组竹的材料特性，给出重组竹受弯构件的计算方法，基于现有的试验数据，初步建议了重组竹抗弯强度设计值、顺纹抗剪强度设计值、弹性模量E的设计指标。

参 考 文 献

[1] 魏洋，张齐生，蒋身学，等. 现代竹质工程材料的基本性能及其在建筑结构中的应用前景. 建筑技术，2011，42（5）：390-393.

[2] Mahdavi M，Clouston P L，Arwade S R. Development of laminated bamboo lumber：Review of processing，performance，and economical considerations. Journal of Materials in Civil Engineering，ASCE，2011，23（7）：1036-1042.

[3] van der Lugt P，van den Dobbelsteen V，Janssen J J A. An environmental，economic and practical assessment of bamboo as a building material for supporting structures. Construction and Building Materials，2006，20（9）：648-656.

[4] Yu D W，Tan H W，Ruan Y J. A future bamboo-structure residential building prototype in China：Life cycle assessment of energy use and carbon emission. Energy and Buildings，2011，43（10）：2638-2646.

[5] de Flander K，Rovers R. One laminated bamboo-frame house per hectare per year. Construction and Building Materials，2009，23（1）：210-218.

[6] Albermani F，Goh G Y，Chan S L. Light weight bamboo double layer grid system. Engineering Structures，2007，29（7）：1499-1506.

[7] 陈绪和，王正. 竹胶合梁制造及在建筑中的应用. 世界竹藤通讯，2005，3（3）：18-20.

[8] 肖岩，佘立永，单波，等. 现代竹结构在汶川地震灾后重建中的应用. 自然灾害学报，2009，18（3）：14-18.

[9] Xiao Y，Zhou Q，Shan B. Design and construction of modern bamboo bridges. Journal of Bridge Engineering，ASCE，2010，15（5）：533-541.

[10] Wei Y，Jiang S X，Lv Q F，et al. Flexural performance of glued laminated bamboo beams. Advanced Materials Research，2011，168-170：1700-1703.

[11] 魏洋，吕清芳，张齐生，等. 现代竹结构抗震安居房的设计与施工. 施工技术，2009，38（11）：52-55.

[12] 蒋身学，张齐生，傅万四，等. 竹材重组材高频加热胶合成型压机研制及应用. 林业科技开发，2011，25（3）：109-111.

[13] 中华人民共和国国家标准. 木结构设计规范（GB 50005—2003）. 北京：中国建筑工业出版社，2003.

[14] 魏洋，蒋身学，李国芬，等. FRP 筋增强竹梁的力学性能试验研究. 工业建筑，2009，39（S1）：327-331.

[15] 中华人民共和国国家标准. 建筑结构可靠度设计统一标准（GB 50068—2001）. 北京：中国建筑工业出版社，2001.

[16] 潘景龙，祝恩淳. 木结构设计原理. 北京：中国建筑工业出版社，2009.

竹重组材的 X 射线光电子能谱分析

侯伦灯[1]　张齐生[1]　苏团[2]　陆继圣[2]

（1 南京林业大学木材工业学院　南京　210037；
2 福建农林大学　福州　350002）

摘　　要

应用 X 射线光电子能谱分析（XPS）的技术手段，以冷压热固化与热压法两种生产模式的竹重组材为研究对象，分析其竹材表面元素组成及相对含量的变化。试验结果表明，冷、热压法竹重组材表面的 C、O 及相对含量有明显差异。从 C 原子结合形式来看，冷压法与热压法相比，冷压法竹重组材 C_A（—C—C 或—C—H）含量增加明显，C_B（C—O 或 C—OH）含量减少明显，C_C（C ═ O）含量减少，C_D（O—C ═ O）变化不大。说明竹材纤维素、半纤维素、木质素，以及抽提物含量等化学组分出现不同程度的变化，进而影响两类竹重组材产品的物理力学性能。

关键词：竹重组材；力学性能；X 射线光电子能谱法（XPS）

近年来，竹重组材系列产品的产业化规模不断扩大，已成为竹材加工利用最具发展潜力的产品之一。目前竹重组材生产的主要区别在于冷压热固化或热压法两种生产模式[1, 2]。所谓冷压热固化，即将浸胶竹束在模具内常温高压成型后，连同模具一起送入高温窑加热，使胶黏剂固化成型，冷却后再脱模的工艺。热压法则是将浸胶竹束组坯后，采用热压机加压胶合的工艺。通过 X 射线光电子能谱法可从竹材表面元素组成及相对含量的增减，分析竹材主要化学组分变化，以及可能对竹重组材物理力学性能产生的影响。

1　材料与方法

1.1　试验材料

原竹、碾压竹束、水溶性酚醛树脂等试验材料均由福建篁城科技竹业有限公司提供。竹材为 4～5 年生毛竹，碾压竹束形状规整，规格 2600mm×25mm×2mm，其中宽度方向经碾压撕裂为宽约 2mm 的丝状，酚醛树脂固含量为 43.6%，经 4～5 倍水稀释后使用。冷热压法竹重组材制备试验，分别在福建华宇竹业有限公司与福建篁城科技竹业有限公司进行。主要工艺参数为：竹束蒸煮压力 0.20～0.30MPa，时间 1～3h；干燥后竹束含水率 6%～8%。竹束浸胶量 6%～10%，二次干燥后浸胶竹束含水率 8%～12%。热压法采用“冷—热—冷”方式，单位压力 6.0～8.0MPa，热压温度 130～150℃，热压时间 1.5～2.0min/mm 板，冷却至 60℃以下卸板；冷压法加压的单位压力 60.0～70.0MPa，高温窑温度 110～150℃，加热时间 15～20h，出窑后热堆放、自然冷却、脱模。

1.2　试验方法

X 射线光电子能谱法（XPS）是材料表面分析领域的新方法。从能量范围看，红外光谱提供“分子指纹”信息，电子能谱则提供“原子指纹”信息。XPS 提供有关化学键方面的信息，即直接测量价层电子及内层电子轨道能级。而相邻元素的同种能级的谱线相隔较远，相互干扰少，元素定性的标识性强。主要特点是在不太高的真空度下进行表面分析，采用直观的化学认识解释 XPS 中的化学位移，在电子能谱曲线上表现为谱峰发生少量平移。通过样品表面的元素含量与形态变化，了解材料主要化学组分的变化[3]。

本文原载《林业科技开发》2012 年第 26 卷第 1 期第 47-49 页。

依照 GB/T17657—1999 规定的试验办法进行采样，将两种工艺压制的竹重组材分别从表层与芯层部位及边部与中部位置取粉末试样并混合均匀，用钵研磨至粉状，使用压片装置将其压制成透明薄片，放入 X 射线光电子能谱仪进行分析。XPS 是精确测量物质受 X 射线激发而产生光电子能量分布的仪器，包括真空系统、离子枪、进样系统、能量分析器、探测器等部件。具有双晶体微聚焦单色器，直径为 500mm，使用铝阳极，可选择 200～900μm 任何大小 X 射线光斑照射样品；最佳能量分辨率 0.45eVAg（3d5/2），最佳 XPS 成像分辨率 3μm。由 X 射线从样品中激发出的光电子，经过电子能量分析器，按电子的能量展谱，再进入电子探测器，最后记录光电子能谱。横坐标是电子结合能，纵坐标是光电子的测量强度，可根据 XPS 电子结合能标准手册对被分析元素进行鉴定。

试验主要仪器设备为美国 PE ThermoScientific 公司 ESCALAB250 X 射线光电子分析仪。

2　结 果 分 析

2.1　竹重组材表面原子及成分分析

对竹材、热压法竹重组材与冷压法竹重组材试样进行分析，其 XPS 全谱扫描图谱分别见图 1～图 3。样品表面元素组成及相对含量的变化见表 1。

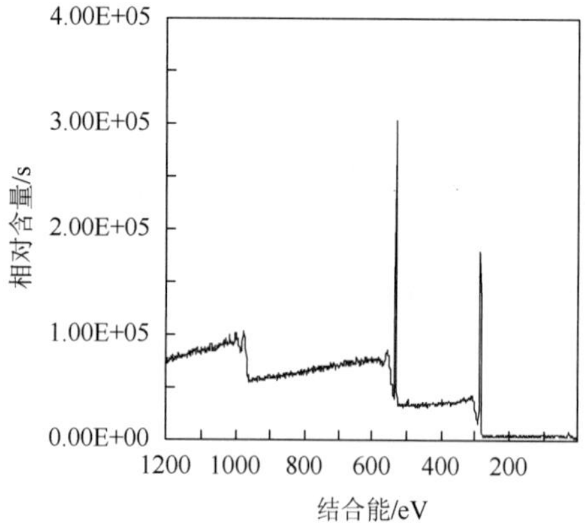

图 1　竹材的全谱扫描

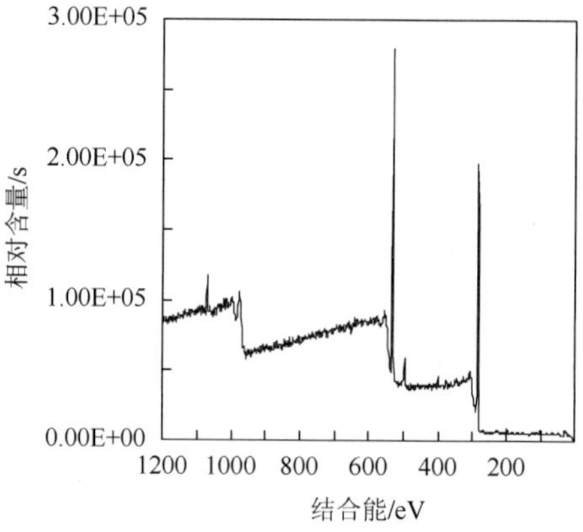

图 2　热压法竹重组材的全谱扫描

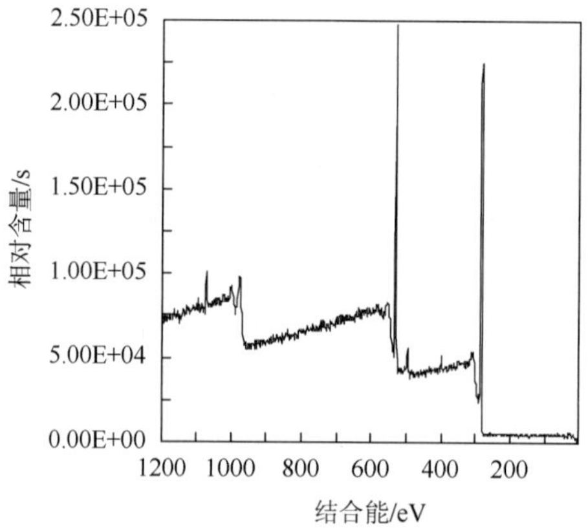

图 3　冷压法竹重组材的全谱扫描

表 1　试样表面 C1s、O1s 及相对含量

元素	竹材		热压法竹重组材		冷压法竹重组材	
	结合能/eV	原子浓度/%	结合能/eV	原子浓度%	结合能/eV	原子浓度/%
$C1s_A$	284.57	28.46	284.54	33.59	284.58	48.00
$C1s_B$	286.27	29.96	286.14	24.28	286.35	19.29
$C1s_C$	287.86	9.43	287.82	8.57	288.10	4.54

续表

元素	竹材		热压法竹重组材		冷压法竹重组材	
	结合能/eV	原子浓度/%	结合能/eV	原子浓度%	结合能/eV	原子浓度/%
$C1s_D$	292.85	0.59	292.76	1.64	293.04	1.16
$O1s_A$	532.81	30.41	532.60	26.92	532.93	15.97
$O1s_B$	—	—	—	—	531.64	6.57
N1s	399.87	1.15	399.62	2.13	400.09	1.74
Cl 2p	—	—	199.95	0.59	197.69	0.35
Na1s	—	—	1071.66	1.59	1071.93	1.35

竹材主要化学组分包括纤维素、半纤维素和木质素以及少量的抽提物。由图1～图3和表1分析可知，竹重组材的主要元素组成为C、O（H原子的XPS不能表征）以及少量N、Cl、Na等元素。在很大程度上，C元素的结合方式及状态决定了竹材组分的结构和性质。竹材表面C元素的C1s层电子结合能与所结合的原子或基团有关。因此，可以根据C1s峰的化学位移推断其周围的化学环境，以得到竹材表面化学结构的信息。

热降解是高分子物质因受热而产生的聚合度降低，纤维素、半纤维素、木质素的热降解的程度与温度高低、作用时间长短及介质条件有密切关系。纤维素和木质素聚合度较高，官能团活性较低，具有较高的稳定性，半纤维素主链和侧链都含有亲水性基团，稳定性较差。漂白或炭化过程中，还有部分的各类抽提物被溶出。不同的工艺过程，纤维素、木质素和半纤维素的水解、氧化和热解程度各异[4]。从表1原子浓度百分比的变化分析可知，竹材C、O原子浓度分别为68.44%、30.41%；热压法竹重组材C、O原子浓度为68.75%、26.92%；冷压法竹重组材C、O原子浓度则为74.03%、22.54%，比较而言，冷压法C原子浓度相对增加7.13%、O原子浓度相对降低19.43%。说明竹材经过蒸煮炭化、热压或冷压等不同的生产方式与工艺过程，C、O原子浓度发生了变化，这与竹材各主要化学组分降解的程度显然相关，并受到纤维含水率、热解温度、作用时间等的影响。冷压法竹重组材C原子浓度增加显著，O原子浓度明显下降。

2.2 竹材表面C1s、O1s窄区扫描与分峰图谱

为进一步说明竹重组材表面C、O元素存在的状态，对热压法与冷压法所生产的两种竹重组材表面C1s、O1s进行窄区扫描，并通过图谱曲线的拟合分峰得到图4～图7。从图4、图5分析可知，有4种状态的碳元素存在。其结合能测试数据见表1，对应的官能团分别为：①C_A（—C—C或—C—H）单键（284.57eV），主要为竹材木质素特征的苯基丙烷、脂肪酸、脂肪和蜡等碳氢化合物；②C_B（C—O或C—OH）单键（286.27eV）主要为纤维素和半纤维素特征的醇、醚等化合物；③C_C（C═O）双键（287.86eV）主要为醛、酮、缩醛等羰基及其氧化的特征；④C_D（O—C═O）键（292.85eV）主要为酯基、羧基等含有或产生有机酸的物质[5]。

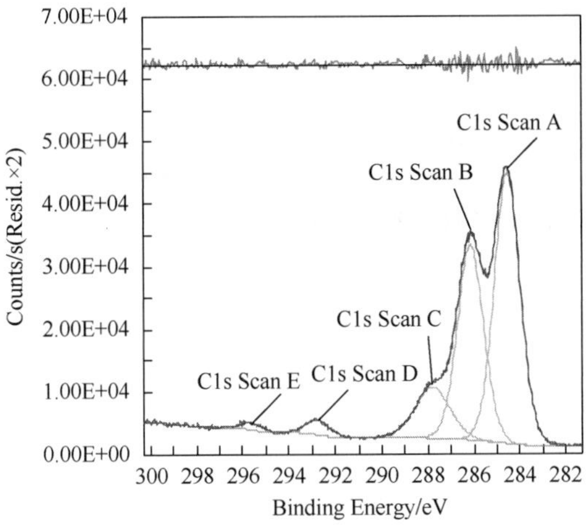

图4 热压法竹重组材C1s窄区扫描与分峰图谱

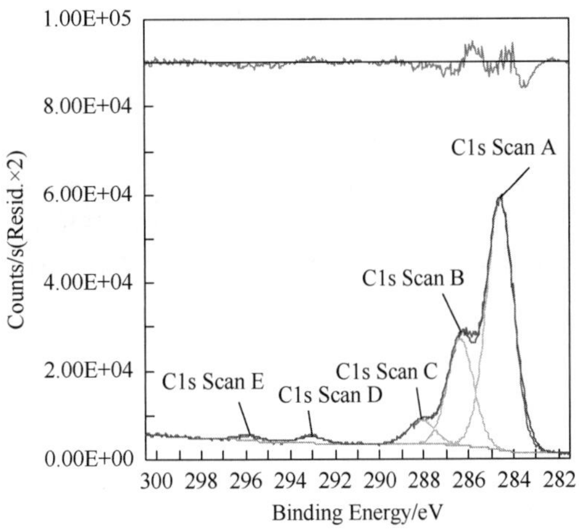

图5 冷压法竹重组材C1s窄区扫描与分峰图谱

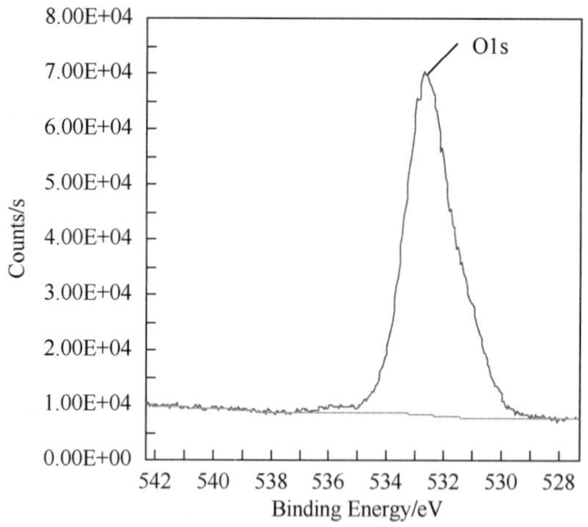

图 6　热压法竹重组材 O1s 窄区扫描与分峰图谱

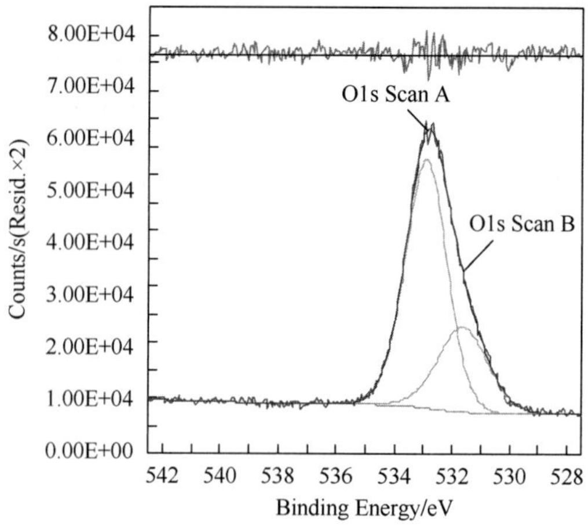

图 7　冷压法竹重组材 O1s 窄区扫描与分峰图谱

进一步分析可知，冷压法竹重组材 C_A 含量增加显著、C_B 与 C_C 降低明显、C_D 变化不大。这是由于竹材纤维在冷压热固化或热压状态的湿热作用下，无定形物质半纤维素热降解、水解程度较高，以及纤维素、木质素氧化和热解程度各异。导致了 C—O 或 C—OH 与 C ═ O 双键特征峰的醛、酮、缩醛等 C_B 和 C_C 相对浓度降低，以及 C_A 木质素相对浓度升高。C_D 变化不大则是由于竹束在前面工序经过蒸煮炭化，酯基、羧基等含有或产生有机酸的物质已经部分流失的原因[6, 7]。

从图 6、7 分析可知，冷压法竹重组材 O_A 含量降低明显、O_B 含量略有增加，对应的官能团分别为共轭酯基 C—O—H、C—O—C；酯基、羧基 C ═ O、O—C ═ O，结合能为 532.81eV 和 531.64eV。氧原子的相对浓度呈下降趋势，亦是由于主要化学组分降解的缘故[8]。

3　结　　论

通过竹重组材 X 射线光电子能谱分析，C 元素的结合方式及状态决定了竹材组分的结构和性质，进而可能影响到材料的物理力学性能。研究表明，现有工艺条件下 C 元素各状态下的结合能在电子能谱曲线上基本未见平移，但谱峰发生变化，不同状态的碳原子、氧原子浓度有明显差异。比较而言，冷压法 C 原子浓度相对增加 7.13%、O 原子浓度相对降低 19.43%。从 C 原子结合形式来看，冷压法与热压法相比，冷压法竹重组材 C_A（—C—C 或—C—H）含量增加明显、C_B（C—O 或 C—OH）含量减少明显。说明竹材纤维在高温窑长时间加热作用下，半纤维素热降解、水解程度加剧，各种可溶性抽出物进一步分解，纤维素、木质素也有一定程度的热解。

参 考 文 献

[1]　张齐生. 中国竹材工业化利用. 北京：中国林业出版社，1995.

[2]　赵仁杰，喻云水. 竹材人造板工艺学. 北京：中国林业出版社，2002.

[3]　王培铭，许乾慰. 材料研究方法. 北京：科学出版社，2006.

[4]　马灵飞. 毛竹材材性变异的研究. 林业科学，1997，33（4）：356-364.

[5]　郭京波，陶宗娅，罗学刚. 竹木质素的红外光谱与 X 射线光电子能谱分析. 化学学报，2005，63（16）：1536-1540.

[6]　李忠勤，吕功煊，刘保中，等. 冰芯粉尘微粒的 X 射线光电子能谱——扫描电镜研究. 科学通报，1999，44（7）：772-775.

[7]　崔大复，王焕华，戴守愚，等. Sb 掺杂 $SrTiO_3$ 透明导电薄膜的光电子能谱研究. 物理学报，2002，51（1）：187-191.

[8]　陈猛，裴志亮，白雪冬，等. ITO 薄膜的光电子能谱分析. 无机材料学报，2000，15（1）：188-192.

热油处理对重组竹性能的影响

何文[1]　宋剑刚[2]　汪涛[1]　李军生[1]　谢凌翔[1]　杨阳[1]　吴波[1]　张齐生[1]

（1 南京林业大学材料科学与工程学院　南京　210037；

2 浙江永裕竹业股份有限公司　安吉　313301）

摘　　要

为避免重组竹在户外使用过程中的变形、开裂和霉变等缺点，以导热油为热介质，对重组竹进行热处理，重点研究了热油温度120℃、140℃、160℃和180℃以及热油处理时间2h、4h和6h对重组竹的密度、尺寸稳定性、物理力学性能以及润湿性能的影响。结果表明：随着热油温度和处理时间的增加，重组竹的密度逐渐降低，当热油温度和处理时间分别为180℃和6h时，重组竹的密度下降率约为22.2%，24h吸水厚度膨胀率为1.97%，弹性模量和静曲强度相比未处理重组竹分别降低约28.6%和31.6%；热油处理后，重组竹的表面润湿性能明显降低，重组竹的接触角随着热油温度和处理时间的增加而增大。

关键词：重组竹；热油处理；润湿性能；物理力学性能；微观形态

重组竹是将竹材截断、剖分、碾压疏解、干燥、浸胶、竹篾全纵向平行组坯和冷压后置于烘房热固化，或在垫板上组坯后使用多层热压机热压而成的一种密度高、强度大的结构用材。目前，重组竹主要用于生产室内地板、家具或者少量竹结构房，受到国内外市场欢迎。但是，冷压热固化法制备重组竹所使用的超高压（通常≥68MPa）会压溃竹材导管和基本组织，同时，冷压时胶黏剂无法流展，压溃的维管束内并无胶黏剂渗入，且超高压下形成的应力很难消除。因此，现有的重组竹在使用中仍存在一些缺陷，特别是在阳光和雨水的交替作用下，在地板和家具等用材中出现变形和开裂不可避免[1]。自20世纪中期以来，欧洲许多国家就开展了木材热处理研究工作，该技术是以水蒸气、热油或惰性气体为热介质，将木材放入无氧或低氧的环境中进行处理，是一种不添加有害化学物质的竹、木材物理改性方法[2]。研究表明，木材的热处理温度通常在150～250℃，当温度高于150℃时，热处理会降低木材的吸湿性能，降低其干缩湿胀率，从而提高其尺寸稳定性[3]。然而，由于成本等原因，木材热油处理技术尚未广泛应用。

为提高重组竹的尺寸稳定性和耐老化性，蒋身学等[4]、张亚梅等[5]和孙润鹤等[6]分别以毛竹和慈竹为原料，对疏解后的竹材单元在高温蒸汽下进行热处理后，再经过浸胶、干燥、组坯、冷压或热压等工艺制备重组竹。结果显示，重组竹的尺寸稳定性、耐久性以及防霉防腐性能得到明显改善，相关产品已被市场广泛接受。但是，笔者在研究过程中发现，直接对疏解后的竹材单元进行处理后，竹材在高温下容易变脆，在浸胶和干燥等工艺处理过程中材料损耗较大，因而生产成本相对较高；另一方面，以导热油为介质的重组竹热油处理鲜见报道。因此，为提高重组竹的户外使用性能，笔者以导热油为热介质，直接对成型的重组竹进行高温热处理，重点研究了热油处理工艺对重组竹密度、尺寸稳定性、力学强度以及润湿性等性能的影响。

1　材料与方法

1.1　试验材料

重组竹（以毛竹为原料），规格为800mm（长）×200mm（宽）×20mm（高），取自浙江永裕竹业有

本文原载《林业工程学报》2017年第2卷第5期第15-19页。

限公司，密度 1.08g/cm^3。导热油（FLOOTHERM61）购自波诺哈斯化工有限公司，密度 0.974g/cm^3，闪点 160℃，40℃运动黏度 3.3mm^2/s，热膨胀系数（200℃）0.000948/℃，酸值<0.01mg/kg。

1.2　试验方法

设定热油处理温度分别为 120℃、140℃、160℃和 180℃，处理时间分别为 2h、4h 和 6h。首先将导热油快速升温至 100℃，然后将重组竹试件放入密封的导热油池中，缓慢升温至设定温度，热油处理至规定的时间后取出，并立即放入真空压力罐中进行脱油处理（压力 0.3MPa、时间 24h）。经过上述脱油处理工艺后，试件中的油残留量无明显区别，最后放入干燥器中自然冷却至室温。

1.3　特征与性能检测

1. 微观形态观察

采用 OlympusBX51 光学电镜（日本 Olympus 公司）观测热油处理前后重组竹的横截面特征；用 Quanta 200 扫描电镜（英国 BOC 公司）在 15kV 电压下观察热油处理前后重组竹横截面的微观结构。

2. 物理力学性能检测

参照 GB/T30364—2013《重组竹地板》中的规定测试热油处理的重组竹密度、24h 吸水厚度膨胀率、静曲强度和弹性模量，每个水平重复测试 6 次后取平均值。

3. 表面润湿性能测定

在接触角仪的进样控制系统取被测液体约 5μL 滴落在试件表面，液体为实验室自制蒸馏水。采用动态接触角测量仪（JC2000D 型，上海中晨数字技术设备有限公司）获取不同时间段液滴在试件表面接触角的变化。

4. 傅里叶变换红外光谱检测

用刀片刮取热油处理前后重组竹试件的表面，将其磨成直径约为 80 目（0.18mm）的颗粒后与 KBr 粉末混合，压成薄片状后采用傅里叶变换红外光谱仪（Nicolet 560 型，美国 Nicolet 公司）测试。光谱测试范围 4000～500cm^{-1}，分辨率 4cm^{-1}，扫描次数 64 次。

2　结果与分析

2.1　热油处理前后重组竹微观形态特征

未处理重组竹的横截面特征见图 1（a）和图 1（b），160℃热油处理 6h（此条件处理后的重组竹显示了较好的综合性能）后重组竹的横截面形态特征见图 1（c）和图 1（d）。热油处理后，竹材横截面上维管束和细胞壁变得更加光滑平整。这可能是由于经过高温热油处理后，油分子附着在细胞壁表面所造成的。

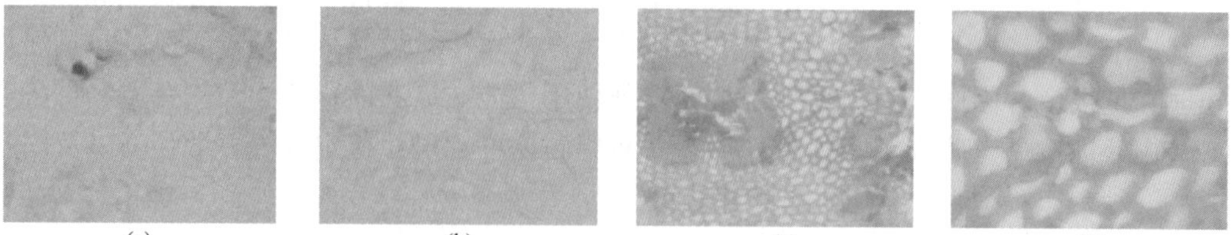

(a)　(b)　(c)　(d)

图 1　重组竹横截面特征

（a）和（b）为未处理重组竹；（c）和（d）为热油处理重组竹

160℃热油处理 6h 前后重组竹的微观结构见图 2。由图 2（a）和图 2（b）可知，在未处理重组竹的细胞壁上有明显的裂纹，而且细胞腔呈现明显的扭曲现象，这是由于重组竹在制备过程中受到高压而导致的。由图 2（c）和图 2（d）可知，经过热油处理后，竹材中的半纤维素发生热解，竹材变脆，细胞壁也呈现分层现象，由高压造成的细胞扭曲更加明显[7]。

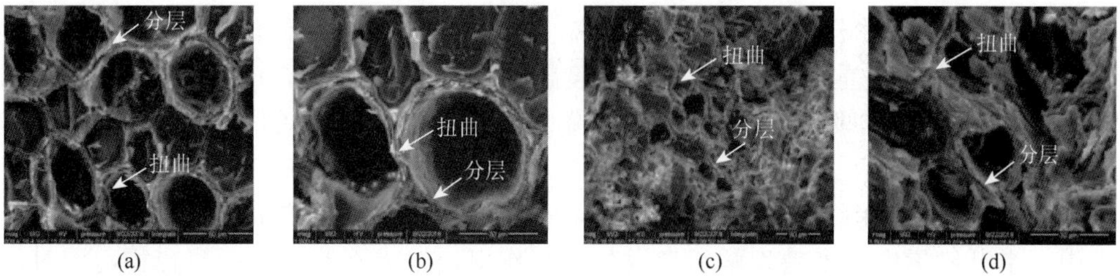

图 2 重组竹的微观结构

（a）和（b）为未处理重组竹；（c）和（d）为热油处理重组竹

2.2 热油处理前后重组竹物理力学性能分析

1. 密度分析

不同热油处理后的重组竹密度见图 3。随着热油温度和处理时间的增加，重组竹密度逐渐下降。当热油处理时间为 6h，处理温度分别为 120℃、140℃、160℃和 180℃时，重组竹密度分别为 1.04g/cm^3，0.96g/cm^3，0.86g/cm^3 和 0.84g/cm^3，相比未处理重组竹的质量损失率分别为 3.7%，9.6%，20.3%和 22.2%；当热油处理温度为 180℃，处理时间分别为 2h、4h 和 6h 时，重组竹密度分别为 0.88g/cm^3，0.86g/cm^3 和 0.84g/cm^3，相比未处理重组竹的质量损失率分别为 18.5%，20.3%和 22.2%。通过分析可知，热油温度对重组竹的质量下降率影响高于热油处理时间。由图 3 还可看出，当热油温度达到 160℃时，重组竹密度出现明显下降。通常，当温度达到 150℃时，竹材中的半纤维素开始发生热解，导致重组竹密度开始快速降低。

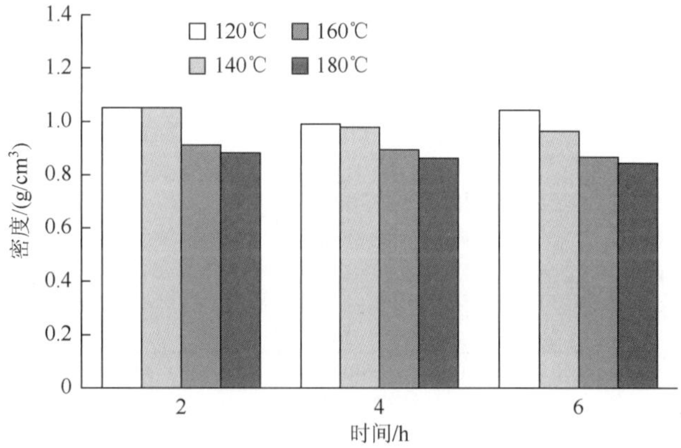

图 3 不同热油处理后的重组竹密度

2. 24h 吸水厚度膨胀率分析

不同热油处理后的 24h 吸水厚度膨胀率见图 4。随着热油温度和处理时间的增加，重组竹的 24h 吸水厚度膨胀率呈现降低趋势。当热油处理时间为 6h，处理温度分别为 120℃、140℃、160℃和 180℃时，竹

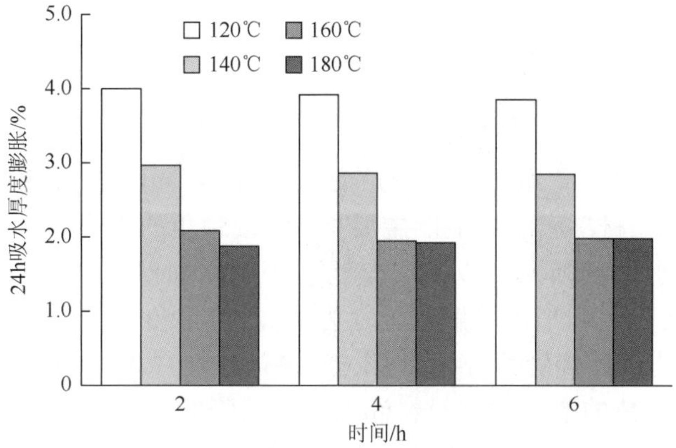

图 4 不同热油处理后的 24h 吸水厚度膨胀率

重组材的 24h 吸水厚度膨胀率分别为 3.86%，2.86%，1.98%和 1.97%；而当热油处理温度为 180℃，处理时间分别为 2h、4h 和 6h 时，重组竹的 24h 吸水厚度膨胀率分别为 1.88%，1.93%和 1.97%。因此，随着热油温度的升高，重组竹的 24h 吸水厚度膨胀率逐渐降低，而热油处理时间的增加对 24h 吸水厚度膨胀率影响不明显。

重组竹吸湿膨胀主要是由于竹材半纤维素的亲水基团和纤维素中的游离羟基吸湿所致。在高温热油处理过程中，半纤维素中的多糖裂解后会发生聚合作用，生成不溶于水的聚合物，同时，纤维素中的游离羟基在水分作用下易形成氢键，高温热油处理后纤维素分子链间的氢键发生重组，导致游离羟基数量减少，降低了重组竹吸湿性能[6, 8]。另一方面，热油处理后，部分非极性的油分子附着在细胞壁表面也可能进一步阻止水分的进入。因此，重组竹 24h 吸水厚度膨胀率降低，产品尺寸稳定性得到了明显的改善。

3. *静曲强度与弹性模量分析*

热油处理 6h 时不同热油温度下重组竹的静曲强度与弹性模量见图 5。随着热油温度的升高，重组竹的静曲强度与弹性模量呈明显的下降趋势。未处理重组竹的静曲强度和弹性模量分别为 167.54MPa 和 146.32MPa，当热油温度分别为 120℃、140℃、160℃和 180℃时，重组竹的静曲强度分别下降到 153.62MPa，137.45MPa，131.83MPa 和 114.56MPa，下降率分别为 8.3%，18.0%，21.3%和 31.6%；重组竹的弹性模量分别减少至 13 125MPa，12 953MPa，12 018MPa 和 10 442MPa，下降率分别为 10.3%，11.5%，17.9%和 28.6%。

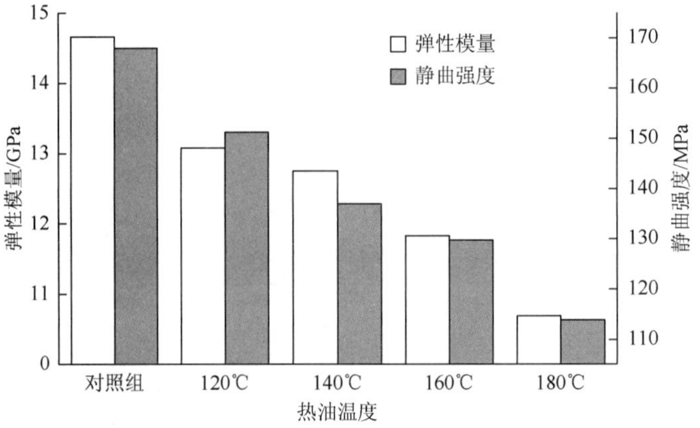

图 5　不同热油处理后重组竹的静曲强度与弹性模量

经过高温热油处理后，竹材中的半纤维素发生了降解，导致重组竹静曲强度出现大幅下降，这与之前的研究结果一致。然而，重组竹弹性模量的减少率却相对较小，这可能是由于竹材中的纤维素、木质素热稳定性较好，在热油处理过程中仅发生少量热解所致。纤维素是竹材细胞壁的骨架，赋予竹材弹性和强度，而木质素是一种硬壳物质，赋予竹材硬度和刚性。因此，重组竹在热油处理后的弹性模量下降相对较少[9]。

2.3　表面润湿性能分析

热油处理 6h 时，不同温度下重组竹的接触角变化见图 6。随着热油温度的升高，重组竹动态接触角呈增大趋势。接触角是表征材料润湿性能的主要指标，接触角的大小表示了材料润湿性能的高低[10]，润湿性越小，则重组竹憎水性越强，可以减小重组竹因吸水而产生的发霉、腐朽以及容易变形等缺陷。未处理重组竹的初始接触角和平衡接触角分别为 72.0°和 42.0°，当热油温度分别为 120℃，140℃，160℃和 180℃时，重组竹的初始接触角分别为 91.5°，96.0°，107.0°和 107.5°，平衡接触角分别为 56°，71°，73°和 86°。重组竹接触角的增大表明材料润湿性能的降低、非极性增强，这主要是因为热油处理后竹材中的半纤维素热解和纤维素中氢键脱水成醚，从而导致亲水基团数量的减少，降低了重组竹的亲水性[11]。

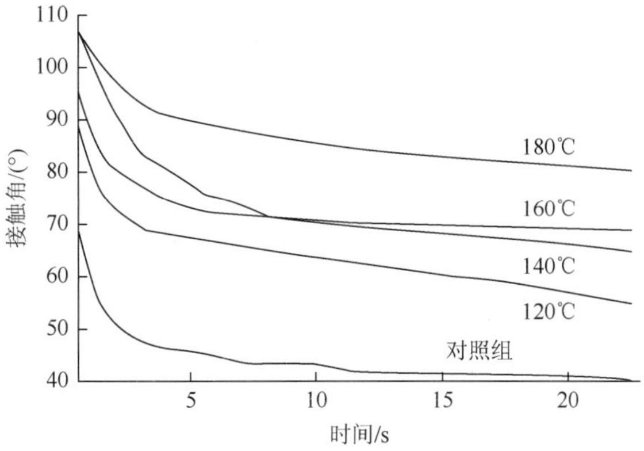

图 6 不同热油处理时重组竹的动态接触角

2.4 傅里叶红外光谱分析

热油处理 6h 时，不同温度下重组竹的傅里叶红外光谱特征见图 7。谱图中 3303cm^{-1} 处的特征峰归因于—OH 基团的伸展振动，2894cm^{-1} 处的特征峰则是由脂肪族的—CH 基团伸展振动引起的，而 1737cm^{-1} 处的特征峰则归因于聚木糖 C═O 基团的伸展振动[6, 12]。由图 7 可知，随着热油温度的升高，竹材中的游离羟基和羰基吸收峰振动强度明显降低，这主要是因为纤维素分子间的游离羟基在高温作用下脱水形成醚键，导致游离羟基数量减少[13-14]。另一方面，在高温热油作用下，半纤维素中多聚糖分子链上的乙酰基易发生水解而生成醋酸，导致羰基数量明显下降[15]。因此，游离羟基和羰基数量的减少进一步解释了重组竹吸水厚度膨胀率降低和表面润湿性能下降的原因。

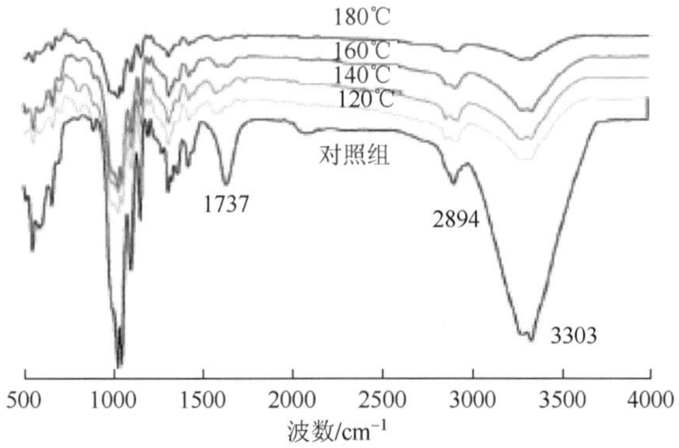

图 7 不同热油处理后重组竹的傅里叶红外光谱图

3 结 论

以导热油为热介质，对重组竹进行热改性后，重组竹的密度随着热油温度和处理时间的增加而呈降低趋势，当热油温度为 180℃，处理时间 6h 时，重组竹的质量损失率达到了 22.2%；随着热油温度和处理时间的增加，重组竹 24h 吸水厚度膨胀率、静曲强度与弹性模量均逐渐降低；重组竹的动态接触角随着热油温度的增加而增大，表明重组竹的非极性增加，润湿性能降低。因此，经过热油处理后的重组竹亲水性降低，可以减少因水分而引起的发霉、腐朽和尺寸变形等缺陷。

参 考 文 献

[1] 李延军，许斌，张齐生，等. 我国竹材加工产业现状与对策分析. 林业工程学报，2016，(1)：2-7.

[2] 丁涛，蔡家斌，耿君. 欧洲木材热处理产业和标准化. 木材工业，2015，29 (3)：26-30.

[3] 杜春贵，魏金光，金春德. 重组竹阻燃处理工艺. 林业工程学报，2016，(1)：51-54.

[4] 蒋身学，程大莉，张晓春，等. 高温热处理竹材重组材工艺及性能. 林业科技开发，2008，22 (6)：80-82.

[5] 张亚梅，于文吉. 热处理对竹基纤维复合材料性能的影响. 林业科学，2013，27 (4)：5-8.

[6] 孙润鹤，李贤军，刘元，等. 高温热处理对竹束 FTIR 和 XRD 特征的影响规律. 中南林业科技大学学报，2013，33 (2)：97-100.

[7] 秦莉. 热处理对重组竹材物理力学及耐久性能影响的研究. 北京：中国林业科学院，2010.

[8] Frühwalol E.　Effect of high-temperature drying on properties of Norway spruce and larch. Holz als Roh-und Werkstoff，2007，65（6）：411-418.

[9] Unsal O，Ayrilmis N. Variations in compression strength and surface roughness of heat-treated Turkish river red gum（*Eucalyptus camaldulensis*）wood. Journal of Wood Science，2005，51（4）：405-409.

[10] 徐信武，孙涛，杨刚，等. 干燥处理对速生材单板表面特性的影响. 材料热处理学报，2012，33（10）：37-40.

[11] 涂登云，王明俊，顾炼百，等. 超高温热处理对水曲柳板材尺寸稳定性的影响. 南京林业大学学报（自然科学版），2010，34（3）：113-116.

[12] Horn B A，Qiu J J，Owen N L，et al. FT-IR studies of weathering effects in western cedar and southern pine. Applied Spectroscopy，1994，48（6）：662-668.

[13] 李贤军，刘元，高建民，等. 高温热处理木材的 FTIR 和 XRD 分析. 北京林业大学学报，2008，31（S1）：104-107.

[14] Popescu M C，Froidevaux J，Navi P，et al. Structural modifications of Tilia cordata wood during heat treatment investigated by FT-IR and 2D IR correlation spectroscopy. Journal of Molecular Structure，2013，1033：176-186.

[15] Hakkou M，Pétrissans M，Zoulalian A，et al. Investigation of wood wettability changes during heat treatment on the basis of chemical analysis. Polymer Degradation and Stability，2005，89（1）：1-5.

竹材集成材板式家具的特性和工艺

马掌法　姚浩然　张齐生
（南京林业大学　南京　210037）

1　竹材集成材板式家具的特性

1.1　生物学特性

竹材集成材板式家具的主要原料——竹材集成材由竹子加工而成。竹子分布面积大，生长快，成材早，易种植，易繁殖，产量高，具有一次造林成功，可年年择伐，永续利用而不破坏生态环境的特点，是一种良好的可再生资源。据统计，目前全世界竹林面积约 2200 万 hm^2，每年可生产竹材约 16 000 万 t。因此，通过有序、合理地开发竹林资源，改变传统观念，不断改进和提高竹制品的加工技术，从过去比较简单、粗放的圆竹家具发展为可拆卸式的竹材集成材板式家具，调整和优化原有的竹材加工结构，提高竹材利用率和竹材加工效益，将会有更充足的竹林资源来保障竹材的工业化生产。

1.2　环保特性

“保护人类赖以生存的家园，保护好我们的环境”是 21 世纪人类社会发展的重要主题之一。近代林业发展的历史和现状告诉我们：无序地开发自然资源，必将会受到自然界的惩罚。竹材集成材板式家具取材于竹林资源，从根本上改变了家具业对木材资源的依赖。对节约木材资源，保护森林，改善生态环境有重要的现实意义。当前，竹材集成材板材的生产主要采用低毒或无毒的特种胶；竹材集成材板式家具的结构为拆装结构，有良好的工艺性；表面涂饰采用不含有机溶剂或水性的环保涂料，保证了竹材集成材板式家具在整个设计、制造、使用和回收循环利用过程中高效率、低耗、资源消耗少和污染最小。

1.3　物理力学及化学特性

竹材集成材板式家具的板材——竹材集成材的抗弯强度、抗压强度和抗拉强度均较大；湿涨干缩变形较小，完全可以和优质的硬阔材媲美（表 1）。

表 1　竹材集成材的木材的物理力学性能对比

材料	抗拉强度/MPa	抗弯强度/MPa	抗压强度/MPa	干缩系数/%
竹材集成材	184.27	108.52	65.39	0.255
红松	98.1	65.3	32.8	0.459
杉木	81.6	78.94	38.88	0.537
橡木	153.55	110.03	62.23	0.392

与传统的圆竹家具比较，竹材集成材板式家具具有不开裂、防虫蛀、防霉变的性能；同时其板材采用改性的 UF 树脂胶和传统木质板式家具所使用的复合材料相比较，具有更低的游离甲醛挥发成分和良好的耐候性等优点（表 2）。

本文原载《林产工业》2002 年第 29 卷第 6 期第 41-43 页。

表 2 竹材集成材与木质人造板游离甲醛释放量对比

材料	游离甲醛释放量*/(mg/L)	备注
竹材集成材（1）	0.8	达到 E_1 标准
竹材集成材（2）	0.7	达到 E_1 标准
竹材集成材（3）	1.5	达到 E_1 标准
细木工板	3.2	达到 E_2 标准
胶合板	3.6	达到 E_2 标准

* 试验方法为干燥器法甲醛释放量。由 GB18580—2001《室内装饰装修材料人造板及其制品中甲醛释放限量》可知：<1.5mg/L 为 E_1 标准，可直接用于室内；<5.0mg/L 为 E_2 标准，必须饰面处理后允许用于室内。

1.4 设计特性

家具是一种深具文化内涵的产品，它反映一个时代一个民族的消费水平和生活习惯。它的演变表现了社会文化及人类的心理认知。21 世纪是一个环保时代，环保时代需要绿色产品。因此家具设计必须遵循“以人为本，环境并重”的设计原则。竹材集成材板式家具正是适应新世纪要求的一种新型环保产品。主要表现在：①在材料选择上，采用对环境低污染的竹材集成材。②在家具的表面装饰上，以水性涂料和低毒的聚酯涂料为主要表面装饰材料。③在造型和结构设计上，既符合人体工效，体现竹质家具特有的质感，体现民族的文化内涵，又便于工业化生产方便拆装。④在整体设计上不受流行式样的影响，并贯彻部件就是产品的思想。

1.5 结构特性

竹材集成材板式家具的基本结构和木质板式家具非常相似，均是采用部件加“接口”的结构形式。但由于竹材集成材微观结构的特殊性：竹材集成材是由纵向排列的竹片压制而成的三层结构板材。其微观结构的结构分子（即竹片的维管束分子）只有一个排列方向——顺纹排列（纤维丝倾角与纵向大约为 0°）。由此造成竹材集成材的纵向或横向握钉力均较小（和木质材料比较）。因此在进行竹材集成材板式家具结构设计时，必须设计和制造竹材集成材板式家具专用的连接件，以便提高竹材集成材的握钉力，保证竹材集成材板式家具的结构强度。同时由于竹材集成材的弹性变形较小，为了使竹材集成材板式家具零部件的装配更紧密，竹材集成材板式家具专用连接件必须有自锁功能。

1.6 工艺特性

竹材集成材板式家具和木质人造板板式家具相比，加工工艺基本一致，但在工艺要求上有所不同：①由于竹材集成材完全不同的微观结构和物理力学性能，因此在选择切削刀具时，必须考虑使用硬度高、耐磨性能好的优质合金刀具；切削加工时，也应适当降低切削速度及进给速度。②在钻孔及型面加工时，既要求较高的几何尺寸精度和尺寸配合精度，又要求考虑竹材集成材板式家具零部件的互换性。③通常木质人造板家具的五金件很难应用到竹材集成材板式家具上，因此必须考虑使用竹材集成材板式家具专用的连接件。④竹材集成材板式家具是一种绿色产品。涂料的选择必须从环保角度出发，同时兼顾经济性。

2 竹材集成材板式家具的工艺

竹家具实现从传统的全竹、框式结构向竹材集成材板式结构的转变，标志着竹材工业的发展上了一个新的台阶。竹材集成材板式家具的生产工艺核心是实现标准型部件化的加工。竹材集成材板式家具的生产工艺内容和木质人造板板式家具的基本相同，但工艺要求有所不同。竹材集成材板式家具的生产工艺如下：

素板下料→板件定厚砂光→板件铣边→板件钻孔及型面加工→板件涂饰→专用五金件预装配→成品零部件质量检验→成品零部件包装

2.1 素板下料

素板锯裁时，操作人员应首先细阅开料图及相关配套的尺寸下料表格，然后进行加工。素板零部件加工余量：长度方向取 10～12mm；宽度方向取 8～10mm；锯割后的板材应堆放于干燥处。

2.2 板件定厚砂光

进行定厚砂光，要求板块两面砂削量均衡，以保证基板表面和内在的质量。板件在砂光中，要求每次砂削量不得超过 1mm，砂光后的板件厚度公差应控制在±0.1mm 范围。

2.3 板件铣边

首先进行纵向的加工，然后再进行横向边的加工。在进行横向边加工时，应适当减少切削量，降低切削速度及进给速度。加工完毕的零部件长、宽度的允许公差为±（0.1～0.3）mm。

2.4 板件钻孔及型面加工

严格按照 32mm 系列要求的指标进行钻孔加工。操作人员加工前应认真查阅设计图纸，了解各项技术要求，正确选择钻头，调整好相应的尺寸，确定好零部件钻孔的正反面。根据家具五金件的公差确定钻孔的允许公差，以保证零部件的互换性；同时考虑结构装配的紧密性，钻孔允许的误差也不宜过大。钻孔公差为±0.15mm（极限偏差为±0.1mm）；孔距公差为±0.15mm（极限偏差为±0.1mm）。型面加工时，要求样模有很好的精度，表面切削深度也宜小。

2.5 板件涂饰

竹材集成材板式家具是一种绿色产品。涂料的选择首先必须考虑环保。其次也要兼顾涂料和漆膜的性能，施工工艺性及经济性等方面的要求。目前常用 UV 漆和水性涂料，涂饰工艺的选择以淋涂为主。

2.6 专用五金件预装配

常采用螺钉固定；考虑竹材集成材的握钉力较小，须采用牙距大、牙板宽而利的专用螺钉。

2.7 成品零部件质量检验

成品零部件质量检验只是一个分支检验。质量检验必须贯彻到每一个车间、每一个工段、每一个工序直至每一个人。

2.8 成品零部件包装

成品零部件包装必须要密封包装，这样有助于减少成品零部件的吸湿变形。成品部件应水平堆放及运输。

3 结 束 语

21 世纪是一个生态时代，产品的开发、加工和利用必须紧扣环境保护这一主题，保持良好的生态环境是实现可持续发展的必要条件。竹材集成材板式家具的研究和开发可进一步发挥竹林资源作为工业化利用的原料在经济可持续性发展中的作用。另一方面，研究和开发竹材集成材板式家具，不仅可提高世界范围内的竹制品的加工水平，增加竹制品的经济收益，发展经济，而且也能使广大乡村贫困人口摆脱贫困，提高他们的生活水平和质量。目前只有很少一些国家，如中国、日本等——具有较高的竹制品加工水平，有能力开发诸如竹材集成材板式家具等高深度的竹制产品。大部分拥有丰富竹林资源的国家还不具备这个能力。相信随着科学技术、信息、人才交流和资本的全球化和一体化，不久的将来完全可以在世界各地开发和制造竹材集成材板式家具。

参 考 文 献

[1] 张齐生等. 中国竹材工业化利用. 北京：中国林业出版社，1995.
[2] 张齐生. 当前发展我国竹材工业的几点思考. 竹子研究汇刊，2000，(3)：16-19.
[3] 张齐生. 科学、合理地利用我国的竹材资源. 木材加工机械，1995，(4)：23-27.
[4] 周芳纯. 竹林培育和利用. 北京：中国林业出版社，1998.
[5] 张齐生，孙丰文，面向21世纪的中国木材工业. 南京林业大学学报，2000，(3)：1-4.
[6] 胡景初. 家具产业的发展与绿色思维. 林产工业，2001，(2)：3-5.
[7] 竺肇华. 赴南美考察专家组的报告. 竹子研究汇刊，2001，(2)：68-71.
[8] 唐开军，史向利. 竹家具的结构特征. 林产工业，2001，(1)：27-32.
[9] 于伸，王湘. 21世纪家具设计趋势. 东北林业大学学报，2001，(1)：82-84.

刨切微薄竹用竹集成方材胶合工艺的研究

程瑞香[1]　许斌[2]　张齐生[2]

（1 东北林业大学材料科学与工程学院　哈尔滨　150040；

2 南京林业大学竹材工程研究中心　南京　210037）

摘　　要

总结了用竹片胶合竹集成方材刨切微薄竹常见的三种工艺。选择其中之一，对采用两种不同胶黏剂胶合的竹集成方材的胶合性能进行了对比研究，胶黏剂B的综合性能优于胶黏剂A；还研究了胶黏剂B的热压时间以及固化剂用量对竹层积胶合强度的影响；并对竹层积板在厚度方向上的胶合工艺进行了研究。

关键词：竹集成方材；竹片；刨切；微薄竹；胶合工艺

全球范围内天然优质大径级木材特别是珍贵树种木材的资源越来越少，使得适宜制作表面装饰薄木的原料供应日趋紧张。

竹材特别是毛竹，强度高、韧性好、纹理通直、色泽简洁、易漂白、易炭化处理，具有很多和珍贵阔叶材相似的性能，因此在结构、装修用领域有良好的应用前景。但是，竹材直径小、壁薄中空，不可能像木材那样锯剖成竹方进行刨切，加工成薄竹片用于装饰。近十年来，中国在竹材工业化利用领域内，开展了将竹筒先加工成定宽、定厚的竹片，再将竹片按不同的组合方式胶合成弦面集成竹地板（三层结构，竹片在宽度方向上弦面拼接相互胶合，见图1）和径面集成竹地板（单层结构，竹片侧向胶合，见图2）。该产品经十多年的研究、开发，技术、市场日趋成熟，深受国际市场和我国北方居民的青睐，2002年全国竹地板产量预计超过1000万m^2。竹材集成地板是竹材精深加工的一个重要方向，作为家庭装修用地板，它既是结构用材，又是装修用材，而且在此基础上还可以开发出竹材集成材系列产品，用于竹集成材家具、各种竹材制品和装饰用线条及装饰刨切微薄竹等系列产品。

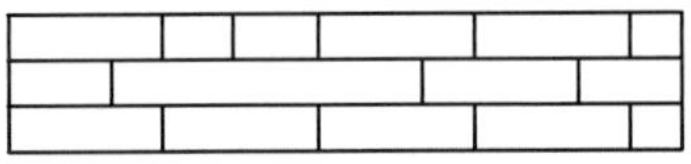

图1　弦面集成竹地板（端面）

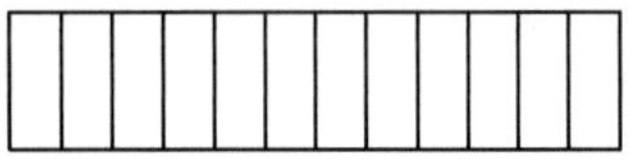

图2　径面集成竹地板（端面）

本研究是将定宽、定厚的竹片先通过侧向胶合，制成厚度较小（原竹片的宽度）、宽度较大（若干条竹片厚度之和，一般可达300～400mm）的竹片层积板（图3），再将若干张竹片层积板在其厚度方向上胶合成竹集成方材（图4）。竹集成方材经水热处理后可在木材刨切机上刨切成薄竹片或微薄竹，并可进行与刨切薄木或微薄木相同的各种后续加工。

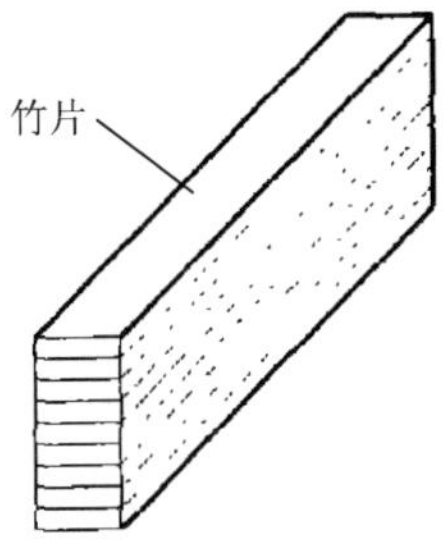

图3　竹片层积板示意图

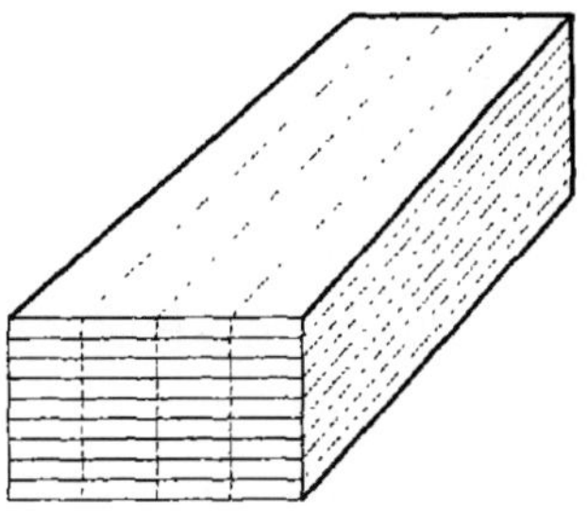

图4　竹集成方材示意图

本文原载《人造板通讯》2003年第7期第5-7页。

用竹片胶合成刨切微薄竹用竹集成方材的生产工艺常见的有以下三种：

第一种工艺：首先将干燥后的竹片在厚度上进行层积胶合，成为一块在厚度上与竹片宽度相等，但宽度上与所需尺寸竹集成方材厚度相等的竹层积板。若干块竹层积板经砂光或刨光处理后再在其厚度方向进行层积胶合，成为所需尺寸的竹集成方材。

这种工艺由于在宽度方向和厚度方向上层积胶合的竹片均是干燥竹片，易于胶合操作，所选择的胶黏剂只要能保证胶合成型的竹集成方材长时间水热处理后不开胶即可。但颜色较深的胶黏剂，如酚醛树脂胶等会影响微薄竹外观质量，不宜使用。这种方法尽管胶合操作容易，但由于采用胶合好的规格较大的竹集成方材进行软化处理，因此处理后的竹集成方材内应力相对较大。同时由于竹材水热处理过程中水分渗透速度慢，要浸透规格较大的竹集成方材，十分困难，水热处理所需时间较长。有条件的工厂可采用加压软化处理工艺来加快竹集成方材的软化速度。

第二种工艺：先将干燥后的竹片在其厚度方向上进行层积胶合成为竹层积板，竹层积板再进行浸水处理，当含水率达到 50%～60%时取出，在竹层积板的厚度方向上进行刨光，然后将它们在厚度方向上进行湿胶合，成为所要求尺寸的竹集成方材。胶合好的竹集成方材再经软化处理即可刨切成微薄竹。

这种工艺与第一种相比，由于竹层积板先进行了浸水处理，因此胶合好的竹集成方材再经软化处理时，内应力相对要小。但这种方法由于竹层积板在水中浸泡过，是湿材，在进行下一步胶合操作时，表面只能进行刨光，砂光加工则很困难；同时由于竹层积板含水率较高，一般要采用湿固化的聚氨酯胶黏（但要注意尽管是湿胶合，湿材的含水率也不宜太高，否则湿胶合时，由于胶黏剂固化速度太快，会给操作带来不便），这种胶黏剂价格比较高，经济性较差。

第三种工艺：前半部分与第二种工艺一样，即先将干燥的竹片在厚度方向上进行层积胶合，层积胶合后的竹层积板进行浸水处理，当含水率达到 50%左右时取出，所不同的是取出的竹层积板要用鼓风机把表面吹干至含水率 20%左右，经刨光后用胶黏剂在其厚度方向上进行胶合，成为所需尺寸的竹集成方材。胶合好的竹集成方材再经软化处理即可刨切成微薄竹。这种方法与第二种工艺相比，可不必采用湿固化的聚氨酯胶黏剂，而用其他胶黏剂替代。

不管采用哪种工艺胶合竹集成方材，竹片的质量和加工精度首先都一定要保证，因此在胶合前一定要组织人员进行竹片的挑选，严禁有缺陷的竹片流入下道工序，以保证竹集成方材的质量。

本研究通过试验，探讨了刨切微薄竹用竹集成方材的胶合工艺，从而为扩大竹材的用途、提高竹材的综合利用率和竹制品的质量奠定一定的基础。

1　试验材料和方法

1.1　试验材料

1. 竹片及竹层积板

竹片：规格（长×宽×厚）

270mm×20mm×6mm（实验室）；

1100mm×20mm×6mm（工厂）。

竹层积板：规格（长×宽×厚）

270mm×20mm×30mm

（5 片竹片在厚度方向上层积胶合，实验室）；

1100mm×20mm×300mm

（50 片竹片在厚度方向上层积胶合，工厂）。

竹集成方材：规格（长×宽×厚）

270mm×60mm×30mm

（3 块竹层积板在厚度方向上层积胶合，实验室）。

2. 胶黏剂

（1）胶黏剂A为三聚氰胺改性脲醛树脂胶黏剂，粉末状，使用时按质量比配成水溶液。

（2）胶黏剂B为水性高分子异氰酸酯胶黏剂（API），液态，双组分，由主剂和固化剂组成，两组分的比例，除研究固化剂用量对胶合强度的影响时以外，均按100∶20使用。

1.2 试验方法

1. 两种不同胶黏剂胶合竹层积板的选择研究

分别用两种胶黏剂把5片270mm×20mm×6mm竹片沿厚度方向上层积胶合。胶合条件均为：热压温度95℃，热压时间30min，单位压力3MPa。胶合后的竹层积板养生3d后锯制试件。试验中通过干强度、湿强度和剥离率来比较两种胶黏剂的优劣。

干强度的测试：养生好的竹层积板按LY/T1055—2002《汽车车厢底板用竹材胶合板》标准锯制并测试压缩剪切强度。

湿强度的测试：在水温为60℃，压力为0.4MPa的条件下软化3h，擦拭干净后再按LY/T1055—2002《汽车车厢底板用竹材胶合板》标准锯制，并测试湿状压缩剪切强度。

剥离率：在实验室中，在水温为60℃，压力为0.4MPa的条件下软化3h后，测试两端面开胶的胶线累计长度占两端面整个胶线总长度的百分比。

2. 热压时间对竹层积板胶合强度的影响

采用胶黏剂B，其两组分的质量比为100∶20，热压胶合，热压温度为95℃，热压时间分别采用40min、30min、25min和20min。竹层和板材的规格为1100mm×20mm×300mm。同时为了考察此种冷压胶采用热压胶合工艺是否对其产品的胶合强度有影响，在两组分质量比仍为100∶20的情况下，再采用冷压工艺做对比研究，即冷压24h，养生3d后再测强度。

干强度的测试方法同上。

湿强度的测试：在工厂的压力罐中通入室温水，在压力0.35MPa的条件下（工厂中压力最高仅为0.35MPa），浸泡4.5h。

3. 固化剂的用量对胶合强度的影响

主剂与固化剂的配比取100∶20，100∶17，100∶15和100∶120将竹片在厚度方向上层积胶合成尺寸为270mm×20mm×30mm的竹层积板。

干强度的测试方法同上。

湿强度的测试：在实验室中（竹层积板材的规格270mm×20mm×30mm），在水温为60℃、压力为0.4MPa的条件下，软化3h，取出，拭干后，进行测试，同时观察开胶情况。

4. 层积胶合竹集成方材工艺的研究

在实验室中，把在竹片厚度上层积胶合好的竹层积板（270mm×20mm×30mm），放入水温为60℃的压力罐中，在压力0.4MPa的条件下软化3h后（使竹层积板的含水率达到50%～60%），捞出，采用鼓风机把表面吹干，待竹层积板表面含水率达到14%～20%左右时，采用胶黏剂B冷压胶合成竹集成方材。养生3d后，在竹集成方材上锯制试件测其干强度，余下的竹集成方材放入温度为60℃的水中浸泡1d，检测湿胶合强度及观察胶情况。

2 试验结果与讨论

2.1 两种胶黏剂胶合竹层积板的选择研究

用两种胶黏剂胶合的竹层积板的性能见表1。

表 1　两种胶黏剂胶合竹层积板的性能比较

项目	A 胶黏剂		B 胶黏剂	
	平均值/MPa	变异系数/%	平均值/MPa	变异系数/%
干压缩剪切强度	17.97	11.57	19.21	14.40
湿压缩剪切强度	4.10	9.80	5.27	8.10
剥离率	0		0	

从表 1 中的试验结果可以看到：当胶黏剂 B 的主剂与固化剂的质量比为 100∶20 时，采用胶黏剂 B 胶合的竹集成方材的胶合强度比用胶黏剂 A 的胶合强度稍高，两种胶黏剂均可满足在上述软化处理条件下不开胶的要求。但从湿状压缩剪切强度看，胶黏剂 B 要比胶黏剂 A 好一些。

胶黏剂 A 胶层较脆，这种胶黏剂虽然低毒，仍含有游离甲醛。但它活性期较长，30℃下为 18h，给涂胶组坯操作带来方便。

胶黏剂 B 系双组分胶黏剂，相对胶黏剂 A 来讲，价格稍高一些；其活性期也相对较短，调胶时一定要注意保证一次配胶量在活性期内用完。但此种胶是冷压胶，不需要热压机，使用方便，工厂如有热压条件，也可进行热压；且它不含甲醛和苯酚等有害成分。

2.2　热压时间对胶合强度的影响

热压时间对胶合强度的影响试验结果见表 2。

表 2　热压时间对胶合强度的影响

项目	热压 40min		热压 30min		热压 25min		热压 20min		冷压	
	平均值/MPa	变异系数/%	平均值/MPa	变异系数/%	平均值/MPa	变异系数/%	平均值/MPa	变异系数/%	平均值/MPa	变异系数/%
干压缩剪切强度	15.75	16.58	14.90	19.81	17.40	13.24	17.08	9.97	19.57	17.96
湿压缩剪切强度	7.5	11.69	8.06	12.13	7.41	9.17	6.33	10.54	10.15	11.32
剥离率	0				3.5		10.6		0	

胶黏剂 B 是一种冷固化胶黏剂，本实验同时也想探求冷固化胶黏剂的热压效果。从表 2 中的实验结果可以看出：在热压温度为 95℃的情况下，热压时间为 25min 时，层积胶合的竹层积板经上述软化处理有很少的开胶，剥离率为 3.59%，基本上能满足竹集成方材刨切微薄竹的要求；而当热压时间为 30min 时，压制出的竹层积板经软化处理不开胶。因此热压时间为 25～30min 可层积胶合出性能满足要求的刨切微薄竹用竹集成方材的竹层积板。

从表 2 中的试验结果还可以看到，在 95℃温度下此种胶黏剂采用热压的效果没有冷压的效果好。

2.3　固化剂的用量对胶合强度的影响

固化剂用量对胶合强度的影响试验结果见表 3。

表 3　固化剂的用量对胶合强度的影响

	100∶20		100∶17		100∶15		100∶12	
	平均值/MPa	变异系数/%	平均值/MPa	变异系数/%	平均值/MPa	变异系数/%	平均值/MPa	变异系数/%
干压缩剪切强度	19.21	12.65	18.55	19.78	16.75	14.67	15.02	15.04
湿压缩剪切强度	8.96	11.63	8.8	10.97	8.31	13.78	3.59	12.49
剥离率	0		2.9		7.8		9.5	

从表 3 中的试验结果可以看出：当主剂和固化剂用量的比例为 100∶20 时，胶合的竹层积板经上述软化处理不开胶。

2.4 层积胶合竹集成方材工艺的研究

层积胶合的竹集成方材的性能见表 4。

表 4 用胶黏剂 B 层积胶合的竹集成方材的性能

	干压缩剪切强度/MPa	湿压缩剪切强度/MPa	剥离率
平均值	12.25	7.94	4

从表 4 中的试验结果可看到：采用 1.2.4 层积胶合工艺可满足竹集成方材刨切微薄竹的要求，即经过 1.2.4 中所述方法软化处理，此种胶黏剂基本上能保证胶合成型的竹集成方材长时间热水处理后不开胶。

3 结 论

试验中所选的两种胶黏剂均可满足将竹片胶合成竹集成方材长时间热水处理后不开胶的要求，但从湿状压缩剪切强度看，胶黏剂 B 要比胶黏剂 A 好一些。

热压温度为 95℃，热压时间为 25～35min，可胶合成性能满足要求的胶合竹集成方材的竹层积板；在热压温度为 95℃，热压时间 30min 的情况下，胶黏剂 B 采用热压的效果没有冷压的效果好。

采用胶黏剂 B 当两组分的质量比为 100∶20 时，可胶合成满足刨切微薄竹要求的竹集成方材。

竹层积板经浸泡处理含水率达到 50%～60%，用鼓风机将其表面含水率吹干到 14%～20%时，采用胶黏剂 B 冷压胶合，可压成胶合性能满足要求的竹集成方材。

参 考 文 献

[1] 张齐生，等. 中国竹材工业化利用. 北京：中国林业出版社，1995.

[2] LY1055—91. 汽车车厢底板用竹材胶合板标准.

旋切竹单板生产工艺简介

蒋身学[1]　程瑞香[2]　张齐生[1]

（1 南京林业大学竹材工程研究中心　南京　210037；
2 东北林业大学材料科学与工程学院　哈尔滨　150040）

摘　要

介绍旋切竹单板的生产工艺流程及其生产中的工艺管理要点。介绍旋切竹单板的用途及其用于表面装饰的优点。

关键词：旋切竹单板；工艺管理

竹类是我国森林资源的重要组成部分，竹类具有生长快、一次成林、永续利用等特点。竹材的大量开发与利用可以起到一定的“以竹代木”以及“以竹胜木”的作用。我国现有竹种 39 属 500 余种。根据第五次森林资源清查结果，全国竹林面积为 421 万 hm^2，其中毛竹林面积 300 万 hm^2，毛竹蓄积量 52.61 亿株[1]。随着经济的发展和人民生活水平的提高，人们对竹产品的需求不断提高。以往竹产品主要以竹材胶合板、竹帘胶合板等产品为主，产品品种少，附加值不高，简单粗放的竹产品加工已越来越难以适应市场需求。竹材加工企业只有不断培育出新的经济增长点，提高竹产品的科技含量和附加值，才能提高经济效益，增强市场竞争力。以竹为原料的旋切竹单板可以促进竹产品向高档化、多样化方向发展。

1　旋切竹单板生产工艺

1.1　生产工艺流程

旋切竹单板是以竹子为原料旋制的单板，是一种新型的表面装饰材料，厚度一般为 0.3～0.6mm，常见的生产工艺流程如下：

竹材选料 → 截断 → 软化处理 → 旋切 → 剪切 → 背面粘贴无纺布 → 纵向接长

由于竹筒中空，竹壁不厚，加之有竹节，因此其加工设备，特别是夹具与木材旋切不同。以前以胀轴夹紧方式为主，这种方法由于力量不容易控制，易导致竹筒破裂，降低了旋切竹单板的出材率。目前出现了齿形卡盘，利用带有密齿的卡盘来传递扭矩，效果很好。

另外，由于竹材硬度较高，竹纤维弹性不大，旋切过程中可不采用压尺。

1.2　旋切竹单板生产中的工艺管理要点

为了提高生产效率和单板质量，选材必须慎重。选材以直径 80～120mm、通直、圆度好、竹壁厚度在 10mm 以上的竹筒为好。

为了保证旋切竹单板质量，其生产的各工序都有严格的工艺要求，下面为生产中需要注意的工艺管理要点。

1. 截断

用于旋切竹单板的竹筒长度不宜过长。如果竹筒的长度过长，其大小头直径相差过大，旋切下来的碎单板数量多，降低了竹单板的出材率。目前主要的旋切机可旋最大长度为 620mm 和 400mm。

本文原载《人造板通讯》2004 年第 11 卷第 5 期第 19-20 页。

2. 软化处理

常用的软化处理是将截好的竹筒放入40～50℃的水中浸泡6～10h后逐渐缓慢升温，升温速度以4～5℃/h为宜，温度升至80～120℃后保温1～2h，然后自然冷却到50～70℃。蒸煮温度的选择非常重要，温度太低竹筒软化不充分，旋切困难，容易出现断板现象；温度太高，竹材纤维间的结合力被破坏，旋切竹单板的质量差。需要注意的是出池的温度必须在50～70℃，低于50℃，软化的竹筒变硬，旋切变得困难。

为了改善蒸煮质量，提高蒸煮速度，使旋切竹单板具有防腐、防霉的效果，蒸煮时可加入一定量的化学药剂。例如，水温最高100℃，加入浓度10%的碳酸氢钠蒸煮8h，基本上能达到软化要求。这种处理方法不仅能使竹筒快速软化，而且有助于竹材中的有机物更完全抽提，从而达到一定的防霉效果。这是因为$NaHCO_3$具有热力能动性和非常高的扩散率，Na^+可以迅速渗入竹材内，引起竹材复合胞间层的充分塑化，并促进竹材的含水率较快地增加1～2倍。同时，还可以排出竹材内的一部分糖类与蛋白质，有助于防霉、防蛀。

由于竹材吸水速度较慢，竹筒水热处理所需时间较长，可采取特殊措施，来提高竹材的吸水速度。有条件的工厂可采用加压软化处理，通过加压来加速竹筒的软化速度。具体工艺如下：在水温为60℃，压力为0.4MPa的条件下加压软化1～2h。这种方法处理的竹筒旋出单板表面质量明显提高，同时采用这种方法还可以大大提高竹筒软化的生产效率。

3. 旋切工艺

旋切竹单板的旋切刀研磨角：19°；旋刀的安装高度：0～−0.5mm（旋刀刀刃低于主轴中心线为负）。

4. 单板干燥

旋切出来的竹单板失去水分很容易变形和开裂，因此旋切后的竹单板最好马上进行后期加工。

蒸煮过的竹筒旋切出来的竹单板含水率很高，同时由于竹单板比较薄，用常规的干燥方法易产生边部褶皱和开裂，所以最好采用平板式干燥机来干燥。平板式干燥机采用对竹单板加压的方法，使其在承受一定压力的情况下进行干燥，干燥后的板面平整。另一种干燥方法是采用特制的网带干燥机进行干燥，其网带的网眼密，上下网带夹得较紧，能取得较好的干燥效果。

5. 单板接长

单板接长采用单板接长机来完成，指形榫施加端压后，在开指榫处的竹单板背面粘贴胶带。

端压是指沿指接件的长度方向在指接件的端部施加的压力。适宜的端压大小是保证指接质量的一个重要因素。端压不足，造成指榫不能完全压实，留有较大的指顶隙，使指接强度大大下降；端压太大，造成指顶过度地压入指谷，使指劈裂，也会使指接强度大大下降。压力一般可用4～6bar，加压时间为3s。

2 旋切竹单板的用途

旋切竹单板可以用脲醛树脂胶和聚醋酸乙烯酯乳液直接湿贴在基材上，也可以在其背面粘贴无纺布，经指形纵向接长后用作表面装饰材料。这种装饰材料可用于人造板家具贴面，也可充分利用竹纹理的自然美和良好的耐磨性用于室内装饰装修，如用作护墙板、地板、天花板的表层材料，其装饰效果风格独特且价廉物美。

另外，还可以用于生产工艺品。由于旋切的薄竹单板可塑性好，可模压制成竹餐盘、竹果盘、竹扇、竹屏风等多种特殊形状的工艺品。

3 旋切竹单板用于表面装饰的优点

（1）旋切竹单板具有竹子的纹理、清新自然的质感，给人以自然美；

（2）竹单板纤维长且硬，故具有良好的耐磨性；

（3）充分利用竹材资源，以竹代木，为家具表面装饰提供一种高级贴面新材料；可以节约竹材，并为竹材的综合利用开辟了一条新途径。

参 考 文 献

[1] 刘道平. 中国竹业产业化现状及展望. 林业科技开发，2001，15（5）：3-5.
[2] 李新功，王道龙，曾奇军. 竹单板旋切单板工艺简介. 木材加工机械，2001，（3）：23-24.
[3] 尹殿和. 旋切微薄竹皮的研制和应用. 竹类研究，1989，8（3）：41-43.
[4] 曾奇军，皇甫建华，曾凡军，等. 竹材旋切机介绍. 人造板通讯，2001，（10）：21-22.

大幅面刨切薄竹的生产工艺

李延军　杜春贵　鲍滨福　刘志坤　刘力　孙芳利　张齐生
（浙江林学院工程学院　临安　311300）

摘　　要

采用竹材制成竹片、竹板、竹方的加工工艺，再刨切制得刨切薄竹，与无纺布（纸）粘贴，制成大幅面刨切薄竹产品。实践表明：薄竹大幅面的工业化生产切实可行，克服了以往刨切薄竹脆性大、易破损、幅面小等缺陷，提高了竹材资源利用率和拓展了精、深加工的途径。

关键词：刨切薄竹；无纺布（纸）；大幅面；生产工艺

二十多年来，我国竹材工业已取得长足发展，无论在产品的质量和数量，还是在企业的规模和生产技术等方面均居世界领先水平[1, 2]。但是，由于竹材具有径小、壁薄、中空等特点，致使竹材加工利用的难度比木材大；加之市场竞争激烈，原料价格大幅度上扬，因此，迫切需要开发出附加值高的竹质新产品，刨切薄竹正是适应这种形势而研制出来的新型高档贴面装饰材料[3]。

刨切薄竹具有特殊的纹理和清新自然、真实淡雅的质感，深受用户青睐，特别在欧、美等地区尤其受到欢迎，其可部分代替珍贵木材单板，用作家具、地板等的装饰装修材料。目前，刨切薄竹的生产，多用无纺布（纸）作增强处理，拼宽、接长成大幅面，以实现刨切薄竹的工业化规模生产，该项技术已获得了国家发明专利（ZL02148338.8）。本文旨在介绍刨切薄竹的生产工艺。

1　生 产 工 艺

大幅面刨切薄竹的生产过程由竹板制造、竹方制造、竹方刨切、薄竹后续加工等步骤组成。其工艺流程如下：

原竹→横截、纵锯→粗刨→蒸煮、三防处理→干燥（或炭化）→精刨→涂胶、陈化→组坯、热压→集成竹板→砂光或刨光→湿处理→涂胶→组坯→冷压湿胶合→竹方养护→软化、刨切→薄竹干燥→拼宽（接长）→贴无纺布（纸）→裁边→修补→成品

1.1　竹板制备工艺

1. 竹片的制备

选胸径 9cm 左右，竹龄 5 年生以上的新鲜毛竹（*Phyllostachys heterocycla* cv.），经前期工序加工后进入干燥工段，制成本色或炭化竹片，竹片厚度 4～8mm，宽度一般为 18～25mm，长度为 1000～2600mm，竹片的宽度和厚度公差控制在±0.1mm，干燥后竹片含水率控制在 10%左右。在竹片挑选时，剔除带青、带黄、霉变、腐朽、变形等缺陷的竹片；挑选竹片颜色，尽可能地使同一块竹板上的竹片色泽均匀，有利于提高刨切薄竹的等级[3]。

2. 胶黏剂的选择

竹材硬度大，较难刨切，为了满足薄竹的刨切工艺，不但要求竹方材软化后胶层不开胶，而且要求胶黏剂具有柔韧性，使竹方材在刨切时不损伤刀具和产生刀痕。因此，常用的脲醛树脂胶和酚醛树脂胶难以满足此要求。经生产实践，研制出三聚氰胺改性脲醛树脂和脲醛树脂与水性高分子异氰酸酯的混合胶黏剂，具有柔软性好、耐热水等特点，能满足工艺要求。

本文原载《木材工业》2006 年第 20 卷第 4 期第 38-40 页。

3. 竹板的胶合

经精选后的规格竹片，采用涂胶机涂胶，单面涂胶量 130g/m^2，涂胶后的竹片直接进行组坯。根据现有设备，组坯的竹板宽度不宜太大，一般在 320～460mm 为宜。如果太宽，在侧压过程中，竹板因局部受力不均而产生起拱等现象，使竹板刨削量增加，降低出材率。

压制径向竹板时，侧压压力为 2.0～3.0MPa，正压压力为 1.0～1.5MPa，侧压及正压的施压顺序要相互配合，交替进行；压制弦向竹板时正压压力为 1.5～2.5MPa。采用三聚氰胺改性脲醛树脂制造径向竹板时，热压时间为 12～15min，热压温度 85～95℃；如采用脲醛树脂和异氰酸酯的混合胶黏剂，其热压温度不宜超过 85℃，热压时间为 8～12min，同时可采用锯末或脱膜剂处理压板粘板问题。

4. 竹板的后处理

胶合后的竹板在热应力等因素作用下，往往会产生瓦状变形，严重影响后续工序加工及产品合格率，因此必须进行后处理。简单易行的处理方法是，将热压后的竹板通过冷压定形、养生 1～2d，使竹板表面平整，胶层固化完全。定形后再经两面砂光或刨光，准备进入下一道工序。

1.2 竹方制备工艺

1. 竹板软化处理

为快速提高竹板的含水率，可采用温水加压浸注方法，使竹板的含水率均匀。竹板含水率越高，在下一个工序竹方材软化过程中传热就越快，不仅缩短了软化的时间，而且软化均匀。因此在实际生产中，可通过温水加压浸注来加速竹板的增湿速度。工艺参数为：水温 40～50℃，压力 0.2～0.3MPa，时间 3～5h，处理后的竹板需湿存放。

2. 竹方制备

用风机将加压浸注后的竹板表面吹干到无明显水迹、板面露白后进行施胶，在高含水率条件下，将若干竹板在厚度方向上层积、冷压胶合制成竹方。单面施胶量约 180g/m^2，单位压力 1.0～2.0MPa，冷压时间 2～4h。卸压后自然放置 1d 后再进行后续工序。

3. 竹方调湿处理

将制好的竹方放在冷水中浸泡；需软化时，再取出置于软化池中软化[3, 4]。

4. 竹方软化工艺

竹方的软化处理是刨切薄竹的一个重要环节。可采用将具有较高含水率的竹方放入软化池中软化，根据胶层的耐水、耐热性能，软化时控制升温速度在 1.5～2℃/h，水温在 45～55℃，软化时间为 48～72h。

1.3 刨切薄竹工艺

由于竹材自身的特点，现有的木材刨切机难以满足刨切要求，必须对木材刨切机及其刨切时的切削角、刃倾角等刨切工艺参数进行调整。薄竹刨切设备推荐采用意大利产卧式刨切机或改进的国产刨切机。

试验结果表明：竹方软化后，必须趁热刨切，否则冷却后切削阻力将增大，使微薄竹厚度偏差增大、表面质量变差；刨刀刀刃应与竹材纤维方向稍许倾斜，并与竹方构成一定的夹角。此外，刨刀刃磨特别关键，刨刀刃口要求平直无缺口，刀刃微小缺陷都会在微薄竹面上留下刨削痕迹。最佳刨切工艺参数：刨切后角 1°～2°，切削角（18±1）°，刃倾角 5°。

1.4 薄竹后期加工

刨切后的薄竹由于是胶合拼接而成的薄片，其厚度一般在 0.3～1.0mm，横纹抗拉强度较低，易破损，可在薄竹背面粘贴无纺布（纸）增强，并拼宽成大幅面。改善了薄竹脆性大、易破损、幅面小等缺陷，并使其整张化，易实现薄竹贴面的工业化生产。

1. 薄竹干燥

刨切后的薄竹含水率较高，不宜久放，否则易发霉变色，边缘也易开裂与翘曲。在实际生产中，一般采用不锈钢滚筒式单板干燥机将薄竹直接烘干处理，干燥时温度不宜过高，以防高温干燥而产生热应力不均，导致薄竹翘曲变形。干燥温度宜采用 80～90℃，干燥时间根据薄竹厚度而定，干燥后薄竹的含水率控制在 8%～12%。

2. 薄竹拼宽接长

干燥后的薄竹可直接进行涂胶，再与无纺布（纸）进行粘贴；也可采用拼宽、接长后，再粘贴无纺布（纸），制成 2500mm×（430～1290）mm 宽幅刨切薄竹。拼宽可采用国产的普通胶拼机或德国产的薄木拼宽机进行，其工艺参数为：压力 0.4～0.5MPa，温度 120～130℃，进给速度 35m/min。

薄竹纵向接长采用自制的薄竹接长机或进口的单板接长机来完成。在对刨切薄竹进行指接时，应注意指接处薄竹的色泽、厚度要基本一致。一般采用指形榫施加端压后再粘贴无纺布（纸）进行，其接长工艺参数为：压力 0.5～0.7MPa，温度 110～120℃，加压时间 1.5s，喷湿时间 5s，冷却时间 0.5s，进给速度 90～100m/min。

薄竹与无纺布（纸）的粘贴，可用脲醛树脂和聚醋酸乙烯乳液按 1∶1 的比例混合配制的胶黏剂，涂胶量 30～45g/m^2，热压温度 100℃，热压时间 90s，热压压力 1.0MPa[5, 6]。

2 经济分析

目前，大幅面刨切薄竹生产技术已经成熟，已推广到多家企业，形成了工业化生产。按每立方米竹方至少可刨得 0.6mm 厚的薄竹 1200m^2 以上，其市场售价 22～25 元/m^2 计，销售收入约 26 400 元/m^3。除去刨切薄竹生产成本 20 000 元/m^3，利税为 6400 元/m^3。若投资年产量 1200m^3 的薄竹生产线，利税为 768 万元/年。

3 结论

（1）刨切薄竹大幅面工业化生产切实可行，克服了薄竹脆性大、易破损、幅面小等缺陷，拓展了竹材资源精深加工的新途径。刨切薄竹可部分代替珍贵木材单板，广泛用作家具、人造板等的装饰装修材料，具有很好的市场竞争力和推广应用前景。

（2）刨切薄竹大幅面化生产工艺参数为：拼宽时压力 0.4～0.5MPa，温度 120～130℃，进给速度 35m/min；接长时压力 0.5～0.7MPa，温度 110～120℃，加压时间 1.5s，喷湿时间 5s，冷却时间 0.5s，进给速度 90～100m/min。

（3）每立方米竹方至少可刨得 0.6mm 厚的侧拼薄竹 1200m^2 以上，薄竹的得率较高。

参考文献

[1] 张齐生，蒋身学. 中国竹材加工业面临的机遇与挑战. 世界竹藤通讯，2003，1（2）：1-5.

[2] 张齐生. 中国竹材的工业化利用. 北京：中国林业出版社，1995.

[3] 李延军，杜春贵，刘志坤，等. 刨切薄竹的发展前景与生产技术. 林产工业，2003，30（3）：36-38.

[4] 刘志坤，李延军，杜春贵，等. 刨切薄竹生产工艺研究. 浙江林学院学报，2003，20（3）：227-231.

[5] 程瑞香，张齐生. 无纺布强化刨切微薄竹生产中应注意的几个问题. 林产工业，2004，31（6）：40-42.

[6] 杜春贵，刘志坤，李延军，等. 刨切薄竹的大幅面化. 东北林业大学学报，2003，31（6）：16-17.

第四部分

生物质炭和生物质能源多联产技术研究（2001～2017年）

近年来我国的能源结构不合理和农林生物质高效、无公害利用问题引起了国家和社会的高度重视，尤其是由此引起的环境问题严重影响了人民的日常生活和社会的可持续发展，国内外节能减排的要求迫使我国加速调整过度依赖于化石能源结构，降低化石燃料使用，提升可再生能源和新能源结构的比重。习近平总书记在十九大报告中指出，建设美丽中国，推进绿色发展，壮大节能环保产业、清洁生产产业、清洁能源产业，推进能源生产和消费革命，构建清洁低碳、安全高效的能源体系。

生物质能具有资源分布广、可再生及可持续循环利用等优点，是最具应用潜力的可再生能源。生物质资源包括各种果树枝条、果壳和各种农林加工剩余物（木片、秸秆等）等。

针对农林生物质热解气化机理复杂、产物品质低等关键科学问题，以及行业长期存在的气化产品单一、废水废渣污染、生产规模小且连续稳定性差、经济效益不佳等突出问题，项目组根据生物质多样性特点，研究并掌握了秸秆、稻壳、果壳、木（竹）片等生物质的热解气化过程机理，攻克了规模化生产中的工艺瓶颈，在设备研发、气化产物调控、可燃气净化与燃烧、生物质液体肥及炭产品的高附加值利用等关键技术上取得了突破，实现了农林生物质气化绿色、循环、高效利用。

在2002年前后，由于中国的改革开放20多年，中国的农村农民的生产、生活发生了翻天覆地的变化，出现了秸秆焚烧、污染环境的问题。张齐生院士开始关注秸秆的高效、无公害及资源化利用问题！

当时的竹炭（包括木炭、机制炭）几乎都是土窑烧炭，环境污染大，劳动强度高，时间长，得率低，在张院士的指导下我们开始研究大型的干馏法制备竹炭，由于干馏法是需要外加热的，张院士提出能不能不加外热生产竹炭（秸秆炭），在张院士的带领下，经过多次的实验室和中试形成了生物质（竹子、木片、秸秆、稻壳、果壳）热解气化联产炭（竹炭、木炭、秸秆炭、稻壳炭、果壳炭）、肥、热技术。从2002年开始在张院士的领导下开展了秸秆炭对肥料的缓释效果（在中科院南京土壤所测试），对硝态氮和铵态氮的缓释效果非常明显，达到了70%以上，同时也做了对土壤重金属的修复实验，并于2003年在江苏省理化测试中心测试了秸秆炭的元素组成，很多肥料专家看到我们的秸秆炭检测报告，惊叹不已，认为那才是真正的全营养肥料！

张院士为生物质能源多联产技术和秸秆炭制备炭基肥料、提取液制备肥料倾注了大量心血，几乎到每个大学研究院所交流、中国工程院、国家林业局开会都要带上炭样品和PPT介绍生物质能源多联产技术，在2002～2010年的时候，由于大部分农林院校（研究院所）没有接触过生物质炭和生物质提取液，很多领导和专家都不是很了解生物质炭和提取液的性能与作用，张院士是不厌其烦，反复介绍和推荐各农业大学和农科院、林科院的领导和专家进行炭基肥料和生物质液体肥的实验，有些单位如中科院南京土壤所、南京土肥站、南京蔬菜所、南京花卉所、宁夏林科所、镇江农科所、黑龙江农科院、江苏农科院、南京农业大学、湖南农业大学等单位都做了大量的科学研究和实验，为张院士团队在炭基肥料和提取液肥料研究上提供了大量数据和图片。

随着 Woods W I，Falcão N P S，Teixeira W G 2006 年在 *Nature* 上发表了一篇生物炭在土壤和环境中作用的文章，2010 年前后开始，国内开始有大批量的农业大学（院所）的专家和老师开始研究和推广炭基肥料，张院士团队从 2002 年开始研究秸秆炭作为炭基肥料和生物质醋液肥，整整比国外早了 5 年。2015 年美国的加州大学默塞德分校联合加利福尼亚能源委员会和美国农业部开始研究生物质气化发电联产活性炭、炭基肥料技术，张院士团队整整比美国科学家早了 10 多年。

张院士团队 2008 年在安徽建成了第一个生物质气化发电联产炭、液、热的工程，至今已经在国内外建成了 20 多个生物质气化发电联产炭、热、肥工程。在他带领下，先后组建了“南京林业大学新能源科学与工程系”“国家林业局生物质多联产工程中心”。其中“农作物秸秆高效利用新方法及关键技术研究与开发”获 2006 年南京市科技进步奖二等奖；“竹炭生产关键技术、应用机理及系列产品研制与应用”获 2007 年浙江省科学技术进步奖一等奖；“有机废弃物农业循环利用技术集成与示范应用”获 2009 年江苏省科学技术进步奖三等奖；“竹炭生产关键技术、应用机理及系列产品研发”获 2009 年国家科学进步奖二等奖。

张院士的研究成果实现了生物质气化多联产技术的工业化应用及产业化发展，引领并带动了生物质能源（发电、供暖、供热）、活性炭、工业用炭、炭基（液体）肥料等行业的发展。

周建斌

重视竹材化学利用　开发竹炭应用技术

张齐生　姜树海

（南京林业大学　南京　210037）

摘　　要

在对中国竹材工业化利用现状，以及中国加入 WTO 以后木材市场将出现的新情况分析的基础上，提出了开发竹材资源，抛弃简单“以竹代木”的旧观念，树立“以竹胜木”的新思维。论述了要重视竹材的化学利用，开发竹炭应用技术。阐述了竹炭和竹醋液的形成、分类及可能的应用领域。

关键词： 竹材；化学利用；竹炭；竹醋液

竹类植物具有生长快、繁殖能力强和容易更新的特点。据统计，目前全世界有竹类植物 50 多属，1200 余种，竹林面积 2200 万 hm^2。中国有竹类植物 40 多属，500 余种，竹林面积 421 万 hm^2，占全国森林面积的 2.8%，每年可砍伐毛竹 5 亿多根、杂竹 300 多万吨，相当于 1000 余万立方米木材，约占中国年木材采伐量的 1/5 以上。在中国竹林素有“第二森林”之美称。但是竹材由于其直径小、壁薄中空、尖削度大，结构不均匀，各向异性明显，易开裂和劈裂，内含淀粉、蛋白质、糖分等营养物质，易虫蛀、腐朽，从而给竹材的加工利用带来很多困难，使木材加工的工艺和设备在竹材加工中都不能直接使用；竹材长期停留在原竹利用和编织农具、用具和工艺品的初级利用阶段。

近 20 年来，世界产竹国家，特别是中国，由于木材资源紧缺，而竹材资源又十分丰富，因此更加重视竹材的工业化利用。中国竹类资源中直径较大、力学性能优良、集中成片分布的毛竹林资源主要分布在长江以南经济较发达的省、区，而这些地区是中国的主要木材消费市场。为了解决木材长期供不应求的矛盾，中国的竹材工业化利用首先在将竹材经过机械加工后制成各种竹质人造板和竹材制品替代木材的领域内开始起步，先后开发了竹材胶合板、竹材胶合水泥模板、竹材地板、竹木复合胶合板、竹材集成材、竹家具和各种竹质生活用品等产品，在车辆、建筑、运输、家具、室内装修等领域获得了广泛的应用。其中竹质人造板年产量超过 100 万 m^3，2001 年竹业总产值超过 200 亿元，为竹产区经济的发展和竹农增加收入作出了重要的贡献。但是，由于竹材直径较小，壁薄中空，竹质人造板产品的生产效率要远远低于木材的同类产品。当前中国木材价格高于国际市场、工资水平大大低于欧美等发达国家的情况下，竹材工业化利用的产品尚有一定的竞争能力。随着中国社会经济的发展，劳动力工资水平不断提高，竹材产品的竞争优势将会逐步丧失，这就是日本及中国台湾等地虽有竹材资源却不生产竹材产品的原因。中国已经加入 WTO，进口木材和各种木制品的关税将进一步下降，国内农作物秸秆人造板的开发利用正在兴起，木材市场的竞争还将更趋激烈，这是每一个从事和关心竹产业的人们应该面对的现实。开发竹材资源，抛弃简单的“以竹代木”的旧观念，树立“以竹胜木”的新思维，努力开发木材无法替代竹材的特殊产品，这是实现竹产业可持续发展的必由之路。利用竹材优良的生物学特性和特殊的微观结构，重视和开展竹材的化学利用，对竹产业的可持续发展具有重要的意义。

1　重视竹材的化学利用

竹材的化学利用是指通过各种化学加工的方法开发以竹材为主要原料的竹材化工产品，其最大特点主要是利用竹材内含的纤维素、半纤维素、木素和各种内含物及竹材的特殊微观结构。在各种化学加工过程中，竹材原有的直径小、壁薄中空、各向异性、结构不均匀、内含物多、不耐腐、耐虫性差等缺陷均不构成任何影响，而它生长快、成材周期短、再生能力强等优良生物学特性却可显示出无比的优越性。近几年

本文原载《南京林业大学学报（自然科学版）》2002 年第 26 卷第 1 期第 1-4 页。

来国内外开始重视竹材的化学利用，开发了多种以竹材为主要原料的化工产品，目前已形成工业规模的主要有竹浆造纸和竹炭系列产品。

1.1　竹浆造纸

竹材的化学组成和木材基本相同，主要有纤维素、半纤维素和木素等。中国古代就有用嫩竹通过土法制竹浆、造竹纸的传统历史。利用现代的制浆造纸技术以竹子为原料制成的各种纸品与木浆纸相比，由于竹材自身结构的特点（竹节和竹青中含有机硅）造成碱的耗用量高于木浆纸，纸的脆性稍大于木浆纸，高漂白度难于木浆纸且易氧化发黄。但这些技术难题随着造纸技术的发展，都已得到较好的解决。目前中国四川省的沐川、乐山、雅安造纸厂，广东省的广宁造纸厂，江西省的抚州、宜川造纸厂都是以竹子为原料的大型纸厂。

竹子不同于一般的树木，它具有一次造林成功即可年年择伐、永续利用且能保持生态环境良好的生物学特性。在中国海南、云南、贵州、广西等水、热资源丰富的地区，特别适宜营造大面积丛生竹竹林作为纸浆林原料基地，建设大型或特大型的造纸厂。因为丛生竹中的某些竹种，纤维素含量高，而且年生物量是毛竹的 5～10 倍。需要注意的是，由于小型造纸企业污染严重，处理较为困难，不宜在资源分散的地区建设中小型纸厂。

1.2　竹炭系列产品

竹材资源的一个重要特点是单位面积产量不高、资源较为分散。可以凭借现有资源建设大型造纸企业的地区在全国为数不多。特别是毛竹林资源在今后较长时期内，开发各种竹质人造板和竹制品仍然是一个重要的方向，但这些毛竹产区内的小径竹材开发利用是大家十分关注的一个问题。

竹炭是近几年来刚刚兴起并迅速掀起开发热潮的产品。竹炭系列产品在日本民间十分盛行，市场销售的竹炭产品主要有烧烤炭、净水炭、空气净化炭、房间调湿炭及竹炭风铃、炭枕、炭被等。此外，在烧制竹炭过程中土窑、机械窑采集的竹醋液也有市场。日本国内竹农也在烧制竹炭。中国生产的竹炭主要出口到日本和韩国，浙江省 2002 年出口日本、韩国等国家 7000 多吨各种竹炭。竹炭在环境保护、保健、医药、高新技术等领域有着潜在、广阔的应用前景。从目前的诸多情况来看，竹炭是竹材加工中附加值较高、生产效率不低于木材同类产品的一个竹材产品，可以称得上是“以竹胜木”产品，适合于资源分散的毛竹产区中小径竹材的开发利用。

2　开发竹炭应用技术

竹炭是一种机能性材料和环境保护材料。随着竹炭热潮的到来和人们对环境保护的重视，竹炭作为一种新型材料必将具有广阔的应用前景和巨大的发展空间，开发竹炭应用技术也成为科技工作者责无旁贷的历史重任。

2.1　竹炭、竹醋液的形成

竹炭是竹材热解后的产物，竹醋液是竹炭生产过程中的副产品。竹材中含有各种化学成分，其中的纤维素、半纤维素和木素在炭窑中随温度的上升依次分解。目前，竹子中含有的各成分的分解起始温度尚无测定数据。对于木材，半纤维素的分解温度最低，在 180℃左右，纤维素和木素的分解起始温度分别为 240℃和 280℃左右，在这个温度域，因材料的状态和窑的空气不同而有差异。竹材在 400℃即可全部热解成炭。但从目前竹炭的情况来看，其烧成最佳温度在 600～800℃。竹醋液随着竹炭的烧制不断地产生，其合适的采集温度是排烟口温度为 80～150℃（窑内温度 350～425℃）。

2.2　竹炭、竹醋液的分类

竹炭根据使用原料不同可以分为原竹炭和竹屑棒炭。原竹炭是竹子经自然干燥或烟熏热处理后再自然干燥烧制而成；竹屑棒炭是利用竹材加工剩余物经粉碎、干燥、挤压成型制成竹屑棒后烧制而成。按竹炭的形状不同可以分为筒炭、片炭、颗粒炭、粉炭及工艺炭（将竹炭加工成工艺品）。按用途可以分为净化水用炭、净化空气用炭、保健用炭、果品保鲜用炭等。

竹醋液据分析含有 300 多种成分，其中，主成分中醋酸约为 50%。竹醋液中水分占 90%，全溶液的醋酸量约为 3%。此外，还含有碱性物质（三甲胺、吡啶、2-羟基吡啶等）、醇类（甲醇、乙基乙二醇等）、酚类（苯酚、2-甲基苯酚、2-乙基苯酚、6-邻氧甲基苯酚等）、醛类（糠醛、4-羟基糠醛等）、环状酯等。

竹醋液严格地讲只有两种：粗竹醋液和精制竹醋液。随着炭窑、炭材的种类和采集容器的材质、炭化温度、采集后的静置时间、精制方法、精制后的储存方法等的不同，竹醋液的品质会有差异。竹醋液在生产过程中产生的气体混合物经冷凝器分离后，得到棕黑色的粗竹醋液，经较长时间存放后，上层为澄清竹醋液，有特殊的烟焦气味；下层为沉淀竹焦油，竹焦油是黑色、黏稠的油状液体，含有大量的酚类物质和多种有机物质。制造 1t 竹炭，需要耗用 6～6.5t 新鲜竹材，同时可以获得 350～600kg 的竹醋液。

2.3　竹炭、竹醋液的应用领域

竹子有特殊的微孔构造，热解后形成的竹炭具有很强的吸附能力，是一种机能性和环境保护材料。根据测定，1g 竹炭的比表面积可达 $350m^2$，若进一步活化后成为竹活性炭，则其比表面积可达 $1000m^2$ 以上。目前日本已将竹炭应用于饮用水和河川水的净化、室内空气的净化和湿度的调节，并开发了枕芯、床垫、洗涤、护肤、饮料、保健等多种产品。据有关资料介绍，100kg 竹炭可以吸收空气中的 4kg 水分，净化 5000L 空气，一个 $100m^2$ 的三居室，使用 400～500kg 竹炭即可达到调节室内水分和净化空气的目的。但是，日本在竹炭方面目前依然处于应用在先、科研滞后的状态，并未在竹炭应用的机理方面做出科学的阐明。笔者在对不同工艺条件制得的竹炭的比表面积进行测定，并进行净化水的试验的基础上，初步发现竹炭对水中二氯苯酚、有机磷等有机物污染的净化能力效果十分显著。

竹醋液的化学成分十分复杂。日本目前将其应用在保健、饮料、动物饲养场所除臭等方面，并据有关资料介绍，其在高效低毒农药方面也有很好的应用前景。竹醋液的机理和应用技术还有待进一步研究。

基于竹炭的机能性，开发竹炭的应用技术可从以下三方面来考虑。

（1）利用竹炭的吸附机能开发环境污染物的吸附除去技术及产品，可用于水土保持、住宅环境的改善和养殖生物的环境改善等方面。

（2）利用竹炭的半导体机能开发环境污染物的分解应用技术及产品，可与其他半导体材料进行复合，用于水质净化、空气净化等领域。

（3）利用竹炭放射、屏蔽电磁波机能开发有害电磁波屏蔽技术及产品，可用于家电产品开发、保健用品、居住环境改善、生命环境改善及食品安全领域。

3　结　　语

竹炭和木炭一样，作为能源早已完成了它们的历史使命。而作为环境保护材料，虽然自古以来已有应用的先例，但是，在国内大面积推广应用还有待于进一步弄清其环境效应的机理和科学的使用方法。我们确信竹子不仅在它有生命的时候，能为人类美化和改善生态环境发挥作用，在它被采伐加工成竹炭以后还能继续为净化人类的生活环境作出贡献。

参 考 文 献

[1]　张齐生. 竹材工业化利用. 北京：中国林业出版社，1995.

[2]　Zhang Q S. Bamboo resources in China and future view for its effective utilization. TIKUTAN T IK USAKUEKI，2000，5：6-7.

[3]　Zhang Q S，Jiang S H，Huang H L，et al. Research absorption properties and relative factors of bamboo charcoal on 2，4-di-ch loro hydroxybenzene//Mechanism and Science of Bamboo Charcoal and Bamboo Vinegar. Beijing：China Forestry Publishing House，2001：6-15.

[4]　野村隆哉. 竹炭はたらき・竹醋液はたらき（一）. 竹炭竹醋液，2000，(1)：31-45.

[5] 野村隆哉. 竹炭はたらき・竹醋液はたらき（二）. 竹炭竹醋液，2000，(2)：4-21.

[6] 池岛庸元. 木炭・竹炭大百货. 日本国：株式会社ルナテック. 2000.

[7] 谢锦忠. 毛竹纸浆材丰产结构的研究. 竹子研究汇刊，1999，18（4）：65-72.

[8] 汪奎宏. 竹类资源利用现状及深度开发. 竹子研究汇刊，2000，19（4）：72-75.

[9] 周芳纯. 竹林培育学. 北京：中国林业出版社，1998.

[10] Yokochi H，Kimura S. Electric resistance of Bamboo charcoal//Mechanism and Science of Bamboo Charcoal and Bamboo Vinegar. Beijing：China Forestry Publishing House，2001：168-173.

重视竹材化学利用

张齐生

（浙江林学院　杭州　311300）

编者按：本文作者系中国工程院院士、南京林业大学教授、博士生导师。现任浙江林学院院长。长期从事木材和竹材加工利用的教学和研究工作，特别是在竹材加工利用领域进行了卓有成效的研究和开拓，推动、促进了我国竹材加工这一新型产业的形成和发展，组建了我国第一个专职从事竹材加工利用研究的竹材工程研究中心，使我国的竹材加工业居世界前列。出版专（译）著8本，论文40余篇，完成的多项科研成果荣获国家发明三等奖、国家科技进步二等奖、中国发明专利创造金奖、伊利达科技奖等多项奖励。本文是作者2002年11月在第三届浙江青年学术论坛“竹业技术与产业发展”分论坛会上的报告摘要。

1　竹子开发概况

目前，全世界有竹类植物50多属，1200余种，有竹林面积2200万hm^2。中国有竹类植物40多属，400余种，竹林面积421万hm^2，占国土面积0.5%，占全国森林面积2.8%。每年可砍伐毛竹4亿多支、杂竹300多万t，相当于1000余万m^3木材的量，占中国木材采伐量的1/5左右，因此，竹林素有中国第二森林之美称。竹类植物生长快、繁殖能力强和容易更新，但是由于竹子本身存在的缺陷：直径小、壁薄中空、尖削度大；竹材结构不均匀，各向异性明显，竹材易开裂和劈裂；内含淀粉、蛋白质、糖分等营养物质，易虫蛀、腐朽等，给加工利用带来很多困难，木材加工的工艺和设备在竹材加工中都不能直接使用，因而使竹材长期停留在原竹利用和编织农具、用具及工艺品的初级利用状态。

近20年来，世界产竹国家，特别是中国，十分重视竹材的工业化利用，先后开发了竹材胶合板、竹材胶合水泥模板、竹材地板、竹木复合胶合板、竹家具和各种竹质人造板及竹炭等产品，在车辆、建筑、运输、家具、室内装修等领域获得了广泛的应用。其中竹质人造板年产量超过100万m^2，2000年竹业总产值超过170亿元。但是，竹材各种人造板产品的劳动生产效率要远远低于同类木材产品，其单位产品中人员工资的比例也要高出木材产品1倍甚至于数倍，但在当前中国木材价格高于国际市场、工资水平大大低于欧美等发达国家的情况下，竹材产品仍有一定的竞争能力。但是随着我国社会经济的发展，工资水平的不断提高，竹材产品和木材产品的价格竞争将日趋激烈，竹材产品的竞争优势将逐步丧失，今天的日本、中国台湾等地就是因此而虽有竹材资源却不生产竹材产品，这是我们每一个从事和关心竹产业的人们应面对的现实。

开发竹材资源，要抛弃简单的“以竹代木”的旧观念，树立“以竹胜木”的新思维，努力开发木材无法替代竹材的特殊产品，这种产品称之为“以竹胜木”产品，这是实现竹产业可持续发展的必由之路。因此，我们的竹业科技工作者应立足于“以竹胜木”，在这4个字上做文章，否则，可能会造成“劳而无功”的后果。竹炭是近两三年来刚刚兴起的一种“以竹胜木”产品，其在日本民间十分盛行，浙江省2002年出口日本、韩国等国家的竹炭超过7000t。从目前的许多情况来看，竹炭是竹材加工中附加值较高、劳动生产效率不低于木材同类产品的一个竹材产品，其在环境、保健、医药、高技术等领域有着潜在和广泛的应用前景。

2　竹炭、竹醋液的形成及分类

竹材是天然生长的高分子有机体，由各种不同形状和功能的细胞组成，有特殊的微孔构造。竹材热解

本文原载《今日科技》2003年1月第34-35页。

后的固体产物是竹炭，液体产物是竹醋液，气体产物是一氧化碳、甲烷、乙烯等气体，这些气体一般不收集，可以直接回收到热解炉内作为燃料使用。

竹炭根据使用原料不同，可以分为原竹炭和竹屑棒炭，原竹炭是以竹子为原料烧制而成；竹屑棒炭是利用竹材加工剩余物经粉碎、干燥、挤压成型制成竹屑棒后烧制而成。按竹炭的形状，可以分筒炭、片炭、颗粒炭、粉炭及工艺炭（将竹炭加工成工艺品）。按用途可以分为净化水用炭、净化空气用炭、保健用炭、果品保鲜用炭等。

竹材热解过程中产生的气体混合物经冷凝器分离后，得到棕黑色的粗竹液，经较长时间存放后，上层为澄清竹醋液，下层为沉淀竹焦油。竹醋液含有醋酸、丙酸、甲醇等多种化合物，有特殊的烟焦气味；焦油是黑色、黏稠的油状液体，含有大量的酚类物质和多种有机物质。制造 1t 竹炭，需要耗用 6～6.5t 新鲜竹材，同时可以获得 350～600kg 的竹醋液。

3　竹炭、竹醋液的特点及其应用

竹子特殊的微孔构造，能使热解后形成的竹炭具有很强的吸附能力，是一种机能性的环境保护材料。根据测定，$1cm^3$ 竹炭的表面积可达 $350m^2$，若进一步活化后成为竹活性炭，则其比表面积可达 $1000m^2$ 以上。目前日本已将竹炭应用于饮用水和河床工业污水的净化、室内空气的净化和湿度的调节，并开发了枕芯、床垫、洗涤、护肤、饮料、保健等多种产品。据有关资料，100kg 竹炭可以吸收空气中的 4kg 水分，净化 5000L 体积的空气，一套 $100m^2$ 的 3 居室，使用 400～500kg 竹炭即可达到调节室内水分和净化空气的目的。但是，日本在竹炭研究上目前依然处于应用在先、科研滞后的状况，并未在竹炭应用的机理方面做出科学的阐明。目前，我们在国际竹藤组织的资助下测定了不同工艺条件制得的竹炭的比表面积，并进行了净化水的试验研究，初步研究结果表明，竹炭对水中二氯酚、有机磷等有机物污染的净化效果十分显著，我们正在逐项对竹炭各种效应的机理进行研究，并作出科学的证明，在此基础上开发各种不同用途的竹炭，使竹炭成为 21 世纪人类的友好材料，成为人们日常生活中离不开的“好伴侣”。

竹醋液中的化学成分十分复杂，主要含有醋酸、丙酸、丁酸、甲醇和多种有机成分，日本已在保健、饮料、动物饲养场所除臭等方面应用，据有关方面介绍，在高效低毒农药中也有很好的应用前景。竹醋液和中药有类似之处，若按照竹醋液中的有关成分组合成一种水溶液，其却达不到竹醋液的同样效果，因此竹醋用途还有待我们进一步开发。

竹炭和木炭一样，作为能源早已寿终正寝，完成了它们的历史使命。而作为环境材料，虽然自古以来已有应用先例，但是，真正大规模的应用还有待于科学地证明其环境效应的机理和确定正确的使用方法，才能在国内大面积推广应用。我们期待 21 世纪，竹子不仅在它有生命的时候，能为人类美化和改善生态环境作出贡献，在被加工成竹炭以后还能继续为净化人类的生活环境作出贡献！

水解木质素制备药用活性炭的研究

周建斌　张齐生　高尚愚
（南京林业大学　南京　210037）

摘　　要

以水解木质素为原料，用化学法（$ZnCl_2$ 为活化剂）制备药用活性炭。研究活化温度、活化时间、料液比（水解木质素与化学药品活化剂溶液的质量比）等对活性炭的得率、硫酸奎宁吸附值和亚甲基蓝吸附值的影响；确定了用水解木质素制备药用活性炭适宜的工艺条件：活化温度为 550℃，活化时间为 2h，料液比为 1∶3.5，$ZnCl_2$ 溶液浓度为 46°Be′（60℃）。结果表明，药用活性炭的得率为 50.28%；活性炭的硫酸奎宁吸附值≥120mg/g，亚甲基蓝吸附值 180mg/g，pH6.5，铁 0.01%，氯化物 0.05%，硫酸盐 0.05%，灰分 2.63%，酸溶物 0.6%，水溶性锌盐 0.003%，硫化物、重金属（以 Pb 计）、氰化物、未炭化物均为合格。

关键词：水解木质素；活性炭；硫酸奎宁；亚甲基蓝

活性炭是一类多孔性的含碳物质，由于其具有较强的吸附能力而广泛用于食品工业、制药业的杂质去除及脱色、环境污染的治理、工业催化剂及军用催化剂的载体等[1, 2]。不断寻找活性炭生产的原料，探索新的工艺条件，增加新品种是活性炭工业发展的重要任务[3]。

木质素是木材主要化学组分之一，在木材中的含量占 20%～30%。在生物质（如木材）水解、纸浆造纸中木质素都不能得到有效利用，木质素中的碳含量高达 60%[4, 5]。木质原料先经过水解生产酒精产品，以木质素为原料生产活性炭，既扩大了木质素的利用途径，同时对开辟活性炭的原料新来源具有积极作用。笔者以水解木质素为原料制备药用活性炭，探讨了活化温度、活化时间、料液比对药用活性炭的得率、硫酸奎宁吸附值、亚甲基蓝吸附值的影响，确定了化学药品活化剂法生产药用活性炭的工艺条件。

1　材料与方法

1.1　实验材料

原料用木屑由黑龙江省塔河林业局提供，室内风干后备用；化学药品活化剂氯化锌，工业级。

1.2　水解木质素的制备

用硫酸使木屑中的纤维素、半纤维素水解。水解条件：硫酸体积分数为 30%，水解时间为 8h，水解温度为 125℃，硫酸溶液与原料木屑的质量比为 19∶1[6]，水解后的木质素用来制药用活性炭。

1.3　药用活性炭的制备

取 20g 水解木质素与一定比例的化学活化剂（氯化锌）混合均匀，浸渍 8h，并定时搅拌得到氯化锌和水解木质素混合物，而后置于高温电炉中进行活化，到预定时间取出。将活化料中的活化剂回收，经过酸洗、水洗以去除杂质，干燥后粉碎至全部通过 200 目筛，供测试活性炭性质用。小试试验每种条件均为平行试验，试验误差≤1%，结果为平行试验的平均数。

制备药用活性炭的扩大试验。使用外部由电炉加热间歇式回转炉进行活化。操作时，将回转炉炉膛温

本文原载《南京林业大学学报（自然科学版）》2003 年第 27 卷第 5 期第 40-42 页。

度预热至规定的温度后，加入由 150g 水解木质素与一定比例的活化剂（氯化锌）制得的混合物，到预定时间取出。将活化料中的活化剂回收，经过酸洗、水洗以去除杂质，干燥后粉碎至全部通过 200 目筛，供测试活性炭性质用。

1.4　活性炭的分析检验

原料用木屑、水解木质素的基本性质按《制浆造纸实验》[7]检测；药用活性炭的硫酸奎宁吸附值、亚甲基蓝吸附值等指标按 GB/T12496—1999[8]检测。

2　结果与分析

2.1　原料木屑、水解木质素的化学成分

原料木屑及水解木质素的水分、灰分、苯醇抽出物、综纤维素及木质素的分析测定如表 1 所示。

从表 1 可见，原料木屑经过酸水解后，其化学组成发生了很大的变化，综纤维素含量从 67.02%下降到 8.23%，表明综纤维素中绝大部分纤维素、半纤维素都分解了，而木质素含量从 30.82%上升到 90.53%。木质素的基本单元是以苯丙烷为骨架，具有网状结构的无定形高聚物[5]，木质素的含碳量高达 60%，而原料木屑中的纤维素、半纤维素的含碳量为 40%左右。因此，木质素是制造活性炭的优质原料之一。

表 1　原料木屑及水解木质素的化学组成　（单位：%）

	水分	灰分	苯醇抽出物	综纤维素	木质素
原料木屑	19.23	0.68	2.69	67.02	30.82
水解木质素	0.70	1.24		8.23	90.53

2.2　活化条件对活性炭质量的影响

1. 活化温度对活性炭的影响

活化时间为 2.0h，料液比为 1∶3.5，氯化锌溶液浓度为 46°Be′（60℃），不同的活化温度对活性炭质量的影响见表 2。

表 2　活化温度对活性炭的影响

活化温度/℃	硫酸奎宁吸附值/(mg/g)	亚甲基蓝吸附值/(mg/g)	得率/%
500	＜120	150	55.78
550	≥120	180	50.32
600	＜120	173	46.05

从表 2 可以看出，当活化温度为 550℃时，硫酸奎宁吸附值≥120mg/g，亚甲基蓝吸附值为 180mg/g，得率为 50.32%，活性炭的吸附指标达到了药用活性炭的要求；当活化温度太低时，木质素没有充分活化，而活化温度太高时可能烧却了某些活性炭孔隙，其硫酸奎宁吸附值都达不到文献[9]的指标要求。

2. 活化时间对活性炭的影响

活化温度为 550℃，料液比为 1∶3.5，氯化锌溶液浓度为 46°Be′（60℃），不同活化时间对活性炭质量的影响见表 3。

从表 3 看出，当活化时间为 2.0h 时，硫酸奎宁吸附值≥120mg/g、亚甲基蓝吸附值为 180mg/g，得率达到 50.46%；当活化时间为 1.5h 时，木质素活性炭孔隙还未充分形成；活化时间为 2.5h 时，由于活化时间过长，可能烧却了某些活性炭的孔隙，同时由于活化时间的增加，在生产中活性炭得率也下降为 45.82%。

表 3 活化时间对活性炭的影响

活化温度/h	硫酸奎宁吸附值/(mg/g)	亚甲基蓝吸附值/(mg/g)	得率/%
1.5	＜120	135	56.45
2.0	≥120	180	50.46
2.5	＜120	188	45.82

3. 料液比对活性炭的影响

活化温度为 550℃，活化时间为 2.0h，氯化锌溶液浓度为 46°Be′（60℃），不同料液比对活性炭质量的影响见表 4。

表 4 料液比对活性炭的影响

料液比	硫酸奎宁吸附值/(mg/g)	亚甲基蓝吸附值/(mg/g)	得率/%
1∶3.0	＜120	150	58.24
1∶3.5	≥120	180	50.36
1∶4.0	＜120	165	51.14

从表 4 看出，料液比为 1∶3.5 时，所得活性炭的硫酸奎宁吸附值≥120mg/g，亚甲基蓝吸附值为 180mg/g，得率为 50.36%，当料液比达 1∶4.0 时，硫酸奎宁吸附值反而下降，说明料液比增大会使活性炭孔径扩大。

2.3 水解木质素制药用活性炭扩大试验

综合以上试验结果，在活化温度 550℃，活化时间 2.0h，料液比 1∶3.5，氯化锌溶液浓度为 46°Be′（60℃）的条件下，以水解木质素为原料来制取药用活性炭的得率为 50.28%，并对其性能进行了测试，检测结果为硫酸奎宁吸附值≥120mg/g、亚甲基蓝吸附值 180mg/g、pH6.5、铁 0.01%、氯化物 0.05%、硫酸盐 0.05%、灰分 2.63%、酸溶物 0.6%、水溶性锌盐 0.003%，硫化物、重金属（以 Pb 计）、氰化物、未炭化物均为合格。

3 结 论

（1）以水解木质素为原料，制备药用活性炭的最佳工艺条件为活化温度 550℃，活化时间 2h，料液比 1∶3.5，氯化锌溶液浓度为 46°Be′（60℃），在此条件下得到的药用活性炭质量指标均高于国家标准。

（2）水解木质素由于其含碳量高（60%左右），制取活性炭的得率也较高（50%左右），因此可以认为水解木质素是制备活性炭的较好的原料。

参考文献

[1] 黄律先. 木材热解工艺学. 2 版. 北京：中国林业出版社，1996：134-159.

[2] 周建斌. 气相吸附用活性炭成型物的研究. 南京：南京林业大学，1995：1-10.

[3] 安鑫南. 林产化学工艺学. 北京：中国林业出版社，2002：412-477.

[4] 杨淑惠. 植物纤维化学. 3 版. 北京：中国轻工业出版社，2001：69-112.

[5] 王佩卿，邰瓞生，廖品玉，等. 木材化学. 北京：中国林业出版社，1990：47-58.

[6] GB/T 13803.1-13803.5—1999. 木质活性炭. 北京：中国标准出版社，1999.

[7] 丁振森. 林产化学工业手册：上册. 北京：中国林业出版社，1984：1107-1129.

[8] 陈佩蓉. 制浆造纸实验. 北京：中国轻工业出版社，1990：25-56.

[9] GB/T12496. 1-22—1999. 木质活性炭试验方法. 北京：中国标准出版社，1999.

磷酸-复合活化剂法制竹屑活性炭的研究

周建斌[1]　张齐生[2]

（1 南京林业大学化工学院　南京　210037；

2 南京林业大学竹材工程研究中心　南京　210037）

摘　　要

以竹屑为原料，用磷酸-复合活化剂（由磷酸添加一种酸性化合物 A 和一种盐类化合物 S）法制备活性炭。研究了磷酸-复合活化剂用量、炭活化温度、炭活化时间等对活性炭的得率、灰分和 pH 的影响，确定了适宜的制备竹屑活性炭工艺条件：磷酸浓度为 38°Be′/60℃、添加剂 A 2%、添加剂 S 4%（A 和 S 以磷酸质量分数计）、炭活化温度 450℃、炭活化时间 3h。在此条件下所得活性炭的得率为 36%、灰分含量 4.8%、pH 4.6。对竹屑活性炭的吸附性能、比表面积和孔隙性质也进行了分析。结果表明：竹屑活性炭的比表面积为 1500m^2/g、比孔容积 1.10mL/g、平均孔隙半径 1.46nm、焦糖脱色率（A 法）120%和亚甲基蓝吸附值 225mg/g。

关键词： 磷酸-复合活化剂；竹屑；活性炭

活性炭作为一种优良的吸附剂，其用途越来越多地受到人们的关注。一方面随着活性炭产量及销售量逐步上升，生产木质活性炭的原料（如木屑）日趋减少；另一方面竹屑等竹制品加工废料一般会当成垃圾丢弃或焚烧处理，这不仅对环境造成了一定的负面影响，而且对资源也是极大的浪费[1, 2]。如果以竹屑等竹制品加工废料为原料生产活性炭，既在一定程度上解决了环境污染问题，同时对开辟活性炭的新原料来源具有积极作用[3, 4]。

本研究是以竹屑为原料，探讨了磷酸-复合活化剂的配方、炭活化温度、炭活化时间对竹屑活性炭的得率、灰分、pH、焦糖脱色率（A 法）、亚甲基蓝吸附值的影响，确定了磷酸-复合活化剂法生产竹屑活性炭工艺条件。

1　实 验 部 分

1.1　实验材料

（1）原料用竹屑南京林业大学竹类植物园中 5～6a 生毛竹，室内风干 3 个月左右，粉碎干燥，取 6～30 目（0.600～3.550mm）备用。

（2）磷酸-复合活化剂磷酸、酸性化合物 A 和盐类化合物 S 均为工业级。

1.2　实验方法

取 20g 竹屑与一定比例的磷酸-复合活化剂混合均匀，浸渍 8h，并定时搅拌，而后置于高温电炉中进行炭活化到预定时间取出。将活化料中的磷酸-复合活化剂回收、水洗干净、干燥后粉碎至全部通过 200 目（0.071mm）筛，供测试活性炭性质用。

1.3　活性炭的分析检验

（1）分析方法

焦糖脱色率（A 法）、亚甲基蓝吸附值、灰分、pH 等指标按 GB/T12496.1～12496.22—1999 检测。

本文原载《林产化学与工业》2003 年第 23 卷第 4 期第 59-62 页。

（2）比表面积和孔隙性能的解析

活性炭试样的比表面积用国产 ST-2000 型比表面积测定仪进行测定，其原理是测定试样在液氮温度下对氮气的吸附，据此分析和计算活性炭的比表面积、比孔容积和平均孔隙半径。

2 结果与讨论

2.1 添加剂用量对活性炭质量的影响

复合活化剂磷酸浓度为 38°Be′/60℃，其中添加剂酸性化合物 A 含量（占磷酸质量，下同）为 2%、4%，盐类化合物 S 含量分别为 2%、4%和 6%，炭活化温度 450℃，炭活化时间 3h，实验结果见表 1。

表 1 添加剂用量对活性炭质量的影响

添加剂（A＋S）	亚甲基蓝吸附值/(mg/g)	焦糖脱色率（A 法）/%	灰分/%	pH	得率/%
2%＋2%	180	100	4.3	4.6	34
2%＋4%	225	120	4.8	46	36
2%＋6%	172	105	5.6	4.8	33
4%＋2%	195	105	4.2	4.2	32
4%＋4%	210	110	4.6	4.5	34
4%＋6%	172	100	5.3	4.4	33
不加添加剂	157	90	5.5	4.2	31

注：得率以绝干竹屑计，以下相同。

从表 1 看出，使用添加剂的条件下，竹屑活性炭的质量指标得到了不同程度的提高，其中以条件 A＋S 为 2%＋4%为最好，焦糖脱色率（A 法）达到了 120%，亚甲基蓝吸附值为 225mg/g，分别比不加添加剂时提高了 30%和 43.3%，说明添加剂改善了磷酸的活化作用，同时改善了活性炭的孔隙结构。

2.2 炭活化温度对活性炭质量的影响

采用炭活化温度为 400℃、450℃、500℃，磷酸-复合活化剂磷酸浓度为 38°Be′/60℃，其中添加剂酸性化合物 A 为 2%，盐类化合物 S 为 4%，炭活化时间为 3h，实验结果见表 2。

表 2 炭活化温度对活性炭质量的影响

温度/℃.	亚甲基蓝吸附值/(mg/g)	焦糖脱色率（A 法）/%	灰分/%	pH	得率/%
400	150	90	4.2	4.5	38
450	225	120	4.9	4.6	36
500	210	110	5.5	4.8	33

从表 2 看出，当活化温度为 400℃时，焦糖脱色率为 90%，亚甲基蓝吸附值为 150mg/g，得率达到 38%，由于温度较低没有充分活化，竹屑活性炭孔隙还未充分形成；活化温度为 450℃时，竹屑活性炭得到了充分活化，孔隙完全形成，其吸附性能最好；活化温度为 500℃时，由于活化温度过高，可能烧却了某些活性炭的孔隙。而竹屑活性炭的灰分随着活化温度升高而增加（从 4.2%增加到 5.5%），同时能耗也增加，因此生产中应严格控制活化温度。

2.3 炭活化时间对活性炭质量的影响

采用炭活化时间为 2h、3h、4h，磷酸-复合活化剂磷酸浓度为 38°Be′/60℃，其中添加剂酸性化合物 A 为 2%，盐类化合物 S 为 4%，活化温度 450℃，实验结果见表 3。

表 3　炭活化时间对活性炭质量的影响

时间/h	亚甲基蓝吸附值/(mg/g)	焦糖脱色率(A 法)/%	灰分/%	pH	得率/%
2	135	90	4.1	4.6	40
3	225	120	4.8	4.5	36
4	175	105	5.6	4.8	33

从表 3 看出，当活化时间为 2h 时，焦糖脱色率为 90%，亚甲基蓝吸附值为 135mg/g，得率达到 40%，由于没有充分活化，竹屑活性炭孔隙还未充分形成；活化时间为 3h 时，竹屑活性炭得到了充分活化，孔隙完全形成，其吸附性能最好；活化时间为 4h 时，由于活化时间过长，可能烧却了某些活性炭的孔隙，同时由于活化时间的增加，竹屑活性炭的灰分也增加（从 4.1%增加到 5.6%），在生产中时间的增加也会降低设备的生产能力，能耗增加，不利于环境保护。

2.4　磷酸浓度对活性炭质量的影响

采用磷酸浓度为 34～46°Be′/60℃，其中添加剂酸性化合物 A 为 2%，盐类化合物 S 为 4%，活化温度 450℃，活化时间为 3h，实验结果见表 4。从表 4 看出，在上述磷酸浓度时，竹屑活性炭的焦糖脱色率随着磷酸浓度的增加而增加，达到 95%～125%，但是超过 38°Be′/60℃时，焦糖脱色率增加效果不明显，而亚甲基蓝吸附值反而呈下降趋势（225mg/g 下降到 180mg/g），得率也下降（37% ⟶ 33%），灰分增加（4.1% ⟶ 5.5%）。说明磷酸浓度对竹屑活性炭性质的影响较大。

表 4　磷酸浓度对活性炭质量的影响

磷酸浓度/(°Be′60℃)	亚甲基蓝吸附值/(mg/g)	焦糖脱色率(A 法)/%	灰分/%	pH	得率/%	比表面积/(m^2/g)	比孔容积/(mL/g)	平均孔隙半径/nm
34	150	95	4.1	4.9	37	1050	0.83	0.98
38	225	120	4.9	4.6	36	1500	1.10	1.46
42	202	125	5.3	4.3	34	1350	0.98	1.26
46	180	125	5.5	4.2	33	1310	0.90	1.19

2.5　活性炭的比表面积和孔隙性质

用 2.4 节制备的 4 种竹屑活性炭来测试并计算其比表面积、比孔容积和平均孔隙半径，结果亦列入表 4。

从表 4 看出，在其他条件相同的情况下，磷酸浓度为 38°Be′/60℃时，所制备的竹屑活性炭，其比表面积、比孔容积和平均孔隙半径为最大，说明这种活性炭的孔隙结构最发达，是造成亚甲基蓝吸附值和焦糖脱色率都比较好的原因。

3　结　　论

（1）在实验室条件下，确定了磷酸-复合活化剂制备竹屑活性炭的工艺条件和复合活化剂的配方，即炭活化温度为 450℃、炭活化时间为 3h、磷酸浓度为 38°Be′/60℃（添加剂为酸性化合物 A，用量为磷酸质量的 2%；盐类化合物 S，用量为磷酸质量的 4%）。

（2）以竹屑为原料、在磷酸-复合活化剂的作用下，可以制得合格的竹屑活性炭，其比表面积为 1500m^2/g，焦糖脱色率（A 法）为 120%，亚甲基蓝吸附值为 225mg/g，灰分为 4.8%，pH 为 4.6。

（3）磷酸-复合活化剂可以为磷酸法生产活性炭提高产品质量、降低消耗产生积极意义。

参 考 文 献

[1]　黄律先. 木材热解工艺学. 2 版. 北京：中国林业出版社，1996：134-159.

[2]　Evansm J B，Halli P E，Macdonald J A F. The production of chemically-activated carbon. Carbon，1999，37（3）：269-274.

[3]　Laine J，Calafat A，Labady M. Preparation and characterization of activated carbons from coconut shell impregnated with phosphoric acid. Carbon，1989，(2)：191-195.

[4]　安鑫南. 林产化学工艺学. 北京：中国林业出版社：2002，41：2-477.

竹炭："绿色健康卫士"

张齐生

一身黑色的竹炭，因其具有显著的吸附性能，可以产生远红外和负离子，具有导电和隔离电子波辐射等功能而获得了"绿色健康卫士"的美名。近年来，人们利用其特殊功能开发出成百上千种竹炭环境和保健制品。这些产品主要有以下系列：

1 保 健 系 列

将不同炭化温度的竹炭，加工成不同目数的颗粒炭或粉炭，制成保健型竹炭枕、竹炭床垫，汽车、沙发、靠椅的座垫，皮鞋、胶鞋的鞋垫以及护腰、护膝等保健用品和各种以竹炭为原料的家庭装饰用摆件、挂件等。这些保健产品的使用，可促进人体血液循环及新陈代谢，改善体内环境，缓解和治疗关节酸痛、失眠、风湿、气喘等症状；还可调节室内空气温度，清新空气。

2 保鲜、杀菌系列

竹炭加工成颗粒炭或粉炭放在冰箱中，能吸附冰箱中的二氧化碳和乙烯等有害气体，驱除冰箱中的臭味，防止食物变质，保持蔬菜新鲜，延长食品保质期；放入水果箱中，可吸收鲜果释放出的乙烯气体，延长鲜果保存期；放入鱼缸中，可吸附水中有害物质，使鱼类不易受病菌侵害；放入浴缸中，能使浴缸中的水富含矿物质，消除洗澡时的不适感，并使污染物不易附着在浴缸上。

3 煮饭、烧水等炊事用系列

烹制米饭时置入一片竹炭，可以吸附大米和水中诸如残留农药之类的有毒、有害物质，还能释放微量元素，保护大米中的营养成分，使米饭香软、可口。烧水时置入一片竹炭，可以吸附水中的有毒、有害物质，使水分子变小，并使水中增加多种微量元素，使用自来水烧出的开水具有矿泉水的效果。微量元素释放量会随着使用次数的增加而减少，通常可使用 2～10 次。将 50g 竹炭放入 1L 自来水中，静置存放 24h，竹炭中的钾、钙、镁、钠等微量元素能被溶解出来，使水中微量元素钙达 1.0mg、镁 2.0mg、钠 1.2mg、铝 0.02mg，并能去除漂白粉中的氯离子及其他有害物质，使之具有矿泉水的效果。

4 调湿、杀菌系列

竹炭能在环境温度大的时候，发挥其吸湿能力，吸收空气中的水蒸气，降低室内空气中的湿度，使室内物品保持干燥、不霉变；而在空气干燥时，又可释放出其中的水分，从而达到调节空气湿度的作用。将竹炭制成颗粒炭或粉炭，装成小包，铺放于地板龙骨下或室内货架下，均有调湿、杀菌的效果。

5 改良土壤、种花、种草系列

利用竹炭的吸附性能制成粉炭施入土中，对肥料和水能发挥缓释效应，可防止雨水把肥料冲走，干旱时也可增加土壤的耐干旱时间。竹炭还可以吸附土壤中由于农药而造成的重金属污染，调节土壤的 pH，改善土壤的透气性。

本文原载《湖南林业》2005 年第 4 期第 23 页。

竹炭的神奇功能　人类的健康卫士

张齐生　周建斌

摘　要

介绍了竹炭的生产工艺、性能及微观结构。竹炭的微观结构非常类似洋葱状富勒烯碳和展开的碳纳米管结构，因而具有许多木炭不具有的特殊功能。由于竹炭具有较大的比表面积，有良好的吸附性能，可用于有害气体的脱除和水体的净化。竹炭的孔隙以大孔为主(200nm)，可用作纳米光催化剂或生物膜的载体，制备纳米改性光催化剂杀菌吸附用炭以及可循环使用的生物膜改性竹炭，实现了两种材料两种性能完美的结合，并可解决竹炭吸附饱和的现象。

关键词：竹炭；微观结构；净化；吸附

竹类植物，秀丽挺拔、四季常青。地下茎年年行鞭、出笋、成竹。竹笋，是人类的保健食品；留笋成竹，竹林子孙满堂，家族兴旺，能吸收二氧化碳，放出氧气，维护着大地优美的生态环境。

竹类植物，千姿百态，用途广泛。全世界竹类植物有 70 多属，1 200 多种；中国有 35 属，400 余种；不同品种，不同特性，不同用途。它可以“代木”，制作家具、农具、各种人造板材、编织工艺品及生活用品。它还可以“胜木”，制造一般木材不能制造的集装箱底板、铁路平车地板和性能优良、多姿多彩的各种竹地板和竹木复合材料。更鲜为人知的是它还可以制成竹炭，成为人类健康的卫士。

1　竹炭的形成

竹炭是竹材在高温、缺氧（或限制性地通入氧气）的条件下，受热分解而得到的固体产物。在制备竹炭的同时，还可以得到一种用途广泛的液体产物——竹醋液。图 1 为几种不同用途的竹炭外形图。

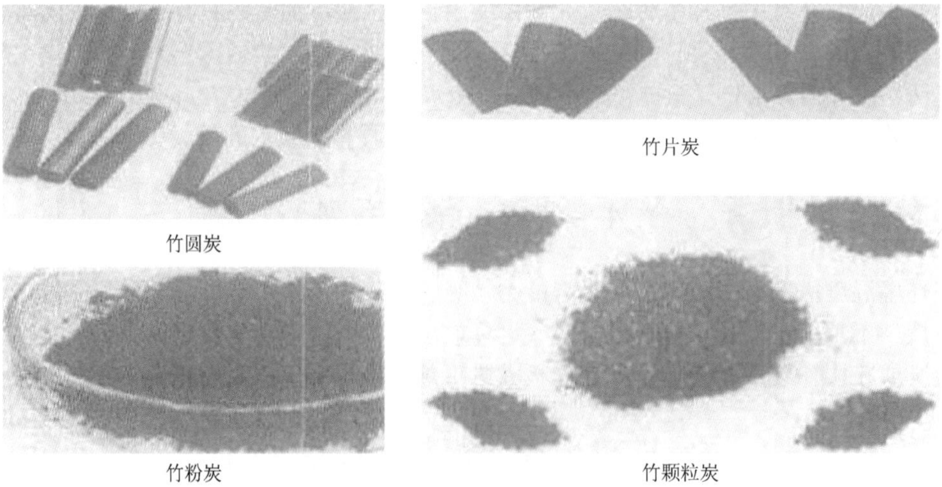

图 1　几种不同用途竹炭的外形图

形成竹炭的最终温度不仅对竹炭的产量、生产成本、竹炭的得率有影响，而且对竹炭的性能、用途更具有重要的意义。

竹炭可用传统的砖砌窑、隧道窑和不锈钢机械制炭装置（图 2）来生产。

本文原载《林产工业》2007 年第 34 卷第 1 期第 1-8 页。

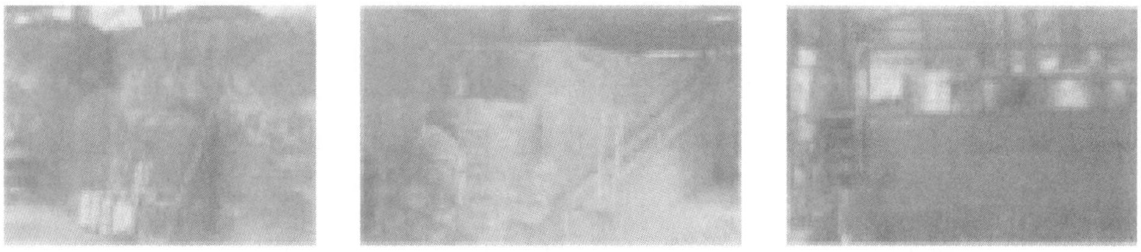

(a) 砖砌窑　(b) 隧道窑　(c) 机械炭化炉

图 2　竹炭的生产设备

2　竹炭微观结构与其性能的关系

炭主要由碳元素组成，但有多种同素异性体。由于其结构不同，性能也不同，用途也完全不一样。

金刚石是碳的一种同素异形体，其结构是 1 个碳原子周围有 4 个碳原子相连，在三维空间形成骨架状，各向联系力均匀、牢固，使金刚石具有高强度的硬的特性。

石墨是碳的另一种同素异形体，它的一个碳原子周围有 3 个碳原子，碳与碳原子组成六边形，层与层之间联系力很弱。层内 3 个碳原子联系很牢固，使石墨具有软的特性。

1985 年，美英两位科学家用激光照射石墨，使其蒸发而成碳灰，质谱分析发现，它们属于碳的第三种同素异形体，被命名为富勒烯碳（图 3），具有完美的三维超导性，成为超导体。

1991 年，日本科学家用透射电镜检测石墨电弧设备中产生的球状分子，意外发现了由管状同轴纳米管组成的碳分子，其结构相当于石墨的平面组织卷成的管状，是被广泛关注的碳纳米管，是化学反应中的新型催化剂。

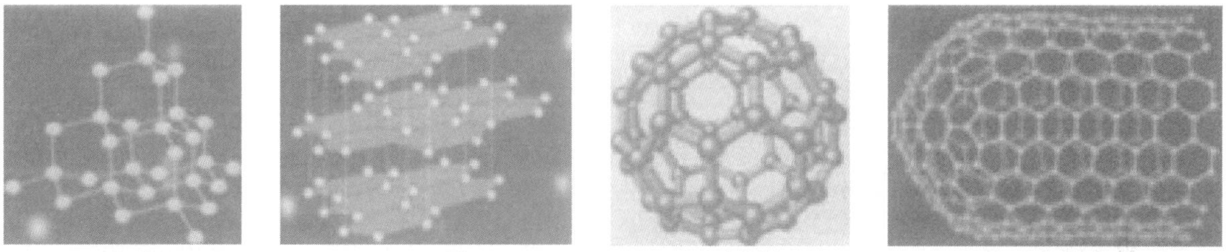

(a) 金刚石　(b) 石墨　(c) 富勒烯　(d) 碳纳米管

图 3　碳的几种同素异形体原子结构

研究竹炭微观结构，发现其形状非常类似并接近于洋葱状富勒稀碳和展开的碳纳米管结构（图 4）。

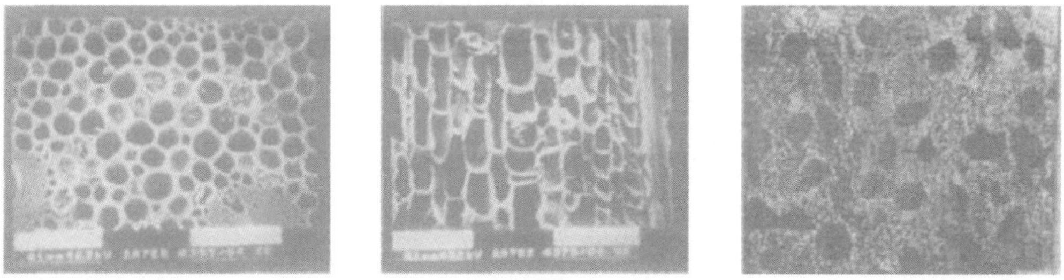

(a) 竹炭横切面　(b) 竹炭纵切面　(c) 洋葱状富勒烯

图 4　竹炭、富勒烯碳的微观结构

3　竹炭的主要特性

3.1　竹炭的元素组成

竹炭的元素组成主要是碳、氢、氧和氮及硅、镁、钠、钙等金属及非金属元素。碳和氮元素的含量随炭化温度的升高而升高，氢、氧元素的含量则随炭化温度的增加而减少。炭化温度为 1 000℃时，碳元素的含量达 85.42%，氮元素的含量达 0.68%，氧元素的含量为 4.85%。竹炭的灰分含量随着炭化温度的升高而增加，炭化温度为 1 000℃，灰分含量为 4.69%，竹炭中的灰分元素组成较复杂，其中含量较多的有钾、镁、钠、钙、铁等。

竹炭中含有一些人体必需的微量元素如铜、硒、锌、锶等。利用竹炭中的这些元素及竹炭对水体中有害物质的吸附能力，将竹炭加工成片炭，用于烧水和煮饭。它既可以吸附、净化水中的有害成分，又可将竹炭的微量元素释放于水中，使烧成的米饭和开水味美可口，更具营养价值。

3.2　竹炭的比表面积和导电性能

竹炭内部的各类孔隙，具有微孔、中孔和大孔，竹炭具有较大的比表面积，使它对多种有害气体具有很好的吸附能力。比表面积的大小与炭化温度有关，炭化温度 700℃左右时其比表面积最大，如表 1 所示。

表 1　炭化温度与竹炭的比表面积关系

炭化温度/℃	300	400	500	600	700	800	900	1 000
比表面积/(m^2/g)	23	133	326	360	385	239	133	35

竹材形成竹炭以后，导电性能发生了极大的变化，显示出良好的导电性能。通常竹炭的导电性能随炭化温度的升高而提高（表 2）。木炭虽有类似的趋势，但数值差异很大。

表 2　竹炭的导电率与炭化温度的关系

炭化温度/℃	300	400	500	600	700	800	900	1 000
竹炭电阻率/(Ω·m)	0.186	9.5×10^{-2}	7.4×10^{-2}	3×10^{-2}	5.4×10^{-5}	2.1×10^{-5}	1.45×10^{-5}	8.29×10^{-6}
木炭电阻率/(Ω·m)		1×10^{7}	0.5	7×10^{-2}	4.0×10^{-2}	6×10^{-3}	4×10^{-3}	3×10^{-3}

3.3　竹炭产生远红外线和负离子

1. 竹炭的远红外线

远红外线是波长在 0.78～300μm 的电磁波。人的皮肤对远红外线吸收率高，传热效率也高。还具有抑菌、防臭、促进人体表面微血管的血液循环等功能。

竹炭的红外线功能测试结果见表 3。

表 3　竹炭的红外辐射率

样品	法向比辐射率							
文照竹炭	F1	F2	F3	F4	F5	F6	F7	F8
	0.90	0.90	0.91	0.90	0.90	0.89	0.91	0.90

2. 竹炭的负离子

负离子是空气中一种带负电荷的气体离子。空气中的负离子主要是负氧离子，被吸入人体后，能调节神经中枢的兴奋状态，改善肺的换气功能，促进新陈代谢。

将 10g 竹炭放置在 1m^3 的密封仓中 12h，用静态法负离子测试仪连续测试，空气负离子溶度增加量为 170 个/cm^3。

3.4　竹炭吸收空气中的有害气体的能力

将甲醛、苯、甲苯、氨、三氯甲烷 5 种典型的有害有毒气体，用一定质量的不同炭化温度的竹炭（300～1 000℃）对它们进行吸附试验，研究竹炭对上述有害气体的吸附能力，测试结果如下：

1. 竹炭对甲醛的吸附性能

竹炭对甲醛的吸附能力如图 5 所示，最高的可达 19.39%，吸附持续时间长达 24d。

2. 竹炭对苯、甲苯的吸附性能

竹炭对苯和甲苯的吸附如图 6、图 7 所示，一天就分别达到最大值 10.08%、8.42%。炭化温度为 500℃的竹炭对苯和甲苯的吸附率最高。

3. 竹炭对氨的吸附性能

竹炭对氨的吸附如图 8 所示，有很强的吸附能力，持续时间达 24d，吸附率达到 30.65%。低温竹炭吸附率高，因其 pH 较低，呈竹炭的神奇功能酸性，而氨气是呈碱性的，所以不仅有物理吸附，也有化学反应。

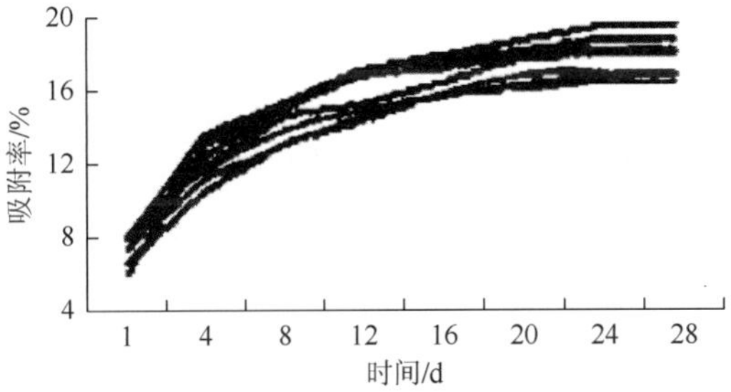

图 5　不同炭化温度的竹炭对甲醛的吸附率

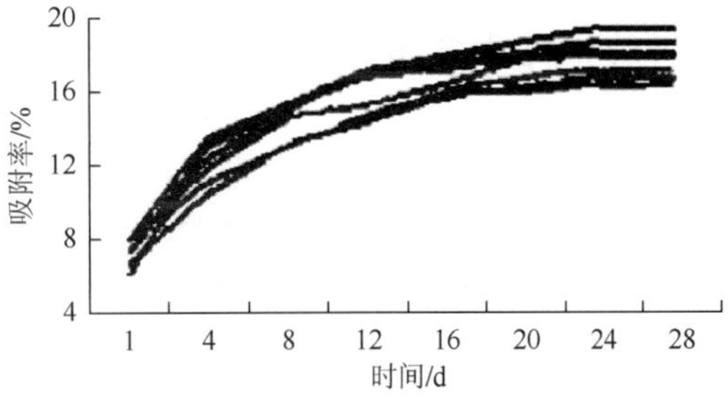

图 6　不同炭化温度的竹炭对苯的吸附率

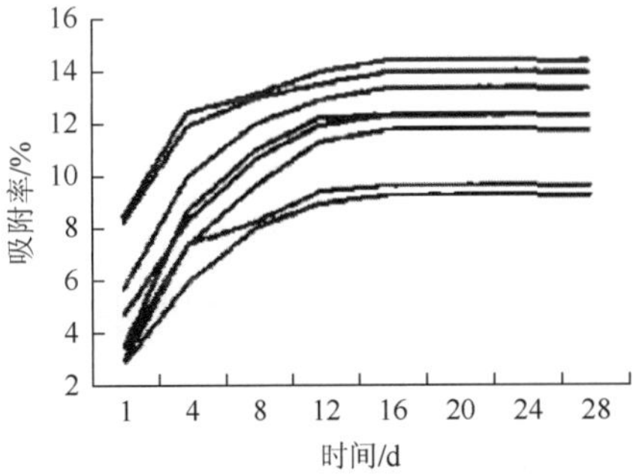

图 7　不同炭化温度的竹炭对甲苯的吸附率

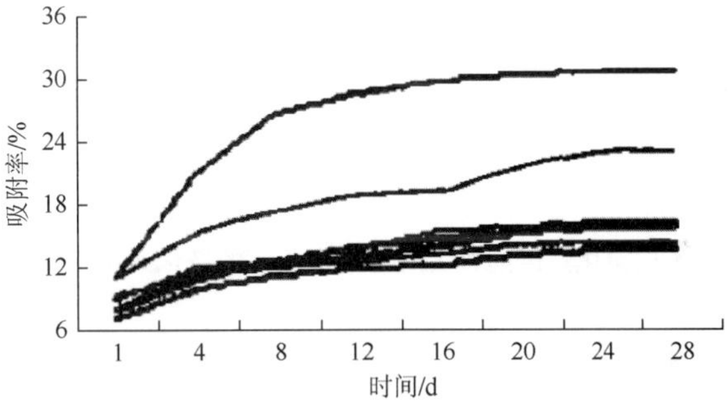

图 8　不同炭化温度的竹炭对氨气的吸附率

4. 竹炭对三氯甲烷的吸附性能

竹炭对三氯甲烷的吸附如图 9 所示。

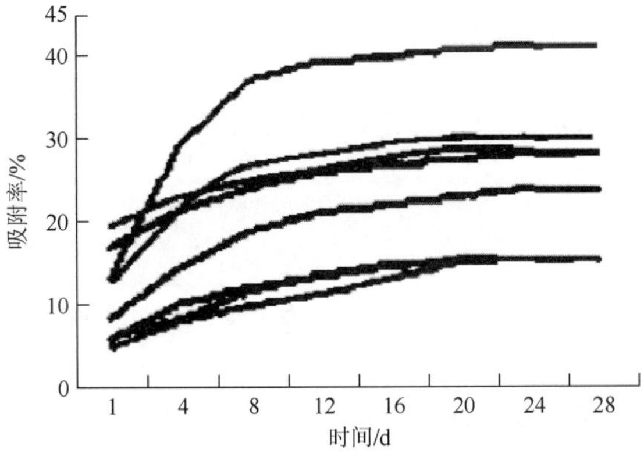

图 9　不同炭化温度的竹炭对三氯甲烷的吸附率

低温竹炭（如 300℃）对三氯甲烷的吸附性能很好，达到 40.68%，持续时间长达 24d。

黄彪研究的杉木木炭对三氯甲烷的吸附率最大值出现在 600℃，吸附率仅为 8.5%。

国家环保产品质量监督检验中心将 1.25kg 竹炭，放在 1m^3 的气候箱中，经 24h、48h 测定 4 种有害气体的浓度的降低率和有害细菌的杀菌率（表 4）。

表 4　有害气体浓度的降低率和有害菌的杀菌率

	初始浓度	2h 浓度	4h 浓度	去除效率/%
甲醛浓度/(mg/m^3)	0.984	0.570	0.150	84.8
氨浓度/(mg/m^3)	2.22	0.988	0.221	90.0
苯浓度/(mg/m^3)	0.967	0.563	0.0787	91.9
总挥发性有机化合物（TVOC）/（mg/m^3）	5.50	2.52	0.517	90.6
空气中细菌总数（菌落数）/（cuf/m^3）	4 130	2 250	490	88.1

3.5　竹炭吸收水体中有害物质的能力

竹炭在水中可以净化和明显地改善水体中的重要水质指标，目前的初步研究效果如下：

色度和浊度下降效果明显（图 10～图 13）。

将 0.2g 竹炭加入 80mL 污水中，经竹炭吸附处理后，污水的色度去除率达 80%；浊度去除率达 73%。

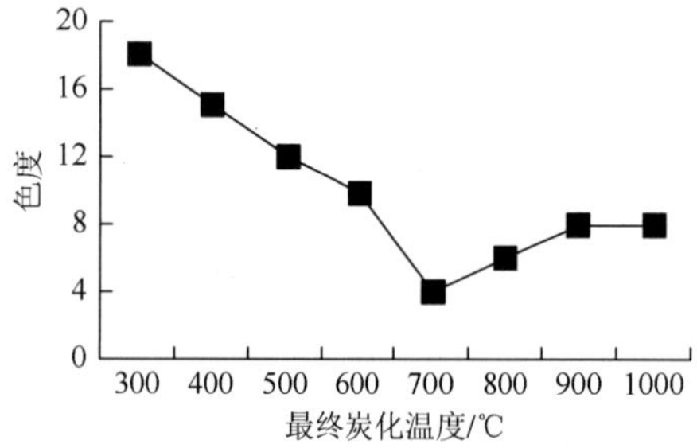

图 10　不同炭化温度的竹炭对污水中色度的净化效果

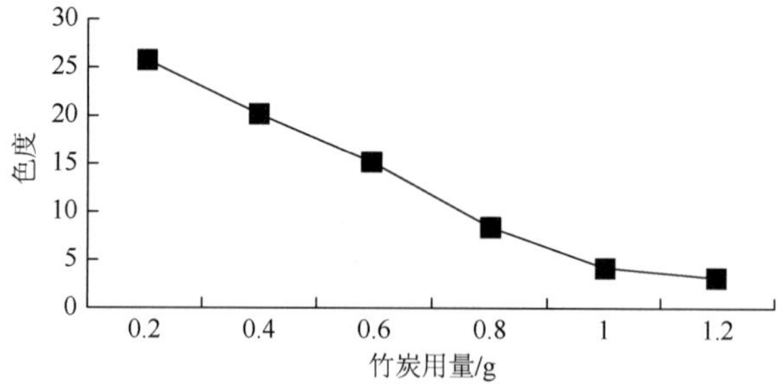

图 11　700℃的竹炭不同用量对污水中色度的净化效果

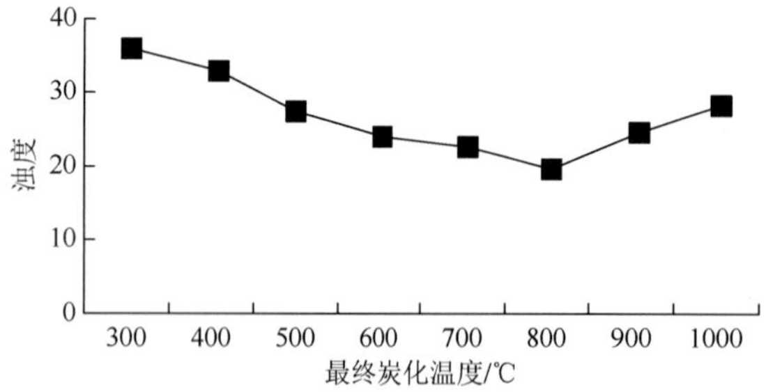

图 12　不同炭化温度的竹炭对污水中浊度的净化效果

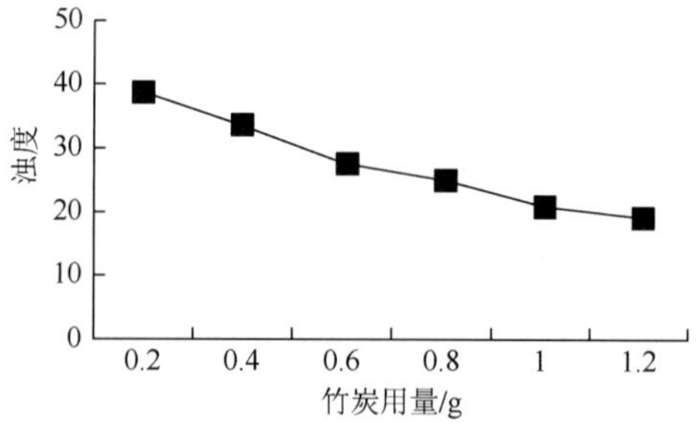

图 13　800℃的竹炭不同用量对污水中浊度的净化效果

竹炭对污水中化学耗氧量（COD）的去除效果（图 14、图 15）明显。

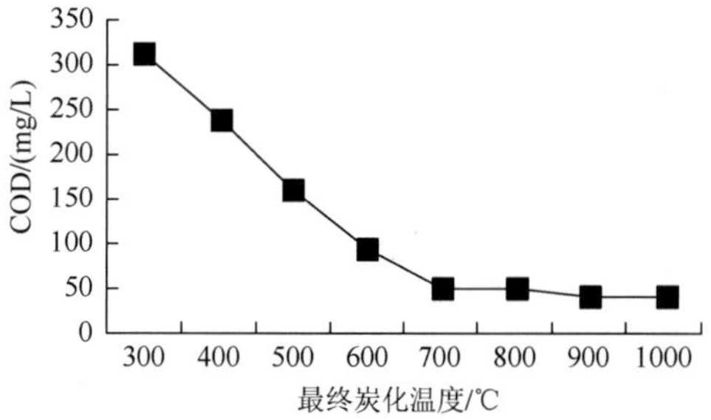

图 14　不同炭化温度的竹炭对污水中 COD 的净化效果

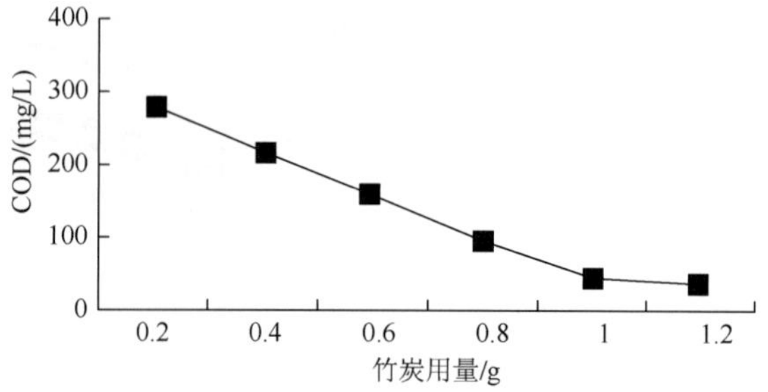

图 15　800℃的竹炭不同用量化效果对污水中 COD 的净化效果

将 0.2g 竹炭加入 80mL 污水中，经竹炭吸附处理后，污水中总氮去除率可达 71%（图 16、图 17）。

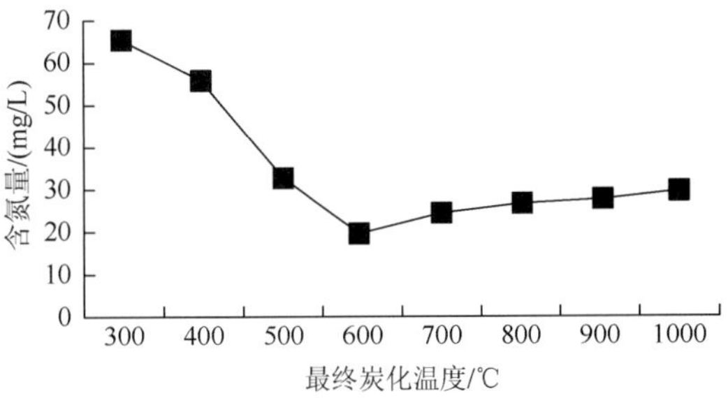

图 16　不同炭化温度的竹炭对污水中总氮的净化效果

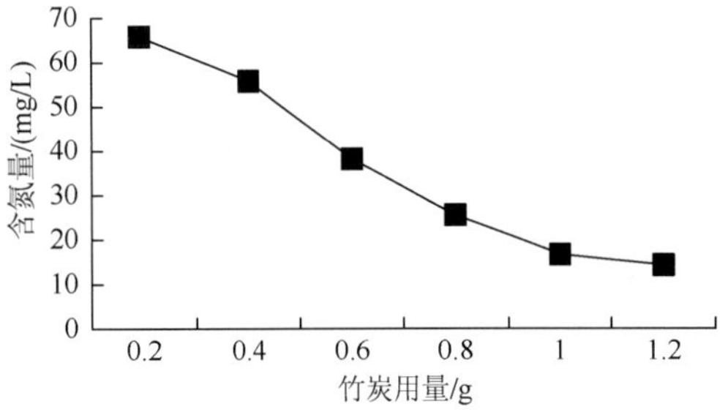

图 17　800℃的竹炭不同用量对污水中总氮的净化效果

对污水中有机磷农药的去除有一定效果，如竹炭对水体中乐果的去除效果达 70%；对水体中甲基对硫磷的去除率达 60%。

对污水中总余氯的去除率接近 100%（图 18、图 19）：

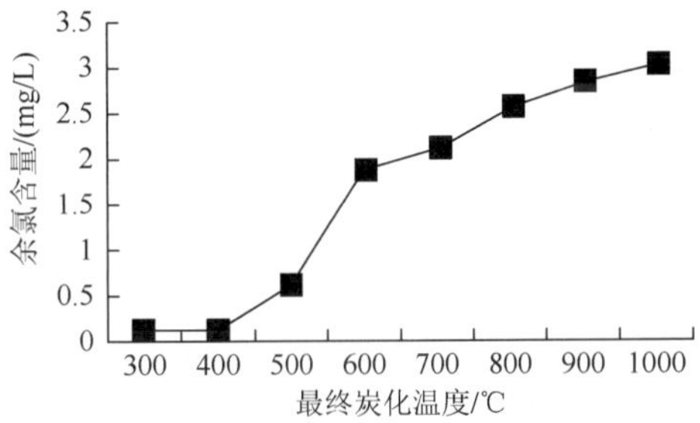

图 18　不同炭化温度的竹炭对污水中余氯的净化效果

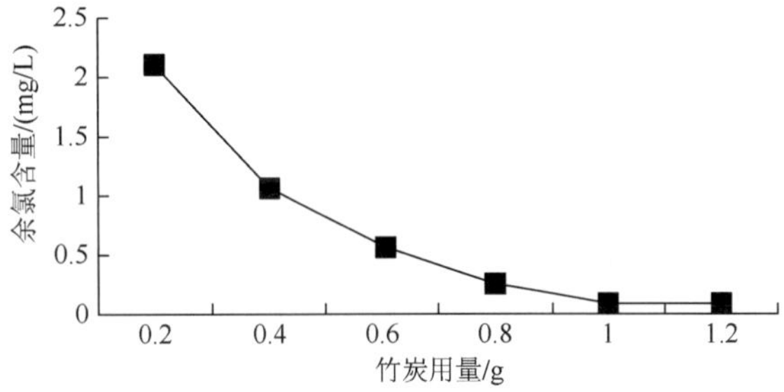

图 19　800℃的竹炭不同用量对污水中余氯的净化效果

3.6　竹炭的调湿功能

在相对温度为 95%时的吸湿率可以达到 14%，即在室内放置 100kg 竹炭，可以吸收空气中 14kg 的水蒸气。

4　纳米改性竹炭

竹炭的孔隙比活性炭大（活性炭微孔占主导作用）。活性炭微孔的直径≤20Å（2nm），竹炭的孔隙以大孔为主，也有中孔和小孔，其直径以 200nm 左右为主。

纳米光催化剂可氧化分解各种有机化合物和部分无机物，将有毒、有害物质分解为无毒、无害的二氧化碳和水；同时纳米光催化剂超强的氧化能力可破坏细胞的细胞膜，凝固病毒的蛋白质，抑制病毒的活性，并捕捉、杀除空气中的浮游细菌，具有极强的防污、杀菌和除臭功能。

为了克服竹炭的吸附性能存在饱和现象的缺陷，把某种纳米光催化材料负载到竹炭上，制成纳米改性竹炭光催化吸附、杀菌剂，使竹炭的吸附作用和纳米材料的优异性能得到了完美的结合。纳米改性竹炭的扫描电镜图如图 20 所示。

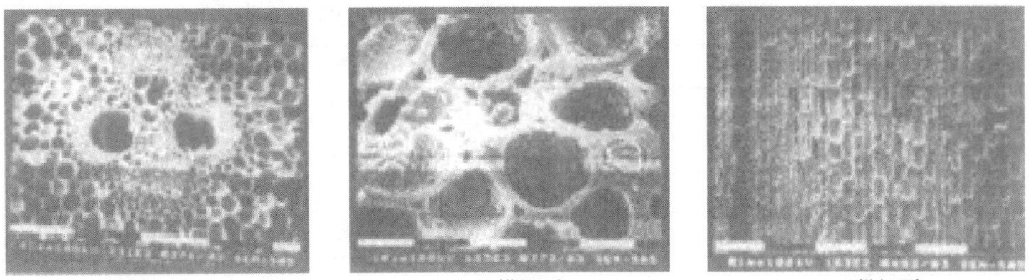

(a) 横切面　(b) 横切面　(c) 纵切面

图 20　纳米改性竹炭的横切、纵切扫描电镜图

4.1　纳米改性竹炭的微观结构

从扫描电镜图中可以清晰地看到纳米光催化材料负载在竹炭的孔隙边沿和孔隙的表面，保持了竹炭原有的特殊孔隙结构，保证了竹炭的吸附性能和纳米材料的优良性能。

4.2　纳米改性竹炭的抑菌功能

纳米改性竹炭的抑菌功能经江苏省疾病预防中心检测，结果如下：

（1）两种纳米改性竹炭（颗粒、粉末）对大肠杆菌具有很好的抑菌能力，防治效力 $E = 100\%$。

（2）对金黄色葡萄球菌的抑菌率试验为 99.84%，对金黄色葡萄球菌有抑菌作用。

（3）对白色念珠菌的抑菌率平均为 99.61%，对白色念珠菌有抑菌作用。

4.3　纳米改性竹炭对甲醛、苯、甲苯的吸附与降解

纳米改性竹炭的净化过程包括吸附与降解两个部分。吸附过程与竹炭吸附性质有关，吸附为纳米光催化剂的光催化提供了高浓度环境，从而大大加快了纳米材料光催化降解有毒、有害物质的速率。而它的降解是在光的作用下，竹炭表面吸附的有害气体通过纳米光催化剂的表面发生光催化降解反应。

1. 对甲醛的吸附与降解

纳米改性竹炭吸附、降解甲醛的能力见表 5。

表 5　纳米改性竹炭吸附、降解甲醛的能力

光照条件	紫外灯	日光灯	白炽灯	自然光
甲醛的初始浓度/(mg/m^3)	500	500	500	500
12h 后甲醛浓度/(mg/m^3)	15	38	56	110
12h 后甲醛净化率/%	97.0	92.4	88.8	78.0
二氧化碳增加量/(mg/m^3)	150	116	105	90

注：二氧化碳的增加量被认为全部由污染物降解生成。

纳米改性竹炭对甲醛的净化效果明显，在紫外灯的作用下，甲醛的净化率在 12h 后达到 97.0%，在日光灯和白炽灯的作用下，甲醛的净化率在 12h 后分别达到 92.4%和 88.8%，在自然光的作用下，纳米改性竹炭对甲醛的净化率也达到 78.0%。

光催化甲醛的降解反应式如下：

$$\mathrm{H{-}\overset{\overset{\displaystyle O}{\|}}{C}{-}H} \xrightarrow{\cdot OH} CO_2 + H_2O$$

从甲醛的降解氧化过程可以看出，甲醛在·OH 自由基的攻击下，可以转换成无毒、无害的二氧化碳和水。

2. 对苯的吸附与降解

纳米改性竹炭吸附、降解苯的能力见表 6。

表 6　纳米改性竹炭吸附、降解苯的能力

光照条件	紫外灯	日光灯	白炽灯	自然光
苯的初始浓度/(mg/m^3)	400	400	400	400
12h 后苯浓度/(mg/m^3)	26	19	60	106
12h 后苯净化率/%	93.5	87.8	85.0	73.5
二氧化碳增加量/(mg/m^3)	110	76	69	54

纳米改性竹炭对苯的净化效果比甲醛的要低一些，主要是因为苯的化学稳定性比甲醛要高和苯降解的步骤复杂。在紫外灯的作用下，苯的净化率在 12h 后达到 93.5%，在日光灯和白炽灯的作用下，苯的净化

率在 12h 后分别达到 87.8%和 85.0%，在自然光的作用下，纳米改性竹炭对苯的净化率也达到 73.5%。

3. 对甲苯的吸附与降解

纳米改性竹炭对甲苯的吸附与降解如表 7 所示。对甲苯的净化效果比苯要高一些，主要是因为苯的化学稳定性比甲苯要高和苯降解步骤比较复杂。在紫外灯的作用下，甲苯的净化率在 12h 后达到 94.5%，在日光灯和白炽灯的作用下，苯的净化率在 12h 后分别达到 88.3%和 87.0%，在自然光的作用下，对甲苯的净化率达到 76.8%。

表 7　纳米改性竹炭吸附、降解甲苯的能力

光照条件	紫外灯	日光灯	白炽灯	自然光
甲苯的初始浓度/(mg/m^3)	400	400	400	400
12h 后甲苯浓度/(mg/m^3)	22	47	52	93
12h 后甲苯净化率/%	94.5	88.3	87.0	76.8
二氧化碳增加量/(mg/m^3)	122	91	79	60

5　生物改性竹炭

竹炭在水体中，对水体中的色度、浊度、化学耗氧量等有害物质有明显的净化和吸附效果，为了进一步解决吸附饱和这一难题，以竹炭为载体，利用特殊微生物菌群，寄居在竹炭的内部空隙和表面并使之繁衍，形成形态各异的生物膜，使水中的污染物吸附与沉积在其周围，作为食物吞噬，并将其分解成水和二氧化碳，是一个利用竹炭进行城镇生活污水处理的创新方法。图 21、图 22 为生物改性竹炭电镜图。

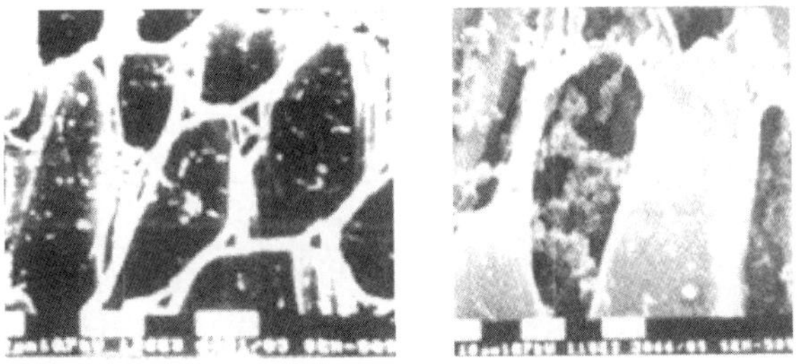

图 21　生物改性竹炭横切图

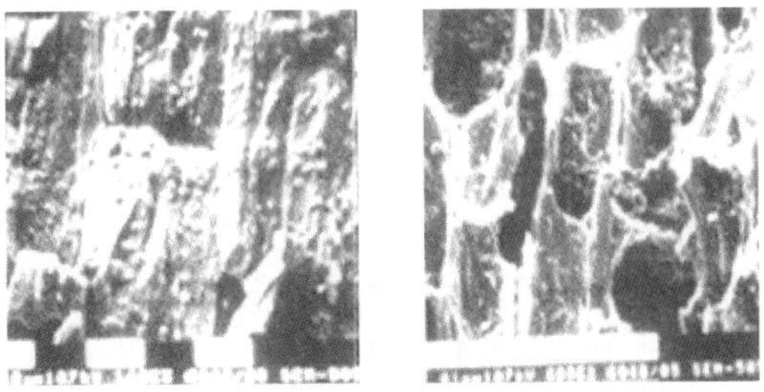

图 22　生物改性竹炭纵切图

这种方法，可以解决竹炭吸附饱和的矛盾，可以使竹炭多次循环使用。

实验室处理试验：在温度为 22℃的条件下用 0.5mL 生物活性菌对 3g 炭化温度为 700℃的竹炭进行改性处理 24h，然后用这种改性竹炭处理 300mL 生活污水，结果如表 8 所示。

表 8　生物改性竹炭对城镇生活污水主要指标的实验室处理效果

	处理前污水的测定值	处理后排放水的测定值	去除率/%
COD_{cr}	96	3.6	96.25
BOD	30	6.0	80.0
色度/度	84	8.0	90.48
浊度/(mg/L)	50	8.0	84.0
余氯/(mg/L)	0.09	0	100
悬浮物/(mg/L)	50	4	92.0

2006 年 6 月，使用 50t 经过生物改性的竹炭和必要的工程设施，处理流经南京林业大学学生生活区近 2 万多学生的生活污水、食堂用餐排出的污水及上游一个居民小区排放的污水，每天污水量约 2 万余吨。经过 5 个多月的运行实践，治污效果明显。治污后的水质其生物耗氧、化学耗氧、悬浮物、色度、浊度、氨氮等均能达到二、三类水的排放指标，图 23、图 24 为治理前后效果对比图，表 9 为生活污水处理前后主要指标平均测定值。

图 23　南京林业大学紫湖溪 2 号河段生活污水治理前后对比

图 24　南京林业大学紫湖溪生活污水治理前后对比

表 9　南京林业大学紫湖溪生活污水竹炭处理前后主要指标平均测定值

	处理前	处理后	去除率/%
COD_{cr}/(mg/L)	194	67	65.5
氨氮 NH_4^+ /(mg/L)	52	38	26.9
总磷(TP)/(mg/L)	5.5	4.1	25.5
悬浮物/(mg/L)	76	34	55.3
浊度/NTU	24	12	50.0
色度/度	203	95	53.2

根据我们研究的竹炭微观结构及应用机理，目前已开发成功了成百上千种以竹炭为主要原料的保健产品、环境保护用品，但是，人们对竹炭的研究还不够深入，了解不多，应用也不普遍。希望大家都来关心竹炭、研究竹炭、认识竹炭、应用竹炭，让竹炭早日走进千家万户，成为大家延年益寿、岁岁平安的日常用品，成为人们的健康卫士！

参 考 文 献

[1]　黄律先. 木材热解工艺学. 北京：中国林业出版社，1996：20-80.

[2]　沈曾民. 新型碳材料. 北京：化学工业出版社，2003：11-30.

[3]　成会明. 纳米碳管制备、结构、物性及应用. 北京：化学工业出版社，2002：10-39.

[4]　金宗哲，张志力，翟洪祥. 将自由基转化为负离子的光催化稀土材料. 中国稀土学报，2004，(4)：136-142.

[5]　周建斌，郑晓红. 纳米 TiO_2 改性活性炭光催化降解苯的研究. 2004 年全国活性炭学术研讨会论文集，2004：260-263.

竹炭对水中余氯吸附性能的研究

周建斌　邓丛静　程金波　张齐生

（南京林业大学化学工程学院　南京　210037）

摘　　要

通过对竹炭吸附水中余氯影响因素的考察，系统研究了竹炭对水中余氯的吸附性能。结果表明：竹炭对水中余氯有较好的去除效果，用炭化温度400℃、粒径＜0.112mm的竹炭2.0g，在20℃条件下振荡吸附2h，处理浓度为25mg/L余氯水溶液350mL时，竹炭对余氯的去除率达95.50%。根据Langmuir和Freundlich吸附等温模型对试验数据进行了拟合，结果表明，当余氯浓度在10～30mg/L范围内时，竹炭对水中余氯的吸附符合Freundlich等温线方程。

关键词：竹炭；余氯；吸附

目前，中国大多数水处理厂普遍采用氯化消毒来达到杀死水中对人体有害的病原微生物的目的[1]。然而，氯是一种活泼的氧化剂，在杀死致病微生物的同时易与水中有机物作用产生具有很强致癌和致突变性的物质，如三氯甲烷等[2, 3]。据报道，当水中余氯含量只有0.014～0.029mg/L时，金鱼接触96h后有50%死亡；当水中余氯为0.65～10.1mg/L时，藻类与其接触510min后，生长受到了明显抑制[4]，因此必须严格控制水中余氯含量。

竹炭是竹材热解得到的主要产品，具有特殊的孔隙结构和一定的比表面积[5]，是一种新型吸附材料，已被广泛用于水质净化、空气净化、保鲜、电磁屏蔽及工业用半导体等领域[6, 7]。已有研究表明，竹炭对水中苯酚、2，4-二氯苯酚、硝酸盐、氟离子等污染物有较好的去除效果[8-11]，但未见有竹炭对水中余氯吸附的报道。本文研究了竹炭对余氯的吸附性能及竹炭最终炭化温度、竹炭粒径、竹炭用量、吸附时间等因素对余氯去除效果的影响，并测定了吸附等温线，为竹炭在饮用水深度处理及污水处理中的应用提供了理论依据。

1　材料与方法

1.1　材料与仪器

材料：竹炭，实验室自制；次氯酸钠、硫代硫酸钠、碘化钾、淀粉、碘化汞、硫酸、乙酸、无水乙酸钠，均为AR级。

仪器：HY-4调速振荡机；FA1104电子分析天平；pHs-25型pH计。

1.2　方法

1. 竹炭预处理

首先将竹炭破碎、过筛分级以满足实验要求；然后将筛选分级后的竹炭样品用去离子水反复煮沸以除去粉尘及表面残留物，过滤，置于烘箱中烘干至恒重，密封于干燥器内保存备用。

2. 含氯水样的配制

采取实验室配制（含次氯酸钠溶液）的含氯水样进行试验，将10mL次氯酸钠溶液溶于1000mL容量

本文原载《世界竹藤通讯》2009年第7卷第5期第31-34页。

瓶中，充分混匀，标定其浓度后，冰箱冷存备用。

3. 竹炭对余氯的吸附试验

准确称取一定质量、粒径的竹炭加入一定浓度的 350mL 余氯水溶液中，以 120 次/min 振荡一定时间后过滤，取上层清液 100mL 进行分析。

4. 余氯浓度的测定

采用碘量法，余氯在酸性溶液中与碘化钾作用，释放出等化学计量的碘单质，以淀粉为指示剂，用硫代硫酸钠标准溶液滴定至蓝色消失为止，由硫代硫酸钠标准溶液的用量和浓度求出水中余氯浓度。竹炭对水中余氯的去除率按式（1）计算。

$$去除率(\%) = (c_1 - c) \times 100 / c_1 \tag{1}$$

式中，c_1 为水中余氯的初始浓度，mg/L；c 为吸附后余氯浓度，mg/L。

2 结果与讨论

2.1 竹炭最终炭化温度对水中余氯去除率的影响

最终炭化温度不仅影响竹炭的比表面积及孔隙结构，而且影响其表面官能团的变化，是竹炭吸附性能的重要影响因素之一，因此，本研究选择粒径为 0.250～0.700mm，最终炭化温度分别为 300℃、400℃、500℃、600℃、700℃、800℃和 900℃的竹炭 2.0g，处理浓度为 25.0mg/L 的余氯水溶液 2h，实验结果如图 1 所示。

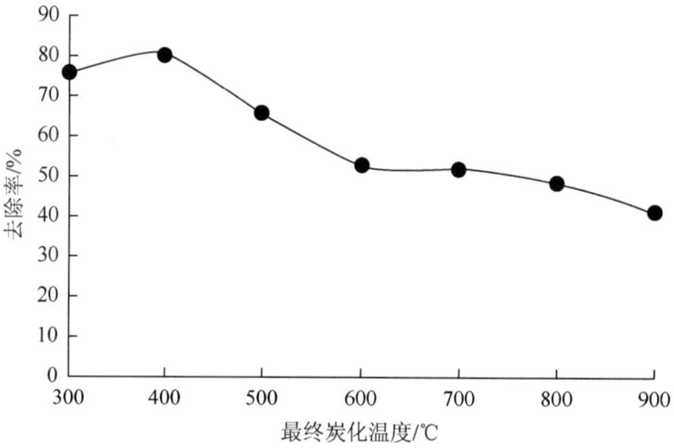

图 1 竹炭最终炭化温度对余氯吸附的影响

结果表明，最终炭化温度为 300℃、400℃的竹炭对水中余氯的吸附效果较好，去除率分别为 75.85%、80.75%。随着最终炭化温度的升高，竹炭对水中余氯的去除率有逐渐降低的趋势，主要由于低温竹炭表面含有大量的羧基、羟基等表面官能团，余氯在低温竹炭上不仅发生了物理吸附，同时可能发生了一定的化学吸附，这也反映出竹炭对水中余氯的吸附效果与竹炭的表面官能团有关。

2.2 竹炭粒径对余氯吸附的影响

试验用炭化温度为 400℃竹炭，筛分为 6 个粒径级，分别为<0.112mm、0.112～0.156mm、0.156～0.250mm、0.250～0.700mm、0.700～1.250mm、1.250～1.600mm，竹炭用量为 2.0g，水溶液中余氯浓度为 25.0mg/L，吸附时间 2h，结果如图 2 所示。

从图 2 可以看出，竹炭对水中余氯的去除率随着粒径的减小而逐渐增加，在本试验范围内，粒径<0.112mm 的竹炭对水中余氯的去除率最高，其值达到 95.50%，而粒径 1.250～1.600mm 竹炭对余氯的去除率仅为

40.61%。这是由于竹炭对余氯的吸附包括表面吸附和孔隙内部迁移、扩散吸附等过程，相同质量竹炭，粒径越小，余氯与其表面的“接触机会”越多，发生表面快速吸附越多，相同吸附时间产生的吸附量越大。

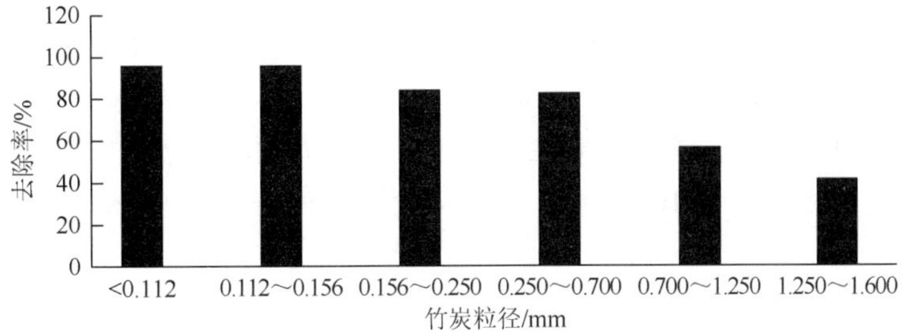

图 2　竹炭粒径对余氯吸附的影响

2.3　竹炭用量对余氯吸附的影响

用炭化温度为 400℃、粒径<0.112mm 的竹炭，水溶液中余氯浓度为 25.0mg/L，吸附时间 2h，分别研究了 0.4g/350mL、0.8g/350mL、1.2g/350mL、1.6g/350mL、2.0g/350mL 5 种不同竹炭用量对水中余氯的去除率，结果如图 3 所示。

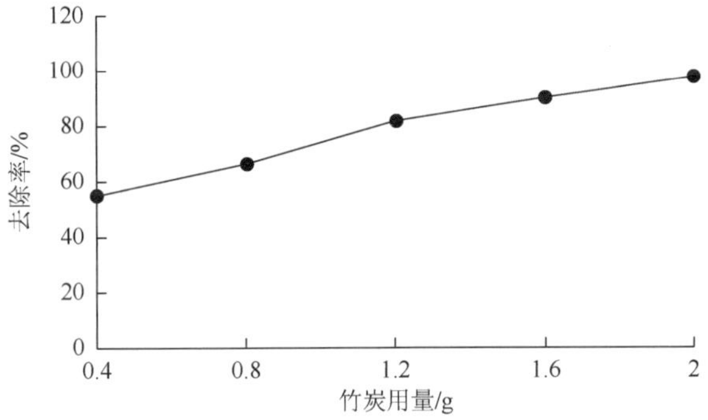

图 3　竹炭用量对余氯吸附的影响

由图 3 可知，在一定的竹炭用量范围内，随着竹炭用量的增加，余氯的去除率增大。当竹炭用量为 1.2g/350mL 时，余氯去除率已高达 80.32%，之后随着竹炭用量的继续增加，竹炭对余氯的去除率增加趋势明显减缓，当竹炭用量为 2g/350mL 时，去除率为 95.50%。因此，当竹炭用量增加到一定量后，竹炭对余氯的去除率趋于稳定，并不需要继续增加竹炭用量亦能有较好的吸附效果。

2.4　吸附时间对余氯吸附的影响

选择炭化温度为 400℃、粒径<0.112mm 的竹炭 1.2g，水溶液中余氯浓度为 25.0mg/L，吸附时间分别为 0.5h、1h、2h、3h、4h、5h、6h、7h，考察竹炭对余氯的吸附动力学，结果如图 4 所示。

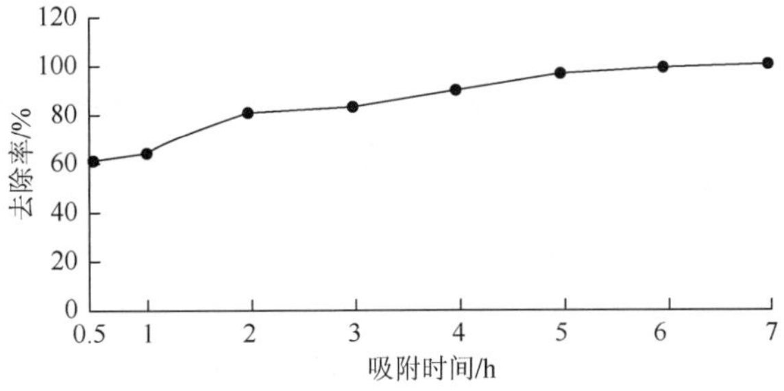

图 4　吸附时间对余氯吸附的影响

随着吸附时间的增加，竹炭对水中余氯的去除率增加，吸附前 0.5h 时，竹炭对余氯的去除率为 60.43%，随着吸附时间的延长，竹炭对余氯的去除率缓慢升高并趋于稳定，吸附时间为 7.0h 时，竹炭对余氯的去除率达到 98.63%。

2.5 余氯初始浓度对吸附效果的影响

炭化温度为 400℃、粒径<0.112mm 的竹炭 1.2g 处理 350mL 余氯水样，余氯浓度分别为 3.0mg/L、5.0mg/L、10.0mg/L、15.0mg/L、20.0mg/L、25.0mg/L，吸附时间为 2h，结果如图 5 所示。

结果表明，竹炭对水中余氯的去除率随着余氯浓度的增大而逐渐减小，当余氯浓度≤10.0mg/L 时，竹炭对余氯的吸附效果较好，去除率达 100%；当余氯浓度为 20.0mg/L 时，去除率为 85%。

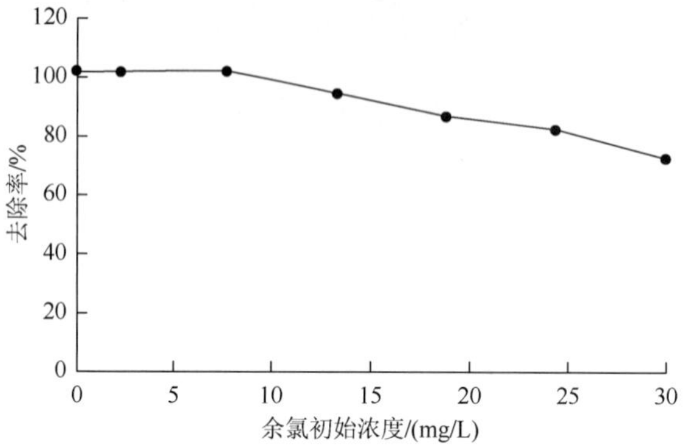

图 5 余氯初始浓度对去除率的影响

2.6 吸附等温线的拟合

准确称取 1.2g 最终炭化温度为 400℃、粒径<0.112mm 的竹炭，加入装有 350mL 不同浓度余氯水溶液的磨口锥形瓶中，在 20℃条件下，考察吸附平衡时水中余氯的平衡浓度（C_e）和平衡吸附量（q_e），以 q_e 对 C_e 作图，得到竹炭对余氯的吸附等温线，如图 6 所示。

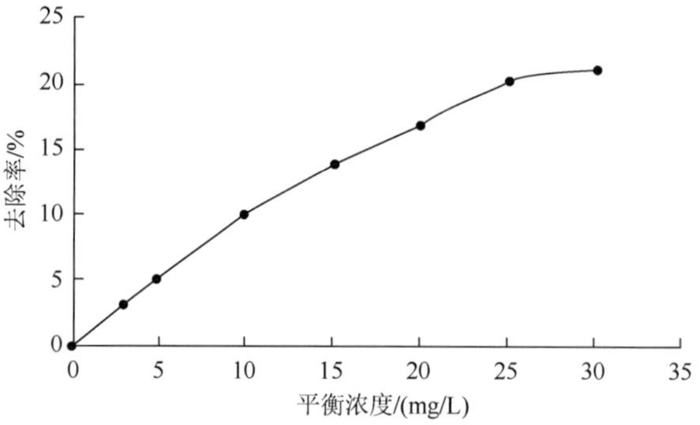

图 6 余氯吸附等温线

分别以 Langmuir 等温线方程 $C_e/q_e = 1/(kV_m) + C_e/V_m$ 中 C_e 对 C_e/q_e 和 Freundlich 等温线方程 $\lg q_e = \lg K_f + (1/n)\lg C_e$ 中 $\lg C_e$ 对 $\lg q_e$ 作图，可得到 2 条直线，如图 7、图 8 所示。

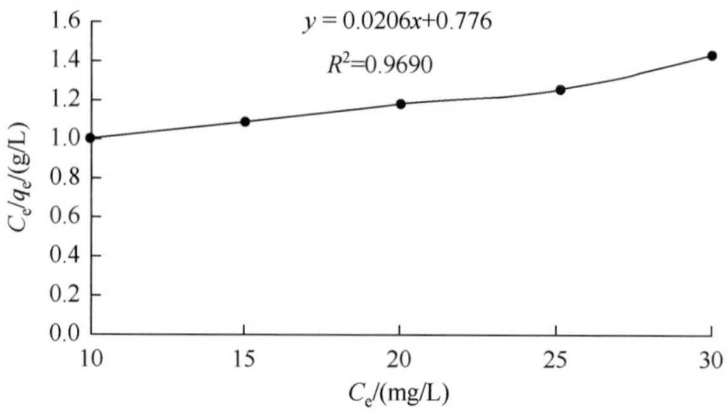

图 7 C_e 对 C_e/q_e 直线

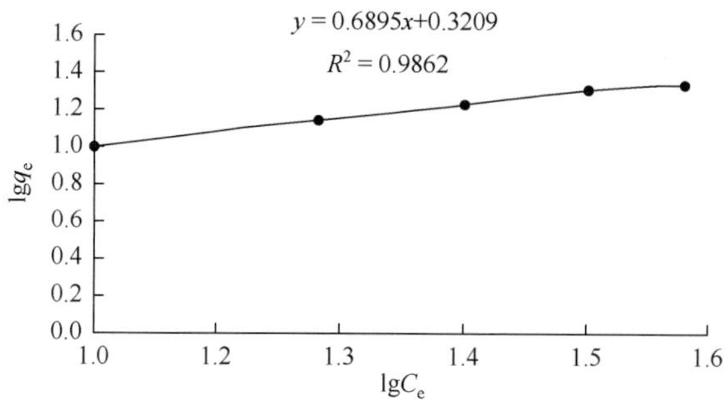

图 8　lg C_e对 lgq_e直线

由图 7、图 8 的相关系数看出，当 10mg/L≤C_e≤30mg/L 时，竹炭对余氯的吸附符合 Freundlich 等温线方程。

3 小　　结

（1）竹炭对水中余氯有较强的吸附能力，吸附效果与竹炭最终炭化温度、竹炭粒径、竹炭用量、吸附时间以及余氯溶液初始浓度等因素有关。最终炭化温度为 400℃的竹炭对水中余氯的吸附效果最好，竹炭对余氯的去除率随着竹炭粒径的减小而增大；随着竹炭用量的增加而增加；随着余氯初始浓度的增加而降低。

（2）竹炭对余氯的吸附速度较快，粒径<0.112mm 的竹炭对余氯的吸附主要发生在前 0.5h；吸附时间由 2h 到 5h 时，竹炭对余氯的去除率缓慢升高，当吸附时间大于 5h 后，余氯的去除率趋于稳定。

（3）单因素试验表明，20℃下，2.0g 竹炭吸附 350mL、25mg/L 余氯水溶液较适宜的条件为：竹炭炭化温度 400℃、竹炭粒径<0.112mm、吸附时间 2h，此时竹炭对余氯的去除率达 95.50%。

（4）当余氯浓度在 10～30mg/L 时，竹炭对余氯的吸附符合 Freundlich 等温线方程。

参 考 文 献

[1] 王擎，梁爽，郑爽英，等. 饮用水消毒技术研究与应用. 中国消毒杂志，2006，34（4）：349-351.

[2] Blatchley III E R，Hunt B A，Duggirala R，et al. Effects of disinfectants on wastewater effluent toxicity. Water Research，1997，31（7）：1581-1588.

[3] Karr J R，Heidinger R C，Helmer E H. Effects of chlorine and ammonia from Wastewater treatment facilities on biotic integrity. Journal WPCF，1985，57（9）：912-915.

[4] 王荣生，谢浩，等. 城市污水厂尾水氯消毒及其余氯控制技术进展. 贵州环保科技，2003，(4)：16-20.

[5] 杨磊，陈清松，赖寿莲，等. 竹炭对甲醛吸附性能的研究. 林产化学与工业，2005，25（1）：77-80.

[6] 张齐生. 重视竹材化学利用. 开发竹炭应用技术. 竹子研究汇刊，2001，20（3）：34-35.

[7] 邵千钧，徐群芳，范志伟，等. 竹炭电导率及高导电竹炭制备工艺研究. 林产化学与工业，2002，22（2）：55-56.

[8] 叶桂足，陈清松，赖寿莲. 竹炭对水溶液中苯酚的吸附性能研究. 林产化学与工业，2005，25（10）：139-142.

[9] 徐亦刚，石利利. 竹炭对 2，4-二氯苯酚的吸附特性及影响因素研究. 农村生态环境，2002，18（1）：35-37.

[10] 李松，曾林慧，陈英旭. 竹炭对水中硝酸盐的吸附特性及影响因素研究. 净水技术，2007，26（4）：65-68.

[11] 张启伟，王桂仙. 竹炭对饮用水中氟离子的吸附条件研究. 广东微量元素，2005，12（3）：63-66.

神奇的竹炭

张齐生　周建斌
（南京林业大学　南京　210037）

1　竹炭的主要特性

1.1　竹炭的元素组成

竹炭的元素组成主要是碳、氢、氧和氮及硅、镁、钠、钙等非金属及金属元素。碳和氮元素的含量随炭化温度的升高而升高，氢、氧元素的含量则随炭化温度的增加而减少。炭化温度为1000℃时，碳元素的含量达85.42%，氮元素的含量达0.68%，氧元素的含量为4.85%。竹的灰分含量随着炭化温度的升高而增加，炭化温度为1000℃，灰分含量为4.69%，竹炭中的灰分元素组成较复杂，其中含量较多的有钾、镁、钠、钙、铁等。

竹炭中含有一些人体需要的微量元素如铜、硒、锌、锶等。利用竹炭中的这些元素及竹炭对水体中有害物质的吸附能力，将竹炭加工成片炭既可以吸附净化水中的有害成分，又可将竹炭的微量元素释放于水中。

1.2　竹炭的比表面积和导电性能

竹炭内部的孔隙有微孔、中孔和大孔，使其具有较大的比表面积，对多种有害气体具有很好的吸附能力。比表面积的大小与炭化温度有关，炭化温度为700℃左右时其比表面积最大。

竹材形成竹炭以后，导电性能发生了极大的变化，显示出良好的导电性能。通常竹炭的导电性能随炭化温度的升高而提高。木炭虽有类似的趋势，但数值差异很大。

1.3　竹炭产生远红外线和负离子

1. 竹炭的远红外线

远红外线是波长在0.78～300μm的电磁波。人的皮肤对远红外线吸收率高，传热效率也高。远红外线还具有抑菌、防臭、促进人体表面微血管的血循环等功能。

2. 竹炭的负离子

负离子是空气中一种带负电荷的气体离子。空气中的负离子主要是负氧离子，被吸入人体后，能调节神经中枢的兴奋状态，改善肺的换气功能，促进新陈代谢。若10g竹炭放置在$1m^3$的密封仓中12h，用静态法负离子测试仪连续测试，空气负离子浓度增加量为170个/cm^3。

1.4　竹炭吸收空气中有害气体的能力

竹炭对甲醛的吸附能力最高的可达19.39%，吸附持续时间长达24天；对苯和甲苯的吸附能力一天就分别达到最大值10.08%和8.42%。炭化温度为500℃的竹炭对苯和甲苯的吸附率最高；竹炭对氨有很强的吸附能力，持续时间达24天，吸附率达30.65%，低温竹炭吸附率高，因其pH较低，呈酸性，而氨气是呈碱性的，所以不仅有物理吸附，也有化学反应；低温竹炭（如300℃）对三氯甲烷的吸附性能很好，达到40.68%，持续时间达24天。

本文原载《纺织服装周刊》2008年第16期第34-35页。

1.5 竹炭吸收水体中有害物质的能力

竹炭在水中可以净化和明显地改善水体中的重要水质指标。

1.6 竹炭的调湿功能

在相对湿度为95%时的吸湿率可以达到14%，即在室内放置100kg竹炭，可以吸收空气中14kg的水蒸气。

1.7 纳米改性竹炭

竹炭的孔隙比活性炭大（活性炭微孔占主导作用）。活性炭微孔的直径小于或者等于2nm，竹炭的孔隙以大孔为主，也有中孔和小孔，其直径以200nm左右为主。

纳米光催化剂可氧化分解各种有机化合物和部分无机物，将有毒、有害物质分解为无毒、无害的二氧化碳和水，同时纳米光催化剂超强的氧化能力可破坏细胞的细胞膜，凝固病毒的蛋白质，抑制病毒的活性，并捕捉、杀除空气中的浮游细菌，具有极强的防污、杀菌和除臭功能。为了克服竹炭的吸附性能存在饱和现象的缺陷，把某种纳米光催化材料负载到竹炭上，制成纳米改性竹炭光催化吸附、杀菌剂，使竹炭的吸附作用和纳米材料的优异性能得到了完美的结合。

1.8 纳米改性竹炭的微观结构

纳米光催化材料可以负载在竹炭的孔隙边沿和孔隙的表面，能保持竹炭原有的特殊孔隙结构，保证了竹炭的吸附性能和纳米材料的优良性能。

1.9 纳米改性竹炭的抑菌功能

纳米改性竹炭（颗粒、粉末）对大肠杆菌具有很好的抑菌能力；对金黄色葡萄球菌的抑菌率试验为99.84%；对白色念珠菌的抑菌率平均为99.61%。

1.10 纳米改性竹炭对甲醛、苯、甲苯的吸附与降解

纳米改性竹炭的净化过程包括吸附与降解两个部分。吸附过程与竹炭吸附性质有关，吸附为纳米光催化剂的光催化提供了高浓度环境，从而大大加快了纳米材料光催化降解有毒、有害物质的速率。而它的降解是在光的作用下，竹炭表面吸附的有害气体通过纳米光催化剂的表面发生光催化降解反应。

1. 对甲醛的吸附与降解

纳米改性竹炭对甲醛的净化效果明显，在紫外灯的作用下，甲醛的净化率在12h后达到97.0%，在日光灯和白炽灯的作用下，甲醛的净化率在12h后分别达到92.4%和88.8%。在自然光的作用下，纳米改性竹炭对甲醛的净化率也达到78.0%。

2. 对苯的吸附与降解

纳米改性竹炭对苯的净化效果比甲醛的要低一些，主要是因为苯的化学稳定性比甲醛要高和苯降解的步骤复杂。在紫外灯的作用下，苯的净化率在12h后达到93.5%，在日光灯和白炽灯的作用下，苯的净化率在12h后分别达到87.8%和85.0%，在自然光的作用下，纳米改性竹炭对苯的净化率也可达到76.8%。

3. 对甲苯的吸附与降解

纳米改性竹炭对甲苯的净化效果比苯要高一些，主要是因为苯的化学稳定性比甲苯要高和苯降解步聚

比较复杂。在紫外灯的作用下，甲苯的净化率在 12h 后达到 94.5%。在日光灯和白炽灯的作用下，甲苯的净化率在 12h 后分别达到 88.3%和 87.0%，在自然光的作用下，对甲苯的净化率达到 76.8%。

2　生物改性竹炭

竹炭在水体中，对水体的色度、浊度、化学好氧量等有害物质有明显的净化和吸附效果，为了进一步解决吸附饱和这一难题，以竹炭为载体，利用特殊微生物菌群，寄居在竹炭的内部空隙和表面并使之繁衍，形成形态各异的生物膜，使水中的污染物吸附与沉积在其周围，作为食物吞噬，并将其分解成 H_2O 和 CO_2，是一个利用竹炭进行城镇生活污水处理的创新方法。这种方法可以解决竹炭吸附饱和的矛盾，并能使竹炭多次循环使用。

现在，以竹子为原料的技术研究与开发不断增加，并已取得了很多成果。采用竹炭纤维同其他化纤及天然纤维混纺制得的产品不仅具有除臭抗菌、抗紫外线、远红外发射和负离子发射保健功能，而且还有导湿快干、透气舒适的优点，已经成为制作运动服和休闲服的理想材料。随着业内人士对竹炭的不断深入了解、研究，必将会有更多的新型纤维和产品诞生，这将在更大的程度上丰富竹纤维产品种类。

稻草焦油替代苯酚合成酚醛树脂胶黏剂的研究

周建斌　张合玲　邓丛静　张齐生
（南京林业大学化学工程学院　南京　210037）

摘　　要

用稻草焦油部分替代苯酚合成酚醛树脂胶黏剂，并对其性能进行了分析。实验结果表明，稻草焦油替代量对所合成的酚醛树脂胶黏度和胶合强度特性影响较大，当稻草焦油添加量为25g，即替代量达到19.2%时，制备的酚醛树脂胶黏度适中，游离甲醛质量分数低于0.5%，具备较高的胶合强度，并且胶合强度达到GB/T9846—2004 对Ⅰ类胶合板的要求。由于稻草焦油的加入降低了胶黏剂的成本，其所制得的胶黏剂有良好的应用前景。

关键词：稻草焦油；酚醛树脂胶；胶合强度

前　　言

稻草焦油作为稻草秸秆干馏炭化生产工艺的一种副产物，约占热解产物的10%左右。研究表明生物质焦油是一种黑色黏稠的有机混合物，含10%～20%的酚类化合物，包括：苯酚、甲醛、二甲酚、邻苯二酚、愈创木酚及其衍生物等[1-4]。但挥发性酚类物质的大量存在表明生物质焦油对环境具有一定的危害性，同时生物质焦油的任意弃置，也会造成资源浪费[5]。为消除其环境危害性和利用其有效成分，对其进行合理利用可以达到污染治理和资源利用的双重功效。

随着胶黏剂的应用领域不断拓宽，而且随着绿色化学的发展，研究开发低成本、高质量、无污染的新型胶黏剂，已成为中国胶黏剂研究领域发展的重要方向[6, 7]。酚醛（PF）树脂胶黏剂因其优良的特性，在木材胶黏剂中占有非常重要的地位，其中作为酚醛树脂胶黏剂原料之一的苯酚的价格较高，使得酚醛树脂胶黏剂的成本也相应的较高。开展对焦油的重要组分——酚类物质的开发利用，使焦油替代部分价格较高的苯酚，对于酚醛树脂胶的合成有一定的适宜性[8, 9]，也为稻草焦油的资源化利用提供一种新途径，可在保证酚醛树脂胶性能的前提下，有效地降低生产成本。

1 实　　验

1.1　原料、试剂与仪器

苯酚：分析纯，上海久亿化学试剂有限公司；甲醛溶液（质量分数为 37%）：分析纯，上海久亿化学试剂有限公司；稻草焦油：实验室自制。

NDJ-1 型旋转黏度计：上海天平仪器厂；pHs-25 型 pH 计：上海精密科学仪器有限公司；CMT4000 微机控制电子万能试验机：深圳新三思材料检测有限公司；W-201B 型数显恒温水浴锅：上海申腾生物技术有限公司；卓峰木板切割机：广东顺德卓峰木机厂。

1.2　方法

1. 稻草焦油的制备

本实验所用焦油其炭化原料为稻草秸秆，炭化温度为350℃，所得沉淀焦油直接用于酚醛树脂胶的制备。

本文原载《化学与黏合》2008 年第 30 卷第 3 期第 5-7 页。

2. 酚醛树脂胶的制备

不同类型的酚醛树脂，其酚和醛的物质的量之比不同。胶合板用水溶性酚醛树脂，苯酚与甲醛的物质的量之比在 1∶（1.50～2.25），本实验制备水溶性酚醛树脂所用原料物质的量之比如下：苯酚∶甲醛∶氢氧化钠＝1∶1.5∶0.3[10]。

在装有电动搅拌器、温度计、回流冷凝管（上接滴液漏斗）的 500mL 三颈烧瓶中加入一定量熔化的苯酚、氢氧化钠（配制成 40%的氢氧化钠溶液）。开动搅拌器，在 40℃左右搅拌 20min，加热并开始滴加 37%的甲醛溶液（占总加入量的 80%），30min 内滴加完毕（控制滴加速度，避免体系升温过快过高）。在 1h 内升温至 87℃，继续在 20～25min 内使反应温度由 87℃上升到 94℃，在此温度下保持 18min，降温至 82℃，保持 13min，加入剩余的甲醛溶液和氢氧化钠溶液，升温至 90～92℃，反应至黏度符合要求为止，冷却水降至 40℃，出料。

3. 稻草焦油部分替代苯酚的酚醛树脂胶的制备

实验中稻草焦油添加量分别为 15g、20g、25g、30g 和 40g，分别占苯酚替代量的 11.5%、15.4%、19.2%、23.1%、30.8%（苯酚质量随着稻草焦油添加量的增加而有相同质量的减少，其他组分含量恒定）。

1.3 胶黏剂性能检测

按照 GB/T14074—2006《木材胶黏剂及其树脂检验方法》进行 pH、固体质量分数、黏度及游离甲醛质量分数的测定。

1.4 胶合板的制备及胶合强度的检测

利用实验室自制的酚醛树脂胶和稻草焦油部分替代苯酚合成的酚醛树脂胶进行胶合板的制备及胶合强度的检测试验。

调胶工艺：将 90%的 PF 树脂胶和 10%的面粉依次加入调胶用烧杯，用玻璃棒搅拌均匀即可，以调和后的黏度适合涂布要求为宜。

胶合板压制工艺：施胶条件：杨木，单板含水率 8%～12%，施胶量 280～320g/m^2（双面），涂胶后预压 0.5～1h；热压条件：压力 2.7MPa，温度 140～150℃，热压时间 1min/mm。

按照 GB/T17657—1999《人造板及饰面人造板理化性能试验方法》检测试件的胶合强度。

2 结果与分析

2.1 不同的稻草焦油添加量对固体质量分数的影响

胶黏剂的固体质量分数是指在规定的测试条件下，胶黏剂中非挥发性物质的质量占总质量的百分数，是评价胶黏剂质量优劣的主要性能指标。不同稻草焦油添加量制得的胶黏剂固体质量分数测试结果如表 1 所示。

表 1 不同的稻草焦油添加量对酚醛树脂胶固体质量分数的影响

稻草焦油添加量/g	0	15	20	25	30	40
固体质量分数/%	52.96	54.17	55.03	54.12	53.10	56.54

由于稻草焦油的添加，其固体质量分数保持在 55%左右，均高于纯酚醛树脂胶固体质量分数，符合 GB/T14732—1993《木材工业胶黏剂用脲醛、酚醛、三聚氰胺甲醛树脂》中酚醛树脂固体质量分数指标值。从表 1 中可以看出，固体质量分数有一定程度的波动性，可能由于取样的不均匀性或焦油水分含量的变化所致。

2.2 不同的稻草焦油添加量对黏度的影响

黏度是胶黏剂流动时内摩擦力的量度，用胶黏剂流动时的剪切应力与剪切速率之比表示。不同稻草焦油添加量制得的胶黏剂黏度测试结果如表 2 所示。

表 2 不同的稻草焦油添加量对酚醛树脂胶黏度的影响

稻草焦油添加量/g	0	15	20	25	30	40
黏度/(MPa·s)	88	92	122	146	180	260

从表 2 可以看出，稻草焦油添加量对胶黏剂黏度影响较为明显，随着添加量的增加，黏度有增加的趋势。其主要原因是稻草焦油是一种黏稠的油状液体，对合成的胶黏剂黏度产生了明显的影响。当稻草焦油添加量在 15～30g 时，胶黏剂的黏度适中，应当避免黏度过大，缩短胶的贮存期。

2.3 不同的稻草焦油添加量对 pH 的影响

pH 是胶黏剂的一个基本化学性能指标，不同稻草焦油添加量制得的胶黏剂 pH 测试结果如表 3 所示。从表 3 明显看出，稻草焦油添加量对胶黏剂 pH 影响不大，其 pH 保持在 10～11。

表 3 不同的稻草焦油添加量对酚醛树脂胶 pH 的影响

稻草焦油添加量/g	0	15	20	25	30	40
pH	10.28	10.54	10.40	10.20	10.43	10.52

2.4 不同的稻草焦油添加量对游离甲醛质量分数的影响

甲醛类树脂中未参加反应的甲醛质量占树脂总质量的百分数称之为游离甲醛质量分数，不同稻草焦油添加量制得的胶黏剂游离甲醛质量分数测试结果如表 4 所示。

表 4 不同的稻草焦油添加量对酚醛树脂胶游离甲醛质量分数的影响

稻草焦油添加量/g	0	15	20	25	30	40
游离甲醛质量分数/%	0.134	0.130	0.135	0.138	0.145	0.162

随着稻草焦油添加量的增加，苯酚加入量随之减少，胶黏剂游离甲醛质量分数有一定的上升趋势，但是游离甲醛质量分数低于 0.5%，并且低于 GB/T14732—1993《木材工业胶黏剂用脲醛、酚醛、三聚氰胺甲醛树脂》中酚醛树脂游离甲醛质量分数限定值。

2.5 不同的稻草焦油添加量对胶合强度的影响

胶合强度是使胶接件中胶黏剂与被黏物界面或其邻近处发生破坏时单位胶接面所承受的力，主要反映胶黏剂承受正应力的性能。不同稻草焦油添加量的制得的胶黏剂胶合强度测试结果如表 5 所示。

表 5 不同的稻草焦油添加量对酚醛树脂胶胶合强度的影响

稻草焦油添加量/g	0	15	20	25	30	40
胶合强度/MPa	1.44	1.35	1.48	1.66	1.52	1.40

从表 5 可以看出，稻草焦油添加量对胶合强度的影响较为明显，当胶黏剂中稻草焦油添加量从 15g 增加到 25g 时，胶合强度有增加的趋势。但当胶黏剂中的稻草焦油添加量从 25g 增加到 40g 时，胶合强度急

剧下降。很明显，在上述稻草焦油替代量范围内，胶合强度会有一个最大值，并且在最大胶合强度点符合 GB/T9846—2004《胶合板》中由杨木制成的Ⅰ类胶合板胶合强度指标值（≥0.7MPa）。

3 结 论

（1）用稻草焦油部分替代苯酚合成酚醛树脂胶黏剂，当稻草焦油添加量为 25g 即替代量为 19.2%时，其制得的胶黏剂固体质量分数和黏度适中，游离甲醛质量分数低于 0.5%，符合 GB/T14732—1993 酚醛树脂技术指标。并且其胶合强度符合 GB/T9846—2004 中由杨木制成的Ⅰ类胶合板胶合强度指标值（≥0.7MPa）。

（2）本实验为稻草焦油的综合利用提供了一个新的应用途径，具有广阔的市场应用前景。由于稻草焦油是一种组分复杂的混合物，其中有些重要组分还未被开发利用，采用先进的分析技术对其进行分离提纯，以实现对稻草焦油有效组分的充分利用。

参 考 文 献

[1] 李继红，张全国. GC/MS 法分析生物质焦油的化学组成. 河南科技，2005，23（1）：41-43.

[2] Prauchner M J，Pasa V M D，Molhallem N D S，et al. Structural evolution of Eucalyptus tar pitch-based carbons during carbonization. Biomass and Bioenergy，2005，(28)：53-61.

[3] 钱华，钟哲科，王衍彬，等. 竹焦油化学组成的 GC/MS 法分析. 竹子研究汇刊，2006，25（3）：24-27.

[4] Rabou L. Biomass tar recycling and destruction in a CFB gasifier. Fuel，2005，84：577-581.

[5] 王素兰，张全国，李继红. 生物质焦油及其馏份的成分分析. 太阳能学报，2006，27（7）：647-649.

[6] 陈惜明，彭宏. 绿色化学在焦油加工过程中的应用研究.燃料与化工，2005，36（6）：40-43.

[7] 张全国，沈胜强，吴创之，等. 生物质焦油型胶粘剂特性的试验研究. 农业工程学报，2007，23（1）：168.

[8] Qiao M，Song Y. Development of carbon precursor from bamboo tar. Carbon，2005，43：3021-3025.

[9] Mazela B. Fungicidal value of wood tar from pyrolysis of treated wood. Waste Management，2007，27：461-465.

[10] 顾继友. 胶黏剂与涂料. 北京：中国林业出版社，1996：110-115.

农作物秸秆炭制备速燃炭的研究

周建斌[1]　邓丛静[1]　张齐生[2]

（1 南京林业大学化学工程学院　南京　210037；
2 南京林业大学竹材工程研究中心　南京　210037）

摘　要

以农作物秸秆炭为主要原料制备速燃炭，研究了秸秆炭与引燃剂的比例及成型方式对速燃炭性能的影响，结果表明，农作物秸秆炭与引燃剂质量比为 4∶3，块状成型方式制备的速燃炭性能较好，其燃烧热为 21 289.76J/g，且 24g 该速燃炭燃烧时火焰持续 13min 55s，火星持续 113min，燃烧残渣 13.19%。并通过燃烧实验表明，24g 速燃炭能使 50mL 蒸馏水持续沸腾 17min，且水温在 60～80℃保持 90min 以上。

关键词：农作物秸秆；秸秆炭；速燃炭

近年来，固体酒精以其使用和贮存方便，燃烧时火焰均匀和热值偏差小等优点被广泛应用[1]，但目前市场上酒精原料价格较高，且出售的固体酒精普遍存在着一定的缺陷，如硬度过低、热值较小或存在着冒黑烟、有异味、残渣多等一系列问题[2]。因此迫切需要开发一种经济、安全、方便、无毒害的固体速燃燃料。

农作物秸秆是籽实收获后剩下的作物残留物[3]，是一种十分宝贵的生物质资源，也是一种可持续获得的绿色资源[4]。近年来，有关农作物秸秆制成型燃料的报道较多[5, 6]，但都需要较长的引燃时间才能使其燃烧，不能达到速燃的目的。本研究采用农作物秸秆炭化后的固体产物——农作物秸秆炭为原料制备速燃炭，既解决了我国农作物秸秆焚烧带来的环境和社会问题，又能够替代木炭，满足有些场合（如餐饮、宾馆、旅游、地质、航海等行业）“一点即燃”的需要。

1 实　验

1.1 原料及仪器

原料：农作物秸秆炭，是以农作物秸秆（包括禾谷类、豆类、薯类、油料类、麻类，以及棉花、甘蔗、烟草、瓜果等多种作物的秸秆）为原料，采用干馏设备对其进行热解，得到的固体产物；固化剂 A、引燃剂 B 均为工业纯，且无毒无害。仪器：超级热恒温水浴锅，金坛奥瑞电器厂；电动搅拌机，常州国华电器有限公司；牛力-2 型磨粉机，南昌市冶金设备实验厂；XRY-1A 型数显氧弹式热量计，上海昌吉地质仪器有限公司。

1.2 农作物秸秆炭性能的测定

水分、灰分、挥发分、固定碳含量按照国家标准 GB/T17664—1999《木炭和木炭试验方法》进行测定；燃烧热的测定按照国家标准 GB/T213—2003《煤的发热量测定方法》进行。

1.3 速燃炭的制备方法

将 20 引燃剂 B 置于三口烧瓶内，在水浴温度为 80℃下搅拌，然后缓缓加入固化剂 A，固化剂与引燃

本文原载《生物质化学工程》2008 年第 42 卷第 3 期第 13-16 页。

剂的质量比为 0.06∶1，搅拌均匀后，依次加入粒径小于 0.071mm 的农作物秸秆炭，充分搅拌后，迅速倒出，成型，即得速燃炭。成型工艺分别为筛动成型、蜂窝饼状成型、球状成型、块状成型 4 种，各种成型方式均在常温下进行，其中筛动成型是指速燃炭倒入振动筛上，使其筛动成型；蜂窝饼状成型是仿照蜂窝煤形式；球状成型是将速燃炭手工捏合为球状；块状成型是将速燃炭倒入方形磨具内压缩成型。

1.4　燃烧实验

取不同条件制备的速燃炭和市售固体酒精样品各 24g，分别置于已称质量的干净坩埚中点燃，将装有 50mL 蒸馏水的烧杯架在坩埚上，且保持坩埚上沿与烧杯底部距离为 0.5cm，燃烧过程中每 30s 记录一次水温变化。

2　结果与分析

2.1　农作物秸秆炭基本性能分析

炭化温度、升温速率、保温时间和农作物秸秆的种类是影响农作物秸秆炭性质的主要因素，因此实验以我国丰富的稻草、小麦和玉米秸秆以及主要分布在长江中下游地区的芦蒿秸秆为原料，在炭化温度为 550℃、升温速率为 150℃/h、保温时间 1h 条件下炭化，得到固体产物农作物秸秆炭，并分别对其基本性质进行分析，结果如表 1 所示。由表 1 可以看出，芦蒿秆炭的固定碳含量较高，其值为 82.80%，燃烧值较大，其值为 20 818.83J/g，是制备速燃炭的较好原料，本实验以芦蒿秆炭为原料制备速燃炭。

表 1　农作物秸秆炭基本性能

秸秆种类	水分含量/%	灰分含量/%	挥发分含量/%	固定碳含量/%	燃烧热/(J/g)
稻草秆炭	4.36	29.68	13.71	56.61	15 064.05
麦秆炭	4.89	15.39	9.23	75.38	18 143.26
玉米秆炭	5.02	14.41	5.90	79.69	19 256 35
芦蒿秆炭	4.54	11.80	7.40	82.80	20 818.83

2.2　农作物秸秆炭添加量对速燃炭性能的影响

在速燃炭燃烧过程中，农作物秸秆炭是主要的燃烧对象，因此，提高速燃炭中农作物秸秆炭的比例，能够有效地节约速燃炭成本，最大限度地发挥秸秆炭的作用。试验选择农作物秸秆炭与引燃剂的质量比分别为 2∶3、3∶3、4∶3 和 5∶3 制备速燃炭，采用块状成型方式得到形状规则的速燃炭，然后称取不同添加比例制备的速燃炭各 24g，在无外界干扰（主要是风）条件下，考察速燃炭的性能，结果如表 2 所示，当农作物秸秆炭与引燃剂的质量比为 5∶3 时，制备的速燃炭难以成型，因此没有对其性能进行检测。

表 2　不同速燃炭的性能

m（农作物秸秆炭）∶*m*（引燃剂）	燃烧残渣/%	火焰持续时间	火星持续时间/min	易燃程度
2∶3	7.20	19min45s	90	易
2∶3	13.60	16min28s	98	易
4∶3	14.10	13min55s	113	易

从表 2 可以看出，3 种配比制备的速燃炭都易点燃，随着农作物秸秆炭添加比例的增大，速燃炭的燃烧时间随之减小，而火星的持续时间有所增加，主要是由于农作物秸秆炭具有燃烧时间长、热量释放持续时间长等特点。本试验范围内，农作物秸秆炭与引燃剂的最佳配比为 4∶3，此时速燃炭的热量释放时间最长为 113min。

2.3 成型方式对速燃炭性能的影响

为了方便使用和贮存，速燃炭的制备需经成型工艺，本研究在农作物秸秆炭与引燃剂质量比为 4∶3 时，主要考察了筛动成型、蜂窝饼状成型、球状成型、块状成型 4 种成型方式对速燃炭性能的影响，结果如表 3 所示，成型速燃炭样品如图 1 所示。

表 3 成型方式对速燃炭制备过程及性能的影响

成型方式	尺寸	燃烧残渣/%	成型难易	易燃程度
筛动成型	不规则	14.12	易	易
蜂窝饼状成型	Φ5cm，*h*3.5cm	51.45	易	较易
球状成型	Φ0.6～0.8cm	16.23	难	易
块状成型	2.25cm×2.25cm	13.19	易	易

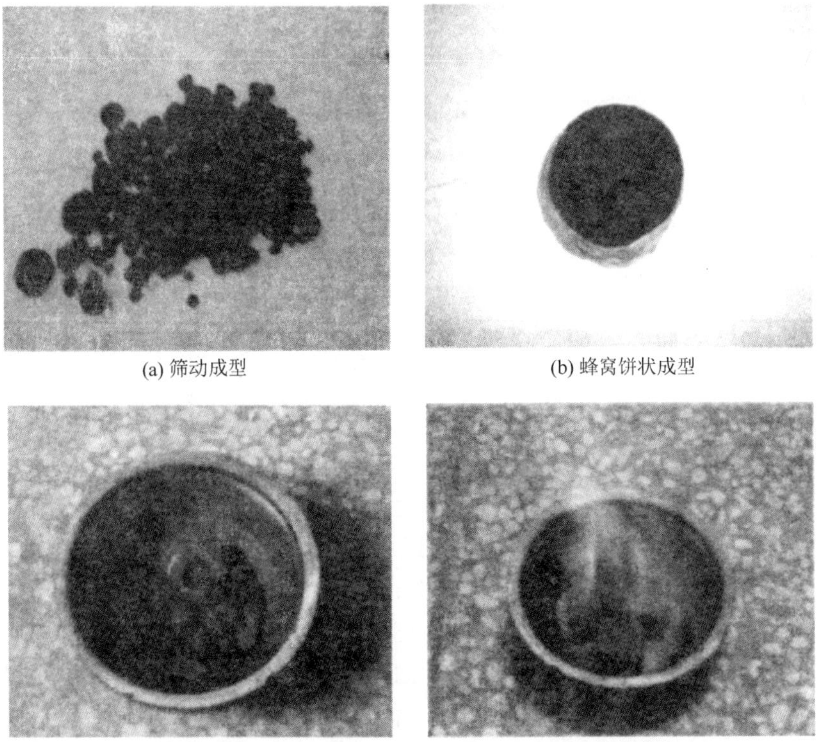

(a) 筛动成型 (b) 蜂窝饼状成型 (c) 球状成型 (d) 块状成型

图 1 速燃炭成型方式

由图 1 可以看出，筛动成型制备的速燃炭颗粒大小不均匀，有大量细小粉末不能够聚合成型；由表 3 看出，蜂窝饼状燃烧残渣较多，且易燃程度有所下降，主要由于此种成型方式制备的速燃炭密度较高，表面燃烧后的残渣覆盖在未燃烧炭的表面，使空气难以进入内部，导致速燃炭燃烧不充分；球状成型制备的速燃炭，产品外观美观，燃烧较完全，但成型较难；块状成型制备的速燃炭，燃烧残渣少，产品得率高，成型较容易，是速燃炭合适的成型方式。

2.4 燃烧实验

燃烧实验主要考察了相同质量速燃炭（农作物秸秆炭与引燃剂的比例分别为 2∶3、3∶3、4∶3）和市售固体酒精加热相同质量的蒸馏水时，蒸馏水温度的变化情况及水温保持时间,如图 2 所示。从图 2 中水温变化的情况可以明显看出速燃炭燃烧时，不仅能迅速使水沸腾，而且能够在较长时间内使水温保持在一定的温度范围内。同时也可以看出，随着农作物秸秆炭添加量的增加，水温保持时间延长，当农作物秸秆炭与引燃剂质量比为 4∶3 时，制得的速燃炭 24g 能使 50mL 蒸馏水沸腾 17min，水温在 60～90℃保持 90min 以上，优于市售固体酒精。

最后，采用氧弹式热量计测试了速燃炭（农作物秸秆炭与引燃剂质量比为 4∶3、块状成型制备）的燃烧热，其值为 21 289.76J/g。

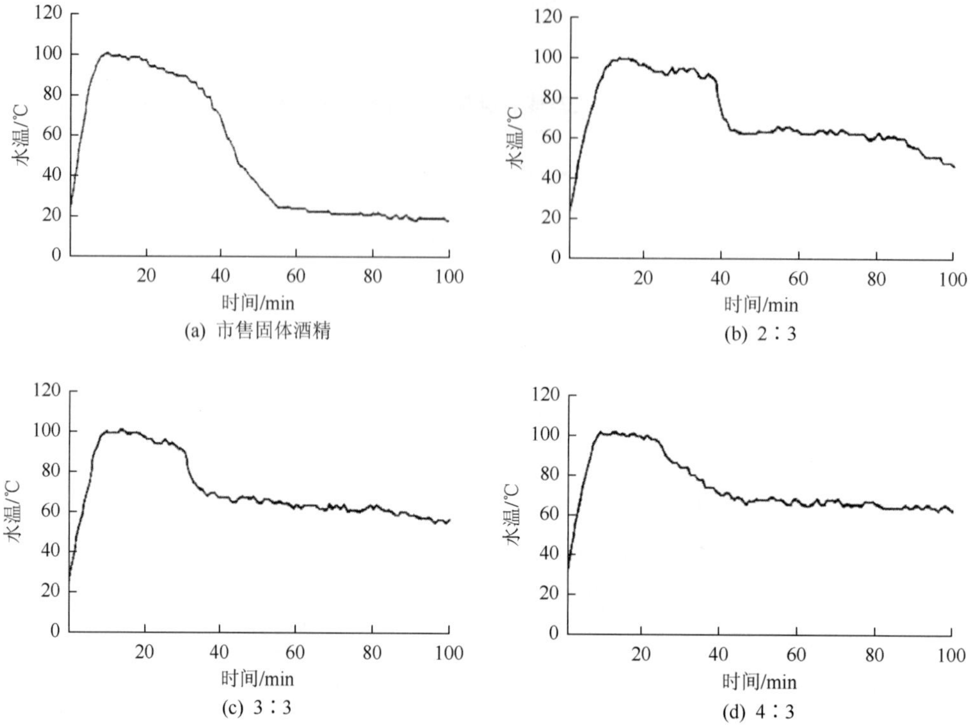

图 2　燃烧实验结果

3　结　　论

采用农作物秸秆炭制备速燃炭是可行的，能够满足“一点即燃”的要求。最佳制备工艺条件为：农作物秸秆炭与引燃剂质量比为 4∶3，成型方式为块状成型，制得速燃炭的燃烧值为 21 289.76J/g，且每 24g 该速燃炭燃烧时，火焰持续 13min55s、火星持续 113min；燃烧试验表明，速燃炭燃烧能使水迅速沸腾，并能够在较长的时间内使水温保持在一定的范围内，速燃炭燃烧时无烟、无异味、残渣少。

速燃炭的制备原料——农作物秸秆炭、引燃剂、固化剂均无毒无害，制备过程未添加其他物质，因此，速燃炭是一种绿色的新型热源产品，为餐饮、宾馆、旅游等行业找到了一种价廉、无毒害、优质的木炭替代燃料，适合海上、地质、部队等工作场所的需要，同时为解决我国农作物秸秆焚烧带来的环境和社会问题提供了一种新途径。

参 考 文 献

[1] 梅允福. 化学固体燃料的制备和应用. 安徽化工，1998，(5)：20-21.

[2] 楚伟华，方永奎，李雪，等. 优质固体酒精的研制与性能试验. 山东化工，2005，(4)：11-13.

[3] 石磊，赵由才，柴晓利. 我国农作物秸秆的综合利用技术进展. 中国沼气，2005，23 (2)：11-14.

[4] 沙文锋，李世江，朱娟. 农作物秸秆开发利用技术研究进展. 金陵科技学院学报，2005，21 (4)：73-76.

[5] 刘圣勇，陈开碇，张百良. 国内外生物质成型燃料及燃烧设备研究与开发现状. 可再生能源，2002，(4)：14-15.

[6] 刘石彩，蒋剑春. 生物质能源转化技术与应用（Ⅱ）——生物质压缩成型燃料生产技术和设备. 生物质化学工程，2007，41 (4)：59-63.

50%竹焦油乳油的安全性毒理学评价

马建义[1] 王品维[1] 童森淼[1] 鲍滨福[2] 张齐生[2] 沈哲红[2] 叶良明[2]
（1 浙江林学院林业与生物技术学院 临安 311300；
2 浙江林学院工程学院 临安 311300）

摘 要

为了解 50%竹焦油乳油作为农药使用的安全性，按 GB15670—1995 农药登记毒理学试验方法进行了安全性评价。结果表明，50%竹焦油乳油对雌雄大鼠经口 LD_{50} 分别为：雌性 3690mg/kg，雄性大于 4640mg/kg，均属低毒。对雌雄大鼠经皮 LD_{50} 均大于 2000mg/kg，均属低毒。对兔眼的刺激强度为中度刺激性，洗眼试验结果有轻度刺激性。对家兔急性皮肤刺激反应均值积分为 0，即对皮肤无刺激性。对豚鼠致敏试验，致敏率为 0，属Ⅰ级弱致敏。证实 50%竹焦油乳油为低毒性、无刺激性、无致敏的安全生物农药。

关键词 竹焦油；安全性；毒理学；生物农药

竹焦油作为竹炭生产过程中的主要副产物[1]，约占整个竹炭产量的 10%左右，是一种黑色、黏稠的油状液体，含有大量的酚类物质和多种有机物质[2]。以竹焦油为测试对象，参考 GB15670—1995[3]和《农药登记资料要求》（农业部 2001 年颁布）的方法[4]，通过雌雄大鼠急性经口、急性经皮试验，家兔眼刺激试验、家兔皮肤刺激试验和豚鼠皮肤致敏等试验做安全性毒理学评价[5-9]，为拓宽竹焦油应用领域及其开发系列产品提供安全性评价。

1 材料与方法

1.1 材料

1. 竹焦油

由浙江富来森中竹科技股份有限公司提供。测试样品由竹焦油、二甲基甲酰胺和乳化剂 602# 按比例配制而成。

2. 试验动物

试验采用 SD 种大鼠和新西兰种家兔，均由浙江省实验动物中心提供，许可证为 SCXK 浙 2003—0001。受试动物英国种雄性豚鼠，体重 300～350g，由浙江中医药大学提供，许可证为 SCXK 浙 2005—0021。

1.2 方法

1. 大鼠急性经口毒性试验

选浙江省实验动物中心繁殖的 SD 种健康、成年、体重 80～120g 大鼠 40 只，雌雄各半。分别随机分成 4 组，每组 5 只。动物隔夜禁食后，按霍恩氏法对雌性大鼠以 10 000mg/kg、4640mg/kg、2150mg/kg、1000mg/kg 剂量，雄性大鼠以 4640mg/kg、2150mg/kg、1000mg/kg、464mg/kg 剂量作一次经口染毒。染毒后观察并记录中毒症状、死亡时间，并对死亡动物作解剖检查。存活动物继续观察 2 周。

2. 大鼠急性经皮毒性试验

选浙江省实验动物中心繁殖的 SD 种健康、成年、体重 80～120g 大鼠 10 只，雌雄各 5 只，于实验前

本文原载《竹子研究汇刊》2008 年第 27 卷第 2 期 53-57 页。

24h 剪除大鼠背部被毛，次日确认皮肤无损后待用。雌雄大鼠均以 2000mg/kg 剂量的药液，分别均匀地涂于 4cm×5cm 剪毛部位皮肤上，盖上无刺激塑料薄膜和纱布，用无刺激胶布固定。染毒 4h 后，用温洗涤液棉球洗净残留药液，观察并记录皮肤反应及全身中毒症状，存活动物观察 2 周后处死并解剖检查。

3. 眼刺激试验

采用家兔 4 只，实验前 24h 给动物双侧眼滴 1%荧光素钠，次日检查双眼，确认无角膜损伤后投入试验。轻轻拉下左侧眼睑，将 0.1mL 样品滴入结膜囊内，并使闭合约 1s，24h 内不予冲洗，对侧眼为对照。投药后 1h、24h、48h、72h 分别观察受试物对结膜、角膜、虹膜的刺激反应及第 4、7 天的恢复情况。如 72h 仍无刺激反应，则终止试验。如出现角膜损伤，需继续观察损伤的经过及其可逆性，观察期最长不超过 21d。试验结束后根据眼损伤程度的评分，计算眼刺激积分指数，并按 GB15670—1995 进行刺激强度评价。

4. 皮肤刺激试验

试验采用 4 只家兔由浙江省实验动物中心提供，实验前 24h 剪除动物背部两侧被毛，次日确认皮肤无损后投入试验。将 0.5mL 样品均匀地涂敷于左侧 2cm×3cm 无毛区皮肤上，盖上纱布外加铝箔，以无刺激胶布固定，自身对侧皮肤为对照。4h 后用温洗涤液洗净残存药物。观察并记录局部皮肤反应（红斑和水肿形成）然后继续观察 2 周。试验结束后进行评分，计算刺激指数，根据 GB15670—1995 作出刺激反应强度评价。

5. 皮肤致敏试验

试验设 3 组动物（试验组、阴性对照组、阳性对照组）每组 13 只。采用皮肤敷贴法进行致敏和激发接触。以 2, 4-二硝基氯苯（用 DMSO 配制，致敏浓度为 5mg/mL，激发浓度为 2.5mg/mL）作为阳性对照物。试验分两个步骤进行。

（1）致敏接触。实验前 24h 剪除动物背部左侧被毛，将 0.1mL 受试物涂于 2cm×2cm 滤纸上，敷贴于去毛区，两层纱布覆盖，并用无刺激胶布固定 6h，试验结束时，洗去残余部分。并于第 7、14 天各重复一次。阴性对照组仅给激发接触。

（2）激发接触。末次致敏接触后 14d 及 28d，将 0.1mL 受试物敷贴在另一侧去毛部位（方法同上），持续 6h 后，洗去残余药物。连续观察 12d。阴性对照组激发接触条件同试验组。将出现皮肤红斑或水肿的动物数除以动物总数，求出致敏率，按 GB15670—1995 进行致敏率强度评定。

2　结果与分析

2.1　大鼠急性经口毒性试验

动物染毒后 20～30min 出现流涎、被毛潮湿等中毒症状，严重中毒者于染毒后 3d 内死亡。未死动物第 5 天恢复正常。死亡动物尸体解剖可见肝瘀血、胃肠充血。低剂量组未出现明显中毒症状。存活动物观察 2 周后体重增加，处死作大体解剖未见各脏器有肉眼可见的实质性改变。详细结果见表 1。

表 1　50%竹焦油乳油对大鼠的急性经口毒性结果

剂量/(mg/kg)	雌性				雄性			
	动物数	死亡数	死亡率/%	LD_{50}及 95%置信范围/(mg/kg)	动物数	死亡数	死亡率/%	LD_{50}及 95%置信范围/(mg/kg)
10 000	5	5	100		5	2	40	
4 640	5	4	80	3690	5	0	0	＞4640
2 150	5	0	0	（2710～5010）	5	0	0	
1 000	5	0	0		5	0	0	

根据上述试验结果，50%竹焦油乳油对雌雄大鼠经口 LD_{50} 分别为：雌性 3690（2710～5010）mg/kg，雄性大于 4640mg/kg。按 GB15670—1995 我国现行农药急性经口毒性分级标准，50%竹焦油乳油对雌雄大鼠急性经口毒性均属低毒。

2.2 大鼠急性经皮毒性试验

动物染毒 4h 后未见皮肤刺激及全身中毒症状。第 3 天试验部位皮肤出现红斑，第 6 天恢复正常。观察期内未出现动物死亡。存活动物观察 2 周后体重增加，处死作大体解剖未见各脏器有肉眼可见的实质性改变。按 GB15670—1995 规定，不再进行更高剂量试验。根据上述试验结果，50%竹焦油乳油对雌雄大鼠经皮 LD_{50} 均大于 2000mg/kg。表明 50%竹焦油乳油对雌雄大鼠急性经皮毒性均属低毒。详细结果见表 2。

表 2　50%竹焦油乳油对大鼠的急性经皮毒性结果

性别	剂量/(mg/kg)	动物数	死亡数	死亡率/%	LD_{50} 及 95%置信范围/(mg/kg)
雌性	2000	5	0	0	>2000
雄性	2000	5	0	0	>2000

2.3 眼刺激试验

滴药后 1h 可见动物眼结膜轻度充血和水肿，并有少量分泌物，虹膜和角膜未见异常。24h 动物结膜症状加重，虹膜充血，角膜出现大片混浊。48h 动物症状无变化。72h 动物角膜受损范围略有缩小。第 4 天动物结膜症状缓解，虹膜均恢复正常。第 7 天部分动物角膜恢复正常。第 14 天动物均恢复正常。按 GB15670—1995 规定，不再继续观察。50%竹焦油乳油对家兔眼睛有中度刺激性，详细结果见表 3。

表 3　50%竹焦油乳油家兔眼刺激试验结果

动物编号	检查部位	眼刺激反应积分														I.A.O.I
		1h		24h		48h		72h		4d		7d		14d		
		样	对	样	对	样	对	样	对	样	对	样	对	样	对	
1	结膜	6	0	10	0	10	0	10	0	6	0	4	0	0	0	35
	虹膜	0	0	5	0	5	0	5	0	0	0	0	0	0	0	
	角膜	0	0	20	0	20	0	15	0	10	0	5	0	0	0	
	总分	6	0	35	0	35	0	30	0	16	0	9	0	0	0	
2	结膜	6	0	10	0	10	0	10	0	6	0	6	0	0	0	35
	虹膜	0	0	5	0	5	0	5	0	0	0	0	0	0	0	
	角膜	0	0	20	0	15	0	10	0	10	0	5	0	0	0	
	总分	6	0	35	0	30	0	25	0	16	0	11	0	0	0	
3	结膜	6	0	10	0	10	0	6	0	6	0	4	0	0	0	35
	虹膜	0	0	5	0	5	0	5	0	0	0	0	0	0	0	
	角膜	0	0	20	0	20	0	10	0	0	0	0	0	0	0	
	总分	6	0	35	0	35	0	21	0	6	0	4	0	0	0	
4	结膜	6	0	10	0	10	0	10	0	6	0	4	0	0	0	35
	虹膜	6	0	5	0	10	0	5	0	0	0	0	0	0	0	
	角膜	6	0	20	0	5	0	15	0	5	0	0	0	0	0	
	总分	0	0	35	0	20	0	30	0	11	0	4	0	0	0	
总积分		24		140		135		106		49		28		0		140
平均刺激指数		6		35		33.75		26.5		12.25		7		0		35

按 GB15670—1995《农药登记毒理学试验方法》另选 4 只家兔进行洗眼试验。滴药后 1h 可见动物眼结膜轻度充血和水肿，并有少量分泌物，虹膜和角膜未见异常。24h 症状缓解。48h 动物均恢复正常。按 GB15670—1995 规定，不再继续观察。50%竹焦油乳油对家兔洗眼试验结果有轻度刺激性。详见表 4。

表 4　50%竹焦油乳油家兔眼刺激试验结果

动物编号	检查部位	眼刺激反应积分														I. A O. I
		1h		24h		48h		72h		4d		7d		14d		
		样	对	样	对	样	对	样	对	样	对	样	对	样	对	
1	结膜	6	0	4	0	0	0	0	0	0	0	0	0	—	—	6
	虹膜	0	0	0	0	0	0	0	0	0	0	0	0	—	—	
	角膜	0	0	0	0	0	0	0	0	0	0	0	0	—	—	
	总分	6	0	4	0	0	0	0	0	0	0	0	0	—	—	
2	结膜	6	0	4	0	0	0	0	0	0	0	0	0	—	—	6
	虹膜	0	0	0	0	0	0	0	0	0	0	0	0	—	—	
	角膜	0	0	0	0	0	0	0	0	0	0	0	0	—	—	
	总分	6	0	4	0	0	0	0	0	0	0	0	0	—	—	
3	结膜	6	0	4	0	0	0	0	0	0	0	0	0	—	—	6
	虹膜	0	0	0	0	0	0	0	0	0	0	0	0	—	—	
	角膜	0	0	0	0	0	0	0	0	0	0	0	0	—	—	
	总分	6	0	4	0	0	0	0	0	0	0	0	0	—	—	
4	结膜	6	0	0	0	0	0	0	0	0	0	0	0	—	—	6
	虹膜	0	0	0	0	0	0	0	0	0	0	0	0	—	—	
	角膜	0	0	0	0	0	0	0	0	0	0	0	0	—	—	
	总分	6	0	0	0	0	0	0	0	0	0	0	0	—	—	
总积分		24		12		0		0	0	0		0		—		24
平均刺激指数		6		3		0		0		0		0		—		6

2.4　皮肤刺激试验

涂药后 4h、24h、48h，动物试验部位和对照部位皮肤均未见有红斑及水肿形成。50%竹焦油乳油对家兔皮肤无刺激性，详细结果见表 5。

表 5　50%竹焦油乳油家兔皮肤刺激试验结果

动物编号	性别	体重/kg	4h				24h				48h				72h				7d				14d			
			样品		对照		样品		对照		样品		对照		样品		对照		样品		对照		样品		对照	
			红斑	水肿	红斑	红斑	水肿	红斑	水肿	红斑	水肿	红斑	水肿	红斑	水肿	红斑	水肿	水肿	红斑	水肿	红斑	水肿	红斑	水肿	红斑	水肿
1	雄	2.005	0	0	0	0	0	0	0	0	0	0	0	0	0	0	0	0	0	0	0	0	0	0	0	0
2	雄	2.192	0	0	0	0	0	0	0	0	0	0	0	0	0	0	0	0	0	0	0	0	0	0	0	0
3	雄	2.231	0	0	0	0	0	0	0	0	0	0	0	0	0	0	0	0	0	0	0	0	0	0	0	0
4	雄	2.178	0	0	0	0	0	0	0	0	0	0	0	0	0	0	0	0	0	0	0	0	0	0	0	0
积分均值			0				0				0				0				0				0			
刺激强度			无刺激性				无刺激性				无刺激性				无刺激性				无刺激性				无刺激性			

2.5　皮肤致敏试验

三次致敏接触后 6h、24h、48h，均未见涂药部位皮肤异常，观察期间动物活动正常，体重增加。激发涂药后 12d 观察期内，试验组及阴性对照组动物未见涂药部位有明显异常。而阳性对照组动物均见涂药部位出现皮肤红斑和水肿。致敏强度Ⅰ级，属弱致敏物类，详细结果见表 6。

表 6　50%竹焦油乳油豚鼠皮肤致敏试验结果

组别	动物数/只	致敏剂量/mg	激发剂量/mg	观察时间/h	皮肤红斑反应强度					皮肤水肿反应强度					致敏率/%
					0	1	2	3	4	0	1	2	3	4	
阴性对照	13	—	50	24			13/13					13/13			0
				48			13/13					13/13			
受试物组	13	100	50	24			13/13					13/13			0
				48			13/13					13/13			
阳性对照	13	1	0.5	24			1/13 12/13					4/13 9/13			100
		阳性物	阳性物	48			1/13 11/13 1/13					6/13 6/13 1/13			

3　结　　论

根据我国当前竹焦油研究不断深入和生产迅速发展的需要，结合竹焦油产品开发中涉及接触人或动物皮肤、经口和鼻等应用日益增加的现实，借鉴《农药登记毒理学试验方法》(GB15670—1995)，本文对 50%竹焦油乳油作安全性试验评价。试验结果表明，50%竹焦油对大鼠经口 LD_{50} 分别为雌性 3690（2710～5010）mg/kg，雄性大于 4640mg/kg，均属低毒类；对雌雄大鼠经皮 LD_{50} 均大于 2000mg/kg，均属低毒类；对兔眼刺激强度为中度刺激性。对兔洗眼刺激强度为轻度刺激性；对兔皮肤刺激积分指数为 0，刺激平均指数 48h 后为 0，皮肤刺激强度为无刺激性；对豚鼠皮肤致敏性属Ⅰ级弱致敏物。可见，该乳油未显现出对受试动物的毒性和致病性。从而，证实 50%竹焦油乳油为低毒性、无刺激性、无致敏性，是值得进一步开发应用的安全可靠的生物农药。

参 考 文 献

[1] 张齐生. 重视竹材化学利用，开发竹炭应用技术. 竹子研究汇刊，2001，20（3）：34-35.

[2] 钱华，钟哲科，王衍彬，等. 竹焦油化学组成的 GC/MS 法分析. 竹子研究汇刊，2006，25（3）：24-27.

[3] 农药登记毒理学试验方法（GB15670—1995）. 北京：中国标准出版社，1996.

[4] 农业部. 农药登记资料要求. 2001.

[5] 刘建兵，戴裕海，樊柏林. 防虫幼灵防护制剂安全性毒理学评价. 中国血吸虫病防治杂志，2006，18（4）：273-275.

[6] 肖经纬，崔涛，孟会林，等. 3 种急性经口毒性试验方法的比较. 毒理学杂志，2007，21（2）：135-136.

[7] Whitehead A，Stallard N. Opportunities for reduction in acute toxicity testing via improved design. Altern Lab Anim，2004，32：73-80.

[8] 谢萍，于德泉. 蜂蛇胶囊对小鼠毒理学安全性评价. 中国公共卫生，2006，22（4）：479.

[9] 李启富. 庄稼保护剂的急性毒性与致敏试. 职业与健康，2007，23（8）：135-136.

杉木炭化前后化学成分变化的研究

周建斌[1]　邓丛静[1]　张齐生[2]
（1 南京林业大学化学工程学院　南京　210037；
2 南京林业大学竹材工程研究中心　南京　210037）

摘　　要

研究了杉木炭化前后化学成分的变化情况。分析了杉木经160℃、190℃、220℃炭化后，苯-醇抽提物、木质素、纤维素、综纤维素及1%NaOH提取物含量的变化。研究表明：随着炭化温度的升高，苯-醇抽提物、木质素含量呈现上升趋势；纤维素含量总体上呈下降的趋势，综纤维素的含量也呈现下降的趋势，比纤维素的下降要明显；1%NaOH提取物的含量稍微上升。炭化温度较高时，木材内部的营养成分破坏越严重，木材的防腐性能越好，但强度有所下降；炭化温度较低时，能够更好地保持木材的强度及性能，因此应根据实际需要来选择木材的炭化温度。

关键词：木材炭化；化学成分；杉木

杉木为常绿乔木，树高可达30m以上，具有生长快、材质好、用途广、产量高等优点，主要分布在我国南方广大地区[1]。目前，全球木材资源正经历着从主要来自天然林到主要来自人工林的重大战略转变，人工林木材性质研究已成为当今世界木材科学研究领域的热点。采用炭化技术处理木材是木材加工领域的新兴技术之一，炭化能够提高木材的尺寸稳定[2]、阻燃性[3]、压缩密化[4]、耐腐性[5]等方面的性质。木材主要化学成分包括木质素、纤维素、半纤维素及抽提物，是木材材性鉴定的一个重要方面，它影响着木材的物理力学性质、天然耐久性、材色和木材的加工利用[6]。本研究主要讨论了杉木炭化前后主要化学成分的变化情况。

1　实　　验

1.1　原料及试剂

原料：来自安徽某林场的杉木（*Cunninghamia lanceolata*）。高13m左右，实验截取地面以上1.3m的部分，取木材A（1.3～3.3m）、B（5.3～7.3m）段加工成680mm×95mm×28mm规格的板材，预先干燥至含水率约10%。

试剂：氢氧化钠、苯、乙醇、冰醋酸、硝酸、硫酸、氯化钡、亚氯酸钠均为AR级。

1.2　实验方法

将木材在炭化箱（THX-3）内加热到90℃左右，然后以5℃/min的升温速度加热，直到最高炭化温度，保温数小时，然后缓慢降温，炭化结束，分析炭化后木材的化学成分变化。

1.3　分析方法

苯-醇抽提物、木质素、纤维素、综纤维素、1%NaOH抽提物分别按照GB2677.7—1981、GB2677.8—1981、硝酸-乙醇法、GB2677.10—1981、GB2677.5—1981进行测定。

本文原载《林产化学与工业》2008年第28卷第3期第105-107页。

2 结果与讨论

2.1 炭化前后苯-醇抽提物含量的变化

杉木不同部位炭化前后苯-醇抽提物的变化情况见表 1。木材抽提物主要包括萜烯类化合物、脂肪族化合物、酚类化合物 3 大类，广泛地存在于各种木材中，含量较高。苯-醇混合液能够提取木材中的树脂、脂肪、蜡、单宁等物质。

由表 1 可见，随着炭化温度的升高，苯-醇抽提物的含量升高，可能原因是随着炭化温度的升高，木材中三大要素含量减少，所以苯-醇抽提物含量相对提高；再者就是纤维素、半纤维素的大分子断裂，生成了少量的小分子有机物，能够被苯-醇混合液提取出来，从而增加了苯-醇抽提物的含量。

表 1 杉木不同部位炭化前后主要化学成分的变化

炭化温度/℃	苯-醇抽提物/%		木质素/%		纤维素/%		综纤维素/%		1%NaOH 提取物/%	
	A	B	A	B	A	B	A	B	A	B
0	1.03	1.59	3510	3240	49.95	48.51	8084	7556	17.43	16.91
160	2.07	2.83	3597	3742	47.77	47.80	7487	7493	21.37	19.21
190	2.41	3.64	3686	3833	47.34	47.53	7279	7226	21.23	2L75
220	3.12	4.25	3878	3987	47.21	47.80	7043	7098	20.22	21.03

注：A. 杉木地上 1.3～3.3m，B. 杉木地上 5.3～7.3m；炭化时间为 2h。

2.2 炭化前后木质素含量的变化

木质素主要由苯基丙烷单元组成，它通过典型的化学键 C—C 结合，是木材组分中最难热解的。木质素只有当温度超过 200℃时才开始热解，此时 β-芳基键开始断裂[7]。

在炭化过程中，苯基丙烷单元之间的键部分断裂，愈创木基单元之间的芳键较不容易断裂。杉木不同部位炭化前后木质素含量的变化情况亦见表 1。由表 1 可见，随着炭化温度的增加，木质素的含量逐渐增加，由于在 220℃之前纤维素和半纤维素的部分裂解，木质素的含量相对增加了，由于木质素碳水化合物复合体（LCC）的存在，半纤维素受到化学作用，溶解在溶液中，从而增加了溶液中酸溶木质素的含量，但这毕竟是少数，不影响酸不溶木质素的含量。不同生长高度的杉木炭化前后木质素含量变化不大。

2.3 炭化前后纤维素含量的变化

纤维素在炭化过程中主要经历水分的蒸发及干燥、葡萄糖基脱水、热裂解 3 个阶段。纤维素加热到 100℃时，就能发生一些物理性质的变化，主要发生纤维素所吸收的水分蒸发及干燥，纤维素大分子之间所形成的氢键断裂，以及纤维素热容量增加，但纤维素的化学性质不变。温度超过 150℃以后，纤维素大分子中的葡萄糖基开始发生脱水反应，纤维素的化学性质随之发生变化。

杉木不同部位炭化前后纤维素含量的变化情况见表 1。由表 1 可以看出，随着炭化温度的升高，纤维素含量明显降低，到 160℃时，下降的幅度较大，继续炭化到 220℃，其变化较小。

2.4 炭化前后综纤维素含量的变化

综纤维素是构成木材结构的基本物质。在炭化过程中纤维素和半纤维素都要发生变化，半纤维素热稳定性最差，大多数的变化主要发生在含氧量高的半纤维素。

杉木不同部位炭化前后综纤维素含量的变化情况亦列入表 1。由表 1 看出，木材 B 部分的综纤维素含量低于 A 部分；当炭化温度为 160℃时，A 部分综纤维素含量明显下降，而 B 部分则在炭化温度 190℃时下降较明显，这主要是由于木材经过炭化后，半纤维素含量下降。由此易产生真菌的物质也随之减少，这也是炭化材具有耐腐性的一个原因。另外，炭化材的吸水性羟基数量减少并且尺寸稳定性提高。

2.5　炭化前后 1%NaOH 提取物含量的变化

杉木不同部位炭化前后含量的变化情况亦见表 1。由表 1 可以看出，1%NaOH 提取物的含量增加，可能是由于高温破坏了碳氢化合物结构，生成了部分小分子的化合物，能够溶解在碱液中。木材不同部位 1%NaOH 提取物的含量差异不大，含量相对较稳定。

3　结　论

（1）杉木炭化过程中，木材中木质素、纤维素、半纤维素发生较复杂的化学反应，随着炭化温度的升高，苯-醇抽提物的含量升高，杉木地上 1.3～3.3m（A）部分由原材料的 1.03%增加到 3.12%，杉木地上 5.3～7.3m（B）部分由原材料的 1.59%增加到 4.29%；木质素的含量逐渐增加，A 部分由原材料的 35.10%增加到 38.78%，B 部分由原材料的 32.40%增加到 39.87%；纤维素含量明显降低，且在炭化温度 160℃时，下降的幅度较大；1%NaOH 提取物的含量增加，可能是由于高温破坏了碳氢化合物结构，生成了部分小分子的化合物，能够溶解在碱液中，木材不同部位 1%NaOH 提取物的含量差异不大，含量相对较稳定。

（2）木材经过炭化后，木质素、纤维素、综纤维素含量的变化，说明其结构受到较大的破坏，炭化材的密度会有所降低，从而提高了其防腐性能。

参 考 文 献

[1]　王宗德，范国荣，黄敏，等. 杉木木材纤维素及其开发利用的研究. 江西林业科技，2003，(5)：1-3.

[2]　杨小军. 木地板尺寸稳定化热处理的研究. 西部林业科学，2004，2 (33)：81-83.

[3]　翟冰云. 木材的热处理及蒸汽处理. 国外林业，1995，25 (4)：38-41.

[4]　王洁瑛，赵广杰，杨琴玲，等. 饱水和气干状态杉木的压缩成型及其热处理永久固定. 北京林业大学学报，2000，22 (1)：72-75.

[5]　Welzbacher C R. Comparison of thermally modified wood originating from four industrial scale process es-durability//The 33th Annual Meeting of International Research Group on Wood Preser vation. Wales：Cardiff，2002.

[6]　成俊卿. 木材学. 北京：中国林业出版社，1985：186-203，309-312.

[7]　贺近恪，李启基. 林产化学工业全书. 北京：中国林业出版社，2001.

棉秆焦油替代苯酚合成酚醛树脂胶黏剂的研究

周建斌[1]　张合玲[1]　邓丛静[1]　张齐生[2]

（1 南京林业大学化学工程学院　南京　210037；

2 南京林业大学竹材工程研究中心　南京　210037）

摘　要

采用气/质联用仪（GC/MS）对棉秆焦油的成分进行了分析，确定了62种化合物，其中酚类化合物的相对含量为25.755%。用棉秆焦油部分替代苯酚合成酚醛树脂（PF）胶黏剂，并对其性能进行了研究。实验结果表明，棉秆焦油替代量对所合成的 PF 胶黏剂的黏度和胶合强度等性能影响较大；当 m(棉秆焦油) = 25g（即苯酚替代量达到 19.2%）时，所制得的 PF 胶黏剂的黏度适中、w(游离甲醛) < 0.5%，具有较高的胶合强度，并且胶合强度达到 GB/T9846—2004 标准中对Ⅰ类胶合板的要求。由于棉秆焦油的加入降低了 PF 胶黏剂的成本，因此，该 PF 胶黏剂具有良好的应用前景。

关键词：棉秆；棉秆焦油；苯酚；酚醛树脂；胶黏剂

0　前　言

我国生物质资源非常丰富，农作物秸秆是生物质的重要组成部分，占生物质的50%以上，仅农作物秸秆的产量每年就约7亿t。但是，目前我国秸秆利用方式还处于较低的水平，其中2亿t被就地焚烧，造成秸秆资源的严重浪费[1, 2]。将农作物秸秆炭化不仅可大量消耗农作物秸秆，而且还可解决秸秆焚烧问题，具有显著的社会和环境效益[3,4]。棉秆焦油作为棉秆干馏炭化生产工艺的一种副产物，约占热解产物的10%。有关研究表明，生物质焦油是一种黑色黏稠状有机混合物，含10%～20%的酚类化合物，包括苯酚、甲醛、二甲酚、邻苯二酚、愈创木酚及其衍生物等多种成分[5, 6]。但是，挥发性酚类物质的大量存在表明生物质焦油对环境具有一定的危害性，同时生物质焦油的任意弃置也会造成资源的浪费[7]。为了消除其对环境的危害性，对其进行合理利用，可以达到治理污染和资源利用的双重功效。

随着胶黏剂应用领域的不断拓宽和绿色化学的不断发展，研究开发低成本、高质量和无污染的新型胶黏剂，已成为我国胶黏剂研究领域的重要发展方向[8, 9]。酚醛树脂（PF）胶黏剂以其优良的特性，在木材胶黏剂中占有非常重要的地位。本文以棉秆焦油为原料，对棉秆焦油的重要组分——酚类物质进行开发利用，即用棉秆焦油替代部分价格较高的苯酚，对于 PF 胶黏剂的合成具有一定的实用性[10]，同时也为棉秆焦油的资源利用提供一种新的途径。

1　实 验 部 分

1.1　实验原料

苯酚、甲醛溶液（质量分数为 37%）、氢氧化钠、无水乙醇，分析纯，上海久亿化学试剂有限公司；棉秆，气干，南京郊区；棉秆焦油，自制。

1.2　实验制备

1. 棉秆焦油的制备

将棉秆截断，炭化温度为450℃，所得沉淀焦油直接用于 PF 胶黏剂的制备。

本文原载《中国胶粘剂》2009 年第 17 卷第 6 期第 23-26 页。

2. PF 胶黏剂的制备

不同类型的 PF，其 n(苯酚)∶n(甲醛)的比值不同。胶合板用水溶性 PF，其 n(苯酚)∶n(甲醛)比值为 1∶1.50～1∶2.25，本实验制备水溶性 PF 所用原料配比为 n(苯酚)∶n(甲醛)∶n(氢氧化钠) = 1∶1.5∶0.3。

在装有电动搅拌器、温度计、回流冷凝管（上接滴液漏斗）的 500mL 三口烧瓶中，加入一定量熔化的苯酚、40%氢氧化钠溶液，在 40℃左右搅拌 20min，加热并开始滴加 37%甲醛溶液（占总加入量的 80%），30min 内滴加完毕（控制滴加速率，以避免体系升温过快过高）；在 1h 内升温至 87℃，继续在 20～25min 内使反应温度由 87℃上升至 94℃，在此温度下保持 18min，降温至 82℃，保持 13min，加入剩余的甲醛溶液和氢氧化钠溶液，升温至 90～92℃，反应至黏度符合要求时为止，用冷却水降温至 40℃，出料。

3. 棉秆焦油部分替代苯酚的 PF 胶黏剂的制备

实验中棉秆焦油用量分别为 15g、20g、25g、30g、35g，即分别占苯酚替代量的 11.5%、15.4%、19.2%、23.1%、26.9%（苯酚质量随着棉秆焦油用量的增加而有相同质量的减少，其他组分含量恒定）。具体制备方法同 1.2.2。

1.3　实验仪器

NDJ-1 型旋转黏度计，上海天平仪器厂；pHs-25 型 pH 计，上海精密科学仪器有限公司；CMT4000 微机控制电子万能试验机，深圳新三思材料检测有限公司；W-201B 型数显恒温水浴锅，上海申腾生物技术有限公司；卓峰木板切割机，广东顺德卓峰木机厂；HP6890N/5973N 气/质联用仪，美国安捷伦公司。

1.4　性能测试

1. 棉秆焦油成分分析

将一定量的棉秆焦油用无水乙醇溶解，经滤布过滤后除去焦油中所含的粗杂质，所得试样供气/质联用仪进行分析。①气相色谱条件：选用 HP-5 弹性毛细管柱，进样口温度为 200℃，柱室温度为初始温度 60℃（保持 2min）、以 5℃/min 升温至 200℃（保持 2min），进样量为 2μL。②质谱条件：EI 源，电子能量为 70eV，倍增电压为 1800V。

2. 胶黏剂固含量测定

按照 GB/T14074—2006 标准进行测定。

3. 胶黏剂黏度测定

按照 GB/T14074—2006 标准，使用旋转黏度计进行测定。

4. 胶黏剂 pH 测定

按照 GB/T14074—2006 标准，使用 pH 计进行测定。

5. 胶黏剂中游离甲醛含量测定

按照 GB/T14074—2006 标准进行测定。

6. 胶合强度测定

按照 GB/T17657—1999 标准，使用电子万能试验机进行测定。①调胶工艺：将 90%的 PF 树脂胶和 10%的面粉依次加入烧杯中搅拌均匀即可，以调和后的黏度适合涂布要求为宜。②胶合板压制工艺：对杨木（单板含水率 10%）进行施胶，施胶量为 280～320g/m^2（双面），施胶后预压 0.5h；然后在热压条件（压力为 2.7MPa，温度为 140～150℃，热压时间为 1min/mm）下进行胶合板的制作。

2 结果与讨论

2.1 棉秆焦油的成分分析

采用气/质联用仪对棉秆焦油的成分进行分析，确定了其中 62 种化合物，其定量分析结果如表 1 所示。

由表 1 可知，已定量的 62 种化合物的相对含量为 82.246%，含有酚类、醛类、酮类、醇类及酯类等化合物。酚类化合物的相对含量为 25.755%，其中占总量 16.489%的乙醇是溶剂的缘故。

表 1 使用气/质联用仪分析棉秆焦油的化学成分

化合物名称	w(相对含量)/%	化合物名称	w(相对含量)/%	化合物名称	w（相对含量）/%
乙醇	16.489	2-甲氧基-4-丙烯基苯酚	0.122	3-甲基-环戊酮	0.322
乙酸	1.131	2, 6-二甲氧基-4-苯酚	0.190	3-乙基-2-羟基-1-环戊烯酮	1.197
4-羟基-3-甲氧基苯甲酸	0.884	6-甲基糠醛	0.824	5-甲基-2-二氢呋喃酮	0.760
苯酚	2.963	2-甲基-二庚烯醛	0.506	4-羟基-3-甲氧基苯乙酮	0.271
2-甲基苯酚	1.533	香草醛	0.239	4-羟基-3-甲氧苯丙酮	0.629
4-甲基苯酚	2.694	3, 4, 5-三甲氧基苯甲醛	0.199	2-呋喃甲醇	4.343
2-甲氧基苯酚	3.537	丙酮	2.246	乙酸甲酯	0.509
2, 4-二甲基苯酚	0.318	1-羟基-2-丁酮	2.324	丙酸甲酯	0.284
2, 5-二甲基苯酚	0.248	环戊酮	0.713	3-甲基丁酸丁酯	1.320
4-乙基苯酚	0.492	2-环戊烯-1-酮	5.015	2, 3-二甲基-1-丁酯	0.244
3, 5-二甲基苯酚	0.496	环己酮	0.285	6-甲基-2-吡啶羧酸	1.000
2-甲氧基-4-甲基-苯酚	1.565	2-甲基-2-环戊酮	1.479	吡啶	0.946
1, 2-连苯二酚	1.485	2（五氢）-呋喃酮	2.000	2-甲基吡啶	0.775
连苯二酚	0.870	1, 2-环戊二酮	0.783	二甲基吡啶	0.491
2-丙氧基苯酚	0.134	2, 5-己二酮	0.176	3-甲氧基吡啶	0.609
3-甲氧基-1, 2-连苯二酚	1.462	5-甲基-呋喃酮	0.292	6-甲基-3-吡啶酚	0.486
4-乙基-2-甲氧基苯酚	2.074	3-己酮	0.375	D-吡喃葡萄糖	0.405
2-甲氧基-4-乙烯基苯酚	0.372	3-甲基环戊酮	0.243	2, 4, 6-三羟基苯	0.447
2-甲基-1, 4-连苯二酚	0.768	3, 4-二甲基-2-环戊烯酮	0.353	1, 3-二甲基-5-丙氧基苯	0.345
2, 6-二甲氧基苯酚	4.164	3-甲基-1, 2-环戊二酮	3.241	1, 2, 3-三甲氧基-5-甲基苯	0.590
3, 4-二甲氧基苯酚	0.268	2, 3-二甲基-2-环戊烯酮	0.721		

2.2 棉秆焦油用量对胶黏剂固含量的影响

胶黏剂的固含量是指在规定的测试条件下，胶黏剂中非挥发性物质占总质量的分数，这是评价胶黏剂质量优劣的主要性能指标。棉秆焦油用量对胶黏剂固含量的影响如表 2 所示。

表 2 棉秆焦油用量对胶黏剂固含量的影响

m(棉秆焦油)/g	0	15	20	25	30	35
w(固含量)/%	51.80	52.00	52.16	53.12	54.16	54.52

由表 2 可知，胶黏剂固含量随着棉秆焦油用量的增加而增大。当 m(棉秆焦油)＞30g 时，胶黏剂固含量为 54%左右，均高于纯 PF 胶黏剂的固含量，且符合 GB/T14732—1993 标准中的规定值。

2.3 棉秆焦油用量对胶黏剂黏度的影响

黏度是胶黏剂流动时内摩擦力的量度，用胶黏剂流动时的剪切应力与剪切速率之比表示。棉秆焦油用量对胶黏剂黏度的影响如表 3 所示。

表 3　棉秆焦油用量对胶黏剂黏度的影响

m(棉秆焦油)/g	0	15	20	25	30	35
黏度/(mPa·s)	88	92	126	134	189	258

由表 3 可知，棉秆焦油用量对胶黏剂黏度的影响较为显著，胶黏剂的黏度随着棉秆焦油用量的增加而增大。其主要原因在于棉秆焦油是一种黏稠的油状液体，其成分中存在着大量含氧基团，有着较强的氧化作用，对胶黏剂的黏度产生了明显的影响。当 *m*(棉秆焦油) = 15～30g 时，胶黏剂的黏度适中；实际使用过程中应当避免黏度过大，否则会缩短胶黏剂的贮存期。

2.4 棉秆焦油用量对胶黏剂 pH 的影响

pH 是胶黏剂的一个基本化学性能指标，棉秆焦油用量对胶黏剂 pH 的影响如表 4 所示。由表 4 可知，棉秆焦油用量对胶黏剂 pH 的影响不大，其 pH 均保持在 10～11。

表 4　棉秆焦油用量对胶黏剂 pH 的影响

m(棉秆焦油)/g	10	15	20	25	30	35
pH	10.28	10.51	10.36	10.28	10.45	10.56

2.5 棉秆焦油用量对胶黏剂中游离甲醛含量的影响

游离甲醛含量是指甲醛类树脂中未参加反应的甲醛占树脂总质量的分数，棉秆焦油用量对胶黏剂中游离甲醛含量的影响如表 5 所示。

表 5　棉秆焦油用量对游离甲醛含量的影响

m(棉秆焦油)/g	0	15	20	25	30	35
w(游离甲醛)/%	0.134	0.132	0.137	0.141	0.148	0.157

由表 5 可知，随着棉秆焦油用量的增加，苯酚用量随之减少，胶黏剂中游离甲醛含量虽呈一定的上升趋势，但仍低于 0.5%，并且低于 GB/T14732—1993 标准中的规定值。

2.6 棉秆焦油用量对胶合强度的影响

胶合强度是指胶接件中胶黏剂与被黏基材界面或其邻近处发生破坏时单位胶接面所承受的力，主要反映了胶黏剂承受正应力的性能。棉秆焦油用量对胶黏剂胶合强度的影响如表 6 所示。

表 6　棉秆焦油用量对胶合强度的影响

m(棉秆焦油)/g	0	15	20	25	30	35
胶合强度/MPa	1.44	1.42	1.51	1.66	1.54	1.46

由表 6 可知，棉秆焦油用量对胶合强度的影响较为明显。当胶黏剂中棉秆焦油用量从 15g 增加到 25g 时，胶合强度呈逐渐增加的趋势。但当胶黏剂中棉秆焦油用量从 25g 增加到 35g 时，胶合强度则急剧下降。

由此可见，在上述棉秆焦油替代量范围内，胶合强度出现一个峰值，并且其最大胶合强度（1.66MPa）符合 GB/T9846—2004 标准中由杨木制成的Ⅰ类胶合板胶合强度的指标值（≥0.7MPa）。

3 结　　论

（1）棉秆焦油是一种组分复杂的混合物，含有酚类、醛类、酮类、醇类及酯类等化合物，其中酚类化合物的相对含量为 25.755%。棉秆焦油中有些重要组分还未被开发利用，可采用先进的分析技术对其进行分离提纯，以实现有效组分的合理利用价值。

（2）用棉秆焦油部分替代苯酚合成 PF 胶黏剂，当棉秆焦油用量为 25g（即替代量为 19.2%）时，所制得的胶黏剂固含量和黏度适中，*w*(游离甲醛)＜0.5%，符合 GB/T14732—1993 标准中的规定值。并且其胶合强度符合 GB/T9846—2004 标准中由杨木制成的Ⅰ类胶合板胶合强度的指标值（≥0.7MPa）。

参 考 文 献

[1] 刘建胜. 我国秸秆资源分布及利用现状的分析. 北京：中国农业大学出版社，2006：2-5.

[2] 蒋剑春，金淳，张进平，等. 生物质催化气化工业应用技术研究. 林产化学与工业，2001，21（4）：21-26.

[3] 樊希安，彭金辉，王尧，等. 微波辐射棉秆制备优质活性炭研究. 资源开发与市场，2003，19（5）：275-277.

[4] 李湘洲. 棉秆制活性炭的研究. 林产工业，2004，31（4）：35-37.

[5] 李继红，雷延宙，宋华民，等. GC/MS 法分析生物质焦油的化学组成. 河南科学，2005，23（1）：41-43.

[6] Prauchner M J，Pasa V M D，Molhallem N D S，et al. Structural evolution of eucalyptus tar pitch-based carbons during carbonization. Biomass and Bioenergy，2005，28（1）：53-61.

[7] 王素兰，张全国，李继红. 生物质焦油及其馏分的成分分析. 太阳能学报，2006，27（7）：647-651.

[8] 陈惜明，彭宏. 绿色化学在焦油加工过程中的应用研究. 燃料与化工，2005，36（6）：40-43.

[9] 张全国，沈胜强，吴创之，等. 生物质焦油型胶粘剂特性的试验研究. 农业工程学报，2007，23（1）：168-172.

[10] Qiao W M，Song Y，Huda M，et al. Development of carbon precursor from bamboo tar. Carbon，2005，43（14）：3021-3025.

稻草炭的制备及应用

周建斌[1] 邓丛静[1] 陈金林[2] 张齐生[3]
（1 南京林业大学化学工程学院 南京 210037；
2 南京林业大学森林资源与环境学院 南京 210037；
3 南京林业大学竹材工程研究中心 南京 210037）

摘 要

以稻草为原料，利用自制的炭化设备制备稻草炭和稻草醋液，研究炭化温度对稻草炭、稻草醋液以及稻草燃气得率的影响，采用元素分析仪、电感耦合等离子直读光谱仪对稻草炭的元素组成进行了测试与分析。结果表明：稻草炭和稻草燃气的得率随炭化终点温度升高而下降，稻草醋液的得率则随炭化终点温度的升高而升高。稻草炭富含作物生长必需的氮、磷、钾等多种营养元素，其中碳、氮、磷、钾含量分别为 3.70×10^5mg/kg、8.18×10^3mg/kg、3.96×10^3mg/kg、3.10×10^4mg/kg。研究了稻草炭添加量对小白菜生长量的影响，结果表明：当稻草炭的添加量占土壤总量的 8%时，小白菜生长量提高较大，增幅为 20.87%。

关键词：稻草；炭化；稻草炭；小白菜

我国是稻米生产大国，稻谷年产量约为 1.9 亿 t，占全球稻谷生产总量的 34%，居世界首位[1]，稻草是稻米生产过程中产生的废弃物，产量也相当大。目前，稻草的资源化、无害化处理的主要途径大致有粉碎或经酶解后直接还田[2，3]；将稻草氨化、酶化处理后用作动物饲料[4-6]；稻草气化处理后，用作生活可燃气或发电可燃气[7，8]；稻草作为人造板工业、制浆造纸工业的原料[9，10]，由于受产品市场容量和生产运行成本所限，稻草利用的总量较小。笔者研制了一套适合稻草炭化的设备，分析稻草炭化产物的性质，提出炭化产物的应用方向，以期为稻草的利用开辟新的途径。

1 材料与方法

1.1 原料和仪器

试验用稻草原料采集于南京郊区，经 1 年气干，初含水率在 13.00%左右，含水率测定按照 GB/T6491—1999《锯材干燥质量》的规定进行。

采用自行研制的容积为 0.18m^3 左右的农作物秸秆炭化设备，整套炭化设备由起吊装置及支架、加热炉本体及釜体、醋液冷凝回收装置、冷凝水回水系统、气液分离装置、气相产物水洗装置、釜体水封冷却装置及检测装置等部分组成，装置示意图如图 1 所示。

1.2 稻草炭化方法

首先将长度与炭化炉内体高度相同的稻草原料（捆扎）装入釜体中，用智能温控仪控制温度，以 150℃/h 的升温速度加热炭化炉，启动循环水泵，在循环水泵的带动下，冷凝水进入醋液冷凝器的冷凝水入口端，经热交换后从出口端，由连接管路进入循环水箱，经热交换后的冷凝水在循环水箱内自然冷却后，在循环水泵的带动下，再次循环使用。炭化最终温度（终点温度）分别取 450℃、600℃和 750℃；升至最终温度后的保温时间（或煅烧时间）为 1h。

炭化过程中的气相产物由釜体顶部的气相产物出口排出，通过管路依次经过醋液冷凝器、气液分离装

本文原载《南京林业大学学报（自然科学版）》2008 年第 32 卷第 4 期第 128-130 页。

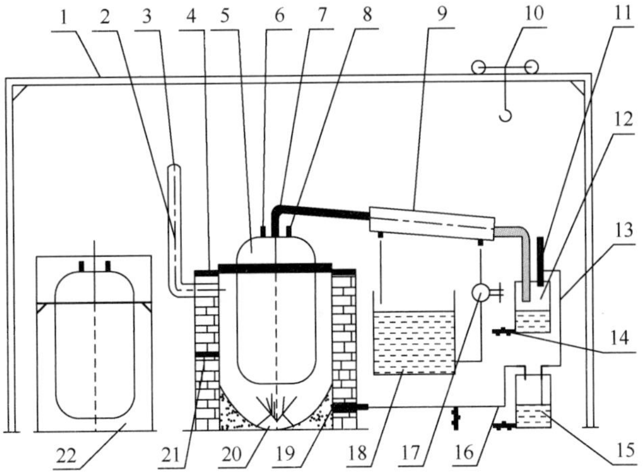

图1 稻草炭化设备

1. 起吊装置支架；2. 烟道控制阀；3. 烟囱；4. 加热炉本体；5. 釜体；6. 活化剂加入口；7. 气相产物出口；8. 釜内温度测量口；9. 醋液冷凝器；10. 电动葫芦；11. 排气阀；12. 气液分离装置；13. 连接管；14. 醋液排出阀；15. 气相产物水洗装置；16. 回气管；17. 循环水泵；18. 循环水箱；19. 辅助燃烧头；20. 主燃烧头；21. 釜外温度测量口；22. 釜体水封冷却装置

置，醋液部分被冷凝分离，秸秆燃气则通过连接管进入气相产物水洗装置，经水洗去除杂质后的秸秆燃气，再经回气管进入辅助燃烧头处燃烧，进而实现燃气的彻底利用。该设备最大的特点是在确保各种形状的秸秆高效炭化的前提下，实现秸秆醋液和秸秆燃气最大限度的回收利用。

1.3 稻草炭元素组成的分析方法

稻草炭中碳、氮元素含量分析分别采用德国 FossHeraeus 公司制造的 CHN-O-RAPID 元素分析仪和德国 Elementar 公司生产的 VarioELⅢ元素分析仪；其他元素含量分析采用美国 JarrellAsh 公司制造的 JA1100 型电感耦合等离子直读光谱仪。

1.4 稻草炭对小白菜生长量影响的分析方法

土样处理：供试土样采自南京市江宁区梅村雨花茶无公害生产基地，使其全部通过 5mm 筛，风干后，均分 5 份，每份质量为 3kg，然后分别加入 0%、4%、8%、12%、16%的稻草炭（炭化终点温度为 450℃），并施等量 N、P、K 底肥，陈化 1 周，待用。

小白菜：苗龄一致、长势相近的正大抗热青 3 号幼苗。

试验方法：试验采用盆栽方法，在气候室内进行，每份土样定植 3 株。植株生长期间用去离子水浇灌，生长 40d 后收获，植株先用自来水洗净，再用去离子水冲洗，擦干，分别对根、地上部分称重。

2 结果与分析

2.1 炭化最终温度对炭化产物得率的影响

农作物稻草炭化的最终温度对炭化产物的得率（占气干稻草的质量）和性质起决定性影响。在选定试验条件下炭化产物的得率见表 1。由表 1 可见，随着炭化最终温度的升高，稻草炭的得率呈下降趋势，而稻草醋液和稻草燃气的产量则呈上升趋势。

2.2 稻草炭的元素组成

稻草炭的元素组成较复杂，主要富含作物生长必需的氮、磷、钾等多种营养元素，其含量则会随稻草产地不同而有所差异。此次研究测试了炭化温度为 450℃稻草炭的元素组成，结果如表 2 所示。

表 1　炭化产物得率

炭化温度/℃	升温速度/(℃/h)	稻草炭得率/%	稻草醋液得率/%	稻草燃气产量/(L/kg)
450	150	3567	37.38	169.31
600	150	34.25	41.02	19852
750	150	33.74	43.91	20834

表 2　稻草炭的元素组成

元素组成	含量/(mg/kg)	元素组成	含量/(mg/kg)
C	3.70×10^5	Mn	1.17×10^3
Si	2.85×10^5	Al	833.41
K	3.10×10^4	Fe	818.42
Ca	1.30×10^4	Ba	100.83
N	8.18×10^3	B	60.42
P	3.96×10^3	Zn	39.18
Mg	2.87×10^3	Cu	21.39
Na	2.72×10^3	Ni	16.64

2.3　稻草炭对小白菜生物量的影响

稻草炭对小白菜生物量的影响见表 3。

表 3　稻草炭对小白菜生物量的影响

稻草炭添加量/%	根长/cm	株高/cm	地上鲜重/(g/株)	地下鲜重/(g/株)	总生物量提高率/%
0	10.60	28.00	142.00	10.36	—
4	12.16	32.00	164.00	11.16	14.96
8	13.80	33.20	172.40	11.75	20.87
12	9.76	26.60	120.00	9.36	−15.10
16	9.61	24.00	90.20	8.73	−35.07

注：总生物量提高率 = $(A-B)/A\times100\%$，A 为未添加稻草炭土壤上小白菜的总生物量，g/株；B 为添加稻草炭土壤上小白菜的总生物量，g/株，总生物量 = 地上鲜重 + 地下鲜重。

从表 3 可以看出，稻草炭对小白菜根长、株高、地上鲜重和地下鲜重及总生物量的影响都表现出相似的规律，即随着稻草炭的添加量的增加，各指标均呈现先增大后减小的趋势。在稻草炭的不同添加量中，以 8%处理的小白菜生长状况较好，生物量提高了 20.87%。稻草炭是一种碱性物质，可以认为稻草炭改变了土壤的 pH，由于适宜小白菜生长的 pH 在 7～7.5，随着稻草炭添加量的增加，土壤的 pH 发生改变，使得小白菜的生长环境得到改善，产量增加，但当 pH 超过 7.5 时，就成为限制小白菜生长的最主要因子，因此，施加稻草炭时要充分考虑土壤的 pH 实际情况，以达到改善土壤理化性质适应作物生长的目的。

3　结　　论

（1）所研制的炭化设备适合稻草及其他农作物秸秆的炭化，其最大的特点是可在确保各种形状的秸秆在高质、高效炭化的前提下，实现炭化产物最大限度的回收利用。

（2）稻草炭富含作物生长必需的多种营养元素，以碳、钾、氮、磷为主，含量分别为 3.70×10^5mg/kg、3.10×10^4mg/kg、8.18×10^3mg/kg、3.96×10^3mg/kg。

（3）以稻草炭为土壤添加剂能够明显提高小白菜的生物量，当稻草炭的添加量占土壤总量的 8%时，小白菜生长量提高较大，增幅为 20.87%。因此，可进一步开发稻草炭制成有机复合肥及有机栽培基质等。

参 考 文 献

[1] 金增辉. 稻米生物质能源的开发与利用. 粮食与饲料工业，2005，(7)：1-3.

[2] 石磊，赵由才，柴晓利. 我国农作物稻草的综合利用技术进展. 中国沼气，2005，23（2）：11-14.

[3] Recous S，Aita C，Mary B. In situ changes in gross N transformations in bare soil after addition of straw. Soil Biol and Biochem，1999，(31)：119-133.

[4] Sun R C，Fang J M，Tomkimson J. Delignication of rye straw using hydrogen peroxide. Industrial Crops and Products，2000，12：71-83.

[5] Liu J X，Orskov E R，Chert X S. Optimization of steam treatment as a method for upgrading flee straw as feeds. Animal Feed Science and Technology，1999，76：345-357.

[6] 马增其，王静学. 农作物稻草的综合利用. 现代化农业，2005，(3)：32-35.

[7] 陶广艳. 沼气生产及使用技术. 安徽农业，2004，(11)：27-28.

[8] Colleran E，Barry M，Wikie A. The application of the anaerobic filter design to biogas production from solid and liquid agricultural wastes//Proceedings of the Symposium on Energy from Biomass and Wastes VI. USA：Chicago，1982.

[9] 赵旺兴，严作良，张清香. 农作物稻草处理技术简介. 青海草业，2006，15（3)：55-57.

[10] 周定国. 农作物秸秆人造板的研究//全国农业剩余物及非木材植物纤维综合利用新技术研讨会论文集. 北京：中国林业出版社，2001.

麦秸秆醋液的成分分析及抑菌性能研究

周建斌　叶汉玲　魏娟　张齐生
（南京林业大学化学工程学院　南京　210037）

摘　　要

采用气相色谱-质谱联用仪分析了麦秸秆醋液原料的主要化学成分，并对麦秸秆醋液的抑菌性能进行了研究。结果表明，麦秸秆醋液是一种含有 70 种组分的液态混合物，主要含有酚类（28.68%）、有机酸类（22.16%）、酮类（21.22%）、醇类（4.00%）和醛类（1.44%）等物质。抑菌试验发现，麦秸秆醋液对 2 种细菌（大肠杆菌和金黄色葡萄球菌）的抑菌环直径分别为 10.2mm 和 9.2mm，两阴性对照样片均无抑菌环，表明麦秸秆醋液对大肠杆菌和金黄色葡萄球菌均有一定的抑菌效果。

关键词：麦秸秆；醋液；抑菌

小麦是我国第二大粮食作物，在粮食生产中占重要地位[1]。麦秸秆是小麦作物生产中的副产物，是一种可供开发与综合利用的资源。麦秸秆醋液是以麦秸秆为原料经过高温热解、蒸馏、冷凝回收得到的一种液体产品。目前国内外利用竹材热解而得到的竹醋液成分与抑菌、杀菌等应用已有一些研究报道，也得到消费者的普遍认可[1-3]。而与竹醋液具有相似性质的麦秸秆醋液，作为一种天然产物，其主要特点和优势是来源于天然物质，不污染环境，对人畜无毒副作用，可以推断它也将是农用化学品的理想替代物，可用于牲畜场所的消毒液、除臭剂，用于蔬菜、水果及农作物的生产，防治作物或果树病害。因此，大力开发麦秸秆醋液具有较好的市场前景和推广价值。近年来，对麦秸秆的综合利用已打破了传统的模式，开拓出一些新的应用领域，如用麦秸秆、稻草制备中高密度纤维板[4]，王俏[5]以麦秸秆为原料研究了用水解-氧化-水解法制取草酸的工艺方法等。但是开展麦秸秆醋液这一系统的研究至今尚未见文献报道，为使麦秸秆醋液能够得到广泛的开发应用，本研究以麦秸秆醋液为原料，对其化学成分进行分析，并参照《消毒技术规范》[6]对其进行了抑菌试验，研究发现麦秸秆醋液是一种含有多种成分的带有烟熏香味的混合液，对两种细菌——大肠杆菌（*Escherichia coli*）和金黄色葡萄球菌（*Staphylococcus aureus*）均有一定的抑菌效果。本研究为麦秸秆的利用增添了一种新的途径，为开发麦秸秆醋液作为天然抑菌剂的市场应用提供依据。

1　材料与方法

1.1　材料

试验用麦秸秆 2007 年 4 月 12 日采集于南京郊区，自然干燥；试剂均为色谱纯。美国产的 HP6890N-5973N 型气质联用仪；大肠杆菌（*E.coli*）和金黄色葡萄球菌（*S.aureus*）由南京林业大学微生物实验室提供，第三代斜面培养物。抑菌剂载体为 5mm 直径圆形定性滤纸片，经压力蒸汽灭菌处理后，置 120℃烤干 2h，保存备用。

1.2　实验方法

1. 麦秸秆醋液的制备

以麦秸秆为原料，采用干馏设备对麦秸秆进行热解[7]，将麦秸秆断成 18～20cm，并捆扎装入干馏釜体中，以 150℃/h 的升温速度加热，炭化最终温度为 450℃，升至最终炭化温度后保温 1h，得到的固体物质

本文原载《林产化学与工业》2008 年第 28 卷第 4 期第 55-58 页。

为麦秸秆炭，收集的液体物质自然沉淀 2 周后，滤去沉淀焦油部分，澄清的液体产品即为麦秸秆醋液，作为成分测定的试样。

2. 麦秸秆醋液主要成分的测定[7]

选用 GC-MS 联用仪对麦秸秆醋液的组分及各组分的含量进行检测。气相色谱条件：选用 HP-5 弹性毛细管柱；柱压 30kPa；分流比 1∶100；载气：氦气，纯度 99.999%，流速 1.2mL/min；进样温度 250℃；GC-MS 接口温度 280℃；柱温 60℃，恒温 2min 后，以 5℃/min 速度升温至 200℃，再恒温 2min；柱压从 30kPa 以 1kPa/min 的升压速度升至 66kPa；进样量 0.1μL，样品直接进样。质谱条件：EI 源；电子能量 70eV；电子倍增电压 1800V；离子源温度 230℃；扫描速率 1000u/s；质量扫描范围 20～500u。

3. 培养基配方

营养琼脂培养基：蛋白胨 10g，牛肉膏 5g，氯化钠 5g，琼脂 15g，蒸馏水 1000mL。调 pH 至 7.2～7.4，分装于 121℃压力蒸汽灭菌 20min 备用。

4. 抑菌环试验及评价规定

按照《消毒技术规范》中的抑菌环试验[6]原理及操作程序，以大肠杆菌、金黄色葡萄球菌这 2 种具有代表性的细菌类菌株作为试验菌，进行抑菌试验。试验重复 3 次，具体试验步骤按照《消毒技术规范》所示。评价规定[6]：①抑菌环直径大于 7mm 者，判为有抑菌作用；②抑菌环直径小于或等于 7mm 者，判为无抑菌作用；③三次重复试验均有抑菌作用结果者，判为合格；④阴性对照组应没有抑菌环产生，否则试验无效。

2 结果与讨论

2.1 麦秸秆醋液主要组分及含量的结果与分析

用气相色谱-质谱联用仪对麦秸秆醋液的组分及含量进行了检测分析，结果见表 1。从表 1 可见，麦秸秆醋液是一个多组分的复杂混合物，它共有 70 种组分，主要成分为酚类、有机酸类、酮类、醇类、酯类、醛类等。与欧敏锐等[8]所报道的福建产竹醋液的主要成分有相似性，但是各类有机物的成分与含量和福建产竹醋液[9-11]相比均有一定的差异（表 2）。麦秸秆醋液含有的酚类和酮类物质比福建产竹醋液多，有机酸类物质比福建产竹醋液少，这主要是由于麦秸秆和竹材的结构存在很大的差异，而且在不同烧制条件下也会导致醋液成分差别。从主要成分分析可知，酚类含量最高（28.68%），其次是有机酸类（22.16%），然后是酮类（21.22%），还有醇类（4.00%）和醛类（1.44%），通过以上这些成分分析，可初步判断它有一定的抑菌效果。由于在微生物的木材防腐研究中，常要以酚类和酮类物质作为添加物质，这两类物质能起到抑菌、杀菌作用。而且醇类和醛类本身就是高效消毒剂。

表 1 麦秸秆醋液主要组分及含量

类别	序号	保留时间/min	化合物名称	GC 含量/%
酚类	1	6.968	苯酚	2.557
	2	8.962	2-甲基苯酚	1.157
	3	9.528	4-甲基苯酚	2.405
	4	9.900	2-甲氧基苯酚	4.614
	5	10.557	麦芽酚	2.71
	6	11.563	2, 4-二甲基苯酚	0.251
	7	11.608	2, 5-二甲基苯酚	0.335
	8	12.088	4-乙基苯酚	0.331
	9	11.157	3, 5-二甲基苯酚	0.388
	10	12.831	2-甲氧基-4-甲基苯酚	2.932

续表

类别	序号	保留时间/min	化合物名称	GC 含量/%
酚类	11	11.523	联苯二酚	1.199
	12	14.106	2-丙氧基苯酚	0.128
	13	14.729	3-甲氧基-1, 2-联苯二酚	1.585
	14	15.200	4-乙基-2-甲氧基苯酚	3.055
	15	15.735	4-甲基-1, 2-联苯二酚	0.316
	16	16.141	2-甲氧基-4-乙烯基苯酚	0.39
	17	17.061	2-甲基-1, 4-联苯二酚	0.609
	18	17.124	2, 6-二甲氧基苯酚	2.778
	19	17.381	3, 4-二甲氧基苯酚	0.378
	20	17.552	2-甲氧基-4-丙基苯酚	0.183
	21	19.650	2-甲氧基-4-1-丙烯基苯酚	0.378
	22	18.907	2, 6-二甲基-l, 4-苯二酚	0.225
有机酸类	23	1.818	乙酸	15.799
	24	2.252	丙酸	3.394
	25	3.041	丁酸	1.343
	26	19.576	4-羟基-3-甲氧基苯甲酸	1.081
醛类	27	5.299	6-甲基糠醛	0.713
	28	6.516	2-甲基糠醛	0.317
	29	18.357	香草醛	0.258
	30	26.262	3, 4, 5-三甲氧基苯甲醛	0.15
酮类	31	1.589	丙酮	2.136
	32	2.664	3-丙烯-2-酮	0.225
	33	2.910	1-羟基-2-丁酮	1.947
	34	1.213	环戊酮	0.637
	35	1.853	2-环戊烯-1-酮	3.332
	36	1.940	2-甲基环戊酮	0.224
	37	5.373	2（五氢）-呋喃酮	1.7
	38	5.573	1, 2-环戊二酮	0.215
	39	5.653	2, 5-己二酮	0.162
	40	5.950	5-甲基-2（5H）-呋喃酮	0.287
	41	6.470	3-己酮	0.589
	42	6.562	3-甲基-2-环戊烯酮	1.568
	43	6.910	3-甲基环戊酮	0.239
	44	7.293	3, 4-二甲基-2-环戊烯酮	0.274
	45	8.156	3-甲基-1, 2-环戊二酮	3.463
	46	8.528	2, 3-二甲基-2-环戊烯酮	0.51
	47	8.640	2-甲基-1-丁烯-3-酮	0.458
	48	10.74	3-乙基-2-羟基-1-环戊烯酮	0.946
	49	12.717	5-羟甲基-2-二氢呋喃酮	0.507
	50	16.844	5-丙基-2-二氢呋喃酮	0.175
	51	20.576	4-羟基-3-甲氧基苯乙酮	0.418

续表

类别	序号	保留时间/min	化合物名称	GC 含量/%
醇类	52	21662	1-（4-羟基-3-甲氧基）-2-苯丙酮	1.206
	53	4.173	2-呋喃甲醇	3.556
	54	14.397	3, 4-二甲基环己醇	0.222
酯类	55	1.647	乙酸甲酯	0.735
	56	1.927	丙酸甲酯	0.433
	57	7.139	丁酸甲酯	0.265
	58	7.653	3-甲基丁酸丁酯	1.144
其他	59	2590	1, 3-二嗪	0.149
	60	2620	2, 3-二甲基-2-丁烯	0.128
	61	4361	6-甲基-2-吡啶羧酸	1.052
	62	2732	吡啶	1.049
	63	1613	2-甲基吡啶	0.943
	64	4770	二甲基吡啶	0.302
	65	5202	2, 4-二甲基呋喃	1.178
	66	5802	二甲氧基吡啶	0.469
	67	5.476	3-甲氧基吡啶	0.903
	68	13.250	1, 4∶3, 6-双无水-D-吡喃葡萄糖	2.113
	69	21.359	1, 3-二甲基-5-丙氧基苯	0.461
	70	21.542	1, 2, 3-三甲氧基-5-甲基苯	0.464

表 2　麦秸秆醋液与福建产竹醋液主要成分含量比较　（单位：%）

醋液	酚类	有机酸类	酮类	醇类	酯类	醛类
麦秸秆醋液	28.679	22.157	21.218	4.003	2.577	1.438
福建产竹醋液	2.95	81.73	1.23	3.83	5.4	3.24

2.2　麦秸秆醋液抑菌试验结果

按照抑菌环试验方法[6]，以麦秸秆醋液作为抑菌剂，选用大肠杆菌和金黄色葡萄球菌进行抑菌环试验。按照抑菌作用的判断标准，抑菌环直径大于 7mm 者，判为有抑菌作用。分别测量抑菌环直径，得知大肠杆菌抑菌环直径为 10.2mm，金黄色葡萄球菌抑菌环直径为 9.2mm，两阴性对照样片均无抑菌环。通过以上试验结果，说明麦秸秆醋液有良好的抑菌作用。这是由于麦秸秆醋液中含有的各种成分产生综合作用的结果，也为今后在不同领域开发和应用秸秆醋液提供了理论依据。

3　结　　论

（1）麦秸秆醋液是一种由 70 种组分组成的复杂液态混合物，主要成分为酚类（28.68%）、有机酸类（22.16%）、酮类（21.22%）、醇类（4.00%）和醛类（1.44%）等。

（2）试验证明，麦秸秆醋液对大肠杆菌（*E. coli*）和金黄色葡萄球菌（*S.aureus*）均有抑菌效果，抑菌环直径分别为 10.2mm 和 9.2mm，两阴性对照样片均无抑菌环。本研究可为今后开发新型、环保的广谱消毒剂提供依据。

参 考 文 献

[1] 山西省农业厅科技处. 农作物栽培. 太原：山西人民出版社，1980.

[2] 池嶋庸元.竹炭・竹醋液のつくり方と使ぃ方. 東京：農山魚村協會，1999.

[3] 沟口忠，小野和博. 竹醋液の有效活用法の检讨する研究. 日本科学技术文献速报，J 00014441.

[4] 徐咏兰. 中密度纤维板制造. 北京：中国林业出版社，1995.

[5] 王俏. 麦秆水解-氧化-水解法制取草酸新工艺. 合成化学，2004，11（12）：204-206.

[6] 中华人民共和国卫生部. 消毒技术规范. 北京：人民出版社，2002：3-108.

[7] 周建斌. 木材热解与活性炭生产. 北京：中国物资出版社，2003：50-85.

[8] 欧敏锐，李忠琴，周训胜，等. 福建竹醋液的组分分析. 福州大学学报，2003，31（3）：360-363.

[9] 毛友昌，彭旦明. 2 种工艺制备的鲜竹沥药效学比较.江西中医学院学报，2000，12（1）：38-40.

[10] 贾红慧. 竹沥的制备与药理. 四川中医，1998，16（10）：14.

[11] 张文标，叶良明，刘力，等. 竹醋液的组分分析. 竹子研究汇刊，2001，20（4）：72-77.

竹焦油用于农用杀菌剂的研究（Ⅰ）：室内实验

马建义[1]　王品维[1]　鲍滨福[2]　张齐生[2]　沈哲红[2]　廖文莉[1]　叶良明[2]　盛仙俏[3]

（1 浙江林学院林业与生物技术学院　临安　311300；2 浙江林学院工程学院　临安　311300；
3 浙江省金华市植物保护站　金华　321017）

摘　　要

以竹材热解副产物——竹焦油为活性成分，采用菌落生长速率法和孢子萌发法测定了竹焦油对 12 种植物病原真菌的抑菌活性，室内实验表明竹焦油是一种良好的天然抑菌剂，对真菌具有较强的抑制作用，该文为竹焦油在植物源农药方面的综合利用提供了重要的应用基础。

关键词：竹焦油；抑菌活性；植物病原真菌；杀菌剂；室内实验

从植物中寻找农药活性物质，研究开发植物源农药是目前农药研究领域的热点之一[1，2]。竹焦油作为竹炭生产过程中的主要副产物，约占整个竹炭产量的 10%左右，是一种黑色、黏稠的油状液体，含有近百种有机化合物[3]。以竹焦油为原料，可以制造出用于农业、化工、医药卫生等领域的系列产品。有关竹焦油在离体条件下对农业病原的抑菌活性国内外尚未见报道。本文对竹焦油的离体抑菌活性进行了测定[4-6]，旨在了解竹焦油对病原菌的作用效果，为开发植物杀菌剂提供理论依据。

1　材料与方法

1.1　供试药剂

本实验所用竹焦油由浙江富来森竹炭有限公司提供。测试样品 50%竹焦油由竹焦油、二甲基甲酰胺和乳化剂 OP-10 按比例配制而成。对照药剂三唑酮（Triadimefon，20%乳油，由盐城市利民化工厂生产）；黄瓜种子选用津研四号（市购）。

1.2　供试靶标

供试菌种有 12 种，分别为黄瓜菌核病菌（*Sclerotinia sclerotiorum*（Lib.）*de Bary*）、大麦赤霉病菌（*Fusarium graminearum*）、丝核病菌（*Rhizoctonia*）、镰刀病菌（*Fusarium*）、灰葡萄孢病菌（*Botrytis cinerea*）、葡萄黑痘病菌（*Sphaceloma ampelinum de Bary*）、交链孢病菌（*Alternaria alternata*）、玉米大斑病菌（*Exserohilum turcicum*）、黄瓜炭疽病菌（*Colletotrichum lagenarium*）、松针褐斑病菌（*Lecunosticta acicola*）、水稻稻瘟病菌（*Pyricularia oryzae*）、番茄灰霉病菌（*Botrytis cinerea*）均于 0～4℃条件下保存在 PDA 斜面上，由浙江林学院森林保护实验室提供。

1.3　生物测定方法

1. 生长速率法（琼胶平板法）

以生长速率法[7]测定植物样品对 10 种病原菌菌丝生长的抑制作用。所用培养基为 PDA 培养基，根据毒力预备试验，将供试药剂逐步稀释法配成 1000mg/L、500mg/L、250mg/L、125mg/L、62.5mg/L、32.25mg/L 6 个系列浓度配比，分别加入培养基中，将含药培养基倾入 3 个灭菌的培养皿中，制得含毒平板。并设清

本文原载《竹子研究汇刊》2008 年第 27 卷第 3 期第 45-48 页。

水对照（CK）。待培养基凝固后，于含毒平板中部接种直径 5mm 的菌饼，每皿 1 个菌饼，然后置于恒温箱中培养，培养温度为 25℃条件下，无光照。培养 3～4d 时，用十字交叉法测量菌落直径，取其平均值。按如下公式计算各浓度竹焦油抑制菌丝生长的百分率，进行浓度对数值与抑制率之间的线性回归分析，根据毒力回归方程式计算抑制菌丝生长 50%的有效浓度（EC_{50}）及相关系数（R）。

按式（1）和式（2）计算抑制率（计算抑制率时以空白为对照）：

$$\text{菌落直径 (mm)} = \text{菌落平均直径} - 5\text{（菌饼直径）} \tag{1}$$

$$\text{相对抑制率 (\%)} = \frac{\text{对照菌落直径/处理菌落直径}}{\text{对照菌落直径}} \times 100\% \tag{2}$$

根据抑菌率查出几率值，并根据剂量值算出其对数值，做毒力曲线，求 EC_{50} 值[8-10]。

2. 孢子萌发法（悬滴法）

以孢子萌发法测定植物样品对水稻稻瘟病菌、番茄灰霉病菌和玉米大斑病菌 3 种病原菌孢子萌发的抑制作用。测定采用载玻片法[11]。将竹焦油制剂与病菌孢子悬浮液混合，使之达到规定浓度（药液终浓度分别为 1000mg/L、250mg/L），3 次重复，24h 观察结果，计算孢子萌发抑制率。

2　结果与分析

2.1　对 10 种病原菌菌丝生长的抑制作用

从表 1 可以看出，在供试条件下，竹焦油对 10 种病原菌都有抑制作用，但对丝核菌的抑菌效果最好，最低浓度 31.25mg/L 达 75.06%。在 1000mg/L 浓度下，对黄瓜菌核病菌、丝核病菌、大麦赤霉病菌和灰葡萄孢病菌 4 种病原菌，抑制率都在 99%以上，其余都在 75%以上；在 31.25mg/L 浓度下，竹焦油对 10 种病菌的抑制率都在 8.9%以上，对大麦赤霉病菌和丝核菌 2 种抑制率在 60%以上。因此，选择大麦赤霉病菌和丝核菌作为敏感菌株进行深入研究。

2.2　50%竹焦油乳油对 10 种病原菌毒理测定结果

研究表明竹焦油对黄瓜菌核病菌（*Sclerotinia sclerotiorum*（Lib.）*de Bary*）、大麦赤霉病菌（*Fusarium graminearum*）、丝核病菌（*Rhizoctonia*）、镰刀病菌（*Fusarium*）等 10 种病原菌的菌丝生长表现出不同程度的抑制活性。

由表 2 可知，50%竹焦油乳油具有较高离体抑菌活性，其制剂 EC_{50} 均低于 350mg/L，尤其对丝核菌和大麦赤霉病菌抑菌活性较高，EC_{50} 分别为 15.19mg/L、35.06mg/L；对镰刀菌和交链孢病菌抑制效果较差，其 EC_{50} 分别为 273.20mg/L、323.46mg/L。对 10 种病原菌菌丝生长抑制大小顺序为丝核病菌＞大麦赤霉病菌＞黄瓜菌核病菌＞松针褐斑病菌＞黄瓜炭疽病菌＞灰葡萄孢病菌＞玉米大斑病菌＞葡萄黑痘病菌＞镰刀病菌＞交链孢病菌。

表 1　50%竹焦油对 10 种病原菌菌丝生长的抑制作用　　（单位：%）

病原菌	菌丝生长抑制率					
	1000mg/L	500mg/L	250mg/L	125mg/L	62.5mg/L	31.25mg/L
黄瓜菌核病菌	100.00	63.80	57.54	49.87	40.81	35.43
大麦赤霉病菌	99.14	81.25	73.98	65.36	64.86	60.96
丝核病菌	100.00	94.97	82.20	80.33	78.90	75.06
镰刀病菌	91.54	59.07	40.49	26.06	12.94	8.90
灰葡萄孢病菌	100.00	74.59	57.30	31.28	21.26	14.98
葡萄黑痘病菌	81.14	71.64	48.69	40.75	30.30	23.69
交链孢病菌	89.47	6299	36.29	31.76	25.82	2291
玉米大斑病菌	83.28	73.17	43.26	36.93	31.70	25.07
黄瓜炭疽病菌	75.49	61.58	53.84	43.55	27.18	15.69
松针褐斑病菌	92.21	81.17	55.10	53.08	43.85	31.20

表 2 竹焦油对 10 种病原菌的 EC_{50} 测定

病原菌	毒力曲线	相关系数	显著水平	EC_{50}/(mg/L)
黄瓜菌核病菌	$Y = 0.1004X + 1.4037$	0.997	0.037	123.29
大麦赤霉病菌	$Y = 0.1331X + 1.8654$	0.939	0.007	35.06
丝核病菌	$Y = 0.1198X + 1.8292$	0.960	0.020	15.19
镰刀病菌	$Y = 0.2333X + 2.4143$	0.931	0.002	273.20
灰葡萄孢病菌	$Y = 0.2519X + 2.6756$	0.959	0.001	177.46
葡萄黑痘病菌	$Y = 0.1977X + 21364$	0.976	0.002	254.25
交链孢病菌	$Y = 0.3266X + 3.1247$	0.980	0.010	323.46
玉米大斑病菌	$Y = 0.2220X + 2.3623$	0.975	0.005	227.41
黄瓜炭疽病菌	$Y = 0.2103X + 2.3210$	0.994	0.001	173.55
松针褐斑病菌	$Y = 0.2299X + 2.5137$	0.977	0.001	157.04

2.3 对 3 种病原菌孢子萌发法的抑制作用

在实验室条件下测定了 50%竹焦油乳油对水稻稻瘟病菌、番茄灰霉病菌和玉米大斑病菌 3 种病原菌孢子萌发的影响（表 3）。

表 3 50%竹焦油乳油对 3 种病原菌孢子萌发的抑制作用 （单位：%）

病原菌	抑制率		萌发率	
	1 000mg/L	250mg/L	1 000mg/L	250mg/L
水稻稻瘟病菌	76.24	45.16	22.06	53.21
番茄灰霉病菌	90.01	68.70	9.99	31.30
玉米大斑病菌	84.13	43.25	11.60	52.64

从表 3 可以看出，50%竹焦油乳油对 3 种病原菌的孢子萌发具有一定的抑制作用，而且对番茄灰霉病菌的抑制作用更强。在供试浓度看，当竹焦油为 1000mg/L 时，孢子萌发抑制率均高于 75%；当供试浓度为 250mg/L 时，50%竹焦油乳油对番茄灰霉病菌孢子萌发抑制率在 65%以上，对其他 2 种菌孢子萌发抑制率均在 40%以上。

3 结论与讨论

50%竹焦油乳油对 10 种病原菌（黄瓜菌核病菌、大麦赤霉病菌、丝核病菌、镰刀病菌、灰葡萄孢病菌、葡萄黑痘病菌、交链孢病菌、玉米大斑病菌、黄瓜炭疽病菌和松针褐斑病菌）的菌丝生长和 3 种病原菌（水稻稻瘟病菌、番茄灰霉病菌和玉米大斑病菌）的孢子萌发均有一定的抑制作用，对丝核菌和大麦赤霉病菌菌丝生长的抑制效果最好，EC_{50} 仅为 15.19mg/L、35.06mg/L；对番茄灰霉病菌的孢子萌发的抑制效果最好，浓度为 1000mg/L 时，孢子萌发抑制率为 90.01%。

我国竹子资源丰富，开发竹焦油作为植物源杀菌剂应用具有一定的资源条件[12]。竹焦油是竹材炭化的过程中，其中的木素、纤维素、半纤维素等物质受热分解，形成的副产物。竹炭生产和应用虽然呈现出良好的应用前景，但由于竹焦油应用面窄、使用量少，影响炭农回收的积极性，造成直接排放，污染环境。因此，亟须寻找竹焦油应用领域和利用范围。对 50%竹焦油乳油按照 GB15670—1995《农药登记毒理学试验方法》进行了急性经口毒性、急性经皮毒性、眼刺激、皮肤刺激和皮肤致敏等卫生毒理试验，结果表明：50%竹焦油乳油为低毒性、无刺激性、无致敏性，是值得进一步开发应用的安全可靠的生物农药[13]。

本研究表明采用一定的制备工艺获得的竹焦油对多种植物病原真菌具有较好的抑菌活性，韩国 SK 公司株式会社已经申请登记了类似产品 99%矿物油乳油针对白粉病的杀菌剂产品，但是却未知其主要活性成分。由此可见，还应进行深入研究，找到其具有抑菌活性的成分，确定活性大小，为竹焦油研究提供理论依据。此外如果将竹焦油作为杀菌剂进行开发，还需进行田间试验验证其真正药效。

参考文献

[1] 薛伟，宋宝安，周霞，等. 抗菌植物的研究新进展. 农药，2005，44（6）：241-246.

[2] 邹先伟，蒋志胜. 杀虫植物的研究新进展及应用发展前景. 农药，2004，43（11）：481-486.

[3] 钱华，钟哲科，王衍彬，等. 竹焦油化学组成的 GC-MS 法分析. 竹子研究汇刊，2006，25（3）：24-27.

[4] 方中达. 植病研究法. 北京：农业出版社，1979.

[5] 周德庆. 微生物学实验教程. 上海：科学技术出版社，1999.

[6] 陈年春. 农药生物测定技术. 北京：北京农业大学出版社，1991：102-109.

[7] 吴文君. 植物化学保护实验技术导论. 西安：陕西科学技术出版社，1987：141-145.

[8] 康天芳. 几种杀菌剂对甜瓜蔓枯病的室内毒力测定. 甘肃农业大学学报，2002，37（1）：78-81.

[9] 张戈壁，阳廷密. 已唑醇对水稻纹枯病的毒力测定和田间药效试验. 植物保护，2003，29（6）：52-53.

[10] 赵善欢. 植物化学保护. 北京：农业出版社，1983.

[11] 方中达. 植物病理研究方法. 3 版. 北京：中国农业出版社，1998：152.

[12] 张齐生. 我国竹材加工利用要重视科学和创新. 浙江林学院学报，2003，20（1）：1-4.

[13] 马建义，王品维，童森淼，等. 50% 竹焦油乳油的安全性毒理学评价. 竹子研究汇刊，2008，27（2）：53-57.

棉秆炭对镉污染土壤的修复效果

周建斌[1]　邓丛静[1]　陈金林[2]　张齐生[3]

（1 南京林业大学化学工程学院　南京　210037；2 南京林业大学森林资源与环境学院　南京　210037；
3 南京林业大学竹材工程研究中心　南京　210037）

摘　要

采用盆栽方法，研究了棉秆炭对镉污染土壤的修复效果及对镉污染土壤上小白菜（*Brassica chinensis*）镉吸收的影响。结果表明：以微孔为主的棉秆炭能够通过吸附或共沉淀作用降低土壤中镉的生物有效性。在轻度镉污染时，棉秆炭处理土壤对镉的吸附速率较快，随着镉污染程度的增加，吸附速率逐渐减慢，吸附量逐渐增加。棉秆炭能够明显降低镉污染土壤上小白菜可食部和根部的镉积累量，可食部镉质量分数降低 49.43%～68.29%，根部降低 64.14%～77.66%，说明棉秆炭具有修复土壤镉污染、降低蔬菜镉含量的作用，可提高蔬菜品质。

关键词：棉秆炭；镉污染土壤；修复

土壤是人类赖以生存的物质基础，是生态环境的重要组成部分，同时也是食物链的重要载体，与人类的健康密切相连。随着现代工业的迅速发展，“三废”（废水、废气、废渣）的排放使土壤严重污染。在土壤污染中，重金属污染以其潜伏性、隐蔽性、长期性和不可逆转性成为全球性的环境问题[1]，镉是毒性最强的重金属元素之一，它能在植（作）物体中积累，并通过食物链富集到人体和动物体中[2]，研究表明，镉具有一定的致癌和致突变性，在体内的半衰期长达 10～35 年，是已知的在体内蓄积毒性最大的毒物[3]。未污染土壤中的镉主要来源于成土母质，一般世界范围内土壤中镉的质量分数为 0.01～2.00mg/kg，中值质量分数为 0.35mg/kg[4]；污染土壤中的镉主要来源于人类活动，如大气沉降、农药和化肥等的使用、污水灌溉等[5, 6]，据不完全统计[7]，我国镉污染农田面积已超过 20×10^4hm^2，每年生产镉质量分数超标的农产品达 14.6×10^8kg，因此，有效地控制和治理土壤中的镉污染，显得尤为重要。

目前，世界各国十分重视对镉污染治理方法的研究，主要有工程治理方法、化学法、生物法及农业治理法[8-10]，其中化学法主要是施用改良剂或抑制剂等化学物质以降低土壤中镉的水溶性、扩散性和生物有效性，从而减弱毒害作用，常用的物质有磷酸盐、石灰、硅酸盐等[11-14]。本文首次采用农业废弃物棉秆炭化的固体产物——棉秆炭作为镉污染土壤的改良剂，研究了棉秆炭处理土壤对镉的吸附性质以及棉秆炭对镉污染土壤上小白菜镉吸收量的影响，为镉污染土壤的修复开辟了一条新途径，同时又为解决棉秆产区的环境问题提供了新的方向。

1　试 验 部 分

1.1　试验材料

棉秆炭是由采集于南京郊区的棉秆为原料，在炭化温度 450℃、升温速度 150℃/h、保温时间 1h 的条件下制得的固体产物；供试土样取自南京市江宁区梅村雨花茶无公害生产基地；$CdCl_2\cdot2.5H_2O$，AR 级；小白菜：正大抗热青三号幼苗。

1.2　棉秆炭比表面积及孔径-孔容分布的测定

采用 BET 重量法对棉秆炭的比表面积、孔径-孔容分布进行测定，吸附剂为甲醇。

本文原载《生态环境》2008 年第 17 卷第 5 期第 1857-1860 页。

1.3 试验方法

1. 土壤培养试验

分别取 1000g 土样，按不同比例加入棉秆炭置于 30℃培养箱中，定期称重，补水，培养 60d，使土壤中施入的棉秆炭与土壤充分反应。试验设五个处理，分别为①原土样，以 Tr0 表示；②原土样加 40g 棉秆炭，以 Tr4%表示；③原土样加 80g 棉秆炭，以 Tr8%表示；④原土样加 120g 棉秆炭，以 Tr12%表示；⑤原土样加 160g 棉秆炭，以 Tr16%表示。

2. 棉秆炭处理土壤对镉的表观吸附试验

称取 Tr0、Tr4%、Tr8%、Tr12%、Tr16%土样各 5.000g，置于 100mL 离心管中，分别加入以 0.01mol/L $CaCl_2·6H_2O$ 为背景溶液的镉离子系列溶液（以 $CdCl_2·2.5H_2O$ 配制）50.0mL，其质量浓度分别为 0mol/L、0.5mol/L、1.0mol/L、5.0mol/L、10mol/L、50mol/L、100mg/L，重复 2 次，(25±1) ℃间歇振荡（每 4h 振荡 1 次，每次 20min）直至各土样达到吸附平衡为止，离心，过滤，采用 ICP 测 Cd^{2+}浓度。

3. 棉秆炭处理土壤对小白菜镉吸收的影响试验

采用盆栽试验方法，在人工气候室内进行。将 Tr0、Tr4%、Tr8%、Tr12%、Tr16%土样与外源镉污染充分混匀，镉以 $CdCl_2$ 溶液形式加入，每种处理的加入量相同，为 1.0mg/kg，保持田间持水量放置 1 个月后装盆。每盆装入 5mm 筛分、风干土样各 3kg，并施等量 N、P、K 底肥，施用量为 N150mg/kg 土，$P_2O_5$100mg/kg 土，K_2O150mg/kg 土，土样陈化一周后，每盆定植苗龄一致、长势相近的幼苗 10 株。植株生长期间用去离子水浇灌，生长 40d 收获，测定植株地上可食部分和根中镉的质量分数。

4. 植株中镉质量分数的测定

收获的植株先用自来水洗净，再用去离子水冲洗，擦干，分别对地上部分和根称重，然后在 95℃下杀青 15min，在 65℃下烘干、称重，磨细至全部通过 0.85mm 筛子。采用 HNO_3-$HClO_4$ 消煮，原子吸收分光光度计法测定植株中镉的质量分数。

2 结果与讨论

2.1 棉秆炭的性质

比表面积和孔径–孔容分布是棉秆炭吸附性能重要影响因素，经测定表明，棉秆炭的比表面积为：$\Sigma\Delta S_i = 190m^2/g$，孔径–孔容分布如表 1 所示。由表 1 可以看出，棉秆炭的孔径较小，以微孔为主，在吸附过程中，微孔是主要的吸附场所，可以直接和与吸附质接触，且对浓度较低的吸附质仍具有良好吸附能

表 1 棉秆炭孔径–孔容分布

R_n/(0.lnm)	ΔV_i/(μL/g)	$(\Delta V_r/V_n)$/%
90～110	0.4	0.4
70～90	0.7	0.7
50～70	1.4	1.3
42～50	0.6	0.6
34～42	1.1	1.1
30～34	0.5	0.5
26～30	0.4	0.4

续表

R_n/(0.lnm)	ΔV_i/(μL/g)	$(\Delta V_r/V_n)$/%
22～26	0.8	0.8
18～22	2.4	2.3
16～18	2.9	2.8
14～16	4.0	3.8
12～14	4.3	4.1
10～12	3.9	3.7
9～10	6.0	5.8
<9	74.6	71.7

力，在金属污染土壤的修复方面能够通过吸附或共沉淀作用来降低土壤中重金属的生物有效性。

2.2 棉秆炭处理土壤对 Cd^{2+}的表观吸附

Tr0、Tr4%、Tr8%、Tr12%、Tr16%处理土样对不同浓度镉吸附达到平衡时的吸附等温线如图 1 所示。

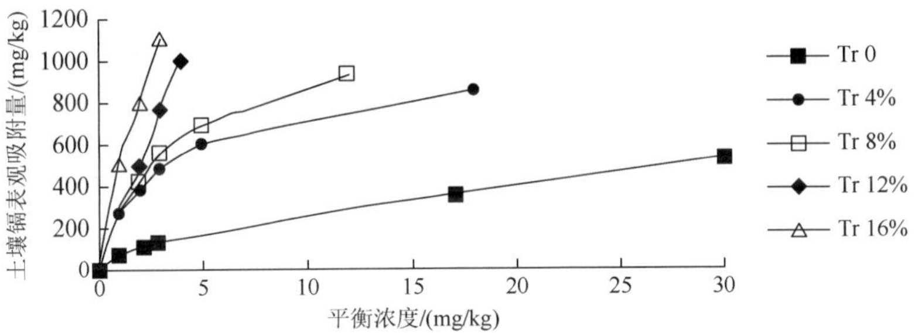

图 1 棉秆炭处理土壤对 Cd^{2+}的吸附等温线

由图 1 可以看出，随着镉溶液浓度的增加，各处理土壤对镉吸附量逐渐增加。在低浓度时，各棉秆炭处理土壤对镉的吸附速率均较快，且随着镉浓度的增加，吸附速率呈下降的趋势。同时可以看出，棉秆炭的加入促进了土壤对镉的吸附，降低了镉的有效性，是由于一方面棉秆炭的比表面积较大以及微孔为主的孔隙结构，另一方面秸秆炭是一种碱性物质，随着其加入量的增加，使土壤的 pH 变大，从而增加了土壤胶体负电荷数，使 H^+的竞争能力减弱，此时重金属则以难溶的氢氧化物、碳酸化物或磷酸盐的形式存在，因此，棉秆炭处理土壤可以降低镉污染土壤中镉的有效性。

通常描述土壤吸附过程的数学方程有 Langmuir 方程、Freundlich 方程、Temkin 方程等。本试验拟采用 Freundlich 方程 $\ln y = (1/n)\ln c + \ln k$ 及 Temkin 方程 $y = A + B\ln c$ 来描述各秸秆炭处理土壤对 Cd^{2+}等温吸附特性。其中，c 表示平衡溶液浓度（mg/L）；k、A、B 为常数。拟合结果如表 2 所示。

Freundlich 方程中的 n 值是表达吸附强度的指标，由表 2 可以看出随着棉秆炭处理量的增加，n 值呈减小的趋势，表明秸秆炭处理土壤对镉的吸附能力越强，从而大大降低土壤中镉的有效性。

通过分析得出，各处理土壤对镉的吸附性能均能用 Temkin 方程来描述，且达到了显著或极显著相关水平，比较各 Temkin 方程得到的常数 B，可以发现，B 值随着棉秆炭的加入而递增，充分说明了棉秆炭处理土壤对镉污染的改善作用。

2.3 棉秆炭处理对小白菜镉富集的影响

为了进一步考察棉秆炭对镉污染土壤的修复能力，研究了棉秆炭处理土壤对小白菜镉吸收的影响，结果如表 3 所示。

由表 3 可以看出，棉秆炭的加入降低了小白菜可食部和根部的镉积累量，Tr4%、Tr8%、Tr12%、Tr16%

表 2　棉秆炭不同处理土壤对镉的等温吸附拟合方程

处理方式	吸附方程	数学表达式	拟合结果				
			r	k	n	A	B
Tr0	Freundlich	$\ln y = (1/n)\ln c + \ln k$	0.982**	85.18	1.82		
	Temkin	$y = A + B\ln c$	0.697*			255.58	72.582
Tr4%	Freundlich	$\ln y = (1/n)\ln c + \ln k$	0.749*	176.99	1.58		
	Temkin	$y = A + B\ln c$	0.955**			435.7	127.10
Tr8%	Freundlich	$\ln y = (1/n)\ln c + \ln k$	0.708*	154.95	1.20		
	Temkin	$y = A + B\ln c$	0.946**			443.14	197.68
Tr12%	Freundlich	$\ln y = (1/n)\ln c + \ln k$	0.689*	234.25	0.95		
	Temkin	$y = A + B\ln c$	0.948**			610.87	236.31
Tr16%	Freundlich	$\ln y = (1/n)\ln c + \ln k$	0.683*	329.61	0.85		
	Temkin	$y = A + B\ln c$	0.987**			627.04	281.50

注：n、k、A、B 是常数，r 是相关系数；“*”表示显著相关，“**”表示极显著相关。

表 3　不同处理小白菜各部位 Cd 吸收的比较

处理方式	$w_{可食部镉}$/(mg/kg)	增幅/(±%)	$w_{根部镉}$/(mg/kg)	增幅/（±%）
Tr0	0.386A	—	1.024a	—
Tr4%	0.196B	−49.43	0.474b	−73.61
Tr8%	0.163C	−67.60	0.230e	−77.66
Tr12%	0.146C	−62.29	0.468c	−66.32
Tr16%	0.160C	−68.29	0.367	−64.14

注：大写字母表示 1%水平极显著相关；小写字母表示 5%水平相关。

处理土壤比未经棉秆炭处理土壤上小白菜各部位镉质量分数有所下降，可食部镉质量分数降幅在 49.43%～68.29%，根部降幅在 64.14%～77.66%，进一步说明了棉秆炭处理土壤对镉污染的缓释作用。

3　结　　论

（1）棉秆炭的比表面积为 190m^2/g，孔径较小，以微孔为主，棉秆炭处理的土壤对镉具有显著的吸附作用，能够降低镉的有效性，随着棉秆炭加入量的增加，土壤的 pH 变大，从而增加了土壤胶体负电荷数，使 H^+的竞争能力减弱，此时重金属则以难溶的氢氧化物、碳酸化物或磷酸盐的形式存在。

（2）棉秆炭处理土壤对镉的吸附等温线可以用 Temkin 方程来描述，且达到了显著或极显著相关水平，方程中 B 值随着棉秆炭的加入而递增，充分说明了棉秆炭处理土壤对镉污染的改善作用。

（3）棉秆炭处理土壤明显降低了小白菜可食部和根部的镉积累量，Tr4%、Tr8%、Tr12%、Tr16%处理土壤比未经棉秆炭处理土壤上小白菜各部位镉质量分数有所下降，可食部镉质量分数降幅在 49.43%～68.29%，根部降幅在 64.14%～77.66%。

参 考 文 献

[1] Dan T V，Krishna R S，Saxena P K. Metal tolerance of scented geranium：Effects of cadmium and nickel on chlorophyll fluorescence kinetics. International Journal of Phytoremediation，2001，2（1）：91-104.

[2] Markus J，Bratney M C. A review of the contamination of soil with leadⅡ：Spatial distribution and risk assessment of soil lead. Environment International，2001，27（5）：399-411.

[3] 严理，彭源德，杨喜爱，等. 苎麻对镉污染土壤功能修复的初步研究. 湖南农业科学，2007，（6）：125-127.

[4] 许嘉林，杨居荣. 陆地生态系统中的重金属. 北京：中国环境科学出版社，1995：60-69.

[5] 张辉，马东升. 南京地区土壤沉积物中重金属形态研究. 环境科学学报，1997，17（3）：346-352.

[6] 曾咏梅，毛昆明，李咏梅. 土壤中镉污染的危害及其防治对策. 云南农业大学学报，2005，20（3）：360-365.

[7] 刘莉，钱琼秋. 影响作物对镉吸收的因素分析及土壤镉污染的防治对策. 浙江农业学报，2005，17（2）：111-116.

[8] Taylor M D, Thenge K G. Sorption of cadmium by complexes of kaolinite with humic acid. Communications in Soil and Plant Analysis, 1995, 26(5-6): 765-776.
[9] 吴双桃. 镉污染土壤治理的研究进展. 广东化工，2005，(4)：40-41.
[10] 易建春，汪模辉，李锡坤. 土壤中镉的污染及治理. 广东微量元素科学，2006，13 (9)：11-15.
[11] 柳絮，范仲学，张斌，等. 我国土壤镉污染及其修复研究. 山东农业科学，2007，6：94-97.
[12] 杨景辉. 土壤污染与防治. 北京：科学出版社，1995：130-160.
[13] 李明德，童潜明，杨海涛，等. 海泡石对镉污染土壤改良效果的研究. 土壤肥料，2005，(1)：42-44.
[14] Gworek B，肖辉林. 利用合成沸石钝化污染土壤的镉. 热带亚热带土壤科学，1992，1 (1)：58-60.

生物改性竹炭制备工艺及其应用的研究

周建斌[1]　叶汉玲[1]　张合玲[1]　张齐生[2]

（1 南京林业大学化学工程学院　南京　210037；

2 南京林业大学竹材工程研究中心　南京　210037）

摘　要

对生物改性竹炭制备的工艺条件（不同炭化温度的竹炭、竹炭添加量、微生物添加量、处理温度和处理时间）进行了探讨，结果表明，采用炭化温度为700℃的竹炭，以1mg/L的竹炭添加量和1mg/L微生物菌群的添加量，在35℃，进行35h的改性处理，在此条件下的生物改性竹炭对污水有良好的净化效果。其中，对污水中COD、氨氮、浊度、色度以及悬浮物的去除率分别为93.99%、98.20%、91.50%、86.34%和63.93%。以竹炭为载体负载微生物菌群，通过扫描电镜可以清楚地看到竹炭表面和内部分布丰富的微生物菌群，而且竹炭和微生物菌群之间的吸附力和化学引力所形成的结合力，使两者比较牢固地结合，竹炭的吸附性能和生物降解协同作用，从而保证了生物改性竹炭对污水具有稳定和高效的去除率。

关键词：生物改性竹炭；净化；生物降解

竹炭是一种性能良好、有着广阔发展空间的多功能材料[1]。竹炭表面及内部孔隙为微生物菌群提供了避免流体剪切力的“居住区域”[2]。生物改性竹炭可以充分发挥微生物的潜力，改善难降解有机物的处理效果，弥补了治理废水时降解速率慢、效率低的不足。生物改性竹炭与生物技术相结合，已成为废水生物治理发展的一种趋势[3-8]。

有效微生物菌群（EM）作为一种功能群体，它们在生长过程中产生的有益物质及其分泌物质成为各自或相互生长的底物，通过这样一种互生增殖关系，组成了复杂而稳定的微生物系统，具有功能齐全的优势[9-12]。本文采用EM，以竹炭为载体，对污水进行净化处理，考察适宜于EM改性竹炭的技术条件。

1　试　　验

1.1　材料

选取五年生的竹材为炭化原料，锯成约200mm长的竹筒，每节破开成约大小相等200mm×30mm×30mm竹片，选取最终炭化温度分别为300℃、400℃、500℃、600℃、700℃、800℃、900℃和1000℃进行竹炭的制备；EM（effective microorganisms）是由日本株式会社EM研究机构爱睦乐环保生物技术（南京）有限公司提供；污水样取自南京林业大学紫湖溪污水。

1.2　方法

采用Sorptomatic1900型比表面积测定仪进行比表面积的测定，采用荷兰Philip公司制造的扫描电子显微镜（SEM-505型）进行微生物负载竹炭的测定，按照GB/T11914—1989采用重铬酸钾法，进行COD的测定，采用德国Aqualytic公司多参数自动测定仪配合原厂氨氮分析药剂以比色法进行NH_4^+的测定，采用德国Aqualytic公司色度单参数自动测定仪以比色法进行色度的测定，采用美国HACH公司2100N型浊度自动测定仪以比色法进行浊度的测定。

本文原载《水处理技术》2008年第34卷第10期第38-41页。

2 生物改性竹炭制备工艺的优化

2.1 不同炭化温度的竹炭对污水 COD 的去除效果

选取最终炭化温度分别为 300℃、400℃、500℃、600℃、700℃、800℃、900℃和 1000℃的竹炭试样，以 1mg/L 竹炭用量投放入 1000mL 污水样中，在 30℃，处理 35h。测定不同炭化温度的竹炭对污水 COD 的去除率，结果如表 1 所示。

表 1 不同最终炭化温度的竹炭污水 COD 去除率的影响

最终炭化温度/℃	300	400	500	600	700	800	900	1000
COD/(mg/L)	231.39	198.46	153.12	140.31	95.48	61.75	21.91	25.57
去除率/%	36.61	45.63	58.05	61.56	65.31	61.90	60.20	57.35

从表 1 中可以看出，竹炭的炭化温度对污水的 COD 去除率影响较大，随着竹炭最终炭化温度的升高，对污水中 COD 的去除能力不断增强，当最终炭化温度为 700℃时，竹炭对污水 COD 的去除能力最强，去除率为 65.31%，但是随着最终炭化温度的升高，COD 的去除率有所降低，这与竹炭的比表面积及孔隙有关。当最终炭化温度低于 400℃时，竹炭的比表面积较小；随着炭化温度的升高，比表面积逐渐增大，由于堵塞的孔打开结合微孔积聚变化，导致在 600～700℃微孔急剧变化，到 700℃时比表面积达到最大值；当炭化温度在 800～1000℃时，竹炭的比表面积迅速减小，可能是由于竹炭内部类石墨微晶边缘含氧官能团的显著减少导致类石墨微晶之间的张力减小，从而使竹炭的微孔显著减少，比表面积随之降低。可见，竹炭的炭化温度对竹炭的吸附性能有直接的影响。

2.2 不同竹炭添加量对污水中 COD 的去除效果

根据上述不同炭化温度的竹炭对污水 COD 去除率的影响，采用最终炭化温度为 700℃的竹炭，在 1000mL 的污水样中，分别以 0.2mg/L、0.4mg/L、0.6mg/L、0.8mg/L、1.0mg/L、1.2mg/L、1.4mg/L 的竹炭添加量，在 30℃下，进行 35h 处理，测定不同竹炭添加量对污水 COD 的去除率，结果如表 2 所示。

表 2 不同竹炭添加量对污水 COD 去除率的影响

去除效果	原水样	竹炭添加量/(mg/L)						
		0.2	0.4	0.6	0.8	1.0	1.2	1.4
COD/(mg/L)	365	321.0	291.3	241.31	132.41	116.62	91.4	88.3
去除率/%	—	12.05	20.19	33.89	63.73	68.05	75.0	75.8

依靠竹炭的吸附性能，不同的竹炭添加量对污水 COD 的去除率影响较大，当污水中竹炭的添加量较小时，竹炭容易达到吸附饱和现象，从而限制了对污水的净化效果，从表 2 中可以看出，竹炭的加入量在 1.0%左右时，较为适宜。

2.3 不同微生物添加量制备的生物改性竹炭对污水 COD 的去除效果

以竹炭为载体，负载微生物，实现竹炭吸附和微生物降解性能的有效结合，用于废水处理。而不同的微生物添加量制备的生物改性竹炭影响着其对污水的净化效果，采用最终炭化温度为 700℃的竹炭，分别以 0.2mg/L、0.4mg/L、0.6mg/L、0.8mg/L、1.0mg/L、1.2mg/L、1.4mg/L 的微生物添加量投入 1000mL 的污水样中，在 30℃下，对污水处理 35h 后，测定不同微生物添加量对 COD 的去除率，结果如表 3 所示。

表 3　不同微生物添加量制备的生物改性竹炭对污水 COD 去除率的影响

去除效果	原水样	微生物添加量/(mg/L)						
		0.2	0.4	0.6	0.8	1.0	1.2	1.4
COD/(mg/L)	365	314.79	327.26	307.23	285.96	276.12	231.39	198.46
去除率/%	—	13.76	10.34	15.83	21.66	24.35	36.61	45.63

从表 3 中可以看出，不同微生物菌群添加量对污水的 COD 去除率影响很大，当微生物添加量为 0.2mg/L 时，污水中 COD 的去除率仅为 13.76%，随着微生物添加量的增加，生物改性竹炭对污水 COD 的去除率不断提高，当微生物菌群用量增加到 1.4mg/L 时，污水中 COD 去除率提高到 45.63%。以技术及经济综合考虑，以 1.0mg/L 微生物添加量较为适宜。

2.4　不同处理温度对污水 COD 去除率的影响

生物改性竹炭水处理技术是利用微生物的代谢反应进行的一种处理方法[13]，一般来说，环境因素对微生物活性有着直接的影响，因此在微生物菌群的处理过程中，必须创造微生物菌群的最适环境，处理温度的选择也是一个重要因素。采用炭化温度为 700℃的竹炭，在 1000mL 的污水样中，以 1mg/L 微生物菌群添加量和 1mg/L 竹炭添加量，分别在 15℃、20℃、25℃、30℃、35℃、40℃、45℃下，对污水处理 35h，测定污水 COD 的去除率，结果如表 4 所示。

表 4　不同处理温度对污水 COD 去除率的影响

处理温度/℃	15	20	25	30	35	40	45
COD/(mg/L)	87.9	90.4	74.3	17.9	16.3	52.7	82.1
去除率/%	75.9	75.2	79.1	95.1	95.5	85.6	77.5

从表 4 可见微生物菌群于 35℃时活性最大，在此温度下，对污水 COD 去除率为 95.5%。处理温度对微生物菌群的生长和降解水中有机污染物能力有着密切的关系，当处理温度为 15℃时，COD 去除率仅为 75.9%；随着处理温度的升高，在 30℃时，污水 COD 的去除率达到 95.1%；而当温度上升到 40℃时，污水中 COD 去除率下降为 85.6%，可见，当处理温度适宜时，微生物能大量地生长和繁殖，发挥其最大活性并加速对污染物的降解能力。

2.5　不同处理时间对污水 COD 去除率的影响

以 1mg/L 微生物菌群添加量和 1mg/L 竹炭添加量，在 35℃下，测定污水 COD 的去除率，结果如表 5 所示。

表 5　不同处理时间对污水 COD 去除率的影响

处理时间/h	0	5	10	15	20	25	30	35	40
COD/(mg/L)	365	231.39	198.46	153.12	140.31	95.48	61.75	21.91	25.57
去除率/%	—	36.61	45.63	58.05	61.56	73.84	83.01	93.99	92.99

由表 5 可看出，当处理时间为 5h 时，COD 去除率仅为 36.61%，由于微生物生长的情况不充分，使得 COD 的去除率较低，随着处理时间的延续，生物改性竹炭对污水中 COD 的去除效果越来越明显，当处理时间为 35h 时，污水中 COD 去除率达到 93.99%，说明微生物经过一段时间的污水处理后，适应性增强，不断增殖，在竹炭表面和内部形成生物膜，在污水处理过程中，使得竹炭的吸附性能和微生物菌群的降解作用有机结合起来，对 COD 去除率不断提高。

3　生物改性竹炭的制备

根据上述试验结果，采用最终炭化温度为 700℃的竹炭，以 1mg/L 的竹炭添加量和 1mg/L 微生物菌群的添加量，在 35℃，进行 35h 的改性处理。将改性生物竹炭进行扫描电镜分析，观察其表面和内部竹炭负载微生物的情况，结果如图 1 和图 2 所示。

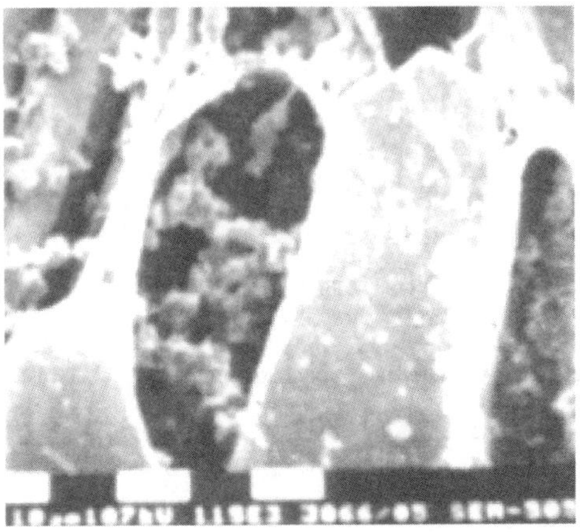

图 1　生物改性竹炭的纵切图

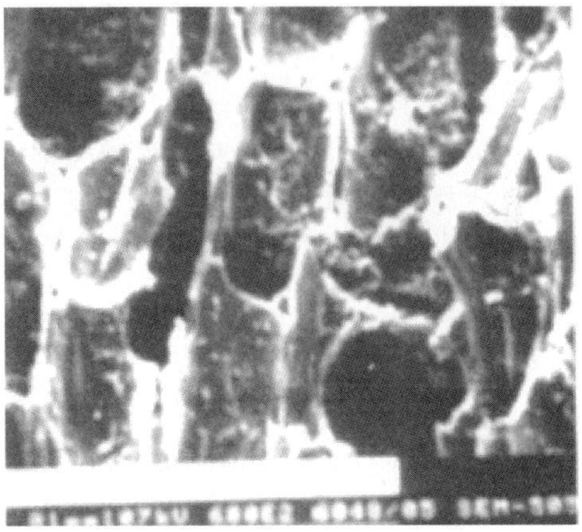

图 2 生物改性竹炭的横切图

竹炭表面存在着适合于微生物菌群作特殊吸附的优先区域，从电镜照片可以清楚地看到光合菌类、乳酸菌类、酵母菌类等菌群负载到竹炭的孔隙中，且表面富有的微生物菌群分布并不均匀，因此，微生物菌群的存在不会影响竹炭的吸附作用。竹炭本身是非极性的，高温炭化后可以生成表面碱性氧化物，碱性氧化物的存在使竹炭存在某些亲水性部分，可能会出现亲水性相吸的作用，使微生物菌群能够较容易地吸附在该部位上[14-16]。许多微生物菌群表面都有特殊黏液性物质，使其很容易吸附于竹炭表面，黏液性物质的存在，对竹炭本身也起着保护作用，特别是在反冲洗过程中，减轻了竹炭之间因摩擦造成的破损，间接地增加了竹炭的机械性能。

4　生物竹炭对污水的净化效果

在上述条件下制备的生物改性竹炭对污水进行净化处理，分别测定其对污水中 COD、氨氮含量、浊度、色度和悬浮物的去除率，结果如表 6 所示。

表 6　生物改性竹炭对污水中主要污染指标去除率的影响

项目	COD/(mg/L)	氨氮/(mg/L)	浊度/NTU	色度/度	悬浮物/(mg/L)
原水样	365	0.89	5.4	331	60
处理后水样	21.91	0.56	2.16	45.2	21.91
去除率/%	93.99	98.2	91.5	86.34	63.93

从表 6 中可以看出，生物改性竹炭对生活污水中 COD、氨氮含量、浊度、色度和悬浮物有良好的去除效果。

竹炭载体在水中发挥两种功能，即吸附作用和载体作用。吸附作用完全取决于竹炭的比表面积和多孔性。在上述条件下制备生物改性竹炭，利用物理吸附法可以取得最佳的固定效果，而且物理吸附不需要任何试剂，反应温和，这样就保证不影响竹炭及微生物菌群的活性；同时，此种形式生物竹炭的微生物菌群与竹炭之间连接牢固，可承受一定的水力冲击负荷。对污水的去除功能是竹炭的物理吸附和生物降解协同作用的结果，具有高效、稳定、长期的净化效果。

5　结　　论

采用最终炭化温度为 700℃的竹炭，以 1mg/L 的竹炭添加量和 1mg/L 微生物菌群的添加量，在 35℃，进行 35h 的改性处理。在此条件下制备的生物改性竹炭对污水有良好的净化效果，对污水中 COD 的去除率为 93.99%，氨氮去除率为 98.20%，浊度去除率为 91.50%，色度去除率为 86.34%，悬浮物去除率为 63.93%。

微生物菌群与竹炭的结合是炭粒表面的不均匀性、保护胶体和化学键的结合等综合因素作用所致。竹炭的物理吸附力和化学引力所形成的结合力远大于亲疏互斥力所形成的排斥力，使两者比较牢固地结合，从而保证了生物改性竹炭具有稳定和高效的去除率。

参 考 文 献

[1] 朱江涛，黄正宏，康飞宇，等. 竹炭的性能和应用研究进展. 材料导报，2006，20（4）：41-43.

[2] 赵庆良，刘雨. 废水处理与资源化新工艺. 北京：中国建筑工业出版社，2006：210-211.

[3] 沈耀良，王宝贞. 废水生物处理新技术. 北京：中国环境科学出版社，2006：3.

[4] Zhao D S，Zhang J，Duan E，et al. Adsorption equilibrium and kinetics of dibenzothiophene from n-octane on bamboo charcoal. Applied Surface Science，2008，254：3242-3247.

[5] Liu H，He Y，Quan X，et al. Enhancement of organic pollutant biodegradation by ultrasound irradiation in a biological activated carbon membrane reactor. Process Biochemistry，2005，40：3002-3007.

[6] Liang C H，Chiang P C，Chang E E. Modeling the behaviors of adsorption and biodegradation in biological activated carbon filters. Water Research，2007，41：3241-3250.

[7] Duan H，Yan R，Koe L C C，et al. Combined effect of adsorption and biodegradation of biological activated carbon on H_2S biotrickling filtration. Chemosphere，2007，66：1684-1691.

[8] 胡静，张林生. 生物活性炭技术在欧洲水处理的应用研究与发展. 环境技术，2002，20（3）：33-37.

[9] 严平，廖银章，李旭. EM 有效微生物技术在废水处理中的应用与发展. 工业用水与废水，2004，35（4）：1-4.

[10] 王平，吴晓芙，李科林，等. 应用有效微生物群（EM）处理富营养化源水试验研究. 环境科学研究，2004，17（3）：39-43.

[11] 王平，吴晓芙，李科林，等. 有效微生物群（EM）抑藻效应研究. 环境科学研究，2004，16（3）：34-38.

[12] 李维炯，倪永珍. EM（有效微生物群）的研究与应用. 生物学杂志，1995，14（5）：58-62.

[13] 张胜华. 水处理微生物学. 北京：化学工业出版社，2005：2.

[14] 孟冠华，李爱民，张全兴. 活性炭的表面含氧官能团及其对吸附影响的研究进展. 离子交换与吸附，2007，23（1）：88-94.

[15] Boehm H P. Surface oxides on carbon and their analysis：A critical assessment. Carbon，2002，40：145-149.

[16] Yin C Y，Aroua M K，Daud W M A W. Review of modifications of activated carbon for enhancing contaminant uptakes from aqueous solutions. Separation and Purification Technology，2007，52：403-415.

纳米 TiO_2 改性竹炭和竹炭抑菌性能比较的研究

周建斌[1]　叶汉玲[1]　魏娟[1]　傅金和[2]　张齐生[3]

（1 南京林业大学化学工程学院　南京　210037；

2 国际竹藤网络中心　北京　100102；

3 南京林业大学竹材工程研究中心　南京　210037）

摘　要

用纳米 TiO_2 分别对颗粒状及粉末状竹炭进行改性得到纳米 TiO_2 改性竹炭，并对纳米 TiO_2 改性竹炭（颗粒、粉末）、4 种炭化温度（500℃、600℃、700℃和 800℃）的竹炭及纳米 TiO_2 共 7 种材料，在无光照条件下对 2 种霉菌（黑曲霉菌、绿色木霉菌）进行抑菌试验。结果表明：纳米 TiO_2 改性竹炭（颗粒、粉末）抑菌效果最好，其防治效力（E）分别为 90%和 100%；4 种炭化温度竹炭的 E 分别为 25%、25%、25%和 0，纳米 TiO_2 材料没有抑菌能力，其 E 为 0。试验表明，纳米 TiO_2 改性竹炭比普通竹炭的抑菌效果好，它是一种抑菌能力强的新型竹炭材料。

关键词：纳米 TiO_2；改性竹炭；竹炭；抑菌

随着人类文明的进步、工业生产的增长、环境（大气环境、水环境、室内环境如：居室、办公室、车内密闭环境等）污染的加剧[1]，对竹炭的研究与利用越来越引起人们的重视，目前在我国和日本，竹炭的生产和销售企业蓬勃兴起，竹炭在农业、日用品工业、环保等领域已得到广泛应用[2, 3]。竹炭的微观结构及性能十分特殊，它具有细密多孔（以大孔为主），比表面积大，吸附能力强等特点[4]。此外，竹炭的化学结构也具有特殊性。在竹材的热解过程中多糖成分的剧烈热降解产生了大量的自由基[5]，这些自由基具有很强的氧化性。作者在研究竹炭的基础上，为了进一步提高竹炭的应用价值，采用纳米 TiO_2 对竹炭进行改性。由于 TiO_2 是一种光催化材料，具有超强的氧化能力，作用效果持久，利用太阳光、荧光灯中含有的紫外光作激发源可使其具有抗菌效应，在环保方面展示了广阔的应用前景[6-11]。但是当纳米 TiO_2 材料用于防污、抗菌时，它们是难于附着的构造，且比表面积小、附着概率低[12, 13]。因此，本研究在无光照射条件下，结合竹炭的特殊结构特点以及纳米 TiO_2 材料的特殊性能，将普通竹炭制备成纳米 TiO_2 改性竹炭，测定它们对不同霉菌的抑制作用，旨在探讨纳米 TiO_2 改性竹炭在无光条件下的抑菌能力，以期为开发竹炭新材料和竹炭改性提供理论依据。

1　材料与方法

1.1　材料

原料：炭化温度分别为 500℃、600℃、700℃和 800℃的 4 种竹炭均由南京林业大学林产化工实验室制备；纳米 TiO_2 材料由南京海泰纳米材料有限公司提供。

菌种：黑曲霉菌（*Aspergillus niger*）、绿色木霉菌（*Trichoderma viride*），由南京林业大学微生物实验室提供。

培养基配方：磷酸二氢钾 3g，硫酸镁 1.5g，葡萄糖 10g，琼脂 20g，土豆 200g，水 1000mL。

主要器材：培养箱、培养皿、微量取样器、灭菌器、超净工作台等。

本文原载《林产化学与工业》2008 年第 28 卷第 5 期第 31-34 页。

1.2　实验方法

按照 GB/T18261—2000《防霉剂防治木材霉菌及蓝变菌的试验方法》进行试验。

1. 纳米 TiO_2 改性竹炭的制备

将孔径为 10～20nm 的 TiO_2 负载在孔径为 200～300nm 的颗粒状（0.8～1.6mm）及粉末状（0.10mm）竹炭上，形成最外层的光催化剂层，TiO_2 预制成前驱体浆液，然后用浸渍法负载。浸涂 2 次，每次浸涂后均在 110～350℃条件下烘干，得到试验用纳米 TiO_2 改性竹炭。TiO_2 前驱体浆液的制备方法为将纳米 TiO_2 直接分散在含分散剂、稳定剂的乳液中。

2. 试验用菌的制备

在无菌条件下，将预先活化的菌种接种到已倒好的平板培养基上，每个试样接种 3 个培养皿，置于培养箱中保持 25～29℃，相对湿度 85%培养 7 天至菌落成熟，用于配制孢子悬浮液。

3. 孢子悬浮液的配制

在超净工作台上，用接种工具挑取菌体孢子放入已灭菌的组织研磨器内，加入适量的无菌水，适当磨碎后倒入已灭菌的有玻璃珠的三角瓶内，再加少量无菌水，摇瓶培养，制成孢子悬浮液。

4. 试验菌的接种与培养

在超净工作台上将制成的孢子悬浮液在无菌条件下接种于平板（每个平板内接种 2～3mL，均匀涂布），待整个平板培养基表面都长满菌丝后，将定量试样在无菌操作条件下沿平板边缘放一圈。置于培养箱中在 25～29℃，相对湿度为 85%培养[14]，待观察，试验同时做 3 个平行样。

5. 对照样制备

在已倒好土豆培养基的培养皿上分别接种黑曲霉菌和绿色木霉菌，不接试验样品，将做好的培养皿置于培养箱中，保持 25～29℃，相对湿度 85%培养，待观察，试验同时做 3 个平行样。

6. 试验结果的处理

试样接菌培养 4 周后，采用目测法测试试验菌感染面积及表面霉变程度，还应将试样从培养皿中取出，劈开，检查内部是否变色及变色程度。记录时依据如下标准记录被害值（D）。①$D=0$，试样表面无菌丝，内部及外部颜色均正常；②$D=1$，试样表面感染面积小于 1/4，内部颜色正常；③$D=2$，试样表面感染面积 1/4～1/2，内部颜色正常；④$D=3$，试样表面感染面积 1/2～3/4，或内部蓝变面积小于 1/10；⑤$D=4$，试样表面感染面积大于 3/4，或内部蓝变面积大于 1/10。其防治效力（E）[15]按下式计算：

$$E=(1-D_t/D_0)\times 100\%$$

式中，E—防治效力，%；D_t—试样的平均被害值；D_0—对照样的平均被害值。

2　结果与讨论

2.1　试验菌对各试样的侵染

观察培养 4 周后的培养皿，并用数码相机拍摄照片（图 1），实验结果见表 1。

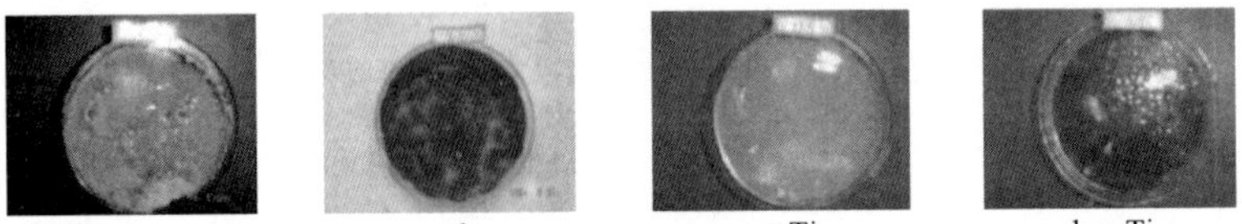

a　　b　　a-n-Ti　　b-n-Ti

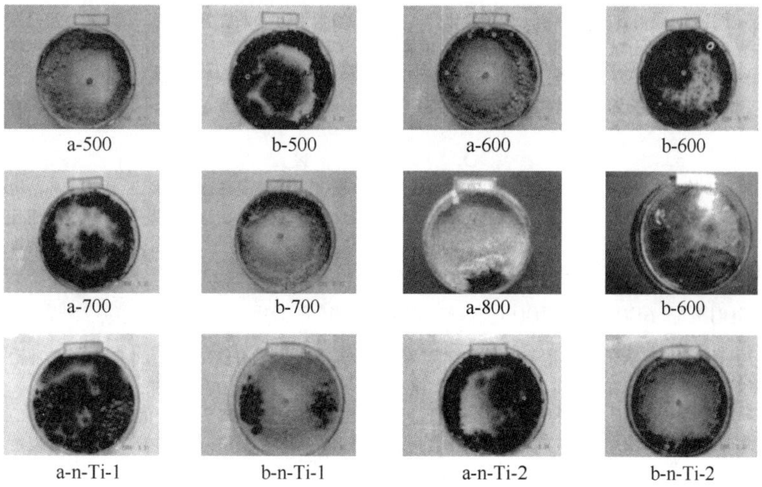

图 1　各种样品对绿色木霉菌（a）和黑曲霉菌（b）的抑菌效果

表 1　试验样品对绿色木霉菌和黑曲霉菌的被害值（*D*）及防治效力（*E*）

代号	样品名称	被害值（*D*）		防治效力(*E*)/%
		绿色木霉菌	黑曲霉菌	
a（b）	对照样	4	4	0
a-n-Ti（b-n-Ti）	纳米 TiO_2	4	4	0
a-500（b-500）	500℃竹炭	3（3/4）	3（3/4）	25
a-600（b-600）	600℃竹炭	3（3/4）	3（3/4）	25
a-700（b-700）	700℃竹炭	3（3/4）	3（3/4）	25
a-800（b-800）	800℃竹炭	4	4	0
a-n-Ti-1（b-n-Ti-1）	纳米改性竹炭（颗粒）	1（1/10）	1（1/10）	90
a-n-Ti-2（b-n-Ti-2）	纳米改性竹炭（粉末）	1	1	100

根据图 1 及表 1 可知，各种竹炭对不同霉菌的感染和扩大侵染的抵抗能力有差异。培养皿内测定结果显示：纳米 TiO_2 改性粉末状竹炭的抵抗能力强，28 天未被感染，内部不变色；其次是纳米 TiO_2 改性颗粒状竹炭，28 天后试样的表面有极少的菌丝生长，仅有 1/10 被感染，内部不变色；炭化温度为 500℃、600℃、700℃的竹炭表面菌丝生长面积占 3/4，且内部已有不同程度变色；纳米 TiO_2 材料及炭化温度为 800℃的竹炭表面均被霉菌盖满。

2.2　纳米 TiO_2 改性竹炭对霉菌的防治效力（*E*）

根据数据进行 *E* 计算，得到各试验样品对黑曲霉菌、绿色木霉菌的 *E* 亦列入表 1。

从表 1 可以明显看出，纳米 TiO_2 改性竹炭（粉末）对霉菌的防治效果最好，*E* 为 100%；纳米 TiO_2 改性竹炭（颗粒）也有很强的抑菌能力，*E* 为 90%。这主要是竹炭及纳米 TiO_2 材料发生综合作用的结果。在无光照射条件下，纳米 TiO_2 材料不发生光催化反应，*E* 为 0，无抑菌能力。竹炭的微观结构、化学结构及性能十分特殊，它含有大量的大孔，比表面积高达 $300m^2/g$ 以上，吸附能力强，且竹炭的化学结构中含有大量的自由基，具有一定的氧化性。于是将纳米 TiO_2 负载在普通竹炭表面层，竹炭提高了纳米 TiO_2 微粒的分散性，降低了电子跃迁带隙能，增强了粒子吸附能力，降低了样品湿度等，这样将竹炭和纳米 TiO_2 材料结合起来，制备而得的纳米 TiO_2 改性竹炭能够发挥很好的抑菌作用。

由表 1 还可知道，普通竹炭的抑菌能力均比纳米 TiO_2 改性后的竹炭差，而且不同炭化温度的竹炭的抑菌作用有差别，各试样表面均长有不同程度的菌丝，它们的 *E* 分别为 25%、25%、25%和 0。炭化温度为 500℃、600℃、700℃的竹炭具有一定的抑菌作用，而炭化温度为 800℃的竹炭无抑菌能力。这主要是由竹炭本身的化学结构决定的，在竹材的热解过程中，木质素受热剧烈分解，木质素芳环结构中连接芳环与取代基团的键发生了断裂，并产生了较多的自由基，这些自由基具有很强的氧化性，而且当炭化温度大于 500℃以后，随着炭化温度的升高，竹炭自由基数量减少，氧化能力减弱，故抑菌效力减弱。

3 结　　论

（1）在无光照射条件下，纳米 TiO_2 改性竹炭（颗粒、粉末）对霉菌均有较强的抑菌效果，它们的防治效力（E）分别为 90%和 100%，这主要是纳米 TiO_2 材料及竹炭发生综合作用的结果。

（2）炭化温度为 500℃、600℃和 700℃的普通竹炭的 E 均较低，E 都为 25%，而炭化温度为 800℃的竹炭无抑菌能力，这主要是竹炭的化学结构中含有大量的自由基产生氧化作用的结果。研究并开发纳米 TiO_2 改性竹炭具有广阔的市场前景和良好的社会经济效益。

参 考 文 献

[1] 云虹. 竹炭对室内空气污染物吸附的研究. 福州：福建农林大学，2004.

[2] 姜树海，张齐生，蒋学身. 竹炭材料的有效利用与研究进展. 东北林业大学学报，2002，30（4）：53-56.

[3] 张齐生. 开发竹炭应用技术. 竹子研究汇刊，2001，20（3）：34-36.

[4] 戴嘉璐，郭兴忠. 竹炭微结构的研究. 材料科学与工程学报，2007，25（5）：743-745.

[5] 周建斌. 竹炭环境效应及作用机理的研究. 南京：南京林业大学，2005.

[6] 于向阳，程继健，杜永娟. TiO_2 光催化抗菌材料. 玻璃与搪瓷，2000，28（4）：42-48.

[7] Wei C，Lin W Y，Zainal Z，et al. Bactericidal activity of TiO_2 photocatalyst in aqueous media：toward a solar-assisted water disinfection system. Environ Sci Technol，1994，28（5）：934-938.

[8] 徐炽焕. 日本 TiO_2 光催化技术的发展. 国际化工信息，2003，(4)：6-7.

[9] 罗锡平，傅深渊，周春晖. 纳米二氧化钛改性竹炭催化降解 2，4-二氯苯酚的研究. 浙江林学院学报，2007，24（5）：524-527.

[10] 刘艳辉. 纳米二氧化钛抗菌性能研究. 北京：北京化工大学，2005.

[11] 古政荣，陈爱平，戴智铭，等. 空气净化网上光催化剂和活性炭相互增强净化能力的作用机理. 林产化学与工业，2000，20（1）：6-9.

[12] 沈伟韧，赵文宽，贺飞. TiO_2 光催化反应及其在废水处理中的应用. 化学进展，2004，4（10）：129-133.

[13] Zhu Y，Zhang L，Yao W，et al. The chemical states and properties of doped TiO_2 film photocatalyst prepared using the Sol-Gel method with $TiCl_4$ as a precursor. Applied Surface Science，2000，158（1-2）：32-37.

[14] 骆土寿，施振华，刘燕吉，等. 橡胶木胶合板阻燃技术研究Ⅱ. WFR 阻燃剂处理橡胶木胶合板的抗霉变效果. 木材工业，1999，13（2）：22-26.

[15] 傅深渊，刘志坤，王学利，等. 马尾松材的防霉研究. 林产工业，2000，27（5）：13-15.

纳米 TiO_2 改性竹炭对空气中苯的吸附与降解

周建斌[1]　邓丛静[1]　傅金和[2]　张齐生[3]

（1 南京林业大学化学工程学院　南京　210037；

2 国际竹藤网络中心　北京　100102；

3 南京林业大学竹材工程研究中心　南京　210037）

摘　　要

采用纳米二氧化钛（TiO_2）对竹炭进行改性，并结合 FT-IR EPR 图谱及 SEM 对其性能和结构进行表征，通过气相色谱法研究了改性竹炭对空气中苯的净化效果。结果表明：TiO_2 既负载到竹炭孔隙的边沿和表面，又没有堵塞竹炭的特殊孔隙，且改性竹炭的自旋数由 8.7×10^{13} 增加到 8.9×10^{17}。纳米改性竹炭可将空气中的苯污染物降解为无毒、无害的二氧化碳和水，且在紫外灯照射下的降解效果最好；当纳米 TiO_2 质量分数为 3%时，改性竹炭降解苯 12h 的净化率可达 93.50%。

关键词：纳米 TiO_2；改性竹炭；吸附；降解；苯

室内空气污染中苯是最不容忽视的重要杀手[1, 2]，其主要来自建筑装饰中使用的大量化工原料，如涂料、填料及各种有机溶剂等[3]。目前已有的室内空气净化方法主要包括吸附法、非平衡等离子净化法和光催化氧化法[4]。吸附法中以活性炭的使用最为广泛，但其吸附存在饱和性[5]；非平衡等离子净化法往往伴有其他副产物以及臭氧的产生，从而引起二次污染[6]；光催化主要以半导体二氧化钛为主[7]，其性质稳定，无毒无害[8]，在室温、紫外光照射的条件与污染物接触即可达到净化的作用，但此法中有机污染物与光催化剂的碰撞频率比较低，反应速度较慢[9]。因此，高效、无副作用的空气净化材料的开发是解决室内空气污染的一种有效途径。

竹炭是近几年发展起来的一种新型功能材料和环境保护材料，具有发达的孔隙结构和良好的吸附性能。已有研究表明，竹炭对空气及水中的多种污染物具有较强的吸附作用[10, 11]，但在室内空气净化过程中，与活性炭相似存在吸附饱和问题[12]。笔者将竹炭的吸附性能和纳米二氧化钛（TiO_2）光催化活性有机地结合起来，以期为室内环境净化及新型环保材料的开发提供新的途径。

1　材料与方法

1.1　试剂与仪器

试剂：苯符合国家标准 GB/T690—1992，为 AR 级；竹炭（炭化温度为 700℃、粒径为 0.071mm），实验室自制；纳米 TiO_2 粒径 10～20nm，由海泰纳米材料有限公司提供。

仪器：WH-201 气候箱，南京实验仪器厂制造；气相色谱仪，日本岛津。傅里叶变换红外光谱仪，美国 NICOLET 公司制造；电子顺磁共振波谱仪，德国 Bruker 公司制造；扫描电子显微镜，荷兰 Philip 公司制造。

1.2　改性竹炭的制备

1. TiO_2 前驱体浆液的制备

将质量分数为 3%的 TiO_2（占竹炭质量）直接分散在含有分散剂、稳定剂的乳液中。

本文原载《南京林业大学学报（自然科学版）》2008 年第 32 卷第 6 期第 5-8 页。

2. 改性竹炭的制备

采用浸渍法在竹炭上负载 TiO_2 将竹炭放入 TiO_2 前驱体浆液中浸渍 2h，不断搅拌，再在 110～350℃下烘干，在竹炭表面形成最外层的光催化剂层，即得改性竹炭[13]。

1.3 改性竹炭的表征

1. 改性竹炭表面官能团

采用 FT-IR 光谱法，光谱范围 4000～400cm^{-1}；分辨率 4cm^{-1}；扫描次数 32 次。

2. 改性竹炭电子自旋变化

采用电子顺磁共振波谱，微波功率 19.920mW；微波频率 9.756GHz；中心磁场 3480.000G；扫描宽度 100.000G；扫描时间 83.886s；测试温度 20℃；气氛为空气。样品自旋数大小按 $n_x = 3.2(A_x/A_0)\times10^{15}$[14]计算。其中，$A_x$ 为样品的积分面积；A_0 为标准样品的积分面积。

3. 改性竹炭微观结构

采用扫描电镜观测。

1.4 改性竹炭对苯的吸附

实验在（20±0.5）℃、配有 20W 紫外灯、白炽灯、日光灯光源各一盏的 1m^3 密闭气候箱内进行。先将苯溶液放置到气候箱中，使其挥发 12h，迅速采集空气样品，测定空气中苯的浓度，记为初始浓度，然后将改性竹炭置于气候箱中央位置，恒温吸附 12h 后，测定气候箱中苯或甲苯浓度，记为吸附后浓度，改性竹炭对苯的去除率为 $Q(\%) = (C_0-C)\times100/C_0$。其中，$Q$ 为改性竹炭对苯的去除率（%）；C_0 为初始浓度（mg/m^3）；C 为吸附后浓度（mg/m^3）。

苯的浓度按照 GB/T11737—89 进行检测，二氧化碳的浓度按照 GB/T18024. 24—2000 进行检测。

2 结果与分析

2.1 改性竹炭表面官能团的表征

竹炭主要由 C、H、O 3 种元素组成，其红外光谱基本上都是由 C、H、O 3 种元素所形成化学键的振动。采用 FTIR 光谱对改性前后竹炭的表面官能团变化进行研究，结果如图 1 所示。

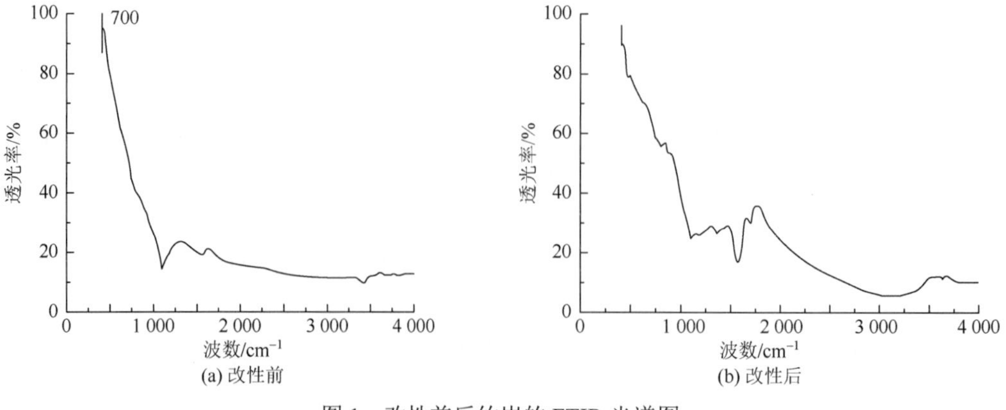

图 1　改性前后竹炭的 FTIR 光谱图

由图 1（a）可以看出，竹炭的 FTIR 光谱图中，1562cm^{-1} 处的吸收峰已变得很宽。芳环结构中 C—H 基团的面外摇摆振动的 3 个吸收峰中，875cm^{-1} 处峰的强度增加，而 815cm^{-1} 和 758cm^{-1} 处的峰变得更弱，这表明芳环中的取代位置增多，由芳环构成的碳网平面增大。

由图 1（b）可以看出，改性后竹炭的 FTIR 光谱图，在 1205cm^{-1} 附近出现了一个吸收峰，这是 O—H

基团的面内的弯曲振动引起，而在 1562cm^{-1}、875cm^{-1}、815cm^{-1}、758cm^{-1} 处的吸附峰与未改性竹炭相同，说明纳米 TiO_2 没有改变竹炭表面结构，从而保持了竹炭的吸附性能。

2.2 改性竹炭 EPR 的测定结果

中性分子生成自由基的基本方法主要有光解、热解和氧化还原反应[15]。竹炭的自旋中心主要是竹材原料热解而形成的自由基，竹炭及纳米改性竹炭的 EPR 谱如图 2 所示。由图 2 可见，改性前后竹炭自旋数分别为 8.7×10^3、8.9×10^{17}。表明纳米改性竹炭的不成对电子数增加了 4 个数量级。主要是由于 TiO_2 被光能照射后，价带上的电子（e^-）被激发跃迁至导带，在价带上留下相应的空穴（h^+），空穴（h^+）和空气中 H_2O 发生氧化反应，生成氢氧自由基（·OH），电子与表面吸附的 O_2 和 H_2O 分子反应，也产生了氢氧自由基（·OH）和超氧离子自由基（O_2^-），因此，改性竹炭的自旋数显著增加。

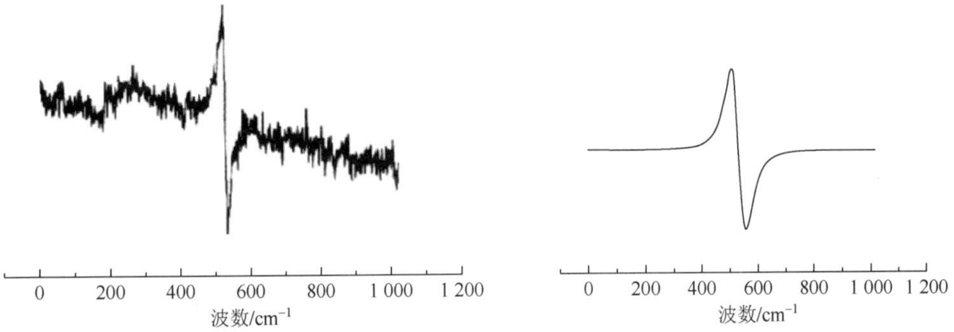

(a) 改性前　　(b) 改性后

图 2 改性前后竹炭的 EPR 谱图

2.3 改性竹炭扫描电镜图

采用扫描电镜分析纳米改性竹炭的物理形态，改性前后竹炭横切、纵切扫描电镜图见图 3。

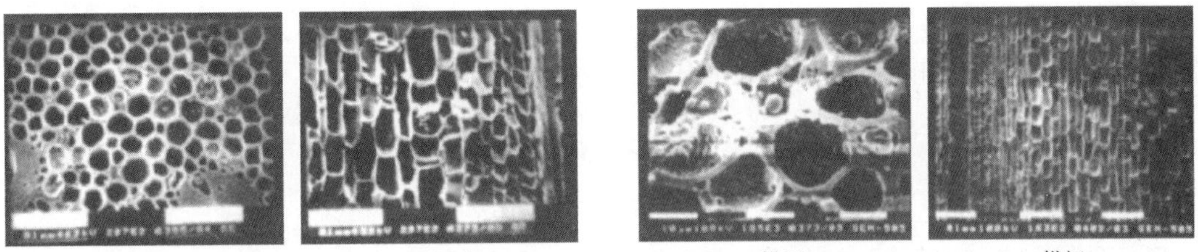

横切　纵切　横切　纵切

(a) 改性前　　(b) 改性后

图 3 改性前后竹炭的扫描电镜图

从图 3 可以看到，纳米 TiO_2 既负载到竹炭孔隙的边沿和表面，又没有堵塞竹炭的特殊孔隙，说明改性竹炭既保证了竹炭本身良好的吸附性能，又能够发挥纳米材料的优良性能。

2.4 改性竹炭对苯的吸附与降解

气候箱苯的初始浓度为 400mg/m^3，改性前后竹炭对苯的静态吸附试验结果如表 1 所示。

由表 1 可见，在相同光照条件下，改性竹炭对苯的净化能力明显高于未改性竹炭，说明纳米 TiO_2 与竹炭有机地结合在一起，并能够发挥各自作用，这与扫描电镜图观察的结果相符。从 CO_2 的增加量可以看出，纳米改性竹炭在吸附苯的同时将其降解为无污染的 CO_2，主要发生了如下光催化降解[16]。

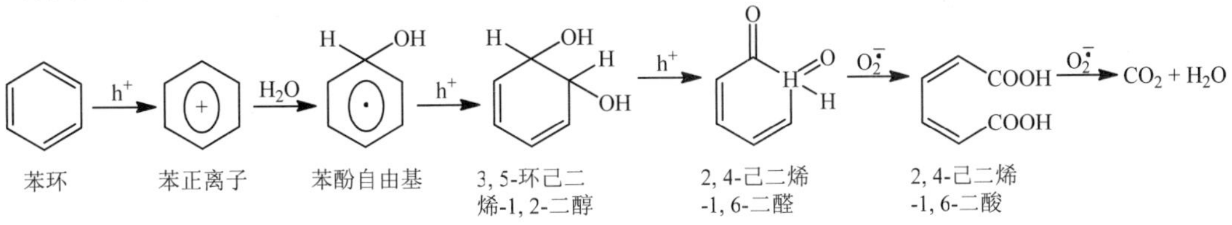

此过程中，首先，苯受 TiO_2 产生的正电性空穴（h^+）的攻击，苯环首先生成苯正离子，苯正离子与水反应生成苯酚自由基，苯酚自由基在正电性空穴（h^+）的攻击下，生成 3, 5-环己二烯-1, 2-二醇，再在正电性空穴（h^+）的攻击下生成 2, 4-己二烯-1, 6-二醛（开环），又受到带负电的氧原子自由基（O_2^-）的攻击，生成 2, 4-己二烯-1, 6-二酸，最后在带负电的氧原子自由基（O_2^-）的攻击下可以转换成无毒、无害的二氧化碳和水。

在各种光照条件下，纳米改性竹炭对苯的净化效果均较明显，其中紫外灯作用下，苯的净化率在 12h 后达到 93.50%，而且 CO_2 的增加量最多，在日光灯和白炽灯的作用下，苯的净化率在 12h 后分别达到 87.80% 和 85.00%，其 CO_2 的增加量分别为 76mg/m^3 和 69mg/m^3。在自然光的作用下，纳米改性竹炭对苯的净化率也达到 73.50%，CO_2 的增加量较少。比较得出，紫外光照射更有利于改性竹炭对苯的吸附与降解。

表 1　改性前后竹炭吸附、降解苯的能力

光照条件	吸附后苯的浓度/(mg/m^3)		净化率/%		改性后 CO_2 增加量/(mg/m^3)
	改性前	改性后	改性前	改性后	
紫外灯	126.72	26	68.32	93.50	110
日光灯	136.84	49	65.79	87.80	76
白炽灯	121.52	60	69.62	85.00	69
自然光	130.64	106	67.34	73.50	54

注：改性前 CO_2 增加量为 0。

3　结　　论

（1）TiO_2 既负载到竹炭孔隙的边沿和表面，又没有堵塞竹炭的特殊孔隙，改性竹炭的自旋数不成对电子数由 8.7×10^{13} 增加到 8.9×10^{17}，从而增加了其吸附及降解有毒、有害物质的能力。

（2）相同光照条件下，改性竹炭对苯的净化能力明显高于未改性竹炭；从 CO_2 的增加量可以看出，纳米改性竹炭在吸附苯的同时将其降解为 CO_2。

（3）纳米改性竹炭吸附降解苯污染物最适合的光照条件为紫外灯照射。在紫外灯作用下，苯的净化率 12h 后达到 93.50%，CO_2 的增加量达到 110mg/m^3。

参 考 文 献

[1]　肖利才. 装饰材料与室内空气污染. 中山大学学报论丛，2002，22（2）：308-310.
[2]　张文渊. 室内有毒化学物质污染及其治理. 家具与室内装饰，2002，（2）：50-52.
[3]　宋广生. 室内环境质量评价及检测手册. 北京：机械工业出版社，2003.
[4]　沈兴兴，刘阳生，陈睿，等. 我国室内空气污染研究及其防治措施. 应用基础及工程科学学报，2002，10（4）：366-371.
[5]　张华山，袭著革. 室内空气污染因素对人体的危害及净化技术措施. 洁净与空调技术，2005，（1）：23-30.
[6]　袁泉，冯国会，徐光，等. TiO_2 对室内污染物的净化功能. 制冷，2006，25（4）：32-37.
[7]　Mills A，Le Hunte S. An overview of semiconductor photocatalysis. J. Photochem. Photobiol. A：Chemistry，1997，108：1-35.
[8]　王祖鹓，张凤宝，张前程. 负载型 TiO_2 光催化剂的研究进展. 化学工业与工程，2004，21（4）：248-254.
[9]　陆银兰，杨建忠. ACF 负载纳米 TiO_2 净化室内甲醛的应用研究. 广西纺织技术，2004，33（4）：35-37.
[10]　张齐生，周建斌. 竹炭的神奇功能人类的健康卫士. 林产工业，2007，34（1）：3-8.
[11]　徐亦刚，石利利. 竹炭对 2，4-二氯苯酚的吸附特性及影响因素研究. 农村生态环境，2002，18（1）：35-37.
[12]　日本炭素材料学会. 活性炭基础与应用. 高尚愚，陈维，译. 北京：中国林业出版社，1984.
[13]　周建斌. 竹炭环境效应及作用机理的研究. 南京：南京林业大学，2005.
[14]　裘祖文. 电子自旋共振波谱. 北京：科学出版社，1980.
[15]　张铸勇. 精细有机合成单元反应. 上海：华东化工学院出版社，1990.
[16]　朱馨乐，谢一兵，李萍，等. 纳米二氧化钛光催化降解水中有机物机理研究进展. 化学通报，2003，66：1-8.

炭化木物理力学性能的研究

周建斌　邓丛静　蒋身学　张齐生

摘　　要

以速生杉木为原料制备炭化木，主要研究了炭化工艺条件对炭化木（又称热处理木）物理力学性能的影响。研究表明：当热处理温度由常温增加至220℃时，炭化木材色逐渐变深，含水率逐渐降低，由13.40%降至4.89%，吸水性能较大幅度降低，由未处理素材的1.616%降至0.879%，同时密度由未处理素材的0.368g/cm^{3}减小至0.326g/cm^3，静曲强度下降约25%左右，弹性模量先增加后减小，减小量约4%，冲击韧性也先增加后减小，减小量约42%左右，受热处理条件影响程度较大，而且木材干缩和湿胀系数明显下降，较大程度提高了木材的尺寸稳定性。

关键词：炭化；炭化木；物理力学性能

速生杉木是我国南方主要栽种的树种，已成为我国人工林保存率、成活率和成材比例最高的造林树种[1, 2]。人工杉木容易干燥，但尺寸稳定性较差，易开裂，力学性能较低以及耐腐和耐候性能差等缺陷严重地限制了其适用范围和有效使用寿命[3-5]。目前，木材的改性技术有颜色处理[6]、尺寸稳定性处理[7]、强化处理[8, 9]以及防腐处理等[10, 11]，这些木材功能性改良技术主要依赖化学物质的作用，有些化学物质本身带有毒性，如含铬、砷、铜的化学物质等；有些化学物质虽不带毒性，但在外界条件作用下会释放有毒物质，如含卤化物的复合型阻燃剂等。

环境保护是目前开发任何一种商品都必须关注的问题，为提高和改善人们的居住环境，室内装饰和家具行业迅猛发展，大量的木质地板、家具等各类装饰材料涌入家庭，人工林经过改性后是否对环境、对人类产生危害已成为社会关注的焦点。据统计[12]，我国每年因室内空气污染引起的死亡人数高达11万人，造成的经济损失达100亿美元左右。因此，以环境保护为前提，建立起一系列严格的控制程序，是实现我国人工林改性木材走向产业化的必由之路。

炭化技术是木材加工领域的新兴技术之一，是通过炭化手段减少木材组分中吸水羟基的含量，降低木材的吸湿性和内应力，从而增加木材的尺寸稳定性[13]。在炭化木的生产过程中不添加任何化学药剂，污染问题少、处理工艺简单，炭化木使用过程中不会对环境和人体造成任何损害，具有良好的生物耐久性、耐候性、尺寸稳定性及安全、环保等一系列突出的优点[14-16]。本研究拓宽了速生杉木的应用领域，对我国木材加工产业的可持续发展具有重要的意义，同时为人类健康和环境保护做出了较大的贡献。

1　实 验 部 分

1.1　原料、仪器

原料：试验用的木材是来自安徽某林场的人工速生杉木，树高13m左右，根据国家标准GB1927—91截取地面以上1.3m的部分作为试验原料。

仪器：木工平刨床（MB504B），牡丹江木工机械厂制造；摇臂式万能木工圆锯机（MJ224），牡丹江木工机械厂制造；手动进料木工圆锯机（MJ104），上海木工机械厂制造；单面木工压刨床，邵武木工机床厂制造；电加热蒸汽锅炉（DZJ-405E），上海捷士服装机械有限公司制造；木材炭化箱（THX-3），南京恒

本文原载《林产工业》2008年第35卷第6期第28-32页。

裕仪器设备制造有限公司制造；微机控制电子万能试验机（CWT6104）；低温交变湿热试验箱（GDJS-100）；液压式木材万能试验机（MWE-40A）。

1.2 炭化木的制备

1. 制板

由于木材基部离地面较近，容易受到昆虫、细菌的侵蚀，导致基部中空或开裂，另外，树木基部的木材直径变化较大，因此将基部 1.3m 段去除。取锯材中间 2m 长为实验对象，在实验时，将所取木材的 2m 段加工成 650mm×95mm×28mm 规格的板材，并预先干燥至含水率约 10%。

2. 炭化工艺条件的确定

在确定升温速度时，由于缓慢升温可以降低木材内的温度梯度，从而减小内部应力，降低木材干燥和炭化时产生开裂、变形等缺陷，保证力学性能的稳定性，故选择了 5℃/h 的升温速度。

纤维素中的葡萄糖基在温度超过 150℃后，开始发生脱水反应，纤维素的化学性质随之发生变化，而半纤维素的热解温度要比纤维素低，因此选择在 160℃为最低炭化温度；当炭化温度高于 250℃时，木材内部即发生剧烈的化学反应，不仅半纤维素发生分解，同时伴随纤维素的分解，导致木材力学性能严重下降。因此，最终炭化温度选择 160℃、190℃、220℃。

炭化处理时间是决定木材性能改善程度的又一重要因素，在综合尺寸稳定性等力学性能的基础上，考虑尽量节省能源，将处理时间定为 2h。试验条件设计如表 1 所示。

表 1　试验参数设定

编号	炭化温度/℃	保温时间/h	升温速度/(℃/h)
I	160	2	5
II	190	2	5
III	220	2	5

3. 炭化木物理力学性质的测定

炭化木物理力学性能检测按照国家标准 GB1927～1943—91《木材物理力学性质试验方法》进行测定。

2　结果与讨论

2.1 材色

材色是评价木材表面特性的重要物理指标之一，也是反映木材表面视觉和心理感觉最为重要的特征，杉木经过炭化后，材色发生较大的变化，如图 1 所示。

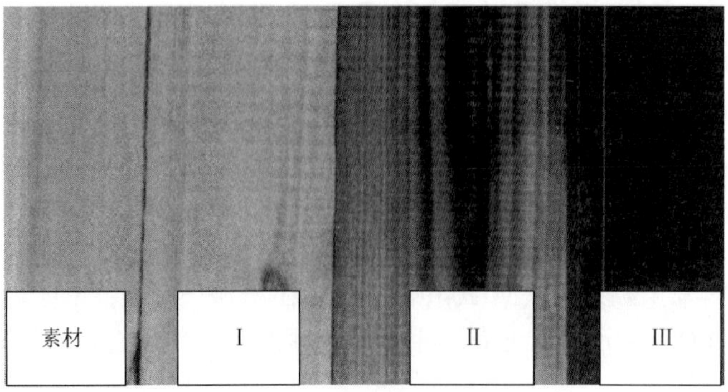

图 1　炭化木的颜色变化

从图 1 可明显看出，炭化木材色受炭化温度的影响较大，随着炭化温度的升高，材色逐渐变深。主要由于炭化过程中伴随着复杂的化学反应，而化学反应又是木材材色变化的主要原因。

炭化条件 I 制备的炭化木，其颜色与未处理素材基本相同。炭化条件 II 和 III 制备的炭化木，其材色颜色较深类似红木，受大多数人的喜爱。

2.2 含水率

木材中的水分按其与木材的结合形式和位置，可以分为化学水、自由水、吸着水三种。炭化后自由水全部挥发，部分吸着水和化学水被除去，炭化木的含水率如图 2 所示。

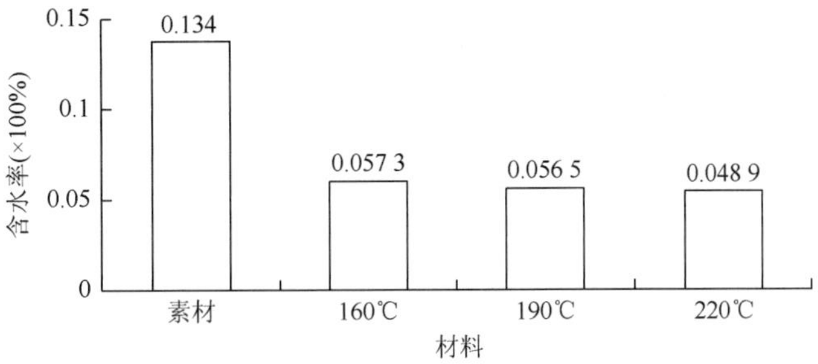

图 2　炭化木含水率的变化

由图 2 可得，炭化明显降低木材的含水率，处理温度为 220℃时，炭化木的平衡含水率为素材的 1/3，但是不同炭化温度处理后的木材，其含水率变化不大。因为炭化温度越高，被除去的吸附水和化学水越多，炭化材中的水分含量就越少。不同部位的木材含水量会有差异，所以在木材经过炭化后失水量也会有所差异。

2.3 吸水性

木材的吸水性表示木材浸入水中吸取水分的能力，木材的吸水率在一定程度上取决于木材的密度和大毛细管系统的稳定性，炭化木吸水性的结果如图 3 所示。

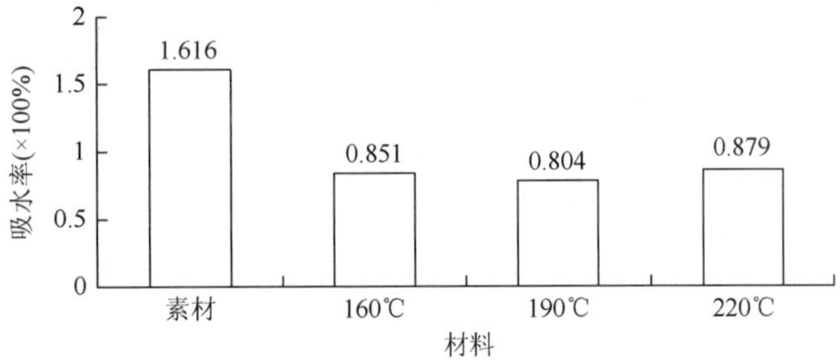

图 3　炭化木吸水性的变化

炭化温度为 160℃、190℃和 220℃的炭化木，其吸水率的下降率分别为 47.34%、50.25%和 45.61%。炭化木的吸水率明显低于素材，尺寸稳定性提高，这是由于木材所含有的半纤维素发生热解，含量明显下降导致的。

2.4 密度

密度是木材单一性质中最重要的一个性质，木材作为一种承重构件，它的品质主要取决于密度，实际上，木材的力学性质大多与密度有着显著的相关性，对木材的干缩和湿胀也有着一定的影响，测定木材的密度可以简便、直观地了解木材的基本性质。炭化木的密度变化如图 4 所示。

由图 4 可以看出，随着炭化温度的升高，木材的密度降低。主要是由于炭化过程中，杉木内部发生了化学变化，半纤维素降解、少量纤维素和木质素参与反应以及抽提物挥发致使木材中的“实质”物质减少，密度降低。

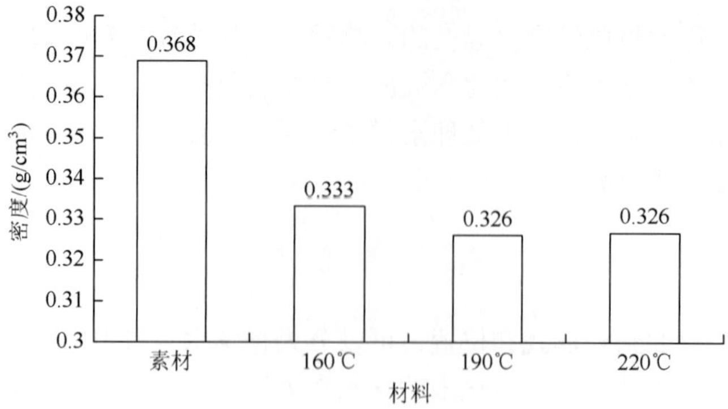

图 4　炭化木密度的变化

2.5　静曲强度、弹性模量、冲击韧性

木材的强度与木材的密度、含水率有很大的相关度，木材经过炭化后密度、含水率会有所降低，其静曲强度、弹性模量、冲击韧性的变化分别如图 5～图 7 所示。

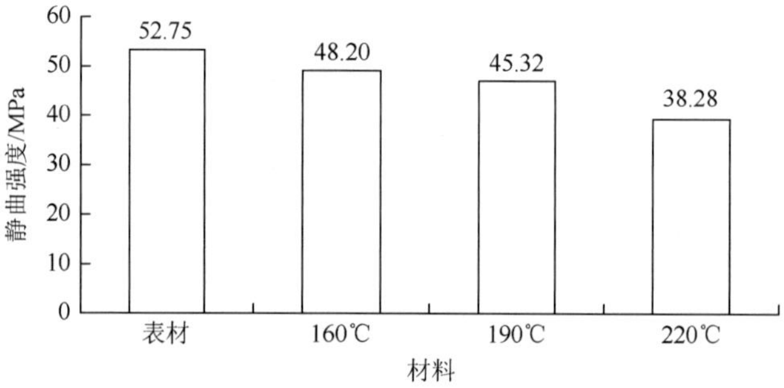

图 5　炭化木静曲强度的变化

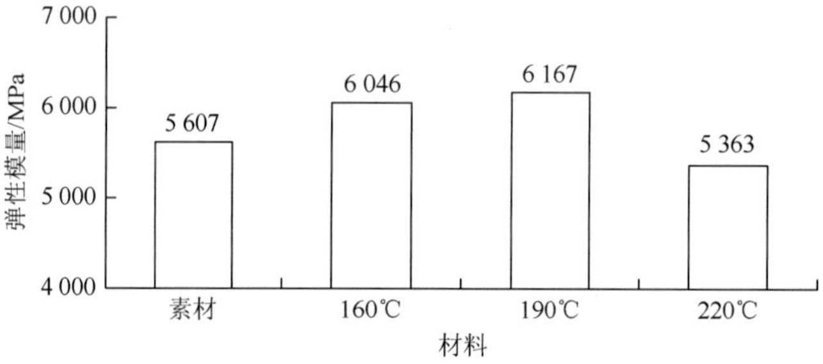

图 6　炭化木弹性模量的变化

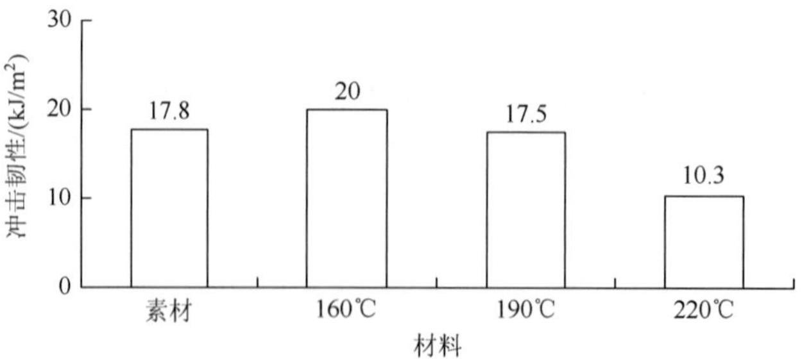

图 7　炭化木冲击韧性的变化

由图 5 可知，静曲强度在 160℃下降 8.63%，190℃下降 14.02%，220℃下降 27.42%左右，这主要由于炭化木的密度随炭化温度的升高而降低，而木材的力学性质和密度有密切关系。由图 6 可得，炭化木的弹性模量先增大后减小，但变化幅度不大，说明炭化条件对弹性模量的影响不显著。由图 7 看出，炭化木的冲击韧性先增大后减小，主要是由于炭化温度为 160℃时，木材内部化学物质参与少部分分解或不发生热

分解，仅是发生分子运动加剧的过程，使得内摩擦减小。但温度升到 220℃时，木材冲击韧性大幅度下降，主要是由于木材中半纤维素发生分解，木材失去了胶着物质，脆性增强，使冲击韧性有所削弱。

2.6 尺寸稳定性

尺寸稳定性包括木材的干缩性和湿胀性，木材的干缩是木材加工、利用上的一大问题，它不仅因木材干缩而发生尺寸和体积的缩小，而且会因弦、径向干缩不均匀而引起木材开裂、翘曲变形；木材的湿胀不仅可以增大其尺寸，还能改变其形状，使强度下降，是木材利用上的不良性质，研究炭化木的干缩及湿胀规律，对其利用有很重要的意义。

1. 炭化木的干缩性

最终炭化温度对炭化木气干干缩性的影响如图 8、图 9 所示。

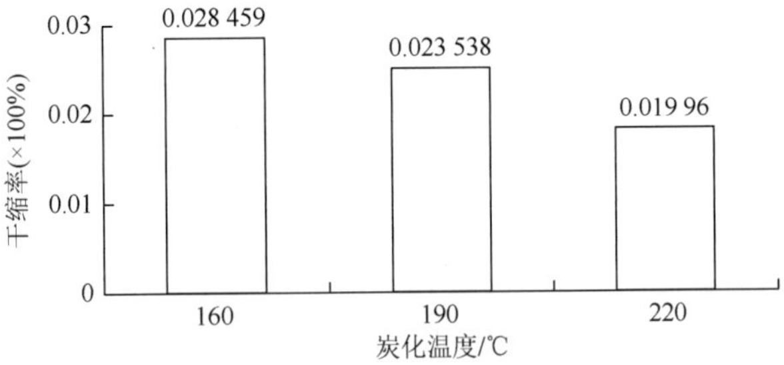

图 8 弦向干缩性与炭化温度的关系

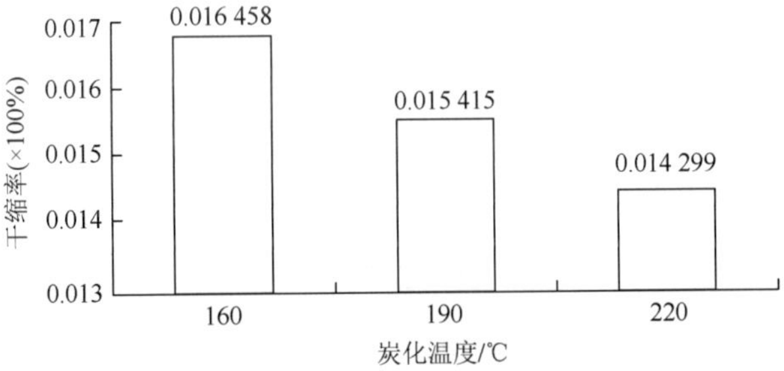

图 9 径向干缩性与炭化温度的关系

由图 8、图 9 可知，随着炭化温度的升高，炭化木的气干弦向干缩性和气干径向干缩性都有所下降，在炭化温度为 220℃时，下降的程度最大，这主要是由于在炭化过程中，木材细胞壁中的高分子聚合物发生了变化，可能导致—OH 键之间彼此横向联结，或者—OH 键被非亲水性基团所取代，细胞壁上的聚合物分子链发生断裂，水分子之间只能形成有限的联结，因此炭化木的尺寸稳定性得到了提高。

2. 炭化木的湿胀性

最终炭化温度对炭化湿胀性的影响如图 10、图 11 所示。

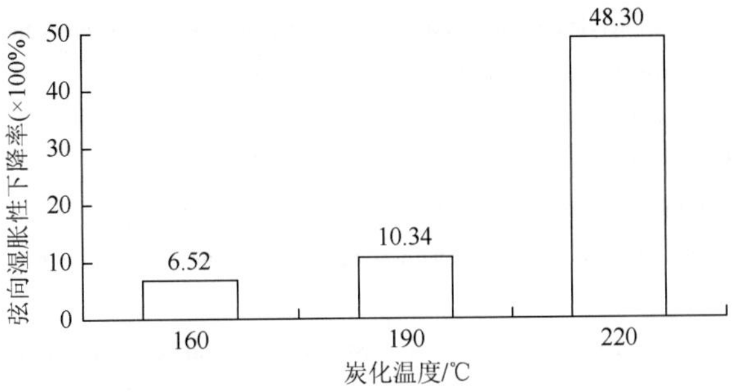

图 10 弦向湿胀性与炭化温度的关系

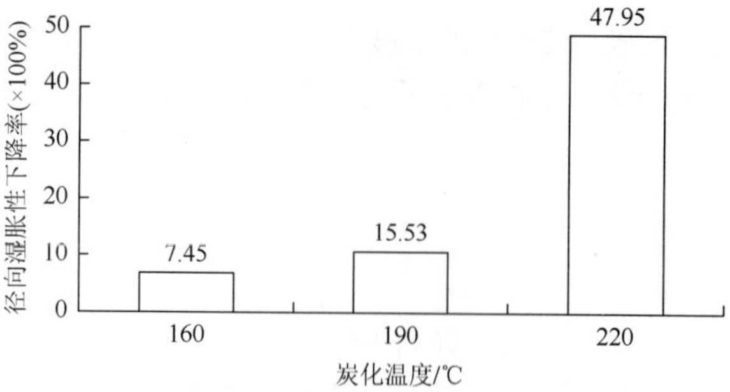

图 11　径向湿胀性与炭化温度的关系

由图 10、图 11 可知，随着炭化温度的升高，弦向湿胀性和径向湿胀性的下降率明显上升，不同炭化温度对气体湿胀性的影响差异很明显，随着温度的升高，由于半纤维素的热解，细胞壁物质的聚合状态发生了改变，导致吸水性羟基的数量减少，木材的湿胀性下降的比例增大，因此，炭化木的尺寸稳定性显著提高。

3　结　　论

（1）炭化木的整个生产过程不添加任何化学药剂，也没有添加任何外来物质，是环保安全的产品。经研究表明，随着炭化温度的升高，炭化木材色逐渐变深，含水率、吸水性逐渐降低，同时密度由原材料的 $0.368g/cm^3$ 减小至 $0.326g/cm^3$，静曲强度下降约 25%左右，弹性模量和冲击韧性均呈现先增加后减小的趋势，后者受热处理条件影响程度较大，而且木材径、弦向干缩、湿胀系数明显下降，较大程度地提高了木材的尺寸稳定性。

（2）对物理性质来说，杉木速生材的最佳炭化工艺条件为：炭化温度为 220℃，炭化时间为 2h，升温速度为 5℃/h，考虑力学性质的损失情况，炭化的最佳工艺条件为：炭化温度 190℃，炭化时间 2h，升温速度 5℃/h。

（3）炭化技术处理木材扩大了杉木速生材的利用范围，提高了其使用价值，丰富了木材科学的内容，对缓解当代木材短缺的局面和低质材的应用范围具有重要的意义。

参 考 文 献

[1]　鲍甫成，江泽慧. 国家八五科技攻关项目短周期工业材材性的研究. 世界林业研究，1994，(7)：1-27.

[2]　彭镇华. 中国杉树. 北京：中国林业出版社，1999.

[3]　邹双全，方钦兰，陈金明. 杉木间伐材工业利用问题研究. 建筑人造板，2000，(3)：18-20.

[4]　Kollmann F F P，Cote J，Wilfred A. Principles of Wood Science and Technology. New York：Springer Verleg，1968.

[5]　钱俊，叶良明，余肖红，等. 速生杉木的改性研究. 木材工业，2001，15 (2)：14-16.

[6]　段新芳，鲍甫成. 人工林毛白杨木材解剖与染色效果相关性的研究. 林业科学，2001，1 (37)：112-117.

[7]　刘君良，王玉秋. 酚醛树脂处理杨木、杉木尺寸稳定性分析. 木材工业，2004，18 (6)：5-8.

[8]　汪佑宏，顾炼百，王传贵. 马尾松速生材的表面强化工艺观察. 南京林业大学学报，2006，30 (6)：17-22.

[9]　Shukla K S，Bhatnagar R C. A note on the effect of compression on strength properties of Populus deltoids and Populus ciliate. Journal of Timber Development Association of India，1989，35 (1)：17-25.

[10]　Ritschkoff A C，Ratto M，Nurmi A. Effect of some resin treatments on fungal degradation reactions. The 30th Annual Meeting of International Research Group on Wood Preservation. Rosenheim，Germany，1999. Document No：IRG/WP99-10318.

[11]　Tiralová Z，Reinprecht L. Fungal decay of acrylate treated wood. The 35th Annual Meeting of International Research Group on Wood Preservation. Ljubljana，Slovenia，2004. Document No：IRG/WP04-30357.

[12]　庚勍. 室内空气污染研究进展. 江苏预防医学，2006，17 (4)：80-82.

[13]　顾炼百，涂登云，于学利. 炭化木的特点及应用. 中国人造板，2007，(5)：31-33.

[14]　Viitaniemi P，Ranta-Maunus A，Jämsä S，et al. Method for processing of wood at elevated temperatures：Finland，95918005，1995-09-11.

[15]　Bhuiyan T R，Hirai N. Study of crystalline behavior of heat-treated wood cellulose during treatments in water. Journal of Wood Science，2005，51 (1)：42-47.

[16]　Wang J Y，Cooper P A. Effect of oil type，temperature and time on moisture properties of hot oil-treated wood. Holz als Roh-und Werkstoff，2005，63 (6)：417-422.

玉米秸秆炭化产物的性能及应用

周建斌　邓丛静　陈金林　张齐生
（南京林业大学　南京　210037）

摘　　要

以玉米秸秆为原料，在最终炭化温度为450℃、平均升温速度为150℃/h的条件下对其进行炭化，研究了炭化产物的成分和性质。结果表明，玉米秸秆炭的灰分和固定碳质量分数分别为13.23%和77.05%，比表面积为158m²/g，并富含作物生长必需的多种营养元素，其中氮、磷、钾质量分数较高，分别为9.24×10^{-3}、4.38×10^{-3}、2.90×10^{-2}；玉米秸秆醋液是一种组分复杂的混合物，主要有机成分是酸类、酚类、酮类和醛类物质，质量分数分别为21.76%、19.62%、15.87%和14.24%。以玉米秸秆炭为材料，以蛭石、煤渣和鸭粪基质为对照（V（蛭石）：V（煤渣）：V（鸭粪）＝1：1：1），研究了玉米秸秆炭、蛭石、煤渣、鸭粪不同配比的复合基质对番茄生长的影响。结果表明，番茄长势（尤其是前期）较好的基质配比为V（玉米秸秆炭）：V（蛭石）：V（煤渣）：V（鸭粪）＝6：1：1：1，且在定植20d时，番茄株高、最大叶面积和茎粗指标分别提高了11.11%、57.21%、32.81%。

关键词：玉米秸秆；炭化；秸秆炭；基质

玉米是我国三大粮食作物之一[1]，玉米秸秆是玉米果实收获后的剩余物质，年产量达2.5亿t，占我国农作物秸秆年总产量的40%左右[2]。目前，玉米秸秆主要以加工粗饲料、成颗粒燃料、制取可燃液化物、制取气化物、秸秆还田等利用为主[3-5]。我国秸秆利用方式还处于较低的水平，造成了秸秆资源的严重浪费，而且秸秆焚烧造成的污染，是困扰全国大气环境的污染问题之一[6]。因此，合理、高效地利用秸秆对国民经济的可持续发展和环境保护具有重大的意义。

有机农业是一种完全不用或基本不用人工合成化肥、农药、生长调节剂和牲畜饲料添加剂的生长制度[7]，在大力发展有机农业及蔬菜消费要求多元化、高品质化的大背景下，进行基质栽培将是设施栽培的主要发展方向之一。国内外对基质栽培的研究较多[8-10]，但未见采用玉米秸秆炭为原料制备栽培基质的报道。本研究以玉米秸秆炭化后的生物质炭为原料，研究出适合栽培蔬菜的有机基质，一方面降低了基质的生产成本，提高了蔬菜产量，为有机基质的推广提供理论依据；另一方面从根本上解决秸秆焚烧问题，同时得到高附加值的副产品秸秆醋液，具有显著的社会和环境效益。

1　材料与方法

原料：炭化原料采用南京郊区的玉米秸秆，基质原料采用实验室自制的玉米秸秆炭和市场通用的鸭粪、蛭石、炉渣，试验作物为宝大903番茄。

玉米秸秆的炭化：采用干馏设备对玉米秸秆进行炭化，将玉米秸秆断成18～20cm的段，并捆扎装入干馏釜体中，以150℃/h的升温速度加热炭化炉。根据原料和设备的特点，炭化最终温度取450℃，升至最终炭化温度后保温1h，得到玉米秸秆炭和玉米秸秆醋液。

玉米秸秆炭化产物性能的分析：①玉米秸秆炭基本性能，即水分、灰分、挥发分、固定碳质量分数按照国家标准GB/T17664—1999《木炭和木炭试验方法》进行测定；②玉米秸秆炭比表面积采用意大利产的Sorptomatic1900型比表面积测定仪（液氮）进行测定；③玉米秸秆碳、氮元素分析分别采用德国Foss Heraeus公司制造的CHN-O-RAPID元素分析仪和德国Elementar公司生产的Vario EL Ⅲ元素分析仪，其他元素分

本文原载《东北林业大学学报》2008年第36卷第12期第59-61页。

析采用美国 JarreⅡ Ash 公司制造的 JA1100 型电感耦合等离子直读光谱仪；④玉米秸秆醋液成分采用美国产的 HP6890N/5970N 型气相色谱-质谱联用仪进行测定。

玉米秸秆炭基质复配：试验设 3 个处理，Ⅰ：*V*（玉米秸秆炭）∶*V*（蛭石）∶*V*（煤渣）∶*V*（鸭粪）= 4∶1∶1∶1；Ⅱ：*V*（玉米秸秆炭）∶*V*（蛭石）∶*V*（煤渣）∶*V*（鸭粪）= 6∶1∶1∶1；Ⅲ：*V*（玉米秸秆炭）∶*V*（蛭石）∶*V*（煤渣）∶*V*（鸭粪）= 8∶1∶1∶1；对照为 CK：*V*（蛭石）∶*V*（煤渣）∶*V*（鸭粪）= 1∶1∶1。每个处理播 3 盘，完全随机排列摆放。

玉米秸秆炭复配基质理化性质的测定：玉米秸秆炭复配基质物理性质的测定包括密度、孔隙度、电导率，采用常规方法进行分析[11, 12]，密度采用环刀法测定，孔隙度采用饱和浸渍法，电导率采用 DDSJ-308A 型电导率测定仪测定。玉米秸秆炭复配基质的化学性质主要测定了有机质、全氮、全磷、全钾、速效氮、速效磷和速效钾、pH。测定方法分别为重铬酸钾氧化-外加热法、半微量凯氏法、钒钼酸铵比色法（440nm）、HF-$HClO_4$ 萃取原子吸收法、碱解扩散法、碳酸氢钠浸提-钼锑抗比色法和中性醋酸铵浸提-火焰光度计法，pH 采用 DMP-2 型 pH 计进行测定。

玉米秸秆炭有机栽培基质在番茄上的应用：试验在日光温室内进行，每公顷 40500 株，2006 年 2 月 10 日播种（穴盘苗），3 月 20 日定植于栽培袋中（栽培袋规格为 100cm×50cm，每立方米基质装 30 袋），采用单秆整枝，留 5 穗果打顶，每穗留 3 个果。在番茄整个生长过程中进行 2 次施肥，定植后前 15d 浇清水，15d 后清水和营养液间隔浇，即浇一次水，浇一次营养液（营养液为山崎番茄配方营养液）。灌水时间及灌水量根据气温、基质湿度及番茄不同生长期对水分的要求进行调整，保持对照和处理的灌水量相等。生长过程中进行长势调查，主要考查了番茄的株高、最大叶面积和茎粗指数，其中株高为根茎部到生长点间的长度，用直尺测量；最大叶面积利用 LI-COR 公司制造 LI-3000 型叶面积仪测定；茎粗为子叶下部 2/3 处的粗度，用游标卡尺测量。

2　结果与分析

2.1　玉米秸秆炭的性质及元素组成

基本性质：炭化温度、升温速度和保温时间是玉米秸秆炭性质的主要影响因素。在炭化温度为 450℃、升温速度为 150℃/h、保温时间为 1h 条件下制备的玉米秸秆炭的水分、灰分、挥发分、固定碳质量分数分别为 5.56%、13.23%、9.72%、77.05%。玉米秸秆炭的灰分、挥发分质量分数较低，而固定碳质量分数较高。

比表面积：玉米秸秆炭的吸附性能是对其进一步开发利用的重要指标之一，而比表面积能较好地反映其吸附性能。测定表明，玉米秸秆炭的比表面积为 $\Sigma\Delta S_i = 158m^2/g$，说明玉米秸秆炭能够改善土壤的比表面积和孔隙状况，调节土壤的松紧状态，改善土壤的通气状况，从而使土壤的密度降低，吸湿性增大，最大持水量、田间持水量和有效水含量范围提高，对已有的重金属污染或退化的土壤具有改良和修复作用，对改善土壤物理性质具有积极的意义。

元素组成：玉米秸秆炭的元素组成较复杂，除含有作物生长所需氮、磷等元素外，还富含钾、镁、钠等元素；玉米秸秆中含有的无机元素，经炭化残留在玉米秸秆炭中，其质量分数会随玉米秸秆产地不同而各异。本试验测定玉米秸秆炭的元素组成为 $\omega(C) = 0.470$、$\omega(P) = 4.38\times10^{-3}$，$\omega(Fe) = 753.81\times10^{-6}$、$\omega(Si) = 0.202$、$\omega(Na) = 2.15\times10^{-3}$、$\omega(Ba) = 89.36\times10^{-6}$、$\omega(K) = 2.90\times10^{-2}$、$\omega(Mg) = 1.98\times10^{-3}$、$\omega(B) = 45.42\times10^{-6}$、$\omega(Ca) = 1.10\times10^{-2}$、$\omega(Mn) = 0.95\times10^{-3}$、$\omega(Zn) = 42.37\times10^{-6}$、$\omega(N) = 9.24\times10^{-3}$、$\omega(Al) = 783.14\times10^{-6}$、$\omega(Cu) = 21.19\times10^{-6}$。

2.2　玉米秸秆醋液主要成分

玉米秸秆醋液是一种组分复杂的混合物，其中大部分是水，其他主要组分有酸类、醛类、酚类、酮类、酯类等，其主要特点和优势是来源于天然物质、不污染环境、对人畜无毒副作用，是农用化学品的理想替代物。它可加工为用于牲畜场所的消毒液，除臭剂，防虫、防病、促进作物生长的叶面肥，植物生长调节剂等。本试验玉米秸秆醋液主要成分和质量分数如表 1 所示。

2.3 玉米秸秆炭有机栽培基质的理化性质

基质除了支持和固定植物外，更重要的是为植物生长提供一个稳定、适宜的根系环境，水分、空气、养分、酸碱度等都与基质的理化性状有关。

物理性质：不同处理基质物理性质如表 2 所示。密度是指单位体积基质的质量，它反映基质疏松程度及对作物支撑能力的高低[13]。很多研究表明作物在密度 0.1～0.8g/cm³ 的基质上均能正常生长，并且在 0.2～0.5g/cm³ 范围内生长最佳，由表 2 可知 3 种配比玉米秸秆炭基质的密度都在标准安全范围内，且都高于对照基质，均能较好地维持作物的正常生长。

表 1 玉米秸秆醋液主要组分及质量分数

序号	保留时间/h	类别	化合物名称	质量分数/%
1	1.818	酸类	乙酸	17.237
2	2.252		丙酸	3.174
3	3.041		丁酸	1.050
4	19.576		4-羟基-3-甲氧基苯甲酸	0.301
小计				21.762
5	6.968	酚类	苯酚	6.054
6	8.962		2-甲基苯酚	1.677
7	9.528		4-甲基苯酚	3.250
8	9.900		2-甲氧基苯酚	3.037
9	110563		2, 4-二甲基苯酚	0.326
10	11.608		2, 5-二甲基苯酚	0.429
11	12.088		4-乙基苯酚	1.111
12	12.157		3, 5-二甲基苯酚	0.389
13	12.831		2-甲氧基-4-甲基-苯酚	0.985
14	13.523		连苯二酚	0.358
15	14.106		2-丙氧基苯酚	0.295
16	15.200		4-乙基-2-甲氧基苯酚	0.648
17	16.141		2-甲氧基-4-乙烯基苯酚	0.209
18	17.124		2, 6-二甲氧基苯酚	2.071
19	18.907		2, 6-二甲基-1, 4-连苯二酚	0.312
20	21.542		5-叔丁基连苯三酚	0.146
小计				19.620
21	1.589	酮类	丙酮	2.369
22	2.910		1-羟基-2 丁酮	1.356
23	2.213		环戊酮	0.702
24	3.940		2-甲基环戊酮	0.234
25	5.202		2-甲基-2-环戊酮	1.344
26	5.299		1-（2-呋喃）-乙酮	1.126
27	5.373		2（五氢）-呋喃酮	1.451
28	5.950		1, 2-环戊二酮	0.299
29	5.950		5-甲基-2（五氢）-呋喃酮	0.275
30	6.562		3-甲基-2-环戊烯酮	1.549

续表

序号	保留时间/h	类别	化合物名称	质量分数/%
31	6.470	酮类	3-己酮	0.359
32	6.910		3-甲基环戊酮	0.194
33	7.293		3, 4-二甲基-2-环戊烯酮	0.319
34	8.156		3-甲基-1, 2-环戊二酮	1.775
35	8.528		2, 3-二甲基-2-环戊烯酮	0.609
36	8.640		2-甲基-1-丁烯-3-酮	0.315
37	10.740		3-乙基-2-羟基-1-环戊烯酮	0.810
38	12.717		5-羟基甲基-2-二氢呋喃酮	0.388
39	16.844		5-丙基-2-二氢呋喃酮	0.164
40	21.662		1-（4-羟基-3-甲氧基）-2-苯丙酮	0.233
小计				15.873
41		酯类	乙酸甲酯	0.385
42			丙酸甲酯	0.366
43			呋喃酸甲酯	0.113
44			3-甲基丁酸丁酯	1.659
小计				2.523
45	3.583	醛类	糠醛	13.811
46	6.516		2-甲醛-糠醛	0.433
小计				14.244
47	4.173	醇类	2-呋喃甲醇	3.340
48		其他	吡啶等化合物	10.802

表 2　不同处理基质物理性质

试验编号	密度/(g/cm^3)	孔隙度/%	电导率/(ms/cm)
I	0.42	68	2.13
II	0.35	70	2.34
III	0.32	73	3.19
CK	0.27	63	0.78

基质的孔隙度可以反映基质的饱和含水量，可作为衡量基质保水、透气性能的重要指标。孔隙率越大，基质饱和含水量越大、透气性越好。由表 2 可以看出，3 种配比玉米秸秆炭基质的孔隙率均大于未添加玉米秸秆炭的对照基质，且随着玉米秸秆炭所占比例的增加，基质的孔隙率变大。

基质的电导率是评价基质水溶液离子总浓度的指标，3 种配比的玉米秸秆炭基质 EC 均大于对照基质，其中 I 和 II 处理基质的电导率较适合作物生长，而III处理基质的 EC 则较高。

针对基质的物理性质而言，玉米秸秆炭基质较好的复配比为 V（玉米秸秆炭）：V（蛭石）∶V（煤渣）∶V(鸭粪) = 6∶1∶1∶1，基质密度、孔隙率、电导率分别提高 22.86%、11.11%、66.67%，且都在作物适合生长的范围内，说明玉米秸秆炭基质具有较好的物理性质。

化学性质：基质的化学性质主要反映了基质本身对养分的供应能力和对外加养分的缓冲能力。氮、磷、钾是植物生长必需的营养元素，它们的供应状况直接影响到作物的产量和品质，是作物生长中重要的影响因子[14]。玉米秸秆炭基质的主要化学指标如表 3 所示。可以明显看出，随着基质中玉米秸秆炭所占比例的增加，基质有机质、全氮、全磷、全钾、速效氮、速效磷和速效钾的质量分数升高。这是因为在炭化过程时，玉米秸秆中的有效成分都固定在玉米秸秆炭中，使玉米秸秆炭富含作物生长的多种营养元素，同时由于玉米秸秆炭具有一定比表面积和孔隙分布，能够对外加的养分起到缓冲的作用。

表 3　不同处理基质的主要化学性质

试验编号	有机质质量分数/%	全氮质量分数/%	全磷质量分数/%	全钾质量分数/%	速效氮质量分数/10^{-6}	速效磷质量分数/10^{-6}	速效钾质量分数/10^{-6}	pH
I	28.8	1.22	0.38	1.98	112	162	7412	7.05
II	34.9	1.65	0.45	2.08	173	193	8015	6.90
III	40.2	1.83	0.49	2.23	188	198	8104	7.00
CK	25.7	0.70	0.11	0.23	—	—	—	5.80

pH 代表基质固相平衡溶液中 H^+浓度的负对数，一般作物适宜生长的 pH 范围是 6.5～7.5[15]。与对照基质比，3 种复配基质的 pH 均有所提高，因为玉米秸秆炭是一种碱性物质，但均在作物适宜的生长范围内。

针对基质的主要化学性质而言，玉米秸秆炭基质较好的复配比为 *V*（玉米秸秆炭）∶*V*（蛭石）∶*V*（煤渣）∶*V*（鸭粪）= 8∶1∶1∶1。

2.4　不同处理基质对番茄生长的影响

分别于 2006 年 4 月 10 日和 4 月 30 日对番茄生长进行检测，每个处理随机选取 10 株，对其株高、最大叶面积和茎粗等生长指标进行测量，结果见表 4。定植 20d 时，株高的变化因基质的配比不同而有所不同，II 处理基质株高最高；各配比基质对最大叶面积和茎粗均具有显著的作用。定植 40d 时，株高的变化因各处理有所不同，II 处理株高最高，比对照提高了 13.42%；对茎粗的影响，3 种处理均优于对照，以 II 处理最佳，I 处理其次；最大叶面积的差异显著，II 处理基质最佳，I 处理次之，而III处理则低于对照，可能因为 I 处理的基质中有机成分较低，追肥又未及时供上，而III处理则因养分过高，出现了轻微浓度障碍，生长受到抑制。

表 4　不同处理对番茄生长的影响

试验编号	4 月 10 日（定植后 20d）			4 月 30 日（定植后 40d）		
	株高/cm	最大叶面积/cm^2	茎粗/cm	株高/cm	最大叶面积/cm^2	茎粗/cm
I	35.4	488.1	0.75	71.5	1.526	1.32
II	36.0	538.3	0.85	80.3	1.622	1.50
III	31.0	408.5	0.70	74.0	1.448	1.31
CK	32.4	342.4	0.64	70.8	1.506	1.31

总体来看，II 配比基质（即 *V*（玉米秸秆炭）∶*V*（蛭石）∶*V*（煤渣）∶*V*（鸭粪）= 6∶1∶1∶1）对番茄生长有较大促进作用，株高、最大叶面积和茎粗明显优于对照，在一定程度上扩大了光合面积。

3　结　　论

玉米秸秆炭和醋液是玉米秸秆炭化得到的 2 种主要产物。玉米秸秆炭的灰分和固定碳质量分数分别为 13.23%和 77.05%，比表面积为 $158m^2/g$，同时富含作物生长必需的多种营养元素。其中钾、钙、氮、磷的质量分数较高，分别为 2.90×10^{-2}、1.10×10^{-2}、9.24×10^{-3}、4.38×10^{-3}，因此，可用其开发优质栽培基质、有机复合肥、肥料缓释剂及土壤改良剂等多种高附加值产品。玉米秸秆醋液是一种组分相当复杂的混合物，主要有机组分有酸类、酚类、酮类和醛类物质，质量分数分别为 21.76%、19.62%、15.87%和 14.24%，作为天然的农业生产资料，其主要特点和优势是来源于天然物质，不污染环境，对人畜无毒副作用，是农用化学品的理想替代物。

以玉米秸秆炭作为有机原料制备栽培基质，其理化性质较好，对番茄的生长具有较好的促进作用。本试验中以 *V*（玉米秸秆炭）∶*V*（蛭石）∶*V*（煤渣）∶*V*（鸭粪）= 6∶1∶1∶1 配比基质的性能最佳，与对照相比，其密度、总孔隙度、电导率、pH 提高了 29.63%、11.11%、200%、18.97%；有机质、全氮、全磷、全钾质量分数分别提高了 35.80%、135.71%、309.09%、804.35%；在番茄定植 20d 时，其株高、最大叶面积和茎粗指标分别提高了 11.11%、57.21%、32.81%。因此，玉米秸秆炭基质在设施栽培中有良好的推广利用价值。

参考文献

[1] 郭庆法，王庆成，汪黎明. 中国玉米栽培学. 上海：上海科学技术出版社，2004.

[2] 姚建中，万宝春. 玉米秸秆快速热解. 化工冶金，2000，21（4）：434-437.

[3] 聂李明. 论玉米秸秆综合利用新途径. 农业技术与设备，2007，（8）：48-49.

[4] Erik F K，Jens K K. Development and test of small-scale batch fired Straw boilers in Denmark. Biomass and Bioenergy，2004，26：561-569.

[5] Nigam J N. Ethanol production from wheat Straw hemicellulose hy-drolysate by Pichia stipitis. Journal of Biotechnology，2001，87：17-27.

[6] 曹国良，张小曳，王亚强，等. 中国区域农田秸秆露天焚烧排放量的估算. 科学通报，2007，8（15）：1826-1831.

[7] 程雅梅，张长春. 有机农业生产技术研究. 现代农业科技，2007，（16）：69.

[8] van Os E A. Design of sustainable hydroponic systems in relation to environment-friendly disinfection methods. Acta Hort，2001，548：179-205.

[9] 孙志强，李胜利，张艳玲. 锯末基质中氮磷钾施用量与番茄幼苗生长的关系. 华南农业大学学报：自然科学版，2004，25（1）：25-28.

[10] Raviv M. Horiculture use of composed material. Acta Hort，1998，469：225-233.

[11] 鲍士旦. 土壤农化分析. 北京：中国农业出版社，2000.

[12] 马太和. 无土栽培. 北京：北京出版社，1980.

[13] 陈元镇. 花卉无土栽培的基质与营养液. 福建农业学报，2002，17（2）：128-131.

[14] 潘颖，李孝良. 几种无土栽培基质理化性质比较. 安徽农学通报，2007，13（5）：55-56.

[15] 张德威，牟咏花. 几种无土栽培基质的理化性质. 浙江农业学报，1993，5（3）：166-171.

固定化微生物竹炭对废水中主要污染物的降解效果

吴光前[1] 张齐生[1,2] 周培国[1] 周建斌[1] 陈方杰[1]
（1 南京林业大学竹材工程研究中心 南京 210037；
2 浙江林学院，临安 311300）

摘 要

将经过筛选和驯化得到的高效复合微生物菌群固定在竹炭颗粒的表面和孔隙内部，制备得到固定化微生物竹炭。用装填固定化微生物竹炭的接触塔对废水中的主要污染物进行降解。结果表明：采用粒径为20mm的颗粒状固定化微生物竹炭，在水力停留时间为60min的工况下，对废水中的化学需氧量（COD）、氨氮、总磷、色度、浊度的去除率分别达到75%、40%、20%、50%和50%，对COD、氨氮、总磷的最大去除负荷分别为170、30和1.8g/(m^3·h)，单位质量竹炭固定的微生物个数为1.22×10^{10}个/g。

关键词：固定化；微生物；竹炭；废水

竹炭是一种多功能的环境友好材料。近年来，运用竹炭对废水中的污染物进行吸附净化逐渐成为新的研究热点[1-6]。研究表明竹炭对废水中的主要污染物有良好的吸附净化性能[7]。

但是，采用竹炭对污水中的污染物进行吸附净化，经过一段时间后会产生吸附饱和。笔者基于竹炭具有较大的比表面积和合理的孔径分布，通过筛选降解性能和菌体尺寸适宜的高效微生物组合并固定在竹炭表面和内部的孔隙上，制备得到固定化微生物竹炭。固定化微生物竹炭既保留了竹炭对水体中污染物的吸附性能，又可以充分发挥高效微生物的降解作用。

1 材料与方法

1.1 试验装置

装置为填充固定化微生物竹炭的接触塔（图 1）。该接触塔为透明有机玻璃柱制成，规格为Ø100mm×1500mm，所采用的竹炭为700℃条件下制备得到直径约20mm的颗粒（溧阳锦竹炭业有限公司提供），前期试验测得该竹炭的填充密度为350kg/m^3，比表面积300m^2/g。塔内竹炭层有效高度1200mm。废水储于废水池中通过恒流水泵打入接触塔顶部，在水箱中使用空气泵对废水进行适度预曝气以提高溶解氧质量浓度达到4.0mg/L以上。控制进水流量使废水在接触塔内的水力停留时间为60min，净化后的出水从塔底排出。

1.2 实验用水与分析方法

实验废水取自南京林业大学校内污染严重的紫湖溪主河道，该河道为南京林业大学学生宿舍生活污水受纳水体，污染严重。实验中检测的主要污染物指标为化学需氧量（COD）、氨氮（NH_3-N）、总磷（TP）、色度、浊度，以及单位质量竹炭固定的微生物数量。水质分析方法均按照《水和废水监测分析方法》[8]测定，微生物数量测定方法采用脂磷法[9,10]。

1.3 菌种来源与固定化方法

试验用菌种选用欧洲微邦生物工程有限公司（北京）生产的城市河流污水净化专用生物干粉制剂。经

本文原载《南京林业大学学报（自然科学版）》2009年第33卷第1期第20-24页。

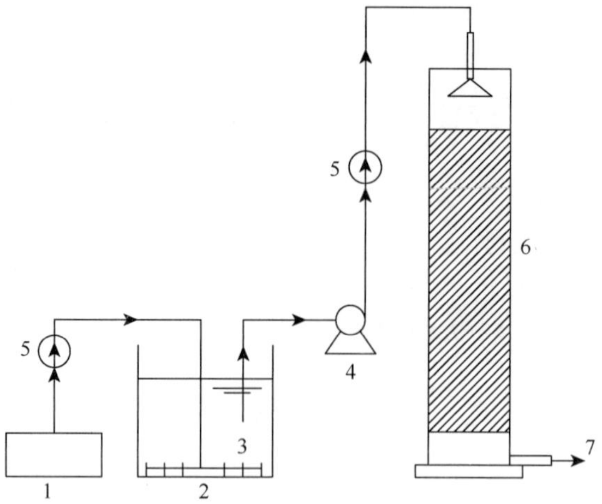

图 1　固定化微生物竹炭接触塔装置示意图

1. 空气泵；2. 废水池；3. 曝气头；4. 恒流水泵；5. 流量计；6. 接触塔；7. 净化后出水

实验室扩大培养后，镜检发现该生物制剂以酵母菌为主，并有少量球菌。试验选用的固定化方法为物理固定法[11, 12]，将扩大培养后的生物制剂菌液以 10L/h 的速度对竹炭接触塔进行循环滴滤，使微生物能够吸附在竹炭的表面和内部，循环滴滤 48h 以后，用自来水将竹炭接触塔冲洗干净，镜检发现在竹炭表面和内部孔隙中已经固定了一定数量的生物菌体，即制备得到固定化微生物竹炭。扫描电镜观察发现在竹炭的孔隙表面和内部，负载了大量的复合微生物菌体，采用固定化微生物竹炭作为填料的接触塔即可用于废水的净化。

2　结果与分析

2.1　固定化微生物竹炭对化学需氧量的降解效果

固定化微生物竹炭对化学需氧量（COD）的降解效果见图 2（a）和图 2（b）。试验期间进水的 COD 质量浓度在 130～220mg/L 波动。在系统开始运行的 1～5d，由于竹炭上固定的微生物尚处在增殖阶段，生物膜没有完全稳定，因此对 COD 的去除能力相对不高，出水的 COD 质量浓度在 60mg/L 左右波动，去除率和去除负荷也较低，分别为 50%和 90g/(m^3·h)左右。但是随着生物膜的逐渐成熟，从运行第 6 天开始，系统对 COD 的去除能力逐渐增强，出水的 COD 质量浓度小于 40mg/L，去除率基本稳定在 70%左右，去除负荷保持在 130～170g/(m^3·h)。在整个实验过程中，虽然进水的浓度波动较大，但是出水的质量浓度始终都低于 60mg/L，低于 GB8978—1996 中 COD 二级排放标准的规定，显示了固定化微生物竹炭对于进水 COD 浓度的波动具有很强的抵抗能力。

随着试验的进行，生物膜的厚度逐渐增加，竹炭层的局部区域开始出现生物膜积累和老化的现象。在试验的第 25 天以后，接触塔对 COD 的去除性能开始下降。由于试验中采用的废水流量小，水力停留时间达到 60min，水力冲刷作用对生物膜的剪切力很弱，导致生物膜的脱落速度缓慢，因此在部分表面生物膜出现了过度生长的现象。具体体现在生物膜厚度变厚，颜色变深，水流出现沟流短路现象，从而导致系统对 COD 的去除率逐渐减小。

2.2　固定化微生物竹炭对氨氮的去除效果

紫湖溪水体的氨氮污染主要来自南京林业大学校内学生区化粪池的溢流污水。氨氮的去除效果见图 2（c）和图 2（d）。由图 2（c）可见，紫湖溪水体的氨氮污染情况比较严重，试验期间废水的氨氮质量浓度普遍高于 40mg/L，最高质量浓度达到 60mg/L。经过固定化微生物竹炭接触塔的处理以后，出水氨氮浓度显著降低。试验初期对氨氮的去除效率在 25%左右，经过 5d 的处理，竹炭上的生物膜逐步成熟，对氨氮的去除效率逐渐提高，最终稳定在 50%左右，出水氨氮质量浓度在 25mg/L 左右波动，基本达到 GB8978—1996 中氨氮二级排放标准的规定。但是在系统运行的最后几天，由于生物膜的过量增长和老化，导致去除率有所降低。系统对氨氮的处理效率最高达到 63%，最大去除负荷为 30g/(m^3·h)。

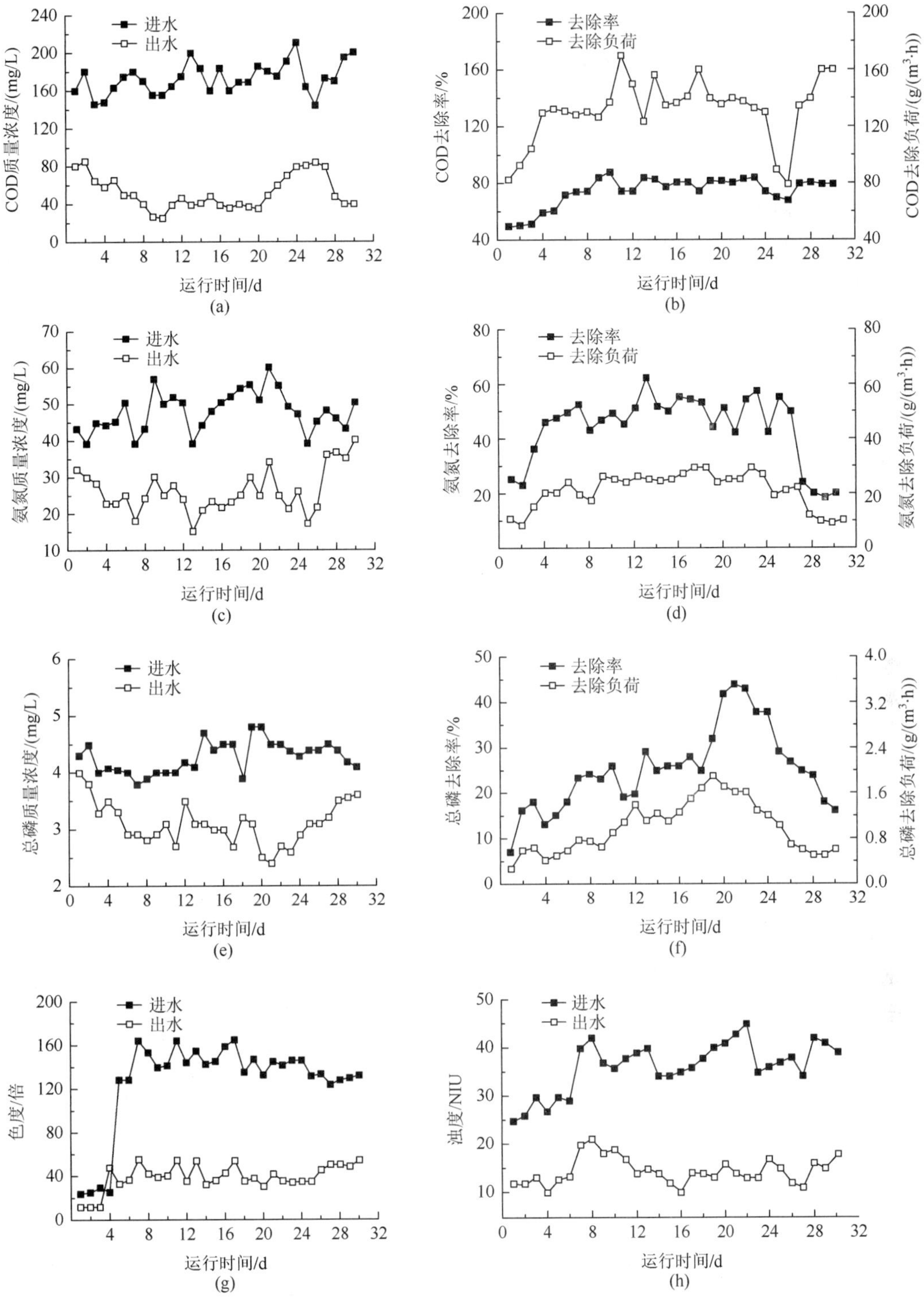

图2　固定化微生物竹炭对污染物的降解效果

按照经典氨氮去除理论，氨氮的去除可以分为硝化和反硝化两个阶段，作用微生物分别为好氧自养的硝化细菌和厌氧异养的反硝化细菌，这两种微生物的特性和生存条件各不相同，因此，这两种微生物往往不能存在于载体或者反应器的同一位置。但是，在某些孔隙结构复杂的填料表面及其内部形成的生物膜上，从表面向内部逐步形成一个溶解氧梯度，可以实现在同一个生物膜系统内的同步硝化反硝化，从而实现高效脱氮[13, 14]。根据这一理论，竹炭作为一种孔隙结构极其发达的高性能载体，完全具有实现同步硝化、反硝化的条件，可以实现对氨氮的有效去除。

2.3　固定化微生物竹炭对总磷的去除效果

紫湖溪的磷污染主要来自南京林业大学学生区日常生活过程中大量使用和排放的含磷洗涤剂。总磷的去除效果见图 2（e）和图 2（f）。从图 2（e）可见，进水总磷的质量浓度在 3.7～4.8mg/L 之间波动，属于磷污染严重的水体。现有的生物除磷技术普遍通过创造适宜的环境让聚磷菌在厌氧条件下释放菌体内的磷，然后在好氧条件下以超过自身代谢需求的量过量吸收水中的磷元素进入菌体，最终将聚磷菌以剩余污泥的形式排出废水处理系统。因此，磷的去除实际上只是将水体中的磷转移到微生物体内，并未真正将磷分解掉。

试验中采用的填充固定化微生物竹炭的接触塔本质上属于接触氧化法的一种，这种处理系统基本上不产生剩余污泥，因此从根本上制约了系统去除总磷的能力。从图 2（e）中可看出，在进水总磷质量浓度 3.7～4.8mg/L 的情况下，出水的总磷质量浓度在 2.2～4.0mg/L 波动，在第 20 天至第 25 天，系统的除磷率最高，达到 25%～45%，最高去除负荷达到 1.8g/(m^3·h)。

但是在第 25 天到第 30 天，由于系统生物量过分增长，导致接触塔内水的短流现象明显，除磷效率显著下降。

2.4　固定化微生物竹炭对污水色度的去除效果

废水中的致色物质主要是水中溶解态或者胶体态带有生色基团的有机物，如生活污水中的腐殖质、工业废水中的重氮、偶氮化合物和金属离子等。由于紫湖溪沿岸的排污口均为生活污水，因此其产生色度的污染物来源仅为腐殖质。色度的去除效果见图 2（g），从图 2（g）可以看出，在进水色度为 120～160 倍时，经过固定化微生物竹炭接触塔处理后的出水色度为 30～60 倍，去除率达到 70%。系统对生活污水中色度的去除主要通过两种作用：首先，竹炭作为一种高吸附性能材料，本身对污水中的致色物质具有比较好的吸附去除效果；其次，负载在竹炭上的高效微生物对污水中致色物质如腐殖质等具有生物降解作用，将其分解成为无色的小分子化合物，从而使水体色度显著降低。

2.5　固定化微生物竹炭对污水浊度的去除效果

浊度是表征水中悬浮颗粒和胶体物质浓度的指标，水体中的悬浮颗粒和胶体物质浓度越高，水的浊度也就越高。该指标在水的微生物安全性方面有重要意义，同时也是水体重要的感观性状指标。从图 2H 可见，在原污水浊度为 25～45NTU 的情况下，经过固定化微生物竹炭接触塔的处理后，出水的浊度降低到 8～20NTU，去除效率超过 50%。由于水体的色度与浊度是两个既有区别又有联系的指标，水中的某些污染物，比如胶体物质等，既产生色度，也产生浊度。因此，该系统对色度和浊度的去除机理和规律具有一定的相似性，既包括竹炭本身对于胶体物质的吸附，又包括微生物对吸附到竹炭表面和内部的胶体物质的生物降解，这两种机制同步发生作用，从而降低了水体的浊度。

2.6　固定化微生物竹炭的生物量测定

生物量是水处理微生物学和生物处理工艺设计与运行的一个重要参数。在水处理微生物学中，生物量的测定方法基本可以分为建立在传统微生物技术之上的培养法和以生物膜（活性污泥）细胞组分生物化学检测为基础的原位法。

实验中，由于微生物广泛分布在竹炭的表面和内部孔隙中，其分布情况十分复杂，因此，欲通过预处理方式将竹炭表面和内部所固定的微生物菌胶团破碎成单细胞悬浊液并加以培养，最后采用平板计数等方法进行微生物数量测定，难度极大。因此，实验采用原位法来测定单位质量竹炭固定的微生物数量。原位法测定不需要生物膜与载体的分离及菌胶团的破碎，所采用的方法多为生物化学和物理方法等。在现有的各种原位测定方法中，脂磷法是一种具有较好代表性和准确性的方法。所有的生物细胞内都含有脂磷，脂磷的含量可以近似表示系统内的活性生物量，脂磷法测定微生物数量在众多水处理研究中已经得到应用，并被证明是行之有效的。脂磷的测定方法见文献[9，10]，测定结果以 1g 的载体所能固定的微生物（大肠杆菌大小）的个数表示。

实验选取经过 30d 使用的成熟固定化微生物竹炭（取自反应器中部），此时的微生物在竹炭表面和内部的生长已经比较成熟，肉眼可见竹炭表面形成一层黄褐色的生物膜。通过脂磷法测试表明，此时的固定化微生物竹炭的单位质量竹炭负载微生物个数为 1.22×10^{10} 个/g。

3 结　　论

（1）在 700℃条件下制备的竹炭，其表面和内部孔隙结构发达，从而为不同种类和功能高效微生物的构建和负载提供了良好的载体，使竹炭孔隙微生态系统的复杂性和稳定性大大增强。

（2）通过将高效微生物固定在竹炭上制备得到固定化微生物竹炭，延长了高效微生物在废水中的停留时间，强化了其降解性能。

（3）在水力停留时间为 60min 的工况下，固定化微生物竹炭对废水中的化学需氧量、氨氮、总磷、色度和浊度等主要污染物有较强的降解性能，特别是对化学需氧量、氨氮、色度和浊度等指标降低效果显著，净化后水的化学需氧量和氨氮浓度均可达到 GB8978—1996 中二级排放标准的规定。

（4）固定化微生物竹炭负载的微生物数量较多，采用脂磷法测定其单位质量微生物负载量可达到 1.22×10^{10} 个/g。

参 考 文 献

[1] 周建斌. 竹炭环境效应及作用机理的研究. 南京：南京林业大学，2005.

[2] 陈文渊. 竹炭吸附水中有机污染物的研究. 福州：福建农林大学，2004.

[3] 张齐生. 中国竹炭资源的有效利用及展望//竹炭和竹醋液的机能与科学——2001 年国际竹炭竹醋液学术研讨会论文集. 北京：中国林业出版社，2001.

[4] 张齐生，姜树海，黄河浪，等. 竹炭对 2，4-二氯苯酚的吸附特性与影响因素研究//竹炭和竹醋液的机能与科学——2001 年国际竹炭竹醋液学术研讨会论文集. 北京：中国林业出版社，2001.

[5] 张启伟，王桂仙. 竹炭对饮用水中氟离子的吸附条件研究. 广东微量元素科学，2005，12（3）：63-66.

[6] 张启伟，王桂仙. 活化竹炭对水相中苯酚的吸附条件及其再生研究. 世界竹藤通讯，2007，5（3）：32-36.

[7] Mizuta K，Matsumoto T，Hatate Y，et al. Removal of nitrate-nitrogen from drinking water using bamboo powder charcoal. Bioresource Technology，2004，95（3）：255-257.

[8] 国家环境保护总局《水和废水监测分析方法》编委会. 水和废水监测分析方法. 4 版. 北京：中国环境科学出版社，2002.

[9] 于鑫，张晓键，王占生. 饮用水生物处理中生物量的脂磷法测定. 给水排水，2006，28（5）：1-6.

[10] 魏谷，于鑫，叶林，等. 脂磷生物量作为活性生物量指标的研究. 中国给水排水，2007，23（9）：1-4.

[11] 吴光前，王丽萍. 固定化微生物废水处理技术的现状与前景. 污染防治技术，2003，16（4）：80-83.

[12] 吴光前，王丽萍. 生物滴滤法处理有机废气技术. 中国环保产业，2004，（9）：29-31.

[13] 王建龙，王淑莹，袁志国，等. 复合生物反应器的同步硝化反硝化研究. 中国给水排水，2007，23（9）：32-38.

[14] Daniel L M C，Pozzi E，Foresti E，et al. Removal of ammonium via simultaneous nitrification-dentrification nitrite-shortcut in a single packed-bed batch reactor. Bioresource Technology，2008，100（3）：1100-1107.

热解条件对农作物秸秆热解产物得率的影响

于雪斐[1] 伊松林[1] 冯小江[1] 张齐生[2]

（1 北京林业大学材料科学与技术学院，木材科学与工程北京市重点实验室，木质材料科学与应用教育部重点实验室 北京 100083；

2 南京林业大学竹材工程中心 南京 210037）

摘 要

本研究首先从农作物秸秆的热解设备入手，研制出了一套容量为 0.18m^3 的秸秆热解设备；然后选择在中国产量较大的水稻、小麦、玉米和棉花秸秆等为试验原料，在热解最高（终点）温度分别为 450℃、600℃和 750℃，平均升温速度为 150℃/h 的条件下，对各热解产物的得率进行了测定。结果表明：在所选定的试验条件下，随着热解温度的升高，秸秆炭的平均得率逐渐下降，而秸秆醋液和秸秆煤气的得率则逐渐上升。从变化的趋势可知，秸秆煤气产量随热解温度的升高而增加的幅度大于秸秆醋液增加的幅度。

关键词：农作物秸秆；热解；秸秆炭；秸秆醋液

中国是一个农业大国，据估算现有耕地 15 亿亩，全年的农作物秸秆产量约有 6 亿 t 左右。在秸秆资源中，以水稻（*Oryza sativa*）、玉米（*Zea mays*）和小麦（*Triticum aestivum*）秸秆为主，约占总量的 76.1%[1]。

当前，农作物秸秆资源利用的主要途径大致包括：①将秸秆氨化、酶化处理后用作动物饲料；②秸秆作为人造板工业、制浆造纸工业的原料；③秸秆气化处理后，作生活用可燃气或发电用可燃气；④粉碎或经酶解后直接还田。这些秸秆处理利用方法大多已形成较为成熟的技术，但由于受产品市场容量和生产运行成本所限，未能得到大面积推广。

近年来，由于农村生活用能结构的变化，大量的秸秆原料被废弃，成为中国农村环境污染的主要污染源之一。传统的通过在田间直接焚烧废弃秸秆的处理方式，使得土壤中有益虫体与微生物无法存活，造成表层有机质的损失，严重影响土壤耕层生态环境的良性循环。焚烧生成的二氧化碳、氮氧化物、二氧化硫等气体严重污染了环境，又给交通安全及农户的自身安全带来极大隐患[2, 3]。

从 2004 年开始，在南京林业大学张齐生院士的主持下，开展了“农作物秸秆高效利用新方法及关键技术的研究”。其研究的基本思路是将秸秆隔绝空气进行热解，制取固体产物秸秆炭；同时将热解中分解出来的可燃性气体（秸秆煤气）回收作为热解的燃料；将热解过程中产生的有机化合物经冷凝器冷凝富集起来，称为秸秆醋液，CO_2 则排放到大气中。

初步的研究结果表明：秸秆炭富含作物生长必需的氮、磷、钾等多种营养元素，与家畜、家禽粪便混合可制成有机复合肥，有效提高土壤肥力，对肥料等起到长效缓释作用，并对已退化的土壤起到改良、修复作用；秸秆醋液可加工为用于牲畜场所的消毒液、除臭剂，也可以加工为具有防虫、防病、促进作物生长作用的叶面肥，用于有机蔬菜、水果及农作物的生产[4, 5]。农作物秸秆资源的高效和无公害化利用对农业持续稳产、高产，增加农民收入及城乡环境的治理都具有十分重要的意义。

本文的研究工作首先从农作物秸秆的热解设备入手，研制出一套容量为 0.18m^3 左右的农作物秸秆热解设备以及配套的秸秆醋液冷凝、收集装置；然后选择中国产量较大的稻草、麦草、棉秆、玉米秆等作试验原料，进行不同热解条件下秸秆炭得率、秸秆醋液得率以及秸秆煤气得率的试验，以便为热解产物的进一步开发利用提供理论数据。

本文原载《北京林业大学学报》2009 年第 31 卷第 174-177 页。

1 实验设备的研制

1.1 系统组成

图 1 是秸秆热解设备的原理图。整套热解设备由起吊装置及支架、加热炉本体及釜体、醋液冷凝回收装置、冷凝水回水系统、气液分离装置、气相产物水洗装置、釜体水封冷却装置及检测装置等部分组成。本套中试设备最大的特点是可在确保各种形状的秸秆高质、高效热解的前提下，实现秸秆醋液和秸秆煤气最大限度的回收利用。

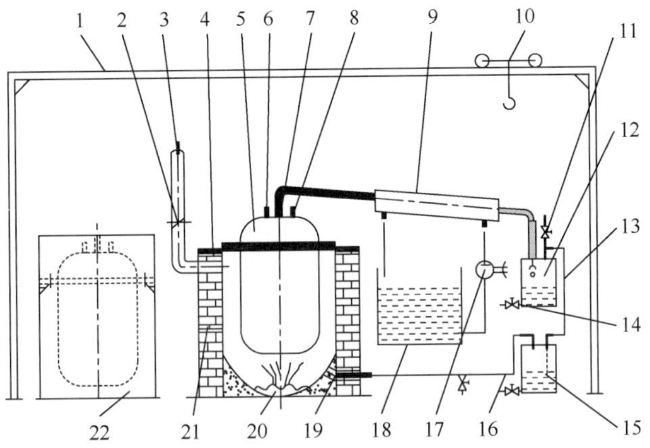

图 1 秸秆热解设备原理图

1. 起吊装置支架；2. 烟道控制阀；3. 烟囱；4. 加热炉本体；5. 釜体；6. 催化剂加入口；7. 气相产物出口；8. 釜内温度测量口；9. 冷凝器；10. 起吊装置；11. 排气阀；12. 气液分离装置；13. 连接管；14. 醋液排出阀；15. 气相产物水洗装置；16. 回气管；17. 循环水泵；18. 循环水箱；19. 辅助燃烧头；20. 主燃烧区；21. 釜外温度测量口；22. 釜体水封冷却装置

1.2 操作步骤

在使用秸秆热解设备时，首先将待热解的秸秆原料切成短料并捆扎后装入釜体中；热解炉釜体的筒体和釜盖之间用粗石棉绳密封，待拧紧螺栓后，通过起吊装置吊装入加热炉本体中；然后点燃加热炉的主燃烧头，对釜体进行加热。待釜体升温后，启动循环水泵，在循环水泵的带动下，冷凝水进入醋液冷凝器的冷凝水入口端，经热交换后由出口端，经由连接管路进入循环水箱；经热交换后的冷凝水在循环水箱内自然冷却后，在循环水泵的带动下，再次循环使用。热解过程中的气相产物由釜体顶部的气相产物出口排出，通过管路依次经过醋液冷凝器、气液分离装置，醋液部分被冷凝分离，秸秆煤气则通过连接管进入气相产物水洗装置；经水洗去除杂质后的秸秆煤气，再经回气管进入辅助燃烧头处燃烧，进而实现煤气的彻底利用。

在一个热解周期中，农作物秸秆原料的加料、釜体的冷却及出料，均在加热炉本体以外完成，从而避免了对炉本体的反复加热与冷却，且节约了大量的升、降温时间，缩短了热解周期。在运行该热解设备的过程中，加热炉本体中的加热温度（或釜体的釜外温度）可通过控制燃烧头处的燃气加入量和调节烟道控制阀来实现。

待热解过程结束后，即可将釜体从加热炉本体中吊出，并吊装入釜体水封冷却装置中进行冷却，待釜体降温后即可出料。在将釜体从加热炉本体中吊出的同时，可将另一个装好原料的釜体吊装入尚未冷却的加热炉本体中，继续开始新的热解过程。

2 热解条件对热解产物得率的影响

农作物秸秆是以纤维素、半纤维素、木质素为主要成分的多种天然高分子有机化合物的复合体，在高温下将发生分解并转变成对热比较稳定的物质。

对农作物秸秆加热时，其主要组分都发生热分解。

2.1 试验材料、条件及步骤

1. 试验材料

试验用秸秆采自南京郊区，其种类包括：稻草、麦草、棉秆、玉米秆等。各类秸秆均气干近一年时间。参考 GB6491—1999《锯材干燥质量》中含水率的测定方法对秸秆的初含水率进行测定。经实测，各类秸秆的初含水率在 13.02%～19.34%，平均值为 16.69%。

2. 试验条件

根据试材及设备的特点，秸秆热解的最高温度（终点温度）分别取 450℃、600℃和 750℃，平均升温速度为 150℃/h；升至最高温度后的保温时间（或煅烧时间）为 1h。

3. 试验步骤

首先将各类秸秆截断，所截断的长度取决于热解炉釜体高度，然后捆扎成捆；称量并记录初重后，放入釜体中；根据秸秆热解中试设备的操作步骤和拟定的试验条件，开始热解试验。试验结束后，分别记录秸秆炭重、秸秆醋液重和产气量（L）。用以上数据除以秸秆的初重，则可计算出各热解产物的得率。

2.2 试验结果与分析

表 1 为选定试验条件下的热解产物得率表。通过对表中数据的分析处理，即可得出热解条件对各热解产物得率的影响关系。

表 1　热解产物得率表（干重）

秸秆种类	热解温度/℃	平均升温速度/(℃/h)	秸秆炭得率/%	秸秆醋液得率/%	秸秆煤气产量/(L/kg)
棉秆	450	150	28.97	44.79	185.78
	600	150	27.67	49.41	203.55
	750	150	27.40	51.70	218.88
稻草	450	150	35.67	37.38	169.31
	600	150	34.25	41.02	198.52
	750	150	33.74	43.91	208.34
麦草	450	150	33.23	38.77	178.21
	600	150	33.04	40.13	191.40
	750	150	32.44	42.44	218.61
玉米秆	450	150	33.75	40.15	151.00
	600	150	32.71	42.89	171.12
	750	150	31.96	45.32	199.20

注：各热解产物的得率以占气干秸秆的质量计算；秸秆煤气的产量是在温度为 20～25℃、压力为 0.01MPa 下测得的。

1. 热解温度对热解产物得率的影响

农作物秸秆热解的最高温度，对热解产物的产量和性质具有决定性影响，是除原料以外影响农作物秸秆热解最重要的因素。

图 2～图 4 分别为热解温度与秸秆炭、秸秆醋液及秸秆煤气得率的关系曲线。由图可知，在所选定的试验条件下，随着热解温度的升高，秸秆炭的得率呈下降趋势（图 2）；秸秆醋液和秸秆煤气的得率则呈上升趋势（图 3、图 4）。这是由于各种秸秆成分含量的不同造成的。

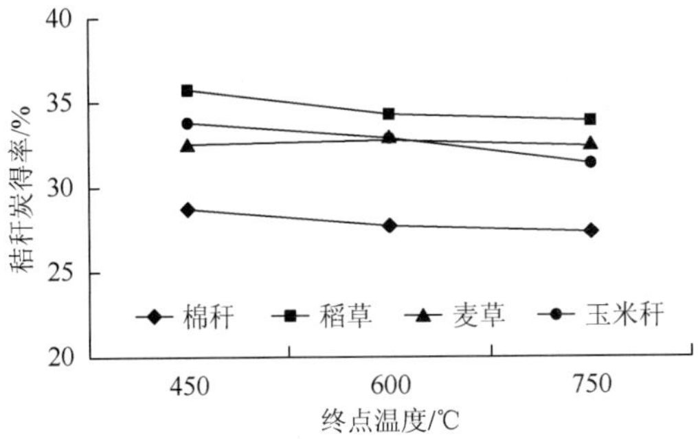

图 2　不同热解温度下秸秆炭的得率

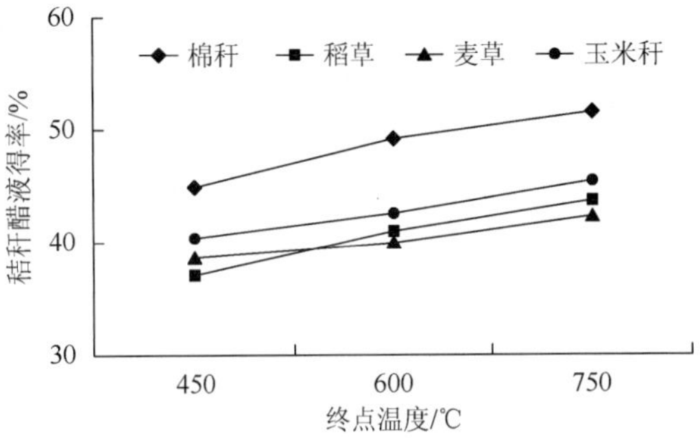

图 3　不同热解温度下秸秆醋液的得率

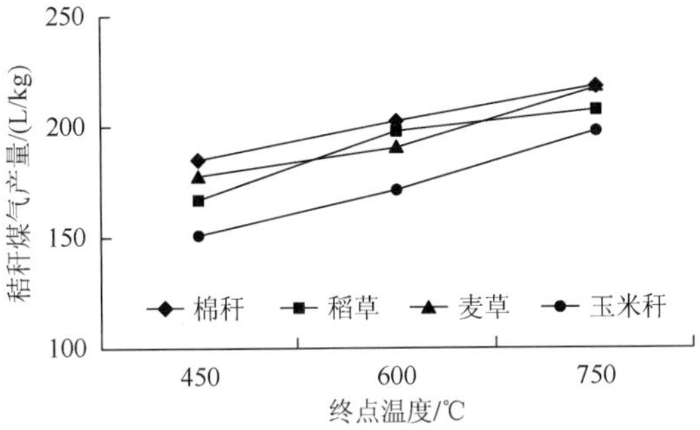

图 4　不同热解温度下秸秆煤气的产量

2. 秸秆种类对热解产物得率的影响规律

图 5～图 7 分别为相同热解条件下秸秆种类对秸秆炭、秸秆醋液及秸秆煤气得率的影响关系曲线。由图 5 可知，在试验选定的 4 种农作物秸秆中，当热解温度相同时，棉秆的炭得率最小，其余 3 种秸秆的炭得率较为接近，但以稻草略大。由图 6 可知，当热解温度相同时，棉秆的醋液得率最大，其余 3 种秸秆的炭得率较为接近。由图 7 可知，当热解温度相同时，棉秆的产气量最大，玉米秆的产气量最小，稻草和麦草的产气量较为接近。

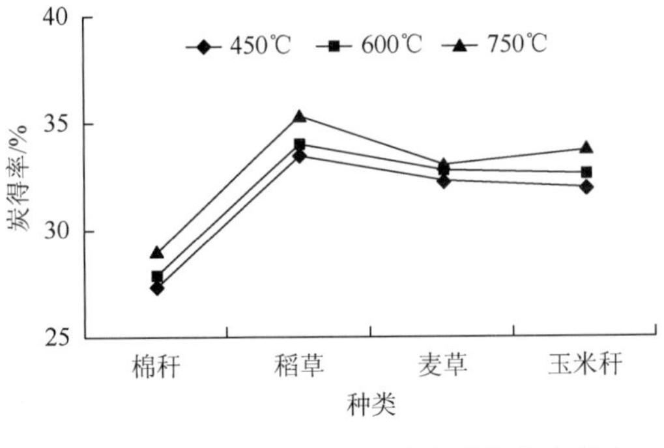

图 5　相同热解条件下不同种类秸秆的炭得率

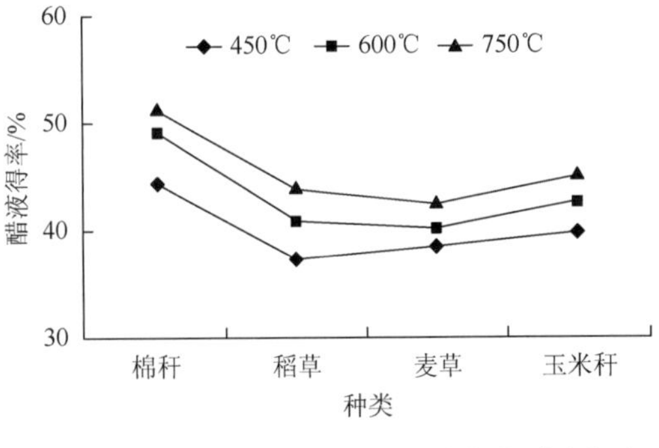

图 6　相同热解条件下不同种类秸秆的醋液得率

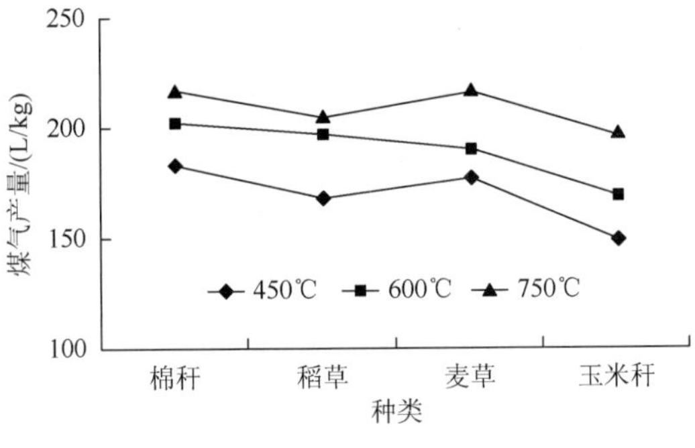

图 7　相同热解条件下不同种类秸秆的煤气产量

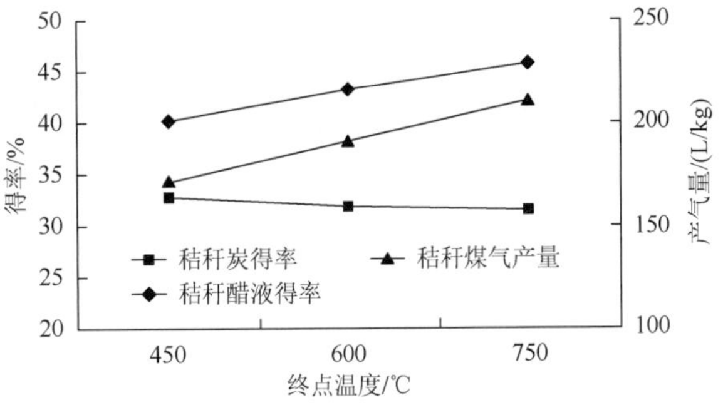

图 8　秸秆炭、秸秆醋液及秸秆煤气的平均得率

图 8 是热解条件对秸秆炭、秸秆醋液及秸秆煤气平均得率的影响关系曲线。由图 8 可知，在所选定的

试验条件下，随着热解温度的升高，秸秆炭的平均得率逐渐下降；而秸秆醋液和秸秆煤气的得率则逐渐上升。从变化趋势可知，秸秆煤气产量随热解温度的升高而增加的幅度大于秸秆醋液增加的幅度。对试验数据作进一步回归处理则可得出，各热解产物的平均得率随热解温度变化的数学表达式，见表 2。

表 2　秸秆热解产物平均得率随热解温度变化的数学方程

	平均得率方程	R^2
秸秆炭/%	$Y_{碳}=1\times10^{-5}t^2-0.0173t+38.64$	1
秸秆醋液/%	$Y_{醋液}=1\times10^{-5}t^2+0.0348t+27.34$	1
秸秆煤气/(L/kg)	$Y_{煤气}=9\times10^{-7}t^2+0.1329t+111.11$	1

注：t 为热解温度（℃）。

3　结　　论

（1）在所选定的试验条件下，随着热解温度的升高，秸秆炭的平均得率逐渐下降，而秸秆醋液和秸秆煤气的得率则逐渐上升。从变化的趋势可见，秸秆煤气产量随热解温度的升高而增加的幅度大于秸秆醋液增加的幅度。

（2）在试验选定的 4 种农作物秸秆中，当热解条件相同时，从炭得率来看，棉秆的炭得率最小，其余 3 种秸秆的炭得率较为接近，但以稻草略大；从醋液的得率来看，棉秆的醋液得率最大，其余 3 种秸秆的炭得率较为接近；从秸秆煤气的产量来看，棉秆的产气量最大，玉米秆的产气量最小，稻草和麦草的产气量较为接近。

参 考 文 献

[1]　高祥照，马文奇，马常宝，等. 中国作物秸秆资源利用现状分析. 华中农业大学学报，2002，21（3）：242-247.

[2]　刘天学，纪秀娥. 焚烧秸秆对土壤有机质和微生物的影响研究. 土壤，2003，35（4）：347-348.

[3]　夏冬前，吴国成，刘振. 秸秆焚烧对大气环境质量的影响. 干旱环境监测，2005，2（19）：91-94.

[4]　杨晶秋，刘金城，白成云. 秸秆对北方耕地土壤有机碳的贡献. 干旱地区农业研究，1991，（1）：46-51.

[5]　赵兰坡. 施用作物秸秆对土壤的培肥作用. 土壤通报，1996，27（2）：76-78.

热解条件对农作物秸秆炭性能的影响

冯小江[1] 伊松林[1] 张齐生[2]
（1 北京林业大学材料科学与技术学院，林业生物质材料与能源教育部工程研究中心 北京 100083；
2 南京林业大学竹材工程中心 南京 210037）

摘 要

本文通过对棉秆炭、稻草炭、玉米秆炭的含碳量、比表面积、热值的测定与分析，研究了热解条件与秸秆炭性能之间的相互关系，进而为秸秆炭的开发利用提供理论依据。在热解终点温度分别为 450℃、600℃、750℃，平均升温速率为 150℃/h，升至终点温度的保温时间为 1h 的热解条件下获得上述秸秆炭。结果表明：在试验选定的热解条件下，棉秆炭、稻草炭、玉米秆炭含碳量的平均值分别为 78.14%、60.01%、69.91%；比表面积的平均值分别为 $219m^2/g$、$119m^2/g$、$173m^2/g$；热值的平均值分别为 31 471.55J/g、26 490.28J/g、22 816.82J/g。

关键词： 农作物秸秆；热解条件；秸秆炭

据统计，我国年产农作物秸秆约 6.2 亿 t 左右。在秸秆资源中，以水稻（*Oryza sativa*）、玉米（*Zea mays*）和小麦（*Triticum aestivum*）秸秆为主，约占总量的 76.1%。就北京地区而言，每年农业秸秆总产量达到 520 万 t，可用于使用的资源约为 400 多万 t，目前的利用率仅为 30%左右[1]。

农作物秸秆通常被作为农业废弃物而被农民置于田中焚烧掉，不仅使得土壤中有益虫体与微生物无法存活，造成表层有机质的损失，严重影响土壤耕层生态环境的良性循环，焚烧生成的二氧化碳、氮氧化物、二氧化硫等气体严重污染了环境，又给交通安全及农户的自身安全带来了极大的隐患[2, 3]。

农作物秸秆利用价值的研究日益为人们所重视，秸秆炭是其利用途径之一。秸秆炭是农作物热解得到的固体产物，它与木炭、竹炭具有类似的性质。已有的研究表明：秸秆炭具有比较发达的孔隙结构、很大的比表面积和超强的吸附能力，能吸附臭气，改善环境；含有生物成长所需的各种矿物质，是土壤微生物和有机营养成分的载体，能作为土壤改良剂，调节湿度，促进各种农作物的生长；另外秸秆炭还具有增强畜禽消化能力的作用，能治疗畜禽痢疾、腹泻等疾病，还能用作饲料添加剂促进畜禽生长；最重要的是它作为一种天然的农业生产资料，来源于天然物质，不污染环境，对人畜无毒副作用[4, 5]。深入开展秸秆炭性能方面的研究，对保护我国的生态环境，促进农业可持续发展起到重要的作用。

1 材料和方法

1.1 材料

试验用秸秆采集于南京郊区，其种类包括：稻草、棉秆、玉米秆。各类秸秆均气干近 1 年时间，经实测各类秸秆的初含水率在 13.02%～19.34%，平均值为 16.69%。将秸秆截断后，放入小型热解炉中，在热解终点温度分别为 450℃、600℃、750℃，平均升温速率为 150℃/h，升至终点温度的保温时间为 1h 的热解条件下，对秸秆进行热解处理。获得的棉秆炭、稻草炭、玉米秆炭作为试验材料备用。

1.2 方法

1. 固定碳含量的测定

关于秸秆炭中固定碳含量的测定方法尚无国家标准，在此依据国标《木炭和木炭实验方法》

本文原载《北京林业大学学报》2009 年第 31 卷第 182-184 页。

GB/T17664—1999 的规定进行。固定碳含量指在高温下有效碳素的百分含量。固定碳的含量是用已经干燥后的秸秆炭质量减去其所含灰分及挥发分来计算。

2. 比表面积的测定

秸秆炭的吸附性能是对其进一步开发利用的重要指标之一，试验中采用日本产 AS-703 型孔径-孔容分布仪，对秸秆炭的比表面积和孔径-孔容分布曲线进行测定。以甲醇作为吸附质，用修正的开尔文公式计算。

3. 秸秆炭热值的测定

物质的热值指单位质量的燃料完全燃烧后冷却到原来的温度所放出的热量。秸秆炭的热值是作为烧烤或冶炼金属用炭时的一项重要的理化指标，它实际上体现了物质储存能量的大小。

试验中采用 XRY-1A 数显氧弹式热量计，工作环境温度为（20±5）℃，精度≤0.2%，热容量为 15kJ/K，氧弹耐压为 20MPa，电压为 220V。

2　结果与分析

2.1　热解条件对秸秆炭固定碳含量的影响规律

表 1 为棉秆炭、稻草炭和玉米秆炭 3 种秸秆炭的固定碳含量的测定结果汇总表。图 1 为热解温度对不同秸秆炭的固定碳含量的影响规律。由图 1 中可见，随着热解终点温度的提高，固定碳含量逐渐增加。在相同的热解条件下，棉秆炭的固定碳含量最高，均值为 78.14%；玉米秆炭其次，均值为 69.91%；而稻草炭的数值最低，均值为 60.01%。

表 1　秸秆炭的固定碳含量的测定结果

种类	热解温度/℃	灰分/%	挥发分/%	固定碳含量/%	固定碳含量平均值/%
棉秆炭	450	11.81	11.21	76.98	78.14
	600	12.57	9.26	78.17	
	750	14.95	5.77	79.28	
稻草炭	450	30.79	10.08	59.13	60.01
	600	31.88	8.02	60.10	
	750	32.41	6.78	60.81	
玉米秆炭	450	21.43	9.25	69.32	69.91
	600	22.59	7.33	70.08	
	750	23.99	5.69	70.32	

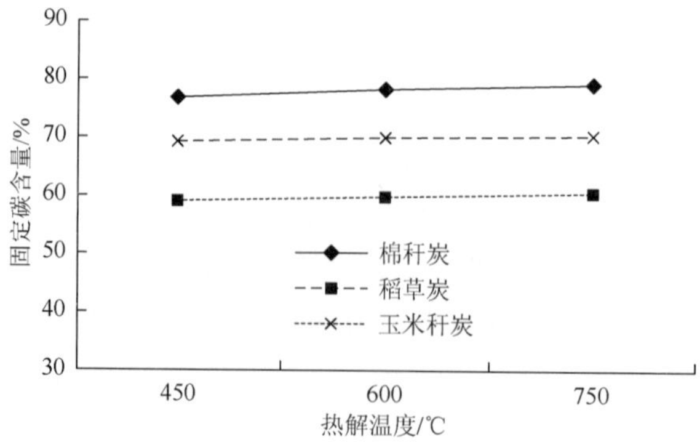

图 1　热解温度对固定碳含量的影响

2.2　热解条件对秸秆炭比表面积的影响规律

如表 2 所示，为棉秆炭、稻草炭和玉米秆炭比表面积的测定结果。由表 2 中可见：在热解终点温度分别为 450℃、600℃和 750℃时，棉秆炭、稻草炭、玉米秆炭比表面积的比值分别为 1∶1.17∶1.23、1∶0.85∶0.42 和 1∶1.12∶1.16。

表 2 秸秆炭的比表面积的测定结果

种类	热解终点温度/℃	平均升温速率/(℃/h)	比表面积/(m^2/g)	比表面积平均值/(m^2/g)
棉秆炭	450	150	190	219
	600	150	219	
	750	150	242	
稻草炭	450	150	157	119
	600	150	134	
	750	150	66	
玉米秆炭	450	150	158	173
	600	150	177	
	750	150	184	

将上述 3 种秸秆炭比表面积的平均值比较可知：棉秆炭比表面积的平均值最高，为 219m^2/g；玉米秆炭次之，为 173m^2/g；稻草炭最低，为 119m^2/g。

图 2 为平均升温速率 v = 150℃/h 时，热解温度对棉秆炭、稻草炭和玉米秆炭比表面积的影响关系曲线。由图 2 可见，在试验选定的热解条件下，随着热解温度的升高，棉秆炭和玉米秆炭的比表面积呈上升趋势；稻草炭的比表面积呈下降趋势。

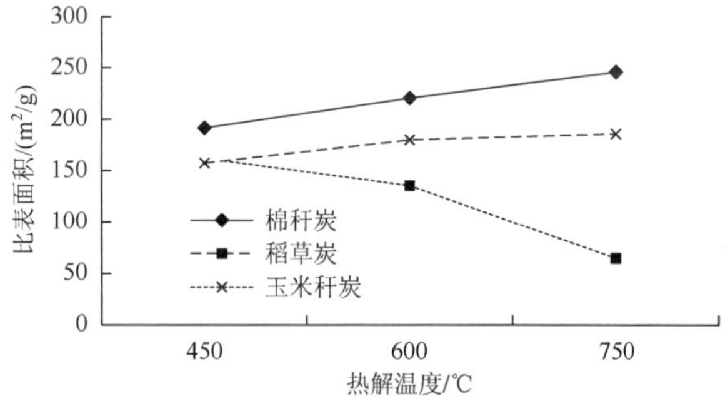

图 2 热解温度对比表面积的影响

2.3 不同种类秸秆炭的热值比较

表 3 为不同热解温度（450～750℃）下，各种秸秆炭热值测量结果的平均值。棉秆炭的热值最高，其次是玉米秆炭，稻草炭的最低。由于标煤的热值为 29 308J/g，对比可知，只有棉秆炭的热值，大于标准煤的热值。

表 3 各种秸秆炭热值测量结果

秸秆炭种类	热值平均值/(J/g)
棉秆炭	31 471.55
稻草炭	22 816.82
玉米秆炭	26 490.28

3 结 论

上述 3 种秸秆炭含碳量、比表面积和热值的对比结果可得如下结论：

（1）随着热解终点温度的升高（450℃、600℃、750℃），固定碳含量逐渐增加。在选定的试验条件下，棉秆炭、稻草炭和玉米秆炭固定碳含量的平均值分别为 78.14%、60.01%、69.91%。

（2）当热解过程中的平均升温速率为 150℃/h 时，随着热解终点温度的升高（450℃、600℃、750℃），棉秆炭和玉米秆炭的比表面积呈上升趋势；稻草炭的比表面积呈下降趋势。棉秆炭、稻草炭和玉米秆炭比表面积的平均值分别为 219m^2/g、119m^2/g、173m^2/g。

（3）棉秆炭热值的平均值最高，为 31 471.55J/g，其次是玉米秆炭为 26 490.28J/g，稻草炭为 22 816.82J/g，与标准煤的热值（29 308J/g）相比，只有棉秆炭的热值大于标准煤的热值。

参 考 文 献

[1] 高祥照，马文奇，马常宝，等. 中国作物秸秆资源利用现状分析. 华中农业大学学报，2002，21（3）：242-247.

[2] 刘天学，纪秀娥. 焚烧秸秆对土壤有机质和微生物的影响研究. 土壤，2003，35（4）：347-348.

[3] 夏冬前，吴国成，刘振. 秸秆焚烧对大气环境质量的影响. 干旱环境监测，2005，2（19）：91-94.

[4] 杨晶秋，刘金城，白成云. 秸秆对北方耕地土壤有机碳的贡献. 干旱地区农业研究，1991，（1）：46-51.

[5] 赵兰坡. 施用作物秸秆对土壤的培肥作用. 土壤通报，1996，27（2）：76-78.

农林生物质的高效、无公害、资源化利用

张齐生　周建斌　屈永标

摘　　要

研究了农林生物质同时制取气、炭、液产品的工艺、设备及三种产品的高效、无公害、资源化利用途径。将农林生物质送入气化炉，有限量的供氧使其同时转化为炭、气、液三种产物，并可通过改变工艺条件调整三种产品的产量和质量。该过程产生大量的可燃气体，经气液分离、纯化后可用于发电或供气；冷凝回收得到的醋液可用于家畜饲养的消毒液、除臭剂或用于农药、肥料的助剂、促进作物生长的叶面肥，在有机作物中效果奇特；得到的生物质炭产品富含作物生长的必需营养元素，对水和肥有长效缓释作用，对重金属污染、退化的土壤具有改良、修复作用，可制成有机复合肥或钢铁工业的保温材料等。

关键词：农林生物质；生物质可燃气；生物质炭；生物质醋液

农业生物质主要包括农作物秸秆（是指在农业生产过程中，收获了小麦、玉米、稻谷、大豆等农作物籽实后，残留的不能食用的根、茎、叶等残留物）和农产品加工废弃物（是指农作物收获后进行加工时产生的废弃物，如稻壳、玉米芯、花生壳等）[1]。我国是农业生产大国，农业生物质资源丰富，每年农业生产的废弃物约为 6.5 亿 t，到 2010 年可达 7.3 亿 t[2]。林业生物质主要包括森林生长、林业生产过程中产生的生物质资源（如薪炭林、森林抚育等过程中残留的树枝等）和林业副产品的废弃物（如果壳和果核等）[3]。我国陆地林木生物质资源总量在 180 亿 t 以上，其在我国农村能源中占有重要地位。2002 年，我国农村消耗的林业生物质能资源约 1.66 亿 t 标准煤，占农村能源总消费量的 21.2%[4]。农林生物质资源具有分布范围广，可再生，硫、氮和灰分含量少等优点，因此，是一种十分宝贵的可持续获得的绿色资源。

目前，农林生物质资源利用的途径有多种，主要有直接燃烧、气化、液化、炭化、压缩成型等生物化学转化[5-9]或用于饲料、人造板加工等领域[10-13]，但由于种种原因或条件的限制，真正技术成熟、经济可行、应用便捷的方法还不多。因此，本课题组针对农林生物质利用的局限问题，研究了将农林生物质同时制取气、炭、液产品，并综合利用三种产品，寻求一种农林生物质高效、无公害、资源化利用的方法。

1　农林生物质同时制取气、炭、液产品的工艺

农林生物质同时制取气、炭、液产品是将农林生物质在有限量通入氧气的情况下，将组成农林生物质的碳氢化合物同时转化为炭、气、液三种产物的过程。在这一过程中可通过根据原料及产品的需要改变工艺条件，调整三种产品的产量和质量。

农林生物质同时制取气、炭、液产品的工艺流程如图 1 所示，该工艺已经在安徽宣城家乐米业有限公司投产运行，主要设备实物如图 2 所示。

本文原载《林产工业》2009 年第 36 卷第 1 期第 3-8 页。

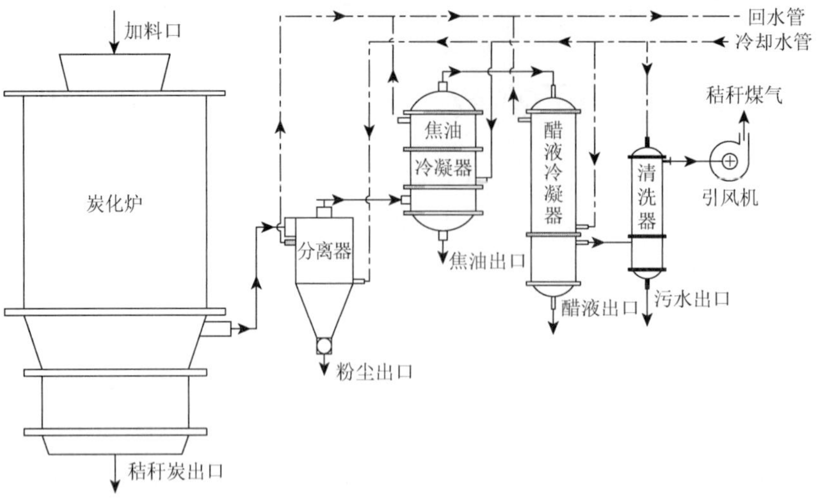

图 1　农林生物质同时制取炭、气、液产品的工艺流程图

(a) 气化炉　(b) 旋风分离、焦油和醋液冷凝装置　(c) 500kW/h发电机

图 2　农林生物质同时制取气、炭、液产品主要设备实物图

2　农林生物质同时制取气、炭、液产品的应用

在农林生物质同时制取气、炭、液产品工艺正常运行条件下，每 1kg 农林生物质材料可发电 1kW·h，若每年利用 5 000t 农林生物质材料通过气化炉产生燃气，全年发电约 500 多万 kW·h，得到生物质炭 1500t、生物质醋液 800t，且整个过程无污染，与煤发电相比较，可减少二氧化碳、氮氧化物和硫化物的排放，有效解决因煤燃烧造成的环境污染。气、炭、液产品综合利用如图 3 所示。

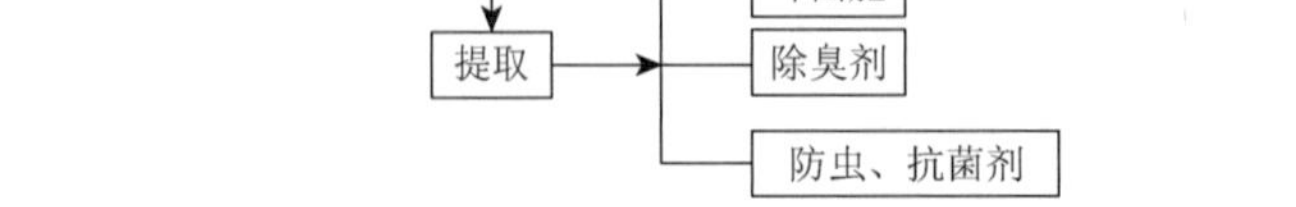

图 3　气、炭、液产品应用示意框图

3　气体产品的利用

3.1　农林生物质气的性质

农林生物质气体产品的性质主要包括气体产品的成分和热值，它们随着原料种类、气化炉型、工艺条件等因素的不同而有较大差异。表 1 是几种常见的农林生物质气体的成分和热值。

表 1　生物质气体成分和热值

原料品种	成分/%				低位热值（kJ/Nm^3）
	CO	H_2	CH_4	CO_2	
玉米秸秆	20.3	13.1	2.1	13.5	5219
玉米芯	21.8	13.0	2.8	11.6	4969
小麦秸秆	16.9	8.2	1.3	13.5	3534
棉秸秆	22.4	11.8	1.3	12.1	5496
稻壳	18.7	5.0	4.6	7.3	4467
薪柴	19.5	12.8	2.0	10.7	4619
树叶	14.3	15.7	0.7	13.3	3571

3.2　农林生物质气的利用

农林生物质同时制取的气、炭、液三种产品中，气体产品主要用于供热、供气、发电等。供热是将生物质气送入下一级燃烧器中燃烧，为用户提供热能；供气是将生物质气通过相应的配套设备为居民提供炊事用等；发电是利用生物质气推动燃气发电设备（如内燃机）进行发电。

气体产品发电具有三个方面的特点：一是技术有充分的灵活性，由于利用生物质气发电可以采用内燃机，也可以采用燃气轮机，甚至结合余热锅炉和蒸汽发电系统，所以可以根据规模的大小选用合适的发电设备，保证在任何规模下都有合理的发电效率，这一技术的灵活性能很好地满足生物质分散利用的特点。二是具有较好的洁净性，农林生物质本身属可再生能源，可以有效地减少 CO_2、SO_2 等有害气体的排放，且气化过程一般温度较低（大约在 70～90℃），NO_x 的生成量很少，所以能有效控制 NO_x 的排放。三是经济性，利用农林生物质气发电技术，可以保证该技术在小规模下有较好的经济性，同时，燃气发电过程简单，设备紧凑，也使利用生物质气发电比其他可再生能源发电技术投资更少，具有良好的前景。这项技术改变了直接燃烧生物质的利用方式，提高了废弃生物质的能源品位，对节约常规能源、降低环境污染、保护生态环境具有重要意义。

4　炭产品——农林生物质炭的利用

农林生物质炭，若以秸秆和草为原料称为秸秆炭，若以果树枝条或小灌木为原料称为木炭，它们富含作物生长的必需营养元素，具有较好的性能。

4.1　农林生物质炭的性质

1. 元素组成

农林生物质炭富含作物生长必需的氮、磷、钾等多种营养元素，但各元素含量随原料种类、产地的不同而有所差异，以稻草炭为例，其元素组成如表 2 所示。

表 2　稻草炭的元素组成

元素组成	含量/(mg/kg)	元素组成	含量/(mg/kg)	元素组成	含量/(mg/kg)	元素组成	含量/(mg/kg)
C	3.70×10^5	N	8.18×10^3	Mn	1.17×10^3	B	60.42
Si	2.85×10^5	P	3.96×10^3	Al	833.41	Zn	39.18
K	3.10×10^4	Mg	2.87×10^3	Fe	818.42	Cu	23.39
Ca	1.30×10^4	Na	2.72×10^3	Ba	100.83	Ni	16.64

2. 比表面积及孔容积

吸附性能是对农林生物质炭进一步开发利用的重要指标之一，以棉秆炭、稻草炭、麦秆炭、玉米秸秆炭为例，其比表面积如表 3 所示，孔径-孔容分布如表 4 所示。

表 3　几种农林生物质炭的比表面积　（单位：m^2/g）

	秸秆炭	稻草炭	麦秆炭	玉米秸秆炭
$\sum\Delta S_1$	190	157	65	158

表 4　几种农林生物质炭的孔径-孔容分布

R_n（0～1nm）	秸秆炭		稻草炭		麦秆炭		玉米秸秆炭	
	ΔV_i/(μL/g)	（$\Delta V_i/V_n$）/%	ΔV_i/(μL/g)	（$\Delta V_i/V_n$）/%	ΔV_i/(μL/g)	（$\Delta V_i/V_n$）/%	ΔV_i/(μL/g)	（$\Delta V_i/V_n$）/%
90～110	0.4	0.4	0.6	0.7	0.2	0.6	0.3	0.4
70～90	0.7	0.7	1.2	1.3	0.4	1.0	0.6	0.8
50～70	1.4	1.3	2.1	2.2	0.8	1.9	1.1	1.4
42～50	0.6	0.6	0.9	1.0	0.4	0.8	0.5	0.6
34～42	1.1	1.1	1.6	1.7	0.6	1.5	0.8	1.0
30～34	0.5	0.5	0.9	0.9	0.2	0.4	0.4	0.4
26～30	0.4	0.4	0.6	0.6	0.1	0.3	0.3	0.3
22～26	0.8	0.8	0.8	0.8	0.4	0.8	0.4	0.4
18～22	2.4	2.3	1.4	1.5	1.3	3.2	0.4	0.5
16～18	2.9	2.8	1.8	1.9	1.9	4.6	0.4	0.5
14～16	4.0	3.8	2.5	2.6	2.9	7.0	0.8	0.9
12～14	4.3	4.1	2.0	2.1	4.4	10.6	2.0	2.4
10～12	3.9	3.7	11.0	11.7	1.0	2.3	7.9	9.7
9～10	6.0	5.8	22.0	23.5	2.7	6.5	4.1	5.0
<9	74.6	71.8	44.4	47.4	24.5	58.6	61.9	75.6

4.2　农林生物质炭的利用

农林生物质炭可以制成有机复合肥，其对水和肥料有长效缓释作用，且对重金属污染、退化的土壤具有改良、修复作用，同时可作为钢铁工业的保温材料等。下面主要介绍其在有机复合肥、重金属污染土壤修复及速燃炭制备领域的应用。

1. 农林生物质炭制备有机复合肥的应用

生物质有机复合肥是将生物质炭、木炭和家禽、家畜的粪便一起制成的（图 4），具有增加土壤孔隙度，降低土壤容重，改善土壤通气、透水状况，提高土壤最大持水量等作用，可以缓解长期使用化肥造成土壤板结的难题。以豇豆为例，生物质有机复合肥对豇豆产量和品质的影响如表 5 所示。

(a) 生物质炭复合肥　　(b) 普通肥

图 4　生物质复合肥与普通肥

表 5　不同处理对豇豆产量及品质的影响

处理	产量/kg	单条重/g	β-胡萝卜素/(mg/kg)	维生素 C/(mg/kg)
常规施肥（CK）	19 377.6±1026	11.16	0.111	10.5
生物质有机复合肥	20 611.0±1030	11.35	0.155	13.0

由表 5 看出，施生物质有机复合肥的土壤上豇豆总产量比常规施肥提高 6.37%，从品质上分析显示，施生物质有机复合肥的豇豆单条重增加 1.70%，维生素 C 增加 39.64%，β-胡萝卜素增加 23.81%，显示出生物质有机复合肥的增产、增质和增收作用。

2. 农林生物质炭对镉污染土壤的修复

不同生物质炭（Tr0、Tr4%、Tr8%、Tr12%、Tr16%）处理土壤对不同浓度镉吸附达到平衡时的吸附等温线如图 5 所示。由图可以看出，随着镉浓度的增加，各处理土壤对镉吸附量逐渐增加。在低浓度时，各处理土壤对镉的吸附速率均较快；同时可以看出，农林生物质炭的加入促进了土壤对镉的吸附，降低了镉的有效性。其变化规律是随生物质炭的增加而把镉固定在土壤中，从而可以减少作物中重金属的含量，如在三级镉污染的土壤（100mg/kg 为三级、0.6mg/kg 为二级、0.3mg/kg 为一级）和加入 4%秸秆炭的土壤中种植小白菜试验，小白菜叶中镉的含量减少 49.43%；小白菜根中镉的含量减少 73.51%。

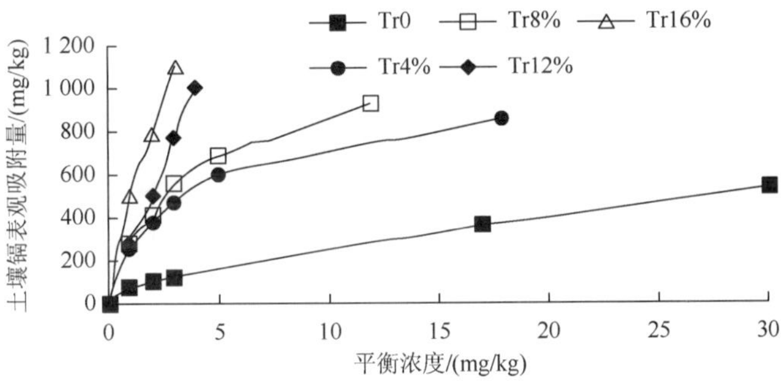

图 5　棉秆炭处理土壤对 Cd^{2+}的吸附等温线

3. 农林生物质炭制备速燃炭的应用

采用农作物秸秆炭制备速燃炭能够满足“一点即燃”的要求，制备工艺条件为农作物秸秆炭与引燃剂之比为 4∶3，成型方式为块状成型，制得速燃炭的燃烧值为 21 289.76J/g，每 24g 该速燃炭燃烧时，火焰持续 13min55s、火星持续 113min；燃烧试验表明，速燃炭燃烧能使水迅速沸腾，并能够在较长的时间内使水温保持在一定的范围内，速燃炭燃烧时无烟、无异味、残渣少，是一种绿色的新型热源产品，为餐饮、宾馆、旅游等行业找到了一种价廉、无毒害、优质的木炭替代燃料。

5　液体产品——农林生物质醋液的利用

农林生物质醋液是一种成分复杂的物质，可用于家畜饲养的消毒、杀菌液、除臭剂或用于农药、助剂、促进作物生长的叶面肥，在有机作物中效果明显。图 6 为生物质醋液。

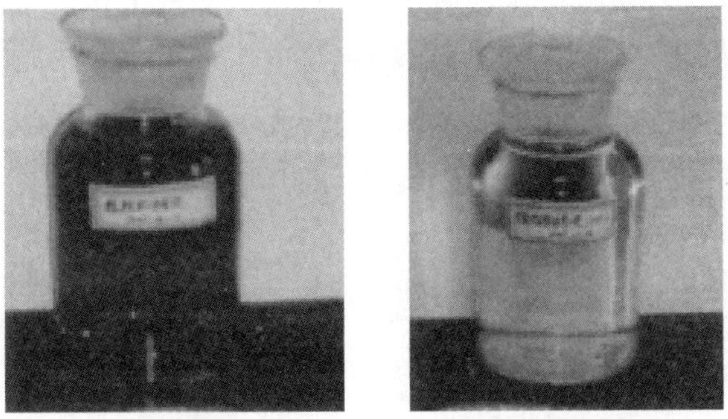

(a) 粗醋液　　(b) 精馏醋液

图 6　典型生物质醋液

5.1　农林生物质醋液的性质

1. 基本性质

农林生物质醋液的基本性质见表 6。

表 6　农林生物质醋液的基本性质

原料	试样	密度/(g/cm^3)	折光率（n_D^{19}）	颜色	气味
稻秆	粗醋液	1.050	1.785 6	黑褐色	烟焦味
	精制醋液	1.025	1.338 7	淡黄透明	微弱烟焦味

2. 成分分析

农林生物质高效、无公害、资源化利用得到的农林生物质醋液大部分是水，其他主要成分有有机酸、醛类、酚类、酮类、酯类等，以玉米秸秆醋液为例，其主要成分如表 7 所示。

表 7　玉米秸秆醋液主要组分及含量

类别	化合物名称	含量	化合物名称	含量	化合物名称	含量
酸类 18.230	乙酸	15.105	丙酸	2.225	丁酸	0.900
酚类 23.133	苯酚	6.174	2-甲基苯酚	1.557	4-甲基苯酚	3.210
	2, 4-二甲基苯酚	0.358	2-甲氧基苯酚	3.137	4-乙基苯酚	1.241
	2-甲氧基-4-甲基-苯酚	0.998	2, 5-二甲基苯酚	0.429	2-甲氧基-4-乙烯基苯酚	0.209
	2, 6-二甲氧基苯酚	2.181	3, 5-二甲基苯酚	0.809	连苯二酚	0.658
	5-叔丁基连苯三酚	0.445	4-乙基-2-甲氧基苯酚	0.888	2-丙氧基苯酚	0.839
酮类 14.838	丙酮	2.258	1-羟基-2-丁酮	1.369	环戊酮	0.787
	2（五氢）-呋喃酮	1.524	3-甲基-1, 2-环戊二酮	1.791	3-己酮	0.339
	2-甲基-2-环戊酮	1.248	1-（2-呋喃）-乙酮	1.165	3-甲基环戊酮	0.163
	2-甲基-1-丁烯-3-酮	0.315	3-甲基-2-环戊烯酮	1.612	2-甲基环戊酮	0.307
	2, 3-二甲基-2-环戊烯酮	0.759	3, 4-二甲基-2-环戊烯酮	0.298	1, 2-环戊二酮	0.405
酯类 2.523	3-甲基丁酸丁酯	1.659	丙酸甲酯	0.366	乙酸甲酯	0.498
醛类 15.324	糠醛	13.811	2-甲基-糠醛	0.433		
醇类 2.260	2-呋喃甲醇	2.260				
其他 10.710	吡啶等化合物	10.710				

3. 杀菌、抑菌性能

农林生物质醋液中含有的有机物活性成分具有较强的杀菌、抑菌能力。如农林生物质醋液中的有机酸可使蛋白质变性，损伤微生物的细胞膜等；酚类物质在高浓度下可裂解并穿透微生物细胞壁，使菌体蛋白凝聚沉淀；减低溶液表面张力，增加细胞壁的渗透性，使菌体的内含物逸出。

按照抑菌环试验方法，以生物质醋液作为抑菌剂，选用大肠杆菌和金黄色葡萄球菌进行抑菌环试验，试验结果如图 7 所示。图中大肠杆菌抑菌环直径为 10.2mm，金黄色葡萄球菌抑菌环直径为 9.2mm，两阴

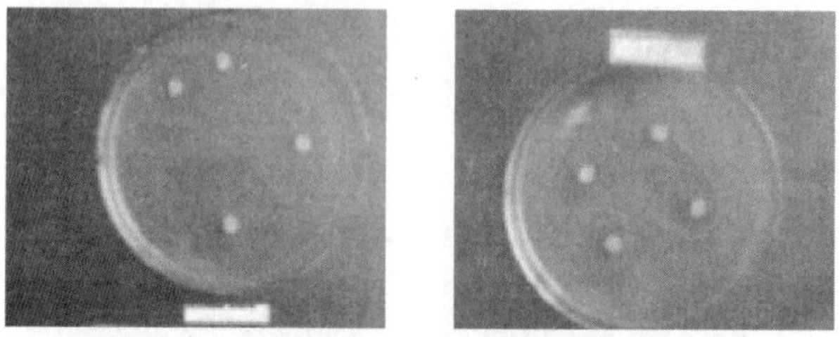

(a) 金黄色葡萄球菌　　(b) 抑菌环试验结果

图 7　生物质醋液的抑菌试验结果

性对照样片均无抑菌环，说明生物质醋液有良好的抑菌作用，这主要是生物质醋液中含有的各种成分产生综合作用的结果。

5.2 农林生物质醋液的利用

（1）农林生物质醋液是一种高效的杀菌、消毒、除臭剂，经扬州大学刘秀梵院士的实验室检测，秸秆醋液复配液对禽流感和鸡瘟病的病毒有灭杀作用，经江苏省疾病预防中心检测，农林生物质对大肠杆菌、金色葡萄球菌、白色念珠菌都有很强的杀菌和抑菌效果；另一方面它有一定的酸性，喷洒在养鸡场，与鸡粪中的氨、氮中的碱性物质中和有极好的除臭效果。

（2）农林生物质醋液可以适量地和秸秆炭一起制成秸秆炭复合肥，还田以后有改善土壤的化学性质、灭杀土壤中的有害细菌、促进农作物生长的作用。

（3）农林生物质秸秆醋液可以作为农药的助剂，喷洒在农作物和果树叶面上，既可减少农药用量，又可改善农产品的质量和增加产量。

6 副产品——农林生物质焦油的利用

农林生物质焦油是一种黑色、黏稠、油状液体，相对密度为1.05～1.15，组成除水分（15%左右）外，主要是分子量比较大的有机化合物。酚类化合物含量占20%～50%，包括苯酚、甲苯酚、二甲苯酚等单元酚；邻苯二酚、愈创木酚及其衍生物等二元酚；邻苯三酚及其衍生物等三元酚等。主要用于木材防腐剂、生产活性炭的抗结剂及部分替代苯酚制备酚醛树脂胶黏剂等；经加工还可制成水泥防潮剂、杀虫剂、浮选剂等产品，用于各工农业部门。

以棉秆焦油部分替代苯酚合成酚醛树脂胶黏剂为例，当棉秆焦油添加量为25g即替代量为19.2%时，其制得的胶黏剂固体质量分数和黏度适中，游离甲醛质量分数低于0.5%，符合GB/T 14732—1993酚醛树脂技术指标。由这种酚醛树脂作胶黏剂制得的胶合板强度符合GB/T 9846—2004中由杨木制成的Ⅰ类胶合板胶合强度指标值（≥0.7MPa）。

参考文献

[1] 姚向君，田宜水. 生物质能资源清洁转化利用技术. 北京：化学工业出版社，2005.
[2] 赵军，王述洋. 我国农林生物质资源分布及利用潜力的研究. 农机化研究，2008，(6)：231-233.
[3] 吴创之，马隆龙. 生物质能现代化利用技术. 北京：化学工业出版社，2003.
[4] 科学技术部中国农村技术开发中心. 农村绿色能源技术. 北京：中国农业技术出版社，2007.
[5] 刘荣厚，牛为生，张大雷. 生物质热化学转化技术. 北京：化学工业出版社，2005.
[6] 徐学勤，齐涛. 林密生物质能源开发和利用. 四川林业科技，2007，28（1）：106-108.
[7] 谭天伟，王芳，邓利. 生物能源的研究现状及展望. 现代化工，2003，23（9）：8-12.
[8] 马隆龙，吴创之，孙立. 生物质气化技术及其应用. 北京：化学工业出版社，2003.
[9] 刘圣勇，陈开碇，张百良. 国内外生物质成型燃料及燃烧设备研究与开发现状. 可再生能源，2002，(4)：14-15.
[10] 周定国. 农作物秸秆人造板的研究. 全国农业剩余物及非木材植物纤维综合利用新技术研讨会论文集，北京：中国林业出版社，2001.
[11] Colleran E，Barry M，Wikie A. The application of the anaerobic filter design to biogas production from solid and liquid agricultural wastes. Proceedings of the Symposium on Enery from Biomass and WastesⅥ. USA：Chicago，1982：443-482.
[12] Liu J X，Orskov E R，Chert X S. Optimization of steam treatment as a method for upgrading flee straw as feeds. Animal Feed Science and Technology，1999，76：345-357.
[13] Recous S，Aita C，Mary B. *In situ* changes in gross N transformations in bare soil after addition of straw. Soil Biol & Biochem，1999，31：119-133.

几种秸秆醋液组分中活性物质的分析

周建斌[1]　张合玲[1]　叶汉玲[1]　邓丛静[1]　张齐生[2]

（1 南京林业大学化学工程学院　南京　210037；

2 南京林业大学竹材工程研究中心　南京　210037）

摘　　要

以农作物秸秆（棉秆、稻秆、麦秆和玉米秆）为主要原料制备秸秆醋液，研究了在3种炭化温度450℃、600℃和750℃下，棉秆醋液、稻秆醋液、麦秆醋液、玉米秆醋液的得率。研究表明秸秆醋液的得率随着炭化温度的升高而增加，当炭化温度为750℃时，醋液得率分别为棉秆醋液51.70%、玉米秆醋液45.32%、稻秆醋液43.91%、麦秆醋液42.44%。采用气-质联用仪进行秸秆醋液成分的分析，表明秸秆醋液是一种组分复杂的混合物，4种秸秆醋液平均含有24.41%的酚类、22.09%的酮类、20.79%的有机酸、4.52%的醛类、4.20%的醇类及2.44%的酯类等。秸秆醋液中所含的乙酸、丙酸、苯酚、甲酚、甲氧基酚、乙醇等成分均为有效的活性物质，具有抑菌、杀菌的作用。

关键词： 农作物秸秆；秸秆醋液；活性物质

农药是人类获得粮食、确保农业稳产、丰产不可缺少的生产资料，农药的使用可使农作物中的30%免受病虫害的损害[1]。但是，一些传统的农药，由于药剂本身的缺陷，在农药的使用中产生了一系列的公害问题，引起环境污染、人畜中毒等严重问题。由于农药残留问题，我国农产品出口时常遭遇“绿色壁垒”。因此，开发对人畜、环境安全的“环境和谐农药”是解决这一问题的重要途径[2]。研究发现许多植物体内都有抑菌活性的有效成分，即酚、酮、醛、酯及有机酸等活性物质[3-6]。从植物资源中寻找抑菌活性物质，是当前开发“绿色农药”的一条重要途径。

我国农作物秸秆资源丰富，产量每年约7亿t。但是，目前我国秸秆利用方式还处于较低的水平，其中2亿t被就地焚烧造成了秸秆资源的严重浪费[7-9]。农作物秸秆炭化可消耗大量农作物秸秆，可解决秸秆焚烧问题，具有显著的社会和环境效益[10, 11]。秸秆醋液是秸秆热解得到的副产品之一，它是一种组分复杂的液体混合物，其主要成分为水、有机酸、酚类、酮类、醇类等物质。研究表明，秸秆醋液有多种机能，它对植物和动物的组织具有很好的渗透性和吸收性，可以起到植物激素方面的作用，给作物加入微量的秸秆醋液，能够促进植物生根、发芽、生长，还广泛应用于农业、医疗、保健等领域[12]。

由于秸秆醋液中所含的有机酸、酚类物质等有机物具有杀菌、抗菌作用，本研究以农作物秸秆资源为原料，将其炭化后得到的液体产物秸秆醋液进行主要成分分析，探讨秸秆醋液抑菌、杀菌的活性物质，为相关产品的开发提供一定的理论依据，为秸秆醋液的资源化利用提供新的途径。

1 实　　验

1.1 秸秆醋液的制备

所用秸秆采集于南京郊区，将材料气干，然后截断，炭化温度分别为450℃、600℃和750℃，平均升温速率为150℃/h，实验全程收集的秸秆醋液原液自然沉淀两周后，滤去沉淀焦油部分，即得秸秆醋液。

1.2 秸秆醋液成分分析

选用HP6890N/5973N气-质联用仪进行秸秆醋液成分的分析。气相色谱条件：选用HP-5弹性毛细管

本文原载《生物质化学工程》2009年第43卷第2期第34-36页。

柱；进样口温度：200℃；柱温：初始温度60℃，保持2min，以5℃/min速率升温至200℃，保持2min进样量2μL。质谱条件：EI源，电子能量70eV，倍增电压1800V。

2 结果与讨论

2.1 秸秆醋液得率分析

将稻秆、麦秆、玉米秆及棉秆分别以炭化温度为450℃、600℃和750℃进行炭化，炭化温度对4种秸秆醋液得率的影响见表1（占气干秸秆的质量分数）。

表1 炭化温度对秸秆醋液得率的影响

炭化温度/℃	秸秆醋液得率/%			
	稻秆	麦秆	玉米秆	棉秆
450	37.38	38.77	40.15	44.79
600	41.02	40.13	42.89	49.41
750	43.91	42.44	45.32	51.70

从表1中可以看出，随着炭化温度的升高，4种秸秆醋液的得率呈上升趋势，说明炭化温度越高，秸秆醋液的得率越高。此外，秸秆的种类对秸秆醋液的产量也有一定的影响，在相同的炭化温度下，棉秆醋液的得率高于其他3种秸秆。可见秸秆醋液的得率随着秸秆的种类及热解工艺的不同而不同。

2.2 秸秆醋液各主要成分的分析

秸秆醋液是秸秆热解得到的副产物之一。秸秆中含有多种化学成分，主要有纤维素、半纤维素和木质素，此外还含有糖类和蛋白质等[13, 14]。纤维素、半纤维素和木质素是秸秆的主要成分，秸秆的热分解与它们的热分解有着紧密的联系。并且可以认为，秸秆的热分解是其主要成分热分解的综合体现[15]。秸秆中所含的各种物质进行热分解并气化成烟，随着秸秆中所含的水分变成水蒸气一起作为上述各种成分热解的生成物，这些生成物经过冷凝即得到液体产物秸秆醋液。采用气-质联用仪对炭化温度为450℃的秸秆醋液进行主要成分分析，其主要成分及相对含量见表2。

表2 4种秸秆醋液主要成分分析

成分	秸秆醋液成分相对含量/%			
	稻秆	麦秆	玉米秆	棉秆
酚类	23.57	28.68	19.62	25.75
酮类	27.85	21.22	15.87	23.42
有机酸	20.72	22.16	21.76	18.50
醛类	0.62	1.44	14.24	1.77
醇类	5.12	4.00	3.34	4.34
酯类	2.56	2.58	2.52	2.11

秸秆醋液成分中除水分外，主要是酚类、酮类、有机酸、醛类、醇类及酯类等物质。由表2可知4种秸秆醋液中，有机酸的相对含量相差不大，其中，麦秆醋液和棉秆醋液中酚类物质相对含量较高；稻秆醋液中酮类物质相对含量较高，而玉米秆醋液中有机酸相对含量较高，其成分相对含量随着秸秆种类不同而发生一定程度的变化。

根据上述4种秸秆醋液主要成分的相对含量，秸秆醋液主要成分平均相对含量为酚类物质24.41%、酮类物质22.09%、有机酸20.79%、醛类物质4.52%、醇类物质4.20%及酯类物质2.44%。

秸秆中的化学成分纤维素、半纤维素和木质素在热解时，会降解生成脱水糖和低聚糖，它们进一步热解时，可以形成各种有机酸。GC-MS 分析表明，秸秆醋液中含有大量的酚类物质，主要有苯酚和它的同系物以及少量的愈创木酚和 2-羟基-丙基-2-环戊烯醇酚等多种，它主要来源于秸秆中的木质素，而且纤维素热解时也能形成酚类。秸秆热解时得到甲醛、乙醛、糠醛和 5-甲基糠醛等醛类物质也来源于秸秆成分的热分解和二次反应两方面，即一方面木材中的纤维素、半纤维素和木质素热分解能生成醛类，另一方面它们可以通过二次反应生成，由秸秆热解产物之间相互反应产生。秸秆热解产物有甲醇、丙二醇、四氢-2-呋喃甲醇等，甲醇的形成和秸秆中的甲氧基的含量有关。酮类物质和酯类物质是由二次反应生成的。酯类物质可能是酸和醇相互作用的产物，即酯类物质的含量随秸秆醋液中酸和醇的浓度而不同。此外，秸秆醋液的浓度又随秸秆的种类和含水率而不同[16]。

2.3 秸秆醋液活性组分中抑菌、杀菌性能的分析

秸秆醋液中的不少有机物为活性组分，本身具有杀菌、抑菌的能力。如秸秆醋液中含有 20.79%的有机酸，这些酸性物质能溶解类脂，使蛋白质变性，损伤微生物的细胞膜等，常常应用于熏蒸消毒室内空气，还可用于肉制品、水产品、蔬菜、水果、焙烤食品等的抗菌消毒。酚类物质在高浓度下可裂解并穿透微生物细胞壁，使菌体蛋白凝聚沉淀，还可以降低溶液表面张力，增加细胞壁的渗透性，使菌体的内含物逸出[17, 18]；主要应用于污染物体的表面消毒，如家具、地面、墙面、器皿、衣服和实验室污染品等，秸秆醋液中含有的 24.41%酚类物质，能够发挥很大的作用，可以使其得到充分的利用。此外，秸秆醋液中相对含量较小的 4.20%的醇类物质，通过破坏蛋白质的肽键，使其变性；侵入菌体细胞，解脱蛋白质表面的水膜，使其失去活性，引起微生物新陈代谢障碍及溶菌作用来杀灭微生物，常应用于皮肤及医疗器械的表面消毒。

3 结　论

（1）秸秆醋液的得率随着炭化温度的升高而增加，当炭化温度在 750℃时，醋液得率分别为棉秆醋液 51.70%、玉米秆醋液 45.32%、稻秆醋液 43.91%、麦草秆醋液 42.44%。

（2）秸秆醋液是一种组分复杂的混合物，4 种秸秆醋液平均含有 24.41%酚类物质、22.09%的酮类物质、20.79%的有机酸、4.52%的醛类物质、4.20%的醇类物质及 2.44%的酯类物质等。所含乙酸、丙酸、苯酚、甲酚、甲氧基酚、乙醇等活性成分均具杀菌、抑菌的作用。

（3）秸秆醋液作为一种新型天然原材料，在大力提倡健康食品的今天，它的推广应用将有效减少农药用量，缓解有害生物的抗药性，并可减轻农药对环境的毒性压力，有力地促进我国无公害、绿色及有机农业的发展。

参 考 文 献

[1] 李艳艳，冯俊涛，张兴，等. 苦豆子化学成分及其生物活性研究进展. 西北农业学报，2005，14（2）：133-136.

[2] 何衍彪，詹儒林，赵艳龙. 植物源农药的研究和应用. 热带农业科学，2004，24（3）：48-56.

[3] 严振，莫小路，王玉生. 中草药源农药的研究与应用. 中国中药杂志，2005，30（21）：1714-1715.

[4] 邓洪渊，孙雪文，谭红. 生物农药的研究和应用进展. 世界科技研究与发展，2005，27（1）：76-80.

[5] 鲁红学，彭跃峰，熊定志. 朱顶红叶片提取物抑菌效果的初步研究. 贵州农业科学，2006，34（3）：11-12.

[6] 方圣鼎，陈仁通. 21 世纪植物药的开拓与创新探讨. 中草药，2005，36（10）：1571-1573.

[7] 蒋应梯，庄晓伟，王衍彬. 利用农作物秸秆开发生物能源和有机肥初探. 生物质化学工程，2006，40（6）：48-50.

[8] 刘建胜. 我国秸秆资源分布及利用现状的分析. 北京：中国农业大学，2005.

[9] 蒋剑春，金淳，张进平，等. 生物质催化气化工业应用技术研究. 林产化学与工业，2001，21（4）：21-26.

[10] 樊希安，彭金辉，王尧，等. 微波辐射棉秆制备优质活性炭研究. 资源开发与市场，2003，19（5）：275-277.

[11] 李湘洲. 棉秆制活性炭的研究. 林产工业，2004，（4）：35-37.

[12] 常雅宁，俞建瑛，倪炜，等. 竹醋液对食品污染的抗菌作用的研究. 林产化学与工业，2005，25（4）：83-85.

[13] Yang R，Zhang C，Feng H. Akinetic study of xylan solubility and degradation during corncob steaming. Biosystems Engineering，2006，93（4）：375-382.

[14] Shigenobu M，Tomohiro A，Noriak I. Production of L-lactic acid from corncob. Bioscience and Bioengineering，2004，97（3）：153-157.

[15] Xie Y J，Liu Y X，Sun Y X. Heat-treated wood and its development in Europe. Journal of Forestry Research，2002，13（3）：224-230.

[16] 安鑫南. 林产化学工艺学. 北京：中国林业出版社，2002：372-378.

[17] 邹小明，钱俊青，卢时勇. 竹醋液馏分抑菌性能研究. 林产化学与工业，2005，25（3）：33-37.

[18] 常雅宁，赵素芬，倪炜，等. 竹醋液抗氧化性能研究. 华东理工大学学报，2004，30（6）：640-643.

竹炭负载纳米 TiO_2 吸附与降解甲苯的研究

周建斌[1]　邓丛静[1]　傅金和[2]　张齐生[3]

（1 南京林业大学化学工程学院　南京　210037；
2 国际竹藤网络中心　北京　100102；
3 南京林业大学竹材工程研究中心　南京　210037）

摘　　要

以竹炭为载体，采用浸渍焙烧法制备竹炭/纳米 TiO_2 材料（竹炭-TiO_2 材料），利用 SEM 和 EPR 对竹炭及竹炭-TiO_2 材料进行表征，并分别在紫外灯、日光灯、白炽灯以及自然光照射条件下研究了竹炭-TiO_2 材料对甲苯的净化效果。结果表明：竹炭的孔隙主要以 200nm 左右的大孔为主，有利于 TiO_2 在其表面和边沿的负载；竹炭-TiO_2 材料自旋数由 8.7×10^{13}（竹炭）增加到 8.9×10^{17}，氧化-还原能力显著提高；竹炭-TiO_2 材料对甲苯具有良好的净化能力，紫外光照射条件下，12h 净化率达 94.50%，CO_2 增加量达 122mg/m^3；在可见光条件下，12h 净化率为 76.80%，CO_2 增加量为 60mg/m^3，CO_2 的增加可能是由于载体竹炭扩展了 TiO_2 的光谱响应范围。

关键词：竹炭；二氧化钛；吸附；降解；甲苯

1　前　　言

当今世界，环境污染特别是室内有毒、有害气体的污染日趋恶化，对人们健康构成了严重的威胁[1]。室内装饰、日用化学品的使用及人类活动产生了大量的污染物，如苯、甲苯、甲醛等[2]，其中，甲苯是一种不容忽视的空气污染，其对人体的危害突出地表现为对中枢神经和植物神经系统的作用和对皮肤黏膜的刺激作用，Grabski[3]报道了与慢性吸入甲苯有关的首例小脑退化；Knox 等[4]报道了由吸入甲苯引起的长期脑损伤；因此，室内空气净化、去除甲苯对人体健康非常重要。

近年来，光催化技术被广泛用于空气净化、废水处理、化学防护等方面。具有多相光催化性能的半导体光催化剂包括 WO_3、TiO_2、CdS、ZnS、ZnO、Fe_2O_3、CdSe 等[5-7]，其中，TiO_2 由于本身无毒、化学性质稳定等优点而受到广泛关注[8]。然而，纳米 TiO_2 在使用过程中呈现失活、团聚、回收困难等缺陷，需将其负载到载体上以增强实用性[9]，对活性炭、活性炭纤维、黏土、硅胶、玻璃珠等载体负载 TiO_2 的研究已有报道[10]。但是以竹炭为载体负载 TiO_2 的研究鲜见。

竹炭是近年发展起来的一种新型功能材料和环境保护材料，具有发达的孔隙结构和良好的吸附性能[11, 12]。竹炭的比表面积较大、吸附能力较强、孔隙以 200nm 左右的大孔为主，是优良的载体材料。本研究以竹炭为载体，将纳米 TiO_2 负载到竹炭上，得到竹炭-TiO_2 新材料，并考察其对空气中甲苯的吸附与降解性能。

2　实　　验

2.1　试剂与仪器

试剂：甲苯，AR 级；竹炭（炭化温度为 700℃、粒径为 0.071mm），实验室自制；纳米 TiO_2（粒径 10～20nm），南京海泰纳米材料有限公司。

仪器：WH-201 气候箱，南京实验仪器厂制造；1900 型比表面积测定仪，意大利 Sorptomatic 公司；

本文原载《新型炭材料》2009 年第 24 卷第 2 期第 131-135 页。

Autopore Ⅱ 9220 型压汞仪，美国 Micromeritiecs 公司；气相色谱仪，日本岛津；电子顺磁共振波谱仪，德国 Bruker 公司；扫描电子显微镜，荷兰 Philip 公司。

2.2　实验方法

1. 竹炭比表面积和孔径分布

比表面积采用意大利产的 Sorptomatic 1900 型比表面积测定仪（液氮）进行测定；孔径分布采用 Autopore Ⅱ 9220 型压汞仪进行测定。

2. 竹炭-TiO_2 材料的制备

将纳米 TiO_2 直接分散在含分散剂、稳定剂的乳液中制成前驱体浆液，然后采用浸渍法在竹炭上负载 TiO_2，浸渍两次，每次浸渍后均在 110～350℃下烘干、焙烧，得到试验用竹炭-TiO_2 材料。

3. 竹炭-TiO_2 材料的表征

采用扫描电镜观察竹炭-TiO_2 材料的微观结构；

采用电子顺磁共振波谱研究竹炭-TiO_2 材料电子自旋的变化，光谱条件：微波功率 19.920mW；微波频率 9.756GHz；中心磁场 3480.000G；扫描宽度 100.000G；扫描时间 83.886s；测试温度 20℃；气氛为空气，样品自旋数大小按式（1）计算[13]。

$$n_x = (A_x/A_0)3.2\times 10^{15} \tag{1}$$

式中，n_x—样品的自旋数；A_x—样品的积分面积；A_0—标准样品的积分面积；3.2×10^{15}—标准样品的自旋数。

4. 竹炭-TiO_2 材料对甲苯的吸附实验

实验在（20±0.5）℃，配有 20W 紫外灯、白炽灯、日光灯光源各一盏的 1m^3 密闭气候箱内进行。试验时先将甲苯溶液放置到气候箱中，使其挥发 12h，迅速采集空气样品，测定空气中甲苯的浓度，记为初始浓度，然后将竹炭-TiO_2 材料置于气候箱中央位置，恒温吸附 12h 后，测定气候箱中甲苯浓度，记为吸附后浓度，竹炭-TiO_2 材料对甲苯的去除率按式（2）计算：

$$Q = (c_0-c)\times 100/c_0 \tag{2}$$

式中，Q—竹炭-TiO_2 材料对甲苯的去除率（%）；c_0—初始浓度（mg/m^3）；c—吸附后浓度（mg/m^3）。

甲苯的浓度按照 GB/T11737—89《室内空气中苯、甲苯、二甲苯的测定—气相色谱法》进行检测。

3　结果与讨论

3.1　竹炭的比表面积及孔径分布

炭化温度为 700℃竹炭的比表面积为 385m^2/g，说明其具有一定的吸附性能。其孔径分布如图 1 所示。

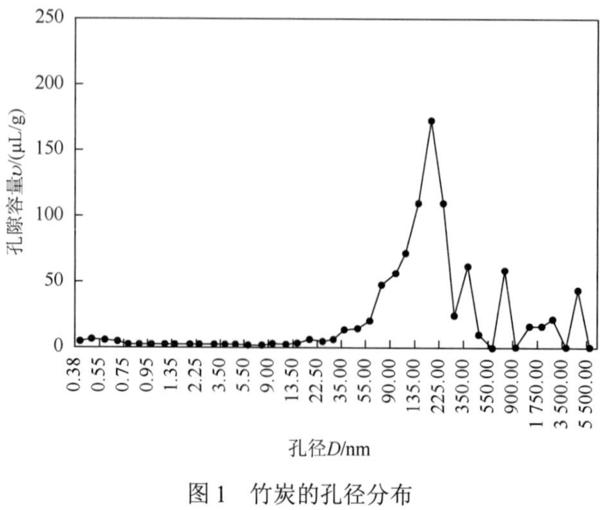

图 1　竹炭的孔径分布

由图 1 看出，竹炭的孔径分布以大孔为主，孔径主要集中在 200nm 左右，这是由于竹炭只经过炭化阶段，未经过活化阶段，其孔隙结构主要是由维管束、薄壁细胞和导管形成。

3.2 竹炭与竹炭-TiO_2 材料扫描电镜图

图 2 为竹炭横切、纵切扫描电镜图；图 3 为竹炭-TiO_2 材料横切、纵切扫描电镜图。

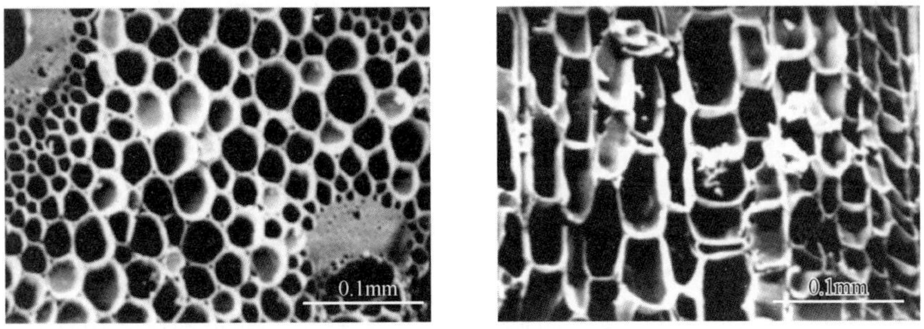

(a) 横切面 (b) 纵切面

图 2 竹炭的扫描电镜图

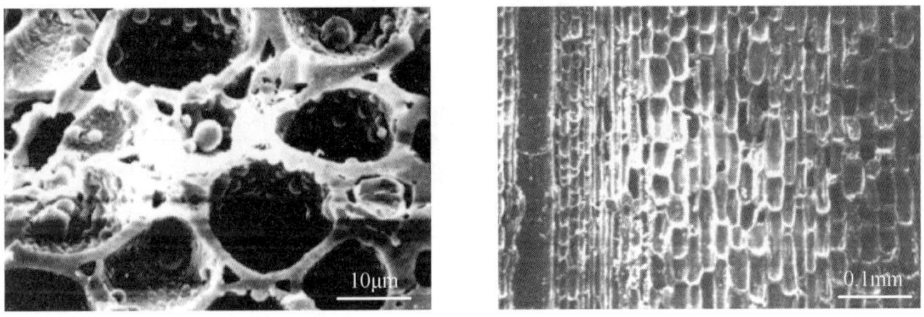

(a) 横切面 (b) 纵切面

图 3 竹炭-TiO_2 材料的扫描电镜图

比较图 2 和图 3 可以看到，TiO_2 集中分布在竹炭大孔的表面和边沿上，未堵塞竹炭的孔隙结构。实验用 TiO_2 的粒径为 10～20nm，载体竹炭的孔径主要集中在 200nm 左右，竹炭孔径为 TiO_2 粒径的 10～20 倍，为纳米 TiO_2 的负载提供了良好的附着“场所”，说明竹炭-TiO_2 材料能够很好地结合竹炭的吸附性能和 TiO_2 的光催化降解性能。而用于空气净化的活性炭大多以微孔（半径<2nm）为主，以其为载体负载 TiO_2，TiO_2 仅覆盖在活性炭的表面，不能进入活性炭的微孔内，堵塞孔隙，大大降低了活性炭的吸附性能。

3.3 竹炭与竹炭-TiO_2 材料的 EPR 测定

任何包含未成对电子的原子、原子团、分子或离子均称之为自由基，中性分子生成自由基的基本方法主要有光解、热解和氧化还原反应[14]。竹炭的自旋中心主要是竹材原料热解而形成的自由基，竹炭及竹炭-TiO_2 材料的 EPR 谱如图 4、图 5 所示，经图谱得出自旋数如表 1 所示。

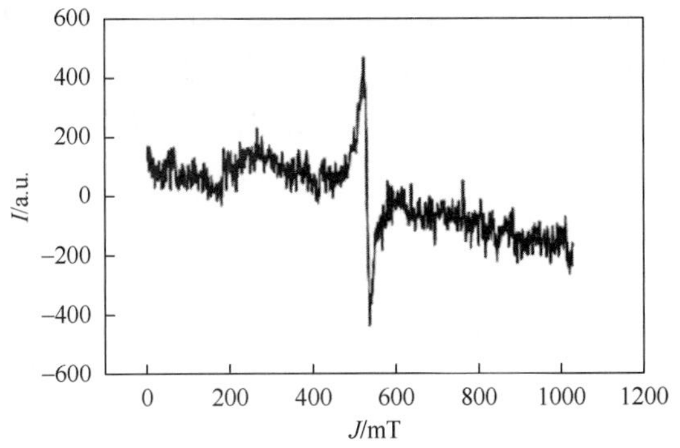

图 4 竹炭的 EPR 谱图

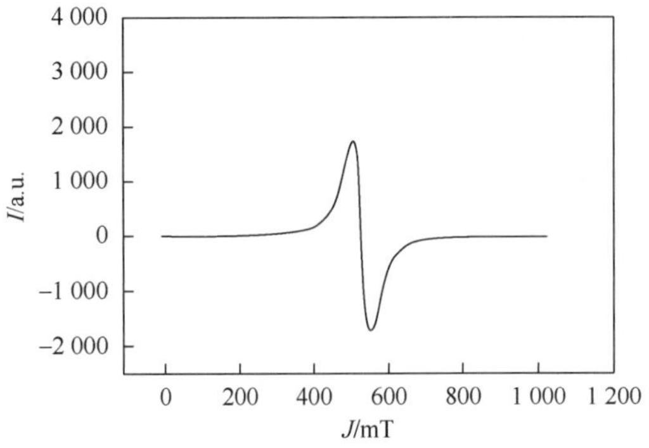

图 5 竹炭-TiO_2 材料的 EPR 谱图

表 1　竹炭及竹炭-TiO_2 材料的自旋数

名称	竹炭	竹炭-TiO_2
自旋数	8.7×10^{13}	8.9×10^{17}

由表 1 可以明显看出，竹炭的自旋数为 8.7×10^{13}，而竹炭-TiO_2 材料的自旋数达到 8.9×10^{17}，增加了四个数量级。这主要是由于竹炭上负载的 TiO_2 被能量大于禁带宽度的光能照射后，价带上的电子（e^-）被激发跃迁至导带，在价带上留下相应的空穴（h^+），空穴（h^+）和空气中水（H_2O）发生氧化反应，生成氢氧自由基（·OH），电子（e^-）与表面吸附的氧（O_2）和水（H_2O）分子反应，产生了氢氧自由基（·OH）、超氧离子自由基（·O_2^-）以及·HO_2 自由基。这些非常活泼的自由基具有很强的氧化性，能够将有机物直接氧化为 CO_2 和 H_2O。

3.4　竹炭-TiO_2 材料对甲苯的吸附与降解

竹炭-TiO_2 材料去除甲苯时，同时发生了吸附与降解两个过程，首先利用竹炭的吸附性能，使空气中的甲苯在竹炭上富集，同时纳米 TiO_2 光催化降解甲苯，降解过程产生的微量中间副产物能够被竹炭吸附，使之继续在催化剂表面进行反应，直至转化为无害的 CO_2 和 H_2O，使竹炭不断原位再生。研究了在紫外灯、日光灯、白炽灯和自然光四种光照条件下竹炭-TiO_2 材料对甲苯的去除效果，结果如表 2 所示。

表 2　竹炭-TiO_2 材料光催化降解甲苯的能力

光照条件	初始浓度 ρ/(mg/m^3)	吸附后浓度 ρ/(mg/m^3)	甲苯去除率 η/%	CO_2 的增量 ρ/(mg/m^3)
紫外灯	400	22	94.50	122
日光灯	400	47	88.30	91
白炽灯	400	52	87.00	79
自然光	400	93	76.80	60

由表 2 可以看出，在各种光照条件下，竹炭 TiO_2 材料对甲苯的去除效果均较明显，12h 后甲苯的去除率均大于 76.80%，CO_2 的增量大于 60mg/m^3，这可能是由于载体竹炭扩展了宽禁带 TiO_2 的光谱响应范围。其中紫外灯作用下，甲苯的去除率在 12h 后达到 94.50%，CO_2 增量也高达 122mg/m^3，主要是因 TiO_2 的能隙差与紫外光提供的能量接近所致。

4　结　　论

（1）以竹炭为载体，采用浸渍-焙烧法，制备了竹炭-TiO_2 材料。竹炭孔径约为纳米 TiO_2 粒径的 10～20 倍，TiO_2 能够有效地负载在竹炭孔隙的边沿和表面。竹炭上负载的 TiO_2 被能量大于禁带宽度的光能照射后，会产生非常活泼且具有很强的氧化性的氢氧自由基（·OH）、超氧离子自由基（·O_2^-）以及·HO_2 自由基，这些自由基能将有机污染物直接氧化为二氧化碳和水。

（2）竹炭-TiO_2 材料对甲苯具有良好的去除能力，在各种光照条件下，12h 后甲苯的去除率均大于 76.80%，CO_2 的增量大于 60mg/m^3，其中紫外灯作用下，甲苯的去除率在 12h 后达到 94.50%，CO_2 的增量高达 122mg/m^3，说明竹炭-TiO_2 材料很好地结合了竹炭的吸附性能和二氧化钛的光催化降解性能，因此在环境治理方面具有一定的发展前景。

参 考 文 献

[1]　张道方，刘建兵，杨晓燕，等. 典型室内空气污染现状研究. 北方环境，2006，29（3）：15-18.

[2]　孙和芳，张国栋，郑光宇. 活性炭负载 TiO_2 光催化降解甲醛. 安徽工业大学学报，2007，24（1）：39-42.

[3]　Grabski D A. Toluene sniffing producing cerebellar degeneration. Am. J. suchiat，1961，118：461-462.

[4]　Knox J W，Nelson J R. Permanent encephalopathy from toluene inhalation. N. Eng. J. Med.，1996，275：1494-1497.

[5] Mills A，Davies R H，Worsley D. Water purification by semi-conductor photocatalysis. Chem. Soc. Rev.，1993，22（6）：417-425.

[6] Hagfeldt A，Gratzel M. Light-induced redox reactions in nano-crystalline systems. Chem. Rev.，1995，95（1）：49-68.

[7] Hoffmann M R，Martin S T，et al. Environmental applications of semiconductor photocatalysis. Chem. Rev.，1995，95（1）：69-96.

[8] Suzuki K. Photocatalytic purification of low concentration pollutants in air//Ollis D，Elakabi H. The First Photocatalysis International Conference. New York：Eisevier，1993：385-585.

[9] 王祖鹓，张凤宝，张前程. 负载型 TiO_2 光催化剂的研究进展. 化学工业与工程，2004，21（4）：248-254.

[10] 贺飞，唐怀军，赵文宽，等. 纳米 TiO_2 光催化剂负载技术研究. 环境污染技术与制备，2001，2（2）：47-58.

[11] 李文珠，张文标，楼建强. 竹炭性能与检测方法. 世界竹藤通讯，2007，(3)：8-10.

[12] 周建斌. 竹炭环境效应及作用机理的研究. 南京：南京林业大学，2005.

[13] 裘祖文. 电子自旋共振波谱. 北京：科学出版社，1980：580-585.

[14] 张铸勇，祁国珍，庄莆. 精细有机合成单元反应. 上海：华东化工学院出版社，1990：64-68.

生物改性竹炭对污水净化效果的研究

周建斌[1] 叶汉玲[1] 张合玲[1] 张齐生[2]
（1 南京林业大学化学工程学院 南京 210037；
2 南京林业大学竹材工程研究中心 南京 210037）

摘 要

对不同最终炭化温度（300～700℃）的竹炭进行比表面积的测定，结果表明炭化温度为 700℃的竹炭具有较大的比表面积（385m^2/g）。将炭化温度为 700℃的竹炭进行生物改性处理，利用竹炭本身的吸附能力及微生物菌群的生物降解作用，对污水进行处理，实验结果表明：生物改性竹炭对污水中 COD 去除率达到 94.00%，氨氮的去除率达到 96.67%，色度去除率达到 88.73%，浊度去除率达到 92.56%。通过扫描电镜分析生物改性竹炭，观察到竹炭的表面和内部孔隙均分布着丰富的微生物菌群。可见，以竹炭作为载体，为微生物聚集、繁殖生长提供了良好的场所，在适当的温度及营养条件下，能够同时发挥竹炭的吸附作用和微生物的生物降解作用，使水质得到净化。

关键词： 生物改性竹炭；污水；净化

竹炭是竹材热解的产物。竹材生长快、繁殖能力强、容易更新，以竹材为原料生产的竹炭品质高、细密多孔、比表面积大、吸附力强[1, 2]，是一种性能良好、有着广阔发展空间的多功能材料。对竹炭进行改性，实现竹炭的吸附性能和其他物质特殊性能的有效结合，如负载微生物、生物酶、光催化剂等可用于废水处理[3-5]。

生物改性竹炭水处理技术以其高效去除水中溶解性有机物、出水安全、优质而备受瞩目。在这种工艺中，竹炭起着生物膜载体的作用。生物改性竹炭可以很快地把水体中有害物质分解掉，使水体中的溶解氧量增加，稳定微生物的生息环境，为微生物的生长提供了保证[6-8]，同时发挥竹炭的吸附作用和微生物的生物降解作用，使水质得到净化。此技术在欧洲水处理中应用很广，对多种废水显示出了良好的处理效果[9-11]。本研究采用生物改性竹炭对南京林业大学紫湖溪污水进行处理，从水样的 COD、氨氮、色度、浊度去除率等水质指标考察生物改性竹炭对污水的净化效果。

1 材料和方法

1.1 材料

选取 5 年生的竹材为炭化原料，锯成约 200mm 长的竹筒，每节破开成约大小相等 200mm×30mm×30mm 竹片，选取最终炭化温度分别为 300℃、400℃、500℃、600℃、700℃、800℃、900℃和 1000℃进行竹炭的制备。

EM（Effective Microorganisms）是由日本株式会社 EM 研究机构爱睦乐环保生物技术（南京）有限公司提供。

污水样取自南京林业大学紫湖溪污水。

1.2 测定方法

采用 Sorptomatic 1900 型比表面积测定仪进行比表面积的测定；用荷兰 PHILIP 公司制造的 505 型扫描电子显微镜进行微生物负载竹炭的测定；按照 GB/T11914—1989 采用重铬酸钾法，进行 COD 的测定；采

本文原载《世界竹藤通讯》2009 年第 7 卷第 5 期第 9-14 页。

用德国 Aqualytic 公司多参数自动测定仪配合原厂氨氮分析药剂以比色法进行 NH_4^+ 的测定；用德国 Aqualytic 公司色度单参数自动测定仪以比色法进行色度的测定；采用美国 HACH 公司 2100N 型浊度自动测定仪以比色法进行浊度的测定。

2 结果与分析

2.1 竹炭比表面积的测定

选取最终炭化温度分别为 300℃、400℃、500℃、600℃、700℃、800℃、900℃和 1000℃的竹炭试样粉碎至 0.071mm，进行比表面积的测定，结果如表 1 所示。

表 1 最终炭化温度对竹炭比表面积的影响

最终炭化温度/℃	300	400	500	600	700	800	900	1000
比表面积/(m^2/g)	23	133	326	360	385	239	133	35

从表 1 中可以看出，当最终炭化温度在 400℃以下时，竹炭的比表面积较小；随着炭化温度的升高，比表面积逐渐增大，说明竹炭中微孔的形成与变化是从 500℃以后开始的，由于堵塞的孔打开结合微孔积聚变化，导致在 600～700℃微孔急剧变化，到 700℃时比表面积达到最大值（385m^2/g）；当炭化温度在 800～1000℃时，竹炭的比表面积迅速减小，可能是由于竹炭内部类石墨微晶边缘含氧官能团的显著减少，导致类石墨微晶之间的张力减小，从而使竹炭的微孔显著减少。研究表明，炭化温度低于 600℃时，竹材孔径分布随温度的升高逐渐从 0.25～50μm 收缩到 0.55～5.50μm，这种变化在 300～400℃表现最显著[12]。可见，炭化温度对竹炭的性能有直接的影响。

2.2 生物改性竹炭及其负载微生物的分析

根据不同炭化温度的竹炭比表面积测定结果，选用炭化温度为 700℃（比表面积最大）的竹炭进行生物改性处理，在 35℃下，以 1g/L 的竹炭添加量和 1g/L 微生物菌群添加量，进行 35h 的竹炭改性处理。将生物改性竹炭进行扫描电镜分析，观察竹炭表面和内部负载微生物的情况，结果如图 1 和图 2 所示。

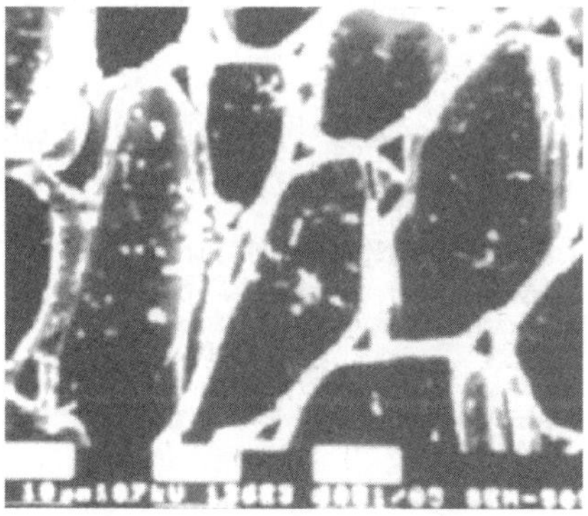

图 1 生物改性竹炭的纵切图

图 2 生物改性竹炭的横切图

从生物改性竹炭的电镜照片纵切图和横切图中可以清晰地看到光合菌类、乳酸菌类、酵母菌类等菌群负载到竹炭的孔隙中，生物菌不仅分布于竹炭表面，而且渗透到竹炭的内部孔隙。竹炭为微生物菌提供了理想的繁衍载体，而且在污水处理过程中不易流失，能够保持一定的密度，也使竹炭的孔隙不被污染物堵塞，发挥出持久的吸附作用和有效的生物降解能力。所以竹炭的孔隙为生物活性菌提供良好的寄居场所，使竹炭尽可能多地吸附微生物活性菌，以达到最好的水处理效果。

2.3 生物改性竹炭对污水 COD 的去除效果

在一定条件下，用强氧化剂处理水样时所消耗氧的量用化学需氧量 COD 表示。化学耗氧量越高，表示水中有机污染物越多。水中有机污染物主要来源于生活污水或工业废水，此外，动植物腐烂分解后流入水体也会导致水中有机污染物的富集。水体中有机物含量过高可降低水中溶解氧的含量，当水中溶解氧消耗殆尽时，则水质腐败变臭，导致水生生物缺氧，以至死亡。用生物改性竹炭对污水进行处理，对污水中COD的去除率如表2所示。

表2　生物改性竹炭对污水COD的去除率

处理时间/h	0	5	10	15	20	25	30	35	40
COD/(mg/L)	365.00	231.39	198.46	153.12	140.31	95.48	61.75	21.91	25.57
去除率/%	—	36.61	45.63	58.05	61.56	73.84	83.08	94.00	92.99

由表2可看出，水样经生物改性竹炭处理的30h内，由于微生物生长的情况不充分，使得COD的去除率较低。当处理时间为5h时，COD去除率仅为36.61%；随着处理时间的延续，生物改性竹炭对污水中COD的去除效果越来越明显，当处理时间为35h时，污水中COD去除率达到94.00%，说明微生物经过一段时间的污水处理后，适应性增强，不断增殖，在竹炭表面和内部形成生物膜，在污水处理过程中，使得竹炭的吸附性能和微生物菌群的降解作用有机结合起来，对COD去除率不断提高。

2.4　生物改性竹炭对污水中氨氮的去除效果

大量生活污水和含氨氮工业废水排入水体，使水中有机氮和各种无机氨氮化物含量增加，造成微生物的大量繁殖，消耗水中溶解氧，使水体质量恶化。湖泊、水库中含过量的氮、磷类物质时，造成浮游生物繁殖旺盛，出现富营养化状态。生活污水中氨氮化合物是导致水体富营养化的一个重要因素。用生物改性竹炭对污水中氨氮进行净化处理，其结果如表3所示。

表3　生物改性竹炭对污水氨氮的去除率

处理时间/h	0	5	10	15	20	25	30	35	40
氨氮含量/(mg/L)	30.89	24.20	18.64	8.46	6.62	3.01	1.57	1.03	1.04
去除率/%	—	21.66	39.66	72.61	78.57	90.26	94.92	96.67	96.63

从表3中可以看出，水样经生物改性竹炭处理25h后，污水中氨氮的去除率达到90%以上。研究表明，水中氨氮的去除一般通过将硝化细菌固定在过滤介质表面，通过物理、化学和生物作用共同完成。依靠生物菌群中亚硝化细菌和硝化细菌的作用，负载于竹炭的生物菌群（亚硝化细菌和硝化细菌）经过一段时间稳定的运行，能大量滞留于竹炭的表面和内部，构成了一种适宜于菌种生长、增殖的“微生态”环境，使得菌种对外界环境有很强的适应性，使污水中的氨氮得以充分发生硝化反应。竹炭是硝化细菌吸附生长的较好载体，它使硝化细菌得到良好的生长和繁殖，从而大大增加了水体的硝化-反硝化能力，使水体中过量的氨氮污染物不断去除。

2.5　生物改性竹炭对污水中色度的去除效果

纯水无色透明，清洁水在浅水层时为无色，深层为浅蓝绿色。天然水中存在黄腐酸、藻类、泥沙、浮游生物、铁和锰等金属离子，可使水体着色。纺织、印染、造纸、食品、有机合成工业的废水中，常含有大量的染料、生物色素和有色悬浮微粒等，是造成环境水体着色的主要污染源。有色废水常给人以不愉快感，排入环境后又使天然水体着色，减弱水体的透光性，因此色度是衡量水质的重要指标之一[8]。用生物改性竹炭对污水进行净化处理，色度的去除率如表4所示。

表4　生物改性竹炭对污水色度的去除率

处理时间/h	0	5	10	15	20	25	30	35	40
色度	331.00	299.00	255.00	177.00	79.30	69.10	37.30	37.40	45.20
去除率/%	—	9.67	22.96	46.52	76.04	79.12	88.73	88.70	86.34

竹炭对污水中色度的净化，主要由其物理性质（比表面积和孔结构）和化学性质（表面化学性质）共同决定。比表面积和孔结构影响竹炭的吸附容量，而表面化学性质影响竹炭同吸附质之间的相互作用力。竹炭有较丰富的比表面积和孔结构，依靠其物理性能对污水中色度有较好的去除率；随着处理时间的增加，竹炭在一定程度上存在着吸附饱和现象，而竹炭表面的化学性质发挥着对吸附质的吸附性能。从表 4 可以看出，当处理时间在 15h 时，色度的去除率较低；随着处理时间的增加，当处理时间在 30h 时，对色度的去除率达到 88.73%，这是物理吸附和化学吸附共同作用的结果。

2.6 生物改性竹炭对污水中浊度的去除效果

生活污水和工业废水中含有各种有机物、无机杂质、浮游生物和微生物等物质，它们会引起水的浑浊，因此浊度是衡量水质的一项重要指标。用生物改性竹炭对污水进行净化测定对污水中浊度的去除率，结果如表 5 所示。

表 5 生物改性竹炭对污水浊度的去除率

处理时间/h	0	5	10	15	20	25	30	35	40
浊度/(mg/L)	25.4	16.60	9.70	93.31	8.92	8.71	6.57	2.16	1.89
去除率/%	—	34.65	61.81	63.35	64.88	65.71	74.13	91.50	92.56

生物改性竹炭对污水中浊度有较好的去除率，本实验所用生物菌群不仅有含量丰富的亚硝化细菌和硝化细菌，还有一类对人类有益的微生物复合群，它在生长过程中能迅速分解污水中的有机物，同时依靠相互间共生增殖协同作用，代谢出抗氧化物质，形成稳定而复杂的生态系统，抑制有害微生物的生长繁殖，激活水中具有净化功能的水生生物，通过这些生物的综合效应从而达到净化和修复水体的目的[13]。

3 小 结

（1）由于炭化温度为 700℃的竹炭具有发达的孔隙和较大的比表面积，吸附能力强，而且竹炭具有较好的生物亲和力，通过其特有的物理吸附性能，牢固地将微生物菌体吸附于竹炭孔内，微生物经生长繁殖，能较快形成生物膜。以炭化温度为 700℃的竹炭做载体制备生物改性竹炭，通过扫描电镜观察到竹炭表面和内部的孔隙均分布着丰富的微生物菌群。

（2）生物改性竹炭用于污水处理，对污水的 COD 去除率达到 94.00%，氨氮的去除率达到 96.67%，色度的去除率达到 88.73%，浊度的去除率达到 92.56%。与传统的污水处理工艺相比，具有投资低、工艺简单、操作方便、不会引起二次污染等优点，对城市污水处理具有一定的应用价值。

参 考 文 献

[1] 张东升，江泽慧，任海青，等. 竹炭微观构造形貌表征. 竹子研究汇刊，2006，25（4）：1-8.

[2] 姜树海，张齐生，蒋身学. 竹炭材料的有效利用理论与应用研究进展. 东北林业大学学报，2002，30（4）：53-56.

[3] Zhao D S，Zhang J，Duan E，et al. Adsorption equilibrium and kinetics of dibenzothiophene from n-octane on bamboo charcoal. Applied Surface Science，2008，254：3242-3247.

[4] Zhao R S，Wang X，Yuan J P，et al. Investigation of feasibility of bamboo charcoal as solidphase extraction adsorbent for the enrichment and determination of four phthalate esters in environmental water samples. Journal of Chromatography A，2008，1183：15-20.

[5] Mizuta K，Matsumoto T，Hatate Y，et al. Removal of nitrate-nitrogen from drinking water using bamboo powder charcoal. Bioresource Technology 2004，95：255-257.

[6] 朱江涛，黄正宏，康飞宇，等. 竹炭的性能和应用研究进展. 材料导报，2006，20（4）：41-43.

[7] Liu H，He Y，Quan X，et al. Enhancement of organic pollutant biodegradation by ultrasound irradiation in a biological activated carbon membrane reactor. Process Biochemistry，2005，40：3002-3007.

[8] 李正魁，濮培民. 固定化细菌技术及其在物理生态工程中的应用-固定化氮循环细菌对水生生态系统的修复. 江苏农业学报，2001，17（4）：

248-252.
[9] 方涛，王春树，陈洪达，等. 上海曹扬环浜污染水体的生态修复. 中国给水排水，2005，21（10）：1-4.
[10] 胡静，张林生. 生物活性炭技术在欧洲水处理的应用研究与发展. 环境技术，2002，20（3）：33-37.
[11] 于洪斌，丁蕴铤. 活性炭在水处理中的应用方法研究与进展. 工业水处理，2003，23（8）：12-16.
[12] 左宋林，高尚愚，徐柏森，等. 炭化过程中竹材内部形态结构的变化. 林产化学与工业，2004，24（4）：56-60.
[13] 李伟光，曲艳明，何文杰，等. 臭氧生物活性炭技术在低温低浊水处理中的应用. 水处理技术，2006，32（11）：4-6.

竹醋液对有机栽培黄瓜生长的影响及其对蚜虫的防治效果

吴　暄[1]　宗良纲[1]　刘　新[2]　周建斌[2]　张齐生[2]　于　方[1]

（1 南京农业大学资源与环境科学学院　南京　210095；
2 南京林业大学竹材工程研究中心　南京　210037）

摘　　要

选择代表性的有机农场进行大棚试验，探索新型生物制剂竹醋液和食用蜂蜜混合后对有机栽培黄瓜生长的影响及其对蚜虫的防治效果。结果表明，醋蜜混合液处理对黄瓜生长的影响因不同的喷施浓度而异，低浓度 100 倍和 300 倍处理具有促进作用，高浓度 50 倍处理则会抑制黄瓜的生长。醋蜜混合液处理对有机栽培黄瓜上蚜虫的防治效果也因不同的喷施浓度而异，300 倍稀释液对黄瓜蚜虫的防治效果较好。

关键词：有机黄瓜；蚜虫；竹醋液；蜂蜜；生物防治

为了保护农业生态系统的生物多样性，促进农业可持续发展，国际有机运动联盟（简称 I-FOAM）发起了有机农业运动[1]。有机农业禁止使用化肥、农药的特殊种植方式使得病虫害的科学防治成为关键环节。因此，开发和研制用于有机农业的病虫害生物防治技术和产品有着十分重要的意义。竹醋液是竹材干馏时回收的一种混合液体，具有消毒杀菌、防虫保鲜，以及美容保健等功效，可以作为化工提纯和有机合成的基本原料，广泛应用于农业、制药、卫生和水质净化等领域。可见，竹醋液正是符合有机农业生产的优良资源[2]。有文献报道，竹醋液在农业上具有改良土壤、防治病虫害、促进作物生长和提高产品品质等作用，而且对作物和环境的毒副作用小，是很好的生物农药和生长调节剂[3-8]。竹醋液是一种酸性较强的溶液。经测定，本试验所用的竹醋液和蜂蜜混合液的 pH 在 3.00 左右。有研究结果表明，竹醋液中所含有的均为易分解的有机酸，它们不会像硫酸及盐酸那样残留在土壤中引起土壤酸化；土壤中施入竹醋液后，尽管土壤 pH 短时间内会降低 0.5 个单位左右，经过 3～4d 后就会恢复到原来水平[9]。本文以竹醋液和蜂蜜为供试材料，在有机种植方式下对黄瓜生长的促进作用，以及对蚜虫的防治效果进行了初步探索。现将结果报道如下。

1　材料与方法

1.1　试验材料

竹醋液是经蒸馏存放了 4 个月后的精制竹醋液，不再含有甲醇、甲醛等对人体有害的物质[8]，由南京林业大学竹材研究所提供；食用蜂蜜为市售；供试有机黄瓜品种为日本翠绿。

1.2　试验地概况

选择已有 6 年多的有机种植经历、已通过 OFDC 有机认证的江苏溧水普朗克有机农场作为试验基地。试验大棚面积为 220m^2，每小区面积 4.8m^2（4.8m×1m），采用随机区组排列，小区之间设置 1m 的隔离带。黄瓜于 2 月上旬开始播种，3 月上旬定植，共种植 420～450 株。

1.3　试验方法

将竹醋液原液和蜂蜜 1∶1 混合，取一定量的醋蜜混合液分别用蒸馏水稀释 50 倍、100 倍、300 倍后

本文原载《中国生物防治》2009 年第 25 卷第 4 期第 309-311 页。

至 2.16L。醋蜜混合液采用手提喷雾器进行叶面喷施，喷施量 180mL/m^2，每小区喷施 720mL。于 2008 年 5 月 13 日进行第一次喷施，其后的第 3d 和第 7d 各喷施一次。在喷药前、喷施后 3d、7d 和 10d 分别调查蚜虫数和黄瓜胸径茎粗。采用每小区随机挂牌固定 8 片黄瓜叶片，采用肉眼观察计数黄瓜叶片上蚜虫数。以 50 分游标卡尺测量 4 棵黄瓜植株胸径茎粗。以不施醋蜜混合液的处理为对照，每处理重复 3 次。

2　结果与分析

2.1　竹醋液对有机栽培黄瓜生长的影响

结果（图 1）表明，醋液蜂蜜混合液对黄瓜的生长具有显著的促进作用。药后 3d，醋液蜂蜜混合液 100 倍、300 倍处理的黄瓜果实均能持续生长增粗，且增粗的幅度与对照差异极显著；而 50 倍处理的黄瓜茎粗出现缩水现象，表明此浓度醋液蜂蜜混合液对黄瓜果实生长有抑制作用。在喷药后 7d 和 10d，100 倍、300 倍处理的黄瓜茎粗增长率均超过 100%。而对照在 10d 后时的黄瓜茎粗增长率仅为 47.9%。综合来看，醋蜜混合液浓度过高反而抑制黄瓜果实的生长，300 倍和 100 倍的醋蜜混合液均能有效地促进黄瓜生长，且无显著差异；同时稀释 100 倍处理对幼嫩黄瓜的迅速增粗效果明显。

2.2　竹醋液对有机栽培黄瓜上蚜虫的防治效果

结果（图 2）表明，喷施醋蜜混合液对控制黄瓜上蚜虫具有一定的作用，其防治效果因不同喷施浓度而异。对已发生严重蚜虫虫害的黄瓜植株喷施稀释 50、100、300 倍的醋液蜂蜜混合液，在药后 3d 和 7d 表现出较明显的抑制作用，此时以新生的若蚜为主，老虫则大部分死去；而对照组蚜虫数量显著增加。但在喷施后 7d，50 倍稀释液处理的黄瓜叶片上出现了不同程度的枯黄，说明 50 倍的浓度过大，影响了黄瓜植株的正常生长。从综合防治效果来看，300 倍稀释液防效最佳，药后 7d 对黄瓜蚜虫的防治效果超过 50%。由于 7d 后没再喷施醋蜜混合液，10d 后蚜虫大暴发。对照组蚜虫数量比试验开始时增加了 3 倍多；而经醋蜜混合液喷施过的黄瓜叶片，虽然蚜虫数量也有不同程度的增加，但蚜虫数量仅为对照的 50%左右。说明醋蜜混合液能有效控制蚜虫虫口的增长。

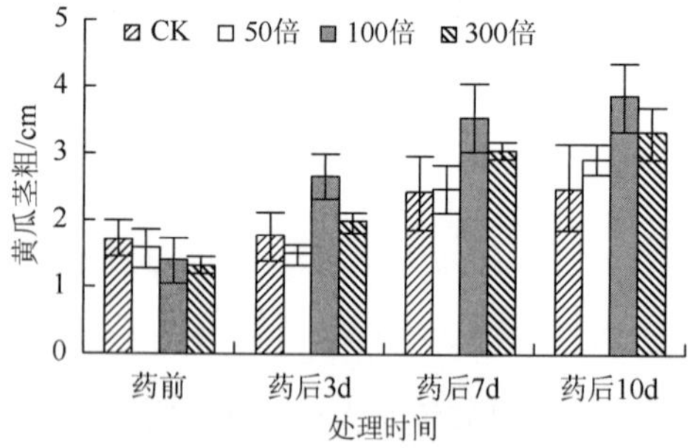

图 1　醋液处理对有机栽培黄瓜茎粗的影响

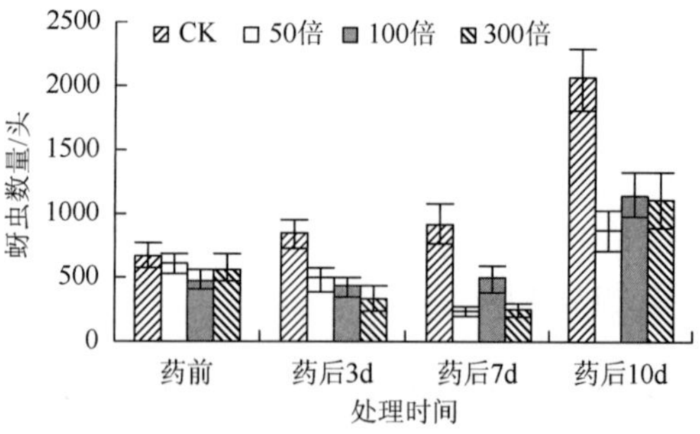

图 2　醋液处理对蚜虫虫口的影响

3　讨　　论

竹醋液促进蔬菜生长的机理，可能是由于其增强了叶片的光合作用而增加物质的累积或转换；或通过调节生长素的前驱物质来调节植物的生长[9, 10]。具体的促进机制尚需进一步的试验来验证。而蜂蜜作为食用物质，一方面，可能由于其本身的黏性，能使竹醋液更好地吸附在蔬菜叶片和果实表面；另一方面，由于蜂蜜带有特殊的甜味和香气，与醋液混合后能遮盖竹醋液的烟焦气味以吸引害虫而提高药剂的防治效果。蜂蜜虽然价钱较高，但其实际使用量经成本核算，对于有机黄瓜的增产是可以接受的。在今后的试验中，可以尝试在有机生产上将辣椒、中药材等食用植物和竹醋液混合使用，利用其具有的特殊气味和害虫趋利避害的特性，使害虫远离施药植株，因而对害虫具有驱避效果。目前，此类研究还处在探索阶段，对竹醋液的实际应用还需要广泛验证以获得有推广价值的技术成果。

参 考 文 献

[1] Francis C A，Patrick M J. Designing the future：sustainable agriculture in the US. Agric Eco System Environ，1993，46：123-134.
[2] 乔淑芹，梅福杰，孙丰宝，等. 木醋液——开辟有机农业新时代. 蔬菜，2004，(9)：23-24.
[3] 张齐生. 重视竹材化学利用，开发竹碳应用技术. 竹子研究汇刊，2001，20（3）：34-35.
[4] 蒋新龙. 竹醋液的生产及其应用. 竹子研究汇刊，2004，23（3）：34-37.
[5] 韦强，杜相革，曲再红. 竹醋液对黄瓜生长的影响. 中国农学通报，2006，22（7）：411-414.
[6] 王旭琴. 竹醋液对杉木土壤肥力和生长效应的影响. 北京：北京林业大学，2007.
[7] 姜庭荣. 木醋液在农业上的应用前景. 天津农林科技，2004，(3)：24-25.
[8] 张文标，叶良明，刘力，等. 竹醋液的组分分析. 竹子研究汇刊，2001，20（4）：72-77.
[9] 池鸠庸元. 炭・竹醋液のつくり方と使い方. 东京：农山渔村文化协会，1999.
[10] 母军，于志明，吴文强，等. 竹醋液对蔬菜生长调节效果的初步研究. 竹子研究汇刊，2006，25（4）：36-40.

烯烃装置产生的污泥制备活性炭的研究

周建斌[1]　邓丛静[1]　程金波[1]　张齐生[2]
（1 南京林业大学化工学院　南京　210037；
2 南京林业大学竹材工程研究中心　南京　210037）

摘　要

以烯烃装置产生的污泥为原料、采用水蒸气活化法制备活性炭，考察了增碳剂、活化温度、活化时间、水蒸气用量等因素对活性炭性能的影响。结果表明，当增碳剂（秸秆）的添加量为 25%（质量分数）、活化温度为 900℃、活化时间为 1h、水蒸气用量为 1.5mL/g 时，制备的活性炭得率为 45.4%、碘吸附值为 702.6mg/g、亚甲基蓝吸附值为 75mL/g，采用所制备的活性炭处理城市生活污水，结果表明，其对污水的处理效果较好，对 COD 和色度的去除率分别为 79.94%和 95.83%。

关键词：烯烃装置产生的污泥；活性炭；生活污水

在我国，烯烃装置产生的污泥每年有两千多万吨。目前，大量的污泥采用外运堆放焚烧法进行处理，这种方法不仅占用了大量的绿地空间，而且会造成严重的大气污染，破坏周围的生态环境[1]。充分利用污泥、变废为宝是我国污泥处理的最终途径。活性炭是一种具有特殊结构和性能的微晶质碳，已被广泛用于食品、医药、化学、国防等行业[2]。随着环境污染的加剧，活性炭也被广泛用于环保领域[3]，但在某些方面的应用中，对活性炭的要求并不是很高，若采用传统的原料木屑、煤生产活性炭，成本较高，且会造成资源的浪费。

近年来，国内外学者在利用城市污水厂产生的污泥制备吸附剂方面做了一些研究[4-8]，但以烯烃装置产生的污泥为原料制备活性炭的研究尚未见报道。为此，笔者以烯烃装置污泥为原料、以秸秆为增碳剂、采用水蒸气活化法制备活性炭，并将制备的活性炭用于污水处理。

1　材料与方法

1.1　试验污泥

试验用烯烃装置产生的污泥由中国石化扬子石油化工（南京）有限公司提供，其成分采用 CHN-O-RAPD 元素分析仪、Vario EL Ⅲ元素分析仪和 JA1100 型电感耦合等离子直读光谱仪进行分析。

1.2　污泥的炭化

称取一定质量的烯烃装置污泥原料放入干馏釜内，以 150℃/h 的升温速度加热干馏釜，升温至 450℃后保温 1h 冷却，得到烯烃装置污泥炭化料。炭化料的水分、灰分、挥发分、固定碳含量按照《木炭和木炭试验方法》（GB/T 17664—1999）进行测定。

1.3　污泥的活化

采用水蒸气活化法制备活性炭时，活化温度、活化时间、水蒸气用量对制得的活性炭的性质影响较大，

本文原载《中国给水排水》2009 年第 25 卷第 3 期第 67-69 页。

所以对烯烃装置污泥炭化料进行活化时，主要对活化温度、活化时间和水蒸气用量三个因素进行正交试验，以确定最佳的活化条件，各因素的水平如表 1 所示。

表 1 因素及水平

水平	A：活化温度/℃	B：活化时间/h	C：水蒸气用量/(mL/g)
1	850	1	15
2	900	15	2
3	950	2	25

1.4 制备活性炭的优化试验

我国是农业大国，有大量被废弃的农作物秸秆，笔者采用秸秆作为烯烃装置污泥的增碳剂，既可以提高活性炭的性能，又实现了废物的再利用。具体操作方法：向烯烃装置污泥加入 25%（质量分数）的秸秆并混合均匀，在升温速度为 150℃/h、炭化温度为 450℃、保温时间为 1h 的条件下制得烯烃装置污泥炭化料，然后在最佳的工艺条件下进行活化试验。

1.5 活性炭的分析方法

所制得的活性炭的碘吸附值、亚甲基蓝吸附值按照《木质活性炭试验方法》（GB/T 12496—1999）进行测定。活性炭的得率为活性炭质量占活化前烯烃装置污泥炭化料质量的百分比。

1.6 活性炭处理生活污水的试验

量取 150mL 生活污水（COD 为 145mg/L、色度为 192 倍）加入 2g 制备的活性炭，于搅拌器上快速搅拌 1h 后，静置 23h 过滤后测定滤液的 COD、色度等水质指标。生活污水取自南京林业大学的紫湖溪，该河段主要接纳龙蟠路一带的城市生活污水和南京林业大学学生宿舍的生活污水、化粪池溢流污水以及学生食堂泔水池溢流污水。污水的 COD、色度按《水和废水监测分析方法》（第 4 版）进行测定。

2 结果与讨论

2.1 烯烃装置污泥及其炭化料的成分分析

烯烃装置产生的污泥具有一定的特殊性，对其成分分析结果显示，污泥的碳含量为 60%左右，说明用此污泥制备活性炭是可行的。另外，还对污泥的灰分进行了分析，结果见表 2。

表 2 烯烃装置污泥的灰分组成

成分	含量/%	成分	含量/%
Fe_2O_3	32.40	TiO_2	0.34
SO_3	18.00	K_2O	0.16
CaO	15.40	Cr_2O_3	0.16
MgO	11.70	MnO	0.16
P_2O_5	7.80	PbO	0.13
SiO_2	6.80	BaO	0.06
Al_2O_3	4.60	SrO	0.05
ZnO	1.60	NiO	0.05
Na_2O	0.70	CuO	0.02

从表 2 可以看出，烯烃装置污泥的灰分以 Fe_2O_3、SO_3、CaO、MgO 等氧化物为主，在制备活性炭的过程中，这些氧化物可起到一定的活化作用。

对污泥的炭化料进行了分析检测，结果表明，炭化料中的固定碳含量为 31.6%，挥发分含量为 26.7%，水分含量为 2.9%，灰分含量较高，为 41.7%，这是由于污泥本身金属元素含量较高所致。

2.2　烯烃装置污泥最佳活化条件的确定

烯烃装置污泥活化的正交试验结果见表 3。

表 3　正交试验结果

试验号	因子			得率/%	碘吸附值/(mg/g)	亚甲基蓝吸附值/(mL/g)
	A	B	C			
1	1	1	3	50	450.7	60
2	1	2	1	50	396.8	50
3	1	3	2	46	410.9	50
4	2	1	2	55	426.8	55
5	2	2	3	56	430.3	55
6	2	3	1	46	396.4	50
7	3	1	1	51.2	437.3	60
8	3	2	2	40	353.6	60
9	3	3	3	38	437.4	50

对表 3 中的数据进行级差分析，结果表明，影响活性炭得率的各因素作用大小顺序为活化温度＞活化时间＞水蒸气用量；影响活性炭碘吸附值的各因素作用大小顺序为活化时间＞水蒸气用量＞活化温度；影响活性炭亚甲基蓝吸附值的各因素作用大小顺序为活化时间＞水蒸气用量＞活化温度；综合考虑各因素，确定最佳的活化条件：活化温度为 900℃、活化时间为 1h、水蒸气用量为 1.5mL/g，在此条件下制备的活性炭得率为 49.6%，碘吸附值为 604.4mg/g，亚甲基蓝吸附值为 65mL/g。

2.3　优化试验结果分析

在烯烃装置产生的污泥中加入 25%（质量分数）的秸秆作为增碳剂，在最佳活化条件下制备活性炭，结果表明，制备的活性炭得率为 45.4%，碘吸附值为 702.6mg/g，亚甲基蓝吸附值为 75mL/g，说明秸秆的添加可以提高活性炭的吸附性能，因此在采用烯烃装置污泥制备活性炭时，可根据不同使用需要，适当调整秸秆的添加量。

2.4　活性炭对污水的处理效果

向 150mL 生活污水中投加 2g 制备的活性炭，结果表明，活性炭对污水的处理效果较好，对 COD、色度的去除率分别为 79.94%、95.83%，处理后污水的 COD 降至 29mg/L、色度降至 8 倍。

3　结　　论

（1）以烯烃装置产生的污泥为原料、采用水蒸气活化法制备活性炭，最佳的工艺条件：添加 25%（质量分数）的秸秆作为增碳剂、活化温度为 900℃、活化时间为 1h、水蒸气用量为 1.5mL/g，在此条件下制得的活性炭的碘吸附值为 702.6mg/g、亚甲基蓝吸附值为 75mL/g、得率为 45.4%。秸秆的添加可以提高活性炭的吸附性能。

（2）由烯烃装置污泥所制备的活性炭对生活污水具有较好的处理效果，对 COD 和色度的去除率分别为 79.94%、95.83%。

参 考 文 献

[1] 李柱桥. 浅谈城市污水处理厂污泥的综合处置. 广州化工，2005，33（1）：51-55.

[2] Mikhalovsky S V，Zaitsev Yu P. Catalytic properties of activated carbon I: gas-phase oxidation of hydrogen sul-phide. Carbon，1997，35（9）：1367-1374.

[3] 解强，胡维淳，张玉柱，等. 对我国活性炭工业发展的思考与建议. 煤炭加工与综合利用，2003，（5）：36-39.

[4] 万洪云. 利用活性污泥制造活性炭的研究. 干旱环境监测，2000，14（4）：202-206.

[5] Otero M，Rozada F，Calvo L F，et al. Elimination of organic water pollutants using adsorbents obtained from sewage sludge. Dyes and Pigments，2003，57（1）：55-65.

[6] Jeyaseelan S，Qing L G. Development of adsorbent/catalyst from municipal wastewater sludge. Water Sci Technol，1996，34（3-4）：499-505.

[7] Graham N，Chen X G，Jayaseelan S. The potential application of activated carbon from sewage sludge to organic dyes removal. Water Sci Technol，2001，43（2）：245-252.

[8] Calvo L F，Otero M，Moran A，et al. Upgrading sewage sludges for adsorbent preparation by different treatments. Bioresour. Technol.，2001，80（2）：143-148.

TiO_2/竹炭复合体光催化材料的孔隙结构及分布

程大莉　蒋身学　张齐生

（南京林业大学竹材工程研究中心　南京　210037）

摘　要

采用比表面积及孔径分析技术，测定了浸渍法制备的 TiO_2/竹炭复合体光催化材料的氮吸附等温线，进而运用BET理论计算了其比表面积、总孔容积和平均孔径分别为359.81m^2/g、0.3172cm^3/g和3.526nm。同时，依据BJH模型分析了其中孔的孔隙结构参数和孔径分布。结果表明：经过纳米 TiO_2 改性的竹炭不仅保留了竹炭固有的孔隙结构，而且其比表面积、孔容积、孔径都有所增加。经纳米 TiO_2 改性制备的光催化材料的中孔孔容积比竹炭提高了65.86%。

关键词：纳米 TiO_2；竹炭；纳米改性竹炭；比表面积；孔隙结构

纳米 TiO_2 作为一种光催化剂具有催化活性高、化学性质稳定、无二次污染、对人体无毒、成本低等特点，近年来得到广泛而深入的研究[1, 2]。竹炭具有比表面积大、大中孔比例大、化学性质稳定、吸附性能强等优点，以其作为载体，制备 TiO_2/竹炭复合体光催化材料（以下简称“纳米改性竹炭”），不仅可以实现纳米 TiO_2 粉体的固定化，解决纳米 TiO_2 粉体回收难的问题，而且可有效地提高对有机和无机污染物的降解效率。

卢克阳[3]对不同炭化温度的竹炭比表面积进行了研究，其中，最终炭化温度为700℃烧制的竹炭其比表面积最大，市场现有的吸附用竹炭也以此温度烧制。为了更好地研究竹炭及纳米改性竹炭的内部孔隙结构和吸附作用原理，笔者利用比表面积及孔径分析仪进行纳米改性前后竹炭的氮吸附等温曲线的测定，运用BET多分子层吸附模型[4]的二常数公式对比表面积进行求解，根据BJH模型计算[5]所得结果和孔径的微分曲线对纳米改性前后竹炭中孔孔径分布进行分析[6, 7]，以期为后续开展纳米改性竹炭的气/液相吸附和光催化性能研究提供理论支持。

1　材料与方法

1.1　纳米改性竹炭的制备

竹炭：700℃烧制的竹粉炭，市售；纳米 TiO_2 粒子：锐钛矿型，平均粒径≤20nm，由南京海泰纳米材料有限公司提供；分散剂：聚乙二醇，AR级，南京化学试剂有限公司。

称取一定量竹炭与蒸馏水共混，使竹炭充分浸润；再准确称取光催化剂 TiO_2（精确至0.0001g）与分散剂混合，强力搅拌均匀，使溶液呈现乳液状态，加热沸腾后，加入竹炭和水的混合液强力搅拌溶解，抽滤除去其中的水分，将滤饼放入烘箱中105℃干燥，取出冷却后磨碎过0.08mm标准筛，制得纳米改性竹炭，其中纳米 TiO_2 粒子的负载量为3%。

1.2　比表面积的测定

采用美国Micromeritics公司ASAP2000型比表面积及孔径分析仪进行比表面积、总孔容积、中孔容积和面积的测定。借助气体吸附原理，以高纯氮气为吸附质，进行等温吸附和脱附分析。进行在线测试前，竹炭样品需在90℃的温度条件下真空处理2h，此后，将温度迅速升至200℃，继续进行3h真空处理。

本文原载《南京林业大学学报（自然科学版）》2010年第34卷第3期第117-120页。

2 结果与分析

2.1 总孔孔隙结构分析

1. 吸附等温线及其解析

吸附等温线反映了恒温状态下吸附量与气体分压之间的关系。在吸附等温线上可以得出气体与样品物质表面作用的相关信息，相对压力段较低时，吸附等温线形状反映了气体与表面作用的大小；相对压力段中等时，等温线形状反映了单分子层的形成及向多层或毛细凝结的转化；相对压力段较高时，等温线的形状可以反映固体表面上有无孔隙以及孔容积、孔径分布相关参数[8, 9]。因此对吸附等温线进行研究有助于对多孔固体的孔隙结构进行定量描述[10]。

应用 BET 多分子层吸附理论模型[4]拟合出氮在该样品上吸附等温线的 BET 直线方程，拟合的直线方程如表 1 所示。

表 1 以 BET 模型拟合的曲线方程

样品	拟合曲线方程	相关系数 R^2
竹炭	$y = 0.012\,37x - 2.9033 \times 10^{-4}$	0.991 83
纳米改性竹炭	$y = 0.012\,09x - 2.3453 \times 10^{-4}$	0.993 53

Brunauer 等[11]根据大量气体吸附等温线的实验结果，将气体吸附等温线分为 5 种基本类型。竹炭和纳米改性竹炭的吸附等温线见图 1，由图 1 可以看出，竹炭和纳米改性竹炭的吸附等温曲线均属于Ⅱ型吸附等温线。根据文献可得到等温线拐点处的相对压力：

$$\theta_{拐} = \frac{v}{v_m} = \frac{[(c-1)^{1/3}+1][(c-1)^{2/3}-1]}{c}$$

式中，$\theta_{拐}$为达到单分子层饱和吸附点时的相对压力；v 为吸附量；v_m 为单分子层饱和吸附量。

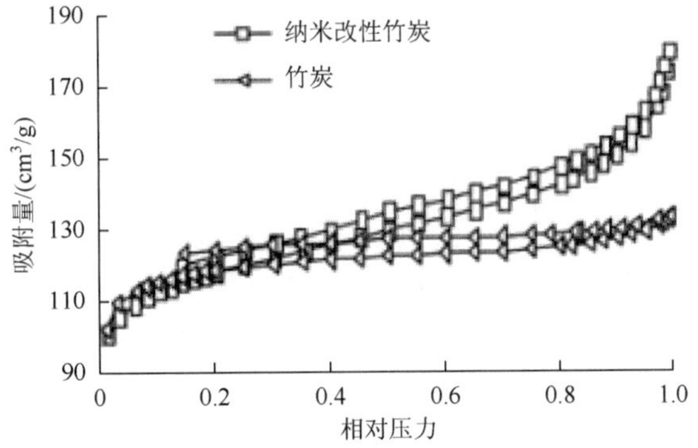

图 1 竹炭和纳米改性竹炭的吸附等温线

通过 BET 模型拟合所得直线的截距与斜率可求得单分子层饱和吸附量 v_m 和常数 c。竹炭的 BET 中的常数 c 值为 50.33，而纳米改性竹炭的 BET 中的 c 值为 48.67。c 值增大，吸附热也随之增大，即气体和竹炭表面的吸附相互作用大，因而等温线在低压区就迅速上升。结合图 1 吸附等温线可知，在较低的相对压力时，两条等温线向上凸起，凸向吸附轴。通过Ⅱ型吸附等温曲线起始段拐点的计算，在竹炭和纳米改性竹炭相对应的相对压力分别为 0.2015 和 0.1976 时，竹炭和纳米改性竹炭的单层吸附即完成，开始第 2 层吸附。在中等相对压力区，随着气体分压的增加，竹炭的吸附量随之缓慢增加，而纳米改性竹炭的吸附量增加较竹炭迅速，这主要是由于纳米改性竹炭表面发生了毛细凝结现象[11, 12]。

2. 总孔孔隙结构参数分析

根据 BET 二常数公式[4]计算纳米改性竹炭的比表面积 S_{BET}、总孔容积 V_1 及总平均孔径 $\bar{D}$ 计算公式如下：

$$S_{\mathrm{BET}}=\frac{v_{\mathrm{m}}}{22400}N_{\mathrm{A}}\sigma_{\mathrm{m}}, \overline{D}=\frac{4V_{\mathrm{t}}}{S_{\mathrm{BET}}}$$

式中，N_A为阿伏加德罗常数（6.02×10^{23}）；σ_m为液氮分子截面积（$16.2\times10^{-2}nm^2$）；V_t为氮吸附实验测得的总孔容积，cm^3/g；$\overline{D}$为总平径孔径，nm。计算结果见表 2。

表 2　BET 二常数公式计算的孔隙结构参数

样品	$S_{BET}/(m^2/g)$	$V_t/(cm^3/g)$	$\overline{D}$ /nm
竹炭	351.11	0.2953	3.365
纳米改性竹炭	359.81	0.3172	3.526

由表 2 可以得出，纳米改性竹炭的比表面积（$359.81m^2/g$）、总孔容积（$0.3172cm^3/g$）和孔径（3.526nm）较竹炭均有所增加。

为了进一步了解纳米改性竹炭的外观形貌特征和孔隙结构形态，运用扫描电子显微镜对其进行观察，结果见图 2。

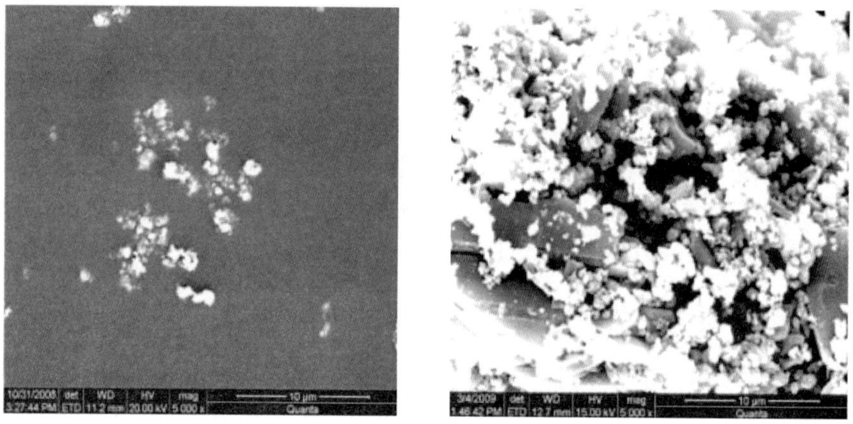

(a) 纳米TiO_2粒子　　(b) 负载TiO_2的竹粉炭

图 2　纳米 TiO_2 粒子及负载 TiO_2 的竹粉炭扫描电镜图

结合图 2 可以看出：纳米改性竹炭中的 TiO_2 粒子主要分布在竹炭表面的大孔附近，竹炭固有的孔隙并没有被 TiO_2 颗粒所堵塞，而且纳米 TiO_2 粒子分布较均匀，没有出现明显的团聚现象。但是纳米 TiO_2 粒子之间所形成的缝隙也可能构成了“孔隙”结构，这也使得纳米改性竹炭的比表面积、总孔容积在一定程度上会有所提高。

2.2　中孔孔径分布特征的分析

由于纳米改性竹炭孔壁所产生的毛细凝结作用，在饱和蒸汽压附近，吸附量急剧升高，出现拖尾现象，这说明纳米改性竹炭中有一定量的中孔和较大孔径的孔隙存在。

以吸附等温线中脱附分支为孔径的微分分布曲线见图 3。

根据 BJH 理论[5]对微分曲线图进行计算分析，得到竹炭和纳米改性竹炭的中孔孔径分布和孔隙结构参数[13, 14]，孔隙结构参数见表 3。

从表 3 可以看出，纳米改性竹炭的中孔比表面积（$139.28m^2/g$）有较大程度的增加，这可能是纳米 TiO_2 粒子之间的“空隙”对复合体系的孔隙结构产生了积极的影响所致。相对竹炭而言，纳米改性竹炭的孔容积（$0.2463cm^3/g$）和孔径（5.804nm）都有一定程度的增加，其中，中孔的容积占总孔容积的 77.65%，说明纳米改性竹炭的中孔孔隙较为发达。根据图 3 进一步分析发现，纳米改性竹炭的中孔孔径在 3.15～4.4nm 范围内的分布较为集中，相比竹炭的孔径分布范围（3.13～3.89nm）稍有增加，纳米改性竹炭具有较大孔径的孔隙存在，这也从侧面解释了氮吸附等温线上纳米改性竹炭所出现的拖尾现象的原因。

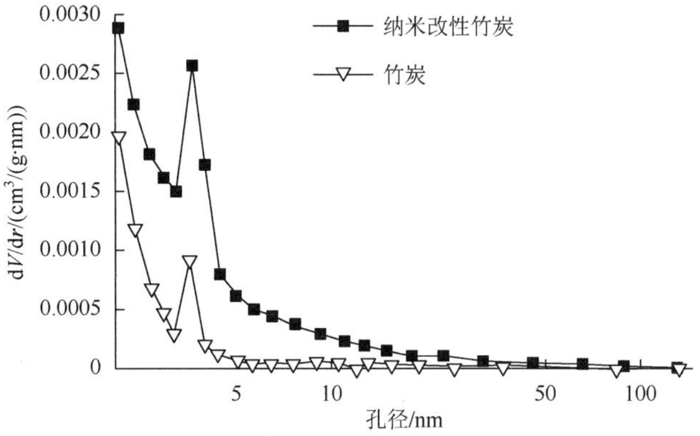

图 3　竹炭和纳米改性竹炭孔径分布

表 3　BJH 理论计算的样品孔隙结构参数

样品	S/(m^2/g)	V_t/(m^2/g)	$\bar{D}$ /nm
竹炭	76.45	0.1485	0.3967
纳米改性竹炭	139.28	0.2463	5.8040

注：S 为纳米改性竹炭的中孔比表面积。

3 结　　论

（1）根据 BET 模型进行总孔分析所得 TiO_2/竹炭复合体的比表面积为 359.81m^2/g、孔容积为 0.3172cm^3/g、孔径为 3.526nm。根据 BJH 模型计算所得 TiO_2/竹炭复合体中孔比表面积为 139.28m^2/g、孔容积为 0.2463cm^3/g、孔径为 5.804nm，相比竹炭，其中孔孔容积提高了 65.86%。

（2）纳米改性竹炭的中孔孔径在 3.15～4.4nm 范围内有较为集中的分布，较竹炭（3.13～3.89nm）稍有增加。

（3）经过纳米改性的竹炭不仅保留了竹炭固有的孔隙结构，而且其比表面积、孔容积、孔径都有所增加，借助其强吸附性能可以为纳米改性竹炭的光催化反应提供高浓度的“污染氛围”，有利于提高有机/无机污染物的光催化降解率。

参 考 文 献

[1] 郝晶玉，刘宗怀. 纳米二氧化钛光催化剂的研究进展. 钛工业进展，2007，24（1）：36-41.

[2] 陈建. 纳米材料二氧化钛的研究进展. 化工时刊，2009，23（1）：49-52.

[3] 卢克阳. 竹炭吸湿性能的初步研究. 木材工业，2006，20（3）：20-22.

[4] 赵振国. 吸附作用应用原理. 北京：化学工业出版社，2005.

[5] Ojeda M L，Esparza J M，Campero A，et al. On comparing BJH and NLDFT pore-size distributions determined from N_2 sorption on SBA-15 substrata. Physical Chemistry Chemical Physics，2003，5（9）：1859-1866.

[6] 刘振宇，郑经堂，王茂章，等. PAN 基活性炭纤维的表面及其孔隙结构解析. 化学物理学报，2001，17（7）：473-480.

[7] Mastalerz M，Drobniak A，Rupp J. Meso-and micropore characteristics of coal lithotypes：Implications for CO_2 adsorption. Energy & Fuels，2008，22（6）：4049-4061.

[8] Minor-Pérez E，Mendoza-Serna R，Méndez-Vivar J，et al. Preparation and characterization of multicomponent porous materials prepared by the sol-gel process. Journal of Porous Materials，2006，13（1）：13-19.

[9] Murray K L，Seaton N A，Day M A. An adsorption-based method for the characterization of pore networks containing both mesopores and macropores. Langmuir，1999，15（20）：6728-6737.

[10] Nilsson M，Mihranyan A，Valizadeh S，et al. Mesopore structure of microcrystalline cellulose tablets characterized by Nitrogen adsorption and SEM：The influence on water-induced ionic conduction. The Journal of Physical Chemistry B，2006，110（32）：15776-15781.

[11] Brunauer S，Deming L S，Deming W E，et al. On a theory of the van der Waals adsorption of gases. Journal of the American Chemical society，1940，62（7）：1723-1732.

[12] 近藤精一. 吸附科学. 李国希，译. 北京：化学工业出版社，2006.

[13] 陈凤婷，曾汉民. 几种植物基活性炭材料的孔结构与吸附性能比较——（Ⅰ）孔结构表征. 离子交换与吸附，2004，20（2）：104-109.

[14] Sonwane C G，Bhatia S K. Characterization of pore size distributions of mesoporeus materials from adsorption isotherms. The Journal of Physical Chemistry B，2000，104（39）：9099-9110.

竹炭/硅橡胶高导电复合材料的制备及性能研究

邓丛静[1, 3]　周建斌[2]　王　双[2]　张齐生[1]
（1 南京林业大学木材工业学院　南京　210037；
2 南京林业大学化学工程学院　南京　210037；
3 国家林业局林产工业规划设计院　北京　100010）

摘　要

以竹炭为导电填料，通过改变竹炭、气相法白炭黑、羟基硅油、过氧化二异丙苯（DCP）的添加量，以正交试验设计法对竹炭/硅橡胶复合材料的导电性能和力学性能进行了研究。分析了竹炭的体积电阻率、粒径以及竹炭的添加量对竹炭/硅橡胶复合材料导电和力学性能的影响。结果表明：当甲基乙烯基硅橡胶（MVQ）、竹炭（粒径小于 25μm，体积电阻率为 0.11Ω·cm）、气相法白炭黑、DCP、羟基硅油质量比为 100∶130∶3∶3∶2 时，制备的复合材料的电阻率为 0.63Ω·cm、拉伸强度为 1.18MPa、伸长率为 132%，达到了竹炭/硅橡胶高导电复合材料的体积电阻率要求。

关键词： 竹炭/硅橡胶高导电复合材料；竹炭；导电性能；力学性能

高导电娃橡胶由于其良好的电磁屏蔽性能，可应用于航空航天、舰船等的密封系统中，实现电子电气设备与环境调和、共存的电磁兼容环境，同时避免重要信息泄露[1]。高导电硅橡胶是在硅橡胶中填充各种导电填料使其具有导电性且体积电阻率为 1×10^{-3}～1Ω·cm 的复合材料[2]。常用的导电填料主要有炭黑、石墨、碳纤维、碳纳米管等碳系材料及金、银、镍等金属粉体[3]。其中炭黑是碳系材料的代表物，近年来国内外对炭黑作为导电填料进行了深入系统的研究[4-6]，炭黑只适合制备体积电阻率在 1Ω·cm 以上的普通导电橡胶；而填充金属粉末及镀金粉末如镀银玻璃微珠、镀银铜粉、镀银镍粉以及镀镍石墨虽能获得极佳的导电性能，但存在成本高、材料综合性能较差等问题[7-10]。

竹炭是竹材在高温、缺氧或限制性地通入氧气的条件下，受热分解而得到的固体产物。竹材在一定的工艺条件下可制备成电阻率很小的竹炭[11]。同时竹炭的密度较低、化学稳定性好、价格便宜[12]，因此可以选用竹炭来作为高导电硅橡胶的导电填料。笔者以竹炭为导电填料，制备竹炭/硅橡胶高导电复合材料。采取正交试验，研究各种配合剂的用量对复合材料性能的影响，并在正交试验的基础上进一步探讨竹炭的电阻率、粒径、填量，以期为开发一种新型高导电复合材料提供依据。

1　材料与方法

1.1　原材料和仪器

110-2 型甲基乙烯基硅橡胶（MVQ），山东省莱州市金泰硅业有限公司；补强剂，OARS Ⅱ型气相法白炭黑，上海孚华实业有限公司；导电炭黑，上海孚华实业有限公司；石墨，国药集团化学试剂有限公司；铜粉，广东光华化学厂有限公司；软化及结构控制剂、小分子质量羟基硅油，湖北省枣阳市四海化工有限公司；硫化剂、过氧化二异丙苯（DCP）上海凌峰化学试剂有限公司；竹炭，自制。XSK 型双辊开放式炼胶机，金坛市常胜橡胶机械厂；XLB 300×300 型平板硫化机，青岛光越橡胶机械制造有限公司；GH-LLJ 型电子万能材料拉力机，深圳市格红科技有限公司；DB_4 型电线电缆半导电橡塑电阻测试仪，上海虹运检测仪器有限公司；FZ-2006 型半导体粉末电阻率测试仪。

本文原载《南京林业大学学报（自然科学版）》2010 年第 34 卷第 6 期第 129-132 页。

1.2 基本配方

MVQ 100 份；竹炭：变量；气相法白炭黑：变量；DCP：变量；羟基硅油：变量。

1.3 试样制备

混炼胶的制备：将 MVQ 塑炼后分批加入不同粒径及不同体积电阻率的竹炭，打三角包 3～5 次（把经混炼机混炼均匀的块状竹炭橡胶混合物卷为三角形状），再依次加入羟基硅油、气相法白炭黑和硫化剂 DCP 待胶料混炼均匀后出薄片待用。

混炼胶分两段硫化：一段硫化在平板硫化机上进行，硫化温度为 165℃，压力为 14MPa，硫化时间为 3min，二段硫化在烘箱内进行，硫化条件为 200℃、保温 2h，硫化后的竹炭/硅橡胶复合材料在室温下放置 24h 后待用。

1.4 性能测试

复合材料拉伸性能按 GB/T528—1998 测定；体积电阻率按 BG/T 3048.3—2007 测定。

2 结果与分析

2.1 正交试验分析

对 4 因素 4 水平进行 I_{r6}（4^5）正交试验，结果如表 1 所示。

表 1 正交试验结果

实验编号	因素水平				复合材料		
	A	B	C	D	体积电阻率/(Ω·cm)	拉伸强度/MPa	伸长率/%
1	1（3）	1（40）	1（1）	1（0）	600 000	1.61	355
2	1（3）	2（60）	2（2）	2（1）	8290	1.23	207
3	1（3）	3（3）	3（3）	3（2）	66	1.86	176
4	1（3）	4（100）	4（4）	4（3）	70	1.93	171
5	2（6）	1（40）	2（2）	3（2）	450 000	1.31	266
6	2（6）	2（60）	1（1）	4（3）	167 000	1.61	286
7	2（6）	3（0）	4（4）	1（0）	27 800	2.40	227
8	2（6）	4（100）	3（3）	2（1）	168	1.48	321
9	3（1.5）	1（40）	3（3）	4（3）	100 000	1.38	308
10	3（1.5）	2（60）	4（4）	3（2）	25 400	1.39	201
11	3（1.5）	3（80）	1（1）	2（1）	718	1.04	275
12	3（1.5）	4（100）	2（2）	1（0）	200	1.23	169
13	4（0）	1（40）	4（4）	2（1）	27 400	0.83	155
14	4（0）	2（60）	3（3）	1（0）	3900	1.10	173
15	4（0）	3（80）	2（2）	4（3）	780	2.07	263
16	4（0）	4（100）	1（1）	3（2）	4090	1.64	221

注：A：气相法白炭黑；B：体积电阻率为 0.30Ω·cm、粒径小于 71μm 的竹炭；C：DCP；D：羟基硅油。（）中为各因素处理水平。

对表 1 进行极差分析结果表明，影响竹炭/硅橡胶复合材料体积电阻率的因素大小顺序为 B、C、D、A，可见竹炭的添加量是影响导电硅橡胶体积电阻率的主要因素，在所选的竹炭用量范围之内竹炭填充的越多，导电硅橡胶的体积电阻率越小，最佳工艺为 $B_4C_4D_2A_4$；影响复合材料拉伸强度的各因素顺序为 B、D、A、C，最佳工艺为 $B_3D_4A_4C_4$；影响伸长率的各因素顺序为 C、A、B、D，最佳工艺为 $C_1A_2B_1D_4$。

1. 竹炭/硅橡胶导电复合材料的导电性能的因素分析

由表 1 可以看出，对竹炭/硅橡胶导电胶的导电性能影响最大的是竹炭的用量和硫化剂 DCP 的用量，随着这两者的用量增加，该导电胶的体积电阻率成直线下降。气相法白炭黑的用量则相反。而羟基硅油的用量对该导电复合材料的影响没有规律。

2. 竹炭/硅橡胶导电复合材料拉伸强度的因素分析

由表 1 可看出，随着硫化剂用量的增加，拉伸强度升高，这可能是由于在所选的硫化剂用量范围内硫化剂增加使得该导电胶的硫化更加充分；随着竹炭用量的增加拉伸强度先增大后减小，这可能是因为竹炭的添加量较小时可以起到补强作用，但是随着用量的增多这种作用反而会减小，气相法白炭黑则在添加 1.5 份时达到一个最低点，随后添加量越大，拉伸强度越好，这是因为气相法白炭黑对橡胶有补强作用。随着羟基硅油用量的增多，拉伸强度也越大。

3. 竹炭/硅橡胶导电复合材料伸长率的因素分析

由表 1 可以看出，随着硫化剂的增加，复合材料的伸长率下降很大，这主要是因为硫化剂用量增大，硫化胶形成的物理或化学的交联点增多所致；羟基硅油用量增多总的趋势是扯断伸长率也增加，原因与拉伸强度的增加一样，而竹炭用量的增加扯断伸长率有降低的趋势，随着气相法白炭黑添加量的增加，扯断伸长率有增加的趋势。

以上的分析结果是单独考察一个因素时的最佳工艺，综合考虑的最佳配方为 $A_1B_4C_3D_3$，即 m（甲基乙烯基硅橡胶）∶m（气相法白炭黑）∶m（竹炭）∶m（DCP）∶m（羟基硅油）= 100∶3∶100∶3∶2。

2.2 优化试验

通过正交试验初步研究了竹炭、气相法白炭黑、DCP 以及羟基硅油的添加量对竹炭/硅橡胶复合材料的电学性能和力学性能的影响。但是在上述的试验结果下竹炭/硅橡胶复合材料的体积电阻率最小为 66Ω·cm，远远大于高导电橡胶体积电阻率的上限 1Ω·cm。并且在上述正交试验中竹炭自身的体积电阻率、竹炭的粒径等因素对竹炭/硅橡胶复合材料的体积电阻率的影响还未考虑，竹炭的添加量在所选择的范围之内还太小，因此如果得到竹炭/硅橡胶高导电复合材料还必须增加竹炭的添加量。

（1）添加不同体积电阻率竹炭，以正交试验得到的最佳配方来设计试验。竹炭自身的电阻率与竹炭/硅橡胶复合材料的性能之间的关系见表 2。

表 2　竹炭体积电阻率与竹炭/硅橡胶复合材料性能之间的关系

竹炭体积电阻/(Ω·cm)	复合材料		
	体积电阻率/(Ω·cm)	拉伸强度/MPa	伸长率/%
0.70	600	1.65	180
0.30	54	1.70	165
0.19	32	1.58	170
0.11	12	1.51	160

注：竹炭添加量为 100 份，粒径＜71μm。

从表 2 可看出竹炭/硅橡胶复合材料的体积电阻率随着竹炭的体积电阻率减小而减小，这是因为复合材料的体积电阻率大小取决于导电填料的电阻率的大小，且竹炭/硅橡胶复合材料的体积电阻率总比竹炭的体积电阻率要小，因此要获得高导电复合材料，就要尽可能地使用电阻率较小的竹炭，同时竹炭/硅橡胶复合材料的力学性能和竹炭的电阻率无明显的关系。

（2）添加不同粒径竹炭，以正交试验得到的最佳配方来设计试验，其中添加竹炭的粒径不同。竹炭的粒径与竹炭/硅橡胶复合材料的性能之间的关系见表 3。

表 3 竹炭的粒径与竹炭/硅橡胶复合材料性能之间的关系

竹炭粒径/μm	复合材料		
	体积电阻率/(Ω·cm)	拉伸强度/MPa	伸长率/%
71	12.00	1.51	160
43	8.60	1.45	155
25	7.85	1.50	145
12	5.43	1.60	170

注：竹炭添加量为 100 份，体积电阻率 0.11Ω·cm。

从表 3 可以看出竹炭/硅橡胶复合材料的体积电阻率随着竹炭粒径的增大而增大。这是因为在橡胶中，竹炭粒子越细，在胶料中的填充量越多，分散于胶料中越均匀，势垒的宽度越窄，电子易穿越形成电流，从而导电性较好。而随着竹炭的粒径减小，竹炭/硅橡胶导电复合材料的力学性能也有一定程度的增加，这是因为随着竹炭粒径的减小，竹炭越容易分散在橡胶中，从而提高竹炭对橡胶的浸润性，对竹炭/硅橡胶复合材料的补强效果有了进一步提高。

（3）在以上的两个试验结果得到的竹炭/硅橡胶复合材料的体积电阻率最小为 5.43Ω·cm，而从正交试验可以看出随着竹炭添加量的增加，竹炭/硅橡胶复合材料的体积电阻率也随着减小。因此可考虑增加竹炭的添加量来降低复合材料的体积电阻率。在不同竹炭添加量的情况下，以正交试验所得最佳配方设计试验见表 4。

表 4 竹炭的填量与竹炭/硅橡胶复合材料性能之间的关系

竹炭添加量/份	复合材料		
	体积电阻率/(Ω·cm)	拉伸强度/MPa	伸长率/%
110	2.34	1.40	130
120	1.22	1.30	134
130	0.63	1.18	132
140	0.46	1.00	110

注：竹炭的粒径＜25μm，体积电阻率为 0.11Ω·cm。

从表 4 可以看出，随着竹炭添加量的增加竹炭/硅橡胶复合材料的体积电阻率减小，这也同时验证了正交试验的结果。当竹炭的添加量为 130 份时，其相应的体积电阻率下降到 0.63Ω·cm，达到了高导电聚合物的上限（1Ω·cm 以下），这是因为随着竹炭填量的增加，导电粒子数目越多，越容易接触连接，使导电性能增强。但是随着竹炭添加量的增加，竹炭/硅橡胶复合材料的拉伸强度和伸长率有所下降，因此在满足形成导电通路的前提下，应尽可能地减少竹炭的用量，以改善竹炭/硅橡胶复合材料材料的力学性能。因此当 MVQ、竹炭、气相法白炭黑、DCP、羟基硅油质量比为 100∶130∶3∶3∶2 时制备的复合材料达到了竹炭/硅橡胶高导电复合材料的要求，其电阻率为 0.63Ω·cm，拉伸强度为 1.18MPa，伸长率为 132%。

2.3 竹炭与其他导电填料对复合材料性能的影响

分别以粒径小于 25μm 竹炭、石墨、导电炭黑、铜粉为导电填料，配方为甲基乙烯基硅橡胶、气相法白炭黑、导电填料、DCP、羟基硅油的质量比为 100∶3∶130∶3∶2，所制备复合材料的各种性能如表 5 所示。

表 5 不同的导电填料与硅橡胶复合材料性能之间的关系

导电填料		复合材料		
种类	体积电阻率/(Ω·cm)	体积电阻率/(Ω·cm)	拉伸强度/MPa	伸长率/%
竹炭	0.11	0.63	1.18	132
石墨	0.02	5.85	0.20	30
导电炭黑	0.20	10.65	0.50	50
铜粉	3×10^{-3}	0.65	0.10	10

由表 5 可以看出与其他 3 种导电填料相比无论从导电复合材料的体积电阻率，还是从复合材料的力学性能来看，竹炭都有较大的优越性。

3 结　论

（1）通过正交试验确定了制备竹炭/硅橡胶复合材料的基本配方，即 MVQ、竹炭、气相法白炭黑、DCP、羟基硅油质量比为 100∶100∶3∶3∶2 时得到的竹炭/硅橡胶复合材料的综合性能最好。

（2）为了得到竹炭/硅橡胶高导电复合材料，在正交试验的基础上，进一步探索竹炭的体积电阻率、竹炭的粒径以及竹炭的添加量对竹炭/硅橡胶复合材料的综合性能的影响，当 MVQ、竹炭（粒径小于 25μm，体积电阻率为 0.11Ω·cm）、气相法白炭黑、DCP、羟基硅油质量比为 100∶130∶3∶3∶2 时制备的复合材料达到了竹炭/硅橡胶高导电复合材料的要求，其电阻率为 0.63Ω·cm，拉伸强度为 1.18MPa，伸长率为 132%。

（3）与石墨、导电炭黑和铜粉 3 种导电填料相比，在以甲基乙烯基硅橡胶为基体，以竹炭为导电填料制备的复合材料的各项性能最好。

参 考 文 献

[1] 陶兆庆. EMI 和 RFI 屏蔽用导电橡胶材料. 世界橡胶工业，2002，29（3）：47-50.
[2] 生楚君. 高电导率导电橡胶（LTDX 型）的研制及应用. 电子工艺技术，1997，18（5）：190-192.
[3] 雷海军，宫文峰，武晶，等. 金属填料对高导电硅橡胶性能的影响. 橡胶工业，2005，52（11）：667-669.
[4] Princy G，Iaikov G E，Khananashvili L M. Studies on conductive silicone rubber compounds. J Appl Polym Sci，1998，69：1043-1050.
[5] Leisen J，Breidt J，Kelm J. ^{1}H-NMRr elaxation studies of cured natural rubbers with different carbon black fillers. Rubber Chem Technol，1999，72（1）：1-14.
[6] Ghosh P，Chakrabarti A. Conducting carbon black filled EPDM vulcanizates：assessment of dependence of physical and mechanical properties and conducting character on variation of filler loading. Eur Polym J，2000，36：1043-1054.
[7] 沈玲，邹华，田明，等. 高导电镀银玻璃微珠/硅橡胶复合材料的结构与性能. 合成橡胶工业，2006，29（5）：375-379.
[8] 李跟华，米志安，刘君，等. 镀银铜粉填充型导电硅橡胶的研究. 有机硅材料，2003，17（3）：10-11.
[9] 耿新玲，苏正涛，钱黄海，等. 镀银镍粉填充型导电硅橡胶的性能研究. 橡胶工业，2006，53（7）：417-419.
[10] 邹华，赵素合，谢丽丽，等. 镀镍石墨/硅橡胶导电复合材料的性能研究. 橡胶工业，2008，55（2）：85-87.
[11] 邵千钧，徐群芳，范志伟，等. 竹炭导电率及高导电率竹炭制备工艺研究. 林产化学与工业，2002，22（2）：54-56.
[12] 朱江涛，黄正宏，康飞宇，等. 竹炭的性能和应用研究进展. 材料导报，2006，20（4）：41-43.

牛粪固定床气化多联产工艺

秦恒飞[1]　周建斌[1]　王筠祥[1]　张齐生[2]

（1 南京林业大学化学工程学院　南京　210037；

2 南京林业大学竹材工程研究中心　南京　210037）

摘　　要

为了减少畜禽粪便自然发酵造成的温室效应和环境污染，降低养殖奶牛的成本和增加养殖奶牛的效益，本文利用自制的固、气、液（solid，gas，liquid）多联产固定床气化炉将牛粪气化，气化可得到固体牛粪炭、可燃气、提取液三相产品，三相产品均可以资源化利用，从而达到减排、减污的目标。考察了含水率、气化温度及气化剂的当量比对气化效果的影响。结果表明：原料含水率控制在12%～18%，气化温度为850～900℃，当量比在0.25～0.30时，气化效果较好，牛粪含水率为17.78%，气化温度为850℃，当量比为0.30时，气体产率为1.42m^3/kg，可燃气体的低位热值为2.84MJ/m^3，牛粪炭得率为23.82%，提取液得率是24.17%。牛粪气化多联产工艺试验为工程化实施提了基础和基本数据。

关键词：气化；粪；工艺；多联产；固定床；牛粪炭；可燃气

引　　言

自从改革开放和菜篮子工程实施以来，养殖业的产值及规模发生了巨大的变化，中国许多城郊建立了大中型集约化养殖场。这些集约化、工厂化养殖场的建成，一方面提高了养殖效率，为中国的出口创汇和稳定国内市场供应作出了显著贡献[1]；另一方面，规模化养殖产生的粪便也带来了一系列的环境问题，畜禽粪便对环境的污染主要有水体污染、空气污染、土壤污染及食品污染等几个方面[2]。随着农业结构的调整，畜牧业迅猛发展，2003年全国已有集约化畜禽养殖场近5万个。由于中国目前针对畜禽粪便缺乏有效的管理和处理应用技术，畜禽粪便已造成了严重的环境污染。据预测2020年中国畜禽粪便每年排放总量将达到42.44亿t[3]。

大量的粪便如果不及时处理，在高温下，易发酵和分解，并产生大量的有害气体，如NH_3、H_2S、CO_2、CH_4等[4]。这些气体对空气的污染都很大，且CH_4的温室效应是CO_2的20倍[5]。随着中国养殖业的进一步发展，畜禽粪便造成的环境污染将会更加严重。畜禽粪便的资源化利用是目前亟待解决的问题。

近年来，国内关于畜禽粪便利用的技术方法很多，主要有畜禽粪便的有机肥化再利用技术[1]，又分为直接施用、堆肥后施用[6]和微生物菌剂发酵后施用[7]；畜禽粪便的饲料化再利用技术[8]；畜禽粪便的能源化再利用，又分为直接燃烧，在草原地区，牧民们收集晾干的牛粪作燃料直接燃烧，用来取暖或者烧饭，这是粪便直接作能源的最简单方法，但是利用不够充分，且易造成空气污染；乙醇化利用，将畜禽粪便中的木质纤维素进行预处理，然后转化为糖，进一步发酵成酒精，可作为乙醇化的原料[9]；沼气化利用，畜禽粪便生产沼气是利用受控制的厌氧细菌分解作用，将粪便中的有机物转化成简单的有机酸，然后再将简单的有机酸转化为甲烷和二氧化碳[10]；发电利用，将畜禽粪便以无污染方式焚烧，然后发电利用，焚烧过程中产生的灰分还可以作为优质肥料，中国福建圣农集团将谷壳与鸡粪混合物进行燃烧发电[11]；热解利用，畜禽粪便在缺氧或无氧条件下热降解，最终可以生成粪便炭、提取液和气体等[12，13]。国外对于畜禽粪便的研究主要致力于粪便在肥料[14]以及能源化技术[15]等。

本文利用自制的固、气、液（solid，gas，liquid，简称SGL）固定床多联产气化炉，在中国首次提出并研究了牛粪固定床气化多联产的工艺，在气化的同时可以获得固、气、液三相产品。在气化过程中，影响气化效果的因素主要有原料的自身的物理和化学性质，气化温度，当量比等[16]。当量比ER（equivalence ratio）是指气化1kg原料所消耗的空气量和1kg原料完全燃烧所需要的空气量之比[17]。中国科学院广州能

本文原载《农业工程学报》2011年第27卷第6期第288-293页。

源所马龙隆等对稻壳和木粉在内循环流化床气化炉中气化试验研究提出了温度对当量比、气体组成及气体热值的影响[18]。本文以牛粪为原料，空气为气化剂，主要分析了含水率、气化温度及当量比对气化效果的影响，分析了气化产物得率及可燃气体的组成及含量，牛粪炭及提取液的基本特性及用途，为进一步促进农业发展提供基本依据。

1　材料与方法

1.1　试验原料

试验原料采用南京卫岗生态牧场的新鲜牛粪，在烘箱内 105℃烘干后，根据国标 GB/T 2677.10—1995、GB/T 2677.8—94 和 GB/T 5515—1985 对原料的半纤维素、纤维素和木质素含量进行检测，参照国标 GB/T 17664—1999 对原料作工业分析和根据 JY/T 017—1996 对原料进行元素分析，结果如表 1 所示。

表 1　牛粪基本成分、元素和热值分析

类别	半纤维素质量分数/%	纤维素质量分数/%	木质素质量分数/%	高位发热值/(MJ/kg)	工业分析			元素分析				
					灰分质量分数/%	挥发分质量分数/%	固定碳质量分数/%	C 质量分数/%	H 质量分数/%	O 质量分数/%	N 质量分数/%	S 质量分数/%
鸡粪	18.80	23.04	12.24	11.30	21.34	67.71	10.95	37.50	4.60	44.30	3.40	0.30
稻草	37.61	29.87	15.10	13.90	13.86	65.11	16.06	48.87	5.84	44.38	0.74	0.17

由于奶牛主要食物是青草、玉米、棉籽等，所以从表 1 可以看出，牛粪的纤维素和木质素的含量与稻草[19]较接近，半纤维素含量比稻草低，牛粪灰分含量与稻草相比要稍高，干基牛粪高位发热量与稻草相当，元素分析结果显示碳、氢元素含量与稻草相比略低，氮元素偏高，其他成分相当，所以牛粪具有一定的气化的潜力。

1.2　试验仪器

ASAP2020 比表面积和孔径分布测试仪（美国麦克公司）；ICS-90 离子色谱（美国戴安公司）；101A-2B 电热鼓风干燥箱（南京仪器厂）；DC-B 马弗炉（北京独创公司）；Elementar Vario MICRO 元素分析仪（德国 Elementar 公司）；J-A1100 等离子体原子发射光谱仪（美国 Jarrell-Ash 公司）；XRY-1A 型氧弹量热仪（上海昌吉地质仪器有限公司）；Gasboard-3000 微流红外气体分析仪（武汉四方光电有限公司），GC17A 气相色谱仪（日本岛津公司），TCD 热导检测器，氦气作为载气，填充柱 TDX-01，检测条件为柱温 45℃，检测器温度 100℃，检测丝温度 180℃，桥流 204mA。

1.3　试验设备

试验采用自主设计的 SGL 多联产气化炉，其装置简图如图 1 所示。

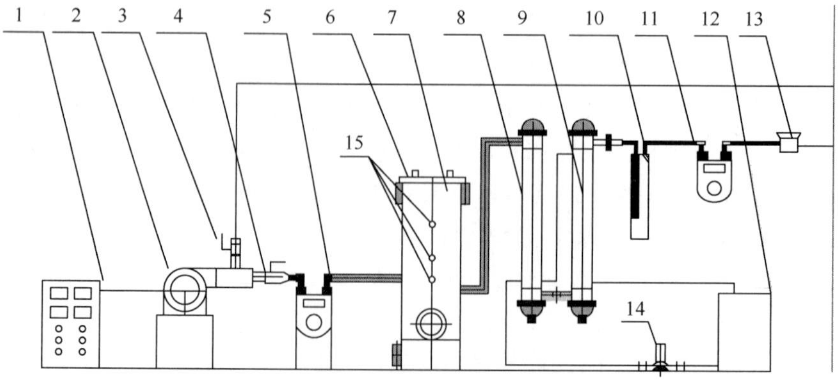

图 1　气化装置简图

1. 电控柜；2. 风机；3. 燃烧头配空气阀门；4. 气化剂控制阀门；5. 气化剂流量计；6. 炉体上盖；7. 气化炉主体；8，9. 冷凝系统；10. 净化系统；11. 可燃气流量计；12. 循环水池；13. 燃烧头；14. 循环水泵；15. 测温热电偶整套系统主要包括加气化炉体、气化剂控制计量装置、冷凝装置和过滤净化装置、可燃气计量装置。反应器采用耐高温的不锈钢。操作最高温度 850～1000℃，反应器高度为 1.2m，壁厚 5mm，气化反应器实际处理量为 2kg/h。其操作步骤是在气化炉内先燃烧一些易燃木材作为底火，等到气化炉热解区温度升到 500℃左右，气化区温度升到 200℃左右，打开循环泵，开启冷凝和净化系统，称量 1.5～2kg 原料，从炉子的上盖处进行加料，加料后盖好上炉盖，并根据进料量和原料中碳、氢元素计算气化剂的量，通过气化剂阀门控制气化剂量运行整个系统。每隔 30～40min 加料一次，加料的同时进行捅料，防止搭桥架空。

1.4 分析方法

每隔 5min 采集温度数据一次，试验要考察的气化指标主要包括气化炉内的温度变化，用 K 型热电偶测量干燥区、热解区、气化区 3 个区域的温度，3 个测温点以炉筛为基准，距离炉筛的高度分别是 350mm、500mm、800mm；固体炭产率，指牛粪炭与干基牛粪的比值；提取液产率，指冷凝收集到的提取液与干基牛粪的比值；气体产率，可燃气流量计前后读数差值与干基牛粪的比值；用微流红外气体分析仪进行在线检测气体组成和热值，用气相色谱进行定时采样检测气体组分与热值。

2 结果与分析

2.1 牛粪含水率对气化效果的影响

SGL 气化炉内气化区温度最高，一般在 850℃左右，但含水率对气化温度影响最大，分别取含水率分别为 8.46%、12.75%、17.78%、25.15%的原料讨论含水率对气化效果的影响。原料的气化过程在炉内主要体现在 3 个区域，分别是干燥区、热解区、气化区，气化区又可以细分为氧化层和还原层。

由图 2 可以看出含水率的大小对气化区温度的影响比较明显，含水率为 8.46%时气化区的最高温度达到了 877℃比含水率为 25.15%时气化区的最高温度高 145℃，含水率为 12.75%和 17.78%时气化区的最高

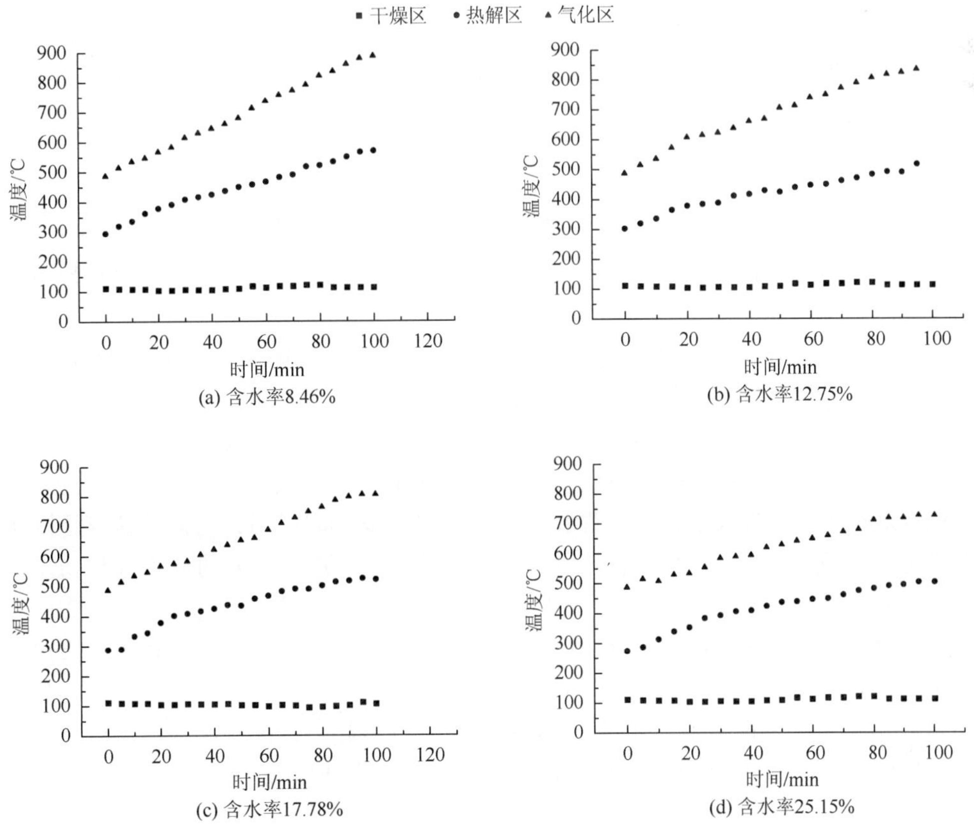

图 2 牛粪含水率对气化效果的影响

温度分别为 832℃、813℃。SGL 固定床气化炉属于自供热系统，整套系统的热量来源是热解区和氧化层放出的热量，其干燥区和还原层都属于吸热反应，其中干燥区吸热又占主要部分，所以水分含量的大小对气化温度影响很大，其干燥区的温度下降部分是由于加料引起的，待热量平衡后，干燥区的温度又呈上升趋势。热解区的温度平稳上升，最高温度一般维持在 520℃左右。含水率过高不利于气化区还原反应进行，当含水率高于 17.78%时，不利气化温度的提高也达不到还原反应所需温度。

当含水率过低时，原料在热解区之前已经结束了炭化反应，到了热解区和气化剂接触后几乎处于一个不完全燃烧状态，发生的二次分解较多，导致固体、提取液与气体的得率较低，这时的反应属于动力学控制反应，气化区还原层的主要还原反应是二氧化碳与炭反应生成一氧化碳，由于原料本身含水率较低，在干燥阶段大部分水分被蒸发，再经过热解区的高温反应，原料已处于完全炭化状态，导致在气化区水蒸气与炭的接触机会相对就会减少，很少发生水蒸气与炭，水蒸气和一氧化碳的还原反应，产生的可燃气含量减少，总的热值就偏低，由表 2 可以看出含水率为 8.46%的原料和含水率为 17.78%的原料相比，气体得率减少了 0.22m^3/kg，热值相差 0.41MJ/m^3，牛粪炭的得率降低了 1.61%，提取液得率减少了 4.81 个百分点；含水率过高，对固体、提取液产品的得率影响也很大，为了蒸发水分，必须加大气化剂的流量，来提高反应温度，这样会引起原料外表面烧失，但中心还未炭化，导致固体得率下降，还会影响到从中心逸出表面的提取液遇高温发生二次分解，从而使得提取液得率下降，此时反应属于扩散控制反应，热解炭化区和氧化层放出的热量用来干燥原料水分，导致还原层温度较低，达不到还原反应所需的温度，也几乎不发生还原反应，所以可燃气热值也偏低。由表 2 可以看出含水率为 25.15%的原料和含水率为 17.78%的原料相比，固体、提取液产量均有所下降，热值减少 0.68MJ/m^3。综合考虑含水率应控制在 12.75%～17.78%。

表 2　牛粪含水率对产物得率和可燃气热值的影响

原料含水率/%	气体得率/(m^3/kg)	牛粪炭得率/%	提取液得率/%	可燃气低位热值/(MJ/m^3)
8.46	1.11	23.86	22.82	2.37
12.75	1.31	25.73	25.37	2.61
17.78	1.33	25.47	27.63	2.78
25.15	1.39	24.53	26.39	2.10

注：含水率对气化温度影响较大，试验时气化区温度在 810～860℃，为了升高含水率高的原料的气化温度，当量比在 0.20～0.28。

2.2　气化温度对气化效果的影响

取含水率为 17.78%的牛粪进行气化，探讨气化温度对气化效果的影响。确定了原料含水率以后，气化温度主要与气化剂的流量和炉内的氧化反应有关，主要通过调整气化剂的阀门开度来控制气化炉内气化区的温度。

由图 3 可以看出随着气化温度的变化，可燃气的组分体积分数变化较大，在 600℃以前，是牛粪中半纤维素、纤维素、木质素受热发生热分解，原料中的碳、氢、氧元素互相作用，产生 CO、CO_2、CH_4、H_2 等气体，随着温度的升高，每种气体都显示出自己的热解峰，CO_2、CH_4、CO、H_2 峰尖温度分别是 587℃、601℃、473℃、540℃，这与原料本身的特性有关，但在 800℃以后，发生了一些还原反应，二氧化碳与碳反应生成一氧化碳这是主要还原反应之一，由图 3 可以看出，800℃以后，还原的速度逐渐增大，由于系统的含氧量非常低，一直保持在 0.6%左右，所以几乎不发生逆反应，CO 的体积分数稳步上升，最高达 10.96%；CO_2 的体积分数从最高值 15.97%下降到 9.13%；水蒸气与碳及水蒸气与一氧化碳的反应是制取氢气的主要反应，气化温度达到 850℃以上时正反应速度高于逆反应速度，由图 3 也可以看出氢气的体积分数升高趋势很明显，900℃时最高值达 8.13%；碳与氢气的反应是制取发热值最高的可燃气体甲烷的还原反应，由图 3 可以看出，温度超过 850℃以后，CH_4 的含量有下降趋势，那是因为逆反应速度高于正反应速度，不利于甲烷的生成，由 860℃升高到 903℃时甲烷体积分数由 1.96%下降到 1.74%。

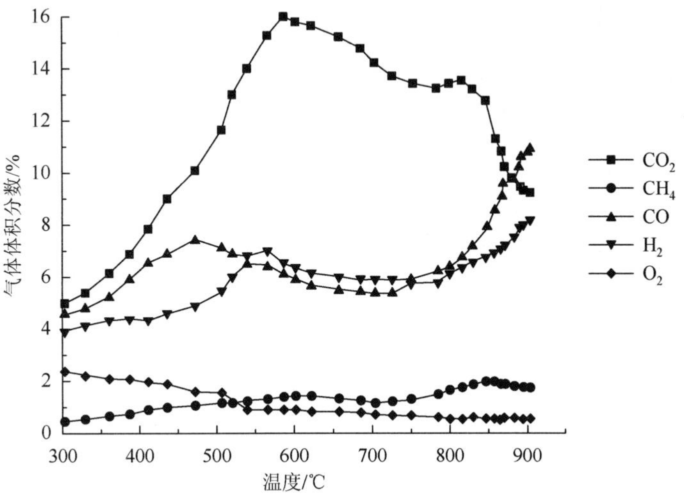

图 3　气化温度对可燃气成分的影响

原料含水率 17.78%，当量比 0.25（气化剂的量是固定的，气化剂单位时间的流量对温度影响最大，单位时间流量大，氧化反应剧烈，相比而言温度上升较快）

由表 3 可以看出气体的得率随着气化温度的升高而升高，这是因为还原反应比较充分，产生的气体体积数增加，另外一个因素是气化温度升高会引起提取液发生的二次热裂分解，所以气体得率是不断增加的；牛粪炭的得率随着温度的升高呈减低趋势，主要是因为提高气化温度，必须加快气化剂的流速，燃烧一部分牛粪炭来供热，所以牛粪炭得率有所降低，温度从 750℃升高到 900℃时牛粪炭的得率降低了 3.12 个百分点；提取液的得率基本处于平稳状态，有小部分提取液在高温下在炽热的炭表面发生了二次裂解，最后导致产量有所下降；气体的热值是随着气化温度的升高，逐步升高，也就是说气化区还原层温度越高，越有利于产生可燃气体，从 750～900℃时热值升高了 0.38MJ/m^3，气体得率升高了 0.19m^3/kg，但温度也不能过高，温度过高会影响到牛粪炭的得率和 CH_4 的得率。单位时间内气化剂流量和炉内氧化反应速度决定了炉内的反应温度，从上述分析结果可知气化温度控制在 850℃左右时气化效果较好，可根据可燃气体组分和热值，调整单位时间内气化剂流量来控制气化温度。

表 3　气化温度对气化效果的影响

气化温度/℃	气体得率/(m^3/kg)	牛粪炭得率/%	提取液得率/%	可燃气低位热值/(MJ/m^3)
750	1.23	25.73	25.32	2.45
800	1.31	24.93	25.37	2.54
850	1.37	23.87	24.78	2.67
900	1.42	22.61	23.79	2.83

注：原料含水率 17.78%，当量比 0.25。(此处当量比相对固定，试验结果算下来约在 0.24～0.26，主要靠调节气化剂——空气的单位时间流量控制温度)。

2.3　当量比对气化效果的影响

完全燃烧 1kg 的碳元素需消耗空气 8.91m^3，完全燃烧 1kg 氢元素需消耗空气 26.43m^3[19]，当量比的大小和原料中碳和氢元素的含量密切相关，在试验过程中可以通过气化炉内的温度和气体中氧气的含量来调整气化剂的流速，本次试验取当量比分别为 0.15、0.20、0.25、0.30、0.35，气化温度为 850℃时进行试验，并对其结果进行分析。

由表 4 可以看出，当量比对气化的影响是双重性的，当量比增大有利于可燃气体热值和气体产率的提高，但当量比超过 0.3 时，气化区的温度上升得很快，达到 2℃/s，可燃气热值也从 2.84MJ/m^3 降到 2.55MJ/m^3，那是因为空气进量过多，速度过快，原料无法迅速消耗氧气，导致可燃气在气化炉内与氧气结合燃烧，并形成搭桥现象，虽然气体产率提高了，但气体中 CO_2 的量增加了，可燃成分降低了，所以热值降低了；增大当量比的同时也减少了牛粪炭和提取液的得率，当量比过大容易形成二次反应和牛粪炭过分的燃烧，但当量比过小时不利于气化炉内温度的升高，发生的还原反应不充分，不利于可燃气的生成，但有利于牛粪炭和提取液的产量的提高，所以牛粪气化时当量比控制在 0.25～0.3 比较适合。理论上当量比根据单位时间的进料量以及原料中的碳、氢元素含量来计算，试验过程中可以根据气化产生的三相产品的得率，特别是可燃气体的组分和热值来调整，当量比过高时表现为 2 种现象，其一可燃气体中氧气含量迅速上升，其二炉内可燃气自燃，发生架桥，气体热值降低；当量比过低主要表现为气化区温度较低，可燃气产率和热值较低。试验过程中可根据具体情况通过改变风机的频率控制当量比。

表 4 当量比对气化效果的影响

当量比	气体得率/(m^3/kg)	牛粪炭得率/%	提取液得率/%	可燃气低位热值/(MJ/m^3)
0.15	1.17	25.43	24.61	2.42
0.2	1.22	25.57	25.19	2.52
0.25	1.35	24.74	24.45	2.64
0.3	1.42	23.82	24.17	2.84
0.35	1.51	22.64	23.82	2.55

注：原料含水率 17.78%，气化温度 850℃。

2.4 气化产品的特性

由表 5 可以看出经牛粪炭内的重金属元素的含量均小于中国水田和旱田的复混肥料标准，经测试牛粪炭的比表面积 35m^2/g，如图 4 所示，牛粪炭的孔径分布范围主要在 10～100Å 之间，说明牛粪炭具有一定的比表面积和孔隙，可以作为土壤改良剂和缓释肥。牛粪炭内还含有丰富的钙、钾等元素，有利于农作物生长。

表 5 牛粪炭的元素分析

类别	C 质量分数/%	H 质量分数/%	O 质量分数/%	N 质量分数/%	S 质量分数/%	K 质量分数/%	Na 质量分数/%	Ca 质量分数/%	Mg 质量分数/%	As 质量分数/(mg/kg)	Pb 质量分数/(mg/kg)	Cr 质量分数/(mg/kg)
牛粪炭	41.3	0.66	38.6	1.68	0.60	5.60	3.90	15.7	4.99	31.7	86.4	24.4
复混肥料	—	—	—	—	—	—	—	—	—	50	150	500

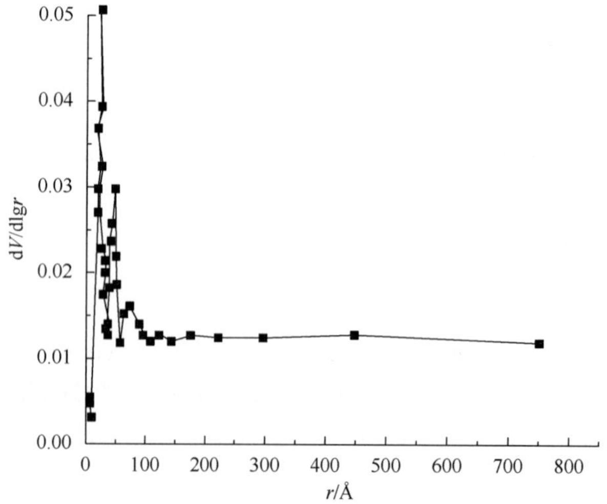

图 4 牛粪炭的孔径分布

V 为比孔容，cm^3/g；*r* 为孔径

由表 6 知提取液中有较多的氨根离子和钙镁离子，这些离子是氨肥、钙肥、钾肥中不可缺少的成分，故液体又可以作为液体肥料，由表 6 还可以看出所得到气体主要含有 CH_4、CO、H_2 等可燃成分，从发热值看属于低发热值气体，适合用于村庄集中供气，农户烧水、做饭，也可用于锅炉燃料。

表 6　气体的组分、热值和提取液中的主要离子

提取液中的主要离子					气体组分及热值				
Na^+质量分数/(mg/kg)	NH_4^+质量分数/(mg/kg)	Mg^{2+}质量分数/(mg/kg)	Ca^{2+}质量分数/(mg/kg)	K^+质量分数/(mg/kg)	CO_2体积分数/%	CH_4体积分数/%	CO 体积分数/%	H_2体积分数/%	低位热值/(MJ/m^3)
1928	54 632	716	10 860	1589	12.32	1.43	8.56	9.82	2.65

3　结　　论

通过讨论含水率、气化温度、气化剂的用量对牛粪多联产气化的产物影响，可以得到以下结论：自制的固、气、液（solid，gas，liquid）多联产固定床气化炉能够成功地气化牛粪，并可以得到牛粪炭、可燃气、提取液 3 种产品。试验结果表明，原料的含水率控制在 12%～18%，气化温度为 850～900℃，当量比在 0.25～0.30 气化效果较好。气化得到的牛粪炭可用于土壤改良剂和缓释肥，提取液可用于液体肥料，可燃气体可用于农户烧水、做饭、燃烧锅炉和干燥牛粪，牛粪气化多联产技术具有工程化前景。

参 考 文 献

[1] 赵青玲，张德长，张全国，等. 畜禽粪便资源化技术现状及发展方向. 牧业论坛，2003，24（2）：3-5.

[2] 杨自立，江立方，姚春云，等. 对畜禽粪便污染治理的一些看法. 家畜生态，2001，22（4）：47-49.

[3] 朱凤连，马友华，周静，等. 我国畜禽粪便污染和利用现状分析. 安徽农学通报，2008，14（13）：48-50.

[4] 孙军德，韩泽治. 畜禽粪便的利用现状及发展前景. 环境保护与循环经济，2008，（5）：46-47.

[5] 朱金陵，王志伟，杨树华，等. 玉米秸秆成型燃料生命周期评价. 农业工程学报，2010，26（6）：262-266.

[6] 陈志宇，苏继影，栾冬梅. 猪粪好氧堆肥的影响因素. 畜牧与兽医，2005，37（7）：53-54.

[7] 王玉军，窦森. 复合菌剂对农业废弃物堆肥过程中理化指标变化的影响. 农业环境科学学报，2006，25（5）：1354-1358.

[8] 李铁坚. 猪粪再生饲料的研究与开发. 畜禽业，2007，11（3）：36-39.

[9] 凌娟，李静，刘茂昌，等. 畜禽粪便污染治理的新思维. 四川林业科技，2008，29（4）：99-102.

[10] 张涵，李文哲. 牛粪厌氧发酵特性的实验研究. 农机化研究，2005，9（5）：190-192.

[11] 李家兵，张江山，李小梅，等. 生物质发电技术在治理规模化养鸡场鸡粪污染中的应用. 能源与环境，2008，（2）：70-72.

[12] 涂德浴，董红敏，丁为民. 畜禽粪便的热解特性和动力学研究. 农业环境科学学报，2007，26（4）：1538-1542.

[13] 黄叶飞，董红敏，朱志平，等. 畜禽粪便热化学转换技术的研究进展. 中国农业科技导报，2008，10（4）：22-27.

[14] Zaccheo P，Genevini P，Ambrosini D. The role of manure in the management of phosphorus resources at an Italian crop-livestock production farm. Agriculture，Ecosystems and Environment，1977，66（3）：231-239.

[15] Tsai W T，Lin C I. Overview analysis of bioenergy from livestock manure management in taiwan. Renewable and Sustainable Energy Reviews，2009，13（9）：2682-2688.

[16] 秦育红，冯杰，丁文英，等. 生物质气化影响因素分析. 节能技术，2004，22（4）：3-5.

[17] 涂德浴，董红敏，丁为民. 当量比对猪粪空气气化效果的影响. 农业工程学报，2009，25（5）：167-171.

[18] 马隆龙，颜涌捷，孔晓英，等. 稻壳和木粉在内循环流化床气化炉中气化实验研究. 农业工程学报，2006，22（增刊 1）：151-154.

[19] 马龙隆，吴创之，孙立. 生物质气化技术及其应用. 北京：化学工业出版社，2003.

畜禽粪便气化可行性研究

秦恒飞[1]　周建斌[1]　张齐生[2]

（1 南京林业大学化学工程学院　南京　210037；

2 南京林业大学竹材工程研究中心　南京　210037）

摘　要

作者在国内外生物质气化研究的背景下，为了准确判断畜禽粪便是否具有气化的潜力，对猪、牛、鸡3种畜禽粪便进行工业分析、化学分析、元素分析、热值分析及热解干馏分析，根据分析结果判断其气化的可行性。

关键词： 畜禽粪便；气化；指标分析

近年来，国内关于畜禽粪便利用的技术方法很多，主要有畜禽粪便的有机肥化再利用技术（赵青玲等，2003），又分为直接施用、堆肥后施用（王玉军等，2006）和微生物菌剂发酵后施用（涂德浴等，2007）；畜禽粪便的饲料化再利用技术（李铁坚，2007）、畜禽粪便的能源化再利用，又分为直接燃烧，在草原地区，牧民们收集晾干的牛粪作燃料直接燃烧，用来取暖或烧饭，这是粪便直接作能源的最简单方法，但是利用不够充分，且易造成空气污染；乙醇化利用，将畜禽粪便中的木质纤维素进行预处理，然后转化为糖，进一步发酵成酒精，可作为乙醇化的原料（凌娟等，2008）沼气化利用，畜禽粪便生产沼气是利用受控制的厌氧细菌分解作用，将粪便中的有机物转化成简单的有机酸，然后再将简单的有机酸转化为甲烷和二氧化碳（张涵等，2005）；发电利用，将畜禽粪便以无污染方式焚烧，然后发电利用，焚烧过程中产生的灰分还可以作为优质肥料，中国福建圣农集团将谷壳与鸡粪混合物进行燃烧发电（李家兵等，2008）；热解利用，畜禽粪便在缺氧或无氧条件下热降解，最终可以生成粪便炭、液体和气体等（涂德浴等，2007；黄叶飞等，2008）。国外对于畜禽粪便的研究主要致力于粪便在肥料（Patrizia et al.，1997）及能源化技术等（Wen-Tien et al.，2009）。

气化是以生物质（秸秆、畜禽粪便、农产品加工废弃物、林产加工废弃物和生活垃圾等）为原料，以氧气、空气、水蒸气或氢气为气化剂，在高温不完全燃烧条件下，使生物质中分子质量较高的有机碳氢化合物发生链裂解并与气化剂发生复杂的热化学转换反应而产生分子质量较低的 CO、H_2、CH_4 等生物质的可燃性气体过程。在畜禽粪便能源化再利用过程中，特别是热转化技术中的气化技术，对畜禽粪便原料的特性有严格的要求，气化过程中，可以产生气、固、液3种产品。固体产品——炭，可以作为缓释肥和土壤基质，液体产品——活性提取液可以作为叶面肥，气体产品——可燃气可用来燃烧锅炉或村庄集中供气，为更好地指导畜禽粪便气化能源化在工业上得到很好的应用，作者对畜禽粪便进行了工业分析、化学分析、元素分析和热值分析及热解干馏分析，在国内首次提出畜禽粪便气化可行性指标分析，为促进畜牧业发展提供有力的数据。

1　材料与方法

1.1　试验原料

试验原料采用牛粪——南京卫岗生态牧场的新鲜牛粪；鸡粪——安徽和威集团广德养鸡厂；猪粪——南京某养猪农户。

本文原载《中国畜牧兽医》2012年第39卷第1期第218-221页。

1.2 试验仪器

南京仪器厂电热鼓风干燥箱；北京独创有限公司 DC-B 马弗炉；德国 Elementar Vario MICRO 元素分析仪；等离子体原子发射光谱仪；上海昌吉 XRY-1A 型氧弹量热仪；苏南锅炉制造有限公司 D300 干馏釜；武汉四方微流红外气体分析仪。

1.3 分析方法

1. 原料化学成分分析

原料的化学成分分析主要是分析原料中半纤维素、纤维素、木质素的含量。按照造纸行业的国标 GB/T 2677.10—1995 对原料综纤维素含量测定，国标 GB/T2677.8—94 对原料进行酸不溶木素含量测定，再根据硝酸-乙醇法对原料的纤维素进行测定。

2. 原料工业分析

由于中国目前尚无专门针对畜禽粪便基本性质分析系统的国家标准，在对畜禽粪便的基本性质进行分析时，其水分、灰分、挥发分、固定碳的测定分别参照木炭试验方法的国家标准 GB/T 17664—1999。

3. 原料元素分析和热值

通过德国 Foss Heraeus 公司的 CHN-O-RAPID 元素分析仪对原料进行碳、氢、氧、氮、硫元素测量。畜禽粪便热值的测定参照国家标准 GB/T 213—2003《煤的发热量测定方法》进行。

4. 原料的干馏热解分析

分别取 500g 牛粪、鸡粪、猪粪、木屑装入干馏釜后放到马弗炉中，接通冷凝回收设备，和气体在线设备后通电加热。在加热过程中，用调节电压来控制升温速度，炭化最终温度设置为 600℃，保温 1h，停止加热，在此过程在线测试其气体的组成、含量及发热值。试验装置如图 1 所示。

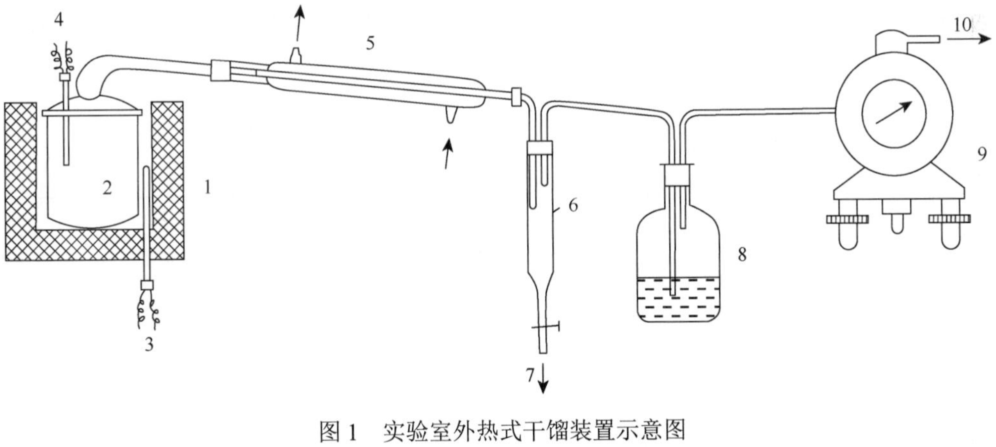

图 1　实验室外热式干馏装置示意图

1. 马弗炉；2. 干馏釜；3. 釜外温度的热电偶；4. 釜内温度的热电偶；5. 冷凝器；6. 粗竹醋液计量器；7. 粗竹醋液计量器出口；8. 洗涤器；9. 气体流量计；10. 气体出口

2　结果与分析

2.1 原料化学组成分析

原料中半纤维素、纤维素和木质素的含量对气化过程中热量平衡和气化温度有较大的影响，其一在热解后期，也就是温度在 400℃左右，纤维素和木质素会发生剧烈的热裂解反应，放出一部分热量，这部分热量的大小取决于纤维素和木质素的含量；其二气化得以进行的前提条件气化温度，气化可分为干燥（150℃）、热解（550℃）、氧化（900～950℃）、还原（850～900℃）4 个过程，在这 4 个过程中氧化和还原起主导作用，发生氧化和还原这两个反应，必须达到一定的温度，主要靠不完全燃烧三大素，发生剧烈的反应，放出热量供给干燥、热解和还原所需的能量，所以三大素的含量是气化可行性的前提条件。由于受饲喂养饲料种类的影响，不同的畜禽粪便化学成分的含量有很大的差异性。由表 1 可知，牛粪、鸡粪半纤维素含量分别为 18.80%和 15.65%，猪粪只有 10.80%，但与玉米秸秆相比，都显得较低；牛粪纤维素含量与玉米秸秆的纤维素含量相当，但猪粪只有 7.23%，与玉米秸秆纤维素含量相比将近少 16%。牛粪木质素为 12.24%，与玉米秸秆中木质素的含量差不多，猪粪最低，只有 7.12%。卫岗生态牧场的牛饲料以草、秸秆、棉籽为主，所以纤维素、木质素含量较高，鸡主要是以精饲料为主，但由于养鸡场表面铺着一层稻壳，所以鸡粪中带有稻壳，猪粪来源于江宁农户家，猪主要喂养饭店的剩菜和剩饭，也有少许饲料，所以猪粪的各项指标都较低，其中玉米秸秆数据来自马隆龙等（2003）。

表 1　畜禽粪便的三大素含量及其和玉米秸秆的比较　（单位：%）

	半纤维素	纤维素	木质素
牛粪	18.80	23.04	12.24
猪粪	10.80	7.23	7.12
鸡粪	15.65	18.87	8.03
玉米秸秆	43.01	22.82	15.51

2.2　原料工业分析

原料的含水率对气化过程有很大的影响，如果含水率过高在气化过程中将消耗大量的热源，影响气化温度，从而影响还原反应和可燃气的质量，灰分对固体产物畜禽粪便炭的发热量有一定的影响，也是衡量粪便炭中金属盐多少的一个标准，挥发分中往往含有较多可燃的成分，挥发分的含量对可燃气体的热值有一定的影响。由表 2 可以看出，畜禽粪便的含水率和秸秆类物质相比显得非常高，说明畜禽粪便中含水量较多，气化前需要进一步晾干或进行必要的干燥处理，将含水率降到一个适合的范围，降低水分要消耗大量的能量，这一部分的能耗费用将对畜禽粪便的气化过程的能耗和经济性产生一定的影响。畜禽粪便的灰分含量相比于稻草都显得较高，但挥发分含量相当，鸡粪的固定碳含量为 14.88%，和玉米秸秆的固定碳含量 17.75%相比差距较小，但牛粪和猪粪的固定碳的含量相对较低。

表 2　畜禽粪便的工业分析及其和玉米秸秆的比较　（单位：%）

	水分	灰分	挥发分	固定碳
牛粪	27.14	21.34	67.71	10.95
猪粪	16.78	30.18	61.78	8.04
鸡粪	26.53	22.56	62.56	14.88
玉米秸秆	4.87	5.93	71.95	17.75

2.3　原料元素分析和热值分析

元素分析和热值分析结果能够反映出生物质进行气化反应的潜力，各种畜禽粪便的元素分析和热值分析如表 3 所示。气化过程的核心是碳、氢、氧 3 种元素及其化合物之间的反应，还原反应越充分，可燃气含量越高，气化效果越好。由表 3 可以看出，鸡粪与牛粪的元素分析结果和秸秆分析结果基本接近，但氮元素与玉米秸秆氮元素含量 0.3%相比高出很多，而猪粪元素分析结果与其差距较大，特别是碳元素和氢元素只有 21.3%和 0.66%（经了解猪基本吃的是饭店剩饭剩菜和少量饲料，没有吃过草类物质）。牛粪和鸡粪的低位热值较秸秆类物质也接近，畜禽粪便中的碳、氢、氧元素的多少与气化过程中产生可燃气的质量密切相关，初步判断鸡粪和牛粪具有气化的潜力，猪粪从元素分析和低位热值方面看可能不具有气化的可行性。

表3 几种畜禽粪便的元素分析和低位热值分析及其和玉米秸秆的比较

	C/%	H/%	O/%	N/%	S/%	热值/(MJ/kg)
牛粪	40.5	4.6	41.3	3.4	0.3	12.3
猪粪	21.3	0.66	39.6	1.2	1.0	7.4
鸡粪	41.2	3.54	40.5	7.3	0.7	11.2
玉米秸秆	49.9	5.9	43.1	1.1	0.3	15.5

2.4 原料的干馏试验

干馏试验是指在隔绝空气条件下，原料加热分解的过程，与气化过程相比，只缺少一个还原过程，但此试验操作简单方便，其结果也能体现出原料的气化潜力。由表4可知，鸡粪、牛粪与木屑干馏得到的可燃性气体的含量、气体热值及产气率相比，略有差距，但不是很大，但猪粪的各项指标与木屑相比差距很大，产气量比木屑少0.099kg/m^3，可燃气热值少11MJ/m^3。

表4 各畜禽粪便干馏试验及其木屑的比较

	气体产率/(kg/m^3)	CO/%	H_2/%	CH_4/%	CO_2/%	气体热值/(MJ/m^3)
鸡粪	0.147	17.77	22.07	19.08	22.25	11.5
猪粪	0.097	12.23	1162	10.65	17.89	6.6
牛粪	0.135	15.37	6.73	22.32	24.28	10.7
木屑	0.196	17.08	11.64	39.71	16.87	17.6

3 讨 论

按照国务院关于发展生物质产业“不与农争粮、不与粮争地、不破坏生态环境”基本方针，科技加强了生物质能源的研发和产业化示范，特别是“十一五”以来，安排了“农林生物质工程”“新型高效规模化沼气工程”等一批科技支撑计划、863计划重点项目对生物质气化及示范工程进行了重点部署。生物质主要包括秸秆、畜禽粪便、农产品加工废弃物、林产加工废弃物和生活垃圾等。唯有畜禽粪便能源化转化的技术研究较少，其他几类生物质气化研究都比较成熟。当然目前畜禽粪便的利用技术也很多，主要用于堆肥、饲料和直燃等方面，但是这些方法在将畜禽粪便转化为其他产品的过程中，有的需要消耗大量的外加能源，有的不能达到无害化处理可能会造成二次污染，有的转化效率低，还有的投资大，工业化生产还存在一定困难。正是由于以上种种原因或条件的限制，真正投资较少、技术成熟、经济可行、应用便捷的畜禽粪便能源化利用的方法还不多，畜禽粪便气化技术是通过热转换将畜禽粪便气化，气化可得到固体粪便炭、提取液、可燃气三项产品，相比其他技术，畜禽粪便气化具有以下几点优势：①气化属于自供热系统，不需要、也不损耗其他能源；②属于多联产技术，有3种产品；③3种产品均可以资源化利用，固体产品畜禽粪便炭具有一定的孔隙结构和比表面积，元素分析得畜禽粪便粪炭各项指标尤其是重金属均能达到固体有机肥料的标准，且畜禽粪便炭内含有丰富的钙、钾等元素，有利于农作物生长，可以用作土壤改良剂和缓释肥。经检测畜禽粪便炭仍有一定的含碳量及发热值，牛粪炭和鸡粪炭的发热值约为标准煤的发热值的一半，所以可以将其压缩成型后作为低热值燃料使用；夜体产品提取液中含有氨根离子和钙、镁离子，这些离子分别是氨肥、钙肥等中不可缺少的成分，故液体又可以作为液体肥料；气体产品可燃气，主要含有CH_4、CO、H_2等可燃成分（秦恒飞等，2011），从发热量看属于低发热值气体，适合用于村庄集中供气，农户用来烧水做饭，也可以供燃气锅炉用气。

参考文献

黄叶飞，董红敏，朱志平，等. 2008. 畜禽粪便热化学转换技术的研究进展. 中国农业科技导报，10（4）：22-27.
李家兵，张江山，李小梅，等. 2008. 生物质发电技术在治理规模化养鸡场鸡粪污染中的应用. 能源与环境，2：70-72.

李铁坚. 2007. 猪粪再生饲料的研究与开发. 畜禽业，11（3）：36-39.

凌娟，李静，刘茂昌，等. 2008. 畜禽粪便污染治理的新思维. 四川林业科技，29（4）：99-102.

马隆龙，吴创之. 2003. 生物质气化技术及其利用. 北京：化学工业出版社.

秦恒飞，周建斌，王筠祥，等. 2011. 牛粪固定床气化工艺. 农业工程学报，27（6）：288-293.

涂德浴，董红敏，丁为民. 2007. 畜禽粪便的热解特性和动力学研究. 农业环境科学学报，26（4）：1538-1542.

王玉军，窦森. 2006. 复合菌剂对农业废弃物堆肥过程中理化指标变化的影响. 农业环境科学学报，25（5）：1354-1358.

张涵，李文哲. 2005. 牛粪厌氧发酵特性的实验研究. 农机化研究，9（5）：190-192.

赵青玲，张德长. 2003. 畜禽粪便资源化技术现状及发展方向. 牧业论坛，24（2）：3-5.

Patrizia Z，Pierluigi G，Daniele A. 1997. The role of manure in the management of phosphorus resources at an Italian crop-livestockproduction farm. Agriculture，Ecosystems & Environment，66（3）：231-239.

Tsai W T，Lin C I. 2009. Overview analysis of bioenergy from livestock manure management in Taiwan. Renewable and Sustainable Energy Reviews，13（9）：2682-2688.

生物质气化技术的再认识

张齐生　马中青　周建斌
（南京林业大学竹材工程研究中心　南京　210037）

摘　　要

近现代，生物技术在工业、农业和能源领域得到广泛应用，对世界科技和经济发展起到重大的变革和促进作用。由于化石燃料资源的枯竭问题和环境污染问题，寻找一种清洁、可再生的替代燃料和燃料生产技术已迫在眉睫。生物质气化技术作为一种清洁的可再生能源利用技术得到了快速发展，然而由于气化设备自身不够成熟以及未对气化副产物（生物质炭和生物质提取液）加以有效利用等问题，严重阻碍了生物质气化技术的商业化推广和运行。生物质气化多联产技术是指基于生物质下吸式固定床气化的气、固、液三相产品多联产及其产品分相回收、利用技术。该技术的提出，以及相关核心设备的开发成功与应用，为生物质气化技术的进一步发展提供了新的思路。笔者详细介绍了气化技术发展的历史和困境、生物质气化多联产技术的路线和核心设备以及多联产技术产品的开发和应用情况。

关键词： 生物质；气化；多联产；下吸式固定床；生物质炭；生物质提取液

生物技术特别是转基因、克隆、酶工程等技术，已经深入到了工业、农业、矿业、化工医药、食品、能源和环境保护各个领域，对世界科技和经济发展起到重大的变革和促进作用；由于化石燃料资源性枯竭问题和环境污染问题，人们寄希望于可再生、清洁的生物质加工转化成可替代化石燃料的生物燃料和化学产品[1，2]。

生物质是指可再生和循环利用的生物有机物质，主要包括种植、养殖、林业、农业产品加工和生活等有机废弃物，以及利用边际性土地种植的能源植物生产的纤维资源、油脂或其他次生代谢产物等。据估计，中国理论生物质能资源约 50 亿 t，具有品种多、分散性强、能量密度低、收集成本高等特点。因此，对生物质进行能源开发宜采用分散式、分布式、中小规模化开发方式，将其就地、就近利用。经过 10 多年的研究，生物质能源转化技术的研究和应用，主要包括生物质物理、化学和生物转化技术，已取得了突破性进展，特别是大规模的生物质直燃发电技术和生物质乙醇技术的逐渐成熟，加上生命科学的飞速发展，人们已经看到了这种绿色能源替代化石能源的潜力和希望[3-7]。

1　生物质气化技术发展历史和困境

1.1　生物质气化技术历史

生物质气化技术是以生物质为原料，以氧气（空气、富氧性气体或纯氧等）、水蒸气或氢气等为气化剂，在高温条件下通过热化学反应将生物质转化为可燃性气体的过程。生物质气化过程中还会产生生物质炭、生物质提取液（活性有机物、焦油）等副产物。气化技术可将低品位的固体生物质转化成高品位的可燃气体，从而广泛应用于工农业生产的各个领域，如集中供气、供热、发电、费托合成甲醇和乙醇等第 2 代生物燃料[8-12]。

早在 1798 年，煤气化技术就已经在法国和英国出现。1812 年，煤气化产生的燃气曾经作为伦敦市照明的主要燃料。直到 1840 年，法国的 Bischoff 才开发出一种小型的商业化生物质气化炉；1861 年，Siemens 在 Bischoff 的基础上进行了改进。二次世界大战后，由于中东地区大规模廉价优质石油的开发，几乎所有

本文原载《南京林业大学学报（自然科学版）》2013 年第 37 卷第 1 期第 1-10 页。

发达国家的主要能源都转为石油，生物质气化技术长时间处于停滞状态。直到 1973 年世界能源危机的爆发，使西方国家认识到化石能源的不可再生性和分布的不均匀性，可再生能源的研究逐渐成为热点，生物质气化技术作为一种重要的新能源技术重新引起全世界的关注和重视[8, 11, 12]。

1.2　生物质气化技术发展困境

生物质气化技术根据气化炉的不同主要分为固定床气化技术和流化床气化技术。固定床气化炉优点是装置的结构简单、坚固耐用、运行方便可靠；缺点是内部过程难于控制，易架桥，生产强度小。流化床气化炉优点是传热传质均匀，气化反应速度快，碳转化率高，易放大设计；缺点是可燃气中灰分含量高，设备结构复杂，原料尺寸需要细小均一。近些年，虽然生物质气化技术在全世界各地引起研究和应用热潮，但是大部分的气化发电或供热项目在开始运行不久后便难以为继，究其原因，主要分为以下几点：

（1）气化副产物未加以资源化利用。气化过程还会产生大量的副产物生物质炭和生物质提取液。可燃气中焦油一般占燃气能量的 5%～10%，经水洗净化处理后转变成大量的提取液，循环喷淋后浓度逐渐增加；固定床气化炉气化的炭得率为 20%～30%，流化床的炭得率为 5%～15%。气化副产物若不加以资源化利用，不仅降低了生物质利用效率，而且还会造成严重的环境污染。

（2）气化设备技术不够成熟。固定床气化技术针对的是中小规模应用，主要存在的问题有：①机械化、自动化程度较低，如开心式的稻壳气化炉容易架桥烧结，运行时需要耗费大量人力在炉顶操作，威胁到操作人员安全；②焦油含量高，上吸式固定床所产燃气中含有大量的焦油，对燃气净化系统造成巨大负担，去除不净造成管路、阀门堵塞，内燃机需频繁维护；③规模小，目前固定床单台产能一般都集中在 200～500kW，不易放大规模，规模效益不佳；④发电效率低，气化发电所用的内燃机一般都由低转速的柴油发电机改装而成，电转化效率只有 30%，固定床气化发电效率为 10%～15%。

流化床气化技术针对的是中等及以上规模应用，问题是：其一，若未采用 BIGCC 技术，高温的粗燃气和发电机尾气的余热未加以利用，热效率低，发电机组功率小，发电效率低；其二，若采用 BIGCC 技术进行规模化开发应用，那么整个气化系统将非常复杂，对系统的各个部分都有严格要求，需要开发高气化效率和低焦油含量可燃气的气化炉，配备能满足燃气轮机的高效燃气净化系统，开发适用低热值燃气的燃气机；其三，发电效率低，流化床气化发电效率也只有 15%～25%，BIGCC 技术发电效率也只能达到 35%。

（3）经济效益不佳。目前看来，气化发电的经济效益还不是很高，主要原因是气化产品单一，只产出电产品，而未开发以生物质炭和生物质提取液为原料的相关产品；气化发电整体的电效率不高；规模还不是很大，单位发电成本较高，规模效益体现不出来。

从 20 世纪 80 年代起，我国的气化技术迅速发展，全国各地已经兴建或正在兴建的生物质气化发电厂数不胜数，由于受技术、资金、环境及安全等问题的困扰，能够长期稳定运行的不多。结合上述分析可知，生物质气化技术目前正处于商业化和产业化的最艰难时期，相关科研和从业人员都在寻找适合中国国情的生物质气化发展新思路，致力于研究新工艺，开发新产品。

2　基于生物质固定床气化的多联产技术的提出

笔者所在研究团队经过近 10 年在生物质固定床气化发电（或供热）、木（或竹）炭、木（或竹）活性有机物和活性炭等方面的研究和应用，提出了“基于生物质固定床气化的多联产技术”。区别于生物质气化热电联产（CHP）和生物质整体气化联合循环发电技术（BIGCC）等多联产技术，在此将“基于生物质固定床气化的多联产技术”定义为基于生物质固定床气化的气、固、液三相产品多联产技术，即将生物质可燃气、生物质炭、生物质提取液（活性有机物和焦油）三相产品分别加工开发成多种产品[13-15]。多联产工艺的核心设备为下吸式固定床气化发电或供热设备。生物质固定床气化多联产工艺路线见图 1，生物质气化发电工艺流程见图 2。

生物质固定床气化发电和供热设备，主要由固定床气化炉、燃气净化系统、内燃机或燃气锅炉组成。生物质气化产生的燃气经净化系统气液分离后分为生物质燃气和生物质提取液，气化炉下体还会产出生物

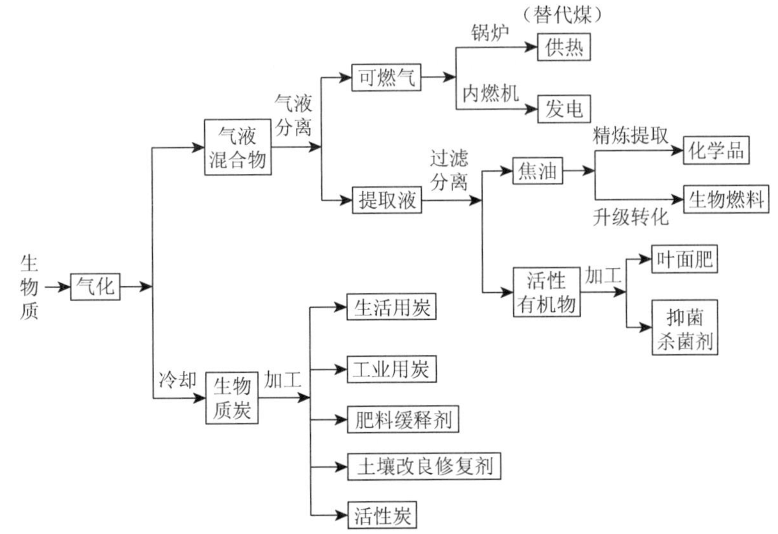

图 1　生物质气化多联产工艺路线

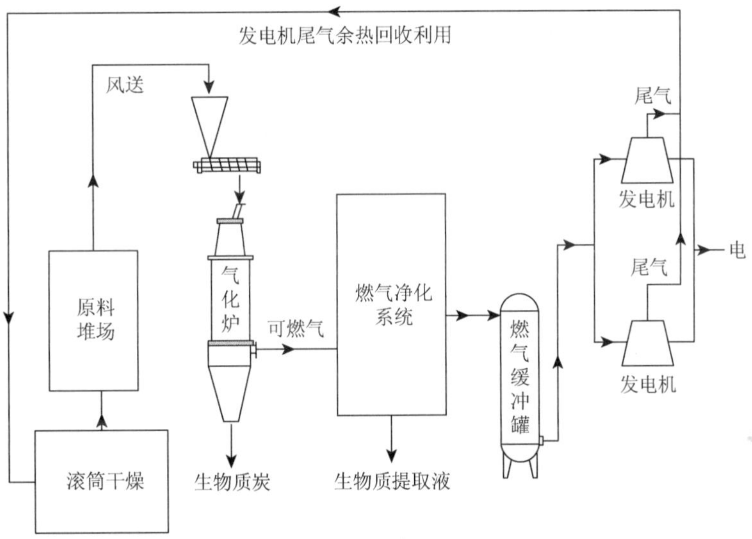

图 2　生物质固定床气化发电工艺流程

质炭。生物质燃气可用于内燃机发电或替代煤向锅炉供热；生物质炭根据生物质原料的特性可分别制成速燃炭或烧烤炭，也用于冶金行业的保温材料，或可制成炭基肥料、缓释剂、土壤改良剂、修复剂等用于农业，还可制成高附加值的活性炭产品；生物质提取液中的有机组分可加工成叶面肥等作物生长调节剂，也可制成抑菌杀菌剂，焦油可经精炼提取成苯、甲苯、二甲苯（BTX）及其他用途的化学品，或升级转化为清洁生物液体燃料。

基于生物质固定床气化多联产技术是一条生物质综合、高效、洁净利用的先进技术路线，是综合解决生物质气化技术面临困境的重要途径和关键技术，主要表现为以下方面。

（1）多联产可以生产多种产品并提高生物质的利用效率，多联产在发电的同时，还可以大规模地生产炭基缓释肥、活性炭、叶面肥、BTX 等高附加值产品，拓展其在农业和化工业上的应用，有效扩展了生物质的利用范围。

（2）多联产对因水洗产生的生物质提取液和生物质炭等副产物进行资源化利用，能有效杜绝气化过程的环境污染，满足未来社会对环保更严格的要求。

（3）多联产还有利于提高系统可靠性和可用率，如果其中一种产品被社会淘汰或者经济效益并不显著，可以开展另外一种新兴产品的应用，提高生物质气化技术的生命力。

（4）通过利用多台 1MW 的气化炉并联集中供气发电，扩大固定床气化发电规模，对发电机尾气余热进行回收利用，提高生物质利用效率，降低单位发电成本，提高生物质规模效益。

3 生物质下吸式固定床气化系统设备

3.1 生物质下吸式固定床气化炉

生物质固定床气化炉主要分为上吸式、下吸式气化炉和横吸式气化炉。下吸式固定床气化炉因其燃气中焦油含量低（50～500mg/m^3）的优点，特别适合于内燃机发电，是目前固定床气化炉中的研究热点[6, 16-21]。下吸式固定床气化过程从上至下主要分为 4 个反应区：干燥区、热解区、氧化区和还原区（图 3）[6, 22-24]。

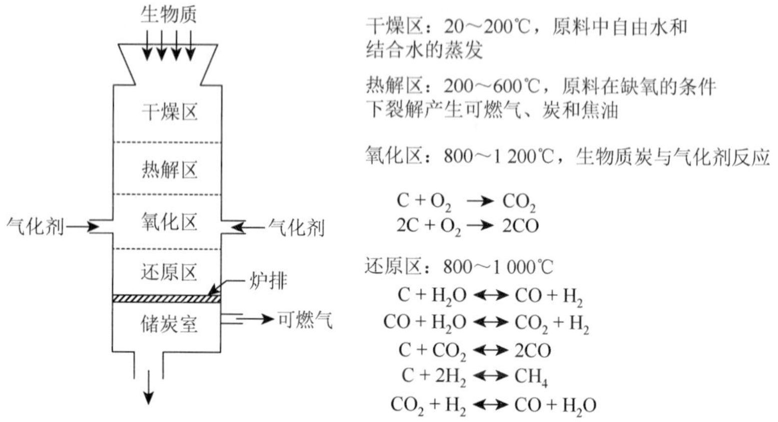

图 3 下吸式固定床气化炉气化原理图

下吸式气化炉性能主要根据可燃气的成分、热值和产量，可燃气中焦油含量，气化炉的产能、碳转化率和冷气效率等方面来判断，其性能主要受当量比、表观速度、物料特性（化学组成、含水率、形态（粒径））、气化剂种类等因素的影响。以空气为气化剂，通过对木材[25-31]、榛子壳[19, 32, 33]、甘蔗渣[34]、橄榄果渣[35]、畜禽粪便[15]、稻壳[36]、城市下水道污泥[37]等生物质进行气化研究表明，下吸式固定床气化炉的主要性能如下：当量比 0.2～0.5，含水率≤25%，可燃气主要成分中，含 CO15%～20%、$H_2$15%～20%、$CH_4$0.5%～2%、$CO_2$10%～15%，热值 4～6MJ/Nm^3，冷气效率 55%～80%，碳转化率 75%～95%，电转化率 10%～15%。

笔者研究团队开发的稻壳和木片下吸式固定床气化炉，为了克服固定床的缺点，进行如下改进：

（1）提高设备的机械自动化水平：进料和出炭采用风送系统，集中供料和收炭；气化炉顶部采用拨料器自动拨料，炉内采用炉排结构，通过液压驱动升降往复，避免了炉内架桥和烧穿现象，无需人工通炉。

（2）降低焦油含量：采用两步进气方法，提高炉内反应温度，使炉内有两个高温氧化区，使可燃气经过二次裂解，不仅降低可燃气焦油含量，还提高燃气热值。

（3）便于放大设计：气化炉采用直筒形（straitified），而非喉式（imbert）气化炉，便于扩大规模设计。采用此种结构，目前已经成功开发出 1MW 的木片和稻壳气化炉。

（4）延长使用寿命：气化炉下炉体和炉排采用水夹套结构，既能冷却不在反应区炭的温度，又能降低炉体这几个部位的温度，延长炉体使用寿命。

3.2 生物质燃气净化系统

生物质气化炉中产生的可燃气为气液混合物，不能直接加以利用，其中含有大量杂质，主要是固体杂质（灰、焦炭、颗粒）、液体杂质（焦油、水蒸气）和少量微量元素（碱金属等），必须经过净化处理才能进入发电机发电。固体杂质的去除比较简单，一般采用干式和湿式这两种物理法去除。干式除灰主要设备有旋风分离器、颗粒层过滤器、袋式除尘器等。湿式除灰是利用液体（一般为水）作为捕集体，将气体中杂质捕集下来，主要设备有鼓泡塔、喷淋塔、填料塔、文丘管洗涤器等。液体杂质，特别是焦油组分的去除比较复杂，这是气化技术的一大难点。焦油去除方法主要有机械/物理法、热裂解法和催化裂解法。虽然热裂解法和催化裂解法实验研究效果显著，但是离工业化应用还有很大差距，主要原因：催化剂易钝化，价格昂贵，难以回收利用；设备技术不成熟，成本投资太大等。因此目前应用最广泛的是机械/物理除灰/焦法[6, 38, 39]。

3.3 生物质燃气发电机

下吸式固定床气化发电所用发电机一般采用往复活塞式内燃机（RICEs）中的柴油机，其具有热效率高、启动性能好、耐久性好、维护周期长的优点。RICEs 对生物质燃气质量要求是固体杂质含量少于 50mg/Nm^3，焦油含量少于 100mg/Nm^3。传统的 RICEs 一般都是以热值较高的天然气、柴油和汽油为燃料，而下吸式固定床气化炉产出的生物质燃气的热值一般只有 4～6MJ/Nm^3，其中含氢气量、氮气量分别为 15%～20%、0～50%（体积分数），而且可能还含有少量未净化完全的焦油。因此为了适应成分特殊、热值更低的生物质燃气燃料，RICEs 必须经过适当的改进才能适用于燃气发电，主要包括机械部件和燃烧工艺的改进，改进型柴油机的电转化效率只有 30%左右[16, 40]。

目前适用于生物质燃气发电的改进型柴油机一般都在 200～500kW，山东淄博淄柴新能源有限公司与笔者研究团队合作已成功开发出 1MW 的燃气柴油机，使之与 1MW 下吸式固定床气化炉配套使用。

4 生物质固定床气化多联产产品研究和应用分析

生物质原料经过固定床气化后转化成生物质可燃气、生物质炭、生物质提取液（活性有机物和焦油）三相产品，其中生物质燃气的应用已经相对比较成熟，对生物质炭和提取液的应用报道较少。生物质原料经过固定床气化后转化成生物质三相产品见图 4，固定床生物质气化发电项目实例见图 5，生物质提取液应用实例见图 6。

4.1 生物质可燃气的应用（发电和供热）分析

世界范围内有文献记载的商业化的生物质下吸式固定床气化发电（或供热）项目情况，在发达国家或者发展中国家都有分布，基本上属于小规模的应用（≤3MW）（表 1）[20, 41, 42]。燃气用于供热时，需要在锅炉前加装特殊燃烧器。南京林业大学经过多年的研究成功开发出以稻壳和木片为原料的 500～1000kW 的

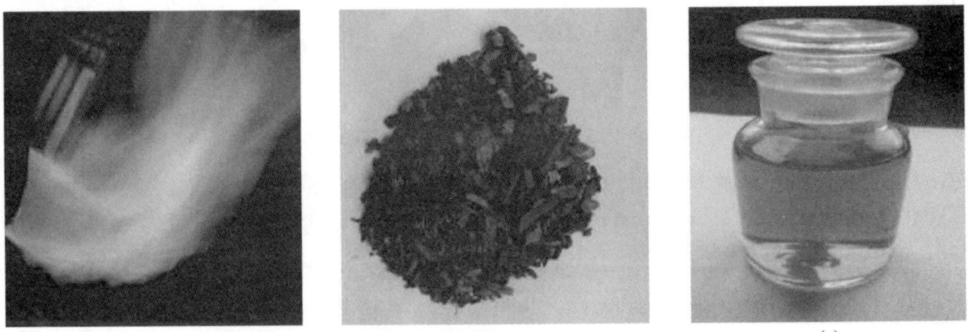

(a) (b) (c)

图 4 生物质气化产生的气、固、液产品

(a) 江苏丹阳200kW木片发电 (b) 浙江建德500kW木片发电

(c) 安徽颍上500kW稻壳发电　　(d) 江苏常州2000kW稻壳供热

图 5　固定床生物质气化发电项目实例

空白对照组　　100倍稀释提取液　　200倍稀释提取液

(a) 苹果喷洒提取液着色对比

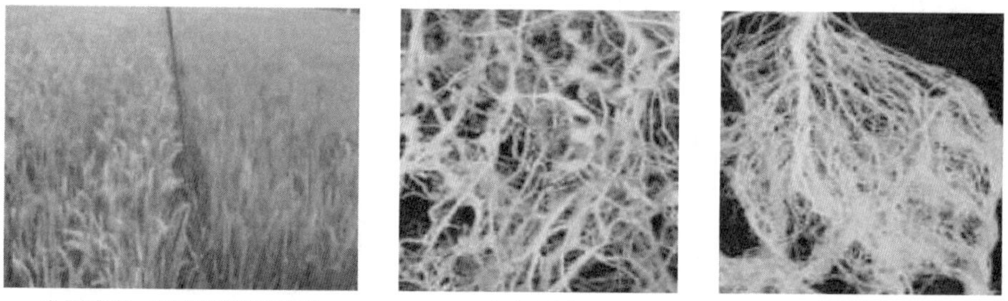

左侧喷施、右侧未喷施提取液　　空白对照组　　400倍稀释提取液

(b) 喷施提取液对水稻的影响　　(c) 提取液对黄瓜根结线虫病的防治效果

图 6　提取液在农业上的应用

下吸式固定床气化发电（或供热）设备，其中在安徽颍上和江苏常州的项目已经成功连续运行超过 2 年，技术已经成熟，另外还有几个项目正在建设和调试中，2 年之内也将全部开始商业化运行。

笔者认为，通过开发出 1MW 的固定床气化炉及配套的 1MW 燃气发电机，然后多台并联的 1MW 气化炉通过储气罐供气给多台并联的 1MW 的发电机，即可实现下吸式固定床气化发电技术的中等及以上规模化生产，产生的电可并网使用。通过并网模式可以实现固定床气化发电的规模化发展，再通过回收发电机尾气（400～500℃）的热能，用于干燥原料，进一步提高生物质热效率，是一种有潜力的可再生能源利用方式。

表 1　文献记载的生物质下吸式固定床气化炉的商业化应用项目

应用地	原料	产能/kW	生产商（技术支持单位）
美国	木材	1000	CLEW
美国	木片，玉米棒	40	Stwalley Engg.
丹麦	木材加工剩余物	500	Hollesen Engg.
新西兰	木块，木片	30	Fluidyne
法国	木材，农业剩余物	100～600	Martezo
英国	木片，榛子壳	30	Newcastle Univ of Tech
英国	农业加工剩余物	300	Shawton Engineering
瑞士	木材，农业生物质	50～2500	DASAG

续表

应用地	原料	产能/kW	生产商（技术支持单位）
瑞士	木材	25～4000	HTV Energy
印度	木片，稻壳	100*	Associated Engineering Works
印度	木材，玉米棒，稻壳	—	Ankur Scientific Energy Technology
南非	木块，木片	30～500	SystBM Johansson gas producers
荷兰	稻壳	150	KARA Energy Systems
中国北京	锯末	200	Huairou Wood Equipment
中国山东	农作物秸秆	300①	Huantai Integrated Gas Supply System
中国湖南	农作物秸秆	300①	Dalian Integrated Gas Supply System
中国江苏镇江	木片	200②	南京林业大学
中国黑龙江	木片	500②	南京林业大学
中国安徽颍上	稻壳	500②	南京林业大学
中国浙江杭州	木片	500②	南京林业大学
中国江苏常州	稻壳	2000①	南京林业大学
中国广西南宁	木片	300②	南京林业大学（正在调试）
中国浙江嘉兴	木片	500②	南京林业大学（正在建设）
中国湖南	稻壳	500②	南京林业大学（正在建设）
中国山东威海	果树枝条	1000②	南京林业大学（正在建设）

注：*产能单位为kg/h；①燃气用于供热的产能；②燃气用于发电的产能。

4.2 生物质炭的应用分析

1. 生物质炭的组成

生物质灰（bio-char）是指由富含碳的生物质通过裂解或者不完全燃烧生成的一种富炭产物。生物质经过下吸式固定床气化后，产炭率为15%～25%。生物质炭根据其原料的不同，可分为农作物秸秆炭、木炭和稻壳炭等。表2列出3种气化炭的元素和工业分析，文献[13]中分析了几种炭的微量元素含量、比表面积、孔容和孔径分布。总体上说，固定床气化产生的生物质炭还具备一定的燃烧热，富含植物生长必需的N、P、K、Ca、Mg等营养元素，具备较强吸附功能的孔隙结构[43-46]。

表2 几种下吸式固定床气化生物质炭的元素及工业分析

生物质炭	工业分析				元素分析/%					
	c（挥发分）/%	c（固定碳）/%	c（灰分）/%	高位热值/(kJ/kg)	C	H	O	N	S	Si
木炭	11.1	85.4	3.5	31 768	81.6	2.1	14.6	0.4	0.13	—
稻壳炭	5.2	52.6	42.2	20 468	60.9	1.8	13.5	0..8	0.1	22.1
稻草炭	12.5	65.8	21.7	22 154	68.6	1.5	8.4	0.4	0.076	2.3

2. 农业用——有机复合肥料和土壤修复剂

生物质炭主要由碳元素组成，并富含植物生长所必需的营养元素及发达的孔隙结构，pH为8～10，因此其在农业上应用的前景广阔。其主要作用有：①碱性的生物质炭可以改良酸性土壤；②生物质炭发达的孔隙可以增强土壤的通气性和保水能力，同时也为微生物提供了生存和繁殖的场所；生物质炭的孔隙可以影响作物对分子的吸附和转移；③生物质炭的多孔结构使表层土壤空隙度增加，密度减小，这种结构有利于植物根系的生长，从而促进作物地上部分的生长，提高作物的产量；④生物质炭可以吸附和保持水分，并且可以增强土壤水分的渗透性；⑤生物炭在土壤中有极强的抗微生物和化学分解的能力，这使得它可以在土壤中存储较长的时间，同时缓慢释放营养供植物吸收；⑥生物质炭的多孔结构和表面丰富的含氧官能团使得生物质炭具有较强的吸附有毒物质的能力，可以用来修复污染土壤；⑦生物质炭具有积聚能量的性能，能适当提供土壤温度（1～3℃）。

基于生物质炭的以上功能，开展农作物秸秆炭（稻草炭、麦秸炭、玉米秸炭等）在农业上的应用，制成炭基复合肥料和土壤修复剂，使之“取之于田，用之于田”对促进农业低碳、循环、可持续发展具有重要意义。沈阳农业大学以农作物秸秆炭为原料制成炭基缓释肥料，在大田试验中表现出明显的增产和提高品质效果，同时减少养分的淋溶损失和化学肥料的面源污染，维持了土壤的可持续生产能力，目前正处于市场开发和推广阶段。南京林业大学也利用生物质炭开发出有机肥料、基质等产品用于农业生产。现在，炭基复合肥料等产品都处于工业化推广阶段，需通过大规模推广应用来验证生物质炭还田的各种性能与效果。

3. 民用——成型炭燃料

根据表 2 可以看出生物质炭还有一定的燃烧热值，特别是木炭热值达到近 31 768kJ/kg，甚至超过标煤的热值（29 260kJ/kg），因此将其制成成型炭和速燃炭，可替代煤广泛用于工业生产和民用生活，如工业锅炉、供暖、餐饮、烧烤等。生物质成型炭燃料具有形状规则、较高的堆积密度与强度、易燃、无烟、无污染、灰分少、热值高等优点。速燃炭制作时还需要添加一定量的引燃剂，包括各类易燃的无机材料，碳酸钠、硝酸钠、硝酸钾、硝酸锶、氯化钠以及以一定质量比例混合的氢氧化铝和氯化钠，确保制成的速燃炭满足“一点即燃”[47]。

4. 工业用——活性炭/冶金保温材料

气化产生的木炭具有较高的固定碳，较低的灰分，非常适合制成活性炭产品，提高生物质炭的附加值，已有人对其可行性进行了研究[48, 49]。稻壳炭和稻草炭等虽然灰分含量较高，但是其 Si 含量也非常高，因此也可考虑用其制活性炭同时提取 SiO_2。稻壳炭目前主要还是用于冶金行业的保温材料，将其覆盖在钢水、铁水上进行保温，可大大提高成品率。

4.3　生物质提取液（活性有机物和焦油）的应用分析

1. 生物质提取液成分

生物质燃气经水洗和冷凝后会产生大量提取液，提取液循环喷淋后浓度会逐渐增加。提取液的主要成分可分为两大类：一类为水溶性的活性有机物，主要成分为有机酸、酚类、醛类、酮类、酯类等有机物；另一类为易溶于有机溶剂的焦油，主要成分为芳香族化合物，大部分的焦油（分子质量较大）都会沉淀在提取液循环池底部，少量的焦油（分子质量较小）会漂浮于提取液表面。

目前关于生物质气化产生的活性有机物和焦油的具体组分的数据非常有限，而关于生物质热解产生的醋液的成分的定量和定性分析非常详细，两种工艺同属生物质热化学转化，只是温度和工艺有一定的差异。由文献[50]可知几种生物质热解醋液的主要成分为酚类、酮类、有机酸和醛类等，密度为 1～1.1g/cm^3，pH 为 2～3，颜色为深棕色，并且具有浓烟焦味。通过 GC/MS 分析了热解产生的竹焦油的化学组分，含 93 种化合物，主要分为脂肪族化合物和芳香族化合物。脂肪族化合物的相对含量为 7.31%，主要为环戊烯酮和有机酸衍生物；芳香族化合物的相对含量为 75.24%，主要为烷基苯酚、烷基苯、杂环类及其取代物[51]。

2. 生物质活性有机物提取液的应用

日本、韩国等国家对竹醋液的研究较为深入，已广泛应用于工农业和环境保护领域。经过江苏省疾病预防中心的细胞毒性试验，遗传毒性试验和经口急慢毒性试验证实活性有机物在农业生产上使用安全。大量研究表明，活性有机物具有以下功能[52-57]：①促进农作物种子发芽、生根、生长；②提高水果的产量和糖度，改善鲜果口感和外观品质；③具有抑菌、杀菌和驱避害虫能力；④防治土壤中根结线虫病。

鉴于活性有机物的以上功效，可制成植物生长调节剂（叶面肥）和抑菌、杀菌剂。笔者所在团队在宁夏、江西、江苏、山东等省市对几种水果开展叶面肥的田间试验发现，提取液能增加西红柿的坐果率，改善苹果的着色、口感和产量；与山东新港生物科技有限公司合作开发的叶面肥经 2 年多的推广应用，证明不仅具有肥效，又具有抑虫防病的功能，能提高农产品的品质，在农民中反响很好，推广应用前景广阔。

另外，研究了提取液对线虫病的防治效果，使用400倍稀释的提取液对盆栽黄瓜土壤进行浇灌，与空白对照组对比后发现，土壤pH下降15.81%，病株率下降54.54%，病情指数下降59.51%，证明其对防治线虫病有良好的效果。此项技术的成功推广应用将有效减少农药用量，缓解有害生物的抗药性，减轻农药对环境的毒性压力，促进我国无公害、绿色及有机农业的发展。提取液在农业上的应用效果见图6。

3. 生物质焦油的应用

（1）特殊化学品。目前生物质气化焦油的产品开发还很少，然而煤焦油相关产品开发却已非常成熟。全世界每年需要消耗3.7×10^7t芳烃类化学品，其中有1/6只能从煤焦油提取出来，例如15%～25%的BTX（苯、甲苯和二甲苯）和95%的多环芳烃只能来自于煤焦油。为了得到高附加值的化学品，根据焦油成分沸点的不同，焦油需要通过蒸馏进行粗分，然后再使用其他的技术进行提纯分离成各种化学品。煤焦油的高附加值提纯利用，可为生物质气化大规模发展产生的生物质焦油的应用提供思路[58, 59]。

（2）可再生燃油（bio-oil）。目前对于快速裂解制生物油的研究非常多，很多研究者将其作为可替代柴油、汽油的可再生绿色燃料进行开发和应用。快速裂解生物油由于黏度高、腐蚀性强、热不稳定、易老化和低热值等缺点，难以直接作为燃料使用。目前有几种方法对其进行品质升级，有物理方法和催化升级等方法。物理方法：通过添加极性溶剂（如甲醇），可改善生物油的黏度和均匀性，提高热值；或者添加表面活性剂后与柴油进行混合乳化，经过物理法升级的生物油可替代柴油、汽油等供发电机发电或供锅炉燃烧。催化升级：通过催化加氢和催化裂解等方法，主要是去除生物油中的氧元素，提高生物油的热值[60, 61]。

气化焦油和快速裂解产生的焦油（生物油）的热值相差不大（表3），只是气化焦油中水分、碳元素和灰分含量更高，因此气化焦油与快速热解生物油一样，具备制成高品质生物油的潜力。

表3 快速热解和气化产生焦油的组分和热值

原料	含水率/%	化学组成/%					高位热值/(MJ/kg)
		C	H	O	N	灰分	
气化焦油	50	76	6.1	15	4.1	1.5	16.8
快速热解油	25	56	6	38	0.1	0.1	17

目前，生物质气化的焦油还难以进行工业化应用。原因是与煤焦油相比，各地气化工厂产生的焦油太分散，且产量也不是很大，最好隔一段时间收集清理一次，如果不能高附加值利用，为防止造成环境污染，可直接与原料混合后进气化炉再次气化，或者与木炭混合制成成型炭棒供锅炉燃烧。

5 结　　语

综上所述，生物质气化技术的困境主要是技术不够成熟，气化副产物未加以资源化利用，规模效益不突出。生物质气化多联产技术的提出为生物质气化技术走出困境指明了新思路，将彻底解决气化技术目前存在的问题。生物质气化技术虽然是一项传统的技术，但是在原有技术的基础上，深入研究它的发生、发展和调控规律，克服它固有的某些缺陷，并赋予它更多的新活力。对生物质气化技术的认识和应用，将会在我国和世界的生物质资源化利用领域中，发挥它应有的贡献。

参 考 文 献

[1] 石元春. 生物质能源主导论——为编制国家“十二五”规划建言献策. 能源与节能，2011，(1)：1-7.
[2] 石元春. 决胜生物质. 北京：中国农业大学出版社，2011.
[3] Wu C Z，Yin X L，Yuan Z H，et al. The development of bioenergy technology in China. Energy，2010，35：4445-4450.
[4] Ma L，Wang T，Liu Q，et al. A review of thermal-chemical conversion of lignocellulosic biomass in China. Biotechnology Advances，2012，30：859-873.
[5] 石元春. 中国生物质原料资源. 中国工程科学，2011，13 (2)：16-23.
[6] 马隆龙，吴创之，孙立. 生物质气化技术及其应用. 北京：化学工业出版社，2003.
[7] Kumar A，Jones D D，Hanna M A. Thermochemical biomass gasification：A review of the current status of the technology. Energies，2009，(2)：556-581.
[8] Kirkels A F，Verbong G P J. Biomass gasification：Still promising？A 30-year global overview. Renewable & Sustainable Energy Reviews，2011，15：471-481.

[9] Pereira E G，da Silva J N，de Oliveira J L，et al. Sustainable energy：A review of gasification technologies. Renewable & Sustainable Energy Reviews，2012，16：4753-4762.

[10] Panwar N L，Kothari R，Tyagi V V. Thermo chemical conversion of biomass-Eco friendly energy routes. Renewable & Sustainable Energy Reviews，2012，16：1801-1816.

[11] Kaupp A，Goss J R. State of the art report for small scale（to 50 kW）gas producer-engine systems. Final Report to USDA，Forest Service，1981.

[12] Reed T B，Das A. Handbook of biomass downdraft gasifier engine system. USA：The Biomass Energy Foundation Press，1988.

[13] 张齐生，周建斌，屈永标. 农林生物质的高效、无公害、资源化利用. 林产工业，2009，36（1）：3-8.

[14] Ma Z，Zhang Y，Zhang Q S，et al. Design and experimental investigation of a 190 kW biomass fixed bed gasification and polygeneration pilot plant using a double air stage downdraft approach. Energy，2012，46：140-147.

[15] 秦恒飞，周建斌，王筠祥，等. 牛粪固定床气化多联产工艺. 农业工程学报，2011，27（6）：288-293.

[16] Martínez J D，Mahkamov K，Andrade R V，et al. Syngas production in downdraft biomass gasifiers and its application using internal combustion engines. Renewable Energy，2012，38：1-9.

[17] Bhattacharya S C，Siddique A H M M R，Pham H L. A study on wood gasification for low-tar gas production. Energy，1999，24：285-296.

[18] Bhattacharya S C，Hla S S，Pham H L. A study on a multi-stage hybrid gasifier-engine system. Biomass and Bioenergy，2001，21：445-460.

[19] Dogru M，Howarth C R，Akay G，et al. Gasification of hazelnut shells in a downdraft gasifier. Energy，2002，27：415-427.

[20] Leung D Y C，Yin X L，Wu C Z. A review on the development and commercialization of biomass gasification technologies in China. Renewable & Sustainable Energy Reviews，2004，8：565-580.

[21] Beebacker A A C M. Biomass gasification in moving beds，a review of european technologies. Renewable Energy，1999，16，1180-1186.

[22] Basu P. 生物质气化和热解：实用设计与理论. 北京：科学出版社，2011.

[23] Lv P，Yuan Z，Ma L，et al. Hydrogen-rich gas production from biomass air and oxygen/steam gasification in a downdraft gasifier. Renewable Energy，2007，32：2173-2185.

[24] Buragohain B，Mahanta P，Moholkar V S. Biomass gasification for decentralized power generation：The Indian perspective. Renewable & Sustainable Energy Reviews，2010，14：73-92.

[25] Pathak B S，Patel S R，Bhave A G，et al. Performance evaluation of an agricultural residue-based modular throat-type downdraft gasifier for thermal application. Biomass and Bioenergy，2008，32：72-77.

[26] Sharma A K. Experimental study on 75 kW（th）downdraft（biomass）gasifier system. Renewable Energy，2009，34：1726-1733.

[27] Sheth P N，Babu B V. Experimental studies on producer gas generation from wood waste in a downdraft biomass gasifier. Bioresource Technology，2009，100：3127-3133.

[28] Sheth P N，Babu B V. Production of hydrogen energy through biomass（waste wood）gasification. International Journal of Hydrogen Energy，2010：35：10803-10810.

[29] Zainal Z A，Rifau A，Quadir G A，et al. Experimental investigation of a downdraft biomass gasifier. Biomass and Bioenergy，2002，23：283-289.

[30] Wei L，Pordesimo L O，Haryanto A，et al. Co-gasification of hardwood chips and crude glycerol in a pilot scale downdraft gasifier. Bioresource Technology，2011，102：6266-6672.

[31] Plis P，Wilk R K. Theoretical and experimental investigation of biomass gasification process in a fixed bed gasifier. Energy，2011，36：3838-3845.

[32] Midilli A，Dogru M，Howarth C R，et al. Hydrogen production from hazelnut shell by applying air-blown downdraft gasification technique. International Journal of Hydrogen Energy，2001，26：29-37.

[33] Olgun H，Ozdogan S，Yinesor G. Results with a bench scale downdraft biomass gasifier for agricultural and forestry residues. Biomass and Bioenergy，2011，35：572-580.

[34] Akay G，Jordan C A. Gasification of fuel cane bagasse in a downdraft gasifier：influence of lignocellulosic composition and fuel particle size on syngas composition and yield. Energy & Fuels，2011，25：2274-2283.

[35] Vera D，Jurado F，Carpio J. Study of a downdraft gasifier and externally fired gas turbine for olive industry wastes. Fuel Processing Technology，2011，92：1970-1979.

[36] Jain A K，Goss J R. Determination of reactor scaling factors forthroatless rice husk gasifier. Biomass and Bioenergy，2000，18：249-256.

[37] Jarungthammachote S，Dutta A. Thermodynamic equilibrium model and second law analysis of a downdraft waste gasifier. Energy，2007，32：1660-1669.

[38] Han J，Kim H. The reduction and control technology of tar during biomass gasification/pyrolysis：An overview. Renewable &Sustainable Energy Reviews，2008，12：397-416.

[39] Anis S，Zainal Z A. Tar reduction in biomass producer gas via mechanical，catalytic and thermal methods：A review. Renewable & Sustainable Energy Reviews，2011，15：2355-2377.

[40] Hasler P，Nussbaumer T. Gas cleaning for IC engine applications from fixed bed biomass gasification. Biomass and Bioenergy，1999，16：385-395.

[41] Beenackers A A C M. Biomass gasification in moving bed，a review of european technologies. Renewable Energy，1999，16：1180-1186.

[42] Chopra S，Jain A K. A review of fixed bed gasification systems for biomass. Agricultural Engineering International：CIGR Journal，2007，4（5）：1-23.

[43] Marris E. Putting the carbon back：black is the new green. Nature，2006，442（7103）：624-626.

[44] 孟军，张伟明，王绍斌，等. 农林废弃物炭化还田技术的发展与前景. 沈阳农业大学学报，2011，42（4）：387-392.

[45] 陈温福，张伟明，孟军，等. 生物炭应用技术研究. 中国工程科学，2011，13（2）：83-89.

[46] 袁金华，徐仁扣. 生物质炭的性质及其对土壤环境功能影响的研究进展. 生态环境学报，2011，20（4）：779-785.

[47] 周建斌，段红燕，李思思，等. 杨木炭胶合成型速燃炭的制备与燃烧性能. 农业工程学报，2010，26（6）：257-261.

[48] 方放，周建斌，杨继亮. 稻壳炭提取 SiO_2 及制备活性炭联产工艺. 农业工程学报，2012，28（23）：184-191.

[49] 陈健，李庭琛，颜涌捷，等. 生物质裂解残炭制备活性炭. 华东理工大学学报，2005，31（6）：821-824.

[50] 周建斌，张合玲，叶汉玲，等. 几种秸秆醋液组分中活性物质的分析. 生物质化学工程，2009，43（2）：34-36.

[51] 钱华，钟哲科，王衍彬，等. 竹焦油化学组成的 GC/MS 法分析. 竹子研究汇刊，2006，25（3）：24-27.

[52] 鲍滨福，马建义，张齐生，等. 竹醋液作为植物生长调节剂的开发研究：（I）田间试验. 浙江农业学报，2006，18（4）：268-272.

[53] Mu J，Uehara T，Furuno T. Effect of bamboo vinegar on regulation of germination and radicle growth of seed plants. Journal of Wood Science，2003，49（3）：262-270.

[54] Mu J，Uehara T，Furuno T. Effect of bamboo vinegar on regulation of germination and radicle growth of seed plants II：composition of moso bamboo vinegar at different collection temperature and its effects. Journal of Wood Science，2004，50（5）：470-476.

[55] 魏泉源，刘广青，魏晓明，等. 木醋液作为叶肥施用对芹菜产量及品质的影响. 中国农业大学学报，2009，14（1）：89-92.

[56] 周建斌，叶汉铃，魏娟，等. 麦秸秆醋液的成分分析及抑菌性能研究. 林产化学与工业，2008，28（4）：55-58.

[57] 李维蛟，李强，胡先奇. 木醋液的杀线活性及对根结线虫病的防治效果研究. 中国农业科学，2009，42（11）：4120-4126.

[58] Li C，Suzuki K. Resources，properties and utilization of tar. Resources，Conservation and Recycling，2010，54：905-915.

[59] Phuphuakrat T，Nipattummakul N，Namioka T，et al. Characterization of tar content in the syngas produced in a downdraft type fixed bed gasification system from dried sewage sludge. Fuel，2010，89：2278-2284.

[60] Bridgwater A V. Review of fast pyrolysis of biomass and product upgrading. Biomass and Bioenergy，2012，38：68-94.

[61] Zhang Q，Chang J，Wang T，et al. Review of biomass pyrolysis oil properties and upgrading research. Energy Conversion and Management，2007，48：87-92.

下吸式生物质固定床气化炉研究进展

马中青　张齐生　周建斌　章一蒙
（南京林业大学竹材工程研究中心　南京　210037）

摘　要

随着全球能源需求的不断增加和化石能源的日趋枯竭，生物质固定床气化技术作为一种清洁的可再生能源利用技术，引起许多研究者的关注。与上吸式固定床气化炉相比，下吸式具有可燃气焦油含量低、炭转化率高、可燃气热值高、可燃气产品用途广的优点。笔者详细介绍了下吸式生物质固定床气化炉的原理、分类、单段下吸式固定床以及两段下吸式固定床的研究现状，并且在综述的基础上，对下吸式固定床气化炉的应用研究提出了展望。

关键词：生物质气化；下吸式固定床气化炉；可再生能源利用

生物质气化是以生物质为原料，以氧气（空气、富氧性气体或纯氧等）、水蒸气或氢气等气体为气化剂，在高温条件下通过热化学反应将生物质中可燃烧的物质转化成可燃烧气体的过程。气化技术与直燃技术最根本的区别在于气化过程中需要限量供应上述几种氧（气）化剂。生物质气化产生可燃气的主要可燃成分为 CO、H_2、CH_4，还有极少量的 C_nH_m（$n>1$）。气化除了产生可燃气外，还会产生一定量的副产物，如焦炭、焦油等。它可将低品位的固体生物质转化成高品位的可燃气体，从而可广泛应用于工农业生产的各个领域，如合成甲醇、集中供气、供热、发电等[1-6]。

生物质固定床气化炉主要分为上吸式和下吸式气化炉。下吸式固定床气化炉是在上吸式的基础上开发出来的，目的是为了克服上吸式可燃气中焦油含量高的缺点，主要用于小规模的气化发电[4]。下吸式气化炉可燃气的流向与生物质的进料方向相同，通常设置高温氧化区，气化剂从炉排上一定高度位置通入气化炉，可燃气从炉排下部被析出。下吸式气化炉的这种结构使可燃气必须通过高温氧化区，利于焦油进一步裂解，燃气中焦油含量（50～500mg/m^3）[7]比上吸式（10～100g/m^3）[8]显著减少。该类气化炉适合于气化较干燥的块状物料（含水率＜25%）[9]；装置的结构简单、投资少、运行方便可靠[1]；特别适用于拥有丰富生物质原料且电力紧缺的边远农村地区和工农业加工厂的小规模发电（单台气化炉产能≤1MW$_e$）[10, 11]。

1　下吸式固定床气化原理及分类

下吸式固定床气化过程从上至下主要分为 4 个反应区：干燥区、热解区、氧化区和还原区。①干燥区：生物质中的自由水和结合水蒸发，含水率由 5%～35%降至 5%以下，干燥区的温度为 30～200℃。②热解区：生物质在缺氧的条件下裂解产生大量不可冷凝的可燃气（CO、H_2、CH_4 等）和可冷凝的焦油，温度范围为 200～600℃。③氧化区：气化剂在这个部位送入气化炉，生物质炭与供给的氧气燃烧产生 CO_2，部分裂解产生的 H_2 也会与氧气反应生成水，这两个氧化反应会产生大量的热量，若氧气的供应量不足以使炭完全转化为 CO_2，那么炭也会因部分氧化产生 CO，温度为 800～1200℃。由于焦油随着可燃气往下移动，必须经过高温氧化区，因此焦油会发生二次裂解。④还原区：在 800～1000℃以及缺氧的环境下，会发生多个吸热的还原反应，增加可燃气中 CO、H_2、CH_4 的含量，提高产气热值[1, 3, 12, 13]。整个气化过程主要反应见表 1。

本文原载《南京林业大学学报（自然科学版）》2013 年第 37 卷第 5 期第 139-145 页。

表 1 下吸式固定床气化反应区及其主要反应

反应区	温度范围/℃	物理化学反应	ΔH/(kJ/mol)	参考文献
干燥区	30～200	物料中自由水和结合水的蒸发		[1]
热解区	200～600	生物质→炭＋焦油＋可燃气（CO、H_2、CH_4、C_nH_m、CO_2、H_2O）		[12]
		$2C + O_2 \rightarrow 2CO$	+111	[3]
		$C + O_2 \rightarrow CO_2$	+394	[3]
氧化区	800～1200	$2H_2 + O_2 \rightarrow 2H_2O$	+242	[3]
		$2CO + O_2 \rightarrow 2CO_2$	+284	[3]
		$CH_4 + 2O_2 \rightarrow CO_2 + 2H_2O$	+803	[3]
		$C + H_2O \rightleftharpoons CO + H_2$	–131	[3]
		$CO + H_2O \rightleftharpoons CO_2 + H_2$	–41.2	[3]
还原区	800～1000	$C + CO_2 \rightleftharpoons 2CO$	–172	[3]
		$CO_2 + H_2 \rightleftharpoons CO + H_2O$	–42	[3]
		$C + 2H_2 \rightleftharpoons CH_4$	+74.8	[3]

由于内燃机（ICE）对可燃气中焦油含量（＜50mg/Nm^3）[4]要求较高，因此要降低可燃气中焦油的含量，一种方法是通过气化炉下游的气体净化系统来实现，但是最根本的方法是通过改变气化炉内部的结构尽量降低粗燃气中焦油含量[14, 15]。下吸式气化炉因其内部的结构优势，所产可燃气中焦油含量较低，因此，研究人员开发出了多种形式的下吸式固定床气化炉。在此将只有单个反应器（气化炉）或只有一步进气的固定床气化炉称为单段式气化炉，将有两个反应器或者两步进气的固定床气化炉称为两段式气化炉。因此，下吸式气化炉根据反应器的个数和进气次数分为单段式和两段式气化炉。单段式根据有无喉区可分为直筒（straiti-fied）式和喉式（imbert）气化炉；两段式可分为 Viking 气化炉和两步进气气化炉；直筒式中根据顶部开/闭口形式可分为开心式气化炉和闭口式气化炉。

2 单段下吸式气化炉

2.1 单段下吸式气化炉结构

单段下吸式气化炉主要分为带有喉区的喉式（imbert）气化炉（图 1（c））和不带喉区的直筒式（stratified）气化炉（图 1（b））。喉式下吸式气化炉在中部偏下位置有一个逐渐变窄的喉区或者“V”形区域，将会形成一个高温喉区（800～1200℃）[12]，气化剂从喉区中部偏上位置喷入，有助于可燃气中焦油的进一步裂解，产生的可燃气中焦油含量较低。因此 imbert 气化炉是下吸式气化炉中研究最多、应用最广泛的。用于 imbert 气化炉的生物质原料必须进行烘干、切碎、筛选等预处理，使其含水率小于 20%，原料的种类一般为阔叶材切碎的木片，而且木片的形态必须为大小一致的块状（长、宽≥2cm），否则气化后的炭将很难顺利通过喉区，造成架桥和烧穿现象，影响气化效果。imbert 气化炉的启动时间介于横吸式气化炉（最快）和上吸式气化炉（最慢）之间[4]。为了改善 imbert 气化炉对原料尺寸和形态要求比较严苛的缺点，一些研究人员开发了直筒式气化炉。直筒式气化炉的圆柱形结构使其制造更加简便，降低了架桥和烧穿现象的发生，便于产能的扩大设计；另外更易于测量炉内各个床层的温度和成分，制成床层的数学模型，对生物质气化工艺参数进行优化设计。直筒式气化炉中的开心式气化炉（图 1（a）），空气在顶部被吸入，均匀地通过气化炉，不仅可以提高炉内热化学反应的效率，而且可防止床层局部过热（飞温）[5]。

2.2 单段下吸式气化炉性能影响因素

单段式下吸式气化炉性能主要根据可燃气的成分、热值和产量，可燃气中焦油含量，气化炉的产能、碳转化率和冷气效率等方面来判断，其性能主要受当量比（ER）、表观速度（SV）、物料特性（化学组成、含水率、形态（粒径））、气化剂种类等因素的影响。

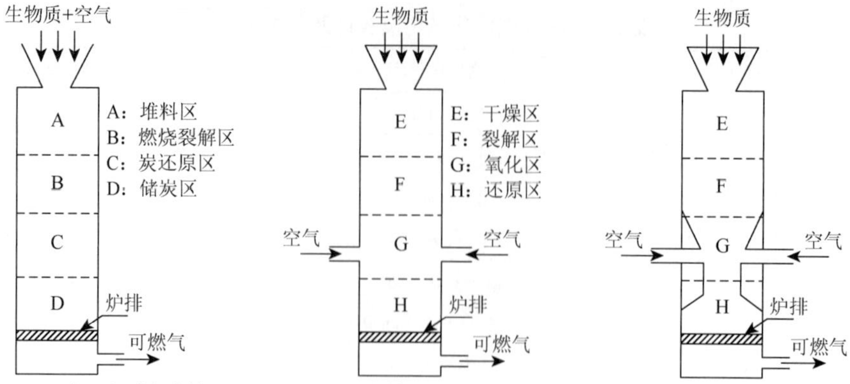

(a) 开口(心)式气化炉　(b) 直筒式气化炉　(c) 喉式气化炉

图 1　单段下吸式固定床气化炉结构

1. 当量比（ER）

当量比是指气化过程中单位质量物料实际燃烧消耗的空气量与其完全燃烧所需的空气量比值。而起初是按照 *A*/*F*（空气体积和原料质量比值）来表示进气量和物料之间的关系[16]。1kg 生物质完全燃烧大概需消耗 5.22Nm^3 的空气[17]，因此可根据所选 ER 值算出气化过程所需的进气量。固定床气化过程中，当量比一般控制在 0.2～0.5。ER 是气化过程中最重要的参数之一，不仅影响可燃气的成分和热值，而且影响氧化区的温度和可燃气中焦油含量。

随着当量比的不断提高，气化炉供给的空气量增加，气化炉的喉区或氧化区燃烧更剧烈，使得氧化区的温度短时间内急剧上升，从而通过传质和传热作用带动干燥区、热解区和还原区温度的升高；然而随着当量比的增加，带入 N_2 的量也越多，N_2 作为一种热载体，跟随可燃气被抽出后，也将带走越来越多的热量，使得喉区或氧化区的温度逐渐下降[9, 18]。表 2 列出了多种生物质在最优当量比时氧化区的温度（800～1460℃），而要使焦油进一步裂解所需的温度至少为 850℃[4]，因此选择合适的当量比还能降低粗燃气中焦油的含量。

表 2　生物质下吸式气化炉参数及工艺结果

生物质	气化炉参数					实验最优工艺和结果（气化剂都为空气）				参考文献
	产能	炉径/mm	喉径/mm	高度/m	冷气效率/%	当量比 ER	热值/(MJ/Nm^3)	产气量/(Nm^3/kg^3)	喉区温度/℃	
1 榛子壳	5	450	135	0.81	80	0.28	5.15H	2.73	1000～1100	[9]
2 污泥	5	450	135	0.81	63.6～65.5	2.3～2.4	3.82H	1.92	1069～1085	[19]
3 木片	60	600	200	2.5	80	0.287	5.34H	1.08	1000～1200	[17]
4 木刨花	50	440	350	2	—	0.26	3.80L	1.2	1460	[20]
5 木片	181	—	—	—	71	—	5.27H	2.54	—	[21]
6 黄檀木	—	310	150	1.1	56.9	0.205	6.34H	1.62	—	[18]
7 木片	—	300	100	1.1	—	0.35	5.50H	—	1180	[22]
8 榛子壳	—	300	100	1.1	—	0.35	5.30H	—	1170	[22]
9 颗粒状甘蔗渣	50	—	150	2	78	0.26	6.27L	3.1～3.9	800	[23]
10 松木块	—	350	—	1.3	—	0.24	5.17L	0.94a	870	[12]
11 牛粪	2	—	—	1.2	—	0.3	2.84L	1.42	900	[24]

注：1～3、9 项产能单位为 kW；4、5、11 项产能单位为 kg/h。H 为高位热值（HHV）；L 为低位热值（LHV）；a 为燃气中不含 N_2 成分。

许多学者对各种生物质原料气化工艺的最佳当量比进行了研究，记录了最佳当量比时的燃气热值、氧化区温度、产气量和冷气效率（表 2）。发现其基本规律为 ER 值越高，原料消耗量越大，产气量也越大；在达到最佳当量比值之前，可燃气中的 H_2 和 CO 含量不断增加，随之热值也不断上升，一旦超过最佳当量比值，H_2 和 CO 的含量不断减少，O_2 和 CO_2 含量增加，随之热值也不断减小。下吸式固定床气化炉以空气为气化剂时，产出的可燃气成分一般为 15%～20%H_2，15%～20%CO，0.5%～2%CH_4，10%～15%CO_2，

其余为 N_2 和极少量的 O_2、C_nH_m，其中可燃成分一般占总体积的 35%～50%，可燃气热值为 4～6MJ/Nm^3。下吸式气化炉的冷气效率一般为 55%～80%。

2. 表观速度（SV）

表观速度是指可燃气通过气化炉横截面上最窄部位的速度（m/S），之所以称为表观速度是由于气流必须通过炉内的炭床层和高温喉区，造成其流速比实际气流速度小，实际气流速度一般为表观速度的 3～6 倍。研究表明[18, 25, 26]，SV 将会显著影响气体产率、气体热值、原料消耗量以及炭和焦油的产量。Yamazaki 等[25]研究发现当 SV 为 0.4Nm/s 时，气化效果最佳，不仅气化炉效率高，而且可燃气中焦油含量低。SV 过低时，炉内热解气化速度减慢，炭和焦油的产率显著增加；相反，SV 过高，炉内热解气化速度加快，炭产率下降，氧化区可燃气温度上升。SV 过高还会导致气体在炉内的停留时间减少，使得可燃气热值下降，燃气中焦油裂解不充分。Sheth 等[18]研究了气体流速对生物质消耗率的影响，发现随着气体流速增加，生物质消耗率增加。因为随着气体流速的增加，将带入更多的氧气，使得原料燃烧加剧。燃烧释放的更多能量还加剧了干燥和热解过程。因此，在燃烧、干燥和热解过程加剧的共同作用下，生物质消耗率增加。

3. 物料特性（含水率、化学成分、物料形态）

（1）含水率。生物质进入气化炉后，生物质中自由水和结合水会在干燥区蒸发，这个过程需要消耗大量的热量。若生物质含水量过高，必将使气化炉内反应温度降低，导致各反应区反应不充分，降低可燃气质量和产量，影响气化效果。有研究发现随着物料含水量的上升，不仅使得原料消耗率降低，还会造成原料热解不充分、可燃气质量下降[18, 24, 27]。因此对于下吸式气化炉，原料的含水率要低于 40%（干燥基）[9]，大部分的生物质都需要经过干燥预处理后才能进入气化炉。Zainal 等[28, 29]推导出可预测产气成分的平衡模型，发现在 ER 一定的情况下，可燃气中 H_2 含量随着生物质含水率的增加而增加。

（2）化学成分。气化过程都是围绕生物质中碳、氢、氧 3 种主要元素展开的，生物质中这 3 种元素及其构成的化合物之间的化学反应构成了气化过程的主要反应。C 是生物质中的主要可燃元素，可与氧发生氧化反应为其他吸热的气化反应提供热量，也是可燃气中 CO 和 CH_4 的 C 元素的直接来源。H 是生物质中仅次于 C 的可燃元素，是可燃气中 H_2 和 CH_4 的 H 元素的直接来源。O 元素在热解过程中被释放出来满足燃烧过程对氧的需求。

Dogru 等[9, 19]通过对榛子壳和污泥气化的研究，发现在相同气化条件下榛子壳产生的可燃气高位热值比污泥高 1.4MJ/Nm^3（表 2），原因是污泥的几种主要化学成分含量都要比榛子壳低。秦恒飞等[27]通过对牛粪和猪粪的元素分析和热解研究发现，猪粪 C、H 含量只有 21.3%和 0.66%，热解干馏产生的气体的热值（6.6MJ/Nm^3）远远少于牛粪（10.7MJ/Nm^3），而牛粪气化产生可燃气低位热值为 2.84MJ/Nm^3[24]，因此牛粪具有气化潜力，而猪粪不具备气化潜力。

（3）原料形态。原料形态包括原料形状和尺寸（粒径），对生物质热解气化过程及产物分布有着重要影响。对于秸秆和甘蔗渣等松散、能源密度比较低的原料来说，气化前都需要挤压或者打包等预处理，提高其堆积密度。Akay 等[23]研究了 3 种形态（团状、团状和束状混合、颗粒状）的甘蔗渣的气化性能，发现随着物料堆积密度的提高，可燃气的热值从 3.12MJ/Nm^3 升到 6.2MJ/Nm^3，可燃气产量从 2.8Nm^3/kg 升到 3.9Nm^3/kg，随着物料尺寸的减少，气化炉架桥次数先减少一半，最后不再出现架桥现象。因此选择合适的原料形态可减少架桥、烧穿并提高燃气热值。对于木屑等粒径很小（＜1mm）的原料，粒径是影响气化过程中热裂解反应的主要参数之一，因为它将影响热裂解过程的反应机制。研究人员认为粒径在 1mm 以下时，热解过程受反应动力学速率控制，而当粒径大于 1mm 时，热裂解过程还同时受到传热和传质现象控制[3]。

4. 气化剂

采用不同的气化剂，所产生的可燃气的成分和热值差异很大，气化剂主要有空气、氧气、水蒸气、空气-水蒸气、富氧-水蒸气等，表 3 列出了以空气、水蒸气、氧气为气化剂的可燃气的热值范围[3]。对于固定床气化炉来说，无需成本的空气是研究最多、使用最广的气化剂，但是只能产生低热值的可燃气，因为空气中大量的 N_2 稀释了可燃气中可燃成分的浓度。在气化剂中加入水蒸气时，可大大提高可燃气中 H_2 的浓度，使热值上升。Lv 等[12]以氧气-水蒸气作为气化剂，燃气的最高热值可达 11.11MJ/Nm^3，H_2 产率达到

45.16g/kg（H_2/生物质）。Hanaoka 等[30]以空气-水蒸气作为气化剂，研究了生物质成分对气化燃气成分的影响，发现纤维素、木聚糖、木质素 3 种成分单独气化产生燃气中 H_2 成分为 28.7%、32%、32%。

表 3　不同气化剂的可燃气的热值

气化剂	热值/(MJ/Nm^3)	等级
空气	4～7	低热值
水蒸气	10～18	中热值
氧气	12～28	高热值

综上所述，炉体结构不断朝着降低可燃气焦油含量、提高燃气热值、便于扩大规模等方向进行改善；工艺上从选择合适的气化剂种类、合适的原料种类和预处理方法、合适的当量比和表观速度上着手进行优化。

3　两段下吸式气化炉

3.1　两段下吸式气化炉结构

在直筒式气化炉的基础上，为了进一步降低粗燃气中焦油含量，减少气体净化系统成本，提高内燃机的使用寿命，一些科研机构开发了两段式下吸式气化炉，分为两步进气气化炉（图 2（a）、（b））和 Viking 气化炉（图 2（c））。丹麦技术大学（DTU）[31-34]设计的名为 Viking 的两段式下吸式气化炉，其有两个反应器，分别为热解和气化反应器，以空气和水蒸气混合作为气化剂，能产出高热值和低焦油含量的可燃气。泰国的亚洲理工学院（AIT）[7, 8, 35, 36]、印度科学研究院（ⅡSc）[37]以及巴西的联邦伊塔茹巴大学（UNIFEI）[38]设计了两步进气下吸式气化炉，空气气化剂可通过气化炉的两个不同高度位置喷入气化炉。AIT 和 UNIFEI 设计的两步进气下吸式气化炉是闭口式的，一步进气位置在气化炉干燥或裂解区，两步进气位置在气化炉氧化区（图 2（a））。而 IISc 设计的两步进气下吸式气化炉是开口式的，一步进气位置跟物料进入气化炉的位置一样，都在气化炉的顶部，而二步进气位置是在气化炉的氧化区（图 2（b））。

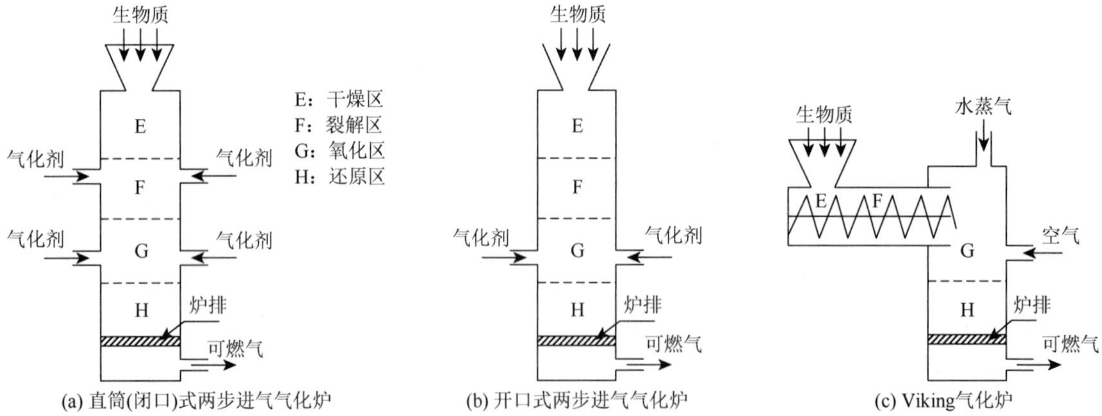

图 2　两段下吸式固定床气化炉结构

3.2　两段下吸式气化炉研究现状

丹麦技术大学（DTU）对 Viking 气化炉进行了大量的研究，这种两段式的结构便于控制气化各阶段的温度，能产生极低焦油含量的可燃气。Brandt 等[31, 32]使用空气和水蒸气混合作为气化剂，研究了 100kW 的 Viking 气化炉可燃气中焦油含量和颗粒的特性，发现这种结构能够显著地降低可燃气中焦油含量，可以获得焦油含量低于 15mg/Nm^3 的可燃气。2003 年，为了测试气化炉的长期运行能力，DTU 又设计了一种无需人工操作，能自动运行，以木片为原料的 75kW Viking 气化炉，进行了超过 2000h 的热电联产（CHP）。整个系统设计和运行情况由 Henriksen 等[33, 34]经过长期的测试发现，这种结构产生的可燃气中焦油含量少于 15mg/Nm^3，粗燃气中能检测到的焦油成分以萘为主（0.1mg/Nm^3），气化炉的气化效率为 93%，整体发电效率为 25%，能够自动、稳定、连续产出低位热值（LHV）为 6.19MJ/Nm^3 的可燃气。

最早在 1994 年，AIT 的 Bui 等[35]研究直筒式两步进气气化炉发现，在相同的气化条件下，两步进气气化炉可燃气中焦油含量比单段式气化炉少 40 倍（为 50mg/Nm^3）。随后，Bhattacharya 等[7]的研究结果也表明，两段式气化炉可燃气中焦油含量仅为 58mg/Nm^3，但是当可燃气再通过充满木炭的气化炉时，焦油含量还会降低至 19mg/Nm^3。Jao-jaruek 等[36]提出新型的两步进气方法，把二次进气由空气改为空气和可燃气的混合气。与传统的单段式和两段式气化炉（两步进空气）相比，产出的可燃气的热值分别提高了 42% 和 19%，达到 6.47MJ/Nm^3，可燃气中焦油含量分别降低了近 30 倍和 2 倍（为 43.2mg/Nm^3）。UNIFEI 的 Martinez 等[38]研究发现通过改进气化炉内部结构的方法（即二步进气结构）来降低可燃气中焦油含量比气化炉外的方法（气体净化系统）更高效，成本更低。当 AR（一次进气量/二次进气量）为 80%时，燃气热值为 4.6MJ/Nm^3，冷气效率为 68%。Jarungtham-machote 等[39]研究了以空气-水蒸气为气化剂的两步进气气化炉，发现其燃气中焦油含量比单段下吸式固定床气化炉的平均焦油含量低，但是比以空气为气化剂的两步进气气化炉高，原因是加入水蒸气降低了气化炉内温度。但是燃气中 H_2 的产量（30.04g/kg 干燥基生物质）比只以空气为气化剂时增加了 41.62%。

综上所述，两段式气化炉产生粗燃气中焦油含量一般都少于 50mg/Nm^3，只需简单的净化处理，即能满足发电机的要求，且气化效率可提升至 90%以上，在空气气化剂中添加部分水蒸气或可燃气，可使可燃气热值在 6MJ/Nm^3 以上。

4 结　语

近来，学者们围绕着降低可燃气中焦油含量、提高可燃气热值、提高气化炉气化效率的目标，不仅从下吸式固定床气化炉的结构上进行了改善，而且从气化工艺上（气化剂、当量比、表观速度、原料特性）进行优化，最终研制出性能优异的两段下吸式气化炉。两段下吸式气化炉中可燃气焦油含量可降至 50mg/Nm^3 以下，在空气气化剂中加入部分水蒸气或可燃气，产出的可燃气热值在 6MJ/Nm^3 以上，气化炉气化效率可提升至 90%以上。从下吸式固定床气化炉的国内外研究现状来看，以下问题还需进一步研究：

（1）通过改进气化剂种类，提高下吸式固定床燃气热值，热值由低等级提高至中高等级。

（2）在降低焦油含量的基础上，提高对气化副产物焦油和焦炭的综合利用技术研究[40-42]，避免出现二次污染，提高气化项目整体经济效益。

（3）设计出结构上便于扩大规模的下吸式气化炉，提高气化炉的单台产能，减少气化燃气单位成本。

参 考 文 献

[1] 马隆龙，吴创之，孙立. 生物质气化技术及其应用. 北京：化学工业出版社，2003.

[2] 杨勇平，董长青，张俊娇. 生物质发电技术. 北京：中国水利水电出版社，2007.

[3] Basu P. 生物质气化和热解：实用设计与理论. 北京：科学出版社，2011.

[4] Reed T B，Das A. Handbook of Biomass Downdraft Gasifier Engine System. USA：Biomass Energy Foundation Press，1988.

[5] Martínez J D，Mahkamov K，Andrade R V，et al. Syngas production in downdraft biomass gasifiers and its application using internal combustion engines. Renewable Energy，2012，38（7）：1-9.

[6] Kumar A，Jones D D，Hanna M A. Thermochemical biomass gasification：a review of the current status of the technology. Energies，2009，2（3）：556-581.

[7] Bhattacharya S C，Siddique A H M M R，Pham H L. A study on wood gasification for low-tar gas production. Energy，1999，24（4）：285-296.

[8] Bhattacharya S C，Hla S S，Pham H L. A study on a multi-stage hybrid gasifier-engine system. Biomass & Bioenergy，2001，21（6）：445-460.

[9] Dogru M，Howarth C R，Akay G，et al. Gasification of hazelnut shells in a downdraft gasifier. Energy，2002，27（5）：415-427.

[10] Leung D Y C，Yin X L，Wu C Z. A review on the development and commercialization of biomass gasification technologies in China. Renewable & Sustainable Energy Reviews，2004，8（6）：565-580.

[11] Beebacker A A C M. Biomass gasification in moving beds，a review of european technologies. Renewable Energy，1999，16（1-4）：1180-1186.

[12] Lv P，Yuan Z H，Ma L，et al. Hydrogen-rich gas production from biomass air and oxygen/steam gasification in a downdraft gasifier. Renewable Energy，2007，32（13）：2173-2185.

[13] Buragohain B，Mahanta P，Moholkar V S. Biomass gasification for decentralized power generation：The Indian perspective. Renewable & Sustainable Energy Reviews，2010，14（1）：73-92.

[14] Han J，Kim H. The reduction and control technology of tar during biomass gasification/pyrolysis：An overview. Renewable &Sustainable Energy Reviews，2008，12（2）：397-416.

[15] Anis S，Zainal Z A. Tar reduction in biomass producer gas via mechanical，catalytic and thermal methods：A review. Renewable & Sustainable Energy Reviews，2011，15（5）：2355-2377.

[16] Midilli A，Dogru M，Howarth C R，et al. Hydrogen production from hazelnut shell by applying air-blown downdraft gasification technique. International Journal of Hydrogen Energy，2001，26（1）：29-37.

[17] Zainal Z A，Rifau A，Quadir G A，et al. Experimental investigation of a downdraft biomass gasifier. Biomass & Bioenergy，2002，23（4）：283-289.

[18] Sheth P N，Babu B V. Experimental studies on producer gas generation from wood waste in a downdraft biomass gasifier. Bioresource Technology，2009，100（12）：3127-3133.

[19] Dogru M，Midilli A，Howarth C R. Gasification of sewage sludge using a throated downdraft gasifier and uncertainty analysis. Fuel Processing Technology，2002，75（1）：55-82.

[20] García-Bacaicoa P，Mastral J F，Ceamanos J，et al. Gasification of biomass/high density polyethylene mixtures in a downdraft gasifier. Bioresource Technology，2008，99（13）：5485-5591.

[21] Pathak B S，Patel S R，Bhave A G，et al. Performance evaluation of an agricultural residue-based modular throat-type downdraft gasifier for thermal application. Biomass & Bioenergy，2008，32（1）：72-77.

[22] Olgun H，Ozdogan S，Yinesor G. Results with a bench scale downdraft biomass gasifier for agricultural and forestry residues. Biomass & Bioenergy，2011，35（1）：572-580.

[23] Akay G，Jordan C A. Gasification of fuel cane bagasse in a downdraft gasifier：Influence of lignocellulosic composition and fuel particle size on syngas composition and yield. Energy & Fuels，2011，25（5）：2274-2283.

[24] 秦恒飞，周建斌，王筠祥，等. 牛粪固定床气化多联产工艺. 农业工程学报，2011，27（6）：288-293.

[25] Yamazaki T，Kozu H，Yamagata S，et al. Effect of superficial velocity on tar from downdraft gasification of biomass. Energy &Fuels，2005，19（3）：1186-1191.

[26] Tinaut F V，Melgar A，Perez J F，et al. Effect of biomass particle size and air superficial velocity on the gasification process in a downdraft fixed bed gasifier：An experimental and modelling study. Fuel Processing Technology，2008，89（11）：1076-1089.

[27] 秦恒飞，周建斌，张齐生. 畜禽粪便气化可行性研究. 中国畜牧兽医，2012，39（1）：218-221.

[28] Zainal Z A，Ali R，Lean C H，et al. Prediction of a performance of a downdraft gasifier using equilibrium modeling for different biomass materials. Energy Conversion and Management. 2001，42（12）：1499-1515.

[29] Sharma A K. Equilibrium modeling for global reduction reactions for a downdraft（biomass）gasifier. Energy Conversion and Management，2008，49（4）：832-842.

[30] Hanaoka T，Inoue S，Uno S，et al. Effect of woody biomass components on air-steam gasification. Biomass and Bioenergy，2005，28（1）：69-76.

[31] Brandt P，Larsen E，Henriksen U. High tar reduction in a twostage gasifier. Energy & Fuels，2000，14（4）：816-819.

[32] Hindsgaul C，Schramm J，Gratz L，et al. Physical and chemical characterization of particles in producer gas from wood chips. Bioresource Technology，2000，73（2）：147-155.

[33] Henriksen U，Ahrenfeldt J，Jensen T K，et al. The design，construction and operation of a 75 kW two-stage gasifier. Energy，2006，31（10-11）：1542-1553.

[34] Ahrenfeldt J，Henriksen U，Jensen T K，et al. Validation of a continuous combined heat and power（CHP）operation of a twostage biomass gasifier. Energy & Fuels，2006，20（6）：2672-2680.

[35] Bui T，Loof R，Bhattacharya S C. Multi-stage reactor for thermal gasification of wood. Energy，1994，19（4）：397-403.

[36] Jaojaruek K，Jarungthammachote S，Gratuito M K B，et al. Experimental study of wood downdraft gasification for an improved producer gas quality through an innovative two-stage air and premixed air/gas supply approach. Bioresource Technology，2011，102（7）：4834-4840.

[37] Sridhar G. Experimental and modelling studies of producer gas based spark-ignited reciprocating engines. India：Indian Insistute of Science，2003.

[38] Martinez J D，Lora E E S，Andrade R V，et al. Experimental study on biomass gasification in a double air stage downdraft reactor. Biomass & Bioenergy，2011，35（8）：3465-3480.

[39] Jarungtham-machote S，Dutta A. Experimental investigation of a multi-stage air-steam gasification process for hydrogen enriched gas production. International Journal of Energy Research，2010，36（3）：335-345.

[40] 张齐生，周建斌，屈永标. 农林生物质的高效、无公害、资源化利用. 林产工业，2009，36（1）：3-8.

[41] Ma Z Q，Zhang Y，Zhang Q S，et al. Design and experimental investigation of a 190 KWe biomass fixed bed gasification and polygeneration pilot plant using a double air stage downdraft approach. Energy，2012，46（1）：140-147.

[42] 张齐生，马中青，周建斌. 生物质气化技术的再认识. 南京林业大学学报：自然科学版，2013，37（1）：1-10.

稻壳炭基二氧化硅的提取及表征

顾洁[1]　刘斌[2]　方放[2]　马中青[1]　张齐生[1]　周建斌[1]

（1 南京林业大学竹材工程研究中心　南京　210037；

2 南京林业大学化学工程学院　南京　210037）

摘　　要

以气化副产物稻壳炭为原料，以 K_2CO_3 作为提取剂制取 SiO_2 产品，考察了提取工艺和陈化工艺对产品得率的影响。得到最优工艺：K_2CO_3 质量分数为 20%，浸渍比为 3.0，煮溶时间为 3.5h，陈化温度为 3℃，陈化时间为 3h。最优工艺下制备的 SiO_2 得率为 25.89%，酸处理后纯度为 97.02%。采用场发射扫描电子显微镜（SEM）、X 射线能谱仪（EDX）、X 射线衍射仪（XRD）等对产品的性能进行了表征。

关键词：稻壳炭；碳酸钾；提取；二氧化硅；回收

引　　言

二氧化硅作为目前广泛使用的一种重要的功能材料[1]，可应用于陶瓷、塑料、橡胶、涂料、光电学和医学工程等领域，为传统产品的升级换代带来了划时代意义[2-4]。长期以来，二氧化硅的制备通常需要以昂贵的硅醇盐、硅酸酯类为硅源，成本极高[5, 6]。近年来，利用价格低廉可再生的生物质资源作为原料提取二氧化硅，引起了相关工作者的广泛关注[7-9]。稻壳作为一种可再生且数量丰富的生物质资源[10]，含有大量的二氧化硅[11, 12]。随着利用稻壳进行气化供热和发电技术的推广[13, 14]，对于气化副产物稻壳炭的高附加值研究越来越多。与稻壳相比，稻壳炭不仅拥有更高含量的二氧化硅，而且经过气化后粒径变得更为细小，易于提取，以此作为原料提取二氧化硅，更具优势。

二氧化硅的制备方法主要有干法[15]和湿法[16, 17]两种，其中湿法最为常用。最为有效的提取方法是碱提酸沉淀法，常用的提取试剂为氢氧化钠和氢氧化钾[18, 19]，虽然强碱可以更好地提取二氧化硅，但是强碱的价格较高，并且对设备的腐蚀严重，不利于环保。为了更大程度地开发利用稻壳资源，同时探究出一种简单、系统、节能且绿色环保的提取二氧化硅的工艺路线，本论文以气化稻壳炭为原料，采用化学性质较温和的 Lewis 碱 K_2CO_3 作为二氧化硅的提取剂，研究了提取工艺（K_2CO_3 质量分数、浸渍比、煮溶时间）和陈化工艺（陈化温度、陈化时间）对 SiO_2 得率的影响，并针对 K_2CO_3 滤出液在 SiO_2 制备过程中的循环利用进行了探讨。

1　材料与方法

1.1　原料与试剂

原料为气化多联产的固体产物稻壳炭（含水分 5.6%，灰分 37.53%，挥发分 9.92%，固定碳 46.95%），由安徽鑫泉米业有限公司提供；所用试剂 K_2CO_3、HCl 均为分析纯，由南京化学试剂有限公司提供。

1.2　SiO_2 的提取和陈化

将 20.00g 洗净磨碎的稻壳炭原料置于三口烧瓶中，按一定的浸渍比，加入一定质量分数的 K_2CO_3 溶

本文原载《化工学报》2014 年第 65 卷第 8 期第 64-69 页。

液，在回流冷凝状态下以 60r/min 低速搅拌，升温至 100℃并煮沸一段时间，迅速过滤，收集固体——炭前驱体以及滤出液分别用于制备活性炭和 SiO_2。将滤出液立即置于可调冰箱中降温处理，陈化，抽滤后在 80℃下干燥 5h，洗涤至中性后在 100℃下烘干得到 SiO_2 产品。

1.3 洗涤液的循环

SiO_2 提取过程中洗涤炭前驱体，陈化过程中洗涤 SiO_2 产品均产生了不同浓度的洗涤液，将洗涤液定量收集，测定其波美度，根据波美度与浓度曲线换算成实际浓度，研究是否具有回收利用价值，再以上述洗涤液配制成指定浓度的反应液投入新一轮的制备工艺中，考察产品性能，与纯反应液制备的产品比较，最终得出洗涤液循环工艺。

1.4 SiO_2 的表征

SiO_2 的表观形态米用扫描电子显微镜 SEM（JSM-7600F，日本电子株式会社）测定，纯度采用 X 射线能谱仪 EDX（JSM-7600F，日本电子株式会社）分析；晶体结构采用 X 射线衍射仪 XRD（Ultima IV 型，日本株式会社理学）测定。

2 结果与讨论

2.1 SiO_2 提取工艺分析

1. K_2CO_3 质量分数对 SiO_2 得率的影响

固定浸渍比为 3∶1，煮溶时间为 3h 考察 K_2CO_3 质量分数为 10%～30%对 SiO_2 得率的影响，结果如图 1 所示。

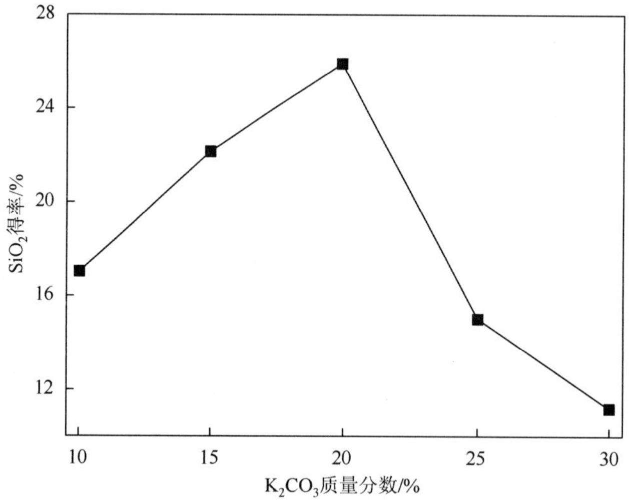

图 1 K_2CO_3 质量分数对 SiO_2 得率的影响

由图 1 可知，随着 K_2CO_3 质量分数的增加，SiO_2 的得率先增加后减小，在 K_2CO_3 质量分数为 20%时达到最大值 25.89%。分析其原因，当煮溶至 100℃，稻壳炭中的 SiO_2 与 K_2CO_3 溶液发生如下反应：

$$CO_3^{2-} + H_2O \longrightarrow HCO_3^- + OH^- \quad (1)$$

$$2OH^- + SiO_2 \longrightarrow SiO_3^{2-} + H_2O \quad (2)$$

$$2HCO_3^- + SiO_3^{2-} \longrightarrow SiO_2 \cdot H_2O + 2CO_3^{2-} \quad (3)$$

当 K_2CO_3 质量分数增加时，HCO_3^- 和 OH^- 的浓度均增加，使得稻壳炭中更多的 SiO_2 与 OH^- 反应，进而 SiO_3^{2-} 浓度随之增加，加快了反应式（3）的进程，故 SiO_2 的得率逐渐增加。但是过高的 K_2CO_3 质量分数会导致反应式（3）向逆方向移动，与此同时局部过量的 K_2CO_3 会包裹在稻壳炭微晶周围以致 SiO_2 难以析出，故当 K_2CO_3 质量分数超过 20%时，SiO_2 的得率开始下降。由此可以得出，最佳的 K_2CO_3 质量分数为 20%，并固定此工艺参数，以研究浸渍比和煮溶时间对 SiO_2 得率的影响。

2. 浸渍比对 SiO_2 得率的影响

固定 K_2CO_3 质量分数为 20%，煮溶时间为 3h，考察浸渍比为 2.0～6.0 对 SiO_2 得率的影响，结果如图 2 所示。

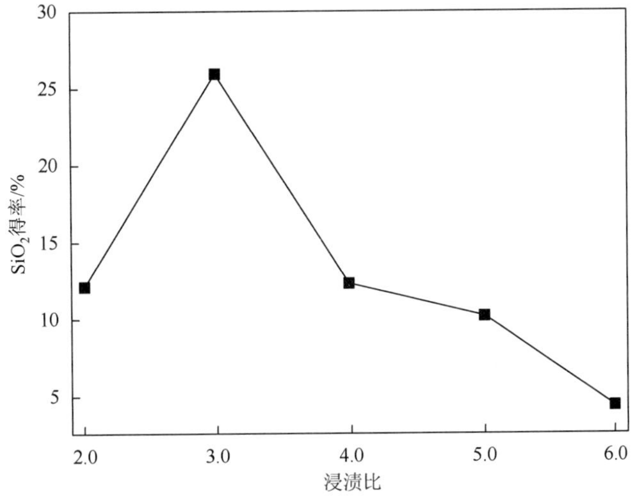

图 2 浸渍比对 SiO_2 得率的影响

由图 2 可知，当浸渍比为 2.0 时，可能由于反应体系中液体较少，稻壳炭中的 SiO_2 难以充分接触 K_2CO_3 参与反应。当浸渍比增加到 3.0 时，SiO_2 的得率达到最大值 25.89%，但继续增大浸渍比对于 SiO_2 陈化过程中的胶体成核起抑制作用，使得 SiO_2 得率下降。由此可以得出，最佳的浸渍比为 3.0，并固定此工艺参数，以研究煮溶时间对 SiO_2 得率的影响。

3. 煮溶时间对 SiO_2 得率的影响

固定 K_2CO_3 质量分数为 20%，浸渍比为 3.0，考察煮溶时间在 1.5～4.5h 对产品得率及性能的影响，结果如图 3 所示。

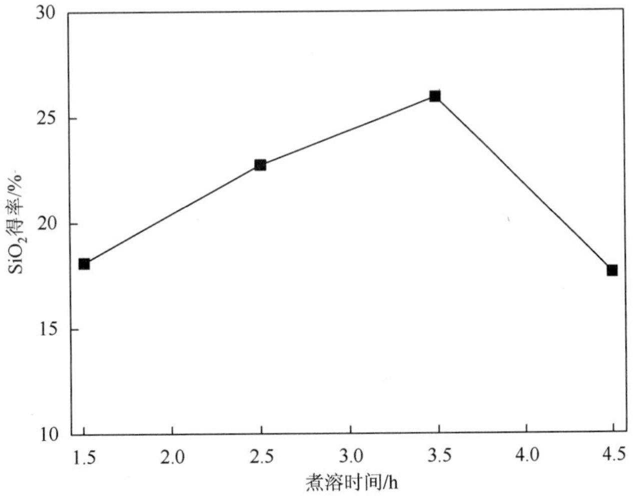

图 3 煮溶时间对 SiO_2 得率的影响

由图 3 可知，随着煮溶时间的增加，SiO_2 的得率逐步平缓增加，并在煮溶时间为 3.5h 时达到最大值。此后随着煮溶时间的增加，SiO_2 得率下降。原因是 H_4SiO_4 在反应体系中停留时间过长，导致在陈化之前就有部分 SiO_2 沉淀出，并被过滤下来，故 SiO_2 的得率有所下降。由此可以得出，最佳的煮溶时间为 3.5h。

2.2 SiO_2 陈化工艺分析

1. 陈化温度对 SiO_2 得率的影响

保持陈化时间为 3h，考察陈化温度对 SiO_2 得率和白度的影响，结果如图 4 所示。

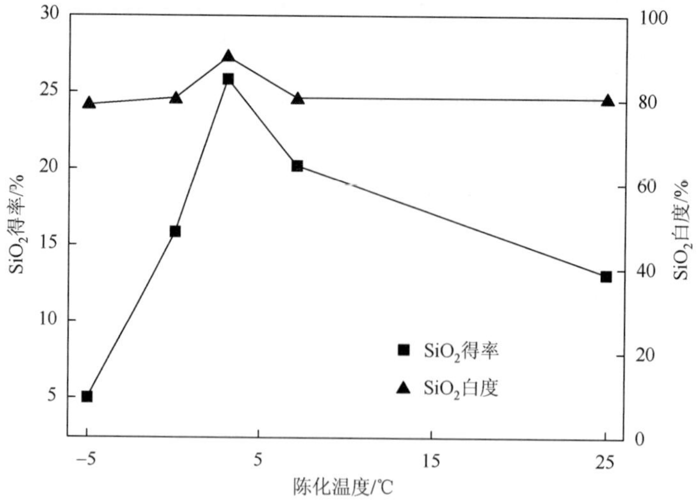

图 4　陈化温度对 SiO_2 得率和白度的影响

由图 4 可知，随着陈化温度的升高，SiO_2 的得率先增大后减小，于 3℃达到最大值，而在−5℃和 25℃左右均低于 15%。由于滤出液中硅元素以可溶态存在，在 K_2SiO_3 和 H_4SiO_4 之间保持动态平衡，如降低温度，滤出液中的单硅酸浓度将处于过饱和状态，从而会发生水合二氧化硅的沉淀相变析出过程。在此析出过程中，包含了二氧化硅胶粒的成核（脱水）、长大、聚集及沉淀等过程[2, 20]。有学者认为，水合二氧化硅可能以八面体的形式排布，外围的一层水膜主要由 3 部分组成，即形成氢键网的 5～6 个水分子连结成的水分子束、单个 Si—OH 基上吸附的单个水分子以及直接和 Si 原子以配位键相连的配位水[21]。当对水合二氧化硅降温至 3℃时，水分子束会转变成冰结构，由此产生巨大的张力，迫使八面体发生结构重排，转变为四面体型的规则排列，原先连结在二氧化硅胶粒上的水分子束断裂下来，胶体二氧化硅就转化成结晶型的精细微粒，而−5℃下 SiO_2 胶体可能被包裹在冰结构中无法析出，常温下产生的张力不足使水分子断裂。并且，随着陈化温度的升高，SiO_2 的白度与其得率的变化趋势基本一致，故得出 3℃是较佳的陈化温度。

2. 陈化时间对 SiO_2 得率的影响

保持陈化温度为 3℃，考察陈化时间对 SiO_2 得率和白度的影响，结果如图 5 所示。

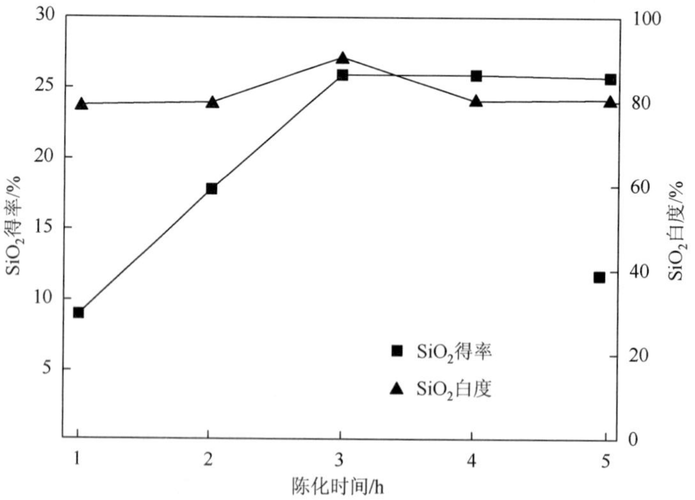

图 5　陈化时间对 SiO_2 得率和白度的影响

由图 5 可知，随着陈化时间的增加，SiO_2 得率先增加，并在 3h 达到最大值 25.89%，此后得率趋于平缓，并未有所增加，说明 SiO_2 在 3h 时沉淀析出已基本完成。同样，SiO_2 白度的最高值 89.78%也出现在 3h，达到了产品的国家标准（白度≥85%），故选择较佳的陈化时间为 3h。

2.3　洗涤液循环工艺分析

配制 K_2CO_3 溶液，其浓度（x）与对应波美度（y）的线性拟合关系如式（4）所示。

$$y = 1.1485x - 0.0276,\ R^2 = 0.9997 \tag{4}$$

洗涤液的循环主要来自 2 个步骤：炭前驱体洗涤液、SiO_2 陈化洗涤液。每道工序洗涤分 4 次，每次用 200mL 蒸馏水，测定洗涤液波美度，再以式（4）计算浓度，结果如表 1 所示。

表 1　洗涤液浓度对照

样品名称	洗涤液量/mL	波美度/°Bé	浓度/°%
炭前驱体洗涤液	200	4.2	3.68
	400	1.5	1.33
	600	0.2	0.19
	800	0.1	0.11
SiO_2 陈化洗涤液	原液	23.9	20.83
	200	5.3	4.64
	400	2.0	1.77
	600	0.9	0.81

由表 1 可知，所有洗涤液中有利用价值的包括：炭前驱体的前两次洗涤液和 SiO_2 的前 3 次洗涤液，对上述 5 份洗涤液而言，SiO_2 洗涤液的原液浓度最高，故此洗涤液可直接利用，记作循环液 I；而其他 4 份浓度较低且较为接近，将它们混合再加入纯 K_2CO_3 溶液配制成指定浓度，记作循环液 II，进行循环实验。

表 2 是利用上述两种循环液所得产品指标。由表 2 可知，循环液 I 所得样品，SiO_2 得率有所上升，可能是前一次制备过程中残留 SiO_2 在本次析出，且循环液 I 可能含有的 $KHCO_3$ 有利于 SiO_2 提取。循环液 II 由于浓度较低，在循环过程中发挥主要作用的是纯 K_2CO_3，故与原工艺所得产品得率相差不大。总之，所得两种循环液均能保证产品的质量，可以循环使用。

表 2　循环液产品得率和性能

样品名称	SiO_2 得率/%	白度/%
循环液体 I	30.16	88.85
循环液体 II	24.85	85.29

2.4　SiO_2 的表征

1. SiO_2 的形态分析

SiO_2 的表观形态通过 SEM 分析，结果如图 6 所示，放大倍数分别为 1600 倍和 5000 倍。由图 6 可以看出，SiO_2 表面布满了粒径大小一致的小颗粒，呈非紧密态分布[22]，造成了凹凸不平整的沟壑状，增加了表面的摩擦力，使其能够成为多种产品的耐磨添加剂[23]。此外，从整体来看本产品无固定晶体结构，是无定形 SiO_2，其本身有较多微米级孔结构分布，加上颗粒之间的堆积孔，也使之成为某些大分子吸附剂或过滤材料。

2. SiO_2 的纯度分析

将直接陈化得到的 SiO_2 及进一步酸处理纯化过的 SiO_2，分别测定 EDX 能谱，分析样品的元素含量，考察 SiO_2 产品的纯度，结果如图 7 所示。

图 7（a）为经陈化直接处理得到的 SiO_2 能谱图，由图中可知样品中有 C、O、Si、K 元素，说明 SiO_2 晶体中掺杂有 K_2CO_3。经陈化直接得到 SiO_2，由于在陈化过程中，HCO_3^- 的浓度在逐渐下降，和 SiO_3^{2-} 的相互作用降低，使 SiO_2 的陈化量逐渐降低，而在陈化过程中 CO_3^{2-} 的浓度在不断上升，高浓度的 CO_3^{2-} 可能促使部分 K_2CO_3 晶体析出，掺杂在 SiO_2 中，使 SiO_2 纯度有所下降。考虑到洗涤液中 K_2CO_3 的回收利用问题，故没有在陈化过程中通过添加盐酸来提升纯度。收集陈化得到的 SiO_2，置于 0.1mol/L 的盐酸中，在 60℃下酸洗 20min，过滤后，将样品水洗至中性，得到酸处理纯化的 SiO_2，能谱分析结果如图 7（b）所示。

从图 7（b）中可知，经酸处理纯化后的 SiO_2 中，没有 K 元素含量，相比于图 7（a）中微小的碳元素峰，可能是制样过程引入的微小杂质，说明酸处理可以有效降低 K_2CO_3 的含量。

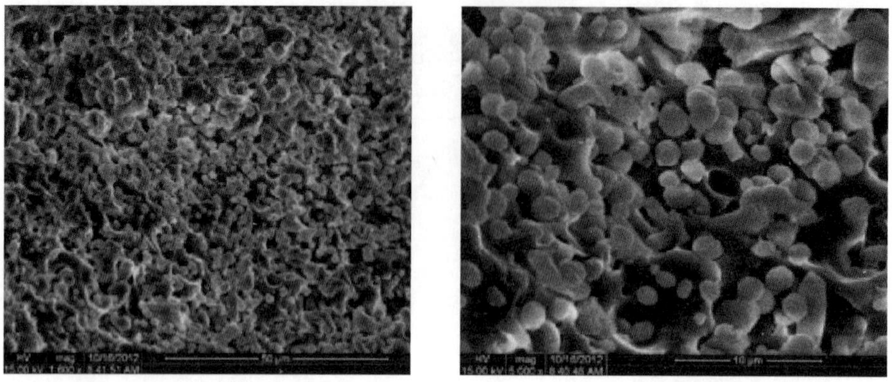

(a) ×1600　　(b) ×5000

图 6　SiO_2 的 SEM 照片

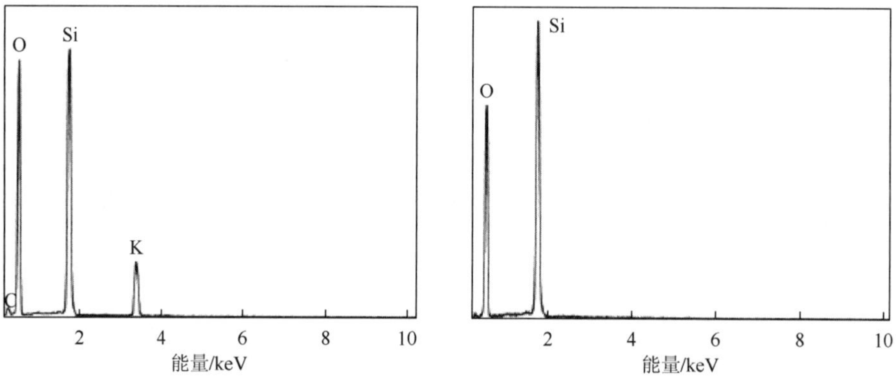

(a)　　(b)

图 7　直接陈化 SiO_2 及酸处理后 SiO_2 的 EDX 能谱分析

根据图 7 中直接陈化和酸处理后的 SiO_2 中各元素含量计算 SiO_2 的纯度，直接陈化得到 SiO_2 纯度为 83.94%，经酸处理纯化后的 SiO_2 纯度为 97.02%，说明酸处理可以有效提升 SiO_2 纯度。

3. SiO_2 的晶体结构分析

图 8 是 SiO_2 的广角 XRD 图谱，图中显示在 $2\theta = 22°$ 附近出现一个衍射峰，而没有出现晶体 SiO_2 的特征峰，这与无定形 SiO_2 图谱基本吻合，说明该 SiO_2 产品属于无定形结构。

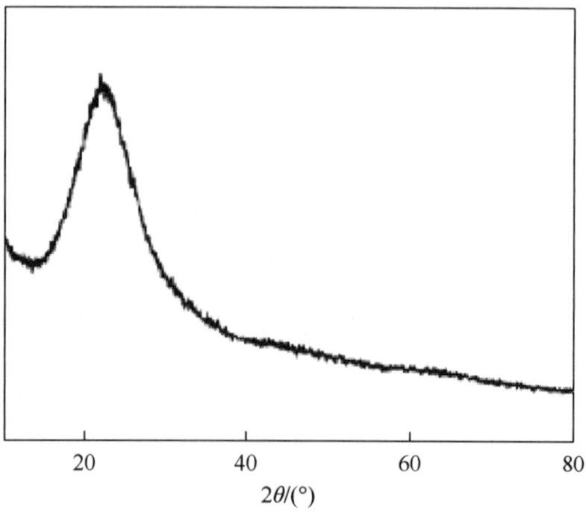

图 8　SiO_2 的广角 XRD 图谱

3 结 论

（1）稻壳炭与 K_2CO_3 反应的最佳工艺条件是 K_2CO_3 质量分数为 20%，浸渍比为 3.0，煮溶时间为 3.5h，陈化温度 3℃，陈化时间 3h。该条件下制得的 SiO_2 得率可达 25.89%，白度为 89.78%。

（2）将洗涤液分类进行工艺制备，所得产品质量均达到原工艺水平，故本工艺可实现洗涤液的循环回收使用，节约生产成本。

（3）对 SiO_2 的表征发现，本产品呈松散的粉末态，有微米级别的孔隙结构，酸处理后产品纯度为 97.02%，为无定形二氧化硅。

参 考 文 献

[1] An D，Guo Y，Zhu Y，et al. A green route to preparation of silica powders with rice husk ash and waste gas. Chemical Engineering Journal，2010，162（2）：509-514.

[2] Feng W Y，Wang H F. Silica and Zinc Oxide Nanomaterials Biological Effects and Security Applications. Beijing：Science Press，2010：23-25.

[3] Moon S，Lin A，Kim B H，et al. Linear and nonlinear optical properties of the optical fiber doped with silicon nano-particles. Journal of Non-Crystalline Solids，2008，354（2）：602-606.

[4] Xu P P，Yao Y C，Shen S C，et al. Preparation of supermacroporous composite cryogel embedded with SiO_2 nanoparticles. Chinese Journal of Chemical Engineering，2010，18（4）：667-671.

[5] Rossi L M，Shi L，Quina F H，et al. Stöber synthesis of monodispersed luminescent silica nanoparticles for bioanalytical assays. Langmuir，2005，21（10）：4277-4280.

[6] Van Blaaderen A，Van Geest J，Vrij A. Monodisperse colloidal silica spheres from tetraalkoxysilanes：particle formation and growth mechanism. Journal of Colloid and Interface Science，1992，154（2）：481-501.

[7] Kalapathy U，Proctor A，Shultz J. A simple method for production of pure silica from rice hull ash. Bioresource Technology，2000，73（3）：257-262.

[8] Terzioğlu P，Yucel S，Rabagah T M，et al. Characterization of wheat hull and wheat hull ash as a potential source of SiO_2. BioResources，2013，8（3）：4406-4420.

[9] Rehman M S U，Umer M A，Rashid N，et al. Sono-assisted sulfuric acid process for economical recovery of fermentable sugars and mesoporous pure silica from rice straw. Industrial Crops and Products，2013，49：705-711.

[10] Basu P. Biomass Gasification and Pyrolysis：Practical Design and Theory. Beijing：Academic Press，2010：3-8.

[11] Li D，Chen D，Zhu X. Reduction in time required for synthesis of high specific surface area silica from pyrolyzed rice husk by precipitation at low pH. Bioresource Technology，2011，102（13）：7001-7003.

[12] Zhang H，Zhao X，Ding X，et al. A study on the consecutive preparation of D-xylose and pure superfine silica from rice husk. Bioresource Technology，2010，101（4）：1263-1267.

[13] Ma Z Q，Zhang Y M，Zhang Q S，et al. Design and experimental investigation of a 190 kWe biomass fixed bed gasification and polygeneration pilot plant using a double air stage downdraft approach. Energy，2012，46（1）：140-147.

[14] Zhang Q S，Ma Z Q，Zhou J B. History，challenge and solution of biomass gasification：a review. Journal of Nanjing Forestry University：Natural SciencesEdition，2013，37（1）：1-10.

[15] Park H K，Park K Y. Vapor-phase synthesis of uniform silica spheres through two-stage hydrolysis of $SiCl_4$. Materials Research Bulletin，2008，43（11）：2833-2839.

[16] Yan H H，Xi S X，Huang X C. Study on nano SiO_2 synthesized by gaseous detonation under different initial temperature. Materials Science Forum，2011，694：180-183.

[17] Yang W Y，Zheng J T. Synthesis of three-dimensionally ordered macroporous SiO_2 by colloidal crystal template method. Chemistry Industry and Engineering Progress，2006，25（11）：1324-1327.

[18] Okoronkwo E A，Imoisili P E，Olusunle S O O. Extraction and characterization of amorphous silica from corn cob ash by sol-gel method. Chemistry and Materials Research，2013，3（4）：68-72.

[19] Mohanraj K，Kannan S，Barathan S，et al. Preparation and characterization of nano SiO_2 from corn cob ash by precipitation method. Optoelectron and Advanced Materials-Rapid Communications，2012，6（3/4）：394-397.

[20] Liu X M. Study on new technology of preparation nano-SiO_2 using rice husk. Nanchang：Nanchang University，2009：48-49.

[21] Peng G X. The surface properties of silicasol and the crystallization of silicon dioxide. Journal of Anhui University of Technology：Natural Science，1987，4（2）：98-103.

[22] Ouyang D，Chen K. SEM/TEM study on the microstructure of rice husk ash and nano-SiO_2 in it. Journal of Chinese Electron Microscopy Society，2003，22（5）：390-393.

[23] Chen Y，Peng Z，Kong L X，et al. Natural rubber nanocomposite reinforced with nano silica. Polymer Engineering and Science，2008，48（9）：1674-1677.

当量比对稻草固定床气化性能的影响

顾洁[1]　马中青[1]　刘斌[2]　张齐生[1]

（1 南京林业大学竹材工程研究中心；

2 南京林业大学化学工程学院，南京　210037）

摘　要

为了合理利用大量的农林废弃物资源，减少秸秆燃烧造成的温室效应和环境污染，利用自制的气、固、液多联产固定床气化炉对稻草进行气化。研究了当量比对气化炉主要性能参数的影响。结果表明：当量比为 0.25 时，气化效果较好，此时气化温度为 800～850℃，气化气热值达到 2.84MJ/Nm^3，气体得率为 1.2m^3/kg，稻草炭得率为 24.94%，提取液得率为 22.43%，碳转化率为 35.31%，冷气效率为 24.61%。稻草气化多联产工艺试验为工程化实施提供了基础和基本数据。

关键词：气化；当量比；稻草；可燃气；稻草炭

随着我国社会工业化进程的不断发展，化石能源被日益消耗并逐渐枯竭[1]。生物质能作为一种可再生能源，在其开发和使用过程中，不会造成温室效应和环境污染，还可以有效地改变传统的能源生产方式和消费方式[2,3]。因此，生物质能的高效转换和洁净利用日益受到全世界的关注[4]。我国是农业大国，每年产生大量的农业废弃物，仅秸秆就达 7.04×10^8t[5]。但由于收集、运输和储存的成本过高而难于推广[6]，秸秆中绝大部分被直接焚烧，既污染了环境又浪费了资源。所以，如何合理利用农业废弃物，将其转换为资源化的原料，成为了一个迫在眉睫的问题。

近年来，一些秸秆类生物质能利用的新技术开始在农村应用，主要有秸秆压块直燃技术、秸秆气化技术、秸秆热解制油技术、秸秆制取沼气技术、秸秆制取乙醇技术等[7-9]。其中，利用农作物秸秆进行气化，产生低燃值燃气，并向农户集中供气技术是我国在生物质利用上的一个创举。这项技术立足于农村，面向广大农民，变废为宝，不仅有助于减轻温室效应和促进生态良性循环，而且是解决能源与环境问题的重要途径。

试验装置为自制的气、固、液固定床多联产气化炉。该气化炉仅需对原料进行简单的晾晒和切割处理，广泛地适用于秸秆、木片、果壳等农林业废弃物。气化炉性能主要根据可燃气的成分和热值、产品得率、碳转化率和冷气效率、气化强度等方面来判断，其性能主要受当量比、物料特性、反应温度、气化剂、气化设备结构等因素的影响[10,11]。其中，当量比（ER）是指单位生物质在气化过程中消耗空气量与完全燃烧所需理论空气量之比[12]。以稻草为原料，空气为气化剂，主要研究了不同当量比对气化性能完全燃烧所需理论空气量之比。以稻草为原料，空气为气化剂，主要研究了不同当量比对气化性能的影响，并简单分析了稻草炭的基本特性及用途，为进一步促进农业发展提供了基本依据。

1　材料与方法

1.1　试验原料

试验采用的稻草原料在江苏丹阳田头收集。于秸秆破碎机中进行粗破碎至 5cm 左右长度，用于固定床气化试验。取部分粗破碎后的原料进行粉碎研磨，参照国标 GB/T742—2008 对原料进行工业分析和根据 JY/T017—1996 对原料进行元素分析，结果如表 1 所示。由表 1 可以看出，与已经广泛应用于生物质气化

本文原载《科学技术与工程》2014 年第 14 卷第 17 期第 201-205 页。

的原料稻壳相比，稻草的灰分更低，挥发分更高，且稻草拥有较高的低位热值，元素分析结果显示碳、氢元素含量均比稻壳稍高，综合分析得出稻草具有较佳的气化可行性。

表 1 稻草的工业、元素和热值分析

分析项目		材料	
		稻草	稻壳
工业分析	水分/%	10.90	9.90
	灰分/%	8.99	16.64
	挥发分/%	73.76	67.63
	固定碳/%	17.25	15.73
元素分析	C/%	41.70	37.65
	H/%	5.34	5.13
	O/%	37.71	37.20
	N/%	2.07	1.63
	S/%	0.25	0.18
低位发热量/(MJ/kg)		14.14	12.85

1.2 试验仪器

Vario EL 元素分析仪（德国 Elementar 公司）；ZDHW-8A 微机量热仪（鹤壁市众鑫仪器仪表有限公司）；DHG-9070A 电热恒温鼓风干燥箱（上海精宏实验设备有限公司）；DC-B 马弗炉（北京独创公司）；DTG-60AH 热重分析仪（日本岛津）；Gas-board-3000 微流红外气体分析仪（武汉四方光电有限公司）；Q10 比表面积和孔径分布测试仪（美国康塔公司）。

1.3 试验设备

试验采用自主设计的多联产固定床气化炉，其装置设备简图如图 1 所示。

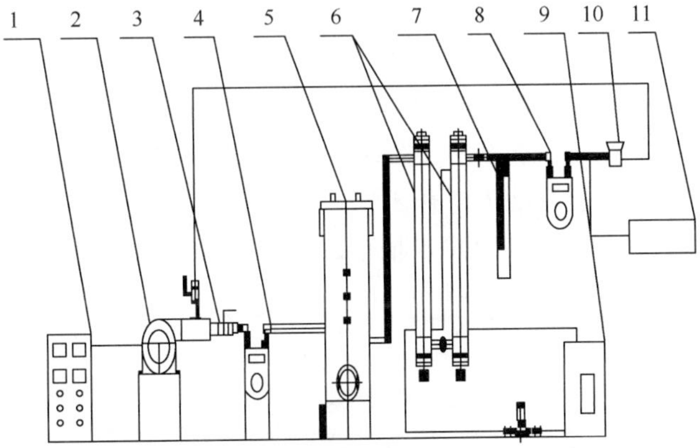

图 1 气化装置简图

1. 温度显示仪；2. 风机；3. 气化剂控制阀门；4. 气化剂流量计；5. 炉体；6. 冷凝系统；7. 净化系统；8. 可燃气流量计；9. 循环水池；10. 燃烧头；11. 红外气体分析仪

此设备主要包括炉体、冷凝装置和净化装置。炉体高度为 1.2m，壁厚 5mm，采用耐高温的不锈钢制造。操作步骤是从气化炉加料口加入适量的稻草用于引燃，点火成功后观察炉体各区温度，待炉膛内形成均匀燃烧层后，放入破碎后的原料，压上压盖，在加料口盖上水封盖。根据进料量和原料中碳、氢元素的含量计算需引入气化剂的量，并通过气化剂阀门控制系统的运行。每隔 20～30min 加料一次，同时进行捅料以防止炉膛内出现原料架桥现象。

1.4　测定与分析方法

完全燃烧 1kg 的碳元素需消耗空气 8.91m^3，完全燃烧 1kg 氢元素需消耗空气 26.43m^3。当量比的大小和原料中碳、氢元素的含量密切相关，在试验过程中可以通过气化炉内的温度和气体中氧气的含量来调整气化剂的流速。

本次试验以空气为气化剂，控制当量比分别为 0.15、0.20、0.25、0.30，研究当量比对气化炉主要性能参数的影响。每隔 1min 采集温度数据一次，包括干燥区、热解区、气化区三个区域的温度。气化气组分及热值采用微流红外气体分析仪测定。气体得率为可燃气流量计前后读数差值与原料稻草的比值，固体得率为气化后稻草炭与原料稻草的比值，液体得率为冷凝收集到的提取液与原料稻草的比值。

2　结果与分析

2.1　稻草热重分析

为研究稻草原料的热解特性，将稻草在 N_2 气氛下进行热重分析，图 2 是稻草从 25℃升至 700℃，升温速率为 10℃/min 的失重变化曲线。

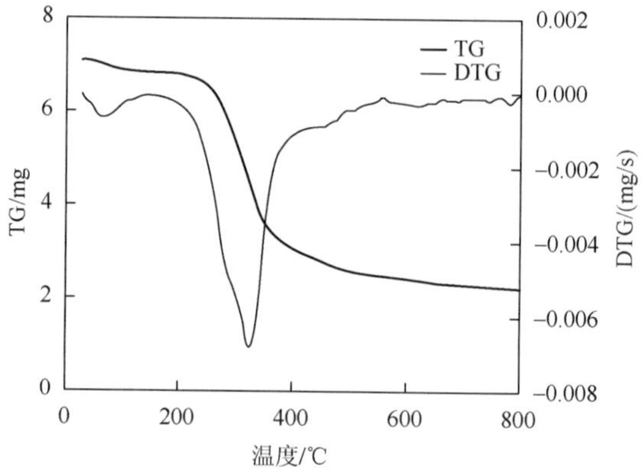

图 2　稻草在 10℃/min 升温速率条件下的 TG、DTG 曲线

由图 2 可知，稻草的失重过程可分为干燥、热解和炭化阶段。干燥阶段主要发生在 30～120℃区间，稻草失去水分，失重率为 1%～3%。热解阶段主要发生在 200～550℃区间，区间内出现较大失重峰。首先在 230～300℃出现了一个微小失重，可能是纤维素与半纤维素开始热解生成小分子气体产物释放而失重[13, 14]。300℃后，随着温度升高，稻草中的大分子化合物纤维素、木质素进一步分解，曲线出现一个最大的失重峰，大量气体产物被释放，失重率急速增大，并在 325℃左右，失重率达到最大值。550℃以后，随着温度继续上升，样品质量缓慢降低直至平衡，该阶段稻草已基本完全热解成炭。

2.2　当量比对气化性能的影响

1. 当量比对炉温的影响

气化炉干燥区、热解区、气化区的温度受当量比影响明显。图 3 表明了这三个区域的平均温度随当量比的变化趋势。

由图 3 中可以看出，气化区的温度在 730～850℃变化，热解区的温度处于 400～550℃，干燥区的温度较低，基本稳定在 100℃左右。随着当量比的不断提高，进入气化炉的空气量增加，气化区燃烧更剧烈，使得此区域温度短时间内急剧上升，从而通过传质和传热作用带动干燥区、热解区温度的升高，当 $ER = 0.25$，气化炉各区的温度都达到了最高。然而随着当量比的继续增加，带入的 N_2 量也越多，N_2 作为一种热载体，跟随可燃气被抽出后，也将带走更多的热量，使得热解区和气化区的温度明显下降[15, 16]。在条件允许的情况下，更高的气化温度有利于获得良好的气化效果，包括可燃气含量和热值提高，碳转化率提高，焦油含量降低等[17, 18]。从上述分析结果可知，当量比为 0.25 时气化炉的整体温度较佳。

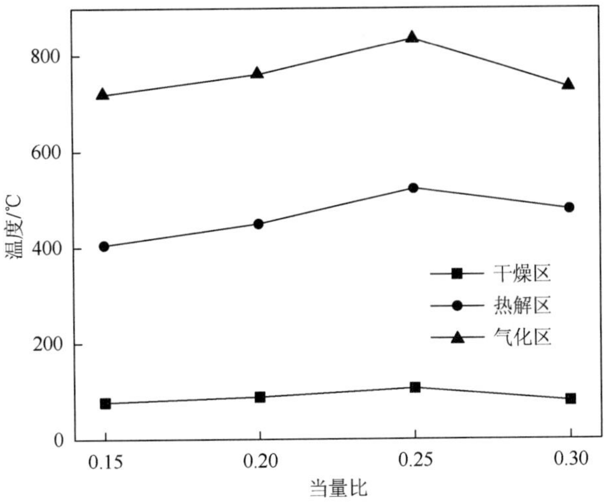

图 3　当量比对气化炉各区温度的影响

2. 当量比对气化气组分和热值的影响

为研究当量比对气化气组分和热值的影响，在气化温度为 750℃左右时，测得不同当量比下的气化气平均组分和热值，结果如图 4 所示。

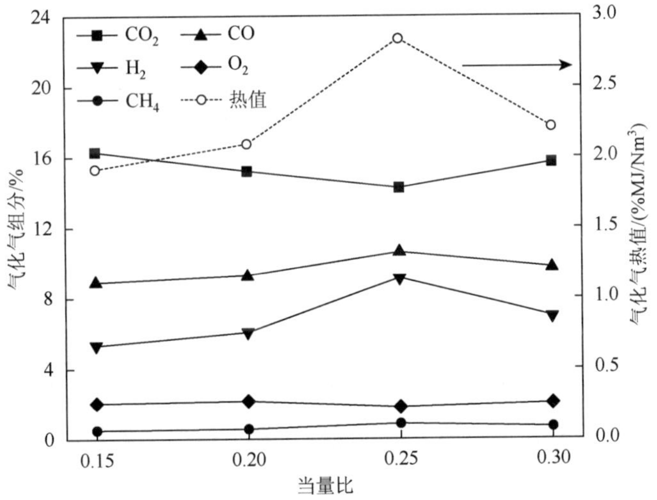

图 4　当量比对气化气组分和热值的影响

由图 4 可以看出，随着当量比的提高，CO、H_2 含量增加，CO_2 含量减少，其他气体变化不大。当 $ER = 0.25$ 时，CO 与 H_2 的含量达到最高，CO_2 含量最低。反应过程中，气化炉发生很多复杂的反应，其中最主要的气相反应有式（1）～式（5）。

$$C + O_2 \rightarrow CO_2 \qquad -394.4\text{kJ/mol} \tag{1}$$

$$C + 1/2O_2 \rightarrow CO \qquad -110.6\text{kJ/mol} \tag{2}$$

$$H_2 + 1/2O_2 \rightarrow H_2O \qquad -280.0\text{kJ/mol} \tag{3}$$

$$C + CO_2 \rightarrow 2CO \qquad +173.0\text{kJ/mol} \tag{4}$$

$$C + H_2O\text{（g）} \rightarrow CO + H_2 \qquad +131.4\text{kJ/mol} \tag{5}$$

其中，反应式（1）～式（3）主要发生在氧化区，式（4）、式（5）主要发生在还原区。当量比升高意味着进气量增大，当 $ER = 0.25$ 时，稻草燃烧所得的 CO_2 在还原区发生反应（4）转化成 CO 的量达到最高。当 $ER > 0.25$ 时，空气进量过多，速度过快，稻草无法迅速完全消耗氧气，导致可燃气在气化炉内与氧气结合燃烧，并发生架桥现象，故气体中 CO_2 含量增加，可燃气组分降低。由图 4 还可以看出，气化气热值随当量比的变化趋势与 H_2、CO 含量相同。热值是指在标准状态下可燃气中各种组分热值的总和，气体低位热值可根据式（6）计算获得。由于 CH_4 含量较低，变化不明显，故 CO 和 H_2 是影响热值的主要组分，当 $ER = 0.25$ 时，热值达到最大值 2.84MJ/Nm^3。综合分析得出，为获得高可燃气含量及热值，当量比应选取 0.25。

$$LHV = (126\varphi_{CO} + 108\varphi_{H_2} + 359\varphi_{CH_4} + 665\varphi_{C_nH_m})/1000 \tag{6}$$

式中：LHV 为可燃气的低位热值，MJ/Nm^3；φ_{CO}，φ_{H_2}，φ_{CH_4}，$\varphi_{C_nH_m}$ 为可燃气中各个组分的含量，%。

3. 当量比对产品得率的影响

稻草气化可得到可燃气、稻草炭和提取液三相产品，为研究当量比对气、固、液三相产品得率的影响，控制气化温度为750℃时进行试验，并对其结果（图5）进行分析。

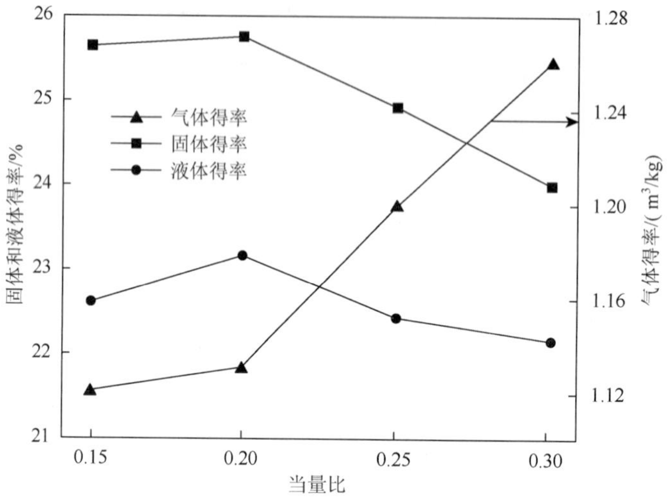

图5　当量比对产品得率的影响

由图5可以看出，气体产率随着当量比的增大而增大，并于 $ER = 0.3$ 时达到最大值 1.26m^3/kg。这是因为空气进气量增大，稻草燃烧生成 CO_2，同时还原反应也较充分，故产生的气体体积数增加；另外一个因素是当量比增大会引起提取液发生二次热裂解和稻草炭的过分燃烧，所以气体得率是不断增加的。而对于稻草炭和提取液的得率，均是先稍微升高后呈下降的趋势。当量比过小不利于气化炉内温度的升高，发生的还原反应不充分，不利于可燃气的生成；但有利于稻草炭和提取液产量的提高，所以稻草炭和提取液的得率在 $ER = 0.20$ 时达到最大，分别为25.77%和23.16%。当量比的增大，使得提取液在炉内发生二次热裂解，稻草炭更进一步燃烧，故两者得率均下降，这与可燃气得率的趋势是相反的。综合考虑气、固、液三项产品得率，当量比为0.25时效果最佳。

4. 当量比对碳转化率和冷气效率的影响

碳转化率和冷气效率是气化炉性能的重要指标。碳转换率指生物质原料中的碳转换为气化气中的碳的效率，即气体中含碳量与原料中的含碳量之比；冷气效率指单位生物质气化后生成气体的热值与单位生物质原料的热值之比。碳转化率和冷气效率分别通过式（7）、式（8）计算。

$$\varphi = \frac{12(CO_2 + CO + CH_4 + 2.5C_nH_m)}{22.4\times(298/273)\times C}G_v \times 100\% \tag{7}$$

式中：φ 为碳转化率；G_v 为气体得率，m^3/kg；C 为原料中碳的含量，%；CO_2、CO、CH_4、C_nH_m 为可燃气中 CO_2、CO、CH_4、C_nH_m 以及碳氢化合物总体积含量，%。

$$\eta_{CEG} = \frac{LHV\times G_v}{CV}\times 100\% \tag{8}$$

式中：η_{CEG} 为冷气效率；LHV 为可燃气的低位热值，MJ/Nm^3；G_v 为气体得率，m^3/kg；CV 为原料热值，MJ/kg。

不同当量比对碳转化率和冷气效率的影响如图6所示。由图6可以看出，随着 ER 的增加，碳转化率基本呈上升趋势，$ER = 0.30$ 时达到最高39.45%；冷气效率先升高后降低，最高为24.61%。这是因为随着 ER 的增加，物料燃烧充分，还原反应也进行得较充分，更多的可燃气释放出来，气体得率也随之上升，从而提高了碳转化率和冷气效率，但 ER 太高会使参与燃烧消耗的可燃气体份额增加，热值大大降低，反而降低了冷气效率。

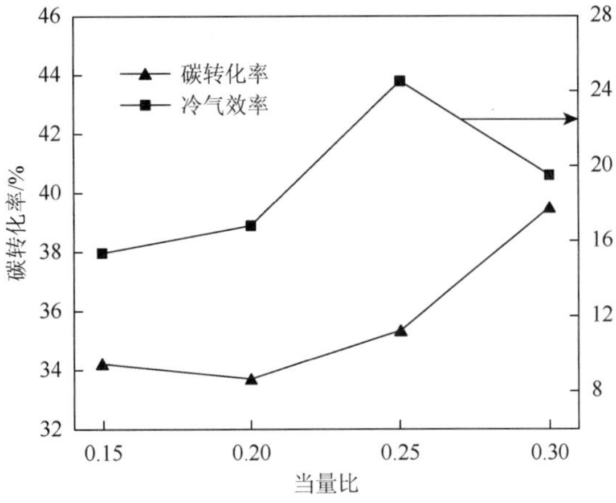

图 6　当量比对碳转化率和冷气效率的影响

2.3　气化产品的特性

对气化得到的固体产品稻草炭进行进一步分析，测得其热值为 15.52MJ/kg，可以将其压缩成型后作为低热值燃料使用。稻草炭的比表面积为 42.041m^2/g，如图 7 所示，稻草炭的孔径分布范围主要在 2～10nm，说明稻草炭具有一定的比表面积和孔隙，可以作为土壤改良剂和缓释肥。

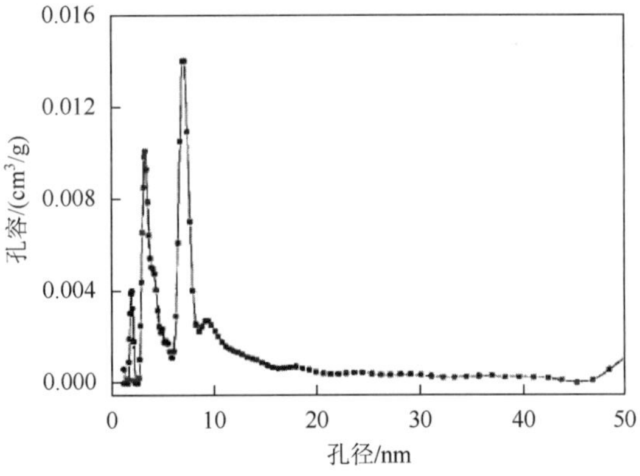

图 7　稻草的孔径分布曲线

3　结　　论

本文以自制的气、固、液多联产固定床气化炉为试验装置，研究了当量比对该气化炉的主要参数：气化炉温度、气化气成分和热值、产品得率、碳转化率和冷气效率的影响。结果表明：当量比对气化性能有很大影响。*ER* 增大，气化炉各区温度相应提高。气化气中 H_2 和 CO 含量在 0.15＜*ER*＜0.25 时随 *ER* 值的增大而增大。在 *ER* = 0.25 时分别达到最大值 9.13%和 10.52%，但在 *ER*＞0.25 时，这两种可燃气含量均有所下降。CO_2 受 *ER* 影响与 H_2 和 CO 相反。气体得率随 *ER* 值增大而提高，固体、液体得率都随 *ER* 值增大先略提高后降低。碳转化率随 *ER* 值增大呈上升趋势，冷气效率随 *ER* 值先提高后降低，在 *ER* = 0.25 达到最大值。

试验表明，该稻草固定床气化炉最佳当量比为 0.25，在此当量比下，气化温度为 800～850℃，可燃气热值达到 2.84MJ/Nm^3，气体得率为 1.2m^3/kg，稻草炭得率为 24.94%，提取液得率为 22.43%，碳转化率为 35.31%，冷气效率为 24.61%。

参 考 文 献

[1]　Leung D Y C，Yin X L，Wu C Z. A review on the development and commercialization of biomass gasification technologies in China. Renewable & Sustainable Energy Reviews，2004，8：565-580.

[2]　Basu P. Biomass Gasification and Pyrolysis：Practical Design and Theory. Beijing：Academic Press，2010：3-8.

[3] Caputo A C，Palumbo M，Pelagagge P M，et al. Economics of biomass energy utilization in combustion and gasification plants：Effects of logistic variables. Biomass and Bioenergy，2005，28（1）：35-51.

[4] Demirbas A. Biomass resource facilities and biomass conversion processing for fuels and chemicals. Energy Conversion and Management，2001：42（11）：1357-1378.

[5] 石元春. 中国生物质原料资源. 中国工程科学，2011，(2)：16-23.

[6] 张卫杰，关海滨，姜建国，等. 我国秸秆发电技术的应用及前景. 农机化研究，2009，(5)：10-13.

[7] Caputo A C，Palumbo M，et al. Economics of biomass energy utilization in combustion and gasification plants：Effects of logistic variables. Biomass and Bioenergy，2005，28（1）：35-51.

[8] Huber G W，Iborra S，Corma A. Synthesis of transportation fuels from biomass：Chemistry，catalysts，and engineering. Chemical Reviews，2006，106（9）：4044-4098.

[9] 石元春. 生物质能源主导论——为编制国家“十二五”规划建言献策. 能源与节能，2011，(1)：1-7.

[10] Martínez J D，Mahkamov K，Andrade R V，et al. Syngas production in downdraft biomass gasifiers and its application using internal combustion engines. Renewable Energy，2012，38：1-9.

[11] 马中青，张齐生，周建斌，等. 下吸式生物质固定床气化炉研究进展. 南京林业大学学报（自然科学版），2013，37（1）：1-10.

[12] 马隆龙，吴创之，孙立. 生物质气化技术及其应用. 北京：化学工业出版社，2003：39，62-63.

[13] 卢洪波，苏桂秋，贾春霞，等. 生物质秸秆热解反应及动力学分析. 东北电力大学学报，2007，27（1）：38-41.

[14] De Wild P，Reith H，Heeres E. Biomass pyrolysis for chemicals. Biofuels，2011：2（2）：185-208.

[15] Sheth P N，Babu B V. Experimental studies on producer gas generation from wood waste in a downdraft biomass gasifier. Bioresource Technology，2009，100（12）：3127-3133.

[16] Bhavanam A，Sastry R C. Biomass gasification processes in downdraft fixed bed reactors：A review. International Journal of Chemical Engineering and Applications，2011，2（6）：425-433.

[17] Olgun H，Ozdogan S，Yinesor G. Results with a bench scale downdraft biomass gasifier for agricultural and forestry residues. Biomass & Bioenergy，2011，35：572-580.

[18] Devi L，Ptasinski K J，Janssen F J J G. A review of the primary measures for tar elimination in biomass gasification processes. Biomass and Bioenergy，2003，24（2）：125-140.

新型改良剂对土壤性质及小白菜生长的影响

邓丛静[1, 2]　邹积微[3]　张齐生[2]　周建斌[2]

（1 国家林业局林产工业规划设计院，北京　100010；

2 南京林业大学材料科学与工程学院，南京　210037；

3 北京金隅天坛家具股份有限公司，北京　100013）

摘　要

通过盆栽试验，研究了新型改良剂——生物质炭的施加量对土壤主要物理性质和化学性质的影响，探讨改良剂对小白菜生长及养分含量的影响。结果表明：施加改良剂降低了土壤容重，提高了土壤毛细管孔隙度、总孔隙度、土壤最大持水量、田间持水量和有效水含量，增加了土壤速效养分，改善了供试土壤的 pH 和渗透状况；施加改良剂能提高小白菜的根长、株高、鲜重、总生物量、氮、磷、钾的累积量，对作物的生长和养分积累具有明显的效果。

关键词：新型改良剂；生物质类；土壤理化性质；小白菜生长

土壤是农业的基础，第二次全国土地调查主要数据成果公报显示我国人均耕地面积为 1.52 亩（1 亩 ≈ 666.7m^2），较 1996 年第一次调查时的人均耕地 1.59 亩有所下降，不到世界人均水平的一半[1]。环境保护部和国土资源部发布的全国土壤污染状况调查公报显示，全国土壤环境状况不容乐观，部分地区土壤污染较重，耕地土壤环境质量堪忧，耕地土壤点位超标率为 19.40%[2]。综合考虑现有耕地数量、质量和人口增长、发展用地需求等因素，我国耕地形势仍十分严峻，人均耕地少、耕地质量总体不高、耕地后备资源不足。因此，在我国土壤数量特别是耕地数量不可能增加的情况下，如何提高土壤质量是发展我国农业所必须采取的措施，也是该领域研究的热点。

国内外对土壤改良剂的新产品的研究越来越多，主要有绿肥、污泥、甲壳素类物质、聚丙烯酰胺、粉煤灰、沸石、生物改良剂等[3-12]。近年来，生物质在土壤改良上的研究较多，王文杰等[13]以聚马来酸酐（HPMA）和聚丙烯酸（PAA）配合木焦油、木醋液等为降、阻盐碱剂，对重度盐碱地进行改良，发现土壤改良剂聚马来酸酐（HPMA）在阻盐碱剂阻隔下，使盐碱地 pH 与盐分明显下降，杨树生长速率较高，改良效果显著。杜红霞等[14]以秸秆为主要原料研制的新型土壤改良剂，研究表明施加土壤改良剂能提高小麦地上部各生长期干物质累积量。周建斌等[15]采用棉秆炭修复镉污染土壤，研究表明棉秆炭能够明显降低镉污染土壤上小白菜可食部和根部的镉积累量。

本研究采用农林生物质多联产发电制得的固体产品——生物质炭为新型土壤改良剂，研究了其对土壤理化性质和小白菜生长及养分含量的影响，为土壤改良提供基础性研究资料，另外，在生物质转化为生物质炭的过程中，生物质通过光合作用吸收的二氧化碳亦全部转移到生物质炭中，生物质炭作为土壤改良剂就意味着间接地减少了大气中二氧化碳的浓度，对环境保护具有重要意义。

1　材料与方法

1.1　试验材料

生物质炭，以农林生物质为原料，采用生物质多联产技术[16]制得的固体产物——生物质类，其比表面积为 145m^2/g，元素组成如表 1 所示；供试土样，南京市江宁区梅村雨花茶无公害生产基地；小白菜：正大抗热青三号幼苗。

本文原载《科学技术与工程》2015 年第 15 卷第 4 期第 171-174 页。

表 1 生物质炭的元素组成

元素组成	含量/(mg/kg)	元素组成	含量/(mg/kg)
C	4.48×10^5	N	9.32×10^3
Si	2.31×10^5	P	4.25×10^3
K	3.04×10^4	Mg	2.37×10^3
Ca	1.14×10^4	Na	2.32×10^3
Mn	1.04×10^3	B	47.46
Al	773.1	Zn	32.56
Fe	784.7	Cu	20.89
Ba	85.63	Ni	13.10

1.2 试验方法

1. 土壤培养试验

分别取 1000g 土样，按不同比例加入生物质炭置于 30℃培养箱中，定期称重，补水，培养 60d，使土壤中施入的生物质炭与土壤充分反应。试验共设五个处理，分别为①原土样，以 Tr0%表示；②原土样加 40g 生物质炭，以 Tr4%表示；③原土样加 80g 生物质炭，以 Tr8%表示；④原土样加 120g 生物质炭，以 Tr12%表示；⑤原土样加 160g 生物质炭，以 Tr16%表示。

2. 土壤理化性质的测定方法

按照 1.2.1 方法培养 60d 后，测定土壤物理性质[17]（包括容重、最大持水量、田间持水量、有效水含量范围、毛管孔隙度、总孔隙度）和化学性质[18]（包括 pH、全氮量、有机质、速效磷、速效钾）。

3. 生物质炭对小白菜生长的影响试验

采用盆栽试验方法，在人工气候室内进行，试验共设五个处理，即 Tr0%、Tr4%、Tr8%、Tr12%、Tr16%，各处理重复三次。每盆装入 5mm 风干土样各 3kg，并分别施等量 N、P、K 底肥，施用量 N 150mg/kg 土，P_2O_5 100mg/kg 土，K_2O 150mg/kg 土，土样陈化一周后，每钵定植苗龄一致、长势相近的幼苗 10 株。植株生长期间用去离子水浇灌，生长 40d 后收获，植株先用自来水洗净，再用去离子水冲洗，擦干，95℃下杀青 15min，65℃下烘干、称重，磨细至全部通过 22 目（0.85mm）标准筛备用。

2 结果与讨论

2.1 生物质炭对土壤物理性质的影响

生物质炭施加量对土壤容重、最大持水量、田间持水量、有效水含量、毛管孔隙度、总孔隙度影响的检测结果见表 2。

表 2 生物质炭处理土壤基本物理性质

样品	容重/(g/cm^3)	最大持水量/%	田间持水量/%	有效水含量范围/%	毛管孔隙度/%	总孔隙度/%
Tr0%	1.35	37.46	25.05	19.59	43.40	50.42
Tr4%	1.29	42.18	30.92	25.07	46.98	54.29
Tr8%	1.15	47.97	34.25	28.76	47.91	55.35
Tr12%	1.02	57.08	36.75	31.06	48.05	58.33
Tr16%	0.97	61.14	38.71	33.73	46.59	59.27

由表 2 可知，随着生物质炭施加量的增加，土壤容重逐渐减小，毛管孔隙度、总孔隙度逐渐增加，与 Tr0%相比，各处理土壤的容重分别下降了 4.44%、14.82%、24.44%、28.15%，毛细管孔隙度由 43.40%增

加到 46.59%，总孔隙度由 50.42%增加到了 59.27%，主要是生物质是一类多孔性物质，能够改善土壤的紧实状况和土壤的保水性能，对于改善土壤的物理性质具有积极的意义。同时随着生物质炭施加量的增加，土壤最大持水量、田间持水量、有效水含量均增加，与 Tr0%相比，Tr16%处理时土壤的最大持水量由 37.46%增加到 61.14%，增幅为 63.21%，田间持水量由 25.05%增加到 38.71%，增幅为 54.53%，有效水含量由 19.59%增加到 33.73%，增幅为 72.18%，主要是由于一方面生物质可以从环境中吸收水分并“储存”在其发达的孔隙中，减少土壤水分流失，另一方面生物质炭错综复杂的孔隙结构为水分移动提供的通道，对植物生长发育具有重要的意义。

2.2 生物质炭对土壤化学性质的影响

生物质炭施加量对土壤 pH、有机碳含量、CEC、全氮含量、速效磷含量、速效钾含量影响的检测结果见表 3。

表 3 生物质炭处理土壤基本化学性质

样品	pH	CEC/(mmol/kg)	有机碳含量/(g/kg)	全氮含量/(g/kg)	速效磷含量/(mg/kg)	速效钾含量/(g/kg)
Tr0%	5.90	112	4.24	0.34	19.38	0.14
Tr4%	6.28	127	26.20	1.11	37.44	0.40
Tr8%	6.52	126	44.11	1.44	49.40	2.16
Tr12%	6.89	120	58.20	1.76	65.31	3.61
Tr16%	7.22	115	76.95	2.19	80.36	5.34

土壤 pH 常被看作土壤的主要变量，植物生长适宜的 pH 一般在 6.5～7.5，从表 3 可以看出，生物质炭的加入将土壤由偏酸性调节到中性，改善了土壤的 pH 状况。土壤 CEC 的大小是评价土壤保肥能力、改良土壤和合理施肥的重要依据，生物质炭的加入改善了土壤的可变电荷状况，增加了土壤的 CEC，各处理的阳离子交换量并未随生物质炭的增加而呈递增，但均大于无生物质炭处理土壤，在试验的五个处理中，Tr4%处理最大，其值为 127mmol/kg。

随着生物质炭施加量的增加，土壤有机碳含量、全氮含量、速效磷含量、速效钾含量明显增加。与 Tr0%相比，各处理土壤的有机碳含量分别增加了约 5 倍、9 倍、12 倍、17 倍，速效磷含量分别增加了约 1 倍、1.5 倍、2.3 倍、3 倍，主要是由于生物质炭本身含有丰富的有机碳、磷，这也使得生物质炭起到了增加土壤碳库贮存的作用。一般认为土壤全氮含量超过 2g/kg 即是属于氮素丰富的土壤，当土壤中生物质炭的施加量为 16%时，土壤全氮含量达到了 2.19g/kg。

一般来说，土壤中交换性钾（K）大于 0.2g/kg 即为钾素丰富的土壤，而把低于 0.1g/kg 的土壤看作缺钾的土壤，供试土壤的有效钾含量仅为 0.14g/kg，随着生物质炭施加量的增加，土壤的速效钾含量显著提高，Tr16%处理达到了 5.34g/kg，生物质炭促进了钾元素的还田。

2.3 生物质炭对小白菜生长的影响

生物质炭施加量对小白菜生长量影响的检测结果见表 4，生物质炭对小白菜主要营养元素含量影响的检测结果见表 5。

表 4 生物质炭对小白菜生物量的影响

样品	根长/cm	株高/cm	地上鲜重/(g/株)	地下鲜重/(g/株)	总生物量/(g/株)
Tr0%	10.60	28.00	142.00	10.36	162.36
Tr4%	12.16	32.00	164.00	11.16	176.16
Tr8%	13.80	33.20	172.40	11.74	184.15
Tr12%	9.76	26.60	120.00	9.36	129.36
Tr16%	9.61	24.00	90.20	8.73	98.93

从表 4 可以看出，生物质炭对小白菜根长、株高、地上鲜重和地下鲜重及总生物量的影响都表现出相似的规律，即随着生物质炭施加量的增加各指标均呈现先增大后减小的趋势，在生物质炭的不同处理中，以 Tr8%处理的土壤上小白菜的生长状况最佳，与 Tr0%相比，根长增加 30.19%，株高增加 18.57%，地上鲜重增加 21.41%，地下鲜重增加 13.32%，总生物量增加 13.42%，由此可见，生物质炭的适量加入可以增加小白菜的生长。

表 5　生物质炭对小白菜主要营养元素含量的影响　（单位：mg/株）

样品	N 吸收量	P 吸收量	K 吸收量	N 含量	P 含量	K 含量
Tr0%	50.06	1.44	45.51	328.61	9.45	298.75
Tr4%	55.59	1.76	70.27	317.37	10.05	331.16
Tr8%	56.72	1.93	69.76	308.00	10.49	378.85
Tr12%	34.35	1.52	68.66	265.59	11.73	530.83
Tr16%	36.97	1.53	54.49	373.71	15.43	550.83

从表 5 可以看出，随着生物质炭施加量的增加，小白菜对 N 的吸收先增加后减少，即在一定范围内，生物质炭促进了小白菜对 N 的吸收，而小白菜 N 的含量则呈先减小后增加的趋势，这是因为小白菜产量先增加后减小，增加时稀释效应降低了 N 的含量。小白菜中磷、钾含量随着生物质炭施加量的增加而增加，可以认为是生物质炭起到活化土壤中磷、钾的作用，增加了小白菜对土壤中速效磷和速效钾的吸收量。

3　结　论

（1）生物质是一类多孔性物质，能够改善土壤的紧实状况和土壤的保水性能，对于改善土壤的物理性质具有积极的意义。随着生物质炭施加量的增加，土壤的容重逐渐减小，土壤毛细管孔隙度、总孔隙度、土壤最大持水量、田间持水量和有效水含量逐渐增加。

（2）生物质炭本身含有丰富的有机碳、氮、磷元素，能够使土壤中有机碳含量、全氮含量、速效磷含量、速效钾含量显著增加，从而起到增加土壤碳库、氮库贮存和钾元素还田的作用。

（3）在供试土壤条件下，施加生物质炭能提高小白菜的根长、株高、地上鲜重和地下鲜重、总生物量。随着生物质炭施加量的增加，小白菜对土壤中 N、P、K 元素的吸收先增加后减少的趋势，即在一定范围内，生物质炭促进了小白菜对中 N、P、K 元素的吸收。

参 考 文 献

[1] 国务院第二次全国土地调查领导小组办公室. 关于第二次全国土地调查主要数据成果公报. 2013 年 12 月 30 日.

[2] 环境保护部，国土资源部. 全国土壤污染状况调查公报. 2014 年 4 月 17 日.

[3] Sara E，Birgitta B，Anna M. Influence of various forms of green manure amendment on soil microbial community composition，enzyme activity and nutrient levels in leek. Applied Soil Ecology，2007，36（1）：70-82.

[4] 陈健，王润锁，杨尽. 污泥在土壤改良中的作用. 安徽农业科学，2011，39（28）：17258-17260.

[5] Vestberg M，Saari K，Kukkonen S，et al. Mycotrophy of crops in rotation and soil amendment with peat influence the abundance and effectiveness of indigenous arbuscular mycorrhizal fungi in field soil，2005，15（6）：447-458.

[6] Huang J L，Li H L，Yuan H X. Effect of organic amendments on verticillium wilt of cotton. Crop Protection，2006，25（11）：1167-1173.

[7] 蒋小姝，莫海涛，苏海佳，等. 甲壳素及壳聚糖在农业领域方面的应用. 中国农学通报，2013，29（6）：170-174.

[8] 彭冲，李法虎，潘兴瑶. 聚丙烯酰胺施用对碱土和非碱土水力传导度的影响. 土壤学报，2006，43（5）：835-842.

[9] 康倍铭，徐健，吴淑芳，等. PAM 与天然土壤改良材料混合对部分土壤理化性质的影响. 水土保持研究，2014，21（3）：68-72.

[10] 郝秀珍，周东美，薛艳，等. 天然蒙脱石和沸石改良对黑麦草在铜尾矿砂上生长的影响. 土壤学报，2005，42（3）：434-439.

[11] 王发园，林先贵，周健民. 丛枝菌根与土壤修复. 土壤，2004，36（3）：251-257.

[12] Karin T，John L，Lars B. Arbuscular mycorrhizal fungi reduce development of pea root-rot caused by aphanomyces euteiches using oospores as pathogen inoculum. European Journal of Plant Pathology，2004，110：411-419.

[13] 王文杰，贺海升，祖元刚，等. 施加改良剂对重度盐碱地盐碱动态及杨树生长的影响. 生态学报，2009，29（5）：2272-2278.

[14] 杜红霞，吴普特，冯浩，等. 新型土壤改良剂对冬小麦生长及养分吸收的影响. 水土保持学报，2009，23（3）：97-102.
[15] 周建斌，邓丛静，陈金林，等. 棉秆炭对镉污染土壤的修复效果. 生态环境，2008，17（5）：1857-1860.
[16] 张齐生，周建斌，屈永标. 农林生物质的高效、无公害、资源化利用. 林产工业，2009，36（1）：3-8.
[17] 鲁如坤. 土壤农业化学分析方法. 北京：中国农业科技出版社，1999.
[18] 鲍士旦. 土壤农化分析. 北京：中国农业出版社，2000.

油茶壳热解过程及Šatava-Šesták法动力学模型的研究

顾洁[1]　刘斌[2]　王恋[1]　张齐生[1]　周建斌[1]

（1 南京林业大学材料科学与工程学院　南京　210037；
2 南京林业大学化学工程学院　南京　210037）

摘　要

利用热重分析法在氮气气氛和不同升温速率下对油茶壳的热失重行为进行了研究。根据热重实验数据，采用Šatava-Šesták法，选取30种不同形式的动力学机理函数，并结合Ozawa积分法和Kissinger微分法的计算结果，筛选出最合适的动力学参数。结果表明：油茶壳的失重过程分为干燥、热裂解和炭化三个阶段。油茶壳在不同升温速率条件下的热解行为、热解机理符合Avrami-Erofeev方程（随机成核和随后生长），积分形式为$[-\ln(1-\alpha)]^3$，平均活化能为79.59kJ/mol。

关键词：热解；油茶壳；动力学

近年来随着能源与环境问题的日益突出，生物质能源作为一种可再生的清洁能源，受到全世界的关注[1]。生物质热解是一种高效生物质能热化学转化途径，是气化、液化和燃烧过程的基本反应[2,3]，通过热解技术将生物质原料制成高品质生物燃料和化学品，已成为一项研究热点[4,5]。我国生物质资源丰富，油茶是我国特有的食用油料树种，也是世界上四大木本油料树种之一[6]。油茶壳是油茶果加工油茶的副产物，利用热解技术可解决其如何合理利用的问题，获得气、液和固态多种能源产物。

热解动力学是表征热解过程参数对原料转化率影响的重要手段[7]，通过动力学分析可深入了解反应过程和机理，有助于增进对生物质热化学转换技术的理解，并为热解、气化、燃烧工艺的设计和优化提供重要的基础数据。许多学者对热解动力学有不同的研究。Ma等[8]通过TG-FTIR技术研究了棕榈壳的热解特性，采用KAS和FWO两种无机制函数法对棕榈壳热解活化能随转化率的变化进行了探讨。Chen等[9]利用热重分析仪及固定床热裂解炉研究了不同升温速率对毛竹慢速热解过程及产物的影响，并采用Coats-Redfern法分析了毛竹热解动力学。宋春财等[10]采用四种利用热分析获取动力学参数的方法（Coats-Redfern法，Doyle法，Kissinger法，DAEM法）计算生物质秸秆热解反应活化能、反应级数及频率因子，并进行比较。

Šatava-Šesták[7,11]推导严密、判断有据，适用于研究非等温固相热分解动力学。该方法建立在多重扫描速率的基础上，选取30种不同形式的动力学机理函数，结合了Ozawa积分法和Kissinger微分法的计算结果，筛选出最合适的动力学参数，一定程度上避免了因反应机理的假设不同而带来的误差。通过热重法分析了油茶壳的热解特性，并采用Šatava-Šesták法进行动力学研究，求出表观活化能E和频率因子A。

1　实验部分

1.1　实验原料

实验以油茶壳为原料，取自湖南，经粉碎、筛分后选取40～60目的组分。按GB/T2677.6—1994利用苯醇将油茶壳中抽提物脱除，待制备其三组分。油茶壳酸不溶木质素（以下简称木质素）的提取按GB/T2677.8—1994酸不溶木素的提取方法进行，纤维素和半纤维素的提取方法结合GB/T2677.10—1995和文献[12]～[14]。参照GB/T28731—2012、JY/T017—1996对油茶壳进行工业分析、元素分析和化学组分分析，结果如表1所示。

本文原载《科学技术与工程》2015年第15卷第11期第36-41页。

表 1 油茶壳的元素分析、工业分析和化学组成分析

元素分析/%		工业分析/%		化学组成分析/%		低位热值/(MJ/kg)
C	44.97	V_{ad}	71.65	纤维素	26.1	12.8
H	5.06	A_{ad}	3.51	半纤维素	30.5	
O	45.54	FC_{ad}	24.84	酸不溶		
N	0.49			木质素	29.4	
S	0.43					

注：O 元素含量采用差减法计算得到。

1.2 实验仪器与方法

实验采用 DTG-60AH 热重分析仪（日本岛津）。实验前先将油茶壳及其三组分置于 105℃下烘干 4h 除去水分。每次实验用料为 5～10mg，在氮气流量为 50mL/min 条件下，分别以 10℃/min，20℃/min，30℃/min，40℃/min 和 50℃/min 的升温速率，由室温升至 800℃。

2 结果与讨论

2.1 油茶壳三组分的热重分析

对于木质纤维素类生物质，纤维素、半纤维素和木质素是生物质的三大主要组成。图 1 为 20℃/min 升温速率下油茶壳三组分的失重率（TG）和失重速率（DTG）曲线。从图 1 可以看出，纤维素、半纤维素和木质素的失重过程可分为三个阶段：干燥、热裂解和炭化阶段。半纤维素具有不定形的松散结构，含有丰富的支链，这些支链易受热脱落、断裂，因此半纤维素热稳定性较差[15]。半纤维素的主要热解温度区间为 208～358℃，并分别在 250℃和 312℃出现两个热解峰，这可能是由于其热解过程分两个阶段：首先是糖苷键和相关侧链的断裂，其次是芳香化过程和单糖组分的解聚反应。纤维素是一种高分子多聚糖[16]，热稳定性高于半纤维素。它的热解在相对较高且狭窄的温度区间内（290～390℃）进行，最大失重速率出现在 351℃处。木质素主要是由三种苯丙烷单体组成并含有丰富支链结构的聚合体[17]，热解温度区间最为广泛，为 200～550℃，残炭率也最高，达 41.4%，但失重速率明显低于其他两种组分。

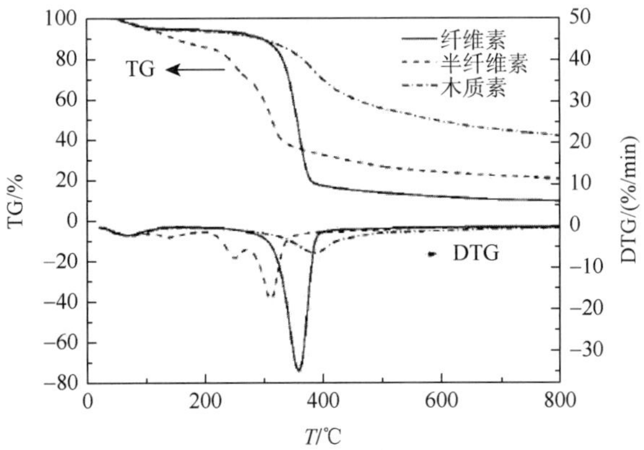

图 1 20℃/min 升温速率下油茶壳三组分 TG/DTG 曲线

2.2 油茶壳的热重分析

生物质的热解行为通常认为是其各种组分热解行为的综合表现，其热解过程经历了解聚、开环、分裂等一系列复杂反应[18, 19]。图 2 为 20℃/min 升温速率下油茶壳 TG/DTG 曲线。从图 2 可以看出，与其三组分相同，油茶壳的失重过程也分为干燥、热裂解和炭化阶段。30～130℃为干燥阶段，此阶段主要是油茶壳水分的脱除，失重率为 4.7%。随着温度的升高，油茶壳进入热裂解阶段（150～500℃），此区间内油茶壳出现较大失重。在 218℃处出现一个肩峰，可能是由半纤维素热裂解第一阶段侧链断裂的失重形成的，随后出现在 306℃和 345℃两处的失重峰，分别对应于半纤维素热裂解第二阶段和纤维素的热裂解。值得一提的是，相比与其他生物质[20-22]，油茶壳具有更高的木质素含量，且由于木质素的热解温区较宽，因此木质素不仅增大了油茶壳主失重温区的范围，也对其失重率的增大起了很大的作用。500～800℃是油茶壳的炭化阶段，此时纤维素和半纤维素的热解已基本完成，故该阶段主要为木质素的热解[23]，残留物缓慢分解，DTG 曲线趋于平坦。

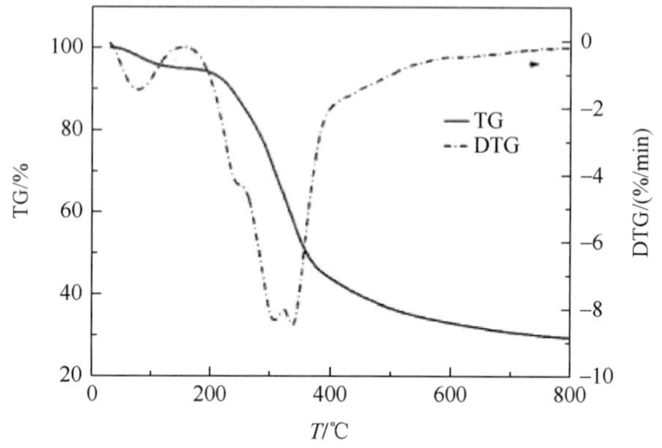

图 2　20℃/min 升温速率下油茶壳的 TG/DTG 曲线

2.3　升温速率对油茶壳热解过程的影响

图 3 为在 10℃/min，20℃/min，30℃/min，40℃/min 和 50℃/min 升温速率下油茶壳的 TG/DTG 曲线。从图 3 可以看出，升温速率增加，热解的反应速率随之增加，不同升温速率下油茶壳的主失重温区、最大失重速率及所对应的温度见表 2。另一方面，随着升温速率的增加，TG 和 DTG 曲线均向高温区移动，热解反应出现热滞后现象。在相同热解温度下，升温速率越低，挥发分析出越少，失重越少。这是由于升温速率慢，试样从内到外受热均匀，在一定的热解时间内，会延长试样在低温区的停留时间，从而促进纤维素和木质素的脱水和炭化反应，提高了产炭率。升温速率增大，试样内部和外部的温差较大，形成温度梯度[24]。

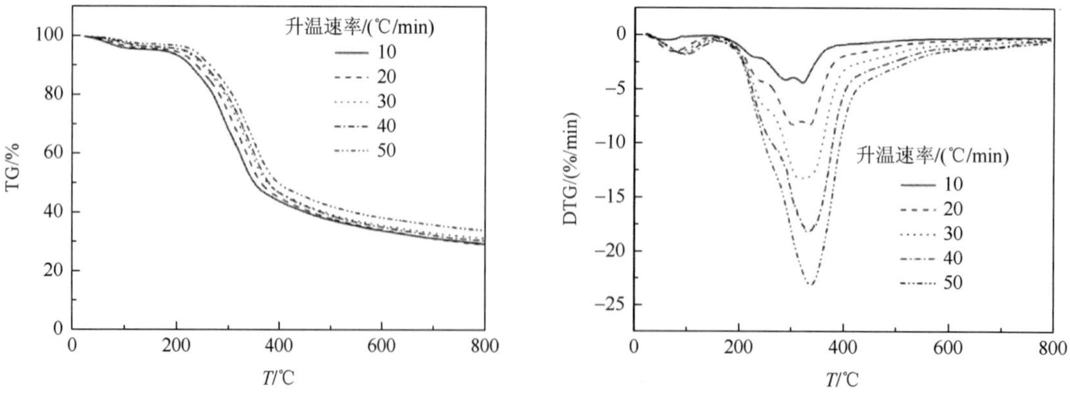

图 3　不同升温速率下油茶壳 TG/DTG 曲线

表 2　不同升温速率下油茶壳主失重温区、最大失重速率及所对应的温度

β/(℃/min)	主失重温区/℃	DTG_{max}/(%/min)	T_{peak}/℃
10	166～377	4.39	324.56
20	177～392	8.47	344.93

续表

β/(℃/min)	主失重温区/℃	DTG_{max}/(%/min)	T_{peak}/℃
30	180～407	12.06	348.21
40	187～416	16.65	351.86
50	196～427	21.18	354.17

3 热解动力学分析

3.1 非等温动力学模型基础

对于常见的固相反应来说，其反应速率的微分形式可表示为

$$\frac{\mathrm{d}\alpha}{\mathrm{d}t}=kf(\alpha) \tag{1}$$

$$\alpha=\frac{m_0-m}{m_0-m_\infty} \tag{2}$$

式中，α 为热分解转化率；t 为热分解时间；k 为反应速率常数；m_0 为生物质初始质量；m 为 t 时刻对应的生物质质量；m_∞为热分解终温时残余物质量。

非等温热反应速率方程可表示为

$$\frac{\mathrm{d}\alpha}{\mathrm{d}T}=\frac{A}{\beta}f(\alpha)\exp\left(\frac{-E}{RT}\right) \tag{3}$$

式（3）中，T 为热力学温度（K）；A 为频率因子（$\min^{-1}$）；β 为升温速率（K/min）；E 为表观活化能（kJ/mol）；R 为通用气体常数（8.314×10^{-3}kJ/(K·mol)）。

$f(\alpha)$ 的积分形式为

$$G(\alpha)=\frac{A}{B}\int_0^T\exp\left(\frac{-E}{RT}\right)\mathrm{d}T \tag{4}$$

3.2 Šatava-Šesták 法

Šatava-Šesták 法的反应速率方程可表示为

$$\lg G(\alpha)=\lg\frac{A_s}{R\beta}-2.315-0.4567\frac{E_s}{RT} \tag{5}$$

式中，$G(\alpha)$ 取表 3 中给出的 30 种形式。

采用油茶壳在 10℃/min，20℃/min，30℃/min，40℃/min，50℃/min 升温速率下的热重数据，对于固定的 β_i，将对应的 T_{ij} 和 α_{ij} 的数值代入方程（5），即可得到包含 k_i 个方程的一个方程组

$$\lg G(\alpha_{ij})=\lg\frac{A_s}{R\beta_i}-2.315-0.4567\frac{E_s}{RT_{ij}}\text{，}i\text{ 固定},j=1,2,\cdots,k_i \tag{6}$$

相同的升温速率下，β_i 固定，则 $\lg\frac{A_s}{R\beta_i}$ 为常数，故 $\lg G(\alpha_{ij})$ 与 $\frac{1}{T_{ij}}$ 呈线性关系，从而可利用线性最小二乘法求解。对于每个固定的 $\beta_i(i=1,2,\cdots,L)$ 和表 3 中的每种机理函数 $G(\alpha)$，可以分别计算出对应的 E_s 和 A_s。通常，要求保留满足条件 $0<E_s<400$kJ/mol 的 E_s 及其对应的 $\lg A_s$。分别用这些 E_s 与 Ozawa 法计算出的 E_o 相比较，要求 E_s 满足条件 $\left|\frac{E_o-E_s}{E_o}\right|\leqslant0.1$，并分别用 $\lg A_s$ 与 Kissinger 法求得的 $\lg A_k$ 相比较，要求 $\lg A_s$ 满足条件 $\phi\left|\frac{\lg A_s-\lg A_k}{\lg A_k}\right|\leqslant0.2$。

表 3　30 种机理函数的积分形式

序号	反应机理	
1	一维扩散	α^2
2	二维模型（圆柱形对称）	$\alpha+(1-\alpha)\ln(1-\alpha)$
3	三维扩散（球形对称）	$(1-2\alpha/3)-(1-\alpha)^{2/3}$
4～5	三维扩散（球形对称，$n=2$，1/2）	$[1-(1-\alpha)^{1/3}]n$
6	二维扩散	$[(1-(1-\alpha)^{1/2}]^{1/2}$
7	三维扩散	$[(1+\alpha)^{1/3}-1]^2$
8	三维扩散	$[(1/(1+\alpha)^{1/3}-1)]^2$
9	随机成核和随后生长，$n=1$	$-\ln(1-\alpha)$
10～16	随机成核和随后生长（$n=2/3$，1/2，1/3，4，1/4，2，3）	$[-\ln(1-\alpha)]^{0n}$
17～22	相界反应（$n=1/2$，3，2，4，1/3，1/4）	$1-(1-\alpha)^n$
23～27	幂函数法则（$n=1$，3/2，1/2，1/3，1/4）	α^n
28	化学反应	$(1-\alpha)^{-1}$
29	化学反应	$(1-\alpha)^{-1}-1$
30	化学反应	$(1-\alpha)^{-1/2}$

3.3　动力学参数的确定

按上述方法，将 30 种机理函数代入方程（6）中，利用线性最小二乘法求解，即可得到 30 组 E_s 和 A_s。采用 Ozawa 法求得的 E_o 为 80.05kJ/mol，Kissinger 法求得的 $\lg A_k$ 为 6.40，与 Šatava-Šesták 法计算所得的 30 组 E_s 和 A_s 比较后，选取符合条件的机理函数为第 16 种机理函数，此模型能更准确地反映油茶壳的热解反应过程，且相关系数均大于 0.94，如图 4 所示。表 4 给出了该机理函数相关参数的计算结果，积分形式为$[-\ln(1-\alpha)]^3$，其热解机理符合 Avrami-Erofeev 方程（随机成核和随后生长），采用该种反应机理函数求得的油茶壳的平均活化能为 79.59kJ/mol。

表 4　Šatava-Šesták 法第 16 种机理函数计算的动力学参数

β/(℃/min)	E_s/(kJ/mol)	$\lg A_k$
10	78.75	6.05
20	85.33	6.74
30	87.69	6.97
40	72.34	5.26
50	73.85	5.45

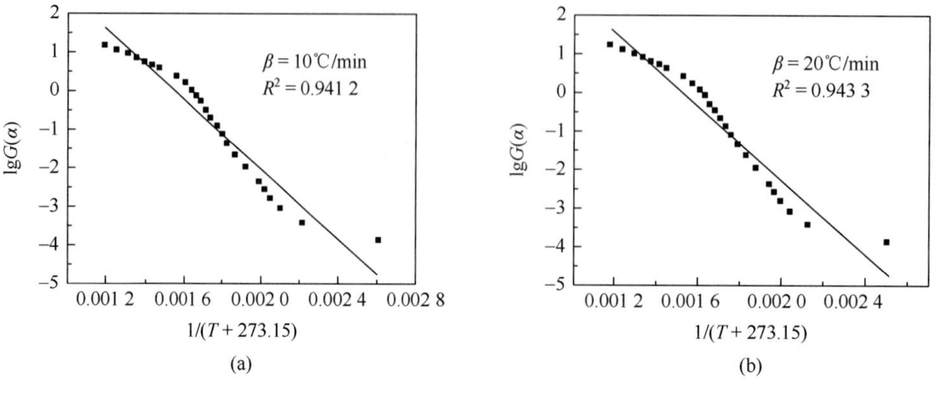

(a)　　(b)

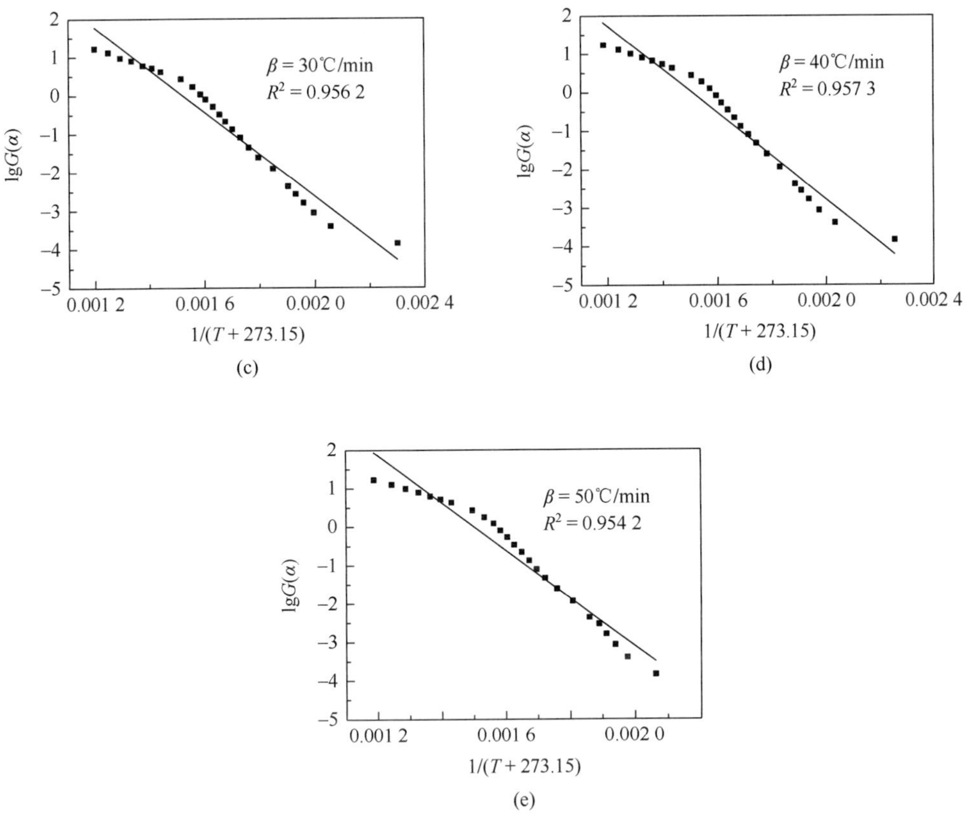

图 4 不同升温速率下的 Šatava-Šesták 法 Arrhenius 谱图

4 结 论

油茶壳的热解可视为纤维素、半纤维素和木质素热解的综合表现。其失重过程分为干燥、热裂解和炭化阶段。30～130℃为干燥阶段；150～500℃为热裂解阶段，此区间内 218℃处的肩峰，可能是由半纤维素侧链断裂的失重形成的，随后出现在 306℃和 345℃两处的失重峰，分别对应于半纤维素芳香化过程、单糖组分的解聚反应和纤维素的热裂解。500～800℃为炭化阶段，主要为木质素的热解。随着升温速率的增加，TG/DTG 曲线向高温区移动。油茶壳在不同升温速率条件下的热解行为，热解机理符合 Avrami-Erofeev 方程（随机成核和随后生长），积分形式为$[-\ln(1-\alpha)]^3$，采用该种反应机理函数求得的油茶壳的平均活化能为 79.59kJ/mol。

参 考 文 献

[1] Caputo A C，Palumbo M，Pelagagge P M，et al. Economics of biomass energy utilization in combustion and gasification plants：Effects of logistic variables. Biomass and Bioenergy，2005，28（1）：35-51.

[2] Huber G W，Iborra S，Corma A. Synthesis of transportation fuels from biomass：Chemistry，catalysts，and engineering. Chemical Reviews，2006，106（9）：4044-4098.

[3] 顾洁，马中青，刘斌，等. 当量比对稻草固定床气化性能的影响. 科学技术与工程，2014，14（17）：201-205.

[4] Garcia-Maraver A，Salvachúa D，Martínez M J，et al. Analysis of the relation between the cellulose，hemicellulose and lignin content and the thermal behavior of residual biomass from olive trees. Waste Management，2013，33（11）：2245-2249.

[5] Zhang Q，Chang J，Wang T，et al. Review of biomass pyrolysis oil properties and upgrading research. Energy Conversion and Management，2007，48（1）：87-92.

[6] 姚小华，王开良，罗细芳，等. 我国油茶产业化现状及发展思路. 林业科技开发，2005，19（1）：3-6.

[7] 胡荣祖，高胜利，赵凤起，等. 热分析动力学. 北京：科学出版社，2008.

[8] Ma Z，Chen D，Gu J，et al. Determination of pyrolysis characteristics and kinetics of palm kernel shell using TGA-FTIR and model-free integral methods. Energy Conversion and Management，2015，89：251-259.

[9] Chen D，Zhou J，Zhang Q. Effects of heating rate on slow pyrolysis behavior，kinetic parameters and products properties of moso bamboo. Bioresource Technology，2014，169：313-319.

[10] 宋春财，胡浩权，朱盛维，等. 生物质秸秆热重分析及几种动力学模型结果比较. 燃料化学学报，2003，31（4）：311-316.

[11] 农韦健. 枫酸热力学特性及其热分解动力学. 南宁：广西大学，2012.

[12] Lü G J，Wu S B. Analytical pyrolysis studies of corn stalk and its three main components by TG-MS and Py-GC/MS. Journal of Analytical and Applied Pyrolysis，2012，97：11-18.

[13] Lü G J，Wu S B，Lou R. Kinetic study for the thermal decomposition of hemicellulose isolated from corn stalk. BioResources，2010，5（2）：1281-1291.

[14] 杨卿. 麦草及其三种主要组分的热解规律. 广州：华南理工大学，2010.

[15] 陈登宇，张栋，朱锡锋. 干燥前后稻壳的热解及其动力学特性. 太阳能学报，2010，31（10）：1230-1235.

[16] 裴继诚. 植物纤维化学. 北京：中国轻工业出版社，2012.

[17] Brebu M，Vasile C. Thermal degradation of lignin—a review. Cellulose Chemistry and Technology，2010，44（9）：353-363.

[18] Yang H，Yan R，Chen H，et al. In-depth investigation of biomass pyrolysis based on three major components：Hemicellulose，cellulose and lignin. Energy & Fuels，2006，20（1）：388-393.

[19] Manya J J，Velo E，Puigjaner L. Kinetics of biomass pyrolysis：A reformulated three-parallel-reactions model. Industrial & Engineering Chemistry Research，2003，42（3）：434-441.

[20] Pasangulapati V，Kumar A，Jones C L，et al. Characterization of switchgrass，cellulose，hemicellulose and lignin for thermochemical conversions. Journal of Biobased Materials and Bioenergy，2012，6（3）：249-258.

[21] López-González D，Fernandez-Lopez M，Valverde J L，et al. Thermogravimetric-mass spectrometric analysis on combustion of lignocellulosic biomass. Bioresource Technology，2013，143：562-574.

[22] Vassilev S V，Baxter D，Andersen L K，et al. An overview of the organic and inorganic phase composition of biomass. Fuel，2012，94：1-33.

[23] Lopez-Velazquez M A，Santes V，Balmaseda J，et al. Pyrolysis of orange waste：a thermo-kinetic study. Journal of Analytical and Applied Pyrolysis，2013，99：170-177.

[24] 陈登宇，朱锡锋. 生物质热反应机理与活化能确定方法 II. 热解段研究. 燃料化学学报，2011，39（9）：670-674.

农林生物质气化多联产技术的集成与应用

张齐生

所谓生物质，就是指利用太阳、土地、水等而产生的可以持续再生长的含有碳元素、氢元素、氧元素的物质，包括动物、植物和微生物。农作物及其废弃物、木材、木材废弃物和动物粪便都是极具代表性的生物质。生物质能源是地球上最古老的能源，跟煤炭、石油相比，其能源密度很低，即材料中碳元素含量不多，所以运输、储存、使用都很不方便。但是，可再生性、低碳环保的优点，以及广泛分布的特点，使得它在能源资源日趋枯竭的今天，成为了一个全世界都高度关注的领域。

气化技术是生物质能源的一种利用方式，是指生物质在高温、无氧或缺氧条件下加热产生可燃气的过程。气化技术是一项古老的技术，早在 1883 年就问世于欧洲。但是，在长达一个多世纪的岁月中，气化技术并没有很好地被人类加以利用。究其原因，不仅在于气化技术问世以来便是便捷的油、气年代，更在于这项技术本身存在的一些缺陷。气化技术仅产生可燃气这一单一产品，经济效益不显著。更致命的是可燃气中焦油的含量高，污染机具，影响设备正常运行，并且在净化可燃气过程中，产生的生物质提取液未能很好利用，造成环境污染。同时，气化设备产能太小（一般为 200～300kW 的发电量），也是它未能引起工业界关注的一个重要因素。

生物质气化多联产技术正是针对生物质气化技术的提质与升级，它是指利用气化成套设备将农林生物质热解生成燃气、生物质提取液和生物质炭、热能的技术。它可获得多种产品，可以解决因单一产品造成的效益低下问题，提高生物质气化的综合效益；它采用科学、高效的气液分离技术，使可燃气中焦油含量满足用气设备的要求，解决了污染问题，确保发电机长期稳定运行。在创新应用中，生物质多联产技术可以开发出 1MW 大功率的燃气发电机和配套的气化炉。同时，生物质气化多联产技术可以解决工业化规模问题，并利用可燃气、生物质炭、生物质提取液、焦油的多种应用途径和余热的回收利用技术，建设综合的电、热、炭联合工厂。

应用生物质气化多联产技术，可同时获得气、炭、液、热，它们各有特性、各有用途、各具效益。

可燃气。不同的生物质原料，可燃气的成分有差别，热值也有差别。1kg 生物质燃料，可以产生 2.5～3m^3 可燃气。可燃气可用于发电。1kg 木片产生的可燃气可发电 0.9～1.0 度、1.5kg 稻壳产生的可燃气可发电 1.0 度。可燃气也可用于锅炉燃料，1500m^3 可燃气每小时可产生 2t 中低压饱和蒸汽。其成分与热值见表 1。

表 1　可燃气的成分与热值

生物质	CH_4/%	CO_2/%	CO/%	H_2/%	CO_2/%	热值/(kJ/m^3)
稻壳	2.6	13.5	14.5	9.5	1.61	3762（9000kcal/m^3）
木片	3.94	19.62	12.62	12.35	0.27	5300（1286kcal/m^3）

生物质炭。炭是地球上化学成分最稳定的物质，用途非常广泛。木炭含碳量高、灰分少（表 2），可制成活性炭，作为优良的吸附、净化材料，也可作为催化剂或催化剂载体，是工业、农业、国防、交通、医药卫生、环保事业和尖端科学不可或缺的重要材料。每吨活性炭可售价 6000～8000 元，经济效益非常可观。秸秆炭含有钾、氮、磷、镁、铜、铁、锌等矿物质，因灰分含量高，不适宜用来制活性炭，主要用于改良土壤和制作炭基复合肥。秸秆中的钾、硅、镁等多种大量、中量、微量元素可回田，其中钾元素约为 5%，硅为 3%～10%。硅的回田对农作物抗倒伏意义非凡，水稻吸收硅以后，秸秆的强度就会得到提高，谷穗也会长得饱满。炭回田可以增加土壤的孔隙度，改善土壤的通气、透水状况；抑制土壤对磷的吸附，改善作物对磷的吸收；修复被重金属污染的土壤；提高土壤地温 1～3℃，使作物成熟期提前 3～5 天；提高土壤的持水能力，对土壤中的肥料和农药均有缓释作用，使肥料成为缓释肥。

本文原载《林业与生态》2015 年第 5 期第 14-15 页。

表 2　生物质炭的属性

原料	热值/(kJ/kg)	灰分含量/%	挥发分含量/%	固定碳含量/%
木片	30 188（7222kcal/kg）	8.44	9.76	81.80
稻壳	18 497（4425kcal/kg）	45.35	5.21	49.44

生物质提取液。生物质材料热解气化时产生的液体成分经冷凝、分离可得到含有酸类、醇类、酯类、酮类、酚类等多种有机化学成分的生物质提取液。生物质提取液中许多有机化合物都具有生物活性，可以促进作物生长，并起到抑菌、杀菌的作用。如生物质稻壳提取液对白色念珠菌、大肠杆菌的抑菌率可达 90%以上。此外，生物质提取液可以作为基质，加上农作物生长必需的一定数量的大量元素、中量元素、微量元素，制成活性有机叶面肥，显著提高作物的产量和品质。

热能。气化过程中，为净化可燃气，获取生物质提取液，冷凝器需使用冷却水；发电机高速运行需使用冷却水冷却电机；为使气化炉保持适当炉温，并使生物质炭冷却，需对气化炉进行冷却。这几个过程的冷却水出是具有温度的。1MW 功率的气化炉每小时可产生 10t60～80℃热水；发电机尾气达 600℃高温，每小时可产生 1t 余热蒸汽。蒸汽和热水都是很重要的有价值的资源，1t 蒸汽约 250 元，1t 热水约 80 元。一座 5MW 的电厂，每小时可产生 5t 蒸汽和 50t 的热水，其一天产生的蒸汽和热水达 12 万多元。

除了获取各种具有效益的产品外，生物质多联产技术的应用还可以起到很好的节能减排效果。一个 5MW 的生物质多联产电厂，与传统煤发电相比，每年节约标准煤 12 600t，减排 SO_2 300t，NO_x66t，CO_2 32760t。

2002 年，我们开启了“生物质气化多联产”技术的研究。经过 10 多年的实验、研究、示范，该技术于 2012 年正式进入工业化示范阶段。目前的技术及机械化水平完全可以支撑生物质气化多联产技术进入产业化阶段。未来，将在现有 500kW 气化炉成功运行多年的基础上，集成与提升单炉单机转化成多炉多机，并提高单炉单机的生产能力，建设 5MW 生物质电厂与炭基复合肥、生物质电厂与活性炭等联合企业。我们期待并相信生物质能源多联产技术为生活带来更多美好！

基于 TGA-FTIR 和无模式函数积分法的稻壳热解机理研究

马中青[1, 2]　支维剑[1, 2]　叶结旺[1, 2]　张齐生[3]

（1 浙江农林大学工程学院　临安　311300；

2 浙江省木材科学与技术重点实验室　临安　311300；

3 南京林业大学材料科学与工程学院　南京　210037）

摘　要

利用热重红外联用技术（TGA-FTIR）和无模式函数积分法，研究了不同升温速率（5℃/min、10℃/min、20℃/min、30℃/min）下，稻壳的热解特性和热解动力学，深入探讨其热解机理。TG 和 DTG 研究表明，稻壳的热解过程分为干燥、快速热解和炭化 3 个阶段，随着升温速率的增加，TG 和 DTG 曲线向高温一侧移动。稻壳热解气体成分含量最多的是 CO_2，其次为醛、酮、酸类以及烷烃、醇类和酚类等有机物。通过无模式函数积分法：FWO 法和 KAS 法，计算得到的活化能随着转化率（α）增加数值波动明显，证明稻壳热解过程发生复杂的重叠、平行和连续的化学反应。$0.1 \leqslant \alpha < 0.35$，半纤维素的支链首先降解，然后是主链降解。$0.35 \leqslant \alpha \leqslant 0.7$，纤维素首先转化为中间产物活性纤维素，然后活性纤维素再次降解。$0.7 < \alpha \leqslant 0.8$，主要是木质素降解，生物质中可降解的挥发分减少以及低反应活性的焦炭的不断生成是造成此阶段活化能快速增加的主要原因。总之，生物质三组分化学成分和结构差异造成不同转化率下活化能的差异。

关键词：稻壳；热解；热重红外联用；动力学；无模式函数法

稻壳是大米加工过程中的主要副产物，是一种优质的清洁可再生能源原料，我国年平均产量约为 3484.2 万 t[1]。通过热化学转化技术，特别是热解技术，将稻壳生物质转化为生物燃料和特殊化学品，已成为生物质资源化利用的研究热点[2, 3]。目前，利用热重分析仪（TGA）对稻壳的热解特性研究，主要集中于研究温度和试样质量之间的关系[4, 5]，很少对其热解挥发气体的成分进行分析。采用热重红外联用分析（TGA-FTIR），不仅可以研究生物质在受热分解过程中的失重规律，而且还可根据热解气体成分的特定官能团的特征吸收峰，对其成分和相对含量的变化进行在线实时检测[6-8]。借助 TGA-FTIR，Gu 等[7]和 Gao 等[8]分别对杨木和松木的热解特性进行研究，发现热解气体的主要成分为 H_2O、CO、CO_2 和 CH_4 等小分子物质以及醛、酮和酚类等有机化合物。热分析动力学是研究固体物质热解特性和机理的重要方法[9, 10]。根据是否含有模式函数，热分析动力学方法可分为传统的动力学模式函数法（如常规的 Coats-Redfern 法，随机成核和扩散模式函数法）和无模式函数法。以 Flynn-Wall-Ozawa（FWO）[11, 12]法和 Kissinger-Akahira-Sunose（KAS）[13, 14]法为代表的无模式函数法，具有试验和操作方便、易于实现等优点；并且避免了因反应模式函数的假设不同而可能带来的误差，计算过程中采用不同升温速率试验数据，因此获得的活化能值更加稳定可靠。FWO 法和 KAS 法的基本假设为不同升温速率条件下的转化率（α）为固定值，且转化率仅是关于温度（T）的函数[10]，因此其比较适用于生物质的热解动力学研究。本研究以稻壳为原料，利用 TGA-FTIR 技术对其热解特性进行研究，然后在不同升温速率条件下，采用 FWO 法和 KAS 法对其热解动力学进行分析，以期掌握稻壳的热解机理，有助于对以稻壳为原料的热解气化设备单元的优化设计。

1 实　验

1.1 材料

稻壳原料取自江苏句容某大米加工厂，用粉碎机将其磨成粉，经筛过滤，保留粒径为 250～380μm 的粉末

本文原载《生物质化学工程》2015 年第 49 卷第 3 期第 27-33 页。

用于工业分析、元素分析和 TGA-FTIR 分析。生物质三组分原料的模型化合物：纤维素（货号：435236）、半纤维素（用木聚糖替代，货号：4252）和木质素（货号：370959）均为粉末状，购自美国 Sigma-Aldrich 公司。

1.2 仪器和方法

稻壳的工业分析参照 GB/T28731—2012《固体生物质燃料工业分析方法》进行测定；元素分析采用德国 Elementary 公司 Vario EL 元素分析仪的 CHNS 模式进行测定，氧元素质量分数通过差减法获得；每个指标测量 3 次，取平均值。测试结果如下：C37.65%、H5.13%、O55.4%、N1.63%、S0.181%、挥发分 62.78%、固定碳 16.11%、灰分 16.56%、含水率 4.55%、热值 12.85MJ/kg。稻壳的热解特性分析采用 TGA Q5000 热重分析仪和 Nicolet 6700 傅里叶红外光谱仪测定，两者通过应用附件热传输线连接，热传输线的设置温度为 210℃，每次实验用料约 15mg。热解试验时，氮气流量为 70mL/min，采用 4 个不同的升温速率，分别为 5℃/min、10℃/min、20℃/min、30℃/min，从室温升至 800℃。

1.3 热解动力学分析方法

1. 非等温动力学模型

在线性升温条件下，由于固体生物质热解后将转化成碳和气体。非等温热反应速率方程，即 Arrhenius 热分解动力学方程（式（1）），较适合于固体生物质的热解动力学研究[9]。

$$\frac{\mathrm{d}\alpha}{\mathrm{d}t}=A\exp\left(-\frac{E}{RT}\right)f(\alpha) \tag{1}$$

$$\alpha=\frac{m_0-m_t}{m_0-m_\infty} \tag{2}$$

式中，α—转化率；m_0—生物质初始质量，mg；m_t—t 时刻对应的生物质质量，mg；m_∞—热分解终温时残余物质量，mg；A—指前因子，min^{-1}；E—生物质反应活化能，kJ/mol；R—摩尔气体常数，8.314×10^{-3}kJ/(K·mol)；T—热力学温度，K；$f(\alpha)$—反应机理函数。

而升温速率 β 定义为 $\beta=\mathrm{d}T/\mathrm{d}t$，代入式（1）可得热分解反应动力学方程式（3）：

$$\frac{\mathrm{d}\alpha}{\mathrm{d}T}=\frac{A}{\beta}\exp\left(-\frac{E}{RT}\right)f(\alpha) \tag{3}$$

对式（3）求积分整理得

$$G(\alpha)=\int_0^\alpha\frac{\mathrm{d}\alpha}{f(\alpha)}=\frac{A}{\beta}\int_0^T\exp\left(-\frac{E}{RT}\right)\mathrm{d}T \tag{4}$$

式中，$G(\alpha)$—机理函数 $f(\alpha)$的积分形式。

基于式（1）～（4），可以应用多种动力学方法对生物质的热解机理开展研究。

2. 无模式函数积分法

以 FWO[11,12]和 KAS[13,14]无模式函数积分法对稻壳的热解机理进行研究，两者分别采用不同的近似值，FWO 法为 Doyle 近似值（$\lg(P(u))\approx-2.315+0.4567u$），KAS 法为（$P(u)\approx u^{-2}\mathrm{e}^{-u}$）。活化能（$E$）是转化率（$\alpha$）的函数。FWO 和 KAS 积分法分别用式（5）和式（6）表示。

$$\lg\beta=\lg\frac{AE}{RG(\alpha)}-2.315-0.456\frac{E}{RT} \tag{5}$$

$$\ln\left(\frac{\beta}{T^2}\right)=\ln\frac{AR}{EG(\alpha)}-\frac{E}{RT} \tag{6}$$

在不同的升温速率 β 下，取相同的转化率 α，所以 $\lg\beta$ 对 $1/T$ 以及 $\ln(\beta/T^2)$ 对 $1/T$ 为线性关系。经过线性拟合后，活化能 E 可以根据式（5）和式（6）的斜率$-0.4567E/R$ 和$-E/R$ 求解得到。

2 结果与讨论

2.1 纤维素、半纤维素和木质素的 TGA 分析

通过对稻壳的主要化学组分：纤维素、半纤维素和木质素模型化合物的单独热解实验，将有助于解释

稻壳的整体热解过程。图 1 为稻壳三组分的 TG 和 DTG 曲线，三者的热解特性存在较大的差异。从 DTG 曲线看出，半纤维素的初始热解温度最低，热解温度范围为 105～360℃。与半纤维素相比，纤维素初始热解温度更高，热解温度范围为 265～405℃。与纤维素和半纤维素相比，木质素的热解 DTG 失重峰相对比较平缓，热解过程更加缓慢，热解温度范围更广泛，为 95～800℃，并且热解固体剩余物质量最高，占 45%。通过以上分析可知，三组分的热稳定性顺序：半纤维素＜纤维素＜木质素。究其原因，主要是三组分的化学成分和分子结构差异造成的。纤维素为线性长链状大分子，由 7000～1 0000 个葡萄糖基聚合而成；半纤维素是由 150～200 个几种不同糖基组成的共聚物，是一种分子质量比较低的碳水聚合物，热稳定性比纤维素差；木质素的基本结构单元是苯基丙烷，是一类具有非结晶性和三度空间结构的高聚物，结构在三者中最稳定[15]。

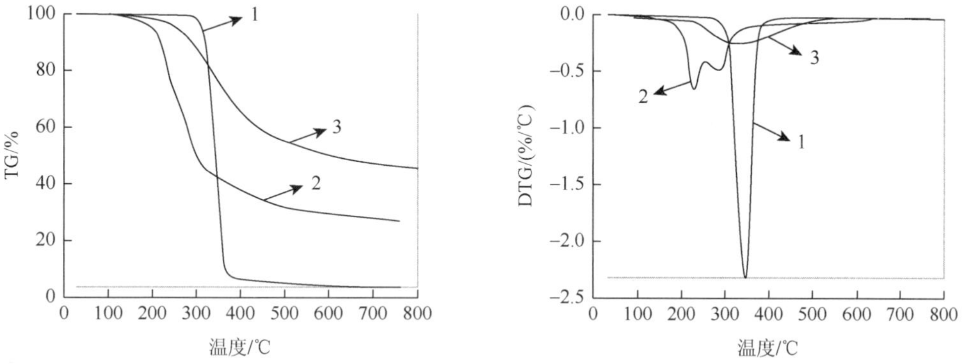

(a) TG　　(b) DTG

图 1　升温速率为 10℃/min 时热解过程

1. 纤维素；2. 半纤维素；3. 木质素

2.2 稻壳热解过程的 TGA 分析

由图 2 看出，随着温度升高，稻壳热解过程主要由干燥阶段、快速热解阶段和炭化阶段组成。第一阶段：干燥阶段，温度为室温～150℃，主要为自由水和结合水的析出阶段，TG 曲线看出失重率约为 4.5%，对应的 DTG 曲线有一个微小失重峰。第二阶段：快速热解阶段，温度在 150～420℃，从 DTG 曲线看出存在两个失重峰，分别为肩峰（290℃处）和尖峰（347℃处）。由于稻壳中三种化学组成的热稳定性依次为：木质素＞纤维素＞半纤维素[16]，因此第一个失重肩峰为半纤维素热解产生，第二个失重尖峰由纤维素热解产生。在此阶段，从 TG 曲线看出试样开始快速裂解，失重明显，总失重率达到 49%，稻壳中的大部分挥发分转变为气体。第三阶段：炭化阶段，温度在 420～800℃，主要是木质素的缓慢热解炭化失重过程，焦炭为最主要的热解产物，失重率约为 10%。热解结束后，焦炭含量比其他生物质高很多，占 37.8%。

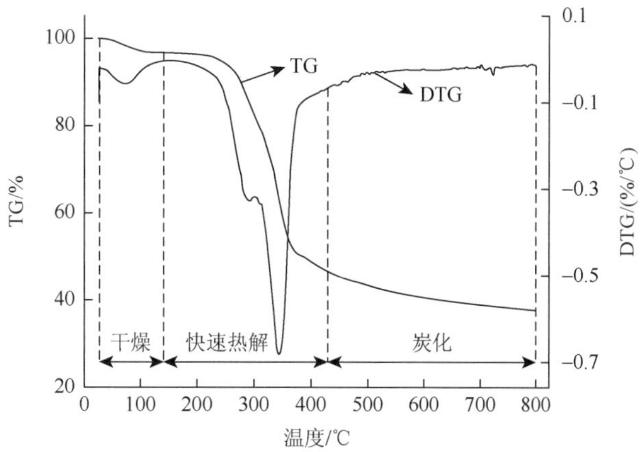

图 2　稻壳在升温速率为 10℃/min 时热解过程的 TG 和 DTG 曲线

2.3　稻壳热解过程的 FTIR 分析

图 3（a）为稻壳在升温速率为 10℃/min 时热解过程的 FT-IR 的三维立体图，可清晰观察到各个挥发分气体的红外特征吸收峰。以波数为横坐标，其中最显著的 3 个峰位于波数为 1785cm^{-1}、2325cm^{-1} 和 1114cm^{-1} 处。以时间为横坐标，特征峰存在 2 个挥发分析出峰，分别为肩峰（290℃）和尖峰（347℃），与图 2 中稻壳热解的 DTG 曲线的失重规律一致。

以热解失重速率最大处（347℃）为例，对稻壳热解过程的气体成分进行鉴别，解谱的结果标于图 3（b）。挥发分组分主要分为两类：一类为小分子气体，如 H_2O、CH_4、CO_2、CO 等；另一类为轻质焦油组分，如醛、酮、酸和酚类物质。在前人的研究基础上[6, 8, 17, 18]，对热解成分进行详细的鉴别，稻壳热解过程的红外特征吸收峰，具体如下：4000～3400cm^{-1} 为 H_2O 中 O—H 的伸缩振动，3000～2700cm^{-1} 为 CH_4 中的 C—H 的伸缩振动，2400～2250cm^{-1} 为 CO_2 中 C＝O 的伸缩振动，2250～2000cm^{-1} 为 CO 中 C—O 的伸缩振动，1900～1650cm^{-1} 为醛类、酮类和酸类中 C＝O 的伸缩振动，1690～1450cm^{-1} 为芳香族中 C＝C 以及苯环骨架的伸缩振动，586～726cm^{-1} 为 CO_2 中 C＝O 的弯曲振动；波数在 1475～1000cm^{-1} 为指纹区，其中 1460～1365cm^{-1} 为烷烃中 C—C 和 C—H 的伸缩振动，1200～1000cm^{-1} 为醇类中 C—O 的伸缩振动，1300～1200cm^{-1} 为酚类中 C—O 的伸缩振动，1275～1060cm^{-1} 为醚类中 C—O 的伸缩振动，1300～1050cm^{-1} 为脂类中 C—O 的伸缩振动。

图 3（c）为稻壳热解时各种挥发分含量随温度变化的红外图，根据 Lambert-Beer 定律，特征吸收峰越明显，吸光度数值越高，此类气体在总气体中相对含量越高[8]。因此稻壳热解过程中挥发分相对含量最高的 3 种物质从高到低依次为 C＝O 键所代表的化合物（醛类、酮类和酸类）＞波数为 2360cm^{-1} 处的 CO_2＞C—H 和 C—O 键所代表的化合物（烷烃、醇类、酚类、醚类和酯类）。除此，还含有少量的 CH_4、CO、H_2O 等小分子，以及单环芳香烃。所有挥发分的产量在 290℃时达到一个小峰值（即热解失重肩峰处），随着温度升高，在 347℃时产量达到最大峰值（即热解失重尖峰处），之后逐渐减少。

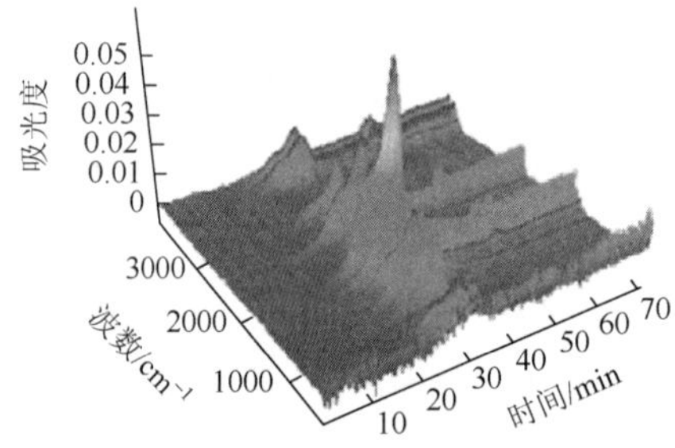

(a) 三维立体图3D

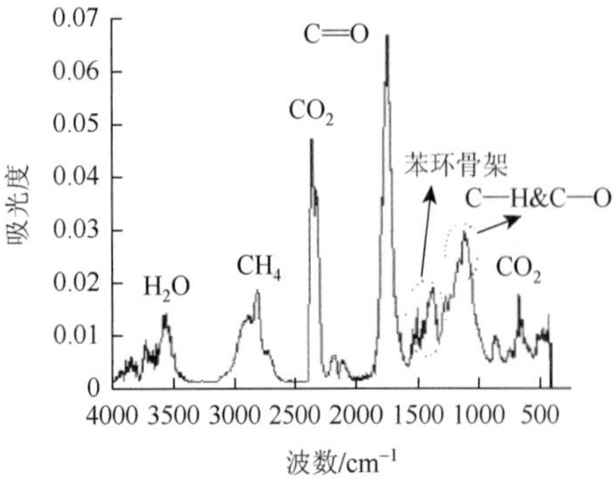

(b) 失重速率最大处(347℃)的挥发分鉴定

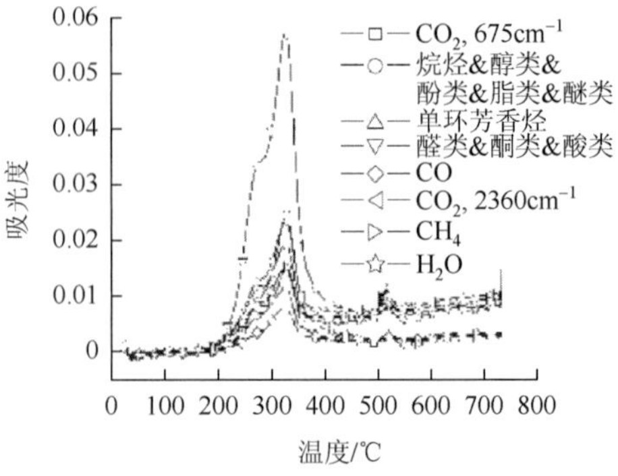

(c) 气态产物的含量随温度变化的红外图

图 3　稻壳在升温速率 10℃/min 时热解过程的 FT-IR 分析

2.4 稻壳的热解动力学分析

1. 不同升温速率下的 TGA 分析

由图 4 看出，随着升温速率的增加，稻壳快速热解阶段的 TG/DTG 曲线的起始温度、终止温度、最大失重率处的温度都向高温一侧移动。由于生物质是一种热的不良导体，受传热传质影响，在升温过程中，生物质颗粒本身存在温度梯度，颗粒内部温度略低于外表面的温度，升温速率的增加加剧了颗粒内温度梯度的形成，导致出现热滞后现象[19]。

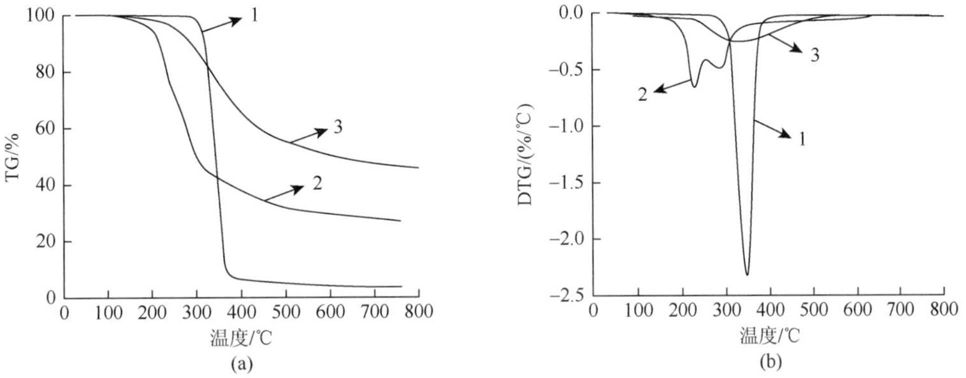

图 4 稻壳在不同升温速率下的 TG（a）和 DTG（b）曲线

1. 纤维素；2. 半纤维素；3. 木质素

2. FWO 法和 KAS 法热解动力学分析

根据稻壳在不同升温速率下的 TGA 数据，采用 FWO 法和 KAS 法对其不同转化率下（0.1～0.8，间隔 0.05）的活化能值进行计算。表 1 为稻壳不同转化率时的 FWO 法和 KAS 法线性拟合曲线的相关系数以及计算得到的活化能数值，所有拟合曲线的相关系数 R^2 都在 0.93 以上，证明活化能计算的准确性和可靠性。转化率在 0.1～0.8 之外的相关系数非常低，因此并没有对其进行讨论。

表 1 不同转化率时 FWO 法和 KAS 法的稻壳活化能及相关系数

转化率 α	FWO		KAS	
	活化能 E/(kJ/mol)	相关系数 R^2	活化能 E/(kJ/mol)	相关系数 R^2
0.10	115	0.96	112	0.96
0.15	114	0.98	111	0.98
0.20	114	0.99	111	0.98
0.25	121	0.99	117	0.99
0.30	129	0.99	126	0.99
0.35	132	0.99	128	0.99
0.40	131	0.99	124	0.99
0.45	128	0.99	123	0.99
0.50	126	0.99	122	0.99
0.55	126	0.99	122	0.99
0.60	127	0.99	123	0.99
0.65	129	0.99	125	0.99
0.70	132	0.98	128	0.93
0.75	154	0.94	152	0.97
0.80	383	0.97	391	0.97

由表 1 可知，活化能随着转化率的增加而呈上升的趋势；从局部看，活化能存在上下波动，证明稻壳在热解过程中发生了复杂的化学反应，包括重叠、平行和连续反应[20, 21]，因此应该对其进行分阶段讨论，进一步解释其热解反应机理。此外，FWO 法和 KAS 法计算得到的活化能变化趋势基本一致，两者活化能数值偏差在 5%以内，说明获得的活化能较可靠。

活化能代表发生化学反应所需要的最小能量，活化能的高低可以间接说明生物质 3 组分热解的难易程度以及其热解转化情况。根据 2.1 得出的生物质 3 组分的热稳定性差异，半纤维素＜纤维素＜木质素（与文献[22]结论一致），将活化能分成 3 个阶段：$0.1 \leqslant \alpha < 0.35$、$0.35 \leqslant \alpha \leqslant 0.7$ 和 $0.7 < \alpha \leqslant 0.8$。

$0.1 \leqslant \alpha < 0.35$ 主要为半纤维素热解阶段，活化能先降低后逐渐增加。首先热裂解发生在半纤维素的支链上键能较弱的部位，所需的活化能较低；然后半纤维素主链开始降解，所需活化能较高[23]。FWO 法活化能在 114～129kJ/mol，KAS 法活化能在 111～126kJ/mol。$0.35 \leqslant \alpha \leqslant 0.7$ 主要为纤维素热解阶段，活化能逐渐下降，FWO 法活化能 126～132kJ/mol 之间，KAS 法活化能在 122～128kJ/mol。降解初始阶段活化能较高，根据 Broido-Shafizadeh 提出的纤维素热解模型，纤维素热解首先产生中间产物活性纤维素，聚合度降低，分子链长度减少[24]。之后，随着温度升高，活性纤维素开始降解，但此时随着聚合度降低，热降解更易发生，因此活化能跟初始阶段比有所降低。热解第三阶段，$0.7 < \alpha \leqslant 0.8$，主要为木质素热解阶段，活化能快速增加，FWO 法活化能 154～383kJ/mol，KAS 法活化能在 152～391kJ/mol，此阶段活化能数值最高。这一阶段主要为木质素的降解，原因是木质素中的 3 种苯丙烷结构相互紧密结合形成立体网状结构，热降解所需的活化能最高[25]。并且在炭化阶段，会产生大量的低反应活性的焦炭，也会导致活化能增加[15]。

3 结　论

（1）利用热重红外联用技术和无模式函数积分法，研究稻壳在不同升温速率下的热解特性和热解动力学。结果表明，稻壳的热解过程可分为干燥、快速降解和炭化 3 个阶段。稻壳中 3 种主要组分的热稳定性为半纤维素＜纤维素＜木质素。随着升温速率的增加，受传热传质影响，热解 TG 和 DTG 曲线往高温一侧移动。热解产生的最多的物质是 CO_2 及醛、酮、酸类、烷烃、醇类和酚类等有机物。

（2）FWO 法和 KAS 法计算得到的活化能随着转化率增加波动明显，证明稻壳热解过程发生复杂的重叠、平行和连续的化学反应。生物质 3 组分化学成分和结构差异造成不同转化率（α）下活化能的差异。$0.1 \leqslant \alpha < 0.35$，活化能先减少后增加，主要是半纤维素降解，降解首先发生在半纤维素支链，然后是主链发生断裂；$0.35 \leqslant \alpha \leqslant 0.7$，活化能先增加后减少，主要是纤维素降解，纤维素首先转化为中间产物活性纤维素，然后活性纤维素再次降解；$0.7 < \alpha \leqslant 0.8$，活化能快速增加，主要是木质素降解，生物质中可降解的挥发分减少以及低反应活性的焦炭的不断生成是造成此阶段活化能快速增加的主要原因。

参 考 文 献

[1] 郭立磊，王晓玉，等. 中国各省大田作物加工副产物资源量评估. 中国农业大学学报，2012，17（6）：45-55.

[2] MA Zhong-qing，ZHANG Yi-meng，et al. Design and experimental investigation of a 190kW biomass fixed bed gasification and polygeneration pilot plant using a double air stage downdraft approach. Energy，2012，46（1）：140-147.

[3] 朱锡锋. 生物质热解技术与原理. 合肥：中国科学技术大学出版社，2006.

[4] 王章霞，陈明强，等. 稻壳热解特性及其动力学研究. 安徽理工大学学报：自然科学版，2009，29（1）：43-45.

[5] 陈登宇，张栋，朱锡锋. 干燥前后稻壳的热解及其动力学特性. 太阳能学报，2010，31（10）：1230-1235.

[6] 马楠，孙军，等. 竹柳热解的热红联用分析. 林业科技开发，2014，28（1）：38-41.

[7] Gu X L，Ma X，Li L，et al. Pyrolysis of poplar wood sawdust by TG-FTIR and Py-GC/MS. Journal of Analytical and Applied Pyrolysis，2013，102：16-23.

[8] Gao N B，Li A M，Quan C，et al. TG-FTIR and Py-GC/MS analysis on pyrolysis and combustion of pine sawdust. Journal of Analytical and Applied Pyrolysis，2013，100：26-32.

[9] 胡荣祖，高胜利，等. 热分析动力学. 北京：科学出版社，2008.

[10] Vyazovkin S，Burnham A K，Criado J M，et al. ICTAC Kinetics committee recommendations for performing kinetic computations on thermal analysis data. Thermochimica Acta，2011，520（1/2）：1-19.

[11] Flynn J H，Wall A L. A quick direct method for determination of activation energy from thermogravimetric data. Journal of Polymer Science Part B，1966，4（5）：323-328.

[12] Ozawa T. A new method of analyzing thermogravimetric data. Bulletin of Chemical Society of Japan，1965，38（11）：1881-1886.

[13] Kissinger H E. Reaction kinetics in differential thermal analysis. Analytical Chemistry，1957，29（11）：1702-1706.

[14] Akahira T，Sunose T. Method of determining activation deterioration constant of electrical insulating materials. Report of Research Institute. Chiba Institute of Technology：Science Technology，1971，16：22-31.

[15] Chen D Y，Zheng Y，Zhu X F. In-depth investigation on the pyrolysis kinetics of raw biomass. Part I: Kinetic analysis for the drying and devolatilization stages. Bioresource Technology，2013，131：40-46.

[16] Wongsiriamnuay T，Tippayawong N. Thermogravimetric analysis of giant sensitive plants under air atmosphere. Bioresource Technology，2010，101（23）：9314-9320.

[17] Ren X Y，Wang W L，Bai T T，et al. TG-FTIR study of the thermal-conversion properties of holo-cellulose derived from woody biomass. Spectroscopy and Spectral Analysis，2013，33（9）：2392-2397.

[18] 孙凤霞. 仪器分析. 北京：化学工业出版社，2004.

[19] Kumar A，Wang L，Dzenis Y A，et al. Thermogravimetric characterization of corn stover as gasification and pyrolysis feedstock. Biomass & Bioenergy，2008，32（5）：460-467.

[20] Chandrasekaran S R，Hopke P K. Kinetics of switch grass pellet thermal decomposition under inert and oxidizing atmospheres. Bioresource Technology，2012，125：52-58.

[21] Cai J M，Bi L S. Kinetic analysis of wheat straw pyrolysis using isoconversional methods. Journal of Thermal Analysis and Calorimetry，2009，98（1）：325-330.

[22] Ma Z Q，Chen D Y，Gu J. Determination of pyrolysis characteristics and kinetics of palm kernel shell using TGA-FTIR and model-free integral methods. Energy Conversion and Management，2015，89：251-259.

[23] Lopez-Velazquez M A，Santes V，Balmaseda J，et al. Pyrolysis of orange waste：A thermo-kinetic study. Journal of Thermal Analysis and Calorimetry，2013，99：170-177.

[24] Bradbury A G W，Sakai Y，Shafizadeh F. A kinetic model for pyrolysis of cellulose. Journal of Applied Polymer Science，1979，23（11）：3271-3280.

[25] Liu Q，Wang S R，Zheng Y，et al. Mechanism study of wood lignin pyrolysis by using TGA-FTIR analysis. Journal of Analytical and Applied Pyrolysis，2008，82（1）：170-177.

生物质气化多联产技术的集成创新与应用

周建斌　周秉亮　马欢欢　张齐生
（南京林业大学材料科学与工程学院，南京林业大学生物质气（液）化工程研究中心　南京　210037）

摘　要

生物质气化作为生物质能源的一种主要形式，近几十年来得到了国内外的广泛关注和研究。但是由于传统技术燃气中焦油含量高、气化产物单一致使经济效益不佳、存在一定的环境污染及设备系统不够完善等难题，极大地阻碍了生物质气化技术的发展以及实现工业化规模的步伐。笔者所在的团队在国内外率先提出了基于“生物质气化（能源）多联产技术”的新发展思路，并进行了相应的技术研究与产业化应用。根据生物质资源特性不同，研究开发了适合农作物秸秆类的流化床气化多联产炉、果壳类下吸式气化多联产炉和木质类上吸式气化多联产炉，并针对不同的生物质气化产物研发了相应的产品利用路线。其中气相产物（可燃气）用于发电、供气或者热燃气（未经气液分离）直接烧锅炉供热或带动蒸汽轮机发电，该技术解决了燃气净化和焦油的两大难题；液相产物（生物质提取液）制备液体肥料；固相产物（生物质炭）根据生物质原料的不同可分别用于制备炭基有机-无机复混肥（秸秆类原料）、高附加值活性炭（果壳类和木片类）以及工业用还原剂和民用燃料（木质类）。生物质气化多联产技术新理念的提出以及相关核心技术设备的开发与应用也为生物质利用探索出了一条符合绿色、环保和循环、可持续产业发展的良好路径，生物质能源的发展只有与环境保护（空气、水、土壤及食品安全）相结合才是最根本的出路。

关键词：生物质；气化；多联产；活性炭；生物质提取液；炭基有机无机复混肥

生物质能源被认为是一种潜在的替代化石能源的有效途径。首先，生物质是一种清洁的能源，尽管被作为燃料燃烧时释放二氧化碳，但其在生长过程中吸收环境中的二氧化碳，构成了以绿色植物为纽带的碳循环系统，维持了地球生态中的碳平衡，理论上实现了二氧化碳零排放，从而能从根本上缓解因温室气体排放（主要是 CO_2）所导致的全球变暖和海平面升高等全球性环境问题；而且生物质含硫和氮的量与煤相比很低，作为能源能有效减少化石燃料燃烧产生的 SO_2、N_xO_y 等污染物的排放。其次，生物质作为碳源可以直接提炼液体燃料或者通过其他技术（物理、生物或化学等）转化成能源和化学品。再次，生物质资源储量丰富、分布广泛、种类和形态多样且可再生[1-5]。

生物质气化是将生物质在高温下与气化剂（空气、富氧性气体等）发生热解、氧化和还原等反应而转化为气体燃料的过程。生物质气化的能源转化率高，转化后易于管道输送而且燃烧效率高[6, 7]。早在 1918 年，瑞典人 Axel 设计了第一台上吸式木炭气化炉，1924 年制造了第一台下吸式木炭气化炉，从而开创了生物质气化的先河[8]。在经历了石油能源热潮时的研究停顿期，各国开始意识到新能源开发的重要性，生物质热解气化技术重新活跃于历史舞台[9, 10]，尤其在我国改革开放后各地开始兴起生物质气化发电和农村供气，并在相当长的一段时间内成为一种潮流。但遗憾的是国内外能够稳定运营并具有经济效益和环境效应的生物质气化发电（或供气）项目却寥寥无几。

1　生物质气化多联产技术的理念创新与实践

笔者及所在团队经过 10 多年的长期探索与研究，针对传统生物质气化技术的种种问题，提出了基于“生物质气化多联产技术”的创新发展理念（工艺路线见图 1）。从研究、应用与发展的角度阐述了传统气化技术的根本问题并提出了解决方法，实现了“生物质气化多联产技术”的先进性、经济性、环保性并使生物质的利用完全符合绿色、循环的可持续发展目标。

本文原载《林业工程学报》2016 年第 1 卷第 2 期第 1-8 页。

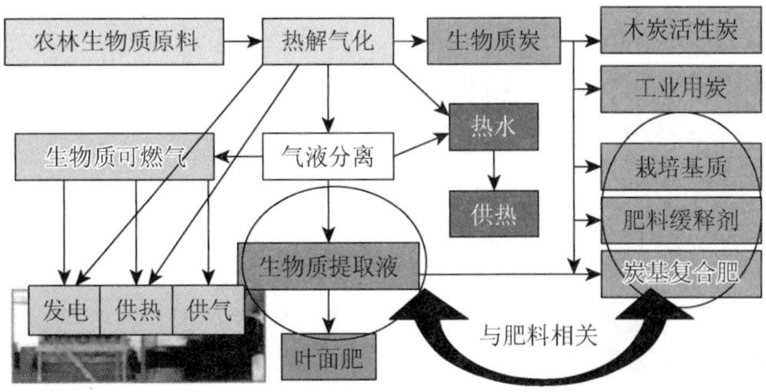

图 1　生物质气化多联产工艺路线

（1）气化副产物利用效率和经济效益高。传统的生物质气化过程中除了得到可燃气外还会产生灰渣（占生物质原料的 10%～20%）、废水、焦油等。它们的资源化利用难度较大，应用前景不佳。若弃置，不仅降低了生物质气化转化效率，还会造成一定的环境污染[14-18]。而生物质气化多联产技术在产生可燃气的同时，又能得到生物质炭及大量经水洗净化处理后的提取液（循环喷淋后浓度逐渐增加）。其中气相产物（可燃气）用于发电、供气或替代煤烧锅炉；液相产物（生物质提取液）可制备液体肥料；固相产物（生物质炭）则根据原料的不同可分别制备炭基有机-无机复混肥（秸秆类原料）、高附加值活性炭（果壳类和木片类）以及工业用还原剂或民用燃料[19-23]。因此生物质气化多联产技术既解决了传统气化技术产品单一的问题，也提升了气化副产物的经济附加值。

（2）环境效应好。传统的生物质气化技术是指生物质完全气化，将生物质中的硫、氮及碳元素全部转化为 SO_2、NO_2 和 CO_2 排放到大气中。而多联产技术是在生物质气化的同时得到生物质炭（占生物质的 15%～30%），生物质中的大部分硫、氮和碳元素保留在生物质炭中，相对于传统气化技术减少了有害气体的排放，从而提高了生物质气化技术的环境效应。

（3）气化技术设备系统完善。由于生物质原料的差异性大，气化设备的适应性差，需要根据不同的生物质原料研制相应的气化设备系统；同时生物质的形状、组成、能流密度、流动性及含水率等差异性因素会对生物质气化设备、工艺以及产物造成严重的影响，甚至导致技术及设备不能正常运行[24-31]。针对以上问题，团队研发了适合农作物秸秆类的流化床气化多联产炉、果壳类（稻壳、杏壳、桃壳、棕榈壳等）的下吸式气化多联产炉和木质类的上吸式气化多联产炉。在实际使用过程中，可根据不同生物质原料的情况选择相应的气化多联产炉型，应用于生物质气化发电供气工业中，并且解决了生物质气化设备的自动化和安全问题。

（4）课题组在长期的生物质气化发电的研究与产业化实际运行过程中，遇到了燃气发电系统的不少问题：单机规模偏小，目前只有 500kW 机组的生物质燃气发电机组可用；燃气发电机噪声大、震动大；维护、保养频繁，费用高，运行时间短；由于燃气发电机对燃气质量的要求较高，需要较高的自动化控制水平和燃气轮机制造技术；净化可燃气需要大量的循环水，同时占地面积大；净化过程中还会产生一定的焦油气味和环境污染问题；可燃气净化后的液体包括焦油的收集、利用还存在一定的问题；燃气净化系统、生物质燃气发电机等标准化不足等。针对以上问题，笔者所在团队创新性地提出由生物质热燃气-蒸汽联合循环发电系统，采用了热燃气（未经过气液分离）直接烧锅炉的蒸汽轮机发电模式，直接解决了生物质燃气净化和焦油的两大气化技术难题，并有效地解决了生物质气化发电的经济性、规模性（单机可达 3MW，6MW，9MW 甚至更大）、可靠性、稳定性和标准化等问题。

2　生物质气化多联产技术系统与应用示范

2.1　农作物秸秆类流化床气化发电多联产系统

流化床技术最早应用于气固两相反应，由于流化床气化具有良好的传质、传热和反应条件，物料能与气化剂完全接触，原料适应性强、气化强度大，适合于大规模气化生物质原料，后来逐渐发展成为生物质气化的主流技术之一。流化床气化炉中的流态化是指固体颗粒在流体介质作用下呈现的流体化现象，也是介于固定床与气力输送床之间的相对稳定状态。固体物料在流化床中表现出类似流体的性质，容易在反应器之间传输，形成了相对均匀的反应条件和很好的燃料适应性。

国电公司的 10MW 秸秆流化床气化发电项目是国内外首创的生物质气化热燃气烧锅炉带蒸汽轮机发电项目（图 2）。该项目成功解决了可燃气净化及焦油处理的世界性难题（未气液分离的热燃气直接通入锅炉燃烧带动蒸汽轮机发电，不会出现因温差及气液分离所产生的焦油和生物质提取液）以及净化后的废水处理问题，实现了生物质气化发电的规模性（单机达 10MW 甚至更大）、连续性、可靠性和经济性（以往的国内外生物质流化床气化炉是没有生物质炭的，固体产物是灰渣）。

图 2　国电公司 10MW 秸秆类流化床气化发电项目

2.2　木片类（椰子壳片）上吸式固定床气化发电多联产系统

上吸式固定床气化炉的优点：对生物质原料的适应性强，适合大小不均匀、流动性差的木片类原料。研究团队在浙江嘉善建设了“生物质燃气供 4t 蒸汽锅炉联产炭”项目（图 3），集成了自主研发的内滤式燃气净化系统、稳定的进料和干法出炭系统。“内滤式木废料气化供热成套设备”在 2015 年 5 月通过国家林业局科技司成果鉴定。内滤式木废料气化供热成套设备基于生物质气化联产炭技术，可以将气化炭与胶黏剂结合制备成型炭。以浙江嘉善生物质燃气供蒸汽锅炉项目所产的气化炭为原料，利用木焦油替代部分价格较高的苯酚合成酚醛树脂作为胶黏剂，制备一定强度、燃烧无烟、无味，燃烧性能接近市场上同类产品的成型燃料（图 4）[32, 33]。

图 3　浙江嘉善生物质燃气供蒸汽锅炉系统

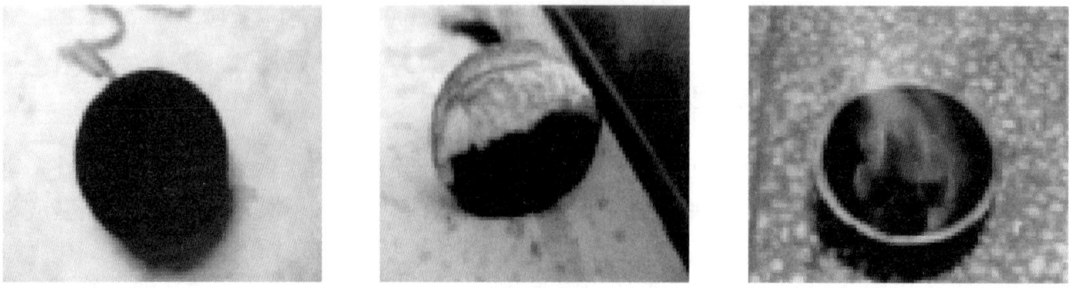

图 4　气化木炭制备固体成型燃料

团队以杨木炭为主要原料，添加适量不同种类的胶黏剂和引燃剂制备速燃炭，具有较好强度，燃烧时无毒、无烟、无味，并能在 5s 内快速点燃速燃炭。速燃炭的抗压系数达 8.60N/mm^2，燃烧剩余物的质量分数为 6.33%，燃烧时间可持续 11.20min/g，热值达到 35 762.76kJ/kg。

在浙江建德建设了“400kW 木片气化发电-木炭联产”项目（图 5），以木片为原料，通过气化发电后并网，联产生物质炭，可作为制备优质活性炭的原料。

图 5　浙江建德木片气化发电联产炭系统

团队还在云南西双版纳以橡胶木加工废料为原料，建设了“1MW 生物质气化发电联产炭、热、肥”项目（图 6），提供了通过气化发电联产炭热肥的新方法。

图 6　云南西双版纳生物质气化发电联产炭热肥系统

2.3　果壳类（稻壳、杏壳、桃壳、棕榈壳等）下吸式固定床气化发电多联产系统

本研究团队开发的稻壳和杏壳下吸式固定床气化多联产炉，针对已有的固定床技术和设备的问题，重点研究和创新如下：

（1）气化炉采用双拨料系统，即顶部自动拨料和炉内自动拨料；以及底部的炉排设计，避免炉内架桥和烧穿现象，无须人工操作，实现了自动化操作[34-38]。

（2）解决气化系统的安全性问题（减小气化炉腔室体积，增强了气化炉密封性，减少燃气中氧气的含量，采用炉排结构及时排炭）；采用组合式生物质燃气专利净化技术，解决了生物质可燃气净化及焦油的问题。

在湖南宁乡建设的湖南谷力能源科技有限公司稻壳气化发电多联产系统（下吸式固定床气化炉）是“5MW 生物质气化发电-6 万 t 炭基肥料联产”项目（图 7）。以稻壳为原料，通过气化发电联产炭基肥料的新方法，在并网发电的同时，利用提取液和生物质炭制备高品质的炭基肥料。该工程为世界首创的稻壳气化发电联产炭基肥、供热的工业化项目，其中的气化固体产物——生物炭是稻壳在缺氧环境中，经高温热裂解后生成的固态产物。以此工艺生产的生物质炭是一种多孔质炭材料，外观黑色，形状主要有粉状和颗粒状。

图 7　湖南谷力能源科技有限公司气化发电多联产系统

项目组在河北承德华净活性炭有限公司建设了杏壳气化发电多联产项目，“杏壳气化发电-活性炭-肥-热多联产”项目以杏壳为原料，攻克了原有的活性炭生产需要消耗能源的难题，利用气化炉和发电机余热产生的热水供应平泉县的饭店及洗浴中心，解决了当地的小锅炉燃煤问题，实现了清洁能源供给（图 8）。为其他以木质类（木屑、木片、竹屑、竹片及杏壳等果壳类）作为原料，生产活性炭提供了新思路（图 9 为气化炭制备的活性炭）[39-43]。

(a) 下吸式化炉系统

(b) 燃气净化系统　　(c) 内燃气发电机系统

图 8　河北承德华净活性炭有限公司杏仁壳气化发电多联产项目

图 9　气化炭制备的活性炭

2.4 多联产系统中生物质提取液和生物炭的应用

1. 生物质提取液

生物质提取液即生物质气化的气液混合物经过水洗和冷凝过程后所形成的液体产物，其主要成分为酸类、醇类、醛类、酮类、酚类等有机物。生物质提取液可精制用于家畜饲养的消毒、杀菌液、除臭剂或用于农药、助剂、促进作物生长的叶面肥。本研究团队经过10多年来在全国10多个省市大量试验表明，生物质提取液具有以下功能[44-49]：

（1）促进农林作物的营养生长，促根壮苗、健壮植株，增加了作物的抗逆、抗旱、抗寒能力；

（2）抑菌、杀菌、忌避害虫；

（3）提高农林作物抗病、防病能力，显著减少病虫害的发生；

（4）促进有益微生物和有益菌群的繁殖；

（5）改善农林产品的内在质量和外观品质，显著提高农作物的产量和农产品的质量安全性。

宁夏林科所将生物质提取液应用在李子树上（图10），对比喷洒与未喷洒提取液的李子果实成长周期、成熟度等相关指标，发现：先后喷洒2次生物质提取液后，发现果实成熟可提前3～5d；果实增大、外形发亮、无斑点、口味好。经测定，产量可增加约15%，维生素、糖分含量可增加3%～5%。

(a) 未喷洒提取液

(b) 喷洒提取液

图10 宁夏林科所李子结实效果对比

2. 生物炭

生物质炭根据其原料的不同，可分为农作物秸秆炭、木炭、稻壳炭、果壳炭等。表1列出本团队长期研究的几种气化生物质炭的元素和工业分析。

表1 几种气化生物质炭的元素及工业分析

生物质炭	工业分析				元素分析/%				
	挥发分/%	固定碳/%	灰分/%	热值/(kJ/kg)	C	H	O	N	S
杏壳炭	6.96	89.87	2.17	29 445	90.49	1.31	15.79	0.24	0.06
松木炭	9.76	81.80	8.44	30 296	81.63	2.12	14.36	0.42	0.13
桑树枝炭	12.26	80.82	6.92	30 214	82.17	0.69	9.21	0.94	0.07
柳树枝炭	6.56	86.64	6.80	31 254	88.52	0.58	3.10	0.88	0.12
油茶壳炭	10.61	79.69	9.70	30 161	81.58	0.29	7.66	0.63	0.14
松针炭	11.01	72.87	16.24	30 213	74.91	0.79	6.64	1.27	0.15
椰榄果渣炭	22.35	63.32	14.33	26 348	69.06	1.42	13.71	1.40	0.09
麦秸秆炭	12.54	65.83	21.70	22 154	68.61	1.54	8.45	0.47	0.07
玉米秸秆炭	8.03	58.20	33.77	21 046	60.49	0.30	4.25	0.92	0.27
烟草秸秆炭	15.46	58.23	26.31	22 013	61.35	0.21	10.49	0.97	0.67
棉秸秆炭	12.15	70.55	17.30	28 411	71.57	0.25	8.31	1.21	1.36
稻壳炭	5.21	49.44	45.35	18 497	60.94	1.85	13.53	0.81	0.11

生物质炭主要由碳、氢、氧、氮和灰分组成，其中灰分的含量和生物炭的原料来源与种类有直接关系，秸秆类炭具有高灰分的特点（每千克水稻秸秆炭中含钾 53g、氮 4.3g、磷 2.6g，镁 3.52g、微量元素铜 0.015g、铁 0.58g、锌 0.11g，比表面积 171m^2/g），一般气化秸秆类炭可用于制备炭基肥料[50-54]。本研究团队研制的炭基有机无机复混肥（生物质炭比例为 10%～30%，图 11），在全国 10 多个省有关农科院、农业大学、林科院单位经过 15 年来长期的研究与示范，结果表明，生物质炭还田以后主要有如下效果：

（1）生物质炭含有大量植物所需的营养元素，同时生物炭来自于作物，由于作物的同源性，其各种营养元素更有利于作物吸收，因此有利于提高农作物的产量和质量；

（2）生物质炭一般呈弱碱性（pH8～10），同时生物质炭具有丰富的表面官能团，有助于调节土壤 pH；

（3）生物质炭孔隙结构发达，比表面积大，吸附能力强；

（4）生物炭还田，具有提高地温（1～3℃）和保温的作用，有利于作物的生长并使作物提早出苗和成熟（3～7d）；

（5）生物炭（含碳量 50%～90%）还田可以起到良好的固定 CO_2 的作用，是真正的节能减排。

图 11　炭基有机无机复混肥

表 2 和图 12～13 为列举的生物质炭作为肥料和培养基等应用时，实际所取得的显著成效。

表 2　生物质炭基肥对水稻和甜瓜生长发育的影响

处理	肥料	施肥量/(kg/hm^2)	分蘖数	增加/个	株高/cm	增高/cm
水稻处理 1	炭基肥	64	13.8	1.5	38.7	–5.9
水稻处理 2	常规肥	64	12.3	—	44.6	—
甜瓜处理 1	炭基肥	75	17.1	2.1	4.0	2.0
甜瓜处理 2	常规肥	75	15.0	—	2.0	—

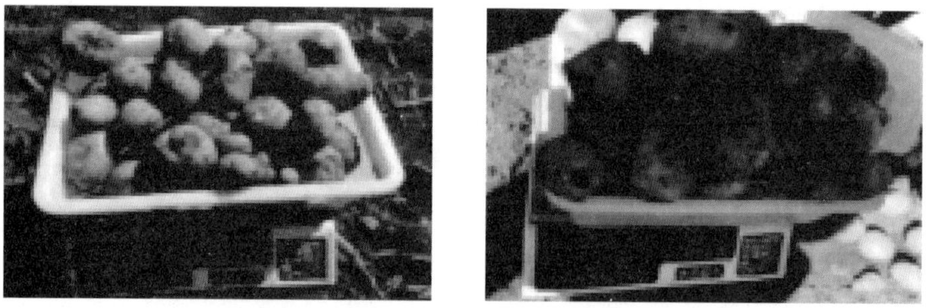

(a) 施常规肥料　　(b) 施炭基肥

图 12　施常规肥料与炭基肥的马铃薯增产效果对比

图 13　生物质炭还田对水稻产量和抗倒伏能力的影响

将生物质炭还田后马铃薯增产约30%，并在马铃薯花期进行调查，施用炭基肥可以促进马铃薯早熟，提前一个物候期，同时平均株高增加7.8cm，展幅增加8.8cm。生物质炭还田也能使水稻增产13%，大米中重金属降低50%以上并具有良好的抗倒伏作用。

3 结 语

尽管生物质气化（能源）多联产技术的理念已经被国内外广大的研究单位、学者及企业接受，但还需要进行大规模的研究和应用示范。经过长期的研究与产业化实践，针对不同的生物质原料采用了不同的技术方案：

（1）以秸秆类为原料的生物质气化，采用流化床气化多联产炉方案，建设气、电、炭、肥（炭基复合肥）、热（冷）的联合工厂；

（2）以果壳类（稻壳、杏壳、桃壳、棕榈壳等）为原料的，采用下吸式气化多联产炉方案，建设气、电、炭、肥（炭基复合肥或活性炭、工业用炭）、热（冷）的联合工厂；

（3）以木质类（木片、椰壳等不规则形状）为原料的，采用上吸式气化多联产炉方案，建设气、电、炭（活性炭、工业用炭或民用烧烤炭）、热（冷）的联合工厂。

经过反复比较论证及研究，项目组开始对原料丰富、具有投资能力的单位建议采用生物质热燃气直接烧锅炉，由锅炉带动蒸汽轮机发电。该技术完善了生物质气化技术设备系统，解决了燃气净化和焦油等问题的技术难题，并攻克了传统生物质气化发电技术的规模性、可靠性、稳定性和标准化等问题的束缚。

总之“生物质气化多联产技术”理念突破了传统气化技术的经济性、环保性及可持续发展的瓶颈，提升了生物质气化副产物利用效率、经济效益和环境效应。“生物质气化多联产技术”为生物质利用探索出了一条符合绿色、环保和循环、可持续产业发展的良好路径，生物质能源的发展只有与环境保护（空气、水、土壤及食品安全）相结合才是最根本的出路。

参考文献

[1] Guizani C，Louisnard O，Sanz F J E，et al. Gasification of woody biomass under high heating rate conditions in pure CO_2：Experiments and modelling. Biomass and Bioenergy，2015，83：169-182.

[2] 胡军，郑宝山，王明仕. 中国煤中硫的分布特征及成因. 煤炭转化，2005，28（4）：1-6.

[3] 吴代赦，郑宝山，唐修义，等. 中国煤中氮的含量及其分布. 地球与环境，2006，34（1）：1-6.

[4] 王革华. 新能源概论. 北京：化学工业出版社，2012.

[5] 杨天华. 新能源概论. 北京：化学工业出版社，2013.

[6] 张建安，刘德华. 生物质能源利用技术. 北京：化学工业出版社，2009.

[7] 刘荣厚，牛卫生，张大雷. 生物质热化学转化技术. 北京：化学工业出版社，2005.

[8] 孙立，张晓东. 生物质热解气化原理与技术. 北京：化学工业出版社，2013.

[9] Kirkels A F，Verbong G P J. Biomass gasification：still promising？A 30-year global overview. Renewable and Sustainable Energy Reviews，2011，15（1）：471-481.

[10] Ahrenfeldt J，Thomsen T P，Henriksen U，et al. Biomass gasification cogeneration—A review of state of the art technology and near future perspectives. Applied Thermal Engineering，2013，50（2）：1407-1417.

[11] Reed T B，Das A. Handbook of biomass downdraft gasifier engine systems. Golden，Colorado：Solar Energy Research Institute，1988.

[12] Kumar A，Jones D D，Hanna M A. Thermochemical biomass gasification：a review of the current status of the technology. Energies，2009，2（3）：556-581.

[13] Williams R H，Larson E D. Biomass gasifier gas turbine power generating technology. Biomass and Bioenergy，1996，10（2）：149-166.

[14] Liao C P，Wu C Z，Yan Y J. The characteristics of inorganic elements in ashes from a 1 MW CFB biomass gasification power generation plant. Fuel Processing Technology，2007，88（2）：149-156.

[15] Arvelakis S，Gehrmann H，Beckmann M，et al. Preliminary results on the ash behavior of peach stones during fluidized bed gasification：evaluation of fractionation and leaching as pre-treatments. Biomass and Bioenergy，2005，28（3）：331-338.

[16] 李俊飞，王德汉，刘承昊，等. 生物质气化灰渣和粉煤灰的农业化学行为比较. 华南农业大学学报，2007，28（1）：27-30.

[17] Wei Q，Ma X H，Dong J. Preparation，chemical constituents and antimicrobial activity of pyroligneous acids from walnut tree branches. Journal of Analytical and Applied Pyrolysis，2010，87（1）：24-28.

[18] Zhang A，Cui L，Pan G，et al. Effect of biochar amendment on yield and methane and nitrous oxide emissions from a rice paddy from Tai Lake plain，China. Agriculture，Ecosystems & Environment，2010，139（4）：469-475.

[19] 张齐生，马中青，周建斌. 生物质气化技术的再认识. 南京林业大学学报（自然科学版），2013，37（1）：1-10.

[20] 周建斌，段红燕，李思思，等. 杨木炭胶合成型速燃炭的制备与燃烧性能. 农业工程学报，2010，26（6）：257-261.

[21] 张齐生，周建斌，屈永标. 农林生物质的高效、无公害、资源化利用. 林产工业，2009，36（1）：3-8.

[22] Ma Z Q，Zhang Y M，Zhang Q S，et al. Design and experimental investigation of a 190 kWe biomass fixed bed gasification and polygeneration pilot plant using a double air stage downdraft approach. Energy，2012，46（1）：140-147.

[23] 秦恒飞，周建斌，王筠祥，等. 牛粪固定床气化多联产工艺. 农业工程学报，2011，27（6）：288-293.

[24] 邢爱华，刘罡，王垚，等. 生物质资源收集过程成本，能耗及环境影响分析. 过程工程学报，2008，8（2）：305-313.

[25] Delivand M K，Barz M，Gheewala S H. Logistics cost analysis of rice straw for biomass power generation in Thailand. Energy，2011，36（3）：1435-1441.

[26] Lim J S，Manan Z A，Alwi S R W，et al. A review on utilisation of biomass from rice industry as a source of renewable energy. Renewable and Sustainable Energy Reviews，2012，16（5）：3084-3094.

[27] Chevanan N，Womac A R，Bitra V S P，et al. Bulk density and compaction behavior of knife mill chopped switchgrass，wheat straw，and corn stover. Bioresource Technology，2010，101（1）：207-214.

[28] Mani S，Tabil L G，Sokhansanj S. Grinding performance and physical properties of wheat and barley straws，corn stover and switchgrass. Biomass and Bioenergy，2004，27（4）：339-352.

[29] Guo X J，Wang S R，Wang Q，et al. Properties of bio-oil from fast pyrolysis of rice husk. Chinese Journal of Chemical Engineering，2011，19（1）：116-121.

[30] Strezov V，Patterson M，Zymla V，et al. Fundamental aspects of biomass carbonisation. Journal of Analytical and Applied Pyrolysis，2007，79（1/2）：91-100.

[31] Lédé J，Broust F，Ndiaye F T，et al. Properties of bio-oils produced by biomass fast pyrolysis in a cyclone reactor. Fuel，2007，86（12/13）：1800-1810.

[32] Zhou B L，Zhou J B，Zhang Q S，et al. Properties and combustion characteristics of molded solid fuel particles prepared by pyrolytic gasification or sawdust carbonized carbon. Bio Resources，2015，10（4）：7795-7807.

[33] 周建斌，张合玲，邓丛静，等. 棉秆焦油替代苯酚合成酚醛树脂胶粘剂的研究. 中国胶粘剂，2008，17（6）：23-26.

[34] Dogru M，Howarth C R，Akay G，et al. Gasification of hazelnut shells in a downdraft gasifier. Energy，2002，27（5）：415-427.

[35] Martínez J D，Mahkamov K，Andrade R V，et al. Syngas production in downdraft biomass gasifiers and its application using internal combustion engines. Renewable Energy，2012，38（1）：1-9.

[36] Centeno F，Mahkamov K，Lora E E S，et al. Theoretical and experimental investigations of a downdraft biomass gasifier-spark ignition engine power system. Renewable Energy，2012，37（1）：97-108.

[37] Jordan C A，Akay G. Effect of CaO on tar production and dew point depression during gasification of fuel cane bagasse in a novel downdraft gasifier. Fuel Processing Technology，2013，106：654-660.

[38] Simone M，Barontini F，Nicolella C，et al. Gasification of pelletized biomass in a pilot scale downdraft gasifier. Bioresource Technology，2012，116：403-412.

[39] 周建斌，叶汉玲，张合玲，等. 生物改性竹炭对污水净化效果的研究. 世界竹藤通讯，2009，7（5）：10-14.

[40] 邓丛静，周建斌，王双，等. 竹炭/硅橡胶高导电复合材料的制备及性能研究. 南京林业大学学报（自然科学版），2010，34（6）：129-132.

[41] 周建斌，张合玲，张齐生. KOH 改性活性炭对木糖液脱色性能的研究. 食品与发酵工业，2009，35（3）：95-99.

[42] 周建斌，张合玲，张齐生. 改性活性炭对木糖液脱色性能的研究. 福建林学院学报，2008，28（4）：369-373.

[43] 周建斌，张齐生，高尚愚. 水解木质素制备药用活性炭的研究. 南京林业大学学报（自然科学版），2003，27（5）：40-42.

[44] 周建斌，张合玲，叶汉玲，等. 几种秸秆醋液组分中活性物质的分析. 生物质化学工程，2009，43（2）：34-36.

[45] 闫钰，陆鑫达，李恋卿，等. 秸秆热裂解木醋液成分及其对辣椒生长及品质的影响. 南京农业大学学报，2011，34（5）：58-62.

[46] 胡春花，达布希拉图. 木醋液和炭醋肥对设施蔬菜土壤肥力及蔬菜产量的影响. 中国农学通报，2011，27（10）：218-223.

[47] 周建斌，叶汉玲，魏娟，等. 麦秸秆醋液的成分分析及抑菌性能研究. 林产化学与工业，2008，28（4）：55-58.

[48] 周建斌，魏娟，叶汉玲，等. 硬头黄竹醋液抑菌和杀菌性能的研究. 中国酿造，2008，27（13）：9-12.

[49] 周建斌，张建，范文翔. 芦蒿秆热解产物性能及利用的研究. 林业科技开发，2008，22（3）：71-73.

[50] Lehmann J，Joseph S. Biochar for environmental management science and technology. UK and USA：Earthscan，2009.

[51] Van Zwieten L，Kimber S，Morris S，et al. Effects of biochar from slow pyrolysis of papermill waste on agronomic performance and soil fertility. Plant and Soil，2010，327（1）：235-246.

[52] 高海英，陈心想，张雯，等. 生物炭和生物炭基氮肥的理化特征及其作物肥效评价. 西北农林科技大学学报（自然科学版），2013，41（4）：69-78.

[53] 马欢欢，周建斌，王刘江，等. 秸秆炭基肥料挤压造粒成型优化及主要性能. 农业工程学报，2014，30（5）：270-276.

[54] Zhang P D，Yang Y L，Li G Q，et al. Energy potentiality of crop straw resources in China. Renewable Energy Resources，2007，25（6）：80-83.

氧等离子体对竹炭表面的改性研究

吴光前[1]　戴阳[2]　万京林[2]　张齐生[1]

（1 南京林业大学　南京　210037；

2 南京苏曼等离子科技有限公司　南京　210004）

摘　　要

采用氧等离子体对竹炭进行了3种不同时间的改性，分析和评价改性前后竹炭的表面性质变化。扫描电镜照片显示改性前后竹炭的表面微观形貌没有发生明显的变化；红外光谱分析表明改性前后的竹炭表面基团种类未发生明显变化，但是在 $3440cm^{-1}$ 处的吸收峰强度明显提高；比表面积和孔径分布结果表明，改性时间为8min和16min的竹炭比表面积、总孔容积、微孔容积和微孔表面积相比未改性竹炭有较大幅度增加，提高幅度分别达到24.95%，19.50%，16.26%和14.92%；X射线光电子能谱分析表明，改性后竹炭的表面氧原子百分比从改性前的19%增加到45%左右，并且氧原子在竹炭表面的基团结合形式随着改性时间的延长而发生变化。Bohem滴定的结果表明，改性后竹炭表面的酸性明显增加，并且主要表现为羧基数量的增加。因此，氧等离子体对竹炭材料表面性质具有明显的改善作用。

关键词：氧气；等离子体；竹炭；改性

等离子体技术是20世纪60年代以来，在物理学、化学、电子学、真空技术等学科交叉基础上发展形成的一门新兴学科[1,2]。近十年来，等离子体技术在材料科学、医药学、生物学、环境科学、冶金化工、轻工纺织等领域的应用十分活跃，其中，在材料表面改性方面的应用尤其广泛[3-5]。

由于等离子体中含有大量的自由电子、离子和亚稳态粒子等高能粒子，这些粒子的能量显著高于包括炭材料在内的一般材料表面常见化学键的键能[1-5]，所以，等离子体环境中的各种高能粒子具有破坏炭材料表面旧化学键而形成新键的能力，从而赋予材料表面新的物理和化学特性。

根据国内外学者开展的研究，采用适宜的工况条件对炭材料进行改性，可以显著改变炭材料的表面理化性质，进而增强炭材料对环境中特定污染物的吸附性能[6-13]。目前国内外类似研究多以活性炭作为研究对象，鲜见以竹炭作为研究对象的文献报道。笔者探讨以氧气作为气源的低温等离子体对竹炭的表面改性效果，研究竹炭改性前后在表面形貌、表面基团分布和孔隙性质等方面的变化，并探讨了造成这种变化的原因。

1　材料与方法

1.1　试验材料

竹炭购自浙江安吉中竹炭业有限公司，竹炭主要是粒径10mm左右的不规则颗粒。试验前采用电动粉碎机和钢丝筛将竹炭粉碎为75～150μm粒径的竹炭颗粒，并在105℃条件下烘干24h，取出密封于棕色试剂瓶中备用。

1.2　改性方法

使用南京苏曼电子有限公司生产的HPD-100型次大气压介质阻挡放电等离子体发生器，对竹炭进行表面改性。该设备的常规参数为单相AC 220V（±10%）电源；最大功率500W；脉冲频率20kHz；脉冲放电功率200W；电极尺寸170mm×170mm；两电极的间隙10～60mm。

本文原载《林业工程学报》2006年第1期第48-53页。

将竹炭颗粒置于聚乙烯托盘之上并放入等离子体发生器内两电极之间的石英玻璃板上，启动抽气装置将舱室内部压力降低至 1.5kPa，然后设备自动控制通入高纯度氧气使其内部压力回升到 5kPa，使舱室内维持接近纯氧的环境，随后，设备自动启动抽气装置，将舱室内部氧气压力降低至 1.5kPa。此时，设备自动高压放电产生氧等离子体对竹炭进行改性，未改性的竹炭标记为 BC-RAW，改性 8min、16min 和 20min 的竹炭分别标记为 BC-O1、BC-O2 和 BC-O3。

1.3　竹炭的表征方法

表面形貌：采用荷兰 FEI 公司的 Quanta-200 型环境扫描电镜观察改性处理前后竹炭表面微观形貌的变化。

比表面积和孔径分布：采用美国 Micromeritics 公司的 ASAP-2020 型比表面积和孔径分析仪测定改性前后竹炭的比表面积和孔径分布。比表面积 S_{BET} 采用多点 BET 法计算，孔径分布采用密度泛函理论 DFT 模型分析，微孔孔容 V_m 和微孔表面积 S_m 使用 t-plot 方法分析，同时对竹炭的总孔容积 V_t 和平均孔径 D_p 进行了测定。

红外光谱分析：采用美国赛默飞世尔公司的 Avatar System 360 型傅里叶变换红外光谱仪分析改性前后竹炭表面基团组成的变化。

X 射线光电子能谱分析：采用日本岛津公司 Kratos AXIS Ultra DLD 型 X 射线光电子能谱仪测定改性前后竹炭的表面元素含量和基团的变化。

表面酸碱官能团滴定：采用 Bohem 滴定法对改性前后竹炭表面酸性和碱性官能团种类和数量进行了测定。

2　结果与分析

2.1　竹炭扫描电镜分析

4 种竹炭的 SEM 图见图 1。由于竹炭颗粒的粒径很小（75～150μm），因此，从 SEM 图上可以看见大小不一的竹炭微粒。图 1（a）中可见明显的带有类似海绵结构的竹炭微粒，表面有大量的孔结构，这些孔主要是由竹材上的维管束、薄壁细胞和导管所形成[14]。炭化过程中，这些孔隙内部的有机成分在高温下充分挥发，残余的孔洞就成为竹炭表面主要的孔结构。从图 1 中还可以看出，4 种竹炭颗粒的表面存在大量的裂隙和褶皱，它们与表面的孔洞一起，形成了竹炭内表面的复杂孔隙结构。此外，4 种竹炭的表面形貌特征未发生明显的变化，说明氧等离子体改性对于竹炭的表面形貌影响极小。

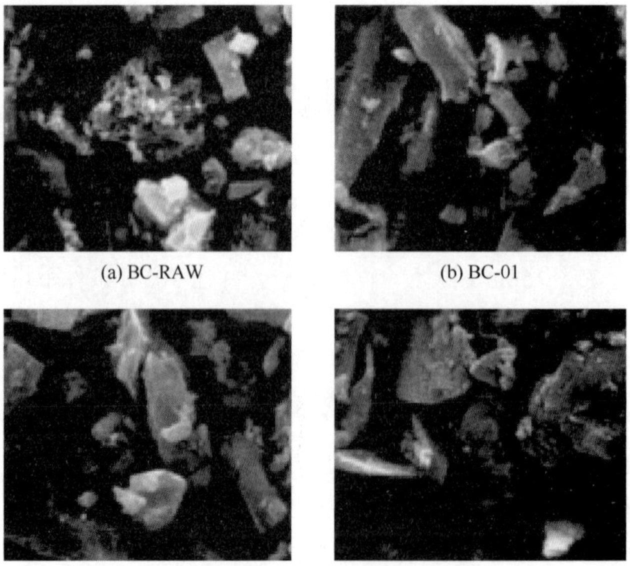

(a) BC-RAW　(b) BC-01　(c) BC-02　(d) BC-03

图 1　氧等离子体改性前后的竹炭横切面 SEM 图（×4000）

2.2 竹炭红外光谱分析

4 种竹炭的红外光谱见图 2。由图 2 可知，4 种竹炭的红外光谱吸收峰位置几乎完全相同，但在 $3440cm^{-1}$ 附近的吸收峰强度有明显提高。这表明氧等离子体改性条件下，竹炭表面没有反应形成新的基团，但是有可能生成了一些原来就存在的基团类型，提高了基团密度。根据经典的红外光谱基团振动频率[15]，在 $3440cm^{-1}$ 附近对应的吸收峰为 O—H 基团的伸缩振动。一般认为，这些 O—H 基团来自竹炭表面的羟基或者羧基，所以，改性后竹炭在该位置的吸收峰增强显示出 O—H 键在改性竹炭表面明显增加。此外，$1630cm^{-1}$ 附近对应的吸收峰是竹炭中芳香环的骨架伸缩振动峰，是由 C ═ C 键（环合或共轭）伸缩振动而产生，$1380cm^{-1}$ 处对应的吸收峰是甲基的特征吸收峰，$1120cm^{-1}$ 附近的吸收峰来自 C—O 键的伸缩振动，这可能是因为炭材料表面存在酚、醚和内酯基等。

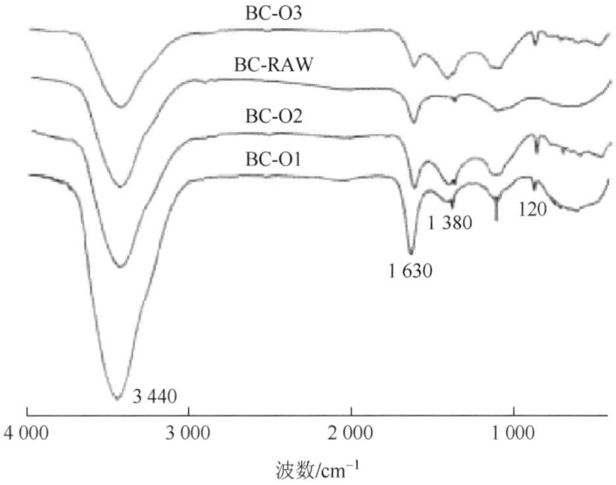

图 2 4 种竹炭的 FTIR 图谱

2.3 竹炭比表面积和孔径分布

4 种竹炭的氮气吸附/脱附等温线和孔径分布曲线见图 3 和图 4。按照国际纯粹与应用化学联合会 IUPAC 对吸附等温线的线型划分[16, 17]可知，图 3 中 4 种竹炭的氮气吸附/脱附等温线的线型均属于Ⅳ型等温线，其主要特征是在较高分压处出现滞后回线，滞后回线主要是由于吸附过程中氮气分子在中孔内发生毛细管凝聚作用而造成的[18]，因此 4 种竹炭的氮气吸附/脱附等温线上明显的滞后回线说明竹炭内部存在显著的中孔结构。从图 3 中还可以看出，BC-O1 和 BC-O2 的氮气吸附量明显大于 BC-O3 和 BC-RAW，这说明 BC-O1 和 BC-O2 的孔隙结构比 BC-O3 和 BC-RAW 更发达，吸附的氮气分子数量更多。由图 4 可知，4 种竹炭的总体孔径分布规律基本相同，图 3 和图 4 所反映出的不同竹炭的氮气吸附量和孔径分布的差异证明了氧等离子体改性的时间长短对竹炭的孔隙结构会产生十分明显的影响。4 种竹炭的比表面积、平均孔径、总孔容积、微孔容积和微孔表面积的数据见表 1。相比于 BC-RAW、BC-O1 和 BC-O2 的比表面积提升十分明显，从 $321.45m^2/g$ 分别提升到 $391.28m^2/g$ 和 $401.50m^2/g$，提升幅度分别达到 21.77%和 24.95%。而 BC-O3 的比表面积仅为 $316.95m^2/g$，相比 BC-RAW 反而下降了 1.37%。从平均孔径和总孔容的变化趋势看，3 种改性后竹炭的平均孔径均比改性前有非常轻微的增加，说明改性竹炭的内部出现了更多的中孔。从总孔容积数据来看，BC-RAW 的总孔容只有 $0.282cm^3/g$，而 BC-O1 和 BC-O2 的总孔容分别为 $0.337cm^3/g$ 和 $0.336cm^3/g$，增加幅度达到 19.50%和 19.49%，但是 BC-O3 的总孔容积仅为 $0.270cm^3/g$，比 BC-RAW 下降了 4.26%。

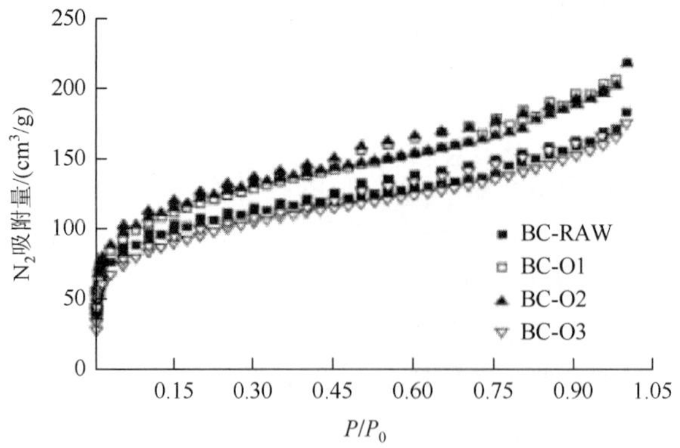

图 3　4 种竹炭的氮气吸附/脱附等温线

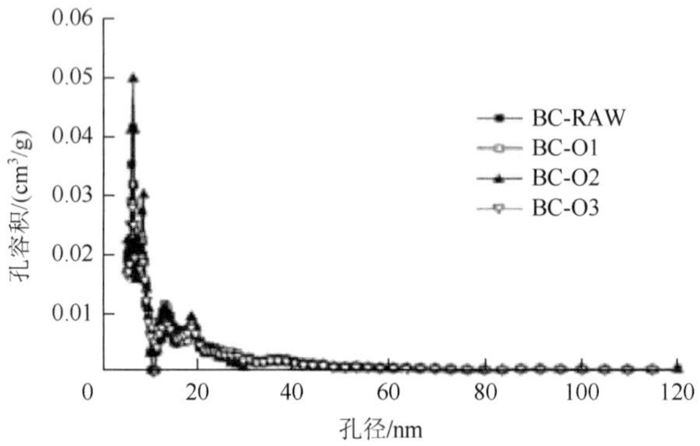

图 4　4 种竹炭的孔径分布

表 1　4 种竹炭样品的比表面积和孔径分布情况

竹炭	S_{BET}/(m^2/g)	D_P/nm	V_t/(cm^3/g)	V_m/(cm^3/g)	S_m/(m^2/g)
BC-RAW	321.45	16.61	0.282	0.123	236.47
BC-O1	391.28	17.23	0.337	0.129	244.94
BC-O2	401.50	16.74	0.336	0.143	271.76
BC-O3	316.95	17.02	0.270	0.106	200.32

从表 1 可以发现，BC-O1 和 BC-O2 的微孔容积和微孔表面积相比 BC-RAW 也有提升，但是提升的幅度很小，与它们的比表面积和总孔容积的提升幅度并不相符。因此，可以推断出 BC-O1 和 BC-O2 的比表面积和总孔容积的显著提升并不完全是因为其微孔容积和微孔表面积的增加，而是由于氧等离子体改性下这两种竹炭内部新出现了大量中孔，直接导致了 BC-O1 和 BC-O2 的比表面积和总孔容积的显著增加。但是，在同样的氧等离子体改性强度下，BC-O3 由于改性时间过长，导致内部的孔隙结构发生了新的坍塌和堵塞，反而导致其孔隙结构性能显著下降。

结合有关等离子体改性材料的基础理论以及图 3、图 4 和表 1 的有关数据，在氧等离子体改性过程中，通过工况的合理控制，可以有效提升竹炭的孔隙性能，原因可以归结为以下两点：

（1）刻蚀作用，在适宜的改性时间范围内，等离子体对竹炭内外表面可以产生充分的刻蚀作用，使竹炭内外表面产生新的起伏、粗糙，形成许多坑洼，增大比表面积，但是过长的改性时间会产生过度的刻蚀作用，使内部孔隙结构发生坍塌和阻塞，减小比表面积。

（2）基团生成作用，García 等[12]研究表明，在适宜的改性时间范围内，等离子体可以和竹炭内外表面的特定点位发生反应，大量生成新的含氧基团，这些含氧基团在孔隙内部的堆积会显著减小该位置的孔尺寸，对于竹炭比表面积的增加具有积极意义，但是在改性时间过长的情况下，新的基团大量堆积，亦有可能堵塞竹炭内部的孔隙，这对于竹炭的比表面积会产生不利影响。

总体来看，氧等离子体对竹炭的改性存在一个适宜的改性时间范围，在此范围内，刻蚀作用和基团生成作用可以协同提升竹炭的孔隙结构，而一旦改性时间过长，就会对竹炭内部产生过度的刻蚀和基团的超量产生，损坏竹炭原有的孔隙结构。

2.4 竹炭 X 射线光电子能谱分析

4 种竹炭的 XPS 图谱见图 5，BC-RAW 与 3 种改性竹炭之间的 XPS 图谱有明显的差别。在结合能 280～292eV 处，4 种竹炭的 XPS 图谱上均有十分尖锐的 C1s 峰存在，这说明 4 种竹炭的原子构成都以 C 原子为主体。在结合能 529～533eV 处，4 种竹炭的 XPS 图谱上均有十分尖锐且明显的 O1s 峰存在，说明在竹炭的表面，除了 C 原子以外，O 原子同样大量存在，并且和 C 原子以各种形式结合成基团。但是对比图 5 中 4 种竹炭 XPS 图谱中的 O1s 峰，发现 3 种改性竹炭的 O1s 显著增强，说明在氧等离子体改性过程中，大量的氧原子以各种基团形式固定在竹炭表面。由图 5 还可以发现，BC-RAW 的 XPS 图谱在结合能 390～400eV 处没有出峰，而 3 种改性竹炭的 XPS 图谱在该位置均检测到了比较明显的 N1s 峰，BC—RAW 的 XPS 图谱中 N1s 峰的缺失说明这种竹炭中的 N 元素含量非常低，以至于仪器无法探测到 N 原子的存在。造成改性后竹炭表面的氮元素含量上升的原因和试验中采用的等离子体设备有关。在本试验中，等离子体设备舱室内并没有完全达到纯氧状态，仍有少量的氮气分子存在，所以，改性过程中微量的氮气分子也会被激发成为高能氮原子和竹炭表面发生反应，从而转化成为竹炭表面的元素成分。

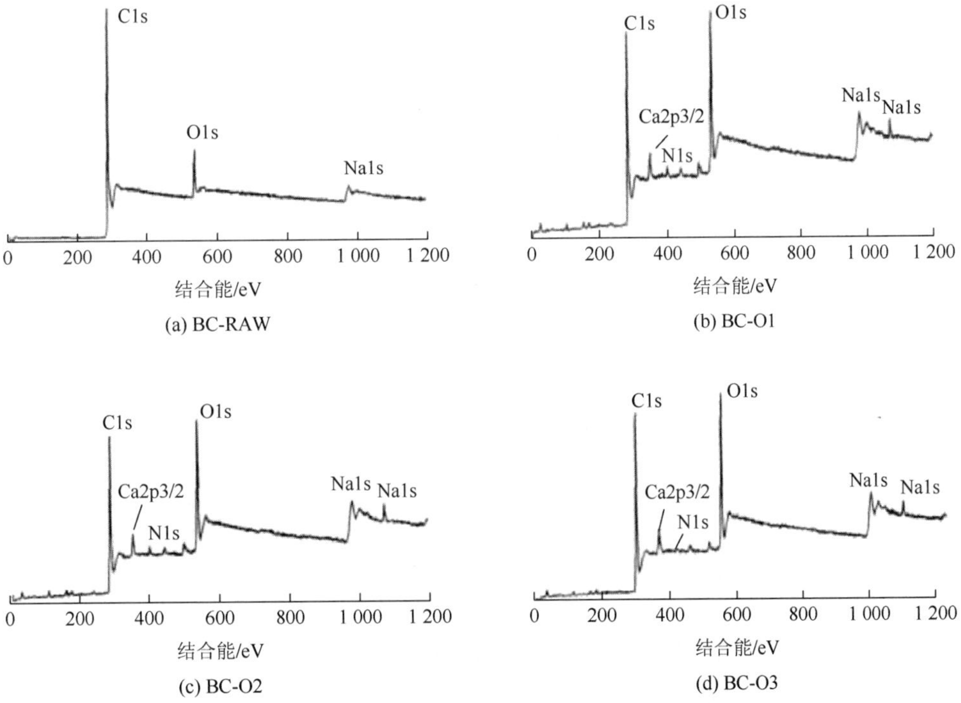

图 5 4 种竹炭样品的 XPS 图谱

从图 5 中还可以发现，3 种改性竹炭的 XPS 图谱在结合能 350eV、990eV 和 1050eV 处检测到了微弱的未知峰，经过和标准图谱进行对比，确认这 3 个微弱的未知峰分别为 Ca 2p3/2、Na1s 和 Na1s，这说明竹炭的表面和内部存在这些微量的金属元素，同时由于氧等离子体中的高能粒子对竹炭表面的刻蚀作用，使得原本被覆盖的这些微量金属元素暴露在表面并被仪器检测到。

使用 Origin8.5 软件对图 5 中 C1s、O1s 和 N1s 的峰面积进行积分后就可以得到 4 种竹炭中的 C、O 和 N 元素百分比（表 2）。可以看出，BC-RAW 中的 C 原子在总元素构成中占据绝对优势（80.19%），而 3 种改性竹炭的 C 原子所占比例显著下降，O 原子所占比例大幅增加，并且 BC-O1、BC-O2 和 BC-O3 的氧原子比例构成基本保持不变，这说明 8min 的氧等离子体改性已经提供了足够多的 O 原子以各种形式固定在竹炭表面上（主要是和 C 原子结合成各种基团），更长的改性时间并不能使竹炭表面结合更多的 O 原子（无更多的反应位）。从表 2 中还可以看出，3 种改性后的竹炭在表面均固定了比例大致相同的 N 原子并且比例也基本保持不变。

表 2 4 种竹炭的 XPS 图谱中的 C、O 和 N 元素组成

竹炭	C		O		N	
	峰面积	占比/%	峰面积	占比/%	峰面积	占比/%
BC-RAW	737 498	80.19	182 175	19.81		
BC-O1	542 359	51.66	485 555	46.25	21 926	2.06
BC-O2	565 146	52.14	498 469	45.60	20 203	2.16
BC-O3	588 088	52.49	507 938	45.34	24 359	2.17

为进一步了解 C、O 原子在竹炭表面的基团构成形式，使用 XPSPEAK4.1 软件对 C1s 和 O1s 峰进行分峰操作并计算峰面积（表 3）。由表 3 可知，BC-RAW 中的 C 原子以 C—C 和 C═C 为主，其次是 C═O、O—C═O、C—O 和共轭 π—π 键，而 BC-O1 和 BC-O2 中 O 原子的比例大幅度增加并且和 C 原子结合成各种形式的基团，导致改性竹炭中 C—C 和 C═C 键的比例降低，而 C—O 和 C═O 基团的比例大幅度增加。随着改性时间的进一步延长，BC-O3 上 C 原子的基团组成又发生了变化，几乎所有的 C 原子都和 O 原子结合成为 C═O 键的形式，其他的基团几乎完全从 BC-O3 表面消失。

表 3 4 种竹炭的 C1s 和 O1sXPS 图谱分峰和解析

基团		结合能/eV	BC-RAW		BC-O1		BC-O2		BC-O3	
			峰面积	占比/%	峰面积	占比/%	峰面积	占比/%	峰面积	占比/%
C1s	C—C	284.5	33 575	24.22	9 571	16.75	11 463	19.55	32	0.06
	C═C	285.0	51 986	37.51	12 113	21.20	11 332	19.43	<1	0
	C—O	285.5	12 019	8.67	21 760	38.10	21 046	36.10	1565	2.68
	C═O	287.8	21 607	15.59	11 284	19.75	12 620	21.64	55 576	95.24
	O—C═O	288.9	12 058	8.7	2 410	4.20	1 854	3.20	<1	0
	π—π	291.7	7 359	5.31	0.11	0	174	2.98	1 177	2.10
O1s	酮基/醌基	529.5	<1	0	<1	0	<1	0	9.26	0.015
	羰基	531.7	24 466	51.04	887	1.25	1 700	2.29	<1	0
	醚基	532.7	887	1.85	<1	0	<1	0	5.40	0.01
	羧基	533.6	22 578	47.10	70 065	98.75	72 387	97.70	63 074	99.97

和活性炭一样，竹炭也是由石墨化的微晶结构和未石墨化的非晶炭质所构成。在这种结构中，C 原子以 sp^2 杂化的方式结合成 C═C 双键，每个 C 原子上剩余的一个 π 轨道相互平行重叠[16,17]。表 3 中 BC-RAW 的共轭 π—π 键在总的 C1s 峰中占 5.31%，这从侧面说明在 BC-RAW 中，C 原子中以 C═C 双键存在的比例相对较高。但是经过氧等离子体改性后，很多 C═C 双键被打开，C 原子转而和 O 原子结合成键，因此，导致共轭 π—π 键数量急剧减少，从 BC-RAW 的 5.31%最终降低到 BC-O3 的 2.10%。从表 3 中 O 原子的基团构成可以发现，BC-RAW 中的 O 原子主要以羰基和羧基的形式存在，而 BC-O1 和 BC-O2 中几乎只存在羧基，这说明绝大部分羰基中的 O 原子转化成为羧基中的 O 原子。

2.5 Bohem 滴定法测定竹炭表面酸碱基团含量

采用 Boehm 滴定法对 BC-RAW、BC-O1、BC-O2 和 BC-O3 4 种竹炭的表面含氧官能团进行分析[18, 19]，结果如表 4 所示。

由表 4 可知，竹炭表面总体上为碱性，原炭的总碱度达到了 0.65mmol/g，经过氧等离子体改性后，3 种改性竹炭的表面总碱度有所下降，分别为 0.58mmol/g、0.55mmol/g 和 0.50mmol/g。与此同时，竹炭表面的酸性逐渐增强，从 BC-RAW 的 0.17mmol/g 逐渐增加到 0.22mmol/g、0.29mmol/g 和 0.29mmol/g，3 种酸性基团中，羧基的数量增加最快，从 BC-RAW 的 0.08mmol/g 增加到 BC-3 的 0.25mmol/g，而酚羟基和内酯基的数量随着改性时间的延长反而逐渐下降。

表 4 改性前后竹炭表面的基团变化情况 （单位 mmol/g）

竹炭	总碱度	总酸度	羧基	酚羟基	内酯基
BC-RAW	0.65	0.17	0.08	0.04	0.05
BC-01	0.58	0.22	0.12	0.06	0.04
BC-02	0.55	0.29	0.24	0.03	0.02
BC-03	0.50	0.29	0.25	0.03	0.01

3 结　论

研究了氧等离子体对竹炭的表面改性效果，通过对氧等离子体的工况条件进行合理的调控，可以明显改善和提升竹炭表面的理化性质，增大竹炭的比表面积、总孔容积、微孔容积和微孔表面积，同时还可以提高竹炭表面含氧基团的数量。由于炭材料的比表面积和孔容积等参数是决定吸附性能的关键因素，而炭材料表面含氧基团的种类和数量同样在吸附环境介质中的有机物和重金属的过程中发挥了十分重要的作用。因此，经氧等离子体改性后的竹炭在以上两方面均有明显的改善和提高，可以具备更好的吸附性能，从而扩大竹炭在环境污染物吸附领域的应用范围。

参 考 文 献

[1] 赵青，刘述章，童洪辉. 等离子体技术及应用. 北京：国防工业出版社，2009：180-181.

[2] 弗尔曼 B M，扎什京 И M. 低温等离子体-等离子体的产生、工艺、问题及前景. 邱励俭，译. 北京：科学出版社，2011：20-25.

[3] 邱介山. 低温等离子体技术在炭材料改性方面的应用. 新型炭材料，2001，16（3）：58-63.

[4] 张近. 低温等离子体技术在表面改性中的应用进展. 材料保护，1999，32（8）：20-21.

[5] 罗凡. 低温等离子体改性碳材料吸附性能的研究. 杭州：浙江大学，2009.

[6] 解强，李兰亭，李静，等. 活性炭低温氧/氮等离子体表面改性的研究. 中国矿业大学学报，2005，34（6）：688-693.

[7] 李晓菁，乔冠军，陈杰瑢. 氮等离子体表面改性对 ACF 吸附性能的影响. 稀有金属材料与工程，2008，37（增刊）：296-299.

[8] 陈杰瑢，李晓菁，李莹. 远程等离子体处理活性炭纤维及其高功能化研究. 水处理技术，2005，31（4）：31-34.

[9] 程抗，王祖武，左蓉，等. 等离子体改性对活性炭纤维表面化学性质的影响. 炭素，2008（3）：15-19.

[10] 程抗，王祖武，左蓉，等. 等离子体改性对活性炭纤维表面化学结构的影响. 环境工程，2009，27（1）：100-103.

[11] Donnet J B，Wang W D，Vidal A. Observation of plasma-treated carbon black surfaces by scanning tunnelling microscopy. Carbon，1994，32（2）：199-206.

[12] García A B，Martínez-Alonso A，y Leon C A L，et al. Modification of the surface properties of an acitvated carbon by oxygen plasma treatment. Fuel，1998，77（6）：613-624.

[13] Wen H C，Yang K，Ou K L，et al. Effect of ammonia plasma treatment on the surface characteristics of carbon fiber. Surface and Coating Technology，2006，200（10）：3166-3169.

[14] 张东升. 竹炭及 SiC 陶瓷材料的结构及性能研究. 北京：中国林业科学研究院，2005.

[15] 刘志广. 仪器分析. 北京：高等教育出版社，2007.

[16] 沈曾民，张文辉，张学军. 活性炭材料的制备与应用. 北京：化学工业出版社，2008.

[17] 蒋剑春. 活性炭应用理论与技术. 北京：化学工业出版社，2010.

[18] Reymond J P，Kolenda F. Estimation of the point of zero charge of simple and mixed oxides by mass titration. Powder Technology，1999，103（1）：30-36.

[19] Boehm H P. Some aspects of the surface chemistry of carbon blacks and other carbons. Carbon，1994，32（5）：759-769.

樟子松气化联产炭制备活性炭的试验

章一蒙　王恋　周建斌　刘新　张齐生
（南京林业大学材料科学与工程学院　南京　210037）

摘　　要

樟子松在采伐、造材和加工过程中产生大量废弃木片、枝丫条等林业三剩物，而生物质多联产气化反应系统可将废弃物气化，产生可燃气、提取液和生物质炭3类产品。为了增加生物质的利用效率，提高生物质气化多联产系统的经济效益，笔者以NaOH为活化剂，研究以废弃樟子松木片气化炭为原料的活性炭的制备工艺，分析碱炭比、活化时间及活化温度对活性炭的比表面积、孔径分布、碘值以及得率的影响。研究结果表明较佳的工艺条件为碱炭比 2.5、活化时间 1.5h、活化温度 800℃，该条件下的活性炭得率为45.6%，比表面积1702.2170m^2/g，碘吸附值1800mg/g，微孔百分比79.85%，过渡孔百分比19.47%，平均孔径2.18nm。

关键词： 气化；多联产；生物质炭；活性炭；NaOH法；BET；孔径

樟子松（*Pinus sylvestris* var. *mongolica*）是大兴安岭北部森林覆盖最广、最重要的树种之一[1]。每年樟子松的采伐、造材和加工产生了大量废弃木片、枝丫条等林业三剩物，而这些林业三剩物没有得到集中资源化处理，大部分被焚烧、腐烂和遗弃，造成环境污染、资源流失和带来林区火灾隐患。当地林业相关部门急于找到一种资源化和环境友好的方法来解决这个问题。因此，在全球面临能源危机及生态环境日益恶化，在国家实施《中华人民共和国可再生能源法》的形势下，研究开发高效利用林业三剩物，具有十分重大的现实意义[2]。

生物质气化技术是指以固体生物质为原料，氧气（空气、富氧）、水蒸气或氢气等作为气化剂（或称气化介质），在高温不完全燃烧的条件下发生氧化-还原反应将生物质中可燃的部分转化为 CO、H_2、CH_4等可燃气的技术[3]。而生物质气化联产炭技术是在生物质气化技术基础上，以空气为气化剂，通过控制适当的进气比，实现多种不同类型产品的优化耦合，最终生产出可燃气、提取液和生物质炭3类产品。且木片、壳类等生物质进行气化多联产产生的固体炭含碳量高、灰分少，可用来制备活性炭[4]、烧烤炭等。

生产活性炭可以采用化学活化法，常用的化学药品有碱、氯化锌和磷酸等[5]，其中制备高比表面积活性炭常常采用碱活化法[6]。国内外许多研究者制备具有特定用途的优质活性炭时，常利用不同原料为基体采用KOH活化法制取活性炭[7,8]。Acosta等[9]以废轮胎为原料，采用KOH活化法制备活性炭，并测定了其对四环素的吸附性能，结果表明其具有类似于商业活性炭同样的吸附效果。郭祥等[10]以牛粪为原料，用KOH活化法制备牛粪基活性炭，并研究了最佳工艺条件下制备的活性炭吸附铬的适宜条件。但由于KOH成本高，也要求生产设备的抗腐蚀性能强。相比较而言，NaOH价格低廉，对设备的腐蚀程度较为缓和，且污染少[11,12]。

故本研究以废弃的樟木松木片为原料，采用生物质两步进气下吸式固定床气化多联产工艺生产生物质炭[13]，再以NaOH为化学活化剂制备活性炭，分析碱炭比（固体NaOH与固体炭的质量比）、活化时间及活化温度对产品吸附性能、比表面积和孔隙结构的影响。

1　材料与方法

1.1　试验原料

原料来自于大兴安岭地区废弃的樟木松木片，形状不规则，长度在40mm左右。由于杏壳是一种高品

本文原载《林业工程学报》2006年第1期第85-90页。

质活性炭产品的原料[14]，故参照国标（GB/T17664—1999、GB/T476—2001）对原料和杏壳进行工业分析和元素分析的对比[15]，结果见表 1。

表 1　樟子松和杏壳的元素分析和工业分析　　（单位：%）

类别	工业分析				元素分析				
	含水率	固定碳	灰分	挥发分	C	H	O	N	S
樟子松	10.40	16.89	0.54	82.57	50.44	5.87	43.31	0.34	0.04
杏壳	9.25	19.05	0.75	80.20	49.93	6.08	43.12	0.79	0.08

从表 1 中可知，工业分析中樟子松木片固定碳、灰分与杏壳相比分别低了 2.16%和 0.21%，挥发分含量比杏壳高 2.73%；元素分析中樟子松木片 C 和 H 元素含量与杏壳较接近，N 和 S 元素含量只有杏壳的一半。因此，樟子松木片具有一定的气化与活化潜力，是环境友好型的原料。

1.2　试剂与仪器

氢氧化钠、盐酸均为分析纯。

DC-B 马弗炉，北京独创公司；BJ-150 型粉碎机，德清拜杰公司；FB 自动内校电子分析天平，恒平公司；IQ10 型全自动孔隙分析仪，美国康塔公司；101A-2B 电热鼓风干燥箱，南京仪器厂；ICS-100 离子色谱，美国戴安公司；Elementar Vario MI-CRO 元素分析仪，德国 Elementar 公司。

1.3　生物质炭的制备

生物质炭是气化多联产系统的副产物，试验采用自主研发的下吸式固定床气化多联产气化反应系统，其工艺路线如图 1 所示。

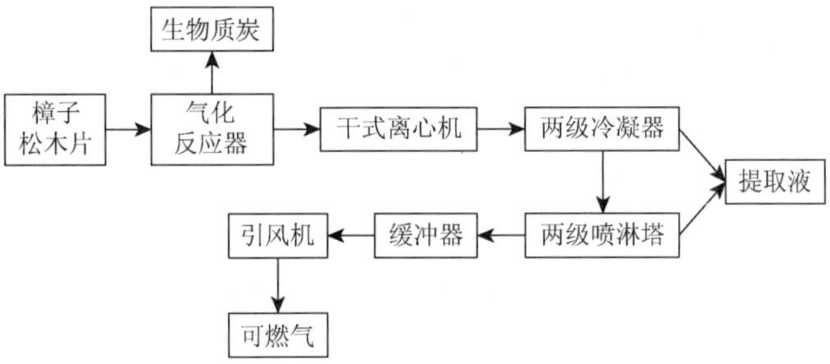

图 1　多联产气化工艺路线

樟子松木片在此气化系统中发生气化反应：在气化温度为 820～850℃，气化剂的当量比为 0.28 时，生物质炭得率为 22%～25%。得到的生物质炭经工业、元素以及比表面积分析，结果为固定碳 87.67%，灰分 5.25%，挥发分 7.08%，C 为 89.94%，H 为 1.17%，S 为 0.07%，N 为 0.40%，O 为 8.42%及比表面积 290.118m^2/g。可见，樟子松气化副产物生物质炭的固定碳含量较高、灰分较低，并保留了 7%左右的挥发分，同时具有一定的比表面积。

1.4　活性炭的制备

1. *制备方法*

将固定床气化炉得到的生物质炭研磨至 0.4mm 以下，按照一定比例与研磨至粉状的固体 NaOH 均匀混合[16]，在马弗炉中由室温升温至 650～850℃，活化 0.5～2.0h。先用 0.1mol/L 的盐酸溶液洗至酸性，然后用去离子水洗至中性，在 110℃下烘干得到活性炭产品。所制得的活性炭进行 4 次试验，性能指标取其平均值。

2. 比表面积及孔隙结构的表征方法

活性炭产品的比表面积和孔隙结构采用 N_2 物理吸附-脱附法，在 Q10 型全自动孔隙分析仪上进行测定。测试前将产品在 90℃下脱气 2.0h 后，升温至 150℃继续脱气 12.0h，然后以 N_2 为吸附质，在−196℃下进行吸附。活性炭比表面积采用 BET 法进行测定，微孔容积采用 t-plot 方程测定计算，总孔容积由相对压力为 0.9921 时的液氮吸附量换算成液氮体积获得，孔径分布采用 DFT 数学模型进行计算。

3. 碘吸附值的测定

活性炭产品的碘吸附值按国标 GB/T12496.8—1999 进行测定。

2　结果与分析

2.1　碱炭比对活性炭性能的影响

以樟子松气化固体炭为原料，分别用碱炭比为 1.5～2.8 进行研磨混合，在马弗炉中活化 2.0h，活化温度为 800℃，制备活性炭，并进行表征，结果如表 2 所示。

表 2　不同碱炭比制得的活性炭的物理特征

碱炭比	BET 比表面积/(m^2/g)	微孔容积/(cm^3/g)	总孔容积/(cm^3/g)	碘吸附值/(mg/g)	得率/%
原料	290.1180	0.0300	0.2301	181	—
1.5	1481.5580	0.1690	0.8971	1500	54.2
2.0	1578.9970	0.1500	0.8867	1300	48.8
2.5	1629.9360	0.1770	0.9490	1650	43.8
2.8	1224.6230	0.1290	0.7788	1200	39.2

由表 2 可知，碱炭比在 1.5～2.5 时，活性炭的比表面积随着用量增加而增大，微孔容积和总孔容积先是稍有下降然后上升。在 2.5 时 BET 比表面积为 1629.9360m^2/g，微孔容积为 0.1770cm^3/g，总孔容积为 0.9490cm^3/g。当碱炭比继续增加至 2.8 时，其 BET 比表面积、微孔容积与 2.5 时相比分别下降了 24.9%和 27.1%。其原因是，起初随着碱炭比的增加，碱与炭表面的活性位点反应能力增加，形成了新的微孔。但是随着用量继续增加，孔隙由于反应过度，孔壁变薄变脆最终坍塌，多个微孔变成一个过渡孔或者大孔，活性炭微孔容积相对减小，比表面积下降，微孔容积下降。得率随着碱炭比的增加呈减小的趋势，当碱炭比为 1.5～2.5 时，随着碱炭比的增加，炭与 NaOH 接触机会增加，活化反应会更加充分，得率下降，当碱炭比超过 2.5 时，反应已经过度，孔壁坍陷，灰分增加，也使得反应过度，得率下降。

原料及 NaOH 不同用量下的活性炭吸附-脱附等温线和孔径分布图见图 2。由吸脱附曲线可以看出，5 个样品皆为典型的 I 型吸附曲线。曲线的前半段 N_2 的吸附量迅速上升，说明样品中较多的微孔（＜2nm）发生吸附作用。在 $0.1<P/P_0<0.9$ 的分压下，曲线趋于水平，活性炭的吸附量缓慢增加，表面微孔吸附饱和，主要发生的是过渡孔（≥2～100nm）、大孔（＞100nm）和外表面的多层吸附。在相对压力 P/P_0 接近 1 时，活性炭中的大孔发生毛细凝聚作用，其吸附等温线呈现小幅上升现象。脱附曲线分支在 $0.5<P/P_0<0.9$ 处出现了明显的滞回环，表明活性炭中含有数量较多的过渡孔、大孔。由孔径分布图可以看出，在樟子松气化后产生的固体炭中，其过渡孔所占比例最大，约 70%，微孔和大孔分别为 29%和 2%。NaOH 活化明显增大了活性炭中微孔的占有率，微孔率达 60%～80%。在碱炭比为 2.0 时，伴随着一部分微孔被扩大和坍塌的发生，活性炭微孔量减小，过渡孔比例增大。当由 2.0 增至 2.8 时，活性炭内部各种孔隙所占比例基本不变，大孔比例略微上升，但总孔容下降。

2.2　活化时间对活性炭性能的影响

以生物质气化固体炭为原料，碱炭比为 2.5 进行研磨混合，在马弗炉中活化 0.5～2.0h，活化温度为 800℃，制备活性炭，并进行表征，结果如表 3 所示。

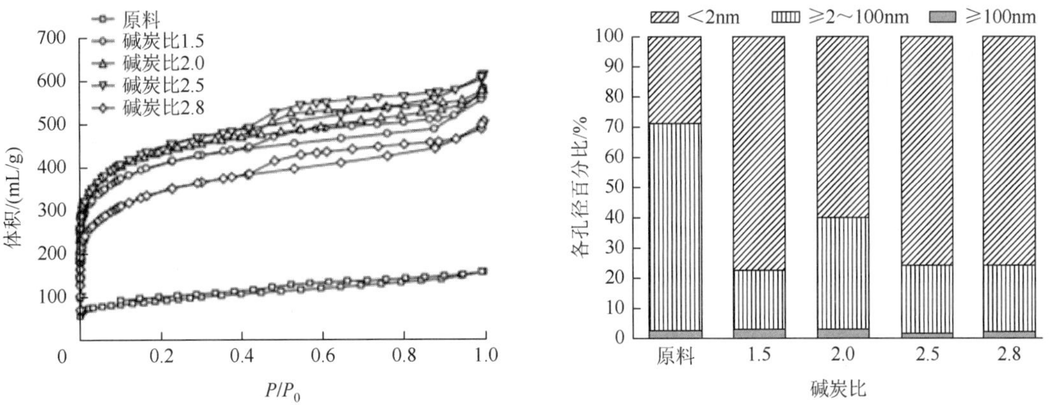

图 2 不同碱炭比制得的活性炭的 N_2 吸附-脱附等温线及其孔径分布

表 3 不同活化时间制得的活性炭的物理特征

活化时间/h	BET 比表面积/(m^2/g)	微孔容积/(cm^3/g)	总孔容积/(cm^3/g)	碘吸附值/(mg/g)	得率/%
原料	290.1180	0.0300	0.2301	181	—
0.5	738.3990	0.0790	0.4232	900	53.6
1.0	1430.6990	0.1250	0.7492	1450	48.9
1.5	1702.2170	0.1910	0.9283	1800	45.6
2.0	1629.9360	0.1770	0.9490	1650	43.8

由表 3 可知，碱炭比为 2.5，活化温度为 800℃时，随着活化时间的延长，活性炭的碘吸附值先增加后较小，最大为 1800mg/g；BET 比表面积在活化 1.5h 下达到最大，为 1702.2170m^2/g，然后减小；微孔容积在活化 1.5h 时达到最大，为 0.1910cm^3/g，然后逐渐减小。这是因为随着时间增加，炭与 NaOH 反应逐步充分，微孔结构形成逐步增加，微孔的形成占主导位置，在 1.5h 时，微孔结构已经基本形成，活化时间超过 1.5h 后，发生微孔孔壁烧穿，导致微孔烧失，形成中孔或者大孔，比表面积下降。活性炭得率随着活化时间增加而下降，这是因为活化过程中碳原子与 NaOH 反应时从外界吸收热量，随着活化时间的增加，会使得碳原子数目增多，与 NaOH 反应活性大幅增加，炭的造孔量也在增加，总孔容积增加，造成炭的消耗量增加，导致炭的得率下降。

原料及不同活化时间下制得的活性炭吸附-脱附等温线和孔径分布图见图 3。由吸脱附曲线可以看出，随着活化时间的延长，其 N_2 吸附体积逐渐上升，说明孔隙数量明显增加。当活化时间大于 1.5h 后，其 N_2 吸附体积略有下降，说明孔隙数量减少。脱附曲线分支在 $0.5<P/P_0<0.9$ 处出现了明显的滞回环，表明活性炭中含有较多的过渡孔和大孔。由孔径分布图可以看出，活化 0.5h 后的樟子松炭微孔率增加至 52%，活化时间继续延长，活性炭微孔率上升至 82%，然后出现轻微下降。与此同时，活性炭的过渡孔百分比呈下降趋势，大于 1.0h 后，过渡孔百分率略微上升。进一步说明在活化过程中 NaOH 使樟子松固体炭形成了大量微孔，部分微孔继续增大，同时部分微孔坍塌形成过渡孔。

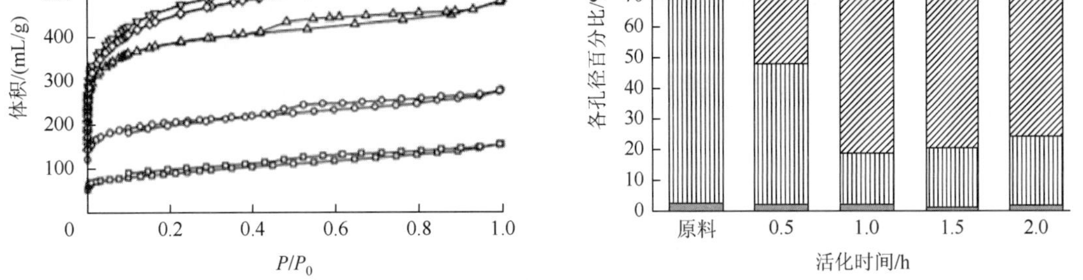

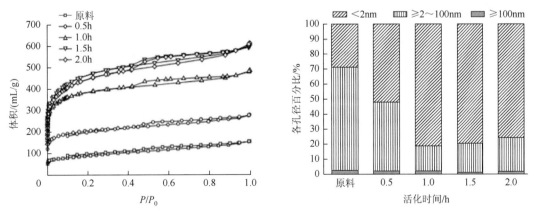

图 3 活化时间对活性炭的比表面积及其孔径结构的影响

2.3 活化温度对活性炭性能的影响

以生物质气化固体炭为原料，碱炭比为 2.5 进行研磨混合，在马弗炉中活化 1.5h，活化温度为 650～850℃，制备活性炭，并进行表征，结果如表 4 所示。

由表 4 可知，碱炭比为 2.5，活化时间 1.5h 时，随着活化温度的升高，活性炭的 BET 比表面积和碘值总体呈先上升后下降的趋势，在 700℃和 750℃时出现轻微下降，在 800℃时达到最大，温度升高到 850℃出现了显著下降。这是因为在 800℃前，随着活化温度升高，活化反应速度加快，大量微孔结构逐步形成，高温有利于钠离子转化成蒸汽，进入固体炭微晶层间，撑开片层，创造出新的微孔与过渡孔；当温度超过 800℃后，由于碱蒸汽对孔壁的烧蚀，使得微孔孔壁被烧穿，出现“扩孔”现象，比表面积和碘值显著下降，吸附性能显著下降。由表 4 可知，活性炭得率随着活化温度增加而减小，随着活化温度增加，活化反应速度加快，灰分增加，炭的消耗量增大，得率下降，在温度 800℃后出现了显著下降，这可能由于碱蒸汽对木炭表面的刻蚀作用，导致炭的消耗量增大，得率显著下降。

表 4　不同活化温度制得活性炭的物理特征

活化时间/h	BET 比表面积/(m^2/g)	微孔容积/(cm^3/g)	总孔容积/(cm^3/g)	碘吸附值/(mg/g)	得率/%
原料	290.1180	0.0300	0.2301	181	—
650	1021.8090	0.1020	0.5538	1000	49.9
700	1459.1860	0.1100	0.7953	1450	48.2
750	1423.7680	0.1050	0.8352	1300	47.3
800	1702.2170	0.1910	0.9283	1800	45.6
850	1562.0410	0.1350	0.8652	1520	39.2

原料及不同活化温度下制得的活性炭吸附-脱附等温线和孔径分布图见图 4。由吸脱附曲线可以看出，随着活化温度升高，其 N_2 吸附体积逐渐上升，在 850℃下降，说明 800℃活化反应最佳。在 700℃和 750℃的活化温度下，两条曲线极为相近，后者较前者在 $0.0<P/P_0<0.2$ 处略低，在 $0.4<P/P_0<1.0$ 处轻微上扬。说明此两种活化温度对活性炭的比表面积影响较小，高温下中到大孔数量更多。由孔径分布图看出，随着温度升高，活性炭微孔率总体逐渐增大然后减小，在 750℃处出现小波动，在 850℃处微孔率减小，故较佳的活化温度为 800℃。

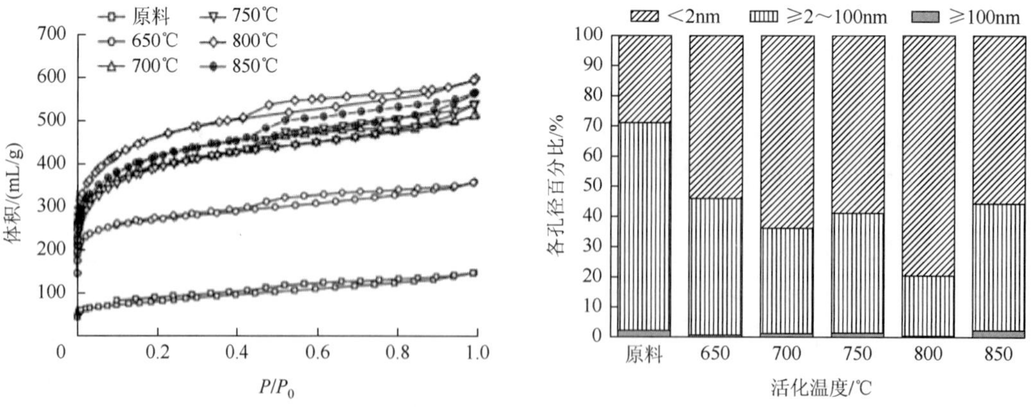

图 4　活化温度对活性炭的比表面积及其孔径结构的影响

3　结　　论

（1）制备樟子松木片气化炭基活性炭的较佳工艺条件是 NaOH 用量/固体炭质量比为 2.5、活化时间为 1.5h、活化温度为 800℃。在该工艺条件下制备的活性炭比表面积是 1702.2170m^2/g，碘吸附值为 1800mg/g，活性炭得率为 45.6%。

（2）N_2 吸附结果表明，较佳工艺条件下制备的活性炭，通过 DFT 方程法计算得出其微孔百分比为 79.85%，过渡孔百分比为 19.47%，平均孔径为 2.18nm。

结果表明，樟子松气化炭是一种良好的制取高品质活性炭的原料，可进一步将生物质气化多联产副产品转化为高附加值产品，真正达到综合利用、变废为宝。

参 考 文 献

[1] 王晓春，宋来萍，张远东. 大兴安岭北部樟子松树木生长与气候因子的关系. 植物生态学报，2011，35（3）：294-302.

[2] 刘曼红. 林业“三剩物”的开发利用现状和前景概述. 林业调查规划，2010，35（3）：62-63.

[3] 张齐生，马中青，周建斌. 生物质气化技术的再认识. 南京林业大学学报（自然科学版），2013，37（1）：1-10.

[4] Zhou Z Q，Yin X L，Xu J，et al. The development situation of biomass gasification power generation in China. Energy Policy，2012，51（6）：52-57.

[5] 李坤权，李烨，郑正，等. 高比表面生物质炭的制备、表征及吸附性能. 环境科学，2013，34（1）：328-335.

[6] 李永锋，凌军，刘燕珍，等. 高比表面积活性炭研究进展. 热带作物学报，2008，29（3）：396-402.

[7] Kubota M，Hata A，Matsuda H. Preparation of activated carbon from phenolic resin by KOH chemical activation under microwave heating. Carbon，2009，47（12）：2805-2811.

[8] Wu F C，Wu P H，Tseng R L，et al. Preparation of activated carbons from unburnt coal in bottom ash with KOH activation for liquid-phase adsorption. Journal of Environmental Management，2010，91（5）：1097-1102.

[9] Acosta R，Fierro V，de Yuso A M，et al. Tetracycline adsorption onto activated carbons produced by KOH activation of tyre pyrolysis char. Chemosphere，2016，149：168-176.

[10] 郭祥，钟成华，邓春光，等. KOH 活化法制备牛粪活性炭的研究. 环境科学学报，2013，33（9）：2459-2465.

[11] Kılıç M，Apaydın-Varol E，Pütün A E. Preparation and surface characterization of activated carbons from Euphorbia rigida by chemical activation with $ZnCl_2$，K_2CO_3，NaOH and H_3PO_4. Applied Surface Science，2012，261：247-254.

[12] 刘玉臣，胡鑫，巩睿，等. 微孔-介孔高比表面积佛手渣基活性炭的制备. 化工新型材料，2012，40（9）：38-49.

[13] Ma Z Q，Zhang Y M，Zhang Q S，et al. Design and experimental investigation of a 190 kWe biomass fixed bed gasification and polygeneration pilot plant using a double air stage downdraft approach. Energy，2012，46（1）：140-147.

[14] 邓丛静. 杏壳热解气化联产活性炭的基础研究及应用. 南京：南京林业大学，2015.

[15] 秦恒飞，周建斌，王筠祥，等. 牛粪固定床气化多联产工艺. 农业工程学报，2011，27（6）：288-293.

[16] 张莉. 酚醛树脂球及其活性炭的制备研究. 南京：南京林业大学，2013.

竹炭吸附对硝基苯胺的过程与机理研究

吴光前[1]　吴冠男[2]　张齐生[1]　Detlef R. U. Knappe[3]

（1 南京林业大学生物与环境学院　南京　210037；

2 香港浸会大学研究生院　香港　999077

3 北卡罗来纳州立大学土木建筑与环境学院　美国罗利　27606）

摘　要

研究了竹炭吸附对硝基苯胺的过程影响因子以及吸附过程的动力学、等温线和热力学。结果表明，粒径 80～100 目的竹炭即可实现对对硝基苯胺的高效吸附，吸附效率为 95.65%。竹炭对硝基苯胺的吸附效率随溶液 pH 升高而逐渐下降，当溶液 pH 超过 7.0 以后，下降趋势明显加快，实验条件下，溶液 pH = 2.0 可以获得最佳吸附效果，吸附效率为 95.85%，静电作用力和氢键作用力在不同溶液 pH 下变化的联合作用是造成吸附效率变化的主要原因。吸附动力学研究结果表明：准二级吸附动力学模型可以很好地拟合 3 种不同温度下的吸附速率数据；吸附等温线研究结果表明，Redlich-Peterson 吸附等温线模型可以很好地拟合 3 种不同温度下的吸附等温线数据，说明吸附过程兼有单分子层吸附和吸附表面异质性特点；吸附热力学计算结果表明，吉布斯自由能 ΔG^0 小于零，说明竹炭吸附对硝基苯胺的过程可以自发进行，吸附焓变 ΔH^0 小于零，说明吸附反应为放热过程，并且吸附焓变数值大于单纯由范德瓦耳斯力引起的吸附放热范围，说明吸附过程中存在多种作用力；吸附熵变 ΔS^0 大于零，说明吸附过程中体系的混乱度显著增大。

关键词：炭；吸附；对硝基苯胺；机理

竹炭具有发达的孔隙结构和较大的比表面积，因此具有较强的吸附性能[1, 2]。目前国内外研究者已经广泛开展了竹炭吸附水体中污染物的研究，取得了大量的研究成果[2]。

对硝基苯胺是重要的有机化工原料和精细化工中间体，广泛应用于染料、农业、医药和军工等行业，这些行业在生产过程中排放出的对硝基苯胺废水，会对水环境造成严重的污染。鉴于对硝基苯胺废水的严重危害性，国家环保总局在 1989 年制定的《中国水中优先控制污染物黑名单》中已经明确包含对硝基苯胺这种有机污染物[3]。

目前，国内外已经有文献研究了不同吸附剂对对硝基苯胺废水的吸附净化性能，取得了良好的净化效果[4-9]，但是尚未见到使用竹炭净化对硝基苯胺废水的文献报道。由于近年来竹炭在我国水污染净化工程中的应用日益增加[10-14]，因此，有必要对竹炭吸附污染水体中对硝基苯胺的性能进行研究探讨。所以，本论文以竹炭作为吸附剂，以对硝基苯胺废水为吸附对象，探讨了竹炭粒径、溶液 pH 等对吸附效果的影响，在此基础上对吸附等温线、吸附动力学和吸附热力学进行了计算和分析。

1　材料与方法

1.1　材料

实验用竹炭购自浙江安吉中竹炭业有限公司，竹炭的形状主要是 10mm 左右的不规则颗粒。实验前，采用去离子水在超声条件下对竹炭颗粒进行了清洗并在日光下充分烘干，然后采用电动粉碎机和钢丝筛将竹炭粉碎为不同粒径的竹炭颗粒，并在 105℃下烘干 24h，取出密封于棕色试剂瓶中备用。前期实验中已经测定其比表面积为 791m^3/g，表面零电荷点 pH_{pzc} 为 8.71，碘值为 585mg/g，亚甲基蓝值为 309mg/g。对硝基苯胺购自上海国药集团化学试剂有限公司，其理化性质为相对分子质量 138.12，熔点 148℃，沸

本文原载《环境工程学报》2017 年第 11 卷第 1 期第 251-259 页。

点 332℃，解离常数 $pK_a = 1.00$。实验中使用的其他试剂均为分析纯以上。水溶液中对硝基苯胺浓度的测定采用分光光度法，其原理是水溶液中对硝基苯胺分子对 $\lambda = 381$nm 处的可见光有最大吸收，并且吸光度与对硝基苯胺浓度成正比[5-9]。

1.2 仪器

实验中用到的仪器主要有 TU-1810 型紫外-可见分光光度计（北京普析通用公司）；PHS-3C 型台式 pH 计（上海康仪仪器公司）；HZP-250 型恒温振荡器（上海精宏实验设备有限公司）和 Ultra-Pure UV 型纯净水制造机（上海和泰仪器有限公司）。

1.3 吸附实验

取 50mL 已知浓度和 pH 的对硝基苯胺溶液于 250mL 具塞锥形瓶中，加入 0.1g 竹炭，在 70r/min 条件下振荡一定时间，过滤出滤液并测量剩余对硝基苯胺浓度。根据式（1）计算出竹炭对对硝基苯胺的吸附量 q_e，实验中所有吸附实验数据均为 3 次平行实验所取得的平均值。

$$q_e = \frac{(C_0 - C_e)V}{m} \tag{1}$$

式中，q_e 为吸附完成时的对硝基苯胺吸附量，mg/g；C_0 为初始对硝基苯胺浓度，mg/L；C_e 为吸附完成时的剩余对硝基苯胺浓度，mg/L；V 为溶液体积，L；m 为竹炭质量，g。

2 结果与分析

2.1 竹炭粒径对吸附效果的影响

本实验制备了 5 组不同粒径的竹炭颗粒，分别是 6～10 目（1.65～3.32mm）、10～16 目（0.99～1.65mm）、60～80 目（0.20～0.25mm）、80～100 目（0.16～0.20mm）和 100～200 目（0.07～0.16mm）。实验中，配制了 400mg/L 的对硝基苯胺缓冲溶液（pH≈7.0，配制方法见文献[15]），吸附时间 480min，实验结果见图 1。

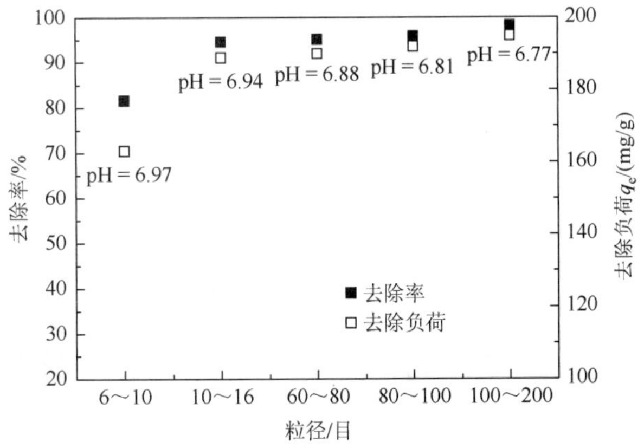

图 1 粒径对竹炭吸附对硝基苯胺的影响

从图 1 可以看出，吸附平衡后的缓冲溶液 pH 仍然保持在 7.0 左右，因此，实验结果排除了竹炭表面基团释放 H^+或者 OH^-对溶液 pH 的影响，从而能够更客观地反映竹炭的粒径变化对吸附效果的影响。从图 1 中可见，随着竹炭粒径的减小，对硝基苯胺的吸附效率和平衡吸附量逐渐提高，其中，吸附效率从 80.15%（6～10 目）增加到 97.35%（100～200 目），并且 80～100 目的竹炭对对硝基苯胺的去除效率已经达到 95.65%，可见当粒径大于 80～100 目以后，吸附效率的增加幅度非常小。对于实际的工程应用而言，粒径过小的竹炭颗粒会导致使用困难（比如流失率过大、压损上升过快和颗粒磨损严重等），超过 100 目的竹炭粒径对于工程实用意义不大。因此，后续的实验均采用 80～100 目的竹炭。

2.2　溶液 pH 对吸附效果的影响

根据文献中提供的方法[15]，分别配制 pH 为 2.0、3.0、4.0、5.0、6.0、7.0、8.0、9.0 和 10.0 的对硝基苯胺缓冲溶液，浓度均为 400mg/L，吸附时间为 480min。实验结果见图 2。从图 2 中可以看出，在不同溶液 pH 下，竹炭对对硝基苯胺的吸附效率随着溶液 pH 的升高发生变化，在 pH 在 2.0～6.0 的范围内，吸附效率总体上下降，但是下降的幅度比较缓慢。在 pH 超过 6.0 以后，竹炭对对硝基苯胺的吸附效率呈现快速下降的趋势。整个吸附实验中，所获得的最高吸附效率为 95.85%（pH = 2.0）。

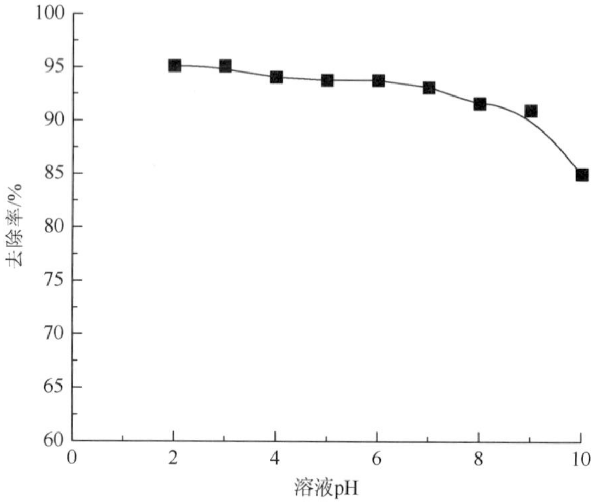

图 2　溶液 pH 对竹炭吸附对硝基苯胺的影响

溶液 pH 对吸附效果的影响主要是通过改变竹炭表面吸附位与对硝基苯胺分子之间的作用力强度来实现的。一般认为，固液相吸附体系的作用力主要包括范德瓦耳斯力（又分为色散力、取向力和诱导力）、静电作用力、氢键作用力、电子供体-受体作用和共轭 π—π 键作用[16-20]。其中，电子供体-受体作用和共轭 π—π 键作用主要与吸附质和吸附剂的原子结构和电子轨道分布有关，而静电作用力和氢键作用力易受到溶液 pH 的影响。因此，可以认为固液相吸附效果随着溶液 pH 而变化主要是因为后两种作用力的变化而导致的。

对硝基苯胺是一种弱碱性物质，其共轭酸为 $C_6H_4NO_2NH_3^+$，解离常数 $pK_a = 1.00$。在不同溶液 pH 下，对硝基苯胺及其共轭酸在水中的存在形态可以用下式表示：

$$C_6H_4NO_2\,NH_3^+ \rightleftharpoons C_6H_4NO_2NH_2 + H^+$$

$$pH = pK_a + \lg([C_6H_4NO_2NH_2]/[C_6H_4NO_2\,NH_3^+])$$

$$\lg([C_6H_4NO_2NH_2]/[C_6H_4NO_2\,NH_3^+]) = pH - pK_a$$

当 $pH - pK_a > 0$，$[C_6H_4NO_2NH_2]/[C_6H_4NO_2\,NH_3^+] > 1$，溶液中主要以对硝基苯胺分子形式存在，电中性；

当 $pH - pK_a < 0$，$[C_6H_4NO_2NH_2]/[C_6H_4NO_2\,NH_3^+] < 1$，溶液中主要以对硝基苯胺的共轭酸形式存在，带一个质子。

根据经典化学理论，当溶液 pH 在 $pK_a \pm 2$ 以内，有机物的分子状态与离子状态共存；溶液 pH 在 $pK_a \pm 2$ 以外，99%都是以离子状态或分子状态存在[16, 20]。所以，对硝基苯胺在不同 pH 水溶液中的存在状态可以用表 1 来表示。

本实验中，对硝基苯胺的解离常数 $pK_a = 1.00$，竹炭的表面零电荷点 pH_{pzc} 为 8.71，而溶液的起始 pH 为 2.0。所以当溶液 pH 在 2.0～3.0 的范围内，对硝基苯胺以分子态和共轭酸形式共存（随 pH 上升，共轭酸比例逐渐减少，电中性分子逐渐占据优势），同时竹炭表面带正电荷溶液（$pH < pH_{pzc}$），竹炭和共轭酸之间存在强烈的静电斥力，降低吸附效果，但是这种静电斥力随着溶液 pH 的上升而逐渐减弱直至完全消失。

因此可以认为在溶液 pH 大于 3.0 以后，对硝基苯胺全部转化为电中性分子，静电斥力不再对吸附产生任何作用。

表 1 水溶液中对硝基苯胺的存在状态

溶液 pH	存在状态
pH≤10	全部为带正电荷的共轭酸
1.0<pH<3.0	对硝基苯胺分子为主，少量带正电荷的共轭酸
pH>3.0	全部为对硝基苯胺分子

根据经典的氢键生成理论，对硝基苯胺分子上的硝基和氨基基团上的氧和氢原子可以和竹炭表面的羧基、酚羟基等发生强烈的氢键作用（图 3）。在溶液 pH 从 2.0 上升到 7.0 的过程中，羧基、酚羟基等含氢基团电离度逐渐提高，氢键作用逐渐减弱。因此，可以认为在溶液 pH2.0～7.0 的范围内吸附性能有轻微的下降是静电斥力的减弱（促进吸附）和氢键作用力的减弱（消弱吸附）此消彼长的综合结果。

随着 pH 达到 7.0 以上，竹炭表面含氢酸性基团上的氢原子大量从基团表面电离，导致可用于发生氢键作用的基团数量越来越少，氢键作用减弱，吸附能力快速降低。因此，高 pH 下竹炭吸附对硝基苯胺能力的快速下降可以归结为氢键作用的持续减弱。对不同溶液 pH 下竹炭与对硝基苯胺分子的作用力形式的变化情况进行分析可以得到表 2。根据表 2 中的吸附作用力变化趋势的分析，可以较好地解释图 2 中的实验结果。

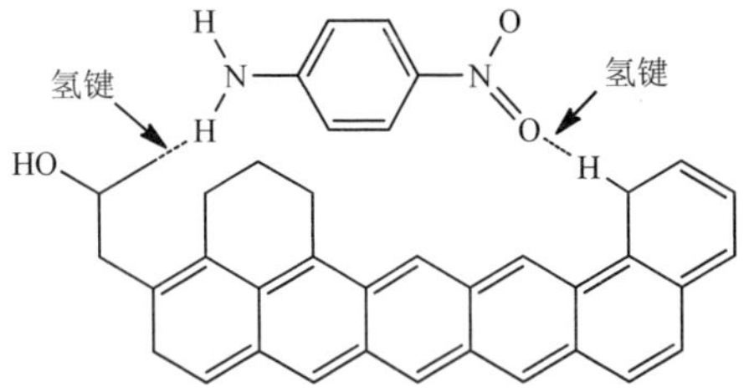

图 3 竹炭表面基团与对硝基苯胺的氢键作用

表 2 水溶液中不同 pH 条件下竹炭与对硝基苯胺的作用力变化趋势

溶液 pH	2.0	3.0	4.0	5.0	6.0	7.0	8.0	9.0	10.0
范德瓦耳斯力					不变				
静电作用力	斥力	微弱斥力	近中性	中性	中性	中性	中性	中性	中性
氢键作用力	强	强	较强	较强	弱	很弱	极弱	极弱	极弱
电子供体受体作用力					不变				
共轭 π—π 键作用力					不变				

2.3 吸附动力学

吸附动力学研究中，采用初始浓度为 400mg/L 的对硝基苯胺缓冲溶液（pH≈7.0，配制方法见文献[15]），吸附时间为 5～480min，分别在 3 个不同的溶液温度下进行吸附实验。达到预定的吸附时间后即对溶液过滤分离并测定剩余对硝基苯胺浓度，实验结果见图 4。从图 4 中可见，竹炭在 3 种不同的吸附温度下经过 480min 吸附以后，可以达到充分的平衡。平衡吸附量分别为 176.92mg/g（278K）、170.23mg/g（298K）、154.93mg/g（308K）。从图 4 还可以看出，竹炭对对硝基苯胺的吸附量在前 60min，已经超过最终平衡吸附量的 80%。针对固液相体系的吸附动力学问题，研究人员[21-23]提出了准一级动力学方程和准二级动力学方程来进行描述，准一级动力学方程的积分形式如下：

$$\lg(q_{\mathrm{e,exp}} - q_t) = \lg q_{\mathrm{e,cal}} - \frac{k_1 t}{2.303} \quad (2)$$

准二级动力学方程的积分形式可以表示为

$$\frac{t}{q_t} = \frac{1}{k_2 q^2_{\mathrm{e,cal}}} + \frac{t}{q_{\mathrm{e,cal}}} \quad (3)$$

式中，q_t 为实验中得到的任意时刻竹炭的吸附量，mg/g；$q_{\mathrm{e,\,exp}}$ 为实验中得到的平衡吸附量；$q_{\mathrm{e,\,cal}}$ 为用动力学方程计算得到的理论最大平衡吸附量；k_1 为准一级动力学速率常数，h^{-1}；k_2 为准二级动力学速率常数，g/(mg·min)。

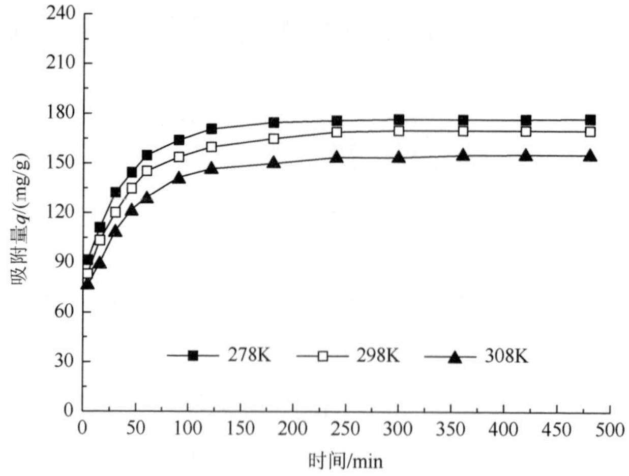

图 4　不同吸附温度下竹炭对对硝基苯胺的吸附速率

此外，准二级动力学模型中的半吸附时间（$t_{1/2}$）与初始吸附速率常数（h）可通过式（4）和（5）计算求得，其中 $t_{1/2}$ 代表的是吸附量达到平衡吸附量一半时所需的吸附时间。

$$t_{1/2} = 1/(k_2 q_{e,\,cal}) \tag{4}$$

$$h = k^2 q_{e,\,cal} \tag{5}$$

此外，为了考察各个不同模型拟合的准确性，引入了归一化标准偏差 Δq_e（%）来比较实验平衡吸附量和模型计算得到的平衡吸附量之间的差异，该归一化标准偏差 Δq_e（%）见式（6）：

$$\Delta q_e = \sqrt{\frac{\sum_i^N [(q_{e,exp} - q_{i,cal})/q_{i,exp}]^2}{N-1}} \times 100\% \tag{6}$$

式中，N 是实验中实验点的总数，i 是每个实验点的序号；其他符号意义同前。

图 5 是竹炭吸附对硝基苯胺的准一级和二级动力学拟合曲线图。表 3 为相应的动力学拟合数据。

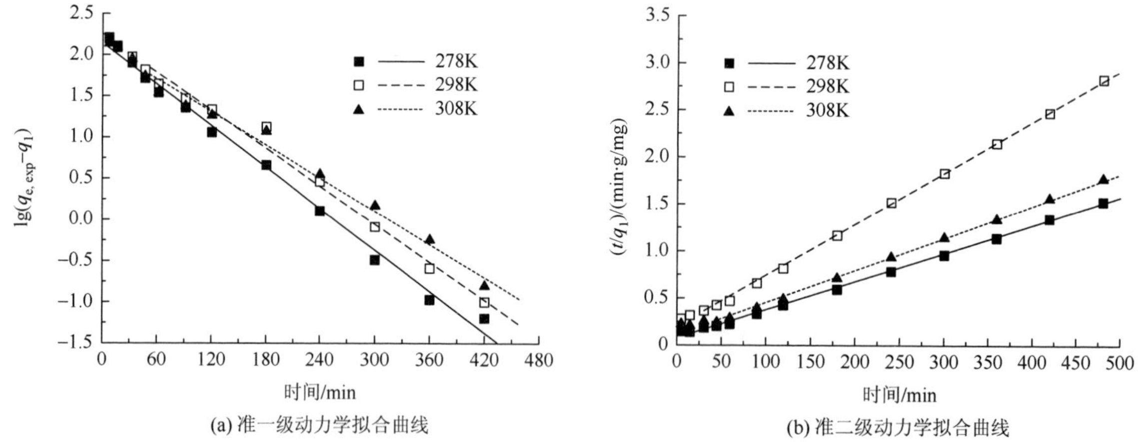

图 5　吸附动力学拟合曲线

从表 3 中的吸附动力学拟合数据可以看出，在 3 个实验温度条件下，准一级动力学拟合方程所获得的相关系数 R^2 在 278K 条件下比较高，但是在其他 2 个实验温度下很低，这显示出准一级动力学方程对于竹炭吸附对硝基苯胺的拟合不够精确。与此相对应，将实验测定得到的平衡吸附量 $q_{e,\,exp}$ 和使用准一级动力学模型计算得到的理论吸附量 $q_{e,\,cal}$ 进行比较同样可以发现，准一级动力学预测得到的结果与实际实验结果的差距同样很大（由归一化指数 Δq_e 可以看出预测结果和实验结果之间的差距，Δq_e 越大，说明 2 个结果之间差距越大）。相比而言，用准二级动力学模型来描述竹炭吸附对硝基苯胺的过程则较为精确，相关系数 R^2 均达到 0.99 以上，与此相对应，使用准二级动力学方程计算得到的理论平衡吸附量 $q_{e,\,cal}$ 和实验中实际测定的平衡吸附量 $q_{e,\,exp}$ 则十分接近，归一化指数 Δq_e 在 10%左右。

在准二级动力学方程拟合过程中，进一步预测了半吸附时间 $t_{1/2}$ 与初始吸附速率常数 h，其中，$t_{1/2}$ 代表的是吸附量达到平衡吸附量一半时所需的吸附时间，$t_{1/2}$ 越小，则吸附的平均速率可以认为较快，而初始吸附速率常数 h 则在一定程度上反映了吸附剂表面的吸附点位与吸附质的结合能力的快慢与强弱，h 越大，则说明吸附质和吸附剂表面吸附位的结合速度越快。可以发现，对于同一种竹炭吸附过程，低温条件下（278K）的初始吸附速率常数 h 大于高温条件下（298K 和 308K），这说明在低温条件有利于提高吸附质分子在吸附剂表面的吸附，从而从一个侧面证明了对硝基苯胺在竹炭表面的吸附是一个放热反应。

2.4 吸附等温线

吸附等温线研究中，采用初始浓度为 25～500mg/L 的对硝基苯胺缓冲溶液（pH≈7.0，配制方法见文献[15]），吸附时间均为 480min，分别在 3 个不同的溶液温度下进行吸附实验。在实验中，采用 Langmuir、Freundlich、Redlich-PeteR-son3 种吸附等温线模型对竹炭吸附对硝基苯胺的数据进行拟合。

表 3 竹炭对对硝基苯胺的吸附动力学拟合数据

项目	温度/K		
	278	298	308
准一级动力学模型			
R^2	0.9941	0.9775	0.9873
$q_{e,exp}$/(mg/g)	176.92	170.23	154.95
$q_{e,cal}$/(mg/g)	139.44	162.52	126.77
Δq_e/%	24.77	18.14	20.05
k_1/h^{-1}	1.93×10^{-2}	1.75×10^{-2}	1.54×10^{-2}
准二级动力学模型			
R^2	0.9999	0.9989	0.9995
$q_{e,exp}$/(mg/g)	176.92	170.23	154.95
$q_{e,cal}$/(mg/g)	196.07	185.19	172.41
Δq_e/%	10.70	11.42	10.56
k_2/(g/(mg·min))	1.23×10^{-4}	1.40×10^{-4}	1.45×10^{-4}
$t_{1/2}$/min	26.35	37.15	41.44
h/(mg/(g·min^2))	7.43	4.98	4.73

Langmuir 吸附等温线模型有如下基本假设[24, 25]：吸附质分子只能在吸附剂表面发生单分子层吸附；吸附剂表面具有同质性；被吸附的吸附质分子之间不发生相互作用；每一个吸附点的能量不变。其线性方程如式（7）所示：

$$\frac{C_e}{q_e}=\frac{1}{q_{max}K_L}+\frac{C_e}{q_{max}} \tag{7}$$

式中，C_e 是任一点的平衡浓度，mg/L；q_e 是任一点的平衡吸附量，mg/g；q_{max} 是使用 Langmuir 模型计算得到的理论最大单层吸附量，mg/g；K_L 是 Langmuir 常数，L/mg。

Freundlich 模型是一种非线性吸附模型[26, 27]，其基本假设包括：吸附剂表面往往具有异质性（包括表面形貌不同，表面基团的种类、数量和分布位置不同以及与不同吸附质分子的作用力不同等）；吸附质在吸附剂表面可能发生多层吸附。基于以上假设，Freundlich 模型的线性方程如式（8）所示：

$$\lg q_e=\lg K_F+\frac{1}{n}\lg C_e \tag{8}$$

式中，C_e 是任一点的平衡浓度，mg/L；q_e 是任一点的平衡吸附量，mg/g；K_F 是 Freundlich 常数，(mg/g)$(L\cdot g^{-1})^{1/n}$；$1/n$ 是 Freundlich 常数，反映了竹炭表面的异质程度及吸附质与竹炭表面的结合程度。

Redlich-Peterson 模型综合考虑了 Langmuir 和 Freundlich 2 种吸附等温线模型的特点[21]，即综合考虑了 Freundlich 模型中认为吸附剂表面具有异质性，又考虑了 Langmuir 模型中认为吸附质在吸附剂表面只发生单层吸附，Redlich-Peterson 模型的线性方程如式（9）所示：

$$q_e = \frac{aC_e}{1+bC_e^c} \tag{9}$$

式中，a 是一个与吸附量有关的常数；b 是一个与吸附能力有关的经验常数；c 为介于 0～1 的经验常数；C_e 是任一点的平衡浓度，mg/g；q_e 是任一点的平衡吸附量，mg/g。

将式（9）和式（7）进行比较可以发现，Redlich-Peterson 模型和 Langmuir 模型十分相似，仅仅是在平衡浓度 C_e 上多了一个类似于 Freundlich 模型中 $1/n$ 的指数，所以 Redlich-Peterson 模型同时具备了 Langmuir 和 Freundlich 2 种模型的特征，当 $c=1$ 的时候，式（9）就可以转化为类似 Langmuir 吸附等温线方程的形式。3 种吸附等温线模型的拟合曲线见图 6，相应的参数见表 4。从表 4 可见，对于竹炭吸附对硝基苯胺的过程，总体上来看，Langmuir 和 Redich-Peterson 模型的拟合精度高于 Freundilich 模型，相比较而言，Redlich-Peterson 模型的相关系数 R^2 更高，所以竹炭吸附对硝基苯胺的过程用 Redlich-Peterson 模型进行描述是最准确的。

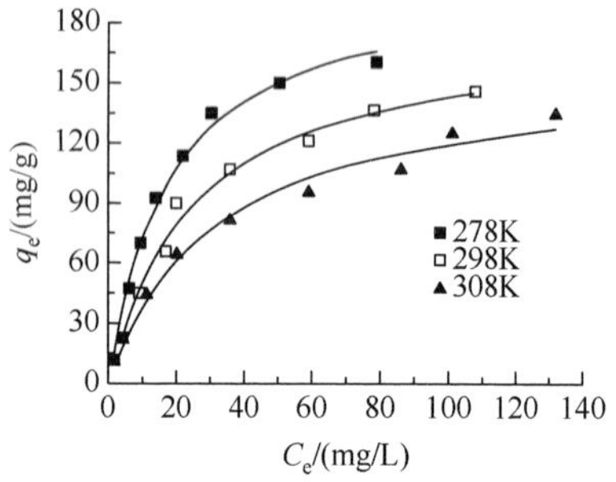

(a) Langmuir吸附等温线

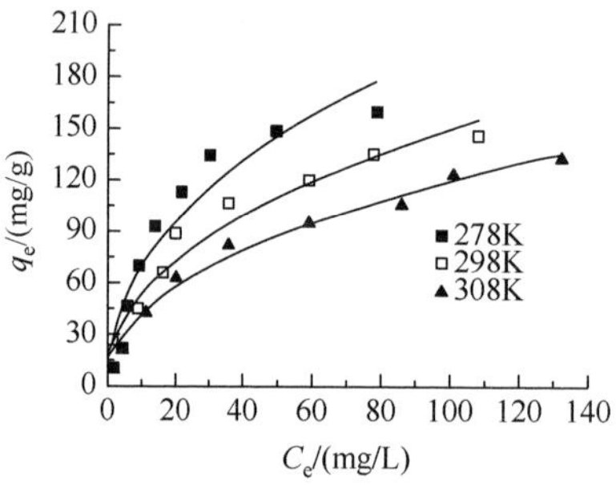

(b) Freundlich吸附等温线

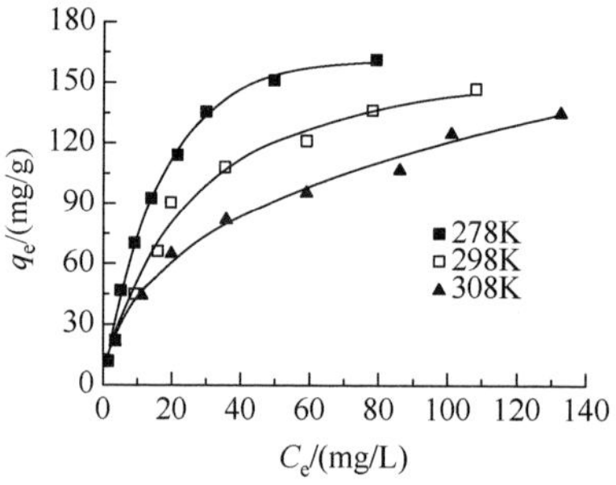

(c) Redlich-Peterson吸附等温线

图 6　竹炭吸附对硝基苯胺的吸附等温线

表 4　竹炭吸附对硝基苯胺的吸附等温线参数

项目	温度/K		
	278	298	308
Langmuir 方程	$C_e/q_e = 0.0049C_e + 0.0909$	$C_e/q_e = 0.0052C_e + 0.1322$	$C_e/q_e = 0.0066C_e + 0.1680$
q_{max}/(mg/g)	204.08	192.31	151.52
K_L/(L/mg)	5.39×10^{-2}	3.93×10^{-2}	3.52×10^{-2}
R^2	0.9817	0.9920	0.9866
Δq_e/%	7.80	5.87	7.81
Freundlich 方程	$\lg(q_e)= 0.6168\lg(C_e)+ 1.1636$	$\lg(q_e)= 0.5670\lg(C_e)+ 1.0925$	$\lg(q_e)= 0.5054\lg(C_e)+ 1.0861$
$1/n$	0.6168	0.5670	0.5054
K_F/(mg/g)(L/mg)$^{1/n}$)	16.74	12.37	12.19
R^2	0.9326	0.9629	0.9861
Δq_e/%	12.08	10.88	11.01
Redlich-Peterson 方程	$q_e = \frac{9.024C_e}{1+0.015C_e^{1.251}}$	$q_e = \frac{6.903C_e}{1+0.033C_e^{1.036}}$	$q_e = \frac{9.005C_e}{1+0.213C_e^{0.741}}$
a	9.024	6.903	9.005
b	0.015	0.033	0.213
c	1.251	1.036	0.741
R^2	0.9936	0.9898	0.9922
Δq_e/%	7.33	8.92	4.66

事实上，由于竹炭表面可能存在的吸附作用力具有多样性，这些作用力的强度各不相同，因此，竹炭

吸附对硝基苯胺的过程不可能完全用 Langmuir 模型的均质表面理论来解释。而 Freundlich 模型则重点强调了吸附剂表面作用力的异质性，忽视了不同作用力之前的强弱差别。实际上，尽管在竹炭吸附对硝基苯胺的过程中，范德瓦耳斯力、静电作用力、氢键作用力、电子供体–受体作用和共轭 π—π 键作用同时存在[16, 19]，但是这些作用力的强弱和在整体吸附过程中的贡献是显著不同的，因此，Redlich-Peterson 模型在构建过程中，结合了 Langmuir 和 Freundlich 模型对于吸附作用力的考虑，在本实验中，能够更好地描述竹炭吸附对硝基苯胺的过程。

2.5 吸附热力学

吸附热力学研究的目的主要是计算吸附反应的吉布斯自由能 ΔG、熵变 ΔS 和焓变 ΔH，从而评估吸附反应发生的难易和吸附自发进行的趋势[28-30]。吉布斯自由能 ΔG^0 可以用式（10）表示：

$$\Delta G^0 = -RT\ln(K_0) \tag{10}$$

式中，R 为摩尔气体常数，8.314J/(mol·K)；T 为热力学温度，K。

根据 Van't Hoffs 方程，热动力学平衡常数 K_0 和标准焓变 ΔH^0 之间存在如下关系：

$$\ln K_0 = -\Delta H^0/RT + \mathrm{B} \tag{11}$$

式中，ΔH^0 为标准吸附焓变，kJ/mol。

而标准吸附熵变 ΔS^0 可以用下式表示：

$$\Delta G^0 = \Delta H^0 - T\Delta S^0 \tag{12}$$

所以，从以上公式可见，计算 ΔG^0、ΔH^0 和 ΔS^0 的关键在于首先计算得到 K_0。目前，很多文献都是通过直接选取 Langmuir 吸附等温线模型中的常数 K_L 的数值作为 K_0 来使用[8, 9]。但是在本实验中，Langmuir 吸附等温线模型不能很好地拟合吸附等温线数据，因此，显然不适合直接使用 K_L。

文献[22]指出，K_0 是一个与吸附体系温度有关的参数，在稀溶液体系中，可以用式（13）表示：

$$K_0 = \frac{C_s / C_s^0}{C_e / C_e^0} \tag{13}$$

式中，C_s 是平衡状态下固相表面的吸附质浓度，mol/g；C_e 是平衡状态下液相中的吸附质浓度，mol/L；C_e^0 是单层吸附状态下固相表面的吸附质浓度，mol/m^2；C_e^0 是标准状态下液相中的吸附质浓度，一般以单位浓度 1mol/L 表示。显然，通过式（13）可以计算出 K_0，并一步计算得到吉布斯自由能 ΔG^0，然后运用式（11），得到 $\ln K_0$–$1/T$ 的关系曲线，通过曲线的斜率即可以计算得到吸附的标准焓变 ΔH^0，最后运用式（12），计算得到标准熵变 ΔS^0，计算得到的热力学参数见表 5。

表 5 竹炭吸附对硝基苯胺的吸附热力学参数

项目	温度/K		
	278	298	308
C_s/(mol/g)	1.32×10^{-2}	1.23×10^{-2}	1.14×10^{-2}
C_e^0 /(mol/g^2)	1.67×10^{-5}	1.56×10^{-5}	1.45×10^{-5}
C_e/(mol/L)	2.47×10^{-4}	4.34×10^{-4}	6.10×10^{-4}
K_0	3.21×10^{6}	1.82×10^{6}	1.29×10^{6}
$\ln K_0$	14.98	14.41	14.07
ΔG_0/(kJ/mol)	–34.62	–35.70	–36.03
ΔH_0/(kJ/mol)	–14.63	–14.63	–14.63
ΔS_0/(J·(K/mol)	71.91	70.70	69.48

表 5 中可以看出，3 种温度下的 ΔG^0 都小于零，说明竹炭吸附对硝基苯胺的过程是自发进行的。吸附焓变 $\Delta H^0 = -14.63$kJ/mol＜0，这表明吸附反应是放热反应。

在物理吸附的过程中，吸附作用力包括范德瓦耳斯力、静电作用力、氢键作用力、电子供体受体作用力和共轭 π-π 键作用力[19]，这些作用力所引发的吸附热差异很大[20]。而吸附过程中释放出的吸附热是吸附质和吸附剂之间多种作用力共同作用的结果。陈国华认为，范德瓦耳斯力引发的吸附热范围在 4～10kJ/mol，而氢键引发的吸附热范围在 2～40kJ/mol。结合表 5 中的吸附焓变 ΔH^0 的数值（−14.63kJ/mol），从侧面验证了竹炭吸附对硝基苯胺的过程作用力除了范德瓦耳斯力以外，还受到氢键作用力的影响。

表 5 中的吸附熵变为正值，说明系统的总混乱度随吸附而增大。在固液相吸附体系中，由于对硝基苯胺的分子直径和体积远远大于水分子，因此，一个对硝基苯胺分子的吸附往往伴随着多个水分子被脱附[28]，必然导致系统的总混乱度增大。因此，固液相吸附过程的熵变是吸附和脱附共同作用的结果。另外，从表 5 可见，高温下的体系熵变比低温下的有轻微降低，这主要是由于在高温下，对硝基苯胺在竹炭表面的平衡吸附量减少，导致脱附的水分子量同步减少，体系的混乱度有所降低而导致的。

3 结　论

本实验研究了竹炭对对硝基苯胺的吸附过程与机理，得到如下结论：

（1）竹炭粒径对吸附过程有显著影响。80～100 目的竹炭可以对对硝基苯胺废水有很好的去除效果，继续减小粒径，去除效率的增加不明显。

（2）溶液 pH 对吸附效果影响明显。实验中竹炭吸附对硝基苯胺的最佳 pH = 2.0，溶液 pH 对吸附效果的影响主要是通过改变静电作用力和氢键作用力的强度，而对总的吸附效果产生影响而实现的。

（3）吸附速率实验表明，竹炭吸附对硝基苯胺的过程可以在 480min 内达到平衡，并且在前 60min 内即可达到平衡吸附量的 80%以上，准二级动力学方程可以很好地拟合吸附速率的数据。

（4）吸附等温线实验表明，Redlich-Peterson 吸附等温线模型可以很好地拟合吸附等温线的数据，说明竹炭吸附对硝基苯胺的过程兼具单分子层吸附和吸附作用力异质性的特点。

（5）吸附热力学实验表明，竹炭吸附对硝基苯胺的过程可以自发进行，吸附焓变小于零，说明吸附反应为放热过程，吸附熵变大于零，说明吸附过程中体系的混乱度增大，这是由于对硝基苯胺分子的吸附和水分子的脱附引起体系的总混乱度增大而导致的。

参 考 文 献

[1] 谢贻发，谢贵水，姚庆群，等. 我国竹类资源综合利用现状与前景. 热带农业科学，2004，24（6）：46-52.

[2] 张齐生，周建斌. 竹炭的神奇功能 人类的健康卫士. 世界竹藤通讯，2009，7（5）：35-42.

[3] 国家环境保护局. 中国水中优先控制污染物黑名单. 北京，1989.

[4] 马明广，魏云霞，赵国虎，等. 改性膨润土对对硝基苯胺的吸附研究. 环境工程，2012，30（S）：317-320.

[5] 马明广，魏云霞，张媛，等. 白银斜发沸石的改性及对对硝基苯胺的吸附. 安徽农业科学，2007，35（7）：2061-2062.

[6] 李坤权，郑正，李烨. 高比表面微孔活性炭的制备及其对对硝基苯胺的吸附. 环境工程学报，2010，4（7）：1478-1482.

[7] 张庆建，许正文，王海玲，等. 大孔树脂对对硝基苯胺的吸附行为及其应用研究. 离子交换与吸附，2006，22（6）：503-511.

[8] Huang J H，Wang X G，Huang K L. Adsorption of *p*-nitroaniline by phenolic hydroxyl groups modified hyper-cross-linked polymeric adsorbent and XAD-4：A comparative study. Chemical Engineering Journal，2009，155（3）：722-727.

[9] Zheng K，Pan B C，Zhang Q J，et al. Enhanced adsorption of p-nitroaniline from water by a carboxylated polymeric adsorbent. Separation and Purification Technology，2007，57（2）：250-256.

[10] 童乃武. 改性竹炭生物滤池处理微污染原水的实验研究. 环境科学与管理，2015，40（8）：81-83.

[11] 陈镇，欧阳立，汪南方，等. 改性竹炭对活性染料废水的吸附脱色性能研究. 上海化工，2015，40（4）：13-16.

[12] 郑慧，肖新峰. 生物质竹炭对水中 Cd^{2+} 的吸附行为研究. 化学研究与应用，2015，27（5）：754-759.

[13] 沈吉利. 竹炭对染料废水的吸附性能试验. 浙江农业科学，2014，（1）：108-111.

[14] 陈盼，费瑛瑛，朱翩翩，等. 磁性竹炭-壳聚糖复合材料吸附去除水体中日落黄染料研究. 工业用水与废水，2015，46（2）：39-43.

[15] Tripod. Buffers in molecular biology[EB/OL]. http：//serge. engi. tripod. com/MolBio/Buffer_cal. html[2015-09-01].

[16] 近藤精一，石川达雄，安部郁夫. 吸附科学. 李国希，译. 北京：化学工业出版社，2006.

[17] 马伟. 固水界面化学与吸附技术. 北京：冶金工业出版社，2011.

[18] 滕新荣. 表面物理化学. 北京：化学工业出版社，2009.

[19] 赵振国. 吸附作用应用原理. 北京：化学工业出版社，2005.

[20] 陈国华. 应用物理化学. 北京：化学工业出版社，2008.

[21] 张宏，张敬华. 生物吸附的热力学平衡模型和动力学模型综述. 天中学刊，2009，24（5）：19-22.

[22] Al-Johani H，Salam M A. Kinetics and thermodynamic study of aniline adsorption by multi-walled carbon nanotubes from aqueous solution. Journal of Colloid and Interface Science，2011，360（2）：760-767.

[23] Mattson J A，Mark Jr H B，Malbin M D，et al. Surface chemistry of active carbon：specific adsorption of phenols. Journal of Colloid and Interface Science，1969，31（1）：116-130.

[24] 张欣. 碳纳米材料对磺胺甲恶唑的吸附机理研究. 昆明：昆明理工大学，2011.

[25] 段林. 纳米碳管吸附有机污染物的行为和机理. 天津：南开大学，2008.

[26] 张增强，孟昭福，张一平. Freundlich 动力学方程及其参数的物理意义探析. 西北农林科技大学学报（自然科学版），2003，31（5）：202-204.

[27] 杨宗海. 对 Freundlich 吸附等温式的理论推导的探讨. 化学物理学报，1989，2（3）：217-221.

[28] 范顺利，孙寿家，余健. 活性炭自水溶液中吸附酚的热力学与机理研究. 化学报，1995，53（6）：526-531.

[29] Salam M A，Burk R C. Thermodynamics of pentachlorophenol adsorption from aqueous solutions by oxidized multi-walled carbon nanotubes. Applied Surface Science，2008，255（5）：1975-1981.

[30] Al-Degs Y S，El-Barghouthi M I，El-Sheikh A H，et al. Effect of solution pH，ionic strength，and temperature on adsorption behavior of reactive dyes on activated carbon. Dyes and Pigments，2008，77（1）：16-23.

糠醛渣和废菌棒的热解气化多联产再利用

成亮[1]　周建斌[1,2]　章一蒙[2]　田霖[1]　马欢欢[2]　宋建忠[1]　张齐生[1,2]
（1 南京林业大学材料科学与工程学院　南京　210037；
2 南京林业大学生物质气（液）化工程研究中心　南京　210037）

摘　要

糠醛渣和废菌棒是农林木质纤维素类生物质经利用后的废弃物。本文分析了糠醛渣和废菌棒的组分构成和热失重特性，并以糠醛渣和废菌棒为原料，以生物质高效无污染全面利用为目的，应用生物质气化多联产技术制备了生物质炭与可燃气。糠醛渣的 C 元素含量较高而挥发分含量较低，糠醛渣的热值（20.87MJ/kg）高于废菌棒（18.01MJ/kg）。糠醛渣的半纤维素失重肩峰明显消失，其最大质量损失速率高于废菌棒，质量损失总量低于废菌棒。糠醛渣和废菌棒的气化产炭率分别为 29.99%和 22.26%，糠醛渣炭的热值为 26.18MJ/kg，高于废菌棒炭的 20.09MJ/kg，糠醛渣炭的比表面积为 253.58m^2/g，高于废菌棒炭的 189.08m^2/g。糠醛渣可燃气和废菌棒可燃气的产率分别为 2.49m^3/kg 和 2.25m^3/kg，其热值含量基本处于同一水平，分别为 4.86MJ/m^3 和 4.92MJ/m^3。糠醛渣和废菌棒可分别用于机制炭和炭基肥料等的生产，同时产出生物质可燃气。

关键词： 生物质；燃料；气化；糠醛渣；废菌棒；生物质炭；生物质可燃气

引　言

糠醛渣是利用玉米芯等生物质水解生产糠醛后的固体废弃物[1]。中国的糠醛年产量占全球的 70%（20 万 t）[2]，同时产生 240 万～300 万 t 糠醛渣废料[3]。糠醛渣的灰分高，呈酸性，大量堆积易产生挥发性气体，将其排放丢弃会对土壤、地表/地下水以及大气等造成污染。而糠醛渣富含纤维素（43.9%）和木质素（45.1%）[4]，有着较好的生物质能源利用价值。废弃菌棒是食用菌栽培使用过的基质，其主要原料为以木屑、棉籽壳、玉米芯等。中国食用菌产量约占全球年产量的 70%，同时产生约 1500 万 t 废菌棒[5]。食用菌栽培周期短，菌棒更新频率快，菌棒的大批量废弃实际上是生物质资源的巨大浪费。此外，废菌棒含有大量杂菌，随意丢弃易造成杂菌的扩散，并随空气、雨水、地表水的流动而飘移，造成环境污染。废菌棒中含有大量结构性多糖和木质素，具备生物质能源利用潜质。

生物质能是唯一一种可产出固、液、气三相燃料产品的可再生能源[6]，木质纤维素类生物质的热解气化技术则是当前生物质能研究的热点。现有的生物质气化技术存在以下问题制约其发展：产品单一（生物质燃气），经济效益不显著；燃气发电机对燃气质量要求较高，燃气净化与焦油收集处理困难等；目前生物质燃气的净化系统、发电机等无统一的行业标准，研制及装备能力不足，工业化应用问题颇多。

气化多联产技术[7]是基于生物质气化的无外热源自加热式固-气（液）相产品多联产与产品高附加值利用的创新性技术。以空气为气化剂，在限氧条件下由生物质自身氧化产生热量供热解反应进行，生成生物质炭用于制作活性炭、机制炭及炭基肥，生物质燃气用于供热和发电。焦油是生物质及煤炭等在热解中必然产生的液体产物，针对焦油的产生和处理这一世界性难题，目前主要存在 3 种研究方向：一是找到恰当的用途，如焦油产量较大，可通过净化将燃气输出，应用分馏与复配技术，将分离出的焦油组分进行利用，如制作液体肥料[8]和杀菌剂[9]；二是通过催化裂解减少焦油产生；三是由于焦油热值较高，且在热解产生之初（高温）仍然呈气态，高温燃气-焦油混合物可直接用于燃烧供热（产蒸汽），从而真正实现农林生物质的高效无污染全方位利用。本研究以生物质二次废弃物再利用为目的，以糠醛渣与废

本文原载《农业工程学报》2017 年第 33 卷第 21 期第 231-236 页。

菌棒为原料，应用气化多联产技术制备生物可燃气与生物炭，为生物质热解气化利用模式的发展提供一种新的技术途径。

1 材料与方法

1.1 试验材料

以玉米芯为原料生产糠醛后产生的糠醛渣和木耳栽培的废弃菌棒。将原料阴干至含水率10%左右，取少量原料用小型粉碎机粉碎并过筛，选取40～60目试样50g，用于工业分析、元素分析、热重分析及热值测定；剩余原料（糠醛渣16.92kg，废菌棒6.58kg）用于气化多联产试验。

1.2 试验方法

1. 原料分析

水分含量采用HE53（Mettler Toledo）型水分测量仪进行；灰分、挥发分、固定碳含量按照中华人民共和国国家标准GB/T28731—2012《固体生物质燃料工业分析方法》进行；CHNS/O元素分析采用Vario Macro cube(Elementar)型元素分析仪进行；热值测定采用ZDHW-8A型微机量热仪。可燃气分析采用BGA-1型生物质燃气组分及热值分析仪进行分析。炭的成分分析及热值测定，试验方法、仪器与原料相同；比表面积（BET（Brunauer、Emmett and Teller）方法）分析，采用Autosorb-iQ（Quantachrome）型全自动气体吸附分析仪进行。热重分析采用PerkinElmer STA 8000同步热分析仪进行，试验样品用量约为10mg，载气为N_2，以升温速率10℃/min自室温升温至750℃。

2. 气化多联产试验

气化试验所用设备为南京林业大学生物质气化液化工程中心自主研发的下吸式固定床热解气化多联产系统，其原理如图1所示。

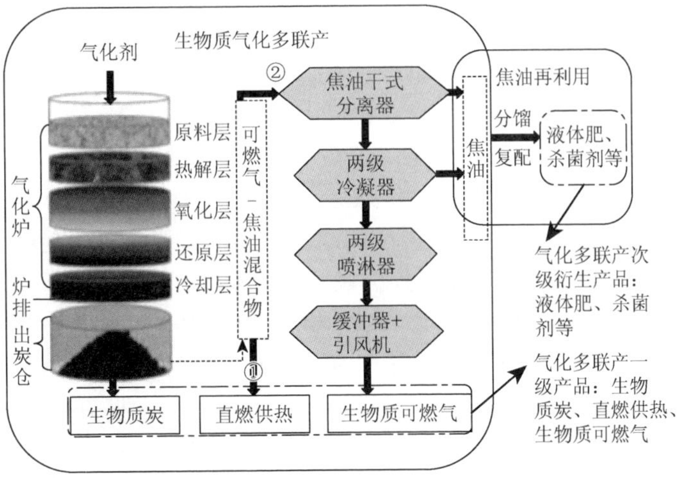

图1 下吸式固定床生物质多联产气化炉系统原理图

原料通过料仓送入气化炉，点火后，原料首先在炉膛上层被进一步干燥，随料层下落进入热解层，在200～600℃的温度及缺氧条件下，裂解产生大量可燃气（CO_2、H、CH_4等）、炭和液相产物。当料层下落至氧化区时，由于温度升高（600～1200℃），炭与气化剂（空气中的O_2）起反应，生成CO_2与CO。当料层进入还原区时（800～600℃），C、CO_2与氧化后气体中含有的H_2O、H_2之间发生还原反应，又生成部分CO及CH_4等可燃气组分。反应完成后，生物炭进入冷却层，经炉排排至出炭仓，裂解产生的可燃气由引风机牵引通过焦油分离器，冷凝器和喷淋器等逐级净化，在系统尾部排出（路径②）。与生物质炭和生物质可燃气相比，焦油相关衍生产品并非通过气化反应就能一次性成型，而是需要进一步的加工处理。同时，由于本次气化试验规模小、温度高、焦油产量少，因而实际所得产品仅为生物质炭与可燃气。在生产实践中，亦可将高温状态下的焦油-燃气混合物直接送入燃烧器燃烧供热（路径①），从而减少焦油的产量并提高原料的热利用率。

气化试验中，可燃气组分分析采用在线监测，待气化炉稳定运行之后，启动可燃气组分与热值分析仪，记录气体组分并统计产气量。试验结束并停炉，待出炭仓温度降至室温后，回收制得的生物炭，计算得率并进行相应的理化分析。

2　结果与分析

2.1　原料组分分析

糠醛渣与废菌棒等的原料分析结果如表 1 所示。废菌棒的含水率为 10.22%，稍高于糠醛渣（9.14%）。糠醛渣的灰分与挥发分含量均低于废菌棒，而固定碳含量高于废菌棒。糠醛渣的 H、N、S 和 O 元素含量均低于废菌棒，而 C 元素含量高出废菌棒 10%以上。相应地，糠醛渣的热值则显著高于废菌棒。由于糠醛渣与废菌棒的木质纤维素组分在糠醛生产和食用菌栽培过程中已有不同程度的消耗，因而与其他未经处理利用的生物质原料相比，其挥发分含量显著较低而固定碳含量明显较高，H 元素含量显著较低而 C、O 和 S 元素含量显著较高。

表 1　生物质的工业分析与元素分析

生物质	水分/%	灰分/%	挥发分/%	固定碳/%	C/%	H/%	N/%	S/%	O/%	高位热值/(MJ/kg)
糠醛渣	9.14±0.23	8.75±0.08	66.05±0.58	25.21±0.51	53.04±0.26	1.71±0.03	0.62±0.02	0.73±0.06	35.14±0.44	2.87±0.22
废菌棒	10.22±0.11	11.14±0.70	68.37±0.48	20.50±0.48	42.555±0.18	2.61±0.31	1.34±0.03	0.86±0.54	40.72±1.00	18.01±0.99
稻秆[13]	14	14.81	71.28	13.91	37.06	5.094	0.65	0.385	28.011	13.749
棉秆[13]	16.25	2.6	78.9	8.5	42.46	5.531	1.02	0.227	31.912	17.126
玉米秆[13]	16.29	7.35	78.9	13.75	41.23	5.281	0.59	0.231	29.028	16.436

注：表中各指标分析基准：水分为收到基（ar），其余均为干燥基（d）；O 元素含量通过差减法计算得到。

2.2　热重分析

糠醛渣与废菌棒的热重（TG）与微分热重（DTG）曲线如图 2 所示。

根据质量损失量和质量损失速率的变化，将 TG 过程分为 3 个阶段。第 1 阶段为失水过程（糠醛渣：室温～110℃；废菌棒：室温～160℃）。随着温度的逐渐升高，试样水分受热散失，同时伴随有机小分子的挥发，于 60℃附近形成一个小的 DTG 质量损失峰，随后质量损失速率减小，在 100℃以上时质量损失速率降至稳定且较低的水平并保持较短的时间。废菌棒的第 1 阶段结束时温度明显高于糠醛渣，而废菌棒与糠醛渣的水分含量差距不大，且水分主要散失于 100℃以内，故废菌棒的低温易挥发性组分含量较糠醛渣高。第 2 阶段为热解质量损失主反应区间（糠醛渣：110～375℃；废菌棒：160～380℃）。木质纤维素材料中，半纤维素首先分解形成 DTG 曲线肩峰，进而纤维素分解形成 DTG 主峰（约 350℃），木质素的分解较缓慢，贯穿整个热解过程[10, 11]。由图 2 可见，糠醛渣的 DTG 肩峰完全消失，而废菌棒的 DTG 肩峰也已不再明显。由于糠醛制取过程已将半纤维素提取利用，糠醛渣中半纤维素质量分数仅为 3.6%，而纤维素与木质素的质量分数分别高达 43.9%和 45.1%。食用菌栽培过程中，菌丝产生多种纤维素酶、木聚糖酶和多酚氧化酶类使得菌棒中的纤维素、半纤维素和木质素均有所降解；以毛木耳为例，60d 的栽培可使菌棒中纤维素质量分数相对减少 34.41%，半纤维素相对减少 40.68%，木质素相对减少 60%[12]。因此，废菌棒的 DTG 曲线较糠醛渣有着相对明显的半纤维素质量损失部分，而糠醛渣由于较高的纤维素含量产生了较大的 DTG 质量损失速率峰值。第 2 阶段后直至 TG 试验结束为第 3 阶段，此阶段为木质素的进一步热解及试样的炭化过程。糠醛渣与废菌棒在此阶段的曲线走向基本一致，但废菌棒在 495℃与 660℃附近分别又产生了小的 DTG 峰，这是由于菌丝对木质素的降解作用使其热化学性质发生了改变。在整个 TG 试验过程中，废菌棒的质量损失总量为 68%，糠醛渣的质量损失总量为 62%，与工业分析结果基本一致（表 1）。

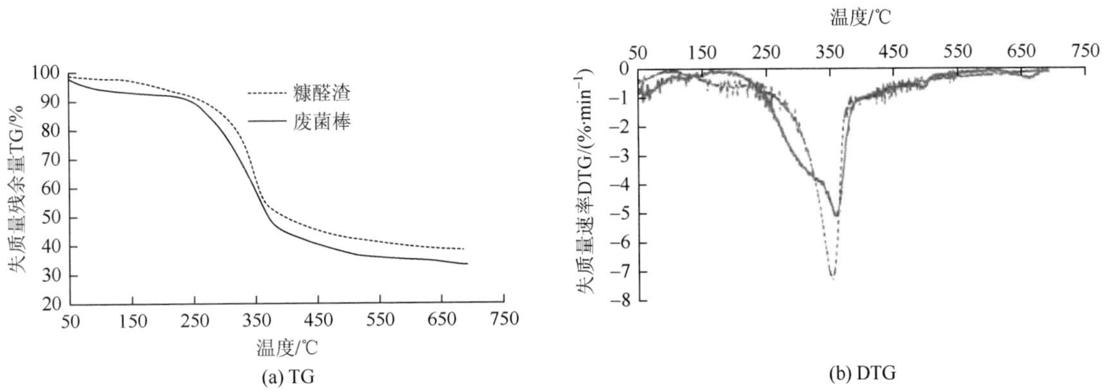

图 2 糠醛渣与废菌棒的热重（TG）与微分热重（DTG）曲线

2.3 气化多联产试验与分析

1. 气化试验与得率分析

气化反应时，炉膛内料层中心温度随时间变化曲线如图 3 所示，气化参数如表 2 所示。当气化炉点火并运行稳定之后，废菌棒的气化反应温度处于 400～600℃区间，糠醛渣的气化反应温度明显高于废菌棒，处于 600～800℃区间。这是因为废菌棒热值低于糠醛渣，因而在限氧条件下氧化发热量也低于糠醛渣；同时由于本次试验的废菌棒投料量比糠醛渣少，造成反应产生的热量在废菌棒料层的堆积效应也比糠醛渣差。当料层温度稳定后，物料中的半纤维素和纤维素由于热解温度低于料层温度而受热迅速分解，产生大量可燃气体，继而其固体剩余部分与木质素在高温下继续热解碳化，生成生物质炭。糠醛渣气化炭得率为 29.99%，显著高于废菌棒（22.26%），这与 TG 试验结果相符。试验中，气化炉存在点火和停炉过程，此过程中原料由于过度气化及燃烧而损失部分炭，产生热量用于气化炉升温。故在实际规模性连续生产中，炭得率会高于试验中得率。在气化反应初始阶段，炉膛点火后产生的烟气由于热值较低不能马上被点燃。以烟气可被点燃为起点开始计时，直至试验末期可燃气热值降低火焰自动熄灭，本次试验中，糠醛渣可稳定产气 80min，共产出可燃气 42.2m^3；废菌棒可稳定产气 35min，共产出可燃气 14.8m^3。糠醛渣的生物质可燃气产率为 2.49m^3/kg，高于废菌棒的 2.25m^3/kg。

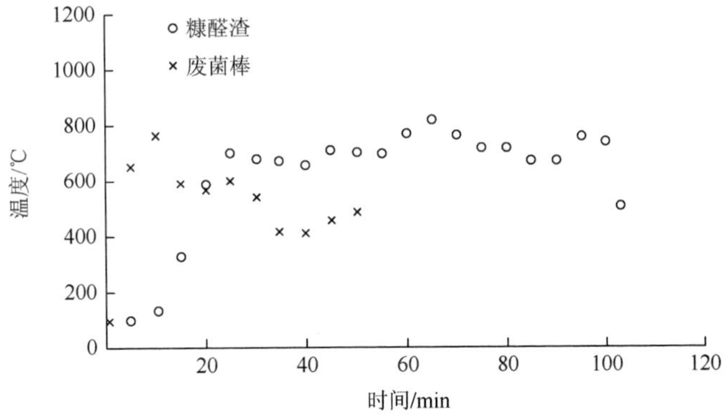

图 3 气化试验温度变化曲线

表 2 糠醛渣与废菌棒气化试验结果

生物质	投料量/kg	产炭量/kg	产炭率/%	可燃气产量/m^3	产气率/(m^3/kg)	稳定产气时长/min
糠醛渣	16.92	5.08	29.99	42.2	2.49	80
废菌棒	6.58	1.47	22.26	14.8	2.25	35

2. 气化产物性质分析

本试验产品为生物质炭与可燃气。据生物质炭的特性，比表面积较高的油茶壳炭[14]、竹炭[15]、杏壳炭[16]等可用于制备活性炭，而高灰分秸秆类生物炭则是优良的炭基肥制备原料[17, 18]。

糠醛渣与废菌棒气化炭等的组分分析结果如表 3 所示。菌棒炭的灰分质量分数最高（47.04%）；糠醛渣灰分质量分数居中（22.49%），与玉米秆炭相仿。糠醛渣炭的挥发分（5.56%）约为菌棒炭（10.94%）的 1/2，两者均处较低水平；由于稻秆炭、棉秆炭和玉米秆炭均在 N_2 气氛下制备[13]，而本试验在限氧条件下进行，氧气的存在使得 H 元素等更易于被反应挥发（糠醛渣炭与菌棒炭中的 H 元素质量分数仅为 0.2%～0.3%，显著低于其他几种炭的 2%左右），从而使得气化炭中的挥发性组分相对较低。糠醛渣炭中固定碳的质量分数最高，为 70.73%，而菌棒炭中固定碳的质量分数（42.02%）与稻秆炭相仿，处于较低水平。糠醛渣炭中 N 元素的质量分数（0.57%）最低，而菌棒炭中 N 元素的质量分数（1.07%）处于中等水平。糠醛渣炭的 S 元素含量明显高于其他几种炭，这是因为糠醛生产的水解过程（H_2SO_4）额外引入了 S 元素。由表 3 可知，糠醛渣炭的固定碳含量最高，C 元素含量与棉秆炭处于同一水平，而其 O 元素含量则显著低于稻秆炭、棉秆炭和玉米秆炭，因而糠醛渣炭的热值（26.18MJ/kg）高于其他几种生物炭；菌棒在最初制作时通常要加入木屑，所以菌棒炭的固定碳含量虽略低于稻秆炭，但其 C 元素含量却显著高于稻秆炭，同时 O 元素含量也显著低于其他 4 种炭，因而其热值（20.09MJ/kg）也高于稻秆炭。菌棒炭总体 C 元素含量要大幅度低于棉秆炭、玉米秆炭和糠醛渣炭，因此其热值也较这三者为低。由于糠醛渣炭的热值高、炭含量高而挥发分低，因此是制备机制炭的优质材料。

表 3　生物质炭的工业分析与元素分析

生物质	灰分/%	挥发分/%	固定碳/%	C/%	H/%	N/%	S/%	O/%	高位热值/(MJ/kg)
糠醛渣	22.49±0.35	5.56±0.16	70.73±5.67	71.96±0.35	0.28±0.13	0.57±0.01	1.04±0.07	4.89±0.81	26.18±0.04
废菌棒	47.04±0.06	10.94±0.69	42.02±0.70	48.36±0.31	0.22±0.03	1.07±0.02	0.23±0.02	3.08±0.34	20.09±0.35
稻秆[13]	34.71	22.06	43.23	46.4	2.19	0.72	0.67	15.31	18.73
棉秆[13]	14.78	16.56	68.66	72.27	2.07	1.42	0.38	9.09	24.72
玉米秆[13]	22.75	16.95	60.3	61.47	1.87	0.7	0.21	13	21.64

热解气化过程中，非碳元素分解溢出形成孔洞使生物质炭具有了一定的孔隙和比表面积[19]。如图 4 所示，糠醛渣炭的 BET 比表面积为 253.58m^2/g，孔径分布较为集中，主要分布于 1～1.2nm，属微孔结构（＜2nm）；菌棒炭的 BET 比表面积为 189.08m^2/g，孔径在 1.7～23nm 范围内呈近似正偏态分布，孔径 2.8nm（过渡孔结构，2～50nm）附近是其孔隙分布最多的区域。曾理等[20]用稻秆、棉秆和玉米秆为原料，用有盖坩埚在 500℃条件下制取生物炭，所得生物炭的比表面积分别为 57.89m^2/g、105.39m^2/g 与 124.25m^2/g，远低于本次试验获得的糠醛渣炭和菌棒炭的比表面积。据顾洁等[14]的研究，油茶壳热解炭的比表面积在热解温度 600℃时达到最高值（278m^2/g），而油茶壳活性炭（850℃活化）的比表面积为 935m^2/g[21]。相比而言，糠醛渣炭的孔隙结构丰富但灰分稍高，将其用于活性炭制备的可行性有待进一步论证和研究。据冯小江等[22]的研究，棉秆、玉米秆和稻草热解炭的平均比表面积分别为 219m^2/g、173m^2/g 和 119m^2/g，菌棒炭的比表面积仅低于棉秆炭。由于灰分含量高，菌棒炭并非制备活性炭的理想原料，而高灰分的生物炭材料却可在农业上扬长避短，用于制备炭基肥，增强肥料的缓释效果，改良土壤结构和微生物群落，促进农作物的生长和对营养元素的吸收[23-25]。相比于秸秆炭等，糠醛渣炭和菌棒炭因其较大的比表面积和孔隙率，是制备炭基肥的优质材料。同时，由于糠醛渣和废菌棒是利用废弃物，分布集中，收集难度较小，而其热值也较高，故运输成本也相对较小。

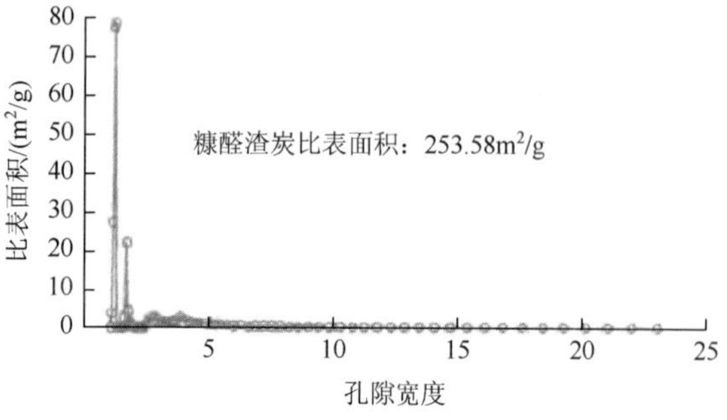

(a) 糠醛渣

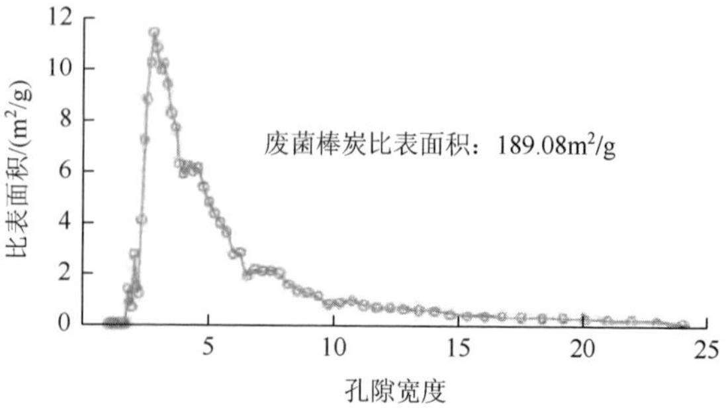

(b) 废菌棒

图 4　糠醛渣炭与菌棒炭的比表面积微孔分布

生物质可燃气的可燃组分主要为 CO、CH_4 和 H_2，热值为 3.35～5.44MJ/m^3[26]，远低于天然气（29.29MJ/m^{3}以上）[27]，而可燃气并非生物质气化联产的唯一产品，且生物炭的价值远高于可燃气，因生物炭的价值远高于可燃气，因而生物质气化多联产技术在工业生产上不但可行，且会同时产生较好的经济与环保效益。本次试验中生物质可燃气的成分与热值如表 4 所示。

表 4 生物质可燃气的成分与热值

生物质原料	成分体积分数/%						低位热值/(MJ/m^3)
	CO	CH_4	H_2	CO_2	O_2	N_2	
糠醛渣	11.93	5.25	13.99	10.61	5.22	53.01	4.86
废菌棒	8.64	7.34	11.12	9.47	9.45	53.98	4.92

糠醛渣可燃气的 CO 含量和 H_2 含量高于菌棒，而 CH_4 含量低于菌棒；糠醛渣可燃气的 CO_2 含量高于菌棒，而 O_2 含量和 N_2 含量均低于菌棒。由于糠醛渣的 H 元素含量低于菌棒，故而其可燃气中较高的 H_2 含量是由于较高反应温度下，较多地发生了 C 与 H_2O 的还原反应。菌棒炭可燃气中明显较高的 O_2 含量，是由于废菌棒中明显较低的 C 元素含量和较高的灰分含量造成了氧化反应的耗氧量相对较少。糠醛渣可燃气与废菌棒可燃气的低位热值分别为 4.86MJ/m^3 和 4.92MJ/m^3，与樟子松和稻壳热解可燃气的热值[28, 29]基本处于同一水平。

3 结 论

（1）糠醛渣的灰分与挥发分含量低于废菌棒，C 元素含量高于废菌棒。糠醛渣与废菌棒的热值分别为 20.87 和 18.01MJ/kg。

（2）糠醛渣的 DTG 肩峰消失，废菌棒的微分热重曲线表现出明显的半纤维素残留特征；糠醛渣的质量损失峰值速率大于废菌棒，废菌棒在 495℃与 660℃附近分别产生小的 DTG 质量损失峰，与菌丝对木质素的降解有关；糠醛渣与废菌棒的 TG 质量损失总量分别为 62%和 68%。

（3）糠醛渣与废菌棒热解气化的产炭率为 29.99%和 22.26%，可燃气产率为 2.49m^{3}kg 和 2.25m^3/kg。实际生产中的产率会大于试验产率。

（4）糠醛渣炭热值为 26.18MJ/kg，废菌棒炭的热值为 20.09MJ/kg。生物质气化炭的孔隙结构较为丰富，糠醛渣炭与菌棒炭的比表面积分别为 253.58m^2/g 和 189.08m^2/g。糠醛渣炭和菌棒炭可用于生产机制炭及炭基肥料生产。

（5）糠醛渣可燃气与废菌棒可燃气的热值分别为 4.86MJ/m^3 和 4.92MJ/m^3。

参 考 文 献

[1] 仉磊，李涛，王磊，等. 糠醛渣的纤维素酶水解及其最优纤维素转化条件. 农业工程学报，2009，25（10）：226-230.

[2] 荣春光. 糠醛生产工艺研究及糠醛废渣的综合利用. 长春：吉林大学，2012.

[3] 尹玉磊，李爱民，毛燎原. 糠醛渣综合利用技术研究进展. 现代化工，2011，31（11）：22-24.

[4] 孙冉. 糠醛渣中木质素分离及其对纤维素酶解影响的研究. 北京：北京林业大学，2011.

[5] 张亭，韩建东，李瑾，等. 食用菌菌渣综合利用与研究现状. 山东农业科学，2016，48（7）：146-150.

[6] Bridgwater A V，Peacocke G V C. Fast pyrolysis processes for biomass. Renewable and Sustainable Energy Reviews，2000，4（1）：1-73.

[7] 周建斌，周秉亮，马欢欢，等. 生物质气化多联产技术的集成创新与应用. 林业工程学报，2016，1（2）：1-8.

[8] 张齐生，周建斌，屈永标，等. 一种含生物质活性提取成分的有机液体肥及制备方法：中国，ZL201010106874. 7. 2011-12-21.

[9] Neogen Animal Safety. BioSentry® FarmFluid S. http：//animalsafety. neogen. com/pdf/msds/cleanersdisinfectans/msds/china/ msds_biosentryfarmfluidsdisinfectant_china-english. pdf[2017-08-25].

[10] 王林. 高炉喷吹用的秸秆炭制备及表征. 长沙：中南大学，2013.

[11] 刘军利. 木质纤维类生物质定向热解行为研究. 北京：中国林业科学研究院，2011.

[12] Orfao J J M，Antunes F J A，Figueiredo J L. Pyrolysis kinetics of lignocellulosic materials：Three independent reactions model. Fuel，1999，78（3）：349-358.

[13] 史雅静，王云，王玉万. 毛木耳降解木质纤维素的研究. 微生物学杂志，1989，9（2）：41-43.

[14] 顾洁，周建斌，马欢欢，等. 油茶壳热解产物特性及热解炭制备活性炭工艺优化. 农业工程学报，2015，29（21）：233-239.
[15] 马欢欢，周建斌，王刘江，等. 秸秆炭基肥料挤压造粒成型优化及主要性能. 农业工程学报，2014，30（5）：270-276.
[16] 刘胜臣. 杏壳活性炭的制备工艺研究. 杨凌：西北农林科技大学，2012.
[17] 周建斌. 竹炭环境效应及作用机理的研究. 南京：南京林业大学，2005.
[18] 乔志刚. 不同生物质炭基肥对不同作物生长、产量及氮肥利用率的影响研究. 南京：南京农业大学，2013.
[19] 胡立鹃，吴峰，彭善枝，等. 生物质活性炭的制备及应用进展. 化学通报，2016，79（3）：205-212.
[20] 曾理，王翠红，邝美娟，等. 我国南方 3 种主要作物秸秆炭的理化特性研究. 农业工程学报湖南农业科学，2017，（2）：39-42.
[21] 周建斌，张齐生. 油茶壳制活性炭的研究. 林业科技开发，2003，17（5）：54-55.
[22] 冯小江，伊松林，张齐生. 热解条件对农作物秸秆炭性能的影响. 北京林业大学学报，2009，31（S1）：182-184.
[23] 孟军，张伟明，王绍斌，等. 农林废弃物炭化还田技术的发展与前景. 沈阳农业大学学报，2011，42（4）：387-392.
[24] 陈温福，张伟明，孟军，等. 生物炭应用技术研究. 中国工程科学，2011，13（2）：83-89.
[25] 康日峰，张乃明，史静，等. 生物炭基肥料对小麦生长、养分吸收及土壤肥力的影响. 中国土壤与肥料，2014，（6）：33-38.
[26] 张齐生，周建斌，屈永标. 农林生物质的高效、无公害、资源化利用. 林产工业，2009，36（1）：3-8.
[27] 温军英. 统一天然气热值的探讨. 煤气与热力，2009，29（2）：1-3.
[28] 马中青，叶结旺，赵超，等. 基于下吸式固定床的木片气化试验. 农业工程学报，2016，32（增刊 1）：267-274.
[29] Ma Z Q，Ye J W，Zhao C，et al. Gasification of rice husk in a downdraft gasifier：the effect of equivalence ratio on the gasification performance，properties，and utilization analysis of byproducts of char and tar. Bioresources，2015，10（2）：2888-2902.

Adsorptive removal of aniline from aqueous solution by oxygen plasma irradiated bamboo based activated carbon

Guangqian Wu [a], Xin Zhang [a], Hui Hui [a], Jie Yan [a], Qisheng Zhang [a], Jinglin Wan [b], Yang Dai [b]
[a] College of Wood Science and Technology, Nanjing Forestry University, Nanjing 210037, China
[b] Nanjing Suman Electronics Co., Ltd., Nanjing 210007, China

Abstract

The effects of oxygen plasma irradiation on the surface properties of bamboo based activated carbon (BAC) were investigated. The adsorption characteristics of aniline on raw and irradiated BACs were also evaluated. The raw and irradiated BACs were characterized by means of SEM imaging, N_2 adsorption, Boehm titration, point of zero charge (pH_{pzc}) measurement and FTIR spectroscopy. The results showed that the surface textural properties of irradiated BACs were slightly damaged, and a gradual decrease in surface area and pore volume was observed during the irradiation. The surface chemistries of irradiated BACs were observed to be modified greatly, such as the decrease in pH_{pzc} values and the redistribution of surface functional groups. The adsorptions of aniline on BACs were very fast initially, and the equilibriums could be reached within 480 min. The irradiated BACs significantly outperformed raw BAC for adsorption of aniline. The kinetic data of raw and irradiated BACs could be best described by the pseudo-second-order model and intra-particle diffusion model. The equilibrium data of raw and irradiated BACs followed Langmuir and R-P isothermal models more precisely. The improvements of π-π dispersive interaction and hydrogen bond effect were supposed to be responsible for the enhanced adsorption of aniline on irradiated BACs.

Keywords: Bamboo; Activated carbon; Adsorption; Plasma; Kinetics; Isotherm

1 Introduction

Aniline is an important raw material used extensively in the dyestuff, pharmaceutical, explosive, rubber curing promoter and medicine sectors. However, the aniline-containing wastewater discharged from these industries has become a severe environmental problem as well. Aniline is a blood toxin, causing hemoglobin to convert to methemoglobin, resulting in cyanosis. Lengthy or repeated exposures may result in decreased appetite, anemia, weight loss, nervous system affects, and kidney, liver and bone marrow damage. Any exposure may cause an allergic skin reaction. In consideration of the hazardous effects of aniline on human health and wild lives, the permissible limits for aniline-containing water are very stringent in China (the discharge standard of aniline in wastewater is 1.0mg/L in Chinese National Standard GB 8978—1996), Canada (the guideline value of aniline in freshwater is 2.2μg/L in Canadian Water Quality Guidelines for the Protection of Aquatic Life) and USA (the permissible limit for aniline in groundwater is 6μg/L in New Jersey State issued by the New Jersey Department of Environmental Protection), and increasing attention has been paid to the development of aniline removal technologies.

Aniline-containing wastewater is usually treated by photocatalysis [1, 2], biodegradation [3, 4], advanced oxidation [5, 6] and adsorption [7, 8]. Among these technologies, adsorption has been proven to be effective in separating a wide variety of organic contaminants from aqueous solutions. Different types of activated carbons (ACs) have been utilized as adsorbents and high removal efficiencies can always be obtained. These commonly

本文原载 *Chemical Engineering Journal* 2012 年第 185-186 卷第 201-210 页。

used ACs are usually made from coal, coconut shell and wood. In recent years, AC made from bamboo culms and leftovers (bamboo based activated carbon, BAC) has received increasing attention in the field of environmental purification, and a great number of studies have been performed over the last decade to investigate the adsorption characteristics of various organic contaminants on BACs [9-11].

It is well documented that the adsorption characteristics of organics on ACs are mainly determined by two key factors: the surface textural properties and the surface chemistries of ACs [12-14]. With regards to the surface chemistries, it is possible to chemically redistribute the surface functional groups of ACs by different surface modification methods, including the acidic and basic treatment, or impregnation of foreign materials [12]. However, these conventional modification methods will inevitably exert some negative effects on the surface textural properties of ACs, such as the huge decrease in the surface area and pore volume [13, 14].

In the last decade, increasing attention was paid to the surface modification of ACs using the plasma irradiation method [15-17], the most impressive advantage of which is that much less damage of surface textural properties of ACs is produced by this method than by the other conventional modification methods, whereas the surface chemistries of ACs can also be effectively modified to meet specific requirements. In previous studies, the substantial variations of surface chemistries of ACs have been clearly observed, and the enhanced adsorptions of copper ion [18], iron ion [19] and nitrophenol [20] have been obtained.

The BAC is a type of low cost and promising adsorbent which has been widely used in the field of environmental purification. However, to the best of our knowledge, no previous study has examined the surface modification of BAC using the plasma irradiation method.

In this study, the effects of oxygen plasma irradiation on the surface properties of bamboo based activated carbon (BAC) were investigated. The adsorption characteristics of aniline on raw and irradiated BACs were also evaluated. The surface properties of BACs were characterized by SEM imaging, N_2 adsorption, Boehm titration, pH_{pzc} measurement and FTIR spectroscopy. The adsorption characteristics of aniline on raw and irradiated BACs were investigated systematically at various scenarios, the adsorption mechanisms were discussed at the end of this paper. The goal of this study was to provide an innovative experimental method for the surface modification of BAC and to obtain a better understanding of the adsorption characteristics of aniline on BAC.

2 Experimental

2.1 Materials

The BAC was provided by Zhongzhu Carbon Industry Co., Ltd. (Zhejiang, China). Aniline (analytical grade) was purchased from Sinopharm Chemical Reagent Co., Ltd. (Shanghai, China). The deionized water was produced by an Ultra-Pure UV Water System manufactured by Hi-tech Instruments Co., Ltd. (Shanghai, China). The oxygen gas (99.999 vol.%) was provided by Nanjing Special Gas Factory (Nanjing, China). All the other chemicals were of analytical reagent grade.

2.2 Methods

Concentration of aniline was determined by an UV-Vis spectrophotometer (TU-1810, Purkinje General Instrument Co., Ltd., China) according to the method provided by Chinese National Standard GB 11889—89, which was based on the measurement of the developed color resulting from the reaction of aniline with nitrite and *N*-(1-Naphthyl) ethylenediamine dihydrochloride at λ_{max} 545nm. The pH_{pzc} measurement was performed using the method and procedures proposed by Reymond [21] and Noh [22]. Various amounts of BACs were put into 50 mL of 0.1mol/L NaCl solutions, the bottles were sealed and shaken for 24h at 25±0.2℃, the equilibrium pHs of the suspensions were measured and the limiting pHs were taken as the pH_{pzc} (Previous researches had fully shown that the initial suspension pHs had no relevance to the final result of pH_{pzc} determination [21-23]).

The analysis of surface functional groups was based on the Boehm titration method [24]. The basic groups were neutralized with 0.1 mol/L HCl solution. The acidic groups were neutralized with 0.1 mol/L NaOH, Na_2CO_3 and $NaHCO_3$ solutions. The types of acidic groups were determined with the assumption that NaOH neutralized carboxylic, lactonic and phenolic groups, Na_2CO_3 neutralized carboxylic and lactonic groups and $NaHCO_3$ neutralized carboxylic groups.

The surface morphologies of BACs were observed using scanning electron microscopy (SEM, Quanta-200, FEI Company). The BACs were also analyzed using FTIR Spectrometer (IR360, Thermo Nicolet Limited, USA), the spectra were recorded from 4000 to 400 cm^{-1}. Surface area and porosity of BACs were determined by N_2 adsorption at 77K with surface area and porosimetry analyzer (ASAP 2020, Micromeritics Corp, USA). The specific surface area (S_{BET}) was calculated by the BET equation; the total pore volume (V_t) was evaluated by converting the N_2 adsorption amount at $P/P_0 = 0.95$ in the adsorption/desorption isotherm into the volume. The micropore volume (V_m) was obtained using the *t*-plot method. Based on the assumption of cylindrical pores, the average pore size (D_p) was estimated by the following equation:

$$D_p = \frac{4V_t}{S_{BET}} \tag{1}$$

The other instruments used in this study were an acid meter (PHS-3C, Kangyi Instruments, China) and an incubator shaker (HZP-250, Jinghong Instruments, China).

A dielectric barrier discharge (DBD) plasma reactor of parallel plate type (HPD-2400, Nanjing Suman Electronics Co., Ltd., China) was used in this study to irradiate the BACs. The schematic diagram of this DBD plasma reactor was shown in Fig.1. This reactor had a plate size of 300mm×450mm and a barrier thickness of 3.0mm, quartz glass and stainless steel grid were used in this reactor as the barrier material and electrode. The plasma was generated at a discharge voltage of 9-12kV and a frequency of 50Hz with a booster and a transformer. The power consumption of this reactor was approximately 100W measured by the digital power meter.

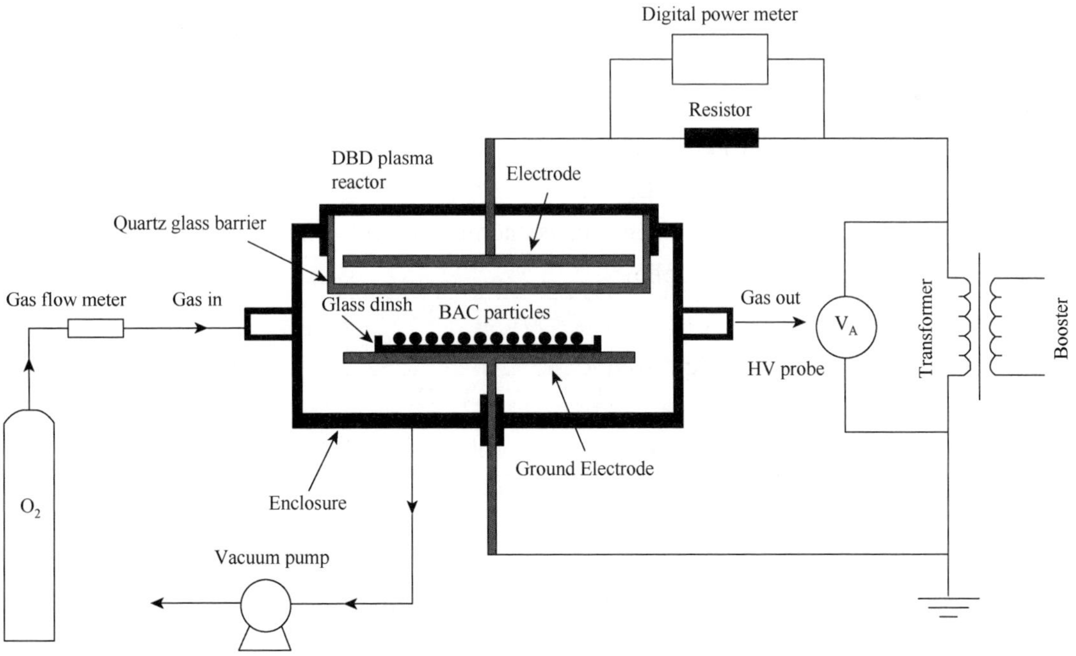

Fig.1 Schematic diagram of an experimental setup for the DBD plasma irradiation

2.3 Preparation of oxygen plasma irradiated BACs

The massive BAC was crushed and sieved to different meshes (6-10, 10-16, 60-80, 100-200 and 200-220 mesh, respectively), after having been washed several times with copious amount of deionized water, these BAC particles were dried at 110℃ for 8h to eliminate the moisture and stored in desiccators, then these BAC particles with different meshes were evenly spread on the glass dish in the DBD plasma reactor. Firstly, the vacuum pump was started up to lower the internal gas pressure to about 2500Pa, then it was shut down and the high purity oxygen gas was introduced into the DBD plasma reactor (the flow rate of oxygen gas was 50mL/min) until the internal gas pressure went up to 1atm again and sustained for about 5 minutes. Afterwards, the vacuum pump was restarted up to lower the internal oxygen gas pressure to about 2500Pa again. At this time, the DBD plasma reactor was full of rarefied oxygen gas and the plasma was ignited. The BAC particles were irradiated for the time varied to obtain different types of products. The plasma irradiation time was selected according to the experimental parameters provided by literature [15-20], which usually ranged from 5 to 60 minutes. In this study, 8 and 16 minutes were selected as the plasma irradiation time, and the BAC particles irradiated for 8 minutes and 16 minutes were coded as BAC-O8 and BAC-O16, respectively, the raw BAC was coded as BAC-raw.

2.4 Batch adsorption experiments

The batch adsorption experiments were carried out in a series of 250mL conical flasks where given BACs and 50mL of aniline solution (25-400 mg/L) were added. The pHs of aniline solution in batch adsorption experiments were totally adjusted to 7.0 using diluted solutions of HCl (1mol/L) and NaOH (1mol/L), for a great number of studies had validated that the best adsorption performances of aniline on various ACs could be obtained at solution pH about 7.0 [7, 8, 25, 26].

These conical flasks were shaken in the incubator shaker at a speed of 70 rpm (the preliminary experimental result showed that shaking speed of 70 rpm could ensure the sufficient mixing of aniline solutions with BAC) and a temperature of (25±0.2) ℃. Water samples in conical flasks were then filtered rapidly through 0.45μm membranes, and the filtrates were used immediately to determine the concentrations of aniline.

The equilibrium amount of aniline adsorbed on BACs (q_e, mg/g) and the aniline removal efficiency (% removal) were calculated using Eq. (2) and Eq. (3), respectively:

$$q_e = \frac{V(C_0 - C_e)}{m} \quad (2)$$

$$\%\text{removal} = \frac{(C_0 - C_e)}{C_0} \times 100 \quad (3)$$

where C_0 and C_e (mg/L) are the initial and equilibrium concentrations of aniline, respectively; V(L) is the volume of aniline solution; m(g) is the mass of given BACs.

In order to compare the validity of the kinetic and isothermal models, a normalized standard deviation Δq_e(%) could be employed, which was defined as follows:

$$\Delta q_e(\%) = 100\sqrt{\frac{\sum_{i}^{N}[(q_{i,\text{exp}} - q_{i,\text{cal}})/q_{i,\text{exp}}]^2}{(N-1)}} \quad (4)$$

where N is the total number of data points and i is the serial number of each data point; $q_{i,\text{exp}}$ (mg/g) is the experimental adsorption amount of aniline at each data point; $q_{i,\text{cal}}$ (mg/g) is the calculated amount of aniline adsorbed on BACs calculated by these models at each data point.

3 Results and discussion

3.1 Characterization of raw and irradiated BACs

1. Surface textural properties

The SEM images of BAC-raw, BAC-O8 and BAC-O16 were shown in Fig.2. As could be seen in this figure, the cross sections of three BAC samples had an orderly-arranged cellular structure. The sizes of these cells ranged from several to dozens of micrometers according to the scale on Fig.2. Numerous pores, including the micro-, meso-and macropores, were distributed in the internal spaces of these cells and contributed most to the total surface area of BAC. It was notable that almost no morphological differences among three SEM images could be found, which provided a convincing proof that the plasma irradiation was a mild and harmless method for modifying BAC. This result was in contrast with the previous reports [27-30], in which the acidic or basic solutions with various concentrations were used to modify activated carbons, and the surface morphologies of modified activated carbons were observed to be seriously damaged.

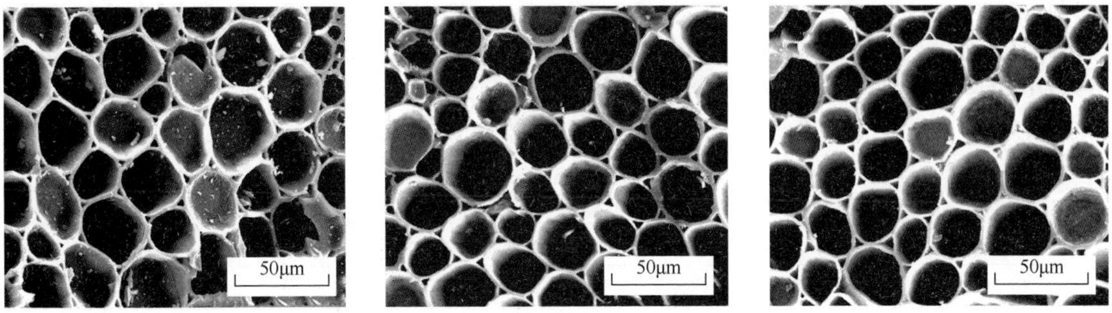

(a) BA-raw (b) BAC-O8 (c) BAC-O16

Fig.2 SEM image of raw and modified BACs (magnification = 800×)

The N_2 adsorption/desorption isotherms of raw and irradiated BACs were shown in Fig.3. It was clear that all of these isotherms could be classified into the type II isotherms in the IUPAC classification, which described the adsorption mainly took place on mesoporous and macroporous adsorbents, and the monolayer adsorption occurred in the low P/P_0 range, while the multilayer adsorption and capillary condensation occurred in the high P/P_0 range. Apart from this, the hysteresis loops could be clearly observed on three isotherms, and the hysteresis loops of BAC-O8 and BAC-O16 were much larger than that of BAC-raw, which indicated that the amounts of meso-and macropores of BAC-O8 and BAC-O16 were more than that of BAC-raw.

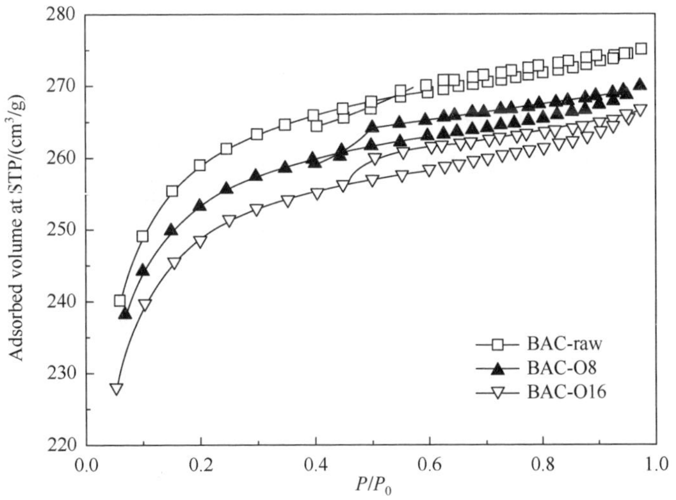

Fig.3 The N_2 adsorption/desorption isotherms of raw and irradiated BACs

The surface area and pore volume of raw and irradiated BACs were shown in Table 1. It was clear that the surface area (S_{BET}), total pore volume (V_t), average pore size (D_p) and micropore volume (V_m) of BAC-raw, BAC-O8 and BAC-O16 changed slightly, and the decrease in S_{BET}, V_t and V_m of BAC-O8 and BAC-O16 could be assumed as the result of the increase in D_p, which was mainly caused by the collapse and blockage of pore structure in the process of plasma irradiation [15, 16].

Table 1 The surface area and pore volume of raw and oxygen plasma irradiated BACs

Sample	S_{BET}(m^2/g)	D_p(nm)	V_t(cm^3/g)	V_m(cm^3/g)
BAC-raw	791	2.286	0. 452	0.289
BAC-O8	763	2.343	0.447	0.257
BAC-O16	738	2.379	0.439	0.241

2. Surface chemical properties

The amounts of surface functional groups of raw and irradiated BACs were presented in Table 2, which showed that the basic nature was dominating in the surface chemistries of all BACs, however, the acidic nature of irradiated BACs increased substantially with the rise of irradiation time, and the amounts of carboxylic, lactonic and phenolic groups increased considerably. This result clearly demonstrated the strong effect of oxygen plasma irradiation on enhancing the acidic nature of BACs. The redistribution of surface functional groups of BAC-O8 and BAC-O16 was caused by the strong interaction between oxygen plasma and the original surface functional groups of BAC-raw. The hypothetical reactions were elaborately illustrated in literature [20].

Table 2 The amounts of surface functional groups of raw and oxygen plasma irradiated BACs

Sample	Amounts of surface functional groups/(mmol/g)				
	Total basic groups	Total acidic groups	Carboxylic groups	Lactonic groups	Phenolic groups
BAC-raw	1.01	0.15	0.04	0.03	0.08
BAC-O8	0.74	0.24	0.06	0.06	0.12
BAC-O16	0.57	0.29	0.08	0.08	0.13

The pH_{pzc} was one of the most important surface chemical properties of BACs, which corresponded to the pH value of the solution surrounding BACs when the sum of surface positive charges could balance the sum of surface negative charges. The effects of pH_{pzc} on the surface acidity were summarized as follows: When BACs were introduced into an aqueous environment, their surface charges were positive if solution $pH < pH_{pzc}$ and were negative if solution $pH > pH_{pzc}$, when solution pH was equal to the pH_{pzc} of BAC, the surfaces of BACs were electrically neutral.

The pH_{pzc} values of raw and irradiated BACs were measured and the results were presented in Fig.4. As could be seen in this figure, the irradiated BACs exhibited lower equilibrium pH values at the same mass fraction, which increased with the rise of irradiation time. The pH_{pzc} values were taken as 8.71, 7.68 and 7.26 for BAC-raw, BAC-O8 and BAC-O16, respectively. This result indicated that higher amounts of acidic groups were formed on the surfaces of BAC-O8 and BAC-O16 than that of BAC-raw, which should be responsible for the decrease in pH_{pzc} values. The similar results were also reported by other literature [19, 20, 25].

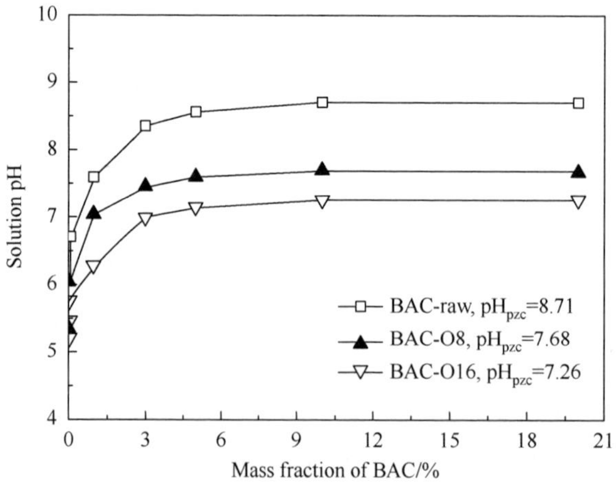

Fig. 4 Measurement of pHpzc values of raw and irradiated BACs

Fig.5 showed the FTIR spectra of raw and irradiated BACs. Most parts of three FTIR spectra were similar except three absorption bands at about 1630 cm^{-1}, 1710 cm^{-1} and 3430 cm^{-1}. The absorption band at about 1630cm^{-1} could be clearly assigned to the stretching vibration of C=C bond on the graphene layer of BACs (the graphene layer was mainly composed of various aromatic and aliphatic rings). The absorption band at about 1710 cm^{-1} was clearly observed on the spectra of BAC-O8 and BAC-O16, but it was quite small on the spectrum of BAC-raw, this absorption band was probably corresponded to the C═O stretching vibration of carbonyl group belonging to different surface functional groups, such as anhydride and carboxyl. The broad absorption band at about 3430 cm^{-1} on all three spectra was assigned to the O—H stretching vibration of hydroxyl group, which was usually derived from the carboxylic, phenolic groups and adsorbed H_2O molecule. However, the BACs samples used in this experiment had been dried completely, so the existence of H_2O molecule on the surfaces of BACs could be excluded. In previous researches, the FTIR spectra of raw BAC or activated carbon were also carefully examined [30, 31], which generally showed that the adsorption bands at about 1630 cm^{-1} and 3400 cm^{-1} were clearly identified, whereas the adsorption band at about 1710 cm^{-1} was usually absent. Consequently, the strengthening of the adsorption band at about 1710 cm^{-1} in this study could be clearly attributed to the oxidizing effect of oxygen plasma on the functional groups of raw BAC. In summary, the intensities of three absorption bands at about 1630cm^{-1}, 1710cm^{-1} and 3430cm^{-1} were substantially strengthened, which might suggest the increase in the amounts of C═C, C═O and O—H bonds on the surfaces of BAC-O8 and BAC-O16.

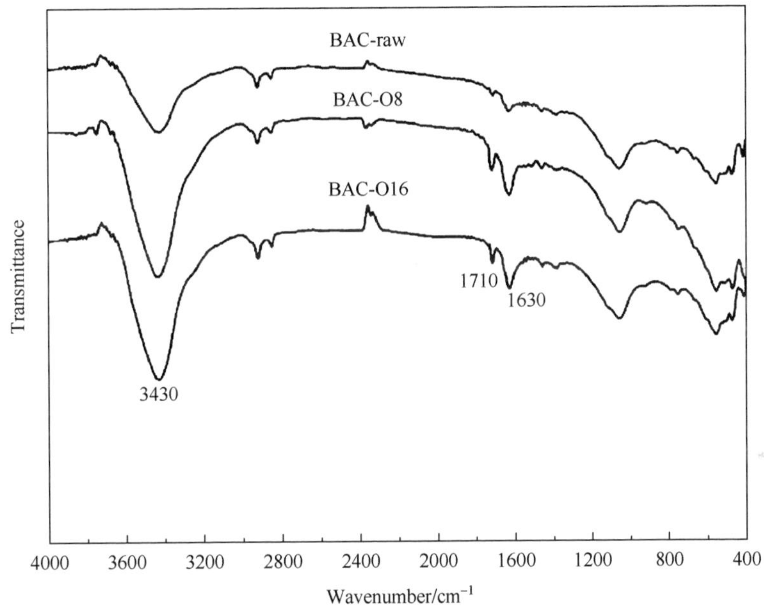

Fig. 5 FTIR spectra of raw and irradiated BACs

3.2 Effect of particle size on adsorption of aniline

The effect of particle size on adsorption of aniline on raw and irradiated BACs was investigated, and five size ranges(6-10, 10-16, 60-80, 80-100 and 200-220 mesh)were used in this experiment. The result was shown in Fig.6, which showed that the removal efficiencies increased gradually with the decrease in particle size, and the irradiated BACs obtained higher removal efficiencies than those of BAC-raw at all size ranges, this result was expecting and trustful. However, the most interesting aspect of Fig.6 was that the increase in removal efficiencies was not directly proportional to the decrease in particle sizes, and the removal efficiencies of all BACs with particle size of 60-80 mesh were nearly equal to those with particle size of 200-220 mesh. Consequently, the further decrease in particle size was uneconomic and ineffective, and the particle size of 60-80 mesh was totally employed in the following experiments. The reason for this result could be explained as follows: the highly porous structures of all BACs made most of the active sites in the internal pores accessible to aniline molecules despite the specific particle sizes of BACs, so the amounts of active sites of all BACs could not increase sharply with the decrease in particle sizes. As a result, the aniline removal efficiencies of all BACs at all size ranges differed slightly.

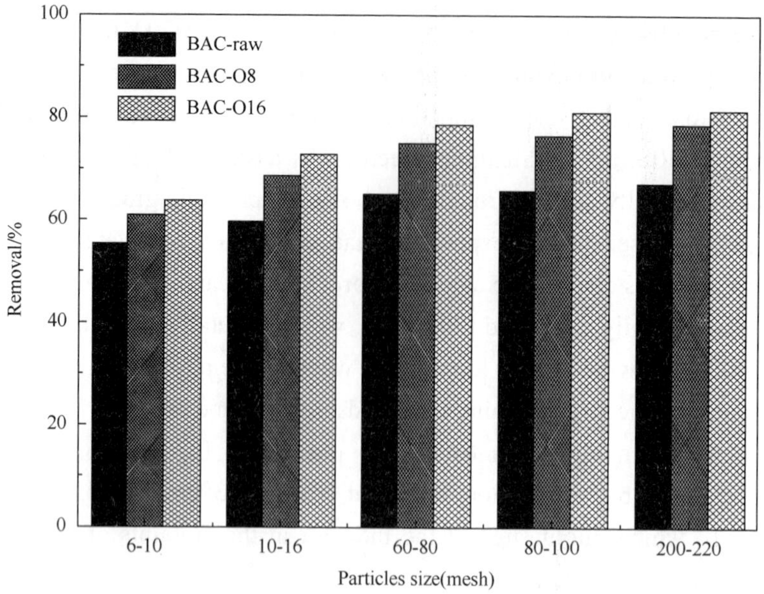

Fig. 6　Effect of particle size on adsorption of aniline on raw and irradiated BACs（solution pH = 7.0，C_0 = 300 mg/L，BAC dosage = 0.1 g/50 mL，shaking time = 480 min，shaking speed = 70 rpm，temperature = 25±0.2℃）

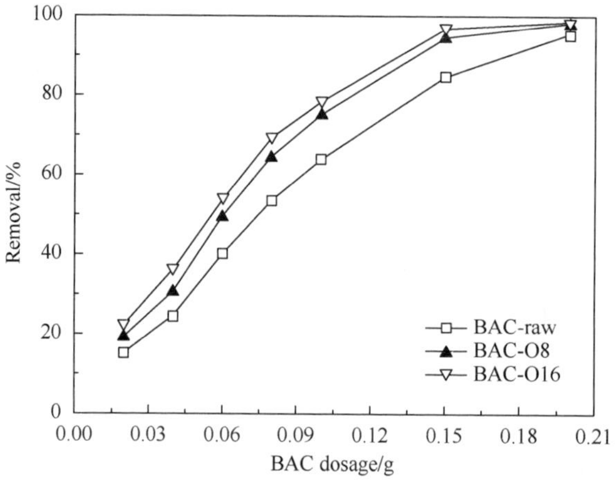

Fig. 7　Effect of dosage on adsorption of aniline on raw and irradiated BACs（solution pH = 7.0，C_0 = 300 mg/L，BAC dosage = （0.02-0.2）g/50 mL，shaking time = 480 min，shaking speed = 70 rpm，and temperature = 25±0.2℃）

3.3　Effect of BAC dosage on adsorption of aniline

The dosage of adsorbent is a critical parameter to determine its adsorption capacity for adsorbate. In previous studies，the dosages of activated carbons of 0.005-0.045g/50mL [32] and 0.05g/50mL [33] were used to adsorb aniline in aqueous solutions with concentrations of 250-500mg/L. In our study，the dosage of BACs of 0.02-0.2g/50mL was employed to adsorb aniline solution with a concentration of 400mg/L，and the result was shown in Fig.7. It was clear from the figure that the percentage of aniline removed from the aqueous solution increased sharply when the BAC dosage increased from 0.02g/50mL to 0.2g/50mL. This increase was primarily due to the greater number of active sites available for adsorption as a result of the increased amounts of BAC. However，it was notable that the irradiated BACs could obtain higher removal efficiencies than those of BAC-raw when BAC dosage was less than 0.2g/50mL. In order to compare the differences of adsorption characteristics of aniline between raw and irradiated BACs，the intermediate BAC dosage of 0.1g/50mL was totally used in the following experiments.

3.4　Effect of initial concentration on adsorption of aniline

The effect of initial concentration on adsorption of aniline on raw and irradiated BACs was investigated with varying initial concentrations (50, 100, 200, 300, 350 and 400mg/L) using 0.1g BACs, and the result was shown in Fig.8. It was clear from the figure that increasing the initial concentration while keeping the dosage of BACs led to a significant decrease in the percentage of aniline removed from the aqueous solution. At low initial concentration, the surface area and the availability of active sites were relatively high, and the aniline molecules were easily adsorbed. At higher initial concentration, the total available active sites were limited, thus resulting in a decrease in aniline removal efficiencies.

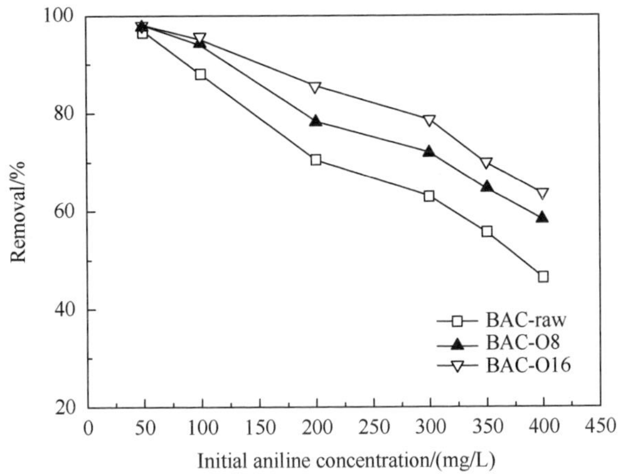

Fig. 8 Effect of initial concentration on adsorption of aniline on raw and irradi-ated BACs (solution pH = 7.0, C_0 = 50-400 mg/L, BAC dosage = 0.1 g/50 mL, shaking time = 480 min, shaking speed = 70 rpm, and temperature = 25±0.2℃)

3.5 Adsorption kinetics

The contact time of adsorption was widely investigated by a great number of studies [7, 8, 27, 28], in which the time range of 300 to 3000min was employed. However, the concentrations of adsorbates in the above-mentioned literature were usually lower than 100mg/L. In this study, the effect of contact time on the adsorption of aniline on raw and irradiated BACs was showed in Fig.9 (a). It was clear that the adsorption amounts of aniline (q_t) of all BACs increased gradually with the rise of contact time until q_t remained invariable. The adsorption equilibrium of aniline on all BACs could be reached within 480 min, and more than half of the equilibrium adsorption amounts of aniline could be obtained within the initial 120 min. Initially (0-120min), the adsorption processes of aniline on all BACs were rapid because the surfaces of BACs were completely bereft of any aniline molecules. Every aniline molecule that struck the surfaces of BACs might get adsorbed, afterwards, the adsorption processes became slow and stagnant because only those aniline molecules might get adsorbed which struck the part of the surfaces of BACs that were not already covered. As could be seen in this figure, the values of q_t of BAC-O8 and BAC-O16 were higher than that of BAC-raw in the whole adsorption process. The equilibrium adsorption amounts of aniline (q_e) of BAC-O8 and BAC-O16 (97.8 mg/g and 103.4mg/g) were higher than that of BAC-raw (85.5 mg/g) with the initial aniline concentration of 300mg/L.

In order to investigate the adsorption processes of aniline on various BACs, kinetic analyses were usually conducted using pseudo-first-order and pseudo-second-order models. However, a great number of studies had shown that the pseudo-first-order model was not suitable to describe the adsorption processes of organics on highly porous adsorbents, whereas the pseudo-second-order model could accurately predict the adsorption of organics as well as other pollutants (i.e., heavy metals and inorganic contaminants) on highly porous adsorbents[7-9, 11, 14, 20].

The equation of pseudo-second-order model could be expressed as follows:

$$\frac{t}{q_t}=\frac{1}{k_2 q_{e,cal}^{2}}+\frac{t}{q_{e,cal}} \tag{5}$$

where $q_{e,\,cal}$ (mg/g) is the calculated equilibrium amount of aniline adsorbed on BACs; q_t (mg/g) is the amount of aniline adsorbed on BACs at time t (min); k_2 (g/ (mg·min)) is the rate constant of pseudo-second-order model.

The regression curves of pseudo-second-order model were also shown in Fig.9 (a), the corresponding kinetic parameters were listed in Table 3. It was apparent that the pseudo-second-order model fitted the experimental data well and the correlation coefficients (R^2) of all curves were beyond 0.99. Furthermore, the values of $q_{e,\,cal}$ (91.7 mg/g, 101.2 mg/g and 104.8 mg/g for BAC-raw, BAC-O8 and BAC-O16, respectively) were in good agreement with their experimental values ($q_{e,\,exp}$). Therefore, the pseudo-second-order model was suitable to describe the adsorption of aniline on all BACs.

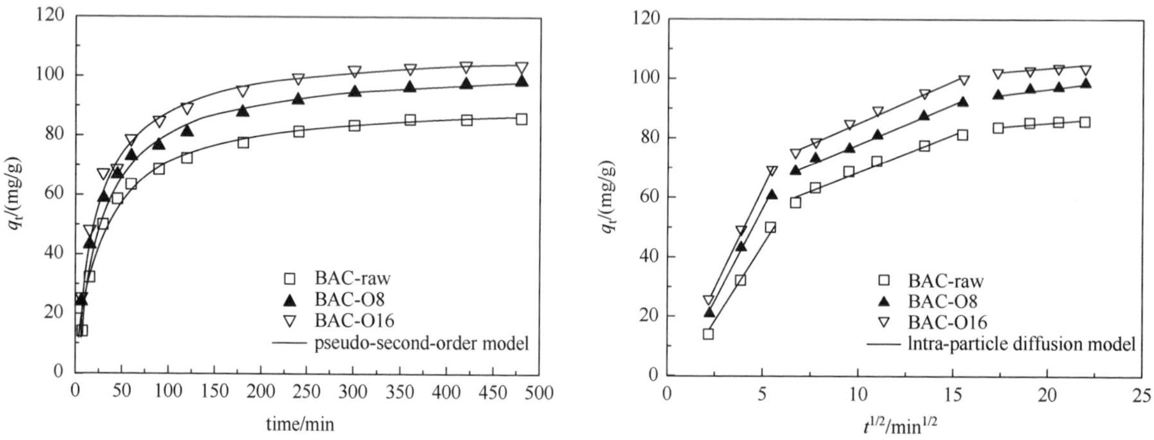

(a) pseudo-second-order model (b) intra-particle diffusion model

Fig. 9 The kinetic models for adsorption of aniline on raw and irradiated BACs (solution pH = 7.0, C_0 = 300 mg/L, BAC dosage = 0.1 g/50 mL, shaking time = (5-480) min, shaking speed = 70 rpm, and temperature = 25±0.2℃)

Table 3 Kinetic parameters for adsorption of aniline on raw and oxygen plasma irradiated BACs

Sample	BAC-raw	BAC-O8	BAC-O16
	Pseudo-second-order model		
$q_{e,\,exp}$/(mg/g)	85.5	97.8	103.4
$q_{e,\,cal}$/(mg/g)	91.7	101.2	104.8
k_2/(g/(mg·min))	1.613×10^{-4}	2.446×10^{-4}	2.932×10^{-4}
R^2	0.9977	0.9962	0.9972
q_e(%)	7.3136	4.3253	3.9475
	Intra-particle diffusion model		
k_1(mg/(g·min$^{1/2}$))	11.4535	12.2653	12.6792
C/(mg/g)	−9.9759	−7.4076	−5.3824
R^2	0.9943	0.9926	0.9956
k_2/(mg/(g·min$^{1/2}$))	2.3815	2.4529	2.5216
R^2	0.9910	0.9935	0.9928
k_3/(mg/(g·min$^{1/2}$))	0.7377	1.0356	0.8413
R^2	0.9870	0.9910	0.9925

Since neither the pseudo-first-order nor the pseudo-second-order model could identify the diffusion mechanism of organics in the adsorption process, the kinetic data was analyzed by the intra-particle diffusion (IPD) model to investigate the diffusion mechanism. The mechanism for adsorption is generally considered to involve three stages, the first stage is the external surface adsorption; the second stage is the gradual adsorption in the internal surface; the third stage is the final equilibrium step, where the adsorbate moves slowly from macro-and mesopores to micropores. One or any combination of these three stages could be the rate-controlling mechanism.

The intra-particle diffusion model was expressed as follows[34]:

$$q_t = kt^{1/2} + C \tag{6}$$

Where q_t (mg/g) is the amount of aniline adsorbed on BACs at time t (min); C (mg/g) is the constant determining the boundary layer effect of adsorption and k (mg/ (g·min$^{1/2}$)) is the rate constant of intra-particle diffusion model. The multi-linear plots of IPD model were shown in Fig.9 (b), which indicated that three stages took place. The slopes of the linear portions indicated the adsorption rates, the lower slope corresponded to slower adsorption process. It was obvious that the diffusion in bulk phase to the external surfaces of BACs, which started at onset of the process, was the fastest and had the biggest values of k_1. The second portions of the plots had the moderate values of k_2, indicating the slower diffusion and adsorption rates in macro-and mesopores; the third portions had the lowest slopes, which corresponded to the slowest diffusion and adsorption rates. This result implied that the intra-particle diffusion of aniline molecules into micropores was the rate-controlling step in the adsorption processes, particularly over long contact time periods.

Apart from this, neither plot passed through the origin, reflecting some degree of boundary layer control in the adsorption processes. Therefore, intra-particle diffusion was not the only rate-controlling step and other processes might affect the adsorption as well [34]. In this model, the value of C gave an idea about the thickness of the boundary layer, Table 3 showed that the value of C of BAC-O16 (−5.3824 mg/g) was larger than those of BAC-raw (−9.9759mg/g) and BAC-O8 (−7.4076mg/g), indicating that the boundary layer effect was maximum in BAC-O16.

3.6 Adsorption isotherms

The equilibrium data of raw and irradiated BACs was shown in Fig.10 (a) . It was obvious that the equilibrium adsorption amounts (q_e) increased with the rise of equilibrium concentrations of aniline (C_e) .

The equilibrium data was analyzed using Langmuir, Freundlich, Redlich-Peterson and Temkin isothermal models. The linear form of Langmuir isothermal model was presented in Eq. (7):

$$\frac{C_e}{q_e} = \frac{1}{q_{max}K_L} + \frac{C_e}{q_{max}} \tag{7}$$

where q_e (mg/g) is the equilibrium adsorption amount of aniline; C_e (mg/L) is the equilibrium concentration of aniline; q_{max}(mg/g)is the maximum monolayer adsorption amount of aniline; K_L(L/mg) is the Langmuir constant. A plot of C_e/q_e against C_e would give a straight line with a slope of $1/q_{max}$ and an intercept of 1/ ($q_{max}K_L$) .

The Freundlich isothermal model is an empirical equation and it could be written in a linear form, which was presented in Eq. (8):

$$\log q_e = \log K_F + \frac{1}{n}\log C_e \tag{8}$$

where C_e (mg/L) is the equilibrium concentration of aniline; K_F (mg/g (L/mg) $^{1/n}$) and n are Freundlich constants; n gives an indication of how favorable the adsorption is, and K_F is the adsorption capacity of BAC. These two parameters could also be obtained from the plot of log q_e versus log C_e.

The Redlich-Peterson (R-P) isothermal model incorporates the features of both the Langmuir and the

Freundlich isothermal models. It considers, as the Freundlich model, heterogeneous adsorption surfaces as well as the possibility of multilayer adsorption. The R-P isothermal model was presented in Eq. (9):

$$q_e = \frac{aC_e}{1+bC_e^n} \tag{9}$$

where a, b and n are the isothermal constants; q_e (mg/g) is the equilibrium adsorption amount of aniline; C_e (mg/L) is the equilibrium concentration of aniline.

The linear form of Temkin isothermal model was presented in Eq. (10):

$$q_e = B\log k_t + B\log C_e \tag{10}$$

where $B = RT/b$ represents the heat of adsorption; T is the absolute temperature in Kelvin and R is the universal gas constant; $1/b$ indicates the adsorption potential of the adsorbent while k_t (L/mg) is the equilibrium binding constant corresponding to the maximum binding energy. The plot of q_e versus log C_e enables the determination of isothermal constants k_t and B.

Fig.10 (b), (c), (d) and (e) showed the regression curves of four types of isothermal models for adsorption of aniline on BAC-raw, BAC-O8 and BAC-O16, respectively. All of the parameters obtained from these models were shown in Table 4. It was clear that the equilibrium data of BAC-raw, BAC-O8 and BAC-O16 could be best fitted by Langmuir (the correlation coefficients were 0.9939, 0.9963 and 0.9926, respectively) and R-P isothermal model (the correlation coefficients were 0.9975, 0.9982 and 0.9950, respectively), and the values of Δq_e of Langmuir and R-P models listed in Table 4 were quite smaller than those of Freundlich and Temkin models. The maximum adsorption capacities (q_{max}) for aniline calculated by Langmuir isothermal model were 104.17mg/g (BAC-raw), 119.05mg/g (BAC-O8) and 125.00mg/g (BAC-O16), respectively.

Table 4　Isothermal parameters for the adsorption of aniline on oxygen plasma irradiated BACs

Sample	BAC-raw	BAC-O8	BAC-O16
Langmuir isothermal model	$C_e/q_e = 0.0096C_e + 0.2146$	$C_e/q_e = 0.0084C_e + 0.1666$	$C_e/q_e = 0.0080C_e + 0.1447$
q_{max} (mg/g)	104.17	119.05	125.00
K_L (L/mg)	4.45×10^{-2}	5.20×10^{-2}	5.79×10^{-2}
R^2	0.9939	0.9963	0.9926
Δq_e (%)	5.1618	4.7742	4.9767
Freundlich isothermal model	$\log(q_e) = 0.4371\log(C_e) + 1.0295$	$\log(q_e) = 0.4383\log(C_e) + 1.1032$	$\log(q_e) = 0.4086\log(C_e) + 1.1861$
n	2.29	2.28	2.45
K_F((mg/g)(L/mg))$^{1/n}$)	10.70	12.70	15.35
R^2	0.9742	0.9727	0.9853
Δq_e (%)	10.4431	8.2622	8.4480
R-P isothermal model	$q_e = \frac{7.48C_e}{1+0.19C_e^{0.84}}$	$q_e = \frac{8.92C_e}{1+0.18C_e^{0.84}}$	$q_e = \frac{13.56C_e}{1+0.32C_e^{0.80}}$
a	7.48	8.92	13.56
b	0.19	0.18	0.32
n	0.84	0.84	0.80
R^2	0.9975	0.9982	0.9950
Δq_e (%)	6.3215	5.4876	5.2393
Temkin isothermal model	$q_e = 40.98\log(C_e) -3.33$	$q_e = 47.33\log(C_e) -3.18$	$q_e = 40.09\log(C_e) -7.56$
kt (L/mg)	0.83	0.86	0.64
b (J/mol)	59.44	51.47	60.76
B (L/g)	40.98	47.33	40.09
R^2	0.9855	0.9882	0.9791
Δq_e (%)	12.5539	10.6349	15.3423

3.7 Surface coverage ratio

From the above discussion, it was clear that the adsorption of aniline on all BACs fitted Langmuir isothermal model well, which meant that the aniline molecules could form a complete or fractional monolayer coverage on the surfaces of BACs. The fraction of BAC surface that was occupied by aniline molecules (θ) could be calculated from the amount of aniline adsorbed and the surface area occupied by one aniline molecule using Eq. (11):

$$\theta = \frac{q_{\max} N\sigma \times 10^{-20}}{S_{\text{BET}}} \tag{11}$$

Where θ represents the fraction of the surface that is occupied by aniline molecules at equilibrium; $q_{\max}$ (mol/g) is the maximum adsorption capacity for aniline calculated by Langmuir isothermal model; σ (Å^2/molecule) is the surface area occupied by one aniline molecule; N is the Avogadro's number (6.022×10^{23}); S_{BET} (m^2/g) is the specific surface area of BACs. The σ could be estimated according to an empirical equation proposed by literature [35]:

$$\sigma(\text{Å}^2 / \text{molecule}) = 1.091\times10^{16}\left(\frac{M_{\text{w}}}{\rho N}\right)^{2/3} \tag{12}$$

Where M_{w} (g/mol) is the molar mass of aniline; ρ (g/cm^3) is the density of aniline. In this experiment, the M_{w} and ρ of aniline were 93.13g/mol and 1.02g/cm^3, respectively. The corresponding values of σ and θ for aniline were given in Table 5. The values of θ were 0.268, 0.316 and 0.344 for BAC-raw, BAC-O8 and BAC-O16, respectively. The increase in θ was in accordance with the increase in equilibrium adsorption amount of aniline in the experiment. The value of θ also indicated that the formation of a complete monolayer ($\theta = 1$) was not achieved for aniline and a large fraction of the surfaces of BACs remained unoccupied, particular in the case of BAC-raw.

Table 5 Values of σ and θ for adsorbed aniline

Sample/(m^2/g)	S_{BET}	σ/Å	$q_{\max}$/(mg/g)	M_{w}/(g/mol)	$q_{\max}$/(mol/g)	θ
BAC-raw	791	31.287	104.17	93.13	1.119×10^{-3}	0.268
BAC-O8	763		119.05		1.278×10^{-3}	0.316
BAC-O16	738		125.00		1.342×10^{-3}	0.344

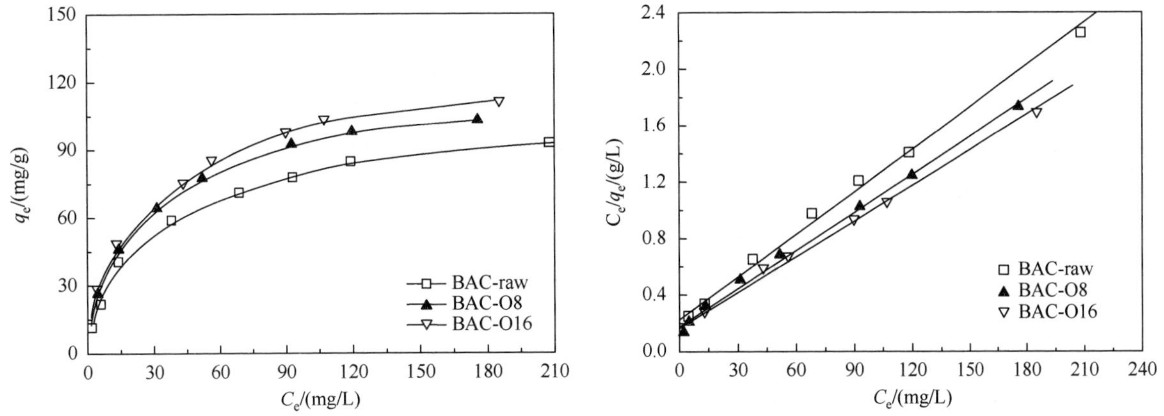

(a) the curves of equilibrium data (b) Langmuir isothermal model

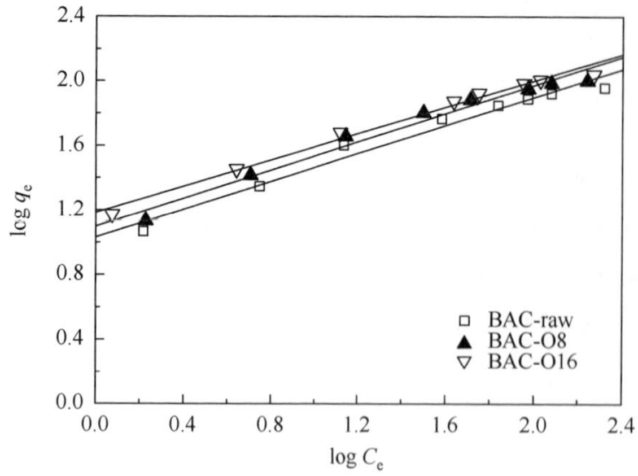

(c) Freundlich isothermal model

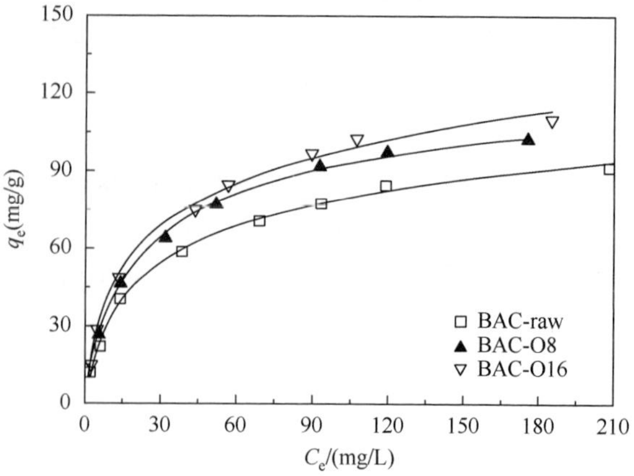

(d) R-P isothermal model

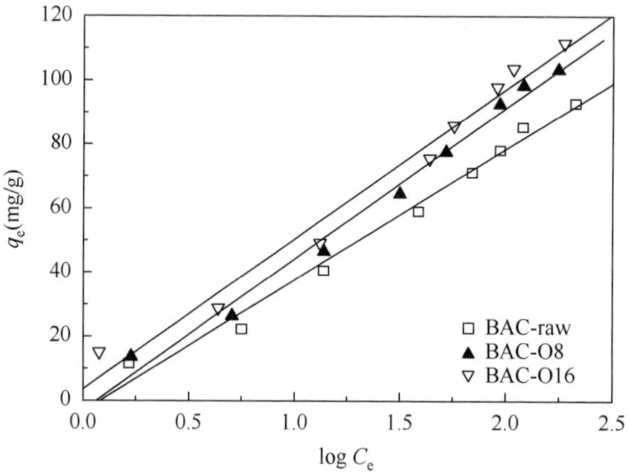

(e) Temkin isothermal model

Fig. 10 The isothermal models for adsorption of aniline on raw and irradiated BACs（solution pH = 7.0，C_0 = 25-400mg/L，BAC dosage = 0.1 g/50 mL，shaking time = 480 min，shaking speed = 70 rpm，and temperature = 25±0.2℃）

3.8 Adsorption mechanisms

The adsorption processes of aniline on BACs were generally determined by their physical and chemical interactions. Physical interactions were mainly characterized by the surface textural properties of BACs and the size of aniline molecule，among which the surface area，pore volume and pore size played key roles to determine the adsorption processes. In consideration of the slightly damaged surface textural properties of oxygen plasma irradiated BACs，the enhanced adsorption of aniline on BAC-O8 and BAC-O16 could hardly be ascribed to the improvement of physical interactions between aniline molecule and BACs.

The chemical interactions determining the adsorption processes included the π—π dispersive interaction，electron donor-acceptor interaction and electrostatic attractive or repulsive interaction between aniline molecule and BACs. In some cases，the hydrogen bond effect also contributed a lot to the adsorption processes [12，14，20]. The π—π dispersive interaction was expected to occur between the delocalized π electron of the oxygen-free Lewis basic site on the graphene layer of BACs and the free electron on the aromatic ring of aniline molecule，which was usually thought as the primary mechanism for the adsorption. According to the Lewis theory of acids and bases，the C ═ C bond on the graphene layer of BACs could be clearly classified into a kind of Lewis base，which could provide a large amount of π electrons. As could be seen in the FTIR spectra of BAC-O8 and BAC-O16，the intensities of absorption bands at about 1630cm^{-1} were considerably enhanced，which might indicate the additional formation of C ═ C bonds on the graphene layer of BAC-O8 and BAC-O16. Consequently，more π electrons on the surfaces of BAC-O8 and BAC-O16 could be provided and the π—π dispersive interaction between aniline molecule and BACs could be improved. As a result，the adsorptions of aniline on BAC-O8 and BAC-O16 were enhanced.

In this study, the solution pHs were totally fixed at 7.0, which was a little higher than the pK_a value of aniline ($pK_a = 4.63$), but was still much lower than the pH_{pzc} values of all BACs. The surface of aniline molecule at solution pH 7.0 was electrically neutral, while the surfaces of all BACs at solution pH 7.0 were positively charged. Consequently, the electrostatic interaction (attractive or repulsive) between the surfaces of BACs and aniline molecules might not function at all.

Besides the π-π dispersive interaction, the amino group ($-NH_2$) on aniline molecule and the—OH group on BACs could form hydrogen bond, just as Fig.11 showed to us, which could also enhance the adsorption of aniline on BACs. The results of FTIR spectra and Boehm titration of BAC-O8 and BAC-O16 showed that increased amounts of—OH groups contained in carboxylic or phenolic groups were yielded, which served as another important factor that enhanced the adsorption of aniline on BAC-O8 and BAC-O16.

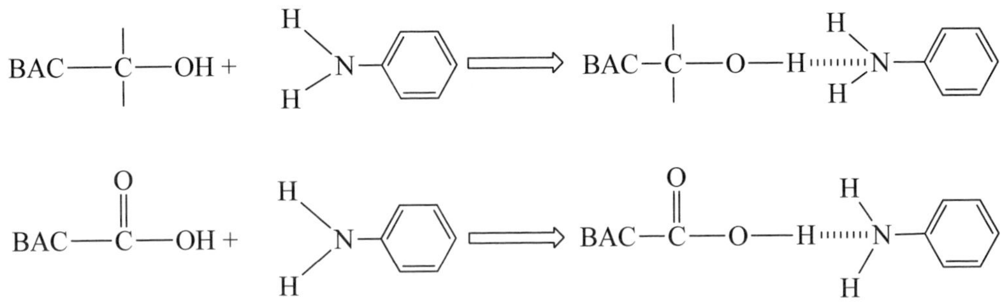

Fig. 11 The reaction equations of adsorption dominated by hydrogen bond formed between aniline molecule and carboxylic or phenolic group

4 Conclusions

This study investigated the variations of surface properties of BACs irradiated by oxygen plasma. The adsorption characteristics of aniline on raw and irradiated BACs were also evaluated. The results suggested that the surface textural properties of irradiated BACs were damaged slightly. Some decrease in the surface area, total pore volume and micropore volume of two types of irradiated BACs was found. The surface chemistries of two types of irradiated BACs changed greatly, such as the decrease in pH_{pzc} values and the increase in the amounts of surface oxygen-containing groups.

The adsorptions of aniline on two types of irradiated BACs were enhanced considerably. The equilibrium adsorption amounts of aniline of two types of irradiated BACs were higher than that of raw BAC. The kinetic data of all BACs could be best described by pseudo-second-order model and intra-particle diffusion model. The equilibrium data of all BACs followed Langmuir and R-P isothermal model more precisely, and the surface coverage ratios of aniline on two types of irradiated BACs increased considerably. The analysis of adsorption mechanisms suggested that the improvements of π-π dispersive interaction and hydrogen bond effect were supposed to be responsible for the enhanced adsorption of aniline on two types of irradiated BACs.

Acknowledgments

The authors would like to acknowledge financial support for this work provided by Project of the Priority Academic Program Development of Jiangsu Higher Education Institutions.

References

[1] Sánchez L, Peral J, Domènech X. Aniline degradation by combined photocatalysis and ozonation, Appl. Catal. B: Environ, 1998, 19: 59-65.

[2] Karunakaran C, Senthilvelan S. Solar photocatalysis: oxidation of aniline on CdS, Sol. Energy, 2005, 79: 505-512.

[3] Xiao C B, Ning J, Yan H, et al. Biodegradation of aniline by a newly isolated Delftia sp. XYJ6, 2009, 17: 500-505.

[4] Wang L, Barrington S, Kim J. Biodegradation of pentyl amine and aniline from petrochemical wastewater. Journal of Environmental Management, 2007, 83: 191-197.

[5] Jagtap N, Ramaswamy V. Oxidation of aniline over titania pillared montmorillonite clays. Applied clay science, 2006, 33 (2): 89-98.

[6] Gomes H T，Machado B F，Ribeiro A，et al. Catalytic properties of carbon materials for wet oxidation of aniline. Journal of Hazardous Materials，2008，159（2-3）：420-426.

[7] Al-Johani H，Salam M A. Kinetics and thermodynamic study of aniline adsorption by multi-walled carbon nanotubes from aqueous solution. Journal of colloid and interface science，2011，360（2）：760-767.

[8] An F，Feng X，Gao B. Adsorption property and mechanism of composite adsorbent PMAA/SiO_2 for aniline. Journal of hazardous materials，2010，178（1-3）：499-504.

[9] Zhao D，Zhang J，Duan E，et al. Adsorption equilibrium and kinetics of dibenzothiophene from n-octane on bamboo charcoal. Applied Surface Science，2008，254（10）：3242-3247.

[10] Tan Z，Qiu J，Zeng H，et al. Removal of elemental mercury by bamboo charcoal impregnated with H_2O_2. Fuel，2011，90（4）：1471-1475.

[11] Fan Y，Wang B，Yuan S，et al. Adsorptive removal of chloramphenicol from wastewater by NaOH modified bamboo charcoal. Bioresource technology，2010，101（19）：7661-7664.

[12] Yin C Y，Aroua M K，Daud W. Review of modification of activated carbon for enhancing contaminant uptake from aqueous solutions. Separa Purific Technol，2007，52：403-415.

[13] Rivera-Utrilla J，Sánchez-Polo M，Gómez-Serrano V，et al. Activated carbon modifications to enhance its water treatment applications. An overview. Journal of hazardous materials，2011，187（1-3）：1-23.

[14] Chingombe P，Saha B，Wakeman R J. Effect of surface modification of an engineered activated carbon on the sorption of 2，4-dichlorophenoxy acetic acid and benazolin from water. Journal of colloid and interface science，2006，297（2）：434-442.

[15] Boudou J P，Martinez-Alonzo A，Tascon J. Introduction of acidic groups at the surface of activated carbon by microwave-induced oxygen plasma at low pressure. Carbon，2000，38：1021-1029.

[16] Garcia A B，Martinez-Alonso A，Leon C A. Modification of the surface properties of an activated carbon by oxygen plasma treatment. Fuel，1998，77：613-624.

[17] Xie Q，Li L，Li J. Surface modification of activated carbon by low temperature oxygen/nitrogen plasma. Chin. Univ. Min，2005，34：688-693（in Chinese）.

[18] Kodama S，Sekiguchi H. Estimation of point of zero charge for activated carbon treated with atmospheric pressure non-thermal oxygen plasmas. Thin Solid Films，2006，506：327-330.

[19] Lee D，Hong S H，Paek K H，et al. Adsorbability enhancement of activated carbon by dielectric barrier discharge plasma treatment. Surface and Coatings Technology，2005，200（7）：2277-2282.

[20] Li G，Zhang X，Lei L，et al. Enhanced degradation of nitrophenol in ozonation integrated plasma modified activated carbons. Microporous Mesoporous，2009，119：237-244.

[21] Reymond P，Kolenda F. Estimation of the point of zero charge of simple and mixed oxides by mass titration. Powder Technol，1999，103：30-36.

[22] Noh J S，Schwarz J A. Estimation of the point of zero charge of simple oxides by mass titration. Colloid Interf. Sci，1989，130：157-164.

[23] Liu Q S，Zheng T，Li N，et al. Modification of bamboo-based activated carbon using microwave radiation and its effects on the adsorption of methylene blue. Applied Surface Science，2010，256（10）：3309-3315.

[24] Boehm P. Some aspects of the surface chemistry of carbon black and other carbons. Carbon，1994，32：759-769.

[25] Laszlo K，Tombacz E，Novak C. pH-dependent adsorption and desorption of phenol and aniline on basic activated carbon. Colloid Surf. A：Physicochem. Eng. Aspects，2007，306：95-101.

[26] Zhang B，Wang J F，Wang X，et al. Adsorption characteristics of activated carbon fiber on aniline in water. Technol. Water Treat，2010，36：25-29（in Chinese）.

[27] Wang L，Yan G. Adsorptive removal of direct yellow 161 dye from aqueous solution using bamboo charcoals activated with different chemicals. Desalination，2011，274：81-90.

[28] Tseng R L，Wu K T，Wu F C，et al. Kinetic studies on the adsorption of phenol 4-chlorophenol and 2，4-dichlorophenol from water using activated carbons. Environ. Manage，2010，91：2208-2214.

[29] Liu G F，Ma J，Guan C Y，et al. Study on adsorption of bisphenol A from aqueous solution on modified activated carbons. Environ. Sci，2008，29：349-355（in Chinese）.

[30] Shaarani F W，Hameed B H. Ammonia-modified activated carbon for the adsorption of 2，4-dichlorophenol. Chemical Engineering Journal，2011，169（1-3）：180-185.

[31] Wu G Q，Sun X Y，Zhang Q. Review of surface oxidizing modification of activated carbon and influence on adsorption capacity. Zhejiang Agric. Forest. Univ，2011，28：955-961（in Chinese）.

[32] Suresh S，Srivastava V C，Mishra I M. Adsorptive removal of phenol from binary aqueous solution with aniline and 4-nitrophenol by granular activated carbon. Chem. Eng，2011，171：997-1003.

[33] Podkoscielny P，László ′K. Heterogeneity of activated carbons in adsorption of aniline from aqueous solutions. Surf. Sci，2007，253：8762-8771.

[34] Wu F，Tseng R L，Juang R. Initial behavior of intra-particle diffusion model used in the description of adsorption kinetics. Chem. Eng，2009，153：1-8.

[35] Al-Degs Y S，El-Barghouthi M I，El-Sheikh A H，et al. Effect of solution pH，ionic strength，temperature on adsorption behavior of reactive dyes on activated carbon. Dyes Pigments，2008，77：16-23.

Design and experimental investigation of a 190 kW_e biomass fixed bed gasification and polygeneration pilot plant using a double air stage downdraft approach

Zhongqing Ma[a], Yimeng Zhang[a], Qisheng Zhang[a*], Yongbiao Qu[b], Jianbin Zhou[c], Hengfei Qin[c]
[a]College of Wood Science & Technology, Nanjing Forestry University, Nanjing 210037, Jiangsu, P. R. China
[b]Design Institute of Forest Products Industry, Nanjing Forestry University, Nanjing 210037, Jiangsu, P. R. China
[c]College of Chemical Engineering, Nanjing Forestry University, Nanjing 210037, Jiangsu, P. R. China

Abstract

This paper presented a systematic design and experimental results of a 190 kW_e biomass fixed bed gasification and polygeneration pilot plant using a double air stage downdraft approach. Wood chips were used as feedstock that was converted through gasification polygeneration into three-phase (GSL) products, namely producer gas (gas), charcoal (solid) and extract (liquid) . The pilot plant mainly encompassed double air stage GSL gasifie, gas cleaning system, gas engine, feed and discharge system and programmable logic controller (PLC) system. The results demonstrated that due to the secondary air supply, a temperature as high as 900℃ was achieved in the oxidation zone for better tar cracking. Use of both stirrer and reciprocating grate avoided bridging and channeling. Modified pipe bundle condenser and purification tower exhibited excellent performance in removing tar, water and particles in the producer gas with the maximal LHV of 5.25 MJ/Nm^3. During the operation of a full capacity, the flow rate of producer gas was 500 Nm^3/h, whereas the production of charcoal and yield of extract were 60kg/h, and 65 kg/h, respectively. The overall polygeneration efficiency from three-phase products (η_{GSL}) was 95.84%. Those pilot plant results will be used as reference in designing a scale-up 500 kW_e gasification system.

Keywords: Polygeneration; Gasification; Double air stage; Downdraft fixed bed; Wood chips

1 Introduction

Gasification is a thermo-chemical process that converts carbonaceous materials like biomass into useful convenient gaseous fuels or chemical feedstock through their partial oxidation with air, oxygen, steam or their mixture. The main combustible components in the producer are CO, H_2 and CH_4. Biomass gasification technology is an important utilization technology of renewable fuels. Developing biomass energy to partially replace fossil fuels can not only reduce the greenhouse gas emissions, but also increase the efficiency of usage of locally available renewable sources. Thus, it can help push for independence from the less reliable supply and fluctuating prices of oil and gas[1-5]. Gasification has many potential benefits over direct combustion. Such benefits include higher overall efficiency for generating heat and electricity and higher fuel grade, particularly the second generation biofuels (hydrogen, methanol or Fischer-Tropsch fuels) from low-value feedstock[6].

In order to utilize the biomass more efficiently, polygeneration has been developed such as combined heat and electricity generation(CHP)[7], biomass integrated gasification combined cycle(B/IGCC)[8, 9]. At present, there are several biomass gasification power generation plants in operation around the world. For example, a 2MW_{th} CHP plant for a twin fire fixed bed gasifier was built in the year 2003 in Wr. Neustadt, Austria [10]. It was also reported that a 5.5MW_e biomass integrated gasification and combined cycle (IGCC) demonstration plant was built in Xinghua, Jiangsu province of China [11]. Further, a successful demonstration of biomass IGCC was

本文原载 *Energy* 2012 年第 46 卷第 140-147 页。

completed in 2000 in the city of Varnarmo, Sweden. This facility was fueled with an 18MW$_{th}$ equivalent of wood residues and produced about 6 MW of electricity and 9MW of heat[12].

However in this paper, polygeneration is defined as an application technology for three-phase products, namely producer gas, charcoal (solid) and extract (liquid) obtained from fixed bed gasifier and gas cleaning system. The gas was pumped into the gas engine for electricity. Due to the richness in elements of nitrogen, phosphorus and potassium, and the ability to sustained release water and fertilizer or to repair the degraded soil polluted by heavy mental, the charcoal can be made into organic compound fertilizer. It can also be used as commercial solid fuels or be used in the metallurgical industry. The extract liquid can be processed into foliar fertilizer for improving plant growth, or disinfection solution and deodorant for livestock farms.

In the recent past, the small scale power generation using biomass fixed bed gasification is attracting increasing interest because it is a promising technology to provide remote districts with electricity using local renewable fuels [5, 13]. Two different types of fixed bed gasifier were developed: updraft and downdraft gasifiers[14]. The downdraft gasifier has the advantage of lower tar content in the producer gas by introducing the gasification agent not at the bottom but at the top or at least at a certain height above the bottom. So far, various kinds of feedstock have been investigated taking downdraft gasifiers such as wood [15-21], hazelnut[22-24], fuel cane bagasse[25], olive industry wastes[26], municipal solid waste (MSW) [27].

It is well known that, tar is a major nuisance in the gasification process. This substance will condense as the temperature is lower than its dew point, resulting in a clog to gas passage and a plug to the downstream equipment, especially to the internal combustion engine. Thus, the tar in the gas should be removed as much as possible. The tar removal methods can be categorized in two types depending on the location where the tar is removed: either in the gasifier itself (known as primary method) or outside the gasifier (known as the secondary method) [28].

The primary method may be fundamentally more ideal by designing a gasifier to yield producer gas of low tar content. The two-stage (double air stage) gasifier with two levels of air intakes, namely, a primary air supply at the top section and a secondary air supply at the middle section, has already been studied at the Asian Institute of Technology[28-31]. It was reported that higher temperature can be achieved in the second stage due to the addition of the secondary air, which can not only help reduce the tar level considerably, but increase the calorific value of producer gas as well. The two-stage gasifier resulted in gas having tar content about 50 mg/m^3, about 40 times less than a single-stage reactor under similar operating conditions. Another study on a downdraft reactor with two-air supply stages also suggested that this configuration for tar conversion inside the gasifier is an efficient and economical way in comparison with hot gas cleaning after the gasifier for tar reduction[32]. Moreover, by comparing three different downdraft gasification approaches, namely single stage, conventional two-stage, and innovative two-stage air and premixed air/gas supply, the research found that the total combustible gas (CO, H_2 and CH_4) and high calorific value from the conventional two-stage are 35.5% and 5.45 MJ/Nm^3 whereas the single stage can only achieve 28.2% and 4.57 MJ/Nm^3 [33].

Although the primary method can reduce the tar content considerably, it is foreseen that complete removal is not feasible without applying secondary method. The secondary method generally employs a gas cleaning system, the physical and mechanical methods are widely applied for removal of both particles and tar. Based on applications, physical and mechanical methods are divided into two categories: dry and wet gas cleaning. Dry gas cleaning system consists of cyclone, rotating particle separators (RPS), fabric filters, ceramic filters, activated carbon based absorbers, and sand bed filters. By comparison, wet gas cleaning system consists of wet electrostatic precipitators (ESP), wet scrubbers, and wet cyclones[34].

Recently, an integrated 190kW$_e$ (nominal) wood chips gasification polygeneration system using combined method of the primary and secondary for lower tar and particles content, was developed in Danyang, Jiangsu province of China. In this system, the biomass (wood chips) was converted into gas, charcoal (solid) and extract (liquid) by a double air stage downdraft fixed bed gasifier and a gas cleaning system.

The objective of this work was to present the design and experimental results of a 190kW$_e$ wood chips fixed bed gasification and polygeneration system using a double air stage downdraft approach. The results will provide a good reference for the design of a scale-up 500kW$_e$ gasification system.

2 Materials and methods

2.1 Biomass feedstock

Wood chips of Camphor wood, with a particle size ranging from 10 mm to 30 mm, were used in the pilot plant test. Table 1 shows the ultimate and proximate analyses of Camphor wood.

2.2 Experimental

According to the operating condition, this experiment was divided into two parts. The first part was a process that increased the frequency of blower and draft fan from 0 Hz to 40 Hz, and the secondary air supply increased from 0 Nm^3/h to 100 Nm^3/h. The purpose of the first part was to investigate the effect of secondary air supply on the temperature of the oxidation zone and producer gas, the LHV of producer gas. The second part was a 3h continuous process with full capacity that the frequency of blower was set at 50Hz while the frequency of the draft fan increased from 40Hz to 50Hz. The purpose of the second part was to examine the optimal operational conditions, maximum yield and lower heating value (LHV) of the producer gas, as well as yields of charcoal and extract. The data were recorded every 15 min.

2.3 Gasification polygeneration system

The system was mainly comprised of 5 components: a feed and discharge unit, a GSL gasifier (gas-solid-liquid products (GSL) obtained), a gas cleaning unit, a gas engine, and a Programmable Logic Controller (PLC). The flow diagram is illustrated in Fig. 1.

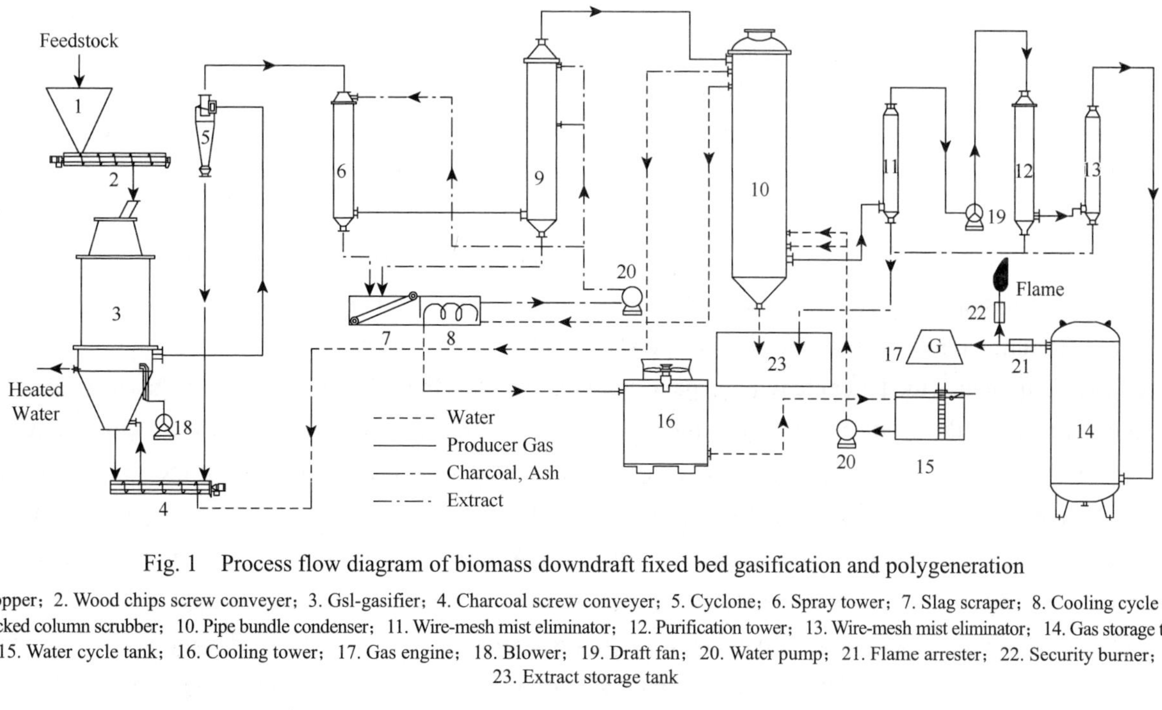

Fig. 1 Process flow diagram of biomass downdraft fixed bed gasification and polygeneration

1. Hopper; 2. Wood chips screw conveyer; 3. Gsl-gasifier; 4. Charcoal screw conveyer; 5. Cyclone; 6. Spray tower; 7. Slag scraper; 8. Cooling cycle tank; 9. Packed column scrubber; 10. Pipe bundle condenser; 11. Wire-mesh mist eliminator; 12. Purification tower; 13. Wire-mesh mist eliminator; 14. Gas storage tank; 15. Water cycle tank; 16. Cooling tower; 17. Gas engine; 18. Blower; 19. Draft fan; 20. Water pump; 21. Flame arrester; 22. Security burner; 23. Extract storage tank

1. GSL gasifier

The fixed bed gasifier with double air stage, also named GSL gasifier due to the three-phase products obtained, was the core part of this system. The schematic configuration of the GSL gasifier is shown in Fig. 2. The overall height and effective inner diameter were 6205mm and 1154mm, respectively. The gasifier was made from steel (A105, ASTM) that was lined by refractory and insulated by ceramic fibers. Six thermocouples and a pressure meter were attached on the wall of the gasifier. Another thermocouple was placed on the gas outlet.

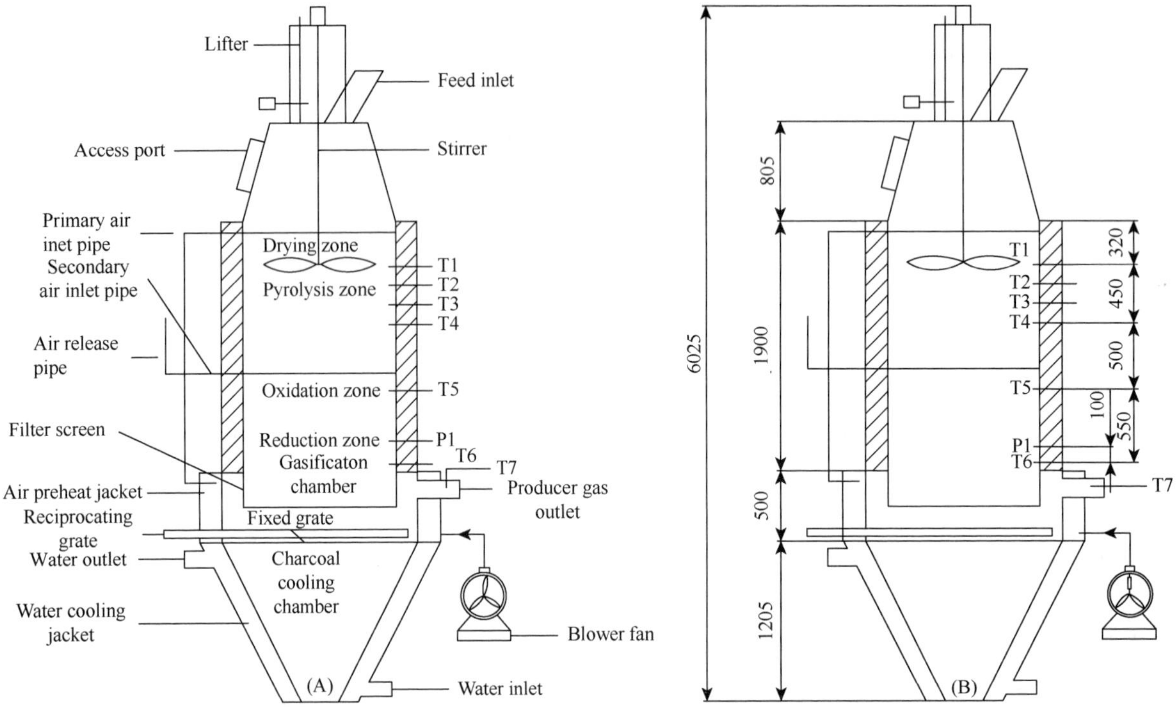

Fig. 2　Schematic diagram and dimension of the GSL gasifier

Table 1　Ultimate and proximate analyses of Camphor wood

Camphor wood, Ultimate analysis/($_{mass}$%, dry basis)				
Carbon	Hydrogen	Oxygen	Nitrogen	Sulfur
43.43	4.84	38.53	0.32	0.1
Camphor wood, Proximate analysis/$_{mass}$%				
Moisture	Ash	Volatile	Fixed Carbon	LHV/(kJ/kg)
12.29	0.49	72.47	14.75	17 482

The GSL gasifier had two air inlets: primary and secondary. The primary air inlet was situated above the feedstock preheating and dry zone. The secondary air inlet was placed in the oxidation zone of the gasifier by a round air distribution pipe. As such, the high temperature charcoal bed can be formed in the oxidation zone, which will not only help reduce the tar content in the gas, but help improve the calorific value of the gas as well.

In order to avoid the problems of channeling and bridging, a stirrer (310S, ASTM) and a reciprocating grate (310S, ASTM) were used in the gasifier. The latticed reciprocating grate was placed on the fixed grate at the bottom of the gasification chamber. The fixed grate was made of three pipes. Water was always flowing through the pipes to cool the fixed grate and increase the service life. A direct connection of the gasification chamber and the charcoal cooling chamber minimized gas storage space thus to avoid deflagration.

The wall of the charcoal cooling zone had a jacket-style structure with two parts. The upper part was an air jacket for preheating the air agent. The lower part was a water jacket with an aim to reduce the charcoal's temperature as much as possible.

2. Gas cleaning system

The gas cleaning system for this test consisted of a cyclone, a spray tower, a packed column scrubber, a condenser, a purification tower and two wire-mesh mist eliminators. For this test, the purification tower and condenser were reengineered to maximize removal of the tar and particles.

(1) Modified pipe bundle condenser and purification tower

A schematic diagram of the modified pipe bundle condenser is shown in Fig. 3 (a). In order to increase the heat exchange area, there was a core pipe welded with spiral fins in each finned tube. The producer gas flew through the space between finned tubes and core pipes, and was then condensed by the water from the exterior of the finned tube and the core pipes.

A schematic diagram of the purification tower is shown in Fig. 3 (b). The interior of purification tower consisted of six hollow cones which were alternately inverted. The turbulence occurred when the gas passed through the narrow part of the first cone, and as such, the mass transfer was greatly intensified to make each fluid particle (tar) move irregularly and desultorily. The flow rate decreased rapidly when the gas entered the larger space. Thus, larger liquid drop formed from tiny fluid tar particles and condensed on the external surface of the next cone.

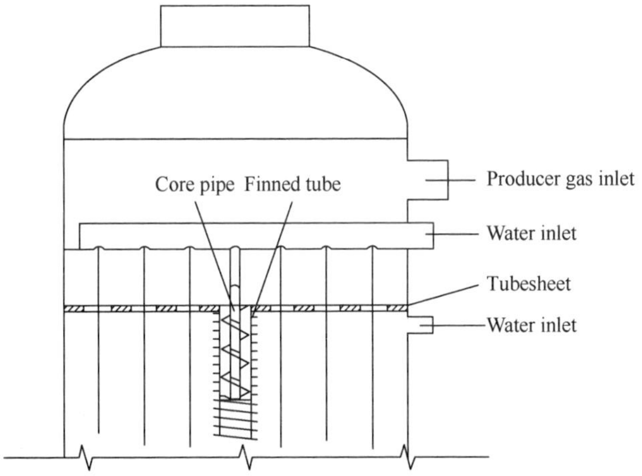

(a) Condenser

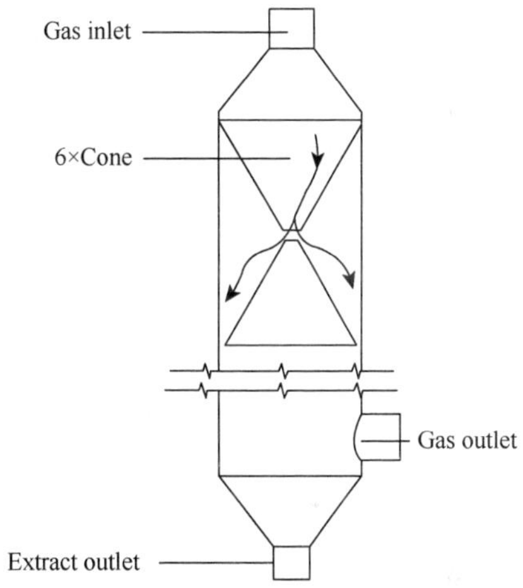

(b) Purification tower

Fig. 3 Schematic diagram of the condenser and purification tower

(2) Other devices in the gas cleaning system

The spray tower was a hollow cylinder built with nozzles and three baffle boards. The packed column scrubber was full of pall rings to increase contact area of water and gas. The role of those two wet gas cleaning units was to reduce the temperature of the gas as much as possible and separate the part of tar and particles from the gas. The wire-mesh mist eliminator was a hollow cylinder built with a segment of wire-mesh to remove the particles and partial tar remained in the producer gas.

Table 2 Frequency regulating equipment

Equipments	Frequency	Units	Parameters	Units
Blower fan	0-50	Hz	150	Nm^3/h
Draft fan	0-50	Hz	600	Nm^3/h
Feed screw conveyer	0-50	Hz	250	kg/h
Discharge screw conveyer	0-50	Hz	60	kg/h
Reciprocating grate	0-50	Hz	5	rt^a/min
Stirrer	0-50	Hz	5	r/min
Cooling tower	0-50	Hz	75	m^3/h

a: reciprocating times.

The water contained particles and tar from the spray tower and packed column scrubber dropped onto a filter cloth of the slag scraper to remove a mixture of heavy tar and particles floated in the water. The filtered water was then recycled. After filtering, the water was entered the cooling cycle tower. A water coil was installed in the cooling cycle tank for the purpose of cooling the spray water. As the viscosity increases, the cycle water should be regularly replaced.

3. Gas engine and PLC system

Because a 190kW gas engine was unavailable for the test, a 50kW (model GF-50) gas engine was used instead with an overall dimension of 2.7m×0.75m×1.3m. It had 6 gas cylinders with 50kW rated power output and 1500 r/min speed. The voltage generated was 400 volts with a frequency of 50Hz. The power index was about 0.8.

The PLC system included an alarm, buttons and frequency regulators of all motors and butterfly valves. The values from all thermocouples and pressure meters were also displayed on the control screen. The alarm system would go off once the motor was overloaded. Table 2 lists the main regulating units and their frequencies and parameters.

3 Results and discussion

3.1 The effect of secondary air supply

It is no doubt that agent (air) intake will significantly affect temperature profile of the gasifier, quality of producer gas, hearth load, and so forth[5]. For the downdraft fixed-bed gasifier, it is essential to investigate the temperature in the oxidation because it contributes greatly to reduce the tar content in producer gas compared with updraft gasifier[24]. Due to its importance in the design of the gas cleaning system, the temperature of producer gas just leaving the gasifier should also be checked[31].

Fig. 4 shows the effects of secondary air flow rate on temperatures of the oxidation zone (T5) and producer gas (T7), and LHV of the producer gas. T5 increased from 400℃ to the maximum temperature of 920℃ during which the secondary air flow rate increased from 0 to 60 Nm^3/h. But during T5 ceased to increase (remaining steady around 900℃), the secondary air flow rate still increased from 60 Nm^3/h to 100 Nm^3/h. T7 rose from 110℃ to 420℃ gradually during which the secondary air flow rate also increased because the producer gas passed through the oxidation zone whose temperature (T5) kept increasing and then maintained at around 900℃.

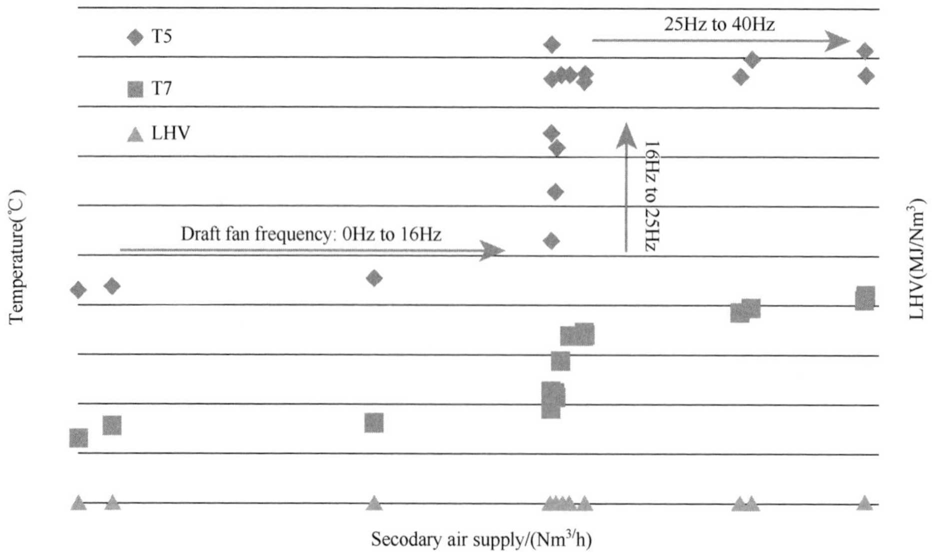

Fig. 4 The effect of secondary air flow rate on the temperature of the oxidation zone and producer gas, and the LHV of producer gas (frequency of blower, 0-40 Hz; frequency of draft fan, 0-40 Hz)

The LHV of producer gas continuously rose from 2.71 MJ/Nm^3 to 4.89 MJ/Nm^3 in association with the increase of the secondary air flow rate. But the value of LHV increase when the secondary air flow rate increased from 0 to 60 Nm^3/h（1.85 MJ/Nm^3）was higher than that of LHV increase when the secondary air flow rate increased from 60 Nm^3/h to 100 Nm^3/h（0.33 MJ/Nm^3）. Although the value（0.33 MJ/Nm^3）of LHV increase when the secondary air flow rate increased from 60 Nm^3/h to 100 Nm^3/h was not significant，it was found that biomass consumption increased [17]. Consequently，higher biomass consumption almost doubled the yield of producer gas（frequency of draft fan increased from 25Hz to 40 Hz）. The calorific value of the producer gas increased first until reaching the maximum value，then declined as the air flow rate increased [17，18，22，24]. However, the LHV(Fig. 4)didn't show a descending trend. It was expected that the LHV would have higher value if the air flow rate further increased.

3.2 Gasifier temperature

Table 3 shows the temperature readings from T1 to T7 during the 3 h test. Based on their average value from T1 to T6，a profile of the gasifier bed temperature above the grate is illustrated in Fig. 5. In the gasification process of downdraft fixed-bed gasifier，the following four typical stages are involved：①Drying：the location of drying zone with temperature less than 200℃ was above the grate between 2000 mm and 2500 mm，the moisture content of the biomass was reduced at this stage；②Pyrolysis：the location of pyrolysis zone with temperature between 200℃ and 650℃ was above the grate between 1500 mm and 2000 mm. The first temperature peak occurred at this stage because a small number of charcoal and producer gas pyrolysised from biomass（reaction）combusted slightly with the primary air supply (reactions (2) - (6)). However，the first peak changed drastically from 200℃ to 630℃ in such a short feedstock layer distance（500 mm）. In order to provide a gradual temperature gradient for a more complete pyrolysis process，increasing the height of the preheating，drying and pyrolysis zone seems necessary；③Oxidation：the location of oxidation zone with temperature between 650℃ and 900℃ was above the grate between 1000 mm and 1500 mm. The second temperature peak appeared at this stage because a large amount of charcoal and producer gas burned fiercely with the secondary air that supplied directly and homogeneously in the oxidation zone(reactions(2)-(6)), so that a great quantity of heat was released to meet the heat demand for the whole gasification process. It was believed that the high temperature in the oxidation helps reduction reaction and thus tar cracking takes place to improve the calorific value and reduce the tar content in the gas[28-31]；④Reduction：reduction zone was just next to the bottom of the oxidation zone. Temperature at this stage decreased sharply from 900℃ to 440℃ as some endothermic reduction reactions occurred（reactions(7)-(10)）.

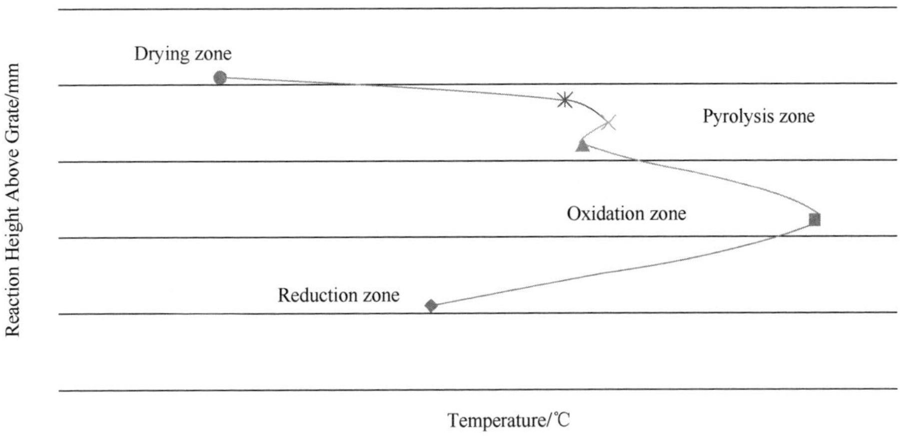

Fig. 5 Gasifier bed temperature profile above the grate during 3 h test (frequency of blower，50 Hz；frequency of draft fan，40-50 Hz)

The whole gasification process of downdraft fixed-bed gasifier from ① to ④ described in this test agree well with the process depicted by Prabir Babu[35] and Buljit Buragohain[13]. The temperature profile with two peaks（650℃and 900℃）which caused by double air stage supply approach is also in agreement with experimental results from a 125 kW twin-fire fixed bed gasifier（650℃ and 950℃）[10] and another downdraft fixed bed gasifier using an innovative two-stage air and premixed air/gas supply approach（TS AG）（510℃and 800℃）[33].

$$C_xH_yO_z \rightarrow \text{volatile gas} + \text{charcoal} + \text{tar} \quad (1)$$

$$C + O_2 \rightarrow CO_2 + 406\ \text{kJ/mol} \quad (2)$$

$$C + 0.5O_2 \rightarrow 2CO + 268\ \text{kJ/mol} \quad (3)$$

$$H_2 + 0.5O_2 \rightarrow H_2O + 242\ \text{kJ/mol} \quad (4)$$

$$CO + 0.5O_2 \rightarrow CO_2 + 284\ \text{kJ/mol} \quad (5)$$

$$CH_4 + O_2 \rightarrow 2H_2O + CO_2 + 803\ \text{kJ/mol} \quad (6)$$

$$C + CO_2 \rightleftharpoons 2CO - 172\ \text{kJ/mol} \quad (7)$$

$$C + H_2O \rightleftharpoons CO + H_2 - 131.4\ \text{kJ/mol} \quad (8)$$

$$CO + H_2O \rightleftharpoons CO_2 + H_2 - 42\ \text{kJ/mol} \quad (9)$$

$$C + 2H_2 \rightleftharpoons CH_4 + 75\ \text{kJ/mol} \quad (10)$$

3.3　Gas composition and calorific value

The composition of the producer gas and the lower heating value（LHV）are shown in Fig. 6. During the 3 h test, the composition and calorific value of the gas were more or less stable which leads to smooth operation of the gas engine. The maximal LHV was 5.28 MJ/Nm^3 when the frequency of draft fan and secondary air supply were 45 Hz and 54 Nm^3/h, respectively. As shown in Fig. 6, the variation trend of the calorific value was almost the same as CO_{vol}% and $H_{2\,vol}$%, but the trend of $CO_{2\,vol}$% was opposite to CO_{vol}% because the reaction（7）occurred during the secondary process[19]. As always, the O_2% was very low. The average value of the composition was about 16.6 $_{vol}$%（CO）, 2.3 $_{vol}$%（CH_4）, 16.1 $_{vol}$%（H_2）, 13.8 $_{vol}$%（CO_2）and 0.4 $_{vol}$%（O_2）with an average calorific value of 4.7MJ/Nm^3.

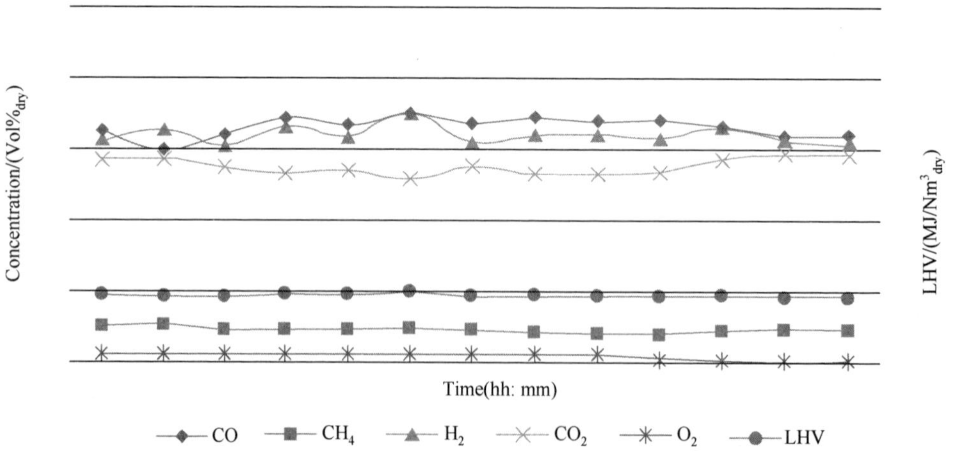

Fig. 6　Gas composition and lower heating value during 3 h test（frequency of blower, 50 Hz; frequency of draft fan, 40-50 Hz）

This result agreed well with that obtained by Juan Martinez et al. [32] with AR = 40%（LHV [4.637 MJ/Nm^3], 17.32 $_{vol}$% [CO]、1.8 $_{vol}$% [CH_4]、16.73 $_{vol}$% [H_2]）. In addition, LHV in this test was almost the same with that obtained by Sompop Jarungthammachote et al. [36] with a value of 4.65 MJ/Nm^3, but the composition still varied（CO[20.15 $_{vol}$%], H_2[11.96 $_{vol}$%], CH_4[1.05 $_{vol}$%], CO_2[14.62 $_{vol}$%]）. A higher LHV（5.8 MJ/Nm^3 with a stable composition of CO[20 $_{vol}$%], H_2[17 $_{vol}$%], CH_4[2.4 $_{vol}$%], C_2H_4[1 $_{vol}$%], CO_2[12.5 $_{vol}$%]) was obtained by Robert Kramreiter et al.[10] when the ratio of primary-to secondary and grate air was 3∶1.

Table 3 Temperature in the gasifier

Time	BI[a]/Hz	DF[b]/Hz	SA[c]/N·m^3	T1/℃	T2/℃	T3/℃	T4/℃	T5/℃	T6/℃	T7[d]/℃
18：30	50	40	99.7	189	529	578	570	901	280	455
18：45	50	40.27	99.18	191	582	604	582	900	360	467
19：00	50	39.46	97.76	385	547	601	583	903	432	476
19：15	50	45.8	96.17	191	578	612	593	846	460	486
19：30	50	45.8	95.92	191	594	635	614	884	470	498
19：45	50	45.28	54.63	163	560	664	618	798	422	468
20：00	50	45.21	63.75	152	595	639	606	909	427	497
20：15	50	45.42	72.44	135	669	679	645	971	442	503
20：30	50	50	72.28	130	669	687	669	928	452	510
20：45	50	50	71.68	126	671	706	667	932	460	545
21：00	50	50	73.53	125	621	693	665	932	479	554
21：15	50	50	68.84	136	585	675	653	892	516	562
21：30	50	50	72.04	126	656	661	638	879	527	563
			Mean	172	604	649	623	898	441	506
			$\sigma_{\bar{X}}$ [e]	19	14	11	10	12	18	11
			95% CI[f]	[134, 210]	[576, 632]	[627, 671]	[603, 643]	[874, 922]	[405, 477]	[484, 528]

a: frequency of blower; b: frequency of draft fan; c: flow rate of secondary air; d: temperature of producer gas in the gas outlet; e: stand error of the mean; f: 95% confidence interval.

The value of LHV in Fig. 6 (frequency of draft fan: 40-50 Hz) was significantly higher than the LHV in Fig. 4 (frequency of draft fan: 0-40 Hz) because the air inlet flow rate increased gradually. This result confirmed well the analysis in section 3.1 that the LHV would have higher value if the air flow rate further increased.

Table 4 Yields of three-phase products and performance of the gasification polygeneration system

	Products	Yield	Units
Feedstock		250[a]	kg/h
	Producer gas, (electricity)	500, (190)	Nm^3/h, (kW)
	Charcoal	60	kg/h
Condenser[b]		60	kg/h
Purification towers[c]	Extract	5	kg/h
Gauze strainers[d]		0.5	kg/h
Cold gas efficiency		53	%
Gas production rate		2	Nm^3/kg
Carbon conversion rate		73.91	%
Overall electric efficiency		15.9	%
Overall polygeneration efficiency from three-phase products		95.84	%
Hearth load		240	kg/(h·m^2)

a: feedstock input;
b: extract from condenser;
c: extract from purification tower;
d: extract from gauze strainers.

3.4 Performance of the gasification system

Besides the producer gas, extract liquid and charcoal were also obtained from the gas cleaning system and discharge screw conveyer. Table 4 shows the yield of three-phase products under the stable state as described in section 3.1. The rate of gas production was 2 Nm^3/kg biomass. The temperature of the charcoal from the discharge screw conveyer returned normal after cooling. And the rate of charcoal production was 25% (mass of charcoal (kg/h) /mass of wood chips (kg/h)) . Table 5 shows the ultimate and proximate analyses of charcoal. The original purpose of the wire-mesh mist eliminator was to remove particles (ash) and partial tar in the producer gas. Only 0.5 kg/h extract was obtained during the test, and after the test we disassembled it and found that there was just a small amount of particles (ash) adhered onto the wire-mesh because the upstream gas cleaning equipment had removed the particles thoroughly. In addition the wire-mesh mist eliminator would increase the resistance to the pipe, thus it should be redesigned or replaced by other devices.

Table 5 Ultimate and proximate analyses of charcoal (frequency of blower, 50 Hz; frequency of draft fan, 45 Hz)

Charcoal, Ultimate analysis ($_{mass}$%, dry basis)				
Carbon	Hydrogen	Oxygen	Nitrogen	Sulfur
81.57	2.07	14.61	1.35	0.13
Charcoal, Proximate analysis ($_{mass}$%)				
Moisture	Ash	Volatile	Fixed Carbon	LHV/(kJ/kg)
0.2	3.3	11.1	85.4	30 626

The performance parameters of the gasification polygeneration system are showed in Table 4. Table 6 shows the temperature and pressure of gas, liquid in key location of the pilot plant. Based on the efficiency of gas engine (30%), the LHV and yield of the producer gas, 190 kW electricity can be generated from a 500 Nm^3/h gas. The overall polygeneration efficiency (η_{GSL}) from three-phase products can be calculated by the following equation:

$$\eta_{GSL} = \frac{V_g \times LHV_g + m_s \times LHV_s + m_t \times CV_t}{m_b \times LHV_b} \qquad (11)$$

V_g—the volume flow rate of producer gas, Nm^3/h; LHV_g—the lower heating value of producer gas, kJ/Nm^3; m_s—the charcoal production, kg/h; LHV_s—the lower heating value of charcoal, kJ/kg; m_t—the mass of tar in the extract, kg/h; CV_t—is the calorific value of benzene, kJ/kg; m_b—the biomass consumption rate, kg/h; LHV_b—the lower heating value of biomass, kJ/kg.

$$m_t = C_{tar} \times V_g \qquad (12)$$

C_{tar}—the tar content of producer gas, mg/Nm^3; V_g—the volume flow rate of producer gas, Nm^3/h.

Where C_{tar} is the tar content of the two-stage fixed bed gasifier considering as 50 mg/Nm^3[29-31]. CV_t is the calorific value (kJ/kg) of tar which is considered as basis of benzene because the main tar compositions from the downdraft gasification are benzene and its derivatives (such as toluene, xylene, phenol, etc) [7, 10, 37]. The CV_t of benzene is 254 623 kJ/kg. According to data from Table 1, 4 and 5, it calculates that the η_{GSL} is 95.84%. Based on the above calculation, the error of efficiency (η_{GSL}) could arise from the following three sources: the average value of LHV_g (4.7 MJ/Nm^3) in 3h full capacity test, partial particles (ash) that was not included in the production of solid charcoal, and the referenced data (50 mg/Nm^3) and the choose of the model (benzene) about the tar content and composition.

Table 6 The temperature and pressure of gas, liquid in key location of the pilot plant (frequency of blower, 50 Hz; frequency of draft fan, 45 Hz)

Gas			Liquid	
Outlet of some key devices[a]	Temperature/℃	Pressure/kPa	Liquid from some key locations[b]	Temperature/℃
Air preheating jacket in gasifier	51	/	Charcoal cooling jacket in gasifier	41
In gasifier	/	−1.07	Water cycle tank	25
Spray tower	115	−1.5	Slag scraper	70
Packed column scrubber	66	−2.2	Cooling cycle tank	51
Pipe bundle condenser	33	−2.7	Pipe bundle condenser	26
Gas storage tank	28	2.14	Purification tower	23

a: The first location is for air, other locations are for producer gas;

b: The first and second locations are for water, other locations are for extract.

3.5 Operational experience

The purpose of this pilot plant test was to generate some data and experience for the design of a scale-up 500 kW_e gasification system. Some issues were identified from the operation of this 190 kW_e gasification system.

In order to provide a gradual temperature gradient for a more complete pyrolysis process, increasing the height of the preheating, drying and pyrolysis zone seems necessary.

Due to the high temperature of the raw gas up to 550℃, more water is needed in the spray tower and scrubber. As such, the water will not be evaporated to flow with the gas into the condenser.

Because of its low efficiency for tar removal, the wire-mesh mist eliminators need to be redesigned or replaced by other gas cleaning devices.

Considering the very low $O_{2\,vol}\%$ level in the gas, wet electrostatic precipitators (ESP) should be used to increase the efficiency of tar and particles removal.

4 Conclusions

This work presents the design and pilot plant test results of a 190kW_e biomass fixed bed gasification and polygeneration system using a double air stage downdraft approach. Based on the tests, it was found that the secondary air supply can yield very high temperature up to 900℃ in the oxidation zone which greatly helps crack the tar and improve the quality of the gas produced. The stirrer and reciprocating grate also contributed to the elimination of channeling and bridging. A modified pipe bundle condenser and a purification tower used in the gas cleaning system showed good performance in removing water, tar and particles in the gas. During the full capacity operation, the flow rate of producer gas was 500 Nm^3/h whereas the production of charcoal and the yield of extract were 60 kg/h and 65 kg/h, respectively. The producer gas had a stable composition of 16.6 $_{vol}\%$ [CO], 2.3 $_{vol}\%$ [CH_4], 16.1 $_{vol}\%$ [H_2], 13.8 $_{vol}\%$ [CO_2] and 0.4 $_{vol}\%$ [O_2] with an average LHV of 4.7 MJ/Nm^3 and a cold gas efficiency of 53%. The carbon conversion rate and overall polygeneration efficiency were 73.91%, 95.84%, respectively.

Acknowledgements

This research was supported by Forestry Science Promotion Project of China (No.2010-34), University research industry promotion projects of China (No. JHB2011-11), National Key Basic Research and Development Program of China (973) Project (No.2010CB732205), "Twelfth Five Years" National Science and Technology Project for Rural Areas in China (No. 2011BAD15B05-04). This research was also supported by the Doctorate Fellowship Foundation of Nanjing Forestry University. The authors thank Que Minghua for providing the test site.

References

[1] Wu C Z，Yin X L，Yuan Z H，et al. The development of bioenergy technology in China. Energy，2010，35：4445-4450.

[2] Han J，Kim H. The reduction and control technology of tar during biomass gasification/pyrolysis：An overview. Renewable & Sustainable Energy Reviews，2008，12：397-416.

[3] Kitzler H，Pfeifer C，Hofbauer H. Pressurized gasification of woody biomass-variation of parameter. Fuel Processing Technology，2011，92：908-914.

[4] Kumar A，Jones D D，Hanna M A. Thermochemical biomass gasification：A review of the current status of the technology. Energies，2009，2：556-581.

[5] Martinez J D，Mahkamov K，Andrade R V，et al. Syngas production in downdraft biomass gasifiers and its application using internal combustion engines. Renewable Energy，2012，38：1-9.

[6] Damartzis T，Zabaniotou A. Thermochemical conversion of biomass to second generation biofuels through integrated process design—a review. Renewable & Sustainable Energy Reviews，2011，15：366-378.

[7] Ahrenfeldt J，Henriksen U，Jensen T K，et al. Validation of a continuous combined heat and power（CHP）operation of a twostage biomass gasifier. Energy & Fuels，2006，20：2672-2680.

[8] Klimantos P，Koukouzas N，Katsiadakis A，et al. Air-blown biomass gasification combined cycles（BGCC）：system analysis and economic assessment. Energy，2009，34：708-714.

[9] Jin H M，Larson E D，Celik F E. Performance and cost analysis of future，commercially mature gasification-based electric power generation from switchgrass. Biofuels Bioproducts & Biorefining-Biofpr，2009，3：142-173.

[10] Kramreiter R，Url M，Kotik J，et al. Experimental investigation of a 125 kW twin-fire fixed bed gasification pilot plant and comparison to the results of a 2 MW combined heat and power plant（CHP）. Fuel Processing Technology，2008，89：90-102.

[11] Wu C Z，Yin X L，Ma L L，et al. Design and operation of a 5. 5 MW（e）biomass integrated gasification combined cycle demonstration plant. Energy & Fuels，2008，22：4259-4264.

[12] Bengtsson S. VVBGC demonstration plant activities at Varnamo. Biomass & Bioenergy，2011，35：16-20.

[13] Buragohain B，Mahanta P，Moholkar V S. Biomass gasification for decentralized power generation：The Indian perspective. Renewable & Sustainable Energy Reviews，2010，14：73-92.

[14] Kirkels A F，Verbong G P J. Biomass gasification：still promising? A 30-year global overview. Renewable & Sustainable Energy Reviews，2011，15：471-481.

[15] Pathak B S，Patel S R，Bhave A G，et al. Performance evaluation of an agricultural residue-based modular throat-type down-draft gasifier for thermal application. Biomass & Bioenergy，2008，32：72-77.

[16] Sharma A K. Experimental study on 75 KW（th）downdraft（biomass）gasifier system. Renewable Energy，2009，34：1726-1733.

[17] Sheth P N，Babu B V. Experimental studies on producer gas generation from wood waste in a downdraft biomass gasifier. Bioresource Technology，2009，100：3127-3133.

[18] Sheth P N，Babu B V. Production of hydrogen energy through biomass（waste wood）gasification. International Journal of Hydrogen Energy，2010，35：10803-10810.

[19] Zainal Z A，Rifau A，Quadir G A，et al. Experimental investigation of a downdraft biomass gasifier. Biomass & Bioenergy，2002，23：283-289.

[20] Wei L，Pordesimo L O，Haryanto A，et al. Co-gasification of hardwood chips and crude glycerol in a pilot scale downdraft gasifier. Bioresource Technology，2011，102：6266-6272.

[21] Plis P，Wilk R K. Theoretical and experimental investigation of biomass gasification process in a fixed bed gasifier. Energy，2011，36：3838-3845.

[22] Dogru M，Howarth C R，Akay G，et al. Gasification of hazelnut shells in a downdraft gasifier. Energy，2002，27：415-427.

[23] Midilli A，Dogru M，Howarth C R，et al. Hydrogen production from hazelnut shell by applying air-blown downdraft gasification technique. International Journal of Hydrogen Energy，2001，26：29-37.

[24] Olgun H，Ozdogan S，Yinesor G. Results with a bench scale downdraft biomass gasifier for agricultural and forestry residues. Biomass & Bioenergy，2011，35：572-580.

[25] Akay G，Jordan C A. Gasification of fuel cane bagasse in a downdraft gasifier：influence of lignocellulosic composition and fuel particle size on syngas composition and yield. Energy & Fuels，2011，25：2274-2283.

[26] Vera D，Jurado F，Carpio J. Study of a downdraft gasifier and externally fired gas turbine for olive industry wastes. Fuel Processing Technology，2011，92：1970-1979.

[27] Jarungthammachote S，Dutta A. Thermodynamic equilibrium model and second law analysis of a downdraft waste gasifier. Energy，2007，32：1660-1669.

[28] Devi L，Ptasinski K J，Janssen F. A review of the primary measures for tar elimination in biomass gasification processes. Biomass & Bioenergy，2003：24：125-140.

[29] Bui T，Loof R，Bhattacharya S C. Multi-stage reactor for thermal gasification of wood. Energy，1994：19：397-403.

[30] Bhattacharya S C，Siddique A H Md，Pham H L. A study on wood gasification for low-tar gas production. Energy，1999：24：285-296.

[31] Bhattacharya S C，Hla S S，Pham H L. A study on a multi-stage hybrid gasifier-engine system. Biomass & Bioenergy 2001，21：445-460.

[32] Martinez J D, Lora E E S, Andrade R V, et al. Experimental study on biomass gasification in a double air stage downdraft reactor. Biomass & Bioenergy, 2011, 35: 3465-3480.

[33] Jaojaruek K, Jarungthammachote S, Gratuito M K B, et al. Experimental study of wood downdraft gasification for an improved producer gas quality through an innovative two-stage air and premixed air/gas supply approach. Bioresource Technology, 2011, 102: 4834-4840.

[34] Anis S, Zainal Z A. Tar reduction in biomass producer gas via mechanical, catalytic and thermal methods: a review. Renewable & Sustainable Energy Reviews, 2011, 15: 2355-2377.

[35] Prabir B. Biomass Gasification and Pyrolysis: Pratical Design and Theory. Beijing: Science Press, 2011.

[36] Jarungthammachote S, Dutta A. Experimental investigation of a multi-stage air-steam gasification process for hydrogen enriched gas production. International Journal of Energy Research, 2010, 36: 335-345.

[37] Phuphuakrat T, Nipattummakul N, Namioka T, et al. Characterization of tar content in the syngas produced in a downdraft type fixed bed gasification system from dried sewage sludge, 2010, 89: 2278-2284.

Effects of heating rate on slow pyrolysis behavior, kinetic parameters and products properties of moso bamboo

Dengyu Chen, Jianbin Zhou, Qisheng Zhang
Materials Science & Engineering College, Nanjing Forestry University, Nanjing 210037, China

Abstract

Effects of heating rate on slow pyrolysis behaviors, kinetic parameters, and products properties of moso bamboo were investigated in this study. Pyrolysis experiments were performed up to 700℃ at heating rates of 5, 10, 20, and 30℃/min using thermogravimetric analysis (TGA) and a lab-scale fixed bed pyrolysis reactor. The results show that the onset and offset temperatures of the main devolatilization stage of thermogravimetry/ derivative thermogravimetry (TG/DTG) curves obviously shift toward the high-temperature range, and the activation energy values increase with increasing heating rate. The heating rate has different effects on the pyrolysis products properties, including biochar (element content, proximate analysis, specific surface area, heating value), bio-oil (water content, chemical composition), and non-condensable gas. The solid yields from the fixed bed pyrolysis reactor are noticeably different from those of TGA mainly because the thermal hysteresis of the sample in the fixed bed pyrolysis reactor is more thorough.

Keywords: Bamboo; Pyrolysis; Heating rate; Products properties; TGA

1 Introduction

Bamboo is a very potential renewable biomass with the advantages of short growth cycle and high yield (Jiang et al., 2012). The bamboo resource is extremely abundant in China, covering about 50 000km^2 of the land and accounting for 1/10 of the woody material market (Xiao et al., 2007). For a long period, bamboo is mainly used for bamboo charcoal production, which is traditional bamboo utilization through extremely slow carbonization. In the past decade, the thermochemical utilization of biomass has gained widespread attention (Bridgwater, 2012). Bamboo, as an important biomass material, can be converted into valuable biofuels and chemicals (Kantarelis et al., 2010). Pyrolysis is the basis of thermochemical processes. Therefore, investigating the pyrolysis properties of bamboo is exceptionally helpful in understanding the conversion process and in making bamboo a bio-energy resource for gas, biofuel, and char production.

The pyrolysis characteristics of bamboo have been previously studied, which mainly focused on the rapid pyrolysis of bamboo (Kantarelis et al., 2010; Lou et al., 2010a; Lou et al., 2010b; Muhammad et al., 2012; Mun & Ku, 2009; Ren et al., 2013). Few studies have examined the slow pyrolysis of bamboo. Xiao et al. studied bamboo pyrolysis through thermogravimetric analysis (TGA), and the main reaction was found to occur at 250℃ to 400℃. The solid products yield slowly decreased from 25% to 17% when the temperature increased from 400℃ to 700℃ (Xiao et al., 2007). Mui et al. studied bamboo pyrolysis kinetics based on three main bamboo components using the Runge-Kutta mechanism. The results showed that either the three-or the six-component model was preferred in describing bamboo pyrolysis (Mui et al., 2008). Jiang et al. studied the pyrolysis characteristics of moso bamboo using thermogravimetry-Fourier transform infrared (TG-FTIR), and found that the pyrolysis of moso bamboo included three stages. Main pyrolysis occurred in the second stage, wherein the temperature ranged from 450 K to 650 K, and over 68.69% mass was degraded. The TG-FTIR

本文原载 *Bioresource Technology* 2014 年第 169 卷第 313-319 页。

analysis showed that the main pyrolysis products absorbed were water (H_2O), methane gas (CH_4), carbon dioxide (CO_2), acids and aldehydes (Jiang et al., 2012). Ren et al. calculated the kinetic parameters of moso bamboo pyrolysis using a 3D diffusion model, and found that raw moso bamboo had an activation energy of 164.3 kJ/mol (Ren et al., 2013). These previous studies achieved remarkable advances in understanding the thermal decomposition of bamboo. However, the behavior and distribution of the products of moso bamboo pyrolysis, especially the properties of the pyrolysis products at different heating rates, have not been fully investigated. Heating rate, a key pyrolysis parameter, has a significant effect on biomass pyrolysis (Angin, 2013; Mohanty et al., 2013). Therefore, the present research first determines the effects of heating rate on bamboo pyrolysis behavior and kinetics using TGA.

TGA has the advantages of minimal material requirement, precise temperature control, and online recording of experimental data (Chen et al., 2012). It has been widely used to detect the mass loss of biomass and analyze the pyrolysis properties. But it cannot be used to collect and determine the solid, liquid, and gaseous products of pyrolysis. TGA is therefore unsuitable for studying the effect of heating rate on the products of bamboo pyrolysis. From the literature point of view, few experimental studies have been conducted on product properties of bamboo pyrolysis. Thus, pyrolysis experiments were performed in this research using a lab-scale fixed bed pyrolysis reactor at different heating rates. The properties of gaseous, liquid, and solid products were analyzed to obtain more information on bamboo.

The objectives of the present study are to determine the effect of heating rate on pyrolysis behaviors, kinetics, as well as gaseous, liquid, and solid products of moso bamboo, and to provide a theoretical basis for bamboo utilization.

2 Materials and methods

2.1 Raw material

Moso bamboo is the most abundant kind of bamboo in China. Moso bamboo (*Phyllostachys edulis*), collected from Xiashu internship forest farm of Nanjing Forestry University, was used as the raw material in this study. Before the test, moso bamboo was screened into a particle size of 40-60 mesh, and then dried for 6 hours at 110℃.

2.2 Thermogravimetric analysis

Thermogravimetric analysis of moso bamboo was performed using a thermogravimetric analyzer (TGA Q500, TA Instruments, USA). For each experiment, about 10 mg of the material was used and a nitrogen flow rate of 100 mL/min was adopted. To eliminate moisture effect on pyrolysis, the material was first heated from room temperature to 100℃ and kept for 1 min. Then the material was heated to 700℃ at different heating rates of 5, 10, 20, and 30℃/min. All experiments were replicated three times at each heating rate and averages of weight loss were used.

2.3 Kinetics analysis

The Coats-Redfern model is one of the most common models successfully used in the kinetics study of biomass decomposition. In this study, this model was used to calculate the kinetics parameters at each of heating rates, and to study the heating rate on the activation energy.

The final form of Coats-Redfern model can be generally described as follows.

$$\ln\left[\frac{-\ln(1-\alpha)}{T^2}\right]=\ln\left[\frac{AR}{\beta E_a}\left(1-\frac{2RT}{E_a}\right)\right]-\frac{E_a}{RT} \tag{1}$$

where E_a is the apparent activation energy (kJ/mol), R is the gas constant (8.314 J/K mol), A is the pre-exponential factor (min^{-1}), T is the absolute temperature (K), β is the heating rate. a is pyrolysis transformation rate which can be calculated by

$$\alpha = \frac{m_0 - m}{m_0 - m_\infty} \tag{2}$$

where m, m_0 and m_∞ were time t, initial and final weight of the sample, respectively.

Since $E_a/RT \gg 1$, $\ln[AR/\beta E_a(1-2RT/E_a)] \approx \ln[AR/\beta E_a]$ is nearly constant. Thus, a plot of the left side of Eq. (1) against $1/T$ should be a straight line with a slope-E/R and an intercept of ln ($AR/\beta E_a$) from which the E_a and A can be obtained. The criterion used for accepted values of E_a and A is that the straight line should be given with high correlation coefficient.

The modified Coats-Redfern method is a multiple-heating rate application of the Coats-Redfern equation. The form of modified Coats-Redfern model can be generally described as follows (Jiang et al., 2012).

$$\ln[\beta / (T^2(1-2RT/E_a))] = \ln[-AR/(E_a \ln(1-a))] - E_a/RT \tag{3}$$

In the study, the modified Coats-Redfern methods were used to determine the E_a value as a function of conversion. Plotting the left hand side of Eq. (3) for each heating rate versus $1/T$ at that heating rate gave a series of straight lines having slope ($-E_a/R$). The full solution was to be done iteratively by first assuming E_a value and then recalculating the left hand side until convergence occurs. Here, a quick solution, however, was also available by moving ($1-2RT/E_a$) into the intercept and assuming that it was a constant (Jiang et al., 2012).

2.4 Experiments in a lab-scale fixed bed pyrolysis reactor

Slow pyrolysis experiments of moso bamboo were performed in a lab-scale fixed bed pyrolysis reactor which is shown in Fig.1. Before the experiment, about 50 g sample was placed in the pyrolysis furnace. High purity nitrogen (>99.999%) gas was used to purge and exhaust the air inside the furnace. Then, open the temperature controller and start experiments according to the settled heating rate. Thermocouple was inserted into the sample inside, and the sample temperature was recorded every two minutes. Moso bamboo was heated from room temperature to 700℃ at different heating rates of 5, 10, 20, and 30℃/min. The liquid product (bio-oil) was condensed in the condenser (Cooling medium: liquid ethanol, about −35℃), and the non-condensable gas was collected in a gas bag. After the experiment, the solid product (biochar) was collected for further analysis.

2.5 Properties analysis

Proximate analysis of sample was performed according to the ASTM D3172-07a standard practice. Ultimate analysis of sample was carried out using an elemental analyzer (Vario macro cube, Elementar, Germany), and oxygen was estimated by the difference. Due to the water in bio-oil has a significant influence on the analysis results, the ultimate analysis results of biochar and bio-oil were reported in this study basing on the dry basis. The higher heating values (HHV) of biochar and bio-oil were measured in an adiabatic oxygen bomb calorimeter (XRY-1A, Changji Geological Instruments, China). The textural properties of biochar were performed using an automatic surface area and pore analyzer (Quandasorb SI, Quantachrome, USA). The specific surface area was calculated according to Brunauer-Emmett-Teller (BET) equation at a relative pressure of 0.05-0.2. The water content in bio-oil was analyzed by Karl-Fischer titration according to ASTM D.1744. The viscosity of bio-oil was measured at 40℃ using 0.8 mm diameter tube by a petroleum products kinematic viscosity meter (SYD-265, Shanghai Jichang, China). Composition analysis of bio-oil was carried out using a gas chromatography/mass spectrometry (GC/MS 7890A/5975C, Agilent Company, USA). The non-condensable gas was detected by a gas chromatograph analyzer (GC-TCD 7890 II, Shanghai Tianmei, China).

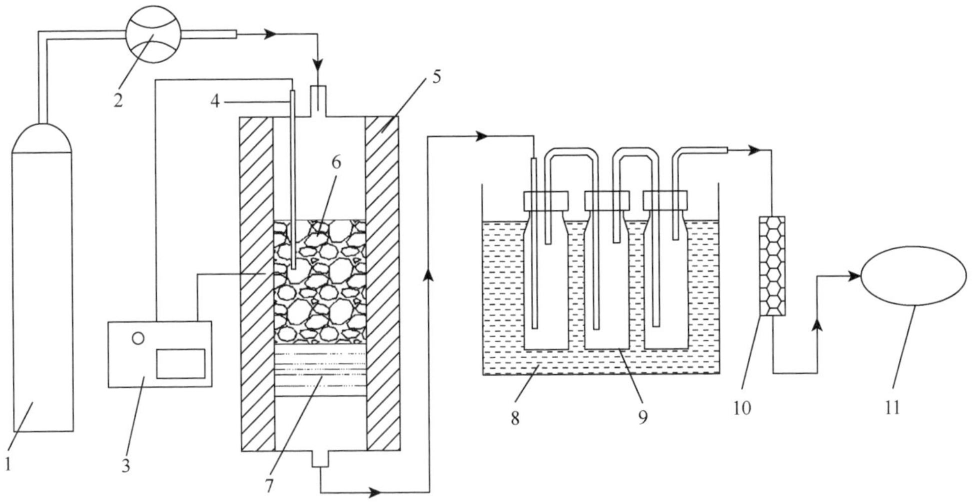

Fig. 1 Illustration of the lab-scale fixed-bed pyrolysis reactor

1. Nitrogen supplier; 2. Flowmeter; 3. Temperature controller; 4. Thermocouple; 5. Pyrolysis furnace; 6. Feedstock; 7. Silica wool; 8. Condenser; 9. Bio-oil collector; 10. Drier; 11. Gas bag

3 Results and discussion

3.1 Effect of heating rate on pyrolysis using TGA

1. Thermogravimetric analysis

The results of the thermogravimetric experiments at the heating rates of 5, 10, 20, and 30℃/min are presented in Fig. 2. It can be observed that pyrolysis process of moso bamboo consists of different stages. These results are similar to other biomass reported in the literature (Chen et al., 2011). Cellulose, hemi-cellulose and lignin are the main components in bamboo and their percentages are 35%-45%, 15%-20% and 15%-25%, respectively (Xiao et al., 2007). These components behave differently during pyrolysis (Yang et al., 2007). Hemicelllulose has high activity in thermal decomposition attributed to its unfixed structure with short molecular chains and many branches. In contrast, cellulose is a highly linear, non-branching polymer formed by D-glucose, leading to a higher thermal stability. Lignin is full of aromatic rings and is heavily cross-linked. Thus, lignin is difficult to decompose. In main temperature range of decomposition for hemicelluloses, cellulose and lignin are 200℃ to 380℃, 250℃ to 380℃, and 180℃ to 900℃, respectively (Chen et al., 2013). As a result, the former shoulder peak in the DTG curves results from the devolatilization of hemicellulose, whereas the latter main peak results from the devolatilization of cellulose.

2. Effect of heating rate on TG/DTG curves

Heating rate is a key parameter in the pyrolysis of biomass. The onset and offset temperatures of the main devolatilization stage shift obviously toward the high-temperature range as the heating rate rises. Previous studies have attributed this phenomenon to heat and mass transfer limitations (Güldoğan et al., 2002; Haykiri-Acma et al., 2006; Mani et al., 2010). This means that temperature gradients may exist in sample, and the devolatilization rate is faster than the volatile release. Thus, different devolatilization stages take place. For this reason, small particle size of the sample with uniform distribution is accepted in TG experiments.

The bamboo pyrolysis residues (i.e. biochar) yields at different heating rates obtained from TGA are very close, which range from 21.3% at 5℃/min to 22.6% at 30℃/min. This 1% change suggests that the range is not large enough to see measurable difference. Previous studies also showed that heating rate did not have obvious

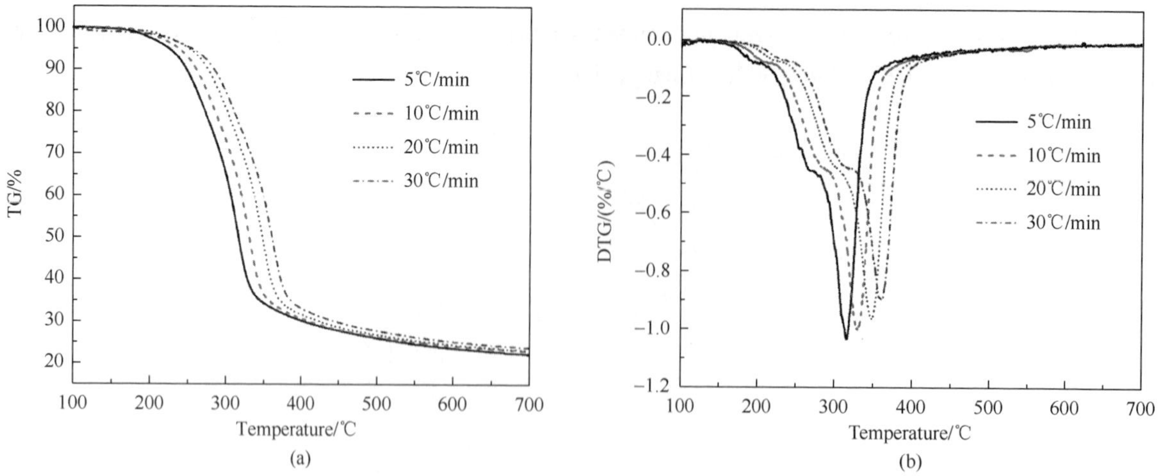

Fig. 2 TG/DTG curves of moso bamboo at different heating rates of 5, 10, 20, and 30℃/min

and consistent effects on the biochar yield of bamboo in TGA. Oyedun et al. found that the residues yields increased with increasing heating rate (Oyedun et al., 2013); but the data of residues yields were very close. Whereas, in the study of Wang et al., the residues yields of bamboo at different heating rates were found to be 10℃/min>20℃/min>30℃/min>5℃/min (Wang et al., 2013). Therefore, heating rate's impact is very limited in this case.

3. Effect of heating rate on kinetic parameters

Table 1 shows the calculation results including the values for E_a and A by Coats-Redfern method. The activation energy values of the samples vary ranging from 75.3 to 98.7 kJ/mol. In particular the relationship between the heating rates and the kinetic parameters, derived from the Arrhenius plots in this study, increased with heating rate. Similar results were observed in cellulose, hemi-cellulose, lignin (Mui et al., 2008) and coal (Guo et al., 2013). For this phenomenon, Mui et al. gave an explanation that more reactions were triggered simultaneously at higher heating rates, leading to a sharp rise in reaction rates with more unstable radicals/intermediates and lower activation energies; and then these values were incorporated into the kinetic equations as initial guess values and further optimized (Mui et al., 2010).

Table 1 Effect of heating rate on kinetic parameters using Coats-Redfern method

Heating rate/(℃/min)	E_a/(kJ/mol)	A/min^{-1}	R^2
5	75.3	1.23×10^5	0.9768
10	77.6	1.25×10^5	0.9812
20	86.2	2.13×10^5	0.9920
30	98.7	3.37×10^5	0.9805

4. The relationship between activation energy and conversion rate

The typical plots of the modified Coats-Redfern are shown in Fig. 3. It can be seen that the fitted lines were nearly parallel at conversion rate from 0.1 to 0.75, which indicated approximate E_a values at different conversions and consequently implied the possibility of single reaction mechanism. The E_a values of moso bamboo calculated according to the conversion rate using the modified Coats-Redfern methods are listed in Fig. 3. The E_a values of moso bamboo were around 96.3-113.2 kJ/mol at conversion rate from 0.1 to 0.75. Jiang et al. noted that the information of activation energy vs. conversion rate was very helpful for designing manufacturing process of bio-energy, made from moso bamboo, using gasification or pyrolysis (Jiang et al., 2012).

The activation energy changed with increasing conversion, which can be attributed to the different pyrolysis characteristics of the three components of biomass. Cellulose is a semi-crystalline material, while lignin and hemicellulose are non-crystalline, so the decomposition of cellulose must first destroy the lattice structure of cellulose which needs extra energy, leading to its much higher activation energy than for hemicellulose and lignin. Previous study has shown that the activation energies for cellulose, hemicelluloses, and lignin are in the range of 145 to 285, 90 to 125, and 30 to 39 kJ/mol, respectively (Vamvuka et al., 2003). Therefore, the different pyrolysis behaviors of the three components in moso bamboo led to the activation energy as a function of the conversions. Similar results were reported for wood (Shen et al., 2011) and agricultural wastes (Chen et al., 2013).

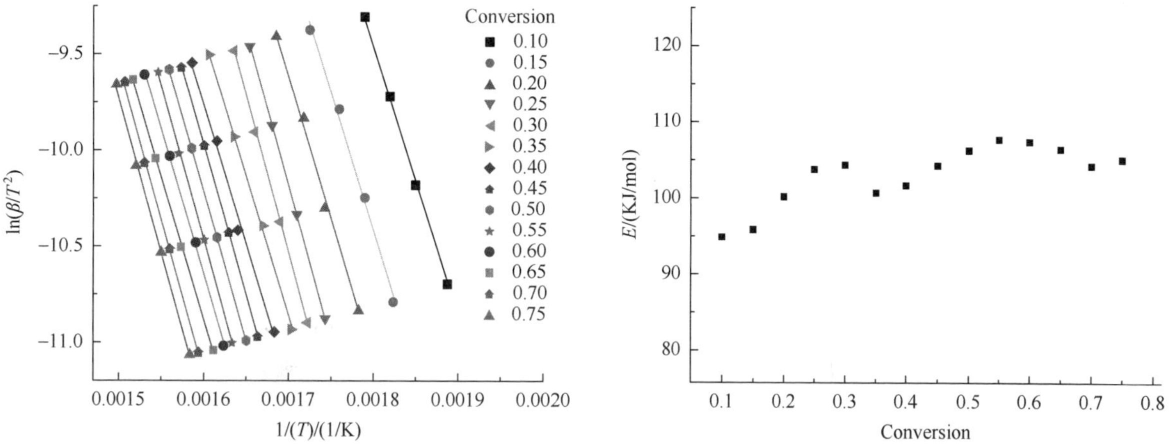

(a) the typical plot of modified Coats-Redfern for moso bamboo (b) the relationship between activation energy and conversion rate

Fig. 3 Multiple-heating rate application in kinetics analysis

3.2 Effect of heating rate on pyrolysis products

1. Evaluation of non-isothermal condition

Biomass pyrolysis is a complicated heat and mass transfer process. For TG analysis, only about 10 mg of moso bamboo samples were used. The endothermic and exothermic effects of the sample exerted minimal effect on furnace temperature, so the linear heating rate of the sample was easily achieved. While, the sample in the fixed bed pyrolysis reactor was about 50 g. The heating effect of the sample on the environment cannot be ignored, and thus the sample temperature is not easily ensured as programmed. Fig. 4 shows the temperature profiles of the bamboo samples in the fixed bed pyrolysis reactor. It can be observed that the non-isothermal conditions were basically established and the sample was heated at approximate constant heating rate.

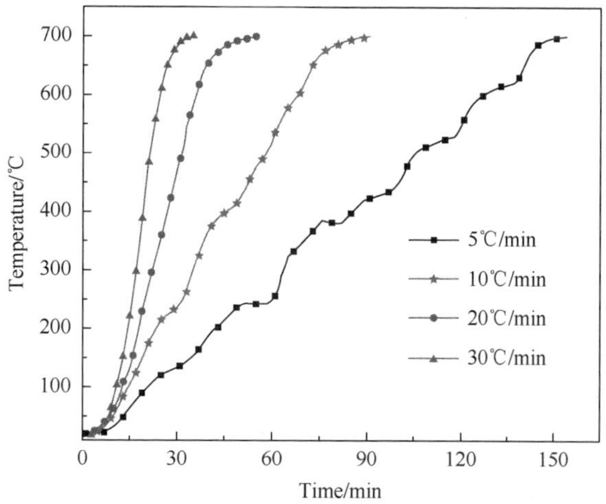

Fig. 4 Temperature profiles of the bamboo samples at different heating rates in the lab-scale fixed bed pyrolysis reactor

2. The yields of pyrolysis products

The biochar and bio-oil collected after the test were collected and weighed to determine the yields. The non-condensable gas yield was calculated by difference. The products yields of slow pyrolysis at different heating rates are shown in Fig. 5. It can be seen that the heating rate within the scope of 5℃/min to 30℃/min have important effects on bamboo products yields. With increasing heating rate, biochar yield obviously decreases from 31.1% at 5℃/min to 22.5% at 30℃/min and bio-oil yield decreases from 39.2% at 5℃/min to 34.6% at 30℃/min, whereas non-condensable gas yield increases from 29.7% at 5℃/min to 42.9% at 30℃/min. In addition to the heating rate, there are some other pyrolysis factors such as volatiles residence time. The relatively long residence time of volatiles in the fixed bed pyrolysis reactor improved second cracking and increased the opportunity reaction with biochar, which had an important influence the product yields and characteristics.

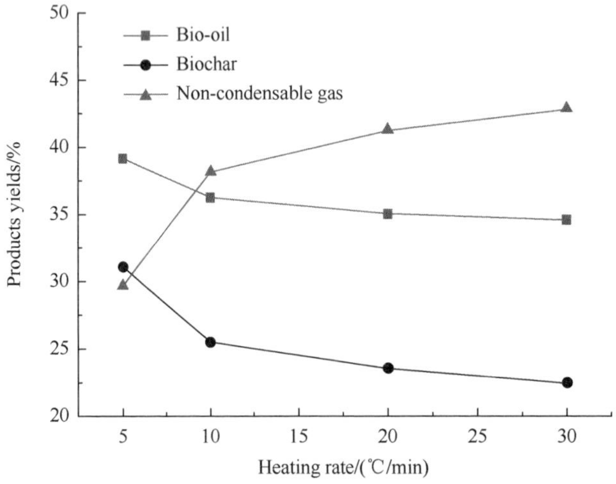

Fig. 5　Effect of heating rate on products yields of moso bamboo pyrolysis

Table 2　Effect of heating rate on the basic properties of bio-oil

Heating rate/(℃/min)	Ultimate analysis（db）/%					Water content/%	pH	Viscosity at 40℃/(mm^2/s)
	C	H	O	N	S			
5	69.3	6.1	22.7	1.6	0.3	68.5	2.5	1.168
10	67.5	6.1	24.3	1.9	0.2	69.5	2.6	1.026
20	70.4	5.8	21.5	2	0.3	65.4	2.8	1.172
30	65.5	6.3	26.1	1.8	0.3	62.8	2.8	1.210

Table 3　Identified pyrolytic products from slow pyrolysis at different heating rates（℃/min）of moso bamboo

No.	Compound	Formula	Yield, Percent of peak area/%			
			5	10	20	30
1	Methyl formate	$C_2H_4O_2$	1.39	1.13	1.45	0.86
2	Acetic acid	$C_2H_4O_2$	7.96	8.61	8.10	6.63
3	Hydroxyacetone	$C_3H_6O_2$	0.84	0.45	0.71	0.68
4	Propionic acid	$C_3H_6O_2$	0.18	0.27	0.23	0.23
5	1-Hydroxy-2-butanone	$C_4H_8O_2$	1.98	1.08	2.97	1.35
6	Cyclopentanone	C_5H_6O	7.86	6.50	8.48	6.52
7	Furan	C_4H_4O	4.83	5.03	4.12	5.13
8	Butyrolactone	$C_4H_6O_2$	6.15	6.54	6.09	5.01
9	Furfuryl alcohol	$C_5H_6O_2$	0.44	0.03	0.26	0.23
10	Phenol	C_6H_6O	4.21	5.33	5.44	6.23
11	Guaiacol	$C_7H_8O_2$	1.28	1.31	1.81	1.89
12	3-Methyl-1, 2-Cyclopentanedione	$C_6H_8O_2$	1.58	1.35	1.55	1.33
13	2, 3-Dihydrobenzofuran	C_8H_8O	1.01	0.70	0.92	0.89
14	3-methyl phenol	C_7H_8O	7.93	8.71	8.20	8.73

续表

No.	Compound	Formula	Yield, Percent of peak area/%			
			5	10	20	30
15	4-Methoxyphenol	$C_7H_8O_2$	3.20	2.64	2.88	3.01
16	Vanillin	C_8H_8O3	1.35	1.09	1.32	1.37
17	2-Methoxy-4-Methyl Phenol	$C_8H_{10}O_2$	3.00	3.01	2.76	3.15
18	Isoeugenol	$C_{10}H_{12}O_2$	1.31	1.05	1.56	1.83
19	2, 6-Dimethoxyphenol	$C_8H_{10}O_3$	5.40	6.09	5.81	7.82
20	1, 2, 4-Trimethoxybenzene	$C_9H_{12}O_3$	3.36	3.23	3.16	3.04
21	3, 5-Dimethoxyacetophenone	$C_{10}H_{14}O_3$	1.73	1.53	1.42	1.70

The results obtained from the fixed bed pyrolysis reactor are obviously different from those of TGA: ①the biochar yields obtained from the fixed bed pyrolysis reactor ranging from 25.5% to 36.1% are obviously higher than those from TGA which range from 21.3% to 22.6%; ②the biochar yield significantly changes in the fixed bed pyrolysis reactor, whereas it barely changes in TGA; ③the biochar yields in the fixed bed pyrolysis reactor decreases with increasing heating rate, whereas no obvious change trend is found in TGA. These results are mainly due to the thermal hysteresis of the 50g bamboo material in the fixed bed pyrolysis reactor, which is more thorough than that of the 10mg material in TGA. The bamboo stays in the same temperature period for a longer time at lower heating rates, and thus the carbonization degree is higher, leading to higher biochar product at the end of experiment. Some previous studies have also shown that slower pyrolysis contributes to biochar production (Oyedun et al., 2013; Waheed et al., 2013; Williams and Besler, 1996).

Table 4 Effect of heating rate on non-condensable gas properties

Heating rate/(℃/min)	Volume percentages/%			
	CO_2	H_2	CH_4	CO
5	35.67	25.14	11.86	20.11
10	33.94	27.75	10.59	22.03
20	36.08	22.61	15.09	18.21
30	33.72	24.85	12.75	22.35

Table 5 Proximate analysis, ultimate analysis, heating value and specific surface area of moso bamboo and biochar

Sample	Ultimate analysis (db) /%					Proximate analysis (db) /%			Heating value/(MJ/kg)	Specific surface area/(m^2/g)
	C	H	O	N	S	Fixed carbon	Volatiles	Ash		
	Moso bamboo									
	47.58	6.13	45.73	0.52	0.04	13.32	85.53	1.15	16.85	
	Biochar obtained at different hearing rates/(℃/min)									
5	88.12	1.17	9.54	1.03	0.14	88.52	6.56	4.92	28.02	64.32
10	89.71	1.19	7.91	1.05	0.14	89.84	5.27	4.89	28.25	64.78
20	87.23	1.13	10.34	1.16	0.14	89.04	4.45	6.51	27.76	69.56
30	85.94	0.87	11.86	1.21	0.12	87.58	3.26	9.16	27.29	72.63

3. Effect of heating rate on bio-oil properties

The effects of heating rate on the basic properties of bio-oil are shown in Table 2. The pH value and viscosity of the bio-oil change little, whereas water content slightly decreases with increasing heating rate. The carbon content decreases, whereas oxygen content increases with increasing heating rate. Nitrogen, hydrogen, and sulfur contents barely change.

The water content of bio-oil reaches 62.8% to 69.5%. This water partly comes from a small amount of bound water in moso bamboo and partly from the thermochemical reactions of cellulose, hemicellulose, and lignin. The water content of the bio-oil obtained from slow pyrolysis is higher than that of the bio-oil obtained from fast pyrolysis (typical fast pyrolysis conditions: 500℃, residence time<2s) (Bridgwater, 2012; Lu et al., 2009; Xiao et al., 2007) . This is because the volatiles in the second cracking are very significant in slow pyrolysis. On one hand, the internal volatile go through a transport diffusion process to reach the surface of the sample, where it is released. The secondary cracking of the volatile reaction in the diffusion process produces water and small-molecule non-condensable gases. On the other hand, the residence time of the volatile in the pyrolysis furnace is lengthy, and the carbonized samples and the alkali metal content in ash can also catalytically volatilize some small-molecule substances.

Bio-oil is very complex, containing hundreds of compounds. Table 3 lists 21 compounds with high peak area% in GC/MS. It is worth noting that the sum of the total peak area% is less than 100%, which due to the unidentified compounds on the ion chromatograms. Acetic acid and phenolic compounds are found the main organic components in bio-oil. It can be seen from Table 3 that the heating rate does not change the bio-oil components, but affects the relative contents of the components. The relative contents of small-molecule components slightly decrease with increasing heating rate, whereas the relative phenolic substance contents slightly increase.

The small-molecule substances in the bio-oil from slow bamboo pyrolysis are higher than those in rapid bamboo pyrolysis in the literature (Muhammad et al., 2012; Ren et al., 2013), probably because the secondary decomposition of volatiles is more efficient in slow pyrolysis given that the residence time of volatiles in the pyrolysis furnace is lengthy. Therefore, different testing methods for pyrolysis have different effects on the products of bamboo pyrolysis.

4. Effect of heating rate on non-condensable gas

Non-condensable gas contains CO, CO_2, H_2, CH_4, and a small amount of hydrocarbons (C_nH_m). The volume percentages of the main non-condensable gases are listed in Table 4. It can be observed that CO_2 concentration slightly decreases, whereas there are no clear change trends for H_2, CH_4 and CO concentration. Previous studies have shown that the release of CO_2 and CO is dominant in the early stages of pyrolysis, mainly resulting from cellulose and hemicellulose decompositions (Yang et al., 2007; Yang et al., 2006). Their concentration reduced rapidly above 400℃, while H_2 and CH_4 gradually increased, mainly from the slow decomposition of lignin.

5. Effect of heating rate on biochar

The proximate analysis, ultimate analysis, heating value and specific surface area of moso bamboo and biochar are listed in Table 5. The volatile content of biochar is less than 7%, whereas that of bamboo material is as high as 85%. The fixed carbon content of the biochar ranges from 87% to 89%. The volatile content in the biochar tends to decline with the increase of heating rate, whereas ash content obviously increases. The heating value of biochar is high, and the heating rate seems to have little effect on the heating value of biochar.

Heating rate has a certain effect on the specific surface area of the biochar. The specific surface area of the biochar increases from $64m^2/g$ to $72m^2/g$ with the increase of heating rate, which shows that increasing the heating rate helps increase the specific surface area of the biochar.

4 Conclusions

The heating rate was found to significantly affect the pyrolysis behaviors of moso bamboo using TG analysis as well as the products properties using a fixed bed pyrolysis reactor. The temperature gradients in the sample and the secondary decomposition of volatiles are more efficient in the fixed bed pyrolysis reactor than TG analysis. Increasing heating rate increases the temperature range of devolatilization stage, activation energy values, relative phenolic substance contents of bio-oil, CH_4 concentrations in non-condensable gas, and specific surface area of biochar, whereas it decreases biochar yield, viscosity and water content of bio-oil and CO_2 concentration.

Acknowledgements

The authors acknowledge the financial supports provided by the scientific research funds of high-level talents in Nanjing Forestry University (No. G2014010), the national forestry industry research special funds for public welfare projects (No. 201304611), the national basic research program of China (No. 2010CB732205), and the priority academic program development of Jiangsu higher education Institutions (PAPD).

References

Angin D. 2013. Effect of pyrolysis temperature and heating rate on biochar obtained from pyrolysis of safflower seed press cake. Bioresour. Technol, 128: 593-597.

Bridgwater A V. 2012. Review of fast pyrolysis of biomass and product upgrading. Biomass Bioenergy, 38: 68-94.

Chen D Y, Zhang D, Zhu X F. 2011. Heat/mass transfer characteristics and nonisothermal drying kinetics at the first stage of biomass pyrolysis. Therm. Anal. Calorim, 109 (2): 847-854.

Chen D Y, Zheng Y, Zhu X F. 2012. Determination of effective moisture diffusivity and drying kinetics for poplar sawdust by thermogravimetric analysis under isothermal condition. Bioresour. Techno, 107: 451-455.

ChenD Y, Zheng Y, Zhu X F. 2013. In-depth investigation on the pyrolysis kinetics of raw biomass. Part I: kinetic analysis for the drying and devolatilization stages. Bioresour. Technol, 131: 40-46.

Güldoğan Y, Durusoy T, Bozdemir T. 2002. Effects of heating rate and particle size on pyrolysis kinetics of Gediz lignite. Energy Sources, 24 (8): 753-760.

Guo Z, Zhang L, Wang P, et al. 2013. Study on kinetics of coal pyrolysis at different heating rates to produce hydrogen. Fuel processing technology, 107: 23-26.

Haykiri-Acma H, Yaman S, Kucukbayrak S. 2006. Effect of heating rate on the pyrolysis yields of rapeseed. Renewable Energy, 31 (6): 803-810.

Jiang Z, Liu Z, Fei B, et al. 2012. The pyrolysis characteristics of moso bamboo. Journal of Analytical and Applied Pyrolysis, 94: 48-52.

Kantarelis E, Liu J, Yang W, et al. 2010. Sustainable valorization of bamboo via high-temperature steam pyrolysis for energy production and added value materials. Energy Fuels, 24 (11): 6142-6150.

Lou R, Wu S, Lv G. 2010a. Effect of conditions on fast pyrolysis of bamboo lignin. Anal. Appl. Pyrol, 89 (2): 191-196.

Lou R, Wu S, Lv G. 2010b. Fast pyrolysis of enzymatic/mild acidolysis lignin from moso bamboo. Bioresources, 5 (2): 827-837.

Lu Q, Li W Z, Zhu X F. 2009. Overview of fuel properties of biomass fast pyrolysis oils. Energy Convers. Manage, 50 (5): 1376-1383.

Mani T, Murugan P, Abedi J, et al. 2010. Pyrolysis of wheat straw in a thermogravimetric analyzer: effect of particle size and heating rate on devolatilization and estimation of global kinetics. Chemical Engineering Research and Design, 88 (8): 952-958.

Mohanty P, Nanda S, Pant K K, et al. 2013. Evaluation of the physiochemical development of biochars obtained from pyrolysis of wheat straw, timothy grass and pinewood: effects of heating rate. Journal of Analytical and Applied Pyrolysis, 104: 485-493.

Muhammad N, Omar W N, Man Z, et al. 2012. Effect of ionic liquid treatment on pyrolysis products from bamboo. Ind. Eng. Chem. Res, 51 (5): 2280-2289.

Mui E L K, Cheung W H, Lee V K C, et al. 2010. Compensation effect during the pyrolysis of tyres and bamboo. Waste Manage, 30 (5): 821-830.

Mui E L K, Cheung W H, Lee V K C, et al. 2008. Kinetic study on bamboo pyrolysis. Ind. Eng. Chem. Res, 47 (15): 5710-5722.

Mun S P, Ku C S. 2009. Pyrolysis GC-MS analysis of tars formed during the aging of wood and bamboo crude vinegars. Wood Sci, 56 (1): 47-52.

Oyedun A O, Gebreegziabher T, Hui C W. 2013. Mechanism and modelling of bamboo pyrolysis. Fuel Process. Technol, 106: 595-604.

Ren X Y, Zhang Z T, Wang W L, et al. 2013. Transformation and products distribution of moso bamboo and derived components during pyrolysis. Bioresources, 8 (3): 3685-3698.

Shen D K, Gu S, Jin B, et al. 2011. Thermal degradation mechanisms of wood under inert and oxidative environments using DAEM methods. Bioresour. Technol, 102 (2): 2047-2052.

Vamvuka D, Kakaras E, Kastanaki E, et al. 2003. Pyrolysis characteristics and kinetics of biomass residuals mixtures with lignite. Fuel, 82(15-17): 1949-1960.

Waheed Q M K, Nahil M A, Williams P T. 2013. Pyrolysis of waste biomass: investigation of fast pyrolysis and slow pyrolysis process conditions on product yield and gas composition. Energy Inst, 86 (4): 233-241.

Wang X, Li D, Yang B, et al. 2013. Pyrolysis characteristics and kinetics of bamboo. Biobased Mater. Bioenergy, 7 (6): 702-707.

Williams P T, Besler S. 1996. The influence of temperature and heating rate on the slow pyrolysis of biomass. Renewable Energy, 7 (3): 233-250.

Xiao G, Ni M, Huang H, et al. 2007. Fluidizedbed pyrolysis of waste bamboo. Journal of Zhejiang University-Science A, 8 (9): 1495-1499.

Yang H, Yan R, Chen H, et al. 2007. Characteristics of hemicellulose, cellulose and lignin pyrolysis. Fuel, 86 (12-13): 1781-1788.

Yang H, Yan R, Chen H, et al. 2006. In-depth investigation of biomass pyrolysis based on three major components: hemicellulose, cellulose and lignin. Energy Fuels, 120 (1): 388-393.

Effects of torrefaction on the pyrolysis behavior and bio-oil properties of rice husk by using TG-FTIR and Py-GC/MS

Dengyu Chen，Jianbin Zhou，Qisheng Zhang
Materials Science & Engineering College，Nanjing Forestry University，Nanjing 210037，China

Abstract

The properties of biomass directly result in the quality of bio-oil. Torrefaction pretreatment is an alternative and promising approach for biomass updating in order to produce high-quality bio-oil. The effects of torrefaction on the pyrolysis of rice husk were investigated using a thermogravimetry-fourier transform infrared spectroscopy (TG-FTIR), a pyrolysis-gas chromatography/mass spectrometry (Py-GC/MS), and a fast pyrolysis device. The results show that with increasing torrefaction temperature, the weight loss decreases and the shoulder peaks of torrefied rice husk in DTG curves fade away. The pyrolysis characteristics and kinetics analysis of torrefied rice husk at 290℃ are unique. Three-dimensional (3D)FTIR analysis of the evolved gases clearly shows the generation properties of individual volatile components. Fast pyrolysis of torrefied rice husk produces improved bio-oil low moisture content and high heat value. Py-GC/MS analysis shows that the acidic content does not increase, while the content of many highly-valued products (e.g., levoglucose) increases greatly.

Keywords: Torrefaction; Pyrolysis; Bio-oil; TG-FTIR; Py-GC/MS

1 Introduction

Fast pyrolysis of biomass for bio-oil production is one of the most promising technologies for the utilization of biomass resources. However，bio-oils are low-grade liquid fuels with poor fuel properties，including high moisture content，high oxygen content，low heat value，acidity，corrosivity to common metals，poor thermal and chemical stability，and non-miscibility with fossil fuel [1, 2]. Thus，primary bio-oil cannot be directly applied in various thermal devices. In order to improve the quality of bio-oil，much research has focused on the refining of bio-oil by processes such as catalytic hydrogenation，catalytic cracking，catalytic esterification，and emulsification [2-4]. Nevertheless，due to the extremely complex composition of bio-oil and the relatively high water content，these refinement methods present some problems such as high costs of catalysts，catalyst deactivation，low conversion ratio of refined bio-oil，and scale-up difficulties.

The quality of bio-oil is a direct result of the properties of raw biomass. To improve bio-oil quality，an alternative and effective approach is biomass pretreatment before pyrolysis，rather than refining bio-oil after production [5, 6]. Torrefaction is a thermochemical process conducted in the temperature range between 200 and 300℃ under an inert atmosphere，and is considered an effective method for biomass pretreatment [7-9]. Through the moderate processing of torrefaction，the fiber structure of biomass is damaged to a certain degree，and the moisture content and oxygen content are substantially decreased [10-12]. Additionally，torrefaction significantly improves the energy density of biomass，enlarges its specific area，and enhances its hydrophobicity [13, 14]. The biomass also becomes crispy and easy to grind [15, 16]. After torrefaction，the improved biomass will change the properties of the pyrolysis process and of the pyrolysis products（yield，heat value，moisture content，components，pH value）[17, 18]. Current torrefaction research mainly focuses on the physicochemical properties and pyrolysis

本文原载 *Energy & Fuels* 2014 年第 28 卷第 5857-5863 页。

characteristics of woody biomass [19-23]. However, the effects of torrefaction on the pyrolysis process and pyrolysis products of rice husk (the most common raw material for biomass pyrolysis) have not yet been reported.

Thermogravimetry-Fourier transform infrared spectroscopy (TG-FTIR) has been widely used in biomass pyrolysis research, and offers advantages such as smaller sample requirement, high accuracy, high sensitivity, and real-time analysis. It can not only clearly demonstrate the trend of weight loss with time, but can also evaluate the functional groups of the volatile matter produced by pyrolysis [24]. Pyrolysis-gas chromatography/mass spectrometry (Py-GC/MS) is another effective method for studying the mechanism of pyrolysis [25]. Py-GC/MS supports ultra-rapid heating of samples and can rapidly and accurately distinguish the components of the pyrolysis products. The complementary advantages of these two technologies can further improve biomass pyrolysis studies. Although many studies have been conducted on biomass pyrolysis, few studies have combined the two approaches of TG-FTIR and Py-GC/MS.

The objectives of this paper were to study the effects of rice husk torrefaction on the pyrolysis behavior, kinetics parameters and pyrolysis products using TG-FTIR, Py-GC/MS, and a fast pyrolysis device, and to provide basic data for high-quality bio-oil preparation.

2 Materials and methods

2.1 Raw materials

Rice husk was selected from a rice processing plant in Fuyang city of China. The rice husk was screened into a particle size of 40-60 mesh, and then dried for 6 hours at 110℃. RH and DRH denote the raw rice husk (9.5% moisture content on a dry basis) and the dried rice husk (dried for six hours at 110℃), respectively.

2.2 Torrefaction process and analysis

A lab-scale device for torrefaction is shown in Fig. 1. The torrefaction temperature was controlled by a temperature controller. The quartz reactor was heated by the heating furnace with an outer thermal insulation coat. Before the experiment, rice husk (5 g, particle size of 40-60 mesh) was placed in a feedstock container. When the temperature reached and stabilized to the torrefaction temperature, the samples were fed into the downstream quartz reactor, meanwhile a thermocouple was inserted in the samples. Quartz wool with stainless steel wires was used to support the samples and enhance the heat transfer effect to make the rice husk rapidly achieve the experimental temperature. The samples were torrefied for a given times minutes with a flow rate of 500 mL/min of nitrogen, and the temperature of the samples was measured by the thermocouple. After the experiment, open the heating furnace and move out the quartz reactor. The reactor was quickly cooled by forced convection using a blower. The rice husk was torrefied at 200, 230, 260, and 290℃ for 30 min, respectively. Torrefied rice husk is denoted as TRH-X, with X representing torrefaction temperature (in℃).

The solid yield of the torrefied rice husk is calculated from Eq. (1).

$$Y_{mass} = \frac{M_{product}}{M_{feed}} \times 100\% \qquad (1)$$

where Y_{mass} is solid yield, and the subscripts "feed" and "product" stand for the dried rice husk and torrefied rice husk, respectively.

Ultimate analysis of samples was performed using an elemental analyzer (Vario macro cube, Elementar, Germany), and oxygen was estimated by the difference: O(%) = 100%–C(%)–H(%)–N(%)–S(%)–Ash(%). Proximate analysis was performed according to the ASTM D3172-07a standard practice. The results are listed in Table 1.

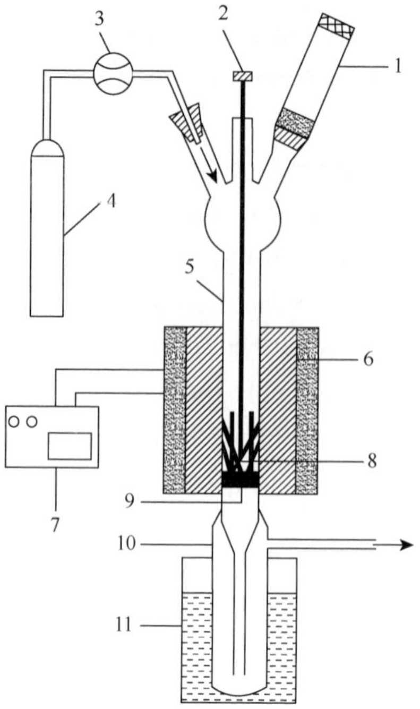

Fig. 1　The lab-scale device for torrefaction

1. Feedstock container; 2. Thermocouple; 3. Flowmeter; 4. Nitrogen cylinder; 5. Quartz reactor; 6. Heating furnace; 7. temperature controller; 8. Stainless wires; 9. Quartz wool; 10. Condenser; 11. Liquid nitrogen container

Table 1　Proximate analysis, ultimate analysis and solid yield of dried and torrefied rice husk

Sample	Proximate analysis/(wt.%, db)			Ultimate analysis/(wt.%, db)				Solid yield
	Volatiles	Fixed carbon	Ash	C	H	O	N	
DRH	64.6±1.8	19.8±0.5	15.6±0.3	41.9±0.6	5.3±0.4	36.6±0.6	0.6±0.05	—
TRH-200	64.8±1.6	19.6±0.6	15.6±0.2	42.2±0.6	5.6±0.2	36.4±0.4	0.6±0.04	98.1%±0.7%
TRH-230	60.5±2.1	22.8±0.8	16.7±0.4	44.4±0.3	5.1±0.5	32.9±0.5	0.7±0.04	91.7%±0.3%
TRH-260	54.6±1.5	27.2±0.6	18.2±0.5	45.8±0.7	4.8±0.3	29.0±0.3	0.7±0.05	83.6%±0.6%
TRH-290	40.8±1.3	37.1±0.7	22.1±0.5	49.9±0.8	4.3±0.2	22.0±0.9	0.7±0.06	65.2%±0.8%

2.3　TG-FTIR analysis

Pyrolysis of dried and torrefied rice husk was investigated using a TG-FTIR, which is a thermogravimetric analyzer (TGA Q500, TA Instrument, USA) connected to a Fourier Transform infrared spectrometer (Nicolet 6700, Thermo Scientific, USA). Approximately 15 mg of sample was used for each test. The sample was heated from room temperature to 750℃ with different heating rates of 10, 20 and 30℃/min. Nitrogen (purity> 99.999%) was used as a carrier gas with a flow rate of 70 mL/min. The stainless steel transfer pipe and the gas cell in the FTIR were both heated to 200℃ minimize condensation of volatile products and secondary reaction products. The IR spectra were collected at a wavelength range from 400 to 4000 cm^{-1} with a resolution of 1 cm^{-1}. The experimental results of TGA and FTIR were recorded automatically by a computer. After the experiment, nitrogen flow was continued for thirty minutes to remove the volatile components in the gas cell.

2.4　Pyrolysis kinetics analysis

The Coats-Redfern kinetic method is one of the most common models that have been successfully used in determining the kinetic parameters of biomass. The reaction equation of kinetics analysis can be described as:

$$\frac{d\alpha}{dt} = A\exp\left(-\frac{E}{RT}\right)(1-a) \tag{2}$$

where A is the pre-exponential factor, E is the activation energy, T is the temperature, and t is the time. a is the conversion rate of biomass, which can be calculated by

$$\alpha = \frac{m_0 - m}{m_0 - m_\infty} \tag{3}$$

where m_0 is the initial mass of the sample, m is the sample mass at any time t, and m_∞ is the final mass after pyrolysis. According to the approximate expression of the Coats-Redfern method, Eq. (2) can be re-arranged and integrated as follows [26]:

$$\ln\left[\frac{-\ln(1-\alpha)}{T^2}\right] = \ln\left[\frac{AR}{\beta E}\left(1-\frac{2RT}{E}\right)\right] - \frac{E}{RT} \tag{4}$$

where R is the universal gas constant and $\beta = dT/dt$ is the heating rate. For most temperature regions of biomass pyrolysis, $E/2RT \gg 1$, $(1-2RT/E) \approx 1$, so Eq. (4) can be simplified as:

$$\ln\left[\frac{-\ln(1-\alpha)}{T^2}\right] = \ln\left[\frac{AR}{\beta E}\right] - \frac{E}{RT} \tag{5}$$

Thus, a plot of the left side of Eq. (5) versus $1/T$ should be a straight line with a slope-E/R and an intercept of ln ($AR/\beta E$), from which E and A can be obtained.

2.5 Fast pyrolysis of the samples

The lab-scale device, as shown in Fig. (1), also can be used for fast pyrolysis of rice husk. The experimental operation process was similar to that of torrefaction process. Nitrogen gas was fed from the top with a flow rate of 500 mL/min. After the temperature reached a steady state of 500℃, the samples were fed into the quartz reactor. Quartz wool with stainless steel wires was also used to support the materials and enhance the heat transfer effect to achieve fast pyrolysis. Liquid products were collected in the condenser, which was cooled by liquid nitrogen. In each experiment, approximately 3 g of sample was used, and held for 5 min in the reactor. After the experiment, the biochar and bio-oil were collected for further analysis.

2.6 Py-GC/MS analysis

A pyrolysis-gas chromatography/mass spectrometry (Py-GC/MS) system was used to separate and identify the volatile products of pyrolysis. This system is composed of a pyrolyzer (CDS 5250, Chemical Data Systems, USA) and a gas chromatography/mass spectrometer (Trace DSQ II, Thermo Scientific, USA). Once the volatile components of pyrolysis formed in the pyrolyzer, they were rapidly removed from the high-temperature pyrolysis area by a carrier gas, which prevented secondary pyrolysis at the high temperature. Hence, most of the products detected by Py-GC/MS were generated by primary pyrolysis of biomass. This ensures the reliability of our analysis of the pyrolysis mechanism. The volatile products of biomass pyrolysis include non-condensable gases (CO, CO_2, CH_4, H_2, etc.), condensable organic products, and non-volatile oligomers (oligose and pyrolytic lignin), of which the latter two groups condense into bio-oil. The condensed organic products were measured by GC/MS.

The test parameters for pyrolyzer operation are as follows: sample mass, 0.5mg; carrier gas, helium (99.999%) with a flow rate of 1 mL/min; pyrolysis temperature, 500℃; heating rate, 20℃/ms; holding time, 10s. The parameters for GC/MS operation are as follows: injector temperature, 300℃; chromatographic separation, TR-5MS capillary column (30m×0.25mm i.d., 0.25μm film thickness); split ratio, 1∶80; oven temperature, from 40℃ (3 min) to 280℃ (3min), with a heating rate of 4℃/min; GC/MS interface temperature, 280℃; mass spectrometer, EI mode at 70eV; mass spectra, from m/z 20 to 400 with a scan rate of 500 amu/s. Peak identification was carried out according to the NIST MS library and literature.

3 Results and discussion

3.1 Temperature profiles of the samples during torrefaction and pyrolysis

The temperature profiles of the samples during torrefaction and pyrolysis are shown in Fig. 2. For rice husk torrefaction, it can be observed that the rice husk temperature rose quickly and then maintained at the torrefaction temperature for 30 minutes. For fast pyrolysis, the sample temperature also quickly rose to 500℃, and the sample was decomposed at 500℃ for 5 minutes approximately.

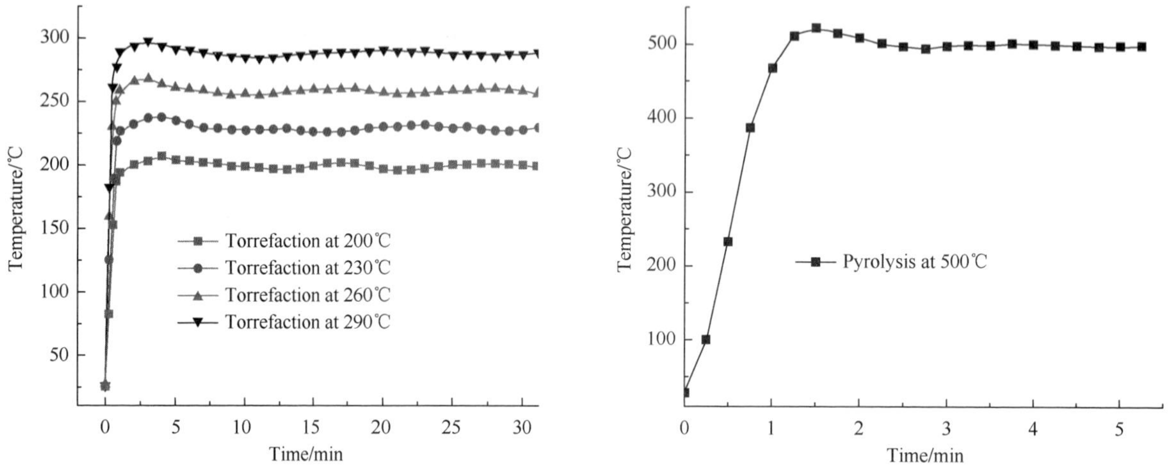

(a) torrefaction　　(b) fast pyrolysis

Fig. 2　Temperature profiles of the samples

3.2 The effect of torrefaction on pyrolysis based on TG-FTIR analysis

1. Thermogravimetric analysis

The effects of torrefaction temperature on pyrolysis of dried and torrefied rice husk at a heating rate of 30℃/min are shown in Fig. 3. The TG and DTG curves suggest that the pyrolysis process can be divided into three stages. The first stage is from room temperature to 200℃. Due to the removal of moisture, the sample weight remains unchanged, with almost no drying peaks.

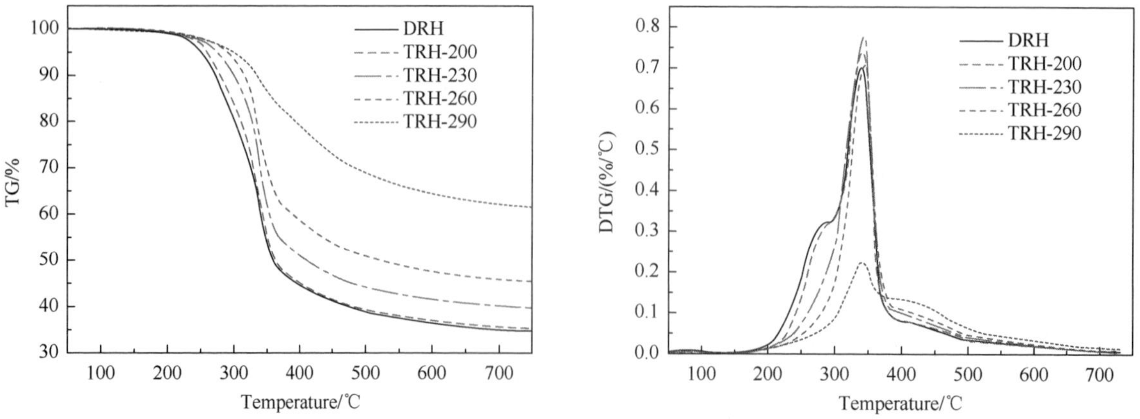

(a) TG curves　　(b) DTD curves

Fig. 3　Pyrolysis characteristics of dried and torrefied rice husk at the heating rate of 30℃/min

The second stage occurs between 200℃ and 500℃, during which intense decomposition of hemicellulose, cellulose, and lignin in samples is observed. However, weight loss of torrefied rice husk under different torrefaction conditions varied significantly. With increasing torrefaction temperature, the total weight loss of torrefied rice husk decreases, which may be attributed to the prior release of some volatile components by torrefaction. At about 280℃ in the DTG curves, obvious shoulder peaks are observed for DRH, TRH-200, and TRH-230. Rice husk still contains some hemicelluloses after torrefaction. However, the shoulder peaks in the DTG curves of TRH-260 and TRH-290 disappear or may be covered by the main pyrolysis peak. This indicates that hemicellulose pyrolysis in TRH-260 and TRH-290 is very weak. With increasing torrefaction temperature, the maximum weight loss rate of torrefied rice husk increases from 0.92%/℃ in TRH-200 to 1.15%/℃ in TRH-260, indicating that torrefaction can facilitate rice husk pyrolysis and improve the release of volatile components. However, pyrolysis characteristics of TRH-290 are obviously different from that of TRH-200, TRH-230, and TRH-260. For TRH-290, the maximum weight loss rate drops to 0.79%/℃. This phenomenon could be attributed to the decomposition of hemicelluloses in rice husk after torrefaction at 290℃.

The third stage corresponds to the carbonization process above 500℃. Residues are mainly ash and fixed carbon. For TRH-260, the weight loss percentages at the first, second, and third stages are 0.7%, 61.5%, and 9.3%, respectively.

Taking TRH-260 as an example, Fig. 4 shows the effects of heating rate on the pyrolysis characteristics of torrefied rice husk. With increased heating rate, the TG curves move towards the high-temperature region, and the release of volatile components per unit temperature decreases [27].

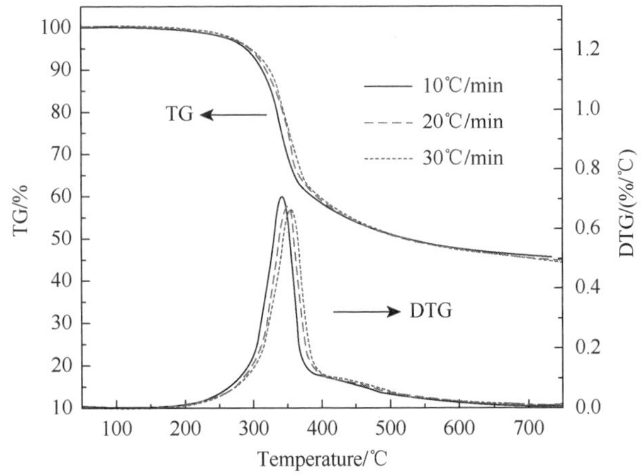

Fig. 4 Pyrolysis characteristics of TRH-260 at different heating rates

2. Kinetics analysis

Results of the kinetics analysis are presented in Table 2. With increased torrefaction temperature, the pyrolysis activation energy of rice husk slightly increases from 71 kJ/mol to 74 kJ/mol (DRH and TRH-230, respectively), and then decreases to 70 kJ/mol (TRH-260). The activation energy for dried and torrefied rice husk (TRH-200, TRH-230, and TRH-260) are similar, in the range of 68-74 kJ/mol. However, the activation energy for TRH-290 is only 41-47 kJ/mol, which is significantly different from that of the other torrefied rice husk samples. The pyrolysis characteristics of TRH-290 are also unique compared to other materials (Fig. 3). This difference is probably attributed to the decomposition of hemicelluloses in TRH-290, as the chemical composition and structure determine the biomass pyrolysis characteristics.

Table 2 Calculation results of Coats-Redfern model for dried and torrefied rice husk

Sample	Heating rate/(℃/min)	t/℃	E/(kJ/mol)	R^2
DRH	10	220-380	70.82	0.9937
	20	225-385	71.25	0.9976
	30	230-390	72.81	0.9968

Contniued

Sample	Heating rate/(℃/min)	t/℃	E/(kJ/mol)	R^2
TRH-200	10	220-380	71.56	0.9930
	20	225-385	73.75	0.9950
	30	230-390	74.07	0.9955
TRH-230	10	220-380	74.51	0.9943
	20	225-385	74.08	0.9945
	30	230-390	74.13	0.9955
TRH-260	10	220-380	71.46	0.9737
	20	225-385	70.02	0.9766
	30	230-390	68.21	0.9649
TRH-290	10	220-380	41.67	0.9882
	20	225-385	47.11	0.9845
	30	230-390	46.20	0.9799

Heating rate also affects the pyrolysis kinetics of dried and torrefied rice husk. For DRH and TRH-200, the activation energy increases slightly with increased heating rate, whereas that of TRH-230 remains unchanged under different heating rates. Conversely, the activation energy of TRH-260 declines with increased heating rate. For TRH-290, there was no apparent relationship between activation energy and heating rate.

3. Three-dimensional (3D) FTIR analysis

The infrared spectrum is used in distinguishing various inorganic and organic compounds for pyrolysis studies [28]. Fig. 5 shows the three-dimensional (3D) FTIR spectra of gases evolved during DRH pyrolysis at a heating rate of 30℃/min, and include information about infrared absorbance, wavenumber, and temperature. The infrared absorption peaks of evolved gases are very complex, indicating that there are many volatile compounds released in the pyrolysis of DRH. According to chemistry principles and as reported in the literature, a series of typical compounds can be identified by their characteristic absorbance [29, 30]. For example, the most significant absorbance peak is representative of CO_2, which is in the region of 2400-2250 cm^{-1}. The 3D FTIR component analysis is shown in Table 3.

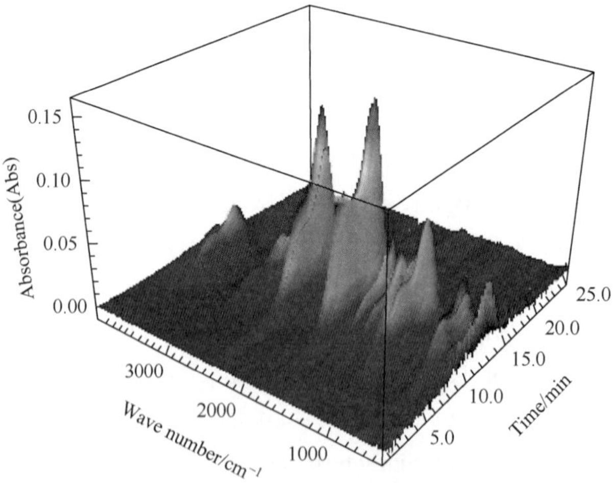

Fig. 5 Three-dimensional infrared spectra of gases evolved during DRH pyrolysis at a heating rate of 30℃/min

Spectral intensity as a function of time can be obtained in 3D FTIR when the wavenumber is fixed. This information can be used to analyze the generation of specific components. The change of spectral intensity during the pyrolysis process, which arises from specific components, can be subdivided into three stages. ①Below 200℃ (0-6 min in 3D FTIR), almost no gaseous compounds are formed. ②Between 200℃ and 600℃ (6-17 min in 3D

FTIR), some gaseous compounds, such as H_2O, CH_4, CO, and CO_2 are detected first; then, volatile organic species, including furans, phenols, ketones, and aldehydes, are evolved. The range of 300-320℃ generates the strongest spectral intensity for dried and torrefied rice husk. ③Above 600℃ (17-25 min in 3D FTIR), the infrared absorbance spectra gradually weaken, and carbonization occurs. These results are consistent with and also more detailed than the DTG results.

Table 3 The main products of rice husk identified from TG-FTIR

Wavenumbers/cm^{-1}	Chemical bond	Vibrations	Compounds
4000~3400	O—H	stretching	H_2O
3100~2800	C—H	stretching	CH_4
2400~2250	C=O	stretching	CO_2
2250~2000	C—O	stretching	CO
1800~1650	C=O	stretching	Aldehydes, ketones, acids
1700~1450	C=C	stretching	Aromatics
1450~1000	C—O, C—C	stretching	Alkanes, alcohols, phenols, ethers, lipids
750~650	C=O	bending	CO_2

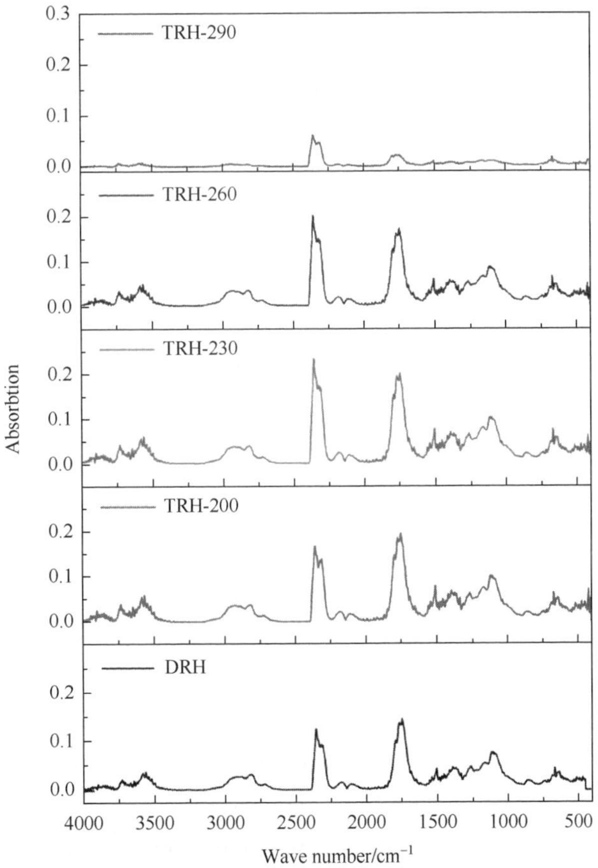

Fig. 6 The strongest FTIR spectra in pyrolysis process of the dried and torrefied rice husk

The strongest FTIR spectra in pyrolysis process of the dried and torrefied rice husk are shown in Fig. 6, which shows the effect of torrefaction temperature on gaseous products in TGA at a heating rate of 30℃/min. As seen in Fig. 6, the FTIR spectrograms of DRH, TRH-200, TRH-230, and TRH-260 are similar, so the composition of the pyrolysis products is also similar. Nevertheless, when the torrefaction temperature is below 260℃, the spectral intensity of the various compounds in torrefied rice husk is slightly stronger than that of dried rice husk. This is due to the alteration of the chemical structure of torrefied rice husk, which contributes to the release of volatile matter. However, the spectral intensity for TRH-260 is slightly lower because the hemicelluloses have been significantly decomposed, leading to decreased volatile products.

It is worth noting that the FTIR spectrum of TRH-290 is essentially different from the other FTIR spectra. Not only are the spectral intensity very low, but many absorption peaks also disappear. This suggests that the concentration and types of pyrolysis products are significantly reduced. These results are consistent with the very low mass loss of TRH-290 in TG/DTG results (Fig. 3). The above FTIR spectra analysis indicates that a moderate torrefaction temperature (230-260℃) is more suitable for rice husk pretreatment.

3.3 Effect of torrefaction on pyrolysis using the lab-scale pyrolysis device

The effects of torrefaction temperature on the product distribution from fast pyrolysis of torrefied rice husk are shown in Table 4. The maximum yield of bio-oil is obtained with raw rice husk. With increased torrefaction temperature, the bio-oil yield gradually decreases from 44.6% to 33.6% (DRH and TRH-290, respectively), while the biochar yield gradually increases from 31.9% to 54.3%. The gas yield changed little when the torrefaction temperature is below 260 ℃, but it obviously reduced for TRH-290. After low-temperature torrefaction (below 260℃), bio-oil is the main pyrolysis product of torrefied rice husk. However, after high-temperature torrefaction, biochar becomes the main pyrolysis product. Thus, it can be concluded that increased torrefaction temperatures improved the yield of biochar and decreased the yield of bio-oil.

Table 4 Effect of torrefaction temperature on product distribution from fast pyrolysis

Sample	Bio-oil (wt.%)	Biochar (wt.%)	Non-condensable gas (wt.%)
RH	53.8±0.8	27.5±0.2	18.7±0.2
DRH	46.6±1.1	31.9±0.5	21.5±0.4
TRH-200	46.3±0.7	33.7±0.6	20.0±0.2
TRH-230	41.9±0.9	35.8±0.3	22.3±0.3
TRH-260	36.9±0.5	42.9±0.7	20.2±0.1
TRH-290	33.6±0.4	54.3±0.5	12.1±0.1

These results could be explained by the aspects as following. ①Before fast pyrolysis of torrefied rice husk, the samples have released some volatile components during torrefaction, leading to reduced condensable gas during fast pyrolysis, and thus bio-oil yield decreased and biochar yield increased [8]. ②The changes in the composition of rice husk during torrefaction involve the decomposition of hemicelluloses and the partial depolymerization of cellulose and lignin. Although the lignin in the torrefaction process is also decomposed to some extent, due to the large amount of hemicellulose that is decomposed and some compounds cannot be released during composition analysis, the relative amount of lignin rises markedly. Similar results are reported the literature [8, 31]. In fast pyrolysis of torrefied rice husk, a less decomposition of lignin occurs comparing with that of hemicellulose and cellulose, leading to more biochar production. ③Carbonization of the cellulose during torrefaction is unfavorable for bio-oil production, as the volatile matter released from cellulose is the main source of bio-oil. Previous study has shown that, active cellulose species is formed from cellulose depolymerization during torrefaction, and then the active cellulose undergoes crosslinking; while this crosslinking and charring of cellulose predominantly produce char in fast pyrolysis, resulting in a higher char yield at increasing torrefaction temperature[18]. ④The high ash content in rice husk accelerates the generation of biochar. The inorganic elements found in ash include potassium, calcium, sodium, magnesium, silicon, phosphorus and chlorine etc. Alkali metals (potassium and sodium) and alkaline-earth metals (calcium and magnesium) catalyze the secondary reactions in rich husk pyrolysis, resulting in reducing the productivity of bio-oil [4].

Table 5 shows the moisture content, pH value, and heat value of bio-oil. With increasing torrefaction temperature, the moisture content of bio-oil is significantly reduced, while the heat value of bio-oil increases substantially. The pH of the bio-oil was measured three times and the average value was used. The values range from 2.7 to 3.2 and have a good repeatability. The pH of bio-oil is mainly affected by organic acids, phenols, and moisture content, increasing slightly with torrefaction temperature. In general, torrefaction pretreatment of rice husk improves bio-oil quality. The increase of bio-oil heat value and the decrease of acidity can facilitate the storage of bio-oil and further utilization.

Table 5 Effect of torrefaction temperature on the properties of bio-oil

Sample	Water content/(wt.%)	pH	HHV/(MJ/kg)
RH	50.2±1.2	2.8±0.02	11.0±0.2
DRH	45.6±1.1	2.7±0.04	12.8±0.4
TRH-200	43.3±0.6	2.7±0.03	13.6±0.6
TRH-230	40.1±0.9	2.9±0.03	14.3±0.4
TRH-260	36.5±0.5	3.2±0.02	15.6±0.3
TRH-290	31.7±0.4	3.0±0.03	16.2±0.3

3.4 Effects of torrefaction on pyrolysis using Py-GC/MS analysis

The pyrolysis products are very complex and contain numerous compounds. Although it was not possible to analyze every product, the pyrolysis products can be divided into several main categories according to the functional groups detected by Py-GC/MS: sugar dehydration products, furans, small molecules, aldehydes, acids, ketones, and phenols [18, 32]. For Py-GC/MS results, the chromatographic peak area of a compound is considered linear with its quantity, and the peak area% is linear with its content [33]. Some representative compounds for each category were selected due to their relatively higher peak area %. Fig. 7 show the relative contents of these typical compounds, which are mainly produced by lignin and cellulose/hemicelluloses. The increase of torrefaction temperature has different effects on these pyrolysis products: ①acetic acid (AA) and hydroxyacetaldehyde (HAA) content does not change; ② furan content declines, especially 2, 3-dihydro-benzofuran; ③1, 2-cyclopentanedione content gradually increases; ④the amount of levoglucose(LG), an important and highly valuable chemical, increases significantly; ⑤the amounts of the two phenols (2-methoxy-4-propyl-phenol and 2-methoxy-4-vinylphenol) decrease significantly, while the amounts of the other four phenols increase significantly.

Generally, the content of acidic materials does not increase, while the content of many high-value products increases greatly. This is of great significance for the enrichment of high-quality components in bio-oil.

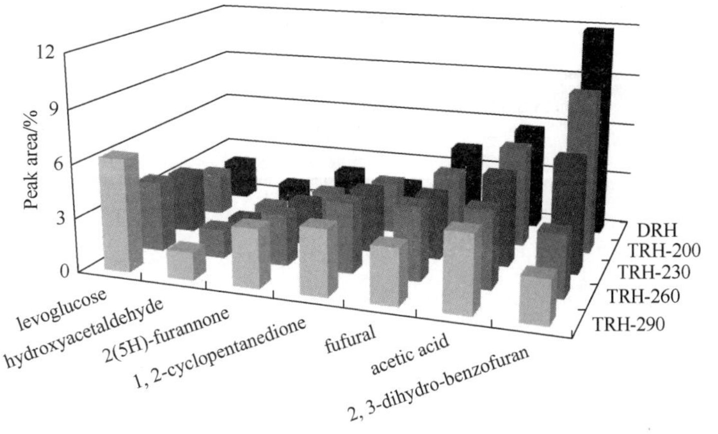

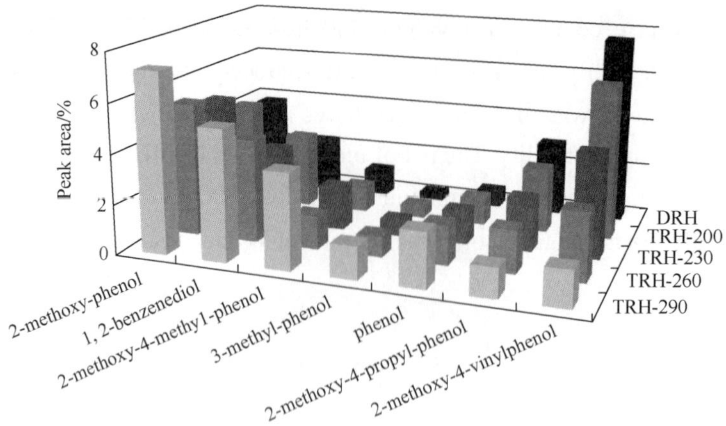

Fig. 7　Effect of torrefaction temperature on the pyrolysis products identified from GC/MS

4　Conclusions

The properties of biomass materials are responsible for the quality of bio-oil. Seen from the results of TG-FTIR, Py-GC/MS, and a fast pyrolysis device, torrefaction has an obvious effect on pyrolysis process, kinetics parameters and bio-oil properties of rice husk. With increasing torrefaction temperature, the total weight loss of torrefied rice husk decreases, which attributed to the prior release of some volatile components by torrefaction. The pyrolysis characteristics and kinetics results of TRH-290 are unique compared to other materials, which probably attributed to the decomposition of hemicelluloses, as the chemical composition and structure determine the biomass pyrolysis characteristics. A series of typical compounds are identified by their characteristic absorbance in 3D FTIR spectra, which can be used to analyze the generation of specific components. The change of spectral intensity during the pyrolysis process, which arises from specific components, can be subdivided into three stages. After fast pyrolysis, high-quality bio-oil was obtained from torrefied rice husk. The content of many high-value products increases greatly, which is of great significance for further utilization of bio-oil.

Acknowledgment

The authors acknowledge the financial supports provided by the scientific research funds of high-level talents in Nanjing forestry university (No. G2014010), the national forestry industry research special funds for public welfare projects (No. 201304611), and the priority academic program development of Jiangsu higher education institutions (PAPD).

References

[1] Worasuwannarak N, Sonobe T. Tanthapanichakoon W. Pyrolysis behaviors of rice straw, rice husk, corncob by TG-MS technique. Anal. Appl. Pyrolysis, 2007, 78 (2): 265-271.

[2] Zhang L, Liu R, Yin R, et al. Upgrading of bio-oil from biomass fast pyrolysis in China: A review. Renewable and Sustainable Energy Reviews, 2013, 24: 66-72.

[3] Xiu S, Shahbazi A. Bio-oil production and upgrading research: A review. Renewable and Sustainable Energy Reviews, 2012, 16 (7): 4406-4414.

[4] Chen D, Zhou J, Zhang Q, et al. Evaluation methods and research progresses in bio-oil storage stability. Renewable and Sustainable Energy Reviews, 2014, 40: 69-79.

[5] Chen D Y, Zhang Y, Zhu X F. Drying Kinetics of Rice Straw under Isothermal and Nonisothermal Conditions: A Comparative Study by Thermogravimetric Analysis. Energy Fuels, 2012, 26 (7): 4189-4194.

[6] Ren S, Lei H, Wang L, et al. The effects of torrefaction on compositions of bio-oil and syngas from biomass pyrolysis by microwave heating. Bioresource technology, 2013, 135: 659-664.

[7] Shang L, Ahrenfeldt J, Holm J K, et al. Intrinsic kinetics and devolatilization of wheat straw during torrefaction. Journal of analytical and applied pyrolysis, 2013, 100: 145-152.

[8] Zheng A, Zhao Z, Chang S, et al. Effect of torrefaction temperature on product distribution from two-staged pyrolysis of biomass. Energy & Fuels, 2012, 26 (5): 2968-2974.

[9] Ren S, Lei H, Wang L, et al. Thermal behaviour and kinetic study for woody biomass torrefaction and torrefied biomass pyrolysis by TGA. Biosystems engineering, 2013, 116 (4): 420-426.

[10] Arias B, Pevida C, Fermoso J, et al. Influence of torrefaction on the grindability and reactivity of woody biomass. Fuel Processing Technology, 2008, 89 (2): 169-175.

[11] Wannapeera J, Worasuwannarak N. Upgrading of woody biomass by torrefaction under pressure. Journal of Analytical and Applied Pyrolysis, 2012, 96: 173-180.

[12] Chen W H, Du S W, Tsai C H, et al. Torrefied biomasses in a drop tube furnace to evaluate their utility in blast furnaces. Bioresource technology, 2012, 111: 433-438.

[13] Chen Q, Zhou J S, Liu B J, et al. Influence of torrefaction pretreatment on biomass gasification technology. Chinese Science Bulletin, 2011, 56 (14): 1449-1456.

[14] Yan W, Acharjee T C, Coronella C J, et al. Thermal pretreatment of lignocellulosic biomass. Environmental Progress & Sustainable Energy: An Official Publication of the American Institute of Chemical Engineers, 2009, 28 (3): 435-440.

[15] Ohliger A, Förster M, Kneer R. Torrefaction of beechwood: A parametric study including heat of reaction and grindability. Fuel, 2013, 104: 607-613.

[16] Chen W H, Lu K M, Liu S H, et al. Biomass torrefaction characteristics in inert and oxidative atmospheres at various superficial velocities. Bioresource technology, 2013, 146: 152-160.

[17] Boateng A A, Mullen C A. Fast pyrolysis of biomass thermally pretreated by torrefaction. Journal of Analytical and Applied Pyrolysis, 2013, 100: 95-102.

[18] Zheng A, Zhao Z, Chang S, et al. Effect of torrefaction on structure and fast pyrolysis behavior of corncobs. Bioresource technology, 2013, 128: 370-377.

[19] Wannapeera J, Fungtammasan B, Worasuwannarak N. Effects of temperature and holding time during torrefaction on the pyrolysis behaviors of woody biomass. Journal of Analytical and Applied Pyrolysis, 2011, 92 (1): 99-105.

[20] Chang S, Zhao Z, Zheng A, et al. Characterization of products from torrefaction of sprucewood and bagasse in an auger reactor. Energy & Fuels, 2012, 26 (11): 7009-7017.

[21] Sabil K M, Aziz M A, Lal B, et al. Effects of torrefaction on the physiochemical properties of oil palm empty fruit bunches, mesocarp fiber and kernel shell. Biomass and Bioenergy, 2013, 56: 351-360.

[22] Park J, Meng J, Lim K H, et al. Transformation of lignocellulosic biomass during torrefaction. Journal of Analytical and Applied Pyrolysis, 2013, 100: 199-206.

[23] Chen W H, Cheng W Y, Lu K M, et al. An evaluation on improvement of pulverized biomass property for solid fuel through torrefaction. Applied Energy, 2011, 88 (11): 3636-3644.

[24] Wu S, Shen D, Hu J, et al. TG-FTIR and Py-GC-MS analysis of a model compound of cellulose-glyceraldehyde. Journal of Analytical and Applied Pyrolysis, 2013, 101: 79-85.

[25] Luo Z, Wang S, Guo X. Selective pyrolysis of Organosolv lignin over zeolites with product analysis by TG-FTIR. Journal of analytical and applied pyrolysis, 2012, 95: 112-117.

[26] White J E, Catallo W J, Legendre B L. Biomass pyrolysis kinetics: A comparative critical review with relevant agricultural residue case studies. Journal of analytical and applied pyrolysis, 2011, 91 (1): 1-33.

[27] Chen D Y, Zhou J B, Zhang Q S. Effects of heating rate on slow pyrolysis behavior, kinetic parameters and products properties of moso bamboo. Bioresour. Technol, 2014, 169: 313-319.

[28] Gao N, Li A, Quan C, et al. TG-FTIR and Py-GC/MS analysis on pyrolysis and combustion of pine sawdust. Journal of Analytical and Applied Pyrolysis, 2013, 100: 26-32.

[29] Brebu M, Tamminen T, SpiridonI. Thermal degradation of various lignins by TG-MS/FTIR and Py-GC-MS. Anal. Appl. Pyrolysis, 2013, 104: 531-539.

[30] Fasina O, Littlefield B. TG-FTIR analysis of pecan shells thermal decomposition. Fuel Process. Technol, 2012, 102: 61-66.

[31] Phanphanich M, Mani S. Impact of torrefaction on the grindability and fuel characteristics of forest biomass. Bioresour Technol, 2011, 102(2): 1246-53.

[32] Meng J, Park J, Tilotta D, et al. The effect of torrefaction on the chemistry of fast-pyrolysis bio-oil. Bioresour. Technol, 2012, 111: 439-446.

[33] Lu Q, Yang X, Dong C, et al. Influence of pyrolysis temperature and time on the cellulose fast pyrolysis products: Analytical Py-GC/MS study. Journal of Analytical and Applied Pyrolysis, 2011, 92 (2): 430-438.

Determination of pyrolysis characteristics and kinetics of palm kernel shell using TGA-FTIR and model-free integral methods

Zhongqing Ma[a], Dengyu Chen[c], Jie Gu[c], Bao Binfu[a, b], Qisheng Zhang[c]

[a]School of Engineering, Zhejiang Agriculture & Forestry University, Lin'an, Zhejiang 311300, P. R. China

[b]National Engineering & Technology Research Center of Wood-Based Resources Comprehensive Utilization, Lin'an, Zhejiang 311300, P. R. China

[c]School of Materials Science & Engineering, Nanjing Forestry University, Nanjing 210037, Jiangsu, P. R. China

Abstract

Palm kernel shell (PKS) from palm oil production is a potential biomass source for bio-energy production. A fundamental understanding of PKS pyrolysis behavior and kinetics is essential to its efficient thermochemical conversion. The thermal degradation profile in Derivative Thermogravimetry (DTG) analysis shown two significant mass-loss peaks mainly related to the decomposition of hemicellulose and cellulose respectively. This characteristic differentiated with other biomass (e.g. wheat straw and corn stover) presented just one peak or accompanied with an extra "shoulder" peak (e.g. wheat straw). According to the Fourier transform infrared spectrometry (FTIR) analysis, the prominent volatile components generated by the pyrolysis of PKS were CO_2 (2400 to 2250 cm^{-1} and 586 to 726 cm^{-1}), aldehydes, ketones, organic acids (1900 to 1650 cm^{-1}), and alkanes, phenols (1475 to 1000 cm^{-1}). The activation energy dependent on the conversion rate was estimated by two model-free integral methods: Flynn-Wall-Ozawa (FWO) and Kissinger-Akahira-Sunose (KAS) method at different heating rates. The fluctuation of activation energy can be interpreted as a result of interactive reactions related to cellulose, hemicellulose and lignin degradation, occurred in the pyrolysis process. Based on TGA-FTIR analysis and model free integral kinetics method, the pyrolysis mechanism of PKS was elaborated in this paper.

Keywords: Biomass; Palm kernel shell; Pyrolysis; Kinetic; Model free; TGA-FTIR

1 Introduction

Biomass is a promising, clean, renewable energy source due to its abundance, wide distribution, and CO_2 neutrality [1]. Palm kernel shell (PKS) is the primary residue left over from palm oil production in Malaysia, the largest palm oil producer in the world. Malaysia generated the PKS reached up to 471 thousand tons in 2000 [2]. Currently, the majority of the PKS is used for primary energy generation with low thermal conversion efficiency *via* an oversimplified utilization pattern. This typically involves co-combustion with coal in boilers to supply heat [3]. However PKS can be converted into high-quality bio-fuels through thermochemical conversion.

Table 1 Ultimate, proximate, and biochemical analysis of PKS

Ultimate Analysis/mass%, ash free		Proximate Analysis/mass %, dry basis		Biochemical analysis[b]/mass %	
Carbon	51.56	Volatiles	75.14	Cellulose	33.03
Hydrogen	6.31	Fixed Carbon	22.05	Hemicelluloses	23.82
Oxygen[a]	41.33	Ash	2.81	Lignin	45.59
Nitrogen	0.7	Moisture content	12.69		
Sulfur	0.1	LHV/(MJ/kg)	17.3		

a: by difference; b: information from [3].

本文原载 *Energy Conversion and Management* 2015 年第 89 卷第 251-259 页。

Pyrolysis technology is attracting more attention, because at fast heating rate, biomass can be converted into higher energy content transportable liquid (bio-oil). Using upgrading technology (e.g. hydrodeoxygenation technology), crude bio-oil will own higher calorific value for extensive application in boiler, engine and turbine [4-6]. In addition, pyrolysis is an important sub-step of gasification technology yielded producer gas for electricity supply [7, 8]. Therefore, a fundamental understanding of PKS pyrolysis behavior and kinetics is essential to its efficient thermochemical conversion.

Thermogravimetric analysis (TGA), coupled with Fourier transform infrared spectrometry (FTIR), is a good means by which to study not only the mass-loss characteristics and kinetics parameters of the thermal decomposition process, but also identify the volatile components generated in real-time. With the single use of TGA, the thermogravimetric characteristics of PKS was investigated in inert atmosphere by Kim[3], Lee[9] and Asadullah[10]. Asadullah[10] observed that the thermal decomposition of PKS was slower compared to other biomasses because of higher fraction of lignin. With the combined use of TGA and FTIR, the volatile components of biomass pyrolysis process, such as poplar wood [11] and pine wood sawdust [12], were identified. The main components were some small moleculars gases (CO, CO_2, H_2O, CH_4) and various kinds of organic compounds. The identification is on the basis of the characteristic absorbances of the functional groups in the evolved gases. However, less research focused on the PKS biomass using TGA-FTIR.

Thermal analysis kinetics is an important approach to study the mechanisms of the thermochemical conversion of biomass. Non-isothermal kinetics can be classified into model-free and model-fitting categories. Both methods have their benefits. They are complementary rather than competition [13]. Recently, the model-free method, also called the iso-conversional method, was the most common used methods in the kinetics study of biomass pyrolysis process [14-19]. The ICTAC Kinetic Committee recommended that using multiple heating rate programs will obtain more reliable kinetic parameters instead of single heating rate program [20]. For this method, the essential assumption is that the reaction rate for a constant extent of conversion (α) depends only on the temperature (T).

The model free method can generally be split in two categories: differential and integral. Due to employ the instantaneous rate value, the differential iso-conversional method is sensitive to experimental noise, and makes the numerical value unstable. However, this phenomenon will be effectively avoided by using integral method, especially in TGA experiment [20]. The Flynn-Wall-Ozawa (FWO) integral method [21, 22] and Kissinger-Akahira-Sunose (KAS) integral method [23, 24] using different approximations are two typical methods. Thus they were used to estimate the activation energy of PKS pyrolysis in this paper.

The key objective of this study was to investigate the pyrolysis behavior and kinetics of PKS using TGA-FTIR analysis. This study first focused on the mass-loss characteristics and volatile components of the PKS and the biomass three components (cellulose, xylan and lignin) at the heating rate of 20℃/min. Then, two model free integral method (FWO and KAS methods) were used to calculate the activation energy describing the thermal devolatilization mechanism of the PKS pyrolysis processes with different conversion rate (α) using multi-heating rate method (heating rates of 10, 20, 30, and 40℃/min). This study would be helpful in effective design and operation of thermochemical conversion units fed by PKS.

2 Experimental

2.1 Materials

PKS, obtained from a palm oil factory in Malaysia, was ground to a fine powder. The powder was passed through 40-to 60-mesh sieves, allowing particles of sizes from 250 to 380 μm to pass suitable for component and TGA-FTIR analyses. The proximate analysis of the PKS was performed according to ASTM

D3172-07a. The ultimate analysis was carried out following the CHNS/O model using an elemental analyzer (Vario EL III, Elementary, Germany), and the oxygen content was estimated as the balance. The results are listed in Table 1. The PKS powder was oven-dried for 5h at 105℃ before TGA-FTIR analysis was conducted. The samples of cellulose, xylan and alkali lignin are purchased from Sigma-Aldrich Co., Ltd. (USA), and they were all in a form of powder. Because of commercial hemicellulose difficultly obtained. Thus xylan was used to be a model compound of hemicelluloses. And this method was widely used in the study of biomass pyrolysis process.

2.2 TG-FTIR analysis

The TGA-FTIR test setup consisted of a Thermogravimetric analyzer (TGA Q5000, TA Instruments, USA) and a Fourier transform infrared spectrometry (Nicolet 6700, Thermo Fisher Scientific, USA) apparatus. Approximately 15 mg of PKS sample was used for each test. The temperature was raised from room temperature to 800℃ under heating rates of 10, 20, 30, and 40℃/min. And the heating rate of the three biomass components (cellulose, xylan and lignin) was 20℃/min. The flow rate of the carrier gas (high-purity N_2) was 70 mL/min. The temperature of the transfer line between the TGA and FTIR apparatuses was 210℃. The resolution and spectral region of the FTIR were 4 cm^{-1} and 4000 to 400 cm^{-1}, respectively, and the spectrum scan was conducted with 8-second intervals.

2.3 Kinetic modeling

1. The basis of non-isothermal kinetic model

Solid reaction kinetics is suitable for biomass pyrolysis to produce char and gas with a linearly increasing heating rate. The non-isothermal thermal reaction rate equation (Arrhenius equation) is shown below,

$$\frac{d\alpha}{dt} = A\exp\left(-\frac{E}{RT}\right)f(\alpha) \tag{1}$$

$$\alpha = \frac{m_0 - m_\tau}{m_0 - m_\infty} \tag{2}$$

where α is the mass-loss fraction, m_0 is the initial mass of the sample, m_τ is the mass of sample at the time t, m_∞ is the final, non-decomposable mass of the sample following the completed pyrolysis reaction, A is the frequency factor, E is the activation energy, R is the universal gas constant, T is the temperature in Kelvin, and $f(\alpha)$ is the differential mechanism function. The mass-loss fraction α is defined as Eq. (2).

The heating rate β is defined as dT/dt. Substituting this into Eq. (1) yields,

$$\frac{d\alpha}{dT} = \frac{A}{\beta}\exp\left(-\frac{E}{RT}\right)f(\alpha) \tag{3}$$

The integral form of Eq. (3) is expressed as follows,

$$G(\alpha) = \int_0^\alpha \frac{d\alpha}{f(\alpha)} = \frac{A}{\beta}\int_0^T \exp\left(\frac{E}{RT}\right)dT = \frac{AE}{\beta R}P(u) \tag{4}$$

where $G(\alpha)$ is the integral form of $f(\alpha)$, $P(u)$ is an approximation, and u is defined as the equation of $u = E/R$.

2. Model free integral method

According to Eqs. (1) ~ (4), different integral kinetic models can be fitted to the PKS pyrolysis stage. To obtain the quantities E, two model free integral methods, namely the Flynn-Wall-Ozawa (FWO) method and Kissinger-Akahira-Sunose (KAS) method, were used in this paper. The activation energy estimated in this method is a function of the conversion rate（α）. The FWO and KAS equations are defined as Eq.（5）and（6）, respectively.

$$\lg \beta = \lg \frac{AE}{RG(\alpha)} - 2.315 - 0.4567 \frac{E}{RT} \tag{5}$$

$$\ln\left(\frac{\beta}{T^2}\right) = \ln \frac{AR}{EG(\alpha)} - \frac{E}{RT} \tag{6}$$

The activation energy E can be obtained from the linear plots of log(β) vs. $1/T$ and log(β/T^2) vs. $1/T$ for each conversion rate (α), where the slope is $-0.456E/R$ and E/R, respectively. Generally, three or more heating rates（10, 20, 30 and 40℃/min in this study）should be used to obtain reliable values of the activation energy.

3 Results and discussion

3.1 TGA analysis of cellulose, xylan and lignin

The pyrolysis characteristics, both the weight loss（thermogravimetry curves, in units of mass%）and the rate of weight loss（derivative thermogravimetry curves, in units of mass%/℃）, of cellulose, xylan and lignin at the heating rate of 20℃/min are shown in Fig.1. Obvious differences were found among the pyrolysis behaviors of the three model components. The weight loss of xylan（representing hemicellulose）occurred early in the temperature range of 100-365℃, and the maximum weight loss focused at 185-325℃. The mass percentage of pyrolysis residue of xylan was about 26.81 mass%. Compared to the xylan, cellulose pryolyzed at higher temperature range of 270-400℃, but had a more narrow range of maximum weight loss at 290-380℃. The maximum rate of weight loss and the final residue of decomposition were 2.317%/℃ and 3.64 mass%, respectively. In contrast to the sharper DTG peaks of xylan and cellulose, lignin pyrolyzed slowly in a wider temperature of 100-800℃ and produced highest mass percentage of residue along with 44.74%. Therefore, the order of thermal stability was established: lignin>cellulose>xylan（representing hemicellulose）. The result was also confirmed by Yang et al. [25] and Pasangulapati et al. [26].

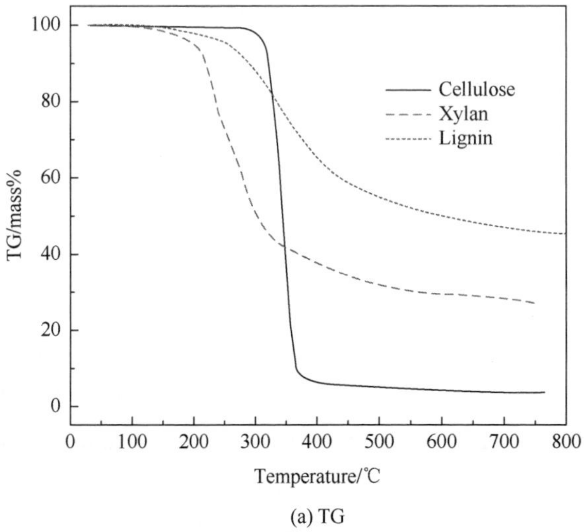

(a) TG

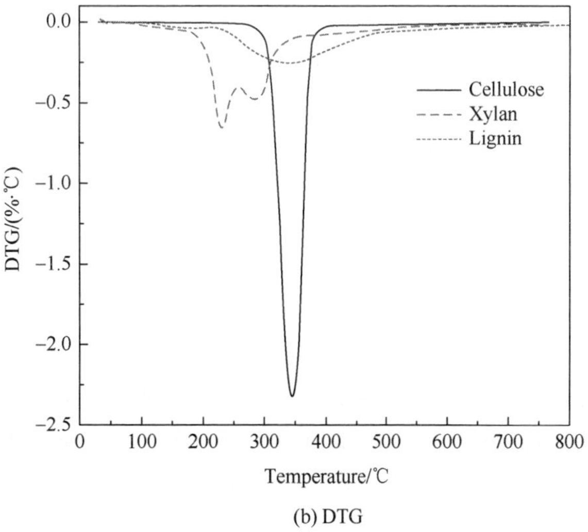

(b) DTG

Fig. 1 TG and DTG curves of cellulose, xylan and lignin pyrolysis with a heating rate of 20℃/min

3.2 TGA analysis of PKS

The results of TGA analysis during the PKS pyrolysis process taking heating rate of 20℃/min as an example are shown in Fig. 2. The pyrolysis process consisted of the three stages: 139 to 323℃, 323 to 389℃ and 390 to

762℃. The two former stages were fast devolatilization stages during which a large proportion of weight of the sample lost with two significant mass-loss peaks (shown in derivative thermogravimetry (DTG) curve), then the third stage was a slow degradation stage.

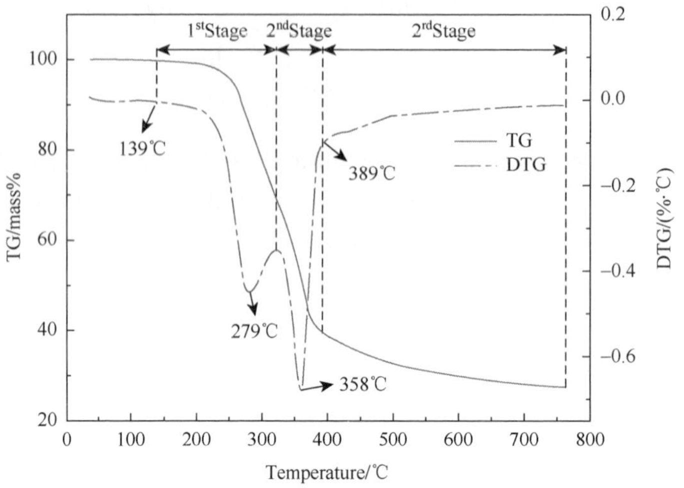

Fig. 2　TG/DTG curves of PKS pyrolysis with a heating rate of 20℃/min

It is well known that ligno-cellulosic biomass is mainly composed of hemicellulose, cellulose and lignin. In the first stage (139 to 323℃), the weight loss (30.52 mass%) was mainly attributed to the degradation of the hemicellulose. Because hemicellulose is a mixture of various polymerized monosaccharides (xylose, mannose, glucose, galactose, arabinose etc.) with lower degree of polymerization that the thermal stability was lower than cellulose. The main temperature of hemicellulose degradation was from 185 to 325℃ (shown in Fig.1). However, the weight loss of 30.52 mass% was higher than the content of hemicellulose in PKS (23.82 mass%). This might be caused by the higher content of lignin (45.59%) in PKS, while only 10%-25% for hard wood[27], 21.4% for switchgrass [26]. In part 3.1, it had stated that lignin owned wider temperature range of degradation at 100-800℃. Thus, the extra weight loss was caused by the degradation of part of lignin.

In the second stage (323 to 389℃), a contigous and/or simultaneous degradation process was presented mainly due to the composition of cellulose with weight loss of 29.92 mass%. Because cellulose was a high-molecular compound with long linear chain composed of D-glucosyl group [28], and part of cellulose has crystalline structure made of ordered microfibrils that resulted in thermal degradation more difficulty than hemicellulose [25]. This result was also confirmed by the single cellulose degradation TGA experiment along with the temperature of 290 to 380℃.

However, the two distinct weight loss peaks in DTG curve (shown in Fig.2) of PKS significantly differentiated with other biomass presented only one peak (e.g. pine wood [11], bamboo [14], corn stover [29]) or accompanied with an extra "shoulder" peak (e.g. wheat straw [30]). This also might be caused by the higher content of lignin in PKS. Lignin is an amorphous substrate, exsits in the minute interspace between microfibrils of cellulose, and covalently linked to hemicellulose and cross linked to polysaccharide. Therefore higher content lignin made the thermal degradation of PKS slower than other biomass and led to mass-losses of hemicellulose and cellulose separate clearly. This result was also confirmed by Asadullah et al using PKS biomass [10]. Similar result of two distinct mass-loss peaks were also found in hazelnut husk with high content of lignin (39%) studied by Ceylan et al [31]. Liu et al [32] studied the interactions of cellulose, hemicellulose and lignin. It was found that as the proportion of added lignin increased from 0.33 to 3, the maximum weight loss rate of cellulose and hemicellulose decreased. And their temperature range of degradation became wider. This result also verified the conclusion that higher content lignin would make cellulose and hemicellulose pyrolysis more slowly at the same heating rate.

The third stage, namely slow degradation stage (390 to 762℃), accounted for only a small fraction of the total weight loss (11.88 mass%). This stage might be ascribed to the lignin degradation based on the analysis of Fig.1. And char was the main product from lignin degradation during this stage [33].

3.3 FTIR analysis of PKS

Fig. 3 (a) shows the 3D FTIR diagram of the PKS pyrolysis process with a heating rate of 20℃/min. The characteristic infrared absorption peaks of the volatile components are clearly shown in Fig. 3 (b). The devolatilization in the first stage occurred mainly between 10 and 20 min elapsed. The appearance of absorbance peaks agreed well with the mass-loss in the DTG curve shown in Fig. 2. Fig. 3 (c) shows the evolution of absorbance intensity of the volatile components, from which the temperatures associated with the two peaks (281 and 357℃) were evaluated. The three substances corresponding to absorbance peaks at 2364, 1751, and 1404 cm^{-1} were the dominant volatile components, and the identification of the components would be discussed in the next paragraphs.

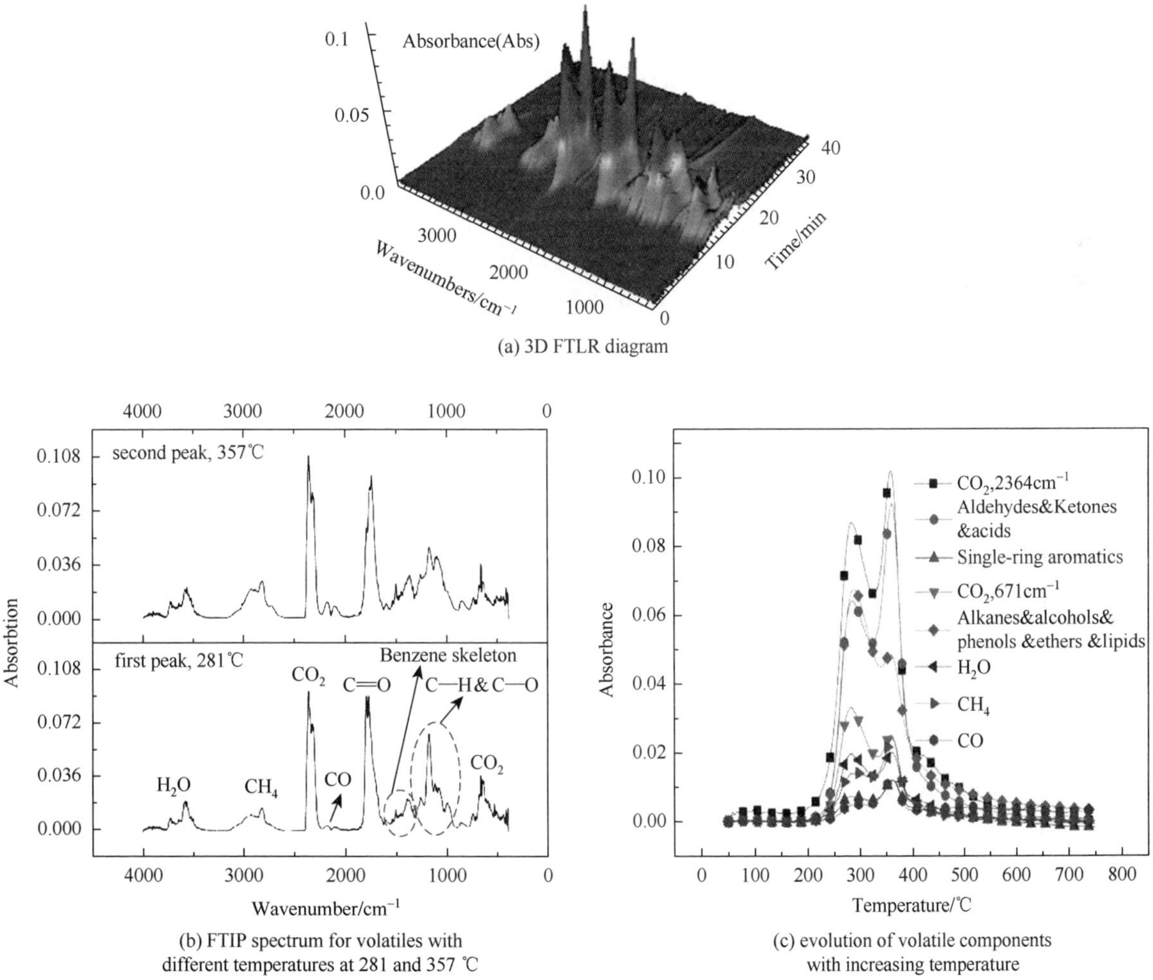

(a) 3D FTLR diagram

(b) FTIP spectrum for volatiles with different temperatures at 281 and 357 ℃

(c) evolution of volatile components with increasing temperature

Fig. 3 3D FTIR analysis of PKS pyrolysis with a heating rate of 20℃/min

Taking a temperature of 281℃ as an example, a detailed analysis is shown in Fig. 3 (b). The typical volatile components present were identified (see Table 2). A few small molecular gaseous components (e.g., H_2O, CH_4, CO_2, and CO) were easily identified by their prominent characteristic bands [34]. CH_4 came primarily from the decomposition of methoxy ($—OCH_3$), methyl ($—CH_3$), and methylene ($—CH_2—$) groups under high temperatures [35]. CO_2 was formed *via* the decarboxylation reaction and the breakage of carbonyl groups [36]. The breakage of ether bonds and C═O bonds likely formed CO [37]. Also a number of organic compounds were also detected at 1900 to 1000 cm^{-1} including the fingerprint region. They were aldehydes, ketones, organic acids, monocyclic aromatics, alkanes, alcohols, phenols, ethers and lipids ordered by the wavenumber [11-12]. Their characteristic peaks and function groups are clearly shown in Table 2.

Table 2　Typical FTIR Analysis of PKS Pyrolysis

Species	Wavenumbers range/cm^{-1}	Functional groups	Vibrations
H_2O	4000 to 3400	O—H	stretching
CH_4	3000 to 2700	C—H	stretching
CO_2	2400 to 2250	C═O	stretching
CO	2250 to 2000	C—O	stretching
Aldehydes，ketones，acids	1900 to 1650	C═O	stretching
Aromatics	1690 to 1450	C═C，benzene skeleton	stretching
Alkanes，alcohols，phenols，ethers，lipids	1475 to 1000	C—O，C—C，carbon chain skeleton	stretching
CO_2	586 to 726	C═O	bending
	Details in the fingerprint region from 1475 to 1000 cm^{-1}		
Alkanes	1460 to 1365	C—C，C—H	stretching
Alcohols	1200 to 1000	C—O	stretching
Phenols	1300 to 1200	C—O	stretching
Ethers	1275 to 1060	C—O	stretching
Lipids	1300 to 1050	C—O	stretching

After identifying the volatile components，the evolution of absorbance intensity of volatile components with increasing temperature was obtained and is shown in Fig. 3（c）. According to the Lambert-Beer law，absorbance intensity at a specific wavenumber is linearly dependent on relative concentration of volatile components [35]. Therefore，the evolution of absorbance intensity in the whole pyrolysis process represented the tendency of relative concentrations of volatile components. In agreement with DTG curve，each lumped component had two peaks. In the first stage（139 to 322℃），all volatile components appeared，but CO_2，H_2O，aldehydes，ketones，and organic acids were the predominant substances，mainly originating from hemicellulose. Although these three substances were still dominant in the second stage，the concentrations of gaseous CO_2（2400 to 2250 cm^{-1}），H_2O，CH_4，CO，aldehydes，ketones，and organic acids increased remarkably. This is because cellulose and little part of lignin began to devolatilize. In the third stage（slow degradation stage），the relative concentration of all volatile components gradually decreased.

3.4　Kinetics analysis

1. The effect of heating rate

In order to use multi-heating rate method，a series of experiments had to be performed at different heating rates（10，20，30 and 40℃ min^{-1}），and the TG/DTG curves were shown in Fig. 4. Firstly，both points of maximum of mass loss rate in the TG and DTG curves shifted toward higher temperatures. This could be attributed to difference between the reference（i.e.，furnace）temperature and sample temperature due to the heat and mass

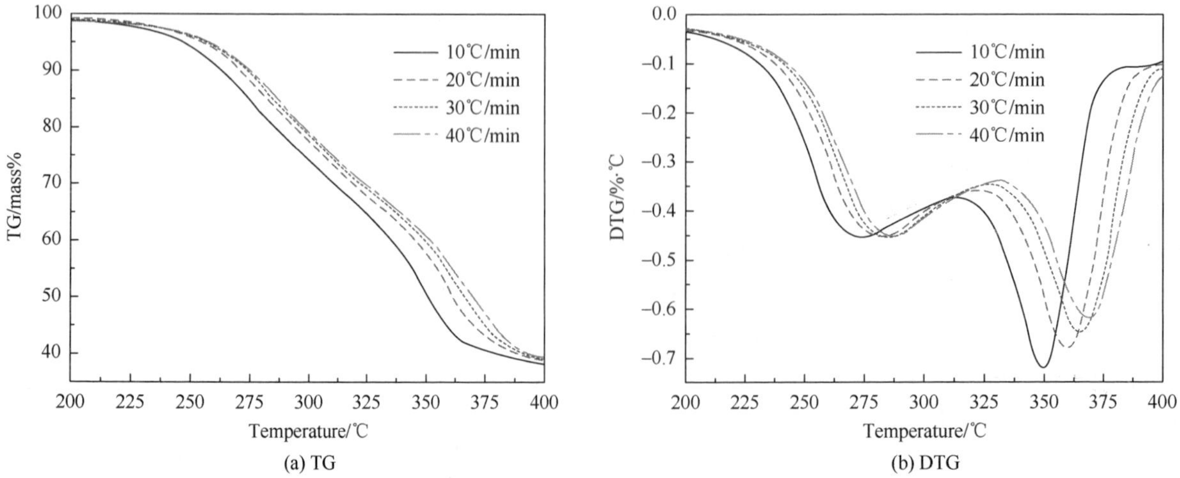

Fig. 4　TG and DTG curves of PKS pyrolysis with heating rates of 10，20，30，and 40℃/min

transfer limitations in the sample [20]. Further, the poor thermal conductivity of biomass materials also caused temperature gradients in the sample particles. In other words, the temperature in the core of particles can be lower than the temperature on their surfaces [29, 38]. Secondly, the maximum mass-loss rate in DTG curves decreased as the heating rate increased. This was mainly affected by mass transfer. Because it would take a longer time of the heat conduction from the particle external to the interior as the heating rate increased. So that, at the same temperature, the pyrolysis in higher heating rate was less sufficient, especially for the biomass containing high volatile component. This conclusion was agreed well with Lah[13].

2. Analysis of the activation energy

Fig. 5 and 6 show the Arrhenius plots based on two model free methods, namely the FWO method and KAS method, respectively. The conversion rate is divided into three stages for further analysis, 0.03-0.13 (Fig. 5, 6 (a)), 0.15-0.8 (Fig. 5, 6 (b)), and 0.81-0.92 (Fig. 5, 6 (c)). As shown in Fig. 5 (a) and (c) using FWO method, the very low values of correlation coefficients (R^2) were observed at α of 0.03, 0.05, 0.07, 0.89, 0.9, 0.92 that could not be accepted to calculate activation energy, and also the same points of α with bad correlation were found in Fig. 6 (a) and (c) using KAS method. Other points showed good correlation were used to present the conversion rate dependence of the activation energy.

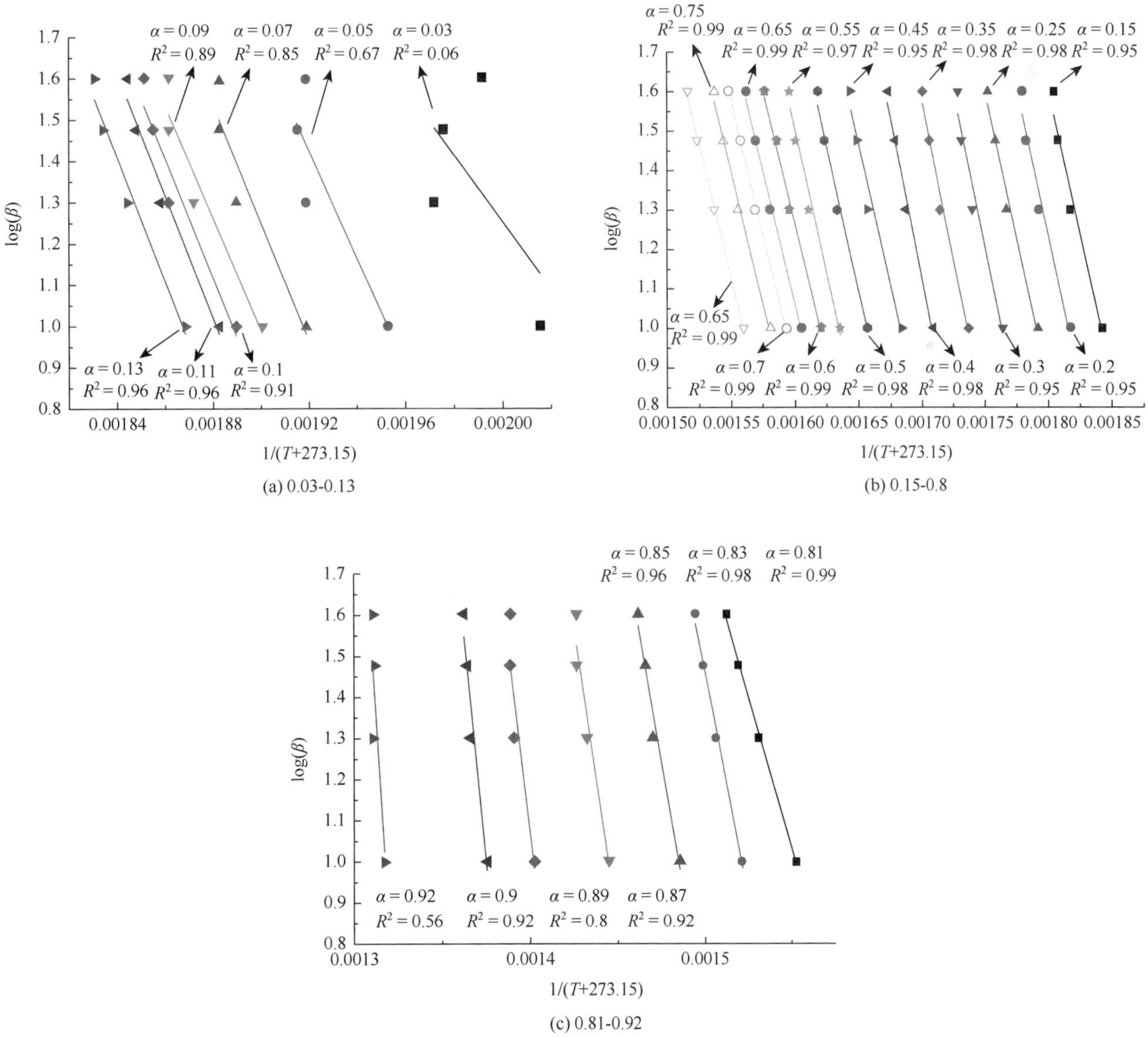

Fig. 5 Arrhenius plots of log (β) vs. $1/(T+273.15)$ for PKS in different conversion rate ranges using FWO method

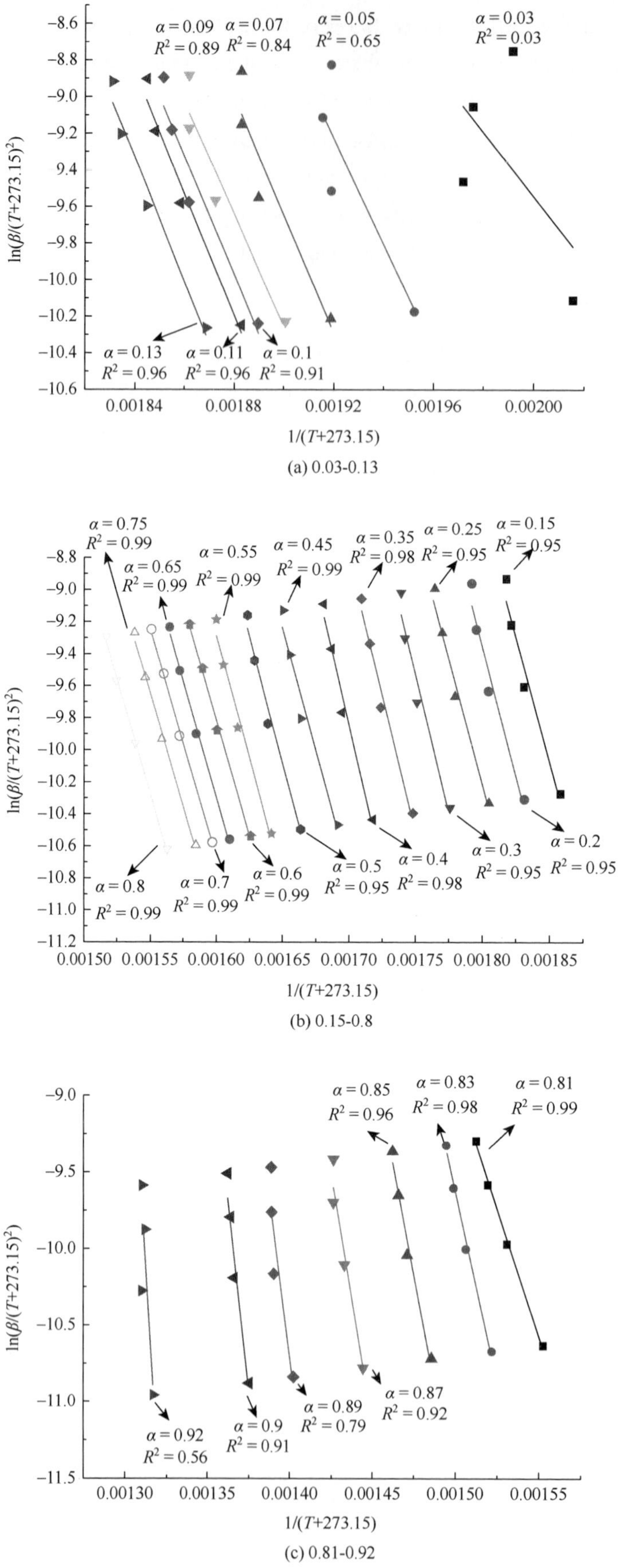

Fig. 6 Arrhenius plots of ln ($\beta/(T+273.15)^2$) vs. $1/(T+273.15)$ for PKS in different conversion rate ranges using KAS method

The distribution of the activation energy was presented in Fig. 7. The activation energy estimated from the FWO and KAS method showed excellent agreement with each other, and with only less than 5% deviation. And the small deviation was resulted from different approximations used in the algorithms [39, 40]. The consistency of results from both methods, and the measured TG curves from multi-heating heating rate, validated the accuracy and reliability of the estimated activation energy [41]. The value of activation energy was affected by several factors, such as different kinetics model, heating rate, species of biomass, particle size, different types of TGA, etc. Thus, the activation energy of PKS was only valid for this kind of experimental parameters mentioned in section 2.1 and 2.2.

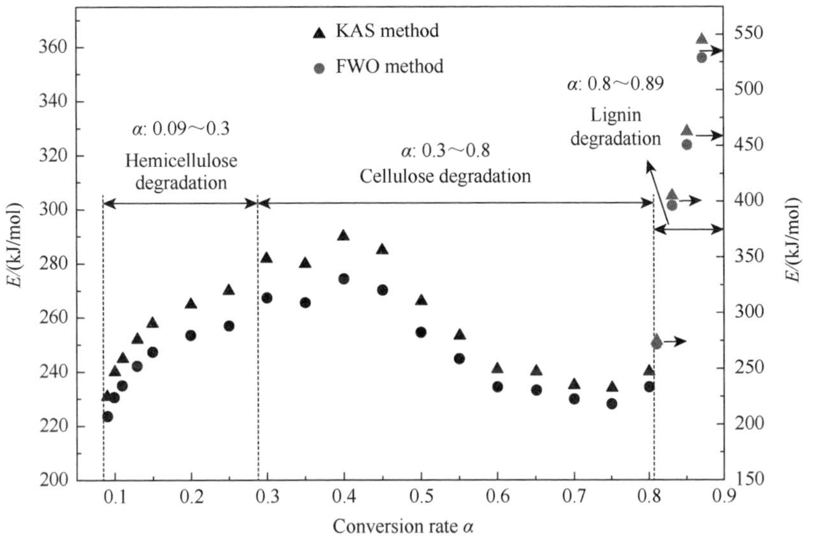

Fig. 7 Activation energy (*E*) distribution at different conversion rates (*α*) determinated from the FWO and KAS methods

Before the discussion of the activation energy distribution dependent on the conversion rate, it is worthy to note that activation energy represent the minimum energy requirement for a reaction started, in other words, higher value of activation energy means slower reaction rate and more difficulty of a reaction starting. From an overall perspective of Fig. 7, the fluctuation of the activation energy on α dependence was observed both in FWO and KAS method, and this revealed that the PKS pyrolysis process was a complex reaction included parallel, competitive and consecutive reactions [8, 20, 41-43].

For the first area, $0.09<\alpha<0.3$, the activation energy increased from 231 to 270 kJ/mol for the KAS method and 227 to 261 kJ/mol for the FWO method as the conversion rate increased, and this could be mainly attributed to the hemicellulose thermal degradation. Initially, the degradation started rather easily on the weakly linked sites inherent to the polymeric lineal chain of the hemicellulose which led to lower activation energy. Then, after the weaker bonds broke, random scission on the lineal chain occourred that made the activation energy increased [28]. Meanwhile, little part of lignin pyrolyzed at the sites where the functions such as methoxyl, hydyoxy, carbonyl and carboxy weakly linked on three kinds of benzene-propane, i.e. guaiacyl, syringyl, p-hydroxylphenyl, that were the basic structural unit of lignin[35]. Because of the interaction of hemicellulose and lignin, it was easy to understand that the activation energy in this stage was much higher than the single component of xylan (representing the hemicellulose) in pyrolysis process listed in Table 3, i.e. 87.65 kJ/mol, 69.39 kJ/mol, 179.84 kJ/mol, respectively. This comparison also confirmed that part of lignin degradation in this area increased the activation energy in this stage.

Table 3 Activation energy of cellulose, xylan and lignin from literatures

Cellulose				Xylan				Lignin				Ref.
Tem./℃	E/(kJ/mol)	A	R^2	Tem./℃	E/(kJ/mol)	A	R^2	Tem./℃	E/(kJ/mol)	A	R^2	
				200-260	116.84	5.4×10^{11}	0.95	200-400	43.29	1.4×10^{3}	0.92	
270-390	119.21	6.9×10^{9}	0.95	260-315	58.45	1.66×10^{5}	0.94	680-740	98.06	5.5×10^{4}	0.92	[26]
				Mean	87.65			Mean	70.68			

Continued

Cellulose				Xylan				Lignin				Ref.
Tem./℃	E/(kJ/mol)	A	R^2	Tem./℃	E/(kJ/mol)	A	R^2	Tem./℃	E/(kJ/mol)	A	R^2	
300-340	227.02	5.6×10^{16}	0.99	220-300	69.39	2.1×10^{3}	0.99	220-380	7.8	4.9×10^{-5}	0.99	[25]
								380-530	8.2	1×10^{-4}	0.99	
								750-900	54.77	3.4×10^{-2}	0.99	
								Mean	31.39			
/	240.23	2.6×10^{18}	/	/	179.84	6.1×10^{14}		/	165.61	8.5×10^{11}	/	[46]
275-390	150-175[a]	/	/	/	/	/	/	/	/	/	/	[47]

a: The value of activation energy of cellulose was decreasing as the conversion rate increasing from 0.15 to 0.8.

For the second area, namely $0.3<\alpha<0.8$, the activation energy initially increased slightly at $0.3<\alpha<0.45$, then decreased gradually at $0.45<\alpha<0.8$. Compared to the first area, higher activation energy was observed at $0.3<\alpha<0.45$, namely 282 to 285 kJ/mol for the KAS method and 277 to 280 kJ/mol for the FWO method. Accroding to the temperature corresponding to α of 0.3 to 0.45 in different heating rates, this area was just located between two mass-loss peak of DTG curves. Based on the analysis of the effect of high content of lignin in the part of TGA analysis, higher content lignin made the cross-link of three main components in PKS tighter. This indicated the competing degradation reactions occurred in the corss-linked polymer matrix, and also diffusion regime occurred [28]. Also in particular for cellulose in this area, based on Broido-Shafizadeh kinetics model, cellulose initially pyrolyzed to active cellulose, led to reduce the degree of polymerization and the length of molecule chain. The active cellulose was a intermediate product before further pyrolysis[45, 46]. Thus the aboved analysis validated the increasing of activation energy from $0.09<\alpha<0.3$ to $0.3<\alpha<0.45$. For the area of $0.45<\alpha<0.8$, the activation energy (234 to 266 kJ/mol for the KAS method and 232 to 262 kJ/mol for the FWO method) decreased. This was attributed to the degradation of active cellulose with low molecule weight formed in the second area which required lower energy. Then active cellulose continued to degradation. Two paralleled and competitive reactions occurred. One reaction was to produce char favored at lower temperature, the other was produce tar and gas which prior to occur at the higher temperature [42, 43, 45]. The activation energy in this stage was much higher than the single/pure component of cellulose listed in Table 3 (i.e. 119.21kJ/mol[26], 227.02 kJ/mol[25], 240.23 kJ/mol[46], 150 to 175 kJ/mol[47], respectively). The interaction of cellulose and lignin in PKS, namely the inherent link of their molecular structures, led to this result.

For the final area, $0.8<\alpha<0.87$, highest activation energy (275 to 545 kJ/mol for the KAS method and 272 to 529 kJ/mol for the FWO method) observed within the whole process, and the activation energy fast increased as the temperature increased. This was related to the degradation of lignin that had been stated in the part of TGA analysis based on the TG/DTG curves. Because lignin was mainly composed of three kinds of benzene-propane, which was heavily cross-linked, and made it own highest thermal stability [25, 41]. And the previous analysis had stated that weak-linked sites on the three-dimensional network structure of lignin had broken in the lower temperature range. However, in the range of high temperature, part of the three-dimensional network structure broke which required highest energy. And a large number of coke with low reaction activity was formed in this area which also led to the activation energy increased fast [30]. This could also be used to explain the result that the activation energy in this stage was much higher than the pure alkali lignin (70.68 kJ/mol, 31.39 kJ/mol, 165.61 kJ/mol respectively, shown in Table 3).

In general, the fluctuation of activation energy in the range of $0.1<\alpha<0.8$ was similar to the hazelnut husk with high content of lignin using KAS and FWO methods [10]. And the activation energy rapidly increased at the range $\alpha>0.8$ was similar with wheat straw [30]. In a word, the interaction of biomass components with different content and structure would finally led to variation of distribution of activation energy.

4 Conclusions

The difference in the molecular weight and structure of three fundamental chemical compositions, namely hemicellulose, cellulose and lignin, resulted in different pyrolysis characteristics. Their interaction led to the fluctuation of activation energy in PKS pyrolysis.①A higher content of lignin in PKS led to a slower degradation thermal decomposition observed as two significant mass-loss peaks in DTG curve that differentiated with other biomasses (e.g. pine wood, bamboo, corn stover and wheat straw) .②The fluctuation of activation energy estimated by FWO and KAS methods can be interpreted as follows. First, the degradation of hemicellulose occurred at $0.09<\alpha<0.3$. Then cellulose initially transformed to active cellulose, soon active cellulose begun to degrade within $0.3<\alpha<0.8$. At last, network structure of lignin broke with the highest activation energy at $0.8<\alpha<0.87$. ③The prominent volatile components generated by the pyrolysis of PKS were CO_2, aldehydes, ketones, organic acids, alkanes, and phenols.

Acknowledgements

This research was supported by the Research Foundation of Talented Scholars of Zhejiang A & F University and the "Twelfth Five Years" National Science and Technology Program (No. 2012BAD30BOO) .

References

[1] Ma L L, Wang T J, Liu Q Y, et al. A review of thermal chemical conversion of lignocellulosic biomass in China. Biotechnol Adv, 2012, 30: 859-873.

[2] Esfahani R M, Ghani W A W A, Salleh M A M, et al. Hydrogen-Rich gas production from palm kernel shell by applying air gasification in fluidized bed reactor. Energy Fuels, 2012, 26: 1185-1191.

[3] Kim S J, Jung S H, Kim J S. Fast pyrolysis of palm kernel shells: Influence of operation parameters on the bio-oil yield and the yield of phenol and phenolic compounds. Bioresour Technol, 2010, 101: 9294-9300.

[4] Grilc M, Likozar B, Levec J. Hydrodeoxygenation and hydrocracking of solvolysed lignocellulosic biomass by oxide, reduced and sulphide form of NiMo, Ni, Mo and Pd catalysts. Appl Catal B-Environ, 2014, 150: 275-287.

[5] Grilc M, Likozar B, Levec J. Hydrotreatment of solvolytically liquefied lignocellulosic biomass over $NiMo/Al_2O_3$ catalyst: Reaction mechanism, hydrodeoxygenation kinetics and mass transfer model based on FTIR. Biomass Bioenergy, 2014, 63: 300-312.

[6] Chen D Y, Zheng Y, Zhu X F. Determination of effective moisture diffusivity and drying kinetics for poplar sawdust by thermogravimetric analysis under isothermal condition. Bioresour Technol, 2012, 107: 451-455.

[7] Ma Z Q, Zhang Y M, Zhang Q S, et al. Design and experimental investigation of a 190 kW (e) biomass fixed bed gasification and polygeneration pilot plant using a double air stage downdraft approach. Energy, 2012, 46: 140-147.

[8] Narobe M, Golob J, Klinar D, et al. Co-gasification of biomass and plastics: pyrolysis kinetics studies, experiments on 100 kW dual fluidized bed pilot plant and development of thermodynamic equilibrium model and balances. Bioresour Technol, 2014, 162: 21-29.

[9] Lee Y, Park J, Ryu C, et al. Comparison of biochar properties from biomass residues produced by slow pyrolysis at 500 degrees C. Bioresour Technol, 2013, 148: 196-201.

[10] Asadullah M, Ab Rasid N S, Kadir S A S A, et al. Production and detailed characterization of bio-oil from fast pyrolysis of palm kernel shell. Biomass Bioenergy, 2013, 59: 316-324.

[11] Gu X L, Ma X, Li Lx, et al. Pyrolysis of poplar wood sawdust by TG-FTIR and Py-GC/MS. Journal of Analytical and Applied Pyrolysis, 2013, 102: 16-23.

[12] Gao N B, Li A M, Quan C, et al. TGA-FTIR and Py-GC/MS analysis on pyrolysis and combustion of pine sawdust. J Anal Appl Pyrol, 2013, 100: 26-32.

[13] Lah B, Klinar D, Likozar B. Pyrolysis of natural, butadiene, styrene-butadiene rubber and tyre components: modelling kinetics and transport phenomena at different heating rates and formulations. Chem Eng Sci, 2013, 87: 1-13.

[14] Jiang Z H, Liu Z J, Fei B H, et al. The pyrolysis characteristics of moso bamboo. J Anal Appl Pyrol, 2012, 94: 48-52.

[15] Zhao H, Yan H X, Dong S S, et al. Thermogravimetry study of the pyrolytic characteristics and kinetics of macro-algae Macrocystis pyrifera residue. J Therm Anal Calorim, 2013, 111: 1685-1690.

[16] Agrawal A, Chakraborty S. A kinetic study of pyrolysis and combustion of microalgae Chlorella vulgaris using thermo-gravimetric analysis. Bioresour Technol, 2013, 128: 72-80.

[17] Wongsiriamnuay T, Tippayawong N. Thermogravimetric analysis of giant sensitive plants under air atmosphere. Bioresour Technol, 2010, 101: 9314-9320.

[18] Aboulkas A, El Harfi K, El Bouadili A. Non-isothermal kinetic studies on coprocessing of olive residue and polypropylene. Energy Convers Manager,

2008，49：3666-3671.

[19] Çepelioğullar Ö，Pütün A E. Thermal and kinetic behaviors of biomass and plastic wastes in co-pyrolysis. Energy Convers Manager，2013，75：263-270.

[20] Vyazovkin S，Burnham A K，Criado J M，et al. Sbirrazzuoli N. ICTAC Kinetics Committee recommendations for performing kinetic computations on thermal analysis data. Thermochim Acta，2011，520：1-19.

[21] Flynn J H，Wall A L. A quick direct method for determination of activation energy from thermogravimetric data. J Polym Sci B，1966，4：323-328.

[22] Ozawa T. A new method of analyzing thermogravimetric data. Bull Chem Soc Jpn，1965，38：1881-1886.

[23] Kissinger H E. Reaction kinetics in differential thermal analysis. Anal Chem，1957，29：1702-1706.

[24] Akahira T，Sunose T. Method of determining activation deterioration constant of electrical insulating materials. Rep. Res. Inst. Chiba Inst. Technol.（Sci. Technol.），1971，16：22-31.

[25] Yang H P，Yan R，Chin T，et al. Thermogravimetric analysis-fourier transform infrared analysis of palm oil waste pyrolysis. Energy Fuels，2004，18：1814-1821.

[26] Pasangulapati V，Kumar A，Jones C L，et al. Characterization of switchgrass，cellulose，hemicellulose and lignin for thermochemical conversions. J Biobased Mater Bioenergy，2012，6（3）：249-258.

[27] Vassilev S V，Baxter D，Andersen L K，et al. An overview of the organic and inorganic phase composition of biomass. Fuel，2012，94（1）：1-33.

[28] Lopez-Velazquez M A，Santes V，Balmaseda J，et al. Pyrolysis of orange waste：a thermo-kinetic study. J Anal Appl Pyrol，2013，99：170-177.

[29] Kumar A，Wang L J，Dzenis Y A，et al. Thermogravimetric characterization of corn stover as gasification and pyrolysis feedstock. Biomass Bioenergy，2008，32：460-467.

[30] Chen D Y，Zheng Y，Zhu X F. In-depth investigation on the pyrolysis kinetics of raw biomass. Part I：kinetic analysis for the drying and devolatilization stages. Bioresour Technol，2013，131：40-46.

[31] Celan S，Topcu Y. Pyrolysis kinetics of hazelnut husk using thermogravimetric analysis. Bioresour Technol，2014，156：182-188.

[32] Liu QA，Zhong ZP，Wang SR，et al. Interactions of biomass components during pyrolysis：A TG-FTIR study. J Anal Appl Pyrol，2011，90（2）：213-218.

[33] Amutio M，Lopez G，Aguado R，et al. Kinetic study of lignocellulosic biomass oxidative pyrolysis. Fuel 2012，95：305-311.

[34] Ren X Y，Wang W L，Bai T T，et al. TGA-FTIR study of the thermal-conversion properties of holo-cellulose derived from woody biomass. Spectrosc Spect Anal 2013，33：2392-2397.

[35] Liu Q，Wang S R，Zheng Y，et al. Mechanism study of wood lignin pyrolysis by using TGA-FTIR analysis. J Anal Appl Pyrol 2008，82：170-177.

[36] Fu P，Hu S，Xiang J，et al. Study on the gas evolution and char structural change during pyrolysis of cotton stalk. J Anal Appl Pyrol，2012，97：130-136.

[37] Granada E，Eguia P，Vilan J A，et al. FTIR quantitative analysis technique for gases. Application in a biomass thermochemical process. Renew Energy，2012，41：416-421.

[38] Lopez-Gonzalez D，Fernandez-Lopez M，Valverde J L，et al. Thermogravimetric-mass spectrometric analysis on combustion of lignocellulosic biomass. Bioresour Technol，2013，143：562-574.

[39] Vyazovkin S. Modification of the integral isoconversional method to account for variation in the activation energy. J Comput Chem，2001，22：178-183.

[40] Ounas A，Aboulkas A，El Harfi K，et al. Pyrolysis of olive residue and sugar cane bagasse：Non-isothermal thermogravimetric kinetic analysis. Bioresour Technol，2011，102：11234-11238.

[41] Vamvuka D，Kakaras E，Kastanaki E，et al. Pyrolysis characteristics and kinetics of biomass residuals mixtures with lignite. Fuel，2003：82：1949-1960.

[42] Koufopanos C A，Maschio G，Lucchesi A. Kinetic modelling of the pyrolysis of biomass and biomass components. Can J Chem Eng 1989：67：75-84.

[43] Anca-Couce A，Berger A，Zobel N. How to determine consistent biomass pyrolysis kinetics in a parallel reaction scheme. Fuel，2014，123：230-240.

[44] Zhang J，Chen T，Wu J，et al. A novel Gaussian-DAEM-reaction model for the pyrolysis of cellulose，hemicellulose and lignin. RSC Adv，2014，4：17513-17520.

[45] Broido A，Nelson M A. Char yield on pyrolysis of cellulose. Combust Flame，1975：24：263-268.

[46] Bradbury A G W，Sakai Y，Shafizadeh F. A kinetic model for pyrolysis of cellulose. J Appl Polym Sci，1979：23：3271-3280.

[47] Suriapparao D V，Ojha D K，Ray T，et al. Kinetic analysis of co-pyrolysis of cellulose and polypropylene. J Therm Anal Calorim，2014，117：1441-1451.

Torrefaction of rice husk using TG-FTIR and its effect on the fuel characteristics， carbon and energy yields

Dengyu Chen[a]， Jianbin Zhou[a]， Qisheng Zhang[a]， Xifeng Zhu[b]， Qiang Lu[c]

[a]Materials Science & Engineering College， Nanjing Forestry University， Nanjing 210037， China

[b]Key Laboratory for Biomass Clean Energy of Anhui Province， University of Science and Technology of China， Hefei 230026， China

[c]National Engineering Laboratory for Biomass Power Generation Equipment， North China Electric Power University， Bejing 102206， China

Abstract

A torrefaction testing method using TG-FTIR is presented, ensuring accuracy of torrefaction temperature and time. Torrefaction experiments of rice husk were performed at different temperatures (200, 230, 260, and 290℃)for 30 min. The effect of torrefaction on the fuel characteristics was studied. Yields of carbon and oxygen, as well as solid and energy, were also considered. TG-FTIR analysis showed that in the depolymerization stage of the torrefaction process, CO_2 characteristic peaks appeared, while those of carbonyl compounds and aromatic hydrocarbons were weaker. In the devolatilization stage, the characteristic peaks of CO_2 and H_2O were significant. Meanwhile, carbonyl compounds, aromatic hydrocarbons, and phenols were gradually produced. After that, each absorption peak gradually became weaker. After torrefaction at 290℃, more than 76.6% of energy was retained in torrefied rice husk, while the solid yield was only 65.6%. 1.8%～52.2% of oxygen in rice husk was released in the torrefaction temperature range of 200 to 290℃. Torrefaction increased the heating value, reduces the oxygen content, and improved the storability, which indicates that torrefaction is an effective way to improve the properties of rice husk.

Keywords: Rice husk; Torrefaction; TG-FTIR; Fuel characteristics; Energy yield

1 Introduction

Biomass is an important renewable energy and is widely used in thermo-chemical conversion for solid, liquid, and gas fuel production. However, the undesirable qualities of raw biomass, such as high moisture content, low energy density, storage difficulties, poor grinding performance, and dispersed production locations, limit its utilization（Bates and Ghoniem，2013；Chen et al.，2012a，2014a；van der Stelt et al.，2011；Wannapeera et al.，2011）. When biomass is heated to a temperature between 200 and 300℃ in an inert atmosphere environment, moisture and part of the light volatile matter in the biomass are released. This moderate thermal treatment, known as biomass torrefaction, has been shown to effectively improve the quality of biomass raw materials（Chen et al.，2011c；Chew and Doshi，2011；Ren et al.，2013b；Wannapeera and Worasuwannarak，2012）. It can also reduce the high costs of the transport，treatment，and storage of biomass，as well as promote the further development of biomass utilization technology（Batidzirai et al.，2013；Svanberg et al.，2013）. In recent years，the torrefaction of biomass has attracted wide attention.

Biomass torrefaction is a complex low-temperature pyrolysis process. Thermo-gravimetric analysis（TG）coupled with Fourier transform infrared spectrometry（FTIR）technology is a very useful tool for biomass pyrolysis study，because not only can it obtain mass loss characteristics with temperature but also realize the exact qualitative identification of volatile gas components in real time（Meng et al.，2013）. Although TG has been

本文原载 *Bio Resources* 2014 年第 9 卷第 4 期第 6241-6253 页。

used in many studies of biomass torrefaction, there are few reports available in the literature regarding torrefaction of rice husk using TG-FTIR.

In addition, the establishment of the torrefaction conditions in TG or TG-FTIR is very important for torrefaction study. Many previous studies have adopted a test method of temperature programming using TG; that is, biomass samples did not directly or quickly reach the required torrefaction temperature, but first experienced a temperature programming process, which usually took 10 to 30 minutes to reach the torrefaction temperature (Eseltine et al., 2013; Ren et al., 2013a; Rousset et al., 2013; Sabil et al., 2013). However, this testing procedure is debatable, and probably not suitable for TG-FTIR, because decomposition reactions occurred during the temperature programming period; as a consequence, the volatile matter detected by FTIR in this period were not the volatile matter released by the biomass at the torrefaction temperature. This may lead to remarkable errors in the determination of torrefaction time and torrefaction mechanism analysis.

The objectives of this study are to present a torrefaction testing method using TG-FTIR, ensuring accuracy of torrefaction temperature and torrefaction time, and to determine the effect of torrefaction on the fuel properties, solid and energy yields, as well as carbon and oxygen yields of torrefied rice husk. In this study, the torrefaction experiments were repeated many times to obtained enough sample for fuel analysis use. The fuel characteristics, such as proximate analysis, ultimate analysis, heating value, and hydrophobic properties, were studied.

2 Experimental

2.1 Materials

The material used in this study was rice husk, which was selected from suburb of Hefei city. The rice husk was screened into a particle size of 40 to 60 mesh, and then dried for 6 hours at 110℃ for experiments use. The contents of hemicellulose, cellulose, and lignin in rice husk were 40.1%, 20.3%, and 15.1%, respectively, as determined by the Van Soest method. In this study, RH, DRH, and TRH-X stood for the raw rice husk (moisture content 9.5% on dry basis), the dried rice husk, and the torrefied rice husk (X indicating torrefaction temperature), respectively.

2.2 TG-FTIR analysis of torrefaction process

The torrefaction experiments were performed using a thermogravimetric analyzer (TGA Q5000IR, TA Instrument, USA) connected to a Fourier transform infrared spectrometer (Nicolet 6700, Thermo Scientific, USA). Unlike some other TG-FTIRs, the TGA Q5000IR has a new infrared furnace that ensures precise temperature control capacity and can achieve a heating rate as high as 500℃/min (Chen et al., 2013). The samples were rapidly heated from room-temperature to the torrefaction temperature, and then maintained for 30 min.

For each test, an accurately weighed 20 mg sample was used, and the flow rate of the carrier gas (N_2, purity> 99.99%) was maintained at 70 mL/min. The transfer line connecting the TGA and FTIR was heated at a constant temperature of 200℃ to avoid condensation of the volatile matter. FTIR online analysis of the volatiles and the IR spectra were recorded between 4000 cm^{-1} and 1000 cm^{-1}. A computer connected to the TGA and FTIR automatically recorded the experimental results for simultaneously analyzing the volatile products with corresponding TGA data. After the experiment, nitrogen was continually bowed for 30 min to remove the volatiles in FTIR.

In this study, the torrefaction temperatures were chosen as 200, 230, 260, and 290℃, and the torrefaction time was 30 min. In order to analyze the fuel properties, carbon and energy yields of rice husk, the torrefaction experiments under the same conditions were repeated more than 15 times to obtained enough samples, as one experiment can only obtained limited samples of 10～15mg.

2.3 Analysis of fuel properties

Proximate analysis was performed using a thermogravimetric analyzer (TGA Q5000IR, TA Instrument, USA) according to the literature (Aqsha et al., 2011; Munir et al., 2009). In brief, the samples (10 mg) were heated at a rate of 10℃/min from room temperature to 110℃, and held for 10 min to dry the samples (under N_2, 100mL/min). The samples were then heated from 110℃ at a heating rate of 20℃/min to 900℃ (under N_2) and held for 7 min to obtain the mass loss associated with volatiles release. Then, the blowing gas was changed from N_2 to air, and then air (100mL/min) was introduced into the furnace chamber to make the samples combustion. The mass loss associated with this is the fixed carbon. The remaining material after combustion is the ash.

Ultimate analysis was carried out using an elemental analyzer with an instrument precision of<0.5% (Vario macro cube, Elementar, Germany), and oxygen was estimated by the difference: O(%) = 100%–C(%)–H(%)–N(%)–S(%)–Ash(%).

The higher heating value was computed using Eq. (1), as developed by Friedl et al. (2005). The letters (C, H, and N) in Eq. (1) present the percentage of carbon, hydrogen, and nitrogen as determined by ultimate analysis.

$$HHV = 1.87C^2 - 144C - 2802H + 63.8C \times H + 129N + 20147 \quad (1)$$

The equilibrium moisture content (EMC) of torrefied rice husk was measured by a constant temperature and humidity incubator with temperature precision of ≤2℃ and humidity precision of±4%R. H (SPX-250C, Shanghai Boxun, China). The torrefied samples (100 mg) were exposed to an environment with constant humidity and temperature (30℃, relative humidity 50%) over a long period of time (more than 7 days). Then, 10mg of the sample was heated using the thermogravimetric analyzer (TGA Q5000IR, TA Instrument, USA) from room temperature to 110℃ at a heating rate of 10℃/min, and then held for 10 min to obtain the mass loss associated with moisture release. This moisture content was considered to be the EMC.

FTIR analysis of the sample was carried out using a Fourier transform infrared spectrometer (Nicolet 6700, ThermoScientific Instrument, USA) by the KBr tablet method. The wavenumber was in the range of 4000 cm^{-1} to 1000 cm^{-1}.

2.4 Solid yield and energy yield

Solid yield and energy yield are two important parameters used to evaluate the effects of biomass torrefaction. The definition of solid yield and energy yield are as follows:

$$Y_{mass} = \frac{M_{product}}{M_{feed}} \times 100\% \quad (2)$$

$$Y_{energy} = Y_{mass} \frac{HHV_{product}}{HHV_{feed}} \quad (3)$$

where Y_{mass} and Y_{energy} stand for solid yield and energy yield, respectively. The subscripts "feed" and "product" stand for the dried rice husk and torrefied rice husk, respectively.

2.5 Carbon yield and oxygen yield

Elemental yield values were calculated as follows,

$$Y_{carbon} = \frac{M_{carbon\ in\ product}}{M_{carbon\ in\ feed}} \times Y_{mass} \times 100\% \quad (4)$$

$$Y_{oxygen} = \frac{M_{oxygen\ in\ product}}{M_{oxygen\ in\ feed}} \times Y_{mass} \times 100\% \quad (5)$$

where Y_{carbon} and Y_{oxygen} stand for carbon yield and oxygen yield, respectively. The terms $M_{carbon\ in\ product}$, $M_{carbon\ in\ feed}$,

$M_{oxygen\ in\ product}$, and $M_{oxygen\ in\ feed}$ are the carbon mass in the torrefied rice husk, carbon mass in the dried rice husk, oxygen mass in the torrefied rice husk, and oxygen mass in the dried rice husk, respectively. These data can be obtained from ultimate analysis.

3 Results and discussion

3.1 Torrefaction Analysis using TG-FTIR

1. Evaluation of torrefaction conditions

The temperature profiles of rice husk in TG are illustrated in Fig. 1.

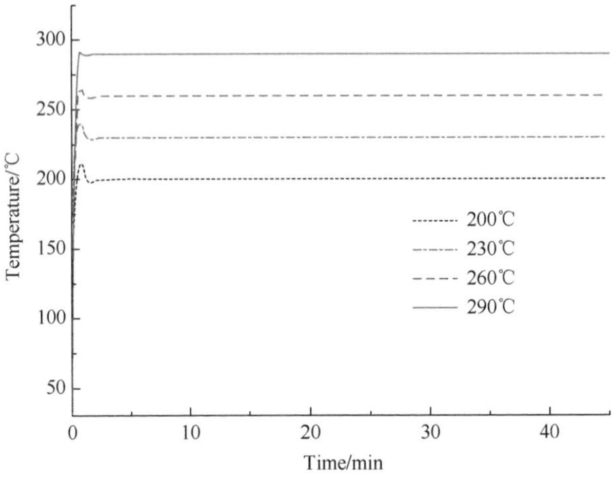

Fig. 1　Temperature profiles of sample in TGA under different torrefaction conditions

The heating rate of material was very rapid. The time needed to heat the sample to the torrefaction temperatures (200, 230, 260, and 290℃) was less than two minutes, after which the sample's temperature did not change until the experiment end. Thus, it was clear and easy to confirm the torrefaction time, as the heating period was very short.

If the heating period of sample heated to the torrefaction temperature is as long as 10 to 30 mins, it is difficult to precisely determine the torrefaction time and to perform products analysis. On the one hand, such a sample does not reach the torrefaction temperature, thus this period (about 10 to 30 mins) should not be simply included in the torrefaction process. On the other hand, this period cannot be ignored because the structure of biomass has been changed and the decompose reactions have occurred. In the present study, the testing method, based on the rapid heating of TG and its precise temperature control capability, can avoid the controversy of torrefaction time and the inaccurate analysis of physical and chemical properties of biomass by FTIR.

2. TG-DTG analysis of torrefaction process

Fig. 2 shows the TG and DTG curves of rice husk during torrefaction. Torrefaction, as a thermal treatment, contains the depolymerization, devolatilization, and carbonization stages. The rice husk was dried, and thus there was not an obvious water loss process (in TG curves) and water loss peak (in DTG curves). With increasing torrefaction temperature, the mass loss rate of rice husk increases, and the corresponding time of the maximum mass loss rate gradually delays.

3. TG-FTIR analysis of torrefaction process

Fig. 3 shows the infrared spectrogram of volatile matter corresponding to the maximum mass loss rate of rice husk under different torrefaction temperatures. CO_2 and H_2O show relatively high absorption peaks in Fig. 3. A part of organic carbohydrate (C=O) was also detected. According to the literature, they could be substances such as acetic acid, ketones, furans, etc. (Chen et al., 2011a). Because of their low concentrations, CH_4 and other gases were not detected. With increasing torrefaction temperature, the absorption peaks of other substances in the volatile component such as phenols, aromatic hydrocarbon, carbonyl compound, and low hydrocarbon were gradually enhanced.

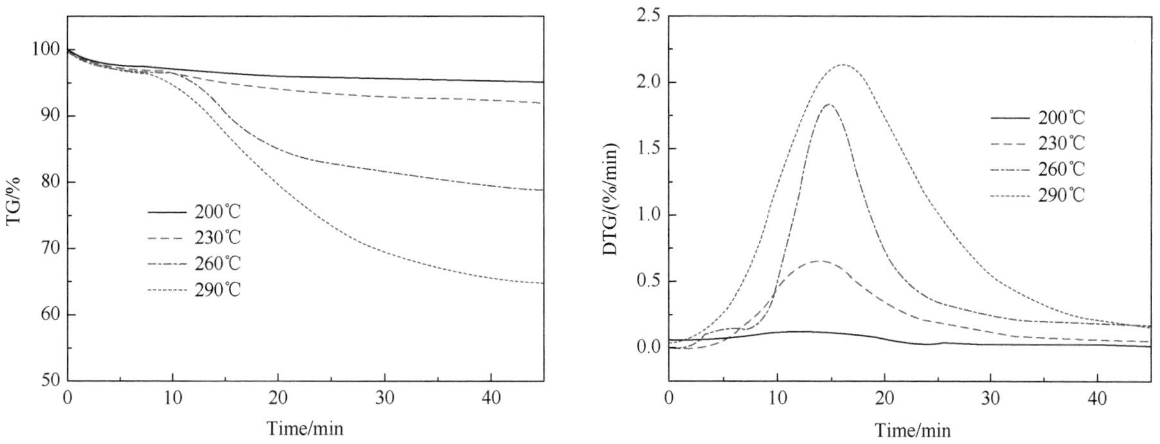

(a) TG (b) DTG

Fig. 2 TG and DTG curves of rice husk under different torrefaction conditions

During torrefaction, the dehydration reactions substantially destroy hydroxyls and form a non-polar unsaturated structure, leading to the difficult formation of hydrogen bonds by fiber structure and water. Moisture is difficult to absorb by torrefied rice husk, and the torrefied rice husk shows hydrophobic properties. The infrared spectrogram shows that absorption peaks corresponding to the lignin pyrolysis products appeared in succession, indicating that the tight fiber structure of rice husk was partly damaged.

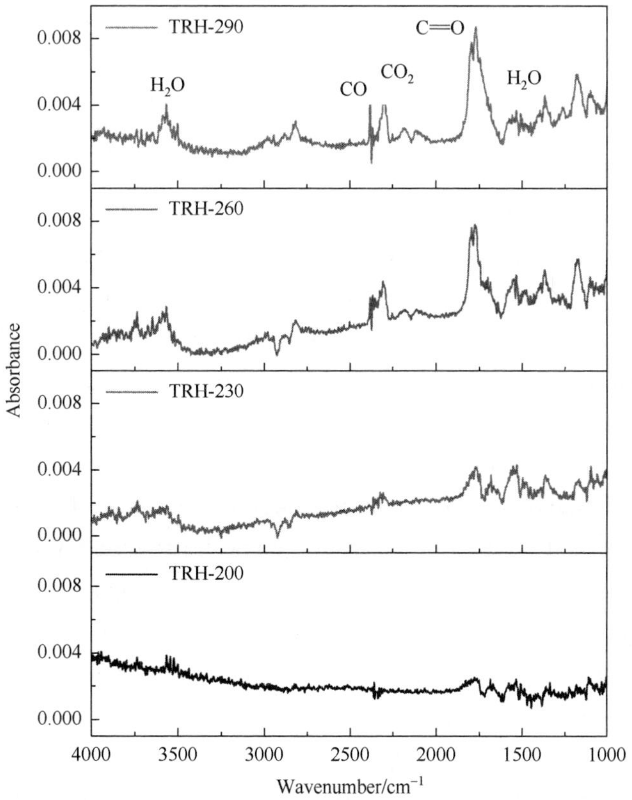

Fig. 3 FTIR spectra of volatile matter at the time point of maximum mass loss (11.8 minute for TRH-200, 14.1 minute for TRH-230, 14.9 minute for TRH-260, and 15.6 minute for TRH-290)

To further analyze the generation trend of some products, torrefaction at 260℃ was selected as an example for the FTIR analysis. Fig. 4. shows the infrared spectrogram corresponding to six representative time points at 260℃ torrefaction. In the depolymerisation stage (0~10 mins), an CO_2 characteristic peak appeared, while the characteristic peaks of carbonyl compound and aromatic hydrocarbon were relatively weak. This indicates that rice husk had undergone depolymerization and internal restructuring, which released micromolecule compounds such as CO_2, H_2O, and CO. The pyrolysis at this moment was not obvious, similar to mass loss at this stage. However, at the devolatilization stage (10 to 25 min), the characteristic peaks of CO_2 and H_2O were obvious. In addition, in ranges of 3000 to 2650 (C—H stretching vibration), 1850 to 1600 (double-bond stretching vibration of carbonyl C═O), and 1500 to 900 cm^{-1} (C—O and C—C skeletal vibration), the absorption peaks were relatively strong, indicating that some carbonyl compounds, aromatic hydrocarbons, and phenols gradually formed and some lignin decomposition occurred. Additionally, the fiber structure of the rice husk was partly damaged. Next, in the carbonization stage (25 to 45 min), each absorption peak was gradually weakened. Overall, with the progression of torrefaction, each absorption peak first increased and then decreased.

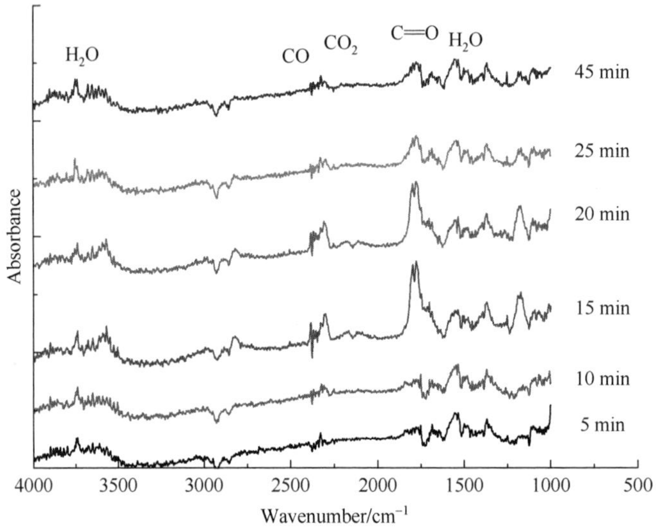

Fig. 4 FTIR spectra of volatiles at different times of TRH-260

4. FTIR analysis of torrefied rice husk

To further analyze the effects of torrefaction on functional groups of rice husk, FTIR analysis of dried and torrefied rice husk was conducted, and the results are shown in Fig. 5. As can be seen from the figure, there were several kinds of functional groups containing oxygen according to the rice husk infrared spectrogram, which presents an obvious C═O absorption peak. The high level of oxygen content in rice husk was a key reason for its low heat value. The effects of torrefaction temperature on types of organic functional groups and absorption peak intensity were significant. Compared with dried rice husk, the absorption peak of TRH-200 increased, which can be attributed to the enhancement of organic functional groups by the evaporation of moisture. Meanwhile, the release of volatile matter was limited, so that the absorption peaks of TRH-200 and DRH were very similar.

For TRH-230, TRH-260, and TRH-290, the absorption peaks in some functional groups containing oxygen were reduced, which is highly correlated with hemicellulose decomposition. With increasing torrefaction temperature, the dehydroxylation reactions in the hemicellulose, cellulose, and lignin contents of rice husk gradually increased, and most of the rice husk's moisture content was removed, leading to weakened OH peak values. Meanwhile, reactions such as decarboxylation, glycosidic bond breakage, and C═O group decomposition occurred in the hemicellulose, resulting in weakened C═O in carboxyl functional groups. Obviously, with the breaking and removal of some functional groups containing oxygen, the organic functional groups of torrefied rice husk were gradually simplified, leading to a decline of oxygen content in torrefied rice husk and an increase in heat value. These results are consistent with the results in Table 1.

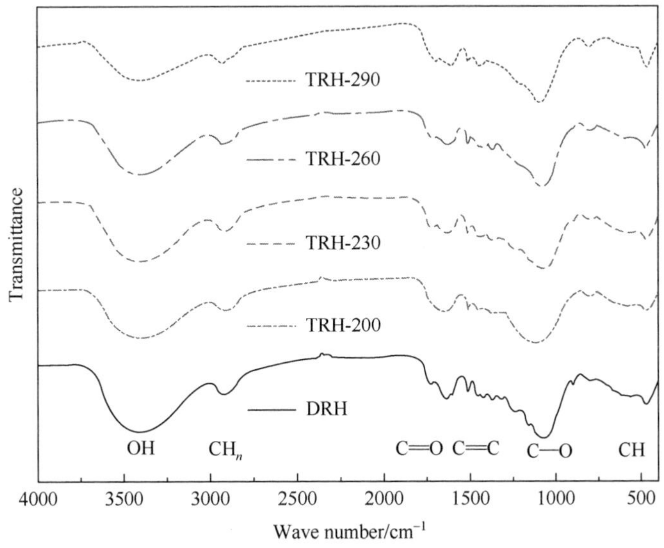

Fig. 5 FTIR spectra of dried and torrefied rice husk

Table 1 Proximate analysis, ultimate analysis, and higher heating value of dried and torrefied rice husk

Sample	Proximate analysis/(wt.%, db)			Ultimate analysis/(wt.%, db)					HHV/(MJ/kg)
	Volatiles	Fixed carbon	Ash	[C]	[H]	[O]	[N]	[S]	
DRH	64.64	19.06	16.30	42.09	5.92	35.03	0.49	0.16	16.66
TRH-200	64.80	19.08	16.11	42.34	5.85	35.01	0.52	0.17	16.77
TRH-230	60.47	22.34	17.20	44.07	5.94	31.98	0.65	0.16	17.46
TRH-260	54.42	27.05	18.53	45.91	5.38	29.33	0.66	0.18	18.14
TRH-290	39.41	37.40	23.19	49.86	4.85	21.26	0.67	0.17	19.45

3.2 Effect of torrefaction on the fuel properties

1. Proximate analysis

The results of proximate analysis, ultimate analysis, and higher heating value (HHV) of dried and torrefied rice husk are listed in Table 1. Comparing with volatiles content in DRH, small deceases were found in TRH-200 and TRH-230, while noticeable reductions were observed in TRH-260 and TRH-290. This is because high torrefaction temperature had a greater influence on the decompose of rice husk. Similar results were reported for torrefied pine chips (Phanphanich and Mani, 2011) and beechwood chips (Ohliger et al., 2013). The fixed carbon content and ash content increased with increasing torrefaction temperature.

2. Ultimate analysis

It can be seen from Table 1 that rice husk had low nitrogen and sulfur, while high carbon and oxygen contents. The nitrogen content of torrefied rice husk slightly increased with increasing torrefaction temperature. On the other hand, the sulfur content of torrefied rice husk showed no clear trend in changes. The hydrogen content exhibited a slight reduction at higher torrefaction temperatures (260 to 290℃). With increasing torrefaction temperature, the carbon content gradually increased, while the oxygen content considerably decreased. For instance, the oxygen content of TRH-290 was 13.77% less than that of the dried rice husk. Park et al. (2013) suggest that the formation and release of CO_2 and CO during the torrefaction process result in the changes in carbon and oxygen contents.

3. Fuel characteristics of O/C ratio

With increasing torrefaction temperature, the O/C ratio decayed from 1～1.10 to 0.30～0.35. In lignocellulose, the basic structure of lignin could be represented by $[C_9H_{10}O_3(OCH_3)_{0.9\text{-}1.7}]_n$, indicating that the O/C ratio was low, in a range of 0.43 to 0.52 (Chen et al., 2011b). Cellulose is a polymer with a basic structure of $(C_6H_{10}O_5)_n$, where n is the degree of polymerization ($n>1000$ in cellulose); whereas hemicellulose can be denoted by $(C_5H_8O_4)_n$, and the degree of polymerization is about 150 to 200 (Balat et al., 2008). Thus, the O/C ratios of cellulose and hemicellulose are 0.83 and 0.8, respectively. During the torrefaction of rice husk, the decomposition of hemicellulose is highest, followed by cellulose, then lignin. Different decomposition levels of biomass components result in the change of the O/C ratio in rice husk. The decrease of O/C ratio could be regarded as an good signal for the fuel characteristics improving of rice husk.

4. Heating value

Comparing with DRH, the increase in the HHV of torrefied rice husk due to torrefaction was within the range 0.07% to 16.75%. Similar observations were found in the study of agricultural residues (wheat straw and cotton gin waste)(Sadaka and Negi, 2009) and wood chips (Meng et al., 2012). Torrefaction reduces the oxygen content but increases the carbon content of rice husk, thus increasing the heating value of rice husk with increasing temperature. The increase in heating value contributes to rice husk utilization.

5. Hydrophobicity analysis

Equilibrium moisture content (EMC) is an indicator of the hydrophobicity of a solid (Yan et al., 2009). The results of EMC were 9.5%, 7.8%, 6.3%, 5.6%, and 2.5% for DRH, TRH-200, TRH-230, TRH-260, and TRH-290, respectively. These values show that EMC of torrefied rice husk decreased with increasing torrefaction temperature. It can be stated that torrefied rice husk is, at least partly, hydrophobic and consequently cannot reabsorb moisture to the same extent as untreated rice husk.

Biomass often has a certain amount of moisture. The moisture content of a fuel has a direct impact on its heating value, market price, as well as thermochemical utilization. Thus, drying pretreatment is essential before biomass pyrolysis (Chen et al., 2012b). However, the low moisture content of torrefied rice husk is a major claim made of torrefaction (Agar and Wihersaari, 2012). Torrefied rice husk potentially can be kept in heaps outdoors much like fossil coal without the need for costly dedicated storage infrastructure.

6. The effect of hemicellulose decomposition

The decomposition of biomass components directly lead to the property changes in the torrefied rice husk. As an amorphous polymer, hemicellulose has a high capacity for absorbing moisture from the air. With increasing torrefaction temperature, the degree of hemicellulose degradation becomes more extensive, and more and more hydroxyl groups in the hemicellulose are damaged. As a consequence, the water in the rice husk is eliminated and cannot be reabsorbed (Yan et al., 2009). This explains the hydrophobicity of the solid product after torrefaction. On the other hand, hemicellulose plays a fundamental role in linking the fibers of cellulose to each other (Ratte et al., 2011). Its devolatilization and depolymerisation can weaken and even break the whole parietal organized architectural structure. Therefore, the torrefied rice husk becomes highly friable and easy to grind.

3.3 Effect of torrefaction on the solid, energy, carbon and oxygen yield

The effect of torrefaction temperature on the solid yield and energy yield of torrefied rice husk is shown in Fig. 6. At low torrefaction temperature of 200 to 230℃, the mass loss was not remarkable and the solid yield was more than 91.2% of TRH-230. The mass loss was attributable to the evaporation of moisture content and a slight decomposition of the sample. By contrast, at high torrefaction temperatures in the range 260 to 290℃, more volatile matter was released, and thus the solid yield deceased obviously. The solid yield of TRH-290 was only 65.6%. Compared with solid yield, the energy yield decreased less with increasing torrefaction temperature. There was 76.6% of energy retained in TRH-290.

In addition, rice husk has high ash content. The inorganic elements in ash include potassium, calcium, sodium, magnesium, silicon, phosphorus, and chlorine, etc. (Chen et al., 2014b). Although the torrefaction temperatures in the present study (200 to 290℃) are lower than the common fast pyrolysis temperatures (400 to 600℃), the ash may accelerate the generation of biochar, and the alkali metals (potassium and sodium) and alkaline-earth metals (calcium and magnesium) may also catalyze the secondary reactions in rich husk torrefaction, resulting in an increase of the solid yield.

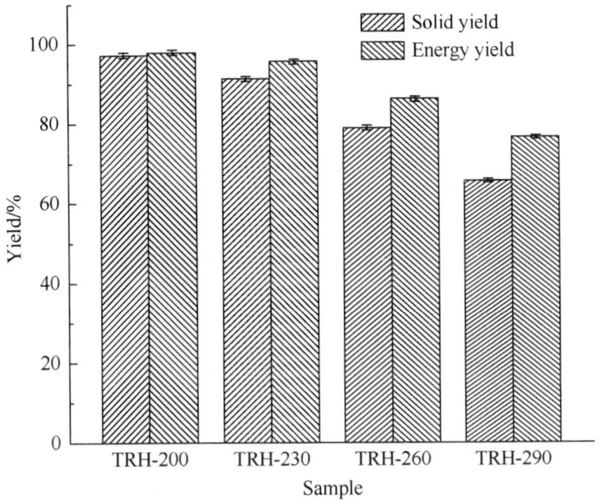

Fig. 6 Effect of torrefaction temperature on the solid yield and energy yield of torrefied rice husk

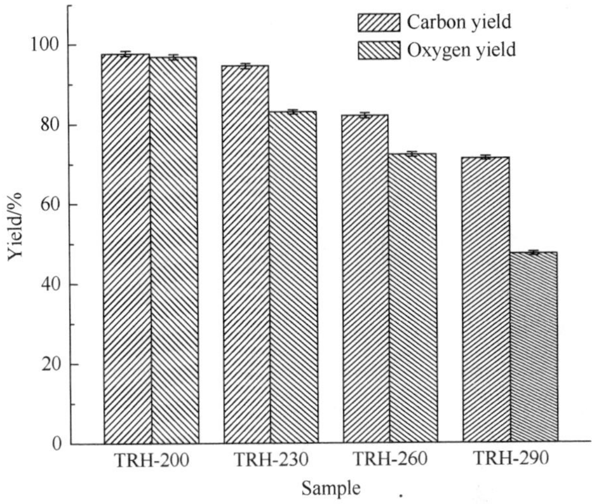

Fig. 7 Effect of torrefaction temperature on the carbon yield and oxygen yield of torrefied rice husk

Fig. 7. shows the carbon yield and oxygen yield of torrefied rice husk. It can be seen that 2.1% to 28.2% of carbon was released in the torrefaction temperature range of 200℃ to 290℃. This release of carbon was not much, because there was more than 71.8% of carbon retained in the TRH-290. However, the release of oxygen was remarkable. At the torrefaction temperature of 230℃, 16.5% of oxygen was released, while as much as about 52.2% was released at 290℃. This is very useful for rice husk utilization, as a large proportion of oxygen is released during the course of torrefaction.

4 Conclusions

By use of the procedures described in this work, the time needed to heat the sample to the torrefaction temperatures was less than two minutes. The testing method using TG-FTIR avoids certain difficulties in interpretation related to torrefaction time and the inaccurate analysis of physical and chemical properties of rice husk.

With the breakage and removal of some functional groups containing oxygen at higher torrefaction temperatures, the organic functional groups of the torrefied rice husk were gradually simplified, leading to a decline in the oxygen content of torrefied rice husk and an increase in heat value.

A CO_2 characteristic peak appeared in the depolymerization stage of the torrefaction process, and some carbonyl compounds, aromatic hydrocarbons, and phenols were gradually produced in the devolatilization stage. Finally, each absorption peak gradually became weaker during the carbonization stage.

Torrefaction had an important effect on the fuel characteristics. The decomposition of hemicellulose was the direct reason for changes in fuel properties such as hydrophobicity, grinding performance, and the O/C ratio of torrefied rice husk.

Compared with solid yield, energy yield decreased less with increasing torrefaction temperature. More than 76.6% of the energy was retained in TRH-290, while the solid yield of TRH-290 was only 65.6%. 1.8% to 52.2% of oxygen in rice husk was released in the torrefaction temperature range of 200℃ to 290℃.

Torrefaction effectively improves the energy content per unit mass of rice husk，as a large proportion of oxygen is released.

Acknowledgements

The authors acknowledge the financial support provided by the Scientific Research Funds of High-Level Talents in Nanjing Forestry University（No. G2014010），the National Natural Science Foundation of China（No. 51406089），the National Forestry Industry Research Special Funds for Public Welfare Projects（No. 201304611），and the Priority Academic Program Development of Jiangsu Higher Education Institutions（PAPD）.

References

Agar D，Wihersaari M. 2012. Bio-coal，torrefied lignocellulosic resources-Key properties for its use in co-firing with fossil coal-Their status. Biomass and Bioenergy，44（0）：107-111.

Aqsha A，Mahinpey N，Mani T，et al. 2011. Study of sawdust pyrolysis and its devolatilisation kinetics. Canadian Journal of Chemical Engineering，89（6）：1451-1457.

Balat M，Balat H C. 2008. Progress in bioethanol processing. Progress in Energy and Combustion Science，34（5）：551-573.

Bates R B，Ghoniem A F. 2013. Biomass torrefaction：Modeling of reaction thermochemistry. Bioresource Technology，134：331-340.

Batidzirai B，Mignot A P R，Schakel W B，et al. 2013. Biomass torrefaction technology：Techno-economic status and future prospects. Energy，62：196-214.

Chen D Y，Li K，Zhu X F. 2012a. Determination of effective moisture diffusivity and activation energy for drying of powdered peanut shell under isothermal conditions. BioResources，7（3）：3670-3678.

Chen D Y，Liu X，Zhu X F. 2013. A one-step non-isothermal method for the determination of effective moisture diffusivity in powdered biomass. Biomass and Bioenergy，50：81-86.

Chen D Y，Zheng Y，Zhu X F. 2012b. Determination of effective moisture diffusivity and drying kinetics for poplar sawdust by thermogravimetric analysis under isothermal condition. Bioresource Technology，107：451-455.

Chen D Y，Zhou B，Zhang Q S. 2014a. Effects of heating rate on slow pyrolysis behavior，kinetic parameters and products properties of moso bamboo，Bioresource Technology，169：313-319.

Chen D Y，Zhou J B，Zhang Q S，et al. 2014b. Evaluation methods and research progresses in bio-oil storage stability. Renewable and Sustainable Energy Reviews，40：69-79.

Chen Q，Zhou J S，Liu B J，et al. 2011a. Influence of torrefaction pretreatment on biomas gasification technology. Chinese Science Bulletin，56（14）：1449-1456.

Chen W H，Cheng W Y，Lu K M，et al. 2011b. An evaluation on improvement of pulverized biomass property for solid fuel through torrefaction，Applied Energy，88（11）：3636-3644.

Chen W H，Hsu H C，Lu K M，et al. 2011c. Thermal pretreatment of wood（Lauan）block by torrefaction and its influence on the properties of the biomass. Energy，36（5）：3012-3021.

Chew J J，Doshi V. 2011. Recent advances in biomass pretreatment-Torrefaction fundamentals and technology. Renewable and Sustainable Energy Reviews，15（8）：4212-4222.

Eseltine D，Thanapal S S，Annamalai K，et al. 2013. Torrefaction of woody biomass（Juniper and Mesquite）using inert and non-inert gases. Fuel，113：379-388.

Friedl A，Padouvas E，Rotter H，et al. 2005. Prediction of heating values of biomass fuel from elemental composition. Analytica Chimica Acta，544（1-2）：191-198.

Meng A，Zhou H，Qin L，et al. 2013. Quantitative and kinetic TGFTIR investigation on three kinds of biomass pyrolysis. Journal of Analytical and Applied Pyrolysis，104：28-37.

Meng J，Park J，Tilotta D，et al. 2012. The effect of torrefaction on the chemistry of fast-pyrolysis bio-oil. Bioresource Technology，111：439-446.

Munir S，Daood S S，Nimmo W，et al. Thermal analysis and devolatilization kinetics of cotton stalk，sugar cane bagasse and shea meal under nitrogen and air atmospheres. Bioresource technology，2009，100（3）：1413-1418.

Ohliger A，Fster M，Kneer R. 2013. Torrefaction of beechwood：A parametric study including heat of reaction and grindability. Fuel，104：607-613.

Park J，Meng J，Lim K H，et al. 2013. Transformation of lignocellulosic biomass during torrefaction. Journal of Analytical and Applied Pyrolysis，100：199-206.

Phanphanich M，Mani S. 2011. Impact of torrefaction on the grindability and fuel characteristics of forest biomass. Bioresource Technology，102（2）：1246-1253.

Ratte J，Fardet E，Mateos D，et al. 2011. Mathematical modelling of a continuous biomass torrefaction reactor：TORSPYD™ column. Biomass and Bioenergy，35（8）：3481-3495.

Ren S，Lei H，Wang L，et al. 2013a. Thermal behaviour and kinetic study for woody biomass torrefaction and torrefied biomass pyrolysis by TGA. Biosystems Engineering，116（4）：420-426.

Ren S, Lei H, Wang L, et al. 2013b. The effects of torrefaction on compositions of bio-oil and syngas from biomass pyrolysis by microwave heating. Bioresource Technology, 135: 659-664.

Rousset P, Aguiar C, Volle G, et al. 2013. Torrefaction of babassu: A potential utilization pathway. BioResources, 8 (1): 358-370.

Sabil K M, Aziz M A, Lal B, et al. 2013. Effects of torrefaction on the physiochemical properties of oil palm empty fruit bunches, mesocarp fiber and kernel shell. Biomass and Bioenergy, 56: 351-360.

Sadaka S, Negi S. 2009. Improvements of biomass physical and thermochemical characteristics via torrefaction process. Environmental Progress & Sustainable Energy, 28 (3): 427-434.

Svanberg M, Olofsson I, Flodén J, et al. 2013. Analysing biomass torrefaction supply chain costs. Bioresource Technology, 142: 287-96.

van der Stelt M J C, Gerhauser H, Kiel J H A, et al. 2011. Biomass upgrading by torrefaction for the production of biofuels: A review. Biomass and Bioenergy, 35: 3748-3762.

Wannapeera J, Fungtammasan B, Worasuwannarak N. 2011. Effects of temperature and holding time during torrefaction on the pyrolysis behaviors of woody biomass. Journal of Analytical and Applied Pyrolysis, 92 (1): 99-105.

Wannapeera J, Worasuwannarak N. Upgrading of woody biomass by torrefaction under pressure. Journal of Analytical and Applied Pyrolysis, 2012, 96: 173-180.

Yan W, Acharjee T C, Coronella C J, et al. 2009. Thermal pretreatment of lignocellulosic biomass. Environmental Progress & Sustainable Energy, 28 (3): 435-440.

Upgrading of rice husk by torrefaction and its influence on the fuel properties

Dengyu Chen[a], Jianbin Zhou[a], Qisheng Zhang[a], Xifeng Zhu[b], Qiang Lu[c]
[a]Materials Science & Engineering College, Nanjing Forestry University, Nanjing 210037, China
[b]Key Laboratory for Biomass Clean Energy of Anhui Province, University of Science and Technology of China, Hefei 230026, China
[c]National Engineering Laboratory for Biomass Power Generation Equipment, North China Electric Power University, Bejing 102206, China

Abstract

Torrefaction refers to thermal treatment of biomass at 200 to 300℃ in an inert atmosphere, which may increase the heating value while reducing the oxygen content and improving the storability. In this study, the effects of torrefaction temperatures on the properties of rice husk were analyzed. Torrefaction experiments were performed using a lab-scale device designed to reduce heat and mass transfer transient effects. A new method is described for clarifying torrefaction time and minimizing experimental error. Results from analysis of torrefaction temperatures (200, 230, 260, and 290℃) support the supposition that the fiber structure is damaged and disrupted, the atomic oxygen ratio is reduced, the atomic carbon ratio and energy density are increased, the equilibrium moisture content is reduced, and the hydrophobic properties of rice husk are enhanced. The data presented in this paper indicate that torrefaction is an effective method of pretreatment for improving rice husk. Torrefaction at 230 to 260℃ for 30 min was found to optimize fuel properties of the torrefied rice husk.

Keywords: Biomass; Rice husk; Torrefaction; Fuel properties; Grindability

1 Introduction

Biomass has been recognized as a clean and renewable energy source. The thermo-chemical conversion utilization of biomass is gaining increasing attention (Chen et al., 2014). In 2012, the yield of rice husk in China was estimated to be 41 million tons, accounting for about 28.6% of the total output of the world, according to the Food and Agriculture Organization of the United Nations (FAO). Rice husk is a very important biomass raw material for thermo-chemical conversion. It is extensively used in pyrolysis and gasification. However, the properties of raw biomass, such as its high oxygen content, high moisture, low calorific value, large particle size, and grinding difficulty, have limited the further development of biomass application technology (Chen et al., 2012a; van der Stelt et al., 2011; Yin et al., 2012). Moreover, in order to avoid the CO_2 costs related to transportation, leading to greater end-use efficiency, bioenergy should be generated in the same locale where biomass is produced (Protasio et al., 2013). Also, the selection of an appropriate pretreatment approach is understood to be the key to addressing biomass defects.

Compared with drying pretreatment (room temperature to 150℃), torrefaction pretreatment at 200 to 300℃ can better improve biomass quality (Chen et al., 2012b). Torrefaction is a thermal treatment with the reaction temperature between 200 and 300℃ under the conditions of ordinary pressure in the absence of oxygen (Shang et al., 2013; Zheng et al., 2013). This moderate thermal process breaks down the fiber structure of biomass, so that biomass becomes easier to grind (Arias et al., 2008; Chen and Kuo, 2010; Phanphanich and Mani, 2011).

The improved biomass structure also contributes to the liquidity of biomass materials in a gasification reactor

本文原载 *Bio Resources* 2014 年第 9 期第 4 卷第 5893-5905 页。

(Deng et al., 2009). In addition, it can effectively reduce the oxygen content, enhance biomass energy density, improve the C/O ratio, and reduce the transportation and storage costs of biomass (Patuzzi et al., 2013; Wannapeera and Worasuwannarak, 2012).

Hemicellulose has a large capacity to absorb humidity, and a large proportion of it can be degraded and released as gaseous byproducts in the course of torrefaction. As a consequence, biomass becomes more hydrophobic, and the water is not as easily absorbed by the biomass again (Acharjee et al., 2011; Yan et al., 2009). Currently, studies on torrefaction preprocessing have achieved a certain amount of progress, but almost all studies have been targeted at wood as a raw material (Arias et al., 2008; Peng et al., 2013; Ren et al., 2013; Sabil et al., 2013; Tran et al., 2013; Wannapeera et al., 2011). There are few reports available in the literature regarding torrefaction of rice husk. Therefore, the first objective of this work is to study the effects of torrefaction on the fuel properties of rice husk.

In addition, experimental methods of biomass torrefaction should also be improved. Previous studies often adopt the method of heating biomass from room temperature to torrefaction temperature and then maintaining the torrefaction temperature for a specified time (Arias et al., 2008; Medic et al., 2012; Rousset et al., 2012; Shang et al., 2013; Wang et al., 2011). However, this approach makes it difficult to precisely determine torrefaction time and the torrefaction mechanism.

The period of biomass heating (about 10 to 30 min) cannot be simply included in the torrefaction process because in this period, the sample temperature does not reach the required torrefaction temperature. However, this period of slow temperature rise should also not be ignored, because the structure of biomass has been changed and organic components begin to decompose, which leads to inaccurate results in the analysis of changes to the physical and chemical properties of biomass. Also, at the end of the experiment, the sample temperature remains high in the torrefaction device (e.g., tube furnace) and the decomposition continues, leading to a relatively low yield of solid products.

Thus, the second objective is to present a testing method that allows the biomass sample to quickly reach the set torrefaction temperature at the beginning of the experiment and quickly cool at the end of experiment, to enable the changes to the physical and chemical properties of biomass to happen at torrefaction temperature.

This article focuses on torrefaction temperature's effect on the fuel properties. A torrefaction testing method was developed to rapidly heat the biomass samples and to reduce the transient effects of heat-up rate and mass transfer of devolatilized products. The fuel properties of rice husk, such as proximate analysis, ultimate analysis, component analysis, heating value, hydrophobic properties, and grindability, were studied. Detailed process design and cost-benefit analysis are beyond the subject of the research, and they will be discussed in subsequent studies.

2 Experimental

2.1 Materials

Rice husk selected from suburb of Hefei city was used as raw material in this study. The raw rice husk (RH) had a moisture content of 9.4% (dry base). Rice husk was dried for 6 h at 110℃, and the dried rice husk (DRH) were stored in a quartz dryer for further use.

2.2 Methods

A lab-scale torrefaction device, which was developed by the authors, is shown in Fig. 1. Before the experiment, rice husk (5 g) was placed in a feedstock container. A temperature controller was used to control the experimental temperature. A heating furnace, with an outer thermal insulation coat, heated a quartz reactor. When the temperature was reached and stabilized at the experimental temperature, the samples were fed from the glass feedstock container into the downstream quartz reactor. Quartz wool with stainless steel wires was used to support the samples and enhance the heat transfer effect to allow the rice husk to rapidly reach the experimental temperature. The temperature of the sample was determined by a thermocouple and recorded every one minute (recorded every 0.25 minute in the first 2 minutes). The samples were torrefied for 30 minutes with a flow rate of 500 mL/min of nitrogen. Soon after the volatile gases left the reactor, they were condensed, and liquid products were collected in a condenser. The non-condensable gases were collected by a gas collecting bag every few minutes. After the experiment, the heating furnace was opened and the contents were moved out the quartz reactor. The reactor was quickly cooled by forced convection using a blower, and the flow of nitrogen was constantly maintained until the sample temperature dropped below 100℃. In this study, the rice husk was torrefied at 200, 230, 260, and 290℃ for 30 min, respectively. Each test was repeated three times under the same conditions.

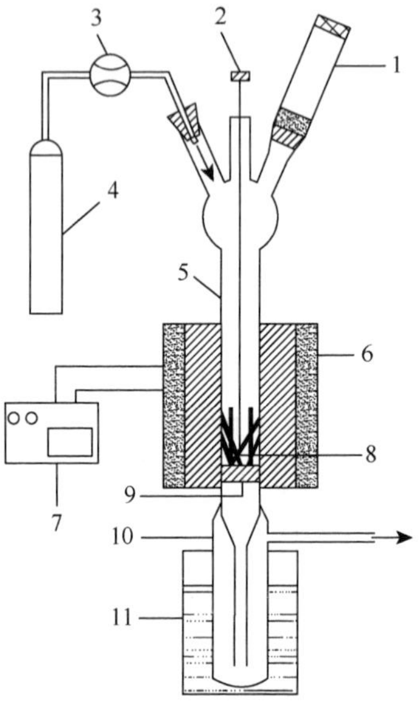

Fig. 1　The lab-scale torrefaction device

1. Feedstock container; 2. Thermocouple; 3. Flowmeter; 4. Nitrogen cylinder; 5. Quartz reactor; 6. Heating furnace; 7. Temperature controller; 8. Stainless wires; 9. Quartz wool; 10. Condenser; 11. Liquid nitrogen container

2.3　Sample labels

The torrefied rice husk was denoted TRH-X, with the value of "X" indicating the torrefaction temperature (in ℃). For example, a run labelled TRH-230 corresponds to torrefaction of rice husk carried out at 230℃ during 30 min.

2.4　Solid yield and energy yield

The HHV can only reflect the energy changes per unit mass of torrefied rice husk, but mass changes to rice husk during torrefaction are not considered. Solid yield and energy yield are two important parameters used to evaluate the effects of biomass torrefaction. The definition of solid yield and energy yield are as follows,

$$Y_{\text{mass}} = \frac{M_{\text{product}}}{M_{\text{feed}}} \times 100\% \tag{1}$$

$$Y_{\text{energy}} = Y_{\text{mass}} \frac{HHV_{\text{product}}}{HHV_{\text{feed}}} \tag{2}$$

where Y_{mass} and Y_{energy} stand for solid yield and energy yield, respectively. The subscripts "feed" and "product" stand for the dried rice husk and solid product after torrefaction (torrefied rice husk), respectively. The units of M_{product}, M_{feed}, HHV_{product}, and HHV_{feed} are kg, kg, MJ/kg, and MJ/kg, respectively.

2.5　Analysis of fuel properties

Proximate analysis of samples was performed according to the D3172-07a standard. Ultimate analysis was carried out using an elemental analyzer with an instrument precision of<0.5% (Vario macro cube, Elementar, Germany), and oxygen was estimated by the difference: O(%) = 100%–C(%)–H(%)–N(%)–S(%)–Ash(%). The heating value was measured in an adiabatic oxygen bomb calorimeter with an instrument precision of ≤0.2% (XRY-1A, Changji Geological Instruments, China).

The contents of hemicellulose, cellulose, and lignin in biomass were determined by the modified Van Soest method (Yan et al., 2009). In brief, the rice husk was dried and treated in a neutral detergent solution first. The difference of rice husk and the neutral detergent fiber (NDF) was the extractives content. Then, the sample was digested with acid-solution, and the acid detergent fiber (ADF) was determined. Acid detergent lignin (ADL) was measured by further treating ADF with 72% H_2SO_4. The contents of hemicellulose, cellulose, and lignin were calculated from the difference of NDF, ADF, ADL, and ash.

To evaluate the grindability of dried and torrefied rice husk, the samples were ground in a mill with a sieve of 16 mesh (1mm) for 1 min and then sieved into five fractions, including 16 to 40 mesh (1 to 0.38 mm), 40 to 60 mesh (0.38 to 0.25 mm), 60 to 80 mesh (0.25 to 0.18 mm), 80 to 140 mesh (0.18 to 0.109 mm), and 140 to 400 mesh (0.109 to 0.038 mm). The particle size distribution was evaluated by the weight percentage of each fraction.

To evaluate the hydrophobic properties of torrefied rice husk, the equilibrium moisture content (EMC) was measured using a constant temperature and humidity incubator with temperature precision of ≤2℃ and humidity precision of±4%R.H (SPX-250C, Shanghai Boxun, China). The torrefied samples (3 g) were exposed to an environment with constant humidity and temperature (30℃, relative humidity 50%) over a long period of time (more than 7 days), until the sample mass was constant for three consecutive days. Then, the samples were dried at 110℃ for 6 h, and this moisture content was considered the EMC.

3 Results and discussion

3.1 Temperature profiles of the samples

Fig. 2 shows the temperature profiles of the rice husk samples in the lab-scale torrefaction device. It can be observed that the sample temperature rose quickly and then was maintained at the torrefaction temperature until the end of the experiment. Thus, the torrefaction time is clear and can be easily determined from the moments when the samples were fed into the quartz reactor until the quartz reactor was moved out from the heating furnace. Although this testing method is simple, it avoids ambiguity in torrefaction time and facilitates analysis of the mechanism.

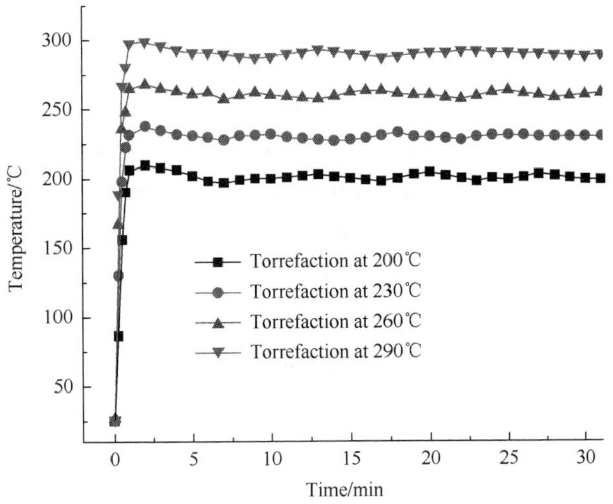

Fig. 2 Temperature profiles of the samples in the lab-scale torrefaction device during torrefaction

3.2 Surface morphology

Fig. 3. shows the surface morphology of dried and torrefied rice husk. The mass of samples in each of the containers was 3±0.3 g. As can be seen from Fig. 3, with increasing torrefaction temperature, the surface morphology of torrefied rice husk changed significantly, showing a gradually shrinking volume and turning from yellow to brown and then black.

DRH　　TRH-200　　TRH-230　　TRH-260　　TRH-290

Fig. 3　The effect of torrefaction temperature on the surface morphology of rice husk

3.3 Effect of torrefaction on chemical composition

1. Proximate analysis

The presented method for fuel properties was found to have a good repeatability and accuracy, and the testing results had a maximum relative standard error less than 5%. The average results of proximate analysis, ultimate analysis, higher heating value (HHV) and lower heating value (LHV) of dried and torrefied rice husk are listed in Table 1.

It can be seen from Table 1 that with increasing torrefaction temperature, the amount of volatile matter gradually decreased. The volatiles content was changed little at temperatures of 200 and 230℃, while a noticeable reduction was observed at torrefaction temperatures of 260 and 290℃, indicating that high torrefaction temperature had a noticeable influence on the volatile matter content. Similar observations had been found in the study of torrefied pine chips (Phanphanich and Mani, 2011) and beechwood chips (Ohliger et al., 2013).

During the torrefaction, some volatile matter was released, while ash remained in the solid products, leading to an increase in the ash content of torrefied rice husk with increasing torrefaction temperature. The fixed carbon content of torrefied rice husk also increased with increasing torrefaction temperature.

2. Ultimate analysis

With increasing torrefaction temperature and torrefaction time, the main elements (C, H, N, S, O) of rice husk changed to different degrees. The nitrogen contents were low (less than 1%) and slightly increased with increasing torrefaction. As seen from Table 1, the torrefaction temperature had little effect on the relative content of S; however, the absolute content of sulfur decreased comparing with the initial sulfur content in rice husk. The solid yields of torrefied rice husk are given in Fig. 4. If the original dried rice husk (DRH) was 100 g, the absolute content of sulfur in DRH was 0.18 g (100g×0.18%), the remain mass of sulfur in TRH-200, TRH-230, TRH-260, and TRH-290 were 0.176 g (100g×solid yields×0.18%), 0.157 g, 0.123 g, and 0.120 g, respectively. Knudsen et al. (2004) indicated that the release of sulfur begins with the cysteine and methionine units (two main S-containing precursors for plant protein) which start to decompose at 178 and 183℃, respectively (Knudsen et al., 2004). Similar results were found by Saleh et al. (2014). In their study, the release of sulfur from straw and miscanthus was approximately 20% at 250℃ and then gradually increased to approximately 50% at 350℃.

Table 1 Proximate analysis, ultimate analysis, and heating value of dried and torrefied rice husk

Sample	Proximate analysis (wt.%, db)			Ultimate analysis (wt.%, db)					HHV/(MJ/kg)	LHV/(MJ/kg)	Bulk density/(kg/m³)
	Volatiles	Fixed carbon	Ash	[C]	[H]	[O]	[N]	[S]			
DRH	64.89	19.83	15.28	42.13	5.40	36.47	0.55	0.17	15.16	13.97	121.5
TRH-200	65.05	19.87	15.09	42.38	5.33	36.45	0.57	0.18	16.63	15.45	120.7
TRH-230	60.78	23.03	16.19	44.17	5.42	33.36	0.69	0.17	16.92	15.77	115.9
TRH-260	54.83	27.64	17.54	46.07	4.86	30.68	0.70	0.15	17.53	16.46	107.3
TRH-290	40.06	37.68	22.26	50.15	4.32	22.38	0.71	0.18	17.95	16.99	96.7

The hydrogen content was basically not reduced during the low-temperature period (200 to 230℃), and only a slight reduction was detected when torrefaction was carried out at higher temperatures (260 to 290℃). This is because hydrocarbons, such as CH_4 and C_2H_6, are only released at higher temperatures. Similar results have been reported for eucalyptus (Arias et al., 2008).

The most obvious change is the contents of carbon and oxygen. carbon content gradually rose. The oxygen content of the torrefied samples underwent a considerable decrease. This was because rice husk underwent decarboxylation and carbonylation reactions during the torrefaction, generating moisture, CO_2, CO, and oxygen-containing carbohydrates. Park et al. (2013) suggested that the changes in carbon and oxygen contents are due to the formation and release of CO_2 and CO during the torrefaction process.

3. Heating value

As can be seen from Table 1, the HHV and LHV of torrefied rice husk noticeably increased with increasing torrefaction temperature. The increase in heating value of rice husk during torrefaction was comparable with other similar studies for agricultural residues (wheat straw and cotton gin waste) (Sadaka and Negi, 2009) and wood chips (Meng et al., 2012). More moisture and high oxygen content are the primary reasons for the low quality of biomass. The decrease in moisture content and increase in the C/O ratio improves the HHV of the torrefied rice husk compared to the dried rice husk, which will also help enhance the value of rice husk as a raw material for thermo-chemical conversion.

4. Composition analysis

The effects of torrefaction temperature on the chemical composition of rice husk are shown in Table 2. After torrefaction at 290℃ for 30 min, the amount of hemicellulose was almost undetectable. In other words, the hemicellulose was the major decomposed component. The cellulose content changed slightly in the temperature range of 200℃ to 230℃. Thus, cellulose did not undergo much decomposition in the torrefaction process. Then, it decreased quickly in the temperature range of 260 to 290℃, indicating that the cellulose started to partially decompose at 260℃. Although the lignin in the torrefaction process is also decomposed to some extent, due to the large amount of hemicellulose that was decomposed, the relative amount of lignin rose markedly. These results are in accordance with the literature (Phanphanich and Mani, 2011; Zheng et al., 2012).

Table 2 Chemical composition of dried and torrefied rice husk

Sample	Cellulose/wt.%	Hemicellulose/wt.%	Lignin/wt.%	Extractives/wt.%
DRH	40.19	19.69	14.43	10.15
TRH-200	41.43	19.67	14.71	8.71
TRH-230	38.33	7.61	29.66	7.70
TRH-260	26.73	4.36	45.32	5.50
TRH-290	8.90	2.08	62.65	3.39

The behaviors of the three components are directly related to their chemical structure. Previous studies have indicated that the thermal stability of the three components are lignin>cellulose>hemicellulose. Therefore, the changes in the composition of rice husk during torrefaction involve the decomposition of hemicelluloses and the partial depolymerization of cellulose and lignin.

3.4 Effect of torrefaction on solid yield and energy yield

Fig. 4 shows the effect of torrefaction temperature on the solid yield and energy yield of rice husk. The mass loss of rice husk can be attributed to the release of moisture and volatile matter. During the torrefaction, moisture content was released following two different mechanisms. The first mechanism was the evaporation of moisture content in biomass, and the second one was the dehydration reaction of organic components of biomass.

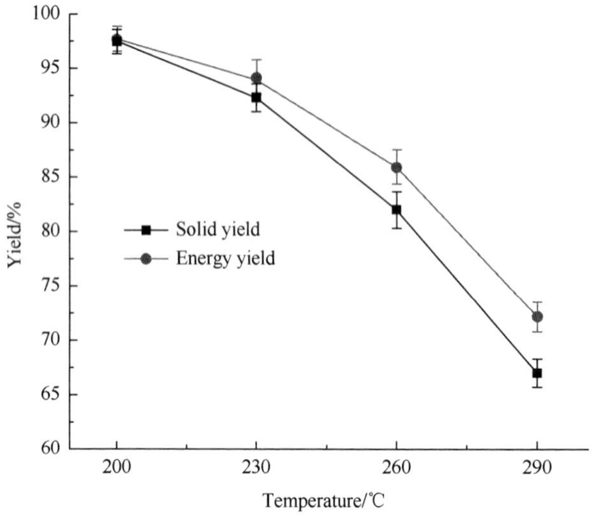

Fig. 4 Effect of torrefaction temperature on the solid yield and energy yield of torrefied rice husk

Torrefaction temperature greatly influenced the solid yield. When the torrefaction temperature was 200℃, the weight loss was not obvious and the solid yield was 97.4%. The weight loss was caused by the evaporation of moisture content and only a slightly decomposition of sample. At 230℃, the solid yield decreased to 92.3%. At relatively high temperatures of 260℃ to 290℃, the solid yield dropped at a fast rate. At 290℃, the solid yield was only 67.0%.

Torrefaction reduced the oxygen content but increased the carbon content of rice husk, thus increasing the heating value of rice husk with increasing temperature. As shown in Fig. 4, the energy yield showed a trend similar to that of the solid yield; they both decreased with increasing torrefaction temperature. Compared with the energy yield, temperature had a more noticeable impact on the solid yield. When the torrefaction temperature was lower than 230℃, the energy yield was more than 93.9%. When it was higher than 260℃, most of the hemicelluloses was decomposed, and the cellulose started to decompose, so the solid yield deceased quickly, while the HHV of torrefied rice husk did not increase significantly. Thus the energy yield dropped quickly. At 290℃, the energy yield was only 72.2%.

3.5 Effect of torrefaction on carbon yield, hydrogen yield, and oxygen yield

The carbon yield, hydrogen yield, oxygen yield (Fig. 5) depended on torrefaction temperature (Carbon yield = C_{wt}% in torrefied rice husk × Solid yield/C_{wt}% in dried rice husk). It can be seen from Fig. 5 that at low torrefaction temperature (200 and 230℃), the torrefied rice husk retained more than 96.8% of carbon in the rice husk; and at high torrefaction temperature (290℃), there was more than 79.8% of carbon retained in the torrefied rice husk. That is to say, at 290℃, 20.2% (100%–79.8% = 20.2%) of carbon was volatilized. However, the oxygen yields of torrefied rice husk were very low.

At low torrefaction temperature (200 and 230℃), about 2.6% to 15.6% of oxygen was volatilized, while the oxygen volatilized in the torrefied rice husk was as high as about 58.9% at 290℃. The hydrogen yield was between carbon yield and oxygen yield. Thus, it can be concluded that the most of carbon was retained, while a large proportion of the oxygen is released in the course of torrefaction, which very much contributes to promoting the fuel properties of rice husk.

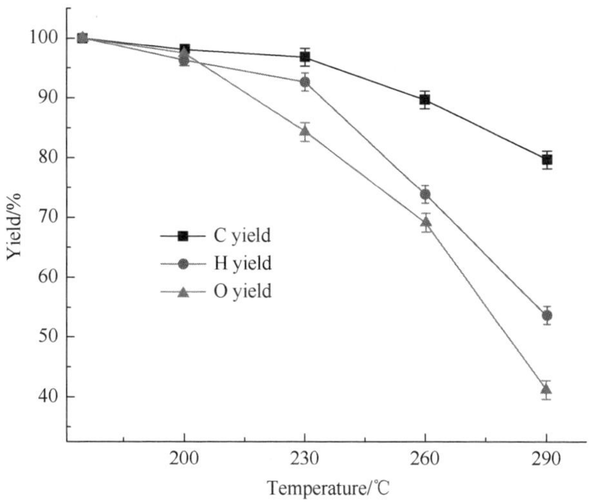

Fig. 5 Effect of torrefaction temperature on the carbon yield, hydrogen yield, and oxygen yield of torrefied rice husk

3.6 Effect of torrefaction on grindability and hydrophobicity

1. Grindability analysis

Fig. 6 shows the distribution of particle sizes of dried and torrefied rice husk. It can be seen from Fig. 6 that dried rice husk was hard to shred, and the particle size of rice husk reached the maximum proportion when the sieve number was 40 to 60 mesh (0.38 to 0.25mm), while reaching the minimum proportion when the sieve number was 140 to 400 mesh (0.109 to 0.038mm).

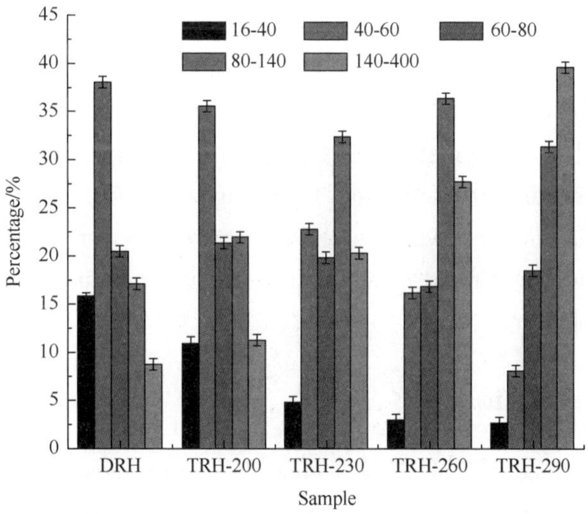

Fig. 6 Effect of torrefaction temperature on the particle size distribution of rice husk

After torrefaction, the particle proportion between 16 and 40 mesh (1 to 0.38 mm) and between 40 and 60 mesh (0.38 to 0.25 mm) decreased noticeably. The particle proportion in the range of 60 to 80 mesh (0.25 to 0.18 mm) remained almost the same as that of the dried rice husk. However, in the 80 to 140 mesh (0.18 to 0.109 mm) and 140 to 400 mesh (0.109 to 0.038 mm) ranges the proportion of particles reached the maximum. In all cases, there was an improvement in the grindability characteristics of the torrefied rice husk. These results indicate that torrefied rice husk became brittle and fragile, and the particle size had a tendency to decrease.

Biomass has a high-fiber structure with closely connected organic components, which makes biomass grinding very difficult (Arias et al., 2008). After the torrefaction, the cellulose, hemicelluloses, and lignin in rice husk showed different degrees of decomposition and the tight fiber structure was weakened, leading to a reduced tenacity for rice husk. Thus, torrefaction pretreatment could facilitate the transportation and storage of biomass.

Torrefaction itself is an energy-consuming process (Batidzirai et al., 2013). However, the improved grinding performance of rice husk after torrefaction could significantly save power consumption during biomass milling. This might offset the energy consumed in torrefaction to a certain degree and could facilitate the large-scale pyrolysis and liquification of biomass.

2. Hydrophobicity analysis

Equilibrium moisture content (EMC) can be used as an indicator of the hydrophobicity of a solid (Yan et al., 2009). Table 3 clearly shows that the EMC of torrefied rice husk decreased with increasing torrefaction temperature, indicating that torrefied rice husk became more hydrophobic.

Table 3 Equilibrium moisture content of dried and torrefied rice husk

Sample	EMC
DRH	9.4%
TRH-200	6.5%
TRH-230	5.2%
TRH-260	4.5%
TRH-290	1.4%

For lignocellulosic biomass, moisture adheres to the surface of pores in materials and is hydrogen-bonded to the hydroxyl groups of the cell wall components (Andersson and Tillman, 1989). The more oxygen present in the lignocellulosic biomass, the greater will be the possibility of forming H-bonds with the H_2O. The ultimate and component analyses showed that a large amount of oxygen was removed and hydroxyl groups in hemicelluloses were broken. The breakdown of these hydroxyl groups after torrefaction results in more hydrophobic torrefied rice husk; thus, the EMC decreased with increasing torrefaction temperature.

The presence of water in biomass negatively effects on the pyrolysis products. Thus, drying pretreatment is beneficial before biomass pyrolysis (Chen et al., 2013). These dried rice husks need to be in sealed storage or stored in a room with several dehumidifiers to avoid becoming wet again. Rice husk easily absorbs moisture, which leads to biological deterioration in a wet environment. However, torrefied rice husk with low EMC can be stored stably over time with low risk of mold. In addition, torrefaction reduces the specific density of biomass, which may reduce transportation costs.

3.7 Optimal torrefaction conditions

From the EMC results presented in Table 3, as well as those for grindability (Fig. 6), and solid, energy, and carbon yields (Fig. 4 and Fig. 5), it seems that a mild torrefaction treatment at 230 to 260℃ for 30 min is the optimal torrefaction condition for improving the hydrophobicity, heating value, and grinding characteristics of rice husk with little loss of solid and energy yields.

4 Conclusions

The results of rice husk torrefaction are similar to other biomass materials. A net reduction of the volatiles content, atomic oxygen content, mass yield, and energy yield correlate with increasing temperature, while atomic carbon content and high heating value (energy density) increase with higher torrefaction temperatures.

The primary changes in the composition of rice husk during torrefaction involve the decomposition of hemicelluloses and the partial depolymerization of cellulose and lignin.

The torrefied rice husk retained more than 79% of carbon in the rice husk. However, the oxygen yields of torrefied rice husk were very low. The oxygen volatilized in the torrefied rice husk was as high as about 60% at

290℃. The carbon mostly was retained, while a large proportion of oxygen was released in the course of torrefaction, which very contributes to promoting the fuel properties of rice husk.

Torrefied rice husk became brittle and fragile, and the particle size had a tendency to decrease. Torrefied rice husk with low equilibrium moisture content can be stored stably over time, with low risk of mold.

A mild torrefaction treatment at 230 to 260℃ for 30 min is the optimal torrefaction condition for improving the hydrophobicity, heating value, and grinding characteristics of rice husk with little loss of solid and energy yields.

Acknowledgements

The authors acknowledge the financial support provided by the National Forestry Industry Research Special Funds for Public Welfare Projects (No. 201304611), the Scientific Research Funds of High-Level Talents at Nanjing Forestry University (No. G2014010), the National Basic Research Program of China (No. 2010 CB732205), and the Priority Academic Program Development of Jiangsu Higher Education Institutions (PAPD).

References

Acharjee T C, Coronella C, Vasquez V R. 2011. Effect of thermal pretreatment on equilibrium moisture content of lignocellulosic biomass. Bioresource Technology, 102 (7): 4849-4854.

Andersson M, Tillman A M. 1989. Acetylation of jute: Effects on strength, rot resistance, hydrophobicity. J. Applied Polymer Science, 37 (12): 3437-3447.

Arias, B, Pevida, C, Fermoso J, et al. 2008. Influence of torrefaction on the grindability and reactivity of woody biomass. Fuel Processing Technology, 89 (2): 169-175.

Batidzirai B, Mignot A P R, Schakel W B, et al. 2013. Biomass torrefaction technology: Techno-economic status and future prospects. Energy, 62: 196-214.

Chen D Y, Li K, Zhu X F. 2012a. Determination of effective moisture diffusivity and activation energy for drying of powdered peanut shell under isothermal conditions. Bioresources, 7 (3): 3670-3678.

Chen D Y, Liu X, Zhu X F. 2013. A one-step non-isothermal method for the determination of effective moisture diffusivity in powdered biomass. Biomass and Bioenergy, 50: 81-86.

Chen D Y, Zhou B, Zhang Q S. 2014. Effects of heating rate on slow pyrolysis behavior, kinetic parameters and products properties of moso bamboo. Bioresource Technology, 169: 313-319.

Chen W H, Kuo P C. 2010. A study on torrefaction of various biomass materials and its impact on lignocellulosic structure simulated by a thermo gravimetry. Energy, 35 (6): 2580-2586.

Chen W H, Lu K M, Tsai C M. 2012b. Anexperimental analysis on property and structure variations of agricultural wastes undergoing torrefaction. Applied Energy, 100: 318-325.

Deng J, Wang G, Kuang J, et al. 2009. Pretreatment of agricultural residues for co-gasification via torrefaction. Journal of Analytical and Applied Pyrolysis, 86 (2): 331-337.

Knudsen J N, Jensen P A, Lin W, et al. Sulfur transformations during thermal conversion of herbaceous biomass. Energy & Fuels, 2004, 18 (3): 810-819.

Medic D, Darr M, Potter B, et al. 2012. Effects of torrefac-tion process parameters on biomass feedstock upgrading. Fue, 191 (1): 147-154.

Meng J, Park J, Tilotta D, et al. 2012. The effect of torrefaction on the chemistry of fast-pyrolysis bio-oil. Bioresource Technology, 111: 439-446.

Ohliger A, Förster M, Kneer R. 2013. Torrefaction of beechwood: A parametric study including heat of reaction and grindability. Fuel, 104: 607-613.

Park J, Meng J, Lim K H, et al. 2013. Transformation of lignocellulosic biomass during torrefaction. Journal of Analytical and Applied Pyrolysis, 100: 199-206.

Patuzzi F, Mimmo T, Cesco S, et al. 2013. Common reeds (*Phragmites australis*) as sustainable energy source: experimental and modelling analysis of torrefaction and pyrolysis processes. GCB Bioenergy, 5 (4): 367-374.

Peng J H, Bi X T, Sokhansanj S, et al. 2013. Torrefaction and densification of different species of softwood residues. Fuel, 111: 411-421.

Phanphanich M, Mani S. 2011. Impact of torrefaction on the grindability and fuel characteristics of forest biomass. Bioresource Technology, 102 (2): 1246-1253.

de Paula Protásio T, Bufalino L, Tonoli G H D, et al. 2013. Brazilian lignocellulosic wastes for bioenergy production: characterization and comparison with fossil fuels. BioResources, 8 (1): 1166-1185.

Ren S, Lei H, Wang L, et al. 2013. Thermal behaviour and kinetic study for woody biomass torrefaction and torrefied biomass pyrolysis by TGA. Biosystems Engineering, 116 (4): 420-426.

Rousset P, Macedo L, Commandré J M, et al. 2012. Biomass torrefaction under different oxygen concentrations and its effect on the composition of the solid by-product. Journal of Analytical and Applied Pyrolysis, 96: 86-91.

Sabil K M, Aziz M A, Lal B, et al. 2013. Effects of torrefaction on the physiochemical properties of oil palm empty fruit bunches, mesocarp fiber and kernel shell. Biomass and Bioenergy, 56: 351-360.

Sadaka S，Negi S. 2009. Improvements of biomass physical and thermochemical characteristics via torrefaction process. Environ. Prog. Sust. Energy，28（3）：427-434.

Saleh S B，Flensborg J P，Shoulaifar T K，et al. 2014. Release of chlorine and sulfur during biomass torrefaction and pyrolysis. Energy & Fuels，28（6）：3738-3746.

Shang L，Ahrenfeldt J，Holm J K，et al. 2013. Intrinsic kinetics and devolatilization of wheat straw during torrefaction. Journal of Analytical and Applied Pyrolysis，100：145-152.

Tran K Q，Luo X，Seisenbaeva G，et al. 2013. Stump torrefaction for bioenergy application. Applied Energy，112：539-546.

Van der Stelt M J C，Gerhauser H，Kiel J H A，et al. 2011. Biomass upgrading by torrefaction for the production of biofuels：A review. Biomass and Bioenergy，35：3748-3762.

Wang G J，Luo Y H，Deng J，et al. 2011. Pretreatment of biomass by torrefaction. Chinese Science Bulletin，56（14）：1442-1448.

Wannapeera J，Fungtammasan B，Worasuwannarak N. 2011. Effects of temperature and holding time during torrefaction on the pyrolysis behaviors of woody biomass. Journal of Analytical and Applied Pyrolysis，92（1）：99-105.

Wannapeera J，Worasuwannarak N. 2012. Upgrading of woody biomass by torrefaction under pressure. Journal of Analytical and Applied Pyrolysis，96：173-180.

Yan W，Acharjee T C，Coronella C J，et al. 2009. Thermal pretreatment of lignocellulosic biomass. Environmental Progress & Sustainable Energy，28（3）：435-440.

Yin R，Liu R，Wu J，et al. 2012. Influence of particle size on performance of a pilot-scale fixed-bed gasification system. Bioresource Technology，119：15-21.

Zheng A Q，Zhao Z L，Chang S，et al. 2012. Effect of torrefaction temperature on product distribution from two-staged pyrolysis of biomass. Energy & Fuels，26（5）：2968-2974.

Zheng A Q，Zhao Z L，Chang S，et al. 2013. Effect of torrefaction on structure and fast pyrolysis behavior of corncobs. Bioresource Technology，128：370-377.

Properties and combustion characteristics of molded solid fuel particles prepared by pyrolytic gasification or sawdust carbonized carbon

Bingliang Zhou[a], Jianbin Zhou[a], Qisheng Zhang[a], Dengyu Chen[a], Xiujuan Liu[b], Lian Wang[a], Ruoyu Ji[c], Huanhuan Ma [a]

[a]Materials Science & Engineering College, Nanjing Forestry University, Nanjing 210037, China

[b]Shanghai Wood Industry Research Institute, Shanghai 200051, China

[c]University of North Carolina at Chapel Hill, USA

Abstract

Pyrolytic gasified charcoal (PGC) and tar are the solid and liquid products, respectively, yielded from biomass gasification technology. In this paper, PGC was molded with adhesives to prepare molded solid fuel (MSF). Tar and PGC were obtained from the pyrolytic gasification of wood chips from pine and cedarwood. PGC was molded with phenol resin prepared by tar to prepare MSF (MSF-MP). Meanwhile, there were two other methods used to prepare MSF. PGC molded with common phenol resin was one method (MSF-P). PGC was molded with starch adhesive to prepare MSF-S. Sawdust carbonized carbon (SCC) obtained from the marketplace was employed as a trial sample. The properties and combustion characteristics of MSFs and SCC were studied. It was found that the shatter strength of these MSFs were more than 95%. MSFs had higher activation energy and comprehensive combustion index compared to SCC. MSF-MP yielded the following data: shatter strength: 95.86%, lower heating value (LHV): 25.89 MJ/kg, ignition: 325℃, comprehensive combustion index: 1.73×10^{-10}, and activation energy: 61.38 kJ/mol. The LHV and activation energy of MSF-MP were superior to those of other MSFs. Therefore, MSF-MP has a market potential for use as barbecue charcoal in restaurant or family gatherings. The preparation of MSF-MP is a prospective method for the utilization of PGC and tar.

Keywords: Tar; Adhesive; TGA; Biochar; Solid fuels

1 Introduction

With the development of biomass engineering, biomass gasification technology for generating energy has been widely applied in the fields of industry, agriculture, and energy in recent decades. There are by-products in biomass gasification technology, namely non-condensable gas, pyrolytic gasified charcoal (PGC), and tar. However, for a long time, the economic benefit of biomass gasified technology has been limited because the research and utilization of PGC and tar have been insufficient. Biomass gasification poly-generation is an excellent technology based on the three-phase products. Non-condensable gas can be used to generate electric power and heat. PGC is the solid product of biomass gasification and pyrolysis. It can be prepared to make molded solid fuel (MSF), activated carbon, and carbon-based compound fertilizer (Kumar et al., 2009; Wu et al., 2010; Ma et al., 2012). Tar is the liquid product from pyrolyzed gasification of biomass. However, tar and PGC have not been utilized efficiently. In some extreme cases, they are even disposed of as industrial wastes. Therefore, PGC and tar should be exploited as higher-value products to excavate their potential values and reduce environmental pollution.

In recent years, some researchers have begun studying the disposal of PGC and wood tar. The utilization of tar has continued to perplex researchers, becoming a hot research issue. Amen-Chen et al. (1997) studied the

本文原载 *Bio Resources* 2015 年第 10 卷第 4 期第 7795-7807 页。

separation of phenols from eucalyptus wood tar to determine its main composition and content. Dufour et al.（2007）compared two methods of measuring wood pyrolysis tar. Li（2015）used metal catalysts for steam reforming of tar derived from the gasification of lignocelluloses biomass.

Expensive phenol can be replaced by tar to synthesize phenolic resin. This resin can be molded with PGC to prepare MSF，which is helpful to improve the utilization of tar and PGC. However，it has not been studied in depth，and phenol resin synthesized from tar has not been applied to MSF prepared from PGC and tar.

In this paper，PGC and tar pyrolytically gasified from wood chips were used to prepare MSF. The objectives of this study are to investigate a new kind of MSF using PGC and tar and to compare the properties and combustion characteristics of MSF with that of three other home-made or purchased solid fuels.

2 Experimental

2.1 Materials

Pyrolytic gasified charcoal（PGC）and tar were obtained from the suburb of Jiashan in Zhejiang province. With a heating rate of 20℃/min，wood chips of pine and cedarwood were gasified until approximately 780℃ with a holding time of 10 min. The productive yield of PGC and tar is 31% and 1.3%，respectively. The data coming from the factory. Carbon obtained from the carbonization of sawdust（SCC）and Coal with a high lower heating value（LHV）of 32（MJ/kg）were obtained from a marketplace in Nanjing. The solid content and viscosity of phenol resin were 42% and 70 MPa·s，respectively. The phenolic resin modification process was as follows：20% phenol was replaced by tar containing 42% phenol tested by GC-MS to synthesize phenol resin. Then，this phenolic resin was modified by use of polyvinyl formal solution having a solid content of 15% and a viscosity of polyvinyl formal solution of 31 MPa·s. The amount of polyvinyl formal solution was 10wt% based on the amount of phenolic resin. The solid content and viscosity of the modified phenol resin were 40% and 120 MPa·s，respectively. Starch adhesive's solid content and viscosity were 9% and 20 MPa·s，respectively. All of the adhesives were synthesized in the lab.

2.2 Adhesive properties

Preparing solid fuel using organic adhesives and PGC is effective because organic adhesives（phenol resin，modified phenol resin，and starch adhesive）and PGC have a good affinity. This affinity means that the adhesion coefficient depends on the characteristics of raw materials（surface free energy and infiltrating activation energy），as well as the bonding strength between raw materials and resin.

In this experiment，the adhesives used to prepare solid molding fuel included phenolic resin，modified phenolic resin，and starch adhesive（MSF-P，MSF-MP，and MSF-S）. Phenolic resin has excellent bonding strength，water resistance，heat resistance，wear resistance，and good chemical stability. In the process of modifying phenolic resin，tar was substituted for 20% phenol and reacted with formaldehyde to synthesize phenolic resin. Then，polyvinyl formal solution was used to modify the resin，facilitating resin bonding with PGC. Polyvinyl formal can improve the flexibility of phenol resin，increase the MSF strength of the composite，and reduce the curing rate and molding pressure. Polyvinyl formal is a super polymer containing various proportions of hydroxyls，aldehyde groups，and acetyl side chains. The property of polyvinyl formal depends on the polyvinyl formal molecular weight，the relative amount of acetyl，aldehyde acetal groups，and hydroxyl groups in the polyvinyl acetal molecular chain，as well as the chemical structure of the aldehyde used.

2.3 Preparation of solid molding fuel

After smashing by high speed pulverizer in the lab（RHP-100，Shenlian，China），PGC was filtered with mesh sizes between 0.075 and 0.15 mm to mix with adhesives (phenolic resin, modified phenolic resin, and starch adhesive) manually and molded using a minitype cold press (TER-134, Tongda, China) under 20 MPa pressure, which was held for 2 min. The blended charcoal-to-adhesive mass ratios of MSF-P, MSF-MP, and MSF-S were 1 : 0.17, 1 : 0.17, and 1 : 0.5. Then samples were dried in the oven until a constant weight was obtained. The drying temperatures of MSF-P, MSF-MP, and MSF-S were 140, 140, and 105℃, and depended on the adhesive's curing temperature. Because the appearance of MSF-P, MSF-MP, and MSF-S was alike, MSF-MP was used as the example. The diameter and density of MSF-MP were 4 cm and 0.82 g/cm^3, respectively. MSF-MP is shown in Fig. 2.

The process was as follows (Fig. 1):

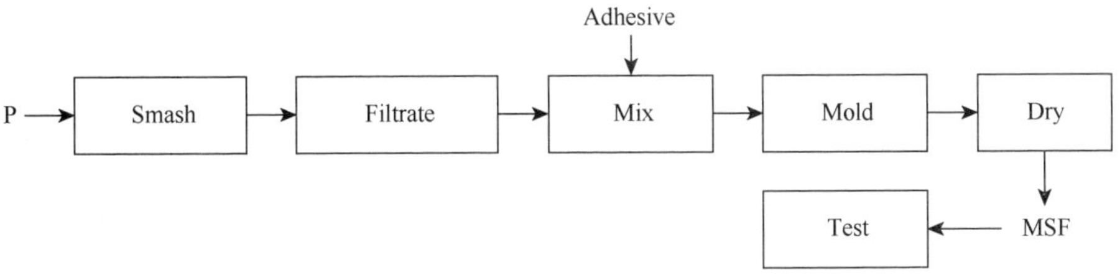

Fig. 1 Flow chart of process MSF

Fig. 2 MSF-MP prepared from pyrolytic gasified charcoal

2.4 Product performance process

Proximate analysis was performed following ASTM D3172-07a (2007) as a standard. The ultimate analysis was carried out following the CHNS model by a Vario EL elemental analyzer (Vario EL III, Elementar, Germany), and oxygen was estimated by the difference method: O(%) = 100%–C(%)–H(%)–N(%)–S(%)–Ash(%). The lower heating values were measured by an oxygen bomb calorimeter (HB-C1000, Hengbo, China). The shatter strength test was performed following DB11/T 541-2008 (2008) as a standard.

Experiments to characterize combustion were performed using a thermogravimetric analyzer (TGA 60AH, SHIMADZU Instrument, Japan). The samples were heated at the rate of 20℃/min from room-temperature to 850℃ with no holding time. For each test, an accurately weighed 10-mg sample was used, and the flow rate of the carrier gas (high-pure air, purity>99.99%) was maintained at 70 mL/min. A computer was connected to the TGA and automatically recorded the experimental results for simultaneous analysis of the products with corresponding TGA data. To analyze the properties of PGC, MSFs, and SCC, the experiments under the same conditions were repeated 10 times to obtain a sufficient replication of data.

3 Results and discussion

3.1 Physical and chemical properties

With the increase of reaction temperature, wood chips and sawdust can yield more gas than charcoal. Ring-opening reactions and rupture of C—C bonds in the cellulose take place, leading to the evolution of small-molecule gases and condensable volatile compounds.

In the lignin, the side chain of phenol-propane units, as well as C—C, C—O bonds rupture. Devolatilization is enhanced, which leads to increased release of gases. Moreover, gases and condensable volatile compounds may contain C. Therefore, pyrolytic gasification converted wood chips into more flammable gases (CO, CH_4, and H_2).

This is the reason that the carbon content of PGC were lower than that of WPCC in Table 1（Ma et al., 2015; Wang et al., 2011b; Hosoya et al., 2007; Hilbers et al., 2015）.

Table 1 Physical and chemical properties

Sample	Proximate analysis/(wt.%, db)				Ultimate analysis/(wt.%, db)					LHV（MJ/kg）	Exhaust gas	Odor	Combus-tion stability	Strength（≥95%）
	Vola-tiles	Fixed car-bon	Ash	Mois-ture	[C]	[H]	[O]	[N]	[S]					
PGC	16.00	65.58	5.82	12.60	66.53	1.20	18.49	1.02	0.16	21.74	—	—	—	—
MSF-P	17.80	70.17	5.63	6.40	76.99	1.36	13.68	1.42	0.15	25.63	No	No	No powder	95.37
MSF-MP	18.70	69.33	5.97	6.00	78.65	1.15	13.93	0.15	0.15	25.89	No	No	No powder	95.86
MSF-S	17.80	68.08	6.12	8.00	78.12	1.15	13.11	1.36	0.14	25.53	No	No	No powder	95.48
SCC	7.00	88.25	3.75	7.54	90.72	0.62	4.28	0.52	0.11	30.45	No	No	No powder	95.23

The main combustible elements of MSF are C and H. These elements dominate calorific value, volatiles, and other related combustion properties. The amount of volatiles in PGC and MSFs seemed to be two and half than that of SCC. The content of hydrogen in PGC and MSFs was approximately 1 to 2 times higher than that of SCC. PGC and MSFs also had O contents 3 to 4 times as big as SCC. Therefore, the bulk of the volatiles are contributed by O and H. SCC was molded by lignin in wood powder, in which the lignin could be regarded as acting as an adhesive, and then it was carbonized. Traditional carbonization effectively removes oxygen from biomass and improves the energy density of biomass. Therefore, the oxygen content of SCC was considerably lower than that of PGC.

Because different processes can lead to different elemental contents, the LHV of samples also was different. The LHVs of PGC, MSFs, and SCC were approximately 22, 26, and 30 MJ/kg, respectively. The LHV of MSFs was lower than that of SCC, which was a comparison. So finding a way to improve LHV of MSFs offers a potential way to satisfy the energy supply in a manner similar to that of SCC when barbecuing food. Furthermore, high-LHV coal or accelerants can be blended with PGC to improve its LHV when it is processed into MSF. Coal with a high LHV of 32（MJ/kg）was used to prepare high thermal value MSF. The blending proportion of PGC and coal is 1∶0.1（10%）, 1∶0.2（20%）, 1∶0.3（30%）, 1∶0.4（40%）, and 1∶0.5（50%）.

The results showed that LHV exhibited an obvious enhancement. The heating value was regarded as a overall upward trend. Considering the point of costs and added effects, the most obvious effect was the blending proportion of 20%（Fig. 3）. The experimental data can provide the certain value that shows how to improve MSF's lower heating value PGC in the future（Massaro et al., 2014; Moon et al., 2013）.

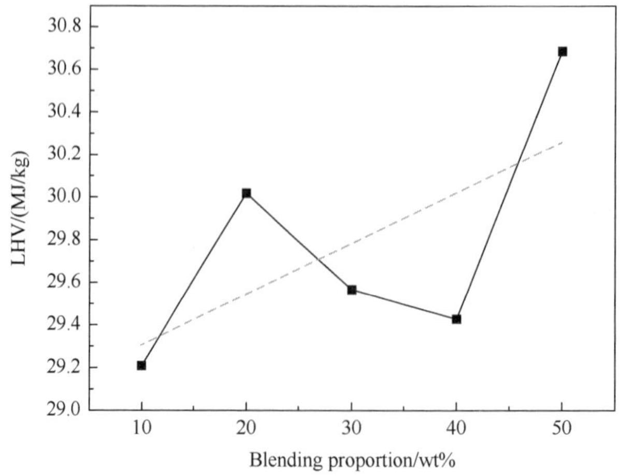

Fig. 3 High-LHV coal blended with PGC

3.2 Combustion characteristics of MSFs and SCC

1. TG-DTG analysis of combustion process

There were three main stages of the combustion process in the TG curves of MSFs and WPCC shown in the Fig.4. Moisture evaporation of MSFs and SCC indicated dehydration in the first step. Secondly, the volatiles were released and combusted. The last stage was fixed carbon combustion. In the TG curve, there was an obvious cut-off point at the beginning and terminal stage of weight loss. Meanwhile, every curve had only one weight loss gradient. In the dehydrated stage (100 to 300℃), the weight loss of MSF-S was relatively high: approximately 8%. This was related to large water content of starch adhesive. The main stage of weight loss showed combustion of volatiles and fixed carbon above 300℃. All MSFs had weight loss peaks from 400 to 500℃. Obviously, MSF-P had two weight loss peaks, at 412 and 489℃. The weight loss rates of the two peaks were 0.461%/℃ and 0.453%/℃, respectively. The weight loss ratio of MSF-P ranged from 42.4% to 67.8% at temperatures between 412 and 489℃, respectively. However, the weight loss peak of SCC appeared above 500℃. The weight loss rate was 0.412%/℃, and weight loss ratio was approximately 67.24%. This indicates that the thermal stability of SCC is superior to that of MSFs.

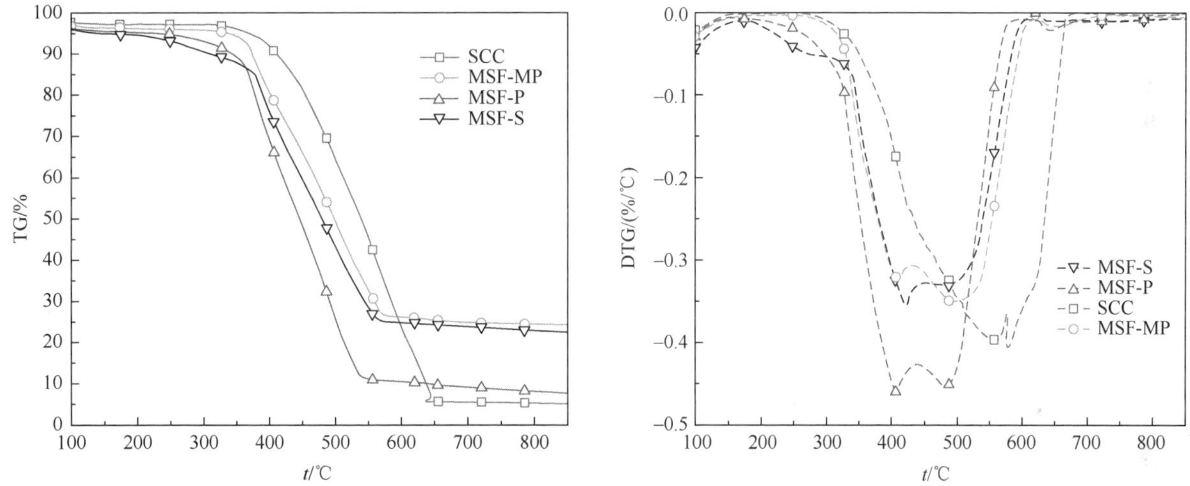

Fig. 4 TG and DTG curves of MSFs and SCC

The DTG curve explains the variable relationship between burning rate and temperature in the DTG curves of MSFs and SCC in the Fig. 4. The peak weight loss rate of one appears earlier, and its maximum rating value is high. These data indicated that the combustion process was relatively fast and its ignition trended toward a minimum. The DTG peaks of MSF-MP and MSF-S appeared relatively later than that of MSF-P. Their weight loss rates were 0.362%/℃ and 0.364%/℃, respectively. Tar, polyvinyl formal, and starch in the adhesive could help MSF to extend the time of combustion, have a longer combustion time, and reduce the burning rate. Compared with SCC, MSFs exhibited inflammability, longer combustion time, and lower initial energy consumption. Under combustion in air, the burning residual rates of MSF-MP and MSF-S were 22% and 24%, respectively. However, MSF-P had a lower burning residual rate comparing to other MSFs. Except the ash content of MSF-P, there was only 4% to 5% of fixed carbon remaining in the residual product.

2. Computational analysis of comprehensive combusting characteristics

The ignition temperature was determined by the TG-DTG tangent method, which is suitable for TG-DTG curves in a combusting test. A vertical line is made passing through the weight loss peak of the DTG curve (point A) and intersecting the TG curve at point B. Then, the TG curve tangent at point B intersects with the horizontal line of weight loss beginning at point C. The corresponding temperature at point C is defined as the ignition temperature (point D). Fig. 5 demonstrates the method (Jones et al., 2015).

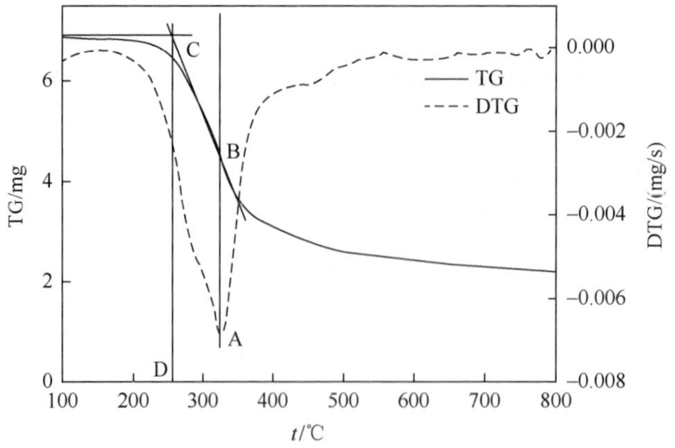

Fig. 5 Schematic diagram of the TG-DTG tangent method for determining ignition temperature

Equation 4 for the comprehensive combustion index is based on the Arrhenius equation，Eq.（1）:

$$\frac{\mathrm{d}w}{\mathrm{d}t}=A\exp\left(-\frac{E}{Rt}\right) \tag{1}$$

Equation 1 is differentiated to obtain Eq.（2）:

$$\frac{R}{E}\cdot\frac{\mathrm{d}}{\mathrm{d}t}\left(\frac{\mathrm{d}w}{\mathrm{d}t}\right)=\left(\frac{\mathrm{d}w}{\mathrm{d}t}\right)\frac{1}{t^2} \tag{2}$$

Further derivation yields，

$$\frac{R}{E}\cdot\frac{\mathrm{d}}{\mathrm{d}t}\left(\frac{\mathrm{d}w}{\mathrm{d}t}\right)_{t=t_i}=\left(\frac{\mathrm{d}w}{\mathrm{d}t}\right)_{t=t_i}\frac{1}{t^2} \tag{3}$$

or，

$$\frac{R}{E}\cdot\frac{\mathrm{d}}{\mathrm{d}t}\left(\frac{\mathrm{d}w}{\mathrm{d}t}\right)_{t=t_i}\cdot\frac{(\mathrm{d}w/\mathrm{d}t)_{\max}}{(\mathrm{d}w/\mathrm{d}t)_{t=t_i}}\cdot\frac{(\mathrm{d}w/\mathrm{d}t)_{\mathrm{mean}}}{t_h}=\frac{(\mathrm{d}w/\mathrm{d}t)_{\max}(\mathrm{d}w/\mathrm{d}t)_{\mathrm{mean}}}{t_i^2 t_h} \tag{4}$$

where $(\mathrm{d}w/\mathrm{d}t)_{\max}$ is the maximum weight loss rate; $(\mathrm{d}w/\mathrm{d}t)_{t=t_i}$ is the weight loss rate at the ignition temperature; $(\mathrm{d}w/\mathrm{d}t)_{\mathrm{mean}}$ is the average weight loss rate; t_i is the ignition temperature; and t_h is the burnout temperature.

Equation（4）is regarded as the formula of comprehensive combustion index（Sun，2002）. A higher index means better combustion characteristics. *R*/*E* means activity，and a smaller *E* reveals a higher reaction capacity. $\mathrm{d}/\mathrm{d}t\ (\mathrm{d}w/\mathrm{d}t)_{t=t_i}$ is the conversion ratio of burning velocity at ignition temperature. Its value indicates combusting degree at ignition temperature（Sun，2002）. From Table 2，it can be seen that MSF-P and MSF-S were better than MSF-MP and SCC in terms of combustion efficiency. Further，MSFs molded by PGC showed better combusting performance than SCC，providing a feasible basis for a mature market product，which finds a possibility that MSF-MP can be used as barbecue charcoal like WPCC in restaurants or family gatherings.

Table 2 Combustion characteristic index of MSFs and SCC

Sample	Ignition temperature/℃	Burnout temperature/℃	Maximum weight loss rate/(%/℃)	Temperature at maximum weight loss rate/℃	Average weight loss rate /(%/℃)	Comprehensive combustion index
SCC	400	657	0.412	551	0.0481	1.8852E-10
MSF-P	340	540	0.461	412	0.0913	6.7424E-10
MSF-MP	325	571	0.362	478	0.0228	1.7286E-10
MSF-S	315	560	0.364	423	0.0644	4.2187E-10

Table 2 shows the ignition temperature of MSFs and SCC. The combustion temperature of starch ranged from 273 to 351℃, and the weight loss rate reached a maximum at 304℃. The main weight loss temperature range of phenol resin was from 300 to 800℃, and the heat release rate peak appeared at approximately 545℃ (Zhou et al., 2011; Zhang et al., 2012). These results reveal that adhesive can affect the ignition temperature of MSFs when PGC and adhesives are mixed and molded. From Table 2, compared with SCC, MSF-S had a lower ignition temperature. However, the distinction between MSF-P and MSF-MP was the different adhesive. Polyvinyl formal and tar could modify phenol resin to enhance the mechanical strength of MSF. Thermal stability and low flashing point led MSF-MP to speed up decomposition and combustion in a high-temperature environment, endowed MSF-MP with better flammability, and reduced the point of ignition. The ignition temperature of SCC was 400℃, and higher fixed carbon meant that SCC required higher temperatures and thermal energy (Muthuraman et al., 2010; Wang et al., 2011a; Zhuang et al., 2014).

3. Kinetics analysis of combustion process

Solid reaction kinetics is suitable for combustion process of MSFs and SCC with a linearly increasing heating rate. The non-isothermal thermal reaction rate equation is shown below, Arrhenius equation,

$$\frac{\mathrm{d}w}{\mathrm{d}\tau} = A\exp\left(-\frac{E}{RT}\right)f(\alpha) \tag{5}$$

$$\alpha = \frac{m_0 - m}{m_0 - m_\infty} \tag{6}$$

where α is the heat conversion ratio; m_0 is the initial mass of the sample; m is the immediate mass of the sample; m_∞ is the final non-decomposable mass; A is the pre-exponential factor; E is the activation energy; R is the universal gas constant; T is the temperature in Kelvin; $f(\alpha)$ is the differential mechanism function; and α is defined as in Eq. (6).

Kinetics analysis is traditionally expected to produce an adequate kinetic description of the process in terms of the reaction model and the Arrhenius parameters. Various integral kinetic models have been fitted to MSFs and SCC combustion stage (Zhang et al., 2012; Chen et al., 2013; Xu et al., 2014). To obtain accurate A and E values, the model free integral method named the Coats-Redfern method is applied in this paper (Coats and Redfern, 1964). The Coats-Redfern equation is defined as Eq. (7).

$$\ln\left[\frac{-\ln(1-\alpha)}{T^2}\right] = \ln\left[\frac{AR}{\beta E}\left(1-\frac{2RT}{E}\right)\right] - \frac{E}{RT} \tag{7}$$

For the average reaction temperature in terms of area and most of the E values, $\frac{E}{RT} \gg 1$ and $1-\frac{2RT}{E} \approx 1$, so E can be obtained from the linear plots of $\ln(-\ln(1-\alpha)/T^2)$ vs. $1/T$.

The Coats-Redfern equation has been widely applied to determine the kinetic parameters associated with non-isothermal thermo analytical rate measurements. In the current study, the Coats-Redfern equation was used to analyze the data obtained in TGA, as there have been few reports on the kinetic modeling of flaming decomposition of PGC, MSFs, and SCC. Fig. 6 shows the Arrhenius spectra with conversion ratio varying from 0.1 to 0.8 using the Coats-Redfern method. It shows a good linear dependence on Arrhenius plots of $\ln(-\ln(1-\alpha)/T^2)$ vs. $1/T$ for MSFs and SCC. The linear coefficient of determination (R^2) was over 0.90. The R^2 of MSF-MP was 0.9977. This shows that the kinetics parameters achieved a high credibility and the Coats-Redfern method was suitable for samples pyrolyzed in the high-temperature range. Pyrolytic samples can be described as a first-order reaction process. The results by Coats-Redfern method are shown in Table 3. Activation energy is the amount of energy needed when molecules from normal state to active state where chemical reactions happen easily. As can be seen in Table 3, the burning activation energy of samples were calculated when the conversion rate (α) was 0.1. The energy needed by MSF-S was relatively low, and it was the easiest to ignite. Because of the use of different adhesives, the activation energies of MSFs also revealed differences. MSF-MP had the highest E

value, 61.38 kJ/mol. As a whole, the E values of MSFs were higher than that of SCC. A is a constant that depends only on the nature of reaction and samples and has nothing to do with the reaction temperature and material concentration in the system. A is one of the important parameters of kinetics and expresses the intensity of the reaction. Among the samples, the A values of the SCCs outclassed those of the MSFs, and MSF-MP was in the middle (Zheng and Kozinski, 2000; Ouyang et al., 2013).

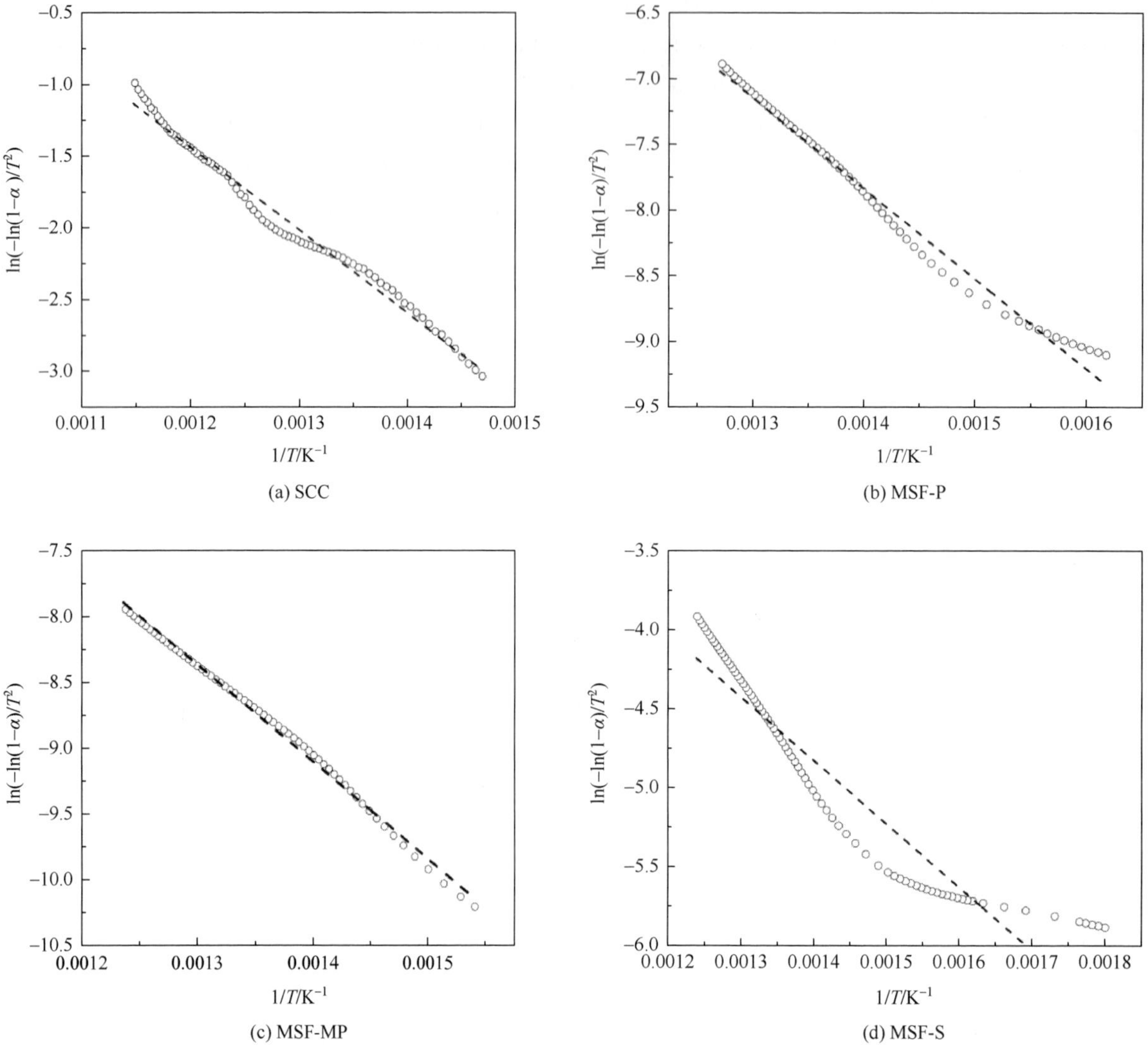

Fig. 6　Arrhenius plots of ln $(-\ln(1-\alpha)/T^2)$ vs. $1/T$ for MSFs and SCC at various conversion ratio ranges using the Coats-Redfern method

Table 3　Activation energy of MSFs and WPCC

Sample	t/℃	a/%	Fitted equation	R^2	A/min^{-1}	E/(kJ·mol)
SCC	408-600	0.1-0.8	$y = 5.2 - 5780x$	0.99252	2.0×10^7	48.04
MSF-P	314-514	0.1-0.8	$y = 1.8 - 6876x$	0.99334	9.3×10^5	57.14
MSF-MP	376-536	0.1-0.8	$y = 1.2 - 7386x$	0.99770	8.3×10^5	61.38
MSF-S	281-533	0.1-0.8	$y = 0.8 - 4007x$	0.94271	2.4×10^5	33.30

4　Conclusions

Using phenol resin, modified phenol resin, and starch adhesive, pyrolytic gasified charcoal (PGC) was converted to molded solid fuel (MSF) particles. Compared to the other two MSFs and sawdust carbonized carbon (SCC), MSF-S, prepared with a starch binder, exhibited better inflammability and comprehensive combustion index: LHV: 25.53 MJ/kg, ignition: 315℃, comprehensive combustion index: 4.22×10^{-10}, and activation energy: 33.30 kJ/mol.

According to the TG-DTG curve, combustion characteristics, combustion dynamics model fitting equation, and related kinetic parameters obtained were analyzed comprehensively. The coefficient of determination for a linear fitting equation was higher than 0.99. The activation energies of MSF-P (prepared with phenolic resin) and MSF-MP (prepared with modified phenolic resin, incorporating polyvinyl formal) were 57.14 and 61.38 kJ/mol, respectively. The pre-exponential factors of MSF-P and MSF-MP were 9.3×10^5 and 8.3×10^5 min^{-1}, respectively. Through a first-order reaction kinetics model, the combustion characteristics of MSFs were further examined, providing a theoretical basis for the development of gasification poly-generation technology.

In this work a new approach of producing MSFs by using PGC and tar is presented. The results tested in this work are similar to other MSFs and SCC, showing that MSF-MP prepared by this method may have the possibility that MSF-MP used as barbecue charcoal like SCC. The data of MSF-MP showed: shatter strength: 95.86%, LHV: 25.89 MJ/kg, ignition: 325℃, comprehensive combustion index: 1.7286×10^{-10}, and activation energy: 61.38 kJ/mol.

Acknowledgments

The authors acknowledge the financial support provided by the National Natural Science Foundation of China (L1422039), the Long-term Strategic Research Projects of Chinese Engineering Technology (2014- zcq-12), the Jiangsu Provincial Department of Science and Technology Innovation Fund Project-The Prospective Joint Research (BY2014006-01), the Projects of Forestry Science and Technology Promotion ([2014] 40), and A Project Funded by the Priority Academic Program Development of Jiangsu Higher Education Institutions (PAPD).

References

Amen-Chen C, Pakdel H, Roy C. 1997. Separation of phenols from eucalyptus wood tar. Biomass & Bioenergy, 13 (2): 25-37.

Chen D Y, Yan Z, Zhu X F. 2013. In-depth investigation on the pyrolysis kinetics of raw biomass. Part I: Kinetic analysis for the drying and devolatilization stages. Bioresource Technology, 131: 40-46.

Coats A W, Redfern P. 1964. Kinetic parameters from thermogravimetric data. Nature, 201 (491): 68-69.

Dufour A, Girods P, Masson E, et al. 2007. Comparison of two methods of measuring wood pyrolysis tar. Journal of Chromatography A, 1164 (1-2): 240-247.

Hilbers T J, Wang Z, Pecha B, et al. 2015. Cellulose-Lignin interactions during slow and fast pyrolysis. Journal of Analytical and Applied Pyrolysis, 114: 197-207.

Hosoya T, Kawamoto H, Saka S. 2007. Cellulose hemicellulose and cellulose lignin interactions in wood pyrolysis at gasification temperature. Journal of Analytical and Applied Pyrolysis, 81 (1): 118-125.

Jones J M, Saddawi A, Dooley B, et al. 2015. Low temperature ignition of biomass. Fuel Processing Technology, 134: 372-377.

Kumar A, Jones D D, Hanna M A. 2009. Thermochemical biomass gasification: A review of the current status of the technology. Energies, 2 (3): 556-581.

Li D, Tamura M, Nakagawa Y, et al. 2015. Metal catalysts for steam reforming of tar derived from the gasification of lignocellulosic biomass. Bioresource Technology, 178: 53-64.

Ma L, Wang T, Liu Q, et al. 2012. A review of thermal-chemical conversion of lignocellulosic biomass in China. Biotechnology Advances, 30 (4): 859-873.

Ma Z, Chen D, Gu J, et al. 2015. Determination of pyrolysis characteristics and kinetics of palm kernel shell using TGA-FTIR and model-free integral methods. Energy Conversion and Management, 2 (1): 251-259.

Massaro M M, Son S F, Groven L. 2014. Mechanical, pyrolysis, and combustion characterization of briquetted coal fines with municipal solid waste plastic (MSW) binders. Fuel, 115: 62-69.

Moon C, Sung Y, Ahn S, et al. 2013. Effect of blending ratio on combustion performance in blends of biomass and coals of different ranks, Experimental Thermal and Fluid Science, 47: 232-240.

Muthuraman M, Namioka T, Yoshikawa K. 2010. Characteristics of cocombustion and kinetic study on hydrothermally treated municipal solid waste with different rank coals: A thermogravimetric analysis. Applied Energy, 87 (1): 141-148.

Ouyang Z Q, Zhu G, Lu Q G. 2013. Experimental study on preheating and combustion characteristics of pulverized anthracite coal. Fuel, 113: 122-127.

Sun X X. 2002. Test Technology and Method of Coal Fired Boiler Combustion, China Electric Power Press, Beijing, China.

Wang C, Liu Y, Zhang X, et al. 2011a. A study on coal properties and combustion characteristics of blended coals in Northwestern China. Energy Fuels, 25 (8): 3634-3645.

Wang S，Guo X，Wang K，et al. 2011b. Influence of the interaction of components on the pyrolysis behavior of biomass. Journal of Analytical and Applied Pyrolysis，91（1）：183-189.

Wu C Z，Yin X L，Yuan Z H，et al. 2010. The development of bioenergy technology in China. Energy，35（11）：4445-4450.

Xu C，Hu S，Xiang J，et al. 2014. Interaction and kinetic analysis for coal and biomass co-gasification by TG FTIR. Bioresource Technology，154：313-321.

Zhang J，Chen T，Wu J，et al. 2012. Multi-Gaussian-DAEMreaction model for thermal decompositions of cellulose，hemicellulose and lignin：Comparison of N_2 and CO_2 atmosphere. Bioresource Technology，166：87-95.

Zheng G，Kozinski A. 2000. Thermal events occurring during the combustion of biomass residue. Fuel，79（2）：181-192.

Ma L L，Wang T J，Liu Q Y，et al. 2012. A review of thermal-chemical conversion of lignocellulosic biomass in China. Biotechnology Advances，30（4）：859-873.

Ma Z，Chen D，Gu J，et al. 2015. Determination of pyrolysis characteristics and kinetics of palm kernel shell using TGA-FTIR and model-free integral methods. Energy Conversion and Management，2（1）：251-259.

Massaro M M，Son S F，Groven L. 2014. Mechanical，pyrolysis，and combustion characterization of briquetted coal fines with municipal solid waste plastic（MSW）binders. Fuel，115：62-69.

Moon C，Sung Y，Ahn S，et al. 2013. Effect of blending ratio on combustion performance in blends of biomass and coals of different ranks. Experimental Thermal and Fluid Science，47：232-240.

Muthuraman M，Namioka T，Yoshikawa K. 2010. Characteristics of cocombustion and kinetic study on hydrothermally treated municipal solid waste with different rank coals：A thermogravimetric analysis. Applied Energy，87（1）：141-148.

Ouyang Z Q，Zhu J G，Lu Q G. 2013. Experimental study on preheating and combustion characteristics of pulverized anthracite coal. Fuel，113：122-127.

Sun X X. 2002. Test Technology and Method of Coal Fired Boiler Combustion，China Electric Power Press，Beijing，China.

Wang C，Liu Y，Zhang X，et al. 2011a. A study on coal properties and combustion characteristics of blended coals in Northwestern China. Energy Fuels，25（8）：3634-3645.

Wang S，Guo X，Wang K，et al. 2011b. Influence of the interaction of components on the pyrolysis behavior of biomass. Journal of Analytical and Applied Pyrolysis，91（1）：183-189.

Wu C Z，Yin X L，Yuan Z H，et al. 2010. The development of bioenergy technology in China. Energy，35（11）：4445-4450.

Xu C，Hu S，Xiang J，et al. 2014. Interaction and kinetic analysis for coal and biomass co-gasification by TG FTIR. Bioresource Technology，154：313-321.

Zhang J，Chen T，Wu J，et al. 2012. Multi-Gaussian-DAEMreaction model for thermal decompositions of cellulose，hemicellulose and lignin：Comparison of N_2 and CO_2 atmosphere. Bioresource Technology，166：87-95.

Zheng G，Kozinski A. 2000. Thermal events occurring during the combustion of biomass residue. Fuel，79（2）：181-192.

Research on Pyrolysis behavior of Camellia sinensis branches via the Discrete Distributed Activation Energy Model

Bingliang Zhou, Jianbin Zhou, Qisheng Zhang
Materials Science & Engineering College, Nanjing Forestry University, Nanjing 210037, China

Abstract

This study aims at investigating the pyrolysis characteristics of Camellia sinensis branches by the Discrete Distributed Activation Energy Model (DAEM) coupled with thermogravimetric experiments. Then the Discrete DAEM method is used to describe pyrolysis process of Camellia sinensis branches dominated by 12 characterized reactions. The decomposition mechanism of Camellia sinensis branches and interaction with components are observed. And the reaction at 350.77℃ is a significant boundary of the first and second reaction range. The pyrolysis process of Camellia sinensis branches at the heating rate of 10000℃/min is predicted and provides valuable references for gasification or combustion. The relationship between four typical indexes and heating rates is revealed. Then the kinetics function at heating rates from 10 to 10000℃/min is obtained.

Keywords: Camellia sinensis branches; Pyrolysis; The Discrete DAEM; Model prediction

1 Introduction

Developing biomass energy is regarded as a potential and effective approach to solve shortage of fossil energy in the day when energy demand is increasing. Because biomass energy has the advantages, such as lower sulfur and nitrogen content as well as CO_2 neutral, the utilization of biomass energy has received extensive concern (Tsai et al., 2007; Zhou et al., 2015; Shen et al., 2015). As the sole renewable carbon source, biomass plays the role of raw material to generate biomass energy through different ways, such as combustion, gasification, and liquefaction. Because of the diverse biomass resource types (agricultural crops and their waste, municipal solid waste, animal waste, and aquatic plant and algae) and an abundance of reserve, preparing bio-products using biomass as raw material will have the promising prospect and development (Mishra et al., 2015).

Tea plant, Camellia sinensis, is a main economic crop in China. The leaves are usually used for the production of tea kind beverage, which is widely used in social life in China (Tian et al., 2016; Yang et al., 2015). Due to the popularity of tea in China, tea industry has been one of the most traditional industries in China, especially in Jiangsu Province, where massive supply could suffice the demand of its huge population. To facilitate the growth of the tea tree, workers usually cut of the branches with old leaves, leaving the apical bud and two terminals to be harvested for manufacturing later. Today, most of the cut branches are abandoned. However, those could be the perfect raw material as biomass because those branches coming from tea tree, which is essentially a kind of shrub, which consists of a high weight percentage of cellulose and lignin (Dutta et al., 2014). According to the report in 2014, Jiangsu Province owns tea land in area of 353.34 km^2 (Feng, 2015). It is obvious that resource reserve of Camellia sinensis branches is huge. If used as biomass raw material, this potentially convert non-utilized resources into valuable product in massive scale (Uzun et al., 2010).

Thermo chemical conversion of biomass is one of the most promising way for biomass utilization. In this theory, knowledge of the thermal behavior and pyrolysis kinetics is very significant for cognizing thermal

本文原载 *Bioresoure Echnology* 2017 年第 241 卷第 113-119 页。

conversional law of the biomass and designing rational experimental parameters. Thermogravimetric analysis（TGA）is one of main techniques applied to research on thermal decomposition process of biomass and bio-fuels. TGA has the advantages of minimal quantity of feedstock，precise control of temperature，and online record of experimental data（Buratti et al.，2016；Islam et al.，2016；Yahiaoui et al.，2015）. In the evaluation，parameters obtained from TGA data and kinetics models，such as activation energy，pre-exponential factor，and reaction order，are irreplaceable to reflect reactions' behavior and mechanism accurately. What's more，the percept of biomass pyrolysis kinetics is necessary to evaluate feasibility of specific biomass as raw material for preparing bio-products. Because different biomass has different inherent physicochemical characteristics，it needs a criterion on choosing the suitable kinetic algorithm model for specific biomass. A survey shows there are many kinetics models used to research on pyrolysis behavior of biomass，such as single-step global reaction model，semi-global model，multiple-step model，and distributed activation energy model（DAEM）. Among them，DAEM originally serves as a precise and functional method to simulate the pyrolysis process. This model assumes there are an infinite number of first order reactions in the process. Each reaction has a set of activation energy and constant pre-exponential factor. The first application of DAEM is on coal pyrolysis. This thought seems to be effective and reasonable，however，in actual process there is no available evidence for setting constant pre-exponential factor and assuming infinite number of reactions. The Discrete DAEM is a modified model of the conventional DAEM and reveals pyrolysis process subjected to many（but finite），parallel first-order reactions. And each reaction has its specific activation energy and pre-exponential factor（Scott et al.，2006）. The Discrete DAEM fits the case that the matter is composed of different components with complex structures. Therefore，this method is suitable for surveying pyrolysis behavior of Camellia sinensis branches because of its complex structure mainly composed by components（cellulose，hemicelluloses and lignin）.

This study focuses on the pyrolysis behavior of Camellia sinensis branches by experiments and the Discrete DAEM method. The Discrete DAEM method describes the underlying distribution of dominating reactions in detail，supplying information about how and when one reaction occur. At a particular conversion we assume that only one reaction dominates and there is a mass fraction associated with each reaction. For this advantage，we make a deeper insight into pyrolysis behavior of Camellia sinensis branches through actual dominant reactions with activation energy and pre-exponential factor calculated by experimental data. And the research on pyrolysis behaviors of its components by Discrete DAEM is to reveal complex interaction phenomenon when Camellia sinensis branches degraded. What' s more，using the algorithm data we can predict the hypothetical condition of Camellia sinensis branches' pyrolysis behavior at the heating rate of 10000℃/min in the case of combustion or gasification in a fluidized reactor. The relationship between four typical indexes（peak decomposition rate and temperature，as well as the starting and ending decomposition temperatures）and heating rate needs to be revealed. This study researches on the decomposition mechanism in depth and supplies the reference for the application of Camellia sinensis branches in the field of bio-energy.

2　Materials and methods

2.1　Raw material

Camellia sinensis branches are obtained from Jiangsu Tea Exposition Park in Jurong city. After smashed by high speed pulverizer in the lab（RHP-100，Shenlian，China），Camellia sinensis branches are filtered with mesh sizes between 0.075 and 0.15 mm for the proximate analysis by ASTM standards（E871，D1102-84）. The ultimate analysis is carried out under the C，H，N，and S model by a Vario EL elemental analyzer（Vario EL Ⅲ，Elementary，Germany），and oxygen is estimated by the difference method：O(%) = 100%−C(%)−H(%)−N(%)−S(%)−Ash(%). The lower heating value is measured by an oxygen bomb calorimeter（HB-C1000，Hengbo，China）. The determination of Camellia sinensis branches' three components（cellulose，hemicelluloses，and lignin）is measured by NREL 2007 (Determination of Structural Carbohydrates and Lignin in Biomass). All of the experiments under the same conditions are repeated 5 times and the value reported is the average of the tests. The results are listed in Table 1.

Table 1 Characteristics of Camellia sinensis branches

Ultimate analysis (wt.%, db)		Proximate analysis (wt.%, db)		Biochemical composition (wt.%)	
Carbon	44.74	Volatiles	79.00	Cellulose	35.31
Hydrogen	3.49	Fixed carbon	11.92	Hemicelluloses	19.15
Oxygen	48.93	Ash	1.84	Lignin	27.80
Nitrogen	1.01	Moisture	7.24		
Sulfur	0.12	LHV/(MJ/kg)	13.83		

2.2 Isolation of holocellulose, lignin, cellulose, and hemicelluloses

Undesirable compounds such as extractives, inorganic compounds are removed from the branches during the pretreatment. And the sample is delignified. Fig. S1 demonstrates the flow diagram of refining procedure. The sample is extracted cyclically by acetone (6h) in hot water (75℃). Then the sample without extractives is treated with sodium chlorite (3g per hour every time) in acid solution (pH 4.5, adjusted by 10% acetic acid, 75℃, 4h) in order to remove lignin and obtain holocellulose. Holocellulose is treated by alkaline solution (10% NaOH, 1 : 20; *w*/*v*, 8h, 25℃) and filtrated. The filter residue (cellulose) is washed and filtrated by deionized water until its pH was 5.5-6.5, and then freeze-dried and stored. The filtrate is neutralized with 10% acetic acid at pH 5.5-6.5 and precipitated in three times of ethanol. After precipitation, the solution is centrifuged. Then hemicelluloses is obtained after freeze-dried (Egüés et al., 2012; Lv and Wu, 2012). The extractive method of lignin is on the basis of the extractive method of Klason lignin (Schwanninger, 2002).

2.3 TGA experiment

Thermogravimetric analysis of Camellia sinensis branches and its components are performed using a thermogravimetric analyzer (TGA 60AH, SHIMADZU Instrument, Japan). In each experiment, the sample's weight is 10 mg and the nitrogen flow rate is 100 mL/min. To eliminate the effect of moisture, samples are heated from room temperature to 150℃ and then temperature rises to 750℃ at different heating rates of 10, 20, 30, and 40℃/min, respectively.

2.4 An algorithm of thermogravimetric analysis by Discrete DAEM

Arrhenius equation with homogeneous kinetic is suitable for surveying pyrolysis of biomass. The differential form of reaction rate equation under linear non-isothermal condition is (Hu et al., 2015)

$$r = \frac{d\alpha}{dT} = \frac{A}{\beta}\exp\left(-\frac{E}{RT}\right)f(\alpha) \tag{1}$$

where r represents the reaction rate, 1/K; α is the conversion, dimensionless; T is absolute temperature, K; A is pre-exponential factor, 1/s; E is the apparent activation energy, kJ/mol; R is universal gas constant, 8.3145J/(mol·K); β is the linear heating rate, ℃/min; $f(\alpha)$ is conversion dependence function or reaction model. And its independent variable α can be defined as (Bui et al., 2016):

$$\alpha = \frac{m_0 - m}{m_0 - m_\infty} \tag{2}$$

where m_0, m, and m_∞ is the original mass, immediate mass, and final non-decomposable mass, respectively.

The distributed activation energy model (DAEM) is better suited to multi-step regime and widely applied to biomass pyrolysis kinetics, which hypothesizes that there are infinite irreversible first-order reactions consisted of the whole reactive process.

$$x=\frac{m_0-m}{m_0}=\int_0^{\infty}\exp\left[-\frac{A}{\beta}\psi(E,T)\right]f(E)\mathrm{d}E \tag{3}$$

where $f(E)$ is the probability density function (PDF); x means the remaining normalized mass. m_0 and m are the original mass and immediate mass, respectively.

However, the infinite reactions can be discretized into finite and many reactions which can be regarded as n parallel first-order reactions. Every reaction has its own E and A. Under linear non-isothermal TGA, the sum of mass of all the reactions is the mass of the whole sample. x is denoted by the below equation (Cao et al., 2014):

$$x_n=w+\sum_{i=1}^{n}f_i^n\underbrace{\exp\left[-A_i\int_0^t\exp\left(\frac{-E_i}{RT(t)}\right)\mathrm{d}t\right]}_{\psi_i(t)} \tag{4}$$

where n is sum of first-order reactions; w is a fraction of inert material (carbon and ash). f_i^n is the specified fraction to the whole pyrolysis process ($f_i^n\in(0,1)$) by i-th reaction; Eq. (4) can be expressed linearly as the matrix forms:

$$x=\underbrace{\begin{bmatrix}\psi_1(t_0) & \psi_2(t_0) & \psi_3(t_0) & \cdots & \psi_n(t_0) & 1\\ \psi_1(t_1) & \psi_2(t_1) & \psi_3(t_1) & \cdots & \psi_n(t_1) & 1\\ \psi_1(t_2) & \psi_2(t_2) & \psi_3(t_2) & \cdots & \psi_n(t_2) & 1\\ \psi_1(t_3) & \psi_2(t_3) & \psi_3(t_3) & \cdots & \psi_n(t_3) & 1\\ & & & \cdot & & \\ & & & \cdot & & \\ & & & \cdot & & \end{bmatrix}}_{\psi^{*}}\times\underbrace{\begin{bmatrix}f_{1,0}\\ f_{2,0}\\ f_{3,0}\\ f_{4,0}\\ \cdot\\ \cdot\\ w\end{bmatrix}}_{f^{*}} \tag{5}$$

Regarding the reaction with a constant $\mathrm{d}T/\mathrm{d}t=\beta$, $\psi_i(t)$can be written as,

$$\psi_i(t)=\psi_i(T)=\exp\left[-\frac{A_i}{\beta}\int_{T_0}^{T}\exp(-E_i/RT(t)\mathrm{d}t)\right] \tag{6}$$

where T_0 is the initial temperature of the sample. Because of two different heating rates, the same x has the same specific fraction $f_i(\beta_1, T_1)=f_i(\beta_2, T_2)$. According to Eq. (4), one obtains. Eq. (6) takes natural logarithms and substitutes for $\psi_i(\beta_1, T_1)$ and $\psi_i(\beta_2, T_2)$ on each side yields.

$$\begin{aligned}&\frac{1}{\beta_1}\left[T_{0,\beta_1}\exp\left(\frac{-Ei}{RT_{0,\beta_1}}\right)-\frac{E_i}{R}\int_{\frac{E_i}{RT_{0,\beta_1}}}^{\infty}\frac{\exp(-u)}{u}\mathrm{d}u-T_1\exp\left(\frac{-E_i}{RT_1}\right)+\frac{E_i}{R}\int_{\frac{E_i}{RT_1}}^{\infty}\frac{\exp(-u)}{u}\mathrm{d}u\right]\\ &=\frac{1}{\beta_2}\left[T_{0,\beta_1}\exp\left(\frac{-E_i}{RT_{0,\beta2}}\right)-\frac{E_i}{R}\int_{\frac{E_i}{RT_{0,\beta_2}}}^{\infty}\frac{\exp(-u)}{u}\mathrm{d}u-T_2\exp\left(\frac{-E_i}{RT_2}\right)+\frac{E_i}{R}\int_{\frac{E_i}{RT_2}}^{\infty}\frac{\exp(-u)}{u}\mathrm{d}u\right]\end{aligned} \tag{7}$$

where T_0, β_1 and T_0, β_2 are the initial reaction temperature of β_1 and β_2, respectively; $u=E/RT$. E_i is calculated using Eq. (7). To calculate A, once E is obtained from Eq. (8), the dominating reaction at specific conversion is assumed. Here $x=1-\mathrm{e}^{-1}$ and $\psi_i=\mathrm{e}^{-1}$ are set. Certainly, the conversion of the individual component i is part conversion of volatile mass of raw material. The value of $\psi_i=\mathrm{e}^{-1}$ corresponds to the conversion where a single first-order reaction reach a maximum weight loss rate at constant heating rate (Scott et al., 2006), with $\mathrm{d}T/\mathrm{d}t=\beta$. Since E_i is already known from Eq. (8), this allows A_i to be calculated from

$$\frac{\mathrm{d}}{\mathrm{d}t}\left(\frac{\mathrm{d}f_i}{\mathrm{d}t}\right)=\frac{\mathrm{d}}{\mathrm{d}t}\left\{f_{i,0}A_i\exp(-E_i/RT)\times\exp\left[-A_i\int_0^t\exp(-E_i/RT)\mathrm{d}t\right]\right\}=0 \tag{8}$$

Once the E and A are known, Eq. (4) can be solved by using Nonnegative Linear Least Square Method (NLLSM) and initial fraction $f_{i,0}$ can be estimated.

3 Results and discussion

3.1 Physical and chemical characteristics

Table 1 presents the physical and chemical characteristics of Camellia sinensis branches. According to the ultimate analysis, Camellia sinensis branches' carbon and hydrogen content are 44.74% and 3.49%, respectively. Which are close to those of some common biomass: Hazelnut husk (C: 42.61% and H: 5.51%), Sugarcane straw (C: 42.94% and H: 6.26%) and Corn stalk (C 40.10% and H: 5.20%) (Ceylan and Topçu, 2014; Rueda-Ordóñez et al., 2015; Gani and Naruse, 2007). The low sulfur and nitrogen content is very significant for biomass, because higher N and S content can increase emissions of toxic NO_x and SO_x. Compared with Hazelnut husk (S: 0.14% and N: 1.13%), Sugarcane straw (S: 0.2% and N: 0.3%) and Corn stalk (S: 0.05% and N: 2.10%), Camellia sinensis branches' sulfur and nitrogen percentages are 0.12% and 1.01%, respectively. It reflects one important characteristic of biomass—lower content of sulfur and nitrogen than fossil fuel. Volatiles (79.00%) reveals that Camellia sinensis branches can be suitable for pyrolysis reactions, such as combustion, gasification, and liquidation. In the proximate analysis, ash percentage is low(1.84%). Biomass which has high ash percentage can affect pyrolytic rate and energy conversion efficiency resulting in slag-bonding, fouling, reducing quality of solid product and so on.

3.2 Thermogravimetric analysis of Camellia sinensis branches

Fig. 1 (a) and 1 (b) . show the TG and DTG curves of Camellia sinensis branches at different heating rates. The main decomposition occurs in the range from 150℃ to 450℃. It is reported that DTG curve (10℃/min) has the most maximum rate of decomposition, compared with other three curves (20℃/min: 0.572%/℃ at 332.6℃; 30℃/min: 0.492%/℃ at 329.86℃; 40℃/min: 0.439℃/min at 339.3℃), and it is 0.631%/℃ at 326.2℃. There is temperature gradient existed during the pyrolysis reaction, because higher heating rate causes lagging of heat transfer and consequently reduces pyrolysis efficiency.

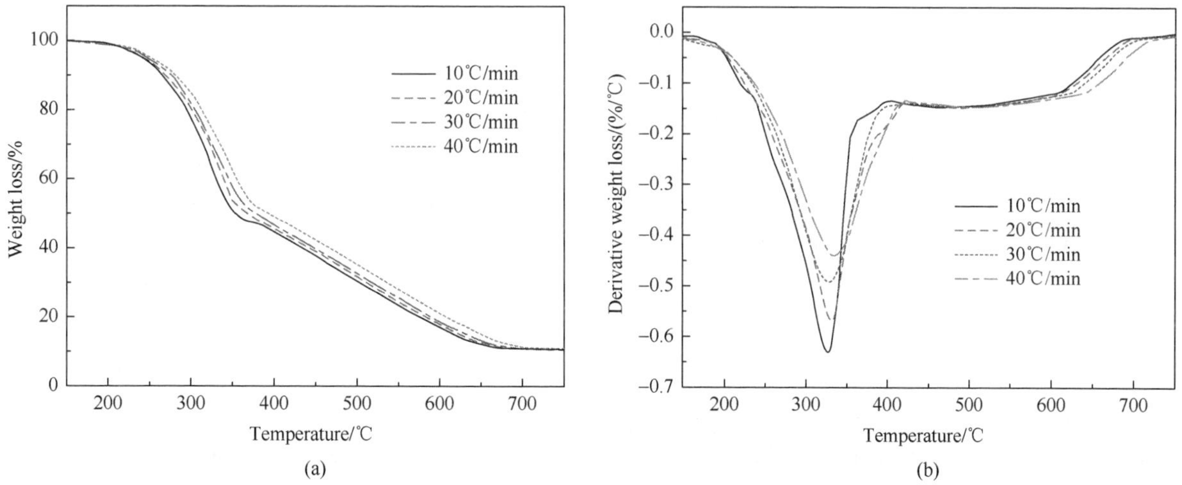

Fig. 1 TG curves of Camellia sinensis branches at different heating rates

3.3 Discrete DAEM of Camellia sinensis branches

In this case, the pyrolysis process of raw material has been discretized into $n = 19$ reactions in the conversion range of 0.95-0.05 in a step-size of-0.05. Judging the existence of reaction depends on whether its fraction has one positive value. In addition, fraction (f_i) represents each initial mass fraction and the sum of fractions' value should be 1 which represents raw material's total mass fraction. So each reaction's fraction represents mass fraction of raw material decomposed on the range from this effective reaction to next one. Fraction (f_i) can be calculated using Eq.（5）through Nonnegative Linear Least Square Method when E and A are known. Also shown，fraction in Fig.2a allocates to each reaction.

Because this study sets reactions at the conversion from 0.05 to 0.95，the sum of fractions' value is 0.9739 and not 1. The initial mass fractions (f_i) is gained and there are 12 initial mass fractions in our work. Therefore，Camellia sinensis branches' pyrolysis process is dominated obviously by 12 characterized reactions which are scatter relatively in the whole temperature range in Fig. 2a. This temperature ranges from 236.08 to 613.43℃ and heating rate is 10℃/min. Among reactions，one reaction is possible to ignored，because its fraction's value is just 0.002 in Fig.2a. However，this is very significant. It verifies effectively hypothesis that reaction at 350.77℃ is a transition where main pyrolysis processes of cellulose and hemicelluloses complete at the heating rate of 10℃/min in Fig.2c. As we all know，the activation energy reveals the minimum energy needed for one reaction. By the way，the value of E lower，the less reaction energy needed. Meanwhile，the pre-exponential factor also expresses intensity of the reaction. Raw material's activation energy and pre-exponential factor decrease so dramatically when reaction is at 350.77℃. The reaction's activation energy and pre-exponential factor are obviously lower than these of adjacent reactions. At this point，less cellulose and hemicelluloses need to be pyrolyzed. As well as small part of lignin are pyrolyzed. So that the reaction is easier to occur. After that，pyrolysis process of raw material is lignin decomposition mainly. Lignin's variation trend of activation energy and pre-exponential factor are basically consistent with these of raw material in Fig.2b and Fig.2c. Therefore，the whole process is divided into first and second main reaction range using the reaction at the conversion of 0.55 which temperature is 350.77℃ as the boundary at the heating rate of 10℃/min. Fig.2b demonstrates parameters A（in form of ln A）and E during the decomposition of Camellia sinensis branches and its components. Generally，the trend of E corresponds to the increase of conversion. It ranges from 27.35 to 114.33 kJ/mol. The changed trend of pre-exponential factor is close to that of the activation energy basically. There is a close relationship between the distribution of the pre-exponential factor and activation energy，which named "compensation effect".

The interactional mechanism of activation energy，pre-exponential factor，fraction and DTG curves should be emphasized. There are DTG curves at the heating rate of 10℃/min in Fig. 2c. It is clear raw material's activation energy increase with mass loss rate until reaching maximum decomposition peak. Maximum activation energy and decomposition peak in first main reaction range appeared in the same time are 55.16 kJ/mol and 0.631%/℃，respectively. It reveals that raw material's rate of decomposition affects activation energy and their change trends are basically consistent. Meanwhile pre-exponential factor is 20.07 and relatively higher than others，except 21.74 at 299.28℃. The rate of weight loss faster，the level of reaction intensity will be higher. In addition，reactions' fraction of raw material in first reaction range appear at 236.08，287.58，299.28，324.53，331.38 and 350.77℃ in Fig.2a，respectively. These temperatures are also in the temperature range of shoulder peak and main peak of holocellulose's DTG curve in Fig.2c. And temperature range of holocellulose's DTG curve corresponds to that of raw material basically in Fig.2c. It means pyrolysis process of holocellulose are controlled mainly by these reactions during the decomposition of raw material. Moreover，this case reveals that lignin degrades mostly in second main reaction range. As also，it verifies the reaction at 350.77℃ is a significant boundary of the first and second reaction range. There exists the difference in each fraction's value of raw material in first main reaction range. The reason is that the decomposed temperature of cellulose and hemicelluloses are different and appeared below 350.77℃. But，it is difficult to clarify whether cellulose or hemicelluloses cause this. However，according to the distribution of cellulose's fractions，it concentrates on the range where raw material's fractions appear above 300℃ basically. In addition it is very close to activation energy peak of cellulose and biomass appeared. Therefore，through fraction and energy activation，it describes that pyrolysis reactions of cellulose dominate process of raw material but it is not only these in this range from 300 to 350.77℃. This is also the way to analyze the biomass pyrolysis process without surveying DTG curves. When lignin starts to degrade mainly，the difference of each value of raw material's reactions declines and the distribution of fractions is even relatively in Fig.2a. It means reaction rate of raw material is steady basically, but reaction needs more energy and higher level of intensity. The increase of raw material's activation energy and pre-exponential factor corresponds to increase of temperature in the second reaction range. This could be happened because of lignin's structure (Chen et al., 2014; Shen et al., 2015).

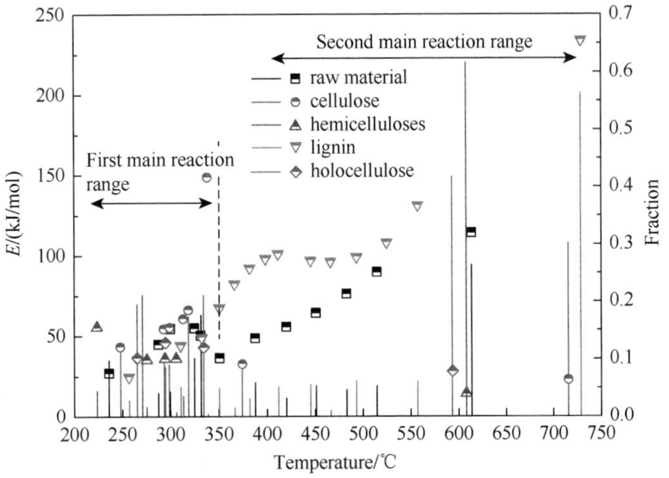

Fig. 2a Comparison between effective reactions' fraction and activation energy: vertical represents fraction and scatter presents activation energy

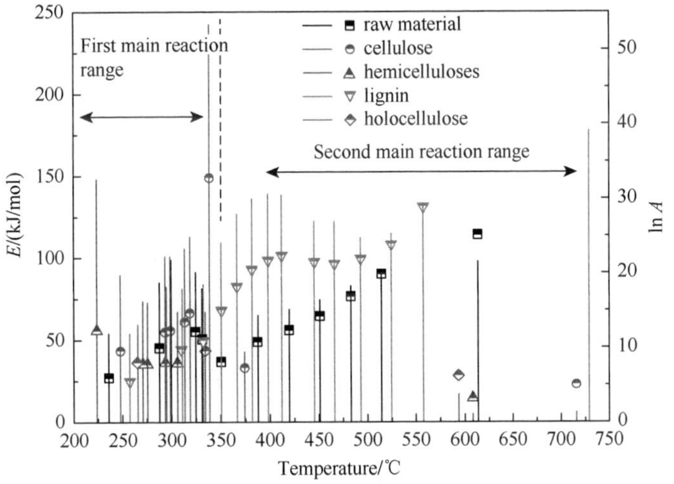

Fig. 2b Comparison between activation energy and pre-exponential factor: vertical represents pre-exponential factor and scatter presents activation energy

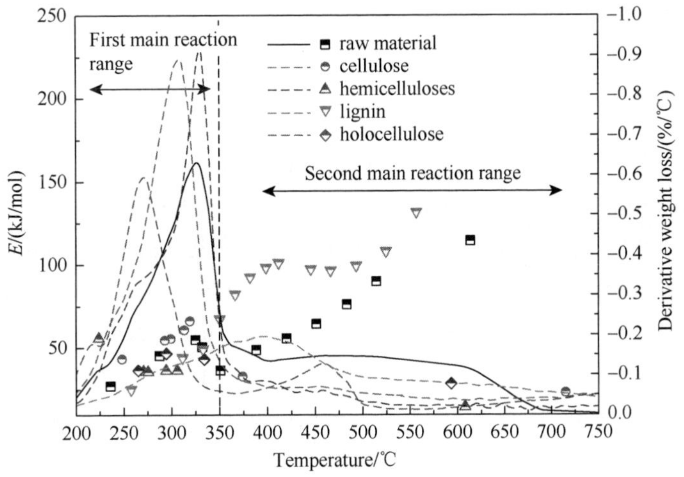

Fig. 2c Comparison between DTG curves and diagram(E vs. t)with effective reactions: curves represents DTG and scatter presents activation energy

According to the last reaction of raw material in Fig 2a，the activation energy and level of reaction intensity are highest in the whole process and there is still remaining mass. In Fig.2b，decomposition process of lignin is over nearby 728.79℃. So there is still a little part of lignin degrading and some semicoke forming in the last reaction of raw material. With temperature increases，lignin produces semicoke. Original carbon structure of semicoke changes from unordered to ordered，reducing activity sites and increasing reactivity（Sharma et al.，2016；Pasangulapati et al.，2012；Gani and Naruse，2007；Garcia-Maraver et al.，2013；Ma et al.，2015）. Therefore，raw material's activation energy still increases when pyrolysis process is close to end.

3.4 Prediction of pyrolysis behavior by Discrete DAEM

Through surveying the reactions with effective fractions，it makes sense to investigate the pyrolysis process of Camellia sinensis branches by Discrete DAEM method mentioned above. Moreover，it is obvious that the results calculated have high correlation coefficient（$R^2>0.9979$），compared with these experiment curves in Fig.3a and Fig.3b. In addition，there is an another way to testify the applicability of Discrete DAEM method. The main difference of experimental and calculative data appears at conversion of 0.95. According to E，A，f_i and Eq.（5），remaining mass can be obtained，which should approach or equal to the actual remaining mass. For example，raw material's calculated remaining mass（0.097）at the heating rate of 10℃/min is closer to that of the actual remaining mass（0.1543）. If the difference of two values is too large，it proves it is incorrect algorithm or unsuitable for Discrete DAEM method. Although there is the difference existed，it still makes sense to verify its applicability. Therefore，Discrete DAEM method fits the kinetic exploration.

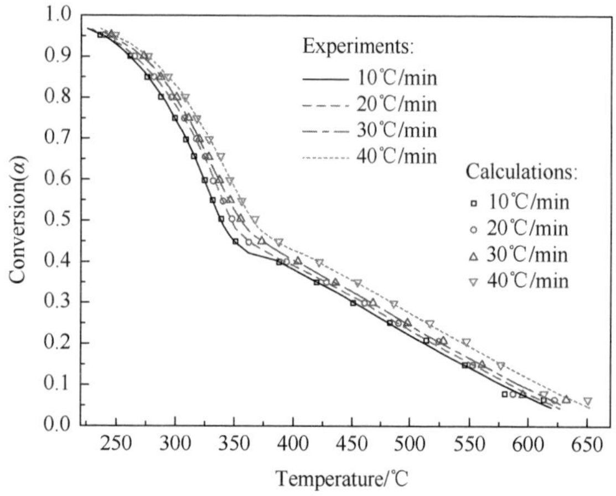

Fig. 3a　Comparison between experimental and calculative data about conversion vs. temperature at different heating rates of 10，20，30 and 40℃/min

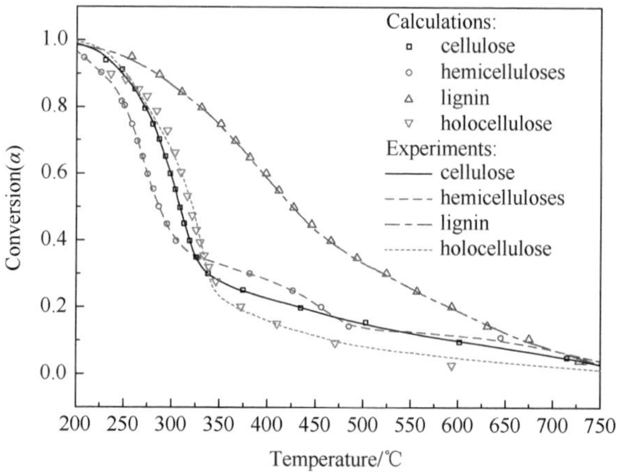

Fig. 3b　Comparison between experimental and calculative data（conversion vs. temperature）for different compounds

This study provides a robust method to extrapolate the algorithm for heating rate of 10000℃/min，because it is to simulate the decomposition process of real gasification in the fluidized bed reactor or combustion which reaches heating rate of 10000℃/min. So it is a reasonable hypothesis and worthwhile to discuss. The predicted result exists deviation with actual data，because the hypothesis mainly considers the first-order reactions and neglects the secondary reactions in real process as well as lacks experimental data. However，this model fits experimental data of heating rate（10-40℃/min）well. We use parameters（E，A and f_i）to predict pyrolysis process at higher heating rate and consider they are available references to research on biomass gasification before getting the possibility of TGA test at high heating rate（10000℃/min）. So it is a foresighted hypothesis and very significant for research on pyrolysis process at present. Through calculated E and A，plots of temperature and weight loss can be obtained. The temperature ranges from 335.55 to 852.12℃ at the heating rate of 10000℃/min in Fig.4. Compared with Fig.1a, the remaining mass at 10000℃/min is 9.7% at the conversion of 0.95. When temperature is above 300℃, raw material starts to degrade mainly. But if heating rate is high enough, the remaining mass will continue to decline. The decomposition rate curve shifts toward higher temperature obviously and the peak appears nearby 466.38℃. The range of main decomposition peak is from 350 to 600℃ and maximum degradation rate is 0.34572%/℃. Maximum mass loss rate of raw material reveals the maximum yield of volatiles in gasification. Using fitting is to obtain the curves of TG and DTG, which are significant for the prediction of the whole pyrolysis process at the heating rate of 10000℃/min. And they are credible because of R^2 (0.99996 and 0.98724).

As we know, some typical indexes make a guidance for prediction, design and optimize actual experiments at different heating rates. So we research on the relationship between heating rate and four typical indexes (peak decomposition rate, peak decomposition temperature, starting decomposition temperature and ending decomposition temperature). Because the process at the heating rate of 10000℃/min is at the conversion from 0.05 to 0.95, starting and ending temperatures represent specific temperature where the conversion is 0.05 and 0.95, respectively. According to different fittings, these typical indexes can reflect kinetics behavior with the increase of heating rate in Fig.5. The relationships are follow and parameters are listed in Table 2:

$$y_1 = ae^{(-x/b)} + c \tag{9}$$

$$y_2 = a + bx \tag{10}$$

At present, it is the possibility to predict and optimize kinetic data at the heating rates from 10 to 10000℃/min using Eq. (9) and Eq. (10) as a significant guideline for the pyrolysis experiment.

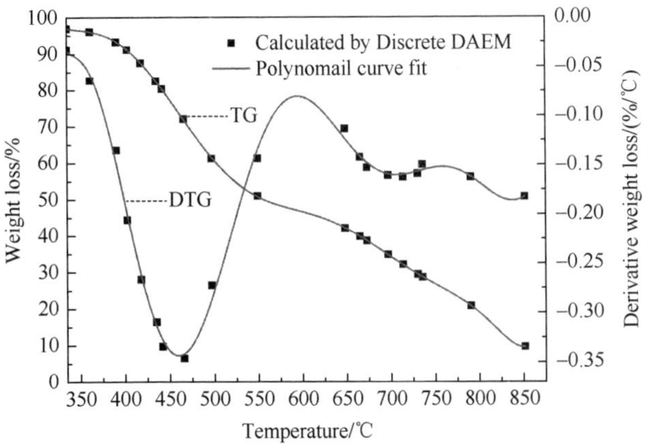

Fig. 4 TG and DTG blocks and curve of Camellia sinensis branches at heating rate of 10000℃/min

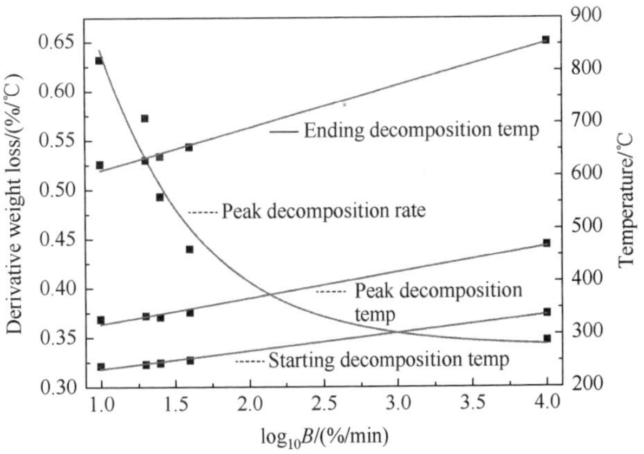

Fig. 5 Four typical indexes vs. Heating rates (10, 20, 30, 40 and 10000℃/min) in form of logarithm: blocks calculated by Discrete DAEM and red lines made by linear fitting and exponential fitting

Table 2 Function parameters of the peak, starting, and ending decomposition temperatures and peak decomposition rate

function	index	a	b	c	R^2
Eq. (10)	R_{peak}	1.38	0.66	0.34	0.9027
Eq. (11)	T_{peak}	267.22	49.27	-	0.9829
Eq. (11)	T_{start}	197.92	34.1	-	0.9883
Eq. (11)	T_{end}	526.89	80.83	-	0.9927

R_{peak}, peak decomposition rate; T_{peak}, peak decomposition temperature; T_{sta}, starting decomposition temperature; T_{end}, ending decomposition temperature; R^2, correlation coefficient.

4 Conclusions

This study makes a deeper insight into pyrolysis behavior of Camellia sinensis branches by experiments and the Discrete DAEM method. Its pyrolysis process are dominated by 12 characterized reactions. The decomposition mechanism of Camellia sin1ensis branches and interaction with components are observed. And the reaction at 350.77℃ is a significant boundary of the first and second reaction range. Moreover, the decomposition behavior at the heating rate of 10000℃/min is predicted. The relationship and function between four typical indexes and heating rates from 10 to 10000℃/min are obtained.

Acknowledgements

This research was financially supported by the Doctorate Fellowship Foundation of Nanjing Forestry University and the Priority Academic Program Development of Jiangsu Higher Education Institutions（PAPD）.

References

Bui H，Tran K，Chen W. 2016. Pyrolysis of microalgae residues-a kinetic study. Bioresour. Technol，199：362-366.

Buratti C，Mousavi S，Barbanera M，et al. 2016. Thermal behaviour and kinetic study of the olive oil production chain residues and their mixtures during co-combustion. Bioresour. Technol，214：266-275.

Cao H，Xin Y，Wang D，et al. 2014. Pyrolysis characteristics of cattle manures using a Discrete distributed activation energy model. Bioresour. Technol，172：219-225.

Ceylan S，Topçu Y. 2014. Pyrolysis kinetics of hazelnut husk using thermogravimetric analysis. Bioresour. Technol，156：182-188.

Chen D Y，Zhou J B，Zhang Q S. 2014. Effects of heating rate on slow pyrolysis behavior，kinetic parameters and products properties of moso bamboo. Bioresour. Technol，169：313-319.

Dutta P P，Baruah D C. 2014. Gasification of tea（*Camellia sinensis*（L.）O. Kuntze）shrubs for black tea manufacturing process heat generation in Assam. India. Biomass Bioenerg，66：27-38.

Egüés I，Sanchez C，Mondragon I，et al. 2012. Effect of alkaline and autohydrolysis processes on the purity of obtained hemicelluloses from corn stalks. Bioresour. Technol，103：239-248.

Feng K S. 2015. In 2014 the national tea garden area，production，production statistics. Tea. Sci. 5：396.

Gani A，Naruse I. 2007. Effect of cellulose and lignin content on pyrolysis and combustion characteristics for several types of biomass. Renewable Energy，32：649-661.

Garcia-Maraver A，Salvachúa D，Martínez M J，et al. 2013. Analysis of the relation between the cellulose，hemicellulose and lignin content and the thermal behavior of residual biomass from olive trees. Waste Manage，33：2245-2249.

Hu Z，Chen Z，et al. 2015. Characteristics and kinetic studies of hydrilla verticillata pyrolysis via thermogravimetric analysis. Bioresour. Technol，194：364-372.

Islam M A，Auta M，Kabir G，et al. 2016. A thermogravimetric analysis of the combustion kinetics of karanja（*Pongamia pinnata*）fruit hulls char. Bioresour. Technol，200：335-341.

Lv G，Wu S. 2012. Analytical pyrolysis studies of corn stalk and its three main components by TG-MS and Py-GC/MS. Anal. Appl. Pyrol，97：11-18.

Ma Z，Chen D，Gu J，et al. 2015. Determination of pyrolysis characteristics and kinetics of palm kernel shell using TGA-FTIR and model-free integral methods. Energ Convers. Manage，89：251-259.

Mishra G，Kumar J，Bhaskar T. 2015. Kinetic studies on the pyrolysis of pinewood. Bioresour. Technol，182：282-288.

Pasangulapati V，Ramachandriya K D，Kumar A，et al. 2012. Effects of cellulose，hemicellulose and lignin on thermochemical conversion characteristics of the selected biomass. Bioresour. Technol，114：663-669.

Scott S A，Dennis J S，Davidson J F，et al. 2006. An algorithm for determining the kinetics of devolatilisation of complex solid fuels from thermogravimetric experiments. Chem. Eng. Sci，61：2339-2348.

Sharma R，Sheth P N，Gujrathi A M. 2016. Kinetic modeling and simulation：pyrolysis of Jatropha residue de-oiled cake. Renewable Energy，86：554-562.

Shen D，Jin W，Hu J，et al. 2015. An overview on fast pyrolysis of the main constituents in lignocellulosic biomass to valued-added chemicals：structures，pathways and interactions. Renewable Sustainable Energy Rev，51：761-774.

Schwanninger M，Hinterstoisser B. 2002. Klason lignin：modifications to improve the precision of the standardized determination. Holzforschung，56：161-166.

Tian L，Shen B，Xu H，et al. 2016. Thermal behavior of waste tea pyrolysis by TG-FTIR analysis. Energy，103：533-542.

Tsai W，Lee M，Chang Y. 2007. Fast pyrolysis of rice husk：product yields and compositions. Bioresour. Technol，98：22-28.

Uzun B B，Apaydin-Varol E，Ateş F，et al. 2010. Synthetic fuel production from tea waste：characterisation of bio-oil and bio-char. Fuel，89：176-184.

Yahiaoui M, Hadoun H, Toumert I, et al. 2015. Determination of kinetic parameters of Phlomis bovei de Noé using thermogravimetric analysis. Bioresour. Technol, 196: 441-447.

Rueda-Ordóñez Y J, Tannous K. 2015. Isoconversional kinetic study of the thermal decomposition of sugarcane straw for thermal conversion processes. Bioresour. Technol, 196: 136-144.

Yang X, Yu Z, Zhang B, et al. 2015. Effect of fluoride on the biosynthesis of catechins in tea [*Camellia sinensis*(L.)O. Kuntze] leaves. Sci. Hortic-amsterdam, 184: 78-84.

Zhou B, Zhou J, Zhang Q, et al. 2015. Properties and combustion characteristics of molded solid fuel particles prepared by pyrolytic gasification or sawdust carbonized carbon. BioResources, 10 (4) : 7795-7807.

Comparsion of the physicochemical characteristics of the bio-char pyrolyzed from moso bamboo and rice husk with different pyrolysis temperatures

Yimeng Zhang[a], Zhongqing Ma[b], Qisheng Zhang[a], Jiayao Wang[b], Qianqiang Ma[b], Weigang Zhang[b]

[a]School of Materials Science and Engineering, Nanjing Forestry University, Nanjing, Jiangsu 210037, P. R. China

[b]School of Engineering, Key Laboratory of Wood Science & Technology of Zhejiang Province, National Engineering & Technology Research Center of Wood-Based Resources Comprehensive Utilization, Zhejiang Agriculture & Forestry University, Lin'an, Zhejiang 311300, P. R. China

Abstract

Bio-char pyrolyzed from biomass waste has been notable applied in various industries because of its versatile physicochemical characteristics. This paper investigated the difference of the properties of the bio-char derived from moso bamboo and rice husk under different pyrolysis temperatures (200 to 800℃) using the tube furnace, FTIR, TGA, XRD, gas sorption analyzer, etc. As the temperature increased, the yield of bio-char for both bamboo char (BC) and rice husk char (RHC) decreased, while the content of carbon element and fixed carbon, the value of HHV and pH increased for both BC and RHC. At 800℃, BC had higher HHV of 32.78 MJ/kg than RHC of 19.22 MJ/kg, while RHC had higher yield of char (42.99$_{wt.}$%) than BC (26.3$_{wt.}$%) because of the higher ash content (47.51$_{wt.}$%) in RHC. And the SiO_2 was the dominated component in the ash of RHC accounting for 86.257$_{wt.}$%. The surface area (S_{BET}) of RHC (331.23m^2/g) was higher than BC (259.89m^2/g). However, the graphitization degree of BC was higher than RHC at the same temperature. The systematic study on the evolution of the basic properties of BC and RHC will provide a good reference for their high value-added application.

Keywords: Moso bamboo; Rice husk; Biochar; Pyrolysis; Characteristics

1 Introduction

Biomass is a promising, eco-friendly and rewnewable source for generating energy, fuels and chemicals which could partially replaced the fossil fuels to reduce the pressure of environmental pollution problems (Ma et al., 2015; Ma et al., 2012). China is rich in biomass resources mainly from agriculture and forestry residues. Bamboo and rice husk (RH) were the two typical biomass species in China with the largest annual production of 7 million and 40 million tonnes in the world (Chen et al., 2014a; Paethanom and Yoshikawa, 2012). Compared to the woody biomass, they has the advantage of short growth period for harvesting, only with 3-5 years and half a year respectively. However, during the process of bamboo scrimber manufcature and rice milling, large proportion of these types of waste produced, occupying about 30% and 20% of the initial weight, respectively (Alvarez et al., 2014; Chen et al., 2015a). Currently, these waste are just oversimply used as fuel for burning in the bolier or fodder in the livestock breeding industry. Therefore, how to high value-added utilization of these waste biomass is a strategic problem for the development of the bamboo manufcature and rice milling industry.

Biomass pyrolysis is a thermochemical degradation process operating in the inert or very low stoichiometric oxygen atmosphere that converts solid biomass into three phase products, namely gaseous

本文原载 *Bio Resources* 2017 年第 12 卷第 3 期第 4652-4669 页。

(combustible gas), liquid (bio-oil), and solid (bio-char) products (Chen et al., 2017a, 2017b; Yang et al., 2016). Compared to the fast pyrolysis with a fast heating rate (generally over 300℃/min) and short residence time (0.5-10s), the main product of slow pyrolysis with a moderate heating rate of 1-30℃/min was the soild bio-char instead of the liquid bio-oil (Duman et al., 2011). Because lower heating rate will supply sufficient time for occurring of the molecule repolymerization reaction from the three main components (cellulose, hemicellulose and lignin), to form polycyclic carbon structure and maximize the yield of solid biochar (Chen et al., 2012).

By now, bio-char, as a recalcitrant carbonaceous material, has been notable applied in some areas because of its versatle physicochemical characteristics. These promising application includs: energy production for the high heating value (Nanda et al., 2016), acid soil remediation and conditioning for the alkaline pH value and rich in plant nutrients (Qian et al., 2015), carbon sequestration for the high content of carbon element (Rafiq et al., 2016), excellent interim form for activated carbon production (Alvarez et al., 2014), or even being catalyst precursor and fuel cell material for the strong pore structure and low electrical resistivity (Chen et al., 2015b). However, these application were highly relevant to the basic properties of bio-char which was significantly affected by the pyrolysis parameters, such as heating rate, solid residence time, and pyrolysis temperature (Angin, 2013a; Zhang et al., 2015). Thus, the study on the influence of the pyrolysis parameters on the basic properties of bio-char has attracting more and more attention.

Among various slow pyrolysis parameters (temperature, heating rate and residence time), pyrolysis temperature has been considered to be the most important parameter which significantly control the yield, and especially the quality of the solid bio-char, including the chemical compositions, higher heating value (HHV), pH value, and pore structure (Kan et al., 2016; Tripathi et al., 2016). Using other biomass (except bamboo and RH), numeous works had been performed on the effect of temperature on the properties of solid bio-char (Angin, 2013a; Chen et al., 2016c; Cimo et al., 2014; Fu et al., 2011; Lee et al., 2013; Luo et al., 2015; Rafiq et al., 2016; Uçar & Karagöz, 2009; Zhang et al., 2015). The basic evolution was that higher pyrolysis temperature would lead to lower biochar yield and surface function groups content, higher HHV and pH carbon, even stronger pore structure. However, for the biomass of bamboo (Kantarelis et al., 2010; Krzesińska & Zachariasz, 2007; Muhammad et al., 2012; Oyedun et al., 2013; Ren et al., 2013) and RH (Chen et al., 2014b; Yang et al., 2015; Zhang et al., 2016), most of the research was fouced on the determination of the pyrolysis behaviors and kinetics, also the identification of the components of volatiles (bio-oil and noncondensable gas) using TGA-FTIR and Py-GC/MS. Furthermore, the amount of biochar collected from this kind of analytical instrument was only at a milligram (mg) level which was far from enough for the further characterization of other properties of biochar. Therefore, lab-scale tube furnace with higher mass of biochar at gram (g) level was always employed in the experiment of biochar production. Using the tube furnace, Chen et al. (2014a) investigated the effect of bamboo pyrolysis temperature (300-700℃) on the carbon and energy distribution of the products. The various of surface function groups and yield of RH bio-char at the temperature range of 600-900℃ was performed by Fu et al (2011). Liu et al. (2011) also reported RH bio-char presenting high adsorption capacity on the phenols. Alvarez et al. (2014) claimed that the high quality activated carbon and amorphous silica could be produced using RH bio-char material. However, concerning the promising application of bio-char from bamboo and RH, some other important performance (chemical composition, functional group, pore structure, and crystallographic structure) under a wider range of pyrolysis temperature were still missed.

In this paper, a systematic investigation of pyrolysis temperature (200, 300, 400, 500, 600, 700 and 800℃) on the yield and properties of bamboo charcoal (BC) and rice husk charcoal (RHC) was studied. Then, the comparsion on the properties of BC and RHC was carried out using FTIR, TGA, XRD, gas sorption analyzer, etc., in order to discuss their corresponding high value-added application in the various industries.

2 Experimental

2.1 Materials

The moso bamboo（Phyllostachys edulis）with five years old was harvested from the mountain in the Lin'an city of Zhejiang province. Then the outer and inner skin of bamboo was removed by sander，and the middle part was kept for biochar production. Another biomass，rice husk was collected from a rice milling plant in Jurong city of Jiangsu Province. The two biomass were firstly ground to power，then screened using 160 and 200 mesh sieves. At last the power with the particle size between 75 and 96 μm was kept and dried with 12h for the pyrolysis experiment. The preparation process of bamboo and RH power was shown in Fig.1.

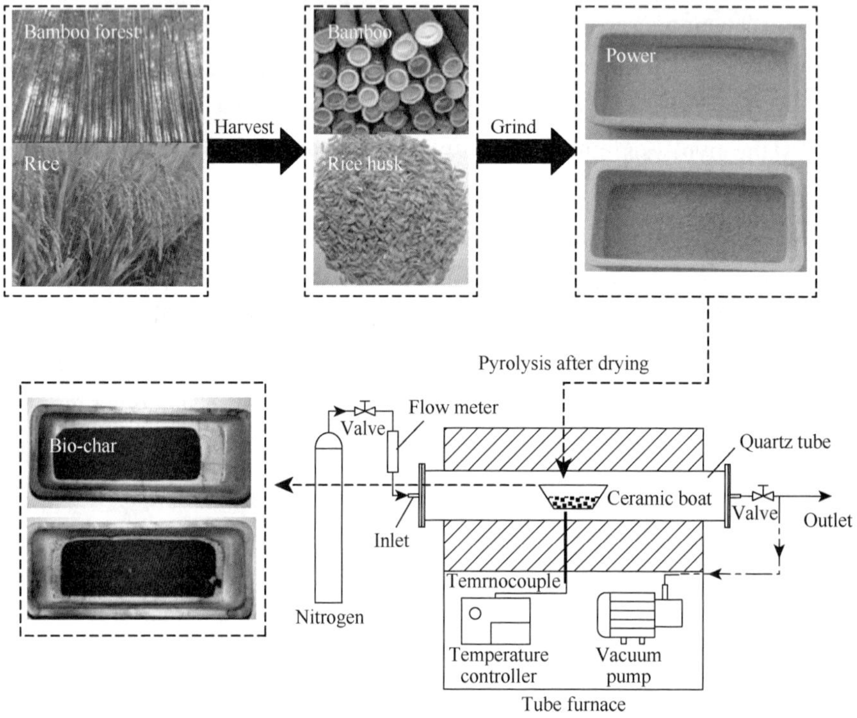

Fig. 1　Schematic diagram of biomass pyrolysis experiment

Pyrolysis experiment

A electrical heating tube furnace（made by Nanjing BYT Company in China with the model number of TL1200）was used to carriy out the biomass pyrolysis experiment，and its schematic diagram was shown in Fig.1. As shown in Fig. 1，the inner diameter and the length quartz tube was 60 mm and 1000 mm，respectively. In each experiment，two ceramic boats（loading about 5 g biomass power in each boat）were put in the center of quartz tube. Then the vacuum pump was started up to extract all the air in the quartz tube. After that，the carrier（high-purity N_2）was injected into the quartz tube until it being atmosphere pressure. Finally，the furnace was heated to the settled temperature as 200，300，400，500，600，700，and 800℃ at a fixed heating rate（10℃/min）and a fixed the flow rate（300mL/min）of carrier gas. The terminal temperature was kept for 1 h. Once the temperature was cooled into room temperature，the bio-char was taken out for the yield calculating and further analysis of their physicochemical characteristics. The average yield of bio-char was obtained at least from three experiments.

2.2 Methods

Characteristics of bio-char

The ultimate analysis was tested by elemental analyzer（Vario EL Ⅲ，Elementary，Germany）following the

CHNS/O model, and the oxygen content was estimated as the balance. Other mineral element content in the ash was tested X-ray fluorescence (Axiosm AX-Petro). The proximate analysis of bio-char was tested according to ASTM D1762-84. The heating value of bio-char was tested by automatic calorimeter (ZDHW-300A, Hebi Keda Instrument & Meters Co., LTD, China). The pH value was tested according to the standard of GB/T 12496.7—1999. In each test, 2.5g bio-char was mixed with 50 mL deionized water to form suspension liquid. Then the liquor was heated until boiling for 5 minutes. After that, the suspension liquid was filtered to remove bio-char power. At last, the pH value of the filtrate was tested using pH meter (pHS-25, Shanghai Leici Company, China) until it was cooled to the room temperature.

The surface chemical functional group of the bio-char was tested using Fourier transforminfrared spectrometry (Nicolet 6700, Thermo Fisher Scientific, USA). And the thermal stability of the bio-char was analyzed by the thermogravimetric analyzer (TG209F1, Netzsch Instruments, Germany). The surface area and pore size distribution were obtained by using a Gas Sorption Analyzer (ASAP2020, Quantachrome Instruments Co., Ltd., USA). The specific surface area (SBET), micro pore volume (Vmic), and mesopore volume (Vmes) were determined by Brunauer-Emmett-Teller (BET) method, *t*-plot method, and Barrett-Joyner-Halenda (BJH) method, respectively. The crystallographic structure was tested using X-ray diffractometer (XRD 6000, Shimadzu, Japan).

3 Results and discussion

3.1 Biochar yields, proximate and ultimate analysis, pH value

Table 1 shows the effect of pyrolysis temperature on the yield, proximate analysis, HHV, and pH of BC and RHC. The yield was decreased as the temperature increased for both BC and RHC because more solid substance was converted into lower molecular components named as gaseous bio-gas and liquid bio-oil (Zhang et al., 2015). It was worth noting that compared to the temperature over 400℃, larger weight loss (66.93$_{wt.}$% for BC and 47.65$_{wt.}$% for RHC) could be observed before 400℃. This result might be explained by the thermal degradation behaviors of three main components (cellulose, hemicellulose, lignin). According to thermogravimetric analysis (TGA) experiment of biomass three components by Ma et al. (Ma et al., 2015; Ma et al., 2016), the main degradation temperatres of biomass three components were less than 400℃ along with 92$_{wt.}$%, 62$_{wt.}$%, and 35$_{wt.}$% weight loss for the cellulose, hemicellulose and lignin respectively. Hovever, the yield of RHC was much higher than BC at the same temperture. This was attributed to the higher content of ash and less content of volatile in RHC based on the reslut of the proximate analysis.

Table 1 Effect of pyrolysis temperature on the proximate analysis, HHV and pH value of BC and RHC

Samples	Yield/$_{wt.}$%	Volatiles/($_{wt.}$%, db)	Fixed carbon/($_{wt.}$%, db)	Ash/($_{wt.}$%, db)	HHV/(MJ/kg)	pH
B-control	100	81.26±0.19	17.14±0.21	1.6±0.08	19.29±0.12	5.05±0.15
BC-200	95.89±1.46	82.72±0.18	15.54±0.27	1.74±0.02	19.47±0.14	5.46±0.25
BC-300	46.67±1.32	70.17±1.28	26.59±1.25	3.24±0.03	24.99±0.16	7.12±0.33
BC-400	33.07±0.13	40.41±0.46	55.71±0.47	3.88±0.01	29.96±0.23	9.01±0.14
BC-500	29.43±0.33	15.75±0.22	80.19±0.15	4.06±0.06	31.73±0.35	9.34±0.36
BC-600	27.84±0.31	10.24±0.31	85.48±0.38	4.28±0.07	32.15±0.24	9.88±0.34
BC-700	27.1±0.71	7.32±0.40	88.28±0.43	4.40±0.03	32.55±0.37	9.91±0.27
BC-800	26.3±0.43	6.36±0.14	89.08±0.4	4.56±0.26	32.78±0.78	10.18±0.26
RH-control	100	64.71±0.14	16.11±0.15	19.18±0.05	15.10±0.28	4.91±0.19
RHC-200	98.22±0.31	57.2±0.23	15.23±0.17	27.57±0.01	15.54±0.14	6.14±0.26
RHC-300	66.76±1.24	38.92±0.03	27.75±0.21	33.33±0.03	17.19±0.19	6.83±0.15
RHC-400	52.35±0.44	17.98±0.26	43.35±0.19	38.67±0.01	18.04±0.23	7.75±0.14

续表

Samples	Yield/$_{wt.}$%	Volatiles/($_{wt.}$%，db)	Fixed carbon/($_{wt.}$%，db)	Ash/($_{wt.}$%，db)	HHV/(MJ/kg)	pH
RHC-500	47.49±0.61	9.81±0.05	47.09±0.31	43.1±0.04	18.17±0.22	8.60±0.25
RHC-600	44.96±0.66	6.13±0.12	48.93±0.34	44.94±0.08	18.88±0.16	9.22±0.34
RHC-700	44.36±0.84	4.69±0.03	49.11±0.56	46.20±0.06	19.12±0.36	10.00±0.27
RHC-800	42.99±0.39	3.29±0.03	49.20±0.66	47.51±0.04	19.22±0.34	10.08±0.33

The HHV of BC and RHC was increased from 19.47 and 15.54 MJ/kg to 32.78 and 19.22 MJ/kg respectively as the temperature raised from 200 to 800℃. This might be attributed to the increase of fixed carbon content in bio-char. Hovever，the HHV of BC was much higher than RHC at the same temperture. More importantly，the HHV of the samples of BC-400，BC-500，BC-600，BC-700，and BC-800 were all higher than the standard coal（29.31MJ/kg）which made the BC become a high-quality solid fuel to substitute for coal used in boiler or used for barbecue char.

The pH value of BC and RHC was raised from 5.46 and 6.14 to 10.18 and 10.08 respectively as the temperature raised from 200 to 800℃. This might be attributed to the increasing content of ash being rich in alkali and alkali earth metals（such as K，Ca，Na and Mg）as shown in Table 2. Therefore，concerning to the strong alkalinity of BC and RHC，it could be used as a soil amendment to neutralize the acid soil in the agriculture. As shown in Table 2，interesting phenomenon was observed that the major component of RHC ash is SiO_2 occupied 86.257 $_{wt.}$%. Alvarez et al.（Alvarez et al.，2014）claimed that RHC from pyrolysis was a potential material to extract high purity amorphous silica which could be used in the zeolite catalyst，silica gel or glass.

Table 2　Mass percentage of elements in the ash of BC-800 and RHC-800

Samples	Element contents in the biomass ash/$_{wt.}$%											
	CaO	Fe_2O_3	K_2O	MgO	Na_2O	SO_3	Cl	P_2O_5	SiO_2	Al_2O_3	Others	Total
BC-800	0.963	0.394	21.088	2.294	0.100	6.875	2.688	4.563	5.25	n.d.[a]	0.552	44.767
RHC-800	1.095	0.693	3.076	0.461	0.065	1.147	1.251	0.381	86.257	0.167	0.459	95.052

n.d.[a]：not detected.

Table 3　Effect of pyrolysis temperature on the ultimate analysis of BC and RHC

Samples	Carbon/$_{wt.}$%	Hydrogen/$_{wt.}$%	Nitrogen/$_{wt.}$%	Oxygen/$_{wt.}$%	H/C	O/C
B-control	47.66±0.21	6.18±0.01	0.15±0.02	46.01±0.22	0.13	0.97
BC-200	48.56±0.28	6.11±0.01	0.16±0.01	45.17±0.28	0.13	0.93
BC-300	63.06±0.30	5.44±0.03	0.17±0.01	31.33±0.24	0.09	0.50
BC-400	74.69±0.23	4.17±0.02	0.19±0.03	20.95±0.22	0.06	0.28
BC-500	84.20±0.11	3.40±0.01	0.25±0.03	12.15±0.16	0.04	0.14
BC-600	86.42±0.13	2.61±0.01	0.27±0.05	10.70±0.09	0.03	0.12
BC-700	88.15±0.31	1.77±0.03	0.44±0.03	9.64±0.81	0.02	0.11
BC-800	89.63±0.35	1.44±0.02	0.47±0.03	8.46±0.92	0.02	0.09
RH-control	38.19±0.14	5.30±0.02	0.28±0.01	56.23±0.15	0.14	1.47
RHC-200	34.91±0.06	4.80±0.01	0.34±0.01	59.95±0.06	0.14	1.72
RHC-300	39.78±0.01	3.96±0.01	0.35±0.01	55.91±0.01	0.10	1.41
RHC-400	40.44±0.05	2.75±0.10	0.46±0.01	56.35±0.04	0.07	1.39
RHC-500	40.90±0.01	2.08±0.10	0.49±0.03	56.53±0.02	0.05	1.38
RHC-600	42.17±0.18	1.61±0.10	0.50±0.01	55.72±0.18	0.04	1.32
RHC-700	42.82±0.13	1.2±0.02	0.52±0.01	55.46±0.13	0.03	1.30
RHC-800	43.95±0.64	0.99±0.05	0.55±0.02	54.51±0.57	0.02	1.24

The effect of pyrolysis temperature on the elementary content (C, H, O, and N) is shown in Table 3. The data indicated that carbon content of BC and RHC increased with the temperature increased, while the hydrogen, nitrogen and oxygen content decreased. Meanwhile the atomic ratio of H/C and O/C gradually decreased. This result indicated that more aromatic and carbonaceous components formed in the BC and RHC (Chen et al., 2012). However, the content of carbon element in the BC was much higher that RHC at the same temperature. For the sample of BC-800, the content of carbon would reach nearly $90_{wt.}\%$ which was double in the sample of RHC-800 ($43.95_{wt.}\%$). This was also the valid evidence to prove the higher HHV of BC than RHC. Also, it was implied that BC had the stronger ability of carbon sequestration.

3.2 FTIR analysis

Fig. 2 shows the effect of pyrolysis temperature on the chemical functional groups of the BC and RHC. The infrared spectra was presented by 5 major principle bands. The band at the wavenumbers of 3600-3200 cm^{-1} was the most remarkable being attributed to the stretching vibration of O—H (Ma et al., 2015). The absorbance peak between 3000-2700 cm^{-1}, was related to the stretching vibration of C—H which was mainly coming from aliphatic—CH_2 and alkanes—CH_3 (Ma et al., 2016). The stretch band at 1705 cm^{-1} was presented as the stretching vibration of C=O from carboxyl and carbony (Chen et al., 2015a). The absorbance peak between 1690-1450 cm^{-1} was the stretching vibration of C=C benzene ring skeleton mainly from aromatics (Chen et al., 2014b). The absorbance peak between 1200-1000 cm^{-1} was caused by the stretching vibration of C—O from phenols (Chen et al., 2012). As shown in Fig. 2, the intensity of the absorbances from all functional groups in BC and RHC gradually decreased as the temperature increased from 200 to 800℃. At the lower pyrolysis temperature (200 and 300℃), this kind of functional groups were still clearly observed in the BC and RHC. However, as the temperature increased over 400℃, some charateristic functional groups, such as hydroxyl, carboxyl, carbony and methoxyl, would gradually fell off under thermal cracking and transferred into the gaseous components (CO, CO_2, H_2 and CH_4) and liquid components (acids, aldehydes, and phenols) (Ren et al., 2013). At last, when the temperature reached to 700 and 800℃, the FTIR curves were almost flat. This phenomenon was also supported by other researches using the pinewood (Luo et al., 2015), white ash (Chen et al., 2016d), and walnut (Zhao et al., 2016).

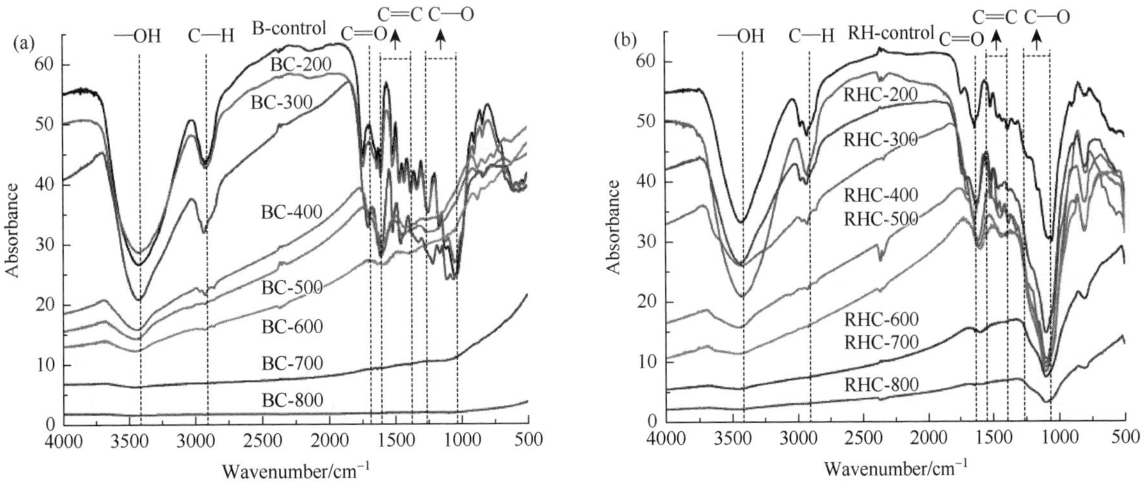

Fig. 2 The effect of pyrolysis temperature on the chemical functional groups

3.3 TG analysis

The thermal stability of the BC and RHC was tested by the thermogravimetric analyzer. Fig.3 shows the TG/DTG curves of BC (B-control, BC-200, BC-400, BC-600, and BC-800) and RHC (RH-control, RHC-200, RHC-400, RHC-600, and RHC-800) at the heating rate of 20℃/min. and the characteristic points of the

TG/DTG curves is shown in Table 4. For both BC and RHC, the mass fraction of solid residues increased as the pyrolysis temperature increased, but RHC had the higher content of solid residues at the same temperature because of the higher ash content in RHC based on the proximate analysis in Table 1. The weight loss rate at the peak temperature was decreased from 0.82 to 0.011 $_{wt.}$ %/℃ for BC and 0.57 to 0.013 $_{wt.}$ %/℃ for RHC, but BC had higher weight loss rate than RHC because of higher volatile content in BC. In addition, the peak temperature and the main weight loss region shifted toward to the side of the higher temperature. Overall, the thermal stability was significantly improved as the pyrolysis temperature increased presenting as higher content of solid residues, lower weight loss rate, and higher peak temperature. This conclusion was also confirmed by Chen et al 6d.

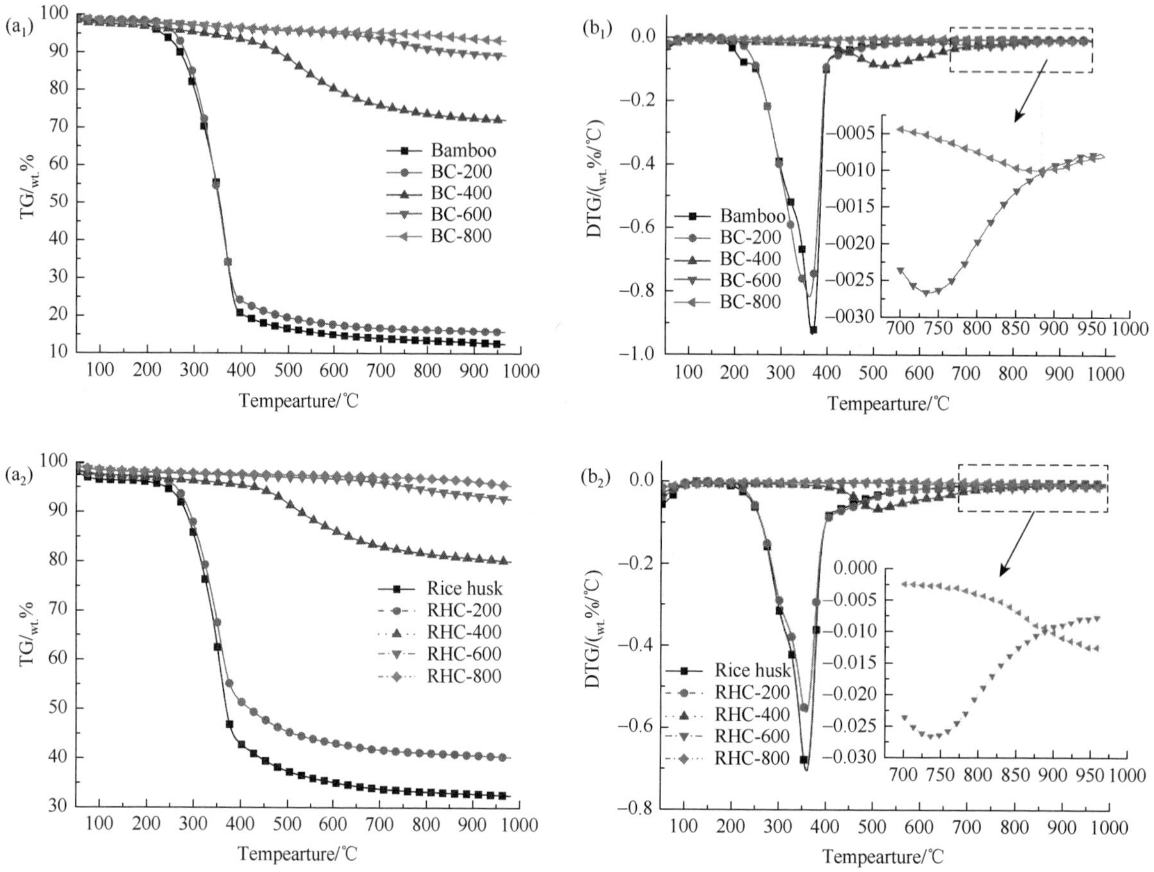

Fig. 3 Thermogravimetric analysis of BC (a$_1$ and b$_1$) and RHC (a$_2$ and b$_2$) from different pyrolysis temperatures: TG (a) and DTG (b) curves

Table 4 The characteristic point of TG/DTG curves from BC and RHC

Samples	Residues content/$_{wt.}$%	Main weight loss range/℃	Peak temperature/℃	Weight loss rate at peak/(wt.%/℃)
B-control	12.53	155-461	359	0.93
BC-200	15.77	215-465	354	0.82
BC-400	72.03	362-743	531	0.08
BC-600	89.08	650-940	776	0.026
BC-800	93.12	700-960	881	0.011
RH-control	32.61	175-475	353	0.72
RHC-200	40.39	185-490	351	0.57
RHC-400	80.18	365-765	495	0.07
RHC-600	92.76	663-944	732	0.027
RHC-800	95.46	755-960	943	0.013

3.4 XRD analysis

Fig. 4 shows the XRD analysis of the BC and RHC from different pyrolysis temperatures. Three diffraction peaks was clearly shown in Fig. 4. At the lower temperature（control and 200℃）for both BC and RHC，two sharp peaks at the 2θ of 16° and 22° was clearly observed which represented the typical crystalline structure of the cellulose I_α（triclinic）and cellulose I_β（monoclinic），respectively（Wada et al.，2010）. However，as the temperature continuously increased over 300℃，the two sharp peaks was gradually turned into one dispersion peak. This was caused by the thermal degradation of cellulose which was converted to the amorphous carbon and aliphatic side chains.

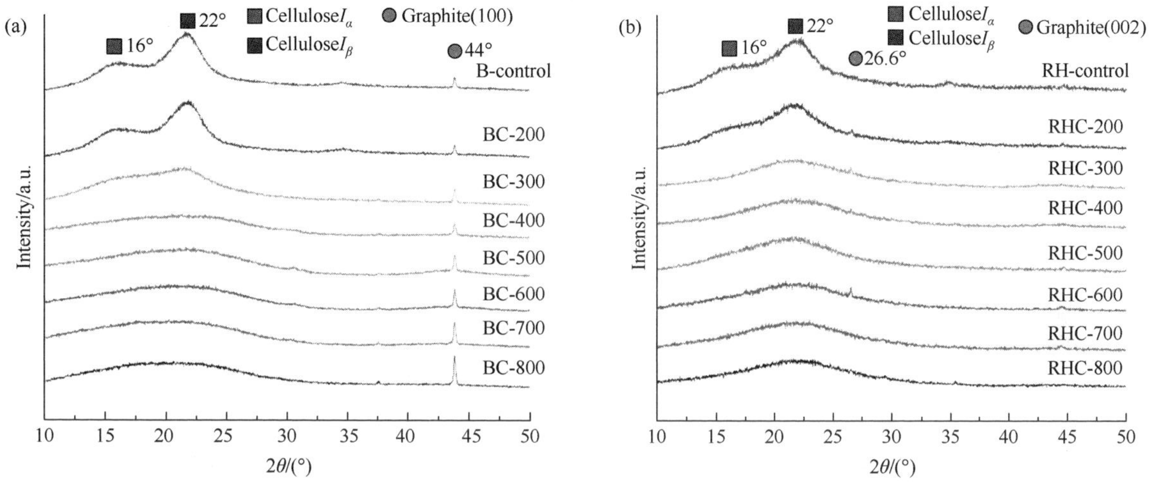

Fig. 4 XRD analysis of BC（a）and RHC（b）from different pyrolysis temperatures

Another two peaks at the 2θ of 26.6°（from RHC）and 44°（from BC）was the graphite（002）and（100）bands，respectively（Fu et al.，2011）. Guerrero et al.（Guerrero et al.，2008）reported that the（002）peak was attributed to the stacking of the graphitic basal planes of bio-char，while the（100）peak was related to the graphite-like atomic order within a single plane. As shown in Fig. 4（b）for RHC，the intensity of the（002）peak was very weak. However the intensity of the（100）peak for BC was very strong，and was gradually increased as the pyrolysis temperature increased. This indicated that BC has higher degree of graphitization than RHC. In addition，higher temperature would lead to the formation of graphite microcrystalline strucutre for BC（Yang et al.，2016）. Then，the high graphitization degree would result in the high electrical conductivity of the bio-char. This also indicated the BC was a more suitable electrode material used in the fuel cells than RHC.

3.5 Pore structure analysis

The specific surface area（S_{BET}），pore volume（V）and pore size distribution were the key parameters to evaluate the pore structure of biochar. Fig. 5 shows the nitrogen adsorption-desorption isotherms of BC and RHC from different pyrolysis temperatures. And the evolution of pore structure of BC and RHC at various temperatures is shown in Table 5，and it could be divided into three stages. For the first stage at the lower pyrolysis temperature（200 to 500℃），the value of S_{BET} for both BC and RHC had a slight increase compared to the control sample（bamboo and RH）. In this stage，the maximum value of S_{BET} for BC and RHC was 57.09 and 39.05m^2/g，respectively. The total pore volume was mainly contributed by the mesopore（2-50 nm）volume，and the micropore（0-2nm）can not be detected. During this temperature range，lots of volatiles released from the thermal degradation of the cellulose and hemicellulose. However，the pore structure did not remarkably varied. In the second stage at the middle pyrolysis temperature（600℃），as the continuously degradation of lignin，significant variation related to the pore structure occurred，more "2D structure of fused rings" fromed（Yang et al.，2016）.

The S_{BET} for BC and RHC was sharply increased to 127.41 and 61.26 m^2/g, respectively. It was noteworthy that the micropore volume was detected, and the average pore size was gradually decreased. This indicated that the micropore structure was gradually replace the mesopore structure as the temperature increased.

In the last stage at the high pyrolysis temperature (700 to 800℃), the "2D structure of fused rings" was transferred into the graphite microcrystalline structure. At this stage, the S_{BET} for BC and RHC reached their maximum values of 259.89 and 331.23 m^2/g, respectively. And the rate of micropore volume (V_{Mic}/V_{Tot}) also reached their maximum values. However, compared with other bio-char, the maximum S_{BET} of BC and RHC was silght lower than pine nut shell char (433.1 m^2/g) (Chen et al., 2016a) and poplar wood char (411.06 m^2/g) (Chen et al., 2016b). In a word, the increase of S_{BET} and micropore in the BC and RHC was mainly attributed from two pathways: ①the release of the volatiles from the biomass three components, especially from the degradation of benzene-ring liked compounds in the lignin.②the gap or crack from the formation process of the fused ring and the graphite microcrystals in the PKSC. Concering the strong pore structure of BC and RHC, it could be a good adsorbent used in the sewage treatment.

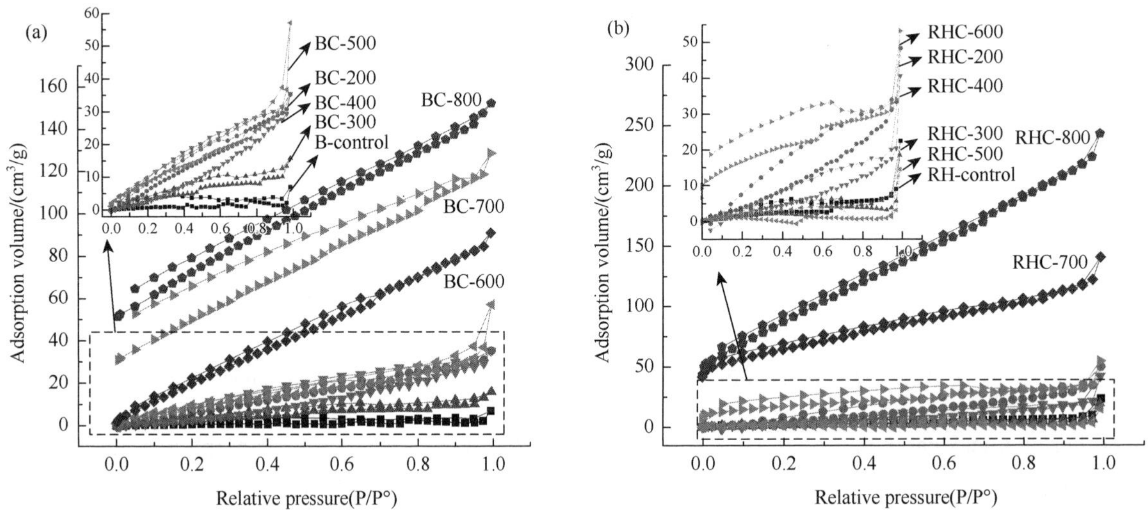

Fig. 5　Nitrogen (N_2) adsorption and desorption isotherms of BC and RHC from different pyrolysis temperatures

Table 5　Pore structure analysis of BC and RHC from different pyrolysis temperatures

Samples	Surface area/(S_{BET}, m^2/g)	Total volume/(V_{Tot}, cm^3/g)	Micropore volume/(V_{Mic}, cm^3/g)	Mesopore volume/(V_{Mes}, cm^3/g)	Micropore rate/(V_{Mic}/VTot, %)	Average pore size/nm
B-control	4.52	0.011	0.003	0.007	27.523	9.62
BC-200	55.67	0.065	n.d. a	0.063	n.d.	25.82
BC-300	35.55	0.025	n.d.	0.023	n.d.	33.77
BC-400	52.35	0.045	n.d.	0.043	n.d.	26.97
BC-500	57.09	0.089	n.d.	0.085	n.d.	23.41
BC-600	127.41	0.141	0.005	0.092	4.21	22.42
BC-700	188.51	0.199	0.014	0.135	7.04	21.11
BC-800	259.89	0.236	0.047	0.139	19.94	18.14
RH-control	9.52	0.035	0.003	0.031	8.646	72.97
RHC-200	39.05	0.075	n.d.	0.074	n.d.	27.23
RHC-300	17.72	0.029	n.d.	0.028	n.d.	32.38
RHC-400	17.93	0.063	n.d.	0.061	n.d.	33.43
RHC-500	15.74	0.022	n.d.	0.021	n.d.	35.25
RHC-600	61.26	0.082	0.011	0.060	13.382	26.83
RHC-700	220.63	0.212	0.061	0.127	28.249	22.17
RHC-800	331.23	0.367	0.174	0.156	47.52	19.35

n.d.: not detected.

4 Conclusions

The comparsion of the physicochemical characteristics of the bio-char pyrolyzed from moso bamboo and rice husk under different pyrolysis temperatures was investigated. At the same pyrolysis temperature, the BC had higher content of carbon element and fixed carbon, also the value of HHV than RHC which could be high-quality fuels and carbon sequestration carrier. However, the RHC had higher content of ash containing 86.257 $_{wt.}$% of SiO_2 which was a potential material to extract high purity amorphous silica. The pH was over 10 for both BC and RHC. The graphitization degree of BC was higher than RHC. The S_{BET} for BC and RHC reached their maximum values of 259.89 and 331.23 m^2/g, respectively which could be a raw material of activation carbon, or even supporter of catalyst and supercapacitor electrodes.

Acknowledgments

This research was supported by Natural Science Foundation of Zhejiang Province (LQ17E060002), Natural Science Foundation of China (L1422039), the Fund for Innovative Research Team of Forestry Engineering Discipline (101-206001000706), Priority Academic Program Development of Jiangsu Higher Education Institutions (PAPD). The authors also acknowledge the Advanced Analysis & Testing Center of Nanjing Forestry University for testing service.

References

Alvarez J, Lopez G, Amutio M, et al. 2014. Upgrading the rice husk char obtained by flash pyrolysis for the production of amorphous silica and high quality activated carbon. Bioresource Technology, 170: 132-137.

Angin D, Altintig E, Kose T E. 2013b. Influence of process parameters on the surface and chemical properties of activated carbon obtained from biochar by chemical activation. Bioresource Technology, 148: 542-549.

Angin D. 2013a. Effect of pyrolysis temperature and heating rate on biochar obtained from pyrolysis of safflower seed press cake. Bioresource Technology, 128: 593-597.

ASTM D1762-84. 2013. Standard test method for chemical analysis of wood charcoal, ASTM International, West Conshohocken, USA.

Chen D, Cen K, Jing X, et al. 2017b. An approach for upgrading biomass and pyrolysis product quality using a combination of aqueous phase bio-oil washing and torrefaction pretreatment. BioresourceTechnology, 233: 150-158.

Chen D, Chen X, Sun J, et al. 2016a. Pyrolysis polygeneration of pine nut shell: Quality of pyrolysis products and study on the preparation of activated carbon from biochar. Bioresource Technology, 216: 629-636.

Chen D, Li Y, Cen K, et al. 2016b. Pyrolysis polygeneration of poplar wood: Effect of heating rate and pyrolysis temperature. Bioresource Technology, 218: 780-788.

Chen D, Liu D, Zhang H, et al. 2015a. Bamboo pyrolysis using TG-FTIR and a lab-scale reactor: Analysis of pyrolysis behavior, product properties, and carbon and energy yields. Fuel, 148: 79-86.

Chen D, Mei J, Li H, et al. 2017a. Combined pretreatment with torrefaction and washing using torrefaction liquid products to yield upgraded biomass and pyrolysis products. Bioresource Technology, 228: 62-68.

Chen D, Zhou J B, Zhang Q S. 2014a. Effects of heating rate on slow pyrolysis behavior, kinetic parameters and products properties of moso bamboo. Bioresource Technology, 169: 313-319.

Chen D, Zhou J B, Zhang Q S. 2014b. Effects of torrefaction on the pyrolysis behavior and bio-oil properties of rice husk by using TG-FTIR and Py-GC/MS. Energy & Fuels, 28 (9): 5857-5863.

Chen H, Lin G, Chen Y, et al. 2016c. Biomass pyrolytic polygeneration of tobacco waste: Product characteristics and nitrogen transformation. Energy & Fuels, 30 (3): 1579-1588.

Chen H, Liu D, Shen Z, et al. 2015. Functional biomass carbons with hierarchical porous structure for supercapacitor electrode materials. Electrochimica Acta, 180: 241-251.

Chen T, Liu R, Scott N R. 2016. Characterization of energy carriers obtained from the pyrolysis of white ash, switchgrass and corn stover—Biochar, syngas and bio-oil. Fuel Processing Technology, 142: 124-134.

Chen Y, Yang H, Wang X, et al. 2012. Biomass-based pyrolytic polygeneration system on cotton stalk pyrolysis: influence of temperature. Bioresource technology, 107: 411-418.

Cimò G, Kucerik J, Berns A E, et al. 2014. Effect of heating time and temperature on the chemical characteristics of biochar from poultry manure. Journal of agricultural and food chemistry, 62 (8): 1912-1918.

Duman G，Okutucu C，Ucar S，et al. 2011. The slow and fast pyrolysis of cherry seed. Bioresource technology，102（2）：1869-1878.

Fu P，Yi W，Bai X，et al. 2011. Effect of temperature on gas composition and char structural features of pyrolyzed agricultural residues. Bioresource Technology，102（17）：8211-8219.

GB/T 12469.7.1999. Test methods of wooden activated carbon-determination of pH. Standardization of Administration of China，Beijing，China.

GB/T 2677.10.1995. Fibrous raw material-determination of holocellulose. Standardization of Administration of China，Beijing，China.

GB/T 2677.6.1994. Fibrous raw material-determination of solvent extractives. Standardization of Administration of China，Beijing，China.

GB/T 2677.8.1994. Fibrous raw material-determination of acid-insoluble lignin. Standardization of Administration of China，Beijing，China.

Guerrero M，Ruiz M P，Millera Á，et al. 2008. Characterization of biomass chars formed under different devolatilization conditions：differences between rice husk and eucalyptus. Energy & Fuels，22（2）：1275-1284.

Kan T，Strezov V，Evans T J. 2016. Lignocellulosic biomass pyrolysis：A review of product properties and effects of pyrolysis parameters. Renewable and Sustainable Energy Reviews，57：1126-1140.

Kantarelis E，Liu J，Yang W，et al. 2010. Sustainable valorization of bamboo via high-temperature steam pyrolysis for energy production and added value materials. Energy & Fuels，24（11）：6142-6150.

Krzesińska M，Zachariasz J. 2007. The effect of pyrolysis temperature on the physical properties of monolithic carbons derived from solid iron bamboo. Journal of Analytical and Applied Pyrolysis，80（1）：209-215.

Lee Y，Park J，Ryu C，et al. 2013. Comparison of biochar properties from biomass residues produced by slow pyrolysis at 500 C. Bioresource technology，148：196-201.

Liu W J，Zeng F X，Jiang H，et al. 2011. Preparation of high adsorption capacity bio-chars from waste biomass. Bioresource technology，102（17）：8247-8252.

Luo L，Xu C，Chen Z，et al. 2015. Properties of biomass-derived biochars：Combined effects of operating conditions and biomass types. Bioresource Technology，192：83-89.

Ma Z Q，Chen D，Gu J，et al. 2015a. Determination of pyrolysis characteristics and kinetics of palm kernel shell using TGA-FTIR and model-free integral methods. Energy Conversion and Management，89：251-259.

Ma Z Q，Sun Q，Ye J，et al. 2016. Study on the thermal degradation behaviors and kinetics of alkali lignin for production of phenolic-rich bio-oil using TGA-FTIR and Py-GC/MS. Journal of Analytical and Applied Pyrolysis，117：116-124.

Ma Z Q，Ye J，Zhao C，et al. 2015b. Gasification of rice husk in a downdraft gasifier：The effect of equivalence ratio on the gasification performance，properties，utilization of analysis of byproducts of char and tar. BioResources，10（2）：2888-2902.

Ma Z Q，Zhang Y M，Zhang Q S，et al. 2012. Design and experimental investigation of a 190 kW（e）biomass fixed bed gasification and polygeneration pilot plant using a double air stage downdraft approach. Energy，46（1）：140-147.

Majumder A K，Jain R，Banerjee P，et al. 2008. Development of a new proximate analysis based correlation to predict calorific value of coal. Fuel，87：3077-3081.

Muhammad N，Omar W N，Man Z，et al. 2012. Effect of ionic liquid treatment on pyrolysis products from bamboo. Industrial & Engineering Chemistry Research，51（5）：2280-2289.

Nanda S，Dalai A K，Berruti F，et al. 2016. Biochar as an exceptional bioresource for energy，agronomy，carbon sequestration，activated carbon and specialty materials. Waste and Biomass Valorization，7（2）：201-235.

Oyedun A O，Gebreegziabher T，Hui C W. 2013. Mechanism and modelling of bamboo pyrolysis. Fuel Processing Technology，106：595-604.

Paethanom A，Yoshikawa K. 2012. Influence of pyrolysis temperature on rice husk char characteristics and its tar adsorption capability. Energies，5（12）：4941.

Qian K，Kumar A，Zhang H，et al. 2015. Recent advances in utilization of biochar. Renewable & Sustainable Energy Reviews，42：1055-1064.

Rafiq M K，Bachmann R T，Rafiq M T，et al. 2016. Influence of pyrolysis temperature on physico-chemical properties of corn stover（Zea mays L.）biochar and feasibility for carbon capture and energy balance. Plos One，11（6），e0156894.

Ren X Y，Zhang Z T，Wang W L，et al. 2013. Transformation and products distribution of moso bamboo and derived components during pyolysis. BioResources，8（3）：3685-3698.

Tripathi M，Sahu N，GanesanP. 2016. Effect of process parameters on production of biochar from biomass waste through pyrolysis：A review. Renewable & Sustainable Energy Reviews，55：467-481.

Uçar S，Karagöz S. 2009. The slow pyrolysis of pomegranate seeds：The effect of temperature on the product yields and bio-oil properties. Journal of Analytical and Applied Pyrolysis，84（2）：151-156.

Wada M，Hori R，Kim U J，et al. 2010. X-ray diffraction study on the thermal expansion behavior of cellulose I β and its high-temperature phase. Polymer Degradation & Stability，95（8）：1330-1334.

Yang E，Jun M，Haijun H，et al. 2015. Chemical composition and potential bioactivity of volatile from fast pyrolysis of rice husk. Journal of Analytical and Applied Pyrolysis，112：394-400.

Yang H，Huan B，Chen Y，et al. 2016. Biomass-based pyrolytic polygeneration system for bamboo industry waste：Evolution of the char structure and the pyrolysis mechanism. Energy & Fuels，30（8）：6430-6439.

Zhang J，Liu J，Liu R. 2015. Effects of pyrolysis temperature and heating time on biochar obtained from the pyrolysis of straw and lignosulfonate. Bioresource Technology，176：288-291.

Zhang S，Dong Q，Zhang L，et al. 2016. Effects of water washing and torrefaction on the pyrolysis behavior and kinetics of rice husk through TGA and Py-GC/MS. Bioresource Technology，199：352-361.

Zhao Y，Feng D，Zhang Y，et al. 2016. Effect of pyrolysis temperature on char structure and chemical speciation of alkali and alkaline earth metallic species in biochar. Fuel Processing Technology，141：54-60.

附录1　张齐生院士文章名录

1. 张齐生. 对卧式浸胶-干燥机设计和使用中的改进意见. 林业科技通讯，1977，（7）：31-32.

2. 张齐生，杨萍，马国彩，陈戈，武维佳. 意大利杨制造胶合板的研究. 南京林业大学学报（自然科学版），1982，（2）：47-67.

3. 张齐生. 竹材胶合板的研究——I. 竹材的软化与展平. 南京林业大学学报(自然科学版)，1988，(4)：15-22.

4. 张齐生. 竹材胶合板的研究——Ⅱ. 竹材胶合板的热压工艺. 南京林业大学学报（自然科学版），1989，（1）：32-38.

5. 张齐生. 竹材胶合板的研究——Ⅲ. 竹材胶合板的物理和机械性能. 南京林业大学学报（自然科学版），1989，（2）：32-38.

6. 张齐生. 浅谈我国的竹材人造板. 林产工业，1989，（4）：5-8.

7. 张贵麟，张齐生，洪中立. 速生杨在木材加工方面的利用途径. 江苏林业科技，1989，（2）：46-49.

8. 张齐生，王建和. 竹材复合板的研究——主要工艺参数与物理力学性能之间的关系. 林产工业，1990，（1）：1-7.

9. 朱福民，张齐生. 钢框胶合板模板用高强胶合面板的研究与应用. 施工技术(建筑技术通讯)，1990，(2)：36-37.

10. 张齐生，张晓东. 竹材碎料复合板的中间试验. 林产工业，1990，（6）：12-15.

11. 张齐生，杨萍. 竹材胶合性能的改善. 林产工业，1990，（3）：1-4.

12. 张齐生. 以竹代木以竹胜木（下）. 中国木材，1990，（4）：31-34.

13. 张齐生. 以竹代木，以竹胜木：论竹材资源开发利用的途径. 中国木材，1990，（3）：29-31.

14. 张齐生，韩光炯. 竹材胶合板在载货汽车上的应用研究. 林产工业，1991，（6）：1-4.

15. 张齐生，焦士任. 单宁酚醛树脂胶在竹材胶合板中的应用研究. 林产工业，1991，（4）：11-15.

16. 朱福民，陈莱盛，朱善行，张齐生，夏靖华. 钢框胶合板模板用高强胶合模板的设计与研究. 建筑技术，1991，（6）：26-31.

17. 张齐生. 竹材胶合板——新型工程结构材料——一种较理想的客、货车车厢底板. 江苏交通科技，1991，（3）：11-13.

18. 张齐生. 开发“以竹胜木”产品，增强市场竞争能力. 海峡两岸竹工机械及加工学术交流会文集. 南京林业大学，1993：3 页.

19. 张齐生. 我国竹材加工利用现状与探讨. 西南林业大学学报（自然科学版），1993，（4）：289-292.

20. 张齐生. 竹材胶合板的新进展. 中国木材，1993，（1）：21-23.

21. 王建和，张齐生. 竹材胶合板的胀缩特性研究. 林产工业，1993，（1）：9-11.

22. 张齐生，王建和. 制造无接头大幅面竹材胶合板的新方法. 林产工业，1993，（4）：20-22.

23. 王建和，孙丰文，张齐生. 竹片胀缩性能的初步研究. 竹子研究汇刊，1993，（1）：39-46.

24. 张齐生，孙丰文. 竹木复合结构是科学合理利用竹材资源的有效途径. 林产工业，1995，（6）：4-6.

25. 孙丰文，张齐生. 世界集装箱底板用材的新进展. 世界林业研究，1995，（6）：37-42.

26. 孙丰文，王建和，张齐生. 影响竹材复合板机械性能的主要因子. 南京林业大学学报，1995，（1）：59-64.

27. 王军华，庞小仁，张齐生. 胶合模板的性能评价. 林产工业，1995，（1）：29-31.

28. 张齐生，孙丰文，王建和. 竹材碎料复合板的结构和工艺的研究. 林业科学，1995，31（6）：536-542.

29. 张齐生，张晓东，王军华，张保良，刘汀. 高强覆膜竹胶合模板的研究. 林产工业，1995，（3）：12-15.

30. 张齐生. 科学、合理地利用我国的竹材资源. 木材加工机械，1995，（4）：23-27.

31. 张齐生，孙丰文. 竹木复合集装箱底板. 中国木材，1995，(4)：23-25.

32. 张齐生，朱一辛，张挺，崔聪明，黄悦峰. 竹片搭接组坯大幅面竹材胶合板的研制. 林产工业，1996，(1)：34-36.

33. 孙丰文，张齐生. 竹片覆面胶合板的初步研究. 木材工业，1996，(1)：11-13.

34. 张晓东，朱一辛，刘以珑，张齐生，李燕文. 竹材刨花板热压工艺的研究. 木材工业，1996，(6)：9-11.

35. 张齐生，孙丰文. 竹木复合集装箱底板的研究. 林业科学，1997，33（6)：546-554.

36. 张齐生，孙丰文，李燕文. 竹木复合集装箱底板使用性能的研究——与阿必东胶合板底板的对比分析. 南京林业大学学报（自然科学版)，1997，21（1)：27-32.

37. 张齐生，朱一辛，蒋身学，孙丰文，张晓东. 结构用竹木复合空心板的初步研究. 林产工业，1997，(3)：6-9.

38. 孙丰文，张齐生. 竹木复合集装箱底板的研制开发. 林业工程学报，1997，(6)：23-24.

39. 张齐生，孙丰文. 我国竹材工业化利用的几种途径. 林业科技开发，1997，(3)：13-14.

40. 孙丰文，李燕文，张齐生. 竹材复合板的试件尺寸对静曲强度及弹性模量测试值的影响. 林产工业，1998，(4)：4-5.

41. 萧江华，张齐生. 加速发展我国竹材生产与高效利用的对策. 全国用材林建设会议论文集. 北京，1999：1-3.

42. 张齐生，孙丰文. 我国竹材工业的发展展望. 林产工业，1999，(4)：3-5.

43. 张齐生，孙丰文. 二十一世纪中国木材工业面临的机遇和挑战. 林业工程学报，1999，(2)：1-2.

44. 孙丰文，高宏，关明杰，李燕文，张齐生. 几种低成本改性酚醛胶及其胶合性能的研究. 林产工业，1999，(3)：14-16.

45. 张齐生. 当前发展我国竹材工业的几点思考. 竹子学报，2000，19（3)：16-19.

46. 张齐生，孙丰文. 面向21世纪的中国木材工业. 南京林业大学学报（自然科学版)，2000，24（3)：1-4.

47. 王泉中，朱一辛，蒋身学，张晓东，张齐生. 用奇异函数法解变截面竹木复合空心板的变形. 南京林业大学学报（自然科学版)，2000，24（1)：32-34.

48. 刘占胜，张勤丽，张齐生. 压缩木制造技术. 木材工业，2000，(5)：19-21.

49. 孙丰文，张齐生，张文琴，许斌. 粉状落叶松单宁酚醛胶在木质胶合板上的应用. 林业工程学报，2000，14（1)：34-35.

50. 张齐生. 重视竹材化学利用，开发竹炭应用技术. 竹子研究汇刊，2001，20（3)：34-35.

51. 关明杰，张齐生. 竹材学专题文献分析. 竹子学报，2001，20（3)：69-72.

52. 王泉中，张齐生，朱一辛，蒋身学. 考虑横向剪切效应的竹材层合板弯曲变形. 南京林业大学学报（自然科学版)，2001，25（4)：37-40.

53. 孙启祥，张齐生，彭镇华. 木质环境学的研究进展与趋势. 世界林业研究，2001，14（4)：25-31.

54. 刘占胜，张齐生，张勤丽. 竹材碎料复合板模板的工艺研究. 林产工业，2001，28（3)：13-15.

55. 张晓东，朱一辛，张齐生. 增强型覆膜竹刨花板模板的研制开发. 林业工程学报，2001，15（3)：31-33.

56. 张齐生，黄河浪，张维钧，姜树海. 中国木材科学技术与天然林保护工程. 南京林业大学学报（自然科学版)，2001，25（3)：1-5.

57. 孙丰文，张齐生，蒋身学. 粉状落叶松单宁胶在集装箱底板生产中的应用. 林业科技开发，2001，15（1)：24-26.

58. 张齐生，黄河浪，张维钧，姜树海. 中国的木材科学技术与天然林保护工程. 中国科协2001年学术年会分会场特邀报告汇编. 南京：南京林业大学，2001：456-463.

59. 张齐生，周定国，梅长彤，徐信武. 当代中国人造板工业的发展特点. 中国林业，2001，(18)：16-18.

60. 张齐生. 我国竹材加工利用要重视“科学”和“创新”. 入世后我国木材工业发展问题研讨会论文集. 浙江，2002，(4)：12-15.

61. 许斌，张齐生. 竹材通过端部压注处理进行防裂及防蛀的研究. 竹子学报，2002，21（4）：61-66.

62. 张齐生，姜树海. 重视竹材化学利用开发竹炭应用技术. 南京林业大学学报（自然科学版），2002，（1）：1-4.

63. 马掌法，姚浩然，张齐生. 竹材集成材板式家具的特性和工艺. 林产工业，2002，29（6）：41-43.

64. 蒋身学，朱一辛，张齐生. 竹木复合层积材结构及其性能. 南京林业大学学报（自然科学版），2002，26（6）：10-12.

65. 蒋身学，张齐生，张维均，姜浩. 汽车车厢底板用多层竹帘胶合板的研制. 林产工业，2002，29（6）：29-31.

66. 高燕秋，王兆伍，张齐生. TMJ-A 人造板弹性模量无损检测显示机的误差因素分析. 木材工业，2002，16（5）：24-26.

67. 姜树海，张齐生，蒋身学. 竹炭材料的有效利用理论与应用研究进展. 东北林业大学学报，2002，30（4）：53-56.

68. 孙启祥，张齐生，彭镇华. 地板重量撞击声隔声特性的研究. 安徽农业大学学报，2002，29（2）：147-149.

69. 张齐生，关明杰，纪文兰. 毛竹材质生成过程中化学成分的变化. 南京林业大学学报（自然科学版），2002，26（2）：7-10.

70. 孙启祥，张齐生，彭镇华. 地板轻量撞击声隔声特性的研究. 安徽农业大学学报，2002，29（2）：143-146.

71. 张齐生. 我国竹材加工利用要重视"科学"和"创新". 入世后我国木材工业发展问题研讨会论文集. 杭州：浙江农林大学，2002：172-176.

72. 蒋身学，张齐生，姜树海. 国内竹材人造板构成及生产和市场现状（英文）. 林业研究（英文版），2002，13（2）：151-156.

73. 张齐生. 中国的木材工业与国民经济的可持续发展. 林产工业，2003，30（3）：3-6.

74. 张齐生. 我国竹材加工利用要重视科学和创新. 浙江农林大学学报，2003，（1）：1-4.

75. 周建斌，张齐生. 磷酸-复合活化剂法制竹屑活性炭的研究. 林产化学与工业，2003，23（4）：59-62.

76. 周建斌，张齐生. 油茶壳制活性炭的研究. 林业工程学报，2003，17（5）：54-55.

77. 周建斌，张齐生，高尚愚. 水解木质素制备药用活性炭的研究. 南京林业大学学报（自然科学版），2003，27（5）：40-42.

78. 姚浩然，马掌法，张齐生. 生态设计在竹材集成材板式家具中的应用. 林产工业，2003，30（5）：45-47.

79. 关明杰，朱一辛，张齐生. 干缩法测定黄竹纤维饱和点的研究. 竹子学报，2003，22（3）：40-43.

80. 许斌，蒋身学，张齐生. 毛竹生长过程中纤维壁厚的变化. 南京林业大学学报（自然科学版），2003，27（4）：75-77.

81. 谢力生，赵仁杰，张齐生. 常规热压干法纤维板热压传热的研究——Ⅱ. 无胶纤维板热压传热的实用数学模型. 中南林业科技大学学报，2003，23（2）：66-70.

82. 关明杰，朱一辛，张齐生. 甜竹的干缩性及其纤维饱和点. 南京林业大学学报（自然科学版），2003，27（1）：33-36.

83. 谢力生，赵仁杰，张齐生. 胶粘剂对纤维板热压传热的影响. 木材工业，2003，17（2）：15-16.

84. 谢力生，喻云水，曹建文，赵仁杰，张齐生. 常规热压无胶干法纤维板热压传热研究. 林产工业，2003，30（1）：26-28，42.

85. 刘志坤，杜春贵，李延军，张宏，沈哲红，门全胜，楼永生，张齐生. 小径杉木梳解加工工艺研究. 林产工业，2003，30（3）：22-25.

86. 程瑞香，许斌，张齐生. 刨切微薄竹用竹集成方材胶合工艺的研究. 人造板通讯，2003，（7）：5-7，4.

87. 张齐生. 我国竹类资源利用应当注意的几个问题. 广西节能，2003，（4）：38.

88. 张齐生. 重视竹材化学利用开发竹炭应用技术. 今日科技，2003，（1）：34-35.

89. 张齐生，蒋身学. 中国竹材加工业面临的机遇与挑战. 世界竹藤通讯，2003，1（2）：1-5.

90. 程瑞香，张齐生. 无纺布强化刨切微薄竹生产中应注意的几个问题. 林产工业，2004，31（6）：40-42.

91. 孙启祥，张齐生，彭镇华. 不同颜色地板的视觉特性研究. 安徽农业大学学报，2004，31（4）：431-434.

92. 李吉庆，吴智慧，张齐生. 竹集成材家具的造型和生产工艺. 林产工业，2004，31（4）：47-52.

93. 李吉庆，吴智慧，张齐生，林皎皎. 新型竹集成材家具的发展前景及其效益. 福建农林大学学报（哲学社会科学版），2004，7（3）：89-93.

94. 孙启祥，彭镇华，张齐生. 自然状态下杉木木材挥发物成分及其对人体身心健康的影响. 安徽农业大学学报，2004，31（2）：158-163.

95. 李吉庆，吴智慧，张齐生. 新型竹集成材家具生产工艺的研究. 内蒙古农业大学学报（自然科学版），2004，25（2）：95-99.

96. 谢力生，赵仁杰，张齐生. 常规热压干法纤维板热压传热的研究Ⅲ干法纤维板热压传热的实用数学模型. 中南林业科技大学学报，2004，24（1）：60-62.

97. 杜春贵，刘志坤，张齐生，张宏，楼永生. 杉木积成材浸渍纸贴面工艺的初步研究. 浙江农林大学学报，2004，21（2）：134-137.

98. 蒋身学，程瑞香，张齐生. 旋切竹单板生产工艺简介. 企业科技与发展，2004，11（8）：25-26.

99. 张齐生. 竹类资源加工的特点及其利用途径的展望. 中国林业产业，2004，（1）：9-11.

100. 张齐生. 竹类资源加工的特点及其利用途径的展望. 中国木材工业可持续发展高层论坛. 南京林业大学，2004：37-42.

101. 张齐生. 加快技术创新实现我国木材工业由大到强的转变. “人与自然和谐发展”绿色论坛论文集. 南京，2005，（6）：1-3.

102. 张齐生，周定国. 浅议我国从人造板大国迈向人造板强国的途径. 林产工业，2005，32（1）：3-5.

103. 张齐生. 加快技术创新实现我国木材工业由大到强的转变. “人与自然和谐发展”绿色论坛论文集. 南京，2005，（11）：19-21.

104. 关明杰，朱一辛，张晓冬，张齐生. 湿热条件对木竹复合胶合板弯曲性能的影响. 南京林业大学学报（自然科学版），2005，29（6）：106-108.

105. 侯伦灯，张齐生，陆继圣. 竹炭微晶结构的X射线衍射分析. 森林与环境学报，2005，25（3）：211-214.

106. 谢力生，陈哲，赵仁杰，张齐生. 常规热压高密度干法纤维板内部温度的变化. 南京林业大学学报（自然科学版），2005，29（1）：33-36.

107. 王泉中，张齐生，朱一辛. 用高阶剪切理论研究竹木复合空心板的弯曲性能. 林业科学，2005，41（1）：127-130.

108. 张齐生. 竹炭：“绿色健康卫士”. 林业与生态，2005，（4）：23.

109. 周建斌，张齐生. 农作物秸秆高效利用新方法及关键技术的研究. 首届国际生物经济高层论坛摘要集. 2005.

110. 张齐生. 加快技术创新实现我国木材工业由大到强的转变. “人与自然和谐发展”绿色论坛论文集. 南京：南京林业大学，2005：47-49.

111. 程瑞香，张齐生. 采用差示扫描量热法（DSC）对API胶粘剂与竹材间固化反应的研究. 中国林学会木材料学分会第十次学术研讨会论文集. 南宁，2005：463-467.

112. 许斌，张齐生. 从生竹防霉处理研究. 竹子研究汇刊，2006，25（4）：28-31.

113. 程瑞香，张齐生. 高温软化处理对竹材性能及旋切单板质量的影响. 林业科学，2006，42（11）：97-100.

114. 程瑞香，张齐生. 密闭高温软化处理竹材的玻璃化转变温度. 林业科学，2006，42（7）：87-89.

115. 关明杰，张齐生. 竹材湿热效应的动态热机械分析. 南京林业大学学报（自然科学版），2006，30（1）：65-68.

116. 孙丰文，张齐生，孙达旺. 落叶松单宁酚醛树脂胶粘剂的研究与应用. 林业科技开发，2006，20（6）：50-52.

117. 孙丰文，张齐生，王书翰. 集装箱底板用防虫剂的研究. 林产工业，2006，33（6）：33-37.

118. 卢克阳，张齐生，蒋身学. 竹炭吸湿性能的初步研究. 木材工业，2006，20（3）：20-22.

119. 张齐生，赵静一，姚成玉. 基于滤膜淤积法的油液污染在线监测系统. 机械工程学报，2006，42（4）：152-156.

120. 鲍滨福，马建义，张齐生，叶良明，王品维. 竹醋液作为植物生长调节剂的开发研究：（Ⅱ）田间试验. 浙江农业学报，2006:18（4）：268-272.

121. 鲍滨福，马建义，张齐生，叶良明，王品维. 竹醋液作为植物生长调节剂的开发研究：（Ⅰ）室内试验. 浙江农业学报，2006，18（3）：171-175.

122. 程瑞香，许斌，张齐生. 无纺布强化刨切微薄竹贴面地板的研究. 中国人造板，2006，13（1）：10-12，15.

123. 张齐生. 建设以企业为主体的技术创新体系实现中国木材工业的跨越式发展. 第五届全国人造板工业科技发展研讨会论文集，2006：14-16.

124. 孙正军，王正，于文吉，张齐生. 竹基增强材料和纳米改性材料制备技术与示范. 北京，2007.

125. 张齐生，周建斌. 竹炭的神奇功能人类的健康卫士. 林产工业，2007，（1）：3-8.

126. 张齐生. 中国木地板企业要加大科技投入，增强创新动力，坚持走国际发展战略. 2007 中国木地板产业发展高峰论坛，2007：27-28.

127. 张齐生，周建斌. 一种农林废弃物高效、无公害、资源化利用技术及应用. 第二届全国废旧木材回收利用研讨会暨首届全国农作物剩余物（秸秆）综合利用研讨会论文集. 南京林业大学，2007：16-20.

128. 张齐生. 竹类资源加工及其利用前景无限. 中国林业产业，2007，（3）：22-24.

129. 张齐生，沈国舫，王明庥，尹伟伦，冯宗炜，李文华，陈克复，马建章，石玉林，江泽慧，岳永德，丁雨龙，萧江华，傅懋毅. 14 名院士专家建言：国家应继续鼓励和支持竹产品出口. 中国林业产业，2007，1（5）：9-11.

130. 周建斌，邓丛静，陈金林，张齐生. 玉米秸秆炭化产物的性能及应用. 东北林业大学学报，2008，36（12）：59-61.

131. 许斌，陈思果，张齐生. 用于集装箱底板芯板的定向刨花板弹性模量模型. 南京林业大学学报（自然科学版），2008，32（6）：89-92.

132. 周建斌，邓丛静，傅金和，张齐生. 纳米 TiO_2 改性竹炭对空气中苯的吸附与降解. 南京林业大学学报（自然科学版），2008，32（6）：5-8.

133. 程秀才，张晓冬，张齐生，岳孔. 浸渍塑化竹材弯曲性能的研究. 竹子学报，2008，27（4）：45-47，61.

134. 周建斌，邓丛静，蒋身学，张齐生. 炭化木物理力学性能的研究. 林产工业，2008，35（6）：28-31，41.

135. 程大莉，蒋身学，张齐生. 杉木热处理材的耐腐性研究. 木材工业，2008，22（6）：11-13.

136. 周建斌，张合玲，邓先伦，张齐生. 改性活性炭对木糖液脱色性能的研究. 福建林学院学报，2008，（4）：369-373.

137. 周建斌，叶汉玲，张合玲，张齐生. 生物改性竹炭制备工艺及其应用的研究. 水处理技术，2008，34（10）：38-41.

138. 周建斌，邓丛静，陈金林，张齐生. 棉秆炭对镉污染土壤的修复效果. 生态环境学报，2008，17（5）：1857-1860.

139. 周建斌，叶汉玲，魏娟，张齐生. 麦秸秆醋液的成分分析及抑菌性能研究. 林产化学与工业，2008，28（4）：55-58.

140. 周建斌，邓丛静，陈金林，张齐生. 稻草炭的制备及应用. 南京林业大学学报（自然科学版），2008，32（4）：128-130.

141. 周建斌，魏娟，叶汉玲，张齐生. 硬头黄竹醋液抑菌和杀菌性能的研究. 中国酿造，2008，27（13）：9-12.

142. 杜春贵，刘志坤，张齐生. 杉木制材板皮辊压制备梳解加工坯料的研究. 浙江农林大学学报，2008，25（3）：267-271.

143. 周建斌，邓丛静，张齐生. 杉木炭化前后化学成分变化的研究. 林产化学与工业，2008，28（3）：105-107.

144. 周建斌，张合玲，邓丛静，张齐生. 棉秆焦油替代苯酚合成酚醛树脂胶粘剂的研究. 中国胶粘剂，2008，17（6）：23-26.

145. 周建斌，张合玲，邓丛静，张齐生. 稻草焦油替代苯酚合成酚醛树脂胶黏剂的研究. 化学与黏合，2008，（3）：5-7.

146. 周建斌，邓丛静，张齐生. 农作物秸秆炭制备速燃炭的研究. 生物质化学工程，2008，42（3）：13-16.

147. 杜春贵，刘志坤，张齐生. 杉木间伐材及制材板皮加工研究现状与高效加工的新途径. 林产工业，2008，35（3）：5-7.

148. 周建斌，叶汉玲，魏娟，傅金和，张齐生. 纳米TiO_2改性竹炭和竹炭抑菌性能比较的研究. 林产化学与工业，2008，28（5）：31-34.

149. 鲍滨福，王品维，张齐生，沈哲红，马建义. 竹醋液与农药助剂对表面张力的联合效应. 浙江农林大学学报，2008，25（5）：569-572.

150. 周建斌，张合玲，邓丛静，张齐生. 竹焦油替代苯酚合成酚醛树脂胶黏剂的研究. 生物质化学工程，2008，30（2）：8-10.

151. 吕清芳，魏洋，张齐生，禹永哲，吕志涛. 新型抗震竹质工程材料安居示范房及关键技术. 特种结构，2008，25（4）：11-15.

152. 李延军，张璧光，张齐生，李贤军，刘志坤. 木束高温干燥过程中的热质传递模型. 浙江农林大学学报，2008，25（2）：131-136.

153. 马建义，王品维，鲍滨福，张齐生，沈哲红，廖文莉，叶良明，盛仙俏. 竹焦油用于农用杀菌剂的研究（Ⅱ）：田间药效试验. 竹子学报，2008，27（4）：53-57.

154. 马建义，王品维，童森淼，鲍滨福，张齐生，沈哲红，叶良明. 50%竹焦油乳油的安全性毒理学评价. 竹子研究汇刊，2008，27（2）：53-57.

155. 马建义，王品维，鲍滨福，张齐生，沈哲红，廖文莉，叶良明，盛仙俏. 竹焦油用于农用杀菌剂的研究（I）：室内实验. 竹子学报，2008，27（3）：45-48.

156. 张文妍，李凡，张齐生. 中纤板废水处理技术初探. 中国人造板，2008，15（12）：15-18.

157. 杜春贵，刘志坤，张齐生. 以杉木积成材为芯板的新型细木工板的动态热机械分析. 林业科技，2008，33（6）：45-48.

158. 吕清芳，魏洋，张齐生，禹永哲，吕志涛. 新型竹质工程材料抗震房屋基本构件力学性能试验研究. 建材技术与应用，2008，（11）：1-5.

159. 周建斌，邓丛静，程金波，张齐生. 竹炭对水中余氯吸附性能的研究. 世界竹藤通讯，2008，6（1）：15-19.

160. 张齐生，周建斌. 神奇的竹炭. 纺织服装周刊，2008，（16）：34-35.

161. 门全胜，张齐生. 杆状木束定向铺装技术研究. 林产工业，2009，36（5）：22-25.

162. 于雪斐，伊松林，冯小江，张齐生. 热解条件对农作物秸秆热解产物得率的影响. 北京林业大学学报，2009，（S1）：174-177.

163. 程大莉，蒋身学，张齐生. 竹炭/TiO_2复合体改性杨木单板的胶合性能. 林业科技开发，2009，23（6）：85-87.

164. 程大莉，蒋身学，张齐生. 光催化复合材料在木质材料上的应用前景. 林产工业，2009，36（5）：12-15.

165. 杜春贵，张齐生，刘志坤，陈思果. 杉木积成材的平面密度分布特征. 浙江农林大学学报，2009，26（4）：455-460.

166. 周建斌，王双，邓丛静，张齐生. 废弃中密度纤维板制备活性炭. 化工环保，2009，29（4）：352-355.

167. 杜春贵，刘志坤，张宏，张齐生. 杉木积成材的动态热机械分析. 南京林业大学学报（自然科学版），2009，33（4）：117-120.

168. 魏洋，吕清芳，张齐生，禹永哲，吕志涛. 现代竹结构抗震安居房的设计与施工. 施工技术，2009，38（11）：52-54.

169. 周建斌，邓丛静，傅金和，张齐生. 竹炭负载纳米 TiO_2 吸附与降解甲苯的研究. 新型炭材料，2009，24（2）：131-135.

170. 周建斌，张合玲，张齐生. KOH 改性活性炭对木糖液脱色性能的研究. 食品与发酵工业，2009，35（3）：369-373.

171. 杜春贵，张齐生，刘志坤. 杉木积成材的热压传热特性. 东北林业大学学报，2009，37（2）：25-27.

172. 罗舒君，周培国，张齐生，俞芳芳. 竹炭曝气生物滤池去除水中有机物的研究. 水处理技术，2009，35（3）：86-89，98.

173. 周建斌，邓丛静，程金波，张齐生. 烯烃装置产生的污泥制备活性炭的研究. 中国给水排水，2009，25（3）：67-69.

174. 张晓冬，程秀才，郑秀华，张齐生，岳孔. 特种绝缘箱用胶合板的热压工艺及低温处理性能. 南京林业大学学报（自然科学版），2009，33（4）：109-112.

175. 冯小江，伊松林，张齐生. 热解条件对农作物秸秆炭性能的影响. 北京林业大学学报，2009，（s1）：182-184.

176. 张齐生，周建斌，屈永标. 农林生物质的高效、无公害、资源化利用. 林产工业，2009，36（1）：3-8.

177. 程秀才，张晓冬，张齐生，胡启龙，岳孔. 液氮低温处理桦木胶合板的弯曲力学性能研究. 林业工程学报，2009，23（3）：52-55.

178. 吴暄，宗良纲，刘新，周建斌，张齐生，于方. 竹醋液对有机栽培黄瓜生长的影响及其对蚜虫的防治效果. 中国生物防治学报，2009，25（4）：309-311.

179. 程秀才，张晓冬，张齐生，岳孔，贾翀. 四大竹乡产毛竹弯曲力学性能的比较研究. 竹子研究汇刊，2009，28（2）：37-42.

180. 周建斌，张合玲，叶汉玲，邓丛静，张齐生. 几种秸秆醋液组分中活性物质的分析. 生物质化学工程，2009，43（2）：34-36.

181. 吴光前，张齐生，周培国，周建斌，陈方杰. 固定化微生物竹炭对废水中主要污染物的降解效果. 南京林业大学学报（自然科学版），2009，33（1）：20-24.

182. 马建义，王品维，廖文莉，鲍滨福，张齐生，沈哲红，叶良明. 竹醋液对络氨铜防治水稻稻曲病和纹枯病的增效作用. 浙江农业科学，2009，1（2）：370-372.

183. 张齐生，周建斌. 竹炭的神奇功能　人类的健康卫士. 世界竹藤通讯，2009，34（5）：3-8.

184. 周建斌，邓丛静，程金波，张齐生. 竹炭对水中余氯吸附性能的研究. 世界竹藤通讯，2009，6（1）：15-19.

185. 周建斌，邓丛静，傅金和，张齐生. 纳米 TiO_2 改性竹炭吸附与降解空气中苯的研究. 世界竹藤通讯，2009，32（5）：5-8.

186. 周建斌，叶汉玲，张合玲，张齐生. 生物改性竹炭对污水净化效果的研究. 世界竹藤通讯，2009，（5）：16-20.

187. 杜春贵，刘志坤，张齐生. 杉木积成材制造工艺研究. 林业科技，2009，34（4）：48-50，81.

188. 周培国，张齐生. 高效微生物-改性竹炭污水处理技术简介. 环保部农村（村镇）环境污染防治技术研讨会论文集. 南京林业大学，2009：145-146.

189. 魏洋，蒋身学，李国芬，张齐生，吕清芳. FRP 筋增强竹梁的力学性能试验研究. 第六届全国 FRP 学术交流会论文集. 南京林业大学，东南大学，2009：327-331.

190. 冯小江，伊松林，张齐生. 热解条件对农作物秸秆炭生能的影响. 北京林业大学学报，2009，（s1）：182-184.

191. 杜春贵，张齐生，金春德，王清文. FRW 阻燃杉木积成材的阻燃性能. 第二届中国林业学术大会——S11 木材及生物质资源高效增值利用与木材安全论文集. 2009.

192. 徐信武，何文，周定国，张齐生，张健松，陈建华. 废旧木材中密度纤维板的制造工艺与产品性能. 第二届中国林业学术大会——S11 木材及生物质资源高效增值利用与木材安全论文集. 2009.

193. 吴光前，孙新元，张齐生. 净化槽技术在中国农村污水分散处理中的应用. 环境科技，2010，23（6）：36-40.

194. 杜春贵，陈思果，刘志坤，张齐生. 杉木积成材的剖面密度分布特征及其 CT 辅助分析. 南京林业大学学报（自然科学版），2010，34（6）：95-99.

195. 邓丛静，周建斌，王双，张齐生. 竹炭/硅橡胶高导电复合材料的制备及性能研究. 南京林业大学学报（自然科学版），2010，34（6）：129-132.

196. 李吉庆，张齐生，陈礼辉. 竹集成材家具天然造型元素的分析与应用. 西南林业大学学报，2010，30（5）：68-71.

197. 周培国，郑正，张齐生，彭晓成. 不同初始条件对细菌浸出电子线路板中铜的影响. 湿法冶金，2010，29（3）：191-194.

198. 李吉庆，张齐生，陈礼辉. 竹集成材家具典型角接合强度的测试与比较. 西南林业大学学报（自然科学），2010，30（4）：78-81.

199. 杜春贵，张齐生，金春德，王清文. FRW 阻燃杉木积成材的阻燃性能. 建筑材料学报，2010，13（4）：555-559.

200. 许斌，张齐生，蒋身学，周建华. 改性单板力学性能研究. 南京林业大学学报（自然科学版），2010，34（4）：37-41.

201. 许斌，张齐生，蒋身学. 热压工艺对定向刨花-单板复合集装箱底板性能的影响. 林产工业，2010，37（4）：14-18.

202. 程大莉，蒋身学，张齐生. TiO_2/竹炭复合体光催化材料的孔隙结构及分布. 南京林业大学学报（自然科学版），2010，34（3）：117-120.

203. 李凡，张文妍，张齐生，张文标. 中纤板废水处理中混凝剂筛选的试验研究. 林产工业，2010，37（3）：23-25.

204. 魏洋，蒋身学，吕清芳，张齐生，王立彬，吕志涛. 新型竹梁抗弯性能试验研究. 建筑结构，2010，（1）：88-91.

205. 程大莉，蒋身学，张齐生. 二氧化钛/竹炭复合材料的吸附-光催化降解苯酚的动力学研究. 浙江农林大学学报，2010，27（2）：205-209.

206. 黄小真，蒋身学，张齐生. 3 种竹材重组材耐老化性能比较. 林业工程学报，2010，24（2）：55-57.

207. 孙新元，吴先前，张齐生. 竹炭对微污染水中有机污染物的吸附. 环境科技，2010，23（1）：15-18.

208. 周培国，罗舒君，张齐生. 载铁竹炭处理含磷废水的研究. 水处理技术，2010，36（2）：36-38，48.

209. 程大莉，蒋身学，张齐生. 蒸煮处理对竹纤维化学组成的影响及机理. 竹子学报，2010，29（1）：50-53.

210. 刘新，张齐生，万劲，梁怀亮，濮爱玉，张鑫. 新型竹酢叶面肥对提高蓝莓等水果品质效果的研究. 河北林果研究，2010，25（3）：240-243.

211. 关明杰，洪彬，蔡志勇，朱一辛，张齐生. 竹材及杨木单板在湿热环境下的湿膨胀性能差异. 南京林业大学学报（自然科学版），2010，34（1）：91-95.

212. 马建义，童森淼，廖文莉，鲍滨福，张齐生，叶良明. 竹焦油乳油和水剂防治叶螨效果Ⅰ：柑橘. 竹子学报，2010，29（2）：22-24.

213. 张文妍，李凡，孙盼华，张齐生. 中纤板废水的预处理研究. 木材工业，2010，（1）：33-35.

214. 马建义，童森淼，廖文莉，鲍滨福，张齐生，叶良明. 竹焦油防治蚜虫的田间药效试验. 浙江农业科学，2010，1（2）：350-352.

215. 张文妍，田玉兰，何恒梅，张齐生，惠慧，余朋卫. 铁炭微电解法预处理中纤板热磨废水的研究. 南京林业大学学报（自然科学版），2010，34（2）：69-72.

216. 沈哲红，方群，鲍滨福，张齐生，叶良明，张遐耘. 竹醋液及竹醋液复配制剂对木材霉菌的抑菌性. 浙江农林大学学报，2010，27（1）：99-104.

217. 黄小真，蒋身学，张齐生. 竹材重组材人工加速老化方法的比较研究. 中国人造板，2010，17（6）：25-27，39.

218. 张齐生. 坚持科技创新，优化产业结构推动中国林业产业由大向强的转变. 第九届全国人造板工业发展研讨会论文集，2010：4-5.

219. 吴光前，孙新元，张齐生. 活性炭表面氧化改性技术及其对吸附性能的影响. 浙江农林大学学报，2011，28（6）：955-961.

220. 李吉庆，张齐生，陈礼辉. 竹集成材家具木圆榫接合强度的研究. 西南林业大学学报，2011，31（6）：74-77.

221. 黄东梅，张齐生，周培国. 基于投入产出的区域主导产业污染负荷核算. 南京林业大学学报（自然科学版），2011，35（5）：107-111.

222. 张晓春，朱芋锭，蒋身学，张齐生. 竹木复合层积材的力学性能及耐老化性能. 林业科技开发，2011，25（5）：55-57.

223. 秦恒飞，周建斌，王筠祥，张齐生. 牛粪固定床气化多联产工艺. 农业工程学报，2011，27（6）：288-293.

224. 蒋身学，张齐生，傅万四，穆国君. 竹材重组材高频加热胶合成型压机研制及应用. 林业科技开发，2011，25（3）：109-111.

225. 张鑫，张齐生，徐颖，刘新. 某污水处理厂活性污泥沉降脱水性能的研究. 环境保护科学，2011，37（2）：20-22，40.

226. 张晓春，蒋身学，张齐生. 热压温度及板材密度对竹木复合层积材顺纹抗压强度的影响. 林业工程学报，2011，25（2）：45-47.

227. 张晓春，蒋身学，张齐生. 高强轻质竹木复合材料生产工艺研究. 竹子学报，2011，30（1）：27-31.

228. 张文妍，李凡，孙盼华，张齐生. Fenton 试剂强化微电解工艺预处理中纤板热磨废水. 浙江农林大学学报，2011，28（1）：13-17.

229. 魏洋，张齐生，蒋身学，吕清芳，吕志涛. 现代竹质工程材料的基本性能及其在建筑结构中的应用前景. 建筑技术，2011，42（5）：390-393.

230. 徐颖，张齐生，张鑫，刘新. 磁混凝技术在中纤板废水前处理中的应用. 木材工业，2011，25（1）：38-40.

231. 黄东升，周爱萍，张齐生，苏毅，陈忠范. 装配式木框架结构消能节点拟静力试验研究. 建筑结构学报，2011，32（7）：87-92.

232. 秦恒飞，杨继亮，张齐生，周建斌. 鸡粪固定床气化多联产工艺. 第五届全国研究生生物质能研讨会暨 2011 年中科院研究生院新能源与可再生能源研究生学术论坛（生物质能分册）论文集. 南京林业大学，2011：513-520.

233. 黄东升，周爱萍，张齐生，苏毅，陈忠范. 装配式木框架结构消能节点拟静力试验研究. 建筑结构学报，2011，32（7）：87-92.

234. 周培国，陈赛楠，张齐生. 微生物絮凝剂处理纤维板加工废水的研究. Proceedings of Conference on Environmental Pollution and Public Health. 南京林业大学，2011.

235. 黄慧，孙丰文，王玉，张齐生. 不同预处理对竹纤维束提取及其结构的影响. 林业工程学报，2012，26（4）：60-63.

236. 吴光前，孙新元，钟丽云，张齐生. 硝酸改性竹炭理化性质变化的研究. 南京林业大学学报（自然科学版），2012，36（2）：15-21.

237. 侯伦灯，张齐生，苏团，洪敏雄. 竹重组材微晶结构的 X 射线衍射分析. 林业工程学报，2012，26（2）：19-22.

238. 唐皞，郭斌，薛岚，李盘欣，黄亚男，张齐生. 增塑剂在热塑性淀粉中的应用研究进展. 塑料工业，2012，40（7）：1-4，90.

239. 秦恒飞，周建斌，张齐生. 畜禽粪便气化可行性研究. 中国畜牧兽医，2012，39（1）：218-221.

240. 侯伦灯，张齐生，苏团，陆继圣. 竹重组材的 X 射线光电子能谱分析. 林业工程学报，2012，

26（1）：47-49.

241. 吴光前，张鑫，惠慧，万京林，戴阳，严洁，张齐生. 氧等离子体改性竹活性炭对苯胺的吸附特性. 中国环境科学，2012，32（7）：1188-1195.

242. 刘新，张齐生，高彩凤，梁怀亮，卜小华，叶天然. 有机农业集成配肥技术调控水体流失氮磷的应用研究. 江苏农业科学，2012，40（3）：341-343.

243. 张晓春，朱芋锭，姚迟强，李延军，张齐生. 热压压力及板材密度对竹木复合层积材顺纹抗压强度的影响. 竹子研究汇刊，2012，31（3）：23-27.

244. 侯伦灯，张齐生，苏团，洪敏雄，侯勇，傅郁. 竹条漂白工艺的研究. 福建林学院学报，2012，32（1）：76-79.

245. 郭斌，唐皞，李前柱，李盘欣，黄亚男，张齐生. ^{60}Co-γ 射线辐照处理对玉米淀粉塑料的影响. 塑料工业，2012，40（11）：64-66，95.

246. 何文，张苏京，蒋身学，张齐生. 插层处理纳米蒙脱土改性脲醛树脂对胶合板性能的影响. 中国人造板，2012，（11）：19-22.

247. 黄东梅，周培国，张齐生. 竹结构民宅的生命周期评价. 北京林业大学学报，2012，34（5）：148-152.

248. 姜海天，唐皞，范磊，郭斌，李本刚，张齐生，李盘欣. 农作物秸秆在复合材料中的应用研究进展. 高分子通报，2013，（11）：54-61.

249. 何文，陈雯丽，蒋身学，张齐生. 淡竹纳米纤维素的制备及特征分析. 竹子研究汇刊，2013，32（3）：33-37，43.

250. 姜海天，唐皞，范磊，郭斌，李本刚，张齐生，李盘欣. 农作物秸秆在复合材料中的应用研究进展. 高分子通报，2013，（11）：54-61.

251. 何文，张齐生，蒋身学，张齐生. 慈竹纳米纤维素的制备及特征分析. 竹子研究汇刊，2013，32（3）：23-27.

252. 何文，尤骏，蒋身学，张齐生. 毛竹纳米纤维素晶体的制备及特征分析. 南京林业大学学报（自然科学版），2013，37（4）：95-98.

253. 马中青，张齐生，周建斌，章一蒙. 下吸式生物质固定床气化炉研究进展. 南京林业大学学报（自然科学版），2013，37（5）：139-145.

254. 张齐生，马中青，周建斌. 生物质气化技术的再认识. 南京林业大学学报（自然科学版），2013，37（1）：1-10.

255. 刘珺，周培国，张齐生. 趋磁细菌处理含 Cu^{2+}，Zn^{2+}废水的应用研究. 环境科技，2013，26（4）：20-24.

256. 何文，蒋身学，张齐生，张勤丽. 单体原位聚合改性杨木性能的评价. 木材工业，2013，27（1）：17-20.

257. 唐皞，郭斌，李本刚，李盘欣，张齐生. 热塑性淀粉的增强研究进展. 塑料工业，2013，41（1）：1-8，28.

258. 唐皞，姜海天，王礼建，范磊，郭斌，李盘欣，张齐生. 聚乙烯醇纤维增强热塑性淀粉塑料的研究. 塑料工业，2013，41（9）：110-113.

259. 张齐生. 绿色设计走向：竹材装饰开发应用. 创意设计源，2013，（6）：12-17.

260. 张齐生. 农林生物质气化多联产技术的研究与运用. 第三届中国林业学术大会论文集. 南京林业大学，2013：53-54.

261. 刘珺，周培国，张齐生. 磁场-趋磁细菌复合工艺对 Cu^{2+}的吸附性能研究. 2013 年全国给水排水技术信息网年会暨第 41 届技术交流会论文集. 南京林业大学，2013：172-175.

262. 张齐生. 林业将为社会发展作出不可替代的贡献. 国土绿化，2013，（2）：9.

263. 何文，张齐生，蒋身学，蔡余威. 纳米级蒙脱土对竹/塑复合材料性能的影响. 木材工业，2014，28（1）：10-13.

264. 魏娟，常馨曼，曾丹，关明杰，张齐生. 基于专利的我国竹木复合材发展分析. 湖南林业科技，

2014，(2)：44-48.

265. 曾丹，肖飞，关明杰，张齐生. 我国竹木复合材核心技术领域专利分析. 竹子研究汇刊，2014，33 (3)：65-68，74.

266. 阮氏香江，张齐生，蒋身学. 竹集成材高频热压胶合工艺及性能研究. 林业工程学报，2014，28 (4)：109-112.

267. TONG Thi Phuong，马中青，陈登宇，张齐生. 基于热重红外联用技术的竹综纤维素热解过程及动力学特性. 浙江农林大学学报，2014，31 (4)：495-501.

268. 何文，阮氏香江，蒋身学，张齐生. 偶联剂对 HDPE 基竹塑复合材料性能的影响. 南京林业大学学报（自然科学版)，2014，(6)：110-114.

269. 何文，庄文皎，蒋身学，张齐生. 马来酸酐接枝聚乙烯对竹粉/高密度聚乙烯复合材料性能的影响. 林产工业，2014，41 (2)：12-14，18.

270. 顾洁，马中青，刘斌，张齐生. 当量比对稻草固定床气化性能的影响. 科学技术与工程，2014，14 (17)：201-205.

271. 顾洁，刘斌，方放，马中青，张齐生，周建斌. 稻壳炭基二氧化硅的提取及表征. 化工学报，2014，65 (8)：3277-3282.

272. 姜海天，郭斌，王礼建，范磊，李盘欣，张齐生. 氧化微晶纤维素增强淀粉基塑料的制备和性能. 塑料，2014，43 (3)：62-64，102.

273. 姜海天，王礼建，郭斌，范磊，李盘欣，张齐生. 小麦秸秆增强热塑性淀粉塑料的力学性能研究. 塑料工业，2014，42 (5)：71-73，89.

274. 王礼建，姜海天，郭斌，李本刚，曹绪芝，张齐生，李盘欣. 物理方法对纤维素纤维的表面处理及其应用研究进展. 材料导报，2014，28 (19)：119-124.

275. 王礼建，姜海天，史冰旭，郭斌，李盘欣，张齐生. 氧化木质纤维素对淀粉塑料力学和加工性能的影响. 塑料工业，2014，42 (4)：81-84，93.

276. 魏洋，吴刚，李国芬，张齐生，蒋身学. 新型 FRP-竹-混凝土组合梁的力学行为. 中南大学学报（自然科学版)，2014，(12)：4384-4392.

277. 张齐生. 农林生物质气化多联产技术的集成与应用. 南京市第十届青年学术年会论文集. 南京林业大学，2014：1-57.

278. NGUYEN Thi Huong Giang，张齐生. 竹集成材高频热压过程中板坯内温度的变化趋势. 浙江农林大学学报，2015，32 (2)：167-172.

279. 顾洁，刘斌，张齐生，周建斌. 油茶壳热解的 TG-FT-IR 分析及动力学研究. 生物质化学工程，2015，49 (4)：7-13.

280. 张齐生. 走进竹子，认识竹子. 城市环境设计，2015，(z1)：163.

281. 陈国，张齐生，黄东升，李海涛，周涛. 竹木箱形组合梁力学性能试验研究. 建筑结构，2015，(22)：102-106.

282. 马中青，支维剑，叶结旺，张齐生. 基于 TGA-FTIR 和无模式函数积分法的稻壳热解机理研究. 生物质化学工程，2015，49 (3)：27-33.

283. 邓丛静，邹积微，张齐生，周建斌. 新型改良剂对土壤性质及小白菜生长的影响. 科学技术与工程，2015，15 (4)：171-174.

284. 李海涛，张齐生，吴刚. 侧压竹集成材受压应力应变模型. 东南大学学报（自然科学版)，2015，45 (6)：1130-1134.

285. 孙盼华，周培国，张齐生，张楠. 载铁竹炭非均相 Fenton 催化剂处理苯酚废水的研究. 工业水处理，2015，35 (3)：57.

286. 马中青，徐嘉炎，叶结旺，张齐生. 基于热重红外联用和分布活化能模型的樟子松热解机理研究. 西南林业大学学报，2015，(3)：90-96.

287. 陈国，张齐生，黄东升，李海涛. 胶合竹木工字梁受弯性能的试验研究. 湖南大学学报（自然版)，2015，(5)：72-79.

288. 陈国，张齐生，黄东升，李海涛. 腹板开洞竹木工字梁受力性能的试验研究. 湖南大学学报（自然版），2015，42（11）：111-118.

289. 顾洁，刘斌，张齐生，陈登宇，周建斌. 基于 TG-FTIR 技术的油茶壳及其三组分热解特性研究. 林产工业，2015，42（9）：9-13，25.

290. 苏靖文，李海涛，杨平，张齐生，黄东升. 竹集成材方柱墩轴压力学性能. 林业工程学报，2015，29（5）：89-93.

291. 顾洁，刘斌，王恋，张齐生，周建斌. 油茶壳热解过程及（S）atava-（S）esták 法动力学模型的研究. 科学技术与工程，2015，15（11）：36-41.

292. 张齐生. 农林生物质气化多联产技术的集成与应用. 林业与生态，2015，（5）：14-15.

293. 李海涛，苏靖文，张齐生，陈国. 侧压竹材集成材简支梁力学性能试验研究. 建筑结构学报，2015，36（3）：121-126.

294. 张齐生. 主编寄语——写在《林业工程学报》创办之际. 林业工程学报，2016，1（1）：1.

295. 马中青，张齐生. 温度对马尾松热解产物产率和特性的影响. 浙江农林大学学报，2016，33（1）：109-115.

296. 周建斌，周秉亮，马欢欢，张齐生. 生物质气化多联产技术的集成创新与应用. 林业工程学报，2016，1（2）：1-8.

297. 李海涛，吴刚，张齐生，陈国. 侧压竹集成材弦向偏压试验研究. 湖南大学学报（自然版），2016，43（5）：90-96.

298. 吴光前，戴阳，万京林，张齐生. 氧等离子体对竹炭表面的改性研究. 林业工程学报，2016，1（3）：48-53.

299. 李延军，许斌，张齐生，蒋身学. 我国竹材加工产业现状与对策分析. 林业工程学报，2016，1（1）：2-7.

300. 李海涛，苏靖文，魏冬冬，张齐生，陈国. 基于大尺度重组竹试件各向轴压力学性能研究. 郑州大学学报（工学版），2016，37（2）：67-72.

301. 章一蒙，王恋，周建斌，刘新，张齐生. 樟子松气化联产炭制备活性炭的试验. 林业科技开发，2016，1（4）：85-90.

302. 黄慧，王玉，孙丰文，王小东，张齐生. 分丝方法对竹纤维提取及机械性能的影响. 林业工程学报，2016，1（6）：23-28.

303. 李海涛，张齐生，吴刚，熊晓洪，李延军. 竹集成材研究进展. 林业工程学报，2016，1（6）：10-16.

304. 马中青，叶结旺，赵超，孙庆丰，张齐生. 基于下吸式固定床的木片气化试验. 农业工程学报，2016，32（s1）：267-274.

305. 何文，金辉，田佳西，李吉平，张齐生. 热处理纤维化杨木单板条制造重组材的性能. 木材工业，2016，30（3）：53-56.

306. 何文，田佳西，李吉平，金辉，孙丰文，张齐生. 聚合法制备木基聚苯胺半导体薄木的主要特性. 林业工程学报，2016，1（3）：16-20.

307. 陈国，周涛，李成龙，张齐生，李海涛. 竹木组合工字梁的静载试验研究. 南京林业大学学报（自然科学版），2016，40（5）：121-125.

308. 关明杰，邹玲，程大莉，梅长彤，张齐生. 企业研究生工作站中导师和研究生角色定位分析. 教育教学论坛，2016，（25）：223-225.

309. 杜春贵，周中玺，余辉龙，张齐生，鲍滨福，刘志坤. 杉木木束条/碎料复合板制造工艺研究. 林业科技，2016，41（5）：52-55.

310. 成亮，周建斌，章一蒙，田霖，马欢欢，宋建忠，张齐生. 糠醛渣和废菌棒的热解气化多联产再利用. 农业工程学报，2017，33（21）：231-236.

311. 刘新，李一鸣，金辉，乔维川，虞磊，张齐生. 南京市紫金山土壤中 6 种重金属的污染特征和污染水平评价. 环境污染与防治，2017，39（10）：1058-1062.

312. 何文，宋剑刚，汪涛，李军生，谢凌翔，杨阳，吴波，张齐生. 热油处理对重组竹性能的影响. 林业工程学报，2017，2（5）：15-19.

313. 刘珺，张齐生，周培国，黄靖宇. CO_2摩尔分数倍增对秋茄湿地碳、氮循环影响的模拟. 东北林业大学学报，2017，45（5）：80-84.

附录2　张齐生院士指导硕、博士论文

张院士指导硕士论文

1. 孙丰文. 竹材复合板的最佳结构和最佳工艺的研究. 南京：南京林业大学，1993.
2. 刘占胜. 竹席加强竹碎料复合板工艺最优化. 南京：南京林业大学，1998.
3. 付宇. 微薄竹装饰板的研究. 南京：南京林业大学，2002.
4. 许斌. 竹材防裂及防蛀的研究. 南京：南京林业大学，2002.
5. 关明杰. 竹材纤维饱和点的研究. 南京：南京林业大学，2002.
6. 卢克阳. 竹炭生产工艺及吸湿机理的研究. 南京：南京林业大学，2004.
7. 黄仙爱. 杂交鹅掌楸木材加工利用研究. 南京：南京林业大学，2006.
8. 庄晓伟. 竹炭复合材料结构与性能研究. 杭州：浙江农林大学，2007.
9. 程秀才. 胶合板的传热及低温弯曲力学性能研究. 南京：南京林业大学，2009.
10. 黄小真. 户外竹材重组材耐老化试验方法及性能研究. 南京：南京林业大学，2009.
11. 张静. 废CRT玻壳铅的浸出特性及资源化利用可行性研究. 南京：南京林业大学，2009.
12. 刘珺. 磁场-趋磁细菌工艺处理含Cu^{2+}、Zn^{2+}废水的应用研究. 南京：南京林业大学，2009.
13. 陈赛楠. 微生物絮凝剂的制备及对纤维板加工废水的絮凝处理. 南京：南京林业大学，2009.
14. 李凡. 混凝-Fenton法预处理中纤板废水的试验研究. 南京：南京林业大学，2010.
15. 孙新元. 表面改性竹炭对微污染水中有机物的吸附. 南京：南京林业大学，2010.
16. 罗舒君. 改性竹炭去除废水中磷的研究. 南京：南京林业大学，2010.
17. 张晓春. 高性能竹木复合风力发电机叶片材料的研究. 南京：南京林业大学，2011.
18. 秦洁琼. 竹炭悬浮填料的筛选及其在MBBR工艺中的应用研究. 南京：南京林业大学，2012.
19. 吴晓明. 低温固化酚醛树脂胶黏剂在集装箱底板上的应用研究. 南京：南京林业大学，2012.
20. 贾剑. $100KW_e$生物质两步进气下吸式固定床气化炉设计. 南京林业大学，2012.
21. 张文妍. 中纤板废水预处理工艺及机理研究. 南京林业大学，2012.
22. 阮氏香江（越南）. 竹集成材高频胶合工艺的研究. 南京林业大学，2014.
23. 宋氏凤（越南）. 毛竹全组分热解特性及机理研究. 南京林业大学，2014.
24. 窦青青. 高频加热竹重组材胶合工艺及性能研究. 南京林业大学，2014.
25. 孙盼华. 载铁竹炭非均相芬顿催化剂的制备与性能研究. 南京：南京林业大学，2014.
26. 吴光前. 氧等离子体改性竹炭对胺类物质的吸附特性研究. 南京林业大学，2015.
27. 顾洁. 油茶壳热解及活性炭制备的基础研究. 南京：南京林业大学，2016.
28. 崔璨. 重组竹喷蒸热压工艺的研究. 南京：南京林业大学，2016.

张院士指导博士论文

1. 孙丰文. 竹木复合集装箱底板结构力学性能的模型理论与强度预测. 南京：南京林业大学，2001.
2. 王泉中. 竹木复合空心板与竹篾层积材弯曲问题研究. 南京：南京林业大学，2001.
3. 刘占胜. 湿热处理制造压缩木的研究. 南京：南京林业大学，2001.
4. 辉朝茂. 云南竹类多样性保护及竹产业可持续发展研究. 北京：清华大学，2002.
5. 孙启祥. 竹杉复合地板居住室内环境质量研究. 南京：南京林业大学，2002.
6. 谢力生. 干法纤维板热压过程中的传热研究. 南京：南京林业大学，2003.
7. 周建斌. 竹炭环境效应及作用机理的研究. 南京：南京林业大学，2005.

8. 李延军. 杉木木束干燥特性的研究. 北京：北京林业大学，2005.
9. 李吉庆. 新型竹集成材家具的研究. 南京：南京林业大学，2005.
10. 关明杰. 竹木复合材料湿热效应研究. 南京：南京林业大学，2006.
11. 俞友明. 轻质水泥刨花板的研究. 南京：南京林业大学，2006.
12. 邱志涛. 明式家具的科学性与价值观研究. 南京：南京林业大学，2006.
13. 许斌. OSB-单板复合集装箱底板刚度模型及工艺研究. 南京：南京林业大学，2008.
14. 杜春贵. 杉木积成材制造中的梳解加工及产品特性研究. 南京：南京林业大学，2008.
15. 程大莉. 木基纳米复合材料加工工艺及光催化性能研究. 南京：南京林业大学，2010.
16. 王晓旭. 压力式高温热处理木材特性及其冷凝液利用研究. 北京：北京林业大学，2012.
17. 黄东梅. 竹/木结构民宅的生命周期评价. 南京：南京林业大学，2012.
18. 王进. 竹材表面仿生构筑石墨烯基纳米结构材料及其形成机理. 杭州：浙江农林大学，2016.

张院士培养的博士后出站报告

1. 姜树海. 竹炭材料的吸附特性及其净化水的机理研究. 南京：南京林业大学，2002.
2. 程瑞香. 刨切微薄竹和旋切竹单板工艺技术研究. 南京：南京林业大学，2004.
3. 伊松林. 农作物秸秆热解技术及热解产物性能研究. 南京：南京林业大学，2008.

附录3

张齐生院士关于生物质炭和生物质能源研究

2001年，工作多年的我还是想继续深造读博士。我一开始选的导师，是时任南林大校长的余世袁教授。2001年10月份，我到校长办公室找到余校长（余校长在从事行政职务前与我是同一个教研组的，余校长主要研究生物质水解方向的，我研究的是生物质热解与炭材料方向），表明自己想读博士的想法，余校长把我推荐到张齐生院士那里读博士。

张院士听我是研究生物质热解与炭专业的，就说，目前手上有两个关于竹炭的项目，一个是国际竹藤组织的关于国际竹炭研究的，一个是福建省林业厅关于福建省竹炭研究项目，而且都快到项目验收时间了，你先把这两个项目做一做吧。这两个项目，一个是国际的，一个是福建省林业厅的。

经过8个月的实验研究，这两个竹炭项目在2002年就顺利结题了，也成为了我的博士论文的基础。我从2002年开始读张院士的博士开始，从事竹炭、竹醋液的生产工艺、技术和设备的研发及产品的高附加值应用。在2002前后，由于中国的改革开放20多年，中国的农村农民的生产、生活发生了翻天覆地的变化，出现了秸秆焚烧、污染环境的问题。张院士就问我秸秆能不能制备炭和醋液（草醋液）。

当时的竹炭（包括木炭、机制炭）几乎都是土窑烧炭，环境污染大，劳动强度高，时间长，得率低，在张院士的指导下我们开始研究大型的干馏法制备竹炭，由于干馏法是需要外加热的，张院士提出能不能不加外热生产竹炭（秸秆炭），根据我在大学本科和硕士研究生学习的经历及在当时化工学院当教师多年的经验，经过多次的实验室和中试形成了后来的生物质（竹子、木片、秸秆、稻壳、果壳）热解气化联产炭（竹炭、木炭、秸秆炭、稻壳炭、果壳炭）、肥、热技术。由于我是从大学本科开始学习研究各种生物质炭的制备技术和性能的，知道秸秆炭既不是做活性炭的好原料，也不是做工业用炭、机制烧烤炭的适合的原料，所以从2002年开始在张院士的指导和支持下我就做了秸秆炭对肥料的缓释效果（在中科院南京土壤所测试），对硝态氮和铵态氮的缓释效果非常明显，达到了70%以上，同时也做了对土壤重金属的修复实验，并于2003年在江苏省理化测试中心测试了秸秆炭的元素组成，很多肥料专家看了我们的秸秆炭检测报告，惊叹不已，认为那才是真正的全营养肥料！

张院士为生物质能源多联产技术和秸秆炭制备炭基肥料、提取液制备肥料倾注了大量心血，几乎到每个大学研究院所交流，去中国工程院、国家林业局开会都要带上炭样品和PPT介绍生物质能源多联产技术。在2002～2010年的时候，由于大部分农林院校（研究院所）没有接触生物质炭和生物质提取液，很多领导和专家都不是很了解生物质炭和提取液的性能与作用，张院士是不厌其烦，反复介绍和推荐各农业大学和农科院、林科院的领导和专家进行炭基肥料和生物质液体肥的实验。有些单位如中科院南京土壤所、南京土肥站、南京蔬菜所、南京花卉所、宁夏林科所、镇江农科所、黑龙江农科院、江苏农科院、南京农业大学、湖南农业大学等单位都做了大量的科学研究和实验，为张院士团队在炭基肥料和提取液肥料研究上提供了大量数据和图片。

随着Woods W I，Falcão N P S，Teixeira W G 2006年在*Nature*上发表了一篇生物炭在土壤和环境中作用的文章，2010年前后开始国内开始有大批量的农业大学（院所）的专家和老师开始研究和推广炭基肥料，张院士团队从2002年开始研究秸秆炭作为炭基肥料和生物质醋液肥，整整比国外早了5年。2015年美国加州大学默塞德分校联合加利福尼亚能源委员会和美国农业部开始研究生物质气化发电联产活性炭、炭基肥料技术，张院士团队整整比美国科学家早了10多年。

针对生物质气化领域长期存在的气化产品单一、废水废渣污染、生产规模小且连续稳定性差、经济效益不佳等突出问题，根据生物质多样性特点，研究并掌握了秸秆、稻壳、果壳、木（竹）片等生物质的热解气化过程机理，攻克了“生物质气化电、炭、热、肥”多联产规模化生产中的工艺瓶颈，在设备研发、产物调控、生物质液体肥及炭产品的高附加值利用等关键技术上取得了突破，实现了生物质气化多联产技术的工业化应用及产业化发展，引领了国内外生物质能源（发电、供暖、供热）、活性炭、工业用炭、炭基（液体）肥料等行业的发展。张院士团队研发的生物质气化多联产技术符合国家新能源发展战略及肥料农药减量等国家重大需求。

张院士团队 2008 年在安徽建成了第一个生物质气化发电联产炭、液、热的工程，至今已经在国内外建成了 20 多个生物质气化发电联产炭、热、肥工程。在他带领下，先后组建了“南京林业大学新能源科学与工程系”“国家林业局生物质多联产工程中心”。其中“农作物秸秆高效利用新方法及关键技术研究与开发”获 2006 年南京市科技进步奖二等奖；“竹炭生产关键技术、应用机理及系列产品研制与应用”获 2007 年浙江省科学技术进步奖一等奖；“有机废弃物农业循环利用技术集成与示范应用”获 2009 年江苏省科学技术进步奖三等奖；“竹炭生产关键技术、应用机理及系列产品研发”获 2009 年国家科学进步奖二等奖。

周建斌

大 事 记

出生于 1939 年 1 月 18 日

浙江省严州中学毕业后于 1956 年考入南京林学院，1960 年毕业后留校任教

1985 年加入中国共产党

1985～1992 年任南京林业大学科研处处长

1992 年筹建了国内首家专业从事竹材加工利用技术研发的科研机构——南京林业大学竹材工程技术研究开发中心，并兼任主任

2000 年 7 月～2008 年 12 月任浙江林学院院长

2009 年 1 月～2010 年 3 月任浙江林学院名誉院长

2009 年 2 月起任国家木质资源综合利用工程技术研究中心主任

2010 年 3 月起任浙江农林大学名誉校长

曾任林业部第三、四届科技委员，中国工程院农学部副主任、中国工程院科学道德委员会委员，国家科学技术评审专家，中国竹产业协会副理事长，中国林学会木材工业分会副理事长，中国家具协会副理事长、主任委员

1981 年开始研究开发竹材和南方速生杨木的工业化利用技术，提出“以竹代木，以竹胜木”的战略思想，开发了以“竹材软化展平”为核心的竹材工业化利用新技术和新装备，开创和引领了我国竹产业的发展；研究了南方速生杨木的旋切及加工利用技术，奠定了我国杨木加工产业蓬勃发展的基础

1992 年起，提出“竹木复合”的基本设想，创立和发展了竹木复合结构理论体系，开发了“竹木复合集装箱底板”“竹木复合船舶跳板”“竹杉复合地板”“竹木复合清水混凝土模板”“竹木复合平车地板”等特色鲜明的五个系列产品，开启了竹材高效利用的新篇章

2000 年开始研究竹新型装饰材料技术和功能材料技术，开发了竹材重组和刨切微薄竹饰面材料技术，开发了竹材工业制炭技术与装备、竹炭及其醋液的功能性应用技术，拓展了竹材制品的应用领域，极大地提高了竹材利用附加值

2005 年提出生物质气化多联产技术方案

1982 年获天津市优秀科技成果一等奖

1983 年获得国家轻工业部重大科技成果二等奖

1987 年获得国家发明三等奖

1988 年获得南京市科技进步一等奖

1991 年晋升教授，并享受国务院政府特殊津贴

1994 年获得林业部科技进步一等奖一项，三等奖一项

1995 年获得国家科技进步二等奖，中国发明专利创造金奖

1996 年江苏省科技进步三等奖

1997 年当选中国工程院院士

2000 年获得茅以升木材科技专项二等奖

2003 年获得江苏省农业科技成果转化三等奖、浙江省科技兴林一等奖

2004 年获得林业科技贡献奖、江苏省科技进步二等奖

2005 年获得国家技术发明二等奖、国家科学技术进步二等奖

2006 年获得何梁何利科学与进步奖、江苏省第二届十大杰出专利发明人、全国优秀林业科技工作者、江苏省师德标兵

2007 年获得国家科技进步一等奖、浙江省科技兴林一等奖、浙江省科技进步一等奖、全国林业突出贡献奖

2009 年获得国家科技进步二等奖、梁希林业科学技术二等奖

2010 年任国家科学技术进步奖评审委员，获得江苏省科技进步三等奖、江苏省高等学校优秀共产党员标兵

2011 年获得梁希林业科学技术二等奖、江苏省科技进步二等奖、中国林业产业年度人物、江苏省先进工作者、江苏省优秀共产党员

2012 年获得国家科技进步二等奖、中国专利优秀奖、北京市科学技术进步二等奖

2013 年获得中国专利优秀奖

2014 年获得中国林产工业终身荣誉奖、全国优秀科技工作者、“杰出专业技术人才”称号

2017 年获得梁希林业科学技术二等奖

后　记

张齐生院士是世界著名的木材加工与人造板工艺学专家、竹材加工利用领域的开拓者。在张院士逝世一周年之际，在中国工程院的关心支持下，由张院士的学生孙丰文教授、周建斌教授、李延军教授将他几十年来从事木竹材加工领域的研究成果进行了整理出版。《张齐生院士文集》主要收录他在速生木竹材、竹木复合、生物质炭和生物质能源等方面的 130 余篇学术论文，浓缩了其一生的科研成就。我衷心感谢中国工程院和科学出版社为出版《张齐生院士文集》所做的努力。

张院士是我的恩师、领导和挚友。我在南京林业大学就读时，他是我尊敬的老师；在杭州木材总厂负责技术时，他的竹材胶合板成果在我厂转化应用，带我走上科研之路；在浙江农林大学当副校长、国家木质资源综合利用工程技术研究中心常务副主任时，他任校长、中心主任，我深深地感受到了他的领导艺术和为人风范。同张院士一起四十多年来，他的平易近人、严谨治学、追求真理的精神，一直影响和激励着我，让我终身受益。

张院士的学术人生是开拓创新、无私奉献、产学研结合的典范。他在木材、竹材和废弃生物质材料等研究领域，均取得了开创性成就，多项成果处于世界领先水平，取得了显著的经济效益和社会效益，先后获得了八项国家科技奖。由于他涉及的科学研究方向跨度大，为了探索新的领域，常常废寝忘食，工作在科学研究第一线。我记得，在生物质能源研究和推广过程中，连续 20 多天，他不停地在各地奔走，因积劳成疾而住院治疗；在生命最后一刻，他仍念念不忘竹产业的关键共性难题，叮嘱我们一定要全力攻关。张院士的心里只想着国家、企业和老百姓的需要，他反复强调研究成果一定要与生产紧密结合、应用于企业。我参与的竹炭竹醋液项目，成果在企业得到广泛应用，引领了竹炭产业发展。几十年来，政府有关部门、大大小小企业均留下了张院士的足迹。他常常深入生产第一线，与工人、技术人员在一起，即使年逾古稀，每年仍有 200 多天奔走在科研旅途中。

学高为师，德高为范。《张齐生院士文集》给我们留下了丰硕的研究成果和宝贵的精神财富，在即将出版之际，我作为张齐生院士的学生、助手和挚友，作此后记，寄托我的怀念与敬意。

鲍滨福

浙江农林大学原副校长

国家木质资源综合利用工程技术研究中心常务副主任

2018 年 8 月 22 日